Springer Collected Works in Mathematics

For further volumes:
http://www.springer.com/series/11104

Orsay, 1975 (photo W.Scharlau)

Jean-Pierre Serre

Oeuvres - Collected Papers III

1972–1984

Reprint of the 2003 Edition

Springer

Jean-Pierre Serre
Collège de France
Paris, France

ISSN 2194-9875
ISBN 978-3-642-39837-7 (Softcover)
978-3-540-43564-8 (Hardcover)
DOI 10.1007/978-3-642-39838-4
Springer Heidelberg New York Dordrecht London

Library of Congress Control Number: 2012954381

Mathematics Subject Classification (2000): 14-XX, 18-XX, 20-XX, 32-XX, 55-XX

Printed on acid-free paper

Springer is part of Springer Science+Business Media (www.springer.com)

Table des Matières

Volume III: 1972–1984

94. Propriétés galoisiennes des points d'ordre fini des courbes elliptiques 1
95. Congruences et formes modulaires (d'après H. P. F. Swinnerton-Dyer) 74
96. Résumé des cours de 1971–1972 89
97. Formes modulaires et fonctions zêta p-adiques 95
98. Résumé des cours de 1972–1973 173
99. Valeurs propres des endomorphismes de Frobenius (d'après P. Deligne) 179
100. Divisibilité des coefficients des formes modulaires de poids entier . 189
101. (avec P. Deligne) Formes modulaires de poids 1 193
102. Résumé des cours de 1973–1974 217
103. (avec H. Bass et J. Milnor) On a functorial property of power residue symbols 222
104. Valeurs propres des opérateurs de Hecke modulo l 226
105. Les Séminaires Cartan 235
106. Minorations de discriminants 240
107. Résumé des cours de 1974–1975 244
108. Divisibilité de certaines fonctions arithmétiques 250
109. Résumé des cours de 1975–1976 284
110. Modular forms of weight one and Galois representations 292
111. Majorations de sommes exponentielles 368
112. Représentations l-adiques 384
113. (avec H. Stark) Modular forms of weight 1/2 401
114. Résumé des cours de 1976–1977 441
115. Une «formule de masse» pour les extensions totalement ramifiées de degré donné d'un corps local 447
116. Sur le résidu de la fonction zêta p-adique d'un corps de nombres 453
117. Travaux de Pierre Deligne 459
118. Résumé des cours de 1977–1978 465
119. Groupes algébriques associés aux modules de Hodge-Tate . . . 469
120. Arithmetic Groups 503
121. Un exemple de série de Poincaré non rationnelle 535
122. Quelques propriétés des groupes algébriques commutatifs 538
123. Extensions icosaédriques 550
124. Résumé des cours de 1979–1980 555
125. Quelques applications du théorème de densité de Chebotarev . . . 563

126. Résumé des cours de 1980–1981 642
127. Résumé des cours de 1981–1982 649
128. Sur le nombre des points rationnels d'une courbe algébrique sur un corps fini 658
129. Nombres de points des courbes algébriques sur $\mathbf{F}_q$ 664
130. Résumé des cours de 1982–1983 669
131. L'invariant de Witt de la forme $\mathrm{Tr}(x^2)$ 675
132. Résumé des cours de 1983–1984 701

Notes 706

Liste des Travaux 717

Acknowledgements 730

94.

Propriétés galoisiennes des points d'ordre fini des courbes elliptiques

Invent. Math. **15** (1972), 259–331

à André Weil

Introduction

Le présent travail complète mon cours à McGill [27] (cité MG dans ce qui suit). Il s'agit de prouver que les groupes de Galois associés aux points d'ordre fini des courbes elliptiques sont «aussi gros que possible». Les méthodes de MG y parviennent, à condition de se limiter aux points d'ordre l^n, où l est un nombre premier fixé. Elles deviennent insuffisantes dès que l'on fait varier l; c'est essentiellement cette variation que nous allons étudier.

De façon plus précise, soient K un corps de nombres algébriques, $\bar{K}$ une clôture algébrique de K, et G le groupe de Galois de $\bar{K}$ sur K. Soit E une courbe elliptique sur K (par «courbe elliptique» nous entendons une variété abélienne de dimension 1, ou, ce qui revient au même, une courbe de genre 1 munie d'un point rationnel 0 pris comme origine pour la loi de groupe). Le groupe G opère de façon naturelle sur le groupe $E(\bar{K})$ des $\bar{K}$-points de E. Si n est un entier $\geqq 1$, notons E_n le groupe des éléments $x \in E(\bar{K})$ tels que $n x = 0$; c'est un $\mathbf{Z}/n\mathbf{Z}$-module libre de rang 2, et l'action de G sur E_n est donnée par un homomorphisme

$$\varphi_n\colon\; G \to \mathrm{Aut}(E_n) \simeq \mathbf{GL}_2(\mathbf{Z}/n\mathbf{Z}).$$

Le groupe $\varphi_n(G)$ est le groupe de Galois de l'extension de K obtenue par adjonction des coordonnées des points de E_n.

Les propriétés des φ_n sont bien connues lorsque E a des multiplications complexes, i.e. lorsque l'anneau de ses $\bar{K}$-endomorphismes est de rang 2 sur $\mathbf{Z}$ (cf. [9], [10], [30], ainsi que le n° 4.5 du § 4). Ecartons ce cas, autrement dit supposons que *E n'a pas de multiplication complexe*. Le résultat que nous avons en vue peut alors s'énoncer de la manière suivante:

(1) *L'indice de* $\varphi_n(G)$ *dans* $\mathrm{Aut}(E_n) \simeq \mathbf{GL}_2(\mathbf{Z}/n\mathbf{Z})$ *est borné par une constante ne dépendant que de E et de K.*

Il y a intérêt à reformuler (1) en «passant à la limite» sur n:

Soit E_∞ le sous-groupe de torsion de $E(\bar{K})$, i.e. la réunion des E_n. Le groupe $\mathrm{Aut}(E_\infty)$ est limite projective des groupes finis $\mathrm{Aut}(E_n)$; c'est un groupe profini, isomorphe à

$$\varprojlim \mathbf{GL}_2(\mathbf{Z}/n\mathbf{Z}) = \mathbf{GL}_2(\hat{\mathbf{Z}}), \quad \text{où} \quad \hat{\mathbf{Z}} = \varprojlim \mathbf{Z}/n\mathbf{Z}.$$

L'action de G sur E_∞ définit un homomorphisme continu

$$\varphi_\infty\colon G \to \mathrm{Aut}(E_\infty).$$

L'assertion (1) équivaut à:

(2) *Le groupe $\varphi_\infty(G)$ est un sous-groupe d'indice fini de* $\mathrm{Aut}(E_\infty)$.

Comme $\varphi_\infty(G)$ et $\mathrm{Aut}(E_\infty)$ sont compacts, (2) équivaut à dire que $\varphi_\infty(G)$ est *ouvert* dans $\mathrm{Aut}(E_\infty)$, autrement dit:

(3) *Il existe un entier $m \geqq 1$ tel que $\varphi_\infty(G)$ contienne tout automorphisme de E_∞ dont la restriction à E_m est l'identité.*

Soit P l'ensemble des nombres premiers. Si $l \in P$, soit E_{l^∞} la réunion des E_{l^n}, $n \geqq 1$; c'est la composante l-primaire de E_∞; son groupe d'automorphismes est isomorphe à $\mathbf{GL}_2(\mathbf{Z}_l)$, où $\mathbf{Z}_l$ est l'anneau des entiers l-adiques. On a

$$E_\infty = \bigoplus_{l \in P} E_{l^\infty} \quad \text{et} \quad \mathrm{Aut}(E_\infty) = \prod_{l \in P} \mathrm{Aut}(E_{l^\infty}) \simeq \prod_{l \in P} \mathbf{GL}_2(\mathbf{Z}_l).$$

Notons $\varphi_{l^\infty}\colon G \to \mathrm{Aut}(E_{l^\infty})$ la l-ième composante de φ_∞; elle indique comment G opère sur E_{l^∞}. L'assertion (3) équivaut à la conjonction des deux suivantes:

(4) *Pour tout $l \in P$, $\varphi_{l^\infty}(G)$ est un sous-groupe ouvert de* $\mathrm{Aut}(E_{l^\infty})$.

(5) *Pour presque tout $l \in P$* (i.e. tout l sauf un nombre fini), *le groupe $\varphi_\infty(G)$ contient le l-ième facteur* $\mathrm{Aut}(E_{l^\infty})$ *de* $\mathrm{Aut}(E_\infty)$.

L'assertion (4) a déjà été démontrée: c'est le résultat principal de MG, cf. p. IV – 11. Le résultat nouveau est (5), qui entraîne:

(6) *Pour presque tout $l \in P$, on a $\varphi_{l^\infty}(G) = \mathrm{Aut}(E_{l^\infty})$.*

En particulier:

(7) *Pour presque tout $l \in P$, on a $\varphi_l(G) = \mathrm{Aut}(E_l)$.*

En fait, compte tenu de ce qui est démontré dans MG, les assertions (5), (6) et (7) sont équivalentes (MG, p. IV – 19). Tout revient donc à démontrer (7); autrement dit, si l'on identifie $\mathrm{Aut}(E_l)$ à $\mathbf{GL}_2(\mathbf{F}_l)$, il faut prouver que l'homomorphisme

$$\varphi_l\colon G \to \mathbf{GL}_2(\mathbf{F}_l)$$

est *surjectif* pour presque tout l. Le principe de la démonstration est le suivant:

Soient v une place de K de caractéristique résiduelle l, w une place de $\bar{K}$ prolongeant v, et I_w le sous-groupe d'inertie correspondant de G. Supposons que v soit non ramifiée sur $\mathbf{Q}$, et que E ait bonne réduction en v (c'est le cas pour presque tout l). Une étude locale facile montre alors que $\varphi_l(I_w)$ est un sous-groupe de $\mathbf{GL}_2(\mathbf{F}_l)$ de l'un des types suivants:

(i) («demi-sous-groupe de Cartan déployé») Un groupe cyclique d'ordre $l-1$, représentable matriciellement par $\begin{pmatrix} * & 0 \\ 0 & 1 \end{pmatrix}$.

(i′) («demi-sous-groupe de Borel») Un groupe résoluble d'ordre $l(l-1)$, représentable matriciellement par $\begin{pmatrix} * & * \\ 0 & 1 \end{pmatrix}$.

(ii) («sous-groupe de Cartan non déployé») Un groupe cyclique d'ordre l^2-1.

Ainsi, $\varphi_l(G)$ contient un sous-groupe de type (i), (i′) ou (ii). Or, on peut faire la liste des sous-groupes de $\mathbf{GL}_2(\mathbf{F}_l)$ qui ont cette propriété. On en conclut que, si (7) est en défaut, il existe une partie infinie L de P telle que, pour tout $l \in L$, on ait l'une des situations que voici:

(a) $\varphi_l(G)$ est contenu dans un sous-groupe de Cartan, ou dans un sous-groupe de Borel, de $\mathbf{GL}_2(\mathbf{F}_l)$;

(b) $\varphi_l(G)$ est contenu dans le normalisateur N_l d'un sous-groupe de Cartan C_l de $\mathbf{GL}_2(\mathbf{F}_l)$, et n'est pas contenu dans C_l.

Dans le cas (b), le quotient N_l/C_l est d'ordre 2, et l'homomorphisme $G \to N_l/C_l$ induit par φ_l définit une extension quadratique K'_l de K; on démontre que cette extension est non ramifiée en dehors d'un ensemble fini de places de K, qui ne dépend pas de l. La composée K' des K'_l est donc finie sur K. Quitte à remplacer K par K', on est alors ramené au cas où tous les $(\varphi_l)_{l \in L}$ sont de type (a). Notons $\tilde{\varphi}_l\colon G \to \mathbf{GL}_2(\mathbf{F}_l)$ la représentation de degré 2 de G déduite de φ_l par «semi-simplification». Les groupes $\tilde{\varphi}_l(G)$, $l \in L$, sont abéliens; vu la théorie du corps de classes, on peut interpréter les $\tilde{\varphi}_l$ comme des représentations du groupe des *classes d'idèles* de K. La famille $(\tilde{\varphi}_l)_{l \in L}$ jouit de certaines propriétés globales (existence d'un conducteur – rationalité des éléments de Frobenius) et locales (caractères à exposants bornés) qui seront explicitées plus loin. Ces propriétés permettent de prouver que le système (φ_l) provient d'une représentation $\varphi_0\colon S_m \to \mathbf{GL}_2$ de l'un des groupes algébriques S_m définis dans MG, chap. II. En utilisant alors les résultats de MG, chap. IV, on en déduit que E a des multiplications complexes, contrairement à l'hypothèse faite.

La démonstration esquissée ci-dessus fait l'objet du § 4. Les trois premiers §§ contiennent divers préliminaires. Le § 1 donne des résultats de nature locale, portant principalement sur le groupe d'inertie modérée, et son action sur les points d'ordre fini des courbes elliptiques et des groupes formels; on trouve que cette action se fait par des produits de «caractères fondamentaux» affectés d'exposants bornés par l'indice de ramification du corps local considéré; l'existence d'une telle borne joue un rôle essentiel dans la suite (tout comme l'hypothèse «localement algébrique» dans MG, chap. III – IV). Le § 2 rassemble quelques résultats élémentaires sur les sous-groupes de $\mathbf{GL}_2(\mathbf{F}_p)$, et notamment sur ceux qui contiennent un sous-groupe, ou «demi-sous-groupe», de Cartan. Le § 3 apporte un complément à MG: il donne une condition permettant d'affirmer qu'un système (ρ_l) de représentations l-adiques d'un corps de nombres provient d'une représentation d'un $S_{\mathfrak{m}}$; cette condition porte essentiellement sur la réduction (mod. l) des ρ_l, cf. n° 3.6, th. 1. Le § 5 contient des résultats spéciaux au corps $\mathbf{Q}$, et donne des exemples numériques, traités en détail; j'ai essayé de le rendre aussi indépendant que possible des §§ précédents. Un dernier § traite le cas d'un produit de deux courbes elliptiques.

Table des matières

§ 1. Inertie modérée 262
§ 2. Sous-groupes de $\mathbf{GL}_2(\mathbf{F}_p)$ 278
§ 3. Systèmes de représentations abéliennes modulo l 284
§ 4. Courbes elliptiques (résultats généraux) 293
§ 5. Courbes elliptiques (exemples) 302
§ 6. Produits de deux courbes elliptiques 323
Bibliographie 329

§ 1. Inertie modérée

1.1. Notations

Dans ce §, K désigne un corps complet pour une valuation discrète v, que l'on suppose normée: on a $v(K^*)=\mathbf{Z}$. On note A (resp. $\mathfrak{m}$) l'anneau (resp. l'idéal) de v, et l'on pose $k=A/\mathfrak{m}$. *On suppose que le corps résiduel k est de caractéristique* $p>0$. Si $e=v(p)$, on a $1\leqq e\leqq\infty$. A partir du n° 1.9, on suppose que $e\neq\infty$, i.e. que la caractéristique de K est nulle.

Lorsque l'on veut préciser K, on écrit $v_K, A_K, \ldots, e_K$.

1.2. Groupes de Galois

(Les résultats rappelés dans les n°s 1.2 à 1.4 sont bien connus; voir par exemple [25], chap. IV, ou [5], chap. I.)

Soit K_s une clôture séparable de K. La valuation v s'étend de façon unique à K_s, et le corps résiduel correspondant est une clôture algébrique $\bar{k}$ de k. On a

$$K_s \supset K_t \supset K_{nr} \supset K,$$

où K_{nr} est la plus grande sous-extension de K_s *non ramifiée sur* K, et K_t la plus grande sous-extension de K_s *modérément ramifiée* («tamely ramified») *sur* K. Les corps résiduels de K_{nr} et K_t s'identifient à la clôture séparable k_s de k dans $\bar{k}$.

On pose

$$G = \mathrm{Gal}(K_s/K), \qquad I = \mathrm{Gal}(K_s/K_{nr}) \quad \text{et} \quad I_p = \mathrm{Gal}(K_s/K_t).$$

On a $G \supset I \supset I_p$. Le groupe I (resp. I_p) est le *groupe d'inertie* (resp. le *p-groupe d'inertie*) du groupe de Galois G; c'est un sous-groupe distingué fermé de G. Le groupe $G/I = \mathrm{Gal}(K_{nr}/K)$ s'identifie à $G_k = \mathrm{Gal}(k_s/k)$.

Le groupe I_p est le plus grand pro-p-groupe contenu dans I. Le quotient $I_t = I/I_p = \mathrm{Gal}(K_t/K_{nr})$ est un groupe profini commutatif, d'ordre premier à p, appelé le *groupe d'inertie modérée* de G (ou de K); ce groupe jouera un rôle essentiel dans tout ce qui suit.

1.3. Structure du groupe d'inertie modérée

Soit d un entier $\geqq 1$, premier à p. Notons μ_d le groupe des racines d-ièmes de l'unité dans K_{nr}; ce groupe s'identifie (par réduction modulo l'idéal maximal) au groupe des racines d-ièmes de l'unité dans k_s.

Soit x une uniformisante de K_{nr}, et soit $K_d = K_{nr}(x^{1/d})$. L'extension K_d/K_{nr} est totalement ramifiée, modérée, et de degré d; son groupe de Galois est isomorphe à μ_d. Plus précisément, si $s \in \mathrm{Gal}(K_d/K_{nr})$, il existe une unique racine d-ième de l'unité $\theta_d(s)$ telle que

$$s(x^{1/d}) = \theta_d(s)\, x^{1/d},$$

et l'application θ_d: $\mathrm{Gal}(K_d/K_{nr}) \to \mu_d$ ainsi définie est un isomorphisme. De plus, K_d et θ_d ne dépendent pas du choix de x, ni de celui de sa racine d-ième.

Le corps K_t est réunion des K_d, pour $(d, p) = 1$. D'où:

$$I_t = \mathrm{Gal}(K_t/K_{nr}) = \varprojlim_d \mathrm{Gal}(K_d/K_{nr}),$$

et l'on obtient:

Proposition 1. *Les isomorphismes θ_d définissent un isomorphisme*

$$\theta\colon\ I_t \to \varprojlim \mu_d.$$

(Précisons que l'homomorphisme de transition $\mu_{dd'} \to \mu_d$ du système projectif (μ_d) est $\alpha \mapsto \alpha^{d'}$.)

Remarque. Lorsque k est algébriquement clos, le groupe $\varprojlim \mu_d$ peut s'interpréter comme le groupe fondamental $\pi_1(\mathbf{G}_m)$ du groupe multiplicatif $\mathbf{G}_m$, et l'isomorphisme $\theta\colon I_t \to \pi_1(\mathbf{G}_m)$ ainsi obtenu coïncide avec celui fourni par la théorie du corps de classes local «géométrique», cf. [24].

Revenons au cas général. Si q est une puissance de p, convenons de noter $\mathbf{F}_q$ le sous-corps à q éléments de k_s. On a $\mathbf{F}_q^* = \mu_{q-1}$. De plus, les nombres de la forme $q-1$ sont *cofinaux* dans l'ensemble des entiers premiers à p (ordonné par divisibilité); en effet, si d est un tel entier, il existe $n \geqq 1$ tel que $p^n \equiv 1 \pmod{d}$, par exemple $n = \varphi(d)$. Ainsi, le système projectif (μ_d) est *équivalent* au système projectif formé par les $\mathbf{F}_q^*$ et par les applications «norme»

$$N\colon \mathbf{F}_{q^m}^* \to \mathbf{F}_q^*, \quad \text{avec} \quad N(\alpha) = \alpha^{1+q+\cdots+q^{m-1}}.$$

La proposition 1 est donc équivalente à:

Proposition 2. *Les isomorphismes θ_{q-1} définissent un isomorphisme*

$$\theta\colon I_t \to \varprojlim \mathbf{F}_q^*,$$

où $\mathbf{F}_q$ parcourt l'ensemble des sous-corps finis de k_s.

1.4. Fonctorialité de θ

Soit K' un sous-corps fermé non discret de K, et soit $e(K/K')$ l'indice de ramification de K sur K', autrement dit l'indice de $v_K(K'^*)$ dans $\mathbf{Z}$. Notons $I_{t,K}$ (resp. $I_{t,K'}$) le groupe d'inertie modéré de K (resp. K'). On définit de façon évidente un homomorphisme $I_{t,K} \to I_{t,K'}$, et le diagramme

$$\begin{array}{ccc} I_{t,K} & \xrightarrow{\sim} & \varprojlim \mu_d \\ \downarrow & & \downarrow{\scriptstyle e(K/K')} \\ I_{t,K'} & \xrightarrow{\sim} & \varprojlim \mu_d \end{array}$$

est *commutatif*; cela se vérifie sans difficulté, soit directement, soit en utilisant la prop. 7 ci-après.

1.5. Cas d'un corps résiduel fini

Dans ce n°, on suppose que k est un corps fini $\mathbf{F}_q$.

Soit L/K une extension *abélienne* de K, modérément ramifiée. Le groupe d'inertie $I(L/K)$ de $\mathrm{Gal}(L/K)$ est un quotient de I_t; on a donc un homomorphisme canonique

$$\alpha\colon I_t \simeq \varprojlim \mu_d \to I(L/K),$$

qui est surjectif.

D'autre part, la théorie du corps de classes local associe à L/K un homomorphisme $\omega\colon K^* \to \mathrm{Gal}(L/K)$, l'application de réciprocité. Si U est le groupe des unités de K^*, on a $\omega(U) = I(L/K)$ et $\omega(1+\mathfrak{m}) = \{1\}$, cf. [25], chap. XV. Comme $U/(1+\mathfrak{m}) = k^*$, on voit que ω définit par passage au quotient un homomorphisme surjectif

$$\omega\colon k^* \to I(L/K).$$

Vu que $k^* = \mathbf{F}_q^* = \mu_{q-1}$, il s'impose de comparer α et ω:

Proposition 3. *Les homomorphismes α et ω sont opposés l'un de l'autre. Plus précisément, on a*

$$\alpha(s) = \omega \circ \theta_{q-1}(s^{-1}) \qquad \textit{pour tout } s \in I_t,$$

où θ_{q-1} désigne l'homomorphisme de I_t sur $k^* = \mu_{q-1}$ défini au n° 1.3.

Posons $d = q-1$. Soit x une uniformisante de K, et soit $K_d = K_{nr}(x^{1/d})$, cf. n° 1.3. Puisque $\omega\colon k^* \to I(L/K)$ est surjectif, $I(L/K)$ est fini d'ordre un diviseur de d, ce qui montre que L est contenue dans K_d. Vu les propriétés fonctorielles de α et ω, on peut donc supposer que $L = K_d$.

Si $s \in I_t$, on a, par définition de θ_d,

$$s(x^{1/d}) = \theta_d(s)\, x^{1/d}.$$

D'autre part, soit $t \in k^*$, et soit $\omega(t)$ l'élément correspondant de $I(L/K)$. On a

$$\omega(t)(x^{1/d}) = (x, t)_d\, x^{1/d},$$

où $(x, t)_d \in \mu_d$ désigne le *symbole local* associé à x et t, cf. [25], chap. XIV (ici encore, on identifie l'élément t de k^* à la racine de l'unité correspondante de K^*, i.e. à son *représentant multiplicatif*). Mais, d'après une formule connue (*loc. cit.*, p. 217, cor. à la prop. 8), on a

$$(x, t)_d = t^{-v(x)} = t^{-1}.$$

Si l'on prend $t = \theta_d(s^{-1})$, on a donc $\omega(t)(x^{1/d}) = s(x^{1/d})$, et, comme s et $\omega(t)$ sont l'identité sur K_{nr}, on voit bien que s et $\omega(t)$ agissent de la même façon sur $K_d = L$, ce qui démontre la proposition.

1.6. Représentations de G en caractéristique p

Soit V un espace vectoriel de dimension finie n sur un corps k_1 de caractéristique p, et soit

$$\rho\colon G \to \mathbf{GL}(V)$$

une représentation linéaire continue (i.e. à noyau ouvert) de G dans V.

Proposition 4. *Si ρ est semi-simple, on a $\rho(I_p) = \{1\}$.*

(Rappelons que I_p est le p-groupe d'inertie de $G = \mathrm{Gal}(K_s/K)$, cf. n° 1.2.)

Il suffit de prouver que $\rho(I_p)=\{1\}$ lorsque ρ est *simple*. Soit alors V' l'ensemble des éléments de V invariants par $\rho(I_p)$. Comme $\rho(I_p)$ est un p-groupe fini, on a $V' \neq 0$ (cf. par exemple [25], p. 146, th. 2), et comme I_p est distingué dans G, V' est stable par $\rho(G)$, donc égal à V, d'où la proposition.

Supposons ρ semi-simple. La prop. 4 montre que I_p opère trivialement sur V, et l'action de I se factorise à travers une action du groupe d'inertie modérée $I_t = I/I_p$. L'image de I_t par ρ est un groupe cyclique d'ordre premier à p; si k_1 est assez grand (séparablement clos, par exemple), on peut mettre $\rho(I_t)$ sous forme diagonale, autrement dit la restriction $\rho|I_t$ de ρ à I_t est donnée par n *caractères* ψ_i: $I_t \to k_1^*$, $i=1, \ldots, n$. Nous verrons un peu plus loin comment on peut expliciter de tels caractères.

Exemple. Soit V_p un espace vectoriel de dimension n sur le corps p-adique $\mathbf{Q}_p$, et soit

$$\varphi: G \to \mathbf{GL}(V_p)$$

une représentation linéaire continue de G dans V_p. Choisissons un $\mathbf{Z}_p$-réseau T_p de V_p stable par G (MG, p. I – 1). Le $\mathbf{F}_p$-espace vectoriel $T_p/p\,T_p$ est de dimension n; la représentation naturelle de G dans cet espace n'est pas nécessairement semi-simple; notons $\tilde{\varphi}$ sa *semi-simplifiée*, autrement dit la somme directe des représentations simples intervenant dans une suite de Jordan-Hölder de $T_p/p\,T_p$. D'après un théorème de Brauer-Nesbitt (cf. [6], § 82.1), $\tilde{\varphi}$ *ne dépend pas* (à isomorphisme près) du choix de T_p. En appliquant la prop. 4 à $\tilde{\varphi}$ on obtient une représentation du groupe G/I_p, d'où des caractères $\psi_1, \ldots, \psi_n$ de I_t comme ci-dessus.

Ceci s'applique notamment à la représentation φ fournie par le module de Tate V_p d'une variété abélienne (resp. d'un groupe p-divisible) définie sur K (resp. défini sur l'anneau A), pourvu bien entendu que K soit de caractéristique zéro.

1.7. Caractères de I_t

Nous allons expliciter le groupe $X = \operatorname{Hom}(I_t, k_s^*)$ des caractères continus de I_t à valeurs dans k_s^* (ou dans la réunion des $\mathbf{F}_q^*$, cela revient au même).

Les caractères θ_d: $I_t \to \operatorname{Gal}(K_d/K_{nr}) \simeq \mu_d$ du n° 1.3 appartiennent à X, et vont nous servir à «paramétrer» X. De façon plus précise, notons $(\mathbf{Q}/\mathbf{Z})'$ l'ensemble des éléments de $\mathbf{Q}/\mathbf{Z}$ d'ordre premier à p. Tout élément α de $(\mathbf{Q}/\mathbf{Z})'$ s'écrit $\alpha = a/d$, avec a, $d \in \mathbf{Z}$ et $(d, p)=1$; notons χ_α la puissance a-ième de θ_d; on vérifie aussitôt que χ_α ne dépend pas de l'écriture a/d choisie pour α. De plus:

Proposition 5. *L'application* $\alpha \mapsto \chi_\alpha$ *est un isomorphisme de* $(\mathbf{Q}/\mathbf{Z})'$ *sur le groupe* X *des caractères de* I_t.

Le groupe $(\mathbf{Q}/\mathbf{Z})'$ est réunion des sous-groupes $\frac{1}{d}\mathbf{Z}/\mathbf{Z}$; d'autre part I_t est limite projective des μ_d, et X est limite inductive des groupes $X_d = \mathrm{Hom}(\mu_d, k_s^*)$. La proposition résulte de là et de ce que $\alpha \mapsto \chi_\alpha$ est un isomorphisme de $\frac{1}{d}\mathbf{Z}/\mathbf{Z}$ sur X_d.

Si $\psi \in X$, l'élément α de $(\mathbf{Q}/\mathbf{Z})'$ tel que $\psi = \chi_\alpha$ est appelé *l'invariant* de ψ. Ainsi, l'invariant de θ_d est $1/d$.

Remarque. La composante p-primaire de $\mathbf{Q}/\mathbf{Z}$ est $\mathbf{Q}_p/\mathbf{Z}_p$, et l'on a les décompositions en sommes directes

$$\mathbf{Q}/\mathbf{Z} = \mathbf{Q}_p/\mathbf{Z}_p \oplus (\mathbf{Q}/\mathbf{Z})' \quad \text{et} \quad (\mathbf{Q}/\mathbf{Z})' = \bigoplus_{l \neq p} \mathbf{Q}_l/\mathbf{Z}_l.$$

On a en particulier une projection canonique $\mathbf{Q} \to \mathbf{Q}/\mathbf{Z} \to (\mathbf{Q}/\mathbf{Z})'$, dont le noyau est $\mathbf{Z}[1/p]$. Si $\alpha \in \mathbf{Q}$, on se permettra de noter χ_α le caractère $\chi_{\alpha'}$ correspondant à l'image α' de α dans $(\mathbf{Q}/\mathbf{Z})'$, et l'on dira que l'invariant de χ_α est $\alpha \pmod{\mathbf{Z}[1/p]}$.

Exemples: caractères fondamentaux

Soit n un entier $\geqq 1$, et soit $q = p^n$. On appelle *caractère fondamental de niveau n* tout caractère obtenu en composant le caractère

$$\theta_{q-1}\colon I_t \to \mu_{q-1} = \mathbf{F}_q^*,$$

avec un automorphisme du *corps* $\mathbf{F}_q$; en d'autres termes, un tel caractère est un *conjugué* (sur $\mathbf{F}_p$) du caractère θ_{q-1}; on peut l'écrire comme

$$\chi = \theta_{q-1}^{p^i}, \qquad \text{où } i = 0, 1, \ldots, n-1.$$

Il y a donc n caractères fondamentaux de niveau n; leurs invariants sont égaux à $p^i/(q-1) = p^i/(p^n-1)$, où $i = 0, 1, \ldots, n-1$.

Plus généralement, soit k_1 un corps de caractéristique p. Un caractère χ de I_t à valeurs dans k_1^* est dit *fondamental de niveau n* si on l'obtient en composant θ_{q-1} avec un plongement du corps $\mathbf{F}_q$ dans k_1.

1.8. Représentation de G dans $\mathfrak{m}_\alpha/\mathfrak{m}_\alpha^+$

Prolongeons la valuation v de K au corps K_s; on obtient une valuation de K_s dont le groupe des valeurs $v(K_s^*)$ est égal à $\mathbf{Q}$. Si $\alpha \in \mathbf{Q}$, notons $\mathfrak{m}_\alpha$ (resp. $\mathfrak{m}_\alpha^+$) l'ensemble des $x \in K_s$ tels que $v(x) \geqq \alpha$ (resp. $v(x) > \alpha$); le quotient

$$V_\alpha = \mathfrak{m}_\alpha/\mathfrak{m}_\alpha^+$$

est un espace vectoriel de dimension 1 sur le corps résiduel $\bar{k}$ de K_s. Le groupe $G = \mathrm{Gal}(K_s/K)$ opère de façon naturelle sur V_α.

Proposition 6. *Soit $s \in G$, et soit σ l'image de s dans le groupe*

$$G_k = \mathrm{Gal}(k_s/k) = \mathrm{Gal}(\bar{k}/k).$$

L'automorphisme de V_α défini par s est σ-linéaire.

En effet, l'application $(\lambda, x) \mapsto \lambda x$ de $\bar{k} \times V_\alpha$ dans V_α commute à l'action de G, et l'on a donc

$$s(\lambda x) = s(\lambda)\, s(x) = \sigma(\lambda)\, s(x),$$

ce qui signifie bien que $x \mapsto s(x)$ est σ-linéaire.

D'après la prop. 6, les éléments de I opèrent *linéairement* sur V_α; puisque V_α est de dimension 1, cela signifie que I opère sur V_α au moyen d'un *caractère* $\varphi_\alpha \colon I \to \bar{k}^*$; on a

$$s(x) = \varphi_\alpha(s)\, x \quad \text{pour tout } s \in I \text{ et tout } x \in V_\alpha.$$

Comme $\bar{k}^*$ ne contient pas d'élément d'ordre p, le caractère φ_α est égal à 1 sur I_p, donc peut être considéré comme un caractère du groupe d'inertie modérée $I_t = I/I_p$.

Proposition 7. *Le caractère φ_α donnant l'action de I_t sur V_α est égal au caractère χ_α défini au* n° 1.7.

Soient $\alpha, \beta \in \mathbf{Q}$. L'application $(x, y) \mapsto xy$ de $\mathfrak{m}_\alpha \times \mathfrak{m}_\beta$ dans $\mathfrak{m}_{\alpha+\beta}$ définit par passage au quotient un isomorphisme de $V_\alpha \otimes V_\beta$ sur $V_{\alpha+\beta}$, isomorphisme qui commute à l'action de G. On en conclut que $\varphi_{\alpha+\beta} = \varphi_\alpha \varphi_\beta$, autrement dit que $\alpha \mapsto \varphi_\alpha$ est un homomorphisme.

Soient d'autre part d un entier positif premier à p, et x une racine d-ième d'une uniformisante de K. On a

$$v(x) = 1/d \quad \text{et} \quad s(x) = \theta_d(x)\, x \quad \text{pour tout } s \in I_t, \qquad \text{cf. n° 1.3.}$$

Il en résulte que $\varphi_{1/d} = \theta_d = \chi_{1/d}$. Or, si $\alpha \in \mathbf{Q}$, il existe une puissance q de p telle que $q\alpha = a/d$, avec $a \in \mathbf{Z}$, et d positif premier à p. Vu l'additivité de $\alpha \mapsto \varphi_\alpha$ et $\alpha \mapsto \chi_\alpha$, on en conclut que

$$\varphi_\alpha^q = \varphi_{a/d} = (\varphi_{1/d})^a = (\chi_{1/d})^a = \chi_\alpha^q,$$

d'où $\varphi_\alpha = \chi_\alpha$ puisque le groupe des caractères de I_t n'a pas de p-torsion.

Application: action de I_t sur μ_p

Supposons K de caractéristique zéro. Soit μ_p le groupe des racines p-ièmes de l'unité dans K_s. Le groupe G opère sur μ_p, et son sous-groupe I_p opère trivialement (prop. 4). On obtient donc une action de I_t sur μ_p, d'où un caractère

$$\chi \colon I_t \to \mathbf{F}_p^* = \mathrm{Aut}(\mu_p).$$

Proposition 8. *Le caractère χ donnant l'action de I_t sur μ_p est la puissance e-ième du caractère fondamental θ_{p-1} de niveau* 1.

(Rappelons que $e=v(p)$ est *l'indice de ramification absolu* de K.)

Soit $\alpha=e/(p-1)$. Si $z\in\mu_p$, $z\neq 1$, on sait que $v(z-1)=\alpha$. On en conclut que l'application $z\mapsto z-1$ induit par passage au quotient un homomorphisme injectif de μ_p dans V_α; cet homomorphisme commute à l'action de G, et en particulier à celle de I_t. La proposition en résulte, puisque I_t opère sur V_α grâce au caractère $\chi_\alpha=\theta_{p-1}^e$, cf. prop. 7.

Corollaire. *Si* $e=1$, *on a* $\chi=\theta_{p-1}$.

1.9. Représentation de G définie par un groupe formel (cas $e=1$)

Dans ce n°, on suppose que $e=1$, i.e. que p est une *uniformisante* de K; en particulier, K est de caractéristique zéro. On note A_s l'anneau des entiers de K_s et $\mathfrak{m}_s$ l'idéal maximal de A_s.

Soit
$$F(X,Y)=X+Y+\sum_{i,j\geqq 1} c_{ij}X^iY^j,\qquad c_{ij}\in A,$$
une *loi de groupe formel* à un paramètre sur l'anneau A (cf. par exemple [12], chap. III–IV). Notons
$$[p](X)=\sum_{i=1}^{\infty} a_iX^i,\qquad a_i\in A,$$
la «multiplication par p» par rapport à la loi F; c'est une série formelle dont le premier coefficient a_1 est égal à p. Nous supposerons que *F est de hauteur finie h* ([12], chap. IV, §2); si l'on pose $q=p^h$, cette hypothèse signifie que l'on a
$$a_i\equiv 0 \pmod{\mathfrak{m}}\quad \text{pour } i<q,\quad \text{et}\quad a_q\not\equiv 0 \pmod{\mathfrak{m}},$$
de sorte que la réduction mod $\mathfrak{m}$ de $[p]$ commence par un terme en X^q.

Notons V le *noyau de* $[p]$, i.e. l'ensemble des $x\in\mathfrak{m}_s$ tels que $[p](x)=0$; on munit V de la loi de composition $(x,y)\mapsto F(x,y)$. On sait (cf. [14] ou [12], p. 107) que V est un $\mathbf{F}_p$-espace vectoriel de dimension h. Le groupe G opère de façon naturelle sur V, de sorte que l'on se trouve dans la situation du n° 1.6.

Proposition 9. *Il existe sur V une structure de $\mathbf{F}_q$-espace vectoriel de dimension* 1 *jouissant des propriétés suivantes*:

(i) *Soient $s\in G$, σ l'image de s dans $G_k=$* Gal(k_s/k), *et σ_q la restriction de σ à $\mathbf{F}_q$. L'automorphisme de V défini par s est σ_q-linéaire.*

(ii) *Le groupe I_p opère trivialement sur V, et le groupe $I_t=I/I_p$ opère par l'intermédiaire du caractère fondamental $\theta_{q-1}\colon I_t\to\mathbf{F}_q^*$ de niveau h.*

(Rappelons que $\mathbf{F}_q$ est le sous-corps à $q=p^h$ éléments de k_s.)

La démonstration est essentiellement la même que celle de la prop. 8 (que l'on retrouve en prenant pour F la loi multiplicative $X+Y+XY$). Si x est un élément non nul de V, on a

$$p+a_2 x+\cdots+a_q x^{q-1}+\cdots=0,$$

et comme les a_i sont divisibles par p pour $i<q$, on voit, en comparant les valuations, que $v(x)=1/(q-1)$. Posons alors $\alpha=1/(q-1)$. Si $x, y\in V$, on a $x, y\in \mathfrak{m}_\alpha$ et

$$F(x, y)\equiv x+y \pmod{\mathfrak{m}_\alpha^+}.$$

On en conclut que la projection $\mathfrak{m}_\alpha\to V_\alpha=\mathfrak{m}_\alpha/\mathfrak{m}_\alpha^+$ définit un homomorphisme injectif de V dans V_α; cet homomorphisme commute à l'action de G, ce qui montre déjà que I_p opère trivialement sur V. Si l'on identifie V à son image dans V_α, la prop. 7 montre que I_t opère sur V par la formule

$$s\,x=\theta_{q-1}(s)\,x \qquad \text{si } s\in I_t,\ x\in V.$$

Comme $\theta_{q-1}\colon I_t\to \mathbf{F}_q^*$ est surjectif, ceci entraîne que V est stable par multiplication par $\mathbf{F}_q^*$, donc que c'est un sous-$\mathbf{F}_q$-espace vectoriel de V_α; comme $\mathrm{Card}(V)=q$, cet espace vectoriel est de dimension 1. L'assertion (i) résulte alors de la prop. 6, et l'assertion (ii) de la prop. 7.

Corollaire 1. *L'image de I_t dans $\mathbf{GL}(V)$ est formée des homothéties $x\mapsto \lambda x$, avec $\lambda\in\mathbf{F}_q^*$; c'est un groupe cyclique d'ordre $q-1$.*

Cela résulte de ce que $\theta_{q-1}\colon I_t\to\mathbf{F}_q^*$ est surjectif.

Corollaire 2. *Supposons que $k=\mathbf{F}_p$. L'image de G dans $\mathbf{GL}(V)$ est alors formée de tous les automorphismes semi-linéaires du $\mathbf{F}_q$-espace vectoriel V.*

(En d'autres termes, l'image de G dans $\mathbf{GL}_h(\mathbf{F}_p)$ est le normalisateur du *sous-groupe de Cartan* $\mathbf{F}_q^*$.)

En effet, l'hypothèse $k=\mathbf{F}_p$ entraîne que tout automorphisme de $\mathbf{F}_q$ est de la forme σ_q, donc est induit par un élément de G.

Remarques. 1) La structure de $\mathbf{F}_q$-espace vectoriel de V est indépendante de la coordonnée x choisie; elle ne dépend que du *groupe formel* défini par la loi F.

2) Soient k_1 une clôture algébrique de $\mathbf{F}_p$, et $V_1=k_1\otimes_{\mathbf{F}_p}V$. L'action de G sur V s'étend par linéarité en une action k_1-linéaire sur V_1; de plus, on peut mettre l'action de I_t sous forme diagonale (n° 1.6). Plus précisément:

Corollaire 3. *Les h caractères donnant l'action de I_t sur V_1 sont les h caractères fondamentaux $I_t\to k_1^*$ de niveau h.*

En effet, soit Γ l'ensemble des plongements de $\mathbf{F}_q$ dans k_1. Si $\gamma \in \Gamma$, notons $V_{(\gamma)}$ l'espace vectoriel de dimension 1 déduit du $\mathbf{F}_q$-espace vectoriel V par l'extension des scalaires γ: $\mathbf{F}_q \to k_1$. On vérifie aussitôt que V_1 est somme directe des $V_{(\gamma)}$ $(\gamma \in \Gamma)$, et que I_t opère sur $V_{(\gamma)}$ au moyen du caractère $\gamma \circ \theta_{q-1}$. D'où le corollaire, puisque les $\gamma \circ \theta_{q-1}$ sont les différents caractères fondamentaux de niveau h de I_t.

1.10. Représentation de *G* définie par un groupe formel (cas général)

Les résultats du n° 1.9, relatifs au cas $e=1$, sont suffisants pour les applications que nous avons en vue. Aussi nous bornerons-nous à indiquer rapidement ce qui se passe lorsque e est un entier quelconque.

Soient F une loi de groupe formel à un paramètre sur A, de hauteur finie h, et $[p](X)$ la multiplication par p correspondante. On a

$$[p](X) = \sum_{i=1}^{\infty} a_i X^i,$$

avec $a_i \in A$, $a_1 = p$, $v(a_i) \geqq 1$ si $i < q = p^h$ et $v(a_q) = 0$.

Notons encore V le noyau de $[p]$ dans $\mathfrak{m}_s$; c'est un $\mathbf{F}_p$-espace vectoriel de dimension h. Les valuations des éléments de V se lisent sur le *polygone de Newton*[1] de la série formelle $[p](X)$. Comme nous n'avons affaire qu'à des éléments de valuation >0, seule la partie de ce polygone de pente <0 nous intéresse. Vu les propriétés des $v(a_i)$ données ci-dessus, cette partie est une ligne brisée dont la projection sur l'axe Ox est le segment $[1, q]$. Notons $P_i = (q_i, e_i)$ ses différents sommets, rangés de telle sorte que

$$1 = q_0 < q_1 < q_2 < \cdots < q_m = q, \qquad \text{cf. Fig. 1}.$$

On a $e_i = v(a_{q_i})$, et en particulier $e_0 = v(a_1) = v(p) = e$ et $e_m = v(a_q) = 0$; les e_i forment une suite strictement décroissante.

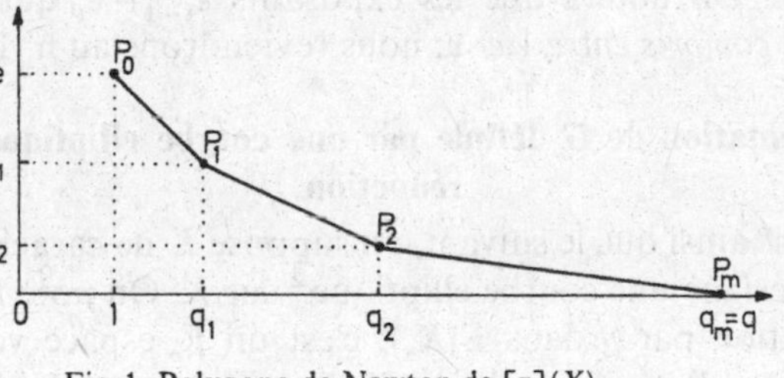

Fig. 1. Polygone de Newton de $[p](X)$

[1] Pour tout ce qui concerne les polygones de Newton des séries formelles, voir par exemple F. Bruhat, *Lectures on some aspects of p-adic analysis*, p. 111 – 114, Tata Institute, Bombay, 1963.

La *pente* du i-ème côté $P_{i-1}P_i$ est $-\alpha_i$, où $\alpha_i=(e_{i-1}-e_i)/(q_i-q_{i-1})$, et la longueur de la projection de $P_{i-1}P_i$ sur Ox est q_i-q_{i-1}. Il en résulte que *le nombre des éléments de V de valuation α_i est q_i-q_{i-1}*, et que *tout élément non nul de V a pour valuation l'un des α_i*. On a

$$\alpha_1>\alpha_2>\cdots>\alpha_m.$$

Soit V^i ($i=1,\ldots,m$) le sous-ensemble de V formé des éléments x tels que $v(x)\geqq\alpha_i$; posons $V^0=0$. On vérifie sans difficulté que les V^i sont des *sous-groupes* de V; ils forment une *filtration strictement croissante*

$$0=V^0\subset V^1\subset V^2\subset\cdots\subset V^m=V.$$

Comme $\operatorname{Card}(V^i)=q_i$, on en conclut que q_i est de la forme p^{h_i}, avec $0<h_1<h_2<\cdots<h_m=h$. Posons $\operatorname{gr}^i V=V^i/V^{i-1}$, avec $i=1,\ldots,m$. Le groupe G opère sur V et conserve la filtration (V^i); il opère donc sur les $\operatorname{gr}^i V$.

Proposition 10. (a) *Le groupe I_p opère trivialement sur* $\operatorname{gr}^i V$.

(b) *Soit k_1 une clôture algébrique de $\mathbf{F}_p$. Les caractères donnant l'action de I_t sur $k_1\otimes_{\mathbf{F}_p}\operatorname{gr}^i V$ sont les puissances $(e_{i-1}-e_i)$-ièmes des caractères fondamentaux de niveau h_i-h_{i-1}.*

L'inclusion de V^i dans $\mathfrak{m}_{\alpha_i}$ définit par passage au quotient un homomorphisme injectif $\operatorname{gr}^i V\to V_{\alpha_i}=\mathfrak{m}_{\alpha_i}/\mathfrak{m}_{\alpha_i}^+$. Comme I_p opère trivialement sur V_{α_i}, cela démontre (a). Pour (b), on remarque d'abord que I_t opère sur V_{α_i} par le caractère χ_{α_i}; en écrivant α_i sous la forme

$$\alpha_i=(e_{i-1}-e_i)/p^{h_{i-1}}(p^{h_i-h_{i-1}}-1),$$

on voit que χ_{α_i} est la puissance $(e_{i-1}-e_i)$-ième de l'un des caractères fondamentaux de niveau h_i-h_{i-1}; l'assertion (b) s'en déduit sans grande difficulté (utiliser le fait que l'ensemble des caractères de I_t donnant l'action de ce groupe sur $k_1\otimes\operatorname{gr}^i V$ est invariant par conjugaison sur $\mathbf{F}_p$).

Remarque. On notera que les exposants $e_{i-1}-e_i$ qui interviennent dans (b) sont *compris entre* 1 *et* e; nous reviendrons au n° 1.13 sur ce fait.

1.11. Représentation de G définie par une courbe elliptique ayant bonne réduction

Dans ce n° ainsi que le suivant, on suppose K de caractéristique zéro. La lettre E désigne une courbe elliptique[2] sur K. On note E_p le noyau de la multiplication par p dans $E(K_s)$; c'est un $\mathbf{F}_p$-espace vectoriel de dimension 2. On s'intéresse à la représentation naturelle de G dans E_p.

[2] Pour les propriétés générales des courbes elliptiques, voir Cassels [4], Deuring [8], Roquette [22], ainsi que Mumford [15], p. 214–220. Pour les modèles de Néron et les propriétés de bonne ou mauvaise réduction, voir Néron [16], Ogg [19] ainsi que [30].

Comme $\wedge^2 E_p$ est canoniquement isomorphe au groupe μ_p des racines p-ièmes de l'unité ([4], th. 8.1), le *déterminant* de la représentation de G dans E_p est égal au caractère $G \to \mathbf{F}_p^*$ donnant l'action de G sur μ_p; d'après la prop. 8, la restriction de ce caractère à I_t est la *puissance e-ième du caractère fondamental* θ_{p-1} *de niveau* 1. Cela fournit un premier renseignement sur le module galoisien E_p.

Faisons maintenant l'hypothèse que E a *bonne réduction* sur A; cela signifie que l'on peut représenter E comme une cubique plane d'équation

$$y^2 + a_1 x y + a_3 y = x^3 + a_2 x^2 + a_4 x + a_6,$$

à coefficients a_i appartenant à A, le discriminant $\Delta = \Delta(a_1, \ldots, a_6)$ étant *inversible* dans A (pour la formule donnant Δ, voir par exemple le n° 5.1 du § 5); le point à l'infini de l'axe $O y$ est pris comme origine. Si $\tilde{a}_i$ désigne l'image de a_i dans k, l'équation

$$y^2 + \tilde{a}_1 x y + \tilde{a}_3 y = x^3 + \tilde{a}_2 x^2 + \tilde{a}_4 x + \tilde{a}_6$$

définit une courbe elliptique $\tilde{E}$ sur k, appelée la *réduction de E* mod $\mathfrak{m}$. Distinguons maintenant deux cas:

(1) *Bonne réduction de hauteur* 1

C'est le cas où l'invariant de Hasse de $\tilde{E}$ n'est pas nul (cf. Deuring [8]); le noyau de la multiplication par p dans $\tilde{E}(\bar{k})$ est un groupe $\tilde{E}_p$ d'ordre p. On a une suite exacte

$$0 \to X_p \to E_p \to \tilde{E}_p \to 0,$$

où $E_p \to \tilde{E}_p$ est l'homomorphisme de réduction modulo $\mathfrak{m}_s$; le noyau X_p est cyclique d'ordre p. Le groupe G laisse stable X_p. Si l'on choisit une base (e_1, e_2) de E_p telle que $X_p = \mathbf{F}_p e_1$, l'image de G dans $\mathrm{Aut}(E_p) = \mathbf{GL}_2(\mathbf{F}_p)$ est *contenue dans le sous-groupe de Borel* $\begin{pmatrix} * & * \\ 0 & * \end{pmatrix}$. L'image de I_p est contenue dans le sous-groupe unipotent $\begin{pmatrix} 1 & * \\ 0 & 1 \end{pmatrix}$; le groupe I_t opère sur X_p (resp. sur $\tilde{E}_p$) au moyen d'un caractère χ_X (resp. χ_Y) à valeurs dans $\mathbf{F}_p^*$. En fait:

Proposition 11 (bonne réduction de hauteur 1). *On a* $\chi_X = \theta_{p-1}^e$ *et* $\chi_Y = 1$.

Le fait que $\chi_Y = 1$ résulte de ce que G opère sur $\tilde{E}_p$ par l'intermédiaire de l'homomorphisme canonique $G \to G_k$ et de l'action naturelle de G_k sur $\tilde{E}(\bar{k})$. D'autre part, le produit $\chi_X \chi_Y$ est égal au déterminant de l'action de I_t sur E_p, donc est égal à θ_{p-1}^e, d'après ce qu'on a vu plus haut.

Corollaire. *Supposons $e=1$. Alors:*

a) *Les deux caractères donnant l'action de I_t sur le semi-simplifié de E_p sont le caractère unité et le caractère fondamental θ_{p-1}.*

b) *Si I_p opère trivialement sur E_p, l'image de I dans $\mathbf{GL}(E_p)$ est un groupe cyclique d'ordre $p-1$, représentable matriciellement sous la forme $\begin{pmatrix} * & 0 \\ 0 & 1 \end{pmatrix}$, par rapport à une base convenable (e_1, e_2) de E_p, avec $e_1 \in X_p$.*

c) *Si I_p n'opère pas trivialement sur E_p, l'image de I dans $\mathbf{GL}(E_p)$ est d'ordre $p(p-1)$. Elle est représentable matriciellement sous la forme $\begin{pmatrix} * & * \\ 0 & 1 \end{pmatrix}$.*

L'assertion a) est évidente. Elle entraîne que $\chi_X\colon I_t \to \mathbf{F}_p^*$ est surjectif, et l'image de I est d'ordre multiple de $p-1$; comme cette image est un sous-groupe du groupe $\begin{pmatrix} * & * \\ 0 & 1 \end{pmatrix}$, son ordre est soit $p-1$, soit $p(p-1)$; le premier cas correspond à b) et le second cas à c).

Remarque. Je ne connais pas de critère simple permettant de reconnaître si l'on est dans le cas b) ou dans le cas c). La question est visiblement liée à celle du *relèvement canonique* de $\tilde{E}$.

Voici une question voisine: soit E_0 une courbe elliptique, sans multiplications complexes, sur un corps de nombres K_0. Notons Σ_b (resp. Σ_c) l'ensemble des places de K_0 en lesquelles E_0 a bonne réduction de hauteur 1 et de type b) (resp. de type c)) au sens ci-dessus. On sait que la *densité* de $\Sigma_b \cup \Sigma_c$ est 1 ([26], cor. 1 au th. 6 – voir aussi MG, p. IV–13, exerc.). Que peut-on dire des densités de Σ_b et Σ_c? Est-il
1 vrai que la densité de Σ_b est 0?

(2) *Bonne réduction de hauteur* 2

C'est le cas où l'invariant de Hasse de $\tilde{E}$ est nul; la courbe $\tilde{E}$ n'a pas de point d'ordre p, et tous les éléments de E_p se réduisent en l'élément neutre de $\tilde{E}$.

Ecrivons comme ci-dessus l'équation de E sous la forme

$$y^2 + a_1 x y + a_3 y = x^3 + a_2 x^2 + a_4 x + a_6$$

avec $a_i \in A$ et Δ inversible. Si $(x, y) \in E(K_s)$ se réduit suivant l'élément neutre de $\tilde{E}$, on voit facilement que $t = x/y$ appartient à $\mathfrak{m}_s$, et tout élément de $\mathfrak{m}_s$ est obtenu ainsi, de manière unique. De plus, la loi de composition de la courbe E se traduit en une *loi de groupe formel*

$$F(t, t') = t + t' + a_1 t t' - a_2 (t^2 t' + t t'^2) + \cdots$$

à coefficient dans A. (Le groupe formel associé à F est le *complété formel* du modèle de Néron de E sur A.)

Soit $[p](t)=p\,t+a_1\binom{p}{2}t^2+\cdots$ la série formelle donnant la multiplication par p relativement à F (cf. n° 1.9). D'après ce qui précède, le groupe E_p s'identifie par $(x,y)\mapsto t=x/y$ au *noyau* de $[p]$. Comme $\mathrm{Card}(E_p)=p^2$, il en résulte que la *hauteur h de F est égale à* 2, résultat d'ailleurs facile à retrouver directement. On peut donc appliquer la prop. 9 et ses corollaires. D'où:

Proposition 12 (bonne réduction de hauteur 2). *Supposons que* $e=1$. *Alors*:

a) *L'action de* I_p *sur* E_p *est triviale.*

b) *Il existe sur* E_p *une structure de* $\mathbf{F}_{p^2}$*-espace vectoriel de dimension* 1 *telle que l'action de* I_t *soit donnée par le caractère fondamental* θ_{p^2-1} *de niveau* 2.

c) *L'image de I dans* $\mathbf{GL}(E_p)$ *est un groupe cyclique C d'ordre* p^2-1 («sous-groupe de Cartan non déployé», cf. n° 2.1).

d) *L'image de G dans* $\mathbf{GL}(E_p)$ *est égale à C ou au normalisateur N de C suivant que k contient ou ne contient pas* $\mathbf{F}_{p^2}$.

En particulier:

Corollaire. *Soit* k_1 *une clôture algébrique de* $\mathbf{F}_p$. *L'action de* I_t *sur* $k_1\otimes E_p$ *est donnée par les deux caractères fondamentaux* $I_t\to k_1^*$ *de niveau* 2.

Remarque. Lorsque $e>1$, la prop. 10 fournit des renseignements sur le module galoisien E_p, à condition que l'on connaisse le polygone de Newton de la série formelle $[p](t)$. Vu ce qui a été démontré au n° 1.10, il suffit de connaître la *valuation* du p-ième coefficient de cette série formelle. En voici un exemple simple:

Prenons $p=5$, et supposons E donnée sous la forme

$$y^2=x^3+a_4\,x+a_6, \qquad \text{avec } v(a_4)>0 \quad \text{et} \quad v(a_6)=0.$$

On a

$$[5](t)=5t-1248\,a_4\,t^5+\cdots.$$

Posons $f=v(a_4)$, $P_0=(1,e)$, $P_1=(5,f)$, $P_2=(25,0)$. Il y a deux cas à distinguer:

On a $f\geqq 5e/6$, i.e. le point P_1 est au-dessus du segment P_0P_2. Le polygone de Newton de la série $[5](t)$ est P_0P_2. Les caractères de I_t qui interviennent sont les puissances e-ièmes des caractères fondamentaux de niveau 2.

On a $f<5e/6$, i.e. P_1 est strictement au-dessous de P_0P_2. Le polygone de Newton est la ligne brisée $P_0P_1P_2$; les caractères de I_t qui interviennent sont les puissances f-ièmes et $(e-f)$-ièmes du caractère fondamental de niveau 1.

[Pour des valeurs plus grandes de p, il n'est pas nécessaire de calculer exactement le p-ième coefficient de $[p](t)$, il suffit de connaître sa valeur modulo p; or on peut vérifier que cette valeur est égale à *l'invariant de Hasse* de la réduction mod p (et pas seulement mod $\mathfrak{m}$!) de E; elle s'exprime donc en fonction des covariants c_4 et c_6 par des formules connues (cf. [8], par exemple).]

1.12. Représentation de G définie par une courbe elliptique ayant mauvaise réduction de type multiplicatif

On suppose maintenant que la courbe elliptique E peut être écrite comme une cubique plane dont la réduction $\tilde{E}$ est une cubique irréductible de genre 0 ayant un seul point double à tangentes distinctes. Le modèle de Néron de E est de type (b_m), cf. [16], p. 124; la composante neutre de sa fibre spéciale est une «forme» du groupe multiplicatif.

Pour étudier le module galoisien E_p, le plus simple est d'utiliser la théorie de Tate (cf. [19], [22], ainsi que MG, p. IV–29 à IV–37). L'invariant modulaire j de E a une valuation <0, égale à $-m$. Il lui correspond un unique élément q de $\mathfrak{m}$ tel que:

$$j=\frac{(1+240\sum n^3 q^n/(1-q^n))^3}{q\prod(1-q^n)^{24}}=\frac{1}{q}+744+196884q+\cdots.$$

A l'élément q est attachée une *courbe de Tate* $E(q)=\mathbf{G}_m/q^{\mathbf{Z}}$, cf. [22] ou MG, *loc. cit.* Les courbes E et $E(q)$ ont même invariant modulaire; il existe une plus petite extension K' de K sur laquelle elles deviennent isomorphes, et l'on a $[K':K]\leqq 2$ [3]. De plus, en utilisant le fait que le modèle de Néron de E est de type (b_m), on montre (cf. Ogg [19], § II) que K' est une extension *non ramifiée* de K; l'extension résiduelle correspondante est la plus petite extension sur laquelle les tangentes au point double de $\tilde{E}$ sont rationnelles. On en déduit (MG, p. IV–31) une suite exacte (valable sur K')

$$0\to\mu_p\to E_p\to\mathbf{Z}/p\mathbf{Z}\to 0.$$

D'où, comme dans le cas de la bonne réduction de hauteur 1:

Proposition 13 (mauvaise réduction de type multiplicatif). *L'image de I dans* $\mathbf{GL}(E_p)$ *est contenue dans un sous-groupe de type* $\begin{pmatrix} * & * \\ 0 & 1 \end{pmatrix}$. *Les*

---

[3] De façon plus précise, on a $K'=K(\sqrt{-c_6})$, avec les notations usuelles (n° 5.1); cela résulte des deux faits suivants:

a) Pour la courbe de Tate $E(q)$, sous forme standard ([22], p. 29), on a

$$-c_6=1-504\sum_{n=1}^{\infty} n^5 q^n/(1-q^n),$$

qui est un carré puisque 504 est divisible par 8.

b) Si E' se déduit de E par «torsion» relativement à une extension quadratique K'/K, on a $K'=K(\sqrt{\alpha})$, avec $\alpha=c_6(E')/c_6(E)$.

deux caractères de I_t *qui interviennent dans cette représentation sont le caractère unité et le caractère* θ_{p-1}^e.

On en déduit, comme au n° précédent:

Corollaire. *Supposons que* $e=1$. *Alors*:

a) *Les deux caractères donnant l'action de* I_t *sur le semi-simplifié de* E_p *sont le caractère* 1 *et le caractère* θ_{p-1}.

b) *Si* I_p *opère trivialement sur* E_p, *l'image de* I *dans* $\mathbf{GL}(E_p)$ *est un groupe cyclique d'ordre* $p-1$, *représentable matriciellement par* $\begin{pmatrix} * & 0 \\ 0 & 1 \end{pmatrix}$.

c) *Si* I_p *n'opère pas trivialement sur* E_p, *l'image de* I *est représentable matriciellement par* $\begin{pmatrix} * & * \\ 0 & 1 \end{pmatrix}$.

Ici, il est facile de donner un critère pour que l'on soit dans le cas b): il faut et il suffit que q ait une racine p-ième dans K_{nr}. Noter que cette condition entraîne

$$v(j) = -v(q) \equiv 0 \pmod{p}.$$

On en conclut que, si $v(j) \not\equiv 0 \pmod{p}$, on est nécessairement dans le cas c), cf. MG, p. IV – 37.

Remarque. A la place de la théorie de Tate, on pourrait utiliser le fait que le groupe formel $\hat{E}$ complété de E est isomorphe au *groupe formel multiplicatif* sur l'anneau des entiers de K'; en particulier, c'est un groupe de hauteur 1.

1.13. Compléments

Dans tous les exemples traités ci-dessus, on remarque que les caractères de I_t qui interviennent s'expriment en fonction des caractères fondamentaux *avec des exposants compris entre* 0 *et* e (donc égaux à 0 ou 1 lorsque $e=1$). On peut se demander si c'est là un fait général, lié à la bonne réduction (ou, plus généralement, à la réduction «semi-stable»). La réponse est affirmative. De façon précise, Raynaud vient de démontrer le résultat suivant (cf. [21] pour plus de détails):

Soit E un schéma en groupes commutatif, fini et plat sur A; on suppose que E est annulé par p; son rang est une puissance p^h de p. Soit $E_p = E(K_s)$ le groupe des points de E à valeurs dans K_s; c'est un $\mathbf{F}_p$-espace vectoriel de dimension h sur lequel opère G, et en particulier I. Soit V l'un des quotients de Jordan-Hölder du I-module E_p, et soit n sa dimension sur $\mathbf{F}_p$; posons $q = p^n$. Il existe alors sur V une structure de $\mathbf{F}_q$-espace vectoriel de dimension 1 telle que l'action de I_t sur V soit donnée par un caractère $\psi: I_t \to \mathbf{F}_q^*$ de la forme

$$\psi = \psi_1^{e(1)} \dots \psi_n^{e(n)},$$

où les ψ_i sont les différents caractères fondamentaux de I_t de niveau n, et les $e(i)$ des entiers *compris entre* 0 *et* e.

Ce résultat s'applique notamment au schéma en groupes E_p noyau de la multiplication par p dans un groupe p-divisible, ou dans une variété abélienne ayant bonne réduction.

On peut aussi se demander s'il existe des résultats analogues pour *l'homologie* (ou la cohomologie) *étale* de dimension d quelconque (le cas traité par Raynaud étant essentiellement le cas $d=1$). Plus précisément, soit X un schéma projectif lisse sur A, et soit H le d-ième groupe d'homologie étale de $X\times_A K_s$, à coefficients dans $\mathbf{Z}/p\mathbf{Z}$. Soit V un quotient de Jordan-Hölder du I-module H; posons $n=\dim.V$ et $q=p^n$. L'action de I sur V est donnée par un caractère $\psi\colon I_t\to\mathbf{F}_q^*$. *Est-il vrai que l'on peut écrire* ψ *sous la forme* $\psi_1^{e(1)}\ldots\psi_n^{e(n)}$ *comme ci-dessus, avec des exposants* $e(i)$ *entiers compris entre* 0 *et* de?

On peut se poser des questions analogues pour d'autres représentations modulo p, par exemple pour celle liée à la fonction τ de Ramanujan (cf. [7], [28]): est-il vrai que les exposants $e(i)$ correspondants sont
2 compris entre 0 et 11? Si oui, cela permettrait d'appliquer à cette représentation les arguments du § 4.

§ 2. Sous-groupes de $\mathbf{GL}_2(\mathbf{F}_p)$

Dans ce §, V désigne un espace vectoriel de dimension 2 sur le corps $\mathbf{F}_p=\mathbf{Z}/p\mathbf{Z}$. Le groupe $\mathbf{GL}(V)$ des automorphismes de V est isomorphe à $\mathbf{GL}_2(\mathbf{F}_p)$; on s'intéresse à ses sous-groupes.

2.1. Sous-groupes de Cartan

Il y en a de deux sortes: déployés et non déployés.

a) *Cas déployé*

Soient D_1 et D_2 deux droites distinctes de V; on a $V=D_1\oplus D_2$. Soit C le sous-groupe de $\mathbf{GL}(V)$ formé des éléments s tels que $sD_1=D_1$ et $sD_2=D_2$. On dit que C est le *sous-groupe de Cartan* (déployé) défini par $\{D_1,D_2\}$; si l'on choisit une base de V formée d'un vecteur de D_1 et d'un vecteur de D_2, C est représentable matriciellement sous la forme $\begin{pmatrix}* & 0\\ 0 & *\end{pmatrix}$. Le groupe C est abélien de type $(p-1,p-1)$; si $p\neq 2$, la donnée de C détermine $\{D_1,D_2\}$ sans ambiguïté.

Soit C_1 le sous-groupe de C formé des éléments qui opèrent trivialement sur D_1. C'est un groupe cyclique d'ordre $p-1$, représentable matriciellement sous la forme $\begin{pmatrix}1 & 0\\ 0 & *\end{pmatrix}$ (ou sous la forme $\begin{pmatrix}* & 0\\ 0 & 1\end{pmatrix}$, cela revient au même). Un tel sous-groupe est appelé un *demi-sous-groupe de Cartan déployé.*

Soit C' un demi-sous-groupe de Cartan déployé, et soit $C = C' \cdot \mathbf{F}_p^*$ le groupe engendré par C' et par les homothéties. Le groupe C est l'unique sous-groupe de Cartan déployé contenant C'. L'image de C dans le groupe projectif $\mathbf{PGL}(V) = \mathbf{GL}(V)/\mathbf{F}_p^*$ est égale à celle de C'; c'est un groupe cyclique d'ordre $p-1$, appelé *sous-groupe de Cartan déployé de* $\mathbf{PGL}(V)$.

b) *Cas non déployé*

Soit k une sous-algèbre de $\mathrm{End}(V)$ qui soit un corps à p^2 éléments. Le sous-groupe k^* de $\mathbf{GL}(V)$ est cyclique d'ordre p^2-1. Son image dans $\mathbf{PGL}(V)$ est cyclique d'ordre $p+1$. Un tel sous-groupe de $\mathbf{GL}(V)$ (resp. de $\mathbf{PGL}(V)$) est appelé un *sous-groupe de Cartan non déployé.*

L'intersection des sous-groupes de Cartan est le groupe $\mathbf{F}_p^*$ des homothéties. Leur réunion est l'ensemble des éléments semi-simples (i.e. d'ordre premier à p) de $\mathbf{GL}(V)$. Si $p \neq 2$, et si $s \in \mathbf{GL}(V)$ est tel que $\mathrm{Tr}(s)^2 - 4\det(s) \neq 0$, l'élément s appartient à un sous-groupe de Cartan et un seul; ce groupe est déployé si et seulement si $\mathrm{Tr}(s)^2 - 4\det(s)$ est un carré dans $\mathbf{F}_p$.

2.2. Normalisateurs des sous-groupes de Cartan

Soit C un sous-groupe de Cartan de $\mathbf{GL}(V)$; on suppose $p \neq 2$ si C est déployé. La sous-algèbre $k = \mathbf{F}_p C$ de $\mathrm{End}(V)$ engendrée par C est alors une algèbre commutative semi-simple de rang 2, et C est égal au groupe multiplicatif de k. Soit N le *normalisateur* de C dans $\mathbf{GL}(V)$. Si $s \in N$, l'application $x \mapsto s x s^{-1}$ est un automorphisme de k; si cet automorphisme est l'identité, s commute à k, donc appartient à k, et par suite à C. On en conclut que $(N:C) = 2$. Lorsque C est déployé, et correspond à $\{D_1, D_2\}$ comme ci-dessus, les éléments de $N - C$ sont les éléments $s \in \mathbf{GL}(V)$ tels que $s D_1 = D_2$ et $s D_2 = D_1$; lorsque C est non déployé, les éléments de $N - C$ sont les éléments $s \in \mathbf{GL}(V)$ tels que $s(ax) = a^p s(x)$ pour $a \in k$, $x \in V$ (i.e. ceux qui sont *semi-linéaires* pour la structure de k-espace vectoriel de V).

Soient C_1 et N_1 les images de C et N dans $\mathbf{PGL}(V)$. Le groupe N_1 est le normalisateur de C_1 dans $\mathbf{PGL}(V)$. C'est un groupe *diédral*, produit semi-direct d'un groupe $\{1, \sigma\}$ d'ordre 2 par le groupe cyclique C_1; on a $\sigma x \sigma = x^{-1}$ pour tout $x \in C_1$; tout élément de $N_1 - C_1$ est d'ordre 2.

Proposition 14. *Soient C un sous-groupe de Cartan de* $\mathbf{GL}(V)$ *et N son normalisateur. Soit C' un sous-groupe de Cartan* (resp. *un demi-sous-groupe de Cartan déployé*) *de* $\mathbf{GL}(V)$ *contenu dans N. Supposons $p \geqq 5$ si C' est déployé, et $p \geqq 3$ sinon. On a alors $C' = C$* (resp. $C' \subset C$).

Soient C_1, N_1 et C'_1 les images de C, N et C' dans $\mathbf{PGL}(V)$. Vu les hypothèses faites, C'_1 est cyclique d'ordre $p \pm 1 > 2$. Si s est un générateur de C'_1, on a donc $s \in C_1$ (sinon s appartiendrait à $N_1 - C_1$ et serait d'ordre 2). Mais deux sous-groupes de Cartan de $\mathbf{PGL}(V)$ qui sont distincts ont pour intersection $\{1\}$. Puisque $s \in C_1 \cap C'_1$, on a donc $C_1 = C'_1$, d'où $C' \mathbf{F}_p^* = C$ et la proposition en résulte.

Remarque. La prop. 14 ne s'étend pas au cas $p=3$. En effet, dans ce cas, V possède 4 droites D_1, D_2, D_3, D_4 et les sous-groupes de Cartan déployés définis par $\{D_1, D_2\}$ et $\{D_3, D_4\}$ ont même normalisateur; en outre, ce dernier est strictement contenu dans le normalisateur d'un sous-groupe de Cartan non déployé.

2.3. Sous-groupes de Borel

Soit D une droite de V. Le sous-groupe B de $\mathbf{GL}(V)$ formé des éléments s tels que $sD = D$ est d'ordre $p(p-1)^2$; il est représentable matriciellement par $\begin{pmatrix} * & * \\ 0 & * \end{pmatrix}$. Un tel sous-groupe est appelé un *sous-groupe de Borel* de $\mathbf{GL}(V)$; la droite D correspondante est l'unique droite de V stable par B.

Si un sous-groupe de Cartan, ou un demi-sous-groupe de Cartan déployé, est contenu dans B, ce sous-groupe est déployé et (si $p \geqq 3$) D est l'une des deux droites qui lui sont associées.

2.4. Sous-groupes d'ordre divisible par p

Proposition 15. *Soit G un sous-groupe de* $\mathbf{GL}(V)$ *d'ordre divisible par p. Alors, ou bien G contient* $\mathbf{SL}(V)$, *ou bien G est contenu dans un sous-groupe de Borel de* $\mathbf{GL}(V)$.

(Rappelons que $\mathbf{SL}(V)$ désigne le noyau de det: $\mathbf{GL}(V) \to \mathbf{F}_p^*$.)

Tout élément x d'ordre p de $\mathbf{GL}(V)$ est représentable matriciellement sous la forme $\begin{pmatrix} 1 & 1 \\ 0 & 1 \end{pmatrix}$, donc laisse fixe une droite D_x et une seule. Si toutes les droites D_x correspondant aux éléments d'ordre p de G sont égales à une même droite D, le groupe G laisse stable D, donc est contenu dans le groupe de Borel défini par D. S'il y a au moins deux droites D_x différentes, on peut les prendre pour axes de coordonnées, et G contient des éléments x et y représentables matriciellement par:

$$x = \begin{pmatrix} 1 & a \\ 0 & 1 \end{pmatrix}, \quad y = \begin{pmatrix} 1 & 0 \\ b & 1 \end{pmatrix}, \quad \text{avec } a, b \neq 0.$$

La proposition résulte alors de ce que $\mathbf{SL}_2(\mathbf{F}_p)$ est engendré par ses sous-groupes $\begin{pmatrix} 1 & * \\ 0 & 1 \end{pmatrix}$ et $\begin{pmatrix} 1 & 0 \\ * & 1 \end{pmatrix}$, cf. par exemple Bourbaki, A, III, p. 104, prop. 17.

2.5. Sous-groupes finis exceptionnels de $\mathbf{PGL}_2(k)$

Dans ce n°, k désigne un corps commutatif; on note $\mathbf{PGL}_2(k)$ le groupe projectif $\mathbf{GL}_2(k)/k^*$.

Proposition 16. *Soit H un sous-groupe fini de* $\mathbf{PGL}_2(k)$ *d'ordre premier à la caractéristique car. k de k. On suppose que H n'est ni cyclique ni diédral. Alors H est isomorphe à l'un des groupes* $\mathfrak{A}_4$, $\mathfrak{S}_4$ *et* $\mathfrak{A}_5$. *En particulier, l'ordre de H est* 12, 24 *ou* 60; *les éléments de H sont d'ordre* 1, 2, 3, 4 *ou* 5.

(Rappelons que $\mathfrak{S}_n$ (resp. $\mathfrak{A}_n$) désigne le *groupe symétrique* (resp. *alterné*) de n lettres.)

Ce résultat est bien connu lorsque k est le corps $\mathbf{C}$ des nombres complexes, cf. par exemple Weber [36], §68. On peut le déduire du fait que $\mathbf{PGL}_2(\mathbf{C})$ a pour sous-groupe compact maximal $\mathbf{SO}_3(\mathbf{R})$, de sorte que H est isomorphe à un groupe fini de rotations de $\mathbf{R}^3$ et correspond à un «polyèdre régulier» ($\mathfrak{A}_4$, $\mathfrak{S}_4$ et $\mathfrak{A}_5$ correspondent ainsi au tétraèdre, au cube, et à l'icosaèdre).

Dans le cas général, on peut procéder de plusieurs façons. Par exemple:

1) On reprend les raisonnements donnés dans Weber, *loc. cit.*, et l'on constate qu'ils restent valables dans le cas général, du fait que l'ordre de H est premier à car. k.

2) On peut aussi, si car. $k=0$, appliquer le *principe de Lefschetz* pour se ramener à $k=\mathbf{C}$. Si car. $k=p\neq 0$, on écrit k comme corps résiduel d'un anneau de valuation discrète complet A dont le corps des fractions K est de caractéristique zéro. Du fait que l'ordre de H est premier à p, un argument standard montre que l'on peut relever H en un sous-groupe de $\mathbf{PGL}_2(A)$, donc aussi de $\mathbf{PGL}_2(K)$, et l'on est ramené au cas de caractéristique zéro.

Corollaire. *Si* car. $k=2$ *ou* 3, *tout sous-groupe fini de* $\mathbf{PGL}_2(k)$ *d'ordre premier à* car. k *est cyclique ou diédral.*

C'est clair.

Remarque. On peut se demander à quelle condition $\mathbf{PGL}_2(k)$ contient un sous-groupe isomorphe à $\mathfrak{A}_4$, $\mathfrak{S}_4$ ou $\mathfrak{A}_5$. La réponse est la suivante:

a) $\mathbf{PGL}_2(k)$ *contient* $\mathfrak{A}_4$ *si et seulement si*:
il existe $x\in k$ tel que $x^2+x=1$ (si car. $k=2$)
il existe $y, z\in k$ tels que $y^2+z^2=-1$ (si car. $k\neq 2$).

b) $\mathbf{PGL}_2(k)$ *contient* $\mathfrak{S}_4$ *si et seulement si*:
car. $k\neq 2$ et il existe $y, z\in k$ tels que $y^2+z^2=-1$.

c) $\mathbf{PGL}_2(k)$ *contient* $\mathfrak{A}_5$ *si et seulement si*:
il existe $x, y, z\in k$ tels que $x^2+x=1$ et $y^2+z^2=-1$.

(Noter que la condition portant sur (y, z) est vérifiée si car. $k\neq 0$; si car. $k=0$, elle signifie que k neutralise le corps des quaternions. Quant à la condition portant sur x, elle signifie que k contient $\sqrt{5}$ si car. $k\neq 2$, et contient $\sqrt[3]{1}$ si car. $k=2$.)

2.6. Sous-groupes d'ordre premier à p

Soit G un sous-groupe de $\mathbf{GL}(V)$ d'ordre premier à p, et soit H son image dans $\mathbf{PGL}(V)$. La prop. 16, appliquée au corps $k=\mathbf{F}_p$, montre que l'on a les possibilités suivantes:

i) H est *cyclique*, donc contenu dans un sous-groupe de Cartan de $\mathbf{PGL}(V)$, unique si $H\neq\{1\}$; on en conclut que *G est contenu dans un sous-groupe de Cartan de* $\mathbf{GL}(V)$.

ii) H est *diédral*, donc contient un sous-groupe cyclique C' non trivial d'indice 2. Le groupe C' est contenu dans un unique sous-groupe de Cartan C de $\mathbf{PGL}(V)$; comme H normalise C', il normalise aussi C. Revenant à $\mathbf{GL}(V)$, on en conclut que *G est contenu dans le normalisateur d'un sous-groupe de Cartan de* $\mathbf{GL}(V)$.

iii) H est *isomorphe à* $\mathfrak{A}_4$, $\mathfrak{S}_4$ *ou* $\mathfrak{A}_5$, ce dernier cas n'étant d'ailleurs possible que si $p\equiv\pm 1 \pmod 5$. Les éléments de H sont alors d'ordre 1, 2, 3, 4 ou 5. On en déduit facilement que, si $s\in G$, l'élément $u=\mathrm{Tr}(s)^2/\det(s)$ est égal à 4, 0, 1, 2 ou vérifie l'équation $u^2-3u+1=0$.

2.7. Sous-groupes contenant un sous-groupe de Cartan

Le résultat suivant jouera un rôle essentiel au §4:

Proposition 17. *Soit G un sous-groupe de* $\mathbf{GL}(V)$ *contenant un sous-groupe de Cartan C* (resp. *un demi-sous-groupe de Cartan déployé C*). *On suppose $p\neq 5$ si C est déployé. Alors*:

ou bien $G=\mathbf{GL}(V)$,

ou bien G est contenu dans un sous-groupe de Borel,

ou bien G est contenu dans le normalisateur d'un sous-groupe de Cartan.

Distinguons deux cas:

a) L'ordre de G est divisible par p

La prop. 15 du n° 2.4 montre que G est contenu dans un sous-groupe de Borel, ou contient $\mathbf{SL}(V)$. Mais, puisque G contient C, son image par det: $\mathbf{GL}(V)\to\mathbf{F}_p^*$ est égale à $\mathbf{F}_p^*$ tout entier. On en conclut que, si G contient $\mathbf{SL}(V)$, il est nécessairement égal à $\mathbf{GL}(V)$.

b) L'ordre de G n'est pas divisible par p

Soit H l'image de G dans $\mathbf{PGL}(V)$. D'après le n° 2.6, tout revient à montrer que H est cyclique ou diédral, i.e. n'est pas isomorphe à $\mathfrak{A}_4$, $\mathfrak{S}_4$ ou $\mathfrak{A}_5$. C'est clair si $p=2$ ou 3. Supposons donc $p\geqq 5$. L'image C_1 de C dans $\mathbf{PGL}(V)$ est cyclique d'ordre $p\pm 1\geqq 6$ (grâce au fait que l'on suppose $p\geqq 7$ lorsque C est déployé). Comme $\mathfrak{A}_4$, $\mathfrak{S}_4$ et $\mathfrak{A}_5$ ne contiennent pas d'élément d'ordre $\geqq 6$, on voit bien que H ne peut être isomorphe à aucun de ces groupes.

Remarque. Lorsque $p=5$ et que C est déployé, il y a une quatrième possibilité: l'image de G dans $\mathbf{PGL}(V)$ peut être isomorphe à $\mathfrak{S}_4$. Ce cas est caractérisé par le fait que la fonction $s \mapsto \mathrm{Tr}(s)^2/\det(s)$ prend sur G la valeur 1 et ne prend pas la valeur 3.

Le cas où G est *distingué* est beaucoup plus simple:

Proposition 18. *Soit G un sous-groupe de $\mathbf{GL}(V)$ contenant un sous-groupe de Cartan C* (resp. *un demi-sous-groupe de Cartan déployé C*). *On suppose $p \neq 2$ et G distingué dans $\mathbf{GL}(V)$. Alors $G=\mathbf{GL}(V)$.*

Supposons $p \geqq 5$. D'après un résultat connu (cf. par exemple Artin [1], chap. IV, th. 4.9), le fait que G soit distingué dans $\mathbf{GL}(V)$ entraîne, soit que G est contenu dans le centre de $\mathbf{GL}(V)$, soit que G contient $\mathbf{SL}(V)$. Le premier cas est exclu puisque G contient C; le second entraîne $G=\mathbf{GL}(V)$ du fait que $\det(C)=\mathbf{F}_p^*$.

Si $p=3$, on peut identifier $\mathbf{PGL}(V)$ au groupe $\mathfrak{S}_4$ et l'image H de G dans $\mathbf{PGL}(V)$ devient un sous-groupe distingué de $\mathfrak{S}_4$. Si C est déployé (resp. non déployé), H contient une transposition (resp. un cycle d'ordre 4); il en résulte facilement que $H=\mathfrak{S}_4$, donc que l'ordre de G est divisible par 3. Comme G n'est pas contenu dans un sous-groupe de Borel, la prop. 15 montre que G contient $\mathbf{SL}(V)$, et l'on conclut comme ci-dessus.

2.8. Un critère pour que $G=\mathbf{GL}(V)$

Soit G un sous-groupe de $\mathbf{GL}(V)$. La prop. 17 fournit un critère pour que $G=\mathbf{GL}(V)$: pour $p \geqq 7$, il suffit que G contienne un sous-groupe de Cartan, et ne soit contenu, ni dans un sous-groupe de Borel, ni dans le normalisateur d'un sous-groupe de Cartan. Voici un critère un peu différent:

Proposition 19. *Supposons $p \geqq 5$ et faisons les hypothèses suivantes:*

i) *G contient un élément s tel que* $\mathrm{Tr}(s)^2-4\det(s)$ *soit un carré* $\neq 0$ *dans $\mathbf{F}_p$, et que* $\mathrm{Tr}(s) \neq 0$.

ii) *G contient un élément s' tel que* $\mathrm{Tr}(s')^2-4\det(s')$ *ne soit pas un carré dans $\mathbf{F}_p$, et que* $\mathrm{Tr}(s') \neq 0$.

iii) *G contient un élément s'' tel que* $u=\mathrm{Tr}(s'')^2/\det(s'')$ *soit distinct de* 0, 1, 2 *et* 4 *et soit tel que* $u^2-3u+1 \neq 0$.

Alors G contient $\mathbf{SL}(V)$. En particulier, si $\det\colon G \to \mathbf{F}_p^*$ *est surjectif, on a $G=\mathbf{GL}(V)$.*

Distinguons encore deux cas:

a) L'ordre de G est divisible par p

Si G ne contenait pas $\mathbf{SL}(V)$, G serait contenu dans un sous-groupe de Borel (prop. 15), et les valeurs propres des éléments de G appartiendraient toutes à $\mathbf{F}_p$, ce qui contredirait ii).

b) L'ordre de G n'est pas divisible par p

Soit H l'image de G dans $\mathbf{PGL}(V)$. La condition iii) montre que H ne peut pas être isomorphe à $\mathfrak{A}_4$, $\mathfrak{S}_4$ ou $\mathfrak{A}_5$, cf. n° 2.6.

Ainsi, H est cyclique ou diédral, et G est contenu dans le normalisateur N d'un sous-groupe de Cartan C. Si C est déployé, l'élément s' ne peut appartenir, ni à C (car $\mathrm{Tr}(s')^2-4\det(s')$ serait un carré), ni à $N-C$ (car $\mathrm{Tr}(s')$ serait 0). Si C n'est pas déployé, le même argument montre que s ne peut appartenir, ni à C, ni à $N-C$. Le cas b) est donc impossible.

Corollaire ([32], lemme 4). *Faisons l'hypothèse suivante*:

(∗) *Quels que soient* $t\in\mathbf{F}_p$, $d\in\mathbf{F}_p^*$, *il existe* $s\in G$ *tel que* $\mathrm{Tr}(s)=t$ *et* $\det(s)=d$.

Alors, si $p\geqq 5$, *on a* $G=\mathbf{GL}(V)$.

En effet, les conditions (i) à (iii) sont satisfaites, et l'homomorphisme $\det\colon G\to\mathbf{F}_p^*$ est surjectif.

Remarque. Lorsque $p=2$ (resp. $p=3$), l'hypothèse (∗) n'entraîne pas que $G=\mathbf{GL}(V)$. Elle entraîne seulement que G contient le 3-groupe de Sylow (resp. un 2-groupe de Sylow) de $\mathbf{GL}(V)$. Plus précisément:

si $p=2$, on a $\mathbf{GL}(V)\simeq\mathfrak{S}_3$, et, pour que G contienne le sous-groupe d'ordre 3 de $\mathbf{GL}(V)$, il faut et il suffit qu'il existe $s\in G$ tel que $\mathrm{Tr}(s)=1$;

si $p=3$, on a $\mathbf{PGL}(V)\simeq\mathfrak{S}_4$, et, pour que G contienne un 2-groupe de Sylow de $\mathbf{GL}(V)$ (i.e. un normalisateur de sous-groupe de Cartan non déployé), il faut et il suffit qu'il existe $s, s'\in G$ tels que

$$\det(s)=\det(s')=-1 \quad \text{et} \quad \mathrm{Tr}(s)=0,\ \mathrm{Tr}(s')=\pm 1.$$

§ 3. Systèmes de représentations abéliennes modulo l

3.1. Notations

Ce sont celles de MG, chap. II. Rappelons-les brièvement:

K est un corps de nombres algébriques (i.e. une extension finie de $\mathbf{Q}$), de clôture algébrique $\bar{K}$;

O_K est l'anneau des entiers de K, et $E=O_K^*$ est le groupe des unités de K;

Σ est l'ensemble des places ultramétriques de K, et Σ^∞ l'ensemble des places archimédiennes; on pose $\bar{\Sigma}=\Sigma\cup\Sigma^\infty$.

K_v est le complété de K en v ($v \in \bar{\Sigma}$);

U_v, k_v, Nv, p_v sont respectivement le groupe des unités, le corps résiduel, le nombre d'éléments du corps résiduel et la caractéristique résiduelle du corps local K_v ($v \in \Sigma$).

I est le groupe des idèles de K; si $a \in I$ et $v \in \bar{\Sigma}$, on note a_v la composante de a en v; on a $a_v \in K_v^*$ pour tout $v \in \bar{\Sigma}$, et $a_v \in U_v$ pour presque tout v;

$C = I/K^*$ est le groupe des classes d'idèles de K.

On se donne une partie finie S de Σ ainsi qu'un *module* $\mathfrak{m} = (m_v)_{v \in S}$ de support S, les m_v étant des entiers $\geqq 1$. On définit $U_{v,\mathfrak{m}}$ comme la composante neutre de K_v^* si $v \in \Sigma^\infty$, le groupe U_v si $v \in \Sigma - S$, et le sous-groupe de U_v formé des éléments x tels que $v(1-x) \geqq m_v$ si $v \in S$. Le groupe $U_\mathfrak{m} = \prod\limits_v U_{v,\mathfrak{m}}$ est un sous-groupe ouvert de I. On pose $E_\mathfrak{m} = E \cap U_\mathfrak{m}$ et $C_\mathfrak{m} = I/K^* U_\mathfrak{m}$, de sorte que l'on a la suite exacte

$$0 \to K^*/E_\mathfrak{m} \to I/U_\mathfrak{m} \to C_\mathfrak{m} \to 0.$$

Le groupe $C_\mathfrak{m}$ peut aussi s'interpréter comme le groupe des classes (mod $\mathfrak{m}$) d'idéaux premiers à S; c'est un groupe fini; son ordre est noté $h_\mathfrak{m}$.

La limite projective des $C_\mathfrak{m}$ (pour $\mathfrak{m}$ variable) est égale au quotient de C par sa composante neutre; d'après la théorie du corps de classes ([5], [42]), ce quotient s'identifie à $\mathrm{Gal}(K^{ab}/K)$ où K^{ab} est la clôture abélienne de K dans $\bar{K}$. En particulier, on a, pour tout $\mathfrak{m}$, un homomorphisme canonique

$$\mathrm{Gal}(K^{ab}/K) \to C_\mathfrak{m}$$

qui est surjectif; le groupe $C_\mathfrak{m}$ s'identifie ainsi au groupe de Galois de la plus grande extension abélienne de K de conducteur $\leqq \mathfrak{m}$.

3.2. Les groupes algébriques T, $T_\mathfrak{m}$ et $S_\mathfrak{m}$

Ce sont des groupes algébriques affines sur **Q**, définis dans MG, chap. II, n°s 1.1 et 2.2:

Le groupe T est le tore qui «représente le groupe multiplicatif de K»; de façon plus précise, pour toute **Q**-algèbre commutative A, le groupe $T(A)$ des points de T à valeurs dans A est égal au groupe $(K \otimes_\mathbf{Q} A)^*$ des éléments inversibles de $K \otimes_\mathbf{Q} A$; en particulier, on a $T(\mathbf{Q}) = K^*$.

Le groupe $T_\mathfrak{m}$ est le tore quotient de T par l'adhérence de $E_\mathfrak{m}$ pour la topologie de Zariski (cela a un sens, puisque $E_\mathfrak{m}$ est contenu dans $K^* = T(\mathbf{Q})$).

Le groupe $S_\mathfrak{m}$ est extension du groupe fini $C_\mathfrak{m}$ (considéré comme groupe algébrique «constant», de dimension 0) par le tore $T_\mathfrak{m}$. Il est muni d'un homomorphisme $I/U_{\mathrm{m}} \to S_{\mathrm{m}}(\mathbf{Q})$ rendant commutatif le diagramme:

$$\begin{array}{ccccccccc} 0 & \longrightarrow & K^*/E_{\mathrm{m}} & \longrightarrow & I/U_{\mathrm{m}} & \longrightarrow & C_{\mathrm{m}} & \longrightarrow & 0 \\ & & \downarrow & & \downarrow & & \downarrow{\scriptstyle \mathrm{id.}} & & \\ 0 & \longrightarrow & T_{\mathrm{m}}(\mathbf{Q}) & \longrightarrow & S_{\mathrm{m}}(\mathbf{Q}) & \longrightarrow & C_{\mathrm{m}} & \longrightarrow & 0. \end{array}$$

3.3. Caractères de T, T_{m} et S_{m}

Soit $\overline{\mathbf{Q}}$ une clôture algébrique de $\mathbf{Q}$. Si G est un groupe algébrique sur $\mathbf{Q}$, nous appellerons *groupe des caractères de* G, et nous noterons $X(G)$, le groupe des $\overline{\mathbf{Q}}$-homomorphismes de $G_{/\overline{\mathbf{Q}}}$ dans le groupe multiplicatif $\mathbf{G}_{m/\overline{\mathbf{Q}}}$. Ceci s'applique notamment aux groupes T, T_{m} et S_{m}; nous allons expliciter les groupes de caractères correspondants.

Soit Γ l'ensemble des plongements de K dans $\overline{\mathbf{Q}}$. A tout élément σ de Γ est attaché un caractère $[\sigma]$ de T (MG, chap. II, n° 1.1), et l'on a

$$[\sigma](x) = \sigma(x) \qquad \text{si } x \in T(\mathbf{Q}) = K^*.$$

Les caractères $[\sigma]$ forment une base du groupe $X(T)$. Tout élément φ de $X(T)$ s'écrit donc de façon unique (en notation multiplicative):

$$\varphi = \prod_{\sigma \in \Gamma} [\sigma]^{n(\sigma)}, \qquad \text{avec } n(\sigma) \in \mathbf{Z}.$$

Nous dirons que les $n(\sigma)$ sont les *exposants* de φ.

Comme $T_{\mathrm{m}} = T/\bar{E}_{\mathrm{m}}$, le groupe $X(T_{\mathrm{m}})$ s'identifie au sous-groupe de $X(T)$ formé des caractères φ du type ci-dessus tels que l'on ait

$$\varphi(x) = \prod_{\sigma \in \Gamma} \sigma(x)^{n(\sigma)} = 1 \qquad \text{pour tout } x \in E_{\mathrm{m}}.$$

Enfin, la construction de S_{m} donnée dans MG, chap. II, n° 2.2 montre qu'un élément de $X(S_{\mathrm{m}})$ est un couple (φ, f), où $\varphi \in X(T)$, et $f \in \mathrm{Hom}(I, \overline{\mathbf{Q}}^*)$, avec:

i) $f(x) = 1$ pour tout $x \in U_{\mathrm{m}}$,

ii) $f(x) = \varphi(x)$ pour tout $x \in K^*$.

Ces deux propriétés entraînent que $\varphi(x) = 1$ pour tout $x \in E_{\mathrm{m}}$, i.e. on a $\varphi \in X(T_{\mathrm{m}})$. D'autre part, la propriété ii) montre que la connaissance de f détermine celle de φ.

La suite exacte $0 \to T_{\mathrm{m}} \to S_{\mathrm{m}} \to C_{\mathrm{m}} \to 0$ donne par transposition la suite exacte:

$$0 \to X(C_{\mathrm{m}}) \to X(S_{\mathrm{m}}) \to X(T_{\mathrm{m}}) \to 0,$$

où $X(C_{\mathrm{m}}) = \mathrm{Hom}(C_{\mathrm{m}}, \overline{\mathbf{Q}}^*)$ est le dual du groupe fini C_{m}. En particulier, tout caractère φ de T_{m} peut être prolongé en un caractère (φ, f) de S_{m}, et les divers prolongement possibles sont en nombre égal à $h_{\mathrm{m}} = \mathrm{Card}(C_{\mathrm{m}})$.

Remarques. 1) Le groupe $\mathrm{Gal}(\overline{\mathbf{Q}}/\mathbf{Q})$ opère de façon évidente sur $X(T)$, $X(T_{\mathfrak{m}})$ et $X(S_{\mathfrak{m}})$ qui se trouvent ainsi munis de structures de *modules galoisiens*; ces modules permettent d'ailleurs de reconstituer T, $T_{\mathfrak{m}}$ et $S_{\mathfrak{m}}$ puisque ces groupes sont des groupes algébriques «de type multiplicatif».

2) Les caractères de $S_{\mathfrak{m}}$ sont substantiellement identiques aux caractères de C de conducteur $\leqq \mathfrak{m}$ et «de type (A_0)» au sens de Weil [39]. Comme Weil lui-même l'a montré, ces caractères jouent un rôle essentiel aussi bien dans la multiplication complexe (cf. [40], ainsi que [30], § 7) que dans l'arithmétique (et l'homologie) des variétés d'équations

$$a_0 x_0^{n_0} + \cdots + a_r x_r^{n_r} = 0 \qquad \text{(cf. [37], [38])}.$$

3.4. Représentations de $\mathrm{Gal}(K^{\mathrm{ab}}/K)$ définies par un caractère de $S_{\mathfrak{m}}$

Introduisons d'abord quelques notations:

Soit l un nombre premier. On dit que $v \in \Sigma$ *divise* l si $p_v = l$, et l'on écrit alors $v|l$. On pose:

$$K_l = \prod_{v|l} K_v = K \otimes \mathbf{Q}_l.$$

Le groupe multiplicatif $K_l^* = \prod_{v|l} K_v^*$ s'identifie de façon naturelle à un facteur direct du groupe I des idèles de K. Si $a \in I$, on note a_l la composante de a dans K_l^*; on a $a_l = (a_v)_{v|l}$. On pose également:

$$U_l = \prod_{v|l} U_v \quad \text{et} \quad U_{l,\mathfrak{m}} = \prod_{v|l} U_{v,\mathfrak{m}}.$$

D'autre part, on *choisit* une valuation v_l de $\overline{\mathbf{Q}}$ prolongeant la valuation l-adique de $\mathbf{Q}$. Le complété $\overline{\mathbf{Q}}_l$ de $\overline{\mathbf{Q}}$ pour v_l est une clôture algébrique de $\mathbf{Q}_l$. On note O_l (resp. $\mathfrak{p}_l$, resp. k_l) l'anneau (resp. l'idéal, resp. le corps résiduel) de v_l étendue à $\overline{\mathbf{Q}}_l$; le corps k_l est une clôture algébrique du corps premier $\mathbf{F}_l$.

Tout plongement σ de K dans $\overline{\mathbf{Q}}$ s'étend par linéarité en un homomorphisme de $\mathbf{Q}_l$-algèbres $\sigma_l\colon K_l \to \overline{\mathbf{Q}}_l$; cet homomorphisme est trivial sur toutes les composantes K_v de K_l sauf une (celle correspondant à l'unique v qui soit équivalente à $v_l \circ \sigma$). Inversement, tout $\mathbf{Q}_l$-homomorphisme de K_l dans $\overline{\mathbf{Q}}_l$ est de la forme σ_l, pour un élément $\sigma \in \Gamma$ bien déterminé. Enfin, si $\varphi = \prod_{\sigma \in \Gamma} [\sigma]^{n(\sigma)}$ est un caractère du tore T, on note φ_l l'homomorphisme de $K_l^* = T(\mathbf{Q}_l)$ dans $\overline{\mathbf{Q}}_l^*$ défini par la formule

$$\varphi_l(x) = \prod_{\sigma \in \Gamma} \sigma_l(x)^{n(\sigma)}.$$

Nous pouvons maintenant définir le *caractère l-adique* de $\mathrm{Gal}(K^{\mathrm{ab}}/K)$ attaché à un caractère de $S_{\mathfrak{m}}$:

Soit $\psi=(\varphi,f)$ un élément de $X(S_{\mathfrak{m}})$, cf. n° 3.3. Si a est un idèle de K, posons

(1) $$\psi_l(a)=f(a)\,\varphi_l(a_l^{-1}).$$

On obtient ainsi un homomorphisme $\psi_l\colon I\to\overline{\mathbf{Q}}_l^*$ dont on vérifie tout de suite (cf. MG, chap. II, § 2) qu'il est continu, et égal à 1 sur K^*; par passage au quotient, il définit un homomorphisme continu de $C=I/K^*$ dans $\overline{\mathbf{Q}}_l^*$, homomorphisme qui est trivial sur la composante neutre de C, puisque $\overline{\mathbf{Q}}_l^*$ est totalement discontinu. Vu la théorie du corps de classes, on obtient finalement un *homomorphisme continu*

$$\psi_l\colon \mathrm{Gal}(K^{\mathrm{ab}}/K)\to\overline{\mathbf{Q}}_l^*,$$

i.e. un «caractère l-adique» du groupe de Galois $\mathrm{Gal}(K^{\mathrm{ab}}/K)$.

[On peut aussi définir ψ_l comme le composé de l'homomorphisme

$$\varepsilon_l\colon \mathrm{Gal}(K^{\mathrm{ab}}/K)\to S_{\mathfrak{m}}(\mathbf{Q}_l)\qquad(\text{cf. MG, p. II}-11),$$

avec l'homomorphisme de $S_{\mathfrak{m}}(\mathbf{Q}_l)$ dans $\overline{\mathbf{Q}}_l^*$ défini par le caractère ψ.]

Du fait que $f=1$ sur $U_{\mathfrak{m}}$, on a:

(2) $$\psi_l(a)=\varphi_l(a_l^{-1})=\prod_{\sigma\in\Gamma}\sigma_l(a_l^{-1})^{n(\sigma)}\quad\text{pour tout } a\in U_{\mathfrak{m}},$$

où les entiers $n(\sigma)$ sont les *exposants* de φ.

L'image de ψ_l est compacte, donc contenue dans le groupe des unités de $\overline{\mathbf{Q}}_l$. Par réduction (mod. $\mathfrak{p}_l$) on déduit donc de ψ_l un «caractère modulo l»

$$\tilde{\psi}_l\colon \mathrm{Gal}(K^{\mathrm{ab}}/K)\to k_l^*.$$

L'image de $\tilde{\psi}_l$ est un sous-groupe *fini* (car discret et compact) de k_l^*. La formule (2) donne:

(3) $$\tilde{\psi}_l(a)\equiv\prod_{\sigma\in\Gamma}\sigma_l(a_l^{-1})^{n(\sigma)}\pmod{\mathfrak{p}_l}\quad\text{pour tout } a\in U_{\mathfrak{m}}.$$

Il y a intérêt pour la suite à récrire (3) comme conjonction des deux propriétés suivantes:

(3_1) On a $\tilde{\psi}_l(a)=1$ pour tout $a\in U_{v,\mathfrak{m}}$ si v ne divise pas l.

(3_2) Si v divise l, notons $\Gamma(v)$ la partie de Γ formée des plongements $\sigma\colon K\to\mathbf{Q}_l$ tels que $v_l\circ\sigma$ soit équivalente à v. Si $\sigma\in\Gamma(v)$, σ se prolonge en un plongement de K_v dans $\overline{\mathbf{Q}}_l$, et définit par passage aux corps résiduels un plongement $\tilde{\sigma}_l$ de k_v dans k_l. On a alors

$$\tilde{\psi}_l(a)=\prod_{\sigma\in\Gamma(v)}\tilde{\sigma}_l(\tilde{a}^{-1})^{n(\sigma)}\quad\text{pour tout } a\in U_{v,\mathfrak{m}},$$

où $\tilde{a}$ désigne l'image de a dans k_v^*.

Remarque. Si $v \notin S = \mathrm{Supp}(\mathfrak{m})$, les propriétés (3_1) et (3_2) donnent $\tilde{\psi}_l$ sur U_v tout entier; vu la théorie du corps de classes, on connaît la restriction de $\tilde{\psi}_l$ au *sous-groupe d'inertie* I_v de $\mathrm{Gal}(K^{ab}/K)$ relatif à v:

a) si v ne divise pas l, on a $\tilde{\psi}_l(I_v) = \{1\}$, i.e. $\tilde{\psi}_l$ est *non ramifiée en* v;

b) si v divise l, la restriction de $\tilde{\psi}_l$ à I_v est le produit des caractères $\alpha \mapsto \tilde{\sigma}_l(\alpha^{-1})$ $(\sigma \in \Gamma(v))$ affectés des exposants $n(\sigma)$. (Noter que, d'après la prop. 3 du n° 1.5, chacun des caractères $\alpha \mapsto \tilde{\sigma}_l(\alpha^{-1})$ est un *caractère fondamental* du groupe d'inertie modérée en v.)

3.5. Réciproque: passage d'un système de caractères (mod l) à un élément de $X(S_\mathfrak{m})$

Dans l'énoncé qui suit, L désigne un ensemble *infini* de nombres premiers. Pour tout $l \in L$, on se donne un homomorphisme continu

3 $$\theta_l\colon \mathrm{Gal}(K^{ab}/K) \to k_l^*;$$

on identifie θ_l, *via* la théorie du corps de classes, à un homomorphisme de I dans k_l^*.

Proposition 20. *Supposons qu'il existe une famille d'entiers $n(\sigma, l)$, où σ parcourt Γ et l parcourt L, telle que:*

i) *les valeurs absolues des $n(\sigma, l)$ sont bornées par un entier N indépendant de σ, l;*

ii) *pour tout $l \in L$ et tout $a \in U_\mathfrak{m}$, on a*

$$\theta_l(a) \equiv \prod_{\sigma \in \Gamma} \sigma_l(a_l^{-1})^{n(\sigma, l)} \pmod{\mathfrak{p}_l}. \tag{4}$$

Il existe alors $\psi \in X(S_\mathfrak{m})$ tel que $\tilde{\psi}_l = \theta_l$ pour une infinité de valeurs de l.

Comme les $n(\sigma, l)$ ne peuvent prendre qu'un nombre fini de valeurs, et que L est infini, il existe une partie infinie L' de L telle que $n(\sigma, l)$ soit indépendant de l pour $l \in L'$; notons $n(\sigma)$ la valeur commune des $n(\sigma, l)_{l \in L'}$ et soit φ le caractère de T ayant pour exposants les $n(\sigma)$. Nous allons voir que *φ est un caractère de $T_\mathfrak{m}$*, i.e. que $x \in E_\mathfrak{m}$ entraîne $\varphi(x) = 1$. Considérons x comme un idèle (principal) du corps K. On a $\theta_l(x) = 1$ pour tout $l \in L$. D'autre part, puisque x appartient à $U_\mathfrak{m}$, l'hypothèse ii) montre que l'on a

$$\theta_l(x) \equiv \prod_{\sigma \in \Gamma} \sigma(x^{-1})^{n(\sigma)} \equiv \varphi(x^{-1}) \pmod{\mathfrak{p}_l} \qquad \text{pour tout } l \in L'.$$

On a donc $\varphi(x) \equiv 1 \pmod{\mathfrak{p}_l}$ pour une infinité de valeurs de l, ce qui entraîne bien $\varphi(x) = 1$ (en effet, un élément non nul de $\overline{\mathbf{Q}}$ n'appartient qu'à un nombre *fini* des $\mathfrak{p}_l$).

Puisque φ est un caractère de $T_\mathfrak{m}$, il se prolonge (cf. n° 3.3) en un caractère $\chi = (\varphi, f)$ de $S_\mathfrak{m}$. Soit $\tilde{\chi}_l$ le caractère (mod l) associé à χ, et posons

$$\theta'_l = \tilde{\chi}_l \theta_l^{-1} \qquad \text{pour tout } l \in L'.$$

Comme $\tilde{\chi}_l$ et θ_l satisfont à (4) avec les mêmes exposants $n(\sigma)$, on a $\theta'_l(a)=1$ pour tout $a\in U_{\mathfrak{m}}$, autrement dit θ'_l s'identifie à un *homomorphisme de* $C_{\mathfrak{m}}$ *dans* k_l^*; ses valeurs appartiennent au groupe $H_{\mathfrak{m},l}$ des racines $h_{\mathfrak{m}}$-ièmes de l'unité de k_l, avec $h_{\mathfrak{m}}=\mathrm{Card}(C_{\mathfrak{m}})$. Quitte à diminuer un peu L', on peut supposer qu'aucun élément l de L' ne divise $h_{\mathfrak{m}}$. Si $H_{\mathfrak{m}}$ désigne le groupe des racines $h_{\mathfrak{m}}$-ièmes de l'unité de $\overline{\mathbf{Q}}$, la réduction modulo $\mathfrak{p}_l$ définit alors un isomorphisme de $H_{\mathfrak{m}}$ sur $H_{\mathfrak{m},l}$ et θ'_l se relève en un homomorphisme $\theta''_l\colon C_{\mathfrak{m}}\to H_{\mathfrak{m}}$. Comme $C_{\mathfrak{m}}$ et $H_{\mathfrak{m}}$ sont finis, il existe une partie infinie L'' de L' telle que θ''_l soit égal à un même homomorphisme θ'' pour tout $l\in L''$. On a $\theta''\in X(C_{\mathfrak{m}})$, d'où $\theta''\in X(S_{\mathfrak{m}})$ et le caractère $\psi=\theta''^{-1}\chi$ est tel que $\tilde{\psi}_l=\theta_l'^{-1}\tilde{\chi}_l=\theta_l$ pour tout $l\in L''$, ce qui démontre la proposition.

Remarque. La prop. 20 porte sur un *ensemble infini* de nombres premiers, et c'est sous cette forme que nous l'utiliserons. Il est toutefois possible de la reformuler «en termes finis»; voici l'énoncé auquel on arrive:

Proposition 20'. *Pour* $\mathfrak{m}$ *et* $n(\sigma)_{\sigma\in\Gamma}$ *donnés, il existe une constante* l_0 *telle que, si* $l\geqq l_0$, *et si* $\theta\colon \mathrm{Gal}(K^{\mathrm{ab}}/K)\to k_l^*$ *est un homomorphisme tel que*

$$\theta(a)\equiv \prod_{\sigma\in\Gamma}\sigma_l(a_l^{-1})^{n(\sigma)} \pmod{\mathfrak{p}_l} \qquad \textit{pour tout } a\in U_{\mathfrak{m}},$$

il existe un caractère $\psi=(\varphi,f)$ *de* $S_{\mathfrak{m}}$ *et un seul tel que* $\tilde{\psi}_l=\theta$ *et que les exposants de* φ *soient égaux aux* $n(\sigma)$.

De plus, la constante l_0 est *effectivement calculable* à partir de K, $\mathfrak{m}$ et des $n(\sigma)$.

3.6. Application à certains systèmes de représentations *l*-adiques

Soit P l'ensemble des nombres premiers. Dans ce qui suit, $(\rho_l)_{l\in P}$ désigne un *système de représentations l-adiques de* K: pour tout $l\in P$, on se donne un espace vectoriel V_l de dimension finie sur $\mathbf{Q}_l$, et un homomorphisme continu

$$\rho_l\colon \mathrm{Gal}(\overline{K}/K)\to \mathbf{GL}(V_l).$$

On suppose en outre que les ρ_l sont *semi-simples*, *rationnelles* (MG, p. I–9) et forment un système *strictement compatible* (MG, p. I–11). Rappelons que les deux dernières propriétés équivalent à l'existence d'une partie finie S_ρ de Σ jouissant des propriétés (i) et (ii) que voici:

(i) *Si* $v\in\Sigma - S_\rho$, *et si* $l\neq p_v$, *la représentation* ρ_l *est* non ramifiée *en* v.

On peut alors parler de *l'élément de Frobenius* F_{w,ρ_l} de $\mathrm{Im}(\rho_l)$ attaché à un prolongement w de v à $\overline{K}$ (MG, p. I–7). Sa classe de conjugaison ne dépend que de v; en particulier, si t est une indéterminée, le polynôme

$$P_{v,\rho_l}(t)=\det(1-t\,F_{w,\rho_l})$$

ne dépend que de v et l.

(ii) *Pour tout* $v\in\Sigma-S_\rho$, *il existe un polynôme* $P_v(t)$ *à coefficients dans* $\mathbf{Q}$ *tel que* $P_v(t)=P_{v,\rho_l}(t)$ *pour tout* $l\neq p_v$.

Voici deux conséquences de (i) et (ii):

(iii) Les V_l ont *même dimension*; on la notera d.

(iv) Pour tout $l\in P$, $\operatorname{Im}(\rho_l)$ est compact, donc laisse stable un $\mathbf{Z}_l$-*réseau* T_l de V_l (MG, p. I−1); il en résulte que, pour tout $\alpha\in\operatorname{Im}(\rho_l)$ les coefficients de $\det(1-t\,\alpha)$ appartiennent à $\mathbf{Z}_l$. Vu (ii), les coefficients de $P_v(t)$ appartiennent donc à $\mathbf{Z}_l$ pour tout $l\neq p_v$, i.e. *ce sont des éléments de* $\mathbf{Z}[1/p_v]$.

Exemples de systèmes (ρ_l) vérifiant les conditions ci-dessus:

(1) le système défini par une *courbe elliptique* (cf. §4 ainsi que MG, chap. IV);

(2) le système (φ_l) attaché à une représentation linéaire

$$\varphi_0\colon S_{\mathfrak{m}}\to\mathbf{GL}_d$$

du groupe algébrique $S_{\mathfrak{m}}$ (MG, p. II−19); noter que ce système est *abélien*, i.e. que, pour tout l, $\operatorname{Im}(\varphi_l)$ est abélien, de sorte que φ_l s'identifie à un homomorphisme continu de $\operatorname{Gal}(K^{\mathrm{ab}}/K)$ dans $\mathbf{GL}(V_l)$.

Revenons au cas général. Soit $l\in P$, et soit T_l comme ci-dessus un $\mathbf{Z}_l$-réseau de V_l stable par $\operatorname{Im}(\rho_l)$. Le groupe $\operatorname{Gal}(\overline{K}/K)$ opère sur $T_l/l\,T_l$; nous noterons $\tilde{V}_l$ le *semi-simplifié* de $T_l/l\,T_l$ pour l'action en question, et nous noterons $\tilde{\rho}_l$ l'homomorphisme correspondant de $\operatorname{Gal}(\overline{K}/K)$ dans $\mathbf{GL}(\tilde{V}_l)$; c'est une représentation linéaire de degré d de $\operatorname{Gal}(\overline{K}/K)$ sur le corps $\mathbf{F}_l$. D'après Brauer-Nesbitt (cf. [6], §82.1), $\tilde{\rho}_l$ ne dépend pas (à isomorphisme près) du choix de T_l; nous dirons, par abus de langage, que c'est la *réduction* (mod l) de ρ_l.

Si $\tilde{\rho}_l$ est *abélienne* (i.e. a pour image un groupe abélien), on peut la mettre *sous forme diagonale* après extension des scalaires de $\mathbf{F}_l$ à sa clôture algébrique k_l (cf. n° 3.4); on obtient d caractères

$$\theta_l^{(i)}\colon \operatorname{Gal}(K^{\mathrm{ab}}/K)\to k_l^*,\qquad i=1,\dots,d.$$

Nous les identifierons, comme d'habitude, à des homomorphismes de I dans k_l^*.

Venons-en maintenant au principal résultat de ce §:

Théorème 1. *Soit* (ρ_l) *un système de représentations l-adiques semi-simples de K ayant les propriétés* (i) *et* (ii) *ci-dessus. Supposons qu'il existe un entier N et une partie infinie L de P jouissant de la propriété suivante*:

(∗) *Pour tout* $l \in L$, *la réduction* $\tilde{\rho}_l$ *de* ρ_l (mod l) *est abélienne, et, si* $\theta_l^{(i)}: I \to k_l^*$ *est un caractère intervenant dans* $\tilde{\rho}_l$, *il existe des entiers* $n(\sigma, l, i)_{\sigma \in \Gamma}$, *inférieurs à* N *en valeur absolue, tels que*

$$\theta_l^{(i)}(a) \equiv \prod_{\sigma \in \Gamma} \sigma_l(a_l^{-1})^{n(\sigma, l, i)} \quad (\text{mod } \mathfrak{p}_l) \qquad \textit{pour tout } a \in U_{\mathfrak{m}}.$$

Le système (ρ_l) *est alors isomorphe au système* (φ_l) *associé à une représentation* $\varphi_0: S_{\mathfrak{m}} \to \mathbf{GL}_d$ *définie sur* $\mathbf{Q}$ (cf. exemple 2 ci-dessus).

En particulier:

Corollaire. *Pour tout* $l \in P$, ρ_l *est abélienne.*

Vu (∗), les $(\theta_l^{(1)})_{l \in L}$ satisfont aux hypothèses de la prop. 20. Il existe donc une partie infinie L_1 de L et un caractère $\psi^{(1)}$ de $S_{\mathfrak{m}}$ tels que $\tilde{\psi}_l^{(1)} = \theta_l^{(1)}$ pour tout $l \in L_1$. De même, en appliquant la prop. 20 aux $(\theta_l^{(2)})_{l \in L_1}$ on obtient une partie infinie L_2 de L_1 et un caractère $\psi^{(2)}$ de $S_{\mathfrak{m}}$ tels que $\tilde{\psi}_l^{(2)} = \theta_l^{(2)}$ pour tout $l \in L_2$. En répétant cet argument, on obtient finalement une partie infinie L' de L et des caractères $\psi^{(i)}$, $i = 1, \ldots, d$, de $S_{\mathfrak{m}}$ tels que $\tilde{\psi}_l^{(i)} = \theta_l^{(i)}$ pour tout $l \in L'$.

Soit φ la représentation de $S_{\mathfrak{m}/\bar{\mathbf{Q}}}$ dans $\mathbf{GL}_{d/\bar{\mathbf{Q}}}$ somme directe des d représentations de degré 1 fournies par les caractères $\psi^{(i)}$. Si $v \in \Sigma - S$, soit f_v un idèle dont la v-ième composante est une uniformisante de K_v et dont les autres composantes sont égales à 1, et soit $F_v \in S_{\mathfrak{m}}(\mathbf{Q})$ l'image de f_v par l'homomorphisme canonique $\varepsilon: I \to S_{\mathfrak{m}}(\mathbf{Q})$, cf. MG, p. II–11; on a $\varphi(F_v) \in \mathbf{GL}_d(\bar{\mathbf{Q}})$.

Lemme 1. *Si* $v \in \Sigma - (S_\rho \cup S)$, *on a* $\det(1 - t\varphi(F_v)) = P_v(t)$.

Posons

$$P_v'(t) = \det(1 - t\varphi(F_v)) = \prod_{i=1}^{d} (1 - t\psi^{(i)}(F_v)).$$

Si $l \neq p_v$, on a $\psi^{(i)}(F_v) = \psi_l^{(i)}(f_v)$ d'après la formule (1) du n° 3.4; si en outre l appartient à L', on en déduit que

$$\psi^{(i)}(F_v) \equiv \psi_l^{(i)}(f_v) \equiv \theta_l^{(i)}(f_v) \quad (\text{mod } \mathfrak{p}_l),$$

d'où

$$P_v'(t) \equiv \prod (1 - t\,\theta_l^{(i)}(f_v)) \quad (\text{mod } \mathfrak{p}_l).$$

Mais les $\theta_l^{(i)}(f_v)$ sont les valeurs propres de l'élément de Frobenius attaché à v dans la représentation $\tilde{\rho}_l$. On a donc

$$\prod (1 - t\,\theta_l^{(i)}(f_v)) \equiv P_v(t) \quad (\text{mod } l),$$

d'où

$$P_v'(t) \equiv P_v(t) \quad (\text{mod } \mathfrak{p}_l), \quad \text{si } l \in L', \; l \neq p_v.$$

Comme cette congruence a lieu pour une infinité de valeurs de l, on en déduit bien que $P_v'(t) = P_v(t)$.

Le lemme 1 montre en particulier que *la trace de la matrice* $\varphi(F_v)$ *appartient à* $\mathbf{Q}$ pour tout $v \in \Sigma - (S_\rho \cup S)$. Comme les F_v sont denses dans S_m pour la topologie de Zariski, il en résulte que φ *est définissable sur* $\mathbf{Q}$ (MG, p. II – 16, prop. 2). En d'autres termes, il existe une représentation linéaire

$$\varphi_0 \colon S_m \to \mathbf{GL}_d$$

de S_m, définie sur $\mathbf{Q}$, telle que φ et φ_0 deviennent isomorphes après extension des scalaires à $\overline{\mathbf{Q}}$. Si $l \in P$, notons φ_l la représentation l-adique attachée à φ_0. Si $v \in \Sigma - (S_\rho \cup S)$ ne divise pas l, on a

$$\begin{aligned} P_{v,\varphi_l}(t) &= \det(1 - t\,\varphi_0(F_v)) && \text{(MG, p. II – 20)} \\ &= \det(1 - t\,\varphi(F_v)) = P_v(t) && \text{(lemme 1)} \\ &= P_{v,\rho_l}(t). \end{aligned}$$

Les deux représentations φ_l et ρ_l sont donc *compatibles* au sens de MG, p. I – 10. Comme elles sont en outre semi-simples, il en résulte qu'elles sont isomorphes (*loc. cit.*), ce qui achève la démonstration du théorème.

§ 4. Courbes elliptiques (résultats généraux)

4.1. Notations; rappels

Dans ce §, K est un corps de nombres algébriques, et E une courbe elliptique sur K, munie d'un point rationnel, pris comme origine; on note j l'invariant modulaire de E. Pour tout ce qui est relatif à K (resp. à E), on conserve les notations du § 3 (resp. celles de l'*Introduction*). En particulier, si n est un entier $\geqq 1$, E_n désigne le noyau de la multiplication par n dans $E(\overline{K})$, et on note

$$\varphi_n \colon G \to \operatorname{Aut}(E_n)$$

l'homomorphisme qui donne l'action de $G = \operatorname{Gal}(\overline{K}/K)$ sur E_n.

A côté des E_n, il est commode d'utiliser les *modules de Tate* T_l et V_l de la courbe E (MG, p. I – 3). Rappelons que, si $l \in P$, on pose

$$T_l = \varprojlim E_{l^n} \quad \text{et} \quad V_l = T_l\left[\frac{1}{l}\right] = T_l \otimes_{\mathbf{Z}_l} \mathbf{Q}_l,$$

et que T_l (resp. V_l) est un $\mathbf{Z}_l$-module libre (resp. un $\mathbf{Q}_l$-espace vectoriel) de rang 2. Le groupe $\mathbf{GL}(T_l)$ est isomorphe à $\mathbf{GL}_2(\mathbf{Z}_l)$; c'est un sous-groupe ouvert compact du groupe $\mathbf{GL}(V_l)$, lui-même isomorphe à $\mathbf{GL}_2(\mathbf{Q}_l)$. Les φ_{l^n} définissent un homomorphisme continu

$$\rho_l \colon G \to \mathbf{GL}(T_l) \subset \mathbf{GL}(V_l).$$

Remarques. 1) On a

$$V_l/T_l = \bigcup_n l^{-n}\, T_l/T_l = \bigcup_n E_{l^n} = E_{l^\infty}.$$

On déduit de là un homomorphisme $\mathbf{GL}(T_l) \to \mathrm{Aut}(E_{l^\infty})$, qui est en fait un *isomorphisme*, comme on le vérifie aussitôt; cela permet d'identifier ρ_l à l'homomorphisme φ_{l^∞} défini dans l'*Introduction*.

2) On sait (MG, p. I – 11, IV – 5) que les représentations l-adiques ρ_l sont *rationnelles* et forment un système *strictement compatible*; l'ensemble exceptionnel correspondant est l'ensemble S_E des places de K où E a *mauvaise réduction* (cf. [30], ainsi que MG, p. IV – 5). Plus précisément, si $v \in \Sigma - S_E$, et si $l \neq p_v$, la représentation ρ_l est non ramifiée en v, et le polynôme $P_{v,\rho_l}(T)$ correspondant est donné par

$$P_{v,\rho_l}(T) = 1 - \mathrm{Tr}(F_v)\, T + Nv\, T^2;$$

dans cette formule, F_v désigne *l'endomorphisme de Frobenius* de la courbe elliptique $\tilde{E}_v$ déduite de E par réduction en v, et $\mathrm{Tr}(F_v)$ est la *trace* de F_v. Le nombre de points de $\tilde{E}_v$ sur le corps fini k_v est lié à $\mathrm{Tr}(F_v)$ par la formule:

$$\mathrm{Card}\, \tilde{E}_v(k_v) = 1 + Nv - \mathrm{Tr}(F_v).$$

4.2. Surjectivité des φ_l

Nous allons maintenant démontrer l'un des principaux résultats annoncés dans l'*Introduction*:

Théorème 2. *Supposons que la courbe elliptique E n'ait pas de multiplication complexe sur $\bar{K}$. Alors, pour presque tout nombre premier l, l'homomorphisme φ_l: $\mathrm{Gal}(\bar{K}/K) \to \mathrm{Aut}(E_l)$ est surjectif.*

(En d'autres termes, le groupe de Galois des «points de division par l» est presque toujours isomorphe à $\mathbf{GL}_2(\mathbf{F}_l)$.)

La démonstration comporte plusieurs étapes:

a) *Réduction au cas semi-stable* [4]

Quitte à remplacer K par une extension finie, on peut supposer (et nous le ferons dans ce qui suit) que la courbe elliptique E a *bonne réduction* en toute place $v \in \Sigma$ telle que $v(j) \geqq 0$, et *mauvaise réduction de type multiplicatif* en toute place v telle que $v(j) < 0$ (il suffit, par exemple, d'adjoindre à K les coordonnées des points de E d'ordre 12). Le modèle

[4] Cette réduction n'est pas indispensable; elle ne sert qu'à alléger un peu les énoncés, et les démonstrations, des lemmes 2 et 4 ci-après.

de Néron de E sur O_K a alors pour fibres, soit des courbes elliptiques, soit des groupes dont la composante neutre est de type multiplicatif; il est *semi-stable* au sens de Grothendieck et Mumford.

b) *Structure des groupes* $\varphi_l(G)$

Dans ce qui suit, nous supposons qu'il existe une *partie infinie* L *de* P *telle que* $\varphi_l(G) \neq \operatorname{Aut}(E_l)$ *pour tout* $l \in L$, et il nous faut prouver que E admet des multiplications complexes. Quitte à retrancher de L un ensemble fini, nous pouvons supposer que tout élément de L est $\geqq 7$, et est non ramifié dans K.

Soit $l \in L$, soit v une place de K divisant l, et choisissons une place w de $\bar{K}$ prolongeant v; soit I_w le sous-groupe d'inertie de G relatif à w. L'étude locale du § 1, appliquée au corps K_v, donne la structure du sous-groupe $\varphi_l(I_w)$ de $\varphi_l(G)$:

si, en v, E a bonne réduction de hauteur 1, ou mauvaise réduction de type multiplicatif, $\varphi_l(I_w)$ est soit d'ordre $l-1$ soit d'ordre $l(l-1)$, et on peut le représenter matriciellement par $\begin{pmatrix} * & 0 \\ 0 & 1 \end{pmatrix}$ ou $\begin{pmatrix} * & * \\ 0 & 1 \end{pmatrix}$, cf. n° 1.11, cor. à la prop. 11 ainsi que n° 1.12, cor. à la prop. 13;

si, en v, E a bonne réduction de hauteur 2, $\varphi_l(I_w)$ est cyclique d'ordre l^2-1, cf. n° 1.12, prop. 12.

Dans le premier cas, $\varphi_l(G)$ contient un demi-sous-groupe de Cartan déployé, et dans le second cas il contient un sous-groupe de Cartan non déployé. De plus, on a $\varphi_l(G) \neq \operatorname{Aut}(E_l)$ par hypothèse. La prop. 17 du n° 2.7 ne laisse alors que les deux possibilités suivantes:

i) $\varphi_l(G)$ *est contenu dans un sous-groupe de Borel, ou dans un sous-groupe de Cartan*;

ii) $\varphi_l(G)$ *est contenu dans le normalisateur* N_l *d'un sous-groupe de Cartan* C_l, *et n'est pas contenu dans* C_l.

Nous allons maintenant montrer que ii) ne se produit que pour un nombre fini de valeurs de l (si E n'a pas de multiplication complexe):

c) *Elimination du cas* ii)

Soit $l \in L$ de type ii) ci-dessus, avec $\varphi_l(G) \subset N_l$ et $\varphi_l(G) \not\subset C_l$. Identifions N_l/C_l au groupe $\{\pm 1\}$, et notons ε_l le composé:

$$G \to N_l \to N_l/C_l \simeq \{\pm 1\}.$$

C'est un caractère d'ordre 2 de G; il correspond à une extension quadratique K'_l de K.

Lemme 2. *L'extension* K'_l/K *est non ramifiée.*

Soit $v \in \Sigma$, soit w un prolongement de v à $\overline{K}$, et soit I_w le sous-groupe d'inertie correspondant. Il nous faut montrer que $\varepsilon_l(I_w) = \{1\}$. Distinguons trois cas:

v_1) *On a* $p_v = l$. On a vu ci-dessus la structure de $\varphi_l(I_w)$; c'est, soit un demi-sous-groupe de Cartan déployé, soit un sous-groupe de Cartan non déployé (le cas où $\varphi_l(I_w)$ serait d'ordre $l(l-1)$ est écarté, puisque $\varphi_l(I_w)$ est contenu dans N_l, dont l'ordre est premier à l). La prop. 14 du n° 2.2 montre alors que $\varphi_l(I_w)$ est contenu dans C_l, i.e. que $\varepsilon_l(I_w) = \{1\}$.

v_2) *On a* $p_v \neq l$ *et* E *a bonne réduction en* v. On a alors $\varphi_l(I_w) = \{1\}$, d'où *a fortiori* $\varepsilon_l(I_w) = \{1\}$.

v_3) *On a* $p_v \neq l$ *et* E *a mauvaise réduction en* v. Vu a), cette mauvaise réduction est de type multiplicatif. D'après la théorie de Tate (MG, p. IV – 31), on a une suite exacte

$$0 \to \mu_l \to E_l \to \mathbf{Z}/l\mathbf{Z} \to 0,$$

qui est compatible avec l'action de I_w. Il en résulte que $\varphi_l(I_w)$ est, soit réduit à $\{1\}$, soit cyclique d'ordre l. Le second cas est impossible du fait que l'ordre de N_l est premier à l. On a donc $\varphi_l(I_w) = \{1\}$, d'où $\varepsilon_l(I_w) = \{1\}$, ce qui achève la démonstration du lemme.

Supposons maintenant qu'il existe une partie infinie L' de L telle que, pour tout $l \in L'$, $\varphi_l(G)$ soit de type ii). Comme les extensions quadratiques non ramifiées de K sont en nombre fini, il existe une telle extension K' qui est égale à K'_l pour une infinité de valeurs de $l \in L'$.

Lemme 3. *Si* $v \in \Sigma$ *est inerte* (i.e. non décomposée) *dans* K', *et si* E *a bonne réduction en* v, *on a* $\mathrm{Tr}(F_v) = 0$ *et la courbe* $\tilde{E}_v$ *est de hauteur* 2.

(Rappelons que F_v désigne l'endomorphisme de Frobenius de $\tilde{E}_v$ sur le corps fini k_v.)

Si $l \neq p_v$, φ_l est non ramifiée en v; si π_w désigne l'élément de Frobenius de $\varphi_l(G)$ associé à un prolongement w de v, on a $\mathrm{Tr}(F_v) \equiv \mathrm{Tr}(\pi_w)$ (mod l). Supposons en outre que l appartienne à L' et que $K'_l = K'$; on a $\pi_w \in N_l$, et, du fait que v est inerte dans K', on a $\varepsilon_l(\pi_w) = -1$, i.e. $\pi_w \in N_l - C_l$. Mais les éléments de $N_l - C_l$ ont une trace nulle. On en déduit:

$$\mathrm{Tr}(F_v) \equiv \mathrm{Tr}(\pi_w) \equiv 0 \quad (\mathrm{mod}\ l).$$

Comme cette congruence est réalisée pour une infinité de valeurs de l, on a $\mathrm{Tr}(F_v) = 0$, et l'on sait que cela entraîne que $\tilde{E}_v$ est de hauteur 2.

Soit Σ' l'ensemble des places v qui satisfont aux hypothèses du lemme 3. D'après le théorème de densité de Čebotarev, la densité de Σ est égale à 1/2. D'autre part, on sait (cf. [26], cor. 1 au th. 6, ainsi que MG, p. IV – 13, exerc.) que, si E n'a pas de multiplication complexe, l'ensemble des places v pour lesquelles $\tilde{E}_v$ est de hauteur 2 est de densité 0.

Le lemme 3 entraîne donc que E a des multiplications complexes dans le cas considéré.

Variante. Au lieu d'utiliser la nullité des $\mathrm{Tr}(F_v)$, et l'argument de densité ci-dessus, on peut aussi remarquer que, si l'on étend le corps de base à K', les groupes $\varphi_l(G)_{l\in L'}$ deviennent de type i), ce qui permet d'appliquer les arguments de d) et e) ci-dessous.

d) *Le cas* i)

Soit $l\in L$ tel que $\varphi_l(G)$ soit de type i). Notons

$$\tilde{\varphi}_l\colon\ G\to \mathbf{GL}_2(\mathbf{F}_l)$$

la représentation de G déduite de φ_l par *semi-simplification*. Du fait que $\varphi_l(G)$ est de type i), la représentation $\tilde{\varphi}_l$ est *abélienne*. Par extension des scalaires de $\mathbf{F}_l$ à sa clôture algébrique k_l (cf. nº 3.4), on peut mettre $\tilde{\varphi}_l$ sous forme diagonale, et elle est donnée par deux caractères

$$\theta_l^{(i)}\colon\ \mathrm{Gal}(K^{\mathrm{ab}}/K)\to k_l^*, \qquad i=1,2;$$

comme d'habitude, nous identifierons les $\theta_l^{(i)}$ à des homomorphismes de I dans k_l^*, où I est le groupe des idèles de K.

Lemme 4. *Soit* $\mathfrak{m}$ *le module de* K *de support* $S=\emptyset$. *Il existe une famille d'entiers* $n(\sigma,l,i)$ $(i\in\{1,2\},\sigma\in\Gamma)$, *égaux à* 0 *ou* 1, *telle que*

$$\theta_l^{(i)}(a)\equiv\prod_{\sigma\in\Gamma}\sigma_l(a_l^{-1})^{n(\sigma,l,i)} \pmod{\mathfrak{p}_l}$$

quels que soient $i\in\{1,2\}$ *et* $a\in U_{\mathfrak{m}}$.

(Les notations sont celles du § 3; en particulier, Γ désigne l'ensemble des plongements de K dans $\overline{\mathbf{Q}}$.)

Vérifions d'abord que $\tilde{\varphi}_l$ est *non ramifié en toute place* $v\in\Sigma$ *ne divisant pas* l. C'est clair si E a bonne réduction en v. Dans le cas contraire, E a mauvaise réduction de type multiplicatif en v; l'argument utilisé dans la démonstration du lemme 2 montre que le groupe d'inertie $\varphi_l(I_w)$ correspondant à v est, soit réduit à $\{1\}$, soit cyclique d'ordre l; par semi-simplification, un tel groupe devient trivial, ce qui montre bien que $\tilde{\varphi}_l(I_w)=\{1\}$.

Ainsi, les caractères $\theta_l^{(i)}$ sont non ramifiés en dehors des places divisant l. D'après la théorie du corps de classes, cela équivaut à dire que $\theta_l^{(i)}(a)=1$ si $a\in U_{v,\mathfrak{m}}$, et $p_v\neq l$. Pour prouver (∗), il suffit donc de trouver des exposants $n(\sigma,i,l)$, égaux à 0 ou 1, tels que l'on ait

$$(*')\qquad \theta_l^{(i)}(a)\equiv\prod_{\sigma\in\Gamma}\sigma_l(a^{-1})^{n(\sigma,l,i)} \pmod{\mathfrak{p}_l}\qquad \text{pour tout } a\in U_l.$$

Utilisons la décomposition $U_l=\prod_{v|l}U_v$, et notons $\Gamma(v)$ l'ensemble des plongements $\sigma\colon K\to\overline{\mathbf{Q}}$ tels que $v_l\circ\sigma$ soit équivalente à v. Les $\Gamma(v)$, pour $v|l$, forment une *partition* de Γ, cf. n° 3.4, et la formule $(*')$ équivaut à:

$$(**)\qquad \theta_l^{(i)}(a) \equiv \prod_{\sigma\in\Gamma(v)} \sigma_l(a^{-1})^{n(\sigma,l,i)} \pmod{\mathfrak{p}_l} \qquad \text{pour tout } a\in U_v.$$

La question est maintenant locale en v. Du fait que v est non ramifié sur $\mathbf{Q}$, $[K_v:\mathbf{Q}_l]$ est égal au degré résiduel $f_v=[k_v:\mathbf{F}_l]$ de v, et $\Gamma(v)$ a f_v éléments. De plus, les homomorphismes

$$\tilde{\sigma}_l\colon\ k_v \to k_l \qquad (\sigma\in\Gamma(v)),$$

déduits des σ_l par réduction mod. $\mathfrak{p}_l$, ne sont autres que les *différents plongements* de k_v dans le corps algébriquement clos k_l. Il en résulte, d'après la théorie du corps de classes local (cf. n° 1.5, prop. 3) que les homomorphismes

$$a \mapsto \sigma_l(a^{-1}) \pmod{\mathfrak{p}_v}$$

constituent, lorsque σ parcourt $\Gamma(v)$, les différents *caractères fondamentaux de niveau* f_v du groupe d'inertie modérée de K_v. La formule $(**)$ équivaut donc à dire que *la restriction de* $\theta_l^{(i)}$ *au groupe d'inertie* I_v *relatif à* v *est produit des caractères fondamentaux de niveau* f_v *affectés d'exposants égaux à* 0 *ou* 1. Or cette assertion résulte des déterminations explicites du § 1, n°s 1.11 et 1.12. De façon plus précise, il y a trois cas à considérer:

d_1) *E a bonne réduction de hauteur* 1 *en* v. D'après le cor. à la prop. 11, les restrictions des $\theta_l^{(i)}$ à I_v sont, d'une part le caractère unité, d'autre part le caractère fondamental $I_v\to\mathbf{F}_l^*$ de niveau 1. Dans le premier cas, on prend tous les exposants $n(\sigma,l,i)$ égaux à 0, et dans le second tous égaux à 1.

d_2) *E a bonne réduction de hauteur* 2 *en* v. D'après la prop. 12(b), les restrictions des $\theta_l^{(i)}$ à I_v sont les deux caractères fondamentaux $\chi^{(1)}$ et $\chi^{(2)}$ de niveau 2; de plus, la prop. 12(d) montre que k_v contient $\mathbf{F}_{l^2}$, de sorte que $\chi^{(1)}$ et $\chi^{(2)}$ s'obtiennent en composant le caractère fondamental

$$\theta_{l^2-1}\colon\ I_v\to\mathbf{F}_{l^2}^*$$

avec les deux plongements possibles $\tau^{(1)}$ et $\tau^{(2)}$ de $\mathbf{F}_{l^2}$ dans k_l. On prend alors

$$n(\sigma,l,i)=\begin{cases}1 & \text{si } \tilde{\sigma}_l \text{ prolonge } \tau^{(i)}\\ 0 & \text{sinon,}\end{cases}$$

ce qui prouve notre assertion dans ce cas.

d_3) *E a mauvaise réduction de type multiplicatif en* v. D'après le cor. à la prop. 13, la situation est la même que dans le cas d_1).

Cela achève la vérification du lemme 4.

e) *Fin de la démonstration du théorème* 2

Vu b) et c), on peut supposer que $\varphi_l(G)$ est de type i) pour tout $l \in L$. Le système de représentations l-adiques

$$\rho_l\colon\ G \to \mathbf{GL}(V_l)$$

satisfait aux hypothèses du th. 1 du n° 3.6, l'entier N de ce théorème étant pris égal à 1: cela résulte du lemme 4, et du fait que les ρ_l sont rationnelles, semi-simples (et même irréductibles si E n'a pas de multiplication complexe, cf. MG, p. IV−9, n° 2.1), et forment un système strictement compatible. Le cor. au th. 1 montre alors que les ρ_l sont *abéliennes*, ce qui, d'après MG, p. IV−11, entraîne que E a des multiplications complexes, cqfd.

4.3. Questions

Supposons E sans multiplication complexe. Le th. 2 affirme l'existence d'un entier N tel que $\varphi_l(G) = \mathrm{Aut}(E_l)$ pour tout nombre premier $l \geqq N$. Peut-on *déterminer effectivement* un tel N en fonction des coefficients d'une équation de E? C'est vraisemblable; toutefois, il semble qu'il faille d'abord établir une *forme effective du théorème de densité de*
4 *Čebotarev*, ce qui n'a pas encore été fait. (Lorsque E est donnée explicitement, on peut souvent déterminer N en reprenant simplement la méthode de démonstration du th. 2; nous en verrons des exemples au § 5.)

La question suivante paraît plus difficile: peut-on prendre pour N un entier *qui ne dépende que de K*, et pas de E? Par exemple, peut-on
5 prendre $N = 19$ lorsque $K = \mathbf{Q}$? On peut espérer que les méthodes de Manin et Demianenko, basées sur les propriétés des *hauteurs* des points de E, permettront de répondre à ce genre de question.

4.4. Image de φ_∞

La famille $(\rho_l)_{l \in P}$ définit un homomorphisme continu

$$\rho\colon\ G \to \prod_{l \in P} \mathbf{GL}(T_l) \simeq \prod_{l \in P} \mathbf{GL}_2(\mathbf{Z}_l);$$

c'est essentiellement l'homomorphisme $\varphi_\infty\colon\ G \to \mathrm{Aut}(E_\infty)$ de l'*Introduction.*

Théorème 3. *Si E n'a pas de multiplication complexe, $\rho(G)$ est un sous-groupe ouvert de* $\prod_{l \in P} \mathbf{GL}(T_l)$.

Cela résulte du th. 2 du n° 4.2, et de la proposition démontrée dans MG, p. IV−19.

Comme on l'a déjà signalé, le th. 3 équivaut à:

Théorème 3'. *L'indice de $\varphi_n(G)$ dans* $\mathrm{Aut}(E_n)$ *reste borné lorsque n varie.*

Il entraîne:

Corollaire 1. *Pour presque tout l, $\rho(G)$ contient le l-ième facteur $\mathbf{GL}(T_l)$ du produit $\prod_{l\in P} \mathbf{GL}(T_l)$.*

Nous préciserons ce résultat plus loin (cf. th. 4 ci-après).

Corollaire 2. *Soit K^{cycl} le sous-corps de $\bar{K}$ obtenu en adjoignant à K toutes les racines de l'unité. L'image de $\mathrm{Gal}(\bar{K}/K^{\mathrm{cycl}})$ par ρ est un sous-groupe ouvert de $\prod_{l\in P} \mathbf{SL}(T_l)$.*

On sait que le composé des applications

$$\rho_l\colon\ G \to \mathbf{GL}(T_l) \quad \text{et} \quad \det\colon\ \mathbf{GL}(T_l) \to \mathbf{Z}_l^*$$

est le caractère l-adique $\chi_l\colon\ G \to \mathbf{Z}_l^*$ qui donne l'action de G sur les racines l^n-ièmes de l'unité (MG, p. I–3 et I–4). Comme $\mathrm{Gal}(\bar{K}/K^{\mathrm{cycl}})$ est l'intersection des noyaux des χ_l, on en déduit que son image par ρ est égale à l'intersection de $\rho(G)$ et de $\prod_{l\in P} \mathbf{SL}(T_l)$; le corollaire en résulte.

Remarque. Plus généralement, soit L un sous-corps de $\bar{K}$ contenant K^{cycl}, et galoisien sur K^{cycl} à groupe de Galois *résoluble*. Alors $\rho(\mathrm{Gal}(\bar{K}/L))$ est un sous-groupe *ouvert* de $\prod_{l\in P} \mathbf{SL}(T_l)$. Cela résulte du cor. 2, et de la propriété suivante, facile à vérifier: si U est un sous-groupe ouvert de $\prod_{l\in P} \mathbf{SL}_2(\mathbf{Z}_l)$, l'adhérence du groupe des commutateurs de U est *ouverte* dans U. On notera que ceci s'applique en particulier au cas où L est l'extension abélienne maximale de K.

Continuons à supposer que E n'a pas de multiplication complexe. Si $v\in\Sigma$, choisissons un prolongement w de v à $\bar{K}$ et soit I_w le sous-groupe d'inertie de G correspondant; notons J_v le plus petit sous-groupe distingué fermé de G contenant I_w; le groupe J_v ne dépend pas du choix de w.

Théorème 4. *Pour presque tout v, $\rho(J_v)$ est égal au p_v-ième facteur $\mathbf{GL}(T_{p_v})$ du produit $\prod_{l\in P} \mathbf{GL}(T_l)$.*

(Rappelons que p_v désigne la *caractéristique résiduelle* de v.)

Le théorème 4 résulte de l'énoncé plus précis suivant:

Théorème 4'. *Posons $l=p_v$. Supposons que $l\geqq 5$, que $\varphi_l\colon\ G\to \mathrm{Aut}(E_l)$ soit surjectif, que E ait bonne réduction en v, et que v soit non ramifiée sur $\mathbf{Q}$. Alors $\rho(J_v)$ est égal à $\mathbf{GL}(T_l)$.*

(Vu le th. 2, les hypothèses faites sur v sont satisfaites pour presque tout v.)

Puisque E a bonne réduction en v, le groupe d'inertie I_w opère trivialement sur les $T_{l'}$, $l' \neq l$, et il en est de même de J_v. Le groupe $\rho(J_v)$ est donc un sous-groupe H du l-ième facteur $\mathbf{GL}(T_l)$ du produit $\prod_{l \in P} \mathbf{GL}(T_l)$. L'image $\tilde{H}$ de H dans $\mathrm{Aut}(E_l) = \mathrm{Aut}(T_l/l\,T_l)$ est un sous-groupe distingué de $\varphi_l(G) = \mathrm{Aut}(E_l)$. Puisque v est non ramifiée sur $\mathbf{Q}$, les corollaires aux prop. 11 et 12 du n° 1.11 montrent que $\tilde{H}$ contient, soit un demi-sous-groupe de Cartan déployé, soit un sous-groupe de Cartan non déployé. Vu la prop. 18 du n° 2.7, on a donc $\tilde{H} = \mathrm{Aut}(E_l)$. Soit maintenant H' l'adhérence du groupe des commutateurs de H; on a $H' \subset \mathbf{SL}(T_l)$ et l'image $\tilde{H}'$ de H' dans $\mathbf{SL}(E_l)$ est égale au groupe des commutateurs de $\tilde{H}$, i.e. à $\mathbf{SL}(E_l)$. En appliquant à H' le lemme 3 de MG, p. IV – 23, on en conclut que $H' = \mathbf{SL}(T_l)$. D'autre part, le fait que v soit non ramifiée sur $\mathbf{Q}$ entraîne que $\chi_l(I_w) = \mathbf{Z}_l^*$, et l'image de H par l'homomorphisme

$$\det\colon \mathbf{GL}(T_l) \to \mathbf{Z}_l^*$$

est donc égale à $\mathbf{Z}_l^*$. Comme on vient de voir que H contient le noyau $\mathbf{SL}(T_l)$ de cet homomorphisme, il en résulte bien que $H = \mathbf{GL}(T_l)$.

Remarque. Lorsqu'on suppose seulement que E a bonne réduction en v, on peut montrer que $\rho(J_v)$ est un *sous-groupe ouvert* du p_v-ième facteur $\mathbf{GL}(T_{p_v})$ du produit $\prod_{l \in P} \mathbf{GL}(T_l)$.

4.5. Courbes à multiplications complexes

Comme on l'a indiqué dans l'*Introduction*, ce cas est connu depuis longtemps. Aussi vais-je me borner à en résumer rapidement les principaux résultats, renvoyant à [9], [10], [30] ou [34] pour plus de détails:

Soit $R = \mathrm{End}_{\bar{K}}(E)$. On suppose que $R \neq \mathbf{Z}$, auquel cas c'est un «ordre» dans un corps quadratique imaginaire $F = \mathbf{Q} \otimes R$. Supposons que les éléments de R soient définis sur K; leur action sur l'algèbre de Lie de E est donnée par un homomorphisme $R \to K$; par passage au corps des fractions, cela permet *d'identifier F à un sous-corps de K.*

Si $l \in P$, posons $R_l = \mathbf{Z}_l \otimes R$ et $F_l = \mathbf{Q}_l \otimes F$. Le module de Tate T_l est un R_l-module libre de rang 1 ([30], fin du § 4) et V_l est un F_l-espace vectoriel de dimension 1. L'image de G par

$$\rho_l\colon G \to \mathbf{GL}(T_l)$$

commute aux éléments de R_l, donc est contenue dans R_l^*. Elle est abélienne, et on peut l'identifier à un homomorphisme

$$\rho_l\colon I \to R_l^*,$$

où I est le groupe des idèles de K.

Théorème 5. *Il existe un homomorphisme continu* $\varepsilon: I \to F^*$, *et un seul, tel que* $\varepsilon(x) = N_{K/F}(x)$ *si* $x \in K^*$, *et que* $\rho_l(a) = \varepsilon(a)\, N_{K_l/F_l}(a_l^{-1})$ *pour tout* $l \in P$ *et tout* $a \in I$.

C'est une reformulation (due essentiellement à Weil [39], [40] – voir aussi [30], § 7) de résultats classiques.

Corollaire. *L'image de G par* ρ *est un sous-groupe ouvert du produit* $\prod_{l \in P} R_l^*$.

Puisque ε est continu, son noyau est ouvert, donc contient un sous-groupe $U_{\mathfrak{m}}$, pour $\mathfrak{m}$ convenable (si l'on prend le plus petit $\mathfrak{m}$ possible, son support est l'ensemble des places où E a mauvaise réduction, cf. [30], cor. 1 au th. 11). Il nous suffit de montrer que $\rho(U_{\mathfrak{m}})$ est ouvert dans $\prod_{l \in P} R_l^*$. Or, si $a \in U_{\mathfrak{m}}$, on a

$$\rho_l(a) = N_{K_l/F_l}(a_l^{-1}) \qquad \text{pour tout } l \in P, \quad \text{cf. th. 5.}$$

Nous sommes alors ramenés à montrer que l'application

$$N_{K_l/F_l}\colon\; U_{l,\mathfrak{m}} \to R_l^*$$

est *ouverte* pour tout l, et *surjective* pour presque tout l, ce qui est bien connu.

Remarques. 1) Le corollaire ci-dessus est l'analogue du th. 3 du n° 4.4. Il existe aussi un analogue (partiel) du th. 4: pour presque tout v, $\rho(J_v)$ est égal à la composante de $R_{p_v}^*$ correspondant à la place de F induite par v; on notera cependant que, si l se décompose dans F, cette composante *n'est pas* égale à $R_{p_v}^*$.

2) On peut montrer que tout homomorphisme $\varepsilon: I \to F^*$ vérifiant les conditions du th. 5 correspond, comme ci-dessus, à une courbe elliptique E sur K telle que $\mathrm{End}_K(E)$ soit un ordre de F; de plus, E est unique, à K-isogénie près.

§ 5. Courbes elliptiques (exemples)

L'objet de ce § est de déterminer explicitement, pour certaines courbes elliptiques E, l'ensemble des nombres premiers l tels que $\varphi_l(G) = \mathrm{Aut}(E_l)$.

5.1. Notations

La courbe E est donnée sous forme de cubique non singulière:

$$(*) \qquad y^2 + a_1 xy + a_3 y = x^3 + a_2 x^2 + a_4 x + a_6,$$

le point à l'infini étant pris comme origine.

On pose, suivant Néron et Tate [5]:

$$b_2 = a_1^2 + 4a_2, \quad b_4 = a_1 a_3 + 2a_4, \quad b_6 = a_3^2 + 4a_6,$$
$$b_8 = a_1^2 a_6 - a_1 a_3 a_4 + 4a_2 a_6 + a_2 a_3^2 - a_4^2 = \tfrac{1}{4}(b_2 b_6 - b_4^2),$$
$$c_4 = b_2^2 - 24 b_4, \quad c_6 = 36 b_2 b_4 - b_2^3 - 216 b_6,$$
$$\Delta = b_4^3 - 27 b_6^2 + b_8(36 b_4 - b_2^2) = \tfrac{1}{1728}(c_4^3 - c_6^2);$$

l'invariant modulaire j de E est égal à c_4^3/Δ.

Dans tout le § (n° 5.10 excepté), *le corps de base est le corps* **Q** *des nombres rationnels*, et l'équation $(*)$ est choisie de manière à donner un *modèle standard* de E, au sens de Néron [16]. En particulier, les coefficients $a_1, \ldots, c_6$ sont *entiers*.

On note S_E l'ensemble des $p \in P$ en lesquels E a mauvaise réduction; c'est l'ensemble des diviseurs premiers de Δ; on a $S_E \neq \emptyset$, cf. Šafarevič [23] ou Ogg [18]. On note N le *conducteur* de E, au sens de Weil; pour sa définition, voir Weil [41], Ogg [19] ainsi que [29], n° 2.4; on a

$$N = \prod_{p \in S_E} p^{n(p)},$$

avec $n(p) \geqq 1$ et même $n(p) \in \{1, 2\}$ si $p \geqq 5$.

Si $p \notin S_E$, on note $\tilde{E}(p)$ la réduction de E (mod p), et t_p la trace de son endomorphisme de Frobenius. On a

$$t_p = 1 + p - A_p,$$

où A_p est le nombre de points de $\tilde{E}(p)$ sur $\mathbf{F}_p$.

5.2. Remarques sur $\varphi_l(G)$

Nous disposons d'un certain nombre de renseignements sur le sous-groupe $\varphi_l(G)$ de $\mathrm{Aut}(E_l)$:

i) Ses *groupes d'inertie* sont essentiellement connus, cf. § 1.

ii) Tout $p \notin S_E \cup \{l\}$ donne un élément de Frobenius $\pi_p \in \varphi_l(G)$, défini à conjugaison près, et tel que

$$\mathrm{Tr}(\pi_p) \equiv t_p \pmod{l} \quad \text{et} \quad \det(\pi_p) \equiv p \pmod{l}.$$

---

[5] Ogg [18] écrit l'équation de E sous la forme:

$$y^2 + a_1 x y + a_3 y + x^3 + a_2 x^2 + a_4 x + a_6 = 0.$$

On passe de ses notations à celles de Néron-Tate par les substitutions:

$$(x, y; a_1, a_2, a_3, a_4, a_6) \mapsto (-x, y; -a_1, -a_2, a_3, a_4, -a_6)$$

et

$$(\beta_2, \beta_4, \beta_6, \beta_8; \gamma_4, \gamma_6; \Delta; j) \mapsto (b_2, b_4, b_6, -b_8; c_4, -c_6; \Delta; j).$$

iii) L'homomorphisme det: $\varphi_l(G) \to \mathbf{F}_l^*$ est *surjectif*; en effet, on sait que son image est le groupe de Galois du l-ième corps cyclotomique.

iv) $\varphi_l(G)$ contient un élément c de valeurs propres $\{1, -1\}$: celui fourni par la conjugaison complexe (relativement à un plongement de $\bar{\mathbf{Q}}$ dans $\mathbf{C}$). Il en résulte que, si $l \neq 2$, *$\varphi_l(G)$ n'est pas contenu dans un sous-groupe de Cartan non déployé de* $\mathrm{Aut}(E_l)$.

Les renseignements fournis par ii), combinés à la prop. 19 du n° 2.8, suffisent parfois à prouver que $\varphi_l(G)$ est égal à $\mathrm{Aut}(E_l)$. Prenons par exemple pour E la courbe

$$y^2 + y = x^3 - x^2,$$

de conducteur 11. Elle a 5 points (mod. 2) et 5 points (mod. 3), d'où:

$$\mathrm{Tr}(\pi_2) = t_2 = 1 + 2 - 5 = -2, \qquad \det(\pi_2) = 2, \qquad \mathrm{Tr}(\pi_2)^2 - 4\det(\pi_2) = -4,$$

et:

$$\mathrm{Tr}(\pi_3) = t_3 = 1 + 3 - 5 = -1, \qquad \det(\pi_3) = 3, \qquad \mathrm{Tr}(\pi_3)^2 - 4\det(\pi_3) = -11.$$

Supposons que $l \geqq 13$ et $\left(\frac{11}{l}\right) = -1$. L'un des nombres $\{-4, -11\}$ est un carré (mod. l) et l'autre ne l'est pas. De plus, l'élément

$$u = \mathrm{Tr}(\pi_3)^2 / \det(\pi_3)$$

satisfait aux relations:

$$u \not\equiv 0, 1, 2, 4 \pmod{l} \quad \text{et} \quad u^2 - 3u + 1 \not\equiv 0 \pmod{l}.$$

Toutes les conditions de la prop. 19 sont donc vérifiées par $\varphi_l(G)$. On en conclut que, pour un tel l (par exemple 13, 17, 23, 29, ...), *on a* $\varphi_l(G) = \mathrm{Aut}(E_l)$. C'est essentiellement la méthode suivie par Shimura [32]; elle a l'inconvénient de ne s'appliquer qu'à des valeurs de l satisfaisant à certaines congruences, et ne peut pas donner de résultat valable «pour presque tout l». Nous verrons au n° 5.5 qu'on peut obtenir, avec moins de calculs, un résultat plus complet, à condition d'utiliser les renseignements du type i) ci-dessus.

5.3. Les cas particuliers $l = 2$ et $l = 3$

Ces cas sont bien connus. Rappelons-les brièvement:

a) $l = 2$

La courbe E possède 3 points d'ordre 2, dont les abscisses $\{e_1, e_2, e_3\}$ sont les solutions de l'équation

$$4x^3 + b_2 x^2 + 2b_4 x + b_6 = 0.$$

La racine carrée de Δ s'exprime au moyen des e_i par:

$$\Delta^{\frac{1}{2}} = \pm 4(e_1 - e_2)(e_2 - e_3)(e_3 - e_1).$$

Le groupe $\mathrm{Aut}(E_2) \simeq \mathbf{GL}_2(\mathbf{F}_2)$ s'identifie au groupe $\mathfrak{S}_3$ opérant par permutation des indices sur $\{e_1, e_2, e_3\}$. Notons ε: $\mathfrak{S}_3 \to \{\pm 1\}$ l'homomorphisme «signature». En composant φ_2: $G \to \mathrm{Aut}(E_2)$ avec ε, on obtient un homomorphisme de G dans $\{\pm 1\}$ qui correspond à une extension du corps de base de degré $\leqq 2$. La formule ci-dessus montre que cette extension est celle définie par $\Delta^{\frac{1}{2}}$. Ainsi, *pour que* $\varphi_2(G)$ *soit contenu dans* $\mathfrak{A}_3$, *il faut et il suffit que* Δ *soit un carré* (lorsque $j \neq 1728$, cela équivaut aussi à dire que $j - 1728$ est un carré, vu que $j - 1728 = c_6^2/\Delta$).

b) $l = 3$

La courbe E possède 8 points d'ordre 3, répartis en 4 couples de points opposés. Leurs abscisses x_i $(i = 1, \ldots, 4)$ sont les racines de l'équation

$$3x^4 + b_2 x^3 + 3b_4 x^2 + 3b_6 x + b_8 = 0.$$

Le groupe $\mathrm{Aut}(E_3)/\{\pm 1\} \simeq \mathbf{PGL}_2(\mathbf{F}_3)$ s'identifie au groupe $\mathfrak{S}_4$ opérant par permutations des indices sur $\{x_1, x_2, x_3, x_4\}$. Il y a trois façons de décomposer $\{1, 2, 3, 4\}$ en deux parties $\{i, j\}$ et $\{k, l\}$ à 2 éléments; à chacune de ces décompositions correspond une racine cubique de Δ par la formule:

$$\Delta^{\frac{1}{3}} = b_4 - 3(x_i x_j + x_k x_l).$$

Notons alors σ l'homomorphisme de $\mathfrak{S}_4$ sur $\mathfrak{S}_3$ donnant l'action de $\mathfrak{S}_4$ sur les 3 décompositions du type précédent. En composant les homomorphismes

$$G \xrightarrow{\varphi_3} \mathrm{Aut}(E_3) \to \mathrm{Aut}(E_3)/\{\pm 1\} \simeq \mathfrak{S}_4 \xrightarrow{\sigma} \mathfrak{S}_3,$$

on obtient un homomorphisme de G dans $\mathfrak{S}_3$; d'après la formule ci-dessus, cet homomorphisme est celui qui donne l'action de G sur les 3 racines cubiques de Δ. En particulier, *l'ordre de* $\varphi_3(G)$ *est divisible par* 3 *si et seulement si* Δ *n'est pas un cube* (lorsque $j \neq 0$, cela équivaut aussi à dire que j n'est pas un cube, vu que $j = c_4^3/\Delta$).

On trouvera d'autres renseignements sur le cas $l = 3$ dans Neumann [17], §1. Signalons également que l'on peut exprimer $\Delta^{\frac{1}{4}}$ au moyen des
6 coordonnées des points d'ordre 4 de E.

5.4. Courbes semi-stables

Dans ce n°, ainsi que dans le suivant, nous traitons le cas le plus simple, celui où le modèle de Néron de E est *semi-stable*. Cela signifie (cf. n° 4.2) que, si E a mauvaise réduction en un nombre premier p (i.e.

si $p \in S_E$), cette mauvaise réduction est *de type multiplicatif*; on a alors

$$v_p(j) = -v_p(\Delta) < 0, \qquad \text{où } v_p \text{ est la valuation } p\text{-adique de } \mathbf{Q}.$$

Par passage à une extension non ramifiée de $\mathbf{Q}_p$ (que l'on peut prendre égale à $\mathbf{Q}_p(\sqrt{-c_6})$) la courbe E devient isomorphe à la *courbe de Tate* attachée à j (nº 1.12).

Le *conducteur* N de E est le produit des nombres premiers p appartenant à S_E; il est *sans facteur carré.*

Nous allons voir que, pour une telle courbe, la présence d'un point rationnel d'ordre l est essentiellement le seul obstacle à $\varphi_l(G) = \mathrm{Aut}(E_l)$. De façon plus précise:

Proposition 21. *Soit E une courbe elliptique semi-stable sur* $\mathbf{Q}$, *et soit l un nombre premier. Supposons:*

a) *que* $\varphi_l(G) \neq \mathrm{Aut}(E_l)$;

b) *que* $l \neq 2, 3, 5$, *ou que l ne divise pas l'un des $v_p(j)$, avec $p \in S_E$.*

Alors:

i) *$\varphi_l(G)$ est contenu dans un sous-groupe de Borel de* $\mathrm{Aut}(E_l)$;

ii) *le G-module E_l a une suite de Jordan-Hölder dont les quotients sont isomorphes à* $\mathbf{Z}/l\mathbf{Z}$ *et* μ_l;

iii) *on a* $t_p \equiv 1 + p \pmod{l}$ *pour tout* $p \in P - S_E$.

(Rappelons que μ_l désigne le groupe des racines l-ièmes de l'unité.)

Démonstration de i). Supposons d'abord qu'il existe $p \in S_E$ tel que $v_p(j) \not\equiv 0 \pmod{l}$. D'après MG, p. IV-37, $\varphi_l(G)$ contient un élément d'ordre l, fourni par l'inertie en p. D'après la prop. 15 du nº 2.4, il en résulte que $\varphi_l(G)$ est contenu dans un sous-groupe de Borel, ou contient $\mathbf{SL}(E_l)$. Mais, dans ce dernier cas, on aurait $\varphi_l(G) = \mathrm{Aut}(E_l)$, puisque $\det: \varphi_l(G) \to \mathbf{F}_l^*$ est surjectif, cf. nº 5.2, et cela contredirait l'hypothèse a). D'où i) dans le cas considéré.

Supposons maintenant $l \geqq 7$. D'après ce qu'on a vu au § 1 (appliqué au corps l-adique $\mathbf{Q}_l$), le groupe $\varphi_l(G)$ contient, soit un groupe de Cartan non déployé, soit un demi-sous-groupe de Cartan déployé. Vu la prop. 17 du nº 2.7, on a seulement les trois possibilités suivantes:

1) $\varphi_l(G)$ est contenu dans un sous-groupe de Borel;

2) $\varphi_l(G)$ est contenu dans un sous-groupe de Cartan non déployé;

3) $\varphi_l(G)$ est contenu dans le normalisateur N_l d'un sous-groupe de Cartan C_l, et n'est pas contenu dans C_l.

Le cas 2) est impossible, cf. nº 5.2. Le cas 3) l'est aussi; en effet, le composé $G \to \varphi_l(G) \to N_l/C_l \simeq \{\pm 1\}$ donnerait une extension quadratique de $\mathbf{Q}$ qui serait *non ramifiée* (cf. lemme 2, nº 4.2). Il ne reste donc que le cas 1), ce qui achève de prouver i).

Démonstration de ii). Supposons que $\varphi_l(G)$ soit contenu dans un sous-groupe de Borel. On a tout d'abord:

Lemme 5. *En* l, *la courbe* E *a, soit bonne réduction de hauteur* 1, *soit mauvaise réduction de type multiplicatif.*

Sinon, en effet, E aurait bonne réduction de hauteur 2 et $\varphi_l(G)$ contiendrait un sous-groupe de Cartan non déployé, cf. n° 1.11, prop. 12; or un sous-groupe de Borel ne contient pas de sous-groupe de Cartan non deployé.

Soit maintenant E'_l une droite de E_l stable par G. L'action de G sur E'_l et sur $E''_l = E_l/E'_l$ se fait par deux caractères

$$\chi', \chi'' \colon G \to \mathbf{F}_l^*,$$

et φ_l est représentable sous forme matricielle par $\begin{pmatrix} \chi' & * \\ 0 & \chi'' \end{pmatrix}$. Tout revient à déterminer χ' et χ''.

Lemme 6. *Les caractères* χ' *et* χ'' *sont non ramifiés en dehors de* l. *L'un d'eux est non ramifié en* l.

Si $p \neq l$ et $p \notin S_E$, la représentation φ_l est non ramifiée en p, et il en est de même de χ' et χ''. Si $p \neq l$ et $p \in S_E$, on vérifie facilement sur le modèle de Tate que le groupe d'inertie de $\varphi_l(G)$ en p est, soit trivial, soit d'ordre l; dans les deux cas, son image par χ' et χ'' est triviale. D'autre part, le lemme 5 montre que, en l, on a, soit bonne réduction de hauteur 1, soit mauvaise réduction de type multiplicatif. D'après les corollaires aux prop. 11 et 13 du § 1, il en résulte que l'un des deux caractères χ' et χ'' est non ramifié en l, d'où le lemme.

L'assertion ii) est maintenant immédiate. En effet, $\mathbf{Q}$ n'admet pas d'extension non ramifiée de degré >1, et par suite tout caractère de G qui est non ramifié est égal à 1. On a donc, soit $\chi' = 1$, soit $\chi'' = 1$. Comme le produit $\chi' \chi''$ est égal au caractère χ donnant l'action de G sur μ_l, on voit que l'on a:

$$\chi' = 1, \quad \chi'' = \chi \quad \text{ou} \quad \chi' = \chi, \quad \chi'' = 1,$$

ce qui équivaut à

$$E'_l \simeq \mathbf{Z}/l\mathbf{Z}, \quad E''_l \simeq \mu_l \quad \text{ou} \quad E'_l \simeq \mu_l, \quad E''_l \simeq \mathbf{Z}/l\mathbf{Z}.$$

Remarque. Le premier cas est celui où *E a un point rationnel d'ordre* l; le second, celui *où la courbe* $E' = E/E'_l$ *a un point rationnel d'ordre* l; on notera que E' est liée à E par une isogénie de degré l.

Démonstration de iii). Conservons les notations ci-dessus. Soit $p \notin S_E$, $p \neq l$, et soit $\pi_p \in \varphi_l(G)$ l'élément de Frobenius correspondant (défini à conjugaison près). On a

$$t_p \equiv \mathrm{Tr}(\pi_p) \equiv \alpha'_p + \alpha''_p \pmod{l},$$

où α'_p (resp. α''_p) désigne la valeur propre de π_p relativement au sous-espace E'_l (resp. au quotient E''_l) de E_l. Comme $E'_l \oplus E''_l$ est isomorphe à $\mathbf{Z}/l\mathbf{Z} \oplus \mu_l$, on a $\{\alpha'_p, \alpha''_p\} = \{1, p\}$, d'où

$$(*) \qquad t_p \equiv 1 + p \pmod{l} \qquad \text{pour tout} \qquad p \notin S_E, p \neq l,$$

ce qui démontre iii) pour $p \neq l$. [Inversement, si (*) est vérifié pour presque tout p (ou même seulement pour des p de densité 1), le semi-simplifié de
7 E_l est isomorphe à $\mathbf{Z}/l\mathbf{Z} \oplus \mu_l$, cf. MG, p. IV – 6, exerc.]

Il reste à montrer que, lorsque $l \notin S_E$, la formule ci-dessus est encore vraie pour $p = l$, autrement dit que l'on a $t_l \equiv 1 \pmod{l}$. Distinguons deux cas:

iii$_1$) $l = 2$.

D'après le lemme 5, la courbe elliptique $\tilde{E}(2)$ déduite de E par réduction (mod 2) est de hauteur 1; elle a donc un point d'ordre 2 et un seul; ce point est rationnel sur $\mathbf{F}_2$. Le nombre de points de $\tilde{E}(2)$ sur $\mathbf{F}_2$ est donc *pair*, ce qui prouve que

$$A_2 = 1 + 2 - t_2 \equiv 0 \pmod{2}, \quad \text{i.e.} \quad t_2 \equiv 1 \pmod{2}.$$

iii$_2$) $l \geqq 3$.

Supposons que E'_l soit isomorphe à $\mathbf{Z}/l\mathbf{Z}$, i.e. que E possède un point rationnel d'ordre l. Par réduction (mod l) ce point donne un élément d'ordre 1 ou l de $\tilde{E}(l)$. Le premier cas est en fait impossible: en effet, on a vu au n° 1.11 que le groupe d'inertie en l opère sur le noyau de la réduction (mod l) au moyen du caractère fondamental de niveau 1, et ce caractère est non trivial pour $l \geqq 3$, puisque son image est $\mathbf{F}_l^*$. Ainsi, $\tilde{E}(l)$ possède un point d'ordre l rationnel sur $\mathbf{F}_l$, d'où:

$$A_l = 1 + l - t_l \equiv 0 \pmod{l}, \quad \text{i.e.} \quad t_l \equiv 1 \pmod{l}.$$

Lorsque c'est E''_l qui est isomorphe à $\mathbf{Z}/l\mathbf{Z}$, on utilise la courbe $E' = E/E'_l$ au lieu de la courbe E; comme les t_p ne changent pas par isogénie, cela donne bien le résultat cherché.

Remarque. L'argument employé ci-dessus pour traiter le cas $p = l$ peut servir aussi dans le cas $p \neq l$: un point d'ordre l de E donne par réduction (mod p) un point d'ordre l de $\tilde{E}(p)$, ce qui montre que $A_p = 1 + p - t_p$ est divisible par l.

Donnons maintenant quelques applications de la prop. 21:

Corollaire 1. *Soit p le plus petit nombre premier en lequel E a bonne réduction. On a $\varphi_l(G) = \mathrm{Aut}(E_l)$ pour tout $l > (p^{\frac{1}{2}} + 1)^2$.*

(On obtient ainsi une majoration *effective* des l pour lesquels $\varphi_l(G)$ est distinct de $\mathrm{Aut}(E_l)$.)

Raisonnons par l'absurde, et supposons que $l>(p^{\frac{1}{2}}+1)^2$ et que $\varphi_l(G)\neq \mathrm{Aut}(E_l)$. Comme $p\geqq 2$, on a $l\geqq 1+2+2\sqrt{2}>5$, et la prop. 21 montre que l'entier $A_p=1+p-t_p$ est divisible par l. On a donc $A_p\geqq l>1+p+2p^{\frac{1}{2}}$, d'où $t_p<-2p^{\frac{1}{2}}$, ce qui contredit «l'hypothèse de Riemann» pour $\tilde{E}(p)$.

8 **Corollaire 2.** *On a* $\varphi_l(G)=\mathrm{Aut}(E_l)$ *si* $l=11$ *ou* 17.

Sinon, en effet, l'une des courbes E et $E'=E/E_l'$ aurait un point rationnel d'ordre l, ce que l'on sait être impossible pour $l=11$ et $l=17$, cf. [2], [20].

5.5. Courbes semi-stables: exemples numériques [6]

5.5.1. Reprenons la courbe

$$y^2+y=x^3-x^2,$$

de conducteur $N=11$ (cf. n° 5.2). On a $\Delta=-11, j=-2^{12}/11$,

$$\text{d'où}\quad v_{11}(j)=-v_{11}(\Delta)=-1,$$

ce qui montre que la condition b) de la prop. 21 est satisfaite quel que soit l. On en déduit que $\varphi_l(G)=\mathrm{Aut}(E_l)$ pourvu que l'un au moins des $A_p=1+p-t_p$ $(p\neq 11)$ ne soit pas divisible par l. Comme $A_2=5$, ceci a lieu *pour tout* $l\neq 5$. Le cas $l=5$ fait exception: le point (0, 0) est d'ordre 5, et le groupe $\varphi_5(G)$ est un «demi-sous-groupe de Borel», représentable matriciellement par $\begin{pmatrix}1 & * \\ 0 & *\end{pmatrix}$.

La courbe 5.5.1 correspond au groupe modulaire $\Gamma_1(11)$. Elle est liée par une isogénie de degré 5 (explicitée par Vélu [35]) à la courbe

5.5.2.
$$y^2+y=x^3-x^2-10x-20 \qquad (\Delta=-11^5, j=-2^{12}\,31^3/11^5),$$

qui correspond au groupe $\Gamma_0(11)$, cf. Shimura [31]. Pour cette dernière, *on a* $\varphi_l(G)=\mathrm{Aut}(E_l)$ *pour* $l\neq 5$, et $\varphi_5(G)$ est un demi-sous-groupe de Cartan déployé $\begin{pmatrix}1 & 0 \\ 0 & *\end{pmatrix}$.

5.5.3. Courbe

$$y^2+xy+y=x^3-x; \qquad N=2.7; \qquad \Delta=-2^2\,7; \qquad j=-5^6/2^2\,7.$$

On a $A_3=6$, *d'où* $\varphi_l(G)=\mathrm{Aut}(E_l)$ *pour* $l\neq 2,3$. Les cas $l=2$ et $l=3$ font exception: (0, 0) est un point d'ordre 3, et $(-1, 0)$ un point d'ordre 2; les groupes $\varphi_2(G)$ et $\varphi_3(G)$ sont des demi-sous-groupes de Borel $\begin{pmatrix}1 & * \\ 0 & *\end{pmatrix}$.

---

[6] Les exemples des n°s 5.5 et 5.7 sont extraits d'une liste de courbes elliptiques à bas
9 conducteurs que Swinnerton-Dyer m'a obligeamment communiquée.

5.5.4. Courbe

$y^2+xy+y=x^3-x^2-3x+3$; $N=2.13$; $\Delta=-2^7 13$; $j=-3^3 43^3/2^7 13$.

On a $A_3=7$, *d'où* $\varphi_l(G)=\mathrm{Aut}(E_l)$ *pour* $l\neq 7$. Le cas $l=7$ fait exception: $(1,0)$ est un point d'ordre 7; le groupe $\varphi_7(G)$ est un demi-sous-groupe de Borel.

5.5.5. Courbe

$y^2+xy+y=x^3+x^2-4x+5$; $N=2.3.7$; $\Delta=-2^8 3^2 7$; $j=-193^3/2^8 3^2 7$.

On a $A_5=8$, *d'où* $\varphi_l(G)=\mathrm{Aut}(E_l)$ *pour* $l\neq 2$. Le cas $l=2$ fait exception: $(-1,3)$ est un point d'ordre 8; le groupe $\varphi_2(G)$ est représentable par $\begin{pmatrix}1 & *\\ 0 & 1\end{pmatrix}$.

5.5.6. Courbe

$$y^2+y=x^3-x;\qquad N=37;\qquad \Delta=37;\qquad j=2^{12}\,3^3/37.$$

On a $A_2=5$ et $A_3=7$, *d'où* $\varphi_l(G)=\mathrm{Aut}(E_l)$ *pour tout* l.

(Noter qu'ici le point $(0,0)$ est *d'ordre infini*; il en est de même dans les deux exemples qui suivent.)

5.5.7. Courbe

$$y^2+y=x^3+x^2;\qquad N=43;\qquad \Delta=-43;\qquad j=-2^{12}/43.$$

On a $A_2=5$ et $A_3=6$, *d'où* $\varphi_l(G)=\mathrm{Aut}(E_l)$ *pour tout* l.

5.5.8. Courbe

$$y^2+xy+y=x^3-x^2;\qquad N=53;\qquad \Delta=-53;\qquad j=-3^3\,5^3/53.$$

On a $A_2=4$ et $A_3=7$, *d'où* $\varphi_l(G)=\mathrm{Aut}(E_l)$ *pour tout* l.

Remarque. Dans les trois derniers exemples, on a $\varphi_l(G)=\mathrm{Aut}(E_l)$ pour tout $l\in P$. On peut se demander (la question m'a été posée par Tate) si l'on a plus généralement $\varphi_n(G)=\mathrm{Aut}(E_n)$ pour tout entier $n\geqq 1$, ou, ce qui revient au même, si l'homomorphisme

$$\varphi_\infty: G\to \mathrm{Aut}(E_\infty)\simeq \prod_{l\in P}\mathbf{GL}_2(\mathbf{Z}_l)$$

est *surjectif*. La réponse est négative:

Proposition 22. *Pour toute courbe elliptique E sur* $\mathbf{Q}$, *l'image de*

$$\varphi_\infty: G\to \mathrm{Aut}(E_\infty)$$

est contenue dans un sous-groupe d'indice 2 de $\mathrm{Aut}(E_\infty)$.

Si $a \in \mathrm{Aut}(E_\infty)$, notons a_n l'image de a dans $\mathrm{Aut}(E_n)$; pour $n=2$, on a $\mathrm{Aut}(E_2) \simeq \mathfrak{S}_3$, et la *signature* $\varepsilon(a_2)$ de a_2 est définie. On a vu au nº 5.3 que, pour tout $s \in G$, on a

$$\varepsilon(\varphi_2(s)) = \chi_\Delta(s),$$

où $\chi_\Delta\colon G \to \{\pm 1\}$ est le caractère de G défini par l'extension $\mathbf{Q}(\sqrt{\Delta})$. Comme toute extension abélienne de $\mathbf{Q}$ est contenue dans une extension cyclotomique, on peut trouver un entier m (par exemple $4\,|\Delta|$) tel que χ_Δ soit le composé de l'homomorphisme canonique

$$G \to \mathrm{Gal}(\mathbf{Q}(\mu_m)/\mathbf{Q}) = (\mathbf{Z}/m\mathbf{Z})^*$$

et d'un caractère $\alpha_\Delta\colon (\mathbf{Z}/m\mathbf{Z})^* \to \{\pm 1\}$ («symbole de Kronecker» relatif à Δ). La formule ci-dessus peut donc se récrire sous la forme

$$\varepsilon(\varphi_2(s)) = \alpha_\Delta(\det \varphi_m(s)) \qquad \text{pour tout } s \in G.$$

Elle montre que $\varphi_\infty(G)$ est contenu dans le sous-groupe H_Δ de $\mathrm{Aut}(E_\infty)$ formé des éléments a tels que

$$\varepsilon(a_2) = \alpha_\Delta(\det a_m).$$

Il est clair que H_Δ est un sous-groupe ouvert d'indice 2 de $\mathrm{Aut}(E_\infty)$, d'où la proposition.

(Lorsque E est l'une des courbes 5.5.5, 5.5.6, 5.5.7, on peut montrer que $\varphi_\infty(G)$ est *égal* à H_Δ. En particulier, les homomorphismes

$$\rho_l\colon G \to \mathbf{GL}(T_l)$$

sont surjectifs pour tout l.)

5.6. Courbes non semi-stables: les groupes Φ_p

Lorsque E n'est pas semi-stable en un nombre premier p, il y a lieu d'introduire un certain groupe fini $\Phi_p \neq \{1\}$ qui mesure le défaut de semi-stabilité en p; ce groupe joue un rôle essentiel dans les représentations

$$\varphi_l\colon G \to \mathrm{Aut}(E_l), \qquad \text{pour } l \neq p.$$

On le définit de façon différente suivant que j est, ou non, entier en p.

a) *Définition de Φ_p lorsque j est entier en p*

Il y a «potentiellement bonne réduction» en p, et l'on peut appliquer les résultats de Serre-Tate [30], § 2. Notons I_p le sous-groupe d'inertie de G en p (défini à conjugaison près). D'après [30], *loc. cit.*, l'action de I_p sur les E_n (avec n non divisible par p) se fait par l'intermédiaire d'un certain quotient fini Φ_p de I_p:

$$I_p \to \Phi_p \to \mathrm{Aut}(E_n),$$

et $\Phi_p \to \mathrm{Aut}(E_n)$ est injectif si $n \geqq 3$. Si $\mathbf{Q}_{p,nr}$ est une extension non ramifiée maximale de $\mathbf{Q}_p$, on peut également interpréter Φ_p comme $\mathrm{Gal}(L/\mathbf{Q}_{p,nr})$, où L est la plus petite extension de $\mathbf{Q}_{p,nr}$ où E acquiert bonne réduction ([30], p. 498, cor. 3). De plus ([30], p. 497, dém. du th. 2), Φ_p est isomorphe à un sous-groupe du groupe des automorphismes de la courbe elliptique $\tilde{E}$ sur $\overline{\mathbf{F}}_p$ déduite de $E_{/L}$ par réduction. Vu la structure connue des groupes d'automorphismes des courbes elliptiques, cela conduit à distinguer les trois cas suivants:

a$_1$) $p \neq 2, 3$. Le groupe Φ_p est alors cyclique d'ordre 2, 3, 4, 6. Plus précisément, on vérifie sur les modèles de Néron ([16], p. 124–125) que:

$$\mathrm{Card}(\Phi_p)=2 \Leftrightarrow E \text{ de type } c_4 \Leftrightarrow v_p(\Delta)\equiv 6 \pmod{12}$$

10 $$\mathrm{Card}(\Phi_p)=3 \Leftrightarrow E \text{ de type } c_3 \text{ ou } c_6 \Leftrightarrow v_p(\Delta)\equiv 4 \text{ ou } 8 \pmod{12}$$

$$\mathrm{Card}(\Phi_p)=4 \Leftrightarrow E \text{ de type } c_2 \text{ ou } c_7 \Leftrightarrow v_p(\Delta)\equiv 3 \text{ ou } 9 \pmod{12}$$

$$\mathrm{Card}(\Phi_p)=6 \Leftrightarrow E \text{ de type } c_1 \text{ ou } c_8 \Leftrightarrow v_p(\Delta)\equiv 2 \text{ ou } 10 \pmod{12}.$$

Le corps L s'obtient en adjoignant à $\mathbf{Q}_{p,nr}$ les racines 12-ièmes de Δ.

a$_2$) $p=3$. Le groupe Φ_p est, soit cyclique d'ordre 2, 3, 4, 6, soit produit semi-direct non abélien d'un groupe cyclique d'ordre 4 par un sous-groupe distingué d'ordre 3.

a$_3$) $p=2$. Le groupe Φ_p est isomorphe à un sous-groupe de $\mathbf{SL}_2(\mathbf{F}_3)$. Son ordre est 2, 3, 4, 6, 8 ou 24.

Dans les deux derniers cas, la connaissance de $v_p(\Delta)$ ne suffit pas à déterminer l'ordre de Φ_p. On peut simplement affirmer que l'on a

$$\mathrm{Card}(\Phi_p)\cdot v_p(\Delta)\equiv 0 \pmod{12},$$

puisque la valuation de Δ devient divisible par 12 dans le corps L.

b) *Définition de Φ_p lorsque j n'est pas entier en p*

Sur $\mathbf{Q}_p$, la courbe E se déduit de la courbe de Tate de même invariant j par «torsion» au moyen de l'extension quadratique $L=\mathbf{Q}_p(\sqrt{-c_6})$; puisqu'on suppose que E n'est pas semi-stable, cette extension est ramifiée en p. Son groupe de Galois est le groupe Φ_p qui nous intéresse; comme précédemment, on le considère comme un quotient du groupe d'inertie I_p; on a $\Phi_p \simeq \{\pm 1\}$. Si $s \in I_p$ a pour image $\varepsilon(s)=\pm 1$ dans Φ_p, l'automorphisme $\varphi_l(s)$ de E_l $(l \neq p)$ a ses deux valeurs propres égales à $\varepsilon(s)$: c'est le produit de $\varepsilon(s)$ par un élément unipotent.

Application au cas où $\varphi_l(G)$ est contenu dans un sous-groupe de Borel

Soit l un nombre premier tel que $\varphi_l(G)$ soit contenu dans un sous-groupe de Borel, et soient $\chi', \chi'' \colon G \to \mathbf{F}_l^*$ les caractères correspondants.

Vu la théorie du corps de classes, on peut identifier χ' et χ'' à des *caractères de Dirichlet*

$$\chi' : (\mathbf{Z}/f'\mathbf{Z})^* \to \mathbf{F}_l^* \quad \text{et} \quad \chi'' : (\mathbf{Z}/f''\mathbf{Z})^* \to \mathbf{F}_l^*,$$

où f' et f'' sont les conducteurs de χ' et χ''. Ecrivons f' sous la forme $\prod_{p\in P} p^{n'(p)}$. Le groupe $(\mathbf{Z}/f'\mathbf{Z})^*$ se décompose en produit des $(\mathbf{Z}/p^{n'(p)}\mathbf{Z})^*$. La restriction de χ' au p-ième facteur $(\mathbf{Z}/p^{n'(p)}\mathbf{Z})^*$ sera appelée *la p-composante de* χ', et notée χ'_p; la connaissance de χ'_p équivaut à celle de la restriction de χ' à I_p. Définissons de même la p-composante χ''_p de χ''. Notons S'_E le sous-ensemble de S_E formé des p en lesquels E n'est pas semi-stable. On a alors:

Proposition 23. (a) *Les caractères χ' et χ'' sont non ramifiés en dehors de l et de S'_E. On a*

$$t_p \equiv \chi'(p) + \chi''(p) \pmod{l}$$
$$p \equiv \chi'(p)\,\chi''(p) \pmod{l}$$

pour tout $p \notin S_E$, $p \neq l$.

(b) *Supposons $l \geqq 5$. Soit $p \in S'_E$, $p \neq l$. Alors l'image de χ'_p (resp. χ''_p) dans $\mathbf{F}_l^*$ est isomorphe au groupe Φ_p; c'est un groupe cyclique d'ordre* 2, 3, 4 *ou* 6.

(c) *Supposons $l \notin S_E$. Alors l'un des caractères χ' et χ'' est non ramifié en l. Si on le note α_l, on a*

$$t_p \equiv \alpha_l(p) + p\,\alpha_l(p)^{-1} \pmod{l} \qquad \textit{pour tout } p \notin S_E.$$

L'assertion (a) se démontre par des arguments déjà employés à plusieurs reprises. Dans (b) l'hypothèse $l \geqq 5$ sert à assurer qu'un automorphisme d'une courbe elliptique qui laisse fixe un point d'ordre l est l'identité; vu ce qui précède, cela entraîne que χ'_p et χ''_p appliquent *injectivement* Φ_p dans $\mathbf{F}_l^*$. Le groupe Φ_p est donc cyclique, et d'ordre 2, 3, 4 ou 6. La première assertion de (c) se démontre en remarquant que E a, soit bonne réduction de hauteur 1 en l, soit mauvaise réduction de type multiplicatif, et en appliquant les prop. 11 et 13 du § 1. La congruence

$$t_p \equiv \alpha_l(p) + p\,\alpha_l(p)^{-1} \pmod{l} \qquad \text{pour } p \notin S_E,$$

résulte de (a) lorsque $p \neq l$. Reste le cas où $p = l \notin S_E$, où l'on doit prouver que $t_l \equiv \alpha_l(l) \pmod{l}$. On remarque d'abord que la réduction $\tilde{E}$ de E en l est de hauteur 1, donc contient un unique sous-groupe d'ordre l. De plus, on sait que l'endomorphisme de Frobenius π_l de $\tilde{E}$ opère sur le sous-groupe en question par multiplication par t_l. La formule cherchée résulte facilement de là, par un argument analogue à celui utilisé au n° 5.4; nous en laissons les détails au lecteur.

Corollaire 1. *Supposons $l \notin S_E$ et $l \geqq 5$. Alors les Φ_p sont cycliques. Avec les notations de* (c), *l'ordre de α_l est le ppcm des ordres des Φ_p; en particulier, on a $\alpha_l^{12}=1$.*

Le fait que les Φ_p soient cycliques résulte de (b). D'autre part, l'ordre du caractère α_l est le *ppcm* des ordres de ses p-composantes, i.e. des ordres des Φ_p; comme ceux-ci sont des diviseurs de 12, on a $\alpha_l^{12}=1$.

Corollaire 2. *Les hypothèses étant celles du cor.* 1, *soit p le plus petit nombre premier en lequel E a bonne réduction. On a*:

$$l \leqq (p^{\frac{1}{2}}+1)^8.$$

D'après (c), on a

$$t_p \equiv z + p z^{-1} \pmod{l},$$

où z est une racine 12-ième de l'unité du corps $\mathbf{F}_l$ (cor. 1). Soient d l'ordre de z, $S_d(X)$ le d-ième polynôme cyclotomique, et $T_p(X)=X^2-t_p X+p$. La congruence ci-dessus montre que S_d et T_p ont une racine commune (mod l). Leur *résultant* R est donc un entier divisible par l. Or, on peut décomposer R sous la forme

$$R=\prod (x-\zeta)(x'-\zeta),$$

où x et x' sont les deux racines de T_p (les valeurs propres de π_p), et ζ parcourt l'ensemble des racines primitives d-ièmes de l'unité. On a $|x|=|x'|=p^{\frac{1}{2}}$ et $|\zeta|=1$, d'où:

$$0<|R| \leqq (p^{\frac{1}{2}}+1)^{2n}, \quad \text{où} \quad n=\deg. S_d=\varphi(d).$$

Comme d divise 12, on a $\varphi(d) \leqq 4$, et $|R| \leqq (p^{\frac{1}{2}}+1)^8$. Puisque l divise R, on a la même inégalité pour l, cqfd.

Donnons une application du corollaire 2:

Proposition 24. *Supposons que j ne soit pas entier; soit $p_0 \in P$ tel que $v_{p_0}(j)<0$. Soit p le plus petit nombre premier en lequel E a bonne réduction. Si $l \notin S_E$, l ne divise pas $v_{p_0}(j)$ et $l>(p^{\frac{1}{2}}+1)^8$, on a $\varphi_l(G)=\mathrm{Aut}(E_l)$.*

(Ici encore, on obtient une majoration *effective* des l pour lesquels $\varphi_l(G)$ est distinct de $\mathrm{Aut}(E_l)$.)

On a évidemment $l \geqq 5$. Il en résulte que l ne divise pas $2v_{p_0}(j)$. Or il existe une extension de $\mathbf{Q}_{p_0}$ de degré $\leqq 2$ sur laquelle E devient du type de Tate; la valuation de j dans cette extension est $v_{p_0}(j)$ ou $2v_{p_0}(j)$, donc n'est pas divisible par l. D'après MG, p. IV–20, le groupe d'inertie de $\varphi_l(G)$ en p_0 contient un élément d'ordre l. Si l'on avait $\varphi_l(G) \neq \mathrm{Aut}(E_l)$, le groupe $\varphi_l(G)$ serait contenu dans un sous-groupe de Borel, ce qui est impossible d'après le cor. 2 ci-dessus.

5.7. Courbes à j non entier: exemples numériques

5.7.1. Courbe

$$y^2=x^3+x^2-x; \quad N=2^2\,5; \quad \Delta=2^4\,5; \quad j=2^{14}/5.$$

Il y a mauvaise réduction de type multiplicatif en 5, et $v_5(\Delta)=1$. Le groupe $\varphi_l(G)$ contient donc un élément d'ordre l, et, s'il est distinct de $\mathrm{Aut}(E_l)$, il est contenu dans un sous-groupe de Borel. D'autre part, il y a mauvaise réduction en 2, et l'on vérifie[7] que le groupe Φ_2 correspondant est cyclique d'ordre 3. On en conclut (cf. n° 5.6) que, si $\varphi_l(G)$ est contenu dans un sous-groupe de Borel, et si $l \geqq 5$, les caractères χ', χ'': $G \to \mathbf{F}_l^*$ correspondants ont une 2-composante dont l'image dans $\mathbf{F}_l^*$ est d'ordre 3; or c'est impossible, car aucun quotient de $(\mathbf{Z}/2^n\,\mathbf{Z})^*$ n'est d'ordre 3. Cette contradiction *montre que* $\varphi_l(G)=\mathrm{Aut}(E_l)$ *pour* $l \neq 2, 3$. Les cas $l=2$ et $l=3$ font exception: (0, 0) est un point d'ordre 2 et (1, 1) un point d'ordre 3.

5.7.2. Courbe

$$y^2=x^3-x^2+x; \quad N=2^3 3; \quad \Delta=-2^4\,3; \quad j=2^{11}/3.$$

Le fait que $v_2(\Delta)=4$ entraîne que l'ordre de Φ_2 est divisible par 3. Le même argument qu'en 5.7.1 montre alors que $\varphi_l(G)=\mathrm{Aut}(E_l)$ *pour* $l \geqq 5$. Cette formule est également *vraie pour* $l=3$: il suffit de montrer que $\varphi_3(G)$ contient un élément qui n'est pas contenu dans un sous-groupe de Borel, et l'on peut prendre pour cela l'élément de Frobenius π_5; on a en effet:

$$A_5=8, \quad \text{d'où} \quad \mathrm{Tr}(\pi_5)^2-4\det(\pi_5)=4-20=-16,$$

et -16 n'est pas un carré (mod 3). Le cas $l=2$ fait exception: (0, 0) est un point d'ordre 2.

[Comparer avec MG, p. IV – 21, où la même courbe est traitée par une méthode différente, basée sur les résultats de Ogg [18].]

5.7.3. Courbe

$$y^2+xy=x^3-x^2-5; \quad N=3^2\,5; \quad \Delta=-3^7\,5; \quad j=-1/3.5.$$

La mauvaise réduction de type multiplicatif en 5 montre que, si $\varphi_l(G)$ est distinct de $\mathrm{Aut}(E_l)$, il est contenu dans un sous-groupe de Borel. Supposons que ce soit le cas, et que $l \geqq 5$; notons χ', χ'': $G \to \mathbf{F}_l^*$ les caractères correspondants. Comme Φ_3 est d'ordre 2, on voit que

---

[7] Cela se voit, par exemple, en faisant le changement de variables:

$$x=\pi^2 X+1, \quad y=\pi^3 Y+1, \quad \text{où} \quad \pi=\sqrt[3]{2};$$

on obtient l'équation $Y^2+Y=X^3+\pi^4 X^2+\pi^2 X$, où la bonne réduction en l'idéal (π) est évidente.

l'un des caractères χ' et χ'' est non ramifié en dehors de 3, et que sa 3-composante est d'ordre 2; c'est donc le caractère $x \mapsto \left(\frac{x}{3}\right)$, et l'on a

$$t_p \equiv \left(\frac{p}{3}\right) + p\left(\frac{p}{3}\right) \pmod{l} \qquad \text{pour tout } p \neq 3, 5.$$

Or $A_2 = 2$, $t_2 = 1$ et $\left(\frac{2}{3}\right) = -1$; on a donc $1 \equiv -3 \pmod{l}$, ce qui est impossible. Cette contradiction montre que *$\varphi_l(G) = \mathrm{Aut}(E_l)$ pour $l \geqq 5$.* Cette formule est également *vraie pour $l = 3$*: cela se voit comme en 5.7.2, en remarquant que $\mathrm{Tr}(\pi_2)^2 - 4\det(\pi_2) = -7$ n'est pas un carré (mod 3). Le cas $l = 2$ fait exception: $(2, -1)$ est un point d'ordre 2 [8].

5.7.4. Courbe

$$y^2 + xy + y = x^3 + x^2 - 3x + 1; \quad N = 2.5^2; \quad \Delta = -2^5 5^2; \quad j = -5.29^3/2^5.$$

Le fait que $v_5(\Delta) = 2$ montre que Φ_5 est cyclique d'ordre 6. Or il n'existe pas de caractère de G dont la 5-composante ait une image d'ordre 6 (ou 3). Cela suffit à prouver, comme ci-dessus, que, pour $l \neq 3$, 5, $\varphi_l(G)$ ne peut pas être contenu dans un sous-groupe de Borel. D'autre part, la mauvaise réduction de type multiplicatif en 2, jointe au fait que $v_2(\Delta) = 5$, montre que, pour tout $l \neq 5$, $\varphi_l(G)$ contient un élément d'ordre l. On en conclut *que $\varphi_l(G) = \mathrm{Aut}(E_l)$ pour $l \neq 3$, 5.* Les cas $l = 3$ et $l = 5$ font exception: $(1, 0)$ est un point d'ordre 5, et E_3 contient un sous-groupe d'ordre 3 stable par G, à savoir celui formé par le point à l'infini et les deux points d'abscisse 0; pour tout $p \neq 2$, 5, on a

$$t_p \equiv 1 + p \pmod{5} \quad \text{et} \quad t_p \equiv \left(\frac{p}{5}\right) + p\left(\frac{p}{5}\right) \pmod{3}.$$

5.8. Courbes à *j* entier

C'est le cas le plus difficile: on ne dispose plus des éléments unipotents fournis par la théorie de Tate.

On est amené à examiner les possibilités suivantes:

(a) *$\varphi_l(G)$ est contenu dans un sous-groupe de Borel.*

Ce cas se traite par la méthode du nº 5.6; on trouve une borne *effective* pour l.

(b) *$\varphi_l(G)$ est contenu dans un sous-groupe de Cartan.*

---

[8] Une autre façon de traiter cette courbe consiste à la «tordre» par l'extension quadratique $\mathbf{Q}(\sqrt{-3})/\mathbf{Q}$; on la transforme ainsi en la courbe

$$y^2 + xy + y = x^3 + x^2 \qquad (N = 3.5; \Delta = -3.5),$$

qui a l'avantage d'être *semi-stable*.

Ce sous-groupe est nécessairement déployé (si $l \geqq 3$), cf. n° 5.2; il est donc contenu dans un sous-groupe de Borel, et l'on est ramené au cas précédent.

(c) $\varphi_l(G)$ *est contenu dans le normalisateur* N_l *d'un sous-groupe de Cartan* C_l, *et n'est pas contenu dans* C_l.

Ce cas se traite de la manière suivante. Supposons $l \geqq 5$ pour simplifier. Notons ε le caractère d'ordre 2 de G défini par composition:

$$G \to \varphi_l(G) \to N_l/C_l \simeq \{\pm 1\}.$$

On dispose des renseignements suivants sur ε:

(c_1) ε est *non ramifié en dehors de* $S_E \cup \{l\}$. C'est clair.

(c_2) Si $l \notin S_E$, ε est *non ramifié en* l, et $\varepsilon(l) = 1$ ou $\varepsilon(l) = -1$ suivant que la réduction de E en l est de hauteur 1 ou de hauteur 2. Cela se voit sur la structure du *groupe de décomposition* D_l de $\varphi_l(G)$ relativement à l, structure qui est donnée par le n° 1.11. Lorsque la hauteur de $\tilde{E}(l)$ est 1, le groupe d'inertie de D_l est un demi-sous-groupe de Cartan, ou un demi-sous-groupe de Borel; comme il est contenu dans N_l, seul le premier cas est possible, et il entraîne que le groupe en question est l'un des demi-sous-groupes de Cartan de C_l (c'est ici que l'hypothèse $l \geqq 5$ intervient, cf. n° 2.2, prop. 14); le groupe D_l est alors contenu dans C_l, ce qui prouve à la fois que ε est non ramifié en l, et que $\varepsilon(l) = 1$. Lorsque la hauteur de $\tilde{E}(l)$ est 2, le groupe d'inertie de D_l est un sous-groupe de Cartan non déployé, donc égal à C_l, et D_l est égal à N_l (n° 1.11, prop. 12); cela prouve bien que ε est non ramifié en l et que $\varepsilon(l) = -1$.

(c_3) Si E a mauvaise réduction de type multiplicatif en p, ε est *non ramifié en* p. Cela se vérifie sur le modèle de Tate.

(c_4) Supposons que E ne soit pas semi-stable en p, et que $p \neq l$. Si le groupe Φ_p correspondant (n° 5.6) est d'ordre 2, 3 ou 6, ε est *non ramifié en* p. En effet, il faut voir que l'image de Φ_p dans $\varphi_l(G)$ est contenue dans C_l; or un élément d'ordre 2 de Φ_p a pour image -1 dans $\mathrm{Aut}(E_l)$, donc appartient à C_l; d'autre part, il est clair qu'un élément d'ordre 3 de Φ_p a une image triviale dans N_l/C_l qui est d'ordre 2.

(c_5) *Si* $p \notin S_E$, *et* $\varepsilon(p) = -1$, *on a* $t_p \equiv 0 \pmod{l}$.

Si $p \neq l$, cela revient à dire que la trace de l'élément π_p de $\varphi_l(G)$ est nulle, ce qui est clair puisque π_p appartient à $N_l - C_l$. Si $p = l$, l'hypothèse $\varepsilon(l) = -1$ entraîne que la réduction de E en l est de hauteur 2 (cf. (c_2) ci-dessus) et l'on sait que cela équivaut à $t_l \equiv 0 \pmod{l}$.

Les propriétés (c_1) à (c_4) permettent de faire la liste des caractères ε possibles. Pour chacun d'eux, on considère les p tels que $\varepsilon(p) = -1$, et l'on cherche s'il existe un tel p avec $t_p \neq 0$. Si oui, la condition $t_p \equiv 0 \pmod{l}$ donne une majoration pour l. Sinon, la courbe E a des multiplications complexes par le corps quadratique correspondant à ε.

5.9. Courbes à j entier: exemples numériques

5.9.1. Courbe

$$y^2=x^3-2x^2-x; \quad N=2^7; \quad \Delta=2^7; \quad j=2^5 7^3.$$

Le fait que $v_2(\Delta)=7$ montre que l'ordre de Φ_2 est divisible par 12, donc égal à 12 ou 24; mais $\mathbf{SL}_2(\mathbf{F}_3)$ n'a pas de sous-groupe d'ordre 12; le premier cas est donc impossible, ce qui prouve que Φ_2 est isomorphe à $\mathbf{SL}_2(\mathbf{F}_3)$. L'image de Φ_2 dans $\mathrm{Aut}(E_l)$, $l \geqq 3$, est un groupe d'ordre 24, qui agit de façon irréductible; de plus, ce groupe n'est pas abélien, et ne contient pas de sous-groupe abélien d'indice 2. On déduit de là que $\varphi_l(G)$, pour $l \geqq 3$, ne peut être contenu, ni dans un sous-groupe de Borel, ni dans un normalisateur de sous-groupe de Cartan; comme en outre il contient un sous-groupe de Cartan ou un demi-sous-groupe de Cartan déployé (provenant de l'inertie en l), la prop. 17 du n° 2.7 montre *que* $\varphi_l(G)=\mathrm{Aut}(E_l)$ *pour* $l \geqq 3$ (pour $l=5$, il faut en outre vérifier que $\varphi_l(G)$ contient un élément s tel que $\mathrm{Tr}(s)^2/\det(s)=3$, ce qui se fait en prenant $s=\pi_3$; on a en effet $A_3=6$, d'où $\mathrm{Tr}(\pi_3)^2/\det(\pi_3)=2^2/3 \equiv 3 \pmod 5$). Le cas $l=2$ fait exception: $(0,0)$ est un point d'ordre 2.

5.9.2. Courbe[9]

$$y^2=x^3+6x-2; \quad N=2^6 3^3; \quad \Delta=-2^6 3^5; \quad j=2^9 3.$$

Il y a mauvaise réduction en 2 et 3. Le fait que $v_3(\Delta)=5$ montre que Φ_3 est d'ordre 12. L'image de Φ_3 dans $\mathrm{Aut}(E_2)$ est $\Phi_3/\{\pm 1\}$ qui est d'ordre 6; on a *a fortiori* $\varphi_2(G)=\mathrm{Aut}(E_2)$. Pour $l=3$, le fait que Δ ne soit pas un cube montre que $\varphi_3(G)$ contient un élément d'ordre 3 (cf. n° 5.3); d'autre part, on a $A_5=4$, d'où $\mathrm{Tr}(\pi_5)^2-4\det(\pi_5)=-16$ qui n'est pas un carré (mod 3), et $\varphi_3(G)$ n'est pas contenu dans un sous-groupe de Borel; de ces deux renseignements résulte que $\varphi_3(G)=\mathrm{Aut}(E_3)$. Supposons maintenant $l \geqq 7$; comme $\varphi_l(G)$ contient Φ_3, $\varphi_l(G)$ ne peut être contenu, ni dans un sous-groupe de Borel, ni dans un sous-groupe de Cartan; d'autre part, il contient un sous-groupe de Cartan, ou un demi-sous-groupe de Cartan déployé (dû à l'inertie en l); la prop. 17 du n° 2.7 montre alors que $\varphi_l(G)$ est, soit égal à $\mathrm{Aut}(E_l)$, soit contenu dans le normalisateur N_l d'un sous-groupe de Cartan C_l. Montrons que ce dernier cas est impossible. S'il avait lieu, on en déduirait par

$$\varepsilon\colon\ G \to \varphi_l(G) \to N_l/C_l \simeq \{\pm 1\}$$

un caractère d'ordre 2 de G, et l'on aurait (cf. n° 5.8):

$$(*) \qquad t_p \equiv 0 \pmod l \quad \text{si} \quad \varepsilon(p)=-1 \quad \text{et} \quad p \neq 2, 3.$$

Le caractère ε est ramifié en 3 (vu la structure de Φ_3), et n'est pas ramifié en dehors de $\{2,3\}$. Prenons alors $p=17$. Comme $p \equiv 1 \pmod 8$, la

[9] Cette courbe m'a été signalée par J. Vélu.

2-composante de ε prend la valeur 1 en p; comme $p \equiv -1 \pmod 3$, la 3-composante de ε prend la valeur -1 en p. On a donc $\varepsilon(p) = -1$, d'où $t_{17} \equiv 0 \pmod l$. Or on trouve que $A_{17} = 24$, d'où $t_{17} = -6$. La congruence ci-dessus est donc impossible, d'où $\varphi_l(G) = \mathrm{Aut}(E_l)$. Le même argument s'applique à $l=5$, à cela près qu'il faut en outre vérifier l'existence dans $\varphi_5(G)$ d'un élément s tel que $\mathrm{Tr}(s)^2/\det(s) = 3$; l'élément π_{17} convient. En définitive, *on a* $\varphi_l(G) = \mathrm{Aut}(E_l)$ *pour tout* l.

5.9.3. Courbe

$$y^2 + xy = x^3 - x^2 - 2x - 1; \quad N = 7^2; \quad \Delta = -7^3; \quad j = -3^3 5^3.$$

Il y a mauvaise réduction en 7, et Φ_7 est d'ordre 4. Cherchons si, pour $l \neq 2, 7$, il est possible que $\varphi_l(G)$ soit contenu dans le normalisateur N_l d'un sous-groupe de Cartan C_l, sans être contenu dans C_l. Le caractère $\varepsilon\colon G \to \{\pm 1\}$ correspondant est ramifié seulement en 7; c'est donc le caractère de Legendre $a \mapsto \left(\frac{a}{7}\right)$. On en conclut que, si $\left(\frac{p}{7}\right) = -1$, on a $t_p \equiv 0 \pmod l$. Les plus petites valeurs de p telles que $\left(\frac{p}{7}\right) = -1$ sont 3, 5, 13, 17; on trouve chaque fois que $t_p = 0$. Cela suggère que E *a des multiplications complexes* par le corps $\mathbf{Q}(\sqrt{-7})$; effectivement, on constate (cf. [5], p. 295) que $-3^3 5^3 = j\left(\frac{1+\sqrt{-7}}{2}\right)$, de sorte que E a pour anneau d'endomorphismes (sur $\overline{\mathbf{Q}}$) l'anneau des entiers de $\mathbf{Q}(\sqrt{-7})$. On déduit facilement de là que, pour $l \neq 2, 7$, $\varphi_l(G)$ est un normalisateur de sous-groupe de Cartan, alors que, pour $l = 2, 7$, $\varphi_l(G)$ est contenu dans un sous-groupe de Borel; en particulier, *on a* $\varphi_l(G) \neq \mathrm{Aut}(E_l)$ *pour tout* l.

5.9.4. Courbe

$$y^2 + xy = x^3 + x^2 - 2x - 7; \quad N = 11^2; \quad \Delta = -11^4; \quad j = -11^2.$$

(Cette courbe a la propriété remarquable d'avoir un sous-groupe d'ordre 11 stable par G, cf. Vélu [35].)

Il y a mauvaise réduction en 11, et Φ_{11} est d'ordre 3. Soit $l \neq 11$; si $\varphi_l(G)$ était contenu dans un sous-groupe de Borel, les deux caractères $\chi', \chi''\colon G \to \mathbf{F}_l^*$ correspondants auraient une 11-composante dont l'image serait d'ordre 3, ce qui est impossible puisque $11-1$ n'est pas divisible par 3; ainsi $\varphi_l(G)$ ne peut pas être contenu dans un sous-groupe de Borel, ni *a fortiori* dans un sous-groupe de Cartan déployé. Il ne peut pas être contenu dans un sous-groupe de Cartan non déployé (n° 5.2). Il ne peut pas être contenu dans le normalisateur N_l d'un sous-groupe de Cartan C_l, car le caractère d'ordre 2 correspondant serait partout non ramifié (du fait que Φ_{11} est d'ordre 3), ce qui est impossible. Enfin, pour $l=5$, $\varphi_l(G)$ contient un élément s tel que $\operatorname{Tr}(s)^2/\det(s)=3$, à savoir π_2 (on vérifie en effet que $A_2=2$, d'où $t_2=1$ et $t_2^2/2=1/2\equiv 3 \pmod 5$)). Ces divers renseignements entraînent *que* $\varphi_l(G)=\operatorname{Aut}(E_l)$ *pour* $l\neq 11$, cf. nº 2.7. Le cas $l=11$ fait exception, en vertu du résultat de Vélu cité ci-dessus; on a $t_p\equiv p^4+p^7 \pmod{11}$ pour tout $p\neq 11$.

5.10. Un exemple sur le corps $\mathbf{Q}(\sqrt{29})$

Dans ce nº, le corps de base K est le corps quadratique réel $\mathbf{Q}(\sqrt{29})$. L'anneau O_K des entiers de K est principal. On a

$$O_K=\mathbf{Z}[\varepsilon], \quad \text{où } \varepsilon=\frac{5+\sqrt{29}}{2} \text{ est l'unité fondamentale.}$$

La norme de ε est -1. Le groupe des unités totalement positives est engendré par $\varepsilon^2=1+5\varepsilon$.

On prend pour courbe elliptique E la cubique d'équation

$$y^2+xy+\varepsilon^2 y=x^3.$$

On a:

$$b_2=1, \quad b_4=\varepsilon^2, \quad b_6=\varepsilon^4, \quad b_8=0, \quad c_4=1-24\varepsilon^2,$$

et

$$\Delta=b_4^3-27b_6^2=\varepsilon^6-27\varepsilon^8=-\varepsilon^{10}.$$

Le fait que Δ soit une unité montre que *E a partout bonne réduction*[10].

Si v est une place ultramétrique de K, nous notons comme d'habitude A_v le nombre de points de la réduction de E en v; on a

$$A_v=1+Nv-t_v, \quad \text{où } t_v=\operatorname{Tr}(\pi_v).$$

Nous aurons besoin de quelques valeurs de A_v:

$p_v=2, \quad Nv=4$ donne $A_v=6, \quad t_v=-1, \quad \operatorname{Tr}(\pi_v)^2-4\det(\pi_v)=-15;$

$p_v=5, \quad Nv=5$ donne $A_v=9, \quad t_v=-3, \quad \operatorname{Tr}(\pi_v)^2-4\det(\pi_v)=-11;$

$p_v=7, \quad Nv=7$ donne $A_v=6, \quad t_v=2, \quad \operatorname{Tr}(\pi_v)^2-4\det(\pi_v)=-24.$

Passons à la détermination des $\varphi_l(G)$. Commençons par quelques cas particuliers:

a) $l=2$. *On a* $\varphi_2(G)=\operatorname{Aut}(E_2)$. En effet, on a vu que $Nv=5$ donne $t_v=-3\equiv 1 \pmod 2$, ce qui montre que $\varphi_2(G)$ contient un élément d'ordre 3. D'autre part, $\Delta=-\varepsilon^{10}$ n'est pas un carré dans K, et $\varphi_2(G)$ contient donc un élément d'ordre 2, cf. nº 5.3.

[10] La courbe E m'a été signalée par Tate, qui a obtenu des exemples analogues sur d'autres corps quadratiques, aussi bien réels qu'imaginaires.

b) $l=3$. Le point $(0,0)$ est d'ordre 3. D'autre part Δ n'est pas un cube, donc $\varphi_3(G)$ contient un élément d'ordre 3 (n° 5.3); comme $\det\varphi_3(G)=\mathbf{F}_3^*$, on en conclut que *$\varphi_3(G)$ est un demi-sous-groupe de Borel* $\begin{pmatrix}1 & *\\ 0 & *\end{pmatrix}$. On a $t_v\equiv 1+Nv \pmod 3$ pour tout v.

c) $l=29$. Le corps $\mathbf{Q}(\sqrt{29})$ est contenu dans le corps cyclotomique $\mathbf{Q}(\mu_{29})$. Il en résulte que $\det\varphi_{29}(G)$ est l'ensemble des *carrés* de $\mathbf{F}_{29}^*$. D'autre part, on a vu que

$$Nv=4 \quad \text{donne} \quad \mathrm{Tr}(\pi_v)^2-4\det(\pi_v)=-15 \quad \text{et} \quad \left(\frac{-15}{29}\right)=-1,$$

$$Nv=7 \quad \text{donne} \quad \mathrm{Tr}(\pi_v)^2-4\det(\pi_v)=-24 \quad \text{et} \quad \left(\frac{-24}{29}\right)=1.$$

En appliquant la prop. 19 du n° 2.8, on en déduit *que $\varphi_{29}(G)$ est le sous-groupe d'indice 2 de* $\mathrm{Aut}(E_{29})$ *formé des éléments dont le déterminant est un carré dans* $\mathbf{F}_{29}$.

Supposons maintenant $l\geqq 5$ et $l\neq 29$. Le corps $\mathbf{Q}(\sqrt{29})$ est disjoint du corps cyclotomique $\mathbf{Q}(\mu_l)$, ce qui montre que $\det\varphi_l(G)$ est égal à $\mathbf{F}_l^*$. D'autre part:

i) Le groupe $\varphi_l(G)$ *ne peut pas être contenu dans un sous-groupe de Cartan non déployé*: cela se voit comme dans le cas de $\mathbf{Q}$, en utilisant la conjugaison complexe, cf. n° 5.2, iv).

ii) Le groupe $\varphi_l(G)$ *ne peut pas être contenu dans le normalisateur N_l d'un sous-groupe de Cartan C_l sans être contenu dans C_l*. En effet, le caractère $G\to\{\pm 1\}$ correspondant serait non ramifié (n° 4.2, lemme 2); or un tel caractère n'existe pas, puisque O_K est principal et contient une unité de norme -1 (le groupe des classes d'idéaux «au sens strict» est réduit à $\{1\}$).

iii) Cherchons *si $\varphi_l(G)$ peut être contenu dans un sous-groupe de Borel*. Supposons que ce soit le cas, et notons $\chi',\chi'': G\to\mathbf{F}_l^*$ les caractères correspondants. Ces caractères sont non ramifiés en dehors des places v divisant l. Supposons d'abord qu'il n'y ait qu'une telle place, i.e. que $\left(\frac{l}{29}\right)=-1$. D'après le n° 1.11, la réduction de E en v est de hauteur 1, et l'un des caractères χ',χ'' est non ramifié en v, donc partout, et il est égal à 1, cf. ci-dessus. On a donc

$$t_v\equiv 1+Nv \pmod l \quad \text{si } p_v\neq l.$$

En prenant $Nv=4$, $t_v=-1$, on a $6\equiv 0 \pmod l$, ce qui est impossible puisque $l\geqq 5$.

Supposons maintenant qu'il y ait deux places v_1 et v_2 divisant l, i.e. que $\left(\frac{l}{29}\right)=1$. D'après le nº 1.11, la réduction de E en v_1 (resp. v_2) est de hauteur 1, et l'un des caractères χ', χ'' est non ramifié en v_1 (resp. v_2). Si c'est le même caractère qui est non ramifié en v_1 et v_2, ce caractère est égal à 1, et le même raisonnement que ci-dessus montre que c'est impossible. Reste le cas où, par exemple, χ' est non ramifié en v_1, et ramifié en v_2 (auquel cas c'est le «caractère fondamental de hauteur 1» en v_2, d'après le nº 1.11). *Un tel caractère n'existe que si* $l=5$. En effet, notons $\mathfrak{p}_2$ l'idéal premier correspondant à v_2. La théorie du corps de classes permet d'interpréter χ' comme un homomorphisme de $(O_K/\mathfrak{p}_2)^*$ dans $\mathbf{F}_l^*$, égal à 1 sur toute unité totalement positive; de plus, le fait que χ' soit le caractère fondamental signifie que, si l'on identifie $O_K/\mathfrak{p}_2$ au corps $\mathbf{F}_l$, l'homomorphisme $\chi'\colon \mathbf{F}_l^* \to \mathbf{F}_l^*$ ainsi obtenu est *l'application identique*. Comme ε^2 engendre le groupe des unités totalement positives, on voit que $\varepsilon^2-1=5\varepsilon$ doit être contenu dans $\mathfrak{p}_2$, ce qui équivaut à $l=5$.

Enfin, si $l\neq 29$, le groupe $\varphi_l(G)$ contient, soit un sous-groupe de Cartan non déployé, soit un demi-sous-groupe de Cartan déployé, cf. nº 1.11. En combinant ce renseignement avec ceux fournis par i), ii), iii) ci-dessus, on voit *que* $\varphi_l(G)=\mathrm{Aut}(E_l)$ *pour* $l\geqq 7$, $l\neq 29$.

Reste le cas $l=5$. On a vu que $Nv=4$ donne un élément π_v tel que $\mathrm{Tr}(\pi_v)=-1$, $\det(\pi_v)=4$, d'ou $\mathrm{Tr}(\pi_v)^2-4\det(\pi_v)=-15$. Comme la valuation 5-adique de -15 est 1, on déduit de là (cf. Shimura [32], lemme 1) que l'image de π_v dans $\mathrm{Aut}(E_5)$ est représentable matriciellement par $\begin{pmatrix}2 & 1\\ 0 & 2\end{pmatrix}$, donc est d'ordre 10. En particulier, $\varphi_5(G)$ contient un élément d'ordre 5. Vu ce qui a été démontré plus haut, cela ne laisse que les deux possibilités suivantes:

5_1) On a $\varphi_5(G)=\mathrm{Aut}(E_5)$.

5_2) Le groupe $\varphi_5(G)$ est un sous-groupe de Borel $\begin{pmatrix}* & *\\ 0 & *\end{pmatrix}$ et les deux caractères χ', χ'' correspondants sont les caractères fondamentaux relatifs aux deux places v_1 et v_2 de K de caractéristique résiduelle 5, cf. iii) ci-dessus. En termes des t_v, cette dernière propriété se traduit de la manière suivante: pour tout $v\in\Sigma$, choisissons un générateur totalement positif α_v de l'idéal premier de O_K défini par v; on a alors:

$$t_v \equiv \mathrm{Tr}_{K/\mathbf{Q}}(\alpha_v) \pmod 5.$$

On notera que cette congruence est satisfaite lorsque $Nv=4$, 5 et 7, comme on le voit en prenant $\alpha_v=2$, $1+\varepsilon$ (ou $6-\varepsilon$), et $1+2\varepsilon$ (ou $11-2\varepsilon$). Cela laisse penser que c'est 5_2) qui est correct et non 5_1), autrement dit *que* $\varphi_5(G)$ *est un sous-groupe de Borel de* $\mathrm{Aut}(E_5)$. C'est effectivement le cas.

Pour le démontrer, il suffit de vérifier que E_5 contient un sous-groupe d'ordre 5 stable par G, ou, ce qui revient au même (cf. Fricke [11], p. 399) que l'invariant modulaire j de E peut s'écrire sous la forme $(\tau^2+10\tau+5)^3/\tau$, avec $\tau \in K$; or c'est bien exact: on prend $\tau = \varepsilon - 14 = -(1+\varepsilon)^3/\varepsilon^2$.

En définitive, *on a* $\varphi_l(G) = \mathrm{Aut}(E_l)$ *pour* $l \neq 3, 5, 29$.

La courbe de Shimura

Dans [33], § 7.5 (voir aussi [32]), Shimura construit une certaine courbe elliptique E_1 sur $K = \mathbf{Q}(\sqrt{29})$ qui a des propriétés très voisines de celles de la courbe E ci-dessus: elle a bonne réduction partout (Casselman [3]), et même nombre de points que E aux places divisant 2, 3, 5, 7, 13; les traces $t_v(E_1)$ des éléments de Frobenius de E_1 satisfont aux mêmes congruences que les $t_v(E)$, à savoir:

$$t_v(E_1) \equiv 1 + Nv \pmod 3$$

$$t_v(E_1) \equiv \mathrm{Tr}_{K/\mathbf{Q}}(\alpha_v) \pmod 5.$$

(La seconde congruence est démontrée dans [33], p. 206; la première résulte de l'expression de la fonction zêta de E_1 donnée par Shimura, combinée avec les formules de Hecke [13], p. 787 et p. 905.)

La courbe E_1 possède une isogénie de degré 5 sur sa conjuguée E_1^σ, où σ désigne l'automorphisme non trivial de K. La courbe E jouit d'une propriété analogue: cela se vérifie à partir des résultats de Fricke (*loc. cit.*) en remarquant que l'on a $\tau\tau^\sigma = 125$, avec les notations ci-dessus.

Les arguments utilisés dans le cas de E pour déterminer $\varphi_l(G)$ s'appliquent sans changement à E_1. En particulier, *le groupe de Galois de* $(E_1)_l$ *est* $\mathbf{GL}_2(\mathbf{F}_l)$ *pour* $l \neq 3, 5, 29$. Il serait intéressant de voir si E_1
11 est isogène (ou même isomorphe) à E.

§ 6. Produits de deux courbes elliptiques

Dans ce §, E et E' désignent deux courbes elliptiques sur un corps de nombres algébriques K. Les notations E_n, φ_n, ρ_l, T_l, V_l relatives à E sont celles définies dans l'*Introduction* et dans le § 4. On utilise pour E' les notations correspondantes E'_n, φ'_n, ρ'_l, T'_l, V'_l.

Les notations relatives à K sont celles des §§ 3, 4. En particulier, la lettre G désigne le groupe de Galois $\mathrm{Gal}(\bar{K}/K)$.

6.1. Courbes sans multiplication complexe

Si n est un entier $\geqq 1$, les homomorphismes

$$\varphi_n\colon G \to \mathrm{Aut}(E_n), \qquad \varphi'_n\colon G \to \mathrm{Aut}(E'_n)$$

définissent un homomorphisme

$$\psi_n\colon G \to \mathrm{Aut}(E_n) \times \mathrm{Aut}(E'_n).$$

Comme $\det \varphi_n = \det \varphi'_n$, l'image de ψ_n est contenue dans le sous-groupe A_n de $\operatorname{Aut}(E_n) \times \operatorname{Aut}(E'_n)$ formé des couples (s, s') tels que $\det(s) = \det(s')$ dans $(\mathbf{Z}/n\mathbf{Z})^*$.

Par passage à la limite sur n, on obtient un homomorphisme

$$\psi_\infty : G \to A_\infty = \varprojlim A_n,$$

où A_∞ est un certain sous-groupe fermé du groupe $\operatorname{Aut}(E_\infty) \times \operatorname{Aut}(E'_\infty)$. Plus précisément, on a

$$A_\infty = \prod_{l \in P} A_{l\infty},$$

où $A_{l\infty}$ est le sous-groupe de $\mathbf{GL}(T_l) \times \mathbf{GL}(T'_l)$ formé des couples (s, s') tels que $\det(s) = \det(s')$ dans $\mathbf{Z}_l^*$.

Théorème 6. *Faisons les hypothèses suivantes:*

i) *E et E' n'ont pas de multiplication complexe.*

ii) *Les systèmes de représentations l-adiques (ρ_l) et (ρ'_l) attachés à E et E' ne deviennent isomorphes sur aucune extension finie de K.*

Le groupe $\psi_\infty(G)$ est alors un sous-groupe ouvert du groupe A_∞ défini ci-dessus.

La démonstration sera donnée au n° 6.2.

Corollaire 1. *Pour tout $l \in P$, l'image de G dans $\mathbf{GL}(T_l) \times \mathbf{GL}(T'_l)$ par (ρ_l, ρ'_l) est un sous-groupe ouvert de $A_{l\infty}$; pour presque tout l, cette image est égale à $A_{l\infty}$.*

En particulier:

Corollaire 2. *Pour presque tout $l \in P$, on a $\psi_l(G) = A_l$.*

Remarques. 1) L'hypothèse ii) entraîne:

iii) *E et E' ne sont pas $\bar{K}$-isogènes.*

12 Il est probable que ii) et iii) sont *équivalentes*; c'est vrai lorsque l'invariant modulaire j de E n'est pas un entier (MG, p. IV – 14); il serait très intéressant de le démontrer dans le cas général.

2) Supposons i) vérifiée. On peut montrer que ii) est alors équivalente à chacune des conditions suivantes:

iv) *Il n'existe pas de caractère continu $\varepsilon : G \to \{\pm 1\}$ tel que ρ'_l soit isomorphe à $\varepsilon \otimes \rho_l$ pour tout l* (ou pour *un l*, cela revient au même).

v) *Il existe $v \in \Sigma$ tel que E et E' aient bonne réduction en v et que $t_v(E') \neq \pm t_v(E)$.*

(L'équivalence de ii) et iv) se démontre par un argument de descente galoisienne; l'implication v) $\Rightarrow$ iv) est immédiate; l'implication ii) $\Rightarrow$ v) résulte du th. 6.)

3) Soit K^{cycl} le sous-corps de $\bar{K}$ obtenu en adjoignant à $\bar{K}$ toutes les racines de l'unité (cf. nº 4.4). On peut reformuler le th. 6 de la manière suivante:

Théorème 6′. *Sous les hypothèses* i) *et* ii), *l'image de* $\mathrm{Gal}(\bar{K}/K^{\text{cycl}})$ *dans* $\prod_{l\in P} \mathbf{SL}(T_l)\times\mathbf{SL}(T_l')$ *est ouverte.*

Convenons de dire que deux extensions galoisiennes M et M' d'un corps L sont *presque disjointes* si $M\cap M'$ est de degré fini sur L, ou, ce qui revient au même, si $\mathrm{Gal}(M'M/L)$ est un sous-groupe *ouvert* de $\mathrm{Gal}(M/L)\times\mathrm{Gal}(M'/L)$. Le th. 6′ équivaut à:

Théorème 6″. *Soient* $K(E_\infty)$ *et* $K(E'_\infty)$ *les sous-corps de* $\bar{K}$ *obtenus en adjoignant à* K *les coordonnées des points de* E_∞ *et de* E'_∞. *Ces corps contiennent* K^{cycl}. *Si les hypothèses* i) *et* ii) *sont satisfaites, les extensions* $K(E_\infty)/K^{\text{cycl}}$ *et* $K(E'_\infty)/K^{\text{cycl}}$ *sont presque disjointes.*

6.2. Démonstration du théorème 6

Elle utilise plusieurs lemmes:

Lemme 7. *Pour tout* $l\in P$, *l'image* $G_{l\infty}$ *de* G *dans* $\mathbf{GL}(T_l)\times\mathbf{GL}(T_l')$ *est un sous-groupe ouvert de* $A_{l\infty}$.

Notons $\mathfrak{g}_l$ (resp. $\mathfrak{h}_l$) la $\mathbf{Q}_l$-algèbre de Lie du groupe de Lie l-adique $G_{l\infty}$ (resp. $A_{l\infty}$). Vu la définition de $A_{l\infty}$, $\mathfrak{h}_l$ est la sous-algèbre de

$$\mathrm{End}(V_l)\times\mathrm{End}(V_l')$$

formée des couples (u, u') tels que $\mathrm{Tr}(u)=\mathrm{Tr}(u')$. On a $\mathfrak{g}_l\subset\mathfrak{h}_l$, et le lemme revient à dire que $\mathfrak{g}_l=\mathfrak{h}_l$. Comme E et E' n'ont pas de multiplication complexe, les projections $\mathfrak{g}_l\to\mathrm{End}(V_l)$ et $\mathfrak{g}_l\to\mathrm{End}(V_l')$ sont surjectives. Or, il est facile de déterminer les sous-algèbres de $\mathfrak{h}_l$ qui ont cette propriété. On trouve que, si $\mathfrak{g}_l\neq\mathfrak{h}_l$, $\mathfrak{g}_l$ est le graphe d'un isomorphisme de $\mathbf{Q}_l$-algèbres de Lie

$$\alpha\colon \mathrm{End}(V_l)\to\mathrm{End}(V_l')$$

transformant 1 en 1; cette dernière propriété montre que α est bien déterminé par sa restriction à $\mathfrak{sl}(V_l)$. Or, tout automorphisme de l'algèbre de Lie $\mathfrak{sl}_2$ provient d'un élément de $\mathbf{PGL}_2$; on en conclut qu'il existe une application $\mathbf{Q}_l$-linéaire bijective f de V_l sur V_l' telle que $\alpha(u)=f\circ u\circ f^{-1}$ pour tout $u\in\mathrm{End}(V_l)$, et $\mathfrak{g}_l$ est l'ensemble des couples $(u, f\circ u\circ f^{-1})$. L'application $f\colon V_l\to V_l'$ est un isomorphisme de $\mathfrak{g}_l$-modules. D'après la théorie de Lie, il existe donc un sous-groupe ouvert U de $G_{l\infty}$ tel que f soit un *isomorphisme de* U-*modules*. Si K' est l'extension finie de K correspondant à U, on voit que ρ_l et ρ_l' deviennent isomorphes après extension des scalaires à K', ce qui contredit l'hypothèse ii). On a donc nécessairement $\mathfrak{g}_l=\mathfrak{h}_l$, d'où le lemme.

Lemme 8. *Soit l un nombre premier $\geqq 5$. Supposons que les homomorphismes*

$$\varphi_l: G \to \mathrm{Aut}(E_l) \quad \text{et} \quad \varphi'_l: G \to \mathrm{Aut}(E'_l)$$

soient surjectifs, et que $\psi_l: G \to A_l$ ne le soit pas. Il existe alors un caractère continu $\varepsilon_l: G \to \{\pm 1\}$ et un isomorphisme f du groupe E_l sur le groupe E'_l tels que

$$f \circ \varphi_l(s) = \varepsilon_l(s)\, \varphi'_l(s) \circ f \qquad \text{pour tout } s \in G.$$

En outre, ε_l est non ramifié en toute place ultramétrique non ramifiée sur **Q** *en laquelle E et E' ont bonne réduction.*

Posons $B = \mathrm{Aut}(E_l)$, $B' = \mathrm{Aut}(E'_l)$, $H = \psi_l(G)$ et $A = A_l$, de sorte que l'on a:

$$H \subset A \subset B \times B', \qquad H \neq A, \qquad \mathrm{pr}_1 H = B, \qquad \mathrm{pr}_2 H = B'.$$

Identifions B au sous-groupe $B \times \{1\}$ de $B \times B'$, et posons $N = B \cap H$. Définissons de même $N' = B' \cap H$. Il résulte des propriétés ci-dessus que N est distingué dans B et N' distingué dans B'; de plus, l'image de H dans $B/N \times B'/N'$ est le graphe d'un isomorphisme $\alpha: B/N \to B'/N'$ (cf. Bourbaki, A.I, p. 124, exerc. 7). Du fait que H est contenu dans A, on a $N \subset \mathbf{SL}(E_l)$; on voit facilement que, si N était *égal* à $\mathbf{SL}(E_l)$, on aurait $H = A$. On a donc $N \neq \mathbf{SL}(E_l)$; comme N est distingué dans $B = \mathrm{Aut}(E_l)$, cela entraîne que N est contenu dans le centre $\{\pm 1\}$ de $\mathbf{SL}(E_l)$. On a de même $N' \subset \{\pm 1\}$. Le *centre* de B/N est $\mathbf{F}_l^*/N$ et celui de B'/N' est $\mathbf{F}_l^*/N'$. L'isomorphisme $\alpha: B/N \to B'/N'$ applique donc $\mathbf{F}_l^*/N$ sur $\mathbf{F}_l^*/N'$ et induit par passage au quotient un isomorphisme $\tilde{\alpha}$ du groupe $B/\mathbf{F}_l^* = \mathbf{PGL}(E_l)$ sur le groupe $\mathbf{PGL}(E'_l)$. Mais on sait que tout automorphisme de $\mathbf{PGL}_2(\mathbf{F}_l)$ est intérieur. On en conclut qu'il existe un isomorphisme $f: E_l \to E'_l$ tel que $\tilde{\alpha}(u) = f \circ u \circ f^{-1}$ pour tout $u \in \mathbf{PGL}(E_l)$. Cela signifie que, si $h = (u, u')$ est un élément de H, il existe une homothétie $\varepsilon(h) \in \mathbf{F}_l^*$ telle que

$$u' = \varepsilon(h)\, f \circ u \circ f^{-1}.$$

Prenant les déterminants des deux membres, on obtient $\varepsilon(h)^2 = 1$, et ε est une application de H dans $\{\pm 1\}$; on vérifie immédiatement que c'est un homomorphisme. Le composé de ε et de l'homomorphisme $\psi_l: G \to H$ est le caractère ε_l cherché. La formule ci-dessus montre que l'on a bien

$$f \circ \varphi_l(s) = \varepsilon_l(s)\, \varphi'_l(s) \circ f \qquad \text{pour tout } s \in G.$$

En d'autres termes, f définit un isomorphisme du G-module E_l sur le G-module déduit de E'_l par «torsion» au moyen de ε_l.

Soit $v \in \Sigma$. Supposons que E et E' aient bonne réduction en v, et que v soit non ramifiée sur **Q**, i.e. que son indice de ramification $e(v)$ soit égal à 1. Il nous faut prouver que ε_l *est non ramifié en* v. C'est clair si $p_v \neq l$. Supposons que $p_v = l$. Choisissons une clôture algébrique k_l de $\mathbf{F}_l$;

notons λ_1 et λ_2 (resp. λ'_1 et λ'_2) les caractères du groupe d'inertie modérée en v, à valeurs dans k_l^*, intervenant dans le module galoisien $E_l \otimes k_l$ (resp. $E'_l \otimes k_l$), cf. n° 1.11. Si l'on note ε_v la restriction de ε_l au groupe d'inertie en v, on a (quitte à permuter λ'_1 et λ'_2):

$$(*) \qquad \lambda_1 = \varepsilon_v \lambda'_1 \quad \text{et} \quad \lambda_2 = \varepsilon_v \lambda'_2 .$$

Comme $e(v)=1$, les corollaires aux prop. 11 et 12 montrent que les λ_i et λ'_i sont, soit le caractère 1, soit un caractère fondamental de niveau 1 ou 2. Leurs invariants dans $(\mathbf{Q}/\mathbf{Z})'$ (cf. n° 1.7) appartiennent à l'ensemble

$$X = \left\{0, \frac{1}{l-1}, \frac{1}{l^2-1}, \frac{l}{l^2-1}\right\}.$$

Puisque $\varepsilon_v^2 = 1$, l'invariant de ε_v est 0 ou $\frac{1}{2}$; d'autre part les formules (*) montrent que cet invariant est de la forme $x - x'$, avec $x, x' \in X$. Or, si $l \geqq 5$, on vérifie que $\frac{1}{2}$ n'est pas de la forme $x - x'$. L'invariant de ε_v est donc égal à 0, ce qui signifie que $\varepsilon_v = 1$, i.e. que ε_l est non ramifié en v, et achève la démonstration du lemme.

Lemme 9. *On a $\psi_l(G) = A_l$ pour presque tout l.*

Raisonnons par l'absurde, et soit L une partie infinie de P telle que $\psi_l(G) \neq A_l$ pour tout $l \in L$. Quitte à retrancher de L un ensemble fini, on peut supposer que, pour tout $l \in L$, on a $l \geqq 5$ et que les homomorphismes

$$\varphi_l \colon G \to \mathrm{Aut}(E_l) \quad \text{et} \quad \varphi'_l \colon G \to \mathrm{Aut}(E'_l)$$

sont surjectifs (cf. n° 4.2, th. 2). Si $l \in L$, notons ε_l le caractère de G à valeurs dans $\{\pm 1\}$ défini dans le lemme 8. Il résulte de ce lemme que les ε_l sont non ramifiés en dehors d'un ensemble fini de places de K, indépendant de l. Cela entraîne, comme on sait, que les ε_l sont *en nombre fini.* Quitte à remplacer L par une partie infinie, on peut donc supposer que ε_l est indépendant de l; notons-le ε. Le caractère ε correspond à une extension K' de K de degré $\leqq 2$; posons $G' = \mathrm{Gal}(\bar{K}/K') = \mathrm{Ker}(\varepsilon)$. D'après le lemme 8, pour tout $l \in L$, les G'-modules E_l et E'_l sont isomorphes. On en déduit que, si v est une place de K' en laquelle E et E' ont bonne réduction, les traces des endomorphismes de Frobenius des réductions de E et E' en v satisfont aux congruences:

$$t_v(E) \equiv t_v(E') \pmod{l} \qquad \text{pour tout } l \in L, \quad l \neq p_v .$$

Comme L est infini, cela entraîne $t_v(E) = t_v(E')$, ce qui montre que les systèmes de représentations l-adiques attachés à E et E' deviennent isomorphes sur K' (cf. MG, p. IV–15); cela contredit l'hypothèse ii).

Lemme 10. *Soit l un nombre premier $\geqq 5$, et soit H un sous-groupe fermé de $\mathbf{GL}_2(\mathbf{Z}_l) \times \mathbf{GL}_2(\mathbf{Z}_l)$. On suppose que l'image de H dans*

$$\mathbf{GL}_2(\mathbf{F}_l) \times \mathbf{GL}_2(\mathbf{F}_l)$$

par réduction (mod l) *contient $\mathbf{SL}_2(\mathbf{F}_l) \times \mathbf{SL}_2(\mathbf{F}_l)$. Alors H contient $\mathbf{SL}_2(\mathbf{Z}_l) \times \mathbf{SL}_2(\mathbf{Z}_l)$.*

Soit H' l'adhérence du groupe des commutateurs de H. C'est un sous-groupe de $\mathbf{SL}_2(\mathbf{Z}_l) \times \mathbf{SL}_2(\mathbf{Z}_l)$ et son image par réduction (mod l) contient le groupe dérivé de $\mathbf{SL}_2(\mathbf{F}_l) \times \mathbf{SL}_2(\mathbf{F}_l)$, qui est $\mathbf{SL}_2(\mathbf{F}_l) \times \mathbf{SL}_2(\mathbf{F}_l)$ lui-même puisque $l \geqq 5$. Tout revient à montrer que $H' = \mathbf{SL}_2(\mathbf{Z}_l) \times \mathbf{SL}_2(\mathbf{Z}_l)$. Soit X l'intersection de H' et de $\mathbf{SL}_2(\mathbf{Z}_l) \times \{1\}$; soit Y l'ensemble des éléments de H' dont la seconde composante est congrue à 1 (mod l). On a $Y \supset X$, et le quotient Y/X est un pro-l-groupe. Soient $\tilde{Y}$ et $\tilde{X}$ les images de Y et de X dans $\mathbf{SL}_2(\mathbf{F}_l)$ par réduction (mod l) de la première composante. Par hypothèse, on a $\tilde{Y} = \mathbf{SL}_2(\mathbf{F}_l)$; d'autre part, $\tilde{Y}/\tilde{X}$ est isomorphe à un quotient de Y/X, donc est un l-groupe. Comme $\mathbf{SL}_2(\mathbf{F}_l)$ n'a aucun sous-groupe distingué (à part lui-même) d'indice une puissance de l, on a $\tilde{X} = \tilde{Y} = \mathbf{SL}_2(\mathbf{F}_l)$. D'après le lemme 3 de MG, p. IV – 23, cela entraîne que $X = \mathbf{SL}_2(\mathbf{Z}_l) \times \{1\}$. Ainsi, H' contient le premier facteur du produit $\mathbf{SL}_2(\mathbf{Z}_l) \times \mathbf{SL}_2(\mathbf{Z}_l)$; un argument analogue montre qu'il contient le second; il est donc égal à $\mathbf{SL}_2(\mathbf{Z}_l) \times \mathbf{SL}_2(\mathbf{Z}_l)$, ce qui démontre le lemme.

Dans l'énoncé suivant, J_v désigne le plus petit sous-groupe distingué fermé de G contenant les groupes d'inertie relatifs aux places de $\bar{K}$ prolongeant v, cf. n° 4.4.

Lemme 11. *Pour presque tout v, $\psi_\infty(J_v)$ est égal au l-ième facteur $A_{l\infty}$ de A, avec $l = p_v$.*

Posons $H_v = \psi_\infty(J_v)$. D'après le lemme 9 et le th. 4 du n° 4.4, on a, pour presque tout v:

a) H_v est contenu dans le l-ième facteur $A_{l\infty}$ de A, où $l = p_v$.
b) Les projections $H_v \to \mathbf{GL}(T_l)$ et $H_v \to \mathbf{GL}(T_l')$ sont surjectives.
c) $\psi_l(G) = A_l$.

Supposons ces propriétés vérifiées, ainsi que l'inégalité $l \geqq 5$. Soit $\tilde{H}_v = \psi_l(J_v)$ l'image de H_v dans $\mathrm{Aut}(E_l) \times \mathrm{Aut}(E_l')$ par réduction (mod l). D'après b) et c), les deux projections $\tilde{H}_v \to \mathrm{Aut}(E_l)$ et $\tilde{H}_v \to \mathrm{Aut}(E_l')$ sont surjectives, et $\tilde{H}_v$ est un sous-groupe distingué de $A_l = \psi_l(G)$. Il est facile de voir que ces propriétés entraînent $\tilde{H}_v = A_l$. Appliquant le lemme 10, on en conclut que H_v contient $\mathbf{SL}(T_l) \times \mathbf{SL}(T_l')$; vu b), cela entraîne bien $H_v = A_{l\infty}$.

Fin de la démonstration du théorème 6

Le lemme 11 montre qu'il existe une partie finie S de P telle que $\psi_\infty(G)$ contienne les facteurs $A_{l\infty}$ de A_∞ pour $l \in P - S$. Tout revient donc à prouver que l'image de $\psi_\infty(G)$ dans le produit des $A_{l\infty}$, pour $l \in S$, est *ouverte*, ce qui résulte du lemme 7 combiné à un argument standard sur les groupes de Sylow (MG, p. IV – 24, démonstration du lemme 4).

Remarque. La démonstration ci-dessus se prête à des calculs numériques du genre de ceux du § 5. Par exemple, le lecteur vérifiera que, si l'on prend pour E et E' les courbes 5.5.6 et 5.5.7 du n° 5.5, et pour K le corps **Q**, on a $\psi_l(G) = A_l$ pour tout $l \in P$.

6.3. Courbes à multiplications complexes

On a un résultat analogue à celui du théorème 6″ :

Théorème 7. *Supposons que les courbes E et E' ne soient pas $\bar{K}$-isogènes, et que l'une au moins ait des multiplications complexes. Alors les extensions $K(E_\infty)/K^{\text{cycl}}$ et $K(E'_\infty)/K^{\text{cycl}}$ sont presque disjointes.*

(On peut aussi formuler ce résultat dans le style des ths. 6 et 6′; nous en laissons le soin au lecteur.)

Comme E et E' jouent des rôles symétriques, il suffit de prouver le th. 7 dans chacun des cas suivants:

a) E' a des multiplications complexes (que l'on peut supposer définies sur K), et E n'en a pas. Si l'on pose $L = K(E_\infty) \cap K(E'_\infty)$, l'extension L/K est abélienne, puisque contenue dans $K(E'_\infty)/K$. Il en résulte (cf. n° 4.4, *Remarque*) que $\mathrm{Gal}(K(E_\infty)/L)$ est un sous-groupe ouvert de $\prod_{l \in P} \mathbf{SL}(T_l)$, donc un sous-groupe ouvert de $\mathrm{Gal}(K(E_\infty)/K^{\text{cycl}})$, ce qui montre bien que l'extension L/K^{cycl} est de degré fini.

b) E et E' ont des multiplications complexes par des corps quadratiques imaginaires F et F', que l'on peut supposer contenus dans K. Puisque E et E' ne sont pas $\bar{K}$-isogènes, les corps F et F' sont distincts. De plus, l'action de G sur E_∞ et E'_∞ est une action abélienne, décrite par le th. 5 du n° 4.5. En particulier le groupe de Galois de $K(E_\infty)/K$ s'identifie à un sous-groupe ouvert du produit des $U_l(F)$. En explicitant ce que signifie le th. 7, on est ramené à l'énoncé suivant, dont la vérification est élémentaire:

Soit $\theta_l: U_l(K) \to U_l(F) \times U_l(F')$ l'homomorphisme défini par N_{K_l/F_l} et N_{K_l/F'_l}; l'image de θ_l est contenue dans le groupe H_l formé des couples (u, u') tels que $N_{F_l/\mathbf{Q}_l}(u) = N_{F'_l/\mathbf{Q}_l}(u')$, et, pour tout l (resp. pour presque tout l), θ_l est une application *ouverte* (resp. *surjective*) de $U_l(K)$ dans H_l.

Bibliographie

1. Artin, E.: Geometric algebra. New York: Interscience Publ. 1957 (trad. française par M. Lazard. Paris: Gauthier-Villars 1962).
2. Billing, G., Mahler, K.: On exceptional points on cubic curves. J. London Math. Soc. **15**, 32 – 43 (1940).

3. Casselman, W.: On abelian varieties with many endomorphisms and a conjecture of Shimura. Inventiones math. **12**, 225–236 (1971).
4. Cassels, J.: Diophantine equations with special reference to elliptic curves. J. London Math. Soc. **41**, 193–291 (1966).
5. Cassels, J., Fröhlich, A. (*ed.*): Algebraic number theory. New York: Academic Press 1967.
6. Curtis, C., Reiner, I.: Representation theory of finite groups and associative algebras. New York: Interscience Publ. 1962.
7. Deligne, P.: Formes modulaires et représentations *l*-adiques. Séminaire Bourbaki, 1968/69, exposé **355**: Lecture Notes in Math. **179**. Berlin-Heidelberg-New York: Springer 1971.
8. Deuring, M.: Die Typen der Multiplikatorenringe elliptischer Funktionenkörper. Abh. Math. Sem. Hamburg **14**, 197–272 (1941).
9. Deuring, M.: Die Zetafunktion einer algebraischen Kurve vom Geschlechte Eins. Gött. Nach., 85–94 (1953); II, *ibid.*, 13–42 (1955); III, *ibid.*, 37–76 (1956); IV, *ibid.*, 55–80 (1957).
10. Deuring, M.: Die Klassenkörper der komplexen Multiplikation. Enz. Math. Wiss., Band I–2, Heft 10, Teil II. Stuttgart: Teubner 1958.
11. Fricke, R.: Lehrbuch der Algebra, Bd. III. Braunschweig: Fried. Vieweg & Sohn 1928.
12. Fröhlich, A.: Formal groups. Lecture Notes in Math. **74**. Berlin-Heidelberg-New York: Springer 1968.
13. Hecke, E.: Mathematische Werke. Göttingen: Vandenhoeck und Ruprecht 1959.
14. Lubin, J.: Finite subgroups and isogenies of one-parameter formal Lie groups. Ann. of. Math. **85**, 296–302 (1967).
15. Mumford, D.: Abelian varieties. Oxford Univ. Press 1970.
16. Néron, A.: Modèles minimaux des variétés abéliennes sur les corps locaux et globaux. Publ. Math. I.H.E.S. **21**, 1–128 (1964).
17. Neumann, O.: Zur Reduktion der elliptischen Kurven. Math. Nach. **46**, 285–310 (1970).
18. Ogg, A.: Abelian curves of 2-power conductor. Proc. Camb. Phil. Soc. **62**, 143–148 (1966).
19. Ogg, A.: Elliptic curves and wild ramification. Amer. J. of Math. **89**, 1–21 (1967).
20. Ogg, A.: Rational points of finite order on elliptic curves. Inventiones math. **12**, 105–111 (1971).

13 21. Raynaud, M.: Schémas en groupes de type $(p, \ldots, p)$. En préparation.
22. Roquette, P.: Analytic theory of elliptic functions over local fields. Göttingen: Vandenhoeck und Ruprecht 1970.
23. Šafarevič, I.: Corps de nombres algébriques (en russe). Proc. Inter. Congr. Math. Stockholm, 163–176 (1962) [Trad. anglaise: Amer. Math. Transl., ser. 2, vol. **31**, 25–39 (1963)].
24. Serre, J.-P.: Sur les corps locaux à corps résiduel algébriquement clos. Bull. Soc. Math. France **89**, 105–154 (1961).
25. Serre, J.-P.: Corps Locaux (2ème édition). Paris: Hermann 1968.
26. Serre, J.-P.: Groupes de Lie *l*-adiques attachés aux courbes elliptiques. Colloque Clermont-Ferrand, 239–256, C.N.R.S. 1964.
27. Serre, J.-P.: Abelian *l*-adic representations and elliptic curves. New York: Benjamin 1968 (cité MG).
28. Serre, J.-P.: Une interprétation des congruences relatives à la fonction τ de Ramanujan. Séminaire Delange-Pisot-Poitou, 1967/68, n° **14**.
29. Serre, J.-P.: Facteurs locaux des fonctions zêta des variétés algébriques (définitions et conjectures). Séminaire Delange-Pisot-Poitou, 1969/70, n° **19**.

30. Serre, J.-P., Tate, J.: Good reduction of abelian varieties. Ann. of Math. **88**, 492–517 (1968).
31. Shimura, G.: A reciprocity law in non-solvable extensions. J. Crelle **221**, 209–220 (1966).
32. Shimura, G.: Class fields over real quadratic fields in the theory of modular functions. Lecture Notes **185** (Several complex variables II), p. 169–188. Berlin-Heidelberg-New York: Springer 1971.
33. Shimura, G.: Introduction to the arithmetic theory of automorphic functions. Publ. Math. Soc. Japan, n° 11, Tokyo-Princeton, 1971.
34. Shimura, G., Taniyama, Y.: Complex multiplication of abelian varieties and its applications to number theory. Publ. Math. Soc. Japan **6** (1961).
35. Vélu, J.: Courbes elliptiques sur **Q** ayant bonne réduction en dehors de {11}. C.R. Acad. Sci. Paris **273**, 73–75 (1971).
36. Weber, H.: Lehrbuch der Algebra, Bd. II (zw. Auf.). Braunschweig 1899.
37. Weil, A.: Numbers of solutions of equations in finite fields. Bull. Amer. Math. Soc. **55**, 497–508 (1949).
38. Weil, A.: Jacobi sums as "Größencharaktere". Trans. Amer. Math. Soc. **73**, 487–495 (1952).
39. Weil, A.: On a certain type of characters of the idèle-class group of an algebraic number-field. Proc. Int. Symp., Tokyo-Nikko, 1–7 (1955).
40. Weil, A.: On the theory of complex multiplication. Proc. Int. Symp., Tokyo-Nikko, 9–22 (1955).
41. Weil, A.: Über die Bestimmung Dirichletscher Reihen durch Funktionalgleichungen. Math. Ann. **168**, 149–156 (1967).
42. Weil, A.: Basic number theory. Berlin-Heidelberg-New York: Springer 1967.

J.-P. Serre
Collège de France
F-75 Paris 5
France

(Reçu le 29 novembre 1971)

95.

Congruences et formes modulaires (d'après H. P. F. Swinnerton-Dyer)

Séminaire Bourbaki 1971/72, n° **416**

Diverses fonctions arithmétiques sont définies comme *coefficients* de fonctions modulaires. Citons notamment:

$\tau(n)$, coef. de q^n dans $\Delta = q \prod_{n=1}^{\infty} (1-q^n)^{24}$ (fonction de RAMANUJAN),

$c(n)$, coef. de q^n dans l'invariant modulaire $j = q^{-1} + 744 + \ldots$,

$p(n)$, coef. de q^n dans $1/\prod_{n=1}^{\infty} (1-q^n)$ (fonction de partition),

$\sigma_h(n) = \sum_{d|n} d^h$, coef. de q^n dans la série d'Eisenstein G_{h+1},

$\zeta(-h)$, terme constant de $2G_{h+1}$ (h impair > 1).

Ces fonctions sont liées entre elles par de nombreuses congruences, qu'il n'est guère possible de résumer en un exposé; on en trouvera des échantillons dans [1], [9], [10], [11], [15]. Je me bornerai à un théorème de structure (§ 1) et à deux applications: l'une aux valeurs des fonctions zêta aux entiers négatifs (§ 2), l'autre aux représentations l-adiques attachées aux formes modulaires (§ 3). La méthode suivie est due à SWINNERTON-DYER [18].

§ 1. Réduction mod p des formes modulaires

1.1. Rappel sur les formes modulaires

(On se borne aux formes modulaires relativement au groupe $\mathbf{SL}_2(\mathbf{Z})$ tout entier; le cas d'un groupe de congruence n'est pas encore au point.)

Soit k un entier. Une *forme modulaire* de poids k est une fonction holomorphe f sur le demi-plan de Poincaré H, vérifiant les deux conditions suivantes:

1) $f(-1/z) = z^k f(z)$ pour tout $z \in H$,

2) Il existe des $a_n \in \mathbf{C}$ tels que, si l'on pose $q = e^{2\pi i z}$, on ait

$$f(z) = a_0 + a_1 q + \ldots + a_n q^n + \ldots,$$

la série étant absolument convergente pour $z \in H$, i.e. pour $|q| < 1$. Si $f \neq 0$, k est nécessairement *pair*, et ≥ 0.

Lorsque k est pair ≥ 4, un exemple de telle fonction est donné par la *série d'Eisenstein* de poids k, que nous écrirons:

$$G_k = \frac{1}{2}\zeta(1-k) + \sum_{n=1}^{\infty} \sigma_{k-1}(n)\, q^n,$$

où ζ est la fonction zêta de Riemann, et $\sigma_{k-1}(n)$ est la somme des puissances $(k-1)$-èmes des diviseurs de n. On sait que $\zeta(1-k) = -b_k/k$, où b_k est le k-ième nombre de Bernoulli; la série G_k est donc une série à coefficients rationnels (et même entiers, mis à part le terme constant).

Il est souvent commode de normaliser les G_k de telle sorte que leur terme constant soit 1; cela conduit aux fonctions:

$$E_k = -\frac{2k}{b_k} G_k = 1 - \frac{2k}{b_k} \sum \sigma_{k-1}(n)\, q^n .$$

En particulier:

$$E_4 = 240\, G_4 = 1 + 240 \sum_{n=1}^{\infty} \sigma_3(n)\, q^n \qquad (b_4 = -1/30)$$

$$E_6 = -504\, G_6 = 1 - 504 \sum_{n=1}^{\infty} \sigma_5(n)\, q^n \quad (b_6 = 1/42) .$$

Posons $E_4 = Q$ et $E_6 = R$, cf. RAMANUJAN [12]. Ces fonctions sont algébriquement indépendantes, et engendrent l'algèbre (graduée) des formes modulaires: toute forme modulaire de poids k s'écrit de façon unique comme combinaison linéaire des monômes $Q^a R^b$ tels que $4a + 6b = k$. On a, par exemple:

$$E_8 = Q^2, \quad E_{10} = QR, \quad E_{12} = \frac{441\, Q^3 + 250\, R^2}{691}, \quad E_{14} = Q^2 R,$$

et

$$\frac{Q^3 - R^2}{1728} = \Delta = q \prod_{n=1}^{\infty} (1-q^n)^{24} = \sum_{n=1}^{\infty} \tau(n)\, q^n .$$

1.2. Réduction modulo p de l'algèbre des formes modulaires

Soient p un nombre premier, et v_p la valuation correspondante du corps $\mathbf{Q}$. Une série formelle

$$f = \sum_{n \geq 0} a_n q^n, \quad a_n \in \mathbf{Q},$$

est dite *p-entière* si $v_p(a_n) \geq 0$ pour tout n; sa réduction $(\operatorname{mod} p)$ est la série formelle

$$\tilde{f} = \sum \tilde{a}_n q^n \in \mathbf{F}_p[\![q]\!],$$

où $\tilde{a}_n$ désigne l'image de a_n dans $\mathbf{F}_p$. Nous écrirons indifféremment $\tilde{f} = \tilde{f}'$ ou $f \equiv f' \pmod p$.

Notons $\tilde{M}_k$ l'ensemble des $\tilde{f}$, où f parcourt les formes modulaires de poids k, à coefficients rationnels, qui sont p-entières. La somme $\tilde{M}$ des $\tilde{M}_k$ est une sous-algèbre de $\mathbf{F}_p[\![q]\!]$; c'est *l'algèbre des formes modulaires* $(\operatorname{mod} p)$. Nous allons déterminer sa structure.

Lorsque $p = 2$ ou 3, on a $\tilde{Q} = \tilde{R} = 1$, et on en déduit que $\tilde{M}$ est l'algèbre de polynômes $\mathbf{F}_p[\tilde{\Delta}]$.

Supposons désormais $p \geq 5$. Soit

$$f = \sum c_{a,b}\, Q^a R^b$$

une forme modulaire de poids k, écrite comme polynôme isobare en Q et R. Pour que f soit *p-entière,* il faut et il suffit que les $c_{a,b}$ soient *rationnels* et *p-entiers*; cela se vérifie par récurrence sur k, en utilisant le fait que Δ est combinaison linéaire à coefficients p-entiers de Q^3 et de R^2. Il en résulte que $\tilde{M}_k$ admet pour base la famille des monômes $\tilde{Q}^a \tilde{R}^b$, où $4a+6b=k$ et l'algèbre $\tilde{M}$ est *engendrée par* $\tilde{Q}$ *et* $\tilde{R}$; tout revient donc à déterminer l'idéal $\mathfrak{a} \subset \mathbf{F}_p[X, Y]$ des *relations* entre $\tilde{Q}$ et $\tilde{R}$, i.e. l'idéal des polynômes f tels que $f(\tilde{Q}, \tilde{R})=0$.

Théorème 1 ([18]). *L'idéal* $\mathfrak{a}$ *est l'idéal principal engendré par* $A-1$, *où* $A \in \mathbf{F}_p[X, Y]$ *est le polynôme isobare de poids* $p-1$ *tel que* $A(\tilde{Q}, \tilde{R})=\tilde{E}_{p-1}$.

(On rappelle que E_{p-1} est la série d'Eisenstein de poids $p-1$, normalisée de telle sorte que son terme constant soit 1.)

Exemples. $p=5$. On a $E_{p-1}=E_4=Q$, d'où $A=X$; l'idéal des relations entre $\tilde{Q}$ et $\tilde{R}$ est engendré par la relation $\tilde{Q}=1$; l'algèbre $\tilde{M}$ est isomorphe à $\mathbf{F}_5[\tilde{R}]$.

$p=7$. On a $E_{p-1}=E_6=R$; la relation fondamentale est $\tilde{R}=1$; on a $\tilde{M}=\mathbf{F}_7[\tilde{Q}]$.

$p=11$. On a $E_{10}=QR$; la relation fondamentale est $\tilde{Q}\tilde{R}=1$.

$p=13$. On a $E_{12} \equiv 6Q^3-5R^2 \pmod{13}$; la relation fondamentale est $6\tilde{Q}^3-5\tilde{R}^2=1$.

Démonstration du théorème 1. On sait que $v_p(b_{p-1})=-1$, cf. par exemple [2], p. 431. La formule $E_{p-1} \equiv 1 \pmod{p}$ en résulte. L'idéal $\mathfrak{a}$ contient donc $A-1$. De plus, A est *sans facteurs multiples* (voir ci-après); cela entraîne que $A-1$ est irréductible (et même absolument irréductible), et l'idéal $\mathfrak{a}'$ engendré par $A-1$ est *premier.* D'autre part, $\mathfrak{a}$ est premier (puisque $\tilde{M}$ est intègre) et n'est pas un idéal maximal (sinon, $\tilde{M}$ serait fini, ce qui n'est pas le cas puisque les monômes $\tilde{Q}^a \tilde{R}^b$ d'un poids donné sont linéairement indépendants). Soit $\mathfrak{m}$ un idéal maximal de $\mathbf{F}_p[X, Y]$ contenant $\mathfrak{a}$. Si l'on avait $\mathfrak{a}' \neq \mathfrak{a}$, la chaîne d'idéaux premiers

$$0 \subset \mathfrak{a}' \subset \mathfrak{a} \subset \mathfrak{m}$$

serait de longueur 3, contrairement au fait que la dimension de $\mathbf{F}_p[X, Y]$ est 2. On a donc $\mathfrak{a}'=\mathfrak{a}$, d'où le théorème.

Remarque. Munissons $\mathbf{F}_p[X, Y]$ de la graduation à valeurs dans $\mathbf{Z}/(p-1)\mathbf{Z}$ déduite par passage au quotient de la graduation où X est de poids 4 et Y de poids 6. L'élément $A-1$ est alors de poids 0; l'idéal qu'il engendre est donc gradué; vu le th. 1, cela entraîne que l'algèbre quotient $M=\mathbf{F}_p[X, Y]/\mathfrak{a}$ est *graduée,* le groupe des degrés étant $\mathbf{Z}/(p-1)\mathbf{Z}$. Ainsi, $\tilde{M}$ est *somme directe* des $\tilde{M}^\alpha$ ($\alpha \in \mathbf{Z}/(p-1)\mathbf{Z}$) où $\tilde{M}^\alpha$ est réunion croissante des $\tilde{M}_k$, pour $k \equiv \alpha \pmod{(p-1)}$. En particulier:

Théorème 2. *Soient* f *et* f' *des formes modulaires p-entières de poids* k *et* k'. *Si* $f \equiv f' \pmod{p}$, *et si* $f \not\equiv 0 \pmod{p}$, *on a* $k \equiv k' \pmod{(p-1)}$.

Une forme modulaire $(\bmod p)$ a donc un «poids» modulo $(p-1)$.

Remarque. Sous les hypothèses du th. 2. si $f \equiv f' \pmod{p^n}$, on peut montrer que $k \equiv k' \pmod{p^{n-1}(p-1)}$.

1.3. Interprétation elliptique

Soit E une courbe elliptique, définie par une équation

$$y^2 + a_1 xy + a_3 y = x^3 + a_2 x^2 + a_4 x + a_6 .$$

Notons c_4 et c_6 les covariants correspondants (les notations étant celles de TATE, cf. [16], n° 5.1), et ω la forme différentielle de 1ère espèce $dx/(2y+a_1 y+a_3)$. Si f est un polynôme isobare de poids k en Q, R (i.e. une forme modulaire), la forme différentielle

$$\omega_f = f(c_4, -c_6)\, \omega^k \quad \text{(forme «de poids } k\text{»)}$$

ne dépend que de E, et pas de sa réalisation comme cubique plane.

Ceci s'applique notamment, en caractéristique p, au polynôme A correspondant à la forme modulaire $\tilde{E}_{p-1}$, cf. th. 1. On a:

Théorème 3 (DELIGNE). *La forme ω_A est l'invariant de Hasse de E.*

(Pour tout ce qui concerne l'invariant de HASSE, voir par exemple DEURING [4].)

L'invariant de HASSE est de la forme $\omega_{A'}$, où A' est un certain polynôme isobare de poids $p-1$, et il s'agit de prouver que $A' = A$. Cela peut se faire par calcul direct, en explicitant la multiplication par p dans le groupe formel attaché à E. DELIGNE procède autrement; il commence par le cas de la *courbe de Tate* sur le corps $\mathbf{F}_p((q))$ des séries formelles en q (cf. [13]), et observe que son invariant de Hasse est $(du/u)^{p-1}$; il en déduit que $A'(\tilde{Q}, \tilde{R})$, considérée comme série formelle en q, est égale à 1, d'où aussitôt $A' = A$.

Corollaire 1. *Le polynôme A est sans facteurs multiples.*

En effet, c'est là un résultat bien connu pour l'invariant de HASSE ([4], [6]).

Corollaire 2. *L'algèbre $\tilde{M}^0$ des formes modulaires* $(\bmod\, p)$ *de poids nul modulo* $(p-1)$ *est isomorphe à l'algèbre affine sur $\mathbf{F}_p$ de la courbe X obtenue en retirant de la droite projective les valeurs de j correspondant aux courbes d'invariant de Hasse nul.*

Si $f \in \tilde{M}_k$, avec $k = h(p-1)$, on lui associe $f/\tilde{E}_{p-1}^h$, qui est une fonction rationnelle de $j = \tilde{Q}^3/\tilde{\Delta}$, régulière sur X. On vérifie sans peine que l'on obtient ainsi un isomorphisme de $\tilde{M}^0$ sur l'algèbre affine de X.

Signalons aussi une interprétation «elliptique» de l'algèbre $\tilde{M}$ tout entière: elle correspond à un certain revêtement galoisien de X, de groupe de Galois $\mathbf{F}_p^*/\{\pm 1\}$, cf. IGUSA [7].

1.4. Dérivation des formes modulaires

a) *Le cas complexe*

Posons

$$P = E_2 = 1 - 24 \sum_{n=1}^{\infty} \sigma_1(n)\, q^n, \quad \text{où } q = e^{2\pi i z}.$$

La fonction $P(z)$ est «presque» modulaire de poids 2; elle vérifie, non l'identité $f(-1/z) = z^2 f(z)$, mais:

$$(*) \qquad P(-1/z) = z^2 P(z) + \frac{12z}{2i\pi}.$$

D'autre part, si $f = \sum a_n q^n$, posons $\theta f = \frac{1}{2i\pi} df/dz = q\, df/dq = \sum n\, a_n q^n$. L'application θ ainsi définie est une dérivation.

Théorème 4 (Ramanujan [12]). (i) *Si f est une forme modulaire de poids k, $\theta f - \frac{k}{12} P f$ est une forme modulaire de poids $k+2$.*

(ii) *On a* $\theta P = \frac{1}{12}(P^2 - Q)$, $\theta Q = \frac{1}{3}(PQ - R)$, $\theta R = \frac{1}{2}(PR - Q^2)$.

L'assertion (i) se démontre en dérivant par rapport à z la formule $f(-1/z) = z^k f(z)$, et en utilisant (*). On en déduit que $\theta Q - PQ/3$ est une forme modulaire de poids $4+2=6$; comme son terme constant est $-1/3$, c'est nécessairement $-R/3$. On démontre de la même manière la formule donnant θR. Celle donnant θP s'obtient en dérivant (*), et en montrant que $\theta P - P^2/12$ est une forme modulaire de poids 4.

Exemple. On a $\partial \Delta = 0$ et $\theta \Delta = P\Delta$; P est la «dérivée logarithmique» de Δ.

Corollaire 1. *Soit ∂ la dérivation de l'algèbre des formes modulaires telle que $\partial Q = -4R$ et $\partial R = -6Q^2$. Si f est une forme modulaire de poids k, ∂f est de poids $k+2$, et l'on a*

$$12\theta f = kPf + \partial f.$$

Cela résulte de (i) et (ii).

Corollaire 2. *L'algèbre engendrée par P, Q, R est stable par θ.*

Cela résulte de (ii).

b) *Passage à la caractéristique p* *)

La dérivation θ, la série P gardent un sens évident en caractéristique p; il en est de même de ∂, considérée comme dérivation de l'algèbre $\mathbf{F}_p[X, Y]$ des polynômes en deux variables. Si $F \in \mathbf{F}_p[X, Y]$ est isobare de poids k, et si

*) Ici encore, on suppose $p \geq 5$.

$f = F(\tilde{Q}, \tilde{R})$ est l'élément correspondant de $\tilde{M}_k$, on a encore

$$12\theta f = kPf + \partial F(\tilde{Q}, \tilde{R}),$$

formule que l'on se permettra aussi d'écrire $12\theta f = kPf + \partial f$.

La différence essentielle (et agréable) avec le cas complexe est que P devient une «vraie» forme modulaire $(\bmod p)$, de poids $p+1$:

Théorème 5 ([18]). (i) *On a* $P \equiv E_{p+1} \pmod p$.

(ii) *Si B désigne le polynôme isobare de poids $p+1$ tel que $\tilde{E}_{p+1} = B(\tilde{Q}, \tilde{R})$, on a $\partial A = B$ et $\partial B = -\tilde{Q}A$.*

(A partir de maintenant, on se permet de noter $\tilde{Q}$, $\tilde{R}$ les variables X, Y des polynômes A, B, ... considérés.)

Exemple. Pour $p = 5$, on a $B = \tilde{E}_6 = \tilde{R}$, d'où $\partial A = \partial \tilde{Q} = -4\tilde{R} = \tilde{R} = B$, et $\partial B = -6\tilde{Q}^2 = -\tilde{Q}^2 = -\tilde{Q}A$.

Démonstration du théorème 5. L'assertion (i) résulte des deux congruences:

$$\sigma_p(n) = \sum_{d \mid n} d^p \equiv \sum_{d \mid n} d = \sigma_1(n) \pmod p,$$

$$b_{p+1}/(p+1) \equiv b_2/2 \equiv -1/12 \pmod p, \quad \text{cf. [2], p. 433.}$$

D'autre part, puisque $E_{p-1} \equiv 1 \pmod p$, on a $\theta E_{p-1} \equiv 0 \pmod p$, d'où $(p-1)\tilde{P} \cdot \tilde{E}_{p-1} + \partial A(\tilde{Q}, \tilde{R}) = 0$, i.e. $\partial A(\tilde{Q}, \tilde{R}) = \tilde{P} = \tilde{E}_{p+1} = B(\tilde{Q}, \tilde{R})$, ce qui démontre la formule $\partial A = B$. Celle donnant ∂B se démontre par un argument analogue, en dérivant une nouvelle fois.

Corollaire 1. *Les polynômes A et B sont étrangers entre eux. Le polynôme A est sans facteurs multiples.*

Cela résulte des formules $\partial A = B$ et $\partial B = -\tilde{Q}A$ par un argument standard (tout polynôme vérifiant une équation différentielle du second ordre est premier à sa dérivée, cf. IGUSA [6]).

Corollaire 2. *L'algèbre $\tilde{M}$ des formes modulaires* $(\bmod p)$ *est stable par θ.*

En effet, si $f \in \tilde{M}_k$, on a

$$12\theta f = kPf + \partial f = kBf + A\partial f.$$

et bf et $A\partial f$ appartiennent à $\tilde{M}_{k+p+1}$.

L'argument ci-dessus conduit en fait à un résultat plus précis. Si $f \in \tilde{M}$, appelons *filtration* de f, et notons $w(f)$, le plus petit entier k tel que f appartienne à $\tilde{M}_k$; si $f = 0$, on convient que $w(f) = -\infty$. Dire que f est de filtration k équivaut à dire que f est de la forme $F(\tilde{Q}, \tilde{R})$, où F est un polynôme isobare de degré k, à coefficients dans $\mathbf{F}_p$, *non divisible par A.*

Corollaire 3. *On a* $w(\theta f) \leq w(f)+p+1$, *et il y a égalité si et seulement si* $w(f) \not\equiv 0 \pmod{p}$.

Posons $k=w(f)$. L'inégalité $w(\theta f) \leq w(f)+p+1$ résulte de la formule $12\theta f = kBf + A\partial f$. Si k est divisible par p, cette formule montre que $12\theta f = \partial f$ est de filtration $\leq k+2$. Si $k \not\equiv 0 \pmod{p}$, et si $f=F(\tilde{Q},\tilde{R})$ comme ci-dessus, le polynôme $kB\cdot F$ n'est pas divisible par A (en effet, B est étranger à A, et F n'est pas divisible par A); il en résulte que la filtration de θf est bien $k+p+1$.

Exemples. Prenons $p=5$, et $f=\tilde{G}_6=-\tilde{R}$. Le cor. 3 montre que θf est modulaire (mod 5), de poids $6+p+1=12$. Comme θf commence par q, on a donc $\theta f=\tilde{\Delta}$, d'où la congruence

$$n\,\sigma_5(n) \equiv \tau(n) \pmod{5}.$$

Pour $p=7$, le même argument montre que $\theta \tilde{G}_4=\tilde{\Delta}$, d'où:

$$n\,\sigma_3(n) \equiv \tau(n) \pmod{7}.$$

1 ## § 2. Valeurs des fonctions zêta aux entiers négatifs

2.1. Résultats

Soient K un corps de nombres algébriques totalement réel de degré r, et ζ_K sa fonction zêta. Si m est un entier pair >0, on sait, d'après Siegel, que $\zeta_K(1-m)$ est un *nombre rationnel* non nul. On va donner une estimation du *dénominateur* de ce nombre rationnel, ainsi que des congruences reliant les $\zeta_K(1-m)$ entre eux.

La méthode utilisée est celle de Klingen [8] et Siegel [17]. Elle consiste à associer à m la série

$$f_m = 2^{-r}\zeta_K(1-m) + \sum_{\mathfrak{a}} \sum_{\substack{\nu \gg 0 \\ \nu \in \mathfrak{d}^{-1}\mathfrak{a}}} (N\mathfrak{a})^{m-1} q^{\mathrm{Tr}(\nu)}.$$

(Dans cette formule, $\mathfrak{d}$ désigne la *différente* de K; la sommation porte sur les idéaux entiers $\mathfrak{a}$ de K, et sur les éléments ν totalement positifs et non nuls de $\mathfrak{d}^{-1}\mathfrak{a}$; pour un tel ν, $\mathrm{Tr}(\nu)$ est un entier ≥ 1.)

On démontre (*loc. cit.*) que f_m est une *forme modulaire de poids* $k=rm$ (mis à part le cas $r=1$, $m=2$, que nous excluons dans ce qui suit); c'est l'image réciproque par le plongement diagonal de H dans $H^r = H\times\ldots\times H$ d'une *série d'Eisenstein* du corps K, au sens de Hecke ([5], n° 20).

Si l'on écrit f_m sous la forme

$$f_m = a_m(0) + \sum_{n=1}^{\infty} a_m(n)\,q^n,$$

les coefficients $a_m(n)$ ont les propriétés que voici:

a) $2^r a_m(0)$ est le nombre $\zeta_K(1-m)$ qui nous intéresse,
b) $a_m(n)$ est entier pour tout $n \geq 1$,
c) $a_m(n) \equiv a_{m'}(n) \pmod p$ si $n \geq 1$ et $m' \equiv m \pmod{(p-1)}$.

Nous allons voir que ces renseignements suffisent à entraîner les résultats suivants:

Théorème 6. *Soit p un nombre premier* ≥ 3.
(i) *Si* $rm \not\equiv 0 \pmod{(p-1)}$, $\zeta_K(1-m)$ *est p-entier.*
(ii) *Si* $rm \equiv 0 \pmod{(p-1)}$, *on a* $v_p(\zeta_K(1-m)) \geq -1 - v_p(rm)$.

Théorème 6'. *On a* $v_2(\zeta_K(1-m)) \geq r - 2 - v_2(rm)$.

Ces deux théorèmes donnent une estimation du dénominateur de $\zeta_K(1-m)$. Cette estimation, bien que meilleure que celle de SIEGEL [17], n'est pas complètement satisfaisante; par exemple, dans le th. 6 (i), il devrait être possible de remplacer rm par $r'm$, où r' est le degré de l'intersection de K avec le p-ième corps cyclotomique.

Théorème 7. *Si* $m' \equiv m \pmod{(p-1)}$, *et si* $rm \not\equiv 0 \pmod{(p-1)}$, *on a*

$$\zeta_K(1-m) \equiv \zeta_K(1-m') \pmod p.$$

(Pour $K = \mathbf{Q}$, on retrouve la congruence de KUMMER, cf. [2], p. 433.)

Il est facile d'obtenir par la même méthode des congruences plus générales. Il est même probablement possible d'obtenir une «fonction zêta p-adique» à la Kubota-Leopoldt, mais cela exige des calculs que je n'ai pas encore menés à bien. De toutes façons, pour obtenir des résultats vraiment satisfaisants, il sera sans doute nécessaire de se placer sur H^r et non plus sur H, i.e. d'utiliser des *formes modulaires à r variables.*

2.2. Démonstration du théorème 6

(On se borne au cas $p \geq 5$.)
Vu ce qui précède, il suffit de prouver:

Théorème 8. *Soit* $f = a_0 + a_1 q + \ldots + a_n q^n + \ldots$ *une forme modulaire de poids k dont les coefficients* a_n, $n \geq 1$, *sont p-entiers. Alors:*
(i) *Si* $k \not\equiv 0 \pmod{(p-1)}$, a_0 *est p-entier.*
(ii) *Si* $k \equiv 0 \pmod{(p-1)}$, *on a* $v_p(a_0) \geq -v_p(k) - 1$.

Supposons que a_0 ne soit pas p-entier, et posons $v_p(a_0) = -s$, avec $s \geq 1$. La forme modulaire $p^s f$ a tous ses coefficients p-entiers, et sa réduction $\pmod p$ est une constante $\neq 0$. La fonction 1 est donc une forme modulaire $\pmod p$ de poids k; comme elle est aussi de poids 0, le th. 2 du n° 1.2 montre que *k est divisible par* $(p-1)$, d'où (i).

Supposons maintenant que s soit strictement plus grand que $s' = v_p(k) + 1$. Ecrivons la série d'EISENSTEIN G_k sous la forme

$$G_k = c + \sum_{n=1}^{\infty} \sigma_{k-1}(n)\, q^n.$$

Le théorème de von Staudt ([2], p. 431) montre que $v_p(c) = -s'$. On a donc $v_p\left(\frac{c}{a_0}\right) \geq 1$. Posons

$$g = G_k - \frac{c}{a_0} f .$$

Le terme constant de g est nul; les autres coefficients sont p-entiers, et l'on a

$$g \equiv \sum_{n=1}^{\infty} \sigma_{k-1}(n)\, q^n \pmod{p} .$$

Pour tirer de là une contradiction, il suffit donc de prouver:

Lemme. *Si k est divisible par $p-1$, la série formelle à coefficients dans $\mathbf{F}_p$:*

$$\varphi = \sum_{n=1}^{\infty} \sigma_{k-1}(n)\, q^n ,$$

n'est pas une forme modulaire de poids k, i.e. n'appartient pas à $\tilde{M}_k$ (cf. n° 1.2).

Puisque k est divisible par $p-1$, on a

$$\sigma_{k-1}(n) \equiv \sigma_{p-2}(n) \pmod{p} .$$

Or, on vérifie facilement la congruence

$$\sigma_{p-2}(n) - \sigma_{p-2}(n/p) \equiv n^{p-2}\, \sigma_1(n) \pmod{p} ,$$

où le terme $\sigma_{p-2}(n/p)$ doit être remplacé par 0 si p ne divise pas n. Cette congruence équivaut à

$$\varphi - \varphi^p \equiv \theta^{p-2}\left(\sum_{n=1}^{\infty} \sigma_1(n)\, q^n\right) \pmod{p} ,$$

d'où finalement

$$(**) \qquad \varphi - \varphi^p = \psi , \quad \text{où } \psi = -\frac{1}{24}\, \theta^{p-2}(\tilde{P}) = -\frac{1}{24}\, \theta^{p-2}(\tilde{E}_{p+1}) .$$

Supposons maintenant que φ soit modulaire de poids divisible par $p-1$, et notons h sa *filtration,* au sens du n° 1.4; cela signifie que φ est de la forme $\Phi(\tilde{Q}, \tilde{R})$, où Φ est un polynôme isobare de poids h, non divisible par A. On a alors $\varphi^p = \Phi^p(\tilde{Q}, \tilde{R})$, et, puisque A est sans facteurs multiples, A ne divise pas Φ^p. La filtration de φ^p est donc ph, et, puisque $ph > h$, la filtration de $\varphi - \varphi^p$ est aussi ph. D'autre part, $\tilde{E}_{p+1} = B(\tilde{Q}, \tilde{R})$ est de filtration $p+1$, puisque B n'est pas divisible par A (ou bien parce que $M_2 = 0 \ldots$), et le cor. 3 au th. 5 montre que la filtration de $\theta^{p-2}(\tilde{E}_{p+1})$ est $p+1+(p-2)(p+1) = p^2-1$. On devrait donc avoir $ph = p^2-1$, ce qui est absurde, et achève la démonstration.

(En termes «géométriques», l'équation (**) définit un revêtement cyclique de degré p de la droite projective, et le raisonnement ci-dessus revient à montrer que ce revêtement est irréductible à cause de sa ramification aux points d'invariant de Hasse nul.)

2.3. Démonstration du théorème 7

Le th. 7 résulte de:

Théorème 9. *Soient*

$$f = a_0 + a_1 q + \ldots + a_n q^n + \ldots$$
$$f' = a'_0 + a'_1 q + \ldots + a'_n q^n + \ldots$$

deux formes modulaires de poids k et k' respectivement. On suppose que $k' \equiv k \not\equiv 0 \pmod{(p-1)}$, *que les a_n et a'_n sont p-entiers pour tout $n \geq 0$, et que* $a_n \equiv a'_n \pmod{p}$ *pour tout $n \geq 1$.*

On a alors $a_0 \equiv a'_0 \pmod{p}$.

Supposons d'abord que $k' = k$. Soit $g = (f - f')/p$. Par hypothèse, les coefficients de g d'indice ≥ 1 sont p-entiers. D'après le th. 8, (i), il en est de même du terme constant de g, ce qui prouve bien que $a'_0 \equiv a_0 \pmod{p}$.

Passons au cas général. On peut supposer que $k' = k + s(p-1)$, avec $s \geq 0$. Soit $f'' = f \cdot E^s_{p-1}$; comme $E_{p-1} \equiv 1 \pmod{p}$, on a $f'' \equiv f \pmod{p}$; de plus, f' et f'' ont même poids. On est donc ramené au cas traité au début.

2 ## § 3. Représentations l-adiques attachées aux formes modulaires

Notations. La lettre l désigne un nombre premier, qui joue le rôle du «p» des §§ 1, 2; la lettre p est réservée aux nombres premiers $\neq l$.

On choisit une clôture algébrique $\overline{\mathbf{Q}}$ de $\mathbf{Q}$, et on note G le groupe de Galois de $\overline{\mathbf{Q}}$ sur $\mathbf{Q}$.

3.1. Résultats

Soit $f = \sum a_n q^n$ une forme modulaire de poids k; on suppose que:

(1) f est *parabolique*, et *normalisée:* on a $a_0 = 0$, $a_1 = 1$;

(2) f est *fonction propre* des opérateurs de Hecke T_p (cf. [5], n° 35): on a $T_p f = a_p f$ pour tout nombre premier p.

Ces propriétés entraînent (Hecke, *loc. cit.*) que la série de Dirichlet $\Phi_f(s) = \sum a_n / n^s$ possède le développement eulérien

$$\Phi_f(s) = \prod_p 1/(1 - a_p p^{-s} + p^{k-1-2s}) .$$

Pour simplifier l'exposé, nous ferons en outre l'hypothèse (très restrictive) suivante:

(3) les coefficients a_p sont *entiers* (auquel cas tous les a_n le sont aussi, vu la formule donnant Φ_f).

On connait 6 exemples de telles formes modulaires, correspondant aux 6 valeurs de k pour lesquelles la dimension de l'espace des formes paraboliques de poids k est 1: $k=12$, 16, 18, 20, 22 et 26. Nous noterons

$$\Delta_k = \sum_{n=1}^{\infty} t_k(n)\, q^n$$

la forme parabolique correspondante. On a

$$\Delta_{12} = \Delta\,,\quad \Delta_{16} = Q\Delta\,,\quad \Delta_{18} = R\Delta\,,\quad \Delta_{20} = Q^2\Delta\,,\quad \Delta_{22} = QR\Delta\,,\quad \text{et}\quad \Delta_{26} = Q^2R\Delta\,.$$

En particulier $t_{12}(n)$ est égal à $\tau(n)$, fonction de RAMANUJAN.

D'après un théorème de DELIGNE [3], on peut attacher à f un *système de représentations l-adiques* (ϱ_l) du groupe de Galois G, au sens de [14], chap. I, § 2:

ϱ_l est un homomorphisme continu de G dans $\mathbf{GL}_2(\mathbf{Z}_l)$ non ramifié en dehors de $\{l\}$, et, si $p \neq l$, la trace (resp. le déterminant) de l'élément de Frobenius $F_{p,\varrho}$ de $\mathbf{GL}_2(\mathbf{Z}_l)$ défini par ϱ_l est égale à a_p (resp. à p^{k-1}).

Il revient au même de dire que la fonction L d'ARTIN associée à ϱ_l est égale à la série Φ_f débarrassée de son l-ième facteur.

Soit $\chi_l\colon G \to \mathbf{Z}_l^*$ le *caractère fondamental* de G, donnant l'action de G sur les racines l^n-ièmes de l'unité ([14], p. I-3). Le couple

$$\sigma_l = (\varrho_l, \chi_l)$$

définit un homomorphisme continu de G dans le sous-groupe H_l de $\mathbf{GL}_2(\mathbf{Z}_l) \times \mathbf{Z}_l^*$ formé des couples (s, u) tels que $\det(s) = u^{k-1}$.

Lemme. *L'image de σ_l est un sous-groupe ouvert de H_l.*

En effet, cela équivaut à dire que $\mathrm{Im}(\varrho_l)$ est ouvert dans $\mathbf{GL}_2(\mathbf{Z}_l)$, résultat démontré dans [15], n° 5.1.

Disons que l est *exceptionnel* (pour f) si l'image de σ_l est distincte de H_l.

Théorème 10. *L'ensemble des nombres premiers exceptionnels est fini.*

La démonstration sera donnée au n° 3.2. On verra qu'elle est «effective», i.e. qu'elle fournit une majoration explicite des l exceptionnels.

La famille des σ_l définit un homomorphisme continu

$$\sigma\colon G \to H = \prod_l H_l\,.$$

Un argument de ramification sans difficulté montre que l'image de σ est le *produit* des images des σ_l. Vu le lemme et le th. 10, on en déduit:

Corollaire. *Le groupe $\sigma(G)$ est ouvert dans H.*

(Noter l'analogie avec le résultat principal de [16].)

En utilisant le théorème de densité de Čebotarev, on obtient:

Théorème 11. *Soient m_1 et m_2 des entiers ≥ 1, et soient $t \in \mathbf{Z}/m_1\mathbf{Z}$ et $d \in (\mathbf{Z}/m_2\mathbf{Z})^*$. Supposons qu'aucun diviseur premier de m_1 ne soit exceptionnel* *pour f. L'ensemble des nombres premiers p tels que*

$$a_p \equiv t \pmod{m_1} \quad \textit{et} \quad p \equiv d \pmod{m_2}$$

a une densité >0; *en particulier, cet ensemble est infini.*

Ce résultat s'applique notamment à la fonction de Ramanujan $a_p = \tau(p)$, les nombres premiers exceptionnels étant 2, 3, 5, 7, 23 et 691, cf. n° 3.3; ainsi, si $l \neq 2, 3, 5, 7, 23, 691$, la valeur de $\tau(p) \pmod{l}$ ne peut pas se déduire d'une congruence sur p.

3.2. Démonstration du théorème 10

Soit l un nombre premier ≥ 5. Supposons que l soit exceptionnel. Notons $\tilde{\varrho}_l\colon G \to \mathbf{GL}_2(\mathbf{F}_l)$ la réduction de ϱ_l modulo l, et soit $X_l = \operatorname{Im}(\tilde{\varrho}_l)$. D'après le lemme 3 de [14], p. IV-23, X_l ne contient pas $\mathbf{SL}_2(\mathbf{F}_l)$. En utilisant la liste des sous-groupes de $\mathbf{GL}_2(\mathbf{F}_l)$ (cf. [16], § 2), ainsi que quelques arguments élémentaires de ramification, on en déduit que X_l a l'une des propriétés suivantes:

(i) X_l est contenu dans un *sous-groupe triangulaire* de $\mathbf{GL}_2(\mathbf{F}_l)$; la représentation ϱ_l est extension de deux représentations irréductibles de degré 1, données par des puissances $\tilde{\chi}_l^m$ et $\tilde{\chi}_l^{m'}$ de la réduction mod l de χ_l; on a

$$m + m' \equiv k-1 \pmod{(l-1)} \quad \text{et} \quad a_p \equiv p^m + p^{m'} \pmod{l} \quad \text{si} \quad p \neq l\,.$$

(ii) X_l est contenu dans le normalisateur d'un sous-groupe de Cartan C de $\mathbf{GL}_2(\mathbf{F}_l)$, et n'est pas contenu dans C; on a

$$a_p \equiv 0 \pmod{l} \quad \text{si} \quad \left(\frac{p}{l}\right) = -1\,.$$

(iii) L'image de X_l dans $\mathbf{PGL}_2(\mathbf{F}_l) = \mathbf{GL}_2(\mathbf{F}_l)/\mathbf{F}_l^*$ est isomorphe au groupe symétrique $\mathfrak{S}_4$; on a

$$a_p^2/p^{k-1} \equiv 0, 1, 2 \text{ ou } 4 \pmod{l} \quad \text{pour tout } p \neq l\,.$$

(Si ce cas se produit, on peut montrer que $l \equiv \pm 5 \pmod 8$, et que le nombre de classes du corps quadratique de discriminant $\pm l$ est divisible par 3.)

Nous allons, dans chaque cas, obtenir une *majoration* de l; cela démontrera le th. 10.

Majoration dans le cas (i). C'est le cas crucial, traité par Swinnerton-Dyer [18]. On va voir que, dans ce cas, *on a* $l \leq k+1$, *ou bien* l *divise le numérateur de* $b_k/2k$.

En effet, supposons que (i) se produise et que $l > k+1$. On a $a_p \equiv p^m + p^{m'} \pmod{l}$ si $p \neq l$, et m et m' ne sont définis que modulo $(l-1)$; on peut donc supposer que

$$0 \leq m < m' < l-1 \quad \text{et} \quad m + m' \equiv k-1 \pmod{(l-1)}\,.$$

La congruence $a_p \equiv p^m + p^{m'} \pmod{l}$ entraîne:

$$a_n \equiv n^m \sigma_{m'-m}(n) \pmod{l} \text{ pour tout } n \text{ premier à } l,$$

ou encore:

$$\theta f \equiv \theta^{m+1} G_{m'-m+1} \pmod{l}\,,$$

où θ est l'opérateur de dérivation du n° 1.4. Comme $l > k+1$, la filtration de $\theta f (\bmod l)$ est $k+l+1$, cf. th. 5, cor. 3. D'autre part, celle de $\tilde{G}_{m'-m+1}$ est $m'-m+1$ si $m'-m > 1$, et $l+1$ si $m'-m=1$; il en résulte que celle de $\theta^{m+1} G_{m'-m+1}$ est $m'-m+1+(l+1)(m+1)$, augmenté de $l-1$ si $m'-m=1$. On doit donc avoir

$$k+l+1 = \begin{cases} m'-m+1+(l+1)(m+1) & \text{si } m'-m>1 \\ l+1+(l+1)(m+1) & \text{si } m'-m=1\,. \end{cases}$$

Comme $k < l-1$, ceci n'est possible que si $m=0$, auquel cas on a $\theta f \equiv \theta G_k (\bmod l)$, i.e. $\theta(f-G_k) \equiv 0 \ (\bmod l)$. Comme k n'est pas divisible par l, le cor. 3 au th. 5, appliqué à $f-G_k$, montre que $f-G_k \equiv 0 \ (\bmod l)$, et, comme f est parabolique, cela entraîne que le terme constant de G_k est divisible par l, i.e. que l divise le numérateur de $b_k/2k$.

Majoration dans le cas (ii). *S'il se produit, on a* $l < 2k$. En effet, la relation

$$a_p \equiv 0 \ (\bmod l) \quad \text{pour tout } p \text{ tel que} \left(\frac{p}{l}\right) = -1\,,$$

entraîne la suivante:

$$\theta f \equiv \theta^{(l+1)/2} f \ (\bmod l)\,.$$

Si l'on suppose $l \geq 2k$, le cor. 3 au th. 5 permet de calculer les filtrations des deux membres; on trouve pour θf la filtration $k+l+1$, et pour $\theta^{(l+1)/2} f$ la filtration $k+(l+1)^2/2$; il y a contradiction.

Majoration dans le cas (iii). On commence par remarquer que l'image de G par

$$G \to \mathbf{GL}_2(\mathbf{Z}_l) \to \mathbf{PGL}_2(\mathbf{Z}_l)$$

est ouverte, donc n'est pas isomorphe à $\mathfrak{S}_4$. Il en résulte qu'il existe p tel que a_p^2/p^{k-1} soit distinct de 0, 1, 2, et 4. On en conclut que, si le cas (iii) se produit pour un nombre premier l, l divise nécessairement l'un des entiers non nuls

$$a_p\,, \quad a_p^2 - p^{k-1}\,, \quad a_p^2 - 2p^{k-1}\,, \quad a_p^2 - 4p^{k-1}\,,$$

ou est égal à p; cela fournit une majoration de l.

3 (On devrait pouvoir montrer que (iii) entraîne $l < 4k$; la question est liée à celle de l'action de «l'inertie modérée» dans $\tilde{\varrho}_l$, cf. [16], n° 1.13.)

3.3. Exemple: $f = \Delta$

Le cas (i) est impossible pour $l > 13$, mis à part 691 qui est le numérateur de b_{12}; on constate que (i) se produit pour $l = 2, 3, 5, 7$ (cf. n° 1.4), mais pas pour $l = 11, 13$.

Le cas (ii) se produit pour $l = 2k-1 = 23$, cf. [15], n° 3.4, le groupe X_l correspondant étant isomorphe à $\mathfrak{S}_3$. Vu ce qui précède, ce cas ne se produit pas pour $l > 23$; on vérifie par calcul direct qu'il ne se produit pas non plus pour $l = 11, 13, 17$ et 19.

Enfin, si (iii) se produisait, on aurait $\tau(2) \equiv 0, \pm 2^6 \pmod{l}$, et comme $\tau(2) = -24$, ce n'est possible que si $l = 2, 3, 5, 11$, et on constate que ce n'est pas le cas.

Finalement, *les nombres premiers exceptionnels pour Δ sont* 2, 3, 5, 7, 23 *et* 691.

3.4. Exemple: $f = \Delta_{16} = Q\Delta$

On trouve que le cas (i) se produit seulement pour $l \leq 11$ et pour $l = 3617$, numérateur de b_{16}. Le cas (ii) se produit pour $l = 2k - 1 = 31$, le groupe X_l correspondant étant isomorphe à $\mathfrak{S}_3$. Le cas (iii) ne se produit pas si $l \neq 59$; par contre, il paraît très probable qu'*il se produit effectivement pour $l = 59$*; on aurait

$$p^7 t_{16}(p) \equiv 0, \pm 1, \pm 2 \quad \text{ou} \pm 36 \quad (\text{mod } 59)$$

4 pour tout p, mais ce n'est pas encore démontré.

Les nombres premiers exceptionnels pour Δ_{16} sont donc 2, 3, 5, 7, 11, 31, 3617 *et sans doute* 59.

3.5. Autres exemples

Pour Δ_{18}, Δ_{20}, Δ_{22} et Δ_{26}, on trouve que les nombres premiers exceptionnels sont tous de type (i). Ce sont:

pour Δ_{18}: 2, 3, 5, 7, 11, 13, 43867;

pour Δ_{20}: 2, 3, 5, 7, 11, 13, 283, 617;

pour Δ_{22}: 2, 3, 5, 7, 13, 17, 131, 593;

pour Δ_{26}: 2, 3, 5, 7, 11, 17, 19, 657931.

Bibliographie

[1] A. O. L. Atkin. *Congruences for modular forms,* Computers in mathematical research (ed. by R. F. Churchhouse and J-C. Herz), p. 8–19, North-Holland, Amsterdam, 1968.

[2] Z. I. Borevič et I. R. Šafarevič. *Théorie des nombres* (traduit du russe par M. et J-L. Verley), Gauthier-Villars, Paris, 1967.

[3] P. Deligne. *Formes modulaires et représentations l-adiques,* Séminaire Bourbaki, exposé 355 (février 1969), Lecture Notes n° **179,** Springer-Verlag, 1971.

[4] M. Deuring. *Die Typen der Multiplikatorenringe elliptischer Funktionenkörper,* Abh. Math. Sem. Hamburg, **14,** 1941, p. 197–272.

[5] E. Hecke. *Mathematische Werke,* Vandenhoeck und Ruprecht, Göttingen, 1959.

[6] J. Igusa. *Class number of a definite quaternion with prime discriminant,* Proc. Nat. Acad. Sci. USA, **44,** 1958, p. 312–314.

[7] J. Igusa. *On the algebraic theory of elliptic modular functions,* J. Math. Soc. Japan, **20,** 1968, p. 96–106.

[8] H. Klingen. *Über die Werte der Dedekindschen Zetafunktion,* Math. Ann., **145,** 1962, p. 265–272.

[9] O. Kolberg. *Note on Ramanujan's function $\tau(n)$,* Math. Scand., **10,** 1962, p. 171–172.

[10] O. Kolberg. *Congruences for the coefficients of the modular invariant $j(\tau)$,* Math. Scand., **10,** 1962, p. 173–181.

[11] J. Lehner. *Lectures on modular forms,* Nat. Bureau of Standards, Appl. Math. Ser. **61,** Washington, 1969.

[12] S. Ramanujan. *On certain arithmetical functions,* Trans. Cambridge phil. Soc., **22,** 1916, p. 159–184 (= *Collected Papers,* n° **18,** p. 136–162).
[13] P. Roquette. *Analytic theory of elliptic functions over local fields,* Vandenhoeck and Ruprecht, Göttingen, 1970.
[14] J-P. Serre. *Abelian l-adic representations and elliptic curves,* Benjamin, New York, 1968.
[15] J-P. Serre. *Une interprétation des congruences relatives à la fonction τ de Ramanujan,* Séminaire Delange-Pisot-Poitou, 1967/1968, exposé **14.**
[16] J-P. Serre. *Propriétés galoisiennes des points d'ordre fini des courbes elliptiques,* Invent. math., **15,** 1972, p. 259–331.
[17] C. L. Siegel. *Berechnung von Zetafunktionen an ganzzahligen Stellen,* Gött. Nach. 1969, n° **10,** p. 87–102.
[18] H. P. F. Swinnerton-Dyer. *Some implications of Ramanujan's methods of proving congruences for $\tau(n)$* (1971, non publié).

96.

Résumé des cours de 1971 – 1972

Annuaire du Collège de France (1972), 55 – 60

Le cours a comporté deux parties, l'une sur les fonctions *L*, l'autre sur les formes modulaires.

1. *Fonction zêta et fonctions L*

Il s'agit de la fonction zêta de Riemann $\zeta(s) = \sum_{n=1}^{\infty} n^{-s}$ et des fonctions *L* de Dirichlet $L(s,\chi) = \sum_{n=1}^{\infty} \chi(n)n^{-s}$, relatives au corps $\mathbf{Q}$ des nombres rationnels ; le cas d'un corps de nombres quelconque fera l'objet du cours de 1972-1973.

On a commencé par établir les principales propriétés élémentaires de ces fonctions : région de convergence, prolongement analytique, comportement sur la droite $R(s) = 1$, équation fonctionnelle. La méthode suivie a été celle introduite par A. Hurwitz en 1882 (*Math. Werke*, I, p. 72-88) ; elle est basée sur la fonction

$$\zeta(s,a) = \sum_{n=0}^{\infty} (n+a)^{-s}, \qquad 0 < a \leqslant 1,$$

et son expression intégrale

$$\zeta(s,a) = \frac{e^{-i\pi s}\,\Gamma(1-s)}{2i\pi} \int_C \frac{e^{-az}}{1-e^{-z}}\, z^s \,\frac{dz}{z},$$

où C désigne le contour d'intégration :

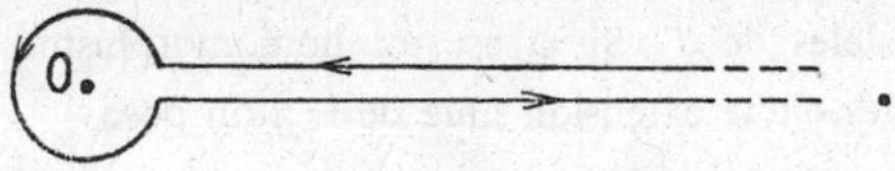

D'autres propriétés des fonctions ζ et L ont été résumées sans démonstration, notamment celles liées aux *majorations* du terme d'erreur $\varepsilon(x)$ dans le théorème des nombres premiers

$$\pi(x) = \int_2^x dt/\log t + \varepsilon(x),$$

ainsi que dans le théorème de la progression arithmétique.

On a surtout insisté sur les *valeurs des fonctions* ζ *et* L *aux entiers négatifs*. Ces valeurs s'expriment de façon simple en fonction des polynômes de Bernoulli $B_k(X)$ et des nombres de Bernoulli b_k : on a

$$\zeta(1 - k,a) = - B_k(a)/k \text{ et en particulier } \zeta(1 - k) = - b_k/k$$

pour tout entier $k \geqslant 2$. Ce résultat, connu depuis près d'un siècle, a été récemment le point de départ de la théorie des *fonctions L p-adiques* de KUBOTA-LEOPOLDT. Il y a intérêt à présenter cette théorie comme l'a fait TATE dans le cas archimédien, i.e. en considérant la fonction de KUBOTA-LEOPOLDT comme une *fonction méromorphe* $\mathcal{L}(\psi)$ *d'un caractère* ψ (et non plus d'une « variable » s). Comme l'a suggéré B. MAZUR, on peut définir $\mathcal{L}(\psi)$ comme une « transformée de Mellin » d'une certaine mesure p-adique :

Soit p un nombre premier, et soit m_0 un entier $\geqslant 1$, premier à p. L'anneau $T = \mathbf{Z}/m_0\mathbf{Z} \times \mathbf{Z}_p$ est limite projective des $\mathbf{Z}/m\mathbf{Z}$, où m est de la forme m_0p^α, avec $\alpha \to \infty$. Si k est un entier $\geqslant 1$, soit φ_k la fonction sur $\mathbf{Z}/m\mathbf{Z}$ définie par

$$\varphi_k(x) = m^{k-1} B_k(x/m),$$

où $x \in \mathbf{Z}/m\mathbf{Z}$ est identifié à un entier positif $< m$, et où $B_k(X)$ désigne le k-ième polynôme de Bernoulli. On constate que, lorsque m varie, les φ_k sont compatibles en un sens évident, et définissent sur T une distribution Φ_k, que l'on peut appeler la *k-ième distribution de Bernoulli*. Cette distribution n'est pas continue pour la topologie p-adique (ce n'est pas une « mesure p-adique » : elle ne permet pas d'intégrer les fonctions continues, mais seulement les fonctions localement constantes). Toutefois, si c est un entier premier à m_0p, la distribution

$$\Phi_{k,c}(x) = \Phi_k(x) - c^k\Phi_k(c^{-1}x)$$

est une mesure p-adique sur T. Soit alors $\Gamma = (\mathbf{Z}/m_0\mathbf{Z})^* \times \mathbf{Z}_p^*$ le groupe des éléments inversibles de T. Si ψ est un homomorphisme continu $\neq 1$ de Γ dans les unités d'une extension finie de $\mathbf{Q}_p$, on pose

$$\mathcal{L}(\psi) = \frac{1}{k(\psi(c) - 1)} \int_\Gamma \psi(x)\, \chi^{-k}(x)\, \Phi_{k,c}(x), \qquad k \geqslant 1,$$

où χ désigne l'homomorphisme naturel de Γ sur $\mathbf{Z}_p^*$. On montre que $\mathscr{L}(\psi)$ ne dépend, ni du choix de c (pourvu que $\psi(c) \neq 1$), ni du choix de k. La fonction $\psi \mapsto \mathscr{L}(\psi)$ est la fonction de KUBOTA-LEOPOLDT. Si ψ est d'ordre fini, on a

$$\mathscr{L}(\psi\chi^n) = L(1 - n, \psi) \qquad \text{pour tout entier } n \geqslant 1.$$

Il serait très intéressant de généraliser les « distributions de Bernoulli » Φ_k aux corps de nombres totalement réels quelconques. On dispose de quelques résultats partiels encourageants, cf. notamment 2.3 ci-dessous.

1 2. *Propriétés p-adiques des formes modulaires sur* $\mathbf{SL}_2(\mathbf{Z})$

Cette seconde partie du cours a été présentée sous forme de séminaire. Elle a consisté à donner un certain nombre d'applications d'un résultat récent de SWINNERTON-DYER :

Notons E_k la série d'Eisenstein normalisée de poids k :

$$E_k = 1 - \frac{2k}{b_k} \sum_{m,n=1}^{\infty} m^{k-1} q^{mn} \qquad (k \text{ pair} \geqslant 4).$$

Si p est un nombre premier $\geqslant 5$, on a

$$\mathrm{E}_{p-1} \equiv 1 \pmod{p}.$$

De plus, cette relation *engendre* (en un sens facile à préciser) l'idéal des relations entre les réductions (mod p) des formes modulaires sur $\mathbf{SL}_2(\mathbf{Z})$.

Les applications de ce résultat sont les suivantes :

2.1. *Formes modulaires p-adiques*

On appelle ainsi toute série $f = \sum_{n=0}^{\infty} a_n q^n$, à coefficients a_n entiers p-adiques, telle que, pour tout $N \geqslant 1$, il existe une forme modulaire f_N à coefficients p-entiers, de poids k_N dépendant de N, telle que

$$f \equiv f_N \pmod{p^N}.$$

S'il en est ainsi, et si $f \neq 0$, on montre que les k_N ont une limite dans le groupe

$$X = \lim.\ \mathbf{Z}/(p-1)p^n\mathbf{Z} = \mathbf{Z}/(p-1)\mathbf{Z} \times \mathbf{Z}_p,$$

groupe que l'on peut identifier à celui des homomorphismes continus de $\mathbf{Z}_p^*$ dans $\mathbf{Z}_p^*$. Cette limite est le *poids* de f. C'est un élément pair de X. Inversement, pour tout $k \in 2X$, on peut définir une *série d'Eisenstein* G_k de poids k, qui dépend de façon méromorphe de k (avec pôle pour $k = 0$) ; son terme constant est essentiellement la fonction de KUBOTA-LEOPOLDT pour le caractère k.

Signalons également que toute forme modulaire à coefficients p-entiers sur le groupe de congruence $\Gamma_0(p)$ est une forme p-adique sur $\mathbf{SL}_2(\mathbf{Z})$ au sens ci-dessus. Si f est modulaire p-adique de poids k, la série

$$\theta f = q\, df/dq = \sum_{n=0}^{\infty} n a_n q^n$$

est modulaire p-adique de poids $k + 2$.

2.2. *Représentations l-adiques attachées aux formes modulaires*

P. DELIGNE a démontré, il y a quelques années, que toute forme modulaire parabolique à coefficients entiers qui est fonction propre des opérateurs de HECKE correspond à un système de représentations l-adiques

$$\varrho_l : \mathrm{Gal}(\overline{\mathbf{Q}}/\mathbf{Q}) \rightarrow \mathbf{GL}_2(\mathbf{Z}_l).$$

L'analogie avec le cas des courbes elliptiques (traité dans le cours 1970-1971) laissait penser que, pour presque tout l, l'image de ϱ_l est « grosse », i.e. contient $\mathbf{SL}_2(\mathbf{Z}_l)$. La méthode de SWINNERTON-DYER permet de montrer qu'il en est bien ainsi : si $\mathrm{Im}(\varrho_l)$ était « petite », on en déduirait certaines congruences entre formes modulaires qui, pour presque tout l, contrediraient le théorème de structure donné au début.

Ainsi, pour la forme Δ de poids 12, on trouve que $\mathrm{Im}(\varrho_l)$ est « grosse » pour $l \neq 2,3,5,7,23,691$. Cela entraîne un théorème de densité du type Dirichlet : si a,b,m,n sont des entiers $\geqslant 1$, avec $(a,m) = 1$, et n non divisible par 2,3,5,7,23,691, il existe une infinité de nombres premiers p tels que

$$p \equiv a \pmod{m} \qquad \text{et} \qquad \tau(p) \equiv b \pmod{n},$$

où $\tau(p)$ désigne le coefficient de q^p dans le développement de Δ.

D'autres exemples peuvent également être traités numériquement. La forme $E_4\Delta$ de poids 16 a un comportement spécialement intéressant pour
2 $l = 59$: il semble (mais ce n'est pas démontré pour l'instant) que la représentation ϱ_{59} correspondante ait une image dans $\mathbf{PGL}_2(\mathbf{F}_{59})$ isomorphe au groupe symétrique $\mathfrak{S}_4$.

2.3. *Valeurs des fonctions zêta aux entiers négatifs*

Soient K un corps de nombres totalement réel de degré r, ζ_K la fonction zêta de K, et m un entier pair $\geqslant 2$. On sait que $\zeta_K(1 - m)$ est un nombre *rationnel* $\neq 0$. La méthode de KLINGEN et SIEGEL consiste à étudier ce nombre au moyen d'une certaine série .

$$f_m = \sum_{n=0}^{\infty} a_m(n) q^n,$$

jouissant des propriétés suivantes :

a) f_m est une forme modulaire sur $\mathbf{SL}_2(\mathbf{Z})$ de poids $k = rm$ (mis à part le cas $r = 1$, $m = 2$, exclu dans ce qui suit) ;

b) son terme constant $a_m(0)$ est égal à $2^{-r}\zeta_K(1 - m)$;

c) ses autres coefficients $a_m(n)$, $n \geqslant 1$, sont des *entiers*, donnés par une formule explicite, qui se réduit à $a_m(n) = \sigma_{m-1}(n)$ lorsque $K = \mathbf{Q}$.

On peut exploiter les propriétés d'intégralité et de congruence des

$$a_m(n), \ n \geqslant 1,$$

pour obtenir des propriétés analogues pour $\zeta_K(1 - m)$. C'est ainsi que, si p est premier, et si

$$rm \not\equiv 0 \pmod{(p - 1)},$$

on démontre que $\zeta_K(1 - m)$ est *p-entier* ; si en outre

$$m' \equiv m \pmod{(p - 1)} \text{ et } m' \geqslant 2,$$

on a

$$\zeta_K(1 - m') \equiv \zeta_K(1 - m) \pmod{p}.$$

Pour $K = \mathbf{Q}$, on retrouve une congruence de KUMMER sur les nombres de Bernoulli.

Les résultats de 2.2 et 2.3 ont également fait l'objet d'un exposé au Séminaire BOURBAKI de juin 1972.

SÉMINAIRE

Barry MAZUR a fait deux exposés sur la construction de fonctions analytiques p-adiques attachées aux formes modulaires de poids 2 sur le groupe de congruence $\Gamma_0(N)$. Ses résultats, obtenus en collaboration avec SWINNERTON-DYER, montrent une remarquable analogie avec ceux de KUBOTA-LEOPOLDT et IWASAWA ; ils sont en rapport étroit avec ceux publiés récemment par MANIN.

Nicholas Katz a fait un exposé sur l'interprétation en termes de courbes elliptiques de certains résultats sur les formes modulaires utilisés dans le cours. Il a notamment expliqué, au moyen de la connexion de Gauss-Manin, le fait que l'algèbre des formes modulaires modulo p soit stable par l'opérateur de dérivation θ.

97.

Formes modulaires et fonctions zêta *p*-adiques

Lect. Notes in Math., n° **350**, Springer-Verlag (1973), 191–268

à Carl Ludwig Siegel

à l'occasion de son 76-ième anniversaire

Table des Matières

Introduction	192
§1. Formes modulaires p-adiques	194
§2. Opérateurs de Hecke	209
§3. Formes modulaires sur $\Gamma_o(p)$	222
§4. Familles analytiques de formes modulaires p-adiques	235
§5. Fonctions zêta p-adiques	251
Bibliographie	267

Introduction

Soient K un corps de nombres algébriques totalement réel, et ζ_K sa fonction zêta. D'après un théorème de Siegel [24], $\zeta_K(1-k)$ est un nombre rationnel si k est entier $\geqslant 1$; il est $\neq 0$ si k est pair. Lorsque K est abélien sur Q, on peut écrire ce nombre comme produit de "nombres de Bernoulli généralisés" :

$$\zeta_K(1-k) = \prod_\chi L(\chi, 1-k) = \prod_\chi (-b_k(\chi)/k), \qquad \text{cf. [18]},$$

où χ parcourt l'ensemble des caractères de $\mathbf{Q}$ attachés à K. Cela permet de démontrer des propriétés de congruence reliant les $\zeta_K(1-k)$ pour diverses valeurs de k, et d'en déduire par interpolation une fonction zêta p-adique pour le corps K, au sens de Kubota-Leopoldt (cf. [7], [10], [11], [16]).

Dans ce qui suit, je me propose d'étendre une partie de ces résultats au cas d'un corps totalement réel quelconque (non nécessairement abélien sur Q). La méthode suivie est celle de Klingen [13] et Siegel [25], [26]. Elle consiste à utiliser le fait que $\zeta_K(1-k)$ est le terme constant d'une certaine forme modulaire sur $SL_2(\mathbf{Z})$ dont les autres termes se calculent par des formules simples (ce sont des combinaisons linéaires d'exponentielles en k). Tout revient donc à transférer les propriétés de ces termes au terme constant lui-même. On est amené, pour ce faire, à définir les "formes modulaires p-adiques", limites de formes modulaires au sens usuel (sur le groupe $SL_2(\mathbf{Z})$); de telles formes intervenaient déjà, au moins implicitement, dans les travaux d'Atkin sur les coefficients c(n) de l'invariant modulaire j, cf. [2]. L'étude de ces formes fait l'objet des §§ 1, 2 et 3; elle repose de façon essentielle sur le théorème récent de Swinnerton-Dyer [27] donnant la structure de l'algèbre des formes modulaires (mod p). Les principaux résultats sont les suivants :

a) Une forme modulaire p-adique a un poids qui est, non plus un entier, mais un élément d'un certain groupe p-adique $X = \mathbf{Z}_p \times \mathbf{Z}/(p-1)\mathbf{Z}$, cf. n°1.4.

b) Si

$$f = \sum_{n=0}^{\infty} a_n(f)\, q^n$$

est une forme modulaire p-adique de poids $\neq 0$, il existe des formules donnant $a_o(f)$ en termes des $a_n(f)$, $n \geq 1$, cf. n°2.3.

c) Toute forme modulaire (au sens usuel) sur le groupe $\Gamma_o(p)$ est une forme modulaire p-adique, cf. §3.

Dans l'application aux fonctions zêta, on rencontre des familles (f_s) de formes modulaires p-adiques dépendant (ainsi que leur poids) d'un paramètre p-adique s. L'étude de ces familles fait l'objet du §4. Le cas le plus important est celui où les fonctions $s \mapsto a_n(f_s)$, $n \geq 1$, appartiennent à l'algèbre d'Iwasawa Λ du n°4.1; on en déduit alors des propriétés analogues pour la fonction $s \mapsto a_o(f_s)$, cf. n°s 4.6 et 4.7.

Une fois ces résultats établis, leur application à l'interpolation p-adique de ζ_K ne présente pas de difficultés; c'est l'objet du §5. La fonction zêta p-adique de K est définie au n° 5.3; ses principales propriétés sont données par les ths. 20, 21, et 22. De nombreuses questions restent ouvertes; on en trouvera une brève discussion au n°5.6.

§1. Formes modulaires p-adiques

1.1. Notations

a) Congruences

La lettre p désigne un nombre premier; on note v_p la valuation du corps p-adique $\mathbf{Q}_p$, normée de telle sorte que $v_p(p) = 1$; un élément x de $\mathbf{Q}_p$ est dit p-entier s'il appartient à $\mathbf{Z}_p$, i.e. si $v_p(x) \geq 0$.

Si $f = \sum a_n q^n \in \mathbf{Q}_p[[q]]$ est une série formelle en une indéterminée q, on pose

$$v_p(f) = \inf . v_p(a_n).$$

Ainsi, $v_p(f) \geq 0$ signifie que $f \in \mathbf{Z}_p[[q]]$. Lorsque $v_p(f) \geq m$, on écrit aussi $f \equiv 0 \pmod{p^m}$.

Soit (f_i) une suite d'éléments de $\mathbf{Q}_p[[q]]$. On dit que f_i tend vers f si les coefficients de f_i tendent uniformément vers ceux de f, i.e. si $v_p(f - f_i) \to +\infty$.

b) Séries d'Eisenstein

Si k est un entier pair ≥ 2, nous poserons

$$G_k = - b_k/2k + \sum_{n=1}^{\infty} \sigma_{k-1}(n)\, q^n \qquad (q = e^{2\pi i z}),$$

$$E_k = - \frac{2k}{b_k} G_k = 1 - \frac{2k}{b_k} \sum_{n=1}^{\infty} \sigma_{k-1}(n)\, q^n,$$

où b_k désigne le k-ième nombre de Bernoulli et $\sigma_{k-1}(n) = \sum_{d|n} d^{k-1}$. Si $k \geq 4$, G_k et E_k sont des formes modulaires de poids k (relativement au groupe $SL_2(\mathbf{Z})$).

c) Les séries P,Q,R

On pose, avec Ramanujan,

$$P = E_2 = 1 - 24 \sum \sigma_1(n)\, q^n$$

$$Q = E_4 = 1 + 240 \sum \sigma_3(n)\, q^n$$

$$R = E_6 = 1 - 504 \sum \sigma_5(n)\, q^n.$$

Les séries Q et R engendrent l'algèbre graduée des formes modulaires : toute forme modulaire de poids k s'écrit de façon unique comme polynôme isobare de poids k en Q et R. Par exemple :

$$E_8 = Q^2, \quad E_{10} = QR, \quad E_{12} = \frac{441\, Q^3 + 250\, R^2}{691}, \quad E_{14} = Q^2R,$$

$$\Delta = 2^{-6}3^{-3}(Q^3 - R^2) = q \prod_{n=1}^{\infty} (1 - q^n)^{24} = \sum_{n=1}^{\infty} \tau(n) q^n.$$

La série P n'est pas une forme modulaire au sens habituel. Toutefois nous démontrerons plus loin (cf. n° 2.1) que c'est une "forme modulaire p-adique" de poids 2.

d) Exemples de congruences

D'après Kummer, $b_k/2k$ est p-entier si et seulement si k n'est pas divisible par p - 1; on a alors $v_p(G_k) = 0$. De plus, si $k' \equiv k \pmod{(p-1)}$, on a $b_k/2k \equiv b_{k'}/2k' \pmod p$; comme la congruence analogue pour $\sigma_{k-1}(n)$ est évidente, on en conclut que :

$$G_k \equiv G_{k'} \pmod p \quad \text{si } k' \equiv k \not\equiv 0 \pmod{(p-1)}.$$

(Plus généralement, il semble que toute congruence sur les nombres de Bernoulli puisse être étendue en une congruence sur les G_k.)

Lorsque k, par contre, est divisible par p - 1, le théorème de Clausen-von Staudt montre que $v_p(b_k/k) = -1 - v_p(k)$. On a donc $v_p(k/b_k) \geq 1$, d'où :

$$E_k \equiv 1 \pmod p \qquad \text{si } k \equiv 0 \pmod{(p-1)}.$$

Plus précisément :

$$E_k \equiv 1 \pmod{p^m} \Longleftrightarrow k \equiv 0 \pmod{(p-1)p^{m-1}} \quad \text{si } p \neq 2$$

$$E_k \equiv 1 \pmod{2^m} \Longleftrightarrow k \equiv 0 \pmod{2^{m-2}}.$$

1.2. L'algèbre des formes modulaires (mod p)

Si $k \in Z$, notons M_k l'ensemble des formes modulaires

$$f = \sum_{n=0}^{\infty} a_n q^n,$$

de poids k, dont les coefficients a_n sont rationnels et p-entiers. Si $f \in M_k$, la réduction $\tilde{f}$ de f modulo p appartient à l'algèbre $\mathbf{F}_p[[q]]$ des séries formelles à coefficients dans $\mathbf{F}_p = \mathbf{Z}/p\mathbf{Z}$. L'ensemble des séries ainsi obtenues sera noté $\widetilde{M}_k$. On pose

$$\widetilde{M} = \sum_{k \in \mathbf{Z}} \widetilde{M}_k;$$

c'est une sous-algèbre de $\mathbf{F}_p[[q]]$, appelée algèbre des formes modulaires (mod p). La structure de $\widetilde{M}$ a été déterminée par Swinnerton-Dyer [27]. Rappelons brièvement le résultat (pour plus de détails, voir [20] ou [27]) :

(i) Le cas $p \geq 5$

On a vu (nº 1.1) que $E_{p-1} \equiv 1 \pmod{p}$, autrement dit $\widetilde{E}_{p-1} = 1$. La multiplication par E_{p-1} applique M_k dans M_{k+p-1}, et l'on en déduit des inclusions :

$$\widetilde{M}_k \subset \widetilde{M}_{k+p-1} \subset \ldots \subset \widetilde{M}_{k+n(p-1)} \subset \ldots$$

Si $\alpha \in \mathbf{Z}/(p-1)\mathbf{Z}$, notons $\widetilde{M}^{\alpha}$ la réunion des $\widetilde{M}_k$, pour k parcourant α. L'un des résultats de Swinnerton-Dyer est que $\widetilde{M}$ est somme directe des $\widetilde{M}^{\alpha}$, pour $\alpha \in \mathbf{Z}/(p-1)\mathbf{Z}$; en d'autres termes, $\widetilde{M}$ est une algèbre graduée, de groupe des degrés $\mathbf{Z}/(p-1)\mathbf{Z}$; on a $\widetilde{M}^{\alpha} = 0$ si α est impair, i.e. non divisible par 2 dans $\mathbf{Z}/(p-1)\mathbf{Z}$. De plus, $\widetilde{M}$ s'identifie au quotient de l'algèbre de polynômes $F_p[Q,R]$ par l'idéal principal engendré par $\widetilde{A} - 1$, où $\widetilde{A}(Q,R)$ est le polynôme isobare de poids $p - 1$ obtenu par réduction (mod p) à partir du polynôme A tel que $E_{p-1} = A(Q,R)$. (En termes imagés, la relation $\widetilde{E}_{p-1} = 1$ est "la seule relation" entre formes modulaires (mod p).)

Cette description de $\widetilde{M}$ montre que $\widetilde{M}$ (resp. sa sous-algèbre $\widetilde{M}^o$) est l'algèbre affine d'une courbe algébrique Y (resp. Y^o) qui est lisse sur F_p; on trouvera une interprétation "géométrique" de Y et de Y^o dans [20], p.416-05; notons seulement ici que $\widetilde{M}$ et $\widetilde{M}^o$ sont des anneaux de Dedekind, puisque Y et Y^o sont lisses.

Exemples

- Pour p = 11, on a $E_{p-1} = QR$, d'où :

$$\widetilde{M} = F_{11}[Q,R]/(QR - 1) \quad \text{et} \quad \widetilde{M}^o = F_{11}[Q^5,R^5]/(Q^5R^5 - 1).$$

Les courbes $Y = \mathrm{Spec}(\widetilde{M})$ et $Y^o = \mathrm{Spec}(\widetilde{M}^o)$ sont des courbes de genre 0, ayant chacune deux points à l'infini, rationnels sur F_{11}.

- Pour p = 13, on a $E_{p-1} = \dfrac{441\, Q^3 + 250\, R^2}{691}$, d'où :

$$\widetilde{M} = F_{13}[Q,R]/(Q^3 + 10R^2 - 11) \quad \text{et} \quad \widetilde{M}^o = F_{13}[Q^3].$$

La courbe Y (resp. Y^o) est une courbe de genre 1 (resp. de genre 0), ayant un seul point à l'infini, rationnel sur F_{13}.

(ii) Le cas p = 2,3

On a alors $\widetilde{Q} = \widetilde{R} = 1$. On en déduit facilement que $\widetilde{M}$ s'identifie à l'algèbre de polynômes $F_p[\widetilde{\Delta}]$, engendrée par la réduction (mod p) de Δ. On a $\widetilde{M}_{k-2} \subset \widetilde{M}_k$ et même $\widetilde{M}_{k-2} = \widetilde{M}_k$ si k n'est pas divisible par 12. On convient que $\widetilde{M}^o = \widetilde{M}$.

1.3. Congruences (mod p^m) entre formes modulaires

THÉORÈME 1. *Soit m un entier ≥ 1. Soient f et f' deux formes modulaires à coefficients rationnels, de poids k et k' respectivement. On suppose que $f \neq 0$ et que*

$$v_p(f - f') \geq v_p(f) + m.$$

On a alors :

$$k' \equiv k \pmod{(p-1)p^{m-1}} \quad \textit{si} \quad p \geq 3$$

$$k' \equiv k \pmod{2^{m-2}} \quad \textit{si} \quad p = 2.$$

Quitte à multiplier f par un scalaire, on peut supposer que $v_p(f) = 0$, auquel cas l'hypothèse équivaut à :

$$f' \equiv f \pmod{p^m}.$$

En particulier, les coefficients de f et de f' sont p-entiers, et l'on a $\tilde{f} = \tilde{f}' \neq 0$. Si $p \geq 5$, on voit que $\tilde{f}$ et $\tilde{f}'$ appartiennent à la même composante $\tilde{M}^\alpha$ de l'algèbre $\tilde{M}$ (cf. n° 1.2), autrement dit, on a $k' \equiv k \pmod{(p-1)}$; la même congruence subsiste si p = 2 ou 3, puisque k' et k sont pairs. Le th.1 est donc démontré pour m = 1.

Supposons maintenant $m \geq 2$. Soit $h = k' - k$. Quitte à remplacer f' par

$$f'E_{(p-1)p^n}$$

avec n assez grand, on peut supposer que $h \geq 4$. La série d'Eisenstein E_h est alors une forme modulaire de poids h; comme h est divisible par p-1, on a $E_h \equiv 1 \pmod p$. Posons $r = v_p(h) + 1$ si $p \geq 3$ et $r = v_p(h) + 2$ si $p = 2$. Il nous faut montrer que $r \geq m$. Supposons que $r < m$. On a $f.E_h - f' = f - f' + f(E_h - 1)$.

Or $f - f' \equiv 0 \pmod{p^m}$ et $E_h - 1 \equiv 0 \pmod{p^r}$, cf. n° 1.1. On en conclut que $f.E_h - f' \equiv 0 \pmod{p^r}$ et que

$$p^{-r}(f.E_h - f') \equiv p^{-r}f(E_h - 1) \pmod{p}.$$

Or, d'après le théorème de Clausen-von Staudt, on a

$$p^{-r}(E_h - 1) = \lambda\phi, \quad \text{où} \quad \phi = \sum_{n=1}^{\infty} \sigma_{h-1}(n)q^n, \quad \text{et} \quad v_p(\lambda) = 0.$$

La congruence ci-dessus équivaut donc à

$$f\phi \equiv g \pmod{p},$$

où g est la forme modulaire $\lambda^{-1}p^{-r}(f.E_h - f')$, qui est de poids k'. Comme $\tilde{f} \neq 0$, ceci peut s'écrire $\tilde{\phi} = \tilde{g}/\tilde{f}$ et montre que $\tilde{\phi}$ appartient au corps des fractions de $\tilde{M}$; de plus, $\tilde{g}$ et $\tilde{f}$ ont même poids (mod (p-1)); on en déduit que $\tilde{\phi}$ appartient au corps des fractions de $\tilde{M}^o$. Or, on a

$$\tilde{\phi} - \tilde{\phi}^p = \tilde{\psi}, \quad \text{avec} \quad \psi = \sum_{(p,n)=1} \sigma_{h-1}(n)q^n,$$

et on vérifie facilement que

$$\psi \equiv \theta^{h-1}\left(\sum_{n=1}^{\infty} \sigma_1(n)q^n\right), \quad \text{où} \quad \theta = q\, d/dq \quad \text{(cf. [27])}.$$

Pour tirer de là une contradiction, distinguons deux cas :

(i) $p \geqslant 5$.

On a alors

$$\tilde{\psi} = -\frac{1}{24}\,\theta^{h-1}(\tilde{P}) = -\frac{1}{24}\,\theta^{p-2}(\tilde{E}_{p+1}),$$

d'où $\widetilde{\psi} \in \widetilde{M}^{o}$, vu les propriétés de l'opérateur θ (cf. [20], [27]). L'équation $\widetilde{\phi} - \widetilde{\phi}^{p} = \widetilde{\psi}$ montre que $\widetilde{\phi}$ est <u>entier</u> sur $\widetilde{M}^{o}$, donc appartient à $\widetilde{M}^{o}$, puisque $\widetilde{M}^{o}$ est intégralement clos; cela contredit le lemme de [20], p.416-11.

(ii) $p = 2$ ou 3.

On a alors $\widetilde{\psi} = \widetilde{\Delta}$, comme le montrent les congruences donnant $\tau(n)$ modulo 6. Or $\widetilde{M} = \mathbf{F}_p[\widetilde{\Delta}]$, et l'équation $X - X^p = \widetilde{\Delta}$ est évidemment irréductible sur le corps $\mathbf{F}_p(\widetilde{\Delta})$. On obtient encore une contradiction.

<u>Remarques</u>

1) Le fait que $\widetilde{\phi}$ ne puisse pas appartenir au corps des fractions de $\widetilde{M}^{o}$ peut aussi se démontrer par un argument de <u>filtration</u>, généralisant celui de [20], <u>loc</u>.<u>cit</u>.

2) Il serait intéressant de décrire géométriquement le revêtement cyclique de degré p de la courbe Y^{o} (ou de la courbe Y) défini par l'équation $X - X^p = \widetilde{\psi}$.

1.4. <u>Formes modulaires</u> p-<u>adiques</u>

a) <u>Le groupe</u> X

Soit m un entier ≥ 1 (resp. ≥ 2 si $p = 2$). Posons

$$X_m = \mathbf{Z}/(p-1)p^{m-1}\mathbf{Z} = \mathbf{Z}/p^{m-1}\mathbf{Z} \times \mathbf{Z}/(p-1)\mathbf{Z} \quad \text{si} \quad p \neq 2$$

et $$X_m = \mathbf{Z}/2^{m-2}\mathbf{Z} \quad \text{si} \quad p = 2.$$

Lorsque $m \to \infty$, les X_m forment de façon naturelle un <u>système projectif</u>; nous désignerons par X la limite projective de ce système. On a

$$X = \varprojlim X_m = \begin{cases} \mathbf{Z}_p \times \mathbf{Z}/(p-1)\mathbf{Z} & \text{si } p \neq 2 \\ \mathbf{Z}_2 & \text{si } p = 2, \end{cases}$$

où $\mathbf{Z}_p$ est l'anneau des entiers p-adiques. Le groupe X est un groupe de Lie p-adique compact de dimension 1. L'homomorphisme canonique $\mathbf{Z} \to X$

est injectif; nous l'utiliserons pour identifier $\mathbf{Z}$ à un sous-groupe dense de X.

Il y a souvent intérêt à considérer les éléments de X comme des caractères (p-adiques) du groupe $\mathbf{Z}_p^*$ des unités p-adiques. De façon plus précise, soit V_p le groupe des endomorphismes continus de $\mathbf{Z}_p^*$, muni de la topologie de la convergence uniforme. On vérifie facilement que l'application naturelle de $\mathbf{Z}$ dans V_p se prolonge en un homomorphisme continu $\varepsilon : X \to V_p$. Cet homomorphisme est injectif si $p = 2$, et bijectif si $p \neq 2$. Si $k \in X$, et $v \in \mathbf{Z}_p$, on note v^k le transformé de v par l'endomorphisme $\varepsilon(k)$ de $\mathbf{Z}_p$. Si l'on écrit $k = (s,u)$, avec $s \in \mathbf{Z}_p$, $u \in \mathbf{Z}/(p-1)\mathbf{Z}$, et si l'on décompose v en v_1v_2, avec $v_1^{p-1} = 1$ et $v_2 \equiv 1 \pmod p$, on a $v^k = v_1^kv_2^k = v_1^uv_2^s$.

Un élément $k \in X$ est dit pair s'il appartient au sous-groupe 2X, i.e. si $(-1)^k = 1$. Lorsque $p \neq 2$, cela signifie que la seconde composante u de k est un élément pair de $\mathbf{Z}/(p-1)\mathbf{Z}$; lorsque $p = 2$, cela signifie que k appartient à $2\mathbf{Z}_2$.

b) Définition des formes modulaires p-adiques

Une forme modulaire p-adique est une série formelle

$$f = \sum_{n=0}^{\infty} a_n q^n,$$

à coefficients $a_n \in \mathbf{Q}_p$, possédant la propriété suivante :

(*) Il existe une suite f_i de formes modulaires à coefficients rationnels, de poids k_i, telle que $\lim. f_i = f$.

(Rappelons, cf. n° 1.1, que $\lim. f_i = f$ signifie que $v_p(f_i - f)$ tend vers $+\infty$, i.e. que les coefficients des f_i tendent uniformément vers ceux de f.)

Remarque. La définition ci-dessus est la définition originale donnée dans [21]. On en trouvera une interprétation "géométrique" (ainsi qu'une généralisation) dans le texte de Katz [12].

c) Poids d'une forme modulaire p-adique

THÉORÈME 2. Soit f une forme modulaire p-adique $\neq 0$, et soit (f_i) une suite de formes modulaires de poids (k_i), à coefficients rationnels, ayant pour limite f. Les k_i ont alors une limite dans le groupe $X = \varprojlim X_m$; cette limite dépend de f, mais pas de la suite (f_i) choisie.

Par hypothèse, on a $v_p(f_i - f_j) \to +\infty$; d'autre part, les $v_p(f_i)$ sont égaux à $v_p(f)$ pour i assez grand. En appliquant le th.1, on en déduit que, pour tout $m \geq 1$, l'image de la suite k_i dans X_m est stationnaire; cela signifie que les k_i ont une limite k dans X. Le fait que cette limite ne dépende pas de la suite choisie est immédiat.

La limite k des k_i est appelée le poids de f; c'est un élément pair de X. On convient que 0 est de poids k, quel que soit $k \in 2X$. Avec cette convention, les formes modulaires p-adiques de poids donné forment un Q_p-espace vectoriel (et même un espace de Banach p-adique pour la norme définie par v_p).

Si des formes modulaires p-adiques f_i, de poids $k_i \in 2X$, tendent vers une série formelle f, celle-ci est une forme modulaire p-adique. De plus, si $f \neq 0$, les k_i ont une limite k dans X, et f est de poids k; cela se déduit du th.2, en approchant les f_i par des formes modulaires au sens usuel.

Exemple. Si p = 2,3,5, on a $Q \equiv 1 \pmod p$, d'où

$$\frac{1}{Q} = \lim_{m \to \infty} Q^{p^m-1},$$

ce qui montre que 1/Q est modulaire p-adique, de même que la série $1/j = \Delta/Q^3$, qui est de poids 0. Il n'est d'ailleurs pas difficile de démontrer que (pour p = 2,3,5) une série f est modulaire p-adique de poids 0 si et seulement si elle s'écrit sous la forme

$$f = \sum_{n=0}^{\infty} b_n/j^n = \sum_{n=0}^{\infty} b_n \Delta^n Q^{-3n},$$

avec $b_n \in Q_p$ et $v_p(b_n) \to +\infty$, et l'on a alors $v_p(f) = \inf. v_p(b_n)$.

Plus généralement, on aurait pu définir l'algèbre des formes modulaires p-adiques de poids 0 comme l'algèbre "de Tate" de la droite projective privée des disques ouverts de rayon 1 centrés aux valeurs "supersingulières" de j; c'est le point de vue adopté par Katz [12].

1.5. Premières propriétés des formes modulaires p-adiques

Si f est une forme modulaire p-adique, on a $v_p(f) \neq -\infty$, i.e. il existe une puissance p^N de p telle que $p^N f \in Z_p[[q]]$; cela résulte de la définition, et du fait analogue pour les formes modulaires usuelles. De plus, le th.1 reste valable :

THÉORÈME 1'. Soit m un entier ≥ 1. Soient f et f' deux formes modulaires p-adiques, non nulles, de poids k, $k' \in X$ respectivement. Si

$$v_p(f - f') \geq v_p(f) + m,$$

k et k' ont même image dans X_m.

On écrit f (resp. f') comme limite de formes modulaires usuelles f_i (resp. f_i') de poids k_i (resp. k_i'). Pour i assez grand, on a

$$v_p(f_i) = v_p(f) = v_p(f') = v_p(f_i')$$

et $$v_p(f_i - f_i') \geq v_p(f) + m,$$

ce qui, d'après le th.1, montre que k_i et k_i' ont même image dans X_m; le théorème en résulte.

COROLLAIRE 1. Soit $f = a_o + a_1 q + \dots + a_n q^n + \dots$ une forme modulaire p-adique de poids $k \in X$. Soit m un entier ≥ 0 tel que l'image de k dans X_{m+1} soit $\neq 0$. On a alors

$$v_p(a_o) + m \geq \inf_{n \geq 1} v_p(a_n).$$

(En d'autres termes, si les a_n sont p-entiers pour $n \geqslant 1$, il en est de même de $p^m a_o$.)

Si $a_o = 0$, il n'y a rien à démontrer. Sinon, la fonction constante $f' = a_o$ est de poids 0, et l'on a

$$v_p(f - f') = \inf_{n \geqslant 1} v_p(a_n).$$

Comme les poids de f et f' ont des images différentes dans X_{m+1}, le th.1' montre que $v_p(f) + m + 1 > v_p(f - f')$, d'où le résultat cherché puisque $v_p(a_o) \geqslant v_p(f)$.

<u>Remarque</u>. Lorsque k n'est pas divisible par p-1, i.e. n'appartient pas au sous-groupe $\mathbf{Z}_p$ de X, on peut prendre m = 0 dans le corollaire précédent, et l'on en déduit que, si les a_n sont p-entiers pour $n \geqslant 1$, il en est de même de a_o.

COROLLAIRE 2. <u>Soit</u>

$$f^{(i)} = \sum_{n=0}^{\infty} a_n^{(i)} q^n$$

<u>une suite de formes modulaires</u> p-<u>adiques</u>, <u>de poids</u> $k^{(i)}$. <u>Supposons que</u> :

(a) <u>les</u> $a_n^{(i)}$, $n \geqslant 1$, <u>tendent uniformément vers des</u> $a_n \in \mathbf{Q}_p$;

(b) <u>les</u> $k^{(i)}$ <u>tendent dans</u> X <u>vers une limite</u> $k \neq 0$.

<u>Alors les</u> $a_o^{(i)}$ <u>ont une limite</u> $a_o \in \mathbf{Q}_p$, <u>et la série</u>

$$f = a_o + a_1 q + \ldots + a_n q^n + \ldots$$

<u>est une forme modulaire</u> p-<u>adique de poids</u> k.

Vu l'hypothèse $\lim. k^{(i)} \neq 0$, on peut supposer qu'il existe un entier m tel que tous les $k^{(i)}$ aient une même image non nulle dans X_m. D'autre part, vu (a), il existe $t \in \mathbf{Z}$ tel que $v_p(a_n^{(i)}) \geqslant t$ pour tout $n \geqslant 1$, et tout i. D'après le cor.1, on a donc $v_p(a_o^{(i)}) > t - m$ pour tout i. Les $a_o^{(i)}$ forment donc une partie relativement compacte de $\mathbf{Q}_p$. Si (i_j) est une suite extraite de (i) telle que $a_o^{(i_j)}$ converge vers un élément a_o de $\mathbf{Q}_p$, la série

$$f = \underline{\lim}.f^{(i_j)} = a_o + a_1q + \ldots + a_nq^n + \ldots$$

est évidemment modulaire p-adique de poids k. De plus, si (i'_j) est une autre suite extraite de (i) telle que $a_o^{(i'_j)}$ converge vers a'_o, la série $f' = a'_o + a_1q + \ldots + a_nq^n + \ldots$ est également modulaire p-adique de poids k, et il en est de même de $f - f' = a_o - a'_o$. Comme $a_o - a'_o$ est aussi de poids 0, ce n'est possible que si $a_o = a'_o$. Ainsi, a_o ne dépend pas du choix de la suite (i_j), ce qui montre bien que $a_o^{(i)}$ est une suite convergente.

1.6. <u>Exemple</u> : <u>séries d'Eisenstein</u> p-<u>adiques</u>

Soit $k \in X$. Si n est un entier ≥ 1, nous noterons $\sigma^*_{k-1}(n)$ l'entier p-adique défini par

$$\sigma^*_{k-1}(n) = \sum d^{k-1},$$

la somme étant étendue aux diviseurs positifs d de n qui sont <u>premiers à</u> p. Cela a un sens, puisqu'un tel élément d est une unité p-adique, ainsi que d^{k-1}, cf. n° 1.4, a).

Supposons maintenant que k soit <u>pair</u>. Choisissons une suite d'entiers pairs $k_i \geq 4$ qui tende vers l'infini au sens usuel (ce que nous écrirons $|k_i| \to \infty$), et qui tende vers k dans X; c'est évidemment possible. On a alors

$$\lim.\sigma_{k_i-1}(n) = \sigma^*_{k-1}(n) \quad \text{dans } \mathbf{Z}_p;$$

en effet d^{k_i-1} tend vers 0 si d est divisible par p (puisque $|k_i| \to \infty$) et tend vers d^{k-1} sinon (puisque $k_i \to k$ dans X). De plus, la convergence est uniforme en n. Or les $\sigma_{k_i-1}(n)$ sont les coefficients d'indice $\geqslant 1$ de la série d'Eisenstein

$$G_{k_i} = -b_{k_i}/2k_i + \sum_{n=1}^{\infty} \sigma_{k_i-1}(n)q^n,$$

et le terme constant de cette série est $-b_{k_i}/2k_i$, qui est égal, comme on sait, à $\frac{1}{2}\zeta(1-k_i)$. Appliquant alors le cor.2 au th.1', on en déduit que, si $k \neq 0$, les G_{k_i} ont une limite G_k^* qui est une forme modulaire p-adique de poids k :

$$G_k^* = a_o + \sum_{n=1}^{\infty} \sigma_{k-1}^*(n)q^n, \quad \text{où} \quad a_o = \frac{1}{2} \lim_{i \to \infty} \zeta(1-k_i).$$

Il est clair que cette limite ne dépend pas du choix de la suite k_i; nous l'appellerons la série d'Eisenstein p-adique de poids k; son terme constant a_o sera noté $\frac{1}{2}\zeta^*(1-k)$, de sorte que l'on a

$$G_k^* = \frac{1}{2}\zeta^*(1-k) + \sum_{n=1}^{\infty} \sigma_{k-1}^*(n)q^n \qquad (k \in X,\ k \text{ pair} \neq 0).$$

Cela définit une fonction ζ^* sur les éléments impairs de $X - \{1\}$; le cor.2 au th.1' montre que cette fonction est continue (en fait, la série G_k^* elle-même dépend continûment de k). Nous allons voir que ζ^* est essentiellement la fonction zêta p-adique de Kubota-Leopoldt [16]. De façon plus précise:

THÉORÈME 3. (i) Si $p \neq 2$, et si (s,u) est un élément impair $\neq 1$ de $X = \mathbf{Z}_p \times \mathbf{Z}/(p-1)\mathbf{Z}$ on a

$$\zeta^*(s,u) = L_p(s;\ \omega^{1-u}),$$

où $L_p(s;\chi)$ désigne la fonction L p-adique d'un caractère χ (Iwasawa [11], p.29-30) et ω désigne le caractère défini dans [11], p.18.

(ii) Si $p = 2$, et si s est un élément impair $\neq 1$ de $X = \mathbf{Z}_2$, on a $\zeta^*(s) = L_2(s;\chi^\circ)$, cf. [11], p.29-30.

Notons ζ' la fonction

$$(s,u) \longmapsto L_p(s;\omega^{1-u}) \quad \text{si } p \neq 2$$

$$s \longmapsto L_p(s;\chi^\circ) \quad \text{si } p = 2.$$

Il résulte de [11], loc.cit., que ζ' est continue, et que

$$\zeta'(1-k) = (1-p^{k-1})\,\zeta(1-k) \quad \text{si } k \in 2\mathbf{Z},\ k \geqslant 2.$$

Si $k \in 2X$, $k \neq 0$, et si (k_i) est une suite convergeant vers k comme ci-dessus, on a

$$\zeta'(1-k) = \lim_{i\to\infty}.\zeta'(1-k_i) = \lim_{i\to\infty}.(1-p^{k_i-1})\,\zeta(1-k_i).$$

Mais, comme $|k_i|$ tend vers $+\infty$, on a $\lim_{i\to\infty}.(1-p^{k_i-1}) = 1$, d'où

$$\zeta'(1-k) = \lim_{i\to\infty}.\zeta(1-k_i) = \zeta^*(1-k),$$

ce qui démontre bien que $\zeta' = \zeta^*$.

Exemple

Supposons que $p \equiv 3 \pmod{4}$ et $p \neq 3$. Prenons pour k l'élément $(1,\frac{p+1}{2})$ de $\mathbf{Z}_p \times \mathbf{Z}/(p-1)\mathbf{Z}$. On peut montrer que

$$G_k^* = \tfrac{1}{2}h(-p) + \sum_{n=1}^{\infty} \sum_{d|n} \left(\frac{d}{p}\right) q^n,$$

où $h(-p)$ est le nombre de classes du corps $\mathbf{Q}(\sqrt{-p})$.

Remarques

1) Lorsque k est un entier pair $\geqslant 2$, on vient de voir que

$$\zeta^*(1-k) = (1-p^{k-1})\,\zeta(1-k);$$

c'est la valeur en 1 - k de la fonction zêta "débarrassée de son p-ième facteur". On a en outre

$$G_k^* = G_k - p^{k-1}\,G_k|V, \qquad \text{cf. n° 2.1.}$$

2) La fonction ζ^* n'est pas définie au point $s = 1$: elle a un pôle simple en ce point [7], [11], [16].

3) Lorsque k est divisible par $p-1$, on a $v_p(\zeta^*(1-k)) < 0$, de sorte que la série

$$E_k^* = 2G_k^*/\zeta^*(1-k) = 1 + \frac{2}{\zeta^*(1-k)} \sum_{n=1}^{\infty} \sigma_{k-1}^*(n)q^n$$

est à coefficients p-entiers, et $E_k^* \equiv 1 \pmod p$. Plus précisément, si l'image de k dans X_m est nulle, on a

$$E_k^* \equiv 0 \pmod{p^m}.$$

En particulier, E_k^* tend vers 1 lorsque k tend vers 0; cela conduit à poser $E_o^* = 1$.

4) Lorsque k n'est pas divisible par $p-1$, il est congru mod $(p-1)$ à un entier a compris entre 2 et $p-3$, et l'on a

$$\zeta^*(1-k) \equiv -\,b_a/a \pmod p,$$

en vertu des congruences de Kummer. En particulier, si p est régulier, on a $\zeta^*(1-k) \not\equiv 0 \pmod p$, et la fonction ζ^* ne s'annule nulle part.

Par contre, si p est irrégulier, il peut se faire que $\zeta^*(1-k) = 0$ pour certaines valeurs de k; la série G_k^* correspondante est alors "parabolique" : son terme constant est nul.

§2. Opérateurs de Hecke

2.1. Action de T_ℓ, U, V, θ sur les formes modulaires p-adiques

Si

$$f = \sum_{n=0}^{\infty} a_n q^n$$

est une série formelle à coefficients dans Q_p, on pose :

$$f|U = \sum_{n=0}^{\infty} a_{pn} q^n \quad \text{et} \quad f|V = \sum_{n=0}^{\infty} a_n q^{pn}.$$

Si ℓ est un nombre premier $\neq p$, et si $k \in X$, on pose :

$$f|_k T_\ell = \sum_{n=0}^{\infty} a_{\ell n} q^n + \ell^{k-1} \sum_{n=0}^{\infty} a_n q^{\ell n}.$$

Lorsque k est sous-entendu, on écrit $f|T_\ell$ au lieu de $f|_k T_\ell$.

THÉORÈME 4. Si f est une forme modulaire p-adique de poids k, il en est de même de $f|U$, $f|V$ et des $f|_k T_\ell$ (ℓ premier $\neq p$).

Choisissons une suite $f_i = \sum a_{n,i} q^n$ de formes modulaires (au sens usuel), à coefficients rationnels, telle que

$$\lim_{i \to \infty} f_i = f.$$

Quitte à remplacer f_i par $f_i E_{(p-1)p^i}$, on peut supposer que les poids k_i des f_i sont tels que $|k_i| \to \infty$. Pour tout nombre premier ℓ, on sait (cf. par exemple [3], [22]) que le transformé $f_i|T_\ell$ de f_i par l'opérateur de Hecke T_ℓ est une forme modulaire de poids k_i, donnée par la formule :

$$f_i|T_\ell = \sum a_{\ell n,i}\, q^n + \ell^{k_i-1} \sum a_{n,i}\, q^{\ell n}.$$

On a $\lim\limits_{i\to\infty} \ell^{k_i-1} = \ell^{k-1}$ si $\ell \neq p$ (car alors ℓ est une unité p-adique), et $\lim\limits_{i\to\infty} \ell^{k_i-1} = 0$ si $\ell = p$ (puisque $|k_i| \to \infty$). On en conclut que les $f_i|T_\ell$ tendent vers $f|T_\ell$ si $\ell \neq p$, et vers $f|U$ si $\ell = p$; cela montre bien que les séries $f|T_\ell$ et $f|U$ sont des formes modulaires p-adiques, de poids $\lim\limits_{i\to\infty} k_i = k$. Appliquant ce résultat à f_i, on voit que $f_i|U$ est modulaire p-adique de poids k_i; comme $f_i|T_p$ est aussi modulaire de poids k_i, on en conclut que $f_i|V = p^{1-k_i}(f_i|T_p - f_i|U)$ est modulaire p-adique de poids k_i; comme $f|V = \lim\limits_{i\to\infty} f_i|V$, il en résulte bien que $f|V$ est modulaire p-adique de poids k.

Remarque. On peut également définir les opérateurs de Hecke T_m pour tout entier m premier à p, au moyen des formules usuelles. Ces opérateurs commutent entre eux, commutent à U et V, et l'on a

$$T_m T_n = T_n T_m = T_{mn} \quad \text{si} \quad (m,n) = 1,$$

$$T_\ell\, T_{\ell^n} = T_{\ell^{n+1}} + \ell^{k-1}\, T_{\ell^{n-1}} \quad \text{si } \ell \text{ est premier et } n \geq 1.$$

Exemples

On a $G_k^*|T_\ell = (1 + \ell^{k-1})G_k^*$ et $G_k^*|U = G_k^*$.

Si k est un entier pair ≥ 2, un calcul immédiat montre que

$$G_k^* = G_k - p^{k-1}G_k|V = G_k|(1 - p^{k-1}V).$$

On en déduit

$$G_k = G_k^*|(1 - p^{k-1}V)^{-1} = G_k^* + p^{k-1}G_k^*|V + \ldots + p^{m(k-1)}G_k^*|V^m + \ldots$$

Pour k = 2, cette formule montre que $G_2 = - P/24$ est somme d'une série convergente de formes modulaires p-adiques de poids 2. On en conclut que P <u>est une forme modulaire</u> p-<u>adique de poids</u> 2.

THÉORÈME 5. <u>Soit</u> $f = \sum a_n q^n$ <u>une forme modulaire</u> p-<u>adique de poids</u> k.

(a) <u>La série</u>

$$\theta f = q\, df/dq = \sum n\, a_n\, q^n$$

<u>est une forme modulaire</u> p-<u>adique de poids</u> k + 2.

(b) <u>Pour tout</u> $h \in X$, <u>la série</u>

$$f|R_h = \sum_{(n,p)=1} n^h a_n q^n$$

<u>est une forme modulaire</u> p-<u>adique de poids</u> k + 2h.

Soit (f_i) une suite de formes modulaires, à coefficients rationnels, telle que lim. $f_i = f$, et soit k_i le poids de f_i. On sait (cf. [20], [27]) que $\theta f_i = k_i P f_i/12 + g_i$, où g_i est une forme modulaire de poids $k_i + 2$. Puisque P est modulaire p-adique de poids 2, il en résulte que θf_i est modulaire p-adique de poids $k_i + 2$, et en passant à la limite cela montre bien que θf est modulaire p-adique de poids k + 2.

Choisissons maintenant une suite d'entiers positifs h_i telle que

$$h_i \to h \text{ dans } X \quad \text{et} \quad |h_i| \to \infty.$$

Vu ce qui précède, $\theta^{h_i} f$ est modulaire p-adique de poids $k + 2h_i$. Comme $\theta^{h_i} f$ tend vers $f|R_h$ lorsque $i \to \infty$, on voit bien que $f|R_h$ est modulaire p-adique de poids k + 2h.

<u>Remarque</u>

On a les formules : $(\theta f)|U = p\theta(f|U)$, $f|R_h|U = 0$,

$$\theta(f|V) = p(\theta f)|V, \quad (\theta f)|_{k+2}\, T_\ell = \ell\, \theta(f|_k\, T_\ell), \quad f|V|R_h = 0,$$

et $$(f|R_h)|_{k+2h}\, T_\ell = \ell^h\, (f|_k\, T_\ell)|R_h$$

pour tout ℓ premier $\neq$ p.

Exemples

Pour h = 0, on a

$$f|R_o = \lim_{m\to\infty} \theta^{(p-1)p^m} f = f|(1 - UV) = \sum_{(n,p)=1} a_n q^n.$$

Pour $h = (0, \frac{p-1}{2}) \in \mathbf{Z}_p \times \mathbf{Z}/(p-1)\mathbf{Z}$, $p \geq 3$, on a :

$$f|R_h = \lim_{m\to\infty} \theta^{(p-1)p^m/2} f = \sum \left(\frac{n}{p}\right) a_n\, q^n.$$

2.2. Une propriété de contraction

Les opérateurs de Hecke T_ℓ et T_p laissent stable l'espace M_k des formes modulaires de poids k à coefficients p-entiers. Par réduction (mod p) ils opèrent donc sur $\widetilde{M}_k$; comme $T_p \equiv U$ (mod p), on en conclut que U opère sur $\widetilde{M}_k$, donc aussi sur les espaces

$$\widetilde{M}^\alpha = \bigcup_{k\in\alpha} \widetilde{M}_k \quad (\alpha \in \mathbf{Z}/(p-1)\mathbf{Z}, \quad \text{cf. n° 1.2}).$$

En fait, U "contracte" les $\widetilde{M}_k$. De façon plus précise, nous allons démontrer le théorème suivant, en rapport étroit avec des résultats d'Atkin [2], Koike [15] et Dwork :

THÉORÈME 6.

(i) Si $k > p + 1$, U applique $\widetilde{M}_k$ dans $\widetilde{M}_{k'}$, avec $k' < k$.

(ii) La restriction de U à $\widetilde{M}_{p-1}$ est bijective.

Lorsque p = 2 ou 3, on a $\widetilde{M} = \mathbf{F}_p[\widetilde{\Delta}]$, et $\widetilde{M}_k$ est l'espace des polynômes en $\widetilde{\Delta}$ de degré $\leq k/12$. Utilisant la formule $(g^p f)|U \equiv g.(f|U)$ (mod p), on vérifie que $\widetilde{\Delta}^i|U = 0$ si $i \not\equiv 0 \pmod p$ et $\widetilde{\Delta}^i|U = \widetilde{\Delta}^{i/p}$ sinon. On en conclut que U applique $\widetilde{M}_k$ dans $\widetilde{M}_{k'}$, avec $k' = [k/p]$, d'où le théorème dans ce cas.

Supposons maintenant $p \geq 5$. Si f est un élément d'un $\widetilde{M}^{\alpha}$, notons w(f) la <u>filtration</u> de f (cf. [20], [27]), i.e. la borne inférieure des k tels que $f \in \widetilde{M}_k$.

LEMME 1.

(a) <u>On a</u> $w(\theta f) \leq w(f) + p+1$, <u>et il y a égalité si et seulement si</u> $w(f) \not\equiv 0 \pmod p$.

(b) <u>On a</u> $w(f^i) = i\, w(f)$ <u>pour tout</u> $i \geq 1$.

L'assertion (a) est démontrée dans [27], Lemme 5 et dans [20], cor.3 au th.5.

Pour prouver (b), on peut supposer $f \neq 0$, i.e. $w(f) \neq -\infty$. Ecrivons alors f comme polynôme isobare $F(\widetilde{Q},\widetilde{R})$ en $\widetilde{Q},\widetilde{R}$, de poids $k = w(f)$. Le polynôme F n'est pas divisible par le polynôme $\widetilde{A}$ du n° 1.2 ([27], <u>loc. cit.</u>). Comme $\widetilde{A}$ est sans facteur multiple, il en résulte que F^i n'est pas non plus divisible par $\widetilde{A}$, d'où le fait que $f^i = F^i(\widetilde{Q},\widetilde{R})$ est de filtration ik.

LEMME 2.

(i) <u>On a</u> $w(f|U) \leq p + (w(f) - 1)/p$.

(ii) <u>Si</u> $w(f) = p-1$, <u>on a</u> $w(f|U) = p-1$.

On a l'identité

$$(f|U)^p = f - \theta^{p-1}f \quad \text{pour tout} \quad f \in \mathbf{F}_p[[q]].$$

Si l'on pose $k = w(f)$ et $k' = w(f|U)$, le lemme 1 montre que

$$w((f|U)^p) = pk' \quad \text{et} \quad w(\theta^{p-1}f) \leq k + p^2 - 1.$$

On en conclut que $pk' \leqslant \mathrm{Sup}(k, k + p^2 - 1) = k + p^2 - 1$, ce qui démontre (i).

Supposons maintenant que $k = p-1$. Si l'on calcule $\theta^2 f$ au moyen de la formule $12\theta = kP + \partial$ (cf. [27] pour la définition de la dérivation ∂), on trouve que $12^2\theta^2 f = Qf + \partial^2 f$, d'où $\theta^2 f \in \widetilde{M}_{p+3}$. La filtration h de $\theta^2 f$ est donc $-\infty$, 4 ou $p+3$. Dans le premier cas, on aurait $\theta^2 f = 0$, d'où $\theta^{p-1} f = 0$ et f serait égal à $(f|U)^p$, ce qui est absurde, puisque la filtration de f n'est pas divisible par p. Dans le cas $h = 4$, $\theta^2 f$ serait multiple non nul de Q, ce qui est également absurde puisque son terme constant est nul. On a donc nécessairement $w(\theta^2 f) = p+3$. Appliquant le Lemme 1, on en conclut que

$$w(\theta^i \theta^2 f) = p + 3 + i(p+1) \quad \text{pour} \quad 0 \leqslant i \leqslant p-3.$$

(Observer que $p + 3 + i(p + 1)$ n'est pas divisible par p si $i \leqslant p-4$.)

En particulier, on a $w(\theta^{p-1} f) = p + 3 + (p - 3)(p+1) = p(p - 1)$, d'où $w((f|U)^p) = p(p-1)$, et $w(f|U) = p-1$.

Le théorème 6 est maintenant immédiat. L'assertion (i) résulte du Lemme 2 (i), compte tenu de ce que $p + (k - 1)/p$ est $< k$ si $k > p + 1$. D'autre part, si f est un élément non nul de $\widetilde{M}_{p-1}$, on a, soit $w(f) = 0$, et f est une constante, d'où $f|U = f \neq 0$, soit $w(f) = p-1$ et le Lemme 2 (ii) montre que $w(f|U) = p-1$, d'où $f|U \neq 0$; ainsi, la restriction de U à $\widetilde{M}_{p-1}$ est injective, donc bijective, puisque $\widetilde{M}_{p-1}$ est de dimension finie.

Le th.6 entraîne aussitôt le résultat suivant :

COROLLAIRE. Soit α un élément pair de $\mathbf{Z}/(p-1)\mathbf{Z}$, $p \geqslant 5$.

(i) On peut décomposer $\widetilde{M}^\alpha$ de façon unique en $\widetilde{M}^\alpha = \widetilde{S}^\alpha \oplus \widetilde{N}^\alpha$, de telle sorte que U soit bijectif sur $\widetilde{S}^\alpha$ et localement nilpotent sur $\widetilde{N}^\alpha$. On a $\widetilde{S}^\alpha \subset \widetilde{M}_j$, où $j \in \alpha$ est tel que $4 \leqslant j \leqslant p+1$; en particulier, $\widetilde{S}^\alpha$ est de dimension finie.

(ii) Pour $\alpha = 0$, on a $j = p - 1$ et $\widetilde{S}^0 = \widetilde{M}_{p-1}$.

Lorsque p = 2 ou 3, on a une décomposition analogue de $\widetilde{M} = \mathbf{F}_p[\widetilde{\Delta}]$ en $\widetilde{M} = \widetilde{S} \oplus \widetilde{N}$, avec $\widetilde{S} = \widetilde{M}_o = \mathbf{F}_p$ et $\widetilde{N} = \widetilde{\Delta}.\widetilde{M}$; l'endomorphisme U est l'identité sur $\widetilde{S}$, et est localement nilpotent sur $\widetilde{N}$.

Remarque

Lorsque $\alpha \neq 0$, il peut se faire que $\widetilde{S}^{\alpha}$ soit distinct de $\widetilde{M}_j$, i.e. que la restriction de U à $\widetilde{M}_j$ admette 0 pour valeur propre; c'est le cas pour $\alpha = j = 16$ et $p = 59$. On a toutefois $\widetilde{S}^{\alpha} = \widetilde{M}_j$ dans chacun des cas suivants :

$\alpha = 2$, $j = p+1$; les seules valeurs propres de U sur $\widetilde{M}_{p+1}$ sont en effet ± 1, cf. n° 3.3, cor. au th.11.

$\alpha = j = 4, 6, 8, 10, 14$; $\widetilde{M}_j$ est alors réduit aux multiples de la série d'Eisenstein $\widetilde{G}_j$, et celle-ci est invariante par U.

Pour $\alpha = j = 12$ (et $p \geq 11$), les valeurs propres de U sur $\widetilde{M}_j$ sont 1 et $\tau(p)$. On a donc $\widetilde{S}^{\alpha} \neq \widetilde{M}_j$ si et seulement si $\tau(p) \equiv 0 \pmod{p}$; d'après M.Newman, c'est le cas pour p = 2411.

2.3. Application au calcul du terme constant d'une forme modulaire p-adique

Si f est une série formelle en q, nous conviendrons de noter $a_n(f)$ son n-ième coefficient; nous dirons que f est parabolique si son terme constant $a_o(f)$ est nul.

Soit f une forme modulaire p-adique de poids $k \in X$. Nous allons voir que, si $k \neq 0$, $a_o(f)$ peut se "calculer" en fonction des $a_n(f)$, $n \geq 1$. Commençons par un cas particulier simple :

THÉORÈME 7. *Si f est une forme modulaire p-adique de poids $k \neq 0$, et si $p = 2, 3, 5$ ou 7, on a*

$$(*) \qquad a_o(f) = \tfrac{1}{2}\zeta^*(1-k) \lim_{n \to \infty} a_{p^n}(f).$$

Comme p est régulier, on a $\zeta^*(1-k) \neq 0$, cf. n° 1.6, et la série d'Eisenstein p-adique G_k^* a un terme constant $\neq 0$. On peut donc écrire f comme somme d'une forme parabolique et d'un multiple de G_k^*. On est ainsi ramené à démontrer le th.7 dans les deux cas suivants :

a) $f = G_k^*$.

On a alors $a_o(f) = \frac{1}{2}\zeta^*(1-k)$ et $a_{p^n}(f) = \sigma_{k-1}^*(p^n) = 1$; la formule est évidente.

b) f est parabolique.

On doit prouver que $a_{p^n}(f)$ tend vers 0. Comme $a_{p^n}(f) = a_1(f|U^n)$, il suffit de prouver :

LEMME 3. Si f est parabolique, et $p \leq 7$, on a

$$\lim_{n \to \infty} f|U^n = 0.$$

Quitte à faire une homothétie sur f, on peut supposer que $v_p(f) = 0$. Soit $\tilde{f}$ la réduction (mod p) de f, et soit α l'image de k dans $\mathbf{Z}/(p-1)\mathbf{Z}$; on a $f \in \tilde{M}^\alpha$. Utilisons la décomposition $\tilde{M}^\alpha = \tilde{S}^\alpha \oplus \tilde{N}^\alpha$ fournie par le corollaire au th.6. Du fait que $p \leq 7$, l'entier j correspondant est ≤ 8, et $\tilde{S}^\alpha$ est simplement l'ensemble des multiples de $\tilde{E}_k$; il en résulte que $\tilde{N}^\alpha$ est l'ensemble des éléments paraboliques de M. On a donc $\tilde{f} \in \tilde{N}^\alpha$, et il existe un entier $m \geq 1$ tel que $\tilde{f}|U^m = 0$, i.e.

$$v_p(f|U^m) \geq 1.$$

Appliquons ce résultat à la forme parabolique $\frac{1}{p} f|U^m$. On en déduit qu'il existe un entier $m' \geq 1$ tel que

$$v_p(f|U^{m+m'}) \geq 2.$$

D'où, par une récurrence évidente, le fait que $v_p(f|U^n)$ tend vers l'infini avec n, ce qui démontre le lemme (et le th.7).

Remarque

Lorsque $p \geq 11$, la formule (*) reste valable pourvu que l'on ait

$k \equiv 4, 6, 8, 10, 14 \pmod{p-1}$; la démonstration est la même. Le cas $p = 11$, $f = \Delta$ montre qu'une hypothèse sur k est nécessaire.

Nous allons maintenant établir une formule analogue à (*), valable pour tout k divisible par p-1.

THÉORÈME 8. Il existe un polynôme H en U et les T_ℓ, à coefficients entiers, tel que, pour tout $k \in X$ divisible par p-1, on ait :

(i) $E_k^*|H = c(k)\, E_k^*$, avec c(k) inversible dans $\mathbf{Z}_p$,

(ii) $\lim_{n\to\infty} f|H^n = 0$

pour toute forme modulaire p-adique f de poids k qui est parabolique.

(Noter que H ne dépend pas de k, mais que son action sur f en dépend; lorsque l'on désire mettre ce fait en évidence, on écrit $f|_k H$ au lieu de $f|H$.)

COROLLAIRE. Pour toute forme modulaire p-adique f, de poids $k \neq 0$, avec $k \equiv 0 \pmod{p-1}$, on a

$$(**) \qquad a_o(f) = \tfrac{1}{2}\zeta^*(1-k) \lim_{n\to\infty} c(k)^{-n}\, a_1(f|H^n).$$

En effet, il suffit de vérifier la formule (**) lorsque $f = E_k^*$ et lorsque f est parabolique; dans le premier cas elle résulte de (i), et dans le second de (ii).

(On notera que, pour k fixé, $a_1(f|H^n)$ est combinaison $\mathbf{Z}_p$-linéaire des $a_m(f)$, $m \geqslant 1$; la formule (**) donne donc bien un procédé de calcul de $a_o(f)$ en fonction des $a_m(f)$.)

Démonstration du théorème 8

Si p = 2, 3, 5, 7 on prend H = U, cf. th.7. On peut donc supposer que $p \geqslant 11$. Tout revient à construire un polynôme $\widetilde{H}$ en U et les T_ℓ, à coefficients dans $\mathbf{F}_p$, tel que :

(i)' $1|\widetilde{H} = c$, avec $c \neq 0$ dans $\mathbf{F}_p$.

(ii)' $f \mapsto f|\widetilde{H}$ est localement nilpotent sur l'ensemble $\widetilde{P}^o$ des éléments

<u>paraboliques de</u> $\widetilde{M}^{o}$.

En effet, si l'on dispose d'un tel $\widetilde{H}$, on prend pour H un polynôme à coefficients entiers dont la réduction (mod p) est égale à $\widetilde{H}$. Comme $E_k^*|U = E_k^*$ et $E_k^*|T_\ell = (1+\ell^{k-1})E_k^*$, on a

$$E_k^*|H = c(k)\, E_k^*, \quad \text{avec} \quad c(k) \in \mathbf{Z}_p;$$

de plus, l'image de c(k) dans $\mathbf{F}_p$ est égale à c, ce qui montre que c(k) est inversible dans $\mathbf{Z}_p$, d'où (i). Le fait que (ii)' entraîne (ii) se démontre par l'argument utilisé pour le th.7.

<u>Construction de</u> $\widetilde{H}$

Faisons opérer U et les T_ℓ sur l'espace vectoriel $\widetilde{S}^{o} = \widetilde{M}_{p-1}$, cf. cor. au th.6. Ces opérateurs commutent entre eux et respectent la décomposition de $\widetilde{M}_{p-1}$ en $\mathbf{F}_p \oplus \widetilde{P}_{p-1}$, où $\widetilde{P}_{p-1}$ désigne le sous-espace des formes paraboliques. Les valeurs propres de U et T_ℓ sur le sous-espace $\widetilde{M}_o = \mathbf{F}_p$ sont respectivement 1 et $1+\ell^{-1}$.

Par contre :

LEMME 4. <u>Il n'existe pas d'élément</u> $f \neq 0$ <u>de</u> $\widetilde{P}_{p-1}$ <u>tel que</u>

$$f|U = f \quad \underline{\text{et}} \quad f|T_\ell = (1+\ell^{-1})f$$

<u>pour tout</u> ℓ <u>premier</u> $\neq p$.

En effet, supposons qu'un tel f existe, et écrivons-le $f = \sum_{n=1}^{\infty} a_n q^n$. On a par hypothèse

$$a_{pn} = a_n, \quad a_{\ell n} = (1+\ell^{-1})a_n \quad \text{si} \quad n \not\equiv 0 \pmod{\ell},$$

$$a_{\ell n} = (1+\ell^{-1})a_n - \ell^{-1}a_{n/\ell} \quad \text{si} \quad n \equiv 0 \pmod{\ell}.$$

Ces formules permettent de calculer par récurrence a_n à partir de a_1. On trouve $a_n = a_1\sigma_{-1}^*(n) = a_1\, \sigma_{p-2}(n)$, i.e. $f = a_1\, \widetilde{\phi}$, où

$$\phi = \sum_{n=1}^{\infty} \sigma_{p-2}(n)q^n.$$

Mais, d'après le lemme de [20], p.416-11, la série $\tilde{\phi}$ n'appartient pas à $\tilde{M}^o$; on obtient donc une contradiction.

Le lemme suivant est élémentaire :

LEMME 5. Soient k un corps commutatif, Y un k-espace vectoriel de dimension finie, $(U_i)_{i \in I}$ une famille d'endomorphismes de Y, et $(\lambda_i)_{i \in I}$ une famille d'éléments de k. On suppose que les U_i commutent entre eux, et qu'il n'existe aucun élément $y \neq 0$ de Y tel que $U_i y = \lambda_i y$ pour tout $i \in I$. Il existe alors un polynôme $F \in k[(X_i)_{i \in I}]$ tel que $F((U_i)_{i \in I}) = 0$ et $F((\lambda_i)_{i \in I}) \neq 0$.

Appliquons ce lemme aux endomorphismes U et T_ℓ de l'espace $Y = \tilde{P}_{p-1}$, et aux scalaires 1 et $1 + \ell^{-1}$, cf. lemme 4. On en déduit l'existence d'un polynôme F en U et les T_ℓ dont la restriction à $\tilde{P}_{p-1}$ est nulle, et qui ne s'annule pas sur $\mathbf{F}_p$. Le polynôme $\tilde{H} = U.F$ répond alors à la question. En effet, il vérifie évidemment (i)'. D'autre part, on a $\tilde{P}^o = \tilde{P}_{p-1} \oplus \tilde{N}^o$, et F est nul sur $\tilde{P}_{p-1}$, tandis que U est localement nilpotent sur $\tilde{N}^o$, cf. cor.au. th.6; comme U et F commutent, il en résulte que U.F est localement nilpotent sur $\tilde{P}^o$, ce qui achève la démonstration.

Exemples

$p \leq 11 : H = U$ et $c(k) = 1$;

$p = 13 : H = U(U + 5)$ et $c(k) = 6$; $H = U(T_2 - 2)$ et $c(k) = 2^{k-1}-1$;

$p = 17 : H = U(T_2 + 5)$ et $c(k) = 2^{k-1} + 6$.

Passons maintenant au cas d'un poids non divisible par p-1. Faute de mieux, je me bornerai à un théorème d'existence :

THÉORÈME 9. Soit k un élément pair de X, non divisible par p-1. Il existe une suite $(\lambda_{m,n})_{m,n \geq 1}$ d'éléments de $\mathbf{Z}_p$ telle que :

a) pour tout n, on a $\lambda_{m,n} = 0$ pour m assez grand;

b) si l'on pose

$$u_n(f) = \sum_{m=1}^{\infty} \lambda_{m,n}\, a_m(f),$$

on a

(***) $$a_o(f) = \lim_{n \to \infty} u_n(f)$$

pour toute forme modulaire p-*adique* f *de poids* k.

(Précisons que les coefficients $\lambda_{m,n}$ *dépendent* du poids k choisi.)

Notons M(k) le $\mathbf{Q}_p$-espace vectoriel des formes modulaires p-adiques de poids k.

LEMME 6. *Soit* Y *un sous-espace de dimension finie de* M(k). *Il existe des éléments* $(\lambda_m)_{m \geq 1}$ *de* $\mathbf{Z}_p$, *nuls sauf un nombre fini d'entre eux, tels que*

$$a_o(f) = \sum_{m=1}^{\infty} \lambda_m\, a_m(f) \quad \textit{pour tout} \quad f \in Y.$$

Soit Y_o le sous-$\mathbf{Z}_p$-module de Y formé des éléments f tels que $v_p(f) \geq 0$. Il est facile de voir que Y_o est un $\mathbf{Z}_p$-module libre de rang r = dim.V. Soit $f_1,\ldots,f_r$ une base de Y_o. On peut trouver r indices $m_1, \ldots, m_r \geq 1$ tels que

$$\det(a_{m_i}(f_j)) \not\equiv 0 \pmod p.$$

Sinon en effet il existerait des $c_j \in \mathbf{Z}_p$, non tous divisibles par p, tels que

$$a_m\Big(\sum_{j=1}^{r} c_j f_j\Big) \equiv 0 \pmod p \quad \text{pour tout} \quad m \geq 1;$$

si l'on pose $$f = \sum_{j=1}^{r} c_j f_j,$$

le cor.1 au th.1' du n° 1.5 montrerait que $v_p(f) \geq 1$, contrairement au fait que les c_j ne sont pas tous divisibles par p. Ceci étant, il est clair que les formes linéaires $a_{m_1},\ldots a_{m_r}$ forment une base du dual du $\mathbf{Z}_p$-module Y_o, et comme a_o est une forme linéaire sur Y_o, on peut écrire a_o sous la forme

$$a_o = \sum_{i=1}^{r} \lambda_i \, a_{m_i}, \quad \text{avec} \quad \lambda_i \in \mathbf{Z}_p,$$

d'où le lemme.

Soit maintenant $M(k)_o$ l'ensemble des $f \in M(k)$ tels que $v_p(f) \geqslant 0$. Si α est l'image de k dans $\mathbf{Z}/(p-1)\mathbf{Z}$, on a $M(k)_o/pM(k)_o \subset \widetilde{M}^{\alpha}$ (il y a même égalité), et par suite l'ensemble $M(k)_o/pM(k)_o$ est <u>dénombrable</u>. Il en résulte que l'on peut trouver dans M(k) une suite croissante

$$V_1 \subset V_2 \subset \ldots \subset V_n \subset \ldots$$

de $\mathbf{Q}_p$-sous-espaces vectoriels de dimensions finies dont la réunion est dense dans M(k). Pour chacun des V_n, le lemme 6 montre qu'il existe une combinaison $\mathbf{Z}_p$-linéaire u_n des $a_m (m \geqslant 1)$ telle que $a_o(f) = u_n(f)$ pour tout $f \in V_n$. Comme la famille des u_n est équicontinue, le fait qu'elle converge vers a_o sur une partie dense de M(k) entraîne qu'elle converge partout, et l'on a donc bien

$$a_o(f) = \lim_{n \to \infty} u_n(f) \quad \text{pour tout} \quad f \in M(k).$$

<u>Remarques</u>

1) La démonstration ci-dessus peut aussi s'exprimer en disant que le $\mathbf{Z}_p$-module engendré par les $a_m (m \geqslant 1)$ est <u>faiblement dense</u> dans la boule unité du dual de l'espace de Banach p-adique M(k).

2) Dans le cas archimédien (i.e. pour les formes modulaires usuelles de poids $k > 0$), le problème consistant à exprimer $a_o(f)$ à partir des $a_n(f)$, $n \geqslant 1$, a une solution très simple, due à Hecke : on forme la

série de Dirichlet

$$\phi_f(s) = \sum_{n=1}^{\infty} a_n(f)\, n^{-s},$$

on la prolonge en une fonction méromorphe dans **C**, et l'on prend sa valeur $\phi_f(0)$ au point $s = 0$: c'est $- a_o(f)$.

§3. Formes modulaires sur $\Gamma_o(p)$

Le but de ce § est de justifier le principe suivant, bien connu expérimentalement : toute forme modulaire sur $\Gamma_o(p)$ est p-adiquement sur $SL_2(\mathbf{Z})$. La méthode suivie est due à Atkin; elle repose sur les propriétés des coefficients des séries d'Eisenstein. Une autre méthode, basée sur un théorème de Deligne ([6], §7), est exposée dans Katz [12] et Koike [15].

3.1. Rappels

a) Notation

Soit f une fonction sur le demi-plan de Poincaré $H = \{z \mid \mathrm{Im}(z) > 0\}$; soient $\gamma = \begin{pmatrix} a & b \\ c & d \end{pmatrix}$ une matrice réelle de déterminant > 0, et k un entier; on définit une fonction $f|_k\gamma$ sur H par la formule

$$(f|_k\gamma)(z) = \det(\gamma)^{k/2}\, (cz + d)^{-k}\, f\left(\frac{az + b}{cz + d}\right).$$

On a $(f|_k\gamma)|_k\gamma' = f|_k\gamma\gamma'$ et $f|_k\gamma = f$ si γ est une homothétie > 0. Lorsque k est sous-entendu, on écrit $f|\gamma$ au lieu de $f|_k\gamma$.

b) Formes modulaires sur $\Gamma_o(p)$

Le groupe $\Gamma_o(p)$ est défini comme le sous-groupe de $SL_2(\mathbf{Z})$ formé des matrices $\begin{pmatrix} a & b \\ c & d \end{pmatrix}$ telles que $c \equiv 0 \pmod p$; il est d'indice $p + 1$ dans $SL_2(\mathbf{Z})$; il est normalisé dans $GL_2(\mathbf{Q})$ par la matrice $W = \begin{pmatrix} 0 & -1 \\ p & 0 \end{pmatrix}$.

Soit k un entier. Une <u>forme modulaire de poids</u> k sur $\Gamma_o(p)$ est une fonction holomorphe f sur H telle que :

(i) $f|_k\gamma = f$ <u>pour tout</u> $\gamma \in \Gamma_o(p)$;

(ii) f <u>est holomorphe aux pointes de</u> $\Gamma_o(p)$.

En fait, $\Gamma_o(p)$ n'a que deux pointes, ∞ et 0, qui sont permutées par W. La condition (ii) équivaut donc à la suivante :

(ii') <u>Les fonctions</u> f <u>et</u> $f|_kW$ <u>ont des développements en série</u>

$$f = \sum_{n=0}^{\infty} a_n q^n, \qquad f|_kW = \sum_{n=0}^{\infty} b_n q^n$$

$$(q = e^{2\pi i z}, \quad a_n \in \mathbf{C}, \quad b_n \in \mathbf{C})$$

<u>qui convergent pour tout</u> $z \in H$ (i.e. pour tout q tel que $|q| < 1$).

Si f est modulaire, il en est de même de $f|W$, et $f|W^2 = f$.

Lorsque k est < 0, ou impair, toute forme modulaire de poids k est nulle. Dans ce qui suit, nous supposerons donc k pair $\geqslant 0$.

c) <u>Trace d'une forme modulaire sur</u> $\Gamma_o(p)$

Soit f une forme modulaire de poids k sur $\Gamma_o(p)$. Choisissons des représentants $\gamma_1, \ldots, \gamma_{p+1}$ de l'espace homogène $\Gamma_o(p)\backslash SL_2(\mathbf{Z})$, et posons

$$\mathrm{Tr}(f) = \sum_{j=1}^{p+1} f|_k\gamma_j .$$

On vérifie immédiatement que Tr(f) ne dépend pas du choix des γ_j, et que c'est une forme modulaire de poids k sur $SL_2(\mathbf{Z})$; on l'appelle la <u>trace</u> de f. Nous aurons besoin de son développement en série :

LEMME 7. <u>Si</u> $f = \sum a_n q^n$ <u>et</u> $f|_kW = \sum b_n q^n$, <u>on a</u>

$$\mathrm{Tr}(f) = \sum a_n q^n + p^{1-k/2} \sum b_{pn} q^n = f + p^{1-k/2}(f|_kW)|U.$$

On choisit pour représentants $\gamma_j = \begin{pmatrix} 0 & -1 \\ 1 & j \end{pmatrix}$, $1 \leq j \leq p$, et $\gamma_{p+1} = 1$. Le terme $f|_k\gamma_{p+1}$ donne f. Pour calculer les autres termes, posons $g = f|_k W$, et écrivons $\gamma_j (1 \leq j \leq p)$ sous la forme $W\beta_j$, où $\beta_j = \begin{pmatrix} 1/p & j/p \\ 0 & 1 \end{pmatrix}$. On a

$$\sum_{j=1}^{p} f|_k \gamma_j = \sum_{j=1}^{p} g|_k \beta_j ;$$

c'est la fonction

$$z \longmapsto p^{-k/2} \sum_{j=1}^{p} g\left(\frac{z+j}{p}\right).$$

Or un calcul simple montre que

$$\sum_{j=1}^{p} g\left(\frac{z+j}{p}\right) = p(g|U)(z).$$

D'où le lemme.

Remarques

1) Le calcul ci-dessus s'applique plus généralement aux fonctions modulaires de poids k, non nécessairement holomorphes; la seule différence est que les séries considérées peuvent avoir des exposants négatifs.

2) Le lemme 7, appliqué à $f|_k W$ donne

$$\mathrm{Tr}(f|_k W) = f|_k W + p^{1-k/2} f|U,$$

ce qui montre que $f|U$ est une forme modulaire de poids k sur $\Gamma_0(p)$.

Si de plus f est modulaire sur $SL_2(\mathbf{Z})$, on a $f|_k W = p^{k/2} f|V$ comme on le voit en écrivant $W = \begin{pmatrix} 0 & -1 \\ 1 & 0 \end{pmatrix}\begin{pmatrix} p & 0 \\ 0 & 1 \end{pmatrix}$ et en remarquant que f est invariant par $\begin{pmatrix} 0 & -1 \\ 1 & 0 \end{pmatrix}$. D'où :

$$\mathrm{Tr}(f|_k W) = p^{k/2} f|V + p^{1-k/2} f|U = p^{1-k/2} f|_k T_p$$

On a ainsi ramené l'opérateur de Hecke T_p à l'opérateur Tr.

3) Supposons $k \geq 4$. Les formes modulaires f de poids k sur $\Gamma_o(p)$ telles que $Tr(f) = Tr(f|_k W) = 0$ ne sont autres que les combinaisons
1 linéaires des "new forms" d'Atkin-Lehner [3].

d) Propriétés de rationalité et d'intégralité

Soit $j_p = j|V$ la fonction $z \longmapsto j(pz)$. On sait que le corps des fonctions modulaires (de poids 0) sur $\Gamma_0(p)$ est le corps $\mathbf{C}(j, j_p)$ et que j et j_p sont liés par une équation absolument irréductible à coefficients dans $\mathbf{Q}$. En d'autres termes, la courbe complexe $Y_{\mathbf{C}}$ compactifiée de $H/\Gamma_o(p)$ provient par extension des scalaires d'une courbe Y définie sur $\mathbf{Q}$, caractérisée par le fait que son corps des fonctions rationnelles est $\mathbf{Q}(j, j_p)$. Si F est un sous-corps de $\mathbf{C}$, on peut donc parler d'une fonction (ou d'une forme différentielle) sur $Y_{\mathbf{C}}$ qui est rationnelle sur F. Ceci s'applique en particulier aux formes modulaires de poids k, identifiables à des formes différentielles de poids k/2 par $f \longmapsto f(dq/q)^{k/2}$. Comme j et j_p ont des développements en série à coefficients rationnels, on vérifie facilement qu'une forme modulaire $f = \sum a_n q^n$ est rationnelle sur F si et seulement si ses coefficients a_n appartiennent à F. De plus, le corps de rationalité de $f|W$ est le même que celui de f; cela résulte de ce que l'automorphisme W de $Y_{\mathbf{C}}$ est rationnel sur $\mathbf{Q}$.

Il résulte de ceci que les formes modulaires de poids k sur $\Gamma_o(p)$ ont une base formée de fonctions rationnelles sur $\mathbf{Q}$. En fait, il existe même une base formée de fonctions dont les coefficients a_n sont entiers; ce résultat, nettement moins évident, peut se démontrer, soit en utilisant l'existence d'un modèle de Y sur $\mathbf{Z}$ pour lequel q est une uniformisante à l'infini (Igusa, Deligne), soit en se ramenant au fait que les valeurs propres des opérateurs de Hecke sont des entiers algébriques (Shimura [22], p.85, th.3.52). Une conséquence de ceci est que, si $f = \sum a_n q^n$ est une forme modulaire à coefficients rationnels, les dénominateurs des a_n sont bornés. (On notera que, si les coefficients a_n de f sont entiers, il n'en est pas nécessairement de même des coefficients b_n de

$f|_k W$: les b_n sont rationnels, mais peuvent avoir pour dénominateurs des puissances de p.)

3.2. Passage de $\Gamma_o(p)$ à $SL_2(\mathbf{Z})$

THÉORÈME 10. Soit $f = \sum a_n q^n$ une forme modulaire de poids k sur $\Gamma_o(p)$. Supposons que les coefficients a_n soient rationnels. Alors f est une forme modulaire p-adique de poids k (au sens du n° 1.4).

(En d'autres termes, f est limite de formes modulaires f_m sur $SL_2(\mathbf{Z})$ dont les poids k_m tendent vers k dans l'espace X du n° 1.4.)

Choisissons un entier pair $a \geqslant 4$, divisible par p-1. Posons

$$g = E_a - p^{a/2} E_a|_a W = E_a - p^a E_a|V,$$

où E_a est la série d'Eisenstein de poids a, cf. n° 1.1. Il est clair que g est une forme modulaire de poids a sur $\Gamma_o(p)$, cf. n° 3.1. De plus :

LEMME 8. On a $g \equiv 1 \pmod p$ et $g|_a W \equiv 0 \pmod{p^{1+a/2}}$.

(Précisons que, dans ces congruences, on considère g et $g|_a W$ comme des séries en q, à coefficients rationnels.)

Le fait que $g \equiv 1 \pmod p$ provient de ce que $E_a \equiv 1 \pmod p$. D'autre part, on a

$$g|_a W = E_a|_a W - p^{a/2} E_a = p^{a/2}(E_a|V - E_a).$$

Comme $E_a \equiv 1 \equiv E_a|V \pmod p$, on en déduit bien que $g|_a W$ est congru à $0 \pmod{p^{1+a/2}}$.

Passons maintenant à la démonstration du th.10. L'hypothèse faite sur f signifie que f est rationnelle sur **Q**, et il en est de même de $f|_k W$, cf. n° 3.1. Si m est un entier $\geqslant 0$, la fonction fg^{p^m} est une forme modulaire sur $\Gamma_o(p)$, de poids $k_m = k + ap^m$, et rationnelle sur **Q**.

Sa <u>trace</u> $f_m = \mathrm{Tr}(fg^{p^m})$ est donc une forme modulaire sur $SL_2(\mathbf{Z})$, à coefficients rationnels, et de poids k_m. Comme les k_m tendent vers k dans X, le théorème sera démontré si l'on prouve que $\lim. f_m = f$, i.e. que $v_p(f_m - f)$ tend vers l'infini avec m. Or cela résulte du lemme plus précis suivant :

LEMME 9. <u>On a</u> $v_p(f_m - f) \geqslant \mathrm{Inf}(m + 1 + v_p(f),\ p^m + 1 + v_p(f|_k W) - \frac{k}{2})$.

(Noter que, si $f \neq 0$, $v_p(f)$ et $v_p(f|_k W)$ sont <u>finis</u>, puisque les séries f et $f|_k W$ ont des coefficients à dénominateurs bornés, cf. n° 3.1.)

Ecrivons $f_m - f$ sous la forme $(f_m - fg^{p^m}) + f(g^{p^m} - 1)$. D'après le lemme 8, on a $g \equiv 1 \pmod p$ d'où $g^{p^m} \equiv 1 \pmod{p^{m+1}}$, et

$$v_p(f(g^{p^m} - 1)) \geqslant m + 1 + v_p(f).$$

D'autre part, le lemme 7 montre que

$$f_m - fg^{p^m} = p^{1-k_m/2}(fg^{p^m}|_{k_m} W)|U,$$

d'où $\quad v_p(f_m - fg^{p^m}) \geqslant 1 - k_m/2 + v_p(f|_k W) + p^m v_p(g|_a W);$

en appliquant le lemme 8, on en déduit :

$$v_p(f_m - fg^{p^m}) \geqslant 1 - (k + ap^m)/2 + v_p(f|_k W) + p^m(1 + a/2)$$

$$\geqslant p^m + 1 + v_p(f|_k W) - k/2.$$

Le lemme 9 résulte de ces formules et de l'inégalité évidente :

$$v_p(f_m - f) \geqslant \mathrm{Inf}(v_p(f_m - fg^{p^m}),\ v_p(f(g^{p^m} - 1))).$$

Remarque

Nous avons supposé f holomorphe aux deux pointes ∞ et 0. Il suffirait en fait que f soit holomorphe en ∞ et méromorphe en 0. La démonstration est la même que ci-dessus; on remarque que la forme g s'annule en 0, donc que fg^{p^m} est une forme modulaire pour m assez grand, et l'on a ici encore $f = \lim . \mathrm{Tr}(fg^{p^m})$.

Ainsi, si l'on pose

$$j = Q^3/\Delta = q^{-1} + \sum_{n=0}^{\infty} c(n)\, q^n,$$

on peut appliquer le th.10 à la fonction $f = j|U = \sum c(pn)\, q^n$, qui a un pôle d'ordre p à la pointe 0. On en conclut que $j|U$ est une forme modulaire p-adique de poids 0; on retrouve - sous une forme plus faible - un théorème de Deligne ([6], §7).

3.3. Réduction (mod p) des formes de poids 2 sur $\Gamma_o(p)$

Le th.10 montre que la réduction (mod p) d'une forme modulaire sur $\Gamma_o(p)$, à coefficients p-entiers, est une forme modulaire (mod p) sur $SL_2(\mathbf{Z})$, au sens du n° 1.2. Dans le cas du poids 2, on peut donner un résultat plus précis :

THÉORÈME 11. On suppose $p \geqslant 3$. Soit f une forme modulaire de poids 2 sur $\Gamma_o(p)$, à coefficients rationnels p-entiers.

(a) On a $f|_2 W = - f|U$; c'est une forme à coefficients p-entiers.

(b) La réduction $\tilde{f}$ de f (mod p) appartient à l'espace $\tilde{M}_{p+1}$ du n° 1.2.

(c) Inversement, tout élément de $\tilde{M}_{p+1}$ est réduction (mod p) d'une forme modulaire de poids 2 sur $\Gamma_o(p)$, à coefficients p-entiers.

(En d'autres termes, il y a identité entre :

réduction (mod p) des formes modulaires de poids 2 sur $\Gamma_o(p)$

et

réduction (mod p) des formes modulaires de poids p+1 sur $SL_2(\mathbf{Z})$.)

L'assertion (a) est bien connue (Hecke [8], p.777). On la démontre en remarquant que toute forme de poids 2 sur $SL_2(\mathbf{Z})$ est nulle, et que l'on a donc $Tr(f|_2 W) = 0$; or d'après le lemme 7, $Tr(f|_2 W)$ est égal à $f|_2 W + f|U$.

Démontrons (b) et (c) en supposant d'abord $p \geqslant 5$. Posons

$$g = E_{p-1} - p^{(p-1)/2} E_{p-1}|W = E_{p-1} - p^{p-1} E_{p-1}|V,$$

cf. démonstration du th.10. La fonction fg est une forme modulaire de poids p+1 sur $\Gamma_o(p)$, à coefficients p-entiers; sa trace Tr(fg) appartient à M_{p+1}. De plus, le lemme 9 du n° 3.2, appliqué à m = 0 et k = 2, montre que $v_p(Tr(fg) - f) \geqslant 1$, i.e. que

$$f \equiv Tr(fg) \pmod p,$$

d'où $\tilde{f} \in \tilde{M}_{p+1}$, ce qui démontre (b) pour $p \geqslant 5$. Soit maintenant N le sous-espace vectoriel de $\tilde{M}_{p+1}$ formé des fonctions telles que $\tilde{f}$. La dimension de N est égale à la dimension de l'espace des formes modulaires de poids 2 sur $\Gamma_o(p)$, i.e. 1 + g(Y) où g(Y) désigne le genre de la courbe Y définie par $\Gamma_o(p)$. La valeur de g(Y) est bien connue (cf. par exemple Hecke [8], p.810) : si l'on écrit p = 12a + b, avec b = 1,5,7,11, on a g(Y) = a - 1, a, a, a + 1 respectivement. D'autre part, on sait que

$$\dim.M_k = \begin{cases} [k/12] & \text{si } k \equiv 2 \pmod{12} \\ 1 + [k/12] & \text{si } k \not\equiv 2 \pmod{12}. \end{cases} \quad (k \text{ pair} \geqslant 0)$$

On en déduit que $\dim.\tilde{M}_{p+1} = 1 + g(Y) = \dim.N$, d'où le fait que $N = \tilde{M}_{p+1}$, ce qui démontre (c) dans le cas $p \geqslant 5$.

Reste le cas p = 3. L'espace $\tilde{M}_4$ a pour base $\tilde{Q} = 1$. D'autre part, on a g(Y) = 0, et les formes de poids 2 sur $\Gamma_o(3)$ sont simplement les multiples de la série d'Eisenstein $E_2^* = P - 3P|V$, cf. Hecke [8], p.817.

Comme $\tilde{E}_2^* = \tilde{P} = 1$, les assertions (b) et (c) sont évidentes.

COROLLAIRE. Les valeurs propres de U sur $\tilde{M}_{p+1}$ sont égales à ± 1.

En effet, le th.11 montre que $\tilde{f}|U^2 = \tilde{f}|W^2 = \tilde{f}$ pour tout $\tilde{f} \in \tilde{M}_{p+1}$.

Remarque. Cette démonstration a également été obtenue par Atkin.

Exemples

1) Pour p = 11, 17, 19, le genre de Y est 1. Il existe une unique forme parabolique de poids 2 sur $\Gamma_o(p)$:

$$f_p = a_1 q + a_2 q^2 + \ldots, \quad \text{avec } a_1 = 1.$$

La série de Dirichlet correspondante $\sum a_n/n^s$ est essentiellement la fonction zêta de Y ([22], p.182). D'après le th.11, f_p est congru (mod p) à une forme parabolique de poids 12, 18, 20 sur $SL_2(\mathbf{Z})$; on en déduit les congruences :

$$f_{11} \equiv \Delta \pmod{11}; \quad f_{17} \equiv R\Delta \pmod{17}; \quad f_{19} \equiv Q^2\Delta \pmod{19}.$$

La première de ces congruences peut aussi se déduire de l'identité :

$$f_{11} = q \prod_{n=1}^{\infty} (1 - q^n)^2 (1 - q^{11n})^2, \quad \text{cf. [22], p.49.}$$

2) Pour p = 23, 31, le genre de Y est 2. Le nombre de classes du corps $\mathbf{Q}(\sqrt{-p})$ est 3. Soit χ un caractère d'ordre 3 du groupe des classes d'idéaux de ce corps, et posons

$$g_p = \sum \chi(\mathfrak{a})\, q^{N\mathfrak{a}} = \begin{cases} q - q^2 - q^3 + q^6 + \ldots & (p = 23) \\ q - q^2 - q^5 - q^7 + \ldots & (p = 31) \end{cases},$$

la sommation étant étendue à tous les idéaux entiers $\mathfrak{a}$. Il n'est pas difficile de voir que $g_p = \frac{1}{2}(\theta_1 - \theta_2)$, où θ_1 (resp. θ_2) est la série thêta associée à la forme binaire $m^2 + mn + \frac{p+1}{4} n^2$ (resp. à la forme $2m^2 + mn + \frac{p+1}{8} n^2$). Il en résulte (cf. [8], p.478-479) que g_p est une forme modulaire de poids 1 sur $\Gamma_o(p)$, de "Nebentypus" au sens de Hecke (cf. n° 3.4 ci-après). Son carré est une forme de poids 2, commençant par le terme q^2. Appliquant le th.11, on en déduit les congruences

$$g_{23}^2 \equiv \Delta^2 \pmod{23} \quad \text{et} \quad g_{31}^2 \equiv Q^2\Delta^2 \pmod{31},$$

d'où, en extrayant les racines carrées,

$$g_{23} \equiv \Delta \pmod{23} \quad \text{et} \quad g_{31} \equiv Q\Delta \pmod{31}.$$

La première de ces congruences peut aussi se déduire de l'identité

$$g_{23} = q \prod_{n=1}^{\infty} (1 - q^n)(1 - q^{23n});$$

elle est due à Wilton; voir là-dessus [27], p.34.

3.4. <u>Formes de "Nebentypus" sur</u> $\Gamma_o(p)$

On suppose $p \geqslant 3$. Soit ε un caractère (mod p), i.e. un homomorphisme du groupe multiplicatif $(\mathbf{Z}/p\mathbf{Z})^*$ dans $\mathbf{C}^*$. Si n est un entier de réduction mod p égale à $\tilde{n}$, on pose

$$\varepsilon(n) = 0 \text{ si } \tilde{n} = 0 \quad \text{et} \quad \varepsilon(n) = \varepsilon(\tilde{n}) \quad \text{sinon.}$$

On étend ε à $\Gamma_o(p)$ par :

$$\varepsilon(\gamma) = \varepsilon(a)^{-1} = \varepsilon(d) \quad \text{si} \quad \gamma = \begin{pmatrix} a & b \\ c & d \end{pmatrix}.$$

Cela a un sens puisque $ad \equiv 1 \pmod{p}$.

Soit $k \in \mathbf{Z}$. Une fonction f sur H est appelée <u>une forme modulaire de</u>

<u>type</u> (k, ε) sur $\Gamma_o(p)$ si elle est holomorphe sur H et vérifie les deux conditions :

(i) $f|_k\gamma = \varepsilon(\gamma)f$ <u>pour tout</u> $\gamma \in \Gamma_o(p)$;

(ii) f <u>est holomorphe aux pointes de</u> $\Gamma_o(p)$.

Lorsque $\varepsilon = 1$ ("Haupttypus" de Hecke [8], p.809), on retrouve la notion de forme modulaire de poids k, au sens du n° 3.1; le cas $\varepsilon \neq 1$ est celui appelé "Nebentypus" par Hecke.

Si $f \neq 0$, on a $k \geqslant 0$, et $\varepsilon(-1) = (-1)^k$; autrement dit, k est pair si $\varepsilon(-1) = 1$ et impair si $\varepsilon(-1) = -1$.

Une telle forme f a un développement en série

$$\sum_{n=0}^{\infty} a_n q^n,$$

avec $a_n \in \mathbf{C}$. Notons μ_{p-1} le groupe des racines (p-1)-ièmes de 1. Nous allons voir que, si les a_n appartiennent au corps $\mathbf{Q}(\mu_{p-1})$, la série f "est" une forme modulaire p-adique (ce qui généralisera le th.10). De façon plus précise, on sait que p se décompose complètement dans $\mathbf{Q}(\mu_{p-1})$ en idéaux premiers de degré 1 :

$$\mathfrak{p}_1, \ldots, \mathfrak{p}_r \quad \text{avec} \quad r = \phi(p-1) = [\mathbf{Q}(\mu_{p-1}) : \mathbf{Q}].$$

Choisissons un de ces idéaux premiers, ce qui définit un plongement σ de $\mathbf{Q}(\mu_{p-1})$ dans le corps p-adique $\mathbf{Q}_p$; comme le groupe des racines (p-1)-ièmes de l'unité de $\mathbf{Q}_p$ s'identifie canoniquement à $(\mathbf{Z}/p\mathbf{Z})^*$ ("représentants multiplicatifs"), on voit que σ définit un <u>isomorphisme de</u> μ_{p-1} <u>sur</u> $(\mathbf{Z}/p\mathbf{Z})^*$, et tout isomorphisme est obtenu ainsi (en choisissant convenablement $\mathfrak{p}_i$). En composant $\varepsilon : (\mathbf{Z}/p\mathbf{Z})^* \to \mu_{p-1}$ et $\sigma : \mu_{p-1} \to (\mathbf{Z}/p\mathbf{Z})^*$ on obtient un endomorphisme de $(\mathbf{Z}/p\mathbf{Z})^*$, qui est nécessairement de la forme $x \longmapsto x^\alpha$, avec $\alpha \in \mathbf{Z}/(p-1)\mathbf{Z}$. Avec ces notations, on a :

THÉORÈME 12. <u>Soit</u> $f = \sum a_n q^n$ <u>une forme modulaire de type</u> (k, ε) <u>sur</u> $\Gamma_o(p)$, <u>telle que</u> $a_n \in \mathbf{Q}(\mu_{p-1})$ <u>pour tout</u> n. <u>Alors la série</u>

$$f^{\sigma} = \sum a_n^{\sigma} q^n, \quad \underline{\text{à coefficients}} \quad a_n^{\sigma} \in \mathbf{Q}_p,$$

<u>est une forme modulaire</u> p-<u>adique de poids</u> $k + \alpha$.

(Précisons que α est identifié à l'élément $(0, \alpha)$ du groupe des poids $X = \mathbf{Z}_p \times \mathbf{Z}/(p-1)\mathbf{Z}$, et $k + \alpha$ à $(k, k+\alpha)$. On peut supposer $f \neq 0$, d'où $\varepsilon(-1) = (-1)^k$, et il en résulte que $k + \alpha$ est un élément <u>pair</u> de X.)

Lorsque $\varepsilon = 1$, f est combinaison $\mathbf{Q}(\mu_{p-1})$-linéaire de formes modulaires de poids k (au sens du n° 3.1) à coefficients rationnels, et le th.12 résulte du th.10; nous pouvons donc supposer $\varepsilon \neq 1$.

Commençons par un cas particulier :

LEMME 10. <u>Si</u> $k \geq 1$, <u>et</u> $\varepsilon(-1) = (-1)^k$, <u>la série</u>

$$G_k(\varepsilon) = \frac{1}{2} L(1 - k, \varepsilon) + \sum_{n=1}^{\infty} \Big(\sum_{d|n} \varepsilon(d)\, d^{k-1} \Big) q^n$$

<u>est une forme modulaire de type</u> (k, ε) <u>sur</u> $\Gamma_o(p)$. <u>Ses coefficients appartiennent à</u> $\mathbf{Q}(\mu_{p-1})$, <u>et l'on a</u>

$$G_k(\varepsilon)^{\sigma} = G_h^*,$$

<u>où</u> G_h^* <u>est la série d'Eisenstein</u> p-<u>adique de poids</u> $h = k + \alpha$, <u>au sens du</u> n° 1.6.

Le fait que $G_k(\varepsilon)$ soit de type (k, ε) résulte de la détermination par Hecke des séries d'Eisenstein de niveau p (cf. [8], p.461-486, ainsi que l'<u>Appendice</u> du §5). De façon plus précise, avec les notations de [8], <u>loc.cit.</u>, on vérifie que $G_k(\varepsilon)$ est égale, à un facteur scalaire près, à la fonction

$$\sum_{\lambda \in (\mathbf{Z}/p\mathbf{Z})^*} \varepsilon(\lambda)^{-1} G_k(z;0,\lambda,p);$$

comme $G_k(z;0,\lambda,p)|_k \begin{pmatrix} a & b \\ c & d \end{pmatrix} = G_k(z;0,d\lambda,p)$ si $\begin{pmatrix} a & b \\ c & d \end{pmatrix} \in \Gamma_o(p)$, on en déduit, par un calcul immédiat, que $G_k(\varepsilon)|_k \begin{pmatrix} a & b \\ c & d \end{pmatrix} = \varepsilon(d)\, G_k(\varepsilon)$, ce qui montre bien que $G_k(\varepsilon)$ est de type (k, ε). Ses coefficients appartiennent au corps engendré par les valeurs de ε, qui est contenu dans $\mathbf{Q}(\mu_{p-1})$. Montrons maintenant que $G_k(\varepsilon)^\sigma$ est égale à G_h^*. Si $n \geqslant 1$, le n-ième coefficient a_n^σ de $G_k(\varepsilon)^\sigma$ est égal à $\sum \varepsilon(d)^\sigma d^{k-1}$, la sommation portant sur les diviseurs d de n qui sont premiers à p. Ecrivons d dans $\mathbf{Q}_p$ sous la forme $\omega(d)\langle d\rangle$, avec $\omega(d)^{p-1} = 1$, et $\langle d\rangle \equiv 1 \pmod p$, cf. Iwasawa [11], p.18. On a alors $\varepsilon(d)^\sigma = \omega(d)^\alpha = d^\alpha$, vu la définition de α. D'où

$$a_n^\sigma = \sum d^{k+\alpha-1} = \sigma_{h-1}^*(n),$$

ce qui est bien le n-ième coefficient de G_h^*. D'autre part, $L(1-k, \varepsilon)^\sigma$ est égal à $-b_k(\omega^\alpha)/k = L_p(1-k, \omega^{k+\alpha})$, avec les notations de [11], §3. Vu le th.3 du n° 1.6, on a donc

$$L(1-k, \varepsilon)^\sigma = \zeta^*(1-k, 1-k-\alpha) = \zeta^*(1-h);$$

le terme constant de $G_k(\varepsilon)^\sigma$ est égal à celui de G_h^*, ce qui achève la démonstration du lemme.

Revenons maintenant au th.12. Choisissons une suite d'entiers $k_n \geqslant 1$ tendant vers α dans X, et tels que $k_n - \alpha \in (p-1)X$ pour tout n. Posons

$$g_n = \lambda_n^{-1} G_{k_n}(\varepsilon^{-1}),$$

où λ_n est le terme constant de la série $G_{k_n}(\varepsilon^{-1})$, cf. lemme 10. Le produit fg_n est une forme modulaire sur $\Gamma_o(p)$ de type $(k + k_n, 1)$; il en résulte, comme on l'a dit plus haut, que $f^\sigma g_n^\sigma$ est une forme modulaire p-adique de poids $k + k_n$. D'autre part, d'après le lemme 10 appliqué à k_n et ε^{-1}, on a $g_n^\sigma = E_{h_n}^*$, où $h_n = k_n - \alpha$. Comme h_n tend vers 0 dans X, il en résulte que g_n^σ tend vers $E_o^* = 1$, d'où $\lim. f^\sigma g_n^\sigma = f^\sigma$, ce qui montre que f^σ est modulaire p-adique de poids $k + \alpha = \lim.(k + k_n)$ et achève la démonstration.

Remarque

Sous les hypothèses du th.12, on peut démontrer que $f|_k W$ est de type (k, ε^{-1}) ; on a $f|_k W^2 = \varepsilon(-1)f$.

§4. Familles analytiques de formes modulaires p-adiques

4.1. L'algèbre d'Iwasawa ($p \neq 2$)

a) Notations

Si $n \geq 1$, on note U_n le sous-groupe de $\mathbf{Z}_p^*$ formé des entiers p-adiques u tels que $u \equiv 1 \pmod{p^n}$. On sait que

$$U_1 \simeq \varprojlim (U_1/U_n)$$

est isomorphe à $\mathbf{Z}_p$. Si $s \in \mathbf{Z}_p$ et $u \in U_1$, on définit de façon évidente $u^s \in U_1$, cf. n° 1.4, a).

On note F l'algèbre des fonctions sur $\mathbf{Z}_p$, à valeurs dans $\mathbf{Z}_p$. Si $u \in U_1$, on note f_u la fonction $s \longmapsto u^s$. Les $f_u (u \in U_1)$ engendrent un sous-$\mathbf{Z}_p$-module L de F, qui est une sous-algèbre. D'après le théorème d'indépendance des caractères (Dedekind), les f_u forment une base de L, et l'on peut identifier L à l'algèbre $\mathbf{Z}_p[U_1]$ du groupe U_1. Un élément de L s'écrit donc, de façon unique, sous la forme

$$s \longmapsto f(s) = \sum_{u \in U_1} \lambda_u u^s, \quad \text{avec} \quad \lambda_u \in \mathbf{Z}_p,$$

les λ_u étant presque tous nuls.

b) L'algèbre $\overline{L}$

On définit $\overline{L}$ comme l'adhérence de L dans F, pour la topologie de la convergence uniforme. Notons d'ailleurs que les éléments de L sont équicontinus : si $f \in L$ et $n \geq 0$, on a

$$s \equiv s' \pmod{p^n} \Longrightarrow f(s) \equiv f(s') \pmod{p^{n+1}}.$$

La même propriété est donc vraie pour $\overline{L}$; de plus, sur $\overline{L}$, la topologie de la convergence uniforme coïncide avec celle de la convergence simple sur un sous-espace dense, et cette topologie fait de $\overline{L}$ un espace compact.

c) L'algèbre Λ

C'est l'algèbre $\mathbf{Z}_p[[U_1]] = \varprojlim \mathbf{Z}_p[U_1/U_n]$, cf. [10], [11]. On sait qu'elle est isomorphe à l'algèbre $\mathbf{Z}_p[[T]]$ des séries formelles en une indéterminée T. L'isomorphisme s'obtient en choisissant un générateur topologique $u = 1 + \pi$ de U_1, avec $v_p(\pi) = 1$, et en associant à l'élément f_u de $\mathbf{Z}_p[U_1]$ l'élément $1 + T$ de $\mathbf{Z}_p[[T]]$.

L'anneau Λ est un anneau local régulier de dimension 2; il joue un rôle essentiel dans les travaux d'Iwasawa sur les classes d'idéaux des extensions cyclotomiques (le groupe U_1 intervenant alors comme un groupe de Galois). On notera que Λ est compact pour la topologie définie par les puissances de son idéal maximal; lorsqu'on identifie Λ à $\mathbf{Z}_p[[T]]$, cette topologie devient celle de la convergence simple des coefficients; le groupe topologique Λ est donc isomorphe à un produit infini de groupes $\mathbf{Z}_p$.

d) Identification de $\overline{L}$ à Λ.

Les algèbres $\overline{L}$ et Λ contiennent toutes deux $L = \mathbf{Z}_p[U_1]$ comme sous-algèbre dense. Il s'impose de les comparer :

LEMME 11. Il existe un unique isomorphisme d'algèbres topologiques

$$\varepsilon : \Lambda \to \overline{L}$$

<u>dont la restriction à</u> $\mathbf{Z}_p[U_1]$ <u>soit l'identité</u>.

L'unicité de ε résulte de ce que $\mathbf{Z}_p[U_1]$ est dense dans Λ. Pour en montrer l'existence, identifions comme ci-dessus Λ à $\mathbf{Z}_p[[T]]$ au moyen du choix d'un générateur topologique u de U_1. Si $f = \sum a_n T^n$ est un élément de Λ, on définit $\varepsilon(f)$ comme la fonction

$$s \longmapsto f(u^s - 1) = \sum a_n (u^s - 1)^n,$$

ce qui a un sens car $u^s - 1 \equiv 0 \pmod p$. Il est clair que ε est un homomorphisme continu de Λ dans F, et que $\varepsilon(f_u) = f_u$; il en résulte que ε est l'identité sur L; par continuité, on a donc $\varepsilon(\Lambda) = \overline{L}$. Le fait que ε soit injectif est immédiat; comme Λ est compact, c'est un homéomorphisme.

<u>Remarques</u>

1) Dans ce qui suit, nous identifierons Λ à $\overline{L}$ au moyen de ε. Comme on vient de le voir, cela revient à passer d'une série en T à une fonction de s par le "changement de variables"

$$T = u^s - 1 = vs + \dots + v^n s^n/n! + \dots, \quad \text{où } v = \log(u).$$

2) Il y a une troisième interprétation de Λ, due à B.Mazur, qui est souvent utile : c'est l'algèbre des "distributions" (ou "mesures") à valeurs dans $\mathbf{Z}_p$ sur l'espace U_1. On appelle ainsi toute fonction $U \longmapsto \mu(U)$, définie sur les ouverts compacts de U_1, simplement additive, et à valeurs dans $\mathbf{Z}_p$; une telle mesure se prolonge par continuité en une forme linéaire

$$f \longmapsto \int_{U_1} f(u)\mu(u)$$

sur l'espace des fonctions continues sur U_1 à valeurs dans $\mathbf{Z}_p$. Si l'on associe à μ la fonction $s \longmapsto \int_{U_1} u^s\, \mu(u)$, on obtient un élément de Λ; tout élément de Λ s'obtient ainsi, de manière unique; les éléments de L correspondent aux mesures discrètes.

e) Zéros d'un élément de Λ

Tout élément $f \neq 0$ de $\Lambda = \mathbf{Z}_p[[T]]$ a une "décomposition de Weierstrass" canonique :

$$f = p^{\mu}(T^{\lambda} + a_1 T^{\lambda-1} + \ldots + a_{\lambda})\, u(T),$$

avec λ, $\mu \geqslant 0$, $v_p(a_i) \geqslant 1$, et u inversible dans Λ. En particulier, le nombre de zéros de f(s) est fini et $\leqslant \lambda$.

Comme application, signalons :

LEMME 12. Soit $f_1,\ldots,f_n,\ldots$ une suite d'éléments de Λ. On suppose que $\lim.f_n(s)$ existe pour tout élément s d'une partie infinie S de $\mathbf{Z}_p$. Alors les f_n convergent uniformément sur $\mathbf{Z}_p$ vers une fonction f appartenant à Λ.

Sinon, vu la compacité de Λ, on pourrait extraire de la suite (f_n) deux suites convergeant vers des éléments distincts f' et f" de Λ. La fonction f' - f" s'annulerait sur S, donc aurait une infinité de zéros, contrairement à ce que l'on vient de voir.

(La famille Λ se comporte comme une "famille normale" au sens de Montel.)

4.2. L'algèbre d'Iwasawa (p = 2)

On définit encore U_n comme le sous-groupe de $\mathbf{Z}_p^*$ formé des entiers 2-adiques u tels que $u \equiv 1 \pmod{2^n}$. On a

$$\mathbf{Z}_p^* = U_1 = \{\pm 1\} \times U_2$$

et U_2 est isomorphe à $\mathbf{Z}_2$; si $u \in U_1$, on note $\omega(u)$ sa composante dans $\{\pm 1\}$ et $\langle u \rangle$ sa composante dans U_2, cf. [11], p.18.

On définit les algèbres L et Λ au moyen du groupe U_2 (et non plus du groupe U_1). De façon plus précise, L est l'algèbre engendrée par les fonctions $f_u : s \longmapsto u^s$, avec $u \in U_2$. On montre, comme au n° 4.1, que l'adhérence $\bar{L}$ de L s'identifie à l'algèbre d'Iwasawa

$$\Lambda = \mathbf{Z}_2[[U_2]] = \varprojlim \mathbf{Z}_2[U_2/U_n].$$

Ici encore, cette algèbre est isomorphe à $\mathbf{Z}_2[[T]]$, l'isomorphisme s'obtenant en choisissant un générateur topologique u de U_2 et en associant à l'élément f_u de $\mathbf{Z}_2[U_2]$ l'élément $1 + T$ de $\mathbf{Z}_2[[T]]$, cf. [11], p.69.

Les autres résultats du n° 4.1 se transposent de manière évidente au cas $p = 2$.

4.3. Caractérisation des éléments de Λ par leurs développements en série

Nous allons voir que les fonctions f appartenant à Λ peuvent être caractérisées comme des séries de Taylor convergentes

$$f(s) = \sum_{n=0}^{\infty} a_n s^n,$$

dont les coefficients a_n vérifient certaines congruences. Pour écrire commodément ces congruences, définissons des entiers c_{in} $(1 \leqslant i \leqslant n)$ par l'identité

$$\sum_{i=1}^{n} c_{in} Y^i = Y(Y-1)(Y-2) \dots (Y-n+1) = n! \binom{Y}{n}.$$

On a alors :

THÉORÈME 13. Pour qu'une fonction $f \in F$ appartienne à Λ, il faut et il suffit qu'il existe des entiers p-adiques b_n $(n = 0,1,\dots)$ tels que

a) $f(s) = \sum_{n=0}^{\infty} b_n p^n s^n/n!$ <u>pour tout</u> $s \in \mathbf{Z}_p$,

b) $v_p(\sum_{i=1}^{n} c_{in} b_i) \geq v_p(n!)$ <u>pour tout</u> $n \geq 1$.

(Si $p = 2$, on doit modifier a) en remplaçant p^n par 4^n.)

<u>Remarques</u>

1) Comme $c_{nn} = 1$, la condition b) équivaut à dire que chacun des b_n est congru $(\text{mod } n!\mathbf{Z}_p)$ à une certaine combinaison $\mathbf{Z}$-linéaire des b_j, $j < n$.

2) On a

$$v_p(b_n p^n/n!) \geq n - v_p(n!) \geq n\frac{p-2}{p-1} \quad \text{si } p \neq 2$$

$$v_2(b_n 4^n/n!) \geq 2n - v_2(n!) \geq n \quad \text{si } p = 2.$$

Il en résulte que la série entière donnant f converge dans un disque p-adique strictement plus grand que le disque unité; <u>a fortiori</u>, elle converge sur $\mathbf{Z}_p$, ce qui donne un sens à a).

<u>Démonstration du th.13</u>

Je me borne au cas $p \neq 2$; le cas $p = 2$ est analogue.

(i) Le développement

$$T = vs + \ldots + v^n s^n/n! + \ldots, \quad \text{avec} \quad v_p(v) = 1,$$

donné au n° 4.1 montre que T, ainsi que ses puissances, a un développement en série du type a). Par linéarité et passage à la limite, on voit qu'il en est de même de toute fonction f de Λ. De plus les coefficients $b_n = b_n(f)$ de f dépendent continûment de f. On en conclut que l'application $f \longmapsto (b_n(f))$ est un isomorphisme du groupe compact Λ sur un certain sous-module fermé S_Λ du $\mathbf{Z}_p$-module produit $S = (\mathbf{Z}_p)^N$ des suites

$(b_n)_{n \geq 0}$. Tout revient donc à montrer que S_Λ coïncide avec le sous-module S_b de S défini par les congruences b).

(ii) Tout élément u de U_1 s'écrit exp(py), avec $y \in \mathbf{Z}_p$. On en conclut que

$$u^s = \exp(pys) = \sum_{n=0}^{\infty} y^n p^n s^n/n!,$$

i.e. que $b_n(f_u) = y^n$. Or la suite (y^n) appartient à S_b. On a en effet

$$\sum c_{in} y^n = y(y-1)\ldots(y-n+1) = n!\binom{y}{n},$$

et l'on sait que $\binom{y}{n}$ est un entier p-adique; cela montre bien que $\sum c_{in} y^n$ est divisible par n! dans $\mathbf{Z}_p$.

Par linéarité et passage à la limite on conclut de là que S_Λ est contenu dans S_b. Il reste à voir que S_Λ est égal à S_b; vu ce qui précède, cela équivaut à dire que les suites de la forme (y^n), avec $y \in \mathbf{Z}_p$, engendrent un sous-$\mathbf{Z}_p$-module <u>dense</u> de S_b.

(iii) Soit $m \geq 1$ et soient $b_o, \ldots, b_m \in \mathbf{Z}_p$ satisfaisant aux congruences b) pour $n \leq m$. Nous allons montrer qu'il existe $f \in \Lambda$ tel que $b_i(f) = b_i$ pour $0 \leq i \leq m$, ce qui achèvera la démonstration.

On procède par récurrence sur m, le cas m = 0 étant évident. Vu l'hypothèse de récurrence, il existe $g \in \Lambda$ tel que $b_i(g) = b_i$ pour $i \leq m-1$; tout revient à trouver $h \in \Lambda$ tel que $b_i(h) = 0$ pour $i \leq m-1$ et $b_m(h) = b_m - b_m(g)$. On est donc ramené au cas où les b_i sont <u>nuls</u> pour $i \leq m-1$; vu la congruence b) il en résulte que b_m est de la forme m! z, avec $z \in \mathbf{Z}_p$. On prend alors pour f le monôme $z(p/v)^m T^m$, avec les notations de (i); il est clair qu'il répond à la question.

COROLLAIRE. <u>Soit</u> $f \in \Lambda$, <u>et soient</u> b_n <u>les coefficients correspondants</u>. <u>On a</u> $b_n \equiv b_{n+p-1} \pmod p$ <u>pour tout</u> $n \geq 1$.

En effet, cette congruence est évidente lorsque la suite (b_n) est de la forme (y^n), avec $y \in \mathbf{Z}_p$, et le cas général s'en déduit par linéarité et passage à la limite. (Bien entendu, on peut aussi utiliser b).)

Remarque

Signalons une autre propriété de stabilité de l'algèbre Λ :

$$\underline{\text{si}}\ f \in \Lambda,\ \underline{\text{on a}}\ \frac{df}{ds} \in p\Lambda\ \underline{\text{si}}\ p \neq 2\ \underline{\text{et}}\ \frac{df}{ds} \in 4\Lambda\ \underline{\text{si}}\ p = 2.$$

Cela résulte de la formule $\frac{df}{ds} = v(1 + T)\frac{df}{dT}$.

4.4. Caractérisation des éléments de Λ par des propriétés d'interpolation

Soient $s_o, s_1 \in \mathbf{Z}_p$ et $f \in F$. Posons $a_n = a_n(f) = f(s_o + ns_1)$ pour $n = 0, 1, \ldots$ et désignons par $\delta_o, \delta_1, \ldots, \delta_n, \ldots$ les différences successives de la suite (a_n) :

$$\delta_o = a_o, \quad \delta_1 = a_1 - a_o, \quad \delta_2 = a_2 - 2a_1 + a_o, \ldots,$$

$$\delta_n = \sum_{i=0}^{n} (-1)^i \binom{n}{i} a_{n-i}.$$

THÉORÈME 14. Posons

$$h = 1 + v_p(s_1)\ \underline{\text{si}}\ p \neq 2\ \underline{\text{et}}\ h = 2 + v_2(s_1)\ \underline{\text{si}}\ p = 2.$$

Si $f \in \Lambda$, on a

a) $\delta_n \equiv 0 \pmod{p^{nh}}$ pour tout $n \geqslant 0$,

b) $v_p(\sum_{i=1}^{n} c_{in}\delta_i p^{-ih}) \geqslant v_p(n!)$ pour tout $n \geqslant 1$.

(On rappelle que c_{in} est le coefficient de Y^i dans le polynôme $Y(Y - 1)\ldots(Y - n + 1)$, cf. n° 4.3.)

Il suffit de considérer le cas où $f(s) = u^s$ avec $u \in U_1$ (resp. avec $u \in U_2$ si $p = 2$); le cas général s'en déduira par linéarité et passage à la limite. On a alors

$$a_n = u^{s_o} u^{ns_1} \quad \text{et} \quad \delta_n = u^{s_o}(u^{s_1} - 1)^n.$$

Or $u^{s_1} - 1$ est de la forme $p^h y$, avec $y \in \mathbf{Z}_p$. On a donc $v_p(\delta_n) \geqslant nh$, ce qui prouve a). L'assertion b) provient de ce que

$$\sum_{i=1}^{n} c_{in}\delta_i p^{-ih} = u^{s_o}(\sum c_{in} y^i) = u^{s_o} y(y-1)\ldots(y-n+1)$$

$$= n!\, u^{s_o}\binom{y}{n} \equiv 0 \pmod{n!\mathbf{Z}_p}.$$

COROLLAIRE. <u>Posons</u> $e_n = \delta_n p^{-nh}$. <u>On a</u> $e_n \equiv e_{n+p-1} \pmod p$ <u>pour tout</u> $n \geqslant 1$.

La démonstration est la même que celle du corollaire au th.13.

En fait, les congruences du th.14 <u>caractérisent</u> les éléments de l'algèbre d'Iwasawa Λ. De façon plus précise, prenons $s_o = 0$ et $s_1 = 1$, de sorte que $a_n = f(n)$, et que les δ_n sont les coefficients d'interpolation usuels; on sait (critère de Mahler, cf. [1]) que, si f est continue, les δ_n tendent vers 0, et que l'on a

$$f(s) = \sum_{n=0}^{\infty} \delta_n \binom{s}{n} \quad \text{pour tout} \quad s \in \mathbf{Z}_p.$$

THÉORÈME 15. <u>Soit</u> f <u>une fonction continue sur</u> $\mathbf{Z}_p$, <u>à valeurs dans</u> $\mathbf{Q}_p$, <u>et soient</u> $\delta_n = \sum (-1)^i \binom{n}{i} f(n-i)$ <u>ses coefficients d'interpolation</u>. <u>Pour que</u> f <u>appartienne à</u> Λ, <u>il faut et il suffit que</u> :

a) $\delta_n \equiv 0 \pmod{p^n}$ <u>pour tout</u> $n \geqslant 0$,

b) $v_p(\sum_{i=1}^{n} c_{in}\delta_i p^{-i}) \geqslant v_p(n!)$ <u>pour tout</u> $n \geqslant 1$.

(Si $p = 2$, on doit remplacer p^n par 4^n dans a), et p^{-i} par 4^{-i} dans b).)

La nécessité résulte du th.14. Prouvons la suffisance, en nous bornant au cas $p \neq 2$ (le cas $p = 2$ est analogue). Soit S_b l'ensemble des suites (b_n) d'entiers p-adiques tels que

$$v_p(\sum c_{in} b_i) \geq v_p(n!) \quad \text{pour tout} \quad n \geq 1.$$

On a vu au n° 4.2 que les suites de la forme (y^n), avec $y \in \mathbf{Z}_p$, engendrent un sous-module dense de S_b pour la topologie produit. Par hypothèse, la suite $(\delta_n p^{-n})$ appartient à S_b. Pour tout entier m on peut donc choisir des éléments λ_i, y_i de $\mathbf{Z}_p$, en nombre fini, tels que

$$\delta_n p^{-n} = \sum \lambda_i y_i^n \quad \text{pour tout} \quad n \leq m.$$

Posons $$f_m(s) = \sum \lambda_i (1 + py_i)^s.$$

On a $f_m \in \Lambda$ (et même $f_m \in L$); de plus les formules ci-dessus montrent que les coefficients d'interpolation de f_m sont les mêmes que ceux de f jusqu'à l'indice m; on a donc $f_m(n) = f(n)$ pour $n \leq m$, et la suite (f_m) tend vers f pour la topologie de la convergence simple sur l'ensembel $\mathbf{N}$ des entiers ≥ 0. Comme $\mathbf{N}$ est dense dans $\mathbf{Z}_p$, cela entraîne que $f = \lim. f_m$, cf. n° 4.1 b), et par suite on a bien $f \in \Lambda$.

4.5. Exemple : coefficients des séries d'Eisenstein p-adiques

Considérons la série

$$G_k^* = \tfrac{1}{2}\zeta^*(1 - k) + \sum_{n=1}^{\infty} \sigma_{k-1}^*(n)\, q^n \quad (k \in X, \ k \text{ pair} \neq 0)$$

définie au n° 1.6. Ecrivons k sous la forme $k = (s,u)$, avec :

$$s \in \mathbf{Z}_p, \quad u \in \mathbf{Z}/(p-1)\mathbf{Z}, \quad u \text{ pair (si } p \neq 2), \quad s \text{ pair (si } p = 2).$$

Les coefficients de $G_k^* = G_{s,u}^*$ sont :

$$a_o(G_{s,u}^*) = \frac{1}{2}\zeta^*(1 - s, 1 - u)$$

$$a_n(G_{s,u}^*) = \sigma_{k-1}^*(n) = \sum_{\substack{d|n \\ (d,p)=1}} d^{k-1} \quad \text{si} \quad n \geqslant 1.$$

Décomposons l'unité p-adique d en $\omega(d)\langle d\rangle$, avec

$$\omega(d)^{p-1} = 1, \quad \langle d\rangle \in U_1 \quad \text{si} \quad p \neq 2,$$

$$\omega(d) = \pm 1, \quad \langle d\rangle \in U_2 \quad \text{si} \quad p = 2.$$

On a alors :

$$a_n(G_{s,u}^*) = \sum d^{-1}\,\omega(d)^k \langle d\rangle^k = \sum d^{-1}\,\omega(d)^u \langle d\rangle^s \quad (n \geqslant 1).$$

On en conclut que, <u>pour</u> u <u>et</u> n <u>fixés</u> (avec $n \geqslant 1$) <u>la fonction</u>

$$s \longmapsto a_n(G_{s,u}^*)$$

<u>appartient à l'algèbre</u> L <u>du</u> n° 4.1, et <u>a fortiori</u> à son adhérence Λ. (Noter que, si u = 0, cette fonction n'est définie que pour $s \neq 0$; si p = 2, elle n'est même définie que pour $s \in 2\mathbf{Z}_2$, $s \neq 0$.)

On a un résultat analogue, mais beaucoup moins évident, pour le terme constant $a_o(G_{s,u}^*)$:

THÉORÈME 16 (Iwasawa).

a) <u>Si</u> u <u>est un élément pair</u> $\neq 0$ <u>de</u> $\mathbf{Z}/(p-1)\mathbf{Z}$, <u>la fonction</u>

$$s \mapsto a_o(G_{s,u}^*) = \frac{1}{2}\zeta^*(1-s, 1-u)$$

<u>appartient à l'algèbre</u> Λ.

b) <u>Si</u> u = 0, <u>la fonction</u>

$$s \longmapsto a_o(G^*_{s,u}) = \tfrac{1}{2}\zeta^*(1-s,\ 1)$$

<u>est de la forme</u> $T^{-1}g(T)$, <u>où</u> g <u>est un élément inversible de</u> Λ.

(Dans b), on a identifié Λ à $\mathbf{Z}_p[[T]]$, cf. n°s 4.1 et 4.2.)

Cet énoncé est simplement une reformulation des principaux résultats de [10], compte tenu de ce que $\zeta^*(1-s,\ 1-u) = L_p(1-s;\ \omega^u)$, cf. n° 1.6, th.3 (i). Voir aussi [11], §6.

<u>Remarques</u>

1) Dans le cas $u \neq 0$, le th.16, combiné avec le th.14 a) redonne les classiques <u>congruences de Kummer</u> (cf. Fresnel [7] et Shiratani [23]); le th.14 b) donne des congruences supplémentaires, peut-être nouvelles.

2) Dans le cas u = 0, le th.16 montre que la fonction

$$s \longmapsto 2\zeta^*(1-s,\ 1)^{-1}$$

appartient à Λ et est divisible par T (elle a un "zéro simple" en T = 0). Il en résulte que les coefficients $a_n(E^*_{s,0})$ de la série

$$E^*_{s,0} = \frac{2}{\zeta^*(1-s,\ 1)}\, G^*_{s,0}$$

appartiennent à Λ et sont divisibles par T si $n \geqslant 1$.

4.6. <u>Familles de formes modulaires</u> p-<u>adiques</u> (<u>poids non divisible par</u> p - 1)

Considérons une forme modulaire p-adique f_s dépendant d'un paramètre $s \in \mathbf{Z}_p$ et de poids $k(s) \in 2X$. On suppose que k(s) est de la forme (rs, u), avec $r \in \mathbf{Z}$ et $u \in \mathbf{Z}/(p-1)\mathbf{Z}$ indépendants de s. <u>On suppose en outre que</u> u <u>est</u> $\neq 0$ (ce qui entraîne $p \neq 2,\ 3$); le cas u = 0 sera traité au n° suivant.

THÉORÈME 17. Supposons que, pour tout $n \geq 1$, la fonction $s \mapsto a_n(f_s)$ appartienne à l'algèbre d'Iwasawa Λ. Il en est alors de même de la fonction $s \mapsto a_o(f_s)$.

Nous allons utiliser la série d'Eisenstein p-adique E^*_{-rs} de poids -rs, normalisée de telle sorte que son terme constant soit 1, cf. n° 1.6. Ecrivons-la sous la forme

$$E^*_{-rs} = \sum_{n=0}^{\infty} e_n(s)q^n, \quad \text{avec} \quad e_o(s) = 1.$$

On a vu au n° précédent que les coefficients de E^*_s appartiennent à Λ; il en est donc de même des $e_n(s)$; on a de plus $e_n(0) = 0$ si $n \geq 1$ puisque $E^*_o = 1$.

La fonction $f'_s = f_s E^*_{-rs}$ est une forme modulaire p-adique de poids (0,u) indépendant de s. Ses coefficients sont donnés par :

$$a_m(f'_s) = e_m(s)a_o(f_s) + \sum_{i=1}^{m} e_{m-i}(s)a_i(f_s).$$

D'après le th.9 du n° 2.3, appliqué à k = (0,u), il existe une suite $(\lambda_{m,n})_{m,n \geq 1}$ d'éléments de $\mathbf{Z}_p$, avec $\lambda_{m,n} = 0$ pour m assez grand (dépendant de n), telle que

$$a_o(f'_s) = \lim_{n \to \infty} \sum_m \lambda_{m,n} a_m(f'_s).$$

Comme f_s et f'_s ont même terme constant, ceci peut se récrire :

$$a_o(f_s) = \lim_{n\to\infty} \Big(\sum_m \lambda_{m,n} e_m(s) a_o(f_s) + \sum_{m,i \geq 1} \lambda_{m,n} e_{m-i}(s) a_i(f_s)\Big).$$

Posons $g_n(s) = \sum_m \lambda_{m,n}\, e_m(s)$. Les fonctions g_n appartiennent à Λ, qui est compact. Quitte à remplacer la suite (n) par une sous-suite, on peut donc supposer que les $g_n(s)$ convergent dans Λ vers un élément g; comme $g_n(0) = 0$ pour tout n, on a $g(0) = 0$. La formule ci-dessus peut alors se récrire :

$$(1 - g(s))a_o(f_s) = \lim_{n\to\infty} b_n(s),$$

$$\text{avec} \quad b_n(s) = \sum_{m,i \geq 1} \lambda_{m,n}\, e_{m-i}(s) a_i(f_s).$$

Vu l'hypothèse faite sur les $a_i(f_s)$, les fonctions b_n appartiennent à Λ pour tout n. Comme ces fonctions convergent simplement vers la fonction

$$s \longmapsto (1 - g(s))a_o(f_s),$$

on en déduit que cette dernière fonction appartient à Λ, cf. n° 4.1, lemme 12. Mais le fait que $g(0) = 0$ entraîne que g appartient à l'idéal maximal de Λ, et $1 - g$ est inversible dans Λ. On en conclut bien que $s \mapsto a_o(f_s)$ appartient à Λ.

4.7. Familles de formes modulaires p-adiques (poids divisible par p-1)

Considérons, comme au n° précédent, une forme modulaire p-adique f_s dépendant d'un paramètre s. Nous supposons maintenant que f_s est définie pour tout $s \neq 0$ de $\mathbf{Z}_p$ (resp. pour tout $s \neq 0$ de $2\mathbf{Z}_2$ si $p = 2$), et que son poids $k(s)$ est de la forme $rs = (rs, 0)$ où r est un entier non nul.

Convenons de dire qu'une fonction sur $\mathbf{Z}_p - \{0\}$ (resp. sur $2\mathbf{Z}_2 - \{0\}$) appartient à Λ si elle est la restriction d'une fonction de Λ.

THÉORÈME 18. Supposons que, pour tout $n \geq 1$, la fonction $s \longmapsto a_n(f_s)$

appartienne à Λ. Il en est alors de même de la fonction

$$s \longmapsto 2\zeta^*(1 - rs, 1)^{-1} a_o(f_s).$$

Identifions Λ à $\mathbf{Z}_p[[T]]$ comme d'habitude. D'après le th.16, la fonction $s \longmapsto 2\zeta^*(1 - s, 1)^{-1}$ est de la forme T.h(T), où h est un élément inversible de Λ. Comme $s \longmapsto rs$ correspond à $1 + T \longmapsto (1 + T)^r$, on en conclut que la fonction $s \longmapsto 2\zeta^*(1 - rs, 1)^{-1}$ est de la forme $((1 + T)^r - 1)g(T)$, avec g inversible dans Λ. D'où :

COROLLAIRE. La fonction $s \longmapsto a_o(f_s)$ appartient au corps des fractions de Λ; on peut l'écrire $c(T)/((1 + T)^r - 1)$, avec $c \in \Lambda$.

Remarque

Si q est la plus grande puissance de p qui divise r, on peut mettre $(1 + T)^r - 1$ sous la forme $u(T)((1 + T)^q - 1)$, où u est un élément inversible de Λ. On peut donc récrire la fonction $s \longmapsto a_o(f_s)$ comme une fraction $d(T)/((1 + T)^q - 1)$, avec $d \in \Lambda$.

Démonstration du th.18

Choisissons un polynôme H en U et les T_ℓ, à coefficients entiers, qui satisfasse aux conditions du th.8 du n° 2.3 : pour tout $k \in \mathbf{Z}_p$, on a

(i) $E_k^*|_k H = c(k) E_k^*$ avec c(k) inversible dans $\mathbf{Z}_p$,

(ii) $\lim\limits_{n \to \infty} f|_k H^n = 0$ pour toute forme modulaire p-adique f de poids k qui est parabolique.

D'après le cor. au th.8, on a

$$2\zeta^*(1 - rs, 1)^{-1} a_o(f_s) = \lim_{n \to \infty} c(rs)^{-n} a_1(f_s|_{rs} H^n),$$

et tout revient à montrer que les fonctions

$$s \longmapsto c(rs)^{-n} \quad \text{et} \quad s \longmapsto a_1(f_s|_{rs}\ H^n)$$

appartiennent à Λ (en effet, on sait qu'une suite de fonctions de Λ qui converge en tout point d'une partie infinie de $\mathbf{Z}_p$ converge uniformément vers une fonction de Λ, cf. n° 4.1, lemme 12). Or on a le résultat suivant :

LEMME 13. *Soit* R *un polynôme en* U *et les* T_ℓ, *à coefficients dans* $\mathbf{Z}_p$. *Il existe une famille de fonctions* $k \longmapsto c_{ij}(R,k)_{i,j \geqslant 0}$, *appartenant à sous-algèbre* L *de* Λ (cf. n° 4.1) *et telles que, pour tout* $i \geqslant 0$, *on ait* :

a) $c_{ij}(R,k) = 0$ *pour* j *assez grand, pour* $j = 0$ *si* $i \geqslant 1$, *et pour* $j \geqslant 1$ *si* $i = 0$;

b) $a_i(f|_k\ R) = \sum_j c_{ij}(R,k)\ a_j(f)$ *pour toute série formelle* p-*adique* f, *et tout* $k \in 2\mathbf{Z}_p$.

Lorsque R est égal à U, ou à l'un des T_ℓ, le lemme résulte des formules donnant $f|U$ et $f|_k\ T_\ell$, cf. n° 2.1. Le cas général s'en déduit en remarquant que, si l'énoncé est vrai pour deux polynômes R_1 et R_2, il l'est aussi pour R_1R_2 et $R_1 + R_2$.

Revenons à la démonstration du th.18. On a

$$a_1(f_s|_{rs}\ H^n) = \sum_{j \geqslant 1} c_{1j}(H^n, rs)\ a_j(f_s),$$

et cette formule montre bien que $s \longmapsto a_1(f_s|_{rs}\ H^n)$ appartient à Λ.

On a d'autre part $c(k) = a_o(E_k^*|_k\ H) = c_{oo}(H,k)$, ce qui montre que $k \longmapsto c(k)$ appartient à L, et il en est de même de $s \longmapsto c(rs)$. De plus, d'après (i), les valeurs prises par $c(rs)$ sont des unités p-adiques. Si l'on écrit $s \longmapsto c(rs)$ comme une série en T, le terme constant de cette série est inversible dans $\mathbf{Z}_p$; la série elle-même est donc inversible dans $\Lambda = \mathbf{Z}_p[[T]]$, et l'on en conclut que $s \longmapsto c(rs)^{-n}$ appartient à Λ quel que soit n, ce qui achève le démonstration du théorème.

Remarque

Dans les ths.17 et 18, il n'est pas nécessaire de supposer f_s définie pour tout $s \in \mathbf{Z}_p$ (ou tout $s \neq 0$); il suffit de se donner les f_s pour s appartenant à une partie <u>infinie</u> S de $\mathbf{Z}_p$, et de faire l'hypothèse suivante : pour tout $n \geq 1$, la fonction $s \mapsto a_n(f_s)$ est la restriction à S d'une fonction appartenant à Λ.

§5. Fonctions zêta p-adiques

5.1. Notations

La lettre K désigne un corps de nombres algébriques totalement réel de degré r sur $\mathbf{Q}$: $K \otimes_{\mathbf{Q}} \mathbf{R}$ est isomorphe à $\mathbf{R}^r$. L'anneau des entiers de K est noté O_K, sa différente (par rapport à $\mathbf{Z}$) est notée $\mathfrak{d}$ et son discriminant d.

Si x (resp. $\mathfrak{a}$) est un élément (resp. un idéal) de K, on note Nx (resp. $N\mathfrak{a}$) sa norme, qui est un élément (resp. un élément positif) de $\mathbf{Q}$; par exemple $d = N\mathfrak{d}$. On note $Tr(x)$ la trace de x.

Un élément x de K est dit <u>totalement positif</u> si $\sigma(x) > 0$ pour tout plongement $\sigma : K \to \mathbf{R}$. On écrit alors $x \gg 0$; on a $Tr(x) > 0$.

La fonction zêta de K est définie par la formule

$$\zeta_K(s) = \sum N\mathfrak{a}^{-s} = \prod (1 - N\mathfrak{p}^{-s})^{-1}$$

où $\mathfrak{a}$ (resp. $\mathfrak{p}$) parcourt l'ensemble des idéaux $\neq 0$ (resp. des idéaux premiers $\neq 0$) de O_K. Cette formule vaut pour $R(s) > 1$. On prolonge ζ_K en une fonction méromorphe sur $\mathbf{C}$, ayant pour seul pôle (simple) le point $s = 1$. La fonction

$$d^{s/2}\ \pi^{-rs/2}\ \Gamma(\tfrac{s}{2})^r\ \zeta_K(s)$$

est invariante par $s \mapsto 1 - s$ ("équation fonctionnelle"). On en déduit que, si n est un entier $\geqslant 1$, on a

$\zeta_K(1 - n) = 0$ si n est impair (le cas $r = 1$, $n = 1$ excepté)

$\zeta_K(1 - n) \neq 0$ si n est pair.

De plus, d'après un théorème énoncé par Hecke ([8], p.387) et démontré par Siegel [24], les $\zeta_K(1 - n)$, $n \geqslant 1$, sont des nombres rationnels.

5.2. Formes modulaires attachées à K

Soit k un entier pair $\geqslant 2$. Définissons une série formelle g_k

$$g_k = \sum_{n=0}^{\infty} a_n(g_k)\, q^n$$

par les formules :

$$a_o(g_k) = 2^{-r}\zeta_K(1 - k),$$

$$a_n(g_k) = \sum_{\substack{Tr(x)=n \\ x \in d^{-1} \\ x \gg 0}} \ \sum_{a | xd} (Na)^{k-1} \qquad (n \geqslant 1),$$

où x parcourt les éléments totalement positifs de d^{-1} de trace n, et a les idéaux de 0_K contenant xd. (Il revient au même de dire que l'on somme sur les couples (x,a) tels que a soit entier, $x \in d^{-1}a$, $x \gg 0$ et $Tr(x) = n$; c'est une somme finie.)

THÉORÈME 19 (Hecke-Siegel). Mis à part le cas $r = 1$, $k = 2$, la série g_k est une forme modulaire sur $SL_2(\mathbf{Z})$ de poids rk.

(Pour $r = 1$, i.e. $K \simeq \mathbf{Q}$, on a $g_k = G_k$, d'où la nécessité d'exclure $k = 2$, cf. n° 1.1.)

Si $\mathfrak{a}$ est un idéal fractionnaire de K, on trouve dans Siegel [25], p.93, la définition d'une certaine fonction

$$F_k(\mathfrak{a}, z_1, \ldots, z_r), \qquad \mathrm{Im}(z_i) > 0,$$

qui est une <u>série d'Eisenstein</u> du corps K, au sens de Hecke [8], p.381-404; c'est une forme modulaire de poids k par rapport au groupe $SL_2(O_K)$ opérant sur le produit H^r de r demi-plans de Poincaré. Si l'on restreint $F_k(\mathfrak{a}, z_1, \ldots, z_r)$ à la diagonale H de H^r, on obtient une fonction

$$\Phi_k(\mathfrak{a}, z) = F_k(\mathfrak{a}, z, \ldots, z),$$

qui est une forme modulaire de poids rk, au sens usuel. Les coefficients de $\Phi_k(\mathfrak{a}, z)$ sont donnés dans [25], p.94, formule (19). Les fonctions $F_k(\mathfrak{a}, z_1, \ldots, z_r)$ et $\Phi_k(\mathfrak{a}, z)$ ne changent pas lorsqu'on multiplie $\mathfrak{a}$ par un idéal principal. Posons alors

$$\Phi_k(z) = \sum_{\mathfrak{a}} \Phi_k(\mathfrak{a}, z),$$

où $\mathfrak{a}$ parcourt un ensemble de représentants des classes d'idéaux de K. Les formules (18) et (19) de [25] donnent :

$$a_n(\Phi_k) = e_k a_n(g_k) \quad \text{pour} \quad n \geqslant 1, \quad \text{où} \quad e_k = d^{\frac{1}{2}-k} \left(\frac{(2\pi i)^k}{(k-1)!}\right)^r,$$

ainsi que

$$a_o(\Phi_k) = \zeta_K(k),$$

et l'équation fonctionnelle de ζ_K permet de récrire cette dernière formule sous la forme :

$$a_o(\Phi_k) = e_k\, 2^{-r}\zeta_K(1 - k) = e_k a_o(g_k).$$

On a donc $g_k = e_k^{-1}\Phi_k$, ce qui montre bien que g_k est modulaire de poids rk.

COROLLAIRE.

(i) Si $rk \not\equiv 0 \pmod{(p-1)}$, $\zeta_K(1 - k)$ est p-entier.

(ii) Si $rk \equiv 0 \pmod{(p-1)}$, on a

$$v_p(\zeta_K(1 - k)) \geqslant - 1 - v_p(rk) \quad (p \neq 2)$$

$$v_p(\zeta_K(1 - k)) \geqslant r - 2 - v_p(rk) \quad (p = 2).$$

Cela résulte du cor.1 au th.1' du n° 1.5, compte tenu de ce que les coefficients $a_n(g_k)$ sont entiers pour $n \geqslant 1$. (Voir aussi [20], th.6 et th.6'.)

Remarques

1) Le corollaire ci-dessus fournit une estimation du dénominateur de $\zeta_K(1 - k)$. Cette estimation est assez grossière : elle ne fait intervenir K que par l'intermédiaire de son degré r; pour k = 2, elle est moins bonne que celle donnée par la formule

$$\zeta_K(-1) = \text{caract.d'E-P. de } SL_2(O_K),$$

cf. [19], n° 3.7, prop.29-30.

2) Nous aurons besoin plus loin d'une variante du th.19, dans laquelle on modifie g_k en gardant uniquement les termes "premiers à p". De façon plus précise, soit S l'ensemble des idéaux premiers de O_K qui divisent p, et posons

$$\zeta_{K,S}(s) = \zeta_K(s) \prod_{\mathfrak{p} \in S} (1 - N\mathfrak{p}^{-s}) = \prod_{\mathfrak{p} \notin S} (1 - N\mathfrak{p}^{-s})^{-1}$$

$$= \sum_{(\mathfrak{a},p)=1} N\mathfrak{a}^{-s}.$$

Définissons une série formelle g'_k par les formules

$$a_o(g'_k) = 2^{-r}\zeta_{K,S}(1-k) = 2^{-r}\zeta_K(1-k) \prod_{p \in S} (1 - Np^{k-1})$$

et $$a_n(g'_k) = \sum_{x,a} (Na)^{k-1} \quad (n \geqslant 1),$$

où la sommation porte sur les couples (x,a), avec a entier premier à p, $x \in d^{-1}a$, $x \gg 0$ et $\mathrm{Tr}(x) = n$.

On a alors :

THÉORÈME 19'. La série g'_k est une forme modulaire sur $\Gamma_o(p)$ de poids rk (cf. n° 3.1).

(Noter qu'ici le cas $r = 1$, $k = 2$ n'est plus exclu.)

La démonstration est analogue à celle du th.19, à cela près que l'on doit utiliser des séries d'Eisenstein de niveau p, cf. Kloosterman [14] et Siegel [26]. Pour plus de détails, voir l'exemple 2) de l'Appendice placé à fin de ce §.

5.3. La fonction zêta p-adique du corps K

Soit k un élément pair de X tel que $rk \neq 0$. Nous allons associer à k une forme modulaire p-adique g^*_k, de poids rk, par passage à la limite à partir des formes g_k du n° 5.2. Le procédé est le même que celui utilisé au n° 1.6 dans le cas de **Q**. On choisit une suite d'entiers pairs $k_i \geqslant 4$ tels que $|k_i| \to \infty$ et $k_i \to k$ dans X. Si u est un entier p-adique, on a

$$\lim_{i\to\infty} u^{k_i} = 0 \text{ si } u \equiv 0 \pmod p, \text{ et } \lim_{i\to\infty} u^{k_i} = u^k \text{ sinon,}$$

la convergence étant uniforme en u. On en conclut que

$$\lim_{i\to\infty} a_n(g_{k_i}) = \sum_{x,a} (Na)^{k-1}, \qquad (n \geqslant 1),$$

où la sommation porte sur les couples (x,a), avec a idéal de O_K premier à p, $x \in d^{-1}a$, $x \gg 0$ et $Tr(x) = n$; de plus, la convergence est uniforme en n. Appliquant alors le cor.2 au th.1' du n° 1.5, on en déduit que les g_{k_i} ont une limite g_k^* qui est une forme modulaire p-adique de poids rk, indépendante de la suite k_i choisie. Le terme constant de g_k^* sera noté $2^{-r}\zeta_K^*(1-k)$, de sorte que l'on a

$$a_o(g_k^*) = 2^{-r}\zeta_K^*(1-k) = 2^{-r} \lim_{i\to\infty}.\zeta_K(1-k_i),$$

$$a_n(g_k^*) = \sum_{\substack{Tr(x)=n \\ x\in d^{-1} \\ x \gg 0}} \sum_{\substack{a|xd \\ (a,p)=1}} (Na)^{k-1}, \qquad n \geq 1.$$

La fonction ζ_K^* ainsi définie sera appelée la fonction zêta p-adique du corps K; elle prend ses valeurs dans $\mathbf{Q}_p$.

THÉORÈME 20. Si k est un entier pair ≥ 2, on a

$$\zeta_K^*(1-k) = \zeta_{K,S}(1-k) = \zeta_K(1-k) \prod_{p\in S} (1 - Np^{k-1}).$$

(Rappelons que S est l'ensemble des idéaux premiers p qui divisent p.)

En effet, revenons à la série g_k' du n° précédent. D'après le th.19', cette série est une forme modulaire sur $\Gamma_o(p)$ de poids rk, donc aussi une forme modulaire p-adique de poids rk, cf. n° 3.2, th.10. Comme $a_n(g_k') = a_n(g_k^*)$ pour $n \geq 1$, on en déduit que $a_o(g_k') = a_o(g_k^*)$, d'où le théorème.

Remarque

Il est immédiat que ζ_K^* est continue sur l'ensemble des $1-k$, avec k pair et $rk \neq 0$. Le th.20 en fournit donc une caractérisation : c'est le prolongement par continuité de la fonction

$$m \longmapsto \zeta_{K,S}(m),$$

définie sur l'ensemble des entiers impairs < 0. (En particulier, lorsque K est abélien sur $\mathbf{Q}$, ζ_K^* coïncide avec la fonction zêta p-adique de K au sens de Kubota-Leopoldt, cf. [11], p.62, puisque cette dernière a la même propriété.)

En fait, ζ_K^* est même analytique. De façon plus précise, décomposons $k \in X$ en (s,u), avec $s \in \mathbf{Z}_p$, $u \in \mathbf{Z}/(p-1)\mathbf{Z}$, de sorte que la condition $rk \neq 0$ signifie simplement que $s \neq 0$ ou $ru \neq 0$. Ecrivons $\zeta_K^*(1-k)$ sous la forme $\zeta_K^*(1-s, 1-u)$. On a alors :

THÉORÈME 21. Soit u un élément pair de $\mathbf{Z}/(p-1)\mathbf{Z}$, $p \neq 2$.

(a) Si $ru \neq 0$, la fonction $s \longmapsto \zeta_K^*(1-s, 1-u)$ appartient à l'algèbre d'Iwasawa $\Lambda = \mathbf{Z}_p[[T]]$ du §4.

(b) Si $ru = 0$, la fonction $s \longmapsto \zeta_K^*(1-s, 1-u)$ est de la forme $h(T)/((1+T)^r - 1)$, avec $h \in \Lambda$.

THÉORÈME 21'. Si $p = 2$, la fonction $s \longmapsto \zeta_K^*(1-s)$ est de la forme $2^r h(T)/((1+T)^r - 1)$, avec $h \in \Lambda$.

(Noter que, pour $p = 2$, $\zeta_K^*(1-s)$ est défini pour $s \in 2\mathbf{Z}_2$, $s \neq 0$.)

Posons $k = (s,u)$. Si $n \geq 1$, la fonction $s \longmapsto a_n(g_k^*)$ est somme de fonctions de la forme $s \longmapsto (N\mathfrak{a})^{k-1}$, où $N\mathfrak{a}$ est une unité p-adique. En décomposant $N\mathfrak{a}$ à la façon habituelle (cf. n° 4.5) en $\omega(N\mathfrak{a}) \langle N\mathfrak{a} \rangle$, on a

$$(N\mathfrak{a})^{k-1} = N\mathfrak{a}^{-1}\, \omega(N\mathfrak{a})^u \langle N\mathfrak{a} \rangle^s,$$

ce qui montre que $s \longmapsto a_n(g_k^*)$ appartient à l'algèbre L du n° 4.1. Les théorèmes 21 et 21' résultent alors des ths.17 et 18 du §4, appliqués à la famille (g_k^*).

COROLLAIRE 1. Si $ru \neq 0$ et $p \neq 2$, la fonction $s \longmapsto \zeta_K^*(1-s, 1-u)$ est holomorphe (au sens strict) dans un disque strictement plus grand que le disque unité.

En effet, le th.21 (a), combiné au th.13 du n° 4.3, montre que la fonction en question est donnée par une série de Taylor

$$\sum_{n=0}^{\infty} c_n s^n, \quad \text{avec} \quad v_p(c_n) \geqslant n\frac{p-2}{p-1}.$$

Une telle série converge dans un disque strictement plus grand que le disque unité.

COROLLAIRE 2. Si $ru = 0$, la fonction $s \longmapsto \zeta_K^*(1 - s, 1 - u)$ est méromorphe (au sens strict) dans un disque strictement plus grand que le disque unité; si elle n'est pas holomorphe, elle a pour unique pôle le point $s = 0$, et c'est un pôle simple.

Cela se démontre de la même manière, en tenant compte du dénominateur $(1 + T)^r - 1 = u^{rs} - 1$, où u est un générateur topologique de U_1 (resp. de U_2 si $p = 2$); on vérifie en effet que $u^{rs} - 1$ peut s'écrire sous la forme $s/\phi(s)$, où ϕ est une série de Taylor convergeant dans un disque strictement plus grand que le disque unité.

COROLLAIRE 3. Soient a et b des entiers positifs. On suppose que a est pair $\geqslant 2$, $ra \not\equiv 0 \pmod{p-1}$, et $b \equiv 0 \pmod{p-1}$. Les différences successives δ_n de la suite $a_n = \zeta_{K,S}(1 - a - nb)$ satisfont alors aux congruences

$$\delta_n \equiv 0 \pmod{p^n} \quad \text{et} \quad \sum_{i=1}^{n} c_{in}\delta_i p^{-i} \equiv 0 \pmod{n!\mathbf{Z}_p}, \quad \text{cf. n° 4.4.}$$

(Le fait que $\delta_n \equiv 0 \pmod{p^n}$ est une généralisation des congruences de Kummer.)

Vu le th.20, on a $a_n = \zeta_K^*(1 - a - nb, 1 - a)$. Le corollaire résulte de là, et des ths.21 et 14.

5.4. Complément : calcul de $\zeta_K^*(1 - k, 1 - u)$ pour k entier $\geqslant 1$

On suppose u pair et $p \neq 2$. Le cas où $k \equiv u \pmod{p-1}$ est réglé par le th.20 : on a $\zeta_K^*(1 - k, 1 - u) = \zeta_{K,S}(1 - k)$. On va voir qu'il y a un résultat analogue dans le cas général, la fonction zêta étant remplacée par une fonction L.

De façon plus précise, soit ε un homomorphisme de $(\mathbf{Z}/p\mathbf{Z})^*$ dans $\mathbf{C}^*$ tel que $\varepsilon(-1) = (-1)^k$. Si a est un idéal premier à p, posons $\varepsilon_K(a) = \varepsilon(Na)$; la fonction ε_K définit un <u>caractère</u> du corps de nombres K; l'ensemble des idéaux premiers où ce caractère est ramifié est un sous-ensemble S_ε de S. Nous aurons besoin de la fonction $L(s,\varepsilon_K)$ de ε_K, ainsi que de la fonction $L_S(s, \varepsilon_K)$ déduite de $L(s, \varepsilon_K)$ par suppression des facteurs non premiers à p; on a :

$$L_S(s, \varepsilon_K) = \prod_{p \notin S} (1 - \varepsilon_K(p)Np^{-s})^{-1}$$

$$= L(s, \varepsilon_K) \prod_{p \in S-S_\varepsilon} (1 - \varepsilon_K(p)Np^{-s}).$$

Choisissons maintenant un plongement σ du corps $\mathbf{Q}(\mu_{p-1})$ dans $\mathbf{Q}_p$, cf. n° 3.4, de sorte que ε devient $x \longmapsto x^\alpha$, avec $\alpha \in \mathbf{Z}/(p-1)\mathbf{Z}$.

THÉORÈME 22. <u>On a</u> $L_S(1-k, \varepsilon_K)^\sigma = \zeta_K^*(1-k, 1-u)$, <u>où</u> $u = k + \alpha$.

(Pour u, k et σ donnés, il existe un ε et un seul tel que $u = k + \alpha$; le th.22 fournit donc bien un procédé de calcul de $\zeta_K^*(1-k, 1-u)$.)

Considérons la série $f_{k,\varepsilon}$ donnée par :

$$a_o(f_{k,\varepsilon}) = 2^{-r} L_S(1-k, \varepsilon_K),$$

$$a_n(f_{k,\varepsilon}) = \sum_{x,a} \varepsilon_K(a)\, Na^{k-1}, \qquad n \geqslant 1,$$

où la sommation porte comme ci-dessus sur les (x, a), avec a premier à p, $x \in d^{-1}a$, $x \gg 0$ et $\mathrm{Tr}(x) = n$. La série $f_{k,\varepsilon}$ est une forme modulaire sur $\Gamma_o(p)$ de type (rk, ε^r) au sens du n° 3.4, cf. <u>Appendice</u>, Exemple 3). D'après le th.12 du n° 3.4, il en résulte que la série p-adique $f_{k,\varepsilon}^\sigma$ est une forme modulaire p-adique de poids $rk + r\alpha$. Or, si $n \geqslant 1$, on a

$$a_n(f^\sigma_{k,\varepsilon}) = \sum_{x,a} \varepsilon_K(a)^\sigma \,(Na)^{k-1} = \sum_{x,a} \omega(Na)^\alpha \,(Na)^{k-1}$$

$$= \sum_{x,a} (Na)^{k+\alpha-1} = a_n(g^*_{k+\alpha}), \quad \text{cf. n° 5.3.}$$

Comme $g_{k+\alpha}$ et $f^\sigma_{k,\varepsilon}$ ont même poids, et que ce poids est non nul, les formules ci-dessus entraînent $g^*_{k+\alpha} = f^\sigma_{k,\varepsilon}$. On a donc

$$2^{-r}\, L_S(1 - k, \varepsilon_K)^\sigma = a_o(f^\sigma_{k,\varepsilon}) = a_o(g^*_{k+\alpha}) = 2^{-r}\zeta^*_K(1 - k - \alpha),$$

d'où le théorème.

Remarque

Il résulte de l'équation fonctionnelle des séries L que l'on a $L(1 - k, \varepsilon_K) \neq 0$. Vu la formule liant L et L_S on en conclut que $\zeta^*_K(1 - k, 1 - u)$ est nul si et seulement si $k = 1$ et s'il existe $p \in S - S_\varepsilon$ tel que $\varepsilon_K(p) = 1$. (L'existence d'un tel zéro pour ζ^*_K m'a été suggérée par J.Coates - voir aussi [4], th.1.1.)

5.5. Complément : une propriété de périodicité de ζ^*_K

On suppose $p \neq 2$. Soit $K(\mu_p)$ le corps obtenu en adjoignant à K les racines p-ièmes de l'unité, et posons $b = [K(\mu_p) : K]$. Du fait que K est réel, b est pair, et divise p-1.

THÉORÈME 23. On a $\zeta^*_K(1 - s, 1 - u) = \zeta^*_K(1 - s, 1 - u')$ si $u' \equiv u \pmod b$.

Notons Y_b le sous-groupe de $\mathbf{Z}/(p-1)\mathbf{Z}$ engendré par b, et identifions Y_b à un sous-groupe de X. Il s'agit de prouver que $\zeta^*_K(1 - k) = \zeta^*_K(1-k')$ si $k' \equiv k \pmod{Y_b}$.

Si a est un idéal de K premier à p, on vérifie (soit directement, soit par la théorie du corps de classes) que $Na^b \equiv 1 \pmod p$, i.e. que $\omega(Na)$ appartient au noyau de $z \longmapsto z^b$ dans $(\mathbf{Z}/p\mathbf{Z})^*$. Il en résulte que, si $k' \equiv k \pmod{Y_b}$, on a $(Na)^{k'} = (Na)^k$, d'où $a_n(g^*_{k'}) = a_n(g^*_k)$ pour $n \geq 1$. On a d'autre part $p - 1 = ab$, où a est le degré du corps $K \cap \mathbf{Q}(\mu_p)$; il en résulte que a divise $r = [K:\mathbf{Q}]$, et, si $t \in Y_b$, on a $rt = 0$. Les séries g_k^* et $g_{k'}^*$ ont donc même poids rk. Vu les formules ci-dessus, on a donc $g_k^* = g_{k'}^*$, d'où le théorème.

Remarque

Notons $\mathbf{Q}(\mu)$ le corps engendré sur $\mathbf{Q}$ par toutes les racines p^n-ièmes de l'unité (n = 1,2, ...). Le degré de $K \cap \mathbf{Q}(\mu)$ est de la forme $a\,p^m$, avec $m \geqslant 0$. On peut montrer (par un argument analogue à celui du th.23) que, pour tout u, la fonction

$$s \longmapsto \zeta_K^*(1 - s, 1 - u)$$

appartient au corps des fractions de $\mathbf{Z}_p[[T_m]]$, où $T_m = (1 + T)^{p^m} - 1$. Si $ru \neq 0$, cette fonction appartient même à $\mathbf{Z}_p[[T_m]]$.

5.6. Questions

1) Comportement de $\zeta_K^*(1 - s, 1 - u)$ pour $s = 0$

Supposons d'abord $ru \neq 0$, de sorte que $\zeta_K^*(1 - s, 1 - u)$ est défini en $s = 0$. Peut-on calculer ce nombre (en termes de logarithmes p-adiques d'unités de $K(\mu_p)$, par exemple) ? C'est le cas lorsque K est abélien sur $\mathbf{Q}$, en vertu d'un résultat de Leopoldt ([11], §5).

Lorsque $ru = 0$, on aimerait savoir si $s = 0$ est effectivement un pôle. Il paraît probable que ce n'est le cas que si $au = 0$, où a est le degré de $K \cap \mathbf{Q}(\mu_p)$, cf. n° 5.5; cela résulterait en tout cas des conjectures faites dans [19], n° 3.7 et dans [4].

Lorsque $au = 0$ (ou $u = 0$, cela revient au même d'après le th.23), on peut espérer que le résidu de $\zeta_K^*(1 - s, 1 - u)$ en $s = 0$ est lié au régu-
2 lateur p-adique de K par la même formule que dans le cas abélien ([11], loc.cit.); en outre, on devrait pouvoir remplacer le dénominateur $(1 + T)^r - 1$ du th.21 par $(1 + T)^{p^m} - 1$, où p^m est la plus grande puissance de p divisant le degré de $K \cap \mathbf{Q}(\mu)$, cf. n° 5.5.

2) Généralisations

Le cas traité ici est seulement celui des fonctions zêta. Il y a certainement des résultats analogues pour les fonctions L (abéliennes d'abord, puis non abéliennes). Il devrait être possible de les démontrer en utilisant des formes modulaires p-adiques sur d'autres groupes que $SL_2(\mathbf{Z})$, cf. Katz [12]. Pour obtenir des résultats vraiment satisfaisants
3 (et en particulier pour se débarrasser des pôles parasites, cf. ci-dessus), il sera sans doute nécessaire de travailler sur le groupe modulaire du corps K (et non plus de $\mathbf{Q}$), i.e. d'utiliser les fonctions $F_k(u, z_1, \ldots, z_r)$ et non pas seulement les fonctions d'une variable obtenues en faisant $z_1 = \ldots = z_r$. Le groupe $\mathbf{Z}_p^*$ (ou son sous-groupe U_1) serait remplacé par le groupe de Galois G d'une certaine extension abélienne de K (non nécessairement cyclotomique); l'espace X serait remplacé par l'espace des caractères p-adiques de G, et l'algèbre Λ par $\mathbf{Z}_p[[G]]$.

3) Relations avec la théorie d'Iwasawa

Du point de vue développé dans [10], [11], les éléments de Λ apparaissent, non pas comme des fonctions, mais comme des relations entre éléments de certains modules galoisiens. Pour un corps K abélien sur $\mathbf{Q}$, on a des relations canoniques, les "relations de Stickelberger" qui conduisent aux fonctions zêta et L p-adiques (Iwasawa [10]). Dans le cas général, on ne dispose que de relations définies à multiplication par un élément inversible près (ce qui permet de parler de leurs zéros, cf. Coates-Lichtenbaum [4]). Il est probable que ces relations (ou fonctions) sont essentiellement les mêmes que celles considérées ici; il
4 serait intéressant de le démontrer.

4) Corps non totalement réels

Si K n'est pas totalement réel, on a $\zeta_K(1 - n) = 0$ pour tout entier $n \geqslant 2$; ce fait pourrait laisser croire que K ne possède pas de fonction zêta p-adique "intéressante". Cependant, pour $K = \mathbf{Q}(i)$, Hurwitz [9] a défini des nombres rationnels qui jouissent de propriétés analogues à celles des nombres de Bernoulli; les résultats de Hurwitz, ainsi que d'autres plus récents ([5], [17]), laissent penser que les nombres en question conduisent, eux aussi, à des fonctions analytiques p-adiques. Peut-être existe-t-il, plus généralement, une théorie p-adique des fonctions L à Grössencharaktere de type (A_0), au sens de Weil [28] ?

Appendice

Séries d'Eisenstein de niveau $\mathfrak{f}$

Notations

On se donne un idéal $\mathfrak{f} \neq 0$ de O_K, le conducteur. On note $S_{\mathfrak{f}}$ l'ensemble des diviseurs premiers de $\mathfrak{f}$, et l'on écrit

$$\mathfrak{f} = \prod_{p \in S_{\mathfrak{f}}} p^{f(p)}, \quad \text{avec} \quad f(p) \geq 1.$$

Si $\alpha \in K^*$, on dit que α est congru à 1 (mod $\mathfrak{f}$), et on écrit $\alpha \equiv 1$ (mod$^{\times}\mathfrak{f}$), si $v_p(\alpha - 1) \geq f(p)$ pour tout $p \in S_{\mathfrak{f}}$, où v_p désigne la valuation discrète attachée à p.

Soient a et b deux idéaux fractionnaires de K, premiers à $\mathfrak{f}$. On dit que a et b appartiennent à la même classe (mod $\mathfrak{f}$) s'il existe $\alpha \in K^*$, $\alpha \gg 0$, $\alpha \equiv 1$ (mod$^{\times}\mathfrak{f}$), tel que a soit le produit de b par l'idéal principal (α). Le groupe des classes d'idéaux (mod $\mathfrak{f}$) sera noté $C_{\mathfrak{f}}$; c'est un groupe fini.

Fonction zêta d'une classe

Soit $c \in C_{\mathfrak{f}}$. On lui associe la fonction zêta "partielle"

$$\zeta_{K,c}(s) = \sum_{a \in c} Na^{-s},$$

où la sommation porte sur tous les idéaux de O_K appartenant à la classe c. Cette fonction se prolonge en une fonction méromorphe dans tout **C**, et ses valeurs aux entiers négatifs sont des nombres <u>rationnels</u> (Siegel [26], p.19).

Plus généralement, soit λ une fonction sur $C_{\mathfrak{f}}$ à valeurs complexes; on identifie λ de façon évidente à une fonction sur les idéaux fractionnaires premiers à $\mathfrak{f}$. On pose

$$\zeta_{K,\lambda}(s) = \sum_{c \in C_{\mathfrak{f}}} \lambda(c)\, \zeta_{K,c} = \sum_{(\mathfrak{a},\mathfrak{f})=1} \lambda(\mathfrak{a}) N\mathfrak{a}^{-s}.$$

Ici encore, cette fonction se prolonge à tout **C**; ses valeurs aux entiers négatifs sont des combinaisons **Q**-linéaires des $\lambda(c)$. (Il y a parfois intérêt à considérer des fonctions λ à valeurs, non plus dans **C**, mais dans une **Q**-algèbre E - par exemple un corps p-adique - et à <u>définir</u> $\zeta_{K,\lambda}(1-k) \in E$ comme la somme des $\lambda(c)\, \zeta_{K,c}(1-k)$.)

Nous dirons que λ est <u>paire</u> si

$\lambda((\alpha)\mathfrak{a}) = \lambda(\mathfrak{a})$ pour tout $\mathfrak{a}$ et tout $\alpha \equiv 1 \pmod{^\times \mathfrak{f}}$,

et que λ est <u>impaire</u> si

$\lambda((\alpha)\mathfrak{a}) = \operatorname{sgn}(N\alpha)\lambda(\mathfrak{a})$ pour tout $\mathfrak{a}$ et tout $\alpha \equiv 1 \pmod{^\times \mathfrak{f}}$.

<u>Forme modulaire définie par une fonction</u> λ

On se donne un entier $k \geq 1$, et une fonction λ sur $C_{\mathfrak{f}}$ comme ci-dessus. On suppose que λ <u>et</u> k <u>ont même parité</u>; on exclut les cas ($k = 1$, $\mathfrak{f} = O_K$) et ($k = 2$, $r = 1$, $\mathfrak{f} = O_K$), cf. [19], p.48.

On associe à k,λ la série formelle $G_{k,\lambda} = \sum_{n=0}^{\infty} a_n(G_{k,\lambda}) q^n$ définie par :

$$a_o(G_{k,\lambda}) = 2^{-r}\, \zeta_{K,\lambda}(1-k)$$

$$a_n(G_{k,\lambda}) = \sum_{x,\mathfrak{a}} \lambda(\mathfrak{a})\, N\mathfrak{a}^{k-1}, \qquad n \geq 1,$$

où la sommation porte sur les couples $(x,\mathfrak{a})$ tels que $\mathfrak{a}$ soit un idéal de O_K premier à $\mathfrak{f}$, $x \in \mathfrak{d}^{-1}\mathfrak{a}$, $x \gg 0$ et $\operatorname{Tr}(x) = n$.

Soit d'autre part f le générateur > 0 de l'idéal $\mathfrak{f} \cap \mathbf{Z}$ de $\mathbf{Z}$. Notons $\Gamma_o(f)$ le sous-groupe de $SL_2(\mathbf{Z})$ formé des matrices $\begin{pmatrix}\alpha & \beta\\ \gamma & \delta\end{pmatrix}$ telles que $\gamma \equiv 0 \pmod f$, et $\Gamma_1(f)$ le sous-groupe de $\Gamma_o(f)$ formé des matrices $\begin{pmatrix}\alpha & \beta\\ \gamma & \delta\end{pmatrix}$ telles que $\alpha \equiv \delta \equiv 1 \pmod f$.

THÉORÈME 24 (Kloosterman-Siegel).

(i) La série $G_{k,\lambda}$ définie ci-dessus est une forme modulaire de poids rk sur $\Gamma_1(f)$.

(ii) Si $\begin{pmatrix}\alpha & \beta\\ \gamma & \delta\end{pmatrix}$ appartient à $\Gamma_o(f)$, on a

$$G_{k,\lambda}|_{rk} \begin{pmatrix}\alpha & \beta\\ \gamma & \delta\end{pmatrix} = G_{k,\lambda_\delta},$$

où λ_δ est définie par la formule $\lambda_\delta(a) = \mathrm{sgn}(\delta)^{rk}\, \lambda((\delta)a)$.

Remarque

La définition de λ_δ peut aussi se présenter de la manière suivante : on a un homomorphisme naturel $\rho : (\mathbf{Z}/f\mathbf{Z})^* \to C_{\mathfrak{f}}$ obtenu en associant à un élément $\xi \in (\mathbf{Z}/f\mathbf{Z})^*$ l'idéal principal (x) engendré par un élément positif x de ξ. Comme δ est inversible mod f, on peut donc parler de $\rho(\delta) \in C_{\mathfrak{f}}$, et la définition de λ_δ donnée ci-dessus équivaut simplement à

$$\lambda_\delta(c) = \lambda(\rho(\delta)c) \quad \text{pour tout} \quad c \in C_{\mathfrak{f}}.$$

Exemples

1) Prenons $\mathfrak{f} = (1)$, $\lambda = 1$, et k pair ≥ 2 (resp. ≥ 4 si $r = 2$). La série $G_{k,\lambda}$ n'est autre que la série g_k du n° 5.2; comme $f = 1$, on en déduit que g_k est une forme modulaire sur le groupe $SL_2(\mathbf{Z})$: on retrouve le th.19.

2) Prenons $\mathfrak{f} = (p)$, $\lambda = 1$ et k pair ≥ 2. On a $f = p$. La série $G_{k,\lambda}$ est égale à la série g_k' du n° 5.2. Comme $\lambda_\delta = \lambda$ pour tout δ premier à p, on en déduit que g_k' est une forme modulaire sur $\Gamma_o(p)$.

3) Les notations étant celles du n° 5.4, prenons $\mathfrak{f} = (p)$, et choisissons pour λ la fonction $a \to \varepsilon_K(a) = \varepsilon(Na)$; prenons $k \geq 1$ tel que

$\varepsilon(-1) = (-1)^k$, ce qui assure que k et λ ont même parité. La série $G_{k,\lambda}$ coïncide avec la série $f_{k,\varepsilon}$ introduite dans la démonstration du th.22 du n° 5.4. Comme on a $\lambda_\delta = \varepsilon(\delta)^r\lambda$, on en déduit que $f_{k,\varepsilon}$ est une forme modulaire de type (rk, ε^r) sur $\Gamma_o(p)$.

Démonstration du th.24

Je me bornerai à indiquer comment on le déduit des résultats de Siegel [26]. Choisissons des représentants $b_1,\ldots,b_h$ des éléments de $C_{\mathfrak{f}}$, et posons $a_i = b_i d^{-1}\mathfrak{f}^{-1}$. A chaque a_i, Siegel attache une certaine forme modulaire $\phi_i = \phi_{a_i}$, cf. [26], p.48, formule (98). Posons :

$$\phi_\lambda = \sum_{i=1}^{h} \lambda(b_i)\, \phi_i .$$

D'après [26], p.49, ϕ_λ est une forme modulaire de poids rk sur un certain sous-groupe de congruence de $SL_2(\mathbf{Z})$. Son terme constant (avec les notations de [26], loc.cit.) est

$$a_o(\phi_\lambda) = \sum_i \lambda(b_i)Q_k(a_i) = \zeta_{K,\lambda}(1 - k), \qquad \text{cf. [26], p.48 et 19.}$$

D'autre part, un calcul sans grande difficulté, basé sur les formules (101) de [26], p.48, montre que l'on a

$$a_n(\phi_\lambda) = 2^r\, a_n(G_{k,\lambda}) \quad \text{pour} \quad n \geqslant 1.$$

On en déduit que $G_{k,\lambda} = 2^{-r}\phi_\lambda$.

Si maintenant $M = \begin{pmatrix}\alpha & \beta\\ \gamma & \delta\end{pmatrix}$ est un élément de $\Gamma_o(f)$, on vérifie facilement que $\phi_{\delta a}|M = \text{sgn}(\delta)^{rk}\, \phi_a$. Or, on peut écrire

$$\phi_\lambda = \sum_i \lambda(\delta b_i)\phi_{\delta a_i},$$

puisque les δb_i sont des représentants de $C_{\mathfrak{f}}$. On en déduit :

$\phi_\lambda|M = \text{sgn}(\delta)^{rk} \sum_i \lambda(\delta b_i)\, \phi_{a_i} = \phi_{\lambda_\delta}$, ce qui établit (i) et (ii).

BIBLIOGRAPHIE

[1] Y.AMICE - Interpolation p-adique, Bull.Soc.math.France, 92, 1964, p.117-160.

[2] A.O.L.ATKIN - Congruences for modular forms, Computers in math. research (R.F.Churchhouse et J-C.Herz ed.), p.8-19, North-Holland, Amsterdam, 1968.

[3] A.O.L.ATKIN et J.LEHNER - Hecke operators on $\Gamma_o(m)$, Math.Ann., 185, 1970, p.134-160.

[4] J.COATES et S.LICHTENBAUM - On ℓ-adic zeta functions, à paraître aux Ann. of Math.

[5] R.M.DAMERELL - L-functions of elliptic curves with complex multiplication I, Acta Arith., 17, 1970, p.287-301.

[6] B.DWORK - p-adic cycles, Publ.Math.I.H.E.S., 37, 1969, p.27-115.

[7] J.FRESNEL - Nombres de Bernoulli et fonctions L p-adiques, Ann. Inst.Fourier, 17, 1967, p.281-333.

[8] E.HECKE - Mathematische Werke, Vandenhoeck und Ruprecht, Göttingen, 1959 (zw.Aufl. 1970).

[9] A.HURWITZ - Über die Entwicklungskoeffizienten der lemniskatischen Funktionen, Math.Ann., 51, 1899, p.196-226 (Math.Werke, II, p.342-373).

[10] K.IWASAWA - On p-adic L functions, Ann.of Math., 89, 1969, p.198-205.

[11] K.IWASAWA - Lectures on p-adic L functions, Ann.Math.Studies 74, Princeton Univ.Press, 1972.

[12] N.KATZ - p-adic properties of modular schemes and modular forms, ce volume.

[13] H.KLINGEN - Über die Werte der Dedekindschen Zetafunktion, Math. Ann., 145, 1962, p.265-272.

[14] H.D.KLOOSTERMAN - Theorie der Eisensteinschen Reihen von mehreren Veränderlichen, Abh.Math.Sem. Hamb., 6, 1928, p.163-188.

[15] M.KOIKE - Congruences between modular forms and functions and applications to a conjecture of Atkin, à paraître.

[16] T.KUBOTA et H.W.LEOPOLDT - Eine p-adische Theorie der Zetawerte, J.Crelle, 214-215, 1964, p.328-339.

[17] H.LANG - Kummersche Kongruenzen für die normierten Entwicklungskoeffizienten der Weierstrass'schen $\wp$ -Funktion, Abh.Math. Sem.Hamburg., 33, 1969, p.183-196.

[18] H.W.LEOPOLDT - Eine Verallgemeinerung der Bernoullischen Zahlen, Abh.Math.Sem.Hamburg., 22, 1958, p.131-140.

[19] J-P.SERRE - Cohomologie des groupes discrets, Ann.Math.Studies 70, p.77-169, Princeton Univ.Press, 1971.

[20] J-P.SERRE - Congruences et formes modulaires (d'après H.P.F. Swinnerton-Dyer), Sém.Bourbaki, 1971/72, exposé 416.

[21] J-P.SERRE - Résumé des cours 1971/72, Annuaire du Collège de France, 1972/73, Paris, p.55-60.

[22] G.SHIMURA - Introduction to the arithmetic theory of automorphic functions, Princeton, 1971.

[23] K.SHIRATANI - Kummer's congruence for generalized Bernoulli numbers and its application, Mem.Kyushu Univ., 26, 1972, p.119-138.

[24] C.L.SIEGEL - Über die analytische Theorie der quadratischen Formen III, Ann.of Math., 38, 1937, p.212-291 (Gesam.Abh. I, p.469-548).

[25] C.L.SIEGEL - Berechnung von Zetafunktionen an ganzzahligen Stellen, Gött.Nach., 10, 1969, p.87-102.

[26] C.L.SIEGEL - Über die Fourierschen Koeffizienten von Modulformen, Gött.Nach., 3, 1970, p.15-56.

[27] H.P.F.SWINNERTON-DYER - On ℓ-adic representations and congruences for coefficients of modular forms, ce volume.

[28] A.WEIL - On a certain type of characters of the idèle-class group of an algebraic number field, Proc.Int.Symp. Tokyo-Nikko, 1955, p.1-7.

98.

Résumé des cours de 1972–1973

Annuaire du Collège de France (1973), 51–56

1 La théorie des formes modulaires p-adiques, esquissée dans le cours précédent, a été reprise et appliquée aux fonctions zêta des corps de nombres algébriques.

1. *Formes modulaires p-adiques*

1.1. *Définition*. Soit $f = \sum_{n=0}^{\infty} a_n q^n$ une série formelle dont les coefficients $a_n(f) = a_n$ appartiennent au corps $\mathbf{Q}_p$ des nombres p-adiques. On dit que f est une forme modulaire p-adique s'il existe une suite f_i de formes modulaires de poids k_i sur $\mathbf{SL}_2(\mathbf{Z})$ dont les coefficients $a_n(f_i)$ soient des nombres rationnels tendant uniformément vers les $a_n(f)$ dans $\mathbf{Q}_p$. On écrit alors

$$f = \lim . f_i .$$

Si $f \neq 0$, on démontre que les k_i ont une limite dans le groupe

$$X = \lim . \ \mathbf{Z}/(p-1)p^m\mathbf{Z} = \mathbf{Z}_p \times \mathbf{Z}/(p-1)\mathbf{Z}.$$

Cette limite ne dépend pas du choix de la suite f_i ; on l'appelle le *poids* de f.

1.2. *Exemple.* Si $k \in 2X$, $k \neq 0$, on définit la *série d'Eisenstein* G_k^* de poids k comme limite de séries d'Eisenstein G_{k_i} usuelles. On a

$$G_k^* = \frac{1}{2}\,\zeta^*(1-k) + \sum_{(d,p)=1} d^{k-1}\,\frac{q^d}{1-q^d}.$$

Le terme constant $\zeta^*(1-k)$ de $2G_k^*$ est essentiellement la fonction zêta p-adique de $\mathbf{Q}$, au sens de Kubota-Leopoldt.

1.3. *Opérateurs.* Les formes modulaires p-adiques ont de meilleures propriétés de stabilité que les formes modulaires classiques.

Ainsi, si $f = \Sigma\, a_n q^n$ est modulaire p-adique de poids k, il en est de même des séries

$$f|T_l = \Sigma\, a_{ln} q^n + l^{k-1}\, \Sigma\, a_n q^{ln} \qquad (l \text{ premier } \neq p),$$

$$f|U = \Sigma\, a_{pn} q^n,$$

$$f|V = \Sigma\, a_n q^{pn}.$$

De plus, la série

$$\theta f = q\, df/dq = \Sigma\, n a_n q^n$$

est modulaire p-adique de poids $k+2$.

Les *valeurs propres* de ces opérateurs ont des rapports, encore mal éclaircis, avec certaines représentations de degré 2 du groupe $\mathrm{Gal}(\overline{\mathbf{Q}}/\mathbf{Q})$.

1.4. *Calcul de* $a_0(f)$. Il s'agit d'exprimer le terme constant $a_0(f)$ d'une forme modulaire p-adique f au moyen des $a_n(f)$, avec $n \geqslant 1$. Le cas $p = 2, 3, 5$ ou 7 est particulièrement simple : si f est de poids $k \neq 0$, on a

$$a_0(f) = \frac{1}{2}\,\zeta^*(1-k)\ \lim .a_1(f|U^m) \qquad \text{pour } m \to \infty.$$

Comme

$$a_1(f|U^m) = a_{p^m}(f),$$

cela exprime bien $a_0(f)$ au moyen des $a_n(f)$ pour $n \geqslant 1$.

Pour $p \geqslant 13$, il y a des formules analogues utilisant, non seulement U, mais aussi les T_l.

1.5. *Formes sur* $\Gamma_0(p)$. Le groupe $\Gamma_0(p)$ est le sous-groupe de $\mathbf{SL}_2(\mathbf{Z})$ formé des matrices $\begin{pmatrix} a & b \\ c & d \end{pmatrix}$ telles que $c \equiv 0 \pmod{p}$. On démontre que toute forme modulaire de poids k sur $\Gamma_0(p)$, à coefficients rationnels, est une forme modulaire p-adique au sens ci-dessus (i.e. peut être approchée par des formes modulaires sur $\mathbf{SL}_2(\mathbf{Z})$). Il y a un résultat analogue pour les formes « de Nebentypus » au sens de Hecke. Dans le même ordre d'idées, signalons qu'il y a identité (pour $p \neq 2$) entre :

réduction $\pmod{p}$ des formes modulaires de poids 2 sur $\Gamma_0(p)$

et

réduction $\pmod{p}$ des formes modulaires de poids $p + 1$ sur $\mathbf{SL}_2(\mathbf{Z})$.

2. *Fonctions zêta p-adiques*

Pour simplifier, on suppose $p \neq 2$ dans ce qui suit.

2.1. *L'algèbre d'Iwasawa* Λ. Les éléments de cette algèbre sont les fonctions $f : \mathbf{Z}_p \longrightarrow \mathbf{Z}_p$ satisfaisant aux conditions équivalentes suivantes :

(i) f est limite uniforme (resp. limite simple) de fonctions de la forme

$$s \longmapsto \sum_{i=1}^{n} a_i\, u_i^s, \qquad \text{avec } a_i \in \mathbf{Z}_p,\ u_i \in U_1 = 1 + p\mathbf{Z}_p.$$

(ii) Il existe une mesure p-adique μ sur U_1 (au sens de B. Mazur), à valeurs dans $\mathbf{Z}_p$, telle que

$$f(s) = \int_{U_1} u^s\, \mu(u) \qquad \text{pour tout } s \in \mathbf{Z}_p.$$

(iii) Le changement de variables $1 + T = (1 + p)^s$ transforme f en un élément de l'algèbre de séries formelles $\mathbf{Z}_p[[T]]$.

(iv) f a un développement de Taylor de la forme

$$f(s) = \sum_{n=0}^{\infty} b_n p^n s^n / n!, \qquad \text{avec } b_n \in \mathbf{Z}_p$$

et

$$\sum_{i=1}^{n} c_{in} b_i \equiv 0 \pmod{n!\mathbf{Z}_p} \qquad \text{pour tout } n \geqslant 1,$$

où les c_{in} sont des entiers définis par l'identité

$$\sum_{i=1}^{n} c_{in} Y^i = Y(Y-1)\ldots(Y-n+1).$$

(v) f a un développement binomial de la forme

$$f(s) = \sum_{n=0}^{\infty} d_n p^n \binom{s}{n}, \text{ avec } d_n \in \mathbf{Z}_p, \ \binom{s}{n} = \frac{s(s-1)\ldots(s-n+1)}{n!},$$

et

$$\sum_{i=1}^{n} c_{in} d_i \equiv 0 \pmod{n!\mathbf{Z}_p} \qquad \text{pour tout } n \geqslant 1,$$

les c_{in} étant les mêmes que ci-dessus.

2.2. *Familles analytiques de formes modulaires p-adiques.* Soit f_s une forme modulaire p-adique dépendant d'un paramètre $s \in \mathbf{Z}_p$ et de poids $(rs,u) \in \mathbf{Z}_p \times \mathbf{Z}/(p-1)\mathbf{Z}$, où r et u sont indépendants de s. On écrit f_s sous la forme

$$f_s = a_0(f_s) + \sum_{n=1}^{\infty} a_n(f_s)\, q^n,$$

et l'on suppose que, pour tout $n \geqslant 1$, la fonction $s \mapsto a_n(f_s)$ appartient à l'algèbre d'Iwasawa Λ, cf. n° 2.1. Alors :

a) si $u \neq 0$, la fonction $s \mapsto a_0(f_s)$ appartient à Λ ;

b) si $u = 0$ et $r \neq 0$, la fonction $s \mapsto a_0(f_s)$ est de la forme $h(T)/((1+T)^r - 1)$, avec $h \in \Lambda = \mathbf{Z}_p[[T]]$.

2.3. *Définition de la fonction zêta p-adique d'un corps de nombres.* Soit K un corps de nombres algébriques totalement réel de degré r, et soit ζ_K sa fonction zêta (au sens usuel). Si k est un entier pair $\geqslant 2$, $\zeta_K(1-k)$ est un nombre *rationnel.* De plus, si $k \geqslant 4$ ou $r \geqslant 2$, il existe une forme modulaire g_k de poids rk sur $\mathbf{SL}_2(\mathbf{Z})$ dont les coefficients sont donnés par les formules suivantes :

$$a_0(g_k) = 2^{-r} \zeta_K(1-k)$$

et

$$a_n(g_k) = \sum_{x,\,\mathfrak{a}} (N\mathfrak{a})^{k-1} \qquad \text{pour } n \geqslant 1,$$

la sommation étant étendue aux couples formés d'un idéal entier $\mathfrak{a}$ de K et d'un élément x totalement positif de K tel que $\mathrm{Tr}(x) = n$ et $x \in \mathfrak{d}^{-1}\mathfrak{a}$ (où $\mathfrak{d}$ est la différente de K).

Ce résultat, dû à Hecke, Kloosterman et Siegel, permet d'effectuer un « passage à la limite » p-adique sur k. De façon plus précise, soit k un élément pair de $X = \mathbf{Z}_p \times \mathbf{Z}/(p-1)\mathbf{Z}$ tel que $rk \neq 0$ et choisissons une suite d'entiers pairs $k_i \geqslant 4$ tels que

$$|k_i| \to +\infty \qquad \text{et} \qquad k_i \to k \text{ dans } X.$$

Les $a_n(g_{k_i})$, $n \geqslant 1$, convergent uniformément lorsque $i \to \infty$. On en conclut que les g_{k_i} ont une limite g_k^* qui est une forme modulaire p-adique de poids rk. Les coefficients $a_n(g_k^*)$, $n \geqslant 1$, sont donnés par une formule analogue à celle donnant les $a_n(g_k)$ (à cela près que la sommation porte seulement sur les idéaux $\mathfrak{a}$ qui sont premiers à p). Le terme constant $a_0(g_k^*)$ est noté $2^{-r}\,\zeta_K^*(1-k)$. La fonction ζ_K^* ainsi définie est la fonction zêta p-adique de K.

2.4. *Propriétés de* ζ_K^*.

(i) On peut calculer $\zeta_K^*(1-k)$ lorsque k est de la forme (n,u), où n est un entier > 0. Le résultat est particulièrement simple lorsque $n \equiv u \pmod{p-1}$: on a

$$\zeta_K^*(1-k) = \zeta_K(1-n) \prod_{\mathfrak{p}|p} (1 - N\mathfrak{p}^{n-1}).$$

(ii) Pour $u \in \mathbf{Z}/(p-1)\mathbf{Z}$ fixé, avec $ru \neq 0$, la fonction

$$s \mapsto \zeta_K^*(1-s,\ 1-u)$$

appartient à l'algèbre d'Iwasawa $\Lambda = \mathbf{Z}_p[[T]]$. En particulier c'est une fonction holomorphe de s dans un disque strictement plus grand que le disque unité ; ses valeurs sont des entiers p-adiques, liés entre eux par des congruences analogues à la « congruence de Kummer ».

(iii) Lorsque $ru = 0$, la fonction $s \mapsto \zeta_K^*(1-s,\ 1-u)$ est de la forme $h(T)/((1+T)^r - 1)$, avec $h \in \Lambda$; elle est méromorphe dans un disque plus grand que le disque unité, et a (au plus) un pôle simple en $s = 1$.

Les démonstrations des résultats résumés ci-dessus se trouvent dans le vol. III de la « Summer School on Modular Functions » (Springer-Verlag, Lecture Notes in Math. n° 350).

99.

Valeurs propres des endomorphismes de Frobenius (d'après P. Deligne)

Séminaire Bourbaki 1973/74, n° 446

1. Rappels sur quelques résultats de Grothendieck [10]

Soient $\mathbf{F}_q$ un corps fini à q éléments, de caractéristique p, $\overline{\mathbf{F}}_q$ une clôture algébrique de $\mathbf{F}_q$, X_0 une variété algébrique sur $\mathbf{F}_q$, $X = X_0 \otimes_{\mathbf{F}_q} \overline{\mathbf{F}}_q$, et F l'endomorphisme de Frobenius $x \mapsto x^q$ de X (ou X_0). On note $|X|$ (resp. $|X_0|$) l'ensemble des points fermés de X (resp. X_0); l'ensemble des orbites de F dans $|X|$ s'identifie à $|X_0|$.

Soit l un nombre premier distinct de p. GROTHENDIECK a défini des «groupes de cohomologie l-adiques à support propre» $H_c^i(X, \mathbf{Q}_l)$, qui sont des $\mathbf{Q}_l$-espaces vectoriels de dimension finie. L'endomorphisme F opère par fonctorialité sur les $H_c^i(X, \mathbf{Q}_l)$, et l'on a la «formule de LEFSCHETZ»

$$\text{(1)} \qquad \operatorname{Card} |X|^F = \sum_i (-1)^i \operatorname{Tr}(F; H_c^i(X, \mathbf{Q}_l)),$$

où $|X|^F$ désigne l'ensemble des éléments de $|X|$ invariants par F (ou, ce qui revient au même, l'ensemble $X_0(\mathbf{F}_q)$ des $\mathbf{F}_q$-points de X_0). Une formule analogue vaut pour les itérés F^n de F: si l'on pose $N_n = \operatorname{Card} |X|^{F^n} = \operatorname{Card} X_0(\mathbf{F}_{q^n})$, on a

$$\text{(2)} \qquad N_n = \sum_i (-1)^i \operatorname{Tr}(F^n; H_c^i(X, \mathbf{Q}_l)) = \sum_{i,j} (-1)^i \alpha_{ij}^n,$$

où les α_{ij} sont les valeurs propres de F dans $H_c^i(X, \mathbf{Q}_l)$. Si l'on définit avec WEIL la fonction zêta $Z(X_0, t)$ de X_0 par la formule

$$\text{(3)} \qquad Z(X_0; t) = \exp \sum_{n=1}^{\infty} N_n t^n/n = \prod_{x \in |X_0|} \frac{1}{1 - t^{\deg(x)}},$$

la formule (2) équivaut à

$$\text{(4)} \qquad Z(X_0; t) = \prod_i P_i(t)^{(-1)^{i+1}},$$

où

$$P_i(t) = \prod_j (1 - \alpha_{ij} t) = \det(1 - tF; H_c^i(X, \mathbf{Q}_l)).$$

Cette dernière formule montre en particulier que $Z(X_0; t)$ est une *fonction rationnelle* de t, résultat conjecturé par WEIL [19], et démontré par DWORK [9].

GROTHENDIECK énonce même un résultat plus général: si $\underline{E}_0$ désigne un $\mathbf{Q}_l$-faisceau «constructible» sur X_0, et $\underline{E}$ le faisceau sur X correspondant, on a une formule, analogue à (1):

$$\text{(5)} \qquad \sum_{x \in |X|^F} \operatorname{Tr}(F_x; \underline{E}_x) = \sum_i (-1)^i \operatorname{Tr}(F, H_c^i(X, \underline{E})),$$

où le terme $\mathrm{Tr}(F_x;\underline{E}_x)$ désigne la trace de l'endomorphisme F_x («Frobenius local») opérant sur la fibre $\underline{E}_x$ de $\underline{E}_0$ en x. Comme ci-dessus, cette formule peut se traduire en termes de fonctions zêta (ou plutôt de fonctions L, à la Artin): on pose

$$Z(X_0,\underline{E}_0;t)=\prod_{x\in|X_0|} 1/\det(1-t^{\deg(x)}F_x;\underline{E}_x)\,, \tag{6}$$

et l'on a

$$Z(X_0,\underline{E}_0;t)=\prod_i \det(1-tF;H_c^i(X,\underline{E}))^{(-1)^{i+1}}\,. \tag{7}$$

Ici encore, on obtient une *fonction rationnelle* de t; ses zéros sont fournis par les H_c^i, i impair, et ses pôles par les H_c^i, i pair; ce fait jouera un rôle essentiel dans la suite.

Remarques bibliographiques. [Ces remarques sont destinées au lecteur – plus consciencieux que le conférencier – qui désire remplacer les affirmations de [10] par des démonstrations.]

1) Les propriétés fondamentales de la *topologie étale,* et de la *cohomologie* correspondante (éventuellement à support propre) sont exposées avec tous les détails nécessaires, ainsi que beaucoup d'autres, dans les 1583 pages de SGA 4, [2]; l'essentiel est le troisième fascicule, qui contient les exposés de M. Artin et P. Deligne. On recommande également les notes originales d'Artin [1].

2) Aucune démonstration de la *formule de Lefschetz* (5) n'a encore été
1 publiée. On attend depuis 1966 la version définitive de SGA 5, qui devrait être plus convaincante que les exposés polycopiés existants. Pour le moment, les seules références sont une brève esquisse de Verdier [15] et quelques indications de Deligne ([4], p. 581–590).

2. Le théorème de Deligne

On suppose à partir de maintenant que X_0 est *projective non singulière.* Cela permet en particulier de remplacer les groupes de cohomologie à support propre $H_c^i(X,\mathbf{Q}_l)$ par les groupes de cohomologie «ordinaires» $H^i(X,\mathbf{Q}_l)$.

Théorème 1 ([7], th. 1.6). (i) *Les polynômes*

$$P_i(t)=\prod_j(1-\alpha_{ij}t)=\det(1-tF;H^i(X,\mathbf{Q}_l)) \tag{8}$$

sont à coefficients entiers, et ne dépendent pas de l.

(ii) *Les «racines inverses»* α_{ij} *de* P_i, *considérées comme éléments de* **C**, *vérifient*:

$$|\alpha_{ij}|=q^{i/2}\,. \tag{9}$$

[Plus brièvement: les valeurs propres de Frobenius, opérant sur $H^i(X)$, sont de valeur absolue $q^{i/2}$.]

La démonstration de ce théorème est exposée dans [7]; on en trouvera les grandes lignes aux n°s 3 et 4 ci-après. Elle utilise de façon essentielle les *résultats de Grothendieck* [10] rappelés au n° 1, ainsi que la théorie cohomologique des *pinceaux de Lefschetz* [13], transposée en topologie étale par DELIGNE et KATZ [8].

Remarques. 1) Le théorème 1 achève la démonstration*) des classiques *conjectures de Weil* [19]; on sait le rôle essentiel que ces conjectures ont joué dans le développement de la géometrie algébrique depuis vingt-cinq ans. Divers cas particuliers avaient été déjà traités par WEIL, puis DELIGNE:

courbes algébriques et variétés abéliennes [17], [18]; hypersurfaces monomiales [19]; surfaces cubiques [20]; intersections de deux quadriques [21]; surfaces K3 [5]; intersections complètes de niveau de HODGE un [6].

2) Dans l'énoncé ci-dessus, l'essentiel est l'assertion (ii), autrement dit le fait que, pour tout plongement ι de $\mathbf{Q}(\alpha_{ij})$ dans $\mathbf{C}$, on a $|\iota(\alpha_{ij})| = q^{i/2}$. L'assertion (i) s'en déduit facilement en remarquant que, d'après (4), le produit alterné des $P_i(t)$ est une série formelle à coefficients dans $\mathbf{Z}$.

3) On ignore si les endomorphismes de Frobenius, opérant sur les $H^i(X, \mathbf{Q}_l)$, sont *semi-simples.* C'est vrai si $i \leq 1$. Le cas général résulterait des optimistes «conjectures standard» [12].

3. Démonstration du théorème 1: le point crucial

Soient U_0 une courbe affine lisse absolument irréductible sur $\mathbf{F}_q$, et $U = U_0 \otimes_{\mathbf{F}_q} \overline{\mathbf{F}}_q$. On note $\pi_1(U_0)$ le groupe fondamental de U_0 (relativement à un point-base fixé); il contient comme sous-groupe distingué le groupe fondamental géométrique $\pi_1(U)$; le quotient $\pi_1(U_0)/\pi_1(U)$ est isomorphe à $\hat{\mathbf{Z}}$.

Soit $\varrho\colon \pi_1(U_0) \to \mathrm{Aut}(E)$ une *représentation l-adique* de $\pi_1(U_0)$, i.e. un homomorphisme continu de ce groupe dans le groupe des automorphismes d'un $\mathbf{Q}_l$-espace vectoriel E de dimension finie. Cette représentation définit un faisceau l-adique $\underline{E}_0$ sur U_0, qui est localement constant de rang $n = \dim E$ (inversement, tout faisceau l-adique localement constant sur U_0 s'obtient de cette manière).

Si a est un entier, nous dirons que $\underline{E}_0$ est de *poids a* si, pour tout $x \in |U_0|$, les valeurs propres de F_x dans la fibre $\underline{E}_x$ de $\underline{E}_0$ en x sont des nombres algébriques de valeurs absolues toutes égales à $q_x^{a/2}$, où $q_x = q^{\deg(x)}$.

Proposition 1. *Faisons les trois hypothèses suivantes:*

(i) *la puissance extérieure maximale* $\det(\underline{E}_0) = \wedge^n \underline{E}_0$ *de* $\underline{E}_0$ *est de poids* $n\,a$;

(ii) *pour tout* $x \in |U_0|$, *le polynôme* $\det(1 - t F_x; \underline{E}_x)$ *est à coefficients dans* $\mathbf{Q}$;

(iii) *la restriction de* ϱ *à* $\pi_1(U)$ *est absolument irréductible.*

Alors $\underline{E}_0$ *est de poids a.*

Remarque. L'énoncé ci-dessus est celui obtenu initialement par DELIGNE (non publié). Dans [7], il remplace (i) et (iii) par l'hypothèse plus forte:

(iv) *E est muni d'une forme bilinéaire alternée non dégénérée*

$$\Psi\colon E \times E \to \mathbf{Q}_l(-a) \qquad (\text{«twist» de TATE})$$

*) modulo SGA 5 ...

telle que $\varrho(\pi_1(U))$ soit un sous-groupe ouvert du groupe symplectique $\mathbf{Sp}(\Psi)$.

Démonstration de la proposition 1.

Soit k un entier ≥ 0. On applique les résultats du n° 1 au faisceau $\otimes^k \underline{E}_0$, puissance tensorielle k-ième de $\underline{E}_0$. Si l'on pose

(10) $$Z_k(t) = Z(U_0, \otimes^k \underline{E}_0; t),$$

on a

(11) $$Z_k(t) = \prod_{x \in |U_0|} Z_{k,x}(t),$$

avec

(12) $$Z_{k,x}(t) = 1/\det(1 - t^{\deg(x)} F_x; \otimes^k \underline{E}_x).$$

Vu (ii), les coefficients de ces séries sont des nombres *rationnels*. Lorsqu'en outre k est *pair*, on vérifie que les coefficients de $\log Z_{k,x}(t)$ sont *positifs*, et il en est de même de ceux de $Z_{k,x}(t)$, donc aussi de ceux de $Z_k(t)$. Ces propriétés de positivité entraînent que, pour tout $x \in |U_0|$, le rayon de convergence de la série $Z_{k,x}(t)$ est au moins égal à celui de $Z_k(t)$. Or:

Lemme 1. *La série $Z_k(t)$ est une fonction rationnelle de t; ses pôles sont sur le cercle $|t| = q^{-(1+ka/2)}$.*

Admettons provisoirement ce lemme. Vu ce qui précède, le rayon de convergence de $Z_{k,x}(t)$, $x \in |U_0|$, k pair, est $\geq 1/q^{1+ka/2}$. Vu (12), il s'ensuit que, si λ_k est une valeur propre de F_x dans $\otimes^k \underline{E}_x$, on a $|\lambda_k| \leq q_x^{1+ka/2}$. Mais, si α est une valeur propre de F_x dans $\underline{E}_x$, il est clair que α^k est une valeur propre de F_x dans $\otimes^k \underline{E}_x$. On en déduit

$$|\alpha^k| \leq q_x^{1+ka/2}, \quad \text{i.e. } |\alpha| \leq q_x^{a/2+1/k},$$

et en faisant tendre k vers $+\infty$ par valeurs paires, on obtient

(13) $$|\alpha| \leq q_x^{a/2}.$$

Le même argument, appliqué au dual de $\underline{E}_0$, donne:

(14) $$|\alpha^{-1}| \leq q_x^{-a/2},$$

d'où finalement

(15) $$|\alpha| = q_x^{a/2},$$

ce qui montre bien que $\underline{E}_0$ est de poids a.

Reste à *démontrer le lemme 1.* La rationalité de $Z_k(t)$ résulte de la formule (7). Cette formule se réduit ici à

(16) $$Z_k(t) = P_k^1(t)/P_k^2(t),$$

où:

(17) $$P_k^i(t) = \det(1 - tF, H_c^i(U, \otimes^k \underline{E})).$$

[Les H_c^i sont nuls pour $i > 2$ puisque U est de dimension 1, et aussi pour $i = 0$ puisque U est irréductible et non complète.] Tout revient donc à estimer les valeurs propres de F opérant sur $H_c^2(U, \otimes^k \underline{E})$. Or la *dualité de Poincaré* permet de déterminer ce dernier groupe: si l'on note E_π^k le plus grand quotient de $E^k = \otimes^k E$ sur lequel le groupe $\pi = \pi_1(U)$ opère trivialement, on a un isomorphisme canonique

(18) $$H_c^2(U, \otimes^k \underline{E}) \simeq E_\pi^k \otimes \mathbf{Q}_l(-1), \quad \text{(cf. [2], XVIII, § 1)}.$$

On est ainsi ramené à prouver que *les valeurs propres de F sur E_π^k sont de valeur absolue $q^{ka/2}$*. Vu (i), il suffit pour cela de voir que, si ψ est un caractère de $\pi_1(U_0)/\pi_1(U)$ intervenant dans E_π^k, et χ le caractère $\det(\varrho)$ de $\pi_1(U_0)$, on a:

(19) *le caractère $\psi^n \chi^{-k}$ est d'ordre fini.*

Or cela résulte de l'hypothèse (iii) par un argument de théorie des représentations: si S (resp. G) désigne l'adhérence de Zariski de $\varrho(\pi_1(U))$ (resp. de $\varrho(\pi_1(U_0))$) dans $\mathbf{GL}_E$, on montre que S est semi-simple, que son commutant dans $\mathbf{GL}_E$ est réduit au groupe $\mathbf{G}_m$ des homothéties, et que G contient $S \cdot \mathbf{G}_m$ (resp. S) comme sous-groupe d'indice fini si $a \neq 0$ (resp. si $a = 0$). Ainsi, les représentations de G triviales sur S se font «à travers $\mathbf{G}_m$» (à un groupe fini près); l'assertion (19) en résulte aussitôt. [Lorsque l'hypothèse (iv) est satisfaite, on peut remplacer l'argument esquissé ci-dessus par un calcul explicite, basé sur la théorie des invariants du groupe symplectique; c'est ce qui est fait dans [7], n° 3.7.]

Corollaire. *Les valeurs absolues des valeurs propres de F sur $H_c^1(U, \underline{E})$ sont $\leq q^{a/2+1}$.*

En effet, puisque $\underline{E}_0$ est de poids a, le produit infini

$$Z(U_0, \underline{E}_0; t) = Z_1(t) = \prod_{x \in |U_0|} Z_{1,x}(t)$$

converge absolument dans le disque $|t| < 1/q^{a/2+1}$, et y définit une fonction sans zéros ni pôles. Or, si F avait une valeur propre λ dans $H_c^1(U, \underline{E})$ de valeur absolue $> q^{a/2+1}$, λ^{-1} serait un zéro du polynôme $P_1^1(t)$, et ne serait pas un zéro de $P_1^2(t)$, vu ce qui a été démontré ci-dessus. D'après (16), ce serait un zéro de $Z_1(t)$, d'où contradiction.

Remarque. L'idée d'utiliser les $\otimes^k E$ a été inspirée à DELIGNE par un travail de RANKIN [14], que l'on peut interpréter comme l'étude de $\otimes^2 E$, où E désigne la «représentation de RAMANUJAN» de $\mathrm{Gal}(\overline{\mathbf{Q}}/\mathbf{Q})$, au sens de [3]. RANKIN prouve que la série de Dirichlet attachée à $\otimes^2 E$ a les pôles «qu'il faut», et en déduit une bonne majoration de $\tau(p)$. S'il avait pu obtenir un résultat analogue pour tous les $\otimes^k E$ (ce que l'on ne sait pas faire – c'est l'un des principaux problèmes de la théorie des formes modulaires!), il en aurait tiré la conjecture de RAMANUJAN et la répartition asymptotique des $\tau(p)/p^{11/2}$. Le point de départ de DELIGNE a été la remarque que la situation est plus favorable en égale caractéristique que sur $\mathrm{Spec}(\mathbf{Z})$, puisque la théorie de GROTHENDIECK donne les pôles cherchés.

4. Démonstration du théorème 1: pinceaux de Lefschetz et monodromie

Cette seconde partie de la démonstration utilise une technique maintenant standard ([8], [16]); je me borne à la résumer.

On passe par l'intermédiaire suivant:

Proposition 2. *Soit Y_0 une variété projective non singulière absolument irréductible sur $\mathbf{F}_q$, de dimension* paire *d. Les valeurs propres de F, opérant sur $H^d(Y, \mathbf{Q}_l)$, sont de valeur absolue $\leq q^{d/2+1/2}$.*

Montrons que *la proposition 2 entraîne le théorème 1.* Soit X_0 une variété projective non singulière sur $\mathbf{F}_q$, et soit λ une valeur propre de F sur $H^i(X, \mathbf{Q}_l)$. Quitte à étendre les scalaires, et à décomposer X_0, on peut supposer X_0 absolument irréductible. Soit $m = \dim X$. Supposons d'abord que $i = m$. Pour tout entier pair $n \geq 0$, λ^n est une valeur propre de F, opérant sur $H^{nm}(X^n, \mathbf{Q}_l)$: cela résulte de la formule de Künneth. Appliquant la prop. 2 à $Y = X^n$, on en déduit que

$$|\lambda^n| \leq q^{nm/2+1/2} \qquad \text{pour tout } n \text{ pair} \geq 0\,,$$

d'où $|\lambda| \leq q^{m/2}$. Mais la dualité de Poincaré montre que q^m/λ est aussi une valeur propre de F sur $H^m(X, \mathbf{Q}_l)$. Cela donne l'inégalité $|q^m/\lambda| \leq q^{m/2}$ d'où en définitive $|\lambda| = q^{m/2}$. Supposons maintenant que $i < m$, et raisonnons par récurrence sur $m-i$; si Z est une section hyperplane générale de X, le théorème de LEFSCHETZ «facile» (SGA 5, VII, 7.1) dit que l'application de restriction $H^i(X, \mathbf{Q}_l) \to H^i(Z, \mathbf{Q}_l)$ est injective; il en résulte que λ est une valeur propre de F dans $H^i(Z, \mathbf{Q}_l)$, et l'on conclut en appliquant l'hypothèse de récurrence à λ et à Z. Le cas $i > m$ se ramène au cas $i < m$ par dualité de Poincaré.

Démonstration de la proposition 2. On raisonne par récurrence sur l'entier pair d, le cas $d = 0$ étant trivial. Supposons donc $d \geq 2$. Quitte à agrandir le corps de base (ce qui est loisible), on peut munir Y_0 d'un *pinceau de Lefschetz* (cf. [8], XVII–XVIII ainsi que [16]). On obtient ainsi une variété $\tilde{Y}_0$ qui se déduit de Y_0 par éclatement le long d'une sous-variété Z_0 de dimension $d-2$ de Y_0 (section de Y_0 par une sous-variété linéaire de codimension 2 générale). Comme la cohomologie de Y se plonge dans celle de $\tilde{Y}$, il suffit de prouver la prop. 2 pour $\tilde{Y}_0$. Or $\tilde{Y}_0$ est munie d'une projection f sur une droite projective $\bar{U}_0$; il existe un ouvert affine non vide U_0 de $\bar{U}_0$ au-dessus duquel f est lisse; on notera j l'injection de U_0 dans $\bar{U}_0$. Si u est un point de $\bar{U}$, sa fibre $H_u = f^{-1}(u)$ est une section hyperplane de Y; elle est non singulière si u appartient à U.

Si s est un entier ≥ 0, notons $\underline{R}_0^s$ le U_0-faisceau $\underline{R}^s f_* \mathbf{Q}_l$ et $\underline{R}^s$ le faisceau correspondant sur $\bar{U}$. Compte tenu de la suite spectrale de Leray

$$E_2^{r,s} = H^r(\bar{U}, \underline{R}^s) \Rightarrow H^*(\tilde{Y}, \mathbf{Q}_l)\,,$$

on voit que l'on est ramené à estimer les valeurs propres de F opérant sur $H^0(\bar{U}, \underline{R}^d)$, $H^1(\bar{U}, \underline{R}^{d-1})$ et $H^2(\bar{U}, \underline{R}^{d-2})$.

a) *Action de F sur* $H^2(\bar{U}, \underline{R}^{d-2})$

Le faisceau $\underline{R}^{d-2}$ est constant, et sa fibre s'identifie à un sous-espace vectoriel de $H^{d-2}(Z, \mathbf{Q}_l)$, cf. [8], XVIII. On a, par dualité de Poincaré,

$$H^2(\bar{U}, \underline{R}^{d-2}) \subset H^{d-2}(Z, \mathbf{Q}_l) \otimes \mathbf{Q}_l(-1)\,,$$

et l'on applique l'hypothèse de récurrence à la variété Z_0, qui est de dimension paire $d-2$.

b) *Action de F sur* $H^0(\bar{U}, \underline{R}^d)$

L'argument est analogue à celui de a), à cela près qu'il faut distinguer deux cas, suivant que les *cycles évanescents* sont nuls ou non (cf. [7], 7.1 (B), où le second «non nuls» doit être remplacé par «nuls»).

c) *Action de F sur* $H^1(\bar{U}, \underline{R}^{d-1})$

La restriction de $\underline{R}_0^{d-1}$ à U_0 est un faisceau localement constant $\underline{V}_0$ dont la fibre en un point $u \in U$ s'identifie à l'espace vectoriel $V = H^{d-1}(H_u, \mathbf{Q}_l)$, muni de l'action naturelle du groupe fondamental $\pi_1(U_0)$. On a $\underline{R}_0^{d-1} = j_* \underline{V}_0$ ([8], XVII). De plus, la dualité de Poincaré munit V d'une forme bilinéaire alternée non dégénérée à valeurs dans $\mathbf{Q}_l(1-d)$. Soit E le sous-espace vectoriel de V engendré par les «cycles évanescents» ([8], *loc. cit.*), et soit $E^\perp$ son orthogonal. Supposons d'abord que $E \cap E^\perp = 0$, i.e. que la restriction Ψ à E de la forme bilinéaire ci-dessus soit non dégénérée. Comme E est stable par l'action de $\pi_1(U_0)$, il définit un sous-faisceau $\underline{E}_0$ de $\underline{V}_0$, et $\underline{R}_0^{d-1}$ est somme directe d'un faisceau localement constant $\underline{A}_0$ et du faisceau $j_* \underline{E}_0$. On a $H^1(\bar{U}, \underline{A}) = 0$ et l'homomorphisme $H_c^1(U, \underline{E}) \to H^1(\bar{U}, j_* \underline{E})$ est surjectif. On est ainsi ramené à montrer que *les valeurs absolues des valeurs propres de F opérant sur* $H_c^1(U, \underline{E})$ *sont* $\leq q^{(d+1)/2}$. On applique pour cela le corollaire à la prop. 1, avec $a = d-1$. Il y a essentiellement deux choses à vérifier:

c_1) la *rationalité* des coefficients des $\det(1 - tF_x; \underline{E}_x)$ pour $x \in |U_0|$; c'est fait dans [7], § 6, par une méthode très voisine de celle exposée par VERDIER dans [16];

c_2) le fait que l'image de $\pi_1(U)$ dans $\mathbf{GL}_E$ est un sous-groupe *ouvert* du groupe $\mathbf{Sp}(\Psi)$; cela résulte de la formule de PICARD-LEFSCHETZ et d'un lemme sur les représentations des algèbres de Lie, cf. [7], 5.10 et [16].

Cela achève la démonstration de la prop. 2 (et du théorème 1) lorsque $E \cap E^\perp = 0$. Le cas général se traite de manière tout à fait semblable: on filtre $\underline{R}_0^{d-1}$ par $j_* \underline{E}_0$ et $j_*(\underline{E}_0 \cap \underline{E}_0^\perp)$ et l'on applique le cor. 1 de la prop. 1 à $E/(E \cap E^\perp)$, cf. [7], 7.1 (C). [Signalons d'ailleurs que DELIGNE a récemment démontré que $E \cap E^\perp$ est toujours réduit à 0; autrement dit, le théorème de LEFSCHETZ «difficile» est vrai en toute caractéristique.]

5. Compléments

5.1. Une généralisation du théorème 1. DELIGNE a démontré le résultat
2 suivant (Séminaire IHES, nov. 1973–févr. 1974):

Théorème 2. *Soient* X_0 *une variété sur* $\mathbf{F}_q$ *et* E_0 *un* $\mathbf{Q}_l$*-faisceau localement constant sur* X_0. *On suppose* $\underline{E}_0$ *de poids a* (au sens du n° 3). *Alors, pour tout*

$i \in \mathbf{Z}$, et toute valeur propre α de F sur $H^i_c(X, \underline{E})$, il existe un entier $j \leq i + a$ tel que tous les conjugués complexes de α soient de valeur absolue $q^{j/2}$.

En utilisant la dualité de Poincaré, on en tire:

Corollaire. *Si X_0 est propre et non singulière, les valeurs propres de F sur $H^i(X, \underline{E})$ sont de valeur absolue $q^{(i+a)/2}$.*

Lorsque $\underline{E}$ est le faisceau constant $\mathbf{Q}_l$, on retrouve le théorème 1 (avec «projective» remplacé par «propre»).

5.2. Composantes de Künneth de la classe diagonale

Soit X une variété projective non singulière sur un corps algébriquement clos. GROTHENDIECK a posé la question suivante: si l'on décompose la classe de cohomologie de la diagonale de $X \times X$ suivant la décomposition de Künneth

$$H^*(X \times X, \mathbf{Q}_l) = \bigoplus H^i(X, \mathbf{Q}_l) \otimes H^j(X, \mathbf{Q}_l),$$

est-ce que chacune des composantes Δ_{ij} ainsi obtenues est *algébrique* (i.e. associée à un cycle algébrique, à coefficients dans $\mathbf{Q}$, et indépendant de l)?

On ignore la réponse à cette question. Toutefois, KATZ et MESSING [11] ont remarqué que c'est *oui* lorsque X provient par extension des scalaires d'une variété sur un corps fini (c'est une simple conséquence du th. 1: on exprime les Δ_{ij} comme des polynômes en la correspondance de Frobenius). Dans le cas général, on peut donc dire que les Δ_{ij} sont «presque algébriques»: elles deviennent algébriques lorsqu'on spécialise les coefficients des équations de X dans des corps finis. De là on tire facilement ([11], [12]) que, si $f: X \to X$ est un endomorphisme de X, le polynôme caractéristique de f, agissant sur $H^i(X, \mathbf{Q}_l)$, est à coefficients entiers et est indépendant de l.

6. Applications arithmétiques

6.1. Nombre de points d'une intersection complète. Soit X_0 une intersection complète non singulière sur $\mathbf{F}_q$, de dimension n. Soit B le n-ième nombre de Betti de X, diminué d'une unité si n est pair. [Cet entier se calcule par les mêmes formules que sur $\mathbf{C}$; il ne dépend que de n et du multidegré de X.] *On a*:

$$|\operatorname{Card}(X_0(\mathbf{F}_q)) - (1 + q + \ldots + q^n)| \leq B \cdot q^{n/2}.$$

Cela résulte (facilement) du théorème 1, cf. [7], 8.1.

3 **6.2. Majoration d'une somme d'exponentielles.** Soient $Q \in \mathbf{F}_q[X_1, \ldots, X_n]$ de degré d, et Q_d la composante homogène de degré d de Q. On suppose que $(d, p) = 1$, et que l'hypersurface de $\mathbf{P}_{n-1}$ définie par Q_d est non singulière. Soit ψ un homomorphisme non trivial du groupe additif de $\mathbf{F}_q$ dans le groupe $\mathbf{C}^*$ (par exemple $x \mapsto e^{2\pi i \operatorname{Tr}(x)/p}$). *On a*:

$$\Big| \sum_{x_1, \ldots, x_n \in \mathbf{F}_q} \psi(Q(x_1, \ldots, x_n)) \Big| \leq (d-1)^n q^{n/2}.$$

Cela résulte (difficilement) du théorème 1, cf. [7], 8.4 à 8.13.
[Ce résultat devrait pouvoir être utilisé en théorie additive des nombres.]

6.3. Conjecture de Ramanujan-Petersson. Soit $f = \sum a_n e^{2\pi i n z}$ une forme modulaire parabolique de poids entier $k \geq 1$ sur un sous-groupe de congruence de $\mathbf{SL}_2(\mathbf{Z})$. *On a*:

$$a_n = \underline{O}(n^{(k-1)/2+\varepsilon}) \qquad \textit{pour tout } \varepsilon > 0, \text{ cf. [7], 8.2.}$$

En effet, Deligne a montré dans [3]*) que cet énoncé se déduit des conjectures de Weil (du moins pour $k \geq 2$ — il faut une démonstration spéciale pour $k = 1$).

En particulier, le coefficient $\tau(p)$ de x^p dans la série $\Delta = x \prod_{n=1}^{\infty} (1-x^n)^{24}$ vérifie l'inégalité

$$|\tau(p)| \leq 2p^{11/2}.$$

Bibliographie

[1] M. Artin. *Grothendieck Topologies*, notes polycopiées, 133 p., Harvard, 1962.

[2] M. Artin, A. Grothendieck et J-L. Verdier. *Théorie des Topos et Cohomologie Etale des Schémas* (SGA 4), 1583 p., 2810 g, Lecture Notes in Math. **269, 270, 305**, Springer-Verlag, 1972–1973.

[3] P. Deligne. *Formes modulaires et représentations l-adiques*, Sém. Bourbaki n° **355**, 34 p., Lecture Notes in Math. **179**, Springer-Verlag, 1971.

[4] P. Deligne. *Les constantes des équations fonctionnelles des fonctions L*, Modular Functions of One Variable II, p. 501–597, Lecture Notes in Math. **349**, Springer-Verlag, 1973.

[5] P. Deligne. *La conjecture de Weil pour les surfaces K3*, Invent. Math., **15** (1972), p. 206–226.

[6] P. Deligne. *Les intersections complètes de niveau de Hodge un*, Invent. Math., **15** (1972), p. 237–250.

[7] P. Deligne. *La conjecture de Weil*, I. Publ. Math. I.H.E.S., n° **43**, 1974, p. 273–307.

[8] P. Deligne et N. Katz. *Groupes de Monodromie en Géométrie Algébrique* ($SGA7_{II}$), 438 p., Lecture Notes in Math. **340**, Springer-Verlag, 1973.

[9] B. Dwork. *On the rationality of the zeta function of an algebraic variety*, Amer. J. of Math., **82** (1960), p. 631–648.

[10] A. Grothendieck. *Formule de Lefschetz et rationalité des fonctions L*, Sém. Bourbaki n° **279**, 15 p., W. A. Benjamin, N.Y., 1966.

[11] N. Katz et W. Messing. *Some consequences of the Riemann hypothesis for varieties over finite fields*, Invent. Math., **23** (1974), p. 73–77.

[12] S. Kleiman. *Algebraic cycles and the Weil conjectures*, Dix exposés sur la cohomologie des schémas, p. 359–386, North-Holland Publ. Cy., Amsterdam-Paris, 1968.

[13] S. Lefschetz. *L'analysis situs et la géométrie algébrique*, Gauthier-Villars, Paris, 1924.

[14] R. Rankin. *Contributions to the theory of Ramanujan's function $\tau(n)$ and similar arithmetical functions*, Proc. Cambridge Phil. Soc., **35** (1939), p. 351–372.

[15] J-L. Verdier. *The Lefschetz Fixed Point Formula in Etale Cohomology*, Proc. Conf. on Local Fields, p. 199–214, Springer-Verlag, 1967.

[16] J-L. Verdier. *Indépendance par rapport à l des polynômes caractéristiques des endomorphismes de Frobenius de la cohomologie l-adique* (*d'après* P. Deligne), Sém. Bourbaki n° **423**, 18 p., Lecture Notes in Math. **383**, Springer-Verlag, 1974.

---

4 *) J'espère que Deligne publiera un jour un exposé plus détaillé et plus complet que [3]; le sujet le mérite.

[17] A. WEIL. *Sur les courbes algébriques et les variétés qui s'en déduisent,* Act. Sci. Ind. **1041,** Hermann, Paris, 1948.
[18] A. WEIL. *Variétés abéliennes et courbes algébriques,* Act. Sci. Ind. **1064,** Hermann, Paris, 1948.
[19] A. WEIL. *Number of solutions of equations in finite fields,* Bull. Amer. Math. Soc., **55** (1949), p. 497–508.
[20] A. WEIL. *Abstract versus classical algebraic geometry,* Proc. Int. Congress Math. 1954, vol. III, p. 550–558, North-Holland Publ. Cy., Amsterdam, 1956.
[21] A. WEIL. *Footnote to a recent paper,* Amer. J. of Math., **76** (1954), p. 347–350.

100.

Divisibilité des coefficients des formes modulaires de poids entier

C. R. Acad. Sci. Paris **279** (1974), série A, 679–682

Ramanujan a conjecturé, et Watson a démontré ([1]), que $\tau(n) \equiv 0 \pmod{691}$ pour presque
1 tout ([2]) entier n. Nous montrons que ce résultat reste valable si l'on remplace 691 par n'importe
quel entier $m \geqq 1$ et $\tau(n)$ par le n-ième coefficient d'une forme modulaire de poids entier sur un sous-groupe de congruence de $\mathbf{SL}_2(\mathbf{Z})$. La démonstration utilise un argument analytique de Landau ([3]) et Wintner ([4]), appliqué aux fonctions L associées aux représentations l-adiques construites par Deligne ([5]).

1. Énoncé du théorème. — Soit

$$f = \sum_{n=0}^{\infty} c_n e^{2\pi i n z/\mathrm{M}}, \qquad \mathrm{M} \geqq 1,$$

une forme modulaire de poids entier $k \geqq 1$ sur un sous-groupe de congruence de $\mathbf{SL}_2(\mathbf{Z})$. On suppose que les c_n appartiennent à l'anneau $\mathfrak{O}_\mathrm{K}$ des entiers d'un corps de nombres algébriques K fini sur $\mathbf{Q}$. Si m est un entier $\geqq 1$, on écrit $a \equiv 0 \pmod{m}$ si $a \in m\,\mathfrak{O}_\mathrm{K}$. On note $\mathrm{E}_{f,m}$ l'ensemble des entiers $n \in \mathbf{N}$ tels que $c_n \equiv 0 \pmod{m}$. Si E est une partie de $\mathbf{N}$, et si $x \geqq 1$, on note $\mathrm{E}(x)$ le nombre des $n \in \mathrm{E}$ tels que $n \leqq x$.

Théorème 1. — *Soient f et m comme ci-dessus. Il existe* $\alpha > 0$ *tel que*

$$x - \mathrm{E}_{f,m}(x) = O(x/\log^\alpha x) \qquad \textit{pour} \quad x \to \infty.$$

En particulier, on a $\mathrm{E}_{f,m}(x) \sim x$: l'ensemble $\mathrm{E}_{f,m}$ est de densité 1. Autrement dit :

Corollaire. — *On a* $c_n \equiv 0 \pmod{m}$ *pour presque tout n.*

Exemples. — On peut prendre pour c_n :

(i) le n-ième coefficient $\sigma_{k-1}(n)$ de la série d'Eisenstein de poids k du groupe $\mathbf{SL}_2(\mathbf{Z})$; c'est essentiellement le cas traité dans ([1]);

(ii) le n-ième coefficient $\tau(n)$ de

$$\Delta = e^{2\pi i z} \prod_{m=1}^{\infty} (1 - e^{2\pi i m z})^{24}$$

(*cf.* n° 4, th. 3);

(iii) le nombre de représentations de n par une forme quadratique positive non dégénérée, à coefficients entiers, en un nombre pair de variables.

2. Un résultat auxiliaire. — Soit M une extension galoisienne finie de $\mathbf{Q}$, de groupe de Galois G, non ramifiée en dehors d'un entier D. Soit H une partie de G, stable par conjugaison. Soit P l'ensemble des nombres premiers, et soit P(H) l'ensemble des $p \in \mathrm{P}$ qui ne

divisent pas D et qui sont tels que la classe de conjugaison de la substitution de Frobenius $F_p \in G$ appartienne à H. On sait que P(H) a une densité dans P égale à h/g, où $h = \text{Card}(H)$, $g = \text{Card}(G)$. Notons E_H l'ensemble des entiers $n \geqq 1$ tels qu'il existe $p \in P(H)$ avec $n \equiv 0 \pmod p$ et $n \not\equiv 0 \pmod{p^2}$.

THÉORÈME 2. — *On suppose* $H \neq G$. *Il existe alors une constante* $C > 0$ *telle que*

$$x - E_H(x) \sim C x/\log^\alpha x, \qquad \text{où} \quad \alpha = h/g.$$

(En particulier, E_H a pour densité 1 si $H \neq \varnothing$, résultat facile à prouver directement en utilisant le fait que $\sum_{p \in P(H)} 1/p = +\infty$.)

Démonstration. — Le cas $H = \varnothing$ est trivial (on prend $C = 1$). Supposons donc $H \neq \varnothing$. Considérons la série de Dirichlet suivante, qui converge pour $\mathscr{R}(s) > 1$:

$$\begin{aligned} f(s) &= \prod_{p \in P(H)} (1 + p^{-2s} + p^{-3s} + \ldots) \prod_{p \notin P(H)} (1 + p^{-s} + p^{-2s} + \ldots) \\ &= \sum_{n \notin E_H} n^{-s}. \end{aligned}$$

Si l'on écrit cette série sous la forme $\sum_{n=1}^{\infty} b_n n^{-s}$, tout revient à prouver que

$$\sum_{n \leqq x} b_n \sim C x/\log^\alpha x.$$

Pour cela, d'après ([4]), il suffit de montrer que $f(s)$ est de la forme $c(s)/(s-1)^{1-\alpha}$, où $c(s)$ est holomorphe dans le demi-plan $\mathscr{R}(s) \geqq 1$ et non nulle en $s = 1$.

On va comparer $f(s)$ à un produit de puissances des séries $L(s, \chi)$ d'Artin attachées aux différents caractères irréductibles χ du groupe G. Si φ désigne la fonction caractéristique de $G - H$, on a

$$\varphi = \sum_\chi u_\chi \chi, \qquad \text{où} \quad u_\chi = \frac{1}{g} \sum_{s \notin H} \bar{\chi}(s).$$

On a

$$\log L(s, \chi) \equiv \sum_p \chi(F_p) p^{-s} \pmod{\mathscr{F}_{1/2}},$$

où $\mathscr{F}_{1/2}$ désigne l'ensemble des fonctions holomorphes dans le demi-plan $\mathscr{R}(s) > 1/2$. Si l'on pose

$$g(s) = \sum_\chi u_\chi \log L(s, \chi),$$

on a donc

$$g(s) \equiv \sum_p \varphi(F_p) p^{-s} \equiv \sum_{p \notin P(H)} p^{-s} \pmod{\mathscr{F}_{1/2}},$$

d'où aussitôt

$$g(s) \equiv \log f(s) \pmod{\mathscr{F}_{1/2}}.$$

On en conclut que $f(s) = e^{g(s)} h(s)$, où $h(s)$ est holomorphe et $\neq 0$ pour $\mathscr{R}(s) > 1/2$ et en particulier pour $\mathscr{R}(s) \geqq 1$. D'autre part, la fonction $e^{g(s)}$ est une détermination de la fonction $\prod L(s, \chi)^{u_\chi}$; vu les propriétés connues des fonctions L, elle se prolonge en une fonction holomorphe non nulle en tout point $\neq 1$ de la droite $\mathcal{R}(s) = 1$. Au point 1, chacune des $L(s, \chi)$, $\chi \neq 1$, est holomorphe non nulle, et $L(s, 1) = \zeta(s)$ a un pôle simple; comme l'exposant u_1 de $L(s, 1)$ dans $e^{g(s)}$ est $1-(h/g) = 1-\alpha$, on en déduit bien que $f(s)$ est de la forme $c(s)/(s-1)^{1-\alpha}$, où $c(s)$ est holomorphe pour $\mathcal{R}(s) \geqq 1$ et $c(1) \neq 0$.

Remarques. — 1° Au lieu d'utiliser le théorème taubérien de Wintner ([4]), il est probable que l'on peut appliquer la méthode de Landau ([3]); c'est ce qu'a fait Watson ([1]) dans le cas où M est *abélien* sur **Q**, i. e. où P(H) peut être défini par des *congruences*.

2° On peut généraliser le théorème 2 de la manière suivante : donnons-nous, pour tout $p \in P$, un ensemble A_p d'entiers $\geqq 0$, tel que $0 \in A_p$ pour tout p, et que $1 \in A_p$ si et seulement si $p \notin H$. Soit $S_{A,H}$ l'ensemble des entiers $n = \prod p^{a(p)}$ tels que $a(p) \in A_p$ pour tout p. *On a alors, si* $H \neq G$,

$$S_{A,H}(x) \sim C_1 x/\log^\alpha x, \qquad \textit{avec} \quad C_1 \neq 0.$$

La démonstration est la même : on remplace simplement $f(s)$ par la somme des n^{-s} pour $n \in S_{A,H}$.

3. Démonstration du théorème 1. — On se ramène par des réductions standard [*cf.* ([5])], au cas où f est une forme modulaire de type (k, ε) sur un groupe $\Gamma_0(N)$, et où f est fonction propre des opérateurs de Hecke T_p, $p \nmid N$, avec pour valeurs propres $a_p \in \mathfrak{O}_K$.

Lemme. — *Il existe une extension galoisienne finie* M *de* **Q**, *non ramifiée en dehors de* Nm, *et une partie* H *de* G = Gal (M/**Q**), *stable par conjugaison, distincte de* $\varnothing$ *et de* G, *telle que, avec les notations du n° 2, on ait* $a_p \equiv 0 \pmod{m}$ *pour tout* $p \in P(H)$.

En effet, d'après Deligne ([5]), on peut trouver une extension M comme ci-dessus, et un plongement $\rho : G \to \mathbf{GL}_2(\mathfrak{O}_K/m\,\mathfrak{O}_K)$ tel que, pour tout $p \nmid Nm$, on ait

$$\operatorname{Tr}(\rho(F_p)) \equiv a_p \pmod{m}.$$

On prend alors pour H le sous-ensemble de G formé des éléments s tels que $\operatorname{Tr}(s) = 0$. On a $H \neq \varnothing$, car H contient l'image $\rho(c)$ de la conjugaison complexe c; on a $H \neq G$ si $m \geqq 3$ (ce qu'il est loisible de supposer, quitte à remplacer m par un multiple). Toutes les conditions du lemme sont bien satisfaites.

Le théorème 1 est maintenant immédiat. En effet, si n est divisible par p et pas par p^2, le fait que $f \mid T_p = a_p f$ entraîne

$$c_n = a_p c_{n/p},$$

d'où $c_n \equiv 0 \pmod{m}$ si $p \in P(H)$. Avec les notations du n° 2, on a donc $c_n \equiv 0 \pmod{m}$ pour tout $n \in E_H$, et on conclut en appliquant le théorème 2.

4. Exemple : la fonction τ de Ramanujan. — Dans le cas où m est *premier*, on peut améliorer le théorème 1 :

Théorème 3. — *Si* l *est premier, et* $x \geqq 1$, *notons* $S_l(x)$ *le nombre des entiers* $n \leqq x$ *tels que* $\tau(n) \not\equiv 0 \pmod{l}$. *On a*

$$S_2(x) \sim \frac{1}{2} x^{1/2} \qquad \textit{et} \qquad S_l(x) \sim c_l\, x/\log^{\alpha(l)} x \quad \textit{si } l \geqq 3,$$

avec $c_l > 0$ *et*

$$\alpha(l) = \begin{cases} l/(l^2-1) & si \quad l \neq 3,\ 5,\ 7,\ 23,\ 691; \\ \dfrac{1}{2},\ \dfrac{1}{4},\ \dfrac{1}{2},\ \dfrac{1}{2},\ \dfrac{1}{690} & si \quad l = 3,\ 5,\ 7,\ 23,\ 691. \end{cases}$$

Cela se déduit facilement de la remarque 2 du n° 2 [appliquée en prenant pour A_p l'ensemble des $r \geqq 0$ tels que $\tau(p^r) \not\equiv 0 \pmod{l}$], combinée avec les déterminations de groupes de Galois faites dans [6].

5. Généralisations. — On a des résultats analogues pour les coefficients des séries de Dirichlet attachées aux systèmes compatibles de représentations l-adiques rationnelles [7], pourvu que, dans chacune de ces représentations l'image de la conjugaison complexe c soit de trace 0. C'est notamment le cas pour les systèmes provenant de la cohomologie *de degré impair* d'une variété projective lisse.

(*) Séance du 12 août 1974.

(1) *Cf.* G. N. Watson, *Math. Z.*, 39, 1935, p. 712-731, ainsi que G. H. Hardy, *Ramanujan*, Cambridge University Press, 1940, § 10.6.

(2) On dit qu'une relation a lieu *pour presque tout n* si l'ensemble des *n* qui y satisfont est de densité 1.

(3) E. Landau, *Arch. der Math. Phys.*, 13, 1908, p. 305-312.

(4) A. Wintner, *Amer. J. Math.*, 64, 1942, p. 320-326. (H. Stark m'a signalé que la démonstration de Wintner est insuffisante : le passage de la formule (18) à la formule (19) n'est pas justifié; des hypothèses un peu plus fortes sont nécessaires; ces hypothèses sont vérifiées dans le cas envisagé ici.)

(5) *Voir* P. Deligne, *Formes modulaires et représentations l-adiques*, [*Séminaire Bourbaki*, 1968-1969, exposé 355, *Lecture Notes*, 179, Springer, 1971] ainsi que le paragraphe 6 de P. Deligne et J-P. Serre, *Ann. Sci. Éc. Norm. Sup.*, 4e série, 7, 1974 (à paraître).

(6) H. P. F. Swinnerton-Dyer, *Lecture Notes*, 350, Springer, 1973, p. 1-55.

(7) *Cf.* J-P. Serre, *Abelian l-adic representations and elliptic curves*, Benjamin, New York, 1968, chap. I.

Collège de France,
75231 *Paris-Cedex* 05.

101.

(avec P. Deligne)

Formes modulaires de poids 1

Ann. Sci. Ec. Norm. Sup. 7 (1974), 507–530

A Henri Cartan,
à l'occasion de son
70e anniversaire

Introduction

La décomposition en produit eulérien, et l'équation fonctionnelle, des séries de Dirichlet associées par Hecke aux *formes modulaires de poids* 1 suggèrent que celles-ci correspondent à des *fonctions* L *d'Artin de degré* 2 *du corps* **Q**, autrement dit à des *représentations de* Gal $(\overline{\mathbf{Q}}/\mathbf{Q})$ *dans* $\mathbf{GL}_2(\mathbf{C})$. C'est une telle correspondance, conjecturée par
1 Langlands, que nous établissons ici.

Les trois premiers paragraphes sont préliminaires. Le paragraphe 4 contient l'énoncé du théorème principal, et quelques compléments. La démonstration occupe les paragraphes 5 à 9. Son principe est le suivant : on commence par construire, pour tout nombre premier l, une représentation de Gal $(\overline{\mathbf{Q}}/\mathbf{Q})$ en caractéristique l (*cf.* § 6); on montre ensuite que les images de Gal $(\overline{\mathbf{Q}}/\mathbf{Q})$ dans ces diverses représentations sont « petites », ce qui permet de les relever en caractéristique 0, et d'obtenir la représentation complexe cherchée (§§ 7 et 8); la « petitesse » en question résulte elle-même d'une majoration en moyenne des valeurs propres des opérateurs de Hecke (Rankin, *cf.* § 5). Le paragraphe 9 contient une estimation des coefficients des formes modulaires de poids 1.

Signalons que nous avons utilisé en un point essentiel (§ 6, th. 6.1) des résultats démon-
2 trés par l'un de nous (P. Deligne), mais dont aucune démonstration complète n'a encore été publiée; en attendant une telle publication (ainsi que celle de SGA 5, dont ils dépendent), nous demandons au lecteur de bien vouloir les admettre.

§ 1. Rappels (analytiques) sur les formes modulaires

1.1. Soit N un entier $\geqq 1$. On associe à N les sous-groupes

$$\Gamma(\mathrm{N}) \subset \Gamma_1(\mathrm{N}) \subset \Gamma_0(\mathrm{N})$$

de $\mathbf{SL}_2(\mathbf{Z})$ définis par

$$\begin{pmatrix} a & b \\ c & d \end{pmatrix} \in \Gamma(\mathrm{N}) \quad \Leftrightarrow \quad a \equiv d \equiv 1 \pmod{\mathrm{N}} \quad \text{et} \quad b \equiv c \equiv 0 \pmod{\mathrm{N}},$$

$$\begin{pmatrix} a & b \\ c & d \end{pmatrix} \in \Gamma_1(\mathrm{N}) \quad \Leftrightarrow \quad a \equiv d \equiv 1 \pmod{\mathrm{N}} \quad \text{et} \quad c \equiv 0 \pmod{\mathrm{N}},$$

$$\begin{pmatrix} a & b \\ c & d \end{pmatrix} \in \Gamma_0(\mathrm{N}) \quad \Leftrightarrow \quad c \equiv 0 \pmod{\mathrm{N}}.$$

1.2. Soit f une fonction sur le demi-plan $\mathrm{H} = \{ z \mid \mathrm{Im}(z) > 0 \}$. Si k est un entier, et si $\gamma = \begin{pmatrix} a & b \\ c & d \end{pmatrix}$ est un élément de $\mathbf{SL}_2(\mathbf{R})$, on pose

$$(f|_k \gamma)(z) = (cz+d)^{-k} f(\gamma z), \qquad \text{où} \quad \gamma z = \frac{az+b}{cz+d}.$$

Soit Γ un sous-groupe de $\mathbf{SL}_2(\mathbf{Z})$ contenant $\Gamma(\mathrm{N})$. On dit que f est *modulaire de poids k* sur Γ si :

(1.2.1) $f|_k \gamma = f$ pour tout $\gamma \in \Gamma$;

(1.2.2) f est holomorphe sur H;

(1.2.3) f est « holomorphe aux pointes », i. e., pour tout $\sigma \in \mathbf{SL}_2(\mathbf{Z})$, la fonction $f|_k \sigma$ a un développement en série de puissances de $e^{2\pi i z/\mathrm{N}}$ à exposants $\geqq 0$.

Lorsque, dans (1.2.3), on remplace « exposants $\geqq 0$ » par « exposants > 0 », on obtient la notion de forme modulaire *parabolique.*

1.3. Soit f une forme modulaire de poids k sur $\Gamma(\mathrm{N})$. Pour que f soit une forme modulaire sur $\Gamma_1(\mathrm{N})$, il faut et il suffit que $f(z+1) = f(z)$, ou encore que f ait un développement de la forme

$$\sum_{n=0}^{\infty} a_n q^n, \qquad \text{où} \quad q = e^{2\pi i z}.$$

Dans ce qui suit, ce développement sera noté $f_\infty(q)$, ou simplement f.

1.4. Soit f une forme modulaire de poids k sur $\Gamma_1(\mathrm{N})$. Si $\gamma = \begin{pmatrix} a & b \\ c & d \end{pmatrix}$ est un élément de $\Gamma_0(\mathrm{N})$, la forme $f|_k \gamma$ ne dépend que de l'image de d dans $(\mathbf{Z}/\mathrm{N}\mathbf{Z})^*$; on la note $f \mid \mathrm{R}_d$. On a $f \mid \mathrm{R}_{-1} = (-1)^k f$.

1.5. Soit ε un *caractère de Dirichlet* mod N, autrement dit un homomorphisme

$$\varepsilon : \ (\mathbf{Z}/\mathrm{N}\mathbf{Z})^* \to \mathbf{C}^*.$$

On dit que ε est *pair* (resp. *impair*) si $\varepsilon(-1) = 1$ (resp. si $\varepsilon(-1) = -1$).

Soit k un entier de même parité que ε [i. e. $\varepsilon(-1) = (-1)^k$]. On appelle *forme modulaire de type* (k, ε) *sur* $\Gamma_0(N)$ une forme modulaire f de poids k sur $\Gamma_1(N)$ telle que

$$f \mid R_d = \varepsilon(d) f$$

pour tout $d \in (\mathbf{Z}/N\mathbf{Z})^*$, i. e.

$$f\left(\frac{az+b}{cz+d}\right) = \varepsilon(d)(cz+d)^k f(z) \quad \text{pour tout} \begin{pmatrix} a & b \\ c & d \end{pmatrix} \in \Gamma_0(N).$$

(Noter que, si ε et k n'étaient pas de même parité, cette formule entraînerait $f = 0$.)

Toute forme modulaire de poids k sur $\Gamma_1(N)$ est combinaison linéaire de formes de types (k, ε_i) sur $\Gamma_0(N)$, où les ε_i sont les différents caractères de $(\mathbf{Z}/N\mathbf{Z})^*$ de même parité que k.

Cela se voit (*cf.* [16], p. IV-13) en remarquant que l'application

$$\begin{pmatrix} a & b \\ c & d \end{pmatrix} \mapsto d \pmod{N}$$

définit par passage au quotient un isomorphisme de $\Gamma_0(N)/\Gamma_1(N)$ sur $(\mathbf{Z}/N\mathbf{Z})^*$.

1.6. Opérateurs de Hecke. — Soit $f = \sum a_n q^n$ une forme modulaire de type (k, ε) sur $\Gamma_0(N)$, et soit p un nombre premier. On pose

(1.6.1) $$f \mid T_p = \sum a_{pn} q^n + \varepsilon(p) p^{k-1} \sum a_n q^{pn} \quad \text{si} \quad p \nmid N,$$

(1.6.2) $$f \mid U_p = \sum a_{pn} q^n \quad \text{si} \quad p \mid N.$$

On obtient ainsi une autre forme modulaire de type (k, ε) sur $\Gamma_0(N)$, qui est parabolique si f l'est.

1.7. Formes primitives. — On renvoie à [2] (dans le cas $\varepsilon = 1$) et à [6], [12], [13] (dans le cas général) pour la définition des formes paraboliques *primitives* (« newforms ») de type (k, ε) sur $\Gamma_0(N)$.

Si $f = \sum_{n=1}^{\infty} a_n q^n$ est une telle forme, on a $a_1 = 1$, et f est fonction propre des opérateurs de Hecke T_p et U_p, les valeurs propres correspondantes étant les a_p. Il en résulte que la série de Dirichlet

(1.7.1) $$\Phi_f(s) = \sum a_n n^{-s}$$

admet le développement eulérien

(1.7.2) $$\Phi_f(s) = \prod_{p \mid N} \frac{1}{(1 - a_p p^{-s})} \prod_{p \nmid N} \frac{1}{(1 - a_p p^{-s} + \varepsilon(p) p^{k-1-2s})}.$$

1.8. Si f est comme ci-dessus, et si $p \mid N$, la valeur absolue de a_p est donnée par la règle suivante ([12], [14]) :

$a_p = 0$ si $p^2 \mid N$ et si ε peut être défini mod N/p;

$| a_p | = p^{(k-1)/2}$ si ε ne peut pas être défini mod N/p;
$| a_p | = p^{k/2-1}$ si $p^2 \nmid$ N et si ε peut être défini mod N/p.

(Il résultera du théorème 4.6 ci-après que le dernier cas ne se présente pas pour $k = 1$.)

1.9. Toute forme f de type (k, ε) sur $\Gamma_0(N)$ peut s'écrire

$$f(z) = E(z) + \sum \lambda_i f_i(d_i z),$$

où E est une série d'Eisenstein, et où f_i est parabolique primitive de type (k, ε) sur $\Gamma_0(N_i)$, N_i étant un diviseur de N tel que ε puisse être défini mod N_i, et d_i un diviseur de N/N_i. De plus, cette décomposition est unique, en un sens évident.

§ 2. Rappels (géométriques) sur les formes modulaires

2.1. Soient k et N des entiers $\geqq 1$, et μ_N le schéma en groupes des racines N-ièmes de l'unité. Du point de vue géométrique, une forme modulaire de poids k sur $\Gamma_1(N)$ est une loi qui, à chaque courbe elliptique E munie d'un plongement $\alpha : \mu_N \to E$, associe une section de la puissance tensorielle k-ième $\omega_E^{\otimes k}$ de ω_E, où ω_E est le dual de l'algèbre de Lie de E.

Précisons :

(*a*) Une *courbe elliptique* sur un schéma S est un morphisme propre et lisse $E \to S$, muni d'une section $e : S \to E$, de fibres géométriques des courbes elliptiques. Lorsque S est le spectre d'un anneau commutatif A, on dit aussi que E est une courbe elliptique sur A. On pose $\omega_E = e^* \Omega^1_{E/S}$; pour S = Spec (A), ω_E s'identifie à un A-module inversible.

(*b*) Soit R un anneau commutatif dans lequel N est inversible. Une *forme modulaire* de poids k sur $\Gamma_1(N)$, méromorphe à l'infini, définie sur R, est une loi qui, à toute courbe elliptique E sur une R-algèbre A, munie d'un plongement $\alpha : \mu_N \to E$, associe un élément $f(E, \alpha)$ de $\omega_E^{\otimes k}$. On exige que cette loi soit compatible aux isomorphismes, et à l'extension des scalaires.

(*c*) On dit que f est *holomorphe à l'infini* si elle se prolonge en une loi $\tilde{f}$ définie pour les couples (E, α) où E est une *courbe elliptique généralisée* ([7], II.1.12) et α un plongement de μ_N dans E dont l'image rencontre chaque composante irréductible de chaque fibre géométrique ([7], IV.4.14). Si elle existe, la loi $\tilde{f}$ est unique.

Supposons que R soit un corps. On dit que f est *parabolique* si elle est holomorphe à l'infini et si $\tilde{f}(E, \alpha) = 0$ chaque fois que E est une courbe elliptique dégénérée (i. e. non lisse) sur une extension algébriquement close de R.

Ces notions pourraient aussi se définir en termes de développements de Laurent en q (*cf.* [7], VII, § 3).

2.2. Soit f comme ci-dessus. Si $d \in (\mathbf{Z}/N\mathbf{Z})^*$, on définit la forme modulaire $f | R_d$ par

(2.2.1) $$(f | R_d)(E, \alpha) = f(E, d\alpha).$$

Si ε est un homomorphisme de $(\mathbf{Z}/N\mathbf{Z})^*$ dans R^*, on dit que f est *de type* (k, ε) *sur* $\Gamma_0(N)$ si $f \mid R_d = \varepsilon(d) f$ pour tout $d \in (\mathbf{Z}/N\mathbf{Z})^*$.

2.3. Soit p un nombre premier ne divisant pas N. L'opérateur de Hecke T_p est alors défini sur les espaces de formes modulaires. Si f est une telle forme, et si (E, α) est définie sur un corps algébriquement clos de caractéristique $\neq p$, on a

$$(f \mid T_p)(E, \alpha) = \frac{1}{p} \sum_{\varphi} \varphi^*(f(\varphi E, \varphi \circ \alpha)),$$

où φ parcourt les classes d'isogénies de degré p de source E (deux isogénies étant dans la même classe si leurs noyaux sont égaux).

Les T_p commutent entre eux, et commutent aux R_d.

2.4. Faisons $R = \mathbf{C}$. La donnée de $\alpha : \mu_N \to E$ équivaut alors à celle du point

$$\alpha(\exp(2\pi i/N)),$$

qui est d'ordre N. A une forme modulaire f comme ci-dessus, on associe une fonction (encore notée f) sur le demi-plan H par la règle

$$(2.4.1) \qquad f(z) = f(E_z, 1/N)/(2\pi i du)^{\otimes k},$$

où E_z désigne la courbe elliptique $\mathbf{C}/(\mathbf{Z} \oplus z\mathbf{Z})$.

Posons $f(z) = f_\infty(e^{2\pi i z})$. La formule (2.4.1) se récrit :

$$(2.4.2) \qquad f_\infty(q) = f(\mathbf{C}^*/q^{\mathbf{Z}}, \mathrm{Id})/(dt/t)^{\otimes k} \qquad (0 < |q| < 1),$$

où Id est déduite de l'inclusion de μ_N dans $\mathbf{C}^*$.

Cette construction identifie les espaces de formes modulaires au sens de 2.1 et 2.2 aux espaces de même nom du § 1; même chose pour les opérateurs T_p et R_d.

2.5. Pour la définition de la *courbe de Tate* $\mathbf{G}_m/q^{\mathbf{Z}}$ sur l'anneau $\mathbf{Z}((q)) = \mathbf{Z}[[q]](q^{-1})$, nous renvoyons à [7], VII, § 1. Cette courbe est munie d'une forme différentielle invariante dt/t, et d'un plongement naturel Id : $\mu_N \to \mathbf{G}_m/q^{\mathbf{Z}}$. Si f est une forme modulaire de poids k sur $\Gamma_1(N)$, méromorphe à l'infini, et définie sur un anneau R, on pose

$$f_\infty(q) = f(\mathbf{G}_m/q^{\mathbf{Z}}, \mathrm{Id})/(dt/t)^{\otimes k} \in \mathbf{Z}((q)) \otimes R \subset R((q)).$$

(Dans cette formule, $\mathbf{G}_m/q^{\mathbf{Z}}$ désigne la courbe sur $\mathbf{Z}((q)) \otimes R$ déduite de la courbe de Tate par extension des scalaires.)

Posons

$$f_\infty(q) = \sum a_n q^n \quad \text{et} \quad (f \mid R_d)_\infty(q) = \sum a_n(d) q^n, \quad d \in (\mathbf{Z}/N\mathbf{Z})^*;$$

si p est un nombre premier ne divisant pas N, on a

$$(2.5.1) \qquad (f \mid T_p)_\infty(q) = \sum a_{pn} q^n + p^{k-1} \sum a_n(p) q^{np}.$$

En particulier, si f est de type (k, ε) sur $\Gamma_0(\mathrm{N})$, on a

(2.5.2) $$(f \mid \mathrm{T}_p)_\infty(q) = \sum a_{pn} q^n + \varepsilon(p) p^{k-1} \sum a_n q^{pn}.$$

Lorsque $\mathrm{R} = \mathbf{C}$, $f_\infty(q)$ est le développement en série de (2.4.2); ceci est prouvé dans [7], VII, § 4 (au moins pour f holomorphe, le seul cas qui nous importe). La formule (2.5.2) redonne (1.6.1).

2.6. Si K est un corps de caractéristique 0, notons S_K l'espace vectoriel des formes modulaires paraboliques de poids k sur $\Gamma_1(\mathrm{N})$ qui sont définies sur K. On a

(2.6.1) $$\mathrm{S}_\mathrm{K} = \mathrm{K} \otimes_\mathbf{Q} \mathrm{S}_\mathbf{Q};$$

on le voit en interprétant S_K comme l'espace des sections d'un faisceau inversible sur le « champ algébrique » correspondant à $\Gamma_1(\mathrm{N})$ (*cf.* [7], VII, 3.2).

Si K' est un sous-corps de K, une forme $f \in \mathrm{S}_\mathrm{K}$ appartient à $\mathrm{S}_{\mathrm{K}'}$ si et seulement si les coefficients de la série $f_\infty(q)$ appartiennent à K'. Cela se voit en se ramenant au cas où K est algébriquement clos, et en remarquant que, pour tout K'-automorphisme σ de K, les formes f et $\sigma(f)$ ont même développement en série, donc coïncident.

PROPOSITION 2.7. — *Soit* L *l'ensemble des* $f \in \mathrm{S}_\mathbf{C}$ *telles que* $(f \mid \mathrm{R}_d)_\infty(q) \in \mathbf{Z}[[q]]$ *pour tout* $d \in (\mathbf{Z}/\mathrm{N}\mathbf{Z})^*$. *Alors* :

(2.7.1) L *est un* **Z**-*module libre de type fini, stable par les opérateurs* T_p *et* R_d.

(2.7.2) *Pour tout corps* K *de caractéristique* 0, *on a* $\mathrm{S}_\mathrm{K} = \mathrm{K} \otimes \mathrm{L}$.

(2.7.3) *Les valeurs propres des* T_p *dans* $\mathrm{S}_\mathbf{C}$ *sont des entiers d'une extension finie de* **Q**.

(2.7.4) *Si* $f \in \mathrm{S}_\mathbf{C} = \mathbf{C} \otimes \mathrm{L}$ *est telle que* $f \mid \mathrm{T}_p = a_p f$, *alors, pour tout automorphisme* σ *de* **C**, *la forme* $\sigma(f)$ *est telle que* $\sigma(f) \mid \mathrm{T}_p = \sigma(a_p)\,\sigma(f)$. *Si* f *est de type* (k, ε) *sur* $\Gamma_0(\mathrm{N})$, *alors* $\sigma(f)$ *est de type* $(k, \sigma(\varepsilon))$ *sur* $\Gamma_0(\mathrm{N})$.

Si $f \in \mathrm{S}_\mathbf{Q}$, on a $f \mid \mathrm{R}_d \in \mathrm{S}_\mathbf{Q}$ pour tout $d \in (\mathbf{Z}/\mathrm{N}\mathbf{Z})^*$ et les séries $(f \mid \mathrm{R}_d)_\infty(q)$ appartiennent à $\mathbf{Z}[[q]] \otimes \mathbf{Q}$, donc ont des dénominateurs bornés. Il en résulte qu'un multiple non nul de f appartient à L, d'où $\mathbf{Q} \otimes \mathrm{L} = \mathrm{S}_\mathbf{Q}$ et d'après (2.6.1) $\mathrm{K} \otimes \mathrm{L} = \mathrm{S}_\mathrm{K}$ pour tout corps K de caractéristique 0. Que L soit de type fini provient de ce que les formes linéaires « n-ièmes coefficients des $(f \mid \mathrm{R}_d)_\infty(q)$ » séparent les éléments de $\mathrm{S}_\mathbf{Q}$.

Le fait que L soit stable par les R_d (resp. les T_p) est évident (resp. résulte de (2.5.1)). Les assertions (2.7.3) et (2.7.4) en résultent.

REMARQUE 2.8. — Le fait que la série $f_\infty(q)$, $f \in \mathrm{S}_\mathbf{Q}$, soit à dénominateurs bornés a été ici déduit du fait que la courbe de Tate est définie sur $\mathbf{Z}((q)) \otimes \mathbf{Q}$. On aurait également pu utiliser le théorème 3.5.2 de Shimura [24], valable lorsque $k \geqq 2$, et ramener le poids 1 au poids 13 par multiplication par Δ.

§ 3. Rappels sur les représentations galoisiennes

3.1. Soient $\overline{\mathbf{Q}}$ une clôture algébrique de **Q**, et $\mathrm{G} = \mathrm{Gal}(\overline{\mathbf{Q}}/\mathbf{Q})$. Nous aurons à considérer des *représentations linéaires* de G, autrement dit des homomorphismes continus

$$\rho : \mathrm{G} \to \mathbf{GL}_n(k),$$

où k est de l'un des types suivants :

(*a*) le corps **C** (avec la topologie discrète);

(*b*) un corps fini (avec la topologie discrète);

(*c*) une extension finie d'un corps l-adique $\mathbf{Q}_l$ (avec sa topologie naturelle).

Dans les deux premiers cas, l'image de ρ est *finie*.

Si p est un nombre premier, on dit que ρ est *non ramifiée en p* si elle est triviale sur le groupe d'inertie d'une place de $\overline{\mathbf{Q}}$ prolongeant p. On note alors $F_{\rho,p}$ l'image par ρ de la substitution de Frobenius ([1]) relative à p; c'est un élément de $\mathbf{GL}_n(k)$, défini à conjugaison près. On pose

$$(3.1.1) \qquad P_{\rho,p}(T) = \det(1-F_{\rho,p}T) = 1-\mathrm{Tr}(F_{\rho,p})T+\ldots+(-1)^n\det(F_{\rho,p})T^n.$$

La connaissance des polynômes $P_{\rho,p}(T)$ permet presque de reconstituer ρ. De façon plus précise :

LEMME 3.2. — *Soit* X *un ensemble de nombres premiers de densité* 1 *et soient* ρ *et* ρ' *deux représentations linéaires semi-simples de* G. *Supposons que, pour tout* $p \in X$, ρ *et* ρ' *soient non ramifiées, et que* $P_{\rho,p}(T) = P_{\rho',p}(T)$ (*resp. que* $\mathrm{Tr}(F_{\rho,p}) = \mathrm{Tr}(F_{\rho',p})$ *lorsque k est de caractéristique* 0). *Alors* ρ *et* ρ' *sont isomorphes.*

Cela résulte du théorème de densité de Čebotarev, combiné avec le fait qu'une représentation linéaire semi-simple d'un groupe est déterminée, à isomorphisme près, par les polynômes caractéristiques (resp. les traces, si la caractéristique du corps est 0) correspondants ([3], § 30.16).

REMARQUES

3.3. Dans la suite, on appliquera le lemme 3.2 au cas particulier où X est l'ensemble des nombres premiers qui ne divisent pas un entier N donné; on dira alors que ρ et ρ' sont *non ramifiées en dehors de* N.

3.4. Lorsque $k = \mathbf{C}$, la condition de semi-simplicité est automatiquement satisfaite, puisque ρ(G) et ρ'(G) sont finis.

§ 4. Résultats

(a) ÉNONCÉ DU THÉORÈME PRINCIPAL

THÉORÈME 4.1. — *Soient* N *un entier* $\geqq 1$, ε *un caractère de Dirichlet* mod N *tel que* $\varepsilon(-1) = -1$, *et f une forme modulaire de type* (1, ε) *sur* $\Gamma_0(N)$, *non identiquement nulle. On suppose que f est fonction propre des* T_p, $p \nmid N$, *avec pour valeurs propres* a_p.

([1]) Nous adoptons ici les conventions d'Artin [1]. Notre « substitution de Frobenius » est donc l'élément noté φ dans [5]; son inverse est le « Frobenius géométrique ».

Il existe alors une représentation linéaire

$$\rho : G \to GL_2(C), \quad \text{où} \quad G = \mathrm{Gal}(\overline{Q}/Q),$$

qui est non ramifiée en dehors de N *et telle que*

$$(4.1.1) \qquad \mathrm{Tr}(F_{\rho, p}) = a_p \quad \text{et} \quad \det(F_{\rho, p}) = \varepsilon(p) \quad \text{pour tout } p \nmid N.$$

Cette représentation est irréductible si et seulement si f est parabolique.

La démonstration sera donnée au § 8.

COROLLAIRE 4.2. — *Les valeurs propres* a_p *sont sommes de deux racines de l'unité; en particulier on a* $|a_p| \leqq 2$.

En d'autres termes, la « conjecture de Ramanujan-Petersson » est vraie en poids 1; on sait d'ailleurs qu'elle est également vraie en poids $\geqq 2$, *cf.* [5], 8.2.

REMARQUES

4.3. D'après le lemme 3.2, la représentation ρ associée à *f* par 4.1 est unique, à isomorphisme près.

4.4. La formule $\det(F_{\rho,p}) = \varepsilon(p)$ montre que l'on a

$$\det(\rho) = \varepsilon,$$

en convenant d'identifier ε au caractère $G \to C^*$ qui lui correspond par la théorie du corps de classes (c'est simplement le composé de ε et de l'homomorphisme $G \to (Z/NZ)^*$ fourni par l'action de G sur les racines N-ièmes de l'unité).

4.5. Notons *c* l'élément de G correspondant à la conjugaison complexe (pour un plongement de $\overline{Q}$ dans C). Du fait que ε est impair, 4.4 montre que $\det(\rho(c)) = -1$; comme *c* est d'ordre 2, cela signifie que ρ (*c*) *est conjuguée de la matrice* $\begin{pmatrix} 1 & 0 \\ 0 & -1 \end{pmatrix}$.

(b) CONDUCTEUR D'ARTIN ET FACTEURS LOCAUX. — On conserve les hypothèses et notations du théorème 4.1.

THÉORÈME 4.6. — *Supposons f parabolique primitive, de coefficients* a_n, $n \geqq 1$. *Soit* ρ *la représentation de* G *correspondante. Alors* :

a. Le conducteur d'Artin de ρ *est égal à* N;

b. La fonction L *d'Artin* L (*s*, ρ) *est égale à* $\Phi_f(s) = \sum_{n=1}^{\infty} a_n n^{-s}$.

(Pour la définition de la série L, et du conducteur, d'une représentation, *voir* [1].)

COROLLAIRE 4.7. — *La représentation* ρ *est ramifiée en tous les diviseurs premiers de* N.

Cela résulte de (*a*).

COROLLAIRE 4.8. – *La fonction* L (s, ρ) *est une fonction entière.*

[Autrement dit, la « conjecture d'Artin » est vraie pour ρ, *cf.* (c) ci-dessous.]

En effet, la théorie de Hecke montre que $\Phi_f(s)$ est entière.

Démonstration de 4.6. – Elle utilise les *équations fonctionnelles* satisfaites par $\Phi_f(s)$ et L (s, ρ) (comparer avec [9], p. 172-177).

(i) Posons $\tilde{f} = \sum \bar{a}_n q^n$. Du fait que f est primitive, il existe une constante $\lambda \neq 0$ telle que $f(-1/\mathrm{N}z) = \lambda\, z\tilde{f}(z)$, *cf.* [12] et [13]. Par transformation de Mellin, on en déduit que

$$\Psi_f(1-s) = \mu \tilde{\Psi}_f(s) \qquad \text{avec} \quad \mu = i\lambda/\mathrm{N}^{1/2},$$

où

$$\Psi_f(s) = \mathrm{N}^{s/2}(2\pi)^{-s}\Gamma(s)\Phi_f(s) \qquad \text{et} \qquad \tilde{\Psi}_f(s) = \Psi_{\tilde{f}}(s).$$

(ii) D'après 4.5, le « facteur à l'infini » de L (s, ρ) est égal à $(2\pi)^{-s}\Gamma(s)$. Si M est le conducteur de ρ, et si l'on pose

$$\xi(s, \rho) = \mathrm{M}^{s/2}(2\pi)^{-s}\Gamma(s)\mathrm{L}(s, \rho),$$

on a donc

$$\xi(1-s, \rho) = \nu . \xi(s, \bar{\rho}) \qquad \text{avec} \quad \nu \in \mathbf{C}^*.$$

(iii) Posons

$$\mathrm{F}(s) = (\mathrm{N}/\mathrm{M})^{s/2}\Psi_f(s)/\xi(s, \rho) \qquad \text{et} \qquad \tilde{\mathrm{F}}(s) = (\mathrm{N}/\mathrm{M})^{s/2}\tilde{\Psi}_f(s)/\xi(s, \bar{\rho}).$$

Les formules ci-dessus montrent que

$$\mathrm{F}(1-s) = \omega . \tilde{\mathrm{F}}(s) \qquad \text{avec} \quad \omega = \mu/\nu.$$

Mais, si p est un nombre premier ne divisant pas N, les p-facteurs de $\Psi_f(s)$ et de $\xi(s, \rho)$ coïncident d'après 4.1. On a donc

$$\mathrm{F}(s) = \mathrm{A}^s \prod_{p \mid \mathrm{N}} \mathrm{F}_p(s),$$

avec

$$\mathrm{A} = (\mathrm{N}/\mathrm{M})^{1/2} \qquad \text{et} \qquad \mathrm{F}_p(s) = (1-a_p p^{-s})/(1-b_p p^{-s})(1-c_p p^{-s}),$$

où $1-a_p p^{-s}$ est le p-facteur de $\Psi_f(s)$ et $(1-b_p p^{-s})(1-c_p p^{-s})$ celui de $\xi(s, \rho)$ (noter que b_p et c_p peuvent être nuls). Tout revient à montrer que A et les F_p sont égaux à 1. On utilise pour cela le lemme élémentaire suivant :

LEMME 4.9. – *Soient* $\mathrm{G}(s) = \mathrm{A}^s \prod_p \mathrm{G}_p(s)$, $\mathrm{H}(s) = \mathrm{A}^s \prod_p \mathrm{H}_p(s)$, *deux produits eulériens finis. Supposons que :*

(4.9.1) $$\mathrm{G}(1-s) = \omega . \mathrm{H}(s) \qquad \textit{avec} \quad \omega \in \mathbf{C}^*;$$

(4.9.2) *Chacun des* G_p *et des* H_p *est produit fini de termes de la forme* $(1-\alpha_p^{(i)}p^{-s})^{\pm 1}$, *avec* $|\alpha_p^{(i)}| < p^{1/2}$.

On a alors $A = 1$ *et* $G_p = H_p = 1$ *pour tout* p.

Si H_p n'est pas égal à 1, la fonction H a une infinité de zéros (ou de pôles) de la forme

$$(\log(\alpha_p^{(i)}) + 2\pi i n)/\log p, \qquad n \in \mathbf{Z},$$

et l'on voit facilement que ceux-ci ne peuvent pas être tous des zéros (ou des pôles) de $G(1-s)$; l'hypothèse $|\alpha_p^{(i)}| < p^{1/2}$ assure en effet qu'aucun des $\alpha_p^{(i)}$ ne peut être égal à un $p/\alpha_p^{(j)}$.

(iv) Il reste encore à vérifier que a_p, b_p, c_p et leurs conjugués satisfont à (4.9.2), i. e. sont $< p^{1/2}$ en valeur absolue. C'est clair pour b_p et c_p qui sont, soit 0, soit des racines de l'unité. Pour a_p, on peut invoquer 1.8 qui montre que $|a_p| \leqq 1$; on peut aussi, si l'on préfère, utiliser l'inégalité de Rankin :

$$|a_n| = O(n^{1/2-1/5}), \quad cf.\ [18];$$

en l'appliquant à $n = p^m$, et en remarquant que $a_n = (a_p)^m$, on en déduit bien

$$|a_p| \leqq p^{1/2-1/5} < p^{1/2}.$$

Cela achève la démonstration de 4.6.

(c) Caractérisation des représentations attachées aux formes de poids 1. — Reprenons les notations de (*a*), en supposant que la forme f considérée soit parabolique. La représentation

$$\rho : \ G \to \mathbf{GL}_2(\mathbf{C})$$

correspondante a alors les propriétés suivantes :

(i) ρ est irréductible (4.1);

(ii) $\det \rho$ est un caractère impair (4.4);

(iii) Pour tout caractère continu $\chi : G \to \mathbf{C}^*$, la fonction L d'Artin $L(s, \rho \otimes \chi)$ est une fonction entière [cela résulte de 4.8 appliqué à la forme parabolique

$$f_\chi = \sum \chi(n)\, a_n\, q^n].$$

Réciproquement :

Théorème 4.10. (Weil-Langlands). — *Soit* $\rho : G \to \mathbf{GL}_2(\mathbf{C})$ *une représentation continue du groupe* $G = \mathrm{Gal}(\overline{\mathbf{Q}}/\mathbf{Q})$ *satisfaisant aux conditions* (i), (ii), (iii) *ci-dessus. Posons*

$$L(s, \rho) = \sum a_n n^{-s}, \qquad f = \sum a_n q^n, \qquad \varepsilon = \det \rho, \qquad N = \text{conduct. } \rho.$$

Alors f est une forme parabolique primitive de type (1, ε) *sur* $\Gamma_0(N)$, *et* ρ *est la représentation attachée à f.*

D'après Langlands (*cf.* [27], p. 152 et 160) les constantes des équations fonctionnelles des séries $\sum a_n \chi(n) n^{-s}$ vérifient l'identité nécessaire pour que l'on puisse appliquer la caractérisation des formes modulaires due à Hecke-Weil ([12], [26]). Il s'ensuit que f est modulaire de type $(1, \varepsilon)$ sur $\Gamma_0(N)$; il est clair que f est fonction propre des T_p et des U_p, et que la représentation qui lui est associée est isomorphe à ρ. D'après 4.1, f est parabolique. Soit f' l'unique forme parabolique primitive (sur un $\Gamma_0(N')$, où N' est un diviseur convenable de N) telle que $f' \mid T_p = a_p f'$ pour $p \nmid N$. Vu 4.6, la série de Dirichlet associée à f' est $L(s, \rho) = \sum a_n n^{-s}$. Il en résulte que $f' = f$, ce qui montre que f est primitive.

REMARQUES

4.11. On trouvera dans [27], p. 163, une généralisation du théorème 4.10 à tous les corps globaux.

4.12. La condition (iii) (conjecture d'Artin pour les $\rho \otimes \chi$) peut être remplacée par la condition plus faible :

(iii') Il existe un entier $M \geqq 1$ tel que, pour tout caractère χ de conducteur premier à M, la fonction $L(s, \rho \otimes \chi)$ soit une fonction entière.

Cela résulte de [26] (*voir* aussi [12]).

4.13. Si la conjecture d'Artin est vraie, les théorèmes ci-dessus fournissent une *bijection* entre « classes de représentations irréductibles de degré 2 de $\mathrm{Gal}(\overline{\mathbf{Q}}/\mathbf{Q})$ à déterminant impair » et « formes paraboliques primitives de poids 1 ».

4.14. Le théorème 4.6 donne même un moyen de *vérifier* la conjecture d'Artin dans des cas particuliers. Si l'on se donne une représentation ρ satisfaisant à (i) et (ii), de conducteur N et de déterminant ε, on peut déterminer numériquement les coefficients a_n de la série $L(s, \rho) = \sum a_n n^{-s}$ pour n inférieur à un entier A donné, et l'on peut chercher à construire une forme parabolique primitive f de type $(1, \varepsilon)$ sur $\Gamma_0(N)$ dont le développement commence par $\sum_{n \leqq A} a_n q^n$. Si A est assez grand,

$$\text{par exemple} \quad A \geqq (N/12) \prod_{p \mid N} (1 + p^{-1}),$$

une telle forme est unique, si elle existe (si elle n'existe pas, la conjecture d'Artin est fausse). Une fois f obtenue, il lui correspond une représentation ρ_f; si l'on peut prouver que ρ_f est isomorphe à ρ, il en résulte bien que ρ satisfait à (iii).

EXEMPLES. — Si ρ est comme ci-dessus, l'image de ρ dans le groupe

$$\mathbf{PGL}_2(\mathbf{C}) = \mathbf{GL}_2(\mathbf{C})/\mathbf{C}^*$$

est, soit un groupe diédral, soit l'un des groupes $\mathfrak{A}_4$, $\mathfrak{S}_4$ ou $\mathfrak{A}_5$ ([22], prop. 16). Dans le cas *diédral*, ρ est induite par une représentation de degré 1 de $\mathrm{Gal}(\overline{\mathbf{Q}}/\mathbf{Q}(\sqrt{d}))$, où $\mathbf{Q}(\sqrt{d})$ est une extension quadratique de $\mathbf{Q}$. La condition (iii) est alors vérifiée, et ρ cor-

respond bien à une forme parabolique; celle-ci est une combinaison linéaire de *séries thêta* pour des formes binaires de discriminant d, *cf.* [9], p. 428-460. Des exemples *non*
3 *diédraux* ont été construits récemment par Tate (pour N = 133, 229, 283, 331, ...).
4 Pour l'un de ces exemples (celui où N = 133, qui correspond à un groupe $\mathfrak{A}_4$), Tate, aidé par Atkin *et al.*, a pu mener à bien la méthode esquissée dans 4.14, et prouver l'existence d'une forme modulaire correspondante – donc aussi la conjecture d'Artin pour la représentation en question.

§ 5. Exploitation d'un résultat de Rankin

Proposition 5.1. – *Soit f une forme modulaire parabolique de type (k, ε) sur $\Gamma_0(N)$, non identiquement nulle. On suppose que f est fonction propre des T_p, $p \nmid N$, avec pour valeurs propres a_p. Alors la série $\sum_{p \nmid N} |a_p|^2 p^{-s}$ converge pour s réel $> k$, et l'on a*

$$(5.1.1) \qquad \sum_{p \nmid N} |a_p|^2 p^{-s} \leqq \log(1/(s-k)) + O(1) \qquad \textit{pour} \quad s \to k.$$

Démonstration 5.2. – On se ramène aussitôt au cas où f est une forme primitive $\sum_{n=1}^{\infty} a_n q^n$. Pour tout $p \nmid N$, soit $\varphi_p \in \mathbf{GL}_2(\mathbf{C})$ tel que $\operatorname{Tr}(\varphi_p) = a_p$ et $\det(\varphi_p) = \varepsilon(p)\, p^{k-1}$. La série de Dirichlet

$$\Phi_f(s) = \sum_{n=1}^{\infty} a_n n^{-s}$$

s'écrit alors :

$$\Phi_f(s) = \prod_{p \mid N} (1 - a_p p^{-s})^{-1} \prod_{p \nmid N} \det(1 - \varphi_p p^{-s})^{-1}, \quad \textit{cf.}\ (1.7.2).$$

Posons

$$L(s) = \prod_{p \nmid N} \det(1 - \varphi_p \otimes \bar{\varphi}_p p^{-s})^{-1}.$$

C'est un produit eulérien à quatre facteurs : si l'on note λ_p, μ_p les valeurs propres de φ_p, on a

$$L(s) = \prod_{p \nmid N} [(1 - \lambda_p \bar{\lambda}_p p^{-s})(1 - \lambda_p \bar{\mu}_p p^{-s})(1 - \mu_p \bar{\lambda}_p p^{-s})(1 - \mu_p \bar{\mu}_p p^{-s})]^{-1}.$$

Utilisant la formule $\lambda_p \bar{\lambda}_p \mu_p \bar{\mu}_p = |\varepsilon(p)\, p^{k-1}|^2 = p^{2k-2}$, on démontre (*cf.* par exemple [10], p. 33, ou [12], [15]) que

$$L(s) = H(s)\,\zeta(2s - 2k + 2)\left(\sum_{n=1}^{\infty} |a_n|^2 n^{-s}\right),$$

avec

$$H(s) = \prod_{p \mid N} (1 - p^{-2s+2k-2})(1 - |a_p|^2 p^{-s}).$$

D'après [18] (*cf.* aussi [12], [13] et [15]), la série $\sum |a_n|^2 n^{-s}$ converge pour $\mathscr{R}(s) > k$ et son produit par $\zeta(2s - 2k + 2)$ se prolonge en une fonction méromorphe dans tout le plan complexe, avec pour unique pôle le point $s = k$. Comme $|a_p| < p^{k/2}$ si $p \mid N$ (*cf.* 1.8) la fonction $H(s)$ est holomorphe $\neq 0$ dans $\mathcal{R}(s) \geqq k$. Il résulte de ceci que $L(s)$ est méromorphe dans tout le plan complexe, et holomorphe pour $\mathcal{R}(s) \geqq k$, à la seule exception de $s = k$ qui en est un pôle simple; on a de plus $L(s) \neq 0$ pour s réel $> k$ puisqu'il en est ainsi de $H(s)$, $\zeta(2s-2k+2)$, et $\sum |a_n|^2 n^{-s}$.

Posons

$$g_m(s) = \sum_{p \nmid N} |\mathrm{Tr}(\varphi_p^m)|^2 p^{-ms}/m \qquad \text{et} \qquad g(s) = \sum_{m=1}^{\infty} g_m(s).$$

La série $g(s)$ est une série de Dirichlet à coefficients $\geqq 0$. Pour s assez grand, un calcul immédiat montre qu'elle est égale à $\log L(s)$. Comme $L(s)$ est holomorphe et $\neq 0$ pour s réel $> k$, il résulte d'un lemme classique de Landau ([21], p. 112) que $g(s)$ converge pour $\mathcal{R}(s) > k$. Du fait que $L(s)$ a un pôle simple en $s = k$, on a

$$g(s) = \log(1/(s-k)) + O(1) \qquad \text{pour} \quad s \to k.$$

Mais $g_1(s) = \sum |a_p|^2 p^{-s}$ est évidemment $\leqq g(s)$. On en conclut bien

$$\sum |a_p|^2 p^{-s} \leqq \log(1/(s-k)) + O(1) \qquad \text{pour} \quad s \to k.$$

REMARQUES 5.3. — On peut renforcer la proposition 5.1 de diverses manières. D'abord une fois que l'on dispose de la conjecture de Petersson, une majoration facile montre que la série

$$\sum_{p \nmid N} \sum_{m \geqq 2} |\mathrm{Tr}(\varphi_p^m)|^2 p^{-ms}/m = g_2(s) + g_3(s) + \ldots$$

converge pour $\mathcal{R}(s) \geqq k$, et cela permet de remplacer l'inégalité (5.1.1) par l'égalité :

$$(5.3.1) \qquad \sum |a_p|^2 p^{-s} = \log(1/(s-k)) + O(1) \qquad \text{pour} \quad s \to k.$$

D'autre part, un argument à la Hadamard-de la Vallée Poussin montre que $L(s) \neq 0$ pour tout s tel que $\mathcal{R}(s) \geqq k$ (y compris la droite critique $\mathcal{R}(s) = k$), et en appliquant le théorème de Wiener-Ikehara à $L'(s)/L(s)$ on obtient

$$(5.3.2) \qquad \sum_{p \leqq x} |a_p|^2 p^{-(k-1)} \log p \sim x \qquad \text{pour} \quad x \to \infty,$$

cf. Rankin [19].

5.4. APPLICATION AUX FORMES DE POIDS 1. — Soient P l'ensemble des nombres premiers et X une partie de P. On pose

$$(5.4.1) \qquad \text{dens. sup}\, X = \lim_{s \to 1,\, s > 1} \sup \Big(\sum_{p \in X} p^{-s} \Big) / \log(1/(s-1)).$$

C'est la *densité supérieure* de X; elle est comprise entre 0 et 1.

PROPOSITION 5.5. — *On conserve les hypothèses de* 5.1, *et l'on suppose en outre que le poids k de f est égal à* 1. *Alors, pour tout $\eta > 0$, il existe un ensemble X_η de nombres* *premiers et une partie finie* Y_η *de* **C** *tels que*

$$\text{dens.}\sup X_\eta \leqq \eta \qquad \textit{et} \qquad a_p \in Y_\eta \quad \textit{pour tout } p \notin X_\eta.$$

D'après 2.7, les a_p sont des entiers d'une extension finie K de **Q**. Si c est une constante $\geqq 0$, notons Y (c) l'ensemble des entiers a de K tels que $|\sigma(a)|^2 \leqq c$ pour tout plongement σ de K dans **C**; c'est un ensemble fini. Notons X (c) l'ensemble des p tels que $a_p \notin Y(c)$; il nous suffit de prouver que dens. sup X $(c) \leqq \eta$ si c est assez grand.

Or on sait (2.7) que les $\sigma(a_p)$ sont également valeurs propres des T_p en poids 1. Vu (5.1.1), on a donc

$$\sum_\sigma \sum_p |\sigma(a_p)|^2 p^{-s} \leqq r\log(1/(s-1)) + O(1) \qquad \text{pour} \quad s \to 1,$$

où $r = [K : \mathbf{Q}]$. Comme $\sum_\sigma |\sigma(a_p)|^2 \geqq c$ si $p \in X(c)$, on en conclut que

$$c \sum_{p \in X(c)} p^{-s} \leqq r\log(1/(s-1)) + O(1) \qquad \text{pour} \quad s \to 1,$$

d'où

$$\text{dens.}\sup X(c) \leqq r/c,$$

et il suffit donc de prendre $c \geqq r/\eta$.

Remarque 5.6. — En utilisant (5.3.2) au lieu de (5.1.1) dans la démonstration ci-dessus, on aurait pu remplacer la densité « analytique » (5.4.1) par la densité « naturelle » (*cf.* [21], VI, n° 4.5). De toute façon, 5.5 n'a qu'un intérêt provisoire : une fois le théorème 4.1 démontré, on saura que l'ensemble des a_p est *fini*.

§ 6. **Représentation *l*-adiques et réduction** mod *l*

(a) Représentations *l*-adiques. — Nous utiliserons le résultat suivant :

Théorème 6.1. — *Soit f une forme modulaire de type* (k, ε) *sur* $\Gamma_0(N)$, *non identiquement nulle. On suppose que* $k \geqq 2$ *et que f est fonction propre des* T_p, $p \nmid N$, *avec pour valeurs propres* a_p. *Soit* K *une extension finie de* **Q** *contenant les* a_p *et les* $\varepsilon(p)$, cf. (2.7.3). *Soit* λ *une place finie de* K, *de caractéristique résiduelle l, et soit* K_λ *le complété de* K *en* λ. *Il existe alors une représentation linéaire semi-simple continue*

$$\rho_\lambda : G \to \mathbf{GL}_2(K_\lambda), \qquad \textit{où} \quad G = \mathrm{Gal}(\overline{\mathbf{Q}}/\mathbf{Q}),$$

qui est non ramifiée en dehors de N*l et telle que*

$$(6.1.1) \qquad \mathrm{Tr}(F_{\rho_\lambda, p}) = a_p \qquad \textit{et} \qquad \det(F_{\rho_\lambda, p}) = \varepsilon(p)\, p^{k-1} \quad \textit{si } p \nmid Nl.$$

D'après 3.2, la condition (6.1.1) détermine ρ_λ de manière unique, à isomorphisme près.

REMARQUE 6.2. — Si f est une série d'Eisenstein, l'énoncé ci-dessus se déduit immédiatement des résultats de Hecke ([9], p. 690) en prenant pour ρ_λ la somme directe de deux représentations de degré 1. Lorsque f est parabolique, 6.1 est démontré dans un cas particulier dans [4]. Le cas général n'est pas beaucoup plus difficile. Il est traité, par une autre méthode (inspirée de Ihara) et dans un autre langage, par Langlands [11] (où est toutefois admise sans démonstration une « formule des traces » qui semble accessible
5 mais que personne n'a démontrée). Dans un travail futur de l'un de nous, 6.2 sera redémontré par une méthode due à Piateckii-Shapiro [17].

COROLLAIRE 6.3. — *Soient* $(f, \mathrm{N}, k, \varepsilon, (a_p))$ *et* $(f', \mathrm{N}', k', \varepsilon', (a'_p))$ *comme dans le théorème* 6.1. *Si l'ensemble des nombres premiers p tels que* $a_p = a'_p$ *est de densité* 1, *alors* $k = k'$, $\varepsilon = \varepsilon'$ *et* $a_p = a'_p$ *pour tout* $p \nmid \mathrm{NN}'$.

En effet, les représentations attachées à f et f' (pour un même choix de K et de λ) sont isomorphes d'après 3.2.

REMARQUES

6.4. L'image de G par ρ_λ est un sous-groupe compact de $\mathbf{GL}_2(\mathrm{K}_\lambda)$, donc un *groupe de Lie l-adique*; ce n'est pas un groupe fini.

6.5. Une fois le théorème 4.1 démontré, on voit facilement ([2]) que 6.1 *et* 6.3 *restent valables en poids* 1; toutefois, dans ce cas, l'image du groupe G est un groupe fini.

(b) RÉDUCTION mod l

6.6. Soient $\mathrm{K} \subset \mathbf{C}$ un corps de nombres algébriques, λ une place finie de K, $\mathfrak{O}_\lambda$ l'anneau de valuation correspondant, $\mathfrak{m}_\lambda$ son idéal maximal, $k_\lambda = \mathfrak{O}_\lambda/\mathfrak{m}_\lambda$ son corps résiduel, et l la caractéristique de k_λ. Dans ce qui suit, nous écrirons « mod λ » pour « mod $\mathfrak{m}_\lambda$ ».

Soit f une forme modulaire de type (k, ε) sur $\Gamma_0(\mathrm{N})$. On dit que f est *λ-entière* (resp. que $f \equiv 0$ (mod. λ)) si les coefficients de la série $f_\infty(q)$ appartiennent à $\mathfrak{O}_\lambda$ (resp. à $\mathfrak{m}_\lambda$). Supposons f λ-entière; on dit que f est *vecteur propre de* T_p mod λ, *de valeur propre* $a_p \in k_\lambda$, si l'on a

$$(6.6.1) \qquad f \,|\, \mathrm{T}_p - a_p f \equiv 0 \pmod{\lambda}.$$

THÉORÈME 6.7. — *Avec les notations précédentes, soit f une forme modulaire de type* (k, ε) *sur* $\Gamma_0(\mathrm{N})$, $k \geqq 1$, *à coefficients dans* K. *On suppose que f est λ-entière*, $f \not\equiv 0 \pmod{\lambda}$, *et que f est vecteur propre des* T_p mod λ, *pour* $p \nmid \mathrm{N}l$, *de valeurs propres* $a_p \in k_\lambda$. *Soit* k_f *le sous-corps de* k_λ *engendré par les* a_p *et les réductions* mod λ *des* $\varepsilon(p)$. *Il existe alors une représentation semi-simple*

$$\rho: \ \mathrm{G} \to \mathbf{GL}_2(k_f)$$

([2]) Cela résulte du fait que la représentation ρ du théorème 4.1 est *réalisable sur* K : son image contient un élément à valeurs propres rationnelles et distinctes (l'élément $\rho(c)$ de 4.5) et cela entraîne que son indice de Schur est 1 (*cf.* [20], IX *a*); elle est donc réalisable sur le corps des valeurs de son caractère.

qui est non ramifiée en dehors de Nl *et telle que, pour tout* $p \nmid Nl$, *on ait*

$$(6.7.1) \qquad \mathrm{Tr}(F_{\mathfrak{p},p}) = a_p \quad et \quad \det(F_{\mathfrak{p},p}) \equiv \varepsilon(p)\, p^{k-1} \pmod{\lambda}.$$

Démonstration du théorème 6.7

6.8. Soient $(K', \lambda', f', k', \varepsilon', (a'_p))$ comme dans le théorème 6.7, où K′ contient K et λ' prolonge λ. Si $a_p \equiv a'_p \pmod{\lambda'}$ et $\varepsilon(p)\, p^{k-1} \equiv \varepsilon'(p)\, p^{k'-1} \pmod{\lambda'}$ pour tout $p \nmid Nl$, le théorème pour f équivaut au théorème pour f'. La seconde condition est vérifiée dès que $\varepsilon = \varepsilon'$ et $k \equiv k' \pmod{(l-1)}$, et elle entraîne la première pourvu que $f \equiv f' \pmod{\lambda'}$.

6.9. Réduction au cas où $k \geqq 2$. — Pour n pair > 2, soit E_n la série d'Eisenstein de poids n sur $\mathbf{SL}_2(\mathbf{Z})$ normalisée pour que son terme constant soit 1. Si l'on choisit n divisible par $l-1$, le développement en série de E_n est l-entier, et $E_n \equiv 1 \pmod{l}$, *cf.* [25]. Le produit $f.E_n$ est donc congru à f mod λ; son poids $k+n$ est congru à k mod $(l-1)$. Vu 6.8, le théorème pour f équivaut au théorème pour $f.E_n$, qui est de poids > 2.

6.10. Réduction au cas où f est vecteur propre des T_p. — Il suffit de vérifier qu'il existe f' comme en 6.8, avec $(k', \varepsilon') = (k, \varepsilon)$, et vecteur propre des T_p. Cela résulte du lemme suivant, appliqué aux T_p agissant sur le $\mathfrak{O}_\lambda$-module M des formes modulaires de type (k, ε) sur $\Gamma_0(N)$, à coefficients dans $\mathfrak{O}_\lambda$:

Lemme 6.11. — *Soit* M *un module libre de type fini sur un anneau de valuation discrète* $\mathfrak{O}$; *on note* $\mathfrak{m}$ *l'idéal maximal de* $\mathfrak{O}$, k *son corps résiduel,* K *son corps des fractions. Soit* $\mathscr{T}$ *un ensemble d'endomorphismes de* M *commutant deux à deux. Soit* $f \in M/\mathfrak{m}M$ *un vecteur propre commun* (non nul) *des* $T \in \mathscr{T}$, *et soient* $a_T \in k$ *les valeurs propres correspondantes. Il existe alors un anneau de valuation discrète* $\mathfrak{O}'$ *contenant* $\mathfrak{O}$, *d'idéal maximal* $\mathfrak{m}'$ *tel que* $\mathfrak{O} \cap \mathfrak{m}' = \mathfrak{m}$, *et de corps des fractions* K′ *fini sur* K, *et un élément non nul* f' *de*

$$M' = \mathfrak{O}' \otimes_{\mathfrak{O}} M,$$

qui est vecteur propre des $T \in \mathscr{T}$, *de valeurs propres* a'_T *telles que* $a'_T \equiv a_T \pmod{\mathfrak{m}'}$. (Noter qu'on n'affirme pas que les *vecteurs propres* se relèvent, mais seulement les *valeurs propres.*)

Soit $\mathscr{H}$ la sous-algèbre de End (M) engendrée par $\mathscr{T}$. Quitte à faire une extension finie des scalaires, on peut supposer que $K \otimes \mathscr{H}$ est un produit d'anneaux artiniens de corps résiduel K. Soit $\chi : \mathscr{H} \to k$ l'homomorphisme tel que $h.f = \chi(h) f$ pour tout $h \in \mathscr{H}$. Puisque $\mathscr{H}$ est libre sur $\mathfrak{O}$, il existe un idéal premier $\mathfrak{p}$ de $\mathscr{H}$ contenu dans l'idéal maximal $\mathrm{Ker}(\chi)$ et tel que $\mathfrak{p} \cap \mathfrak{O} = 0$; c'est le noyau d'un homomorphisme $\chi' : \mathscr{H} \to \mathfrak{O}$ dont la réduction mod $\mathfrak{m}$ est χ. L'idéal de $K \otimes \mathscr{H}$ engendré par $\mathfrak{p}$ appartient au support du module $K \otimes M$; on en conclut qu'il existe un élément non nul f'' de $K \otimes M$ qui est annulé par cet idéal, i. e. tel que $hf'' = \chi'(h) f''$ pour tout $h \in \mathscr{H}$. On prend alors pour f' un multiple non nul de f'' appartenant à M.

Variante. — Se ramener au cas où M est $\mathscr{T}$-indécomposable, et où les valeurs propres des $T \in \mathscr{T}$ appartiennent à K. Montrer qu'il existe alors une base $(e_1, \ldots, e_n)$ de M par rapport à laquelle les éléments T de $\mathscr{T}$ se mettent sous forme de matrices triangulaires supérieures (T_{ij}); utiliser l'indécomposabilité de M pour prouver que l'on a alors $T_{ii} \equiv a_T \pmod{\mathfrak{m}}$ pour tout T et tout i. L'élément $f' = e_1$ répond alors à la question.

6.12. *Fin de la démonstration de* 6.7. — Vu 6.9 et 6.10, on peut supposer que $k \geqq 2$ et que f est vecteur propre des T_p, $p \nmid Nl$; comme T_l commute aux T_p, on peut aussi supposer que f est vecteur propre de T_l si $l \nmid N$. Soit alors

$$\rho_\lambda : G \to \mathbf{GL}_2(K_\lambda)$$

la représentation associée à f par le théorème 6.1. Quitte à remplacer ρ_λ par une représentation isomorphe, on peut supposer que $\rho_\lambda(G)$ est contenu dans $\mathbf{GL}_2(\hat{\mathfrak{O}}_\lambda)$, où $\hat{\mathfrak{O}}_\lambda$ est l'anneau des entiers de K_λ (i. e. le complété de $\mathfrak{O}_\lambda$). Par réduction mod λ on déduit de ρ_λ une représentation

$$\tilde{\rho}_\lambda : G \to \mathbf{GL}_2(k_\lambda).$$

Soit φ la semi-simplifiée de $\tilde{\rho}_\lambda$; c'est une représentation semi-simple, non ramifiée en dehors de Nl, et qui satisfait à (6.7.1). Le groupe $\varphi(G)$ est fini; d'après le théorème de Čebotarev, tout élément de $\varphi(G)$ est de la forme $F_{\varphi,p}$, avec $p \nmid Nl$. Vu la définition de k_f, on a donc :

(6.12.1) Pour tout $s \in \varphi(G)$, les coefficients du polynôme $\det(1-sT)$ appartiennent à k_f.

L'existence de la représentation $\rho : G \to \mathbf{GL}_2(k_f)$ cherchée résulte alors du lemme suivant :

LEMME 6.13. — *Soit* $\varphi : \Phi \to \mathbf{GL}_n(k')$ *une représentation semi-simple d'un groupe* Φ *sur un corps fini* k'. *Soit* k *un sous-corps de* k' *contenant les coefficients des polynômes* $\det(1-\varphi(s)T)$, $s \in \Phi$. *Alors* φ *est réalisable sur* k, *i. e. est isomorphe à une représentation* $\rho : \Phi \to \mathbf{GL}_n(k)$.

Pour que φ soit réalisable sur k, il suffit de vérifier que φ est isomorphe à $\sigma(\varphi)$ quel que soit le k-automorphisme σ de k' : cela provient de ce que le groupe de Brauer d'un corps fini est trivial, et qu'il n'y a donc pas « d'indice de Schur » à considérer. Or φ et $\sigma(\varphi)$ ont mêmes polynômes caractéristiques, et sont semi-simples; elles sont donc isomorphes d'après [3], th. 30.16.

§ 7. Majoration des ordres de certains sous-groupes de $\mathbf{GL}_2(\mathbf{F}_l)$

Si l est un nombre premier, on note $\mathbf{F}_l$ le corps $\mathbf{Z}/l\mathbf{Z}$ à l éléments.

7.1. Soient η et M deux nombres positifs. Nous aurons à considérer la propriété suivante d'un sous-groupe G de $\mathbf{GL}_2(\mathbf{F}_l)$:

C(η, M). — Il existe une partie H de G telle que $|H| \geqq (1-\eta)|G|$, et que l'ensemble des polynômes $\det(1-hT)$, $h \in H$, ait au plus M éléments.

(Si X est un ensemble fini, on note $|X|$ son cardinal.)

Nous dirons que G est *semi-simple* si la représentation identique

$$G \to \mathbf{GL}_2(\mathbf{F}_l)$$

est semi-simple.

PROPOSITION 7.2. — *Soient* $\eta < 1/2$ *et* $M \geqq 0$. *Il existe une constante* $A = A(\eta, M)$ *telle que, pour tout nombre premier* l, *et tout sous-groupe semi-simple* G *de* $\mathbf{GL}_2(\mathbf{F}_l)$ *satisfaisant à* $C(\eta, M)$, *on ait* $|G| \leqq A$.

Démonstration. — Soit G un sous-groupe semi-simple de $\mathbf{GL}_2(\mathbf{F}_l)$. Rappelons (*cf.* [22] § 2, prop. 15 et 16) que l'une des conditions suivantes est satisfaite :

(*a*) G contient $\mathbf{SL}_2(\mathbf{F}_l)$;

(*b*) G est contenu dans un sous-groupe de Cartan T;

(*c*) G est contenu dans le normalisateur d'un sous-groupe de Cartan T, et n'est pas contenu dans T;

(*d*) l'image de G dans $\mathbf{PGL}_2(\mathbf{F}_l) = \mathbf{GL}_2(\mathbf{F}_l)/\mathbf{F}_l^*$ est isomorphe à $\mathfrak{A}_4$, $\mathfrak{S}_4$ ou $\mathfrak{A}_5$.

Nous allons, dans chaque cas, majorer l'ordre de G.

Cas (*a*). — Posons $r = (G : \mathbf{SL}_2(\mathbf{F}_l))$. On a $|G| = rl(l^2-1)$. D'autre part, le nombre des éléments de $\mathbf{GL}_2(\mathbf{F}_l)$ de polynôme caractéristique donné est l^2+l, l^2 ou l^2-l suivant que le polynôme en question a 2, 1, ou 0 racines dans $\mathbf{F}_l$. Si G satisfait à $C(\eta, M)$, on a donc

$$(1-\eta)rl(l^2-1) = (1-\eta)|G| \leqq |H| \leqq M(l^2+l),$$

d'où

$$(1-\eta)r(l-1) \leqq M \quad \text{et} \quad l \leqq 1 + \frac{M}{(1-\eta)r} \leqq 1 + \frac{M}{1-\eta};$$

on obtient ainsi une majoration de l, d'où *a fortiori* une majoration de $|G|$.

Cas (*b*). — Au plus 2 éléments de T ont un polynôme caractéristique donné. L'hypothèse $C(\eta, M)$ (avec $\eta < 1$) entraîne donc

$$(1-\eta)|G| \leqq 2M,$$

d'où la majoration

$$|G| \leqq \frac{2M}{1-\eta}.$$

Cas (*c*). — Le groupe $G' = G \cap T$ est d'indice 2 dans G. Si G satisfait à $C(\eta, M)$, G' satisfait à $C(2\eta, M)$. En appliquant (*b*) à G', on obtient

$$|G| \leqq \frac{4M}{1-2\eta}.$$

Cas (*d*). — L'image de G dans $\mathbf{PGL}_2(\mathbf{F}_l)$ est d'ordre au plus 60. Le groupe

$$G \cap \mathbf{SL}_2(\mathbf{F}_l)$$

est donc d'ordre au plus 120, et il y a dans G au plus 120 éléments de déterminant donné, et *a fortiori* de polynôme caractéristique donné. Si G satisfait à $C(\eta, M)$, on a donc

$$(1-\eta)|G| \leqq 120M, \qquad \text{d'où} \quad |G| \leqq \frac{120M}{1-\eta}.$$

§ 8. Démonstration du théorème 4.1

On peut supposer que la forme modulaire f considérée est, soit une série d'Eisenstein, soit une forme parabolique.

8.1. Si f est une *série d'Eisenstein*, il existe des caractères χ_1 et χ_2 de $(\mathbf{Z}/N\mathbf{Z})^*$ tels que $\chi_1 \cdot \chi_2 = \varepsilon$ et que $a_p = \chi_1(p) + \chi_2(p)$ pour $p \nmid N$ (*cf.* [9], p. 690). On prend alors pour ρ la représentation réductible

$$\rho = \chi_1 \oplus \chi_2,$$

où les χ_i sont identifiés à des représentations de degré 1 de G, *cf.* 4.4.

8.2. A partir de maintenant, on suppose que f est *parabolique*. D'après 2.7, les a_p et les $\varepsilon(p)$ appartiennent à l'anneau des entiers $\mathfrak{O}_K$ d'un corps de nombres K, que l'on peut supposer galoisien sur $\mathbf{Q}$. Soit L l'ensemble des nombres premiers l qui se décomposent complètement dans K. Pour tout $l \in L$, on choisit une place λ_l de K qui prolonge l; le corps résiduel correspondant est égal à $\mathbf{F}_l$. D'après le théorème 6.7, il existe une représentation semi-simple continue

$$\rho_l : \mathrm{Gal}(\overline{\mathbf{Q}}/\mathbf{Q}) \to \mathbf{GL}_2(\mathbf{F}_l),$$

qui est non ramifiée en dehors de Nl, et telle que

$$\det(1 - F_{\rho_l, p}T) \equiv 1 - a_p T + \varepsilon(p)T^2 \pmod{\lambda_l} \quad \text{si} \quad p \nmid Nl.$$

Soit G_l le sous-groupe de $\mathbf{GL}_2(\mathbf{F}_l)$ image de ρ_l.

LEMME 8.3. – *Pour tout* $\eta > 0$, *il existe une constante* M *telle que* G_l *satisfasse à la condition* C (η, M) *de* 7.1 *pour tout* $l \in L$.

D'après la proposition 5.5, il existe une partie X_η de l'ensemble P des nombres premiers telle que dens. sup $X_\eta \leqq \eta$ et que les a_p, pour $p \notin X_\eta$, forment un ensemble fini. Notons $\mathcal{M}$ l'ensemble (fini) des polynômes $1 - a_p T + \varepsilon(p)T^2$, pour $p \notin X_\eta$, et soit $M = |\mathcal{M}|$. *Le groupe* G_l *satisfait à* C (η, M) *pour tout* $l \in L$. En effet, soit H_l le sous-ensemble de G_l formé des éléments de Frobenius $F_{\rho_l, p}$ $p \notin X_\eta$, et de leurs conjugués. D'après le théorème de densité de Čebotarev, on a $|H_l| \geqq (1-\eta)|G_l|$. D'autre part, si $h \in H_l$, le polynôme $\det(1 - hT)$ est la réduction (mod λ_l) d'un élément de $\mathcal{M}$, donc appartient à un ensemble à au plus M éléments. La condition C (η, M) est donc bien satisfaite.

LEMME 8.4. – *Il existe une constante* A *telle que* $|G_l| \leqq A$ *pour tout* $l \in L$.

Cela résulte du lemme précédent, et de la proposition 7.2.

8.5. Choisissons une constante A satisfaisant à 8.4. Quitte à agrandir le corps K (ce qui diminue L), on peut supposer qu'il contient toutes les racines n-ièmes de l'unité, pour $n \leqq A$. Soit Y l'ensemble des polynômes $(1 - \alpha T)(1 - \beta T)$, où α et β sont des racines de l'unité d'ordre $\leqq A$. Si $p \nmid N$, pour tout $l \in L$ avec $l \neq p$ il existe $R(T) \in Y$ tel que

$$1 - a_p T + \varepsilon(p)T^2 \equiv R(T) \pmod{\lambda_l}.$$

Comme Y est fini, il existe un R tel que la congruence ci-dessus soit satisfaite pour une infinité de l, et l'on a donc l'égalité

$$1-a_p\mathrm{T}+\varepsilon(p)\mathrm{T}^2=\mathrm{R}(\mathrm{T}),$$

autrement dit *les polynômes* $1-a_p\mathrm{T}+\varepsilon(p)\mathrm{T}^2$ *appartiennent à* Y.

8.6. Soit L′ l'ensemble des $l\in\mathrm{L}$ tels que $l>\mathrm{A}$ et que $\mathrm{R},\mathrm{S}\in\mathrm{Y}$, $\mathrm{R}\neq\mathrm{S}$ entraîne $\mathrm{R}\not\equiv\mathrm{S}$ (mod λ_l); l'ensemble L—L′ est fini, donc L′ est infini. Soit $l\in\mathrm{L}'$. L'ordre du groupe G_l est premier à l. Il en résulte, par un argument standard, que la représentation identique $\mathrm{G}_l\to\mathbf{GL}_2(\mathbf{F}_l)$ est la réduction mod λ_l d'une représentation $\mathrm{G}_l\to\mathbf{GL}_2(\mathfrak{O}_{\lambda_l})$, où $\mathfrak{O}_{\lambda_l}$ est l'anneau de la valuation λ_l. En composant cette dernière avec l'application canonique $\mathrm{G}\to\mathrm{G}_l$, on obtient une représentation

$$\rho\ :\ \mathrm{G}\to\mathbf{GL}_2(\mathfrak{O}_{\lambda_l}).$$

Par construction, ρ est non ramifiée en dehors de Nl. Si $p\nmid\mathrm{N}l$, les valeurs propres de l'élément de Frobenius $\mathrm{F}_{\rho,p}$ sont des racines de l'unité d'ordre $\leqq\mathrm{A}$ (puisque l'image de ρ est isomorphe à G_l, donc d'ordre $\leqq\mathrm{A}$); d'où $\det(1-\mathrm{F}_{\rho,p}\mathrm{T})\in\mathrm{Y}$. D'autre part, puisque la réduction de ρ mod λ_l est ρ_l, on a

$$\det(1-\mathrm{F}_{\rho,p}\mathrm{T})\equiv 1-a_p\mathrm{T}+\varepsilon(p)\mathrm{T}^2\quad(\mathrm{mod}\,\lambda_l).$$

Mais les deux polynômes $\det(1-\mathrm{F}_{\rho,p}\mathrm{T})$ et $1-a_p\mathrm{T}+\varepsilon(p)\mathrm{T}^2$ appartiennent à Y. Comme ils sont congrus (mod λ_l), ils sont égaux, et l'on a

$$\det(1-\mathrm{F}_{\rho,p}\mathrm{T})=1-a_p\mathrm{T}+\varepsilon(p)\mathrm{T}^2\quad\text{pour tout } p\nmid\mathrm{N}l.$$

Remplaçons maintenant l par un autre nombre premier l' de L′. On obtient une représentation ρ' : $\mathrm{G}\to\mathbf{GL}_2(\mathfrak{O}_{\lambda_{l'}})$ ayant la même propriété que ci-dessus, mais pour $p\nmid\mathrm{N}l'$. En particulier, on a

$$\det(1-\mathrm{F}_{\rho,p}\mathrm{T})=\det(1-\mathrm{F}_{\rho',p}\mathrm{T})\qquad\text{pour}\quad p\nmid\mathrm{N}ll'.$$

D'après le lemme 3.2, ceci entraîne que ρ et ρ' sont isomorphes en tant que représentations dans $\mathbf{GL}_2(\mathrm{K})$, et *a fortiori* en tant que représentations complexes. Il en résulte que ρ est non ramifiée en dehors de N, et que

$$\det(1-\mathrm{F}_{\rho,p}\mathrm{T})=1-a_p\mathrm{T}+\varepsilon(p)\mathrm{T}^2\quad\text{pour tout } p\nmid\mathrm{N}.$$

8.7. Il reste à montrer que ρ est *irréductible*. Si elle ne l'était pas, elle serait somme de deux représentations de degré 1; celles-ci correspondraient à des caractères χ_1 et χ_2, non ramifiés en dehors de N, tels que $\chi_1\chi_2=\varepsilon$ et que

$$a_p=\chi_1(p)+\chi_2(p)\qquad\text{pour}\quad p\nmid\mathrm{N}.$$

On aurait alors

$$\sum|a_p|^2p^{-s}=2\sum p^{-s}+\sum\chi_1(p)\bar\chi_2(p)p^{-s}+\sum\chi_2(p)\bar\chi_1(p)p^{-s}.$$

Lorsque s tend vers 1, on a $\sum p^{-s}=\log(1/(s-1))+\mathrm{O}(1)$. D'autre part, le caractère $\chi_1\bar\chi_2$ est $\neq 1$ (sinon, on aurait $\varepsilon=(\chi_1)^2$ et $\varepsilon(-1)=1$); il en résulte (*cf.* par exemple [21], VI.4.2) que

$$\sum\chi_1(p)\bar\chi_2(p)p^{-s}=\mathrm{O}(1)\qquad\text{et}\qquad\sum\chi_2(p)\bar\chi_1(p)p^{-s}=\mathrm{O}(1).$$

On en tire

$$\sum |a_p|^2 p^{-s} = 2\log(1/(s-1)) + O(1) \qquad \text{pour } s \to 1,$$

ce qui contredit la proposition 5.1, et achève la démonstration.

§ 9. Application aux coefficients des formes modulaires de poids 1

Soit $f = \sum_{n=0}^{\infty} a_n e^{2\pi i n z/M}$, $M \geqq 1$, une forme modulaire de poids 1 sur un sous-groupe de congruence de $\mathbf{SL}_2(\mathbf{Z})$.

(a) MAJORATION DES $|a_n|$

THÉORÈME 9.1. — *On a* $|a_n| = O(d(n))$ *pour* $n \to \infty$.

(Rappelons que $d(n)$ désigne le nombre de diviseurs $\geqq 1$ de n.)

COROLLAIRE 9.2. — *On a* $|a_n| = O(n^{\delta})$ *pour tout* $\delta > 0$.

En effet, on sait que $d(n)$ jouit de cette propriété ([8], th. 315).

Démonstration de 9.1. — Si n_0 est un entier $\geqq 1$, $d(n_0 n)/d(n)$ est compris entre 1 et $d(n_0)$. Il revient donc au même de démontrer l'estimation (9.1) pour $f(z)$ ou $f(n_0 z)$, et cela permet de supposer que $M = 1$, i. e. que $f(z+1) = f(z)$. Utilisant 1.5 et 1.9, on est ramené aux deux cas particuliers suivants :

(i) f est une série d'Eisenstein, auquel cas (9.1) résulte de la formule donnant les a_n ([9], p. 475);

(ii) f est une forme parabolique primitive de type $(1, \varepsilon)$ sur $\Gamma_0(N)$, pour N et ε convenables. Dans ce cas, on a même le résultat plus précis :

$$|a_n| \leqq d_N(n) \leqq d(n), \tag{9.3}$$

où $d_N(n)$ est le nombre de diviseurs positifs de n premiers à N. En effet, vu la multiplicativité de a_n et de $d_N(n)$, il suffit de vérifier (9.3) lorsque n est une puissance p^m d'un nombre premier p. Distinguons alors deux cas :

(ii_1) $p \mid N$.

On a $a_n = (a_p)^m$, et le théorème 4.6 montre que a_p est, soit 0, soit une racine de l'unité. On a donc bien

$$|a_n| \leqq 1 = d_N(n).$$

(ii_2) $p \nmid N$.

Si l'on écrit le polynôme $1 - a_p T + \varepsilon(p) T^2$ sous la forme $(1-\lambda T)(1-\mu T)$, on a

$$a_n = \lambda^m + \lambda^{m-1}\mu + \ldots + \lambda\mu^{m-1} + \mu^m.$$

Or, d'après le théorème 4.1, λ et μ sont des racines de l'unité. On a donc bien

$$|a_n| \leqq m+1 = d_N(n).$$

REMARQUE 9.4. — Si $f = \sum b_n e^{2\pi i n z/M}$, $M \geqq 1$, est une forme modulaire *parabolique* de poids $k \geqq 2$ sur un sous-groupe de congruence de $\mathbf{SL}_2(\mathbf{Z})$, le même argument que ci-dessus (utilisant [5], 8.2) montre que

$$|b_n| = O(n^{(k-1)/2} d(n)) \quad \text{pour} \quad n \to \infty.$$

(b) ORDRE DE GRANDEUR MAXIMAL DES $|a_n|$. — On sait ([8]), th. 317) que l'ordre de grandeur « maximal » de $d(n)$ est $2^{\log n/\log\log n}$, en ce sens que

$$\limsup \frac{\log d(n) \log\log n}{\log n} = \log 2.$$

Le même résultat vaut pour les $|a_n|$:

PROPOSITION 9.5. — *Si $f \neq 0$, on a*

$$\limsup \frac{\log |a_n| \log\log n}{\log n} = \log 2.$$

LEMME 9.6. — *Soit* N *un entier* $\geqq 1$. *Il existe des ensembles* X_N *et* Y_N *de nombres premiers, de densités* > 0, *tels que :*

(x) *Pour tout* $p \in X_N$, *on a* $p \equiv 1 \pmod{N}$ *et* $g | T_p = 2g$ *pour toute forme modulaire* g *de poids* 1 *sur* $\Gamma_1(N)$;

(y) *Pour tout* $p \in Y_N$, *on a* $p \equiv -1 \pmod{N}$ *et* $g | T_p = 0$ *pour toute forme modulaire* g *de poids* 1 *sur* $\Gamma_1(N)$.

Soient $\rho_1, \ldots, \rho_h$ les représentations de G associées aux différents systèmes de valeurs propres des T_p agissant sur les formes de type $(1, \varepsilon)$ sur $\Gamma_0(N)$, où ε parcourt les caractères impairs de $(\mathbf{Z}/N\mathbf{Z})^*$. Soit X_N l'ensemble des $p \equiv 1 \pmod{N}$ tels que $F_{\rho_i, p} = \begin{pmatrix} 1 & 0 \\ 0 & 1 \end{pmatrix}$ pour $i = 1, \ldots, h$, et soit Y_N l'ensemble des $p \equiv -1 \pmod{N}$ tels que $F_{\rho_i, p}$ soit conjugué de $\rho_i(c)$, *cf.* 4.5. D'après le théorème de densité de Čebotarev, X_N et Y_N ont des densités > 0. Si $p \in X_N$, 2 est la seule valeur propre de T_p; comme T_p est semi-simple, on a bien $g | T_p = 2g$ pour tout g. Le même argument montre que $g | T_p = 0$ si $p \in Y_N$ puisque la trace de la matrice $\rho_i(c)$ est 0.

Démonstration de 9.5. — On se ramène comme dans (a) au cas où f est une forme modulaire de poids 1 sur $\Gamma_1(N)$. Soit X_N comme dans le lemme 9.6, et choisissons un entier m tel que $a_m \neq 0$. Si x est un entier $\geqq 1$, notons $p_1, \ldots, p_{i(x)}$ les différents nombres premiers $p \in X_N$ qui sont $\leqq x$ et ne divisent pas m. Posons $n(x) = m p_1 p_2 \ldots p_{i(x)}$. Puisque les p_i appartiennent à X_N, on a $f | T_{p_i} = 2f$ et $f | R_{p_i} = f$; vu (2.5.1), cela entraîne

$$a_{n(x)} = 2^{i(x)} a_m,$$

d'où

$$\log |a_{n(x)}| \sim i(x) \log 2 \quad \text{pour} \quad x \to \infty.$$

Si c est la densité de X_N, on a $i(x) \sim cx/\log x$, et $\sum_{i \leqq i(x)} \log p_i \sim cx$. On en déduit

$$\log|a_{n(x)}| \sim cx \log 2/\log x,$$
$$\log n(x) \sim cx,$$
$$\log\log n(x) \sim \log x,$$

d'où l'inégalité

$$\limsup \frac{\log|a_n|\log\log n}{\log n} \geqq \log 2.$$

L'inégalité opposée résulte de ce que $|a_n| = O(d(n))$.

(c) ORDRE DE GRANDEUR NORMAL DE $|a_n|$. — L'ordre de grandeur « normal » (i.e. le plus fréquent) de $d(n)$ est $2^{\log\log n}$ (*cf.* [8], th. 432). Celui de $|a_n|$ est plus petit :

PROPOSITION 9.7. — *L'ensemble des n tels que $a_n = 0$ a pour densité* 1.

(Une partie S de N est dite de densité c si le nombre d'éléments de S qui sont $\leqq x$ est égal à $cx + o(x)$ pour $x \to \infty$.)

Ici encore, on peut supposer que f est une forme modulaire de poids 1 sur $\Gamma_1(N)$. Soit Y_N comme dans le lemme 9.6. Si $p \in Y_N$, on a $f|T_p = 0$ et $f|R_p = -f$. Vu (2.5.1), il en résulte que, si n est un entier divisible par p mais pas par p^2, on a $a_n = 0$. Or, si Y est un ensemble fini de nombres premiers, l'ensemble S_Y des entiers n ayant la propriété ci-dessus (pour au moins un $p \in Y$) a pour densité

$$1 - \prod_{p \in Y}\left(1 - \frac{p-1}{p^2}\right).$$

Du fait que Y_N a une densité > 0, la série $\sum_{p \in Y_N} 1/p$ diverge, et le produit

$$\prod_{p \in Y_N}\left(1 - \frac{p-1}{p^2}\right)$$

a pour valeur 0. On en conclut que la réunion des S_Y, $Y \subset Y_N$, est de densité 1, ce qui démontre la proposition.

REMARQUE 9.8. — Pour tout x, notons $M(x)$ le nombre des $n \leqq x$ tels que $a_n \neq 0$. La proposition 9.7 revient à dire que

$$M(x) = o(x) \qquad \text{pour} \quad x \to \infty.$$

En utilisant le théorème 2 de [23], on peut prouver le résultat plus précis suivant : il existe $\alpha > 0$ tel que

$$M(x) = O(x/\log^\alpha x) \qquad \text{pour} \quad x \to \infty.$$

BIBLIOGRAPHIE

[1] E. ARTIN, *Zur Theorie der L-Reihen mit allgemeinen Gruppencharakteren* (*Hamb. Abh.*, vol. 8, 1930, p. 292-306 (Collected Works, p. 165-179)).

[2] A. O. L. ATKIN et J. LEHNER, *Hecke operators on* $\Gamma_0(m)$ (*Math. Ann.*, vol. 185, 1970, p. 134-160).

[3] C. CURTIS et I. REINER, *Representation theory of finite groups and associative algebras*, Intersc. Publ., New York, 1962.

[4] P. Deligne, *Formes modulaires et représentations l-adiques* (*Séminaire Bourbaki*, vol. 1968/1969, exposé n° 355, *Lect. Notes* 179, Springer, 1971, p. 139-172).
[5] P. Deligne, *La conjecture de Weil. I.* (*Publ. Math. I.H.E.S.*, vol. 43, 1974, p. 273-307).
[6] P. Deligne, *Formes modulaires et représentations de* GL(2) (*Lecture Notes*, n° 349, Springer, 1973, p. 55-105).
[7] P. Deligne et M. Rapoport, *Les schémas de modules de courbes elliptiques* (*Lecture Notes*, n° 349, Springer, 1973, p. 143-316).
[8] G. H. Hardy et E. M. Wright, *An introduction to the theory of numbers*, 3rd edit., Oxford, 1954.
[9] E. Hecke, *Mathematische Werke* (zw. Aufl.). Vandenhoeck und Ruprecht, Göttingen, 1970.
[10] H. Jacquet, *Automorphic Forms on* GL(2), *Part II* (*Lecture Notes*, n° 278, Springer, 1972).
[11] R. P. Langlands, *Modular forms and l-adic representations* (*Lecture Notes*, n° 349, Springer, 1973, p. 361-500).
[12] W. Li, *Newforms and Functional Equations*, Dept. of Maths., Berkeley, 1974 (à paraître aux *Math. Ann.*).
[13] T. Miyake, *On automorphic forms on* GL_2 *and Hecke operators* (*Ann. of Maths.*, vol. 94, 1971, p. 174-189).
[14] A. P. Ogg, *On the eigenvalues of Hecke operators* (*Math. Ann.*, vol. 179, 1969, p. 101-108).
[15] A. P. Ogg, *On a convolution of L-series* (*Invent. Math.*, vol. 7, 1969, p. 297-312).
[16] A. P. Ogg, *Modular forms and Dirichlet series*, W. A. Benjamin Publ., New York, 1969.
[17] I. I. Piateckii-Shapiro, *Zeta functions of modular curves* (*Lecture Notes*, n° 349, Springer, 1973, p. 317-360).
[18] R. A. Rankin, *Contributions to the theory of Ramanujan's function* $\tau(n)$ *and similar arithmetical functions*. I, II (*Proc. Cambridge Phil. Soc.*, vol. 35, 1939, p. 351-372).
[19] R. A. Rankin, *An* Ω*-result for the coefficients of cusp forms* (*Math. Ann.*, vol. 203, 1973, p. 239-250).
[20] I. Schur, *Arithmetische Untersuchungen über endliche Gruppen linearer Substitutionen* (*Sitz. Pr. Akad. Wiss.*, 1906, p. 164-184 (*Gesam. Abhl.*, I, p. 177-197, Springer, 1973)).
[21] J.-P. Serre, *Cours d'Arithmétique*, Presses Universitaires de France, Paris, 1970.
[22] J.-P. Serre, *Propriétés galoisiennes des points d'ordre fini des courbes elliptiques* (*Invent. Math.*, vol. 15, 1972, p. 259-331).
[23] J.-P. Serre, *Divisibilité des coefficients des formes modulaires de poids entier* (*C. R. Acad. Sci. Paris*, t. 279, série A, 1974, p. 679-682).
[24] G. Shimura, *Introduction to the arithmetic theory of automorphic functions* (*Publ. Math. Soc. Japan*, vol. 11, Princeton Univ. Press., 1971).
[25] H. P. F. Swinnerton-Dyer, *On l-adic representations and congruences for coefficients of modular forms* (*Lecture Notes*, n° 350, Springer, 1973, p. 1-55).
[26] A. Weil, *Über die Bestimmung Dirichletscher Reihen durch Funktionalgleichungen* (*Math. Ann.*, vol. 168, 1967, p. 149-156).
[27] A. Weil, *Dirichlet Series and Automorphic Forms* (Lezioni Fermiane). (*Lecture Notes*, n° 189, Springer, 1971).

(Manuscrit reçu le 9 août 1974.)

Pierre Deligne,
I.H.E.S.,
91440 Bures-sur-Yvette
et
Jean-Pierre Serre,
Collège de France,
75231 Paris-Cedex 05

102.

Résumé des cours de 1973–1974

Annuaire du Collège de France (1974), 43–47

Le cours a complété celui de 1968-1969 sur les *groupes discrets.* Il a comporté trois parties.

1 1. *Amalgames et points fixes*

Soit Γ un groupe. Considérons la propriété suivante :

(FA) — *Pour tout arbre* X, *et toute action de* Γ *sur* X, *il existe un point de* X *invariant par* Γ.

Vu les relations élémentaires entre arbres et amalgames, la propriété (FA) entraîne :

(Am) — *Le groupe* Γ *n'est pas isomorphe à un amalgame* $\Gamma_1 *_A \Gamma_2$ (*avec* $\Gamma_1 \neq A \neq \Gamma_2$).

Lorsque Γ est de type fini, et que $\Gamma/(\Gamma,\Gamma)$ est fini, les propriétés (Am) et (FA) sont équivalentes. L'avantage de (FA) est qu'on peut souvent la vérifier par des arguments géométriques. Le cours en a donné divers exemples, notamment *celui du groupe* $\mathbf{SL}_m(\mathbf{Z})$, $m \geqslant 3$, et plus généralement celui de tout groupe $G(\mathbf{Z}[\frac{1}{n}])$, où n est un entier $\geqslant 1$, et G un schéma en groupes déployé, simple, simplement connexe, de rang $\geqslant 2$. Il est probable (mais non démontré — même pour $\mathbf{SL}_3(\mathbf{Z})$) que les sous-groupes d'indice fini de tels
2 groupes jouissent aussi de la propriété (FA).

2. *Bouts*

Soit Γ un groupe infini de type fini. Choisissons un espace X connexe, non vide, localement compact, localement connexe, sur lequel Γ opère librement de telle sorte que X/Γ soit compact ; on peut par exemple prendre pour X le graphe de Γ relativement à un ensemble générateur fini. D'après Hopf et Freudenthal, l'espace des bouts X^b de X ne dépend que de Γ ; on le note Γ^b, et on l'appelle *l'espace des bouts* de Γ. On a des isomorphismes :

$$\operatorname{Ker}\{H^1_c(X,\mathbf{Z}) \to H^1(X,\mathbf{Z})\} \simeq H^1(\Gamma,\mathbf{Z}[\Gamma]) \simeq \operatorname{Coker}\{\mathbf{Z} \to H^0(\Gamma^b,\mathbf{Z})\},$$

où H^i_c (resp. H^i) désigne le i-ième groupe de cohomologie de Čech à supports compacts (resp. à supports quelconques).

Les principaux résultats sur Γ^b sont les suivants (cf. D. E. Cohen, *Groups of cohomological dimension one,* Lect. Notes in Math., n° 245) :

2.1 — rg. $H^1(\Gamma,\mathbf{Z}[\Gamma]) = 0,1$ *ou* ∞, *i.e.* Γ *a un, deux, ou une infinité de bouts.*

On peut préciser un peu ce résultat : si V est un ouvert non vide de Γ^b, et si $(U_i)_{i\in I}$ est une partition finie de Γ^b en ouverts non vides U_i, il existe $\gamma \in \Gamma$ et $j \in I$ tels que $\gamma(U_i) \subset V$ pour tout $i \neq j$.

2.2 — *Pour que* Γ *ait deux bouts, il faut et il suffit qu'il possède un sous-groupe cyclique d'indice fini.*

2.3 (Stallings) — *Si* Γ *est sans torsion et a une infinité de bouts, il est isomorphe à un produit libre* $\Gamma_1 * \Gamma_2$, *avec* $\Gamma_1 \neq \{1\} \neq \Gamma_2$.

(Signalons que les « structures bipolaires » utilisées dans la démonstration de Stallings ont une interprétation simple en termes d'arbres.)

2.4 (Stallings) — *Les propriétés suivantes sont équivalentes* :

(i) Γ *est libre.*

(ii) Γ *est de dimension cohomologique* 1.

(iii) Γ *est sans torsion et possède un sous-groupe libre d'indice fini.*

Ce dernier résultat est valable même lorsque Γ n'est pas de type fini (Swan).

3. *Dualité*

Soit Γ un groupe de type fini. Supposons que Γ soit *de type* (FP), autrement dit qu'il existe une résolution finie

$$\text{(P)} \qquad 0 \to P_n \to P_{n-1} \to \ldots \to P_o \to \mathbf{Z} \to 0$$

du $\mathbf{Z}[\Gamma]$-module $\mathbf{Z}$ par des $\mathbf{Z}[\Gamma]$-modules P_i projectifs de type fini. Si (P) est une telle résolution, le complexe (P^*) formé par les duaux $P_i^* = \mathrm{Hom}(P_i, \mathbf{Z}[\Gamma])$ des P_i mérite d'être appelé le *complexe dualisant* de Γ ; à homotopie près, il ne dépend pas du choix de (P). On a $H^q(P^*) = H^q(\Gamma, \mathbf{Z}[\Gamma])$.

[Lorsque Γ est de la forme $\pi_1(T)$, où T est un complexe simplicial fini tel que $\pi_i(T) = 0$ pour $i \neq 1$ (i.e. un espace $K(\Gamma,1)$ au sens d'Eilenberg-MacLane), on a

$$H^q(\Gamma, \mathbf{Z}[\Gamma]) = H^q_c(X, \mathbf{Z}),$$

où X est un revêtement universel de T. Pour $q = 1$, on retrouve la situation du n° 2 ci-dessus.]

Posons $I^q = H^q(\Gamma, \mathbf{Z}[\Gamma])$. Les I^q sont des Γ-modules ; ce sont même des modules sur le *groupe de commensurabilité* de Γ (classes d'équivalence d'isomorphismes $\Gamma' \to \Gamma''$, où Γ' et Γ'' sont des sous-groupes d'indice fini de Γ, deux isomorphismes étant équivalents s'ils coïncident sur un sous-groupe d'indice fini). Il serait intéressant d'étudier plus en détail la structure de ces modules, qui constituent une généralisation de la théorie des bouts ; des résultats dans cette direction viennent d'être obtenus par T. Farrell.

Soit maintenant M un Γ-module. Supposons que les I^q, ou M, soient sans torsion. On établit alors facilement l'existence d'une *suite spectrale de dualité*

$$\text{(3.1)} \qquad H_p(\Gamma, I^q \otimes M) \Rightarrow H^{q-p}(\Gamma, M).$$

Un cas particulier important est celui, dû à R. Bieri et B. Eckmann (*Invent. Math.* 20, 1973, p. 103-124), où il existe un entier $d \geqslant 0$ tel que $I^q = 0$

pour $q \neq d$ et que le groupe $I = I^d$ soit sans torsion. La suite spectrale (3.1) dégénère alors en un *isomorphisme*

$$(3.2) \qquad H^p(\Gamma, M) \simeq H_{d-p}(\Gamma, I \otimes M),$$

valable pour tout entier p, et tout Γ-module M. On dit alors que Γ est un *groupe à dualité*, de dimension d, et de *module dualisant* I. Bieri-Eckmann démontrent :

3.3 — La dimension cohomologique de Γ est égale à d.

3.4 — L'isomorphisme (3.2) peut être défini par le cap-produit avec la classe fondamentale de $H_d(\Gamma, I)$.

Signalons aussi :

3.5 — Si Ω est un module injectif sur un anneau commutatif k, et si M est un $k[\Gamma]$-module, on a des isomorphismes

$$\mathrm{Hom}_k(H^p(\Gamma,M),\Omega) \simeq H^{d-p}(\Gamma,\mathrm{Hom}_k(M, I_\Omega)), \qquad \text{où } I_\Omega = \mathrm{Hom}_{\mathbf{Z}}(I,\Omega).$$

Lorsque I est isomorphe à $\mathbf{Z}$, on dit que Γ est un *groupe de Poincaré* (Bieri, Johnsson-Wall). Ces groupes posent des problèmes intéressants, tel le suivant : est-il vrai que tout groupe de Poincaré de dimension 2 soit iso-
3 morphe au groupe fondamental d'une surface compacte ? On l'ignore, même lorsque le groupe peut être défini par une seule relation.

Eckmann-Bieri donnent de nombreux exemples de groupes à dualité. En voici d'autres (Borel-Serre) :

(i) sous-groupes *arithmétiques* sans torsion des groupes algébriques linéaires (sur un corps de nombres) ;

(ii) sous-groupes S-*arithmétiques* sans torsion des groupes algébriques réductifs.

Seul, le type (i) a été exposé dans le cours ; il repose sur l'adjonction de « coins » à certaines variétés $T = X/\Gamma$, ainsi que sur le théorème de Solomon-Tits donnant le type d'homotopie des immeubles à groupe de Coxeter fini.

Le cours a été complété par quelques exposés à l'I.H.E.S. sur les *caractéristiques d'Euler-Poincaré* des groupes S-arithmétiques, et les résultats récents de K. Brown (à paraître aux Invent. Math.). L'un des théorèmes de Brown affirme que, si Γ est « de type (VFL) », et si sa caractéristique d'Euler-Poincaré est de la forme N/p^a, p premier, $a \geqslant 0$, $(N,p) = 1$, alors Γ contient

un sous-groupe d'ordre p^a. Combiné à des résultats de Harder, ceci entraîne l'existence de « gros » p-groupes dans certains groupes de Chevalley. Par exemple, $E_8(\mathbf{Z})$ contient des p-groupes d'ordre 2^{30}, 3^{10}, 5^4, 7^4, 11^2, 13^2, 19, 31 ; une méthode de réduction (mod. l) due à Minkowski montre d'ailleurs que ces p-groupes sont d'ordre maximal (comme sous-p-groupes de $E_8(\mathbf{Q})$) pour $p \neq 3,5$. Il serait intéressant d'étudier ces sous-groupes plus en détail, et notamment celui d'ordre 31 : est-il vrai que son action sur toute *représen-*
4 *tation fondamentale* de E_8 soit un multiple de la représentation régulière ?

SÉMINAIRE

Il a comporté 14 exposés, faits par Y. AMICE (1), G. LIGOZAT (5), J.-P. SERRE (1) et J. VÉLU (7). Le sujet en était un travail récent de Y. MANIN : *Périodes des formes paraboliques et séries de Hecke p-adiques,* Math. Sbornik 92, 1973. Si $f = \Sigma\, a_n q^n$ est une forme parabolique normalisée de poids k, Manin étudie les valeurs des séries de Dirichlet $\varphi_{f,\chi}(s) = \Sigma\, a_n\, \chi(n)\, n^{-s}$ aux points entiers s de l'intervalle $[0, k-2]$; il montre que ce sont des nombres algébriques (à des facteurs de normalisation près), en donne des expressions explicites (nouvelles, même dans le cas de la fonction τ de Ramanujan), et en déduit des fonctions analytiques p-adiques à la Kubota-Leopoldt-Iwasawa.

103.

(avec H. Bass et J. Milnor)

On a functorial property of power residue symbols

Publ. Math. I.H.E.S., n° **44** (1975), 241–244

Erratum to: *Solution of the congruence subgroup problem for* SL_n $(n \geqslant 3)$ *and* Sp_{2n} $(n \geqslant 2)$, by Hyman Bass, John Milnor and Jean-Pierre Serre (*Publ. Math. I.H.E.S.*, **33**, 1967, p. 59-137).

1. Statement of results

This concerns part (A.23) of the Appendix of the above paper (p. 90-92).

Let $k_1 \supset k$ be a finite extension of number fields, of degree $d = [k_1 : k]$. Denote by μ_k (resp. μ_{k_1}) the group of all roots of unity in k (resp. k_1), and by m (resp. m_1) the order of μ_k (resp. μ_{k_1}). We have

$$N_{k_1/k}(\mu_{k_1}) \subset \mu_k \subset \mu_{k_1}$$

and m divides m_1.

It is easy to see (cf. (A.23, a)) that there is a unique endomorphism φ of μ_k such that

$$\varphi(z^{m_1/m}) = N_{k_1/k}(z) \quad \text{for all} \quad z \in \mu_{k_1}.$$

Since μ_k is cyclic of order m, there is a well-defined element e of $\mathbf{Z}/m\mathbf{Z}$ such that $\varphi(z) = z^e$ for all $z \in \mu_k$. Two assertions about e are made in (A.23):

(A.23), b) *We have* $e = (1 + m/2 + m_1/2)\, dm/m_1$; *this makes sense because* dm/m_1 *has denominator prime to* m.

(A.23), c) *Let* a *be an algebraic integer of* k, *and let* $\mathfrak{b}$ *be an ideal of* k *prime to* $m_1 a$; *identify* $\mathfrak{b}$ *with the corresponding ideal of* k_1. *Then*

$$_{k_1}\!\left(\frac{a}{\mathfrak{b}}\right)_{m_1} = \left({}_{k}\!\left(\frac{a}{\mathfrak{b}}\right)_{m}\right)^{e},$$

where the left subscript denotes the field in which the symbol is defined.

Both assertions are proved in (A.23) by a "dévissage" argument which is incorrect (the mistake occurs on p. 91 where it is wrongly claimed that one can break up the extension $k(\mu_{k_1})/k$ into layers such that the order of μ_k increases by a prime factor in each one).

The actual situation is:

Theorem 1. — Assertion (A.23), b) *is false and assertion* (A.23), c) *is true.*

To get a counter-example to (A.23), b), take for k_1 the field $\mathbf{Q}(\sqrt{2}, \sqrt{-1})$ of 8th-roots of unity, and for k either $\mathbf{Q}(\sqrt{2})$ or $\mathbf{Q}(\sqrt{-2})$. In both cases, we have

$m=2$, $m_1=8$, $d=2$; this shows that the denominator of dm/m_1 need not be prime to m. Moreover, a simple calculation shows that $e \in \mathbf{Z}/2\mathbf{Z}$ is equal to 0 in the first case and to 1 in the second case; hence, *there is no formula for e* involving only d, m and m_1.

The truth of (A.23), c) will be proved in § 3 below.

Remark. — The reader can check that (A.23), b) was not used at any place in the original paper, except for a harmless quotation on p. 81.

2. A transfer property of Kummer theory

We generalize the notations of § 1 as follows:

k_1/k is a finite separable extension of commutative fields, $d=[k_1:k]$,

μ (resp. μ_1) is a finite subgroup of k^* (resp. k_1^*), $m=[\mu:1]$ and $m_1=[\mu_1:1]$.

We make the following *assumption*:

$$(*) \qquad N_{k_1/k}(\mu_1) \subset \mu \subset \mu_1.$$

As in § 1, this implies that m divides m_1 and that there is a well-defined element $e \in \mathbf{Z}/m\mathbf{Z}$ such that

$$N_{k_1/k}(z) = z^{em_1/m} \quad \text{for all} \quad z \in \mu_1.$$

Let now $\bar{k}$ be a separable closure of k_1, and put

$$G_1 = \mathrm{Gal}(\bar{k}/k_1) \quad \text{and} \quad G = \mathrm{Gal}(\bar{k}/k),$$

so that G_1 is an open subgroup of index d of G. Denote by G^{ab} (resp. G_1^{ab}) the quotient of G (resp. G_1) by the closure of its commutator group; this group is the Galois group of the maximal abelian extension k^{ab} (resp. k_1^{ab}) of k (resp. k_1) in $\bar{k}$. The transfer map *(Verlagerung)* is a continuous homomorphism

$$\mathrm{Ver} : G^{ab} \to G_1^{ab}.$$

Let $a \in k^*$. Kummer theory attaches to a the continuous character

$$\chi^a_{k,m} : G^{ab} \to \mu$$

defined by:

$$\chi^k_{a,m}(s) = s(\alpha)\alpha^{-1} \quad \text{for } s \in G^{ab} \text{ and } \alpha \in k^{ab} \text{ with } \alpha^m = a.$$

Similarly, every element b of k_1^* defines a character

$$\chi^b_{k_1,m_1} : G_1^{ab} \to \mu_1,$$

and this applies in particular when $b=a$.

Theorem 2. — If a belongs to k^*, the map

$$\chi^a_{k_1,m_1} \circ \mathrm{Ver} : G^{ab} \to G_1^{ab} \to \mu_1$$

takes values in μ, and is equal to the e-th-power of $\chi^a_{k,m}$.

Proof. — [In what follows, we write χ_a (resp. ψ_a) instead of $\chi^a_{k,m}$ (resp. $\chi^a_{k_1,m_1}$); we view it indifferently as a character of G or G^{ab} (resp. of G_1 or G_1^{ab}).]

Let $(s_i)_{i\in I}$ be a system of representatives of the left cosets of G mod. G_1; we have $G=\coprod_{i\in I} s_i G_1$. If $s\in G$ and $i\in I$, we write ss_i as $ss_i=s_j t_i$, with $j\in I$, $t_i\in G_1$, and $\mathrm{Ver}(s)$ is the image of $\prod_{i\in I} t_i$ in G_1^{ab}.

Let now $w: G\to\mu_1$ be the 1-cocycle defined by

$$w(s)=s(\lambda)\lambda^{-1}, \quad \text{where} \quad \lambda^{m_1}=a.$$

The restriction of w to G_1 is ψ_a. Hence we have

$$\psi_a(\mathrm{Ver}(s))=\prod_{i\in I}\psi_a(t_i)=\prod_{i\in I} w(t_i).$$

Since $t_i=s_j^{-1}ss_i$ and w is a cocycle, we get:

$$w(t_i)=w(s_j^{-1}).s_j^{-1}(w(s)).s_j^{-1}s(w(s_i)),$$

hence

$$\psi_a(\mathrm{Ver}(s))=h_1h_2h_3,$$

with $h_1=\prod_{i\in I} w(s_j^{-1})$, $h_2=\prod_{i\in I} s_j^{-1}(w(s))$ and $h_3=\prod_{i\in I} s_j^{-1}s(w(s_i))$.

When i runs through I, the same is true for j, hence h_1 can be rewritten as $\prod w(s_i^{-1})$; on the other hand, since t_i acts trivially on μ_1, we have $s_j^{-1}s(z)=t_is_i^{-1}(z)=s_i^{-1}(z)$ for all $z\in\mu_1$, hence $h_3=\prod s_i^{-1}(w(s_i))=\prod w(s_i)^{-1}$ since w is a cocycle. This shows that $h_1h_3=1$, hence

$$\psi_a(\mathrm{Ver}(s))=h_2=\mathrm{N}_{k_1/k}(w(s))=w(s)^{em_1/m}.$$

Put now $\alpha=\lambda^{m_1/m}$. We have $\alpha^m=a$, hence

$$\chi_a(s)=s(\alpha)\alpha^{-1}=w(s)^{m_1/m} \quad \text{for all } s\in G.$$

This shows that

$$\psi_a(\mathrm{Ver}(s))=\chi_a(s)^e, \quad \text{q.e.d.}$$

Remark. — When $m=m_1$, we have $e=d$ and th. 2 reduces to a special case of the well-known formula

$$\chi^b_{k_1,m}\circ\mathrm{Ver}=\chi^a_{k,m},$$

valid for $b\in k_1^*$ and $a=\mathrm{N}_{k_1/k}(b)\in k^*$.

3. The number field case

We keep the notations of § 2, and assume that k is a *number field.* If $\boldsymbol{b}$ is an *idèle* of k, we denote by $s_k^{\boldsymbol{b}}$ the element of G^{ab} attached to $\boldsymbol{b}$ by class field theory; for every $a\in k^*$, we define an element ${}_k\left(\frac{a}{\boldsymbol{b}}\right)_m$ of μ by:

$${}_k\left(\frac{a}{\boldsymbol{b}}\right)_m=\chi^a_{k,m}(s_k^{\boldsymbol{b}}).$$

Similar definitions apply to k_1 and m_1.

Theorem 3. — *If* a (resp. $\boldsymbol{b}$) *is an element of* k^* (resp. *an idèle of* k), *we have*

$$\left(\frac{a}{\boldsymbol{b}}\right)_{k_1\,m_1} = \left(\left(\frac{a}{\boldsymbol{b}}\right)_{k\,m}\right)^e.$$

This follows from th. 2 and the known fact that $s_{k_1}^{\boldsymbol{b}} = \mathrm{Ver}(s_k^{\boldsymbol{b}})$.

Proof of (A.23), c). — Assume now a to be an integer of k, and let $\mathfrak{b}$ be an ideal of k prime to $m_1 a$. Choose for $\boldsymbol{b}$ an idèle with the following properties:

(i) the v-th component of $\boldsymbol{b}$ is 1 if the place v is archimedean, or is ultrametric and divides $m_1 a$;

(ii) the ideal associated to $\boldsymbol{b}$ is $\mathfrak{b}$.

It is then easy to check that

$$\left(\frac{a}{\mathfrak{b}}\right)_{k\,m} = \left(\frac{a}{\boldsymbol{b}}\right)_{k\,m} \quad \text{and} \quad \left(\frac{a}{\mathfrak{b}}\right)_{k_1\,m_1} = \left(\frac{a}{\boldsymbol{b}}\right)_{k_1\,m_1}.$$

Hence (A.23), c) follows from th. 3.

4. The local case

We keep the notations of § 2, and assume that k is a *local field*, i.e. is complete with respect to a discrete valuation with finite residue field. If $b \in k^*$, we denote by s_k^b the element of G^{ab} attached to b by local class field theory; if $a \in k^*$, the Hilbert symbol $\left(\frac{a,\, b}{k}\right)_m \in \mu$ is defined by

$$\left(\frac{a,\, b}{k}\right)_m = \chi_{k,m}^a(s_k^b).$$

Theorem 4. — *If* a, b *are elements of* k^*, *we have*:

$$\left(\frac{a,\, b}{k_1}\right)_{m_1} = \left(\left(\frac{a,\, b}{k}\right)_m\right)^e.$$

This follows from th. 2 and the known fact that $s_{k_1}^b = \mathrm{Ver}(s_k^b)$.

Remark. — It would have been possible to prove th. 4 first, and deduce th. 3 and (A.23), c) from it.

Manuscrit reçu le 7 mai 1974.

104.

Valeurs propres des opérateurs de Hecke modulo l

Journées arith. Bordeaux, Astérisque **24–25** (1975), 109–117

Soit ℓ un nombre premier. On se propose de "classer" les systèmes de valeurs propres des opérateurs de Hecke T_p (p premier $\neq \ell$), opérant sur les formes modulaires (mod ℓ). Pour simplifier, on se borne au cas des formes modulaires "usuelles", i. e. relatives au groupe $SL_2(\mathbf{Z})$.

1. - RAPPELS SUR LES FORMES MODULAIRES (mod ℓ), cf. [4], [5], [7]

Soit $\widetilde{M}$ l'algèbre des formes modulaires (mod ℓ) ; c'est une sous-algèbre de l'algèbre $\mathbf{F}_\ell[[q]]$ des séries formelles en q, à coefficients dans $\mathbf{F}_\ell = \mathbf{Z}/\ell\mathbf{Z}$.

Si $\ell = 2$ ou 3, on a $\widetilde{M} = \mathbf{F}_\ell[\widetilde{\Delta}]$, où $\widetilde{\Delta} = \Sigma\, \widetilde{\tau(n)}\, q^n$ est la réduction (mod ℓ) de $\Delta = q \prod (1-q^n)^{24}$.

Si $\ell \geq 5$, on a $\widetilde{M} = \mathbf{F}_\ell[\widetilde{Q},\widetilde{R}]/(\widetilde{A}(\widetilde{Q},\widetilde{R})-1)$, où A est le polynôme isobare de poids $\ell-1$ qui exprime la série d'Eisenstein $E_{\ell-1}$ au moyen de $E_4 = Q$ et de $E_6 = R$. L'algèbre $\widetilde{M}$ est graduée, de groupe des degrés $\mathbf{Z}(\ell-1)\mathbf{Z}$; si α est un élément de $\mathbf{Z}/(\ell-1)\mathbf{Z}$, la composante $\widetilde{M}^\alpha$ de $\widetilde{M}$ de degré α est réunion des $\widetilde{M}_k$, $k \in \alpha$, où $\widetilde{M}_k$ désigne la réduction (mod ℓ) des formes de poids k à coefficients ℓ-entiers. On a $\widetilde{M}_k \subset \widetilde{M}_{k+\ell-1}$ et $\widetilde{M}_k = 0$ si k est impair.

Soit $f = \Sigma\, a_n q^n$ un élément de $\widetilde{M}$ (resp. de $\widetilde{M}^\alpha$ si $\ell \geq 5$). On pose

$$f|U = \Sigma\, a_{\ell n} q^n,$$

$$f|T_p = \Sigma\, a_{pn} q^n + p^{\alpha-1}\, \Sigma\, a_n q^{pn} \qquad (p \text{ premier } \neq \ell).$$

Les séries $f|U$ et $f|T_p$ appartiennent à $\widetilde{M}$, et même à $\widetilde{M}_k$ si $f \in \widetilde{M}_k$. Les opérateurs de Hecke U et T_p commutent entre eux, et respectent la filtration $\widetilde{M}_k \subset \widetilde{M}_{k+\ell-1} \subset \ldots$ de chaque $\widetilde{M}^\alpha$. A la différence du cas classique, ces opérateurs ne sont pas semi-simples ; pour $\ell = 2$, ils sont même nilpotents, cf. §5.

2. - SYSTÈMES DE VALEURS PROPRES ET REPRÉSENTATIONS DE $\mathrm{Gal}(\overline{\mathbf{Q}}/\mathbf{Q})$

Soit F une extension finie du corps $\mathbf{F}_\ell$; les opérateurs U et T_p s'étendent par linéarité à l'algèbre $F \otimes \widetilde{M}$ des formes modulaires à coefficients dans F. Soit f un élément non nul d'un $F \otimes \widetilde{M}_k$ qui soit vecteur propre des T_p, i. e. tel que

$$f|T_p = a_p f, \quad \text{avec } a_p \in F,$$

pour tout p premier $\neq \ell$.

D'après un résultat de Deligne (cf. [1], th. 6.7), un tel système de valeurs propres définit une représentation "modulaire" du groupe de Galois $G = \mathrm{Gal}(\bar{\mathbf{Q}}/\mathbf{Q})$:

THÉORÈME 1. - Il existe une représentation semi-simple continue

$$\rho : G \to GL_2(F) ,$$

qui est non ramifiée en dehors de ℓ , et telle que

$$\mathrm{Tr}(\rho(\mathrm{Frob}_p)) = a_p \quad \underline{\text{et}} \quad \det(\rho(\mathrm{Frob}_p)) = p^{k-1}$$

pour tout p premier $\neq \ell$.

De plus, cette représentation est unique, à isomorphisme près.

Remarques

1) Le caractère $\det(\rho)$ est la puissance $(k-1)$-ième du caractère fondamental $\chi_\ell : G \to \mathbf{F}_\ell^*$ (celui qui donne l'action de G sur les racines $(\ell-1)$-ièmes de l'unité). On notera que c'est un caractère impair, i.e. qu'il transforme la conjugaison complexe c en l'élément -1 de $\mathbf{F}_\ell^*$; pour $\ell = 2$, c'est le caractère unité.

2) Si f est une constante, on a $a_p \equiv 1 + p^{-1} \pmod{\ell}$, et la représentation correspondante est $1 \oplus \chi_\ell^{-1}$. Tout autre système de valeurs propres peut être obtenu au moyen d'une forme $f = \Sigma a_n q^n$ "normalisée", i.e. telle que $a_1 = 1$.

3) Les dérivées itérées $\theta^i G_k$ des séries d'Eisenstein correspondent aux représentations réductibles $\chi_\ell^i \oplus \chi_\ell^j$, avec $i+j$ impair.

4) Pour tout entier $m \geq 0$, il existe un vecteur propre non nul f_m des T_p correspondant aux valeurs propres $p^m a_p$ (si $f = \Sigma a_n q^n$ est normalisée,

111

on peut prendre pour f_m la série $\theta^m f = \Sigma\, n^m a_n q^n$, cf. [4], [5]). La représentation ρ_m associée aux $(p^m a_p)$ est $\rho \otimes \chi_\ell^m$, autrement dit elle se déduit de ρ par "torsion" par le caractère χ_ℓ^m.

3. - PROBLÈMES

i) Réciproque du théorème 1

Soit $\rho : G \to GL_2(F)$ une représentation semi-simple continue non ramifiée en dehors de ℓ.
1 Son déterminant $\det(\rho)$ est nécessairement de la forme $\chi_\ell^{\alpha-1}$, avec $\alpha \in Z/(\ell-1)Z$. Supposons que α soit pair, autrement dit que $\det(\rho)$ soit impair. Est-il vrai que ρ soit associée (par le procédé du th. 1) à un système de valeurs propres (a_p) des T_p sur un $\widetilde{M}_k$ convenable (avec $k \in \alpha$) ? C'est vrai pour $\ell = 2$: Tate a en effet démontré (par un argument basé sur une
2 majoration de discriminant) qu'une telle représentation ρ est nécessairement la représentation unité. Il est probable que le cas $\ell = 3$ peut être traité de manière analogue, grâce aux résultats récents de Odlyzko. J'ignore ce qui se passe pour $\ell \geq 5$.

ii) Inertie en ℓ et valeurs propres de U

Supposons $\ell \neq 2$. Soit $a = (a_p)$ un système de valeurs propres des T_p dans $F \otimes \widetilde{M}$, et soit V_a le sous-espace propre correspondant de $F \otimes \widetilde{M}$. Du fait que U commute aux T_p, il applique V_a dans lui-même, et l'on peut parler des valeurs propres de U dans V_a ; on déduit facilement de [5], th. 6, qu'il n'y a que deux possibilités :

ii_1) 0 est la seule valeur propre de U dans V_a (autrement dit U est localement nilpotent sur V_a),

ii_2) outre 0, l'endomorphisme U a une valeur propre $\lambda \in F^*$ sur V_a, qui appartient au sous-corps de F engendré par les a_p.

Soit maintenant $\rho : G \to GL_2(F)$ la représentation de G associée aux (a_p). Choisissons une place de $\bar{\mathbf{Q}}$ prolongeant ℓ, et soit D_ℓ (resp. I_ℓ) le groupe de décomposition (resp. d'inertie) correspondant ; on a $I_\ell \subset D_\ell \subset G$. Les quelques exemples que j'ai pu traiter suggèrent :

Conjecture. - Le cas ii_2) ci-dessus se produit si et seulement si il existe un F-sous-espace vectoriel V_ℓ de dimension 1 de F^2 qui est stable par $\rho(D_\ell)$, et tel que $\rho(I_\ell)$ opère trivialement sur le quotient F^2/V_ℓ. De plus, s'il en est ainsi, la valeur propre non nulle λ de U sur V_a est égale à la valeur propre de $\rho(\mathrm{Frob}_\ell)$ opérant sur F^2/V_ℓ.

4. - FINITUDE DES SYSTÈMES DE VALEURS PROPRES DES T_p

On s'intéresse aux systèmes de valeurs propres (a_p) appartenant à une clôture algébrique $\bar{\mathbf{F}}_\ell$ de $\mathbf{F}_\ell$. Ces valeurs propres appartiennent en fait à des extensions de degré borné de $\mathbf{F}_\ell$: en effet, les T_p laissent stables les $\tilde{M}_k$, et les quotients successifs $\tilde{M}_{k+\ell-1}/\tilde{M}_k$ ont une dimension bornée par une constante $d(\ell) \leq (\ell+13)/12$. Les représentations ρ correspondantes prennent donc leurs valeurs dans des groupes $GL_2(F)$ provenant de sous-extensions F de $\bar{\mathbf{F}}_\ell$ de degré $\leq d(\ell)$ sur $\mathbf{F}_\ell$; les extensions galoisiennes de $\mathbf{Q}$ correspondant aux noyaux de ces représentations sont donc de degré borné, et non ramifiées en dehors de ℓ ; d'après un théorème classique d'Hermite, elles sont en nombre fini. D'où :

THÉORÈME 2. - Les systèmes de valeurs propres (a_p) des T_p dans $\overline{\mathbf{F}}_\ell \otimes \widetilde{M}$ sont en nombre fini.

En d'autres termes, il existe un poids $k(\ell)$ tel que tout système de valeurs propres des T_p soit réalisable par une forme de poids $\leq k(\ell)$. Ce résultat qualitatif peut être précisé :

THÉORÈME 3. - Tout système de valeurs propres des T_p se déduit par torsion (au sens du §2, Rem. 4)) d'un système provenant d'une forme de poids $\leq \ell+1$.

Ce théorème a d'abord été établi par Atkin pour $\ell \geq 5$, et avec une majoration moins bonne que $\ell+1$. J'ai traité ensuite les cas $\ell = 2$ et $\ell = 3$ au moyen de la formule de Selberg (cf. [2], [3], [6]) ; cette méthode a été reprise par Tate qui a montré que, pour $\ell \geq 5$, elle fournit la borne $\ell+1$, qui est "la
3 meilleure possible".

Remarques

1) La formule de Selberg donne la trace $\mathrm{Tr}_k(T_p)$ de T_p agissant sur les formes paraboliques de poids k . Elle est très commode pour prouver des congruences entre les $\mathrm{Tr}_k(T_p)$ pour diverses valeurs de k .

2) Une autre méthode, due à Kuga (resp. Deligne), pour prouver des congruences entre les $\mathrm{Tr}_k(T_p)$ consiste à utiliser l'isomorphisme d'Eichler-Shimura (resp. la cohomologie ℓ-adique) et le fait que les puissances symétriques (k-2)-ièmes de la représentation identique de $GL_2(\mathbf{F}_\ell)$ se ramènent à celles relatives à $k \leq \ell+1$. Il est probable que cette méthode conduit aussi à une démonstration du théorème 3.

5. - EXEMPLES

$\ell = 2$ / Il y a un seul système de valeurs propres, à savoir $a_p = 0$ pour tout p, qui correspond à la représentation unité de G dans le groupe $GL_2(\mathbf{F}_2)$. Cela revient à dire que les T_p sont nilpotents (mod 2), ou encore que, pour tout $i \geq 0$, $\Delta^i | T_p$ est combinaison linéaire (mod 2) des Δ^j avec $j < i$. Ce dernier résultat peut d'ailleurs être précisé : pour tout p premier $\neq 2$, $\Delta^i | T_p$ est congru (mod 8) à un polynôme en Δ de la forme

$$(p+1)\,\Delta^i + a_1\Delta^{i-1} + \ldots + a_i \,, \quad \text{avec } a_1, \ldots, a_i \in \mathbf{Z} \,.$$

$\ell = 3, 5, 7$ / Les seuls systèmes de valeurs propres sont les

$$a_p \equiv p^m + p^n \pmod{\ell}\,, \quad m, n \in \mathbf{Z}/(\ell-1)\mathbf{Z}\,, \quad m+n \text{ impair.}$$

Ils correspondent aux représentations réductibles $\chi_\ell^m \oplus \chi_\ell^n$ de déterminant impair. Leur nombre est $(\ell-1)^2/4$.

$\ell = 11, 13, 17, 19$/ A part les systèmes $a_p \equiv p^m + p^n \pmod{\ell}$ comme ci-dessus, on trouve des systèmes correspondant à des représentations irréductibles ρ, à valeurs dans $GL_2(\mathbf{F}_\ell)$. A torsion près, ce sont les suivants :

$\ell = 11, 13$ - Le système $a_p = \tilde{\tau}(p)$ associé à la forme parabolique Δ de poids 12. La représentation $\rho : G \to GL_2(\mathbf{F}_\ell)$ correspondante est surjective.

$\ell = 17$ - Il y a 3 systèmes a_p, ceux associés aux formes paraboliques de poids 12, 16, 18. Les représentations $\rho : G \to GL_2(\mathbf{F}_\ell)$ correspondantes sont surjectives.

$\ell = 19$ - Il y a 4 systèmes a_p, associés aux formes paraboliques de poids 12, 16, 18, 20. Les représentations ρ correspondantes sont surjectives, sauf celle relative au poids 16 dont l'image est le sous-groupe de $GL_2(\mathbf{F}_{19})$ formé des éléments dont le déterminant est un cube dans $\mathbf{F}_{19}^*$.

<u>$\ell = 23$</u>/ A part les systèmes $a_p \equiv p^m + p^n \pmod{\ell}$, on trouve (à torsion près) :

5 systèmes à valeurs dans $\mathbf{F}_\ell$, associés aux formes paraboliques de poids 12, 16, 18, 20, 22 ; les représentations correspondantes ont pour image $GL_2(\mathbf{F}_\ell)$, à l'exception de la première dont l'image est isomorphe au groupe symétrique $\mathfrak{S}_3$, cf. [7], p. 33-34 ;

2 systèmes conjugués à valeurs dans $\mathbf{F}_{\ell^2}$, associés aux deux formes paraboliques de poids 24 conjuguées sur $\mathbf{Q}(\sqrt{144169})$ (noter que 144169 n'est pas un carré mod. 23) ; les représentations correspondantes ont pour image le sous-groupe de $GL_2(\mathbf{F}_{\ell^2})$ formé des éléments dont le déterminant appartient à $\mathbf{F}_\ell^*$.

-:-:-:-

BIBLIOGRAPHIE

[1] P. DELIGNE et J.-P. SERRE. - <u>Formes modulaires de poids</u> 1. (Ann. Sci. E. N. S., 7 (4), 1974, p. 507-530).

[2] M. EICHLER. - <u>The basis problem for modular forms and the traces of the Hecke operators</u> (Lecture Notes in Math., n° 320, Springer, 1973, p. 75-151).

[3] A. SELBERG. - <u>Harmonic analysis and discontinuous groups in weakly symmetric Riemannian spaces with applications to Dirichlet series</u> (J. Indian math. soc., 20, 1956, p. 47-87).

[4] J.-P. SERRE. - <u>Congruences et formes modulaires</u> (d'après H. P. F. Swinnerton-Dyer) (Sém. Bourbaki, 1971/72, exposé 416, Lecture Notes in Math., n° 317, Springer, 1973, p. 319-338).

[5] J.-P. SERRE. - Formes modulaires et fonctions zêta p-adiques (Lecture Notes in Math., n° 350, Springer, 1973, p. 191-268).

[6] G. SHIMURA. - On the trace formula for Hecke operators (Acta Math., 132, 1974, p. 245-281).

[7] H. P. F. SWINNERTON-DYER. - On ℓ-adic representations and congruences for coefficients of modular forms (Lecture Notes in Math., n° 350, Springer, 1973, p. 1-55).

-:-:-:-

105.

Les Séminaires CARTAN

Allocution prononcée à l'occasion du Colloque Analyse et Topologie, Orsay, 17 Juin 1975

Chers amis,

J'ai fait la connaissance de Cartan en 1948, quand j'étais agrégatif à l'École Normale. Il revenait de Harvard, et nous faisait un séminaire d'Analyse Harmonique : transformation de Fourier, dualité, thèse de Godement. Je me souviens avoir été particulièrement impressionné par la facilité avec laquelle il avait démontré le "théorème de décomposition spectrale", épouvantail de nos cours de Sorbonne à l'époque !

Ce séminaire, n'ayant pas été rédigé, n'a pas eu l'influence considérable qu'ont eue les suivants, ceux que l'on appelle les "**Séminaires CARTAN**".

Ce sont ceux-là que je voudrais surtout évoquer :

Le premier Séminaire (48-49) était une introduction à la Topologie Algébrique. On y apprenait ce qu'est une suite exacte, et quelles belles conséquences on peut tirer de l'identité $d^2 = 0$; il y avait aussi des produits tensoriels, la formule de Künneth et l'homologie singulière, basée sur le "Singular Homology Theory" d'Eilenberg. Après ces préliminaires, Cartan est passé à une première version de la théorie des faisceaux, que Leray venait juste de créer (et d'appliquer avec le succès que l'on sait) ; le couronnement en était la dualité de Poincaré, sans hypothèses de triangulation, mais à grands coups de "carapaces". A vrai dire, cela nous passait un peu par-dessus la tête ; je me souviens en effet que, au début de l'année suivante, quand Cartan nous a demandé "Qu'est-ce qu'on fait dans le Séminaire ?", certains ont suggéré "Si l'on reprenait le sujet de l'an dernier ?". Cartan a fait semblant de ne pas entendre, et le Séminaire 49-50 a été consacré aux espaces fibrés et aux groupes d'homotopie. Borel, Wu Wen-Tsun y participaient. On s'est beaucoup servi d'un rapport secret de Weil pour Bourbaki sur les espaces fibrés. Quant aux groupes d'homotopie, on ne pouvait guère que les définir, et en donner des exemples – y compris $\pi_{n+2}(S_n)$ que l'on croyait nul à l'époque. A la fin de l'année, Cartan nous a exposé ses propres résultats sur l'homologie réelle des espaces fibrés et des espaces homogènes, l'algèbre de Weil, etc, prolongeant les résultats de Leray d'abord, et aussi de Hirsch, Koszul, Chevalley et Weil.

Topologie encore pour le séminaire 50-51 : cohomologie des groupes et des espaces fibrés, suites spectrales, et surtout théorie des faisceaux nouvelle manière, cette fois essentiellement définitive (c'est elle qui a été reproduite dans le livre de Godement, puis axiomatisée par Grothendieck dans le "Tôhoku"). En même temps —et en dehors du Séminaire— Cartan revenait à ses premières amours, les fonctions de plusieurs variables complexes. (Comment trouvait-il le temps d'y travailler ? Il lui fallait préparer son Séminaire, distribuer les exposés, expliquer au conférencier ce qu'il aurait à dire, le critiquer pendant l'exposé et corriger sa rédaction ensuite . . . Heureusement, il y avait les vacances !). Il avait posé quelques années auparavant deux problèmes "de cohérence" comme il disait (et comme nous continuons à dire). L'un d'eux, celui de la cohérence du faisceau des fonctions analytiques, venait d'être résolu par Oka. Dès qu'il a eu connaissance de la solution d'Oka, Cartan a vu qu'une méthode semblable permettait de résoudre également le deuxième problème (cohérence du faisceau d'idéaux défini par un sous-ensemble analytique), et il a publié le tout au Bulletin de la S.M.F.

Rien d'étonnant, donc, à ce que le Séminaire suivant (51-52) ait été consacré aux fonctions de plusieurs variables complexes, d'autant plus que, grâce au Séminaire précédent, Cartan avait en main tous les outils topologiques nécessaires. Une fois les résultats de base débrouillés, et en particulier le "lemme sur les matrices holomorphes inversibles", il a pu attaquer la théorie de ce qu'il a appelé les "variétés de Stein". Immédiatement, il est apparu que les résultats de son article au Bulletin de la S.M.F. s'énonçaient bien mieux et se démontraient tout aussi bien dans le langage, mis au point l'année précédente, de la théorie des faisceaux. C'est ainsi que sont nés les fameux "théorèmes A et B" — terminologie peu suggestive, mais devenue classique.

En 52-53, retour à la Topologie : groupes d'homotopie. Toutefois, ce Séminaire, à la différence des quatorze autres, n'a pas été rédigé.

En 53-54, nouveau grand Séminaire sur les fonctions de plusieurs variables complexes. Et d'abord, un travail de "fondation" : Cartan a l'idée de définir la structure d'espace analytique (éventuellement à singularités) par un faisceau, le faisceau des fonctions holomorphes. Cette idée a eu un tel succès, elle a été transposée à tant de situations, qu'elle nous paraît maintenant naturelle, presque banale (bientôt, l'Enseignement Secondaire (*) fera réciter "Qu'est-ce qu'une fonction ? C'est une section du faisceau des germes de fonctions . . ."). A l'époque c'était une idée tout à fait originale, et qui a été immédiatement mise à profit dans la suite même du Séminaire : d'abord pour exposer (d'après Oka) la construction du "normalisé" d'un espace analytique, puis pour définir le quotient d'un espace analytique par un groupe discret opérant proprement, mais pouvant avoir des points fixes ; lorsque l'espace analytique est un domaine symétrique, et que son quotient par le groupe discret est compact, Cartan démontre que ce quotient est algébrique : plus précisément, on peut le plonger, au moyen de fonctions automorphes, dans un espace projectif.

(*) Primaire ! Primaire ! (interruption de J. Dieudonné)

- 25 -

C'est à la même époque (1953) que Cartan et Eilenberg achèvent leur "Homological Algebra" ; pieusement conservé dans les tiroirs de l'éditeur, l'ouvrage voit le jour en 1956. La nouveauté du sujet, ses nombreuses possibilités d'applications, en font un classique — tout comme (pour des sujets différents) les "Opérations Linéaires" de Banach, les "Variétés Abéliennes" de Weil ou les "Distributions" de Schwartz.

C'est aussi d'Algèbre Homologique que traite le Séminaire suivant (54-55), ou plutôt de ce que l'on appelle, avec Moore, "Differential Homological Algebra". Cartan y expose sa théorie des "constructions", résumée auparavant en deux Notes aux Proc. Nat. Acad. Sci. U.S.A. ; cette théorie permet le calcul de la cohomologie des complexes d'Eilenberg-MacLane, et du même coup la détermination de toutes les opérations cohomologiques primaires, ainsi que de leurs relations (le cas particulier des puissances de Steenrod est développé par Cartan dans un travail paru la même année aux Comm. Math. Helv.). Ce sont là des résultats dont il avait eu l'idée dès 1950-51, mais qu'il s'était abstenu de mettre au point et de publier pour ne pas gêner l'un de ses élèves qui préparait alors une thèse sur les espaces de lacets, les groupes d'homotopie et les complexes d'Eilenberg-MacLane. Tel est du moins le sentiment de l'élève en question . . .

Changement de direction avec le Séminaire suivant (55-56) : Géométrie Algébrique, en collaboration avec Chevalley. Il s'agissait surtout de mettre au point les techniques de base : anneaux locaux, points simples, etc. Le cadre adopté n'est plus guère utilisé à l'heure actuelle : inconvénient mineur, le changement de cadre étant justement un excellent exercice mathématique.

Après un bref Séminaire de Topologie (56-57), arrive un grand Séminaire (57-58) sur les fonctions de plusieurs variables complexes et les fonctions automorphes ; Weil, Godement, Satake et Shimura y participent. J'hésite à parler de ce Séminaire, que je connais mal. Je sais seulement qu'il contient nombre de résultats originaux, souvent cités, et qui n'ont pas été reproduits ailleurs (ceux de Godement, notamment). La dernière partie du Séminaire, par Satake et Cartan, traite d'un sujet d'un grand intérêt pour les arithméticiens : la compactification des quotients de domaines symétriques par des groupes discrets tels que le groupe modulaire et ses généralisations. En dimension 1, pour les groupes fuchsiens, c'est la classique "adjonction des pointes". Le cas général est plus difficile ; tout d'abord, que doit-on ajouter à l'infini ? Pour les géomètres du siècle dernier, il semble que chaque espace possédait une compactification "naturelle", au point qu'ils se sont parfois disputés pour savoir laquelle était "la vraie" (ainsi, en géométrie élémentaire, on peut adjoindre au plan affine, soit une droite à l'infini, soit un point à l'infini, suivant qu'on s'intéresse à la géométrie projective, ou à la géométrie conforme). La théorie des espaces analytiques de Cartan clarifie la question : elle permet de dire ce qu'est une compactification. Encore faut-il prouver qu'il y en a, et de raisonnables ; c'est ce que font Cartan et Satake. D'autres compactifications, plus "grosses" mais plus "lisses", ont été ensuite construites par Igusa, Hirzebruch, Mumford, . . . ; le sujet est en pleine activité en ce moment.

Viennent ensuite deux Séminaires de Topologie (58-59) et (59-60), le dernier en collaboration avec J.C. Moore. Chacun est consacré à la démonstration d'un résultat : celui de 58-59, au théorème d'Adams suivant lequel il n'y a pas d'application entre sphères d'invariant de Hopf 1 (en dehors de celles que connaissait Hopf) ; celui de 59-60, au théorème de périodicité de Bott. Le théorème d'Adams est démontré, comme l'avait fait Adams lui-même, au moyen de constructions cohomologiques secondaires ; on n'en connaissait pas alors la démonstration si rapide et si élégante qui utilise la K-théorie (et repose donc, en définitive, sur le sujet du Séminaire suivant !). Quant à la périodicité de Bott, Cartan et Moore la démontrent sans théorie de Morse, uniquement par voie homologique ; un beau tour de force !

Retour à l'analytique complexe dans le Séminaire suivant (60-61). Le point de départ était la théorie des déformations de Kodaira-Spencer, et son application à l'espace des modules des surfaces de Riemann compactes, autrement dit à l'espace de Teichmüller. Au bout d'un certain nombre d'exposés, le Séminaire a été pris en charge par Grothendieck, et nous avons eu droit à un exposé systématique, d'ailleurs fort intéressant, des fondements de la "Géométrie Analytique" d'un point de vue algébrique. (Il y aurait beaucoup à dire sur les échanges entre "analytique" et "algébrique" à cette époque. C'est du côté analytique que vient la théorie des faisceaux cohérents, créée par Cartan, et transposée ensuite au cadre algébrique. Inversement, les propriétés purement algébriques des anneaux locaux (régularité, profondeur, etc) ont été utilisées avec succès pour simplifier certains résultats délicats de Géométrie Analytique, tel le théorème de normalisation dont je parlais tout à l'heure).

Les Séminaires suivants (61-62 et 62-63) sont consacrés à des questions diverses de Topologie Différentielle : théorie de Smale (sans oublier les variétés "à coins" et l'arrondissement de ceux-ci), travaux de Cerf sur π_0(Diff S_3), et théorème de préparation différentiable de Malgrange.

La formule de l'index d'Atiyah-Singer est le sujet du dernier Séminaire (63-64), en collaboration avec Schwartz. C'est vraiment le Séminaire qui correspond le mieux au titre de ce Colloque "Analyse et Topologie", vu qu'il s'agit de démontrer que A = B, et que A, c'est la Topologie qui le définit, et que B, c'est l'Analyse !

Telle est la liste des "Séminaires CARTAN". Le bref résumé que je viens d'en faire ne peut pas donner une idée de l'influence qu'ils ont eue sur l'Analyse et la Topologie, tant en France qu'à l'étranger ; heureusement, certaines conférences du Colloque s'en chargeront. Également grande a été l'influence que Cartan a exercée par (et à travers) ses élèves, qui furent nombreux ; parmi ces "thésitifs" figurent : Deny, Godement, Koszul, Thom, moi-même, Dolbeault, Cerf, Shih, Douady, Morin, Karoubi, . . . et j'en oublie. CARTAN s'en occupait comme il sait le faire – orthographe comprise !

L'influence d'un homme ne tient pas seulement à ce qu'il fait, mais aussi à la façon dont il le fait, à son style, Je crois que le style de Cartan est ce qu'on peut trouver de mieux en mathématiques.

106.

Minorations de discriminants

inédit, octobre 1975

1 Il s'agit d'une variante de la méthode de Stark-Odlyzko, basée sur les «formules explicites» de Weil. En admettant l'hypothèse de Riemann généralisée, on obtient

$$\liminf \left\{ \frac{1}{n} \log |D| - r_1 a_1/n - 2 r_2 a_2/n \right\} \geq 0 ,$$

pour un corps de degré n, avec $n \to \infty$, les valeurs de a_1 et a_2 étant respectivement

$$a_1 = \log \pi + 3 \log 2 + \gamma + \pi/2 = 5{,}37218 \ldots$$

$$a_2 = \log \pi + 3 \log 2 + \gamma \qquad = 3{,}80138 \ldots$$

Ainsi, par exemple, pour les corps totalement réels on trouve

$$\liminf |D|^{1/n} \geq 8 \pi e^{\gamma + \pi/2} = 215{,}332 \ldots$$

et pour les corps totalement imaginaires

$$\liminf |D|^{1/n} \geq 8 \pi e^{\gamma} = 44{,}763 \ldots$$

(La méthode initiale d'Odlyzko donnait des renseignements analogues, mais avec des constantes un peu moins bonnes: 188 et 41 respectivement.)

1. Notations. La lettre k désigne un corps de nombres de degré $n = r_1 + 2 r_2$, avec les notations usuelles. On note $\zeta_k(s)$ sa fonction zêta. On pose

$$G(s) = |D|^{s/2} g_1(s)^{r_1} g_2(s)^{r_2} ,$$

où

$$D = \operatorname{discr} k , \quad g_1(s) = \pi^{-s/2} \Gamma(s/2) , \quad g_2(s) = (2\pi)^{-s} \Gamma(s) ,$$

de sorte que *l'équation fonctionnelle* de ζ_k s'écrit

$$\zeta_k(s) G(s) = \zeta_k(1-s) G(1-s) ,$$

d'où l'on tire:

$$\frac{G'}{G}(s) + \frac{G'}{G}(1-s) = - \left\{ \frac{\zeta_k'}{\zeta_k}(s) + \frac{\zeta_k'}{\zeta_k}(1-s) \right\} .$$

Si $t \in \mathbf{R}$, on pose

$$\Psi(t) = \frac{G'}{G}\left(\frac{1}{2} + it\right) + \frac{G'}{G}\left(\frac{1}{2} - it\right) = 2 \operatorname{Re} \left\{ \frac{G'}{G}\left(\frac{1}{2} + it\right) \right\}$$

$$= \log |D| + r_1 \Psi_1(t) + 2 r_2 \Psi_2(t) ,$$

où $\quad \Psi_1(t) = 2\,\mathrm{Re}\left\{g_1'/g_1\left(\frac{1}{2}+it\right)\right\} = -\log\pi + \mathrm{Re}\left\{\psi\left(\frac{1}{4}+i\frac{t}{2}\right)\right\},$

$$\Psi_2(t) = \mathrm{Re}\left\{g_2'/g_2\left(\frac{1}{2}+it\right)\right\} = -\log 2 - \log\pi + \mathrm{Re}\left\{\psi\left(\frac{1}{2}+it\right)\right\},$$

la lettre ψ désignant comme d'habitude la fonction Γ'/Γ (fonction «digamma»).

2. La «formule explicite». Soit F une fonction C^∞ à décroissance rapide sur la droite réelle, et posons

$$\Phi(s) = \int_{-\infty}^{+\infty} F(x)\, e^{(s-1/2)x}\,\mathrm{d}x\,, \quad \varphi(t) = \Phi\left(\frac{1}{2}+it\right),$$

de sorte que F et φ sont essentiellement transformées de Fourier l'une de l'autre:

$$\varphi(t) = \int_{-\infty}^{\infty} F(x)\, e^{itx}\,dx\,, \quad F(x) = \frac{1}{2\pi}\int_{-\infty}^{\infty} \varphi(t)\, e^{-itx}\,dt\,.$$

La *formule explicite* est la suivante:

$$\sum_{\omega} \Phi(\omega) + \sum_{\mathfrak{p},m} \frac{\log N\mathfrak{p}}{N\mathfrak{p}^{m/2}} \{F(\log(N\mathfrak{p}^m)) + F(-\log(N\mathfrak{p}^m))\}$$
$$= \Phi(0) + \Phi(1) + \frac{1}{2\pi}\int_{-\infty}^{\infty} \varphi(t)\,\Psi(t)\,dt\,.$$

(Pour la démonstration, voir Weil, Lang, ou Delsarte; on trouvera également dans Weil et Lang un procédé de calcul de l'intégrale $\int \varphi(t)\,\Psi(t)\,dt$ à partir de F; nous n'en aurons pas besoin.)

Dans cette formule, ω parcourt les zéros non triviaux (i.e. de partie réelle >0) de ζ_k, $\mathfrak{p}$ parcourt les idéaux premiers de k, et m les entiers ≥ 1; toutes les sommes infinies et intégrales sont absolument convergentes.

Nous allons maintenant faire les deux hypothèses suivantes:

a) (GRH) – *On a* $\mathrm{Re}(\omega) = 1/2$ *pour tout* ω;
b) – *Les fonctions* F *et* φ *sont* ≥ 0.

L'hypothèse a) est *l'hypothèse de Riemann* pour le corps k; elle permet de récrire $\Phi(\omega)$ sous la forme $\varphi(\tau)$, si $\omega = \frac{1}{2} + i\tau$. Vu b), on en conclut que le membre de gauche de la formule explicite est ≥ 0, et il en est donc de même du membre de droite. Ceci nous donne:

Corollaire. *Sous les hypothèses* a) *et* b), *on a*

$$\Phi(0) + \Phi(1) + \frac{1}{2\pi}\int_{-\infty}^{\infty} \varphi(t)\,\Psi(t)\,dt \geq 0\,.$$

En explicitant, cela donne:

$$\Phi(0) + \Phi(1) + \frac{1}{2\pi}\int_{-\infty}^{\infty} \varphi(t)\,\{\log|D| + r_1\Psi_1(t) + 2r_2\Psi_2(t)\}\,dt \geq 0\,.$$

Normalisons φ par la condition

$$\frac{1}{2\pi}\int_{-\infty}^{\infty}\varphi(t)\,dt = F(0) = 1. \quad \text{On obtient:}$$

$$\log|D| \geq -\{\Phi(0)+\Phi(1)\} - r_1\int_{-\infty}^{\infty}\varphi(t)\,\Psi_1(t)\,dt/2\pi \;-2r_2\int_{-\infty}^{\infty}\varphi(t)\,\Psi_2(t)\,dt/2\pi,$$

et, après division par n:

$$\frac{1}{n}\log|D| \geq -\frac{1}{n}\{\Phi(0)+\Phi(1)\} - \frac{r_1}{n}\int_{-\infty}^{\infty}\frac{\varphi(t)}{2\pi}\Psi_1(t)\,dt - \frac{2r_2}{n}\int_{-\infty}^{\infty}\frac{\varphi(t)}{2\pi}\Psi_2(t)\,dt.$$

Pour F, φ fixés, le terme $-\dfrac{1}{n}\{\Phi(0)+\Phi(1)\}$ tend vers 0 quand $n\to\infty$. On en déduit:

$$\liminf\left\{\frac{1}{n}\log|D| + \frac{r_1}{n}\int_{-\infty}^{\infty}\frac{\varphi(t)}{2\pi}\Psi_1(t)\,dt + \frac{2r_2}{n}\int_{-\infty}^{\infty}\frac{\varphi(t)}{2\pi}\Psi_2(t)\,dt\right\} \geq 0.$$

Posons alors

$$\Psi_1(0) = -a_1, \quad \Psi_2(0) = -a_2.$$

En prenant pour φ une fonction de la forme $c\,e^{-bt^2}$, avec b assez grand, on peut s'arranger pour que

$$\left|\int_{-\infty}^{\infty}\frac{\varphi(t)}{2\pi}\Psi_j(t)\,dt + a_j\right| \leq \varepsilon, \quad \text{avec } \varepsilon > 0 \text{ donné}.$$

On en déduit bien le résultat cherché:

Théorème. *Sous l'hypothèse* a), *on a*

$$\liminf\left\{\frac{1}{n}\log|D| - r_1 a_1/n - 2r_2 a_2/n\right\} \geq 0.$$

Les valeurs a_1 et a_2 sont données par:

$$a_1 = -\Psi_1(0) = \log\pi - \psi(1/4),$$
$$a_2 = -\Psi_2(0) = \log 2 + \log\pi - \psi(1/2).$$

Quant aux valeurs de $\psi(1/2)$ et $\psi(1/4)$, on les déduit des formules connues

$$\psi(1) = -\gamma$$
$$\psi(2x) = \frac{1}{2}\psi(x) + \frac{1}{2}\psi\left(x+\frac{1}{2}\right) + \log 2$$
$$\psi(1-x) = \psi(x) + \pi\frac{\cos\pi x}{\sin\pi x}:$$

en faisant $x = 1/2$ dans la deuxième, on obtient

$$\psi(1/2) = \psi(1) - 2\log 2 = -\gamma - 2\log 2$$

d'où

$$a_2 = \log 8\pi + \gamma;$$

en faisant $x = 1/4$ dans la deuxième et la troisième, on obtient

$$\psi(1/4) + \psi(3/4) = 2\psi(1/2) - 2\log 2 = -2\gamma - 6\log 2$$

$$\psi(3/4) = \psi(1/4) + \pi,$$

d'où

$$\psi(1/4) = \psi(1/2) - \pi/2 - \log 2 = -\gamma - 3\log 2 - \pi/2,$$

et $a_1 = \log 8\pi + \gamma + \pi/2$.

3. Remarques. a) On pourrait remplacer le «lim inf» par un résultat effectif, basé sur une bonne estimation des $\Psi_i(t)$ au voisinage de $t = 0$, et d'une majoration pour $|t| \to \infty$.

b) Nous avons utilisé pour φ une fonction «cloche» qui a l'avantage d'être visiblement positive, ainsi que sa transformée de Fourier. La méthode d'Odlyzko revient à utiliser d'autres fonctions, dont la positivité est plus délicate à démontrer.

c) Si l'on ne suppose plus que l'hypothèse de Riemann soit vraie, on est amené à renforcer la condition b) en demandant que Φ soit *à partie réelle positive* dans la bande $0 \leq \mathrm{Re}(s) \leq 1$.

d) Indiquons la *démonstration* de la «formule explicite» dans le cas considéré ici: si $a > 1$, on considère l'intégrale $\frac{1}{2\pi i}\int \frac{\Lambda'}{\Lambda}(s)\,\Phi(s)\,ds$ (où $\Lambda(s) = G(s)\,\zeta_k(s)$) étendue à un contour formé des droites verticales $\mathrm{Re}(s) = a$, $\mathrm{Re}(s) = 1 - a$, limité par des horizontales $\mathrm{Im}(s) = \pm T$, avec $T \to \infty$. On applique le th. de Cauchy, et l'on fait tendre T vers $+\infty$. L'intégrale en question est égale à $\sum \Phi(\omega) - \Phi(0) - \Phi(1)$. D'autre part, la contribution des côtés horizontaux tend vers 0 quand $T \to \infty$; vu l'équation fonctionnelle, on peut regrouper les deux côtés verticaux en un seul:

$$\frac{1}{2i\pi}\int_{a-i\infty}^{a+i\infty} \frac{\Lambda'}{\Lambda}(s)\,\{\Phi(s) + \Phi(1-s)\}\,ds.$$

On écrit ensuite $\frac{\Lambda'}{\Lambda}(s) = \frac{\zeta_k'}{\zeta_k}(s) + \frac{G'}{G}(s)$, ce qui découpe l'intégrale ci-dessus en deux morceaux. Le 1er s'évalue immédiatement grâce au développement en série de ζ_k'/ζ_k et donne la somme $\sum_{\mathfrak{p},m}$; le morceau relatif à G'/G peut se transporter (grâce à Cauchy et des majorations élémentaires) sur l'axe de symétrie $\mathrm{Re}(s) = 1/2$, et donne alors le terme $\frac{1}{2\pi}\int \varphi(t)\,\Psi(t)\,dt$.

107.

Résumé des cours de 1974 – 1975

Annuaire du Collège de France (1975), 41 – 46

1 Le cours a été consacré aux *formes modulaires de poids* 1 et aux *représentations galoisiennes de degré* 2 qui leur correspondent. Il a comporté deux parties. La première a exposé des théorèmes généraux, obtenus en collaboration avec P. Deligne, qui figurent dans un travail paru en 1974 aux Annales Sci. ENS (cité DS dans ce qui suit). La seconde a illustré ces théorèmes par des exemples, dus pour la plupart à J. Tate.

1. *Théorèmes généraux*

Il s'agit de mettre en correspondance les deux types d'objets que voici :

(i) *Systèmes de valeurs propres* (a_p) des opérateurs de Hecke T_p agissant sur les *formes modulaires paraboliques de poids* 1 sur les sous-groupes de congruence de $\mathbf{SL}_2(\mathbf{Z})$.

(ii) *Représentations continues irréductibles* (donc à image finie)

$$\varrho : \mathrm{Gal}(\overline{\mathbf{Q}}/\mathbf{Q}) \rightarrow \mathbf{GL}_2(\mathbf{C})$$

à déterminant impair, i.e. telles que det $\varrho(c) = -1$, où c est la conjugaison complexe.

On dit que (a_p) et ϱ *se correspondent* si, pour presque tout nombre premier p, on a $\mathrm{Tr}(\varrho(\mathrm{Frob}_p)) = a_p$.

Le principal résultat de DS est :

THÉORÈME 1. — *A tout système* (a_p) *de type* (i) *correspond une représentation* ϱ *de type* (ii).

Le théorème de densité de Čebotarev montre qu'une telle représentation ϱ est unique, à isomorphisme près. De plus cette représentation jouit des propriétés suivantes (cf. DS) :

(iii) Pour tout caractère continu χ de degré 1 de $\mathrm{Gal}(\overline{\mathbf{Q}}/\mathbf{Q})$, la fonction L d'Artin $L(s, \varrho \otimes \chi)$ est *holomorphe* dans tout le plan complexe ; en d'autres termes la *conjecture d'Artin* est vraie pour ϱ ainsi que pour toutes ses « tordues » $\varrho \otimes \chi$.

(iv) Soit N le plus petit entier $\geqq 1$ tels que (a_p) soit le système de valeurs propres associé à une forme parabolique f sur le sous-groupe $\Gamma_1(N)$ de $\mathbf{SL}_2(\mathbf{Z})$, et soit ε le caractère correspondant de $(\mathbf{Z}/N\mathbf{Z})^*$; identifions comme d'habitude ε à un caractère de degré 1 de $\mathrm{Gal}(\overline{\mathbf{Q}}/\mathbf{Q})$. On a alors $\det(\varrho) = \varepsilon$, et le *conducteur d'Artin* de ϱ est égal à N. Si de plus f est normalisée de telle sorte que

$$f = \sum_{n=1}^{\infty} a_n q^n \quad \text{avec} \quad a_1 = 1 \quad (\text{où} \quad q = e^{2\pi i z}),$$

la fonction L d'Artin $L(s, \varrho)$ est égale à $\sum a_n n^{-s}$.

D'après un résultat général de Langlands et Weil, le théorème 1 admet la réciproque suivante :

THÉORÈME 2. — *Toute représentation galoisienne* ϱ *qui satisfait à* (ii) *et* (iii) *correspond à un système de valeurs propres* (a_p) *de type* (i).

La *démonstration du théorème* 1 a été exposée en détail. Elle comporte les étapes suivantes :

a) Construction de *représentations « modulaires »* de $\mathrm{Gal}(\overline{\mathbf{Q}}/\mathbf{Q})$ correspondant à un système (a_p) de type (i).

Il s'agit de représentations

$$\varrho_l : \mathrm{Gal}(\overline{\mathbf{Q}}/\mathbf{Q}) \rightarrow \mathbf{GL}_2(k_l)$$

où k_l est un corps fini de caractéristique l arbitraire, telles que, pour presque tout $p \neq l$, l'image de a_p dans k_l soit égale à $\mathrm{Tr}(\varrho_l(\mathrm{Frob}_p))$. Si (a_p) était réalisable par une forme parabolique de poids $k \geqslant 2$, l'existence des ϱ_l résulterait directement des théorèmes généraux démontrés par Deligne il y a quelques années (l'hypothèse $k \geqq 2$ intervenant par le fait que l'on prend la cohomologie de la puissance symétrique $(k - 2)$-ième d'un certain faisceau) ; on se ramène à ce cas en multipliant la forme f de poids 1 considérée par une forme E de poids $k - 1 \geqq 1$ telle que $E \equiv 1 \pmod{l}$, cf. DS, § 6. (On peut même, comme l'a observé Shimura, prendre pour E une série d'Eisenstein de poids 1 ; on est ainsi ramené au cas $k = 2$, où l'on peut utiliser, à la place des résultats cohomologiques de Deligne, ceux, plus élémentaires, d'Eichler et Shimura, où interviennent simplement les « modules de Tate » des courbes modulaires.)

b) Existence d'une infinité de valeurs de l telles que l'image G_l de $\mathrm{Gal}(\overline{\mathbf{Q}}/\mathbf{Q})$ par ϱ_l soit un *petit* sous-groupe de $\mathbf{GL}_2(\mathbf{Z}/l\mathbf{Z})$, i.e. un sous-groupe dont l'ordre reste borné quand l varie.

C'est le point le plus délicat (cf. DS, §§ 7-8). On utilise d'abord une *majoration en moyenne* des a_p, que l'on obtient par une méthode due à Rankin, cf. DS, § 5. On en déduit que la plus grande partie (en un sens facile à préciser) des traces des éléments de G_l appartiennent à un ensemble qui est petit (i.e. d'ordre borné) ; le fait que G_l lui-même soit petit résulte facilement de là, compte tenu de la liste des sous-groupes de $\mathbf{GL}_2(\mathbf{Z}/l\mathbf{Z})$, cf. DS, § 7.

c) *Relèvement* des ϱ_l en caractéristique zéro.

Les G_l de b) sont d'ordre borné, donc aussi d'ordre premier à l pourvu que l soit assez grand. Les représentations ϱ_l correspondantes se relèvent en caractéristique zéro ; la démonstration du théorème 1 s'achève en montrant que l'on peut prendre comme représentation ϱ l'un de ces relèvements, cf. DS, § 8.

Le théorème 1 a diverses conséquences. Par exemple, si $f = \Sigma a_n q^n$ est une forme modulaire de poids 1, non identiquement nulle, on a

(v) $|a_n| = O(\sigma_0(n))$ pour $n \rightarrow \infty$,

(vi) $\text{lim.sup.} \log|a_n| \log\log n / \log n = \log 2$

et en particulier

$$|a_n| = o(n^\delta) \qquad \text{quel que soit } \delta > 0.$$

De plus, si $M(x)$ désigne le nombre des entiers positifs $n \leqq x$ tels que $a_n \neq 0$, il existe $\alpha > 0$ tel que

(vii) $M(x) = o(x/\log^\alpha x)$ pour $x \to \infty$,

d'où

(viii) $M(x) = o(x)$ pour $x \to \infty$,

ce qui signifie que « presque tous » les a_n sont nuls.

Ces résultats peuvent d'ailleurs être généralisés ; ainsi (vi) s'applique aux coefficients de la série L d'une représentation quelconque ϱ de $\mathrm{Gal}(\overline{\mathbf{Q}}/\mathbf{Q})$, à condition de remplacer log 2 par log deg(ϱ) ; quant à (vii) et (viii), ils s'étendent aux coefficients des formes modulaires de poids quelconque, réduits modulo un entier $\geqslant 1$ donné. (Ces résultats, seulement esquissés dans le cours, ont été exposés avec plus de détails dans le séminaire Delange-Pisot-
2 Poitou.)

2. *Exemples*

Posons $\mathbf{PGL}_2(\mathbf{C}) = \mathbf{GL}_2(\mathbf{C})/\mathbf{C}^*$. Si ϱ est une représentation irréductible (continue) de $\mathrm{Gal}(\overline{\mathbf{Q}}/\mathbf{Q})$ dans $\mathbf{GL}_2(\mathbf{C})$, notons $\tilde{\varrho}$ la représentation correspondante de $\mathrm{Gal}(\overline{\mathbf{Q}}/\mathbf{Q})$ dans $\mathbf{PGL}_2(\mathbf{C})$. La connaissance de $\tilde{\varrho}$ est « presque » équivalente à celle de ϱ. De façon plus précise, Tate a démontré les résultats suivants :

a) toute représentation $\tilde{\varrho} : \mathrm{Gal}(\overline{\mathbf{Q}}/\mathbf{Q}) \to \mathbf{PGL}_2(\mathbf{C})$ se relève en une représentation ϱ à valeurs dans $\mathbf{GL}_2(\mathbf{C})$; les autres relèvements de $\tilde{\varrho}$ sont les $\varrho \otimes \chi$ où χ est un caractère de degré 1 de $\mathrm{Gal}(\overline{\mathbf{Q}}/\mathbf{Q})$; pour que ϱ satisfasse à la condition (ii) du n° 1 (i.e. pour que det(ϱ) soit impair), il faut et il suffit que $\tilde{\varrho}(c) \neq 1$;

b) il existe un relèvement ϱ de $\tilde{\varrho}$ dont le conducteur N divise les conducteurs de tous les relèvements de ϱ ; on dit que N est le *conducteur* de $\tilde{\varrho}$; l'exposant d'un nombre premier p dans N ne dépend que de la restriction de $\tilde{\varrho}$ au groupe de décomposition en p (c'est un invariant *local* : pour le calculer, on peut passer au corps p-adique $\mathbf{Q}_p$) ;

c) pour qu'un nombre premier p divise N, il faut et il suffit que $\tilde{\varrho}$ soit ramifié en p ; lorsque la ramification de $\tilde{\varrho}$ est modérée, l'exposant de p dans N est 1 ou 2 suivant que l'image par $\tilde{\varrho}$ du groupe de décomposition en p est ou non cyclique.

L'avantage de $\mathbf{PGL}_2(\mathbf{C})$ est que ses sous-groupes finis ont une structure très simple : ils sont cycliques, diédraux, ou isomorphes à l'un des groupes $\mathfrak{A}_4$, $\mathfrak{S}_4$, $\mathfrak{A}_5$ (groupe du tétraèdre, du cube, de l'icosaèdre). Si ϱ est irréductible, le groupe $\mathrm{Im}(\tilde{\varrho})$ n'est pas cyclique, donc est soit *diédral,* soit *isomorphe à* $\mathfrak{A}_4$, $\mathfrak{S}_4$, $\mathfrak{A}_5$. Le cas diédral est celui où ϱ est induite par une représentation de degré 1 d'un sous-groupe d'indice 2 ; les formes paraboliques correspondantes sont combinaisons linéaires de *séries thêta* relativement à des formes quadratiques binaires ; elles sont bien connues depuis les travaux de Hecke.

Le cas nouveau est le cas *non diédral,* dont l'étude vient d'être abordée par Tate. Le cours a résumé quelques-uns de ses résultats :

d) lorsque le conducteur N de ϱ est un nombre *premier,* on a $N \not\equiv 1 \pmod 8$. Lorsque $N \equiv 5 \pmod 8$, $\det(\varrho)$ est d'ordre 4, et $\tilde{\varrho}$ est de type $\mathfrak{S}_4$; la plus petite valeur possible de N est N = 229, qui correspond à deux représentations non isomorphes. Lorsque $N \equiv 3$ ou $7 \pmod 8$, $\det(\varrho)$ est d'ordre 2 (c'est le caractère de Legendre mod N), et $\tilde{\varrho}$ est de type $\mathfrak{S}_4$ ou de type $\mathfrak{A}_5$; pour le type $\mathfrak{S}_4$, les plus petites valeurs possibles de N sont N = 283, 331, 491, 563 ; on ignore ce qu'il en est pour le type $\mathfrak{A}_5$.

e) Il existe une représentation $\tilde{\varrho}$ de conducteur N = 133 = 7.19 de type $\mathfrak{A}_4$. L'extension K de $\mathbf{Q}$ correspondant au groupe de Galois $\mathrm{Im}(\tilde{\varrho}) \simeq \mathfrak{A}_4$ s'obtient de la manière suivante : si z est une racine primitive 19e de l'unité, on pose :

$$a = z + z^7 + z^8 + z^{11} + z^{12} + z^{18}$$
$$b = z^2 + z^3 + z^5 + z^{14} + z^{16} + z^{17} = 4 - a^2$$
$$c = z^4 + z^6 + z^9 + z^{10} + z^{13} + z^{15} = 4 - b^2,$$

de sorte que a,b,c sont les trois racines de l'équation $x^3 + x^2 - 6x - 7 = 0$, cf. Gauss, *Disq. Arithm.*, art. 343 et 351 ; le corps $k = \mathbf{Q}(a)$ est une extension cubique cyclique de $\mathbf{Q}$, et K est l'extension biquadratique de k engendrée par $\sqrt{ab}$ et $\sqrt{bc}$. De plus — et c'est ce qui fait l'intérêt de cet exemple — la représentation ϱ ainsi construite *correspond à un système* (a_p) de type (i) : cela a été démontré par Tate (aidé par Atkin ainsi que par des étudiants de Harvard) grâce à la construction explicite de certaines formes paraboliques de poids 1. Il en résulte en particulier que *la conjecture d'Artin est vraie pour* ϱ ainsi que pour les $\varrho \otimes \chi$, cf. (iii).

Séminaire

B. Mazur, *Points rationnels sur les courbes modulaires* $X_0(N)$ (2 exposés).

E. Bombieri, *Le crible analytique* (2 exposés).

108.

Divisibilité de certaines fonctions arithmétiques

L'Ens. Math. **22** (1976), 227–260

On connaît de nombreux exemples de fonctions arithmétiques $n \mapsto a_n$ jouissant de la propriété suivante: pour tout entier $m \geqslant 1$, l'ensemble des n tels que $a_n \equiv 0 \pmod{m}$ est de densité 1; autrement dit, on a

$$a_n \equiv 0 \pmod{m} \quad \text{pour « presque tout » entier } n\,.$$

Il en est notamment ainsi lorsque les a_n sont les coefficients d'une forme modulaire de poids entier sur un sous-groupe de congruence de $\mathbf{SL}_2(\mathbf{Z})$: cela se démontre en appliquant la méthode de Landau [8] aux fonctions L d'Artin fournies par la théorie de Deligne [4]. Cette démonstration est esquissée dans la Note [23]. Je reprends ici la question, en donnant davantage de détails: les §§ 1 à 3 rappellent les résultats généraux de Landau, Watson, Raikov, Delange, ...; les §§ 4 à 5 appliquent ces résultats aux coefficients de formes modulaires, ainsi qu'à ceux de la fonction j; le § 6 contient divers compléments, rédigés sous forme d'exercices, avec esquisses de démonstrations.

A des changements mineurs près, le texte qui suit est extrait du Séminaire DELANGE-PISOT-POITOU 1974/75. Je remercie les organisateurs de ce Séminaire de m'avoir autorisé à le reproduire.

TABLE DES MATIÈRES

		Pages
§ 1.	Ensembles de nombres premiers	228
§ 2.	Théorèmes de densité	230
§ 3.	Premiers exemples	236
§ 4.	Exemples modulaires	239
§ 5.	Divisibilité des coefficients de j	245
§ 6.	Exercices	249
Bibliographie		259

§ 1. ENSEMBLES DE NOMBRES PREMIERS

Soit P un ensemble de nombres premiers. Considérons les propriétés suivantes:

(1.1) $$\sum_{p \in P} 1/p = +\infty ;$$

(1.2) P est de *densité* $\alpha > 0$, i.e. le nombre des $p \in P$ qui sont $\leqslant x$ est égal à $\alpha x/\log x + o(x/\log x)$ quand $x \to \infty$.

(1.3) P est *régulier* de densité $\alpha > 0$, au sens de Delange [3], i.e.

$$\sum_{p \in P} p^{-s} = \alpha \log 1/(s-1) + \theta_P(s),$$

où $\theta_P(s)$ se prolonge en une fonction holomorphe pour $\mathscr{R}(s) \geqslant 1$.

(1.4) P est *frobénien* de densité $\alpha > 0$, i. e. il existe une extension finie galoisienne $K/\mathbf{Q}$, et une partie H du groupe $G = \mathrm{Gal}(K/\mathbf{Q})$ telles que

(a) H est stable par conjugaison,

(b) $|H|/|G| = \alpha$ (on note $|X|$ le nombre d'éléments d'un ensemble fini X),

(c) pour tout p assez grand, on a $p \in P \Leftrightarrow \sigma_p(K/\mathbf{Q}) \in H$, où $\sigma_p(K/\mathbf{Q})$ désigne la substitution de Frobenius [1] de p dans G (définie à conjugaison près lorsque p ne divise pas le discriminant de K).

Proposition 1.5. *On a* (1.4) $\Rightarrow$ (1.3) $\Rightarrow$ (1.2) $\Rightarrow$ (1.1).

L'implication (1.2) $\Rightarrow$ (1.1) est facile. L'implication (1.3) $\Rightarrow$ (1.2) est prouvée dans [3], p. 57, comme conséquence d'un théorème taubérien. D'autre part, sous les hypothèses de (1.4), on a

(1.6) $$\sum_{p \in P} p^{-s} = \frac{1}{|G|} \sum_{\chi} \bar{\chi}(H) \log L(s, \chi)^{1)} + g(s),$$

où:

χ parcourt l'ensemble des caractères irréductibles de G,

$L(s, \chi)$ est la fonction L d'Artin [1] relative à l'extension $K/\mathbf{Q}$ et au caractère χ,

[1]) Ici, comme au §2, la détermination choisie de « log » est celle que l'on obtient par prolongement analytique sur les horizontales à partir de la détermination « évidente » pour $\mathscr{R}(s) > 1$ (i. e. celle fournie par le développement en série — on peut aussi la caractériser par le fait qu'elle tend vers 0 quand $\mathscr{R}(s)$ tend vers $+\infty$).

g est une série de Dirichlet qui converge absolument pour $\mathscr{R}(s) > 1/2$ (donc est holomorphe pour $\mathscr{R}(s) \geqslant 1$),

$\bar{\chi}(H) = \sum_{h \in H} \bar{\chi}(h)$.

Il résulte alors des propriétés élémentaires des fonctions $L(s, \chi)$ que $\log L(s, \chi) = \delta_\chi \log 1/(s-1) + \theta_\chi(s)$, où $\delta_\chi = 0$ (resp. $\delta_\chi = 1$) si $\chi \neq 1$ (resp. si $\chi = 1$), et $\theta_\chi(s)$ est holomorphe pour $\mathscr{R}(s) \geqslant 1$. La propriété (1.3) en résulte.

Exemples.

(1) Si a et m sont des entiers $\geqslant 1$ tels que $(a, m) = 1$, l'ensemble des nombres premiers p tels que $p \equiv a \pmod m$ est frobénien de densité $1/\varphi(m)$.

(2) L'ensemble des nombres premiers qui se décomposent complètement (resp. ont un facteur premier de degré 1) dans une extension finie de **Q** est frobénien de densité > 0.

(3) Soit τ la fonction de Ramanujan (cf. [6], [19], [27]). Si m est un entier $\geqslant 1$, l'ensemble des p tels que $\tau(p) \equiv 0 \pmod m$ est frobénien de densité $\alpha(m) > 0$; cela résulte de Deligne [4] (voir aussi [19], [27], ainsi que le §4 ci-après). Lorsque m est premier, on peut calculer $\alpha(m)$ grâce à [27]. On trouve:

$$\alpha(m) = \begin{cases} 1, 1/2, 1/4, 1/2, 1/2, 1/690 & \text{si } m = 2, 3, 5, 7, 23, 691 \\ m/(m^2-1) & \text{sinon.} \end{cases}$$

Remarque. Lorsque P est frobénien, on peut préciser un peu le comportement de la fonction $f_P(s) = \sum_{p \in P} p^{-s}$ à gauche de la droite critique $\mathscr{R}(s) = 1$:

PROPOSITION 1.7. *La fonction f_P se prolonge en une fonction holomorphe dans une région de la forme*

$$(1.8) \quad \begin{cases} \mathscr{R}(s) \geqslant 1 - b/\log^A T, & \textit{avec} \quad b, A > 0\,, \quad T = 2 + |\mathscr{I}(s)| \\ \mathscr{I}(s) \neq 0 \quad \textit{ou} \quad s \quad \textit{réel} > 1\,, \end{cases}$$

et y admet une majoration

$$(1.9) \quad |f_P(s)| = O(\log\log T) \quad \textit{pour} \quad T \to \infty\,.$$

Cela se démontre de la manière suivante: vu (1.6), il suffit de prouver l'énoncé analogue pour $\log L(s, \chi)$; grâce au théorème d'induction de Brauer, on peut en outre supposer que χ est un caractère de degré 1 de

Gal (K/E), où E est un sous-corps de K. On peut alors appliquer à $\log L(s,\chi)$ les méthodes classiques de Hadamard et de La Vallée Poussin, cf. par exemple [10], p. 336-337. [En fait, [10] se borne à prouver l'existence d'une région (1.8) où $L = L(s, \chi)$ est holomorphe $\neq 0$, et où $|L'/L| = O(\log^A T)$. Pour passer de là à la majoration

$$|\log L(s,\chi)| = O(\log\log T),$$

on distingue deux cas, suivant que $\mathscr{R}(s)$ est ou non $\geqslant 1 + 1/\log^A T$. Dans le premier cas, on a:

$$|\log L(s,\chi)| \leqslant [E:Q] \log \zeta(\mathscr{R}(s)) \leqslant [E:Q]\, A \log\log T + O(1)$$
$$= O(\log\log T).$$

Le deuxième cas se ramène au premier: on applique le théorème des accroissements finis au segment horizontal I_s joignant s au point s_0 tel que

$$\mathscr{I}(s_0) = \mathscr{I}(s), \quad \mathscr{R}(s_0) = 1 + 1/\log^A T,$$

et l'on obtient

$$|\log L(s,\chi)| \leqslant |\log L(s_0,\chi)| + |s - s_0| \sup_{\sigma\in I_s} |L'/L(\sigma,\chi)|$$
$$= O(\log\log T) + O(1) = O(\log\log T).]$$

§2. THÉORÈMES DE DENSITÉ

2.1. *Définitions.* Soit E une partie de l'ensemble $\mathbf{N}^*$ des entiers > 0; on note E' le complémentaire $\mathbf{N}^* - E$ de E. Si $x \in \mathbf{N}^*$, on note $E(x)$ le nombre des $n \leqslant x$ qui appartiennent à E; on a $E(x) + E'(x) = x$. Lorsque E est l'ensemble des n satisfaisant à une relation R, on écrit aussi

$$N\{n \leqslant x : R(n)\}$$

à la place de $E(x)$.

On dit que E est de *densité* c si $\lim_{x\to\infty} E(x)/x = c$, autrement dit si

$$E(x) = cx + o(x) \quad \text{pour} \quad x \to \infty.$$

Soit P un ensemble de nombres premiers. Nous dirons que P est *associé* à E si, pour tout $p \in P$ et tout entier $m \geqslant 1$ non divisible par p, on a $pm \in E$.

Théorème 2.2. *Si P est associé à E, et si P jouit de la propriété* (1.1), *à savoir* $\sum_{p\in P} 1/p = +\infty$, *alors E est de densité* 1.

Soit I une partie finie de P, et soit E_I l'ensemble des entiers de la forme pm, avec $p \in I$ et $m \geqslant 1$ non divisible par p. Le complémentaire E_I' de E_I est l'ensemble des entiers $n \geqslant 1$ tels que

$$n \not\equiv p\,,\ 2p\,,\ 3p\,,\ \ldots\,,\ (p-1)\,p \pmod{p^2} \quad \text{pour tout } p \in I\,.$$

Sa densité est $c_I' = \prod_{p \in I} (1-(p-1)/p^2)$. Mais, vu (1.1), le produit infini $\prod_{p \in P} (1-(p-1)/p^2)$ diverge, i. e. tend vers 0. Les c_I' tendent donc vers 0, et comme E' est contenu dans tous les E_I', on a

$$\limsup E'(x)/x \leqslant \lim c_I' = 0\,,$$

d'où le fait que E' est de densité 0.

Le cas régulier. D'après (2.2), on a $E'(x) = o(x)$ pour $x \to \infty$. Nous allons voir que l'on peut préciser ce résultat, à condition de faire des hypothèses supplémentaires sur P. Tout d'abord:

Théorème 2.3. *Supposons que* P *soit associé à* E, *et soit régulier de densité* $\alpha > 0$. *On a alors:*

(a) $E'(x) = O(x/\log^{\alpha} x)$ *si* $\alpha < 1$;

(b) $E'(x) = O(x^{1-\delta})$, *avec* $\delta > 0$, *si* $\alpha = 1$.

Disons d'autre part que E est *multiplicatif* s'il possède la propriété:

(M) *Si* n_1 *et* n_2 *sont des entiers* $\geqslant 1$ *premiers entre eux, on a*

$$n_1 n_2 \in E \Leftrightarrow \{n_1 \in E \quad \text{ou} \quad n_2 \in E\}\,.$$

Théorème 2.4. *Supposons* E *multiplicatif, et soit* P *l'ensemble des nombres premiers appartenant à* E. *Alors:*

(a) *Si* P *est régulier de densité* α, *avec* $0 < \alpha < 1$, *on a*

$$E'(x) \sim cx/\log^{\alpha} x\,, \quad \text{avec} \quad c > 0\,.$$

(b) *Si* P *est régulier de densité* 1, *on a*

$$E'(x) = O(x^{1-\delta})\,, \quad \text{avec} \quad \delta > 0\,.$$

(Noter qu'il résulte de (M) que P est associé à E.)

Démonstration de (2.4) (d'après Raikov, Wintner, Delange). — Posons $b_n = 0$ si $n \in E$, et $b_n = 1$ si $n \in E'$, de sorte que:

$$E'(x) = \sum_{n \leq x} b_n\,;$$

la condition (M) signifie que b_n est une fonction *multiplicative* de n. On a $b_1 = 1$ (mis à part le cas trivial où $E' = \varnothing$). Considérons la série de Dirichlet

$$f(s) = \sum b_n n^{-s} = \sum_{n \in E'} n^{-s},$$

qui converge absolument pour $\mathscr{R}(s) > 1$. On a

$$f(s) = \prod_p f_p(s), \quad \text{où} \quad f_p(s) = \sum_{p^m \in E'} p^{-ms}.$$

La série $f_p(s)$ commence par le terme $1 + p^{-s}$ si et seulement si p n'appartient pas à P. On peut donc écrire f sous la forme

$$f(s) = \prod_{p \notin P} (1 + p^{-s}) \prod_p h_p(s),$$

où le produit des h_p est absolument convergent pour $\mathscr{R}(s) > 1/2$. On a donc

$$\log f(s) = \sum_{p \notin P} p^{-s} + \theta_1(s), \tag{2.5}$$

où $\theta_1(s)$ est holomorphe et bornée dans tout demi-plan $\mathscr{R}(s) \geqslant c$, avec $c > 1/2$. Plaçons-nous dans le cas (a), i. e. supposons P régulier de densité α, avec $0 < \alpha < 1$; le complémentaire de P est régulier de densité $1 - \alpha$; vu (1.3), et la formule ci-dessus, on a

$$\log f(s) = (1 - \alpha) \log 1/(s-1) + \theta_2(s),$$

où $\theta_2(s)$ est holomorphe pour $\mathscr{R}(s) \geqslant 1$. Revenant à f, on obtient

$$f(s) = \frac{1}{(s-1)^{1-\alpha}} h(s), \tag{2.6}$$

où $h(s) = \exp \theta_2(s)$ est holomorphe et $\neq 0$ pour $\mathscr{R}(s) \geqslant 1$. D'après une variante du théorème taubérien de Ikehara (cf. [2], [3], [14], [15], [29]), ceci entraîne

$$\sum_{n \leqq x} b_n \sim cx/\log^\alpha x, \quad \text{avec} \quad c = h(1)/\Gamma(1-\alpha), \tag{2.7}$$

d'où (2.4) dans le cas $\alpha < 1$. Si d'autre part $\alpha = 1$, le même argument montre que $f(s)$ est holomorphe pour $\mathscr{R}(s) \geqslant 1$; comme c'est une série à coefficients positifs, il en résulte, d'après un lemme classique de Landau, qu'elle converge en un point $s = 1 - \delta$, avec $\delta > 0$; on en déduit aussitôt la majoration cherchée:

$$\sum_{n \leqq x} b_n = O(x^{1-\delta}).$$

Démonstration de (2.3). Soit $E(P)$ l'ensemble des entiers de la forme pm, avec $p \in P$ et $m \geqslant 1$ premier à p. On a $E(P) \subset E$, d'où $E'(x) \leqslant E(P)'(x)$. D'autre part, $E(P)$ est multiplicatif, et son intersection avec l'ensemble des nombres premiers est P. En appliquant (2.4) à $E(P)$, on obtient

$$E(P)'(x) = O(x/\log^{\alpha} x) \qquad \text{dans le cas (a),}$$
$$E(P)'(x) = O(x^{1-\delta}), \text{ avec } \delta > 0, \qquad \text{dans le cas (b),}$$

d'où (2.3) puisque $E'(x) \leqslant E(P)'(x)$.

Le cas frobénien. Revenons aux hypothèses de (2.4 a); on a

$$E'(x) = cx/\log^{\alpha} x + o(x/\log^{\alpha} x), \qquad \text{avec } c > 0.$$

Si P est *frobénien*, on peut remplacer le terme d'erreur $o(x/\log^{\alpha} x)$ par $O(x/\log^{1+\alpha} x)$, et même donner un *développement asymptotique* de $E'(x)$:

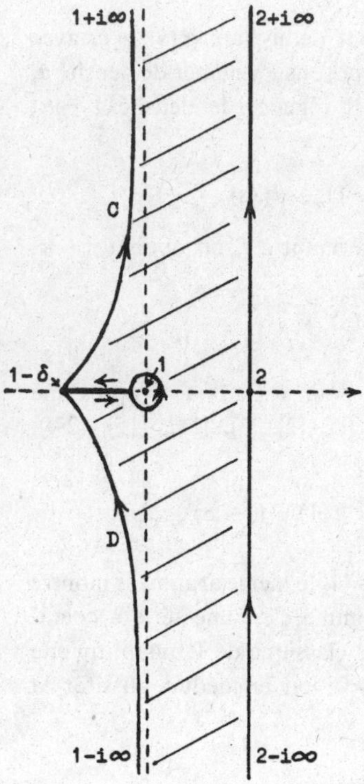

THÉORÈME 2.8. *Supposons que E soit multiplicatif, et que l'ensemble P des nombres premiers appartenant à E soit frobénien de densité α, avec $0 < \alpha < 1$. Il existe alors des nombres*

$$c_0, c_1, \ldots, c_k, \ldots, \quad \textit{avec} \quad c_0 > 0,$$

tels que, pour tout entier $k \geqslant 0$, on ait

$$E'(x) = \frac{x}{\log^{\alpha} x}\left(c_0 + c_1/\log x + \ldots + c_k/\log^k x + O(1/\log^{k+1} x)\right).$$

La démonstration utilise une méthode due à Landau [8]; je me bornerai à la résumer, renvoyant à [8] ou [28] pour plus de détails:

Soit $f(s) = \sum b_n n^{-s} = \sum_{n \in E'} n^{-s}$, comme ci-dessus. On montre au moyen de (2.5) et (1.7) que f se prolonge en une fonction holomorphe dans une région du type ci-contre (les branches infinies C et D étant définies par

$\mathscr{R}(s) = 1 - b/\log^A T$, avec $T = 2 + |\mathscr{I}(s)|$), et que l'on a dans cette région

$$|f(s)| = O(\log^A T) \quad \text{pour} \quad T \to \infty\,.$$

Posons alors

$$b(x) = \sum_{n \leq x} b_n \log(x/n)\,.$$

On vérifie que

$$b(x) = \frac{1}{2i\pi} \int_{2-i\infty}^{2+i\infty} f(s)\, x^s ds/s^2\,.$$

La formule de Cauchy montre que cette intégrale est égale à l'intégrale analogue prise sur le bord gauche de la région considérée. Les contributions des branches infinies C et D sont négligeables devant $x/\log^N x$, quel que soit N; celle du cercle centré en 1 tend vers 0 avec le rayon du cercle. Le terme principal est donc fourni par les deux intégrales sur le segment horizontal joignant $1 - \delta$ à 1; ces dernières s'évaluent sans difficulté, à partir du développement de $f(s)$ au voisinage de $s = 1$. On trouve que:

$$b(x) = \frac{x}{\log^\alpha x} \left(d_0 + d_1/\log x + \ldots + d_k/\log^k x + O\left(1/\log^{k+1} x\right)\right).$$

En appliquant ce résultat à $x + \delta x$, avec $\delta \sim 1/\log^{K+1} x$, et en retranchant, on obtient facilement l'estimation cherchée pour $E'(x) = \sum_{n \leq x} b_n$ (cf. [17], p. 277, ou [28], p. 723-724).

De façon plus précise, si le développement de $f(s)/s$ au voisinage de $s = 1$ est:

$$f(s)/s = \frac{1}{(s-1)^{1-\alpha}} \left(e_0 + e_1(s-1) + \ldots + e_k(s-1)^k + \ldots\right),$$

on trouve pour $E'(x)$ le développement asymptotique

$$E'(x) = \frac{x}{\log^\alpha x} \left(c_0 + c_1/\log x + \ldots + c_k/\log^k x + O\left(1/\log^{k+1} x\right)\right),$$

avec

(2.9) $$c_k = e_k/\Gamma(1 - k - \alpha)\,.$$

Remarques.

(1) En utilisant (1.6) on peut ramener le calcul des e_i et des c_i à celui, d'une part de séries absolument convergentes (donc évaluables numériquement), et d'autre part de *valeurs des dérivées des* $L(s, \chi)$ *au point* $s = 1$; pour un exemple de tel calcul, voir [24].

(2) La méthode de Landau suivie ci-dessus a l'avantage, non seulement de donner un développement asymptotique, mais encore de fournir un terme d'erreur que l'on peut *effectivement* majorer, pourvu bien sûr que l'on dispose de majorations effectives de $f(s)$, ce qui est le plus souvent faisable (mais rarement fait...). On ne peut rien déduire de tel des théorèmes taubériens à la Ikehara, du moins sous leur forme actuelle.

(3) A la place de l'intégrale de $f(s)\,x^s/s^2$, on pourrait songer à utiliser celle de $f(s)\,x^s/s$, qui conduit directement à $\sum\limits_{n \leq x} b_n$. Malheureusement, il ne semble pas facile de majorer cette dernière intégrale sur les branches infinies C et D.

Voici maintenant une variante du théorème (2.8), dans le cas où l'ensemble P est frobénien de densité 1, i. e. de complémentaire fini:

THÉORÈME 2.10. *Supposons que E soit multiplicatif, et contienne tous les nombres premiers, à l'exception d'un nombre fini. Alors:*

(a) *On a* $E'(x) = O(x^{1\ 2})$.

(b) *Si l'ensemble des nombres premiers p tels que $p^2 \in E'$ est régulier de densité $\delta > 0$, on a*

$$E'(x) \sim cx^{1/2}/\log^{1-\delta} x\,, \qquad \textit{avec} \quad c > 0\,.$$

L'assertion (a) est facile, et peut d'ailleurs se ramener à (b). Plaçons-nous donc dans le cas (b), et posons ici encore

$$f(s) = \sum_{n \in E'} n^{-s} = \sum b_n n^{-s}\,.$$

Les hypothèses faites sur E entraînent que

$$\log f(s) = \sum_{p^2 \in E'} p^{-2s} + \theta_1(s) = \delta \log 1/(2s-1) + \theta_2(s)\,,$$

où les $\theta_i(s)$ sont holomorphes pour $\mathcal{R}(s) \geqslant 1/2$. Il en résulte que

$$f(s/2) = \frac{1}{(s-1)^\delta}\, h(s)\,,$$

où $h(s)$ est holomorphe et $\neq 0$ pour $\mathcal{R}(s) \geqslant 1$. En appliquant à $f(s/2)$ les théorèmes taubériens cités plus haut (cf. [2], [14], [29]), on en déduit

$$\sum_{\sqrt{n} < x} b_n \sim c_1 x/\log^{1-\delta} x\,, \quad \text{avec } c_1 = h(1)/\Gamma(\delta)\,;$$

en remplaçant x par $x^{1/2}$, on obtient le résultat cherché:

$$E'(x) \sim cx^{1/2}/\log^{1-\delta} x\,, \qquad \text{avec } c = 2^{1-\delta} c_1\,.$$

Remarque. Dans le cas (b), si l'ensemble des p tels que $p^2 \in E'$ est *frobénien*, on peut utiliser la méthode de Landau pour obtenir un développement asymptotique de $E'(x)$.

Exemple. Prenons pour E l'ensemble des entiers de la forme pm, avec p premier, et $(p, m) = 1$; l'ensemble E' est formé des entiers $n \geqslant 1$ tels que $p \mid n \Rightarrow p^2 \mid n$ pour tout p premier; les hypothèses de (2.10 b) sont vérifiées avec $\delta = 1$. On a

$$\begin{aligned} f(s) &= \prod_p (1 + p^{-2s} + p^{-3s} + p^{-4s} + \ldots) = \prod_p \frac{1 - p^{-s} + p^{-2s}}{1 - p^{-s}} \\ &= \prod_p \frac{1 + p^{-3s}}{1 - p^{-2s}} = \prod_p \frac{1 - p^{-6s}}{(1 - p^{-2s})(1 - p^{-3s})} \\ &= \zeta(2s)\,\zeta(3s)/\zeta(6s)\,. \end{aligned}$$

D'après (2.10 b), on a $E'(x) \sim cx^{1/2}$, avec $c = \zeta(3/2)/\zeta(3)$. On connaît en fait des résultats bien plus précis, par exemple celui-ci (Bateman-Grosswald, *Illinois J. Math.*, 2, 1958):

$$E'(x) = cx^{1/2} + dx^{1/3} + O\big(x^{1/6} \exp(-A \log^B x)\big)\,, \qquad \text{avec } A, B > 0\,.$$

§ 3. PREMIERS EXEMPLES

3.1. *Sommes de deux carrés.* C'est l'exemple traité initialement par Landau [8] (voir aussi [6], [24], [26]):

On prend pour E' l'ensemble des entiers $n \geqslant 1$ qui sont de la forme $a^2 + b^2$, avec $a, b \in \mathbf{Z}$ (ou $a, b \in \mathbf{Q}$, cela revient au même); on a ainsi:

$$E'(x) = N\{n \leqslant x :\ n = \boxed{2}\}\,.$$

Soit P l'ensemble des nombres premiers p tels que $p \equiv -1 \pmod 4$. On sait qu'un entier n appartient à E' si et seulement si, pour tout $p \in P$, l'exposant $v_p(n)$ de p dans n est pair. Il en résulte que le complémentaire E de E' est multiplicatif (au sens du § 2), et que P est l'ensemble des nombres premiers appartenant à E. Comme P est frobénien de densité 1/2, le théorème (2.8) montre l'existence de constantes $c_0, c_1, \ldots$ telles que

$$E'(x) = \frac{x}{\sqrt{\log x}} \left(c_0 + c_1/\log x + \ldots + c_k/\log^k x + O(1/\log^{k+1} x)\right)$$

pour tout $k > 0$. On trouvera dans Shanks [24] (rectifiant Ramanujan [6] et Stanley [26]) une étude numérique de $E'(x)$ pour $x \leqslant 2^{26}$, ainsi qu'une détermination des deux premiers coefficients c_0 et c_1:

$$c_0 = (2 \prod_{p \in P} (1-p^{-2}))^{-1/2} = 0{,}76422365\ldots$$

$$c_1 = 0{,}44473893\ldots$$

3.2. *Fonctions multiplicatives.* Soit $n \mapsto a_n$ une fonction multiplicative à valeurs dans un anneau commutatif A, et soit P_a l'ensemble des nombres premiers p tels que $a_p = 0$. Il est clair que P_a est *associé* à l'ensemble E_a des entiers n tels que $a_n = 0$. En appliquant (2.3) on en déduit:

THÉORÈME 3.3. *Supposons que* P_a *soit régulier de densité* $\alpha > 0$. *On a alors*

$$N\{n \leqslant x : a_n \neq 0\} = \begin{cases} O(x/\log^\alpha x) & \text{si} \quad \alpha < 1 \\ O(x^\gamma) \quad \text{avec} \quad \gamma < 1 & \text{si} \quad \alpha = 1\,. \end{cases}$$

(Ainsi, « presque tous » les a_n sont nuls.)

Si A est intègre, E_a est multiplicatif. D'après (2.4) et (2.8), on en tire:

THÉORÈME 3.4. *Si* A *est intègre, et* $\alpha < 1$, *on a*

$$N\{n \leqslant x : a_n \neq 0\} \quad \sim \quad cx/\log^\alpha x\,, \qquad \text{avec} \quad c > 0\,.$$

Si de plus P_a *est frobénien, on a un développement asymptotique*

$$N\{n < x : a_n \neq 0\} = \frac{x}{\log^\alpha x}(c_0 + c_1/\log x + \ldots)\,.$$

Donnons maintenant quelques exemples de fonctions multiplicatives auxquelles on peut appliquer les théorèmes 3.3 et 3.4:

3.5. *Coefficients de fonctions L.* — On prend pour A le corps $\mathbf{C}$, et pour a_n les coefficients d'une fonction L d'Artin

$$L(s, \chi) = \sum a_n n^{-s}\,,$$

où χ est un caractère de degré $d \geqslant 1$ d'un groupe de Galois $G = \mathrm{Gal}(K/\mathbf{Q})$, cf. §1. Faisons l'hypothèse:

(3.5.1.) Le sous-ensemble H de G formé des éléments $g \in G$ tels que $\chi(g) = 0$ est *non vide.*

L'ensemble P_a des nombres premiers p tels que $a_p = 0$ est alors frobénien de densité $\alpha = |H|/|G|$: cela résulte de (1.3) puisque $a_p = \chi(\sigma_p(K/\mathbf{Q}))$ pour tout p ne divisant pas le discriminant de K.

Toutes les conditions de (3.4) sont alors satisfaites (noter que $\alpha < 1$, car $|H| \neq |G|$, l'élément neutre n'appartenant pas à H). On en déduit un développement asymptotique de $N\{n \leqslant x: a_n \neq 0\}$.

Exemple. Soit k un corps de nombres de degré > 1; choisissons pour K une extension galoisienne de $\mathbf{Q}$ contenant k, et soit $G_k = \mathrm{Gal}(K/k)$ le sous-groupe de $G = \mathrm{Gal}(K/\mathbf{Q})$ correspondant à k. Prenons pour χ le caractère de la représentation de permutation de G dans G/G_k; on a

$$\chi(g) = \text{nombre d'éléments de } G/G_k \text{ laissés fixes par } g$$

et

$$L(s, \chi) = \zeta_k(s) = \sum N\mathfrak{q}^{-s},$$

où $\mathfrak{a}$ parcourt les idéaux entiers $\neq 0$ du corps k. L'ensemble H de (3.5.1) est égal à

$$G - \{\text{union des conjugués de } G_k\}.$$

On a $H \neq \varnothing$ d'après un résultat élémentaire sur les groupes finis (cf. par exemple Bourbaki, A I.130, exerc. 6). Appliquant (3.5), on en déduit:

$$N\{n \leqslant x: n \text{ est norme d'un idéal de } k\} \sim \frac{x}{\log^\alpha x}(c_0 + c_1/\log x + \dots),$$

résultat dû à Odoni (cf. [11], [12]). Lorsque $k = \mathbf{Q}(i)$, on retrouve l'exemple de Landau (3.1).

3.6. *Réduction* mod $\mathfrak{m}$ *de fonctions multiplicatives*. Soit $n \mapsto a_n$ une fonction multiplicative à valeurs dans l'anneau O_F des entiers d'un corps de nombres algébriques F. Soit $\mathfrak{m}$ un idéal non nul de O_F, et notons $\tilde{a}_n$ l'image de a_n dans l'anneau fini $O_F/\mathfrak{m}$; soit $P_{a,\mathfrak{m}}$ l'ensemble des nombres premiers p tels que $a_p \equiv 0 \pmod{\mathfrak{m}}$. Si l'on fait l'hypothèse:

(3.6.1) $\quad P_{a,\mathfrak{m}}$ est régulier de densité $\alpha(\mathfrak{m}) > 0$,

on peut appliquer (3.3) à la fonction $n \mapsto \tilde{a}_n$, et l'on en déduit:

Théorème 3.7. $N\{n \leqslant x: \ a_n \neq 0 \pmod{\mathfrak{m}}\} = O(x/\log^{\alpha(\mathfrak{m})} x)$,

ainsi que des résultats plus précis lorsqu'on suppose en outre que $P_{a,\mathfrak{m}}$ est frobénien et que $\mathfrak{m}$ est premier.

Exemples.

(a) (cf. Scourfield [17], [18]) On suppose que $p \mapsto \tilde{a}_p$ est une fonction *polynomiale* de p, i.e. qu'il existe un polynôme $\varphi_{\mathfrak{m}}(T)$, à coefficients dans $O_F/\mathfrak{m}$, tel que $\tilde{a}_p = \varphi_{\mathfrak{m}}(p)$ pour tout p. L'ensemble $P_{a,\mathfrak{m}}$ est alors frobénien; pour qu'il soit de densité > 0, il faut et il suffit que $\varphi_{\mathfrak{m}}$ « représente 0 », i.e. qu'il existe un entier t, premier à $\mathfrak{m}$, tel que $\varphi_{\mathfrak{m}}(t) = 0$. (*Exemple :* on prend $a_n = \sigma_{r,s}(n) = \sum_{dd'=n} d^r d'^s$, avec r pair et s impair, d'où

$$\varphi_{\mathfrak{m}}(T) = T^r + T^s, \text{ et } \varphi_{\mathfrak{m}}(t) = 0 \text{ pour } t = -1.)$$

(b) On suppose que la série $\sum a_n n^{-s}$ est associée à un « *système F-rationnel de représentations l-adiques* » (cf. [20], chap. I, § 2, ainsi que [4], [19], [27]). Cela entraîne l'existence d'une extension galoisienne finie $K_{\mathfrak{m}}$ de $\mathbf{Q}$, et d'une représentation linéaire

$$\rho_{\mathfrak{m}} : \mathrm{Gal}(K_{\mathfrak{m}}/\mathbf{Q}) \to \mathbf{GL}_N(O_F/\mathfrak{m})$$

telles que $\mathrm{Tr}\big(\rho_{\mathfrak{m}}(\sigma_p(K_{\mathfrak{m}}/\mathbf{Q}))\big) \equiv a_p \pmod{\mathfrak{m}}$ pour tout nombre premier p, à l'exception d'un nombre fini. Si l'on suppose en outre qu'il existe $\sigma \in \mathrm{Im}(\rho_{\mathfrak{m}})$ tel que $\mathrm{Tr}(\sigma) = 0$, alors (3.6.1) est vérifié; on peut souvent prendre pour σ l'image par $\rho_{\mathfrak{m}}$ de la *conjugaison complexe* (« Frobenius réel »): c'est le cas pour les systèmes de représentations l-adiques définis par une forme modulaire (cf. § 4), ou par la cohomologie $H^i(X)$, i impair, d'une variété projective non singulière X définie sur $\mathbf{Q}$.

§ 4. EXEMPLES MODULAIRES

Pour les définitions et notations concernant les formes modulaires sur $\mathbf{SL}_2(\mathbf{Z})$ et ses sous-groupes d'indice fini, on renvoie à [5], [19], [25], [27]. Rappelons seulement que l'on pose $q = e^{2\pi i z}$, avec $\mathscr{I}(z) > 0$.

4.1. *Formes de poids* 1 (cf. [5], § 9). — Soit $f = \sum a_n q^n$ une forme modulaire de poids 1 sur un sous-groupe de congruence de $\mathbf{SL}_2(\mathbf{Z})$.

THÉORÈME 4.2.

(i) *Il existe* $\alpha > 0$ *tel que*

$$N\{n \leqslant x : a_n \neq 0\} = O(x/\log^{\alpha} x).$$

(ii) *Soit* N *un entier* $\geqslant 1$, *et soit* ε *un caractère de* $(\mathbf{Z}/N\mathbf{Z})^*$. *Supposons que* f *soit une forme modulaire de type* $(1, \varepsilon)$ *sur* $\Gamma_0(N)$, *et soit* *fonction propre des opérateurs de Hecke* T_p (pour $p \nmid N$) *et* U_p (pour $p \mid N$), *cf.* [5], § 1. *Si* $f \neq 0$, *on a un développement asymptotique*

$$N\{n \leqslant x : a_n \neq 0\} = \frac{x}{\log^\alpha x}(c_0 + c_1/\log x + \ldots),$$

avec $0 < \alpha < 1$ *et* $c_0 > 0$.

Plaçons-nous d'abord dans le cas (ii). Quitte à multiplier f par une constante, on peut supposer que $a_1 = 1$, et la fonction $n \mapsto a_n$ est alors multiplicative. De plus, d'après [5], il existe une extension galoisienne finie K_f de $\mathbf{Q}$, et une représentation

$$\rho_f : \mathrm{Gal}(K_f/\mathbf{Q}) \to \mathbf{GL}_2(\mathbf{C})$$

dont la fonction L d'Artin coïncide (à un nombre fini de facteurs près) avec la série de Dirichlet $\sum a_n n^{-s}$. Si l'on note G l'image de ρ_f, et H la partie de G formée des éléments de trace nulle, on a $H \neq \varnothing$ car H contient l'image de la conjugaison complexe ([5], n° 4.5) et $H \neq G$ car H ne contient pas 1. L'ensemble P_a des p tels que $a_p = 0$ est frobénien, et défini par H. Sa densité $\alpha = |H|/|G|$ est $\neq 0, 1$: toutes les conditions de (3.4) sont bien vérifiées. D'où (ii).

L'assertion (i) résulte de (ii) et du fait bien connu [1]) que toute forme modulaire est somme de fonctions $z \mapsto f_i(d_i z)$, où les d_i sont des entiers $\geqslant 1$ et les f_i des formes modulaires de type (ii).

Exemples.

(4.3) La forme

$$\theta^2 = (1 + 2q + 2q^4 + 2q^9 + \ldots)^2 = \sum_{a,b \in \mathbf{Z}} q^{a^2+b^2}$$

est du type (ii), avec $N = 4$, et $\varepsilon(n) = (-4/n) = (-1)^{(n-1)/2}$; la représentation correspondante est la représentation réductible $1 \oplus \varepsilon$; on a $\alpha = 1/2$. On retrouve une nouvelle fois l'exemple de Landau (3.1).

(4.4) La forme

$$f = \Delta^{1/12}(12z) = q \prod_{m=1}^{\infty} (1 - q^{12m})^2 = \sum_{\substack{a \equiv 1 \pmod 3 \\ b \equiv 0 \pmod 3 \\ a+b \equiv 1 \pmod 2}} (-1)^b q^{a^2+b^2}$$

est du type (ii), avec $N = 144$, et $\varepsilon(n) = (-4/n)$; la représentation correspondante est la représentation irréductible de degré 2 du groupe

---

[1]) Mais pour lequel je ne connais pas de référence satisfaisante, en dehors du cas des formes paraboliques qui se traite facilement grâce à la théorie des *formes primitives* (« newforms ») d'Atkin-Lehner-Miyake-Casselman-Li.

Gal $(\mathbf{Q}(i, \sqrt[4]{12}), \mathbf{Q})$, groupe qui est isomorphe au groupe diédral $\mathbf{D}_4$ d'ordre 8 (E. Hecke, *Math. Werke*, p. 426 et 448); on a $\alpha = 3/4$.

4.5. *Remarques.* Il devrait être possible de préciser (i) en montrant que, si $f \neq 0$, il existe $\alpha > 0$ tel que

$$N\{n \leqslant x : a_n \neq 0\} \asymp x/\log^\alpha x,$$

et cela sans supposer que f soit fonction propre des opérateurs de Hecke. Peut-être y a-t-il même un développement asymptotique du genre

$$N\{n \leqslant x : a_n \neq 0\} = c_\alpha x/\log^\alpha x + c_\beta x/\log^\beta x + \ldots \quad (0 < \alpha < \beta < \ldots)?$$

Des questions analogues se posent pour $N\{n \leqslant x\colon a_n = a\}$, où a est un nombre complexe non nul donné.

4.6. *Réduction* $\bmod \mathfrak{m}$ *des formes de poids entier* (cf. [23]). — Soit $f = \sum a_n q^n$ une forme modulaire de poids entier $k \geqslant 1$ sur un sous-groupe de congruence de $\mathbf{SL}_2(\mathbf{Z})$. Supposons que les coefficients a_n de f appartiennent pour $n \geqslant 1$ à l'anneau O_F des entiers d'une extension finie F de $\mathbf{Q}$, et soit $\mathfrak{m}$ un idéal non nul de O_F. L'analogue « mod $\mathfrak{m}$ » de (4.2) est alors vrai, à de légères modifications près:

THÉORÈME 4.7.

(i) *Il existe* $\alpha(\mathfrak{m}) > 0$ *tel que*

$$N\{n \leqslant x : a_n \not\equiv 0 \pmod{\mathfrak{m}}\} = O(x/\log^{\alpha(\mathfrak{m})} x).$$

(ii) *Supposons que* f *soit de type* (k, ε) *sur* $\Gamma_0(N)$, *soit fonction propre des* T_p (pour $p \nmid N$) *et des* U_p (pour $p \mid N$), *cf.* [5], § 1, *et que* $a_1 = 1$. *Supposons que* $\mathfrak{m}$ *soit un idéal premier. Alors :*

(ii$_1$) *Si la caractéristique du corps* $O_F/\mathfrak{m}$ *est différente de* 2, *ou s'il existe* $p \nmid 2N$ *tel que* $a_p \not\equiv 0 \pmod{\mathfrak{m}}$, *on a un développement asymptotique*

$$N\{n \leqslant x : a_n \not\equiv 0 \pmod{\mathfrak{m}}\} = \frac{x}{\log^{\alpha(\mathfrak{m})} x}(c_0 + c_1/\log x + \ldots)$$

avec $0 < \alpha(\mathfrak{m}) < 1$ *et* $c_0 > 0$.

(ii$_2$) *Si la caractéristique de* $O_F/\mathfrak{m}$ *est* 2, *et si* $a_p \equiv 0 \pmod{\mathfrak{m}}$ *pour tout* $p \nmid 2N$, *il existe* $c > 0$ *tel que*

$$N\{n \leqslant x : a_n \not\equiv 0 \pmod{\mathfrak{m}}\} \sim cx^{1/2}.$$

Comme pour (4.2), le cas (i) se ramène au cas (ii). Supposons donc que f satisfasse aux conditions (ii), ce qui entraîne en particulier que la fonction

$n \mapsto a_n$ est multiplicative. Soit l la caractéristique du corps $O_F/\mathfrak{m}$. D'après Deligne (cf. [4], ainsi que [5], § 6), il existe une extension galoisienne finie $K = K_{f,\mathfrak{m}}$ de $\mathbf{Q}$, non ramifiée en dehors de lN, et une représentation semi-simple

$$\rho_{\mathfrak{m}}: \mathrm{Gal}\,(K/\mathbf{Q}) \to \mathbf{GL}_2(O_F/\mathfrak{m})$$

telles que, pour tout $p \nmid lN$, on ait

$$\mathrm{Tr}\,\rho_{\mathfrak{m}}(\sigma_p(K/\mathbf{Q})) \equiv a_p \pmod{\mathfrak{m}}$$

et

$$\det \rho_{\mathfrak{m}}(\sigma_p(K/\mathbf{Q})) \equiv p^{k-1}\,\varepsilon(p) \pmod{\mathfrak{m}}\,.$$

[Cela revient à dire que, pour tout $p \nmid lN$, le p-ième facteur de la série de Dirichlet $\sum a_n n^{-s}$ est congru (mod $\mathfrak{m}$) au p-ième facteur de la « série L » de la représentation $\rho_{\mathfrak{m}}$, cette dernière étant considérée comme une série de Dirichlet formelle à coefficients dans $O_F/\mathfrak{m}$.]

Notons encore G l'image de $\rho_{\mathfrak{m}}$ et H la partie de G formée des éléments de trace 0; on a $H \neq \varnothing$, car H contient l'image de la conjugaison complexe. Distinguons alors deux cas:

(ii$_1$) *On a* $H \neq G$. [C'est le cas si $l \neq 2$, car $1 \notin H$; c'est aussi le cas si $l = 2$, et si $\rho_{\mathfrak{m}}$ n'est pas la représentation unité, ce qui revient aussi à dire qu'il existe $p \nmid 2N$ tel que $a_p \not\equiv 0 \pmod{\mathfrak{m}}$. Ce sont bien là les conditions de (ii$_1$).] Comme l'ensemble $P_{a,\mathfrak{m}}$ des p tels que $a_p \equiv 0 \pmod{\mathfrak{m}}$ est frobénien, et défini par H, on peut appliquer (3.4) avec $\alpha(\mathfrak{m}) = |H|/|G|$, et l'on obtient le développement asymtotique cherché.

(ii$_2$) *On a* $H = G$, ce qui signifie que $l = 2$, et que $\rho_{\mathfrak{m}}$ est la représentation unité. On a alors

$$a_p \equiv 0 \pmod{\mathfrak{m}} \quad \text{et} \quad a_{p^2} \equiv 1 \pmod{\mathfrak{m}} \quad \text{pour tout} \quad p \nmid 2N\,,$$

et l'on peut appliquer (2.10 b) avec $\delta = 0$, d'où le résultat cherché:

$$N\{n \leqslant x:\ a_n \not\equiv 0 \pmod{\mathfrak{m}}\} \quad \sim \quad cx^{1/2}\,.$$

Exemples. Prenons $F = \mathbf{Q}$, de sorte que $O_F = \mathbf{Z}$ et $\mathfrak{m} = m\mathbf{Z}$, avec $m \geqslant 1$.

(4.8) Soit $\Phi(\mathbf{X}) = \Phi(X_1, ..., X_{2k})$ une forme quadratique positive non dégénérée à $2k$ variables, et à coefficients entiers. Soit a_n le *nombre de représentations de* n *par* Φ, i.e. le nombre de points $\mathbf{x} \in \mathbf{Z}^{2k}$ tels que $\Phi(\mathbf{x}) = n$. On sait que la série

$$\theta_\Phi = \sum a_n q^n = \sum_{\mathbf{x}} q^{\Phi(\mathbf{x})}$$

est modulaire de poids k. On peut donc lui appliquer (4.7 i); en particulier, quel que soit $m \geqslant 1$, les a_n sont « presque toujours » divisibles par m.

(4.9) La série

$$\Delta = q \prod_{r=1}^{\infty} (1-q^r)^{24} = \sum_{n=1}^{\infty} \tau(n) q^n$$

satisfait aux hypothèses de (4.7 ii) avec $N = 1$, $\varepsilon = 1$, $k = 12$. Si m est premier $\neq 2$, elle est de type (ii$_1$), avec un exposant $\alpha(m)$ facile à déterminer (cf. § 1, exemple 3); on en déduit

$$N\{n \leqslant x : \tau(n) \not\equiv 0 \pmod{m}\} = \frac{x}{\log^{\alpha(m)} x} (c_0 + c_1/\log x + \ldots).$$

[Ce résultat était connu (cf. Watson [28]) pour $m = 3, 5, 7, 691$, car la représentation ρ_m correspondante est alors réductible, ce qui se traduit par une congruence (mod m) reliant $\tau(n)$ à l'une des fonctions élémentaires $\sigma_{r,s}(n)$, cf. [19], [27]; dans ce cas, ainsi que dans celui où $m = 23$, on pourrait même calculer explicitement les valeurs des constantes $c_0, c_1, \ldots$, calcul qui paraît par contre fort difficile pour les autres valeurs de m, faute de renseignements sur les corps K_m qui interviennent, ainsi que sur leurs fonctions L d'Artin.]

Le cas $m = 2$ est exceptionnel: la représentation ρ_2 est la représentation unité, on se trouve dans le cas (ii$_2$). On a d'ailleurs

$$\tau(n) \equiv \begin{cases} 1 \pmod{2} & \text{si } n \text{ est un carré impair} \\ 0 \pmod{2} & \text{sinon,} \end{cases}$$

de sorte que

$$N\{n \leqslant x : \tau(n) \not\equiv 0 \pmod{2}\} = \left[\frac{1}{2}(1+\sqrt{x})\right] = \frac{1}{2}\sqrt{x} + O(1),$$

en accord avec (4.7 ii$_2$).

Questions.

(4.10) Il devrait être possible de préciser (4.7 i) en donnant une estimation de

$$N\{n \leqslant x : a_n \not\equiv 0 \pmod{m}\}$$

ou même un développement asymptotique modulo $O(x/\log^N x)$, N arbitraire, de

$$N\{n \leqslant x : a_n \equiv \lambda \pmod{m}\} \qquad \text{pour } \lambda \text{ donné.}$$

Lorsque $n \mapsto a_n$ est multiplicative, Delange m'a signalé que l'on peut résoudre affirmativement la première question, en utilisant la méthode de [3], §§4, 5 (cf. exerc. 6.8, ainsi que Scourfield [17], [18]). L'estimation obtenue est

$$N\{n \leqslant x : a_n \not\equiv 0 \pmod{\mathfrak{m}}\} \quad \sim \quad cx(\log\log x)^h/\log^\alpha x\,,$$

avec $c > 0$, $\alpha > 0$, h entier $\geqslant 0$ (mis à part un cas exceptionnel, analogue à (4.7 ii$_2$), où l'on a une majoration en $x^{1/2}$).

Le cas général devrait être analogue, à cela près qu'il y intervient, non seulement les $x(\log\log x)^h/\log^\alpha x$, mais aussi leurs produits par les termes oscillants

$$\cos(\gamma \log\log x) \quad \text{et} \quad \sin(\gamma \log\log x)\,, \quad \gamma \in \mathbf{R}\,.$$

On trouvera dans les exercices du § 6 quelques résultats dans cette direction.

(4.11) Soit $f = \sum a_n q^n$ une forme parabolique de type (4.7 ii), de poids $k \geqslant 2$, et à coefficients dans $\mathbf{Z}$. Ecartons le cas « à multiplication complexe » où il existe un caractère ϖ d'ordre 2 tel que $\varpi(p) = -1$ entraîne $a_p = 0$; cela revient à demander que les représentations l-adiques attachées à f aient pour images des sous-groupes *ouverts* de $\mathbf{GL}_2$. On devrait alors
1 pouvoir montrer que l'ensemble des n tels que $a_n \neq 0$ *a une densité* > 0, contrairement à ce qui se passe pour $k = 1$. Il est d'ailleurs plus intéressant de se poser la question de la *nullité*, et de la *croissance*, des a_p, pour p premier. D'après Deligne on a

$$|a_p| \leqslant 2p^{(k-1)/2}\,.$$

On sait d'autre part que l'ensemble des p tels que $a_p = 0$ est de densité 0 (cf. [19], 4.4). Des arguments probabilistes simples (qui m'ont été signalés par Atkin) rendent vraisemblable [1]) la minoration

$$(4.11_k?) \qquad |a_p| >> p^{(k-3)/2-\varepsilon} \qquad (\text{si } k \geqslant 4)$$

pour tout $\varepsilon > 0$, minoration qui entraînerait que a_p tend vers l'infini en valeur absolue, et ne peut donc s'annuler qu'un nombre fini de fois. Pour $k = 2, 3$, des arguments analogues suggèrent:

$$(4.11_2?) \qquad N\{p \leqslant x : a_p = 0\} \asymp x^{1/2}/\log x \qquad (\text{si } k = 2)$$

$$(4.11_3?) \qquad N\{p \leqslant x : a_p = 0\} \asymp \log\log x \qquad (\text{si } k = 3)\,.$$

---

[1]) Si l'on écrit a_p sous la forme $2p^{(k-1)/2}\cos\varphi_p$, avec $0 \leqslant \varphi_p < \pi$, (4.11$_k$?) équivaut à dire que $|\varphi_p - \pi/2| \gg 1/p^{1+\varepsilon}$, autrement dit que φ_p ne s'approche « pas trop » de $\pi/2$.

On trouvera dans Lang-Trotter [9] une étude numérique du cas $k = 2$, ainsi qu'une conjecture plus précise que (4.11_2 ?), à savoir:

$$(4.11_2\,??) \qquad N\{p \leqslant x : a_p = 0\} \sim cx^{1/2}/\log x \qquad (\text{si } k = 2),$$

avec une valeur explicite de c.

(4.12) On peut se demander si (4.2 i) et (4.7 i) restent valables lorsque $f = \sum a_n q^n$ est une forme modulaire sur un sous-groupe d'indice fini de $\mathbf{SL}_2(\mathbf{Z})$ qui *n'est pas un sous-groupe de congruence* (il est alors raisonnable de supposer, non plus que les a_n sont entiers, mais que ce sont des « S-entiers »). On manque d'exemples.

(4.13) Il est probable que l'on ne peut pas étendre (4.7 i) aux formes *de poids demi-entier*, du moins en dehors des deux cas suivants

(a) $O_F/\mathfrak{m}$ est de caractéristique 2: en effet, on se ramène alors au cas d'un poids entier en multipliant f par la série

$$\theta = 1 + 2q + 2q^4 + 2q^9 + \ldots$$

qui est congrue à 1 (mod 2);

(b) la forme $f = \sum a_n q^n$ est de poids 1/2: on peut alors montrer qu'il
2 existe des entiers $t_1, \ldots, t_r$ tels que $a_n = 0$ si n n'est pas produit de l'un des t_i par un carré; cela entraîne

$$N\{n \leqslant x : a_n \neq 0\} = O(x^{1/2}).$$

Il serait par exemple intéressant de voir ce qui se passe pour la forme modulaire $\theta^3 = \sum r_3(n)\, q^n$: comment se répartissent les $r_3(n)$ modulo 3, 5, etc ?

§ 5. DIVISIBILITÉ DES COEFFICIENTS DE j

5.1. Rappelons que l'invariant modulaire j est défini par $j = Q^3/\Delta$, où $Q = E_4 = 1 + 240 \sum_{n=1}^{\infty} \sigma_3(n)\, q^n$, $\Delta = q \prod_{n=1}^{\infty} (1-q^n)^{24}$. On a

$$j = q^{-1} + 744 + 196884\, q + \ldots = \sum_{n=-1}^{\infty} c(n)\, q^n.$$

Les résultats du § 4 ne s'appliquent pas directement à j, car j a un pôle simple à l'infini, et n'est donc pas une « forme » modulaire. J'ignore d'ailleurs si les $c(n)$ sont presque toujours divisibles par tout entier donné; c'est peu probable. On peut toutefois obtenir des renseignements sur certains des $c(n)$ grâce au résultat suivant:

Théorème 5.2. *Soit l un nombre premier. Alors :*

(a) *Les séries*

$$j' = \sum c(ln)\, q^n \quad et \quad j'' = \sum_{n \equiv 0 \pmod{l}} c(n)\, q^n$$

sont des formes modulaires l-adiques de poids 0, *au sens de* [21], § 1.

(b) *Si $l \neq 2$, il en est de même de la série*

$$j_- = \sum_{\left(\frac{-n}{l}\right) = -1} c(n)\, q^n .$$

(c) *Si $l = 2$, il en est de même des trois séries*

$$j_i = \sum_{n \equiv i \pmod 8} c(n)\, q^n \quad (i = 1, 3, 5) .$$

[Dans (b), la sommation porte sur les n premiers à l qui sont résidus quadratiques (mod l) si $l \equiv -1 \pmod 4$, et non résidus si $l \equiv 1 \pmod 4$. Dans les deux cas, cela exclut $n = -1$. Si $l = 2$, la même remarque s'applique aux j_i, pour $i = 1, 3, 5$.]

Si f est une forme modulaire l-adique, et r un entier > 0, il existe une forme modulaire au sens usuel, à coefficients entiers, qui est congrue à f modulo l^r. En appliquant (4.7 i) à cette forme, on obtient :

Corollaire 5.3. *Pour tout l premier $\neq 2$, et tout r, il existe $\alpha > 0$ tel que*

$$N \left\{ x \leqslant n : c(n) \not\equiv 0 \pmod{l^r} \text{ et } \left(\frac{n}{l}\right) \neq \left(\frac{-1}{l}\right) \right\} = O(x/\log^\alpha x) .$$

On trouvera d'autres applications de (5.2) dans les exercices du § 6.

Démonstration de (5.2).

(a) Le fait que $j' = j \mid U$ soit modulaire l-adique de poids 0 est dû à Deligne, cf. par exemple [21], p. 228. Comme $j'' = j' \mid V$, il en est de même de j'' ([21], th. 4, p. 209).

(b) Soit $n \mapsto \varepsilon(n) = \left(\frac{n}{l}\right)$ le caractère de Legendre, et notons j_ε la série déduite de j par « torsion » au moyen de ε, i.e.

$$j_\varepsilon = \sum_{n=-1}^{\infty} \varepsilon(n)\, c(n)\, q^n .$$

On a

$$2j_- = j - \left(\frac{-1}{l}\right) j_\varepsilon - j'' ,$$

et il suffit donc de montrer que $g = j - \left(\frac{-1}{l}\right) j_\varepsilon$ est modulaire l-adique de poids 0. Cela peut se faire de la manière suivante (pour une autre méthode, voir exerc. 6.15): tout d'abord, un argument standard, basé sur le fait que $\varepsilon^2 = 1$, montre que j_ε est une fonction modulaire de poids 0 sur le groupe $\Gamma_0(l^2)$, holomorphe en dehors des pointes. Il est donc de même de g; de plus, le développement en série de g montre que *g n'a pas de pôle à la pointe* ∞. Le fait que g soit modulaire l-adique résulte alors du théorème général suivant:

THÉORÈME 5.4. *Soit* $g = \sum a_n q^n$ *une fonction modulaire de poids* k *sur* $\Gamma_0(l^m)$, *à coefficients* $a_n \in \mathbf{Q}$. *On suppose que* g *est holomorphe dans le demi-plan* $\mathscr{I}(z) > 0$, *ainsi qu'à la pointe* ∞ (i.e. $a_n = 0$ si $n < 0$). *Alors* g *est une forme modulaire* l*-adique de poids* k *sur* $\mathbf{SL}_2(\mathbf{Z})$.

Commençons par le cas particulier où g est une *forme* modulaire de poids $k \geqslant 4$, et où les coefficients a_n sont *l-entiers*. On raisonne alors par récurrence sur m. Le cas $m = 1$ est traité dans [21], n° 3.2. Si $m \geqslant 2$, définissons des formes modulaires f_i, g_i de poids kl^i $(i \geqslant 0)$ au moyen des formules de récurrence:

$$f_0 = 0\,, \quad g_0 = g\,, \; f_i = (g_{i-1})^l \mid U\,, \quad g_i = \frac{1}{l}\,(E_{kl^{i-1}(l-1)}\, g_{i-1} - f_i)\; (i \geqslant 1).$$

(Rappelons que E_r désigne la série d'Eisenstein de poids r normalisée de telle sorte que son terme constant soit 1; on a $E_r \equiv 1 \pmod{l^{a+1}}$ si r est divisible par $l^a(l-1)$.)

On vérifie tout de suite que les coefficients des f_i et g_i sont l-entiers. De plus, les f_i sont des formes modulaires sur $\Gamma_0(l^{m-1})$, car il est bien connu que si $m \geqslant 2$, l'opérateur U fait passer de $\Gamma_0(l^m)$ à $\Gamma_0(l^{m-1})$. Vu l'hypothèse de récurrence, les f_i sont donc *des formes modulaires l-adiques de poids* kl^i.

Pour tout $i \geqslant 0$, posons

$$A_i = \prod_{a=i}^{\infty} E_{kl^a(l-1)}\,,$$

le produit infini ayant un sens du fait que $E_{kl^a(l-1)}$ est congru à 1 $(\operatorname{mod} l^{a+1})$. La série A_i est une forme modulaire l-adique de poids

$$\sum_{a=i}^{\infty} kl^a(l-1) = (0, -kl^i) \quad \text{dans} \quad \mathbf{Z}/(l-1)\mathbf{Z} \times \mathbf{Z}_l\,.$$

On vérifie sans peine l'identité

$$A_0 g = A_1 f_1 + l A_2 f_2 + \dots + l^{i-1} A_i f_i + \dots$$

Les séries $A_i f_i$ sont modulaires l-adiques de poids

$$(0\,,\; -kl^i) + (kl^i\,,\; kl^i) = (kl^i\,,\; 0) = (k\,,\; 0)\,.$$

Il en résulte que $A_0\, g$ est modulaire l-adique de poids $(k, 0)$. Mais le fait que $A_0 \equiv 1 \pmod{l}$ entraîne que $A_0^{-1} = \lim_{s \to \infty} A_0^{l^s - 1}$ est modulaire l-adique de poids $(0, k)$. Comme $g = A_0^{-1}(A_0 g)$, on voit bien que g est modulaire l-adique de poids $(k, k) = k$, ce qui démontre (5.4) dans le cas particulier considéré.

Passons au cas général. Si N est assez grand, la fonction $g' = \Delta^N g$ est holomorphe en toutes les pointes, et son poids $k' = k + 12N$ est $\geqslant 4$. C'est donc une forme modulaire, et ses coefficients a_n' ont des dénominateurs bornés (cf. [5], prop. 2.7 ou bien [25], Th. 3.52). Quitte à la multiplier par une puissance de l, on peut donc s'arranger pour que ses coefficients soient l-entiers. D'après ce que l'on vient de voir, c'est donc une forme modulaire l-adique de poids $k + 12N$ sur $\mathbf{SL}_2(\mathbf{Z})$. De plus, ses coefficients a_n' sont nuls pour $n < N$. Le fait que $g = g'/\Delta^N$ soit modulaire l-adique résulte alors du lemme élémentaire suivant (appliqué N fois):

LEMME 5.5. *Soit* $G = \sum_{n=0}^{\infty} c_n q^n$ *une forme modulaire* l*-adique de poids* K. *Si* $c_0 = 0$, *la série* $H = G/\Delta$ *est une forme modulaire* l*-adique de poids* $K - 12$.

Par hypothèse, G est limite de formes modulaires usuelles G_i, de poids K_i tendant vers K (au sens de [21], § 1). Les termes constants $c_{0,i}$ des G_i tendent vers 0. Choisissons, pour chaque i, un monôme M_i en les séries d'Eisenstein $Q = E_4$ et $R = E_6$ qui soit de poids K_i. On peut alors écrire G_i sous la forme

$$G_i = c_{0,i} M_i + \Delta\, H_i\,,$$

où H_i est une forme modulaire de poids $K_i - 12$. On a

$$\lim .\, \Delta\, H_i = G = \Delta\, H\,, \quad \text{d'où} \quad \lim .\, H_i = H\,,$$

ce qui montre bien que H est modulaire l-adique de poids $K - 12$.

(c) Si $l = 2$, notons $\varepsilon, \varphi, \psi$ les trois caractères d'ordre 2 de $(\mathbf{Z}/8\mathbf{Z})^*$, et soient $j_\varepsilon, j_\varphi, j_\psi$ les séries déduites de j par torsion au moyen de $\varepsilon, \varphi, \psi$. On a

$$4 j_i = j - j'' + \varepsilon(i)\, j_\varepsilon + \varphi(i)\, j_\varphi + \psi(i)\, j_\psi\,.$$

Le même argument que dans (b) montre que les j_i sont des fonctions modulaires sur $\Gamma_0(2^6)$, puis, en appliquant (5.4), que ce sont des formes modulaires 2-adiques de poids 0 sur $\mathbf{SL}_2(\mathbf{Z})$.

Remarques.

(a) On peut aussi déduire (5.4) et (5.5) de la définition « géométrique » des formes modulaires l-adiques adoptée par Katz dans son exposé à Anvers (*Lect. Notes* 350, p. 69-190).

(b) Le théorème (5.2) « explique » que l'on ait des congruences sur $c(n) \pmod l$ lorsque n est, soit divisible par l, soit tel que $\left(\frac{n}{l}\right) = -\left(\frac{-1}{l}\right)$, cf. Kolberg [7], ainsi que les exercices du § 6.

(c) Lorsque $l = 2$, on a $j_1 \equiv j_3 \equiv j_5 \equiv j' \equiv j'' \equiv 0 \pmod 2$, de sorte que

$$j \equiv \sum_{n=0}^{\infty} c(8n-1)\, q^{8n-1} \pmod 2,$$

et le théorème (5.2) ne fournit aucun renseignement sur ces coefficients (mod 2). Il serait intéressant de voir s'ils sont répartis « au hasard », comme cela semble le cas pour la fonction de partition, cf. [13].

§ 6. EXERCICES

Formes modulaires de poids 1.

(6.1) Les hypothèses étant celles de (4.2 ii), montrer que $\alpha \leqslant 3/4$, et qu'il y a égalité si et seulement si l'image de Gal $(K_f/\mathbf{Q})$ dans $\mathbf{PGL}_2(\mathbf{C}) = \mathbf{GL}_2(\mathbf{C})/\mathbf{C}^*$ est isomorphe au groupe diédral $\mathbf{D}_2$ d'ordre 4 (cf. exemple (4.4)).

(6.2) On suppose que f est de type $(1, \varepsilon)$ sur $\Gamma_0(N)$ (mais pas nécessairement que c'est une fonction propre des opérateurs de Hecke). Montrer que, si

$$(*) \qquad N\{n \leqslant x : a_n \neq 0\} = o(x/\log^{3/4} x),$$

on a $f = 0$. (Observer que l'espace des f satisfaisant à (*) est stable par les opérateurs de Hecke; s'il n'est pas nul, il contient un vecteur propre; conclure en appliquant (6.1).)

Formes modulaires (mod $\mathfrak{m}$).

(6.3) Montrer que, sous les hypothèses de (4.7 ii_1), on a $\alpha(\mathfrak{m}) \leqslant 3/4$ (même méthode que pour (6.1)). En déduire un résultat analogue à (6.2).

(6.4) On fixe k, $\mathfrak{m}$, N, ε et l'on note m la norme de $\mathfrak{m}$. Soit A l'ensemble des séries formelles $\sum a_n q^n$, à coefficients dans $O_F/\mathfrak{m}$, qui sont réduction (mod $\mathfrak{m}$) de formes modulaires de type (k, ε) sur $\Gamma_0(N)$, à coefficients dans O_F; c'est un $O_F/\mathfrak{m}$-module libre de type fini. Les opérateurs de Hecke T_n définissent des endomorphismes $T_{n,A}$ de A. Montrer que l'application $p \mapsto T_{p,A}$ est *frobénienne* au sens suivant: pour tout $u \in \operatorname{End}(A)$, l'ensemble P_u des nombres premiers p, ne divisant pas Nm, tels que $T_{p,A} = u$ est frobénien (et peut être défini par une extension galoisienne finie de $\mathbf{Q}$ non ramifiée en dehors de Nm). Soit P_2^+ l'ensemble des $p \equiv 1 \pmod{Nm}$ qui appartiennent à P_2 (i.e. tels que $f \mid T_p = 2f$ pour tout $f \in A$), et soit P_0^- l'ensemble des $p \equiv -1 \pmod{Nm}$ qui appartiennent à P_0 (i.e. tels que $f \mid T_p = 0$ pour tout $f \in A$). Montrer que P_2^+ et P_0^- ont une densité > 0 (cf. [5], 9.6, où est traité le cas analogue des formes de poids 1). Si $p \in P_2^+$, on a $T_{p^r,A} = r+1$, et si $p \in P_0^-$, on a $T_{p^r,A} = (-1)^{r/2}$ si r est pair, et $T_{p^r,A} = 0$ si r est impair. Si $f = \sum a_n q^n$ est un élément de A, on a donc

$$(n,p) = 1 \Rightarrow \begin{cases} a_{np^r} = (r+1)\,a_n & \text{si} \quad p \in P_2^+ \\ a_{np^r} = \begin{cases} 0 & \text{si} \quad p \in P_0^-, \quad r \ \text{impair} \\ (-1)^{r/2} a_n & \text{si} \quad p \in P_0^-, \quad r \ \text{pair}. \end{cases} \end{cases}$$

(6.5) On conserve les notations de (6.4). Soit $f = \sum a_n q^n$ un élément de A. Montrer, en utilisant les dernières formules de (6.4), que l'ensemble des valeurs prises par les a_n $(n \geqslant 1)$ est un sous-ensemble de $O_F/\mathfrak{m}$ stable par multiplication par $\mathbf{Z}$. (En particulier, si $O_F = \mathbf{Z}$ et si l'un des a_n est inversible dans $\mathbf{Z}/m\mathbf{Z}$, alors les a_n prennent toutes les valeurs possibles.) Si a appartient à ce sous-ensemble, et si $2 \nmid m$, on a

$$N\{n \leqslant x : a_n = a \quad \text{dans} \quad O_F/\mathfrak{m}\} \quad \gg \quad x(\log\log x)^h/\log x$$

quel que soit h. (Choisir $r \geqslant 1$ tel que $a_r = 2^{-h-1}a$, et remarquer que $a_n = a$ lorsque n est de la forme $p_0 \ldots p_h r$, où $p_0, \ldots, p_h$ sont des éléments de P_2^+ ne divisant pas r, et deux à deux distincts.)

Formes modulaires (mod 2).

(6.6) Soit S la $\mathbf{F}_2$-algèbre des formes modulaires (mod 2) sur $\mathbf{SL}_2(\mathbf{Z})$, autrement dit (cf. [21], [27]) l'algèbre des polynômes en la série

$$\tilde{\Delta} = q + q^9 + q^{25} + q^{49} + \ldots,$$

à coefficients dans $\mathbf{F}_2$. Soit S_0 (resp. S_1) le sous-espace de S engendré par les $\tilde{\Delta}^i$ pour $i \geqslant 1$ (resp. par les $\tilde{\Delta}^{2^j}$, pour $j \geqslant 0$); on a $S = \mathbf{F}_2 \oplus S_0$. Soit $f = \sum a_n q^n$ un élément de S_0.

(a) Montrer que, si $f \in S_1$ et $f \neq 0$, il existe $c > 0$ tel que

$$N\{n \leqslant x : a_n = 1\} \quad \sim \quad cx^{1/2}.$$

(b) On peut prouver (cf. [22]) que les T_p sont *localement nilpotents* sur S_0. Admettant ce fait, il existe un entier $h \geqslant 0$ tel que f soit annulé par tous les produits $T_{p_0} \dots T_{p_h}$, p_i premier $\neq 2$. Montrer que $a_n = 1$ entraîne que n est de la forme bc^2, où b a au plus h facteurs premiers $\neq 2$ (raisonner par récurrence sur h et n). En déduire:

$$N\{n \leqslant x : a_n = 1\} \quad \ll \quad x(\log\log x)^{h-1}/\log x.$$

(c) On suppose $f \notin S_1$, et l'on choisit l'entier h de (b) *minimal*; on a $h \geqslant 1$. Il résulte alors de (6.4) qu'il existe des ensembles frobéniens $P_1, \dots, P_h$ de densités > 0, ainsi qu'un élément non nul g de S_0, tels que

$$f \mid T_{p_1} \dots T_{p_h} = g \quad \text{si} \quad p_1 \in P_1, \dots, p_h \in P_h.$$

Si le r-ième coefficient de g est égal à 1, on a $a_n = 1$ pour tout n de la forme $p_1 \dots p_h r$, avec $p_i \in P_i$, les p_i étant distincts, et ne divisant pas r. En conclure que

$$N\{n \leqslant x : a_n = 1\} \quad \gg \quad x(\log\log x)^{h-1}/\log x,$$

d'où, en vertu de (b):

$$N\{n \leqslant x : a_n = 1\} \quad \asymp \quad x(\log\log x)^{h-1}/\log x.$$

(d) Il résulte de (a) et (c) que $f \in S_1$ équivaut à

$$N\{n \leqslant x : a_n = 1\} = o(x/\log x)$$

ainsi qu'à

$$N\{n \leqslant x : a_n = 1\} = O(x^{1/2}).$$

(6.7) On pose $\Delta^3 = \sum e_n q^n$, et l'on note E l'ensemble des n tels que $e_n \equiv 0 \pmod 2$. Montrer que le complémentaire E' de E est formé des entiers n de la forme $p^{4m+1} a^2$, avec p premier, a impair non divisible par p, m entier $\geqslant 0$, et $p \equiv 3 \pmod 8$. (Utiliser la congruence

$$\Delta \equiv \sum_{n=0}^{\infty} q^{(2n+1)^2} \pmod 2.)$$

La série de Dirichlet $f(s) = \sum_{n \in E'} n^{-s}$ associée à E' est égale à

$$(1-2^{-2s})\zeta(2s)\{ \sum_{p \equiv 3 \pmod 8} p^{-s}/(1+p^{-2s})\}.$$

On peut l'écrire sous la forme

$$f(s) = c \log 1/(s-1) + h(s),$$

où h est holomorphe pour $\mathscr{R}(s) \geqslant 1$, et $c = \pi^2/32$. En déduire (grâce au théorème b de [3], p. 26), que l'on a

$$N\{n \leqslant x : e_n \equiv 1 \pmod 2\} \sim cx/\log x.$$

Montrer que

$$\Delta^3 \mid T_p \equiv \begin{cases} \Delta \pmod 2 & \text{si} \quad p \equiv 3 \pmod 8 \\ 0 \pmod 2 & \text{sinon}. \end{cases}$$

Montrer que les mêmes résultats valent pour Δ^5, à condition de remplacer $p \equiv 3 \pmod 8$ par $p \equiv 5 \pmod 8$.

Divisibilité des a_n par une puissance d'un idéal premier.

(6.8) Soit $n \mapsto a_n$ une fonction multiplicative à valeurs dans l'anneau O_F des entiers d'une extension finie F de $\mathbf{Q}$, et soit v la valuation de F définie par un idéal premier $\mathfrak{p} \neq 0$ de O_F. Pour tout $r \geqslant 0$, notons N_r (resp. P_r) l'ensemble des entiers $n \geqslant 1$ (resp. des nombres premiers) tels que $v(a_n) = r$, et posons

$$f_r(s) = \sum_{n \in N_r} n^{-s} \quad \text{et} \quad f_T(s) = \sum_{r=0}^{\infty} T^r f_r(s),$$

où T est une indéterminée.

(a) Montrer que

$$f_T(s) = \prod_p (1 + \sum_{m=1}^{\infty} T^{v(a_{p^m})} p^{-ms}),$$

où l'on convient de supprimer le coefficient de p^{-ms} si $v(a_{p^m}) = \infty$, i.e. si $a_{p^m} = 0$.

En déduire que

$$f_T(s) = \exp\{\sum_{r=0}^{\infty} T^r(\varphi_{P_r}(s) + \theta_r(s))\},$$

où $\varphi_{P_r}(s) = \sum_{p \in P_r} p^{-s}$, et où les $\theta_r(s)$ sont holomorphes pour $\mathscr{R}(s) > 1/2$.

(b) On suppose que les P_r sont réguliers de densité $\alpha_r \geqslant 0$ et que $0 < \alpha_0 < 1$; on note m la borne inférieure des $i \geqslant 1$ tels que $\alpha_i > 0$. Montrer que $f_r(s)$ est de la forme

$$f_r(s) = \frac{1}{(s-1)^{\alpha_0}} \left\{ \sum_{j=0}^{h(r)} c_{r,j}(s) (\log\ 1/(s-1))^j \right\},$$

où $h(r)$ est la partie entière de r/m, et où les $c_{r,j}(s)$ sont holomorphes pour $\mathscr{R}(s) \geqslant 1$. Cela entraîne:

$$f_0(s) + \ldots + f_r(s) = \frac{1}{(s-1)^{\alpha_0}} \left\{ \sum_{j=0}^{h(r)} d_{r,j}(s) (\log 1/(s-1))^j \right\},$$

où les $d_{r,j}(s)$ sont holomorphes pour $\mathscr{R}(s) \geqslant 1$. Montrer que l'on a $d_{r,j}(1) > 0$ pour $j = h(r)$. En déduire, grâce au théorème b de [3], p. 26, que

$$N\{n \leqslant x : a_n \not\equiv 0 \pmod{p^{r+1}}\} \quad \sim \quad c_r x\, (\log\log x)^{h(r)}/\log^{1-\alpha_0} x\,,$$

avec $c_r = d_{r,j}(1) / \Gamma(\alpha_0)$.

(c) On suppose que les a_n sont les coefficients d'une forme modulaire de type (4.7 ii_1). Montrer que les conditions de (b) sont satisfaites (les P_r sont même frobéniens) et que l'on a

$$\alpha_0 + \alpha_1 + \ldots + \alpha_r + \ldots = 1 - \alpha_\infty\,,$$

où α_∞ est la densité des p tels que $a_p = 0$.

(d) Etendre les résultats ci-dessus au cas de produits de puissances $\mathfrak{p}_1^{r_1} \ldots \mathfrak{p}_j^{r_j}$ d'idéaux premiers (utiliser des séries formelles en $T_1, \ldots, T_j$).

(6.9) Soit l un nombre premier $\neq 2$. Soit $P_1(l)$ l'ensemble des nombres premiers $p \neq l$ tels que $\tau(p)$ soit divisible par l, mais pas par l^2. Montrer que $P_1(l)$ est de densité > 0. [Soit G_l le sous-groupe de $\mathbf{GL}_2(\mathbf{Q}_l)$ image de la représentation l-adique attachée à Δ, cf. [19], [27]. La densité de $P_1(l)$ est égale à la mesure de l'ouvert H_l de G_l formé des éléments s tels que $v_l(\mathrm{Tr}(s)) = 1$; il revient au même de prouver que $H_l \neq \varnothing$, que $P_1(l) \neq \varnothing$, ou que la densité de $P_1(l)$ est > 0. Or, on a $H_l \neq \varnothing$ pour $l \neq 3, 5, 7, 23, 691$, vu la « grosseur » de G_l, cf. [27]. Pour $l = 3, 7, 23$, on a $5 \in P_1(l)$ puisque $\tau(5) = 2.\,3.\,5.\,7.\,23$; pour $l = 5$, on a $19 \in P_1(l)$ puisque $\tau(19) = 2^2.\,5.\,7^2.\,11.\,23.\,43$; pour $l = 691$, un calcul sur machine montre, paraît-il, que $1381 \in P_1(l)$.]

Déduire de là, et de l'exercice précédent, que, pour tout $r \geqslant 0$, il existe une constante $c_{l,r} > 0$ telle que

$$N\{n \leqslant x : \tau(n) \not\equiv 0 \pmod{l^{r+1}}\} \quad \sim \quad c_{l,r} x (\log\log x)^r / \log^{\alpha(l)} x,$$

où $\alpha(l)$ est donné par la formule de l'exemple 3 du § 1.

Equidistribution des valeurs des $a_n \pmod{\mathfrak{m}}$.

(6.10) Soit $n \mapsto a_n$ une fonction multiplicative à valeurs dans un anneau commutatif fini Λ. On note r l'ordre du groupe multiplicatif Λ^* des éléments inversibles de Λ. Si $\lambda \in \Lambda^*$, on note P_λ l'ensemble des nombres premiers p tels que $a_p = \lambda$. On fait les hypothèses suivantes:

(i) Les P_λ sont réguliers de densités α_λ telles que

$$0 < \sum \alpha_\lambda < 1.$$

(ii) Le groupe Λ^* est engendré par les éléments λ tels que $\alpha_\lambda > 0$.

On note X le groupe des caractères de Λ^*; un élément φ de X est un homomorphisme de Λ^* dans $\mathbf{C}^*$; on le prolonge à Λ en posant $\varphi(\lambda) = 0$ si λ n'est pas inversible.

(a) Si $\lambda \in \Lambda^*$ et $\varphi \in X$, on pose

$$f_\lambda(s) = \sum_{a_n = \lambda} n^{-s} \quad \text{et} \quad f_\varphi(s) = \sum_n \varphi(a_n)\, n^{-s}.$$

Montrer que

$$f_\lambda = \frac{1}{r} \sum_{\varphi \in X} \varphi(\lambda^{-1}) f_\varphi.$$

(b) Décomposer f_φ en produit eulérien, et en déduire que

$$\log f_\varphi(s) = \beta(\varphi) \log 1/(s-1) + h_\varphi(s),$$

où $\beta(\varphi) = \sum_\lambda \alpha_\lambda \varphi(\lambda)$, et $h_\varphi(s)$ est holomorphe pour $\mathscr{R}(s) \geqslant 1$.

On a $\mathscr{R}(\beta(\varphi)) \leqslant \alpha$, avec $\alpha = \sum \alpha_\lambda$, et il n'y a égalité que si φ est le caractère unité de Λ^*.

(c) Si β est un nombre complexe, on convient de noter $1/(s-1)^\beta$ la fonction $\exp\{\beta \log 1/(s-1)\}$. Montrer, en combinant (a) et (b), que l'on a

$$f_\lambda(s) = c(s)/(s-1)^\alpha + \sum_i c_{i,\lambda}(s)/(s-1)^{\beta_i},$$

où $c(s)$ et les $c_{i,\lambda}(s)$ sont holomorphes pour $\mathscr{R}(s) \geqslant 1$, les β_i sont tels que $\mathscr{R}(\beta_i) < \alpha$, et $c(1) > 0$.

En déduire (cf. [3], p. 25, th. a) que

$$N\{n \leqslant x : a_n = \lambda\} \quad \sim \quad cx/\log^{1-\alpha} x,$$

avec $c = c(1)/\Gamma(\alpha) > 0$. (Noter que c est indépendant de λ: il y a *équidistribution* des valeurs de (a_n) dans Λ^*.)

(d) Appliquer la méthode de Landau aux f_λ et f_φ, en supposant les P_λ frobéniens. En déduire, pour tout $N \geqslant 1$, un développement asymptotique de $N\{n \leqslant x\colon a_n = \lambda\}$ modulo $O(x/\log^N x)$.

(e) Enoncer et démontrer des résultats analogues pour

$$N\{n \leqslant x : a_n^{(1)} = \lambda_1, \ldots, a_n^{(r)} = \lambda_n\},$$

où les $a_n^{(i)}$ sont des fonctions multiplicatives à valeurs dans des anneaux commutatifs finis Λ_i. (Se ramener au cas d'une suite unique à valeurs dans $\Lambda = \Lambda_1 \times \ldots \times \Lambda_r$.)

(6.11) Soit m un entier impair $\geqslant 3$. On considère la fonction multiplicative

$$n \mapsto \tau(n) \pmod m, \quad \text{à valeurs dans } \Lambda = \mathbf{Z}/m\mathbf{Z}.$$

Montrer que la condition (i) de (6.10) est satisfaite, et qu'il en est de même de (ii) pourvu que m ne soit pas divisible par 7. [On peut supposer
3 que m est une puissance d'un nombre premier l, cf. [19], 4.2. Il faut alors vérifier que, si $l \neq 2,7$, les $\tau(p)$, p premier $\neq l$, qui ne sont pas divisibles par l engendrent le groupe multiplicatif $(\mathbf{Z}/l^2\mathbf{Z})^*$. Pour $l \neq 3, 5, 23$ et 691, cela résulte de ce que $\tau(p)$ peut prendre n'importe quelle valeur modulo l^2, cf. [27]. Pour $l = 3, 5, 23, 691$, remarquer que le sous-groupe de $(\mathbf{Z}/l^2\mathbf{Z})^*$ engendré par les $\tau(p)$, $p \neq l$, se projette *sur* $(\mathbf{Z}/l\mathbf{Z})^*$ et contient 2 d'après (6.4); utiliser alors le fait connu que $2^{l-1} \not\equiv 1 \pmod{l^2}$ pour $l < 1093$.]

En déduire l'équidistribution des valeurs de $\tau(n)$ appartenant à $(\mathbf{Z}/m\mathbf{Z})^*$, lorsque m n'est pas divisible par 7.

(6.12) Montrer qu'il existe deux constantes c_+, c_-, avec $c_+ > c_- > 0$ telles que

$$N\{n \leqslant x : \tau(n) \equiv \lambda \pmod 7\} \sim \begin{cases} c_+ x/\log^{1/2} x & \text{si } \left(\dfrac{\lambda}{7}\right) = 1 \\ c_- x/\log^{1/2} x & \text{si } \left(\dfrac{\lambda}{7}\right) = -1\,. \end{cases}$$

(Utiliser une méthode analogue à celle de (6.10).)

Exemple de minoration de $|a_p|$ *pour* $p \to \infty$.

(6.13) Soit $\mathfrak{a} \mapsto \chi(\mathfrak{a})$ un caractère de Hecke d'un corps imaginaire quadratique K. Soit $\mathfrak{f}$ le conducteur de χ. On suppose que χ est d'exposant entier $d \geqslant 1$, autrement dit que

$\chi((z)) = z^d$ pour tout $z \in K^*$ tel que $z \equiv 1 \pmod{^\times \mathfrak{f}}$.

Posons

$$\sum_{\mathfrak{a}} \chi(\mathfrak{a})\, q^{N(\mathfrak{a})} = \sum a_n q^n,$$

de sorte que

$$\sum a_n n^{-s} = L(s, \chi) = \prod_{\mathfrak{p} \nmid \mathfrak{f}} \left(1 - \chi(\mathfrak{p})\, N(\mathfrak{p})^{-s}\right)^{-1}.$$

On sait que la série $\sum a_n q^n$ est une forme modulaire parabolique de poids $k = 1 + d$ et que c'est une fonction propre des opérateurs de Hecke. Si ω est le caractère d'ordre 2 qui correspond à K, on a $a_n = 0$ si $\omega(n) = -1$.

Soit P l'ensemble des nombres premiers p ne divisant pas $N(\mathfrak{f})$, et tels que $\omega(p) = 1$. Si $p \in P$, on a

$$a_p = \chi(\mathfrak{p}) + \chi(\bar{\mathfrak{p}}),$$

où $\mathfrak{p}$ et $\bar{\mathfrak{p}}$ sont les idéaux premiers de O_K divisant p. Montrer que

$$|a_p| >> p^{(k-3)/2-\varepsilon} \text{ pour tout } \varepsilon > 0.$$

[On peut se restreindre au cas où $\mathfrak{p}$ est contenu dans la classe mod $N(\mathfrak{f})$ d'un idéal fixe $\mathfrak{a}$. Si l'on écrit alors $\mathfrak{p} = \mathfrak{a}(z)$, avec $z \equiv 1 \pmod{^\times N(\mathfrak{f})}$, on a $a_p = \chi(\mathfrak{a})\, z^d + \chi(\bar{\mathfrak{a}})\bar{z}^d = A_d(x, y)$, où x, y sont les coordonnées de z par rapport à une $\mathbf{Z}$-base de $\mathfrak{a}^{-1}$, et où A_d est un polynôme homogène de degré d. Les coefficients de A_d sont des nombres algébriques, et A_d n'a aucun facteur multiple. D'après le théorème de Roth, on a

$$A_d(x, y) >> (\sup(|x|, |y|))^{d-2-\varepsilon} \text{ pour } x, y \text{ premiers entre eux,}$$

d'où aussitôt le résultat cherché.]

Soit δ un nombre > 0 tel que, pour tout secteur angulaire de C de largeur $\sim 1/N$, il existe $p << N^\delta$ tel que l'élément z correspondant appartienne au secteur angulaire donné. (D'après Kovalčik, *Dokl.*, t. 219, 1974, on peut prendre pour δ tout nombre > 4.) Montrer qu'il existe alors une constante $c > 0$ telle que

$$|a_p| \leqslant c p^{(k-1)/2 - 1/\delta}$$

pour une infinité de p tels que $\omega(p) = 1$.

Passage des fonctions modulaires aux formes modulaires.

(6.14) Soit $f = \sum_{n \geq -r} a_n q^n$ une fonction modulaire sur $\mathbf{SL}_2(\mathbf{Z})$ de poids $k \in \mathbf{Z}$, à coefficients rationnels. On suppose f holomorphe dans le demi-plan $\mathscr{I}(z) > 0$ mais pas nécessairement à la pointe ∞.

(a) Soit l un nombre premier tel que $a_n = 0$ pour tout $n < 0$ divisible par l. Montrer que les séries

$$f' = \sum a_{ln} q^n \quad \text{et} \quad f'' = \sum_{l \mid n} a_n q^n$$

sont des formes modulaires l-adiques de poids k, au sens de [21].

(b) Soient l un nombre premier $\neq 2$, et $\varepsilon = \pm 1$ tels que $a_n = 0$ pour tout $n < 0$ tel que $\left(\frac{n}{l}\right) = \varepsilon$. Montrer que la série

$$f_- = \sum_{\left(\frac{n}{l}\right) = \varepsilon} a_n q^n$$

est une forme modulaire l-adique de poids k. (Même méthode que pour 5.2.)

Divisibilité des coefficients $c(n)$ *de* j.

(6.15) Soit D l'opérateur de dérivation $\sum a_n q^n \mapsto \sum n\, a_n q^n$, noté θ dans [21], [27]. Soient l un nombre premier $\neq 2$, et r un entier $\geqslant 1$.

(a) Montrer que, si h est une forme modulaire (mod l^r), de poids k, il existe une forme modulaire h' (mod l^r), de poids $k + 2 + l^{r-1}(l-1)$, telle que

$$D(h/\Delta) \equiv h'/\Delta \pmod{l^r}.$$

(Utiliser le lemme 3 de [27], p. 19, ainsi que le fait que

$$P \equiv E_{2+l^{r-1}(l-1)} \pmod{l^r}.)$$

(b) Déduire de là que, pour tout $a \geqslant 0$, il existe une forme modulaire f_a (mod l^r), de poids $12 + a(2 + l^{r-1}(l-1))$, telle que

$$D^a(j) \equiv f_a/\Delta \pmod{l^r}.$$

(c) On prend $a = \frac{1}{2} l^{r-1}(l-1)$. Montrer que

$$D^a(j) \equiv j_\varepsilon \pmod{l^r}, \quad \text{où} \quad j_\varepsilon = \sum_{n=-1}^{\infty} \left(\frac{n}{l}\right) c(n) q^n.$$

En déduire, grâce à (b), l'existence d'une forme modulaire h de poids

$$12 + l^{r-1}(l-1) + \frac{1}{2} l^{2r-2}(l-1)^2 = 12 + k,$$

telle que

$$j - \left(\frac{-1}{l}\right) j_\varepsilon \equiv h/\Delta \pmod{l^r}.$$

Le terme constant de h est nul. En déduire que $h = f\Delta$, où f est une forme modulaire (mod l^r) de poids k, ce qui fournit une autre démonstration de (5.2 b).

(6.16) On conserve les notations de (6.15), et l'on prend $r = 1$, i.e. on calcule (mod l).

(a) Montrer que $j' \equiv 744 \pmod{l}$ si $l = 3, 5, 7, 11$, et que $j' \pmod{l}$ est de filtration $l - 1$ (au sens de [27], p. 24) si $l \geqslant 13$. En particulier, on a, pour tout $n \geqslant 1$:

$$\begin{aligned}
&c(3n) \equiv 0 \pmod 3\\
&c(5n) \equiv 0 \pmod 5\\
&c(7n) \equiv 0 \pmod 7\\
&c(11n) \equiv 0 \pmod{11}\\
&c(13n) \equiv c(13)\tau(n) \equiv -\tau(n) \pmod{13}\\
&c(17n) \equiv c(17)t_{16}(n) \equiv 4t_{16}(n) \pmod{17}\\
&c(19n) \equiv c(19)t_{18}(n) \equiv 7t_{18}(n) \pmod{19}\\
&c(23n) \equiv c(23)t_{22}(n) \equiv 4t_{22}(n) \pmod{23},
\end{aligned}$$

où, pour $k = 16, 18, 22$, on note $t_k(n)$ le coefficient de q^n dans l'unique forme parabolique normalisée de poids k.

(b) On a

$$D(j) = Q^2R/\Delta = Q^2R\Delta^{l-1}/\Delta^l,$$

d'où

$$D^{a+1}(j) \equiv D^a(Q^2R\Delta^{l-1})/\Delta^l \pmod{l}.$$

Montrer que, si $l \geqslant 13$, $Q^2 R\Delta^{l-1}$ est de filtration $12l + 2$. En déduire que $D^a(Q^2R\Delta^{l-1})$ est de filtration $12l + 2 + a(l+1)$ pour $a \leqslant l - 2$.

(c) On applique (b) avec $a = (l-3)/2$, de telle sorte que

$$D^a(Q^2R\Delta^{l-1})/\Delta^l = D^{a+1}(j) \equiv j_\varepsilon, \quad \text{cf. } (6.15\,c).$$

En déduire que la forme modulaire (mod l) $j - \left(\frac{-1}{l}\right) j_\varepsilon$ est de filtration $\frac{1}{2}(l-1)^2$, et que j_- est de filtration $l^2 - l$. En particulier, ces formes sont $\not\equiv 0 \pmod{l}$.

(d) Si $l = 3$ (resp. 5, 7, 11), la forme $j - \left(\frac{-1}{l}\right) j_\varepsilon$ est nulle (resp. de filtration 0, 12, 40).

(e) Déduire de (b) et (c) les congruences suivantes (dues à Kolberg [7]):

$$c(n) \equiv 0 \pmod 5 \qquad \text{si} \quad \left(\frac{n}{5}\right) = -1$$

$$c(n) \equiv 2n\,\sigma_3(n) \pmod 7 \qquad \text{si} \quad \left(\frac{n}{7}\right) = 1$$

$$c(n) \equiv 9n^2\,\sigma_5(n) - 3n^3\,\sigma_3(n) \pmod{11} \qquad \text{si} \quad \left(\frac{n}{11}\right) = 1$$

$$c(n) \equiv 8\,\tau(n) - 3n^3\,\sigma_5(n) - 2n^4\,\sigma_3(n) \pmod{13} \text{ si} \quad \left(\frac{n}{13}\right) = -1\,.$$

(6.17) Soient l un nombre premier $\geqslant 7$, et r un entier > 0. Montrer que, pour tout entier a, il existe une infinité d'entiers n tels que $c(n) \equiv a \pmod{l^r}$ et $\left(\frac{n}{l}\right) = -\left(\frac{-1}{l}\right)$. (Utiliser les exercices (6.16) et (6.5).)

BIBLIOGRAPHIE

[1] Artin, E. Zur Theorie der L-Reihen mit allgemeinen Gruppencharakteren. *Abh. math. Semin. Univ. Hamburg*, *8* (1930), pp. 292-306 [*Collected Papers*, pp. 165-179].

[2] Delange, H. Généralisation du théorème de Ikehara. *Ann. scient. Ec. Norm. Sup.*, *Série 3*, *71* (1954), pp. 213-242 [Math. Rev., t. 16, 921e].

[3] —— Sur la distribution des entiers ayant certaines propriétés. *Ann. scient. Ec. Norm. Sup.*, *Série 3*, *73* (1956), pp. 15-74 [Math. Rev., t. 18, 720a].

[4] Deligne, P. Formes modulaires et représentations l-adiques. *Séminaire Bourbaki*, 1968/69, exposé 355, pp. 139-172. — Berlin, Springer-Verlag, 1971 (Lecture Notes in Mathematics, 179).

[5] —— et Serre, J.-P. Formes modulaires de poids 1. *Ann. scient. Ec. Norm. Sup.*, *Série 4*, *7* (1974), pp. 507-530.

[6] Hardy, G. H. *Ramanujan*. Cambridge, Cambridge University Press, 1940; New York, Chelsea publishing Company, 1959 [Math. Rev., t. 3, 71d].

[7] Kolberg O. Congruences for the coefficients of the modular invariant $j(\tau)$. *Math. Scand.* *10* (1962), pp. 173-181 [Math. Rev., t. 26, 1287].

[8] Landau, E. Über die Einteilung der positiven ganzen Zahlen in vier Klassen nach der Mindestzahl der zu ihrer additiven Zusammensetzung erforderlichen Quadrate. *Arch. der Math. und Phys.*, *(3) 13* (1908), pp. 305-312.

[9] Lang, S. and Trotter, H. Frobenius Distributions in GL_2-Extensions. Lecture Notes in Mathematics 504, Berlin, Springer-Verlag, 1976.

[10] Narkiewicz, W. *Elementary and analytic theory of algebraic numbers.* Warszawa, PWN-Polish scientific Publishers, 1974 (Polska Akademia Nauk. Monografie Matematyczne, 57).

[11] Odoni, R. W. K. The Farey density of norm subgroups of global fields (I). *Mathematika*, London, *20* (1973), pp. 155-169.

[12] —— On the norms of algebraic integers. *Mathematika*, London, *22* (1975), pp. 71-80.

[13] Parkin, T. R. and Shanks, D. On the distribution of parity in the partition function. *Math. Comp. 21* (1967), pp. 466-480 [Math. Rev., t. 37, 2711].

[14] Raikov, D. A. Généralisation du théorème d'Ikehara-Landau [en russe]. *Mat. Sbornik 45* (1938), pp. 559-568.

[15] —— Sur la distribution des entiers dont les facteurs premiers appartiennent à une progression arithmétique donnée [en russe]. *Mat. Sbornik 46* (1938), pp. 563-570.

[16] Rankin, R. A. The divisibility of divisor functions. *Proc. Glasgow math. Assoc. 5* (1961), pp. 35-40 [Math. Rev., t. 26, 2407].

[17] Scourfield, E. J. On the divisibility of $\sigma_\nu(n)$. *Acta Arithm. 10* (1964), pp. 245-285 [Math. Rev., t. 30, 3074].

[18] —— Non-divisibility of some multiplicative functions. *Acta Arithm. 22* (1973), pp. 287-314 [Math. Rev., t. 47, 4954].

[19] Serre, J.-P. Une interprétation des congruences relatives à la fonction τ de Ramanujan. *Séminaire Delange-Pisot-Poitou: Théorie des nombres*, 9e année, 1967/68, exposé 14: 17 p.

[20] —— *Abelian l-adic representations and elliptic curves.* New York, Benjamin, 1968.

[21] —— Formes modulaires et fonctions zêta p-adiques. *Modular functions of one variable, III*, pp. 191-268. Berlin, Springer-Verlag, 1973 (Lecture Notes in Mathematics, 350).

[22] —— Valeurs propres des opérateurs de Hecke *modulo l. Astérisque 24-25* (1975), pp. 109-117.

[23] —— Divisibilité des coefficients des formes modulaires, *C. R. Acad. Sc. Paris 279* (1974), Série A, pp. 679-682.

[24] Shanks, D. The second-order term in the asymptotic expansion of $B(x)$. *Math. Comp. 18* (1964), pp. 75-86 [Math. Rev., t. 28, 2391].

[25] Shimura, G. *Introduction to the arithmetic theory of automorphic functions.* Publ. Math. Soc. Japan, 11, Princeton Univ. Press, 1971.

[26] Stanley, G. K. Two assertions made by Ramanujan, *J. London math. Soc. 3* (1928), pp. 232-237 (Corr. *ibid.*, *4* (1929), p. 32).

[27] Swinnerton-Dyer, H. P. F. On *l*-adic representations and congruences for coefficients of modular forms. *Modular functions of one variable, III*, pp. 1-55. Berlin, Springer-Verlag, 1973 (Lecture Notes in Mathematics, 350).

[28] Watson, G. N. Über Ramanujansche Kongruenzeigenschaften der Zerfällungsanzahlen (I). *Math. Z. 39* (1935), pp. 712-731.

[29] Wintner, A. On the prime number theorem. *Amer. J. Math. 64* (1942), pp. 320-326 [Math. Rev., t. 3, 271a].

Jean-Pierre Serre

Collège de France
Paris.

(Reçu le 21 mai 1976)

109.

Résumé des cours de 1975 – 1976

Annuaire du Collège de France (1976), 43 – 50

1 Le cours a été consacré aux systèmes de représentations *l*-adiques. Il a complété des cours antérieurs (1965/66, 1967/68, 1970/71), et passé en revue les quelques *résultats* obtenus depuis, et les nombreux *problèmes* qui restent ouverts.

1. *Systèmes de représentations l-adiques*

Soient K un corps de nombres algébriques, $\bar{K}$ une clôture algébrique de K, et G le groupe de Galois de $\bar{K}$ sur K. On s'intéresse aux systèmes de représentations *l*-adiques (ϱ_l) du type suivant :

a) pour chaque nombre premier l, ϱ_l est un homomorphisme continu de G dans le groupe $\mathrm{Aut}(V_l)$ des automorphismes d'un $\mathbf{Q}_l$-espace vectoriel V_l de dimension finie ;

b) il existe un ensemble fini S de places de K tel que, si $v \notin S$, et si l est distinct de la caractéristique résiduelle p_v de v, alors ϱ_l est non ramifiée en v, et le polynôme caractéristique de l'élément de Frobenius $\varrho_l(\mathrm{Frob}_v)$ est à coefficients dans **Q**, et ne dépend pas de l.

La condition de compatibilité b) assure que, si l'on connaît ϱ_l pour *un* l, on connaît, sinon tous les ϱ_l, du moins tous leurs semi-simplifiés.

2. *Systèmes fournis par la cohomologie*

Soient X une K-variété projective non singulière, et $\overline{X}$ la $\overline{K}$-variété déduite de X par extension du corps de base à $\overline{K}$. Soit $m \in \mathbf{Z}$. Posons $V_l = H^m(\overline{X}\,;\,\mathbf{Q}_l)$, m-ième groupe de cohomologie l-adique de $\overline{X}$, au sens de Grothendieck-Artin ; c'est un $\mathbf{Q}_l$-espace vectoriel de dimension égale au m-ième nombre de Betti de X. Le groupe G opère par transport de structure sur V_l ; on en déduit une représentation l-adique $\varrho_l : G \to \mathrm{Aut}(V_l)$. D'après un théorème de Deligne (1973), le système (ϱ_l) possède la propriété b) du n° 1 ; on peut prendre pour ensemble exceptionnel S l'ensemble des places de K en lesquelles X a mauvaise réduction.

Lorsque $m = 1$, ce système est dual de celui défini par les modules de Tate de la variété d'Albanese de X ; c'est le cas étudié initialement par Taniyama (1957).

Revenons au cas général, et soit G_l l'image de ϱ_l ; c'est un sous-groupe de Lie du groupe l-adique $\mathrm{Aut}(V_l)$; son algèbre de Lie $\mathfrak{g}_l$ est une sous-algèbre de $\mathrm{End}(V_l)$. On sait très peu de choses sur les $\mathfrak{g}_l$; on ignore même si leur dimension est indépendante de l. Voici quelques résultats élémentaires :

i) Supposons que les $\varrho_l(\mathrm{Frob}_v)$, pour $v \notin S$, $p_v \neq l$, soient semi-simples, ce qui est le cas pour $m = 1$ (on conjecture que c'est vrai pour tout m). Alors $\mathfrak{g}_l$ est scindable, et ses sous-algèbres de Cartan sont commutatives, et formées d'éléments semi-simples (cf. *Bourbaki*, LIE VII).

ii) Si $m \neq 0$, l'enveloppe algébrique $\overline{\mathfrak{g}}_l$ de $\mathfrak{g}_l$ contient les homothéties. (On conjecture que $\overline{\mathfrak{g}}_l = \mathfrak{g}_l$, cf. n° 3.)

Comme Deligne l'a observé, ceci entraîne :

iii) On a $H^i(\mathfrak{g}_l, V_l) = 0$ pour tout $i \neq 0$ (et même pour $i = 0$ si $m \neq 0$).

Le même résultat vaut pour les espaces tensoriels $T^r V_l \otimes T^s V_l^*$, avec $r \neq s$.

Le cas $i = 1$, $m = 1$ a la conséquence suivante (*Izv. Akad. Nauk S.S.S.R.*, 35, 1971) : si A est une variété abélienne sur K, tout sous-groupe d'indice fini de A(K) est un groupe de congruence.

3. *Relations avec les groupes de Hodge : conjectures*

Choisissons un plongement de $\bar{K}$ dans **C**, et soit $X_{\mathbf{C}}$ la variété complexe déduite de $\overline{X}$ par le changement de base $\bar{K} \to \mathbf{C}$. On peut parler de la cohomologie entière, rationnelle, complexe, ... de $X_{\mathbf{C}}$. Posons :

$$V_0 = H^m(X_{\mathbf{C}} ; \mathbf{Q}) \qquad \text{et} \qquad V_{\mathbf{C}} = \mathbf{C} \otimes V_0 = H^m(X_{\mathbf{C}} ; \mathbf{C}).$$

On a :

$$V_l = \mathbf{Q}_l \otimes V_0 \text{ pour tout } l.$$

La bigraduation de $V_{\mathbf{C}}$ fournie par la théorie de Hodge définit une action de $\mathbf{C}^* \times \mathbf{C}^*$ sur $V_{\mathbf{C}}$, d'ou un sous-tore de $\mathbf{GL}(V_{\mathbf{C}})$. Le *groupe de Hodge* $\mathrm{Hdg} = \mathrm{Hdg}_{m,X}$ est le plus petit **Q**-sous-groupe algébrique de $\mathbf{GL}(V_0)$ dont le groupe des **C**-points contienne le tore en question. C'est un groupe réductif connexe. Il a été défini par Mumford-Tate, et étudié en détail dans la thèse de Saavedra (*Lect. Notes*, 265, Springer, 1972). Lorsque m et X varient, les $\mathrm{Hdg}_{m,X}$ forment de manière naturelle un système projectif, dont la limite Hdg_K est un groupe pro-algébrique.

Soit $\mathfrak{h} = \mathfrak{h}_{m,X}$ l'algèbre de Lie de $\mathrm{Hdg}_{m,X}$; on a $\mathfrak{h} \subset \mathrm{End}(V_0)$. On conjecture :

i) *l'algèbre de Lie* $\mathfrak{g}_l$ *du groupe de Galois* G_l *est égale à* $\mathbf{Q}_l \otimes \mathfrak{h}$, ce qui entraîne en particulier que $\mathfrak{g}_l$ est algébrique, réductive dans $\mathrm{End}(V_l)$, et de dimension indépendante de l.

Une formulation équivalente de i) est :

i') les groupes G_l et $\mathrm{Hdg}_{m,X}(\mathbf{Q}_l)$ sont *commensurables* : leur intersection est ouverte dans chacun d'eux.

Ces conjectures sont liées à celles de Hodge et Tate sur les classes de cohomologie « algébriques » :

ii) si la conjecture de Hodge est vraie, on a $\mathfrak{g}_l \subset \mathbf{Q}_l \otimes \mathfrak{h}$;

iii) si la conjecture de Tate est vraie, et si $\mathfrak{g}_l$ est algébrique et réductive dans $\mathrm{End}(V_l)$, on a $\mathfrak{g}_l \supset \mathbf{Q}_l \otimes \mathfrak{h}$.

Variante adélique

Quitte à faire une extension finie de K, il doit être vrai que chacune des ϱ_l applique le groupe de Galois G dans $\mathrm{Hdg}_{m,X}(\mathbf{Q}_l)$. Posons $\mathbf{A}^f = \mathbf{Q} \otimes \hat{\mathbf{Z}}$, anneau des adèles finis de **Q**. La famille des ϱ_l définit un homomorphisme continu :

$$\varrho : G \to \mathrm{Hdg}_{m,X}(\mathbf{A}^f).$$

Il est naturel de conjecturer *l'équivalence* des propriétés suivantes :

a) $\varrho(G)$ est un sous-groupe *ouvert* de $\mathrm{Hdg}_{m,X}(\mathbf{A}^f)$;

b) pour presque tout l, $\varrho_l(G)$ est un sous-groupe *compact maximal* de $\mathrm{Hdg}_{m,X}(\mathbf{Q}_l)$;

c) le noyau de la projection canonique $\mathrm{Hdg}_K \to \mathrm{Hdg}_{m,X}$ est *connexe.*

4. *Relations avec les groupes de Hodge : résultats*

Ces résultats sont peu nombreux, et concernent presque exclusivement le cas où X est une variété abélienne, l'entier m étant égal à 1. On a alors :

a) (Piatetskii-Šapiro, Deligne) - L'algèbre $\mathfrak{g}_l$ est contenue dans $\mathbf{Q}_l \otimes \mathfrak{h}$.

Du point de vue galoisien, tout se passe donc comme si la conjecture de Hodge était vraie pour les variétés abéliennes.

b) (Shimura, Taniyama, Weil) - On a $\mathfrak{g}_l = \mathbf{Q}_l \otimes \mathfrak{h}$ si X est de type CM (multiplication complexe).

La situation dans ce cas est particulièrement favorable : on connaît la représentation $\varrho = (\varrho_l)$ de G, et l'on connaît aussi le groupe Hdg_K rendu abélien (c'est la limite projective des tores $T_{\mathfrak{m}}$ définis dans mon cours à McGill de 1967).

Signalons que, même dans ce cas, il n'est pas toujours vrai que $\varrho(G)$ soit ouvert dans le groupe adélique $\mathrm{Hdg}(\mathbf{A}^f)$: la jacobienne de la courbe $y^2 = 1 - x^{23}$ fournit un contre-exemple.

c) Si X est une courbe elliptique sans multiplication complexe, on a $\mathrm{Hdg} = \mathbf{GL}(V_0)$, $\mathfrak{g}_l = \mathbf{Q}_l \otimes \mathfrak{h} = \mathrm{End}(V_l)$, et $\varrho(G)$ est ouvert dans le groupe adélique $\mathrm{Hdg}(\mathbf{A}^f) \simeq \mathbf{GL}_2(\mathbf{A}^f)$.

La démonstration repose sur une étude détaillée des groupes G_l et $\varrho(G)$, qui avait été exposée dans le cours de 1970/71 et publiée dans *Invent. Math.* 15 (1972) ; on s'est borné à la résumer. Elle comporte deux étapes :

i) montrer que, si les groupes de Galois en question sont « trop petits », ils sont « presque abéliens » (cela provient de ce que $\mathbf{GL}_2$ est de rang-semi-simple 1) ; ii) montrer que, si ces groupes sont « presque abéliens », la courbe a des multiplications complexes (cela peut se faire de diverses façons, par exemple en relevant en caractéristique zéro certaines multiplications complexes de caractéristique p).

d) (« Fausses courbes elliptiques », cf. Ohta et Jacobson) - On suppose que dim.X = 2, et que End(X) est un ordre d'un corps de quaternions D de centre **Q**. On a alors les mêmes résultats que dans le cas c), le groupe Hdg étant, non plus $\mathbf{GL}_2$, mais le groupe multiplicatif D* de D.

e) On peut également traiter dans certains cas (mais pas dans tous, cf. n° 5) les *produits de courbes elliptiques*, et les variétés abéliennes analogues à ces produits (Ribet, Nakamura).

En dehors de ces cas de dimension 1, il n'y a guère à signaler que celui de la cohomologie des variétés de Fermat

$$X_0^n + \dots + X_r^n = 0,$$

où le groupe Hdg est commutatif, ce qui permet une analyse des (ϱ_l) analogue à celle de b) (Weil, Deligne).

5. *Courbes elliptiques*

Ce cas pose de nombreux problèmes. Notamment :

a) *Effectivité*

Soit E une courbe elliptique sans multiplication complexe, et soit $\varrho : G \to \prod_l \mathbf{GL}_2(\mathbf{Z}_l)$ la représentation de G donnée par les points d'ordre fini de E. D'après ce qui a été dit plus haut (n° 4 c), $\varrho(G)$ est un sous-groupe ouvert de $\prod \mathbf{GL}_2(\mathbf{Z}_l)$. Peut-on déterminer ce groupe de façon *effective* ? En particulier, peut-on expliciter un entier N_E tel que, pour tout $l > N_E$, l'homo-
2 morphisme $\varrho_l : G \to \mathbf{GL}_2(\mathbf{Z}_l)$ soit surjectif ?

Ce problème semble abordable ; l'outil principal devrait être la forme effective du théorème de densité de Čebotarev démontrée récemment par Lagarias-Odlyzko, et qui fera l'objet du cours de 1976/77.

b) *Uniformité*

Avec les notations de a), peut-on choisir l'entier N_E *indépendant de* E (dépendant donc seulement de K) ? Par exemple, pour $K = \mathbf{Q}$, peut-on prendre $N_E = 37$? C'est là une question bien plus optimiste que a). On peut la reformuler ainsi : notons X_l la courbe modulaire associée au sous-groupe de Borel de $\mathbf{GL}_2(\mathbf{F}_l)$, et Y_l (resp. Z_l) celle qui est associée à un normalisateur de sous-groupe de Cartan déployé (resp. non déployé) de $\mathbf{GL}_2(\mathbf{F}_l)$. Est-il vrai qu'il existe un entier M ne dépendant que de K tel que, pour tout $l > M$, les courbes X_l, Y_l et Z_l n'aient pas d'autres K-points que ceux correspondant aux « pointes » et aux courbes elliptiques à multiplication complexe ? On ne sait presque rien sur ce genre de question, mis à part le cas des X_l pour $K = \mathbf{Q}$, étudié en détail par Ogg, Mazur, Brumer, ...

c) *Isogénies*

Soient E et E′ deux courbes elliptiques dont les systèmes de représentations l-adiques sont isomorphes. Est-il vrai que E et E′ sont *isogènes* ? On ne le sait que lorsque l'invariant modulaire de l'une des deux courbes n'est pas un entier algébrique. Le cas général résulterait de l'assertion de finitude suivante :

(*) Pour tout corps de nombres K, et tout ensemble fini S de places de K, il n'existe qu'un nombre fini de courbes de genre 2 sur K dont les jacobiennes
3 aient bonne réduction en dehors de S.

L'énoncé analogue sur les corps de fonctions a été démontré par Paršin et Zarhin.

d) *Distribution des éléments de Frobenius*

Soit E une courbe sans multiplication complexe sur le corps $K = \mathbf{Q}$; soit S l'ensemble des nombres premiers en lesquels E a mauvaise réduction. Si $p \notin S$, on peut parler de l'endomorphisme de Frobenius π_p de la réduction de E modulo p ; on a $\det(\pi_p) = p$; posons $\mathrm{Tr}(\pi_p) = a_p$. On peut se poser diverses questions sur la variation de a_p avec p, par exemple celle-ci :

Soit F un polynôme non nul en deux variables, sur un corps de caractéristique zéro, et soit P_F l'ensemble des nombres premiers $p \notin S$ tels que $F(p, a_p) = 0$. On montre facilement que P_F est de densité zéro : si $P_F(x)$ désigne le nombre des $p \leqslant x$ qui appartiennent à P_F, on a

$$P_F(x) = o(x/\log x) \qquad \text{pour } x \to \infty.$$

De combien peut-on améliorer cette estimation ? Est-il vrai, par exemple, que $P_F(x) = O(x^{1/2})$? Si l'hypothèse de Riemann généralisée est vraie, on peut déduire du théorème de Lagarias-Odlyzko cité en a) que $P_F(x) = O(x^\alpha)$
4 pour tout $\alpha > 7/8$. Le cas où F est de la forme $a_p + c$ a été étudié, au point de vue numérique et heuristique, par Lang et Trotter (*Lect. Notes* 504, Springer, 1976) ; on conjecture que $P_F(x)$ est alors de l'ordre de grandeur

de $x^{1/2}/\log x$ (à moins, bien sûr, qu'il n'existe une relation de congruence sur a_p impliquant que $a_p \neq -c$ pour presque tout p, auquel cas $P_F(x)$ est borné).

6. *Problèmes locaux*

Pour étudier une représentation l-adique, il est précieux d'avoir des renseignements sur l'action du groupe d'inertie en une place de caractéristique résiduelle l. Après changement de base (et remplacement de l par p) cela amène à la situation suivante :

le corps K est maintenant un corps complet pour une valuation discrète à corps résiduel algébriquement clos de caractéristique p ; on suppose K de caractéristique zéro. Si $\bar{K}$ est une clôture algébrique de K, on s'intéresse à une représentation p-adique

$$\varrho : \mathrm{Gal}(\bar{K}/K) \to \mathrm{Aut}(V),$$

où V est un $\mathbf{Q}_p$-espace vectoriel de dimension finie. On peut prendre par exemple pour V un groupe de cohomologie $H^m(\overline{X} ; \mathbf{Q}_p)$, cf. n° 2.

Soit C le complété de $\bar{K}$. Tate a montré en 1966 que, dans certains cas (appelés maintenant « de Hodge-Tate »), le module galoisien $V_C = C \otimes V$ admet une graduation analogue à celle de Hodge dans le cas complexe. Pour un tel module, on peut définir (comme au n° 3) un groupe de Hodge Hdg_V, qui est un sous-groupe algébrique connexe de $\mathbf{GL}(V)$; en outre, d'après un résultat de Sen (*Ann. of Math.* 97, 1973), l'algèbre de Lie du groupe $\mathrm{Im}(\varrho)$ est *égale* à celle du groupe Hdg_V ; de ce point de vue, la situation est meilleure que dans le cas global du n° 3. Toutefois :

a) On ignore si les modules galoisiens $H^m(\overline{X} ; \mathbf{Q}_p)$ provenant de la cohomologie d'une variété projective non singulière sont des modules de Hodge-Tate. C'est vrai pour $m = 1$, d'après un théorème de Tate (complété par Raynaud) ; pour $m = 2$, il y a des résultats partiels d'Artin-Mazur (à paraître aux *Ann. Sci. E.N.S.*).

5 b) On se sait presque rien sur la structure de Hdg_V, même lorsque ce groupe est réductif. On ne sait même pas quels sont les types de groupes simples qui peuvent intervenir : A_n, B_n, ..., E_7, E_8 ? On manque fâcheusement d'exemples.

SÉMINAIRE

Pierre DELIGNE (3 exposés) : *Périodes des motifs de type CM* ;

Barry MAZUR (2 exposés) : *Groupe de Brauer formel et décompositions de Hodge p-adiques* ;

Michel RAYNAUD (2 exposés) : *Travaux de Shankar Sen.*

110.

Modular forms of weight one and Galois representations

Algebraic Number Fields, édité par A. Fröhlich, Acad. Press (1977), 193–268

Table of Contents

PART I

Introduction 194

§1 Two-dimensional Galois Representations 194

§2 Modular Forms 196

§3 The Main Theorems 205

§4 Proof of Theorem 2 210

§5 Applications 219

PART II

Introduction 225

§6 Cohomology and Liftings 226

§7 Dihedral Representations 237

§8 Representations with Prime Conductor 244

§9 Modular Forms of Weight One on $\Gamma_0(p)$ 252

References 265

Part I of these notes is basically a résumé of [DS]. The principal result proved is that the Mellin transform of a (suitably normalised) newform of weight 1 (with character) is the Artin L-function of a two-dimensional linear representation of the Galois group of the rational numbers. The representations which arise in this way have a simple characterisation (modulo the Artin Conjecture), and one obtains a bijection between a set of newforms and a set of isomorphism classes of Galois representations.

Some applications of a general nature are given in §5. Part II deals with more explicit examples.

§1. Two-dimensional Galois representations

Let $\bar{\mathbb{Q}}/\mathbb{Q}$ denote an algebraic closure of the rational number field $\mathbb{Q}$, and let $G = \mathrm{Gal}(\bar{\mathbb{Q}}/\mathbb{Q})$. Let $\rho\colon G \to GL_2(\mathbb{C})$ denote a two-dimensional continuous complex linear representation of G. (Throughout, linear representations of G will be implicitly assumed continuous. Recall that, in this case, continuity means having open kernel, and hence finite image.) The map $\sigma \longmapsto \det(\rho(\sigma))$, $\sigma \in G$, is a one-dimensional linear representation of G, which we denote by:

$$\varepsilon = \det(\rho)\colon G \to \mathbb{C}^\times .$$

Let $c \in G$ be a "complex conjugation", or Frobenius at infinity; then c is of order 2 (and, by a theorem of Artin, is the only element of G of order 2, up to conjugation). So, if χ is a one-dimensional linear representation of G, $\chi(c) = \pm 1$, and we say that χ is odd if $\chi(c) = -1$.

Let N be the Artin conductor, and $L(s,\rho)$ the Artin L-function, of the representation ρ. We refer to [Dur.M] for the definitions and basic properties of these. The conductor of $\varepsilon = \det(\rho)$ divides N so that, via class field theory, we may regard ε as a Dirichlet character mod N

$$\varepsilon\colon (\mathbb{Z}/N\mathbb{Z})^{\times} \to \mathbb{C}^{\times}.$$

Then the representation ε of G is odd if and only if this Dirichlet character satisfies $\varepsilon(-1) = -1$.

For ρ such that ε is odd, define:

$$\Lambda(s,\rho) = N^{s/2}(2\pi)^{-s}\Gamma(s)L(s,\rho).$$

Then one knows that Λ extends to a meromorphic function on the whole s-plane, and has the functional equation:

$$\Lambda(1-s,\rho) = W(\rho).\Lambda(s,\bar{\rho}),$$

where $\bar{\rho}$ is the contragredient of the representation ρ, and $W(\rho)$ is a constant. The Artin Conjecture states that $\Lambda(s,\rho)$ is a holomorphic function of s, for $s \neq 0, 1$. Recall that $\Lambda(s,\rho)$ is holomorphic for $s = 0, 1$ if ρ does not contain the unit representation of G. We say that ρ satisfies condition (A) if:

(A): there exists a positive integer M such that, for all one-dimensional linear representations χ of G with conductor prime to M, $\Lambda(s,\rho \otimes \chi)$ is a holomorphic function of s for $s \neq 0, 1$.

The representation ρ satisfies the condition (A) if, in particular, it is reducible or monomial (i.e. induced by a one-dimensional representation).

§2. Modular Forms

In what follows, we use only holomorphic modular forms of one variable, and we describe them in classical terms; for interpretations (and generalisations) in the language of infinite-dimensional representations of GL(2), see for instance [DA], [J-L], [WL].

2.1 Let $\mathcal{H} = \{z \in \mathbb{C} \mid \mathrm{Im}(z) > 0\}$ denote the complex upper half-plane, and $GL_2^+(\mathbb{R})$ the group of 2×2 real matrices with determinant > 0. Then $GL_2^+(\mathbb{R})$ acts on $\mathcal{H}$ as a group of holomorphic automorphisms:

$$\sigma: z \mapsto \frac{\alpha z + \beta}{\gamma z + \delta}, \quad \text{where } \sigma = \begin{pmatrix} \alpha & \beta \\ \gamma & \delta \end{pmatrix} \in GL_2^+(\mathbb{R}).$$

Let f be a holomorphic function on H, and k a positive integer. For σ as above, define:

$$f|_k\sigma(z) = \det(\sigma)^{k/2}(\gamma z + \delta)^{-k}\ f(\frac{\alpha z + \beta}{\gamma z + \delta}).$$

For fixed k, $\sigma : f \mapsto f|_k\sigma$ defines a group action of $GL_2^+(\mathbb{R})$ on the space of holomorphic functions on H.

Let $\Gamma = SL_2(\mathbb{Z})$, and let Γ' be a subgroup of Γ of finite index. Let f be a holomorphic function on H such that $f|_k\sigma = f$ for all $\sigma \in \Gamma'$. The group Γ' contains a matrix $\begin{pmatrix} 1 & M \\ 0 & 1 \end{pmatrix}$, for some positive integer M. Hence $f(z + M) = f(z)$ for all $z \in H$, and so f has a "Fourier expansion at infinity":

$$f(z) = \sum_{n=-\infty}^{\infty} a_n q_M^n, \quad q_M = e^{2\pi iz/M}.$$

We say that f is <u>holomorphic</u> (resp. <u>vanishes</u>) <u>at infinity</u> if $a_n = 0$ for all $n < 0$ (resp. $n \leq 0$). If $\sigma \in \Gamma$, then $f|_k\sigma|_k\sigma' = f|_k\sigma$, for all $\sigma' \in \sigma^{-1}\Gamma'\sigma$. So, for any $\sigma \in \Gamma$, $f|_k\sigma$ also has a Fourier expansion at infinity. We say that f is <u>holomorphic</u> (resp. <u>vanishes</u>) <u>at the cusps</u> if $f|_k\sigma$ is holomorphic (resp. vanishes) at infinity for all $\sigma \in \Gamma$.

Now let N be an integer ≥ 1, and ε a Dirichlet character mod N. Define:

$$\Gamma_0(N) = \left\{\begin{pmatrix} a & b \\ c & d \end{pmatrix} \in \Gamma \middle| c \equiv 0 \pmod N\right\}.$$

A <u>modular form on</u> $\Gamma_0(N)$ <u>of type</u> (k,ε) is a holomorphic function f on $\mathcal{H}$ such that:

(i) $f|_k \begin{pmatrix} a & b \\ c & d \end{pmatrix} = \varepsilon(d)f$ <u>for all</u> $\begin{pmatrix} a & b \\ c & d \end{pmatrix} \in \Gamma_0(N)$

<u>and</u>

(ii) f <u>is holomorphic at the cusps</u>.

Notice that (i) implies $f|_k\Gamma' = f$ for some subgroup Γ' of Γ of finite index, so that (ii) is meaningful. Also, the Fourier expansion of such a modular form is of the form:

$$f(z) = \sum_{n=0}^{\infty} a_n q^n, \qquad q = q_1 = e^{2\pi i z} .$$

The integer k in the type (k,ε) is called the <u>weight</u>. The weight and the character are related by:

$$\varepsilon(-1) = (-1)^k ,$$

since, if f is a modular form of type (k,ε),

$$(-1)^{-k}f = f|_k \begin{pmatrix} -1 & 0 \\ 0 & -1 \end{pmatrix} = \varepsilon(-1)f.$$

Such a modular form is called a <u>cusp form</u> if it vanishes at the cusps. The modular forms on $\Gamma_0(N)$ of type (k,ε) form a complex vector space $M(\Gamma_0(N),k,\varepsilon)$, and this has a subspace $S(\Gamma_0(N),k,\varepsilon)$, consisting of the cusp forms. The subspace S has a canonical complement:

$$M(\Gamma_0(N),k,\varepsilon) = E(\Gamma_0(N),k,\varepsilon) \oplus S(\Gamma_0(N),k,\varepsilon),$$

where E is the space spanned by the "Eisenstein series". See [H, 24] or [Sch] for the definition of Eisenstein series in this context. The above decomposition of M is proved for $k \geqslant 2$ in [Sch], and for $k = 1$ in [P].

2.2 Hecke Operators: Let p denote a prime number, and $f(z) = \sum_{n=0}^{\infty} a_n q^n$ a modular form on $\Gamma_0(N)$ of type (k,ε). The Hecke operators T_p, U_p are defined by:

$$f|T_p = \sum_{n=0}^{\infty} a_{np} q^n + \varepsilon(p) p^{k-1} \sum_{n=0}^{\infty} a_n q^{np} \text{ if } p \nmid N,$$

$$f|U_p = \sum_{n=0}^{\infty} a_{np} q^n \qquad \text{if } p|N.$$

Then $f|T_p$, $f|U_p$ are also modular forms on $\Gamma_0(N)$ of type (k,ε), and they are cusp forms if f is a cusp form. See [Ogg] or [Sh].

2.3 Newforms: For a full discussion of newforms, see [Li] and the references therein. Suppose $N'|N$, and that ε is a Dirichlet character mod N'. If f is a cusp form on $\Gamma_0(N')$ of type (k,ε), and $dN'|N$, then $z \longmapsto f(dz)$ is a cusp form on $\Gamma_0(N)$ of type (k,ε). The forms on $\Gamma_0(N)$ which may be obtained in this way from divisors N' of N,

$N' \neq N$, span a subspace $S^{-}(\Gamma_0(N),k,\varepsilon)$ of $S(\Gamma_0(N),k,\varepsilon)$. This leads to a decomposition of S:

$$S(\Gamma_0(N),k,\varepsilon) = S^{-}(\Gamma_0(N),k,\varepsilon) \oplus S^{+}(\Gamma_0(N),k,\varepsilon)$$

into subspaces orthogonal under the Petersson inner product, ([Ogg]). These subspaces are stable under the Hecke operators. The space S^{+} is spanned by the so-called newforms. A newform $f = \sum a_n q^n$ is a non-zero cusp form, and it is an eigenvector of all the Hecke operators T_p, U_p:

$$f|T_p = \lambda_p f, \quad p \nmid N,$$

$$f|U_p = \lambda_p f, \quad p|N \quad ,$$

with $\lambda_p \in \mathbb{C}$. This implies that $a_1 \neq 0$, and that:

$$\lambda_p = a_1^{-1} a_p \; ,$$

for all p. We shall say that a newform is normalised if $a_1 = 1$.

If two newforms have the same eigenvalues λ_p, for almost all p, they differ by a constant factor ([Li]). (Using the connection with ℓ-adic representations, one can even show that this holds when the forms have the same eigenvalues λ_p for a set of primes p of density $> 7/8$.)

Any cusp form on $\Gamma_0(N)$ of type (k,ε) can be written, essentially uniquely, as a finite sum $\sum_i f_i(d_i z)$, where $d_i N_i | N$, ε can be defined mod N_i, and f_i is a newform on $\Gamma_0(N_i)$ of type (k,ε).

To any modular form $f = \sum_{n=0}^{\infty} a_n q^n$ of the above type, we can attach the Dirichlet series:

$$L_f(s) = \sum_{n=1}^{\infty} a_n n^{-s}.$$

The series $L_f(s)$ converges in some right-hand half-plane. One knows that it has an Euler product expansion if f is an eigenfunction of the Hecke operators. See [H,36] or [Ogg]. In particular, if f is a normalised newform of type (k,ε), we have:

$$L_f(s) = \prod_{p \nmid N} (1 - a_p p^{-s} + \varepsilon(p) p^{k-1-2s})^{-1} \prod_{p | N} (1 - a_p p^{-s})^{-1} .$$

2.4 <u>Functional Equation</u>: For a modular form f on $\Gamma_0(N)$, the function:

$$\Lambda_f(s) = N^{s/2}(2\pi)^{-s}\Gamma(s)L_f(s)$$

extends to a meromorphic function on the whole s-plane, with the functional equation:

$$\Lambda_f(k - s) = i^k \Lambda_{f'}(s),$$

where k is the weight of f, and $f' = f|_k W$ with $W = \begin{pmatrix} 0 & -1 \\ N & 0 \end{pmatrix}$, that is:

$$f'(z) = N^{-k/2} z^{-k} f(-1/Nz).$$

The only possible singularities of Λ_f are simple poles at $s = 0$, k, and Λ_f is holomorphic if f vanishes at infinity. See [Sh] or [Ogg]. When f is a newform on $\Gamma_0(N)$ of type (k,ε), $\Lambda_f(s)$ is holomorphic. The function f' is then a newform on $\Gamma_0(N)$ of type $(k,\bar{\varepsilon})$. One proves (cf. [Li, p.296]) that it is equal to $c\bar{f}$, where c is a constant, and $\bar{f} = \sum \bar{a}_n q^n$. In particular, the functional equation may be rewritten as:

$$\Lambda_f(k - s) = ci^k \Lambda_{\bar{f}}(s).$$

Notice the analogy between this and the functional equation of §1.

2.5 <u>Properties of Eigenvalues</u>: Let $f = \sum a_n q^n$ be a cusp form on $\Gamma_0(N)$ of type (k,ε), and let σ be an automorphism of the field $\mathbb{C}$. Define:

$$f^\sigma = \sum_{n=1}^{\infty} a_n^\sigma q^n .$$

In [DS,2.7], using methods from algebraic geometry and the Tate curve, it is proved that:

(i) f^σ is a cusp form on $\Gamma_0(N)$ of type (k,ε^σ);

(ii) if the coefficients a_n are algebraic, they have bounded denominators;

(iii) the eigenvalues of the Hecke operators T_p, U_p, on $S(\Gamma_0(N),k,\varepsilon)$ lie in the ring of integers of an algebraic number field (of finite degree over $\mathbb{Q}$).

Alternatively, one may deduce these results from the classical theory as follows.

When $k \geqslant 2$, assertions (i) and (ii) follow from [Sh, 3.5.20, th. 3.52], which relies on the Eichler-Shimura isomorphism relating (cusp) forms of weight k with (parabolic) cohomology classes in the symmetric (k - 2)-power of $\mathbb{Z}^2$. The case k = 1 can be reduced to $k \geqslant 2$ by the following trick. Let:

$$\Delta = q.\prod_{n=1}^{\infty}(1-q^n)^{24}, \text{ and}$$

$$Q = 1 + 240.\sum_{n=1}^{\infty}\sigma_3(n)q^n, \text{ where } \sigma_h(n) = \sum_{\substack{d>0\\ d|n}} d^h .$$

Then Q, Δ, are modular forms on $\Gamma = SL_2(\mathbb{Z})$, of weights

4, 12, respectively. The form Δ vanishes at infinity, but not on H, while Q is non-zero at infinity. The map:

$$(Q,\Delta):\ f \longmapsto (Qf,\Delta f)$$

is an isomorphism between $S(\Gamma_0(N),1,\varepsilon)$ and the space V_ε consisting of pairs (g,h) where:

(a) $g \in S(\Gamma_0(N),5,\varepsilon)$, $h \in S(\Gamma_0(N),13,\varepsilon)$, and

(b) $\Delta g = Qh$.

The statement (ii) in weight 1 now follows from the case $k \geq 2$. Further, we see that σ induces a commutative diagram:

$$\begin{array}{ccc} V_\varepsilon & \xrightarrow{\ \approx\ } & V_{\varepsilon^\sigma} \\ {\scriptstyle (Q,\Delta)}\ \downarrow \approx & & \approx \downarrow\ {\scriptstyle (Q,\Delta)} \\ S(\Gamma_0(N),1,\varepsilon) & \longrightarrow & S(\Gamma_0(N),1,\varepsilon^\sigma) \end{array}$$

and hence a (semilinear) isomorphism $S(\Gamma_0(N),1,\varepsilon) \cong S(\Gamma_0(N),1,\varepsilon^\sigma)$. This proves (i) in weight 1.

To prove (iii), it is now enough to show that the eigenvalues of the T_p, U_p, on a given $S(\Gamma_0(N),k,\varepsilon)$ all lie in an algebraic number field. From the definition, it is clear that:

$$(f|T_p)^\sigma = f^\sigma|T_p\ ,\quad (f|U_p)^\sigma = f^\sigma|U_p,$$

for $f \in S(\Gamma_0(N),k,\varepsilon)$. Therefore, if $\{\lambda_p\}$ is a system of eigenvalues of the T_p, U_p on $S(\Gamma_0(N),k,\varepsilon)$, so is $\{\lambda_p^\sigma\}$, for any automorphism σ of $\mathbb{C}$ fixing the values of ε. Since the space $S(\Gamma_0(N),k,\varepsilon)$ is finite-dimensional, there are only finitely many distinct systems $\{\lambda_p^\sigma\}$ of eigenvalues, as σ ranges over the automorphisms of $\mathbb{C}$ fixing the values of ε. So (iii) holds for all $k \geq 1$.

§3. The Main Theorems

3.1 We have said, in 2.4, that the Dirichlet series attached to a cusp form on $\Gamma_0(N)$ is holomorphic and has a functional equation. The same applies to the other Dirichlet series obtained from this one by "twisting" with a Dirichlet character whose conductor is prime to N.

Conversely, suppose one starts with a Dirichlet series $L(s) = \sum_{n=1}^{\infty} a_n n^{-s}$. If χ is a Dirichlet character with conductor m_χ, define

$$L_\chi(s) = \sum_{n=1}^{\infty} a_n \chi(n) n^{-s}, \quad \Lambda(s) = (2\pi)^{-s}\Gamma(s)L(s),$$

$$\Lambda_\chi(s) = (m_\chi^{-1}.2\pi)^{-s}\Gamma(s)L_\chi(s).$$

If Λ, and Λ_χ for sufficiently many χ, are holomorphic, bounded in vertical strips, with functional equations of the appropriate type, then $f(z) = \sum_{n=1}^{\infty} a_n q^n$ is a cusp form on some $\Gamma_0(N)$. This is a theorem of Weil, [W]; cf. [Li, th.8]. For more general results in this direction, see [WL] and [J-L].

A holomorphic Artin L-function $\Lambda(s,\rho)$ is bounded in vertical strips ([WL,p.163]). Combining the functional equation of the $\Lambda(s,\rho \otimes \chi)$ and the properties of the Artin root number ([Dur.T]) with [Li,th.8], one obtains:

Theorem 1 (Weil-Langlands) *Let* ρ *be an irreducible two-dimensional complex linear representation of* $G = \mathrm{Gal}(\bar{\mathbb{Q}}/\mathbb{Q})$ *with conductor* N *and* $\varepsilon = \det(\rho)$ *odd. Assume that* ρ *satisfies condition* (A) *of* §1. *Suppose* $L(s,\rho) = \sum_{n=1}^{\infty} a_n n^{-s}$, *and let* $f(z) = \sum_{n=1}^{\infty} a_n q^n$. *Then* f *is a normalised newform on* $\Gamma_0(N)$ *of type* $(1,\varepsilon)$.

In the other direction:

Theorem 2 (Deligne-Serre) *Let* f *be a normalised newform on* $\Gamma_0(N)$ *of type* $(1,\varepsilon)$. *Then there exists an irreducible two-dimensional complex linear representation* ρ *of* G *such that* $L_f(s) = L(s,\rho)$. *Further, the conductor of* ρ *is* N, *and* $\det(\rho) = \varepsilon$.

Remark:

There are similar results, due to Hecke [H,36], for reducible two-dimensional representations ρ with $\det(\rho) = \varepsilon$ and conductor N. These correspond to the normalised "primitive" Eisenstein series of type $(1,\varepsilon)$ on $\Gamma_0(N)$.

3.2 The correspondences $\rho \longmapsto L(s,\rho)$, $f \longmapsto L_f(s)$ yield a bijection between the set of normalised newforms on $\Gamma_0(N)$ of type $(1,\varepsilon)$, and the set of isomorphism classes of irreducible two-dimensional representations of G with conductor N, determinant character ε, satisfying condition (A). This gives a way of checking the Artin Conjecture in certain specific cases. Given a representation ρ of the appropriate kind, one can determine the coefficients a_n of its L-function, for $n \leqslant B$, say. One can then try to construct a modular form with Fourier coefficients a_n, for $n \leqslant B$. If B is sufficiently large, for example:

$$B \geqslant \frac{N}{12} \cdot \prod_{p|N} (1 + p^{-1}),$$

this form is uniquely determined, if it exists. The form then gives rise to a representation ρ_1, via Theorem 2. Then ρ satisfies the condition (A) if it is isomorphic to

ρ_1. Otherwise, the Artin Conjecture is false.

3.3 A two-dimensional linear representation ρ of G gives rise to a projective linear representation, $\tilde{\rho}$, of G:

$$\begin{array}{ccc} G & \xrightarrow{\ \rho\ } & GL_2(\mathbb{C}) \\ & \searrow^{\tilde{\rho}} & \downarrow \\ & & PGL_2(\mathbb{C}) \end{array}$$

where $PGL_2(\mathbb{C}) = GL_2(\mathbb{C})/\mathbb{C}^{\times}$. Notice that $\det(\rho)$ is odd if and only if $\tilde{\rho}(c) \neq 1$, for a complex conjugation $c \in G$. The image of $\tilde{\rho}$ is a finite subgroup of $PGL_2(\mathbb{C})$, and hence is one of the following:

(i) C_n - cyclic of order n;

(ii) D_n - dihedral of order 2n, $n \geq 2$;

(iii) the alternating groups A_4, A_5, or the symmetric group S_4.

If $\mathrm{Im}(\tilde{\rho})$ is cyclic, $\mathrm{Im}(\rho)$ is abelian and hence ρ is reducible. Otherwise, ρ is irreducible. In the dihedral case, (<u>A</u>) is satisfied since ρ is induced from a one-dimensional representation of $\mathrm{Gal}(\bar{\mathbb{Q}}/K) \subset G$, for some quadratic field $K/\mathbb{Q}$. The modular form attached to ρ is a linear combination of θ-series of binary quadratic forms associated with K (cf.

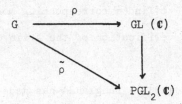

[H,23]). We will discuss this case further in §7.

Tate has constructed a number of examples of representations ρ of type (iii); see Part II. For one of these, with conductor 133, and $\mathrm{Im}(\tilde{\rho}) \cong A_4$ he managed, with the aid of Atkin *et al.*, to find a corresponding modular form, and so gave the first verification of the Artin Conjecture in a non-trivial case.

Recently, in [LB], Langlands has made a very important advance with case (iii) above. By representation theoretic arguments, involving descent properties of representations of GL(2), he has shown that ρ satisfies condition (*A*) when $\mathrm{Im}(\tilde{\rho}) \cong A_4$. The method also applies to the case $\mathrm{Im}(\tilde{\rho}) \cong S_4$, at least when the quadratic field corresponding to the kernel of the composition:

$$G \xrightarrow{\tilde{\rho}} S_4 \xrightarrow{\text{sign}} \{\pm 1\}$$

is *real*. This approach does not appear to work in the A_5 case.

Exercise: (Tate) Let ρ be a two-dimensional representation of G with odd determinant, satisfying Condition (*A*). Show that, for any automorphism σ of the field $\mathbb{C}$, ρ^{σ} also satisfies (*A*). (Hint: use Theorems 1 and 2, and 2.5 (i).)

§4 Proof of Theorem 2

In this section, we sketch the proof of Theorem 2. For more details, see [DS].

As in the theorem, let f be a normalised newform on $\Gamma_0(N)$ of type $(1,\varepsilon)$:

$$f(z) = \sum_{n=1}^{\infty} a_n q^n .$$

For a prime number p, we let σ_p denote a Frobenius at p. We must find a representation:

$$\rho : G \to GL_2(\mathbb{C})$$

such that, for all $p \nmid N$, ρ is unramified at p, and

$$\mathrm{Tr}(\rho(\sigma_p)) = a_p, \quad \det(\rho(\sigma_p)) = \varepsilon(p), \quad p \nmid N.$$

Here, Tr denotes the trace. Note that $\mathrm{Tr}(\rho(\sigma_p))$ and $\det(\rho(\sigma_p))$ are well-defined, independent of the choice of σ_p, since ρ is unramified at p, for $p \nmid N$.

As in 2.5 above, we can find a number field $E/\mathbb{Q}$, of finite degree, such that the ring $\mathcal{O}_E$ of integers of E contains all the coefficients a_p, and the values of ε. We can, moreover, assume that $E/\mathbb{Q}$ is Galois. For each prime number ℓ, let $\mathfrak{p}_\ell$ denote a prime ideal of $\mathcal{O}_E$ containing ℓ, and let $k_\ell = \mathcal{O}_E/\mathfrak{p}_\ell$ be the corresponding residue class field.

4.1 <u>Existence of "modular" representations</u>:

<u>There exists a continuous semisimple linear representation</u>

$$\rho_\ell : G \to GL_2(k_\ell)$$

<u>which is unramified outside</u> $N\ell$ <u>and such that</u>

$$Tr(\rho_\ell(\sigma_p)) = a_p \pmod{\mathcal{P}_\ell}, \quad \det(\rho_\ell(\sigma_p)) = \varepsilon(p) \pmod{\mathcal{P}_\ell}$$

<u>for all</u> $p \nmid N\ell$.

The proof relies on the following general result of Deligne [DS,6.1,6.2]:

Let K be a non-Archimedean local field, with ring of integers $\mathcal{O}_K$, and residual characteristic ℓ. Let $g = \sum b_n q^n$ be a modular form on $\Gamma_0(N)$ of type (k,ε), with $k \geq 2$. Assume that $g|T_p = b_p g$ for all $p \nmid N$, and that $\mathcal{O}_K$ contains these b_p and the values of ε. Then there is a semisimple continuous linear representation θ_ℓ: $G \to GL_2(K)$ which is unramified outside $N\ell$, and such that:

$$Tr(\theta_\ell(\sigma_p)) = a_p, \quad \det(\theta_\ell(\sigma_p)) = p^{k-1}\varepsilon(p),$$

for all $p \nmid N\ell$.

Let m be an even positive integer, $m \geq 4$, and $m \equiv 0 \pmod{(\ell - 1)}$. The normalised Eisenstein series:

$$E_m = 1 - b_m^{-1}.2m \sum_{n=1}^{\infty} \sigma_{m-1}(n)q^n,$$

where b_m is the m-th Bernoulli number, is a modular form on Γ of weight m. It has rational ℓ-integral Fourier coefficients and, as a formal power series in q:

$$E_m \equiv 1 \pmod{\ell},$$

by the Clausen-von Staudt theorem ([BS,p.384]). Hence:

$$fE_m \equiv f \pmod{p_\ell}, \qquad \text{and}$$

$$fE_m|T_p \equiv a_p.fE_m \pmod{p_\ell}, \qquad \text{for } p \nmid N.$$

The product fE_m is a modular form on $\Gamma_0(N)$ of type $(m+1,\varepsilon)$. By [DS 6.11], we can find a modular form g on $\Gamma_0(N)$, of type $(m+1,\varepsilon)$, with ℓ-integral Fourier coefficients lying in a finite extension E'/E, satisfying:

$$g|T_p = b_p g, \qquad \text{and} \qquad b_p \equiv a_p \pmod{P_\ell},$$

for all $p \nmid N\ell$, and some prime P_ℓ of E' dividing p_ℓ. We can apply Deligne's theorem to this g, and obtain an ℓ-adic representation θ_ℓ of G over the completion of E' at P_ℓ^*. Replacing θ_ℓ by an isomorphic representation, if necessary, we can assume that θ_ℓ is an integral representation. So we may reduce θ_ℓ mod P_ℓ to obtain a continuous linear representation:

$$\tilde{\rho}_\ell : G \to GL_2(k'_\ell)$$

over the residue class field k'_ℓ/k_ℓ at P_ℓ. Further:

$$\mathrm{Tr}(\tilde{\rho}_\ell(\sigma_p)) = a_p \ (\mathrm{mod}\ P_\ell), \quad \text{and}$$

$$\det(\tilde{\rho}_\ell(\sigma_p)) = p^m\varepsilon(p) \equiv \varepsilon(p) \ (\mathrm{mod}\ P_\ell) ,$$

for all $p \nmid N\ell$.

---

* Shimura has suggested that, instead of taking E_m as above, one uses a suitable Eisenstein series E_1 of weight 1 on $\Gamma_1(\ell)$, in which case fE_1 is of weight 2. Then one only has to use Deligne's theorem in the case $k = 2$, where it had been proved earlier by Eichler-Shimura-Igusa, using more elementary methods. This has the added advantage of showing that ρ_ℓ appears in the natural representation of G on the ℓ-division points of the Jacobian of the modular curve $X_1(N\ell)$, cf. Koike [K].

Let ρ_ℓ be the "semisimplification" of $\tilde{\rho}_\ell$; that is, ρ_ℓ is a semisimple representation with the same Jordan-Hölder factors as $\tilde{\rho}_\ell$. We must show that ρ_ℓ is realisable as a representation over k_ℓ. Since the Brauer group of a finite field is trivial, it is sufficient to prove that ρ_ℓ and ρ_ℓ^γ are isomorphic, for any $\gamma \in \mathrm{Gal}(k_\ell'/k_\ell)$. For a Frobenius σ_p, $p \nmid N\ell$, we have

$$\mathrm{Tr}(\rho_\ell(\sigma_p)) = \mathrm{Tr}(\rho_\ell^\gamma(\sigma_p)) = a_p \pmod{P_\ell},$$

and

$$\det(\rho_\ell(\sigma_p)) = \det(\rho_\ell^\gamma(\sigma_p)) = \varepsilon(p) \pmod{P_\ell}$$

since, by hypothesis, the a_p and the values of $\varepsilon \pmod{P_\ell}$ lie in k_ℓ. The group $\rho_\ell(G)$ is finite so that, by the Čebotarev density theorem, every element is of the form $\rho_\ell(\sigma_p)$ for some $p \nmid N\ell$. Consequently, ρ_ℓ and ρ_ℓ^γ have the same characteristic polynomial, and they are isomorphic.

4.2 Exploitation of a result of Rankin: Let P denote a set of prime numbers. We define the upper density of P to be:

$$\text{upp. dens.}(P) = \limsup_{\substack{s \to 1 \\ s>1}} \frac{\sum_{p \in P} p^{-s}}{\log(1/(s-1))} .$$

Let f, E be as above. Then:

<u>For every</u> $\eta > 0$, <u>there is a finite subset</u> S <u>of</u> $\mathcal{O}_E$ <u>such that the set</u> P_S <u>of primes</u> $p \nmid N$ <u>with</u> $a_p \notin S$ <u>has upper density</u> $< \eta$.

Let $\{\lambda_p\}$, $p \nmid N$ be a system of eigenvalues of the Hecke operators T_p on $\mathcal{S}(\Gamma_0(N),k,\varepsilon)$. Using a result of Rankin one proves ([DS,5.7]):

$$\sum |\lambda_p|^2 p^{-s} \leq \log(1/(s-k)) + O(1) \qquad \text{as } s \to k.$$

In particular, this applies to the case $k = 1$, $\lambda_p = a_p$, and also to $\lambda_p = a_p^\gamma$, for any $\gamma \in \mathrm{Gal}(E/\mathbb{Q})$, (cf. 2.5). So:

$$\sum_\gamma \sum_{p \nmid N} |a_p^\gamma|^2 p^{-s} \leq [E:\mathbb{Q}].\log(1/(s-1)) + O(1) \quad \text{as } s \to 1,$$

where γ ranges over $\mathrm{Gal}(E/\mathbb{Q})$. For any $c > 0$, the set:

$$S(c) = \{a \in \mathcal{O}_E \mid \sum_\gamma |a^\gamma|^2 \leq c\}$$

is finite. Consider the set $P_{S(c)}$. By definition, if $p \in P_{S(c)}$, we have:

$$\sum_\gamma |a_p^\gamma|^2 > c, \qquad \text{so that:}$$

$$c.\sum_{p \in P_{S(c)}} p^{-s} \leq [E:\mathbb{Q}].\log(1/(s-1)) + O(1) \quad \text{as } s \to 1.$$

Therefore upp.dens. $(P_{S(c)}) \leq c^{-1}[E:\mathbb{Q}]$, and in the assertion we may take $S = S(\eta^{-1}[E:\mathbb{Q}])$.

4.3 Bounds on $\mathrm{Im}(\rho_\ell)$: We denote the cardinality of a finite set S by $\# S$. Let ρ_ℓ again denote the modular representation of G over k constructed in 4.1. Let $G_\ell = \mathrm{Im}(\rho_\ell) \subset GL_2(k_\ell)$, and let L denote the set of prime numbers which split completely in $E/\mathbb{Q}$. The set L is infinite, and for $\ell \in L$, $G_\ell \subset GL_2(\mathbb{F}_\ell)$, where $\mathbb{F}_\ell$ denotes the field of ℓ elements. The next step is to prove $\sup_{\ell \in L} \# G_\ell < \infty$.

The groups G_ℓ, for $\ell \in L$, have the following property: Given $\eta > 0$, there exists M such that, for all $\ell \in L$, there is a subset $H_\ell \subset G_\ell$, with:

$$\# H_\ell \geq (1-\eta)\# G_\ell, \qquad \underline{\text{and}}$$

$$\#\{\det(1-ht) \in \mathbb{F}_\ell[t] \mid h \in H_\ell\} \leq M.$$

For, by 4.2 above, there is a set P_η of prime numbers such that:

(i) upp.dens.$(P_\eta) \leq \eta$,

(ii) $M = \#\{a_p \mid p \notin P_\eta\}$ is finite.

Take H_ℓ to be the set of all conjugates of $\rho_\ell(\sigma_p)$, $p \notin P_\eta$. Then H_ℓ satisfies the first condition by the Čebotarev density theorem. The characteristic polynomial of $\rho_\ell(\sigma_p)$ is $1 - a_p t + \varepsilon(p)t^2 \pmod{\mathfrak{p}_\ell}$. So H_ℓ and M have the required properties.

A group-theoretic lemma, based on the list of subgroups of $GL_2(\mathbb{F}_\ell)$, applied to any $\eta < 1/2$, now implies the existence of a bound for $\# G_\ell$, cf. [DS,7.2].

4.4 <u>End of Proof</u>: Since, for ℓ splitting completely in E, $\# G_\ell$ is bounded independent of ℓ, $\# G_\ell$ is prime to ℓ for large ℓ. Then, ([DS,8.5,8.6]), there is an integral representation ρ of G, defined over a finite extension of E, which reduces mod primes to ρ_ℓ, for infinitely many ℓ. Clearly, this ρ satisfies:

ρ *is unramified at all* $p \nmid N$;

$\det(\rho) = \varepsilon$;

$\mathrm{Tr}(\rho(\sigma_p)) = a_p$ *for all* $p \nmid N$.

It remains, therefore, to show that:

(i) ρ *is irreducible*;

(ii) $L(s,\rho) = L_f(s)$;

(iii) *the conductor of* ρ *is* N.

<u>Proof of</u> (i): Suppose that ρ is reducible, $\rho = \chi_1 \oplus \chi_2$, say. Then $\chi_1 . \chi_2 = \varepsilon$, and $\chi_1(p) + \chi_2(p) = a_p$ for all $p \nmid N$. Hence:

$$\sum |a_p|^2 p^{-s} = 2.\sum p^{-s} + \sum \chi_1(p).\bar{\chi}_2(p)p^{-s} + \sum \bar{\chi}_1(p).\chi_2(p)p^{-s}.$$

Since $\varepsilon(-1) = -1$, the characters $\chi_1\bar{\chi}_2$ and $\bar{\chi}_1\chi_2$ are non-trivial, and so:

$$\sum \chi_1(p).\bar{\chi}_2(p)p^{-s} + \sum \bar{\chi}_1(p).\chi_2(p)p^{-s} = O(1)$$

as $s \to 1$.

Consequently:

$$\sum |a_p|^2\, p^{-s} = 2.\log(1/(s-1)) + O(1), \quad \text{as } s \to 1.$$

But we know (see above):

$$\sum |a_p|^2 p^{-s} \leqslant \log(1/(s-1)) + O(1) \quad \text{as } s \to 1,$$

and this contradiction shows that ρ is irreducible.

<u>Proof of</u> (ii) <u>and</u> (iii): The only possible differences between $L(s,\rho)$ and $L_f(s)$ occur in their Euler factors at primes $p|N$. So $\Lambda_f(s)$ and $\Lambda(s,\rho)$ can only differ by a finite number of Euler factors and an exponential factor:

$$\Lambda(s,\rho) = \Lambda_f(s)H(s)(F(\rho).N^{-1})^{s/2}$$

and similarly

$$\Lambda(s,\bar{\rho}) = \Lambda_{f'}(s)H'(s)(F(\rho).N^{-1})^{s/2},$$

where $F(\rho)$ is the conductor of ρ, and H, H' are finite products of Euler factors of the form $(1 - \alpha_p p^{-s})^{-1}$. The functional equations of $\Lambda_f(s)$ and $\Lambda(s,\rho)$ imply a functional equation:

$$(F(\rho).N^{-1})^{s/2}H'(s) = c.(F(\rho).N^{-1})^{(1-s)/2}H(1-s),$$

for some constant $c \in \mathbb{C}^{\times}$. Using the fact that $|\alpha_p| < p^{\frac{1}{2}}$, one shows easily that such an equation implies ([DS,4.9]) $H = H' = 1$, and $F(\rho) = N$.

This concludes the sketch of the proof.

§5. Applications

One can obtain various estimates for the coefficients of a normalised newform of weight 1 on $\Gamma_0(N)$ by using the fact that they are also the coefficients of an Artin L-series. Then one can deduce similar results for the Fourier coefficients of more general modular forms of weight 1, by reducing to newforms and Eisenstein series.

5.1 Let $f = \sum_{n=0}^{\infty} a_n q^n$ be a non-zero modular form of type $(1,\varepsilon)$ on $\Gamma_0(N)$ such that $f|T_p = \lambda_p f$ for all $p \nmid N$. Then

$|\lambda_p| \leq 2$, <u>for all</u> $p \nmid N$.

Without changing the eigenvalues λ_p, we may replace f by either a newform or an Eisenstein series. In the first case, Theorem 2 shows that λ_p is the sum of two roots of unity, and hence $|\lambda_p| \leq 2$. The same is true in the second case, because of Hecke's theory of Eisenstein series.

This is the Ramanujan-Petersson Conjecture in weight 1. The Conjecture is proved for weight ≥ 2 in [DW].

5.2 <u>Let</u> $f = \sum_{n=0}^{\infty} a_n q_M^n$ <u>be a non-zero modular form of weight</u> 1 <u>on some congruence subgroup of</u> $SL_2(\mathbb{Z})$. <u>Then</u>:

(a) $a_n = O(\sigma_0(n)) = O(n^\delta)$ <u>for any</u> $\delta > 0$.

(b) $$\limsup \frac{\log(|a_n|).\log\log n}{\log n} = \log 2.$$

(c) <u>The set of positive integers</u> n <u>for which</u> $a_n = 0$ <u>has density</u> 1.

See [DS 9.1,9.2], [DS 9.5] and [DPP 3.5]. For newforms, (b) follows also from the following general property of Artin L-series:

<u>Exercise</u>: Let θ be a d-dimensional complex linear representation of G, and let:

$$L(s,\theta) = \sum_{n=1}^{\infty} b_n n^{-s}.$$

Then:

$$\limsup \frac{\log(|b_n|).\log\log n}{\log n} = \log d.$$

5.3 The Čebotarev density theorem shows that if $\rho^{(1)}$ and $\rho^{(2)}$ are representations of G such that:

$$\mathrm{Tr}(\rho^{(1)}(\sigma_p)) = \mathrm{Tr}(\rho^{(2)}(\sigma_p))$$

for sufficiently many p, then $\rho^{(1)}$ and $\rho^{(2)}$ are isomorphic. See exercises below. One can give effective forms of this in some generality ([Dur.LO]), but Theorem 1 yields a particularly sharp effective form of the Čebotarev theorem for two-dimensional representations with odd determinant:

Let N be a positive integer, and ε a Dirichlet character mod N. Let P be a finite set of primes, containing all prime divisors of N. Define:

$$A(N,P,\varepsilon) = N.\prod_{p\in P} p^{e_p}, \quad \text{where}$$

$$e_p = \begin{cases} 2 & \text{if } p \nmid N; \\ 0 & \text{if } p^2 \mid N \text{ and } \varepsilon \text{ may be defined mod } N/p \\ 1 & \text{otherwise.} \end{cases}$$

<u>Theorem</u> 3 <u>Let</u> $\rho^{(1)}$, $\rho^{(2)}$ <u>be two-dimensional complex linear representations of</u> G, <u>with conductor dividing</u> N, <u>and</u>

$$\det(\rho^{(1)}) = \det(\rho^{(2)}) = \varepsilon,$$

<u>an odd character</u>. <u>Assume that</u> $\rho^{(1)}$ <u>and</u> $\rho^{(2)}$ <u>both satisfy condition</u> (<u>A</u>) <u>of</u> §1, <u>and let</u>:

$$L(s,\rho^{(i)}) = \sum_{n=1}^{\infty} a_n^{(i)} n^{-s}, \quad \text{for } i = 1, 2.$$

<u>Let</u> P <u>be a finite set of primes containing all prime divisors of</u> N. <u>Suppose that</u> $a_\ell^{(1)} = a_\ell^{(2)}$ <u>for all primes</u> ℓ <u>such that</u>:

$$\ell \notin P, \quad \text{and } \ell \leqslant (1/12).A. \prod_{p \in P} (1 + p^{-1}),$$

<u>where</u> A = A(N,P,ε), <u>as above</u>. <u>Then</u>:

$$\rho^{(1)} \cong \rho^{(2)}.$$

<u>Proof</u>: There is a constant $a_0^{(i)}$ such that:

$$f^{(i)} = \sum_{n=0}^{\infty} a_n^{(i)} q^n, \quad \text{for } i = 1, 2,$$

is a modular form of type (1,ε) on $\Gamma_0(N)$. (In fact, $a_0^{(i)} = -L(0,\rho^{(i)})$, which is zero if $\rho^{(i)}$ is irreducible.)

Let:

$$g = f^{(1)} - f^{(2)} = \sum_{n=0}^{\infty} b_n q^n,$$

and

$$g^* = \sum_n{}^{*} b_n q^n = \sum_{n=1}^{\infty} b_n^* q^n, \quad \text{say,}$$

where $\sum^{*}$ denotes the sum taken over all n prime to all $p \in P$.

<u>Lemma</u>: g^{*} <u>is a modular form of type</u> $(1,\varepsilon)$ <u>on</u> $\Gamma_0(A)$, <u>where</u> $A = A(N,P,\varepsilon)$.

Fix a prime p and consider:

$$g_p = \sum_{\substack{n \\ p \nmid n}} b_n q^n .$$

Then $g_p = g - g|U_pV_p$, where the action of the operators U_p, V_p on power series is given by:

$$(\sum c_n q^n)|U_p = \sum c_{np} q^n, \quad \text{and} \quad (\sum c_n q^n)|V_p = \sum c_n q^{np}.$$

By the properties of these operators ([Li,p.287]) g_p is a modular form of type $(1,\varepsilon)$ on $\Gamma_0(Np^{e_p})$. The lemma follows by iteration.

By hypothesis, the coefficients b_n^{*} of g^{*} satisfy:

$$b_n^{*} = 0 \text{ for all } n \leq (1/12).A.\prod_{p|A}(1+p^{-1}).$$

If the order of ε is r, $(g^{*})^r$ is a modular form on $\Gamma_0(A)$ of type $(r,1)$, with a zero at infinity of order at least:

$$(r/12).A.\prod_{p|A}(1+p^{-1}) + r = (r/12).(\Gamma:\Gamma_0(A)) + r .$$

Consequently, by [OggA,Prop.7], g^{*} is identically zero, and the result follows.

<u>Remark</u>: If one only assumes that $\det(\rho^{(1)})$, $\det(\rho^{(2)})$ are odd characters, not that they are equal, the theorem still holds provided $a_\ell^{(1)} = a_\ell^{(2)}$ for all primes $\ell \notin P$ such that:

$$\ell \leqslant (1/24).B^2. \prod_{p|B} (1 - p^{-2}), \quad \text{where } B = N. \prod_{p\in P} p^2.$$

(Hint: work on $\Gamma_1(N)$ rather than $\Gamma_0(N)$.)

<u>Exercises</u>:

(i) Let G be a compact group with Haar measure μ, and let $\rho^{(1)}$, $\rho^{(2)}$ be two r-dimensional representations of G, and suppose that the set A of $g \in G$ such that $\mathrm{Tr}(\rho^{(1)}(g)) = \mathrm{Tr}(\rho^{(2)}(g))$ satisfies $\mu(A)/\mu(G) > 1 - 1/2r^2$. Show that $\rho^{(1)}$ and $\rho^{(2)}$ are isomorphic. (Hint: use the orthogonality relations.)

(ii) Take $G = \mathrm{Gal}(\bar{\mathbb{Q}}/\mathbb{Q})$, and show that if $\mathrm{Tr}(\rho^{(1)}(\sigma_p)) = \mathrm{Tr}(\rho^{(2)}(\sigma_p))$ for all p in a set of density $> 1 - 1/2r^2$, then $\rho^{(1)}$ and $\rho^{(2)}$ are isomorphic.

(iii) Show that for r = 2, this bound is sharp (Hint: Take $G = D_4 \times C_2$).

(iv) Let $f^{(i)} = \sum_{n=1}^{\infty} a_n^{(i)} q^n$, i = 1, 2, be two distinct normalised newforms on $\Gamma_0(N)$ of weight 1. Show that the set of p for which $a_p^{(1)} = a_p^{(2)}$ has density $\leq 7/8$. Produce an example where it is 7/8.

PART II

This part contains examples illustrating the theory of Part I, namely two-dimensional representations of $G_{\mathbb{Q}} = \mathrm{Gal}(\bar{\mathbb{Q}}/\mathbb{Q})$, with odd determinant and the corresponding modular forms of weight 1.

We first discuss liftings of projective representations of Galois groups to linear representations (§6). We then give examples of dihedral representations (§7) and of representations (dihedral or not) which have prime conductor (§§8, 9).

Most of these results and examples were found by Tate, and communicated to Serre in a series of letters during 1973 and 1974.

§6. Cohomology and Liftings

6.1 Let K be a global or a local field. (We assume throughout that our non-Archimedean local fields have <u>finite residue field</u>.) Let $\bar{K}/K$ be a separable closure of K, and let $G_K = \mathrm{Gal}(\bar{K}/K)$. Let $\tilde{\rho}$ be a projective representation of G_K:

$$\tilde{\rho} : G_K \to PGL_n(\mathbb{C}) = GL_n(\mathbb{C})/\mathbb{C}^{\times}.$$

We assume throughout that all representations of G_K are continuous. A <u>lifting</u> of $\tilde{\rho}$ is a (continuous) linear representation $\rho: G_K \to GL_n(\mathbb{C})$ such that the diagram

$$\begin{array}{ccc} G_K & \xrightarrow{\ \rho\ } & GL_n(\mathbb{C}) \\ & \searrow^{\tilde{\rho}} & \downarrow \\ & & PGL_n(\mathbb{C}) \end{array}$$

commutes. If ρ is a lifting of $\tilde{\rho}$, then so is $\chi \otimes \rho$, for any one-dimensional linear representation χ of G_K; further, any lifting of $\tilde{\rho}$ is of this form, for some χ.

We may regard $\mathbb{C}^{\times}$ as a discrete G_K-module, on which G_K acts trivially. Let $H^2(G_K,\mathbb{C}^{\times})$ denote the 2-cohomology group of the profinite group G_K with coefficients in $\mathbb{C}^{\times}$ (cf. [CG]). The obstruction to the existence of a lifting of $\tilde{\rho}$ is an element of $H^2(G_K,\mathbb{C}^{\times})$.

Theorem 4 (Tate) Let K be a local or global field. Then $H^2(G_K, \mathbb{C}^\times) = 1$.

Corollary Every projective representation of G_K has a lifting.

We will give a proof of Theorem 4 in 6.5 below.

If K is a non-Archimedean local field, let $P_K \subset I_K \subset G_K$ denote respectively the first ("wild") ramification group and the inertia group of $\bar{K}/K$. We say that a projective representation $\tilde{\rho}$ of G_K is unramified (resp. tamely ramified) if $\tilde{\rho}$ is trivial on I_K (resp. P_K).

Exercise: If K is a non-Archimedean local field, an unramified (resp. tamely ramified) projective representation of G_K has an unramified (resp. tamely ramified) lifting. (Hint: Use the known structure of G_K/I_K and G_K/P_K; cf. [CG,II-33 Ex.1].)

6.2 Now restrict to the case $K = \mathbb{Q}$. Let p be a prime number, and let $I_p \subset D_p \subset G_{\mathbb{Q}}$ be respectively the inertia and decomposition groups of a place of $\bar{\mathbb{Q}}$ above p. So I_p and D_p are uniquely determined up to conjugation, and D_p may be identified with $\mathrm{Gal}(\bar{\mathbb{Q}}_p/\mathbb{Q}_p) = G_{\mathbb{Q}_p}$.

Theorem 5 (Tate) Let $\tilde{\rho}$ be a projective representation of $G_{\mathbb{Q}}$, and for each prime number p, let ρ'_p be a lifting of $\tilde{\rho}|D_p$. Suppose that $\rho'_p|I_p$ is trivial for almost all p. Then there is a unique lifting ρ of $\tilde{\rho}$ such that:

$$\rho|I_p = \rho'_p|I_p$$

for all p.

(Note that the lifting can be specified on the inertia groups, not on the decomposition groups.)

Proof: Let ρ_1 be some lifting of $\tilde{\rho}$. Then, for each p, we can find a one-dimensional linear representation χ_p of D_p such that:

$$\rho'_p = \chi_p \otimes \rho_1|D_p.$$

We may assume that χ_p is unramified for almost all p. If we view χ_p as a character of $\mathbb{Q}_p^\times$, there is an idele class character χ of $\mathbb{Q}$ such that $\chi|\mathbb{Z}_p^\times = \chi_p|\mathbb{Z}_p^\times$ for all p. That is, we can find a one-dimensional linear representation χ of $G_{\mathbb{Q}}$ such that $\chi|I_p = \chi_p|I_p$ for all p. Then $\rho = \chi \otimes \rho_1$ is the required lifting. Since ρ is uniquely determined on the inertia groups, it is uniquely determined.

We now define the conductor of a projective representation $\tilde{\rho}$ of $G_{\mathbb{Q}}$ to be the integer:

$$N = \prod_p p^{m(p)}$$

where, for each prime number p, m(p) is the least integer such that $\tilde{\rho}|D_p$ has a lifting with conductor $p^{m(p)}$. Theorem 5 shows that, if $\tilde{\rho}$ has conductor N, it has a lifting with conductor N, and every lifting has conductor a multiple of N.

6.3 Now restrict further to the case $K = \mathbb{Q}$, $n = 2$. The groups $\tilde{\rho}(G_{\mathbb{Q}})$, $\tilde{\rho}(D_p)$ are finite subgroups of $PGL_2(\mathbb{C})$ (cf. 3.3). A lifting of $\tilde{\rho}$ (resp. $\tilde{\rho}|D_p$) is reducible if and only if $\tilde{\rho}(G_{\mathbb{Q}})$ (resp. $\tilde{\rho}(D_p)$) is cyclic.

If ρ is unramified at p, $\tilde{\rho}(D_p)$ is necessarily cyclic, and $m(p) = 0$.

On the other hand, suppose that $\tilde{\rho}$ is ramified at p, but only tamely ramified. Then $\tilde{\rho}(D_p)$ is metacyclic, and hence is cyclic or dihedral. In the first case, any lifting of $\tilde{\rho}|D_p$ is reducible and $m(p) = 1$. If $\tilde{\rho}(D_p)$ is dihedral, any lifting of $\tilde{\rho}|D_p$ is induced from a one-dimensional representation of G_K, for some quadratic extension $K/\mathbb{Q}_p$. In this case, $m(p) = 2$.

In the wildly ramified case, with $p \neq 2$, $\tilde{\rho}(D_p)$ is still either cyclic or dihedral, since $\tilde{\rho}(D_p)$ has a normal subgroup A which is a p-group, such that the quotient $\tilde{\rho}(D_p)/A$ is metacyclic; one has analogous results on the conductor. In the remaining case $p = 2$, $\tilde{\rho}(D_p)$ can also be A_4 or S_4, cf. [W_2] ; the exponent $m(p)$ has been determined by J. Buhler (unpublished).

6.4 Now suppose we have a two-dimensional projective representation $\tilde{\rho}$ of $G_{\mathbb{Q}}$ and a Dirichlet character ε. It is of some interest to know (cf. 3.3) whether $\tilde{\rho}$ has a lifting ρ such that $\det(\rho) = \varepsilon$. Since $\det(\chi \otimes \rho) = \chi^2.\det(\rho)$, $\tilde{\rho}$ determines the determinant of a lifting to within the square of an idele class character of $\mathbb{Q}$.

View ε as an idele class character, and let $\varepsilon_p = \varepsilon|\mathbb{Q}_p^\times$, for every place p of $\mathbb{Q}$ (including ∞). Define:

$$(\varepsilon,p) = \varepsilon_p(-1).$$

Observe that the group of characters of $\mathbb{Q}_p^\times$ modulo squares is of order 2, so that $(\varepsilon,p) = +1$ if and only if ε_p is the square of some character of $\mathbb{Q}_p^\times$. Also:

$$\prod_p (\varepsilon,p) = +1,$$

where the product is taken over all p, including ∞.

Since $PSL_2(\mathbb{C}) = PGL_2(\mathbb{C})$, the obstruction to $\tilde{\rho}$ having a lifting with determinant 1 is an element λ of $H^2(G_{\mathbb{Q}},\{\pm 1\})$. We may identify $H^2(G_{\mathbb{Q}},\{\pm 1\})$ with $Br_2(\mathbb{Q})$, the subgroup of the Brauer group of $\mathbb{Q}$ consisting of all elements x such that $2x = 0$. For each place p of $\mathbb{Q}$, the restriction λ_p of λ is an element of $H^2(D_p,\{\pm 1\}) = Br_2(\mathbb{Q}_p) \cong \{\pm 1\}$. The element λ_p may also be viewed as the obstruction to $\tilde{\rho}|D_p$ having a lifting with determinant 1. We define $(\tilde{\rho},p)$ as the image of λ_p in $\{\pm 1\}$; then:

$$\prod_p (\tilde{\rho},p) = +1.$$

<u>Theorem</u> 6 $\tilde{\rho}$ <u>has a lifting</u> ρ <u>such that</u> $\det(\rho) = \varepsilon$ <u>if and only if</u> $(\varepsilon,p) = (\tilde{\rho},p)$ <u>for all places</u> p <u>of</u> $\mathbb{Q}$.

(Notice that, because of the product formulas above, these statements are equivalent to $(\varepsilon,p) = (\tilde{\rho},p)$ for all p except possibly one.)

<u>Proof</u>: Let ρ_1 be some lifting of $\tilde{\rho}$. For a given p, one checks that $(\varepsilon,p) = (\tilde{\rho},p)$ if and only if:

$$\varepsilon_p . \det(\rho_1)_p^{-1} = \chi_p^2 ,$$

for some character χ_p of $\mathbb{Q}_p^\times$. This is equivalent to:

$$\varepsilon_p = \det(\chi_p \otimes \rho_1 | D_p).$$

Suppose this holds for all p. We may assume that $\chi_p \otimes \rho_1 | D_p$ is unramified for almost all p. Theorem 5 shows that there is a lifting ρ of $\tilde{\rho}$ such that:

$$\rho | I_p = \chi_p \otimes \rho_1 | I_p$$

for all prime numbers p. So ε_p and $\det(\rho)_p$ coincide on I_p for all prime numbers p. Hence $\varepsilon = \det(\rho)$. The converse is now clear.

Remark: If $c \in G_{\mathbb{Q}}$ is a Frobenius at infinity, $\varepsilon(c) = (\varepsilon,\infty)$. Also, if ρ is some lifting of $\tilde{\rho}$, $\det(\rho)$ is odd if and only if $(\tilde{\rho},\infty) = -1$. So the case which will interest us is $(\varepsilon,\infty) = (\tilde{\rho},\infty) = -1$.

6.5 Proof of Theorem 4: The map $x \mapsto e^{2\pi i x}$ embeds $\mathbb{Q}/\mathbb{Z}$ in $\mathbb{C}^\times$, and the cokernel is uniquely divisible, so that $H^2(G_K,\mathbb{C}^\times) = H^2(G_K,\mathbb{Q}/\mathbb{Z})$. Hence it is enough to prove:

(6.5.1) $$H^2(G_K,\mathbb{Q}/\mathbb{Z}) = 1.$$

Tate first announced (6.5.1) at the Stockholm International Congress (1962), as a consequence of deeper (and partially unproved) duality theorems(*). The proof we give below is based on suggestions by Tate himself; for the sake of simplicity, we restrict to the characteristic zero case.

(a) Preliminary reduction

The p-primary component of $H^2(G_K,\mathbb{Q}/\mathbb{Z})$ is $H^2(G_K,\mathbb{Q}_p/\mathbb{Z}_p)$, so we have to prove that $H^2(G_K,\mathbb{Q}_p/\mathbb{Z}_p)$ vanishes for all p. If E/K is a finite extension of degree prime to p, and $G_E = \mathrm{Gal}(\bar{K}/E)$, the restriction map:

$$\mathrm{Res}:\ H^2(G_K,\mathbb{Q}_p/\mathbb{Z}_p) \to H^2(G_E,\mathbb{Q}_p/\mathbb{Z}_p)$$

is injective ([CL,VII Prop. 6]). Consequently, it is enough to prove that $H^2(G_K,\mathbb{Q}_p/\mathbb{Z}_p)$ vanishes when K contains the group μ_p of p-th roots of unity.

Since $H^2(G_K,\mathbb{Q}_p/\mathbb{Z}_p)$ is p-torsion, it is sufficient to prove that multiplication by p is injective. That is, we have to show that the coboundary map:

$$\delta:\ H^1(G_K,\mathbb{Q}_p/\mathbb{Z}_p) \to H^2(G_K,\mathbb{Z}/p\mathbb{Z})$$

---

* One of them is known to be equivalent to the still unproved "Leopoldt's Conjecture" on the non-vanishing of the p-adic regulator.

in the cohomology sequence attached to

$$0 \to \mathbb{Z}/p\mathbb{Z} \to \mathbb{Q}_p/\mathbb{Z}_p \xrightarrow{p} \mathbb{Q}_p/\mathbb{Z}_p \to 0 ,$$

is <u>surjective</u>.

Since we are assuming that K contains the group μ_p of p-th roots of unity, we may identify $H^2(G_K, \mathbb{Z}/p\mathbb{Z})$ with $H^2(G_K, \mu_p) = Br_p(K)$, the subgroup of the Brauer group of K consisting of all elements x such that $px = 0$.

(b) <u>Local case</u> (see also [CG,p.II-25] and [SS,p.232]) The case when K is Archimedean is trivial. So we may assume that K is a non-Archimedean local field, and, as in (a), that it contains the p-th roots of unity. So $Br_p(K) = \mathbb{Z}/p\mathbb{Z}$, and it is enough to prove that $\delta \neq 0$.

The group $H^1(G_K, \mathbb{Q}_p/\mathbb{Z}_p)$ is just the group of continuous homomorphisms $G_K \to \mathbb{Q}_p/\mathbb{Z}_p$, and, via class field theory, this group may in turn be identified with the group of continuous homomorphisms $\phi : K^\times \to \mathbb{Q}_p/\mathbb{Z}_p$. Now, $\delta(\phi) = 0$ if and only if ϕ is a p-th power, and the known structure of $K^\times$ shows that ϕ is a p-th power if and only if ϕ is trivial on μ_p. There certainly exist continuous homomorphisms $K^\times \to \mathbb{Q}_p/\mathbb{Z}_p$ which are non-trivial on μ_p, and so δ is non-zero, as required.

(The case of non-zero characteristic is slightly

different, but easier.)

(c) Global case

Now assume that K is an algebraic number field containing μ_p. We have to show that:

$$\delta: H^1(G_K, \mathbb{Q}_p/\mathbb{Z}_p) \to Br_p(K)$$

is surjective.

Let J_K denote the idele group of K, $C_K = J_K/K^\times$ the idele class group of K, and D_K the connected component of C_K. Then, via class field theory, we may identify $H^1(G_K, \mathbb{Q}_p/\mathbb{Z}_p)$ with the group of continuous homomorphisms $C_K/D_K \to \mathbb{Q}_p/\mathbb{Z}_p$.

An element $\alpha \in Br_p(K)$ is described by its local components $\alpha_v \in Br_p(K_v)$ for all places v of K. If we view the α_v as elements of $\mathbb{Z}/p\mathbb{Z}$, we have:

(i) $\alpha_v = 0$ for almost all v;

(ii) $\alpha_v = 0$ if v is complex, or if v is real and $p \neq 2$;

(iii) $\sum_v \alpha_v = 0$.

Given $\alpha \in Br_p(K)$, there exist continuous homomorphisms $\chi_v: K_v^\times \to \mathbb{Q}_p/\mathbb{Z}_p$ such that $\delta(\chi_v) = \alpha_v$, for all places v of K, by the local theory. Further, the image $\delta(\chi_v)$ depends only on Φ_v, the restriction of χ_v to the group $\mu_{p,v}$ of p-th roots of unity in K_v. If we can construct a continuous homomorphism $\Phi: J_K \to \mathbb{Q}_p/\mathbb{Z}_p$, factoring through $J_K \to C_K/D_K$, such that $\Phi|\mu_{p,v} = \Phi_v$ for all places v of K, then $\delta(\Phi) = \alpha$. Moreover, by (iii) above, it will be sufficient to verify that $\Phi|\mu_{p,v} = \Phi_v$ for all v except possibly one.

Fix a non-Archimedean place v_o of K, and define:

$$\mu_J = \prod_{v \neq v_o} \mu_{p,v} \subset J_K \quad .$$

The Φ_v determine a continuous homomorphism $\Phi_J: \mu_J \to \mathbb{Q}_p/\mathbb{Z}_p$ which, we assert, is trivial on the kernel μ_X of the composition:

$$\mu_J \to J_K \to C_K \to C_K/D_K \quad .$$

Now, $\mu_J \cap K^{\times} = \{1\}$, so μ_J embeds in C_K. We must determine $\mu_J \cap D_K$. But, ([AT,p.90]), D_K is the product of $\mathbb{R}$, a "solenoid", and $(\mathbb{R}/\mathbb{Z})^{r_2}$ where r_2 is the number of complex places of K. The solenoid is the Pontrjagin dual of the discrete group $\mathbb{Q}^{r_1+r_2-1}$, where r_1 is the number of real places of K. The solenoid and $\mathbb{R}$ are torsion free, so μ_X is a subgroup of $(\mathbb{Z}/p\mathbb{Z})^{r_2}$. But μ_X clearly contains $\mu_{p,v}$ if v is complex, so:

$$\mu_X = \prod_{v \text{ complex}} \mu_{p,v} \quad .$$

The map Φ_J is clearly trivial on this group.

So Φ_J defines a continuous homomorphism $\bar{\mu}_J \to \mathbb{Q}_p/\mathbb{Z}_p$, where $\bar{\mu}_J$ denotes the image of μ_J in C_K/D_K. Since μ_J is compact, $\bar{\mu}_J$ is closed, and Φ_J extends to a homomorphism $\Phi: C_K/D_K \to \mathbb{R}/\mathbb{Z}$. But C_K/D_K is totally disconnected, so the image of Φ is a finite subgroup of $\mathbb{Q}/\mathbb{Z}$. Consequently, the extension Φ may be chosen to take values in $\mathbb{Q}_p/\mathbb{Z}_p$, and we have $\delta(\Phi) = \alpha$. Therefore, δ is surjective, as required.

This argument also applies in non-zero characteristic; that case is easier, since $D_K = \{1\}$.

§7. Dihedral Representations

7.1 Let $\tilde{\rho}$ be a two-dimensional projective linear representation of $G_{\mathbb{Q}}$, and let ρ be some lifting of $\tilde{\rho}$. We say that $\tilde{\rho}$ (or ρ) is <u>dihedral</u> if $\tilde{\rho}(G_{\mathbb{Q}}) \subset PGL_2(\mathbb{C})$ is isomorphic to the dihedral group D_n of order $2n$, for some $n \geqslant 2$. A dihedral representation is irreducible.

Let C_n be a cyclic subgroup of D_n of order n; if $n \geqslant 3$, C_n is uniquely determined. If $\tilde{\rho}$ is a dihedral representation, the composition

$$\omega : G_{\mathbb{Q}} \xrightarrow{\tilde{\rho}} D_n \longrightarrow D_n/C_n = \{\pm 1\}$$

is a one-dimensional linear representation of $G_{\mathbb{Q}}$ of order 2, corresponding to some quadratic extension $K/\mathbb{Q}$. If $G_K = \mathrm{Gal}(\bar{\mathbb{Q}}/K) \subset G_{\mathbb{Q}}$, then $\tilde{\rho}(G_K) = C_n$, and $\rho|G_K$ is reducible:

$$\rho|G_K = \chi \oplus \chi',$$

say, for some one-dimensional representations χ, χ' of G_K. If σ lies in the non-identity coset of $G_{\mathbb{Q}}/G_K$, then $\chi' = \chi_\sigma$, where $\chi_\sigma(\gamma) = \chi(\sigma\gamma\sigma^{-1})$, $\gamma \in G_K$. Further, $\rho = \mathrm{Ind}_{K/\mathbb{Q}}(\chi)$, the representation of $G_{\mathbb{Q}}$ induced by χ.

7.2 Suppose, conversely, that we start with a quadratic number field $K/\mathbb{Q}$, corresponding to a character ω of $G_{\mathbb{Q}}$, and a one-dimensional linear representation χ of G_K. Let $\rho = \mathrm{Ind}_{K/\mathbb{Q}}(\chi)$, and let $\tilde{\rho}$ be the associated projective representation of $G_{\mathbb{Q}}$. If σ generates $\mathrm{Gal}(K/\mathbb{Q})$, let χ_σ be as above. Let $\mathfrak{f}$ be the conductor of χ, and d_K the discriminant of $K/\mathbb{Q}$.

(7.2.1) With the above notations:

(a) _The following are equivalent_: (i) ρ _is irreducible_; (ii) ρ _is dihedral_; (iii) $\chi \neq \chi_\sigma$.

(b) _The conductor of_ ρ _is_ $|d_K|.N_{K/\mathbb{Q}}(\mathfrak{f})$.

(c) _The representation_ $\det(\rho)$ _of_ $G_{\mathbb{Q}}$ _is odd if and_ only if either:

(i) K is imaginary,

or

(ii) K is real and χ has signature +,- at infinity; that is, if c, c' $\in G_K$ are Frobenius elements at the two real places of K, then $\chi(c) \neq \chi(c')$.

(d) If $\tilde{\rho}(G_{\mathbb{Q}}) = D_n$, then n is the order of $\chi^{-1}.\chi_\sigma$.

Proof: (a) $\rho|G_K$ is reducible, so $\tilde{\rho}(G_K)$ is cyclic. Therefore $\tilde{\rho}(G_{\mathbb{Q}})$ has a cyclic subgroup of index ≥ 2, and from the list of finite subgroups of $PGL_2(\mathbb{C})$, one sees that $\tilde{\rho}(G_{\mathbb{Q}})$ must be either cyclic or dihedral. The equivalence of (i) and (ii) is now clear. The equivalence of (i) and (iii) follows immediately from [SRL,Prop.22].

(b) is the standard conductor formula for induced representations, as in [Dur.M].

(c) The representation det(ρ) is given by ([Dur.M, 3,2]):

$$\det(\rho) = \omega\chi_{\mathbb{Q}} ,$$

where $\chi_{\mathbb{Q}}$ is the representation $\chi \circ \mathrm{ver}_{K/\mathbb{Q}}$ of $G_{\mathbb{Q}}$, $\mathrm{ver}_{K/\mathbb{Q}}: G_{\mathbb{Q}}/(G_{\mathbb{Q}},G_{\mathbb{Q}}) \to G_K/(G_K,G_K)$ being the transfer map. As idele class character, $\chi_{\mathbb{Q}}$ is just the restriction of χ to the idele class group of $\mathbb{Q}$. The character ω is odd if and only if K is imaginary. If K is imaginary, and v is the Archimedean place of K, $\chi|K_v^\times$ is necessarily trivial, so $\chi_{\mathbb{Q}}$ is even.

Suppose, on the other hand, that K is real. Then ω is even, and $\det(\rho)$ is odd if and only if $\chi_{\mathbb{Q}}$ is odd. This, in turn, is equivalent to χ having signature +,-.

(d) C_n is the image $\tilde{\rho}(G_K)$. Up to similarity, $\rho|G_K$ is the representation:

$$\gamma \mapsto \begin{pmatrix} \chi(\gamma) & 0 \\ 0 & \chi_\sigma(\gamma) \end{pmatrix} \equiv \begin{pmatrix} 1 & 0 \\ 0 & \chi^{-1}\chi_\sigma(\gamma) \end{pmatrix} \bmod \mathbb{C}^\times \subset GL_2(\mathbb{C}).$$

So n is the order of $\chi^{-1}.\chi_\sigma$.

<u>Remark</u>: If we view χ as a ray class character mod $\mathfrak{f}$ of K, then χ has signature + - if and only if $\chi(x\mathcal{O}_K) = -1$, for any totally positive $x \in K$ such that $x \equiv -1 \ (\mathrm{mod}^\times\ \mathfrak{f})$. Indeed, a real quadratic field K has a character with conductor $\mathfrak{f}$ and signature + - if and only if K has no totally positive unit u such that $u \equiv -1 \ (\mathrm{mod}^\times\ \mathfrak{f})$. In particular, a character χ with signature + - has conductor $\mathfrak{f}$ such that

$N_{K/\mathbb{Q}}(\mathfrak{f}) > 1$. So a dihedral representation with odd determinant attached to a real quadratic field cannot have prime conductor.

7.3 If $\rho = \mathrm{Ind}_{K/\mathbb{Q}}(\chi)$ is a dihedral representation of $G_{\mathbb{Q}}$, it satisfies Condition (A) of §1. Hence, if $\varepsilon = \det(\rho)$ is odd, and we put:

$$L(s,\rho) = \sum_{n=1}^{\infty} a_n n^{-s}, \qquad f(z) = \sum_{n=1}^{\infty} a_n q^n \quad ,$$

then, by Theorem 1, $f(z)$ is a cusp form on $\Gamma_0(N)$ of type $(1,\varepsilon)$, where $N = |d_K|.N_{K/\mathbb{Q}}(\mathfrak{f})$, in the above notation. The cusp form f is a linear combination of θ-series of binary quadratic forms attached to K (cf. [H,23]).

For example, take K imaginary and χ unramified. View χ as a character of the ideal class group of $\mathcal{O}_K$. For any ideal $\mathfrak{a}$ of $\mathcal{O}_K$, $\mathfrak{a}.\sigma(\mathfrak{a})$ is principal, so $\chi \neq \chi_\sigma$ if and only if $\chi^2 \neq 1$. Therefore an imaginary quadratic field K gives rise to a dihedral representation of $G_{\mathbb{Q}}$ of this type if its ideal class group is not an elementary abelian 2-group. The smallest value of $|d_K|$ for which this happens is 23.

The class number of $\mathbb{Q}(\sqrt{-23})$ is 3; the Hilbert class field H of $\mathbb{Q}(\sqrt{-23})$ is generated by the roots of $X^3 - X - 1 = 0$, and $\mathrm{Gal}(H/\mathbb{Q}) \cong D_3$. If ρ is the irreducible two-dimensional linear representation of $\mathrm{Gal}(H/\mathbb{Q})$, then:

$$L(s,\rho) = L_f(s),$$

where

$$f = \tfrac{1}{2}(\theta_1 - \theta_2),$$

and

$$\theta_1 = \sum_{m,n\in\mathbb{Z}} q^{m^2+mn+6n^2}, \quad \theta_2 = \sum_{m,n\in\mathbb{Z}} q^{2m^2+mn+3n^2} \quad ;$$

θ_1, θ_2 are the θ-series of the two classes of primitive binary quadratic forms over $\mathbb{Z}$ with discriminant -23. Further:

$$f = q. \prod_{n=1}^{\infty} (1 - q^n)(1 - q^{23n}) = \eta(z)\eta(23z),$$

where η is Dedekind's η-function.

Similarly, $\mathbb{Q}(\sqrt{-31})$ has class number 3; its Hilbert class field H is generated by the roots of $X^3 + X - 1 = 0$, and $\mathrm{Gal}(H/\mathbb{Q}) \cong D_3$. The irreducible two-dimensional linear representation of $\mathrm{Gal}(H/\mathbb{Q})$ corresponds to the cusp form:

$$f = \tfrac{1}{2}(\sum q^{m^2+mn+8n^2} - \sum q^{2m^2+mn+4n^2}) .$$

A different kind of example is given by the extension $E/\mathbb{Q}$, where $E = \mathbb{Q}(\sqrt{-1}, \sqrt[4]{12})$, cf. [H,22,23,pp.425,426,448]:

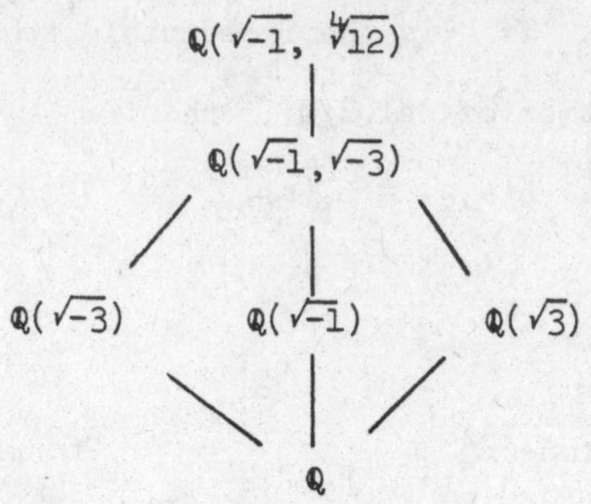

We have $\mathrm{Gal}(E/\mathbb{Q}) \cong D_4$. The modular form associated to the irreducible two-dimensional linear representation ρ of $\mathrm{Gal}(E/\mathbb{Q})$ is:

$$f(z) = \sum (-1)^n . q^{m^2+n^2}$$

where the sum is taken over all pairs $(m,n) \in \mathbb{Z} \times \mathbb{Z}$ such that:

$$m \equiv 1 \pmod 3, \quad n \equiv 0 \pmod 3, \quad m + n \equiv 1 \pmod 2.$$

One has:

$$f(z) = q . \prod_{n=1}^{\infty} (1 - q^{12n})^2 = \eta(12z)^2.$$

The conductor of ρ is 144. The image of $\tilde{\rho}$ in $PGL_2(\mathbb{C})$ is D_2. The group D_2 has three distinct cyclic subgroups C_2, corresponding to the three quadratic subfields of E. Each of these gives a presentation of ρ as an induced representation, and hence an expression for f in terms of theta-series of the associated quadratic field. For instance $\mathbb{Q}(\sqrt{-1})$ gives the expression $\sum(-1)^n q^{m^2+n^2}$ above.

§8. Representations with Prime Conductor

We now consider irreducible two-dimensional linear representations $\rho: G_{\mathbb{Q}} \to GL_2(\mathbb{C})$ with odd determinant, and prime conductor p.

8.1 Classification (after a letter of Tate, dated March 26th, 1974)

I) Dihedral Case: Suppose that ρ is dihedral, in the sense of §7. If ρ has conductor p, it follows from 7.2.1 and 7.3 that:

(i) $p \equiv 3 \pmod 4$.

(ii) $\rho = \mathrm{Ind}_{K/\mathbb{Q}}(\chi)$, where $K = \mathbb{Q}(\sqrt{-p})$, and χ is an unramified character of K such that $\chi^2 \neq 1$.

(iii) The character $\varepsilon = \det(\rho)$ is the Legendre symbol $n \longmapsto \left(\frac{n}{p}\right)$.

Such a representation does indeed correspond to a form on $\Gamma_0(p)$, namely $\sum_{\mathfrak{a}} \chi(\mathfrak{a}).q^{N\mathfrak{a}}$, where the sum is taken over all integral ideals $\mathfrak{a}$ of the ring $\mathcal{O}_K$ of integers of K.

If $p \equiv 3 \pmod 4$ and h is the class number of $\mathbb{Q}(\sqrt{-p})$, then h is odd ([BS,p.346,Th.3]), and there are precisely $(h-1)/2$ non-isomorphic dihedral representations with conductor p.

<u>Exercise</u>: Show that every irreducible two-dimensional representation of $G_{\mathbb{Q}}$ has conductor ≥ 23. (Hint: use Odlyzko [Dur.O] combined with tables of cubic and quartic fields.)

II) <u>Non-dihedral Case</u>: Recall that, if ρ is irreducible and not dihedral, then $\tilde{\rho}(G_{\mathbb{Q}}) \subset PGL_2(\mathbb{C})$ is isomorphic to either A_4, S_4, or A_5.

<u>Theorem</u> 7 <u>Let</u> ρ <u>be an irreducible two-dimensional linear representation of</u> $G_{\mathbb{Q}}$ <u>with prime conductor</u> p <u>such that</u> $\varepsilon = \det(\rho)$ <u>is odd</u>. <u>Assume that</u> ρ <u>is not dihedral</u>. <u>Then</u>:

(a) $p \not\equiv 1 \pmod 8$;

(b) <u>if</u> $p \equiv 5 \pmod 8$, ρ <u>is of type</u> S_4 (i.e. $\tilde{\rho}(G_{\mathbb{Q}}) \cong S_4$) <u>and</u> ε <u>is of order</u> 4 <u>and conductor</u> p;

(c) <u>if</u> $p \equiv 3 \pmod 4$, ρ <u>is of type</u> S_4 <u>or</u> A_5, <u>and</u> ε <u>is the Legendre symbol</u> $n \longmapsto \left(\frac{n}{p}\right)$.

Proof: The conductor of ε divides p. Since ε is odd, $\varepsilon \neq 1$, so the conductor of ε is precisely p. If I_p is the inertia group of a place of $\bar{\mathbb{Q}}$ above p, $\rho|I_p = \psi \oplus 1$, for some one-dimensional representation $\psi \neq 1$ of I_p, since the conductor of ρ is p. It follows that the canonical homomorphisms

$$\rho(I_p) \to \varepsilon(I_p) \quad \text{and} \quad \rho(I_p) \to \tilde{\rho}(I_p)$$

are isomorphisms. Since ε is ramified only at p, we have $\varepsilon(I_p) = \varepsilon(G_{\mathbb{Q}})$, and this group is cyclic of even order. So $\tilde{\rho}(I_p)$ is a cyclic subgroup of even order of A_4, S_4 or A_5. Therefore this order is 2 or 4, and ε is of order 2 or 4.

On the other hand, since ε is a character with conductor p, we may view it as a character of $(\mathbb{Z}/p\mathbb{Z})^\times$; since $\varepsilon(-1) = -1$, ε is faithful on the 2-primary component of $(\mathbb{Z}/p\mathbb{Z})^\times$. So, if $p \equiv 1 \pmod 8$, the order of ε is ≥ 8, which is impossible. If $p \equiv 5 \pmod 8$, ε is of order 4, and since A_4 and A_5 have no elements of order 4, ρ is of type S_4.

Suppose now that $p \equiv 3 \pmod 4$. Then ε is of order 2, and must therefore be the Legendre symbol. If ρ were of type A_4, the image of I_p under the composition:

$$I_p \xrightarrow{\tilde{\rho}} A_4 \longrightarrow C_3$$

would be trivial. Then the kernel of the composition $G_{\mathbb{Q}} \to A_4 \to C_3$ would correspond to an everywhere unramified cubic field. This is impossible, so ρ is of type S_4 or A_5.

Corollary If $p \equiv 1 \pmod 8$, every cusp form of weight 1 on $\Gamma_1(p)$ is zero.

Conversely, start with a Galois extension $E/\mathbb{Q}$, and a prime number p. Consider the following three cases:

(b) $\mathrm{Gal}(E/\mathbb{Q}) \cong S_4$ and $p \equiv 5 \pmod 8$;

(c_1) $\mathrm{Gal}(E/\mathbb{Q}) \cong S_4$ and $p \equiv 3 \pmod 4$;

(c_2) $\mathrm{Gal}(E/\mathbb{Q}) \cong A_5$ and $p \equiv 3 \pmod 4$.

An embedding of $\mathrm{Gal}(E/\mathbb{Q})$ in $PGL_2(\mathbb{C})$ defines a projective representation $\tilde{\rho}_E$ of $G_{\mathbb{Q}}$. Notice that in cases (b) and (c_1), $\tilde{\rho}_E$ is essentially unique, since any two embeddings of S_4 in $PGL_2(\mathbb{C})$ are conjugate, while in case (c_2), there are two conjugacy classes of embeddings of A_5 in $PGL_2(\mathbb{C})$.

Theorem 8 $\tilde{\rho}_E$ has a lifting with conductor p and odd determinant if and only if:

Case (b): E is the normal closure of a non-real quartic field $E_4/\mathbb{Q}$ with discriminant p^3;

Case (c_1): E is the normal closure of a quartic field $E_4/\mathbb{Q}$ with discriminant $-p$;

Case (c_2): E is the normal closure of a non-real quintic field $E_5/\mathbb{Q}$ with discriminant p^2.

When these conditions are satisfied, in each case $\tilde{\rho}_E$ has precisely two non-isomorphic liftings with odd determinant and conductor p; if one of these is ρ, the other is $\bar{\rho} = \rho \otimes \varepsilon$, where $\varepsilon = \det(\rho)$.

Proof: We only prove the sufficiency of these conditions; the necessity follows readily from Theorem 7.

Lemma: Let $\tilde{\rho}$ be any two-dimensional projective representation of $G_{\mathbb{Q}}$, and p any prime number. Let $i_p = \# \tilde{\rho}(I_p)$. Assume that i_p is prime to p (i.e., $\tilde{\rho}$ is tamely ramified at p) and $i_p \geq 3$. Then the conductor of $\tilde{\rho}$ is exactly divisible by p if and only if $i_p | (p - 1)$.

Since $\tilde{\rho}$ is tamely ramified, $\tilde{\rho}(D_p)$ is either cyclic or dihedral. The conductor of $\tilde{\rho}$ is exactly divisible by p if and only if $\tilde{\rho}(D_p)$ is cyclic (6.3). But $\tilde{\rho}(I_p)$ is cyclic, and contains an element of order ≥ 3, so $\tilde{\rho}(D_p)$ is cyclic if and only if it is abelian. Now, the group $\tilde{\rho}(D_p)/\tilde{\rho}(I_p)$

is cyclic, generated by an element F such that $FxF^{-1} = x^p$, for all $x \in \tilde{\rho}(I_p)$. So $\tilde{\rho}(D_p)$ is abelian if and only if $i_p | (p - 1)$.

In Case (b) of the Theorem, the condition $p \equiv 5 \pmod 8$ implies that p is tamely ramified in E, and hence that $\tilde{\rho}_E$ is tamely ramified at p. The discriminant condition on E_4 implies that the ramification index of p in E is at least 4. So $\tilde{\rho}_E(I_p)$ is cyclic of order 4, and the result follows from the Lemma and Theorem 5.

Now consider the cases (c_1), (c_2) of the Theorem. If ε is the Legendre symbol, $(\varepsilon,\infty) = -1$. Also, $(\tilde{\rho}_E,\infty) = -1$. If ℓ is a prime, $\ell \neq p$, then $(\varepsilon,\ell) = +1$. One verifies directly that an unramified (local) projective representation has a lifting with determinant 1, so $(\tilde{\rho}_E,\ell) = +1$ also. By Theorem 6, $\tilde{\rho}_E$ has a lifting ρ such that $\det(\rho) = \varepsilon$. It is easy to see that ρ may be chosen to be unramified outside p. Observe that there are precisely two choices for $\rho | I_p$.

The conductor of ρ is a power of p. We show it is precisely p. Since ρ is tamely ramified, $\rho(I_p)$ is cyclic, generated by some matrix which we may take to be of the form:

$$\begin{pmatrix} a & 0 \\ 0 & b \end{pmatrix}.$$

Now $\det(\rho) = \varepsilon$, so $ab = -1$. On the other hand, $\tilde{\rho}_E(I_p)$
1 has order 2, so $a = -b$, and either a or b is equal to 1;
hence ρ has conductor p.

The uniqueness statement is now immediate.

One can also determine the images $\rho(G_{\mathbb{Q}})$ for the representations ρ given by Theorem 8. One finds that $\rho(G_{\mathbb{Q}})$ consists of all elements $s \in GL_2(\mathbb{C})$ whose image $\tilde{s}$ in $PGL_2(\mathbb{C})$ lies in $\tilde{\rho}_E(G_{\mathbb{Q}})$ such that:

(b) $\det(s)^2 = \operatorname{sgn}(\tilde{s})$ (where $\operatorname{sgn}: S_4 \to \{\pm 1\}$);

(c_1) $\det(s) = \operatorname{sgn}(\tilde{s})$;

(c_2) $\det(s) = \pm 1$.

The orders of these groups are respectively 96, 48 and 240. The fields of values of the character of ρ are respectively $\mathbb{Q}(\sqrt{-1})$, $\mathbb{Q}(\sqrt{-2})$ and $\mathbb{Q}(\sqrt{-1},\sqrt{5})$.

8.2 Numerical Examples: We use the notation and list of cases of Theorem 8.

Case (b): $p \equiv 5 \pmod 8$

The group S_3 is a quotient of S_4, so E contains a totally real cubic subfield with discriminant p. Hence 3 divides the class number of $\mathbb{Q}(\sqrt{p})$, and the tables of class numbers of quadratic fields (e.g. [BS]) show that the only $p < 1000$ with this property are $p = 229$ and $p = 733$.

For $p = 229$, Tate has constructed a representation of type S_4 with conductor 229: if x_1, x_2, x_3 are the roots of $X^3 - 4X + 1 = 0$, the field generated by the $\sqrt{(-3 + 8x_i)}$ has Galois group S_4, and gives a representation ρ_1 of the required type. One can also take the field generated by the $\sqrt{(4 - 3x_i^2)}$; this gives a representation ρ_2 which is not isomorphic to ρ_1 or $\bar{\rho}_1$. Langlands' theorem (see [LB] and 3.3) shows that ρ_1 and ρ_2 correspond to modular forms f_1, f_2, say. If we choose ρ_1 and ρ_2 (from among their conjugates) so that $\det(\rho_1) = \det(\rho_2) = \varepsilon$, where ε is the character of order 4 of $(\mathbb{Z}/229\mathbb{Z})^\times$ such that $\varepsilon(2) = i$, the first coefficients of f_1, f_2 are (H.Cohen):

$$f_1 = q + q^3 - iq^4 + iq^5 + (i-1)q^7 - iq^{11} - iq^{12} + \ldots$$

$$f_2 = q + (1+i)q^2 - q^3 + iq^4 + iq^5 - (1+i)q^6 + \ldots .$$

These are both newforms on $\Gamma_0(229)$ of type $(1,\varepsilon)$, and one may show (see 9.3) that f_1, f_2, $\bar{f}_1$, $\bar{f}_2$ are the only newforms on $\Gamma_0(229)$ of weight 1.

<u>Case</u> (c_1): $p \equiv 3 \pmod 4$, type S_4

The tables in [G] show that the only primes $p < 1000$

for which there are quartic fields with discriminant $-p$ are 283, 331, 491, 563, 643, 751. (These tables list all such fields for $p < 3280$.) One thus gets representations; it
2 is not (yet) known whether they satisfy Condition (A), i.e. whether they correspond to modular forms of weight 1.

Case (c_2): $p \equiv 3 \pmod 4$, type A_5

There are no adequate tables of quintic fields. Computations done by J. Buhler suggest that there are no
3 representations of this type with $p < 1000$.

§9. Modular Forms of Weight One on $\Gamma_0(p)$

This section is a continuation of §8 from the point of view of modular forms. If p is a prime and $f = \sum a_n q^n$ is a normalised newform on $\Gamma_0(p)$ of weight 1, then Theorem 2 shows that there is an irreducible two-dimensional linear representation ρ of $G_{\mathbb{Q}}$, whose conductor is p, such that $L(s,\rho) = \sum_{n=1}^{\infty} a_n n^{-s}$. The character of f is $\det(\rho)$, and ρ satisfies Condition (A) of §1. We say that f is of dihedral type (resp. type S_4, type A_5) if ρ is of dihedral type (resp. type S_4, type A_5), in the terminology of §8. Recall that Theorem 7 shows that A_4 cannot arise.

9.1 A Bound on the Number of Representations: Suppose $p \equiv 3 \pmod 4$, $p \neq 3$; we are therefore in cases (c_1), (c_2) of §8. Let ω be the Legendre symbol:

$$\omega(n) = \left(\frac{n}{p}\right) .$$

There is a unique reducible two-dimensional linear representation of $G_{\mathbb{Q}}$ with conductor p and determinant ω, namely $1 \oplus \omega$. This representation corresponds to the Eisenstein series:

$$G_\omega = \frac{1}{2} L(-1,\omega) + \sum_{n=1}^{\infty} \Big(\sum_{\substack{d|n \\ d>0}} \omega(d)\Big) q^n .$$

One has $L(-1,\omega) = h$, the class number of $\mathbb{Q}(\sqrt{-p})$, and this is an odd integer ([BS, p.346]).

If ε is any Dirichlet character mod p, it follows from Theorem 7 that the space $S(\Gamma_0(p),1,\varepsilon)$ of cusp forms on $\Gamma_0(p)$ of type $(1,\varepsilon)$ is null unless $\varepsilon = \omega$. The space $S(\Gamma_0(p),1,\omega)$ has a basis of normalised newforms, consisting of:

$\frac{1}{2}(h - 1)$ forms of dihedral type,

$2s$ forms of type S_4,

$4a$ forms of type A_5,

where s (resp. a) is the number of quartic (resp. quintic) fields $E/\mathbb{Q}$ satisfying the hypotheses of Theorem 8 Case (c_1)

(resp. (c_2)) whose associated representations satisfy Condition (A). So:

$$\dim S(\Gamma_0(p),1,\omega) = \tfrac{1}{2}(h - 1) + 2s + 4a.$$

We now give an upper bound for $2s + 4a$:

Theorem 9 (i) *If p is of the form $24m - 1$ or $24m + 7$, then either*

$$2s + 4a \leqslant m - (h - 1), \quad \text{or} \quad s = a = 0.$$

(ii) *If p is of the form $24m + 11$ or $24m + 19$, then either*:

$$2s + 4a \leqslant m - \tfrac{3}{2}(h - 1), \quad \text{or } s = a = 0.$$

Proof: Let $W = \begin{pmatrix} 0 & -1 \\ p & 0 \end{pmatrix}$. If $f \in M(\Gamma_0(p),1,\omega)$, we have $f|_1 W \in M(\Gamma_0(p),1,\bar{\omega})$. Since $\bar{\omega} = \omega$, this shows that $f \mapsto f|_1 W$ is an endomorphism of $M(\Gamma_0(p),1,\omega)$. Moreover, we have $f|_1 W^2 = -f$, hence the eigenvalues of W acting on $M(\Gamma_0(p),1,\omega)$ are $\pm i$.

(9.1.1) (i) *If $f \in M(\Gamma_0(p),1,\omega)$ is either the Eisenstein series G_ω or a newform of dihedral type, we have $f|_1 W = -if$.*

(ii) *If f is a newform of type S_4 or A_5, the vector space spanned by f and $\bar{f}$ is two-dimensional; it is stable*

<u>under</u> W, <u>and the eigenvalues of</u> W <u>on this space are</u> i <u>and</u> -i.

(Recall that if $f = \sum a_n q^n$, we put $\bar{f} = \sum \bar{a}_n q^n$.) Set $f' = f|_1 W$. One knows (cf. 2.4) that $f' = cf$, and $\Lambda_f(1-s) = ic\Lambda_{\bar{f}}(s)$ for some constant c. In case (i), the coefficients of f are real, so $f = \bar{f}$. It is easy to show that the representation ρ corresponding to f is realisable over $\mathbb{R}$. So, by a theorem of Fröhlich-Queyrut [Dur.T], $\Lambda(1-s,\rho) = \Lambda(s,\rho)$. Hence $ic = 1$, and $c = -i$, which proves (i).

In case (ii), it follows from Theorem 8 that f and $\bar{f}$ are linearly independent. We have $f|_1 W = c\bar{f}$, $\bar{f}|_1 W = c'f$, so that f and $\bar{f}$ span a space stable under W, and the action of W on this space is given by the matrix $\begin{pmatrix} 0 & c' \\ c & 0 \end{pmatrix}$. This has trace 0, so that both i and -i are eigenvalues of W.

<u>Remark</u>: In case (i) of 9.1.1, the fact $c = -i$ can also be deduced from the transformation formulae for theta-functions; cf. [H,23].

(9.1.2) Let M_+ (resp. M_-) <u>denote the space of modular forms</u>

<u>of type</u> $(1,\omega)$ <u>on</u> $\Gamma_0(p)$ <u>such that</u> $f|_1 W = if$ (resp. $-if$).

<u>Then</u>:

$$\dim M_- = 1 + \frac{1}{2}(h - 1) + s + 2a,$$

<u>and</u>

$$\dim M_+ = s + 2a.$$

<u>Moreover</u>, M_+ <u>is contained in the space of cusp forms</u> $S(\Gamma_0(p),1,\omega)$.

This follows from 9.1.1.

To prove the Theorem, we must find a bound for $\dim(M_-)$. If $f \in M_+$, $g \in M_-$, then $F = fg$ is a cusp form of type (2.1) on $\Gamma_0(p)$ such that $F|_2 W = F$. Write Ω_+ for the space of such forms. The dimension g_+ of Ω_+ is the genus of the curve $X_0^*(p)$ which is the quotient of $X_0(p)$ by the involution:

$$W: z \mapsto -1/pz.$$

This genus is determined by Fricke in [F,vol.2,p.366]; in the notation of the Theorem:

$$g_+ = \begin{cases} m - \frac{1}{2}(h - 1) \text{ in case (i)} \\ m - (h - 1) \text{ in case (ii)} . \end{cases}$$

We now use the following lemma (well-known in the theory of "linear systems"):

Lemma: Let L, M, N be non-zero finite-dimensional vector spaces over an algebraically closed field. Let $B: L \times M \to N$ be a bilinear map such that $B(x,y) = 0$ implies either $x = 0$ or $y = 0$. Then:

$$\dim(L) + \dim(M) \leq \dim(N) + 1.$$

(Proof: Let H be the kernel of the linear map $L \otimes M \to N$ defined by B. We have $\operatorname{codim}(H) \leq \dim(N)$. Let X be the cone of $L \otimes M$ consisting of all elements $x \otimes y$ with $x \in L$, $y \in M$. Then X is an irreducible algebraic variety whose dimension is $\dim(L) + \dim(M) - 1$. By assumption, we have $H \cap X = \{0\}$, hence $\dim(H \cap X) = 0$. But an elementary result from algebraic geometry shows that $\dim(H \cap X) \geq \dim(X) - \operatorname{codim}(H)$, and the lemma follows.)

We apply the lemma to the bilinear map $(f,g) \mapsto fg$ of $M_+ \times M_-$ into Ω_+. Under the assumption that M_+ and M_- are non-zero (i.e. $a \neq 0$ or $s \neq 0$), we get:

$$(1 + \tfrac{1}{2}(h - 1) + s + 2a) + (s + 2a) \leq g_+ + 1,$$

i.e.

$$2s + 4a \leq g_+ - \tfrac{1}{2}(h - 1) = \begin{cases} m - (h - 1) & \text{in case (i)} \\ m - \tfrac{3}{2}(h - 1) & \text{in case (ii),} \end{cases}$$

which proves the Theorem.

Numerical Examples: Write $A(p)$ for the upper bound for $2s + 4a$ given by Theorem 9. It is easy to tabulate A. If $A(p) < 2$, one has $s = a = 0$, and so all normalised newforms of weight 1 on $\Gamma_0(p)$ are of dihedral type. If $p < 300$, one finds $A < 2$ except in the following cases:

p	m	h	A(p)
139	5	3	2
163	6	1	6
211	8	3	5
227	9	5	3
283	11	3	8

The cases $p = 139$ and $p = 227$ are easy to deal with; as $A(p) < 4$, the only possibility, apart from $a = s = 0$, is $s = 1$, $a = 0$. This is impossible since the tables in [G] show there are no quartic fields with discriminant $-p$. The same method applies to $p = 163$ and $p = 211$, once one knows $a = 0$. One can prove this using reduction mod p, as in 9.3 below, but it is simpler to use the following result:

(9.1.3) If p is a prime for which $a \neq 0$, there is an extension $K/\mathbb{Q}$, of degree $N = 240$, whose discriminant d_K

satisfies $|d_K|^{1/N} = \sqrt{p}$.

Proof: By hypothesis, there is a representation $\rho : G_{\mathbb{Q}} \to GL_2(\mathbb{C})$ of type A_5 with conductor p. Take K to be the field corresponding to the kernel of ρ. The degree $[K:\mathbb{Q}]$ is 240, as in 8.1. Since $K/\mathbb{Q}$ is ramified only at p, and the inertia group is of order 2, one has the result.

The lower bounds for $|d_K|^{1/N}$ obtained by Odlyzko ([Dur.O]) show $\sqrt{p} > 16.28$, hence $p > 265$, which excludes $p = 163$ and $p = 211$. (A more recent variation of this method gives $p > 350$, and even $p > 500$ under the generalised Riemann Hypothesis.)

In the case $p = 283$, [G] shows that $s \leq 1$, with equality if the Artin Conjecture holds, and $a = 0$ by (9.1.3).

Remark: As $p \to \infty$, the bound for $2s + 4a$ given by Theorem 9 is of the form:

$$2s + 4a \leq \frac{p}{24} - O(p^{\frac{1}{2}+\varepsilon}), \quad \text{for any } \varepsilon > 0.$$

It seems likely that $2s + 4a$ is $O(p^{\alpha})$ for some $\alpha < 1$ (maybe even $\alpha < \frac{1}{2}$), but we do not know how to prove this.

9.2 The Case $p \equiv -1 \pmod{24}$: Now take $p \equiv -1 \pmod{24}$. In this case, we define an element g of M_- as follows. Consider the two primitive binary quadratic forms with discriminant $-p$ which represent 6:

$$Q(x,y) = 6x^2 + xy + \frac{p+1}{24} y^2; \quad Q'(x,y) = 6x^2 + 5xy + \frac{p+25}{24} y^2.$$

Let

$$\theta = \sum_{x,y \in \mathbb{Z}} q^{Q(x,y)}, \quad \theta' = \sum_{x,y \in \mathbb{Z}} q^{Q'(x,y)}$$

be the corresponding θ-functions, and let:

$$g = \tfrac{1}{2}(\theta - \theta') = q^m(1 - q - q^2 + \dots), \quad \text{where } m = \frac{p+1}{24}.$$

Then $g \in M_-$, and:

$$g(z) = \eta(z)\,\eta(pz) = q^m \prod_{n=1}^{\infty} (1 - q^n)(1 - q^{pn}),$$

where η is the Dedekind η-function (cf. [Sch $_\theta$]).

(9.2.1) The map $f \longmapsto fg$ is an isomorphism of the space M_+ onto the subspace $\Omega_+(m)$ of Ω_+ consisting of all forms F whose Fourier expansion at infinity is divisible by q^{m+1} (or, equivalently, q^m).

(Recall that Ω_+ is the space of cusp forms of weight 2 on $\Gamma_0(p)$ which are invariant under $W: z \longmapsto -1/pz$.)

This follows immediately from the observation that g does not vanish anywhere on the upper half-plane.

If $F \in \Omega_+$, $F(z)dz$ is a differential form of the first kind on the curve $X_0^*(p)$, and $\Omega_+(m)$ may thus be identified with the space of differential forms of the first kind on $X_0^*(p)$ with a zero of order at least m at the cusp. Since $\dim(M_+) = \dim(\Omega_+(m)) = s + 2a$, this gives a "geometrical" interpretation of the quantity $s + 2a$.

The genus g_+ of $X_0^*(p)$ is $m - (h - 1)/2$, and so $g_+ \leq m$. One concludes:

(9.2.2) <u>If</u> $p = 24m - 1$, <u>we have</u> $s + 2a \neq 0$ <u>if and only if infinity is a Weierstrass point with gap</u> $\gamma \geq (h - 1)/2$ <u>of the curve</u> $X_0^*(p)$.

In his Durham lecture (not in this volume; but see [A]), Atkin explained how one can compute the gap γ_p of the reduction of $X_0^*(p)$ mod p. One has $\gamma \leq \gamma_p$, and it would be interesting to know whether there is equality. Atkin has found $\gamma_p < (h - 1)/2$ for $p < 1823$, and this is sufficient to prove $s = a = 0$ in these cases. On the other hand, for

$p = 1823$, Atkin has found $\gamma_p = (h-1)/2$, in perfect accord with the fact that there does exist a quartic field with discriminant -1823 ([G]).

9.3 <u>Reduction modulo</u> p: We now exploit the results of [Sp] to give a bound on the dimension of the space of modular forms of weight 1 on $\Gamma_0(p)$. One knows ([Sp.§3]) that every modular form on $\Gamma_0(p)$ is congruent, modulo p, to a modular form on $SL_2(\mathbb{Z})$.

a) <u>The case</u> $p \equiv 3 \pmod 4$

We retain the notations of 9.1. Let $K/\mathbb{Q}$ be a number field whose ring of integers $\mathcal{O}_K$ contains all the Fourier coefficients of the normalised newforms $f_1, f_2, \ldots, f_r$ of type $(1,\omega)$ on $\Gamma_0(p)$ (cf. 2.5). Let $\mathfrak{p}$ be a prime ideal of $\mathcal{O}_K$ dividing p. Let $F = \mathcal{O}_K/\mathfrak{p}$; then F is a finite extension of $\mathbb{F}_p = \mathbb{Z}/p\mathbb{Z}$, and the f_i define, by reduction modulo $\mathfrak{p}$, forms $\tilde{f}_i$ with coefficients in F.

(9.3.1) <u>The forms</u> $\tilde{f}_i$ <u>are cusp forms</u> (in characteristic p) <u>of weight</u> $(p+1)/2$ <u>on</u> $SL_2(\mathbb{Z})$, <u>and they are linearly independent.</u>

Using Th.12 of [Sp,3.4] one sees that $\tilde{f}_i$ is a cusp form on $SL_2(\mathbb{Z})$ of weight congruent to $(p + 1)/2$ modulo $(p - 1)$. Let ρ_i be the representation of $G_{\mathbb{Q}}$ which corresponds to f_i. Since the conductor of ρ_i is p, the p-factor of $L(s,\rho_i)$ is $(1 - u_i p^{-s})^{-1}$, for some root of unity u_i. So $f_i|U_p = u_i f_i$, and $\tilde{f}_i|U_p = \tilde{u}_i \tilde{f}_i$, where $\tilde{u}_i$ is the image of u_i in F. Since $\tilde{u}_i \neq 0$, it follows from Theorem 6 of [Sp,2.2] that the <u>filtration</u> $w(\tilde{f}_i)$ of $\tilde{f}_i$ is $\leqslant (p + 1)$. Using the congruence $w(\tilde{f}_i) \equiv (p + 1)/2 \pmod{(p-1)}$, we then see that $w(\tilde{f}_i) = (p+1)/2$, which proves the first part of (9.3.1).

Moreover, the images of the ρ_i's are finite groups of order prime to p; hence the ρ_i's remain mutually non-isomorphic after reduction modulo $\mathfrak{p}$, and this implies the linear independence of the $\tilde{f}_i$.

The f_i have the following properties:

(1) If $\ell \neq p$ is a prime, $f_i|T_\ell = a_{\ell,i} f_i$.

(2) If f_i is of dihedral type, $a_{\ell,i} = 0$ for all ℓ such that $\omega(\ell) = -1$.

(3) If f_i is of type S_4, $\omega(\ell)a^2_{\ell,i} = 0, 1, 2$, or 4.

(4) If f_i is of type A_5, $\omega(\ell)a^2_{\ell,i} = 0, 1, 4$, or $(3 \pm \sqrt{5})/2$.

The $\tilde{f}_i$ have the same properties. One can now obtain a bound on the number r of f_i's by proceeding as follows. One writes down a basis for the space of cusp forms (mod p) of weight $(p+1)/2$ on $SL_2(\mathbb{Z})$, and finds the normalised eigenfunctions of the Hecke operators T_ℓ and U_p. One eliminates those whose p-th coefficient a_p is zero, and those with a coefficient a_ℓ not satisfying properties (2) - (4). The number of eigenfunctions remaining is then $\geq$ r.

Exercise: Let v be the dimension of the space of cusp forms $f = \sum a_n q^n$ of weight $(p+1)/2$ on $SL_2(\mathbb{Z})$ with coefficients in $\mathbb{F}_p$ such that $a_n = 0$ whenever $\omega(n) = +1$. Show that $s + 2a \leq v$. (For $p = 163$, H. Cohen has shown that $v = 0$, and hence that $s = a = 0$.)

b) The case $p \equiv 5 \pmod 8$

Here one is interested in forms on $\Gamma_0(p)$ of type $(1,\varepsilon)$, where ε is a character of order 4 of $(\mathbb{Z}/p\mathbb{Z})^\times$ (cf. §8). Choose K and $\mathfrak{p}$, as in a), with the extra condition:

$$\varepsilon(n) \equiv n^{(p-1)/4} \pmod{\mathfrak{p}} \text{ for all } n.$$

If $f_1,\dots,f_s$ are the normalised newforms on $\Gamma_0(p)$ of type $(1,\varepsilon)$, let $\tilde{f}_1,\dots,\tilde{f}_s$ be their reductions modulo $\mathfrak{p}$. Then:

(9.3.2) <u>The</u> $\tilde{f}_i$ <u>are cusp forms</u> (in characteristic p) <u>of weight</u> $(p + 3)/4$ <u>on</u> $SL_2(\mathbb{Z})$ <u>and they are linearly independent</u>.

The proof is analogous to that of (9.3.1).

One has a precisely similar method for obtaining an upper bound for the number s of newforms. In particular, for $p = 229$, one has $(p + 3)/4 = 58$, and the space of cusp forms of this weight has dimension 4. H. Cohen has shown that there are at most two functions f_i, namely:

$$f_1 \equiv \Delta.(84E_6^7E_4 + 30E_6^5E_4^4 + 128E_6^3E_4^7 + 217E_6E_4^{10}) \pmod{229}$$

$$f_2 \equiv -\Delta(30E_6^7E_4 + 133E_6^5E_4^4 + 99E_6^3E_4^7 + 195E_6E_4^{10}) \pmod{229},$$

where E_4, E_6 are the normalised (i.e. having constant term 1) Eisenstein series on $SL_2(\mathbb{Z})$ of weights 4, 6 respectively. In fact, both of these functions do occur, because of Langlands' theorem [LB]; cf. 8.2.

REFERENCES

[A] A.O.L. Atkin, Modular forms of weight one and supersingular equations (unpublished abstract - A.M.S. meeting, 1975).

[AT] E.Artin & J.Tate, Class Field Theory (Benjamin, New York, 1967).

[BS] Z. Borevich & I. Shafarevich, Number Theory (Academic Press, London, 1966).

[CL] J-P.Serre, Corps Locaux (Hermann, Paris, 2nd ed., 1968).

[CG] J-P.Serre, Cohomologie Galoisienne (Springer Lecture Notes vol. 5, 4th ed., 1973).

[DA] P.Deligne, Formes modulaires et représentations de GL(2) (Springer Lecture Notes vol. 349. 1973, 55-105).

[DPP] J-P.Serre, Divisibilité de certaines fonctions arithmétiques (Séminaire Delange-Pisot-Poitou, 1974/75, no. 20). To appear in Ens. Math.

[DS] P.Deligne & J-P.Serre, Formes modulaires de poids 1 (Ann. sci. E.N.S. 4e ser., t.7, 1974, 507-530).

[DW] P.Deligne, La conjecture de Weil I (Publ. Math. I.H.E.S. vol.43, 1974, 273-307).

[F] R.Fricke, Die elliptischen Funktionen und ihre Anwendungen, 2 vol. (Teubner-Verlag, Leipzig-Berlin, 1922; Johnson Reprint Corp., New York, 1972).

[G] H.J.Godwin, On quartic fields of signature one with small discriminant (Quart. Jl. Math. (Oxon.) (2), 8, 1957, 214-222).

[H,22] E.Hecke, Über einen neuen Zusammenhang zwischen Modulfunktionen und indefiniten quadratischen Formen (no.22 in "Mathematische Werke", Vandenhoeck & Ruprecht, Göttingen, 1970 (2nd ed.)).

[H,23] E.Hecke, Zur Theorie der elliptischen Modulfunktionen, (no.23 in "Werke").

[H,24] E.Hecke, Theorie der Eisensteinschen Reihen höherer Stufe und ihre Anwendung auf Funktionentheorie und Arithmetik (no.24 in "Werke").

[H,36] E.Hecke, Modulfunktionen und die Dirichletschen Reihen mit Eulerscher Produktentwicklung II (no. 36 in "Werke").

[J-L] H.Jacquet & R.Langlands, Automorphic forms on GL(2) (Springer Lecture Notes vol. 114, 1970).

[K] M.Koike, Congruences between cusp forms of weight one and of weight two and a remark on a theorem of Deligne and Serre (Int. Symposium on Alg. Number Theory, Kyoto, March 1976).

[LB] R.Langlands, Base change for GL(2) (Lecture notes, I.A.S. Princeton, 1975).

[Li] W.Li, Newforms and functional equations (Math. Ann. 212, 1975, 285-315).

[Ogg] A.Ogg, Modular Forms and Dirichlet Series (Benjamin, New York, 1969).

[OggA] A.Ogg, Survey of modular functions of one variable (Springer Lecture Notes vol. 320, 1973, 1-36).

[P] H.Petersson, Über die systematische Bedeutung der Eisensteinschen Reihen (Abh. Math. Sem. Univ. Hamburg 16, 1949, 104-126).

[Sch] B.Schoeneberg, Elliptic Modular Functions (Springer-Verlag, Grundl. Math. Wiss. vol.203, 1974).

[Sch$_\theta$] B.Schoeneberg, Bemerkungen über einige Klassen von Modulfunktionen (Neder. Akad. W. Proc., A, 70, 1967, 177-182).

[Sh] G.Shimura, Introduction to the Arithmetic Theory of Automorphic Functions (Princeton University Press, 1971).

[Sp] J-P.Serre, Formes modulaires et fonctions zêta p-adiques (Springer Lecture Notes vol. 350, 1973, 191-268).

[SRL] J-P.Serre, Représentations Linéaires des Groupes Finis (Hermann, Paris, 1971 (2nd ed.)).

[SS] S.S.Shatz, Profinite Groups, Arithmetic, and Geometry (Ann. Math. Studies vol. 70, Princeton 1972).

[W] A.Weil, Über die Bestimmung Dirichletscher Reihen durch Funktionalgleichungen (Math. Ann. 168, 1967, 149-156).

[W_2] A.Weil, Exercices dyadiques (Inv. Math. 27, 1974, 1-22).

[WL] A.Weil, Dirichlet Series and Automorphic Forms (Springer Lecture Notes vol. 189, 1971).

This volume:

[Dur.LO] J.C.Lagarias & A.Odlyzko, Effective versions of the Čebotarev density theorem.

[Dur.M] J.Martinet, Character theory and Artin L-functions.

[Dur.O] A.Odlyzko, On conductors and discriminants.

[Dur.T] J.Tate, Local constants.

[Prepared in collaboration with C.J.Bushnell]

111.

Majorations de sommes exponentielles

Journées arith. Caen, Astérisque **41–42** (1977), 111–126

Les "sommes exponentielles" considérées ici sont celles qui sont liées à la géométrie algébrique sur un corps fini (cf. [15], sections L 05 et T 25). Les résultats récents de Deligne sur la conjecture de Weil ([6], [7]) permettent d'en donner de bonnes majorations, au moins dans certains cas : c'est ce que Deligne lui-même montre dans [8]. Dans ce qui suit, j'expose, sans démonstrations, quelques uns des résultats les plus frappants de [8].

1. Sommes exponentielles

Notations

Si $x \in \mathbf{C}$, et si m est un entier $\geqq 1$, on pose

$$e_m(x) = \exp(2\pi i x/m) . \qquad (1.1)$$

La lettre p désigne un nombre premier. Si $x \in \mathbf{Z}$, $e_p(x)$ appartient au groupe μ_p des racines p-ièmes de l'unité, et l'application $x \mapsto e_p(x)$ définit par passage au quotient un isomorphisme

$$e_p : \mathbf{Z}/p\mathbf{Z} \to \mu_p . \qquad (1.2)$$

On note k un corps fini à $q = p^a$ éléments. Si $x \in k$, on pose

$$(1.3) \qquad Tr_k(x) = Tr_{k/\mathbf{F}_p}(x) = x + x^p + \dots + x^{p^{a-1}}$$

et

$$(1.4) \qquad \psi_k(x) = e_p(Tr_k(x)) ;$$

cela a un sens, puisque $Tr_k(x)$ appartient à $\mathbf{F}_p = \mathbf{Z}/p\mathbf{Z}$. L'application

$$\psi_k : k \to \mu_p$$

est un caractère du groupe additif de k, et tout caractère de ce groupe est de la forme

$$x \mapsto \psi_k(cx) ,$$

avec $c \in k$.

On choisit une clôture algébrique $\bar{k}$ de k. Si $n \geq 1$, on note k_n la sous-extension de $\bar{k}$ qui est de degré n sur k. On a :

$$(1.5) \qquad \psi_{k_n}(x) = \psi_k(Tr_{k_n/k}(x)) = \psi_k(x + x^q + \dots + x^{q^{n-1}})$$

pour tout $x \in k_n$.

<u>Définition des sommes</u> S <u>et</u> S_n

Soit X une variété algébrique sur k, et f une "fonction régulière" sur X, autrement dit une section du faisceau structural $\mathcal{O}_X$. On pose :

$$(1.6) \qquad S = S(X,f) = \sum_{x \in X(k)} \psi_k(f(x)) ;$$

la sommation porte sur tous les points x de X à valeurs dans k ; si x est un tel point, on a $f(x) \in k$, ce qui donne un sens à l'expression $\psi_k(f(x))$.

(<u>Exemple</u> : si X est <u>l'espace affine</u> de dimension r, on a $X(k) = k^r$, et f s'identifie à un polynôme en r variables $x_1,\dots,x_r$; la somme exponentielle S est simplement :

$$(1.7) \qquad S = \sum_{x_i \in k} \psi_k(f(x_1,\dots,x_r)) .$$

Nous reviendrons au n° 6 sur cet exemple.)

A côté de la somme S, qui est relative à k, il est commode d'introduire les sommes

(1.8) $$S_n = S_n(X,f) = \sum_{x \in X(k_n)} \psi_{k_n}(f(x)) \quad , \quad n \geqq 1 \ .$$

On a $S_1 = S$.

<u>Fonction</u> L <u>attachée à</u> (X,f)

Soit t une indéterminée. On pose :

(1.9) $$L(t) = L(X,f;t) = \exp\Big(\sum_{n=1}^{\infty} S_n t^n/n \Big) \ .$$

C'est une série formelle à coefficients dans le corps cyclotomique $\mathbf{Q}(\mu_p)$. On peut l'interpréter (cf. par exemple [1]) comme la <u>fonction</u> L <u>d'Artin</u> $L(X'/X;\, e_p)$ associée au revêtement $X' \to X$ de groupe de Galois $\mathbf{Z}/p\mathbf{Z}$ défini par l'équation

(1.10) $$y^p - y = f(x) \ ,$$

et au caractère e_p de son groupe de Galois. On a :

(1.11) $$L(t) = \prod_P (1 - \lambda(P)\, t^{\deg(P)})^{-1} \ ,$$

où P parcourt l'ensemble des points fermés du schéma X , et $\lambda(P)$ est donné par

(1.12) $$\lambda(P) = \psi_{k(P)}(f(P)) \ ,$$

où $k(P)$ désigne le corps résiduel de l'anneau local $\mathcal{O}_P$; on a

(1.13) $$\deg(P) = [k(P):k] \ .$$

La formule (1.11) montre en particulier que les coefficients de $L(t)$ sont des <u>entiers</u> du corps $\mathbf{Q}(\mu_p)$.

<u>Généralisation</u>

Les sommes exponentielles considérées ci-dessus sont <u>de type additif</u> : elles ne font intervenir que des caractères du groupe additif du corps fini k (ou k_n) . Il y a lieu d'introduire également des sommes <u>mixtes</u>, du type

(1.14) $$S = S(X,f,g) = \sum_{x \in X(k)} \psi_k(f(x))\, \chi(g(x)) \ ,$$

où g est une fonction régulière inversible sur X , et χ un caractère du groupe

113

multiplicatif k^* . Les S_n sont alors définis par :

$$(1.15) \qquad S_n = \sum_{x\in X(k_n)} \psi_{k_n}(f(x))\ \chi(N_{k_n/k}(g(x))) \ .$$

Tous les résultats des n°s 2 et 3 restent valables.

2. *Résultats généraux*

On a tout d'abord :

THÉORÈME 2.1 - *La série* $L(t)$ *est une fonction rationnelle de* t .

Cela peut se démontrer, soit par la méthode p-adique de Dwork ([9],[1]), soit par la méthode ℓ-adique ($\ell \neq p$) de Grothendieck [10] ; nous reviendrons là-dessus au n° 3.

On peut reformuler (2.1) en disant qu'il existe des nombres complexes α_i et β_j , en nombre fini, tels que

$$(2.2) \qquad L(t) = \prod(1-\beta_j t)/\prod(1-\alpha_i t) \ ,$$

ou, ce qui revient au même,

$$(2.3) \qquad S_n = \sum_i (\alpha_i)^n - \sum_j (\beta_j)^n \quad \text{pour tout } n \geqq 1 \ .$$

Bien entendu, on peut supposer que la famille $\{\alpha_i,\beta_j\}$ est *réduite*, c'est-à-dire qu'aucun α_i n'est égal à un β_j . Supposons que ce soit le cas. On montre facilement que les α_i et les β_j sont alors des *entiers algébriques* ; ces entiers jouissent de la propriété suivante :

THÉORÈME 2.4 - *Si* ω *est l'un des* α_i, β_j , *il existe un entier* $r = r(\omega)$, *appelé le poids de* ω , *tel que tous les conjugués de* ω *soient de valeur absolue* (complexe) *égale à* $q^{r/2}$.

Ce résultat est conséquence d'un théorème de Deligne [7] sur les valeurs propres des endomorphismes de Frobenius ; voir [8], § 1 ainsi que (3.4) ci-après. D'après (2.3), on en déduit :

COROLLAIRE 2.5 - Soit r le plus grand des poids des α_i et des β_j. On a

$$(2.6) \qquad |S_n| = \underline{O}(q^{nr/2}) \quad \text{quand} \quad n \to \infty ,$$

et $|S_n|$ n'est $\underline{O}(q^{n\alpha})$ pour aucun $\alpha < r/2$.

Remarque 2.6. Le corollaire (2.5) a la curieuse conséquence suivante : si

$$|S_n| = \underline{O}(q^{n\alpha}) \quad \text{pour un nombre réel } \alpha ,$$

on a ipso facto $|S_n| = \underline{O}(q^{nr/2})$, où r est la partie entière de 2α. Ainsi, par exemple, dans le cas des sommes de Kloosterman à deux variables, Carlitz [3] a montré que $|S_n| = \underline{O}(q^{11n/8})$; comme la partie entière de $11/4$ est 2, on en déduit, d'après ce qui précède, que $|S_n| = \underline{O}(q^n)$. (On a même $|S_n| \leq 3q^n$, cf. (5.6).)

3. Un critère cohomologique

Si l'on veut majorer explicitement les S_n par la méthode indiquée au n° 2 ci-dessus, il est nécessaire de connaître le nombre des α_i, β_j, ainsi que leurs poids. C'est là un problème non trivial, qui n'est résolu que dans des cas particuliers (cf. n°s 4,5,6). L'interprétation cohomologique de $L(t)$ due à Grothendieck [10] permet de dégager un cas favorable, celui où (X,f) est purement de poids r au sens de la définition (3.6) ci-dessous. Avant de donner cette définition, il est nécessaire de rappeler quelques uns des résultats de [10] et de [8] :

On fixe un nombre premier $\ell \neq p$, ainsi qu'un plongement de $Q(\mu_p)$ dans une extension finie K_ℓ du corps ℓ-adique Q_ℓ. Par "torsion" au moyen du revêtement $X' \to X$, on définit un certain faisceau ℓ-adique $\mathcal{F}_\ell$, qui est localement libre de rang 1 sur K_ℓ. Si $\bar{X}$ désigne la $\bar{k}$-variété déduite de X par extension du corps de base, on peut parler des groupes de cohomologie $H^i(\bar{X};\mathcal{F}_\ell)$, ainsi que des groupes de cohomologie à supports propres $H^i_c(\bar{X};\mathcal{F}_\ell)$. Ce sont des K_ℓ-espaces vectoriels de dimension finie ; ils sont nuls pour $i < 0$ et $i > 2\dim(X)$. Le morphisme de Frobenius F de $\bar{X}$ opère de façon naturelle sur ces espaces ; notons $F|H^i$ et $F|H^i_c$ les K-endomorphismes ainsi définis. Le lien entre ces endomorphismes et les sommes exponentielles S_n du n° 1 est fourni par la <u>formule des traces</u>

(3.1) $$S_n = \sum_i (-1)^i \operatorname{Tr}(F^n|H_c^i) \quad , \quad \text{cf. [10],}$$

où S_n est interprété comme un élément de K_ℓ , <u>via</u> le plongement choisi de $\mathbf{Q}(\mu_p)$ dans K_ℓ ; si l'on note ω_{ij} les valeurs propres de $F|H_c^i$ (dans une extension convenable de K_ℓ) , la formule (3.1) peut se récrire :

(3.2) $$S_n = \sum_{i,j} (-1)^i (\omega_{ij})^n .$$

Elle équivaut aussi à :

(3.3) $$L(t) = \prod_i \det(1 - t\, F|H_c^i)^{(-1)^{i+1}} .$$

Dans [7], Deligne montre que chacune des valeurs propres ω_{ij} est un <u>entier algébrique</u> possédant un <u>poids</u> entier $r(i,j)$ au sens de (2.4), autrement dit tel que :

(3.4) <u>tous les conjugués de</u> ω_{ij} <u>sont de valeur absolue</u> $q^{r(i,j)/2}$.

On a de plus

(3.5) $$0 \leq r(i,j) \leq i .$$

(3.6) Soit r un entier ≥ 0 . Nous dirons que (X,f) est <u>purement de poids</u> r si :

(3.6.1) X est non singulière et toutes ses composantes irréductibles sont de dimension r ;

(3.6.2) $H_c^i(\bar{X};\mathcal{F}_\ell) = 0$ pour tout $i \neq r$;

(3.6.3) l'homomorphisme canonique $H_c^r(\bar{X};\mathcal{F}_\ell) \to H^r(\bar{X};\mathcal{F}_\ell)$ est injectif.

L'intérêt de ces conditions provient du résultat suivant, qui se déduit de (3.5) en utilisant la dualité de Poincaré (cf. [8], § 1) :

THÉORÈME 3.7 - <u>Si</u> (3.6.1) <u>et</u> (3.6.3) <u>sont vérifiées, toutes les valeurs propres de</u> $F|H_c^r$ <u>sont de poids</u> r .

Posons

(3.8) $$B = \dim . H_c^r(\bar{X};\mathcal{F}_\ell) \quad , \quad r\text{-ième } \underline{\text{nombre de Betti}} \text{ de } \mathcal{F}_\ell .$$

116

Soient $\omega_1,\ldots,\omega_B$ les valeurs propres de $F|H_c^r$. Si l'on suppose (3.6.2) vérifié, on a, d'après (3.2) :

(3.9) $$S_n = (-1)^r \sum_{i=1}^{i=B} (\omega_i)^n$$

et par suite

(3.10) $$L(t) = \begin{cases} \prod (1-\omega_i t) & \text{si } r \text{ est impair} \\ 1/\prod (1-\omega_i t) & \text{si } r \text{ est pair.} \end{cases}$$

Vu (3.7), on en déduit (Deligne [8], § 1) :

THÉORÈME 3.11 - Si (X,f) est purement de dimension r, et de nombre de Betti égal à B, on a

$$|S_n| \leq Bq^{nr/2} \quad \text{pour tout } n .$$

De plus, le cor. 2.5 montre que, si $B \neq 0$, l'exposant $r/2$ est "le meilleur possible" : on n'a $|S_n| = \underline{O}(q^{n\alpha})$ pour aucun $\alpha < r/2$.

Remarque - La majoration de $|S_n|$ fournie par (3.11) est de l'ordre de grandeur de la racine carrée de la majoration triviale $|S_n| \leq \mathrm{Card}.X(k_n)$; d'un point de vue probabiliste, c'est ce que l'on pouvait espérer de mieux.

4. Exemple : sommes à une variable

On suppose que X est une courbe affine non singulière, absolument irréductible (par exemple la droite affine privée d'un nombre fini de points). On note $\hat{X}$ la courbe projective correspondante, et X_∞ l'ensemble des points du schéma $\hat{X}$ qui n'appartiennent pas à X ("points à l'infini"). Si $P \in X_\infty$, on note v_P la valuation correspondante du corps des fonctions rationnelles sur $\hat{X}$. Le revêtement étale $X' \to X$ défini par (1.10) se prolonge en un revêtement (en général ramifié) $\hat{X}'$ de $\hat{X}$. On note $\mathfrak{f}$ son conducteur. On a

(4.1) $$\mathfrak{f} = \sum_{P \in X_\infty} n_P \, P ,$$

où l'entier n_P est défini de la manière suivante :

(4.2.1) si $\hat{X}' \to \hat{X}$ est non ramifié en P, i.e. s'il existe une fonction

117

rationnelle φ sur $\hat{X}$ telle que $v_P(f - \varphi^p + \varphi) \geqq 0$, on pose $n_P = 0$;

(4.2.2) sinon, on pose $n_P = 1 - \operatorname{Sup}_{\varphi} . v_P(f - \varphi^p + \varphi)$; on a $n_P \geqq 2$.

THÉORÈME 4.3 - (i) Pour que (X,f) soit purement de poids 1 au sens de (3.6), il faut et il suffit que le revêtement $\hat{X}' \to \hat{X}$ soit ramifié en tous les points P de X_∞ , i.e. que $n_P > 0$ pour tout $P \in X_\infty$.

(ii) Si (i) est vérifié, le nombre de Betti B correspondant, cf. (3.8), est donné par :

(4.4) $$B = 2g - 2 + \deg(\mathfrak{f}) ,$$

où g est le genre de la courbe $\hat{X}$, et $\deg(\mathfrak{f}) = \sum n_P \deg(P)$.

Au langage près, ce résultat est dû à Weil [18] (voir aussi [1],[20] et [8], § 3). Vu (3.11), il entraîne (Weil, loc.cit.) :

COROLLAIRE 4.5 - Si (i) est vérifié, il existe des entiers algébriques $\omega_1,\ldots,\omega_B$ de poids 1 tels que :

(4.6) $$S_n = - \sum_{i=1}^{i=B} (\omega_i)^n \quad , \quad L(t) = \prod_{i=1}^{i=B} (1 - \omega_i t) .$$

On a

(4.7) $$|S_n| \leqq B\, q^{n/2} \quad \text{pour tout } n .$$

Indiquons deux cas particuliers (on en trouvera d'autres dans [20]) :

Sommes de Kloosterman (cf. [4], [12], [13], [18], [20])

On prend pour X la droite affine privée de $\{0\}$, et pour f la fonction $x + c/x$, avec $c \in k^*$. Les sommes S_n s'écrivent

(4.8) $$S_n = \sum_{x \in k_n^*} \psi_{k_n}(x + c/x) = \sum_{\substack{xy=c \\ x,y \in k_n}} \psi_{k_n}(x + y) .$$

On a $X_\infty = \{0,\infty\}$, et $n_0 = n_\infty = 2$. D'après (4.3), (X,f) est purement de poids 1, et $B = 0 - 2 + 4 = 2$. On a donc

(4.9) $$S_n = - (\lambda^n + \mu^n) \quad , \quad \text{avec } |\lambda| = |\mu| = q^{1/2} ,$$

d'où l'inégalité (due à Weil [18]) :

(4.10) $$|S_n| \leqq 2\, q^{n/2} .$$

On peut montrer ([4], [8]) que

(4.11) $$\lambda\mu = q \quad , \quad \text{i.e.} \quad \mu = \bar{\lambda} \ .$$

Il en résulte que les S_n sont déterminés par $S_1 = S$. Signalons à ce sujet le problème suivant :

(4.12) Prenons $c = 1$, $q = p$, de sorte que $S = \sum e_p(x + 1/x)$ est un nombre réel compris entre $-2\sqrt{p}$ et $2\sqrt{p}$. Quelle est la distribution de $S/\sqrt{p}$ dans le segment $[-2,2]$ lorsque p varie ?

Sommes polynomiales (cf. [18], [20])

On prend pour X la droite affine, et pour f un polynôme de degré d non divisible par p . Les sommes S_n s'écrivent :

(4.13) $$S_n = \sum_{x \in k_n} \psi_{k_n}(f(x)) \ .$$

On a $X_\infty = \{\infty\}$, et $n_\infty = 1 + d$. D'après (4.3), (X,f) est purement de poids 1 , et $B = 0 - 2 + 1 + d = d - 1$. On a donc

(4.14) $$S_n = - \sum_{i=1}^{i=d-1} (\varphi_i)^n \quad , \quad \text{avec} \quad |\varphi_i| = q^{1/2} \ ,$$

et

(4.15) $$|S_n| \leq (d-1)\, q^{n/2} \quad , \quad \text{cf. [18]} \ .$$

Noter le cas particulier $d = 1$, où $S_n = 0$ (relations d'orthogonalité des caractères !) ainsi que le cas $d = 2$, où S_n est une somme de Gauss quadratique. (Je renvoie à [5], [8], [18], [19], [20] pour les propriétés des sommes de Gauss générales et des sommes de Jacobi ; ce sont des sommes de type "mixte", cf. (1.14) et (1.15).)

5. Exemple : sommes de Kloosterman généralisées

Soient r un entier ≥ 1 et c un élément de k^* . On prend pour X l'hypersurface de l'espace affine de dimension $r + 1$ définie par l'équation

(5.1) $$x_o \ldots x_r = c \ ,$$

et l'on prend pour f la fonction $x_o + \ldots + x_r$. Les sommes S_n correspondantes s'écrivent

(5.2) $$S_n = \sum_{\substack{x_o \dots x_r = c \\ x_i \in k_n}} \psi_{k_n}(x_o + \dots + x_r) .$$

Ce sont des <u>sommes de Kloosterman généralisées</u> (cf. [3], [8], [14], [16], [17]) ; pour $r = 1$, on retrouve les sommes de Kloosterman usuelles (4.8).

THÉORÈME 5.3 - <u>Le couple</u> (X,f) <u>ci-dessus est purement de poids</u> r , <u>avec pour nombre de Betti</u> $B = r + 1$.

Ce résultat est dû à Deligne ([8], § 7). Vu (3.11), il entraîne :

COROLLAIRE 5.4 - <u>Il existe des entiers algébriques</u> $\omega_o, \dots, \omega_r$ <u>de poids</u> r <u>tels que</u>

(5.5) $$S_n = (-1)^r \sum_{i=0}^{i=r} (\omega_i)^n .$$

<u>On a</u>

(5.6) $$|S_n| \leq (r+1)q^{nr/2} \quad \underline{\text{pour tout}} \ n .$$

L'existence d'entiers algébriques $\omega_o, \dots, \omega_r$ tels que l'on ait la formule (5.5) a également été établie par Sperber [17], en utilisant une méthode p-adique. Sperber démontre en outre (si $p > r + 3$) :

(5.7) $\omega_o \dots \omega_r = q^{r(r+1)/2}$ (voir aussi Deligne, <u>loc.cit</u>.) .

(5.8) Si $| \ |_p$ désigne une valeur absolue p-adique sur $Q(\omega_o, \dots, \omega_r)$, on peut ordonner les ω_i de telle sorte que $\omega_i = q^i u_i$, avec $|u_i|_p = 1$ pour $i = 0, \dots, r$.

6. <u>Exemple</u> : <u>sommes polynomiales à plusieurs variables</u>

On prend pour X l'espace affine de dimension r $(r \geq 1)$, et pour f un polynôme de degré d en r variables, à coefficients dans k . Les sommes S_n correspondantes s'écrivent :

(6.1) $$S_n = \sum_{x_i \in k_n} \psi_{k_n}(f(x_1, \dots, x_r)) \quad , \text{ cf. } (1.7).$$

THÉORÈME 6.2 - Supposons que le degré d de f ne soit pas divisible par p, et que la composante homogène f_d de f de degré d soit non singulière. Le couple (X,f) est alors purement de poids r, avec pour nombre de Betti $B = (d-1)^r$.

(On dit que f_d est non singulière si son discriminant est $\neq 0$, i.e. si l'hypersurface de l'espace projectif $\mathbb{P}_{r-1}$ définie par f_d est lisse.)

Le th. (6.2) est dû à Deligne ([6], 8.4 à 8.13). Il entraîne :

COROLLAIRE 6.3 - Sous les hypothèses de (6.2), on a

$$|S_n| \leqq (d-1)^r q^{nr/2} . \tag{6.4}$$

On sait peu de choses en dehors du cas (6.2). Dans [8], Deligne déduit des majorations de Weil le résultat suivant :

THÉORÈME 6.5 - Si f n'est pas de la forme $\varphi^p - \varphi + c$, avec $c \in k$ et

$$\varphi \in k[X_1, \ldots, X_r] ,$$

on a

$$|S_n| \leqq (d-1)\, q^{n(r-1/2)} .$$

(Noter que l'on ne gagne qu'un exposant 1/2 par rapport à la majoration triviale $|S_n| \leqq q^{nr}$.)

Même lorsque $r = 2$, on ignore dans quel cas le couple (X,f) est purement de poids r. Dans [2], Bombieri et Davenport démontrent :

THÉORÈME 6.6 - On suppose que $k = \mathbb{F}_p$, $r = 2$, $d = 3$ et que le polynôme f ne se ramène pas à un polynôme en une variable par un changement linéaire de coordonnées. On a alors

$$S_n = \sum_{i=1}^{i=B} \pm (\omega_i)^n ,$$

avec $B \leqq 14$, et $|\omega_i| \leqq p$ pour tout i. En particulier :

$$|S_n| \leqq 14\, p^n \quad \text{pour tout } n . \tag{6.7}$$

(Dans une note de bas de page, les auteurs disent que la majoration $B \leqq 14$ peut être remplacée par $B \leqq 4$, i.e. par la majoration de (6.2).)

Il serait intéressant de traiter des cas plus généraux. L'une des difficultés est que l'on a peu de renseignements sur les groupes de cohomologie $H^i_c(\bar{X};\mathcal{F}_\ell)$

121

attachés au polynôme f. On ignore même si $\dim. H_c^i(\bar{X};\mathcal{F}_\ell)$ <u>a une borne ne dépendant que de</u> d <u>et de</u> r (mais pas de k, ni de f). Dans cette direction, le seul résultat général connu semble être le suivant (démontré par voie p-adique par Bombieri [1]) : si l'on pose

1 (6.8) $$\chi_c = \sum_i (-1)^i \dim. H_c^i(\bar{X};\mathcal{F}_\ell) = v_{t=\infty}(L(t)) ,$$

on a

(6.9) $$0 \leqq (-1)^r \chi_c \leqq d^r .$$

Malheureusement, cette majoration ne permet pas de borner chacun des termes

$$\dim. H_c^i(\bar{X};\mathcal{F}_\ell).$$

<u>Appendice</u> - <u>Sommes exponentielles incomplètes</u>

Soit m un entier $\geqq 1$, et soit φ une fonction de $x = (x_1,\dots,x_r)$, avec $x_i \in \mathbf{Z}$; on suppose φ périodique de période m, i.e. telle que

(A.1) $$\varphi(x) = \varphi(y) \quad \text{si} \quad x_i \equiv y_i \pmod m \quad \text{pour tout } i .$$

Soient $a = (a_1,\dots,a_r)$ et $b = (b_1,\dots,b_r)$ deux familles d'entiers telles que $a_i < b_i$ pour tout i. Posons

(A.2) $$S_{a,b}\varphi = \sum_{a_i \leqq x_i < b_i} \varphi(x_1,\dots,x_r) .$$

Une telle somme est dite "incomplète" (par opposition aux sommes "complètes", où la sommation porte sur un système de représentants des $x_i \pmod m$, par exemple $0 \leqq x_i < m$). Il existe une méthode standard (cf. [11], n° 14) qui permet de ramener la majoration des sommes incomplètes à celle des sommes complètes. Rappelons comment on procède :

Si $\lambda = (\lambda_1,\dots,\lambda_r)$ est un élément de $\mathbf{Z}/m\mathbf{Z} \times \dots \times \mathbf{Z}/m\mathbf{Z}$, posons

(A.3) $$\psi_\lambda(x) = e_m(\sum \lambda_i x_i)$$

et

(A.4) $$S_\lambda\varphi = \sum_{x \pmod m} \psi_\lambda(x)\varphi(x) .$$

Les sommes $S_\lambda\varphi$ sont des sommes "complètes" au sens ci-dessus.

THÉORÈME A.5 - Soit $M = \operatorname{Sup.}_\lambda |S_\lambda \varphi|$, et supposons que $b_i - a_i \leqq m$ pour tout i . On a alors

(A.6) $$|S_{a,b}\varphi| \leqq M(1 + \log m)^r .$$

(Lorsqu'on ne suppose pas que $b_i - a_i \leqq m$ pour tout i , l'inégalité (A.6) reste vraie à condition de remplacer $1 + \log m$ par $\log m + \operatorname{Sup.}(b_i - a_i)/m$.)

Démonstration de (A.6)

Puisque φ est périodique de période m , on peut l'écrire comme combinaison linéaire des ψ_λ :

(A.7) $$\varphi = \sum_\lambda c_\lambda \psi_\lambda$$

avec

(A.8) $$c_\lambda = m^{-r} \sum_{x \pmod m} \psi_\lambda(-x)\varphi(x) = m^{-r} S_{-\lambda}\varphi .$$

On a donc $|c_\lambda| \leqq m^{-r}M$ pour tout λ , et l'on en déduit :

(A.9) $$|S_{a,b}\varphi| = |\sum_\lambda c_\lambda S_{a,b}\varphi_\lambda| \leqq m^{-r}M \sum_\lambda |S_{a,b}\psi_\lambda| .$$

On est donc ramené à montrer que

(A.10) $$\sum_\lambda |S_{a,b}\psi_\lambda| \leqq \prod_{i=1}^{i=r} (b_i - a_i + m \log m) .$$

Comme $S_{a,b}\psi_\lambda$ est le produit des sommes à une variable

$$\sum_{a_i \leqq x_i < b_i} e_m(\lambda_i x_i) ,$$

on voit que (A.10) équivaut à :

LEMME A.11 - $$\sum_{\lambda=0}^{m-1} | \sum_{a \leqq x < b} e_m(\lambda x) | \leqq b - a + m \log m .$$

Le terme $\lambda = 0$ donne $b - a$. Il reste donc à prouver que

(A.12) $$\sum_{\lambda=1}^{m-1} | \sum_{a \leqq x < b} e_m(\lambda x)| \leqq m \log m .$$

Posons $z_\lambda = e_m(\lambda) = \exp(2\pi i\lambda/m)$, $1 \leqq \lambda \leqq m-1$. On a

$$(A.13) \qquad \sum_{a\leq x<b} e_m(\lambda x) = z_\lambda^a + z_\lambda^{a+1} + \dots + z_\lambda^{b-1}$$
$$= z_\lambda^a (1 - z_\lambda^{b-a})/(1 - z_\lambda) .$$

Comme $|1 - z_\lambda| = 2 \sin(\pi\lambda/m)$, on en déduit :

$$\sum_{\lambda=1}^{m-1} \Big| \sum_{a\leq x<b} e_m(\lambda x)\Big| \leq \sum_{\lambda=1}^{m-1} 1/\sin(\pi\lambda/m) .$$

Tenant compte de l'inégalité $\sin(\pi x) \geqq 2x$ (valable pour $0 \leqq x \leqq 1/2$) , on obtient :

$$(A.14) \qquad \sum_{\lambda=1}^{m=1} \Big| \sum_{a\leq x<b} e_m(\lambda x)\Big| \leq m\Big(\sum_{1\leq\lambda<\frac{m}{2}} 1/\lambda + \varepsilon_m\Big) ,$$

où $\varepsilon_m = 0$ si m est impair, et $\varepsilon_m = 1/m$ si m est pair. L'inégalité cherchée résulte alors de la majoration élémentaire :

$$(A.15) \qquad \sum_{1\leq\lambda<\frac{m}{2}} 1/\lambda + \varepsilon_m < \log m .$$

<u>Application</u>

On prend maintenant $m = p$.

THÉORÈME A.16 - <u>Soit</u> $f(x) = f(x_1,\dots,x_r)$ <u>un polynôme de degré</u> $d \geqq 2$, <u>en</u> r <u>variables, à coefficients dans</u> $\mathbf{Z}/p\mathbf{Z}$. <u>On suppose que</u> d <u>n'est pas divisible par</u> p , <u>et que la composante homogène de degré</u> d <u>de</u> f <u>est non singulière, cf</u>. (6.2). <u>Si</u> $b_i - a_i \leqq p$ <u>pour tout</u> p , <u>on a</u>

$$\Big| \sum_{a_i\leq x_i<b_i} e_p(f(x_1,\dots,x_r))\Big| \leq (d-1)^r (1 + \log p)^r p^{r/2} .$$

Posons $\varphi(x) = e_p(f(x))$. On a, pour tout $\lambda \in (\mathbf{Z}/p\mathbf{Z})^r$,

$$S_\lambda\varphi = \sum_{x \pmod p} e_p(f(x) + \lambda_1 x_1 + \dots + \lambda_r x_r) ,$$

et le terme de degré d du polynôme $f(x) + \lambda_1 x_1 + \dots + \lambda_r x_r$ est le même que celui de $f(x)$. On peut donc appliquer (6.4) à ce polynôme, ce qui donne

$$|S_\lambda\varphi| \leq (d-1)^r p^{r/2} \quad \text{pour tout } \lambda ,$$

et (A.16) résulte de (A.6) , puisque $M \leqq (d-1)^r p^{r/2}$.

124

Remarque - On notera que, pour d fixé, on obtient une majoration en $\underline{O}(p^{r/2+\epsilon})$, pour tout $\epsilon > 0$, majoration qui est presque aussi bonne que celle de la somme "complète".

Bibliographie

[1] E. BOMBIERI - On exponential sums in finite fields, Amer. J. of Math., 88 (1966), p. 71-105.

[2] E. BOMBIERI et H. DAVENPORT - On two problems of Mordell, Amer. J. of Math., 88 (1966), p. 61-70.

[3] L. CARLITZ - A note on multiple exponential sums, Pacific J. of Math., 15 (1965), p. 757-765.

[4] L. CARLITZ - Kloosterman sums and finite field extensions, Acta Arith., 16 (1969/70), p. 179-193.

[5] H. DAVENPORT et H. HASSE - Die Nullstellen der Kongruenzzetafunktionen im gewissen zyklischen Fällen, Journ. Crelle, 172 (1935), p. 151-182.

[6] P. DELIGNE - La conjecture de Weil I, Publ. Math. IHES, 43 (1974), p. 273-307.

[7] P. DELIGNE - La conjecture de Weil II, en préparation.

[8] P. DELIGNE - Applications de la formule des traces aux sommes trigonométriques, à paraître dans SGA $4\frac{1}{2}$.

[9] B. DWORK - On the zeta function of a hypersurface, Publ. Math. IHES, 12 (1962), p. 5-68.

[10] A. GROTHENDIECK - Formule de Lefschetz et rationalité des fonctions L, Sém. Bourbaki, exposé 279 (1964) (reproduit dans "Dix exposés sur la cohomologie des schémas", North-Holland, 1968).

[11] L-K. HUA - Die Abschätzung von Exponentialsummen und ihre Anwendung in der Zahlentheorie, Enz. der Math. Wiss., Zweite Aufl., Band I 2, Heft 13, Teil I, Teubner, Leipzig, 1959.

[12] H.D. KLOOSTERMAN - Asymptotische Formeln für die Fourierkoeffizienten ganzer Modulformen, Abh. Math. Sem. Hamburg, 5 (1927), p. 338-352.

[13] D.H. LEHMER et E. LEHMER - The cyclotomy of Kloosterman sums, Acta Arith., 12 (1966/67), p. 385-407.

[14] D.H. LEHMER et E. LEHMER - The cyclotomy of hyper-Kloosterman sums, Acta Arith., 14 (1968), p. 89-111.

[15] J. LEVEQUE (edit.) - Reviews in Number Theory, 6 vol., Amer. Math. Soc., 1974.

[16] L.J. MORDELL - Some exponential sums, Proc. Steklov Inst. Math., 132 (1973), p. 29-34.

[17] S. SPERBER - p-adic hypergeometric functions and their cohomology, Thèse, Univ. Pennsylvania, 1975.

[18] A. WEIL - On some exponential sums, Proc. Nat. Acad. Sci. USA, 34 (1948), p. 204-207.

[19] A. WEIL - Number of solutions of equations in finite fields, Bull. Amer. Math. Soc., 55 (1949), p. 497-508.

[20] A. WEIL - Examples of L functions, App. V to "Basic Number Theory", 3rd edit., Springer, 1974.

Jean-Pierre SERRE
Collège de France
75231 PARIS CEDEX 05

112.

Représentations *l*-adiques

Kyoto Int. Symposium on Algebraic Number Theory,
Japan Soc. for the Promotion of Science (1977), 177–193

La notion de *système rationnel de représentations l-adiques* a été introduite par Taniyama [37], il y a près de vingt ans. Cette notion joue le rôle de la *cohomologie rationnelle* pour les variétés algébriques; elle est d'une grande utilité dans l'étude arithmétique de ces variétés. Malheureusement, on sait peu de chose sur les systèmes rationnels de représentations l-adiques, en dehors du cas abélien ([27], [37], [40]): les *problèmes* sont plus nombreux que les *théorèmes*! Ce sont ces problèmes, et ces théorèmes, que je me propose de discuter.

§ 1. Notations et définitions

Dans tout ce qui suit (§ 7 excepté), on note K un corps de nombres algébriques[1], $\bar{K}$ une clôture algébrique de K, et G_K le groupe de Galois de $\bar{K}$ sur K. Soit $\sum_K$ l'ensemble des places ultramétriques de K; si $v \in \sum_K$, on note k_v le corps résiduel correspondant, p_v sa caractéristique, et Nv le nombre de ses éléments.

Soit l un nombre premier. Une *représentation l-adique* de G_K est un homomorphisme continu

$$\rho_l : G_K \longrightarrow \mathrm{Aut}(V_l)\ ,$$

où V_l est un Q_l-espace vectoriel de dimension finie.

Un *système de représentations l-adiques de* G_K est la donnée, pour tout l, d'une représentation l-adique ρ_l. Un tel système est dit *rationnel* s'il jouit de la propriété suivante (cf. [27], [37]):

Il existe une partie finie S de $\sum_K$ telle que, si $v \in \sum_K - S$, et si $l \neq p_v$, alors ρ_l est non ramifiée en v et le polynôme caractéristique de l'élément de

1) On pourrait se borner à supposer que K est une *extension de type fini de Q*, non nécessairement algébrique; cela ne changerait rien aux résultats et conjectures des §§ 2 et 3.

Frobenius $\rho_l(\text{Frob}_v)$ *est à coefficients dans* $\mathbf{Q}$, *et ne dépend pas de* l.

Cette condition de compatibilité entraîne que, si l'on connaît ρ_l pour *un* l, on connaît, sinon tous les ρ_l, du moins tous leurs semi-simplifiés ([27], I–10).

Les seuls exemples connus[2] de systèmes rationnels proviennent, de près ou de loin, de la *cohomologie l-adique*, cf. § 2. On serait par exemple fort surpris de trouver des systèmes rationnels (ρ_l) tels que les valeurs absolues des valeurs propres des $\rho_l(\text{Frob}_v)$ ne soient pas des puissances entières de $Nv^{1/2}$!

§ 2. Systèmes fournis par la cohomologie

Soient X une variété projective lisse sur K, et $\bar{X}$ la $\bar{K}$-variété déduite de X par extension du corps de base à $\bar{K}$. Soit m un entier $\geqslant 1$. Posons $V_l = H^m(\bar{X}\,;\mathbf{Q}_l)$, m-ième groupe de cohomologie l-adique de $\bar{X}$, au sens de [1]; c'est un $\mathbf{Q}_l$-espace vectoriel de dimension finie. Le groupe G_K opère par transport de structure sur V_l; on en déduit une représentation l-adique

$$\rho_l\colon G_K \longrightarrow \operatorname{Aut}(V_l)\,.$$

Soit S une partie finie de $\sum_K$ assez grande pour que X ait "bonne réduction en dehors de S", i.e. provienne d'un schéma projectif et lisse X_S sur l'anneau des S-entiers de K. Si $v \in \sum_K - S$, notons X_v la fibre en v du schéma X_S; c'est une variété projective et lisse sur k_v, appelée parfois la *réduction de X modulo v*; notons $\bar{X}_v$ la variété déduite de X_v par extension du corps de base à une clôture algébrique de k_v. Les théorèmes de changement de base pour la topologie étale [1] montrent que, si $l \neq p_v$, on peut identifier V_l à $H^m(\bar{X}_v\,;\mathbf{Q}_l)$, que ρ_l est non ramifiée en v, et que $\rho_l(\text{Frob}_v)$ s'identifie à l'inverse du "Frobenius géométrique" de $H^m(\bar{X}_v\,;\mathbf{Q}_l)$. D'après Deligne [8], ceci entraîne:

2.1. *Si* $v \notin S$, *le polynôme caractéristique de* $\rho_l(\text{Frob}_v)$, $l \neq p_v$, *est à coefficients dans* $\mathbf{Q}$ *et indépendant de* l; *de plus les inverses de ses racines sont des entiers algébriques dont toutes les valeurs absolues* (*archimédiennes*) *sont égales à* $Nv^{m/2}$.

En particulier, le système (ρ_l) est *rationnel*.

(Lorsque $m = 1$, V_l est le dual du *module de Tate* de la variété d'Albanese de X; on retrouve le cas considéré initialement par Taniyama [37].)

Soit $G_l = \rho_l(G_K)$ l'image de ρ_l; c'est un sous-groupe de Lie du groupe de Lie l-adique $\operatorname{Aut}(V_l)$, cf. [26]; son algèbre de Lie $\mathfrak{g}_l$ est une sous-algèbre de $\operatorname{End}(V_l)$. On sait très peu de choses sur les $\mathfrak{g}_l$; on ignore même si leur

2) A part, peut-être, ceux construits par Shimura [32], [33].

dimension est indépendante de l (cf. § 3). Voici quelques résultats élémentaires:

2.2. *Supposons que les $\rho_l(\mathrm{Frob}_v)$, pour $v \notin S$, $p_v \neq l$, soient semi-simples. Alors $\mathfrak{g}_l$ est scindable* (Bourbaki, LIE VII, § 5) *et ses sous-algèbres de Cartan sont commutatives et formées d'éléments semi-simples.*

Cela résulte de Bourbaki, *loc. cit.*, p. 62, exerc. 16, compte tenu de ce
1 que les logarithmes[3)] des $\rho_l(\mathrm{Frob}_v)$ sont denses dans $\mathfrak{g}_l$ d'après le théorème de Čebotarev.

L'hypothèse faite sur les $\rho_l(\mathrm{Frob}_v)$ est vraie pour $m = 1$, en vertu des résultats de Weil sur les variétés abéliennes; on espère qu'elle est vraie pour tout m (cela résulterait des "conjectures standard" de Grothendieck, cf. [11], 4.6).

2.3 (Deligne). *L'enveloppe algébrique $\mathfrak{g}_l^{\mathrm{alg}}$ de $\mathfrak{g}_l$ contient les homothéties.*
2 (On conjecture que $\mathfrak{g}_l^{\mathrm{alg}} = \mathfrak{g}_l$, cf. § 3.)

Soit en effet $v \in \sum_K - S$ tel que $p_v \neq l$. L'algèbre de Lie $\mathfrak{g}_l$ contient l'élément $F_v = \log \rho_l(\mathrm{Frob}_v)$; si $\lambda_1, \cdots, \lambda_n$ sont les valeurs propres de F_v, il résulte de 2.1 que toute relation linéaire

$$\sum a_i \lambda_i = 0\,, \qquad \text{avec } a_i \in \boldsymbol{Z}\,,$$

entraîne $\sum a_i = 0$; or on sait que cette propriété équivaut à dire que l'enveloppe algébrique de F_v contient les homothéties. D'où 2.3.

2.4. *On a $H^i(\mathfrak{g}_l\,; V_l) = 0$ pour tout i.* (Le même résultat vaut pour les espaces tensoriels $T^r V_l \otimes T^s V_l^*$, avec $r \neq s$.)

Cela résulte de 2.1 combiné avec le critère de nullité de cohomologie donné dans [26], II (cf. Bourbaki, LIE VII. 56, exerc. 6). Deligne m'a fait observer que cela peut aussi se déduire de 2.3, et du fait que $\mathfrak{g}_l^{\mathrm{alg}}$ opère trivialement sur $H^i(\mathfrak{g}_l\,; V_l)$.

Le cas $m = 1$, $i = 1$, $s = 1$, $r = 0$ de 2.4 a la conséquence suivante: si A est une variété abélienne sur K, *tout sous-groupe d'indice fini de $A(K)$ est un groupe de congruence* [26].

§ 3. Relations avec les groupes de Hodge: conjectures

Les notations étant celles du § 2, choisissons un plongement de $\bar{K}$ dans $\boldsymbol{C}$, et soit $X_{\boldsymbol{C}}$ la variété complexe déduite de $\bar{X}$ par le changement de base $\bar{K} \to \boldsymbol{C}$. Notons $V_{\boldsymbol{Q}}$ (resp. $V_{\boldsymbol{C}}$) le m-ième groupe de cohomologie de $X_{\boldsymbol{C}}$ à coefficients dans $\boldsymbol{Q}$ (resp. dans $\boldsymbol{C}$). On a

3) Il s'agit de logarithmes *l-adiques*, cf. Bourbaki, LIE III, §7, n°6.

$$V_C = \mathbf{C} \otimes V_Q \quad \text{et} \quad V_l = \mathbf{Q}_l \otimes V_Q \text{ pour tout } l \quad \text{(cf. [1])} .$$

La théorie de Hodge définit une bigraduation de V_C:

$$V_C = \coprod_{p+q=m} V_C^{p,q} .$$

Soit $T = \mathbf{C}^* \times \mathbf{C}^*$; faisons opérer T sur V_C par:

$$(u, v).h = u^p v^q h \qquad \text{si } h \in V_C^{p,q} .$$

On obtient ainsi un homomorphisme de groupes algébriques

$$\varphi: T \longrightarrow \mathbf{GL}(V_C) .$$

Le *groupe de Hodge* $\mathrm{Hdg} = \mathrm{Hdg}_{m,X}$ peut être défini comme le plus petit $\mathbf{Q}$-sous-groupe algébrique de $\mathbf{GL}(V_Q)$ qui, après extension des scalaires à $\mathbf{C}$, contienne le tore $\varphi(T)$; il est engendré par les $\varphi^\sigma(T)$, où σ parcourt le groupe des $\mathbf{Q}$-automorphismes de $\mathbf{C}$. Ce groupe a été introduit par Mumford-Tate [16], et étudié par Saavedra dans sa thèse [24] (voir aussi [7], [17]). C'est un groupe réductif connexe ; son algèbre de Lie $\mathfrak{h}_Q$ est une sous-algèbre de End (V_Q) ; par construction, elle contient les homothéties. On conjecture (cf. [16]):

C.3.1. *L'algèbre de Lie* $\mathfrak{g}_l$ *du groupe de Galois* $G_l = \mathrm{Im}\,(\rho_l)$ *est égale à* $\mathfrak{h}_l = \mathbf{Q}_l \otimes \mathfrak{h}_Q$.

(Cela entraînerait en particulier que $\mathfrak{g}_l$ est algébrique, réductive dans End (V_l), et que sa dimension est indépendante de l.)

L'assertion C.3.1 est équivalente à:

C.3.2. *Les groupes* G_l *et* $\mathrm{Hdg}\,(\mathbf{Q}_l)$ *sont commensurables* (i.e. leur intersection est ouverte dans chacun d'eux).

On peut formuler une conjecture plus précise:

C.3.3. *Il existe un* $\mathbf{Q}$*-sous-groupe algébrique* H *de* $\mathbf{GL}(V_Q)$, *de composante neutre* Hdg, *tel que*:

a) *On a* $\rho_l(G_K) \subset H(\mathbf{Q}_l)$ *pour tout* l.

b) *Si* Γ *désigne le groupe fini* H/Hdg, *l'homomorphisme*

$$G_K \longrightarrow H(\mathbf{Q}_l) \longrightarrow \Gamma .$$

est surjectif, et indépendant de l.

c) *Si* $v \in \sum_K - S$, *et* $l \neq p_v$, *l'image* F_v *de* $\rho_l(\mathrm{Frob}_v)$ *dans la variété* Cl_H *des classes de conjugaison*[4] *de* H *est rationnelle sur* $\mathbf{Q}$, *et ne dépend pas de* l.

4) La variété Cl_H est, par définition, le spectre de la sous-algèbre de l'algèbre affine de H formée des *fonctions centrales*.

d) *Pour tout l, $\rho_l(G_K)$ est ouvert dans $H(\mathbf{Q}_l)$.*

On notera que, si un tel groupe H existe, il est unique, puisque c'est l'adhérence de $\rho_l(G_K)$ pour la topologie de Zariski.

Exemple. $m = 1$, X est une courbe elliptique à multiplications complexes par un corps quadratique imaginaire F non contenu dans K. Le groupe Hdg est le sous-groupe de Cartan de $\mathbf{GL}_2$ défini par F, et H est le normalisateur de Hdg; le groupe Γ a deux éléments, et l'homomorphisme $G_K \longrightarrow \Gamma$ de b) est celui défini par l'extension quadratique $K.F$ de K.

La conjecture C.3.3 entraîne:

C.3.4. *Il existe une extension finie K' de K telle que, pour tout l, $\rho_l(G_{K'})$ soit un sous-groupe ouvert de* Hdg $(\mathbf{Q}_l)$.

En effet, il suffit de choisir K' tel que $G_{K'}$ soit contenu dans le noyau de l'homomorphisme $G_K \longrightarrow \Gamma$ de C.3.3. b).

Les conjectures ci-dessus sont étroitement liées à celles de Hodge et Tate sur les *classes de cohomologie algébriques* (cf. [38], ainsi que [24], p. 402–405):

3.5. *Si la conjecture de Tate est vraie pour tous les $X \times \cdots \times X$, on a $\mathfrak{g}_l^{\mathrm{alg}} \supset \mathfrak{h}_l$ pour tout l.*

3.6. *Si la conjecture de Hodge est vraie pour tous les $X \times \cdots \times X$, il existe un $\mathbf{Q}$-sous-groupe algébrique H de $\mathbf{GL}(V_{\mathbf{Q}})$, de composante neutre* Hdg, *tel que les propriétés* a) *et* b) *de* C.3.3 *soient satisfaites. En particulier, on a $\mathfrak{g}_l \subset \mathfrak{h}_l$ pour tout l.*

Variation avec l

Supposons C.3.4 vraie, et remplaçons K par K', de sorte que $G_l \subset$ Hdg $(\mathbf{Q}_l)$ pour tout l. Choisissons une base de $V_{\mathbf{Q}}$, ce qui donne un sens à Hdg $(\mathbf{Z}_l)$. Pour presque tout l, on a $G_l \subset$ Hdg $(\mathbf{Z}_l)$, et, comme Hdg $(\mathbf{Z}_l)$ est compact, l'indice de G_l dans ce groupe est *fini*. On peut se demander si cet indice est égal à 1 pour presque tout l. Des exemples simples montrent qu'il n'en est rien (même pour $m = 1$, cf. 4.2.1, 4.2.2). Toutefois, il me paraît raisonnable de conjecturer:

C.3.7. a) *L'indice de G_l dans* Hdg $(\mathbf{Z}_l)$ *est borné.*

b) *Pour presque tout l, G_l contient les commutateurs de* Hdg $(\mathbf{Z}_l)$, *ainsi que les puissances m-ièmes des homothéties.*

On peut aussi exprimer les choses en termes *adéliques*: soit $\mathbf{A}^f = \mathbf{Q} \otimes \hat{\mathbf{Z}}$ l'anneau des adèles finis de $\mathbf{Q}$. La famille des ρ_l définit un homomorphisme continu ρ de G_K dans le groupe Hdg (A^f), produit "restreint" des Hdg $(\mathbf{Q}_l)$, et l'on aimerait savoir si $\rho(G_K)$ est *ouvert* dans Hdg (A^f), ce qui entraînerait que $G_l = \text{Hdg}\,(\mathbf{Z}_l)$ pour presque tout l. On peut espérer que seule la présence d'isogénies[5] s'oppose à cette propriété. D'où la conjecture:

C.3.8. *Supposons qu'il n'existe aucune* **Q***-isogénie* $H' \to \text{Hdg}$, *de degré* >1, *avec* H' *connexe, telle que* $\varphi : T \to \text{Hdg}\,(\mathbf{C})$ *se relève en* $\varphi' : T \to H'(\mathbf{C})$. *Alors* $\rho(G_K)$ *est ouvert dans* Hdg (A^f).

(L'hypothèse faite sur Hdg revient à dire que $\pi_1(\text{Hdg}\,(\mathbf{C}))$ est engendré par les $\varphi^\sigma(\pi_1(T))$, pour $\sigma \in \text{Aut}\,(\mathbf{C})$.)

§ 4. Relations avec les groupes de Hodge: résultats

Le cas le plus étudié est celui où $m = 1$, X étant une variété abélienne. On a alors:

4.1. (Piatetckii-Šapiro [21], Deligne, Borovoi [4]). *Il existe une extension finie* K' *de* K *telle que, pour tout* l, *on ait* $\rho_l(G_{K'}) \subset \text{Hdg}\,(\mathbf{Q}_l)$; *en particulier, on a* $\mathfrak{g}_l \subset \mathfrak{h}_l$.

En comparant à 3.6, on voit que l'on obtient essentiellement le même résultat que si la conjecture de Hodge était vraie pour les variétés abéliennes (ce que l'on ignore); autrement dit, sur une telle variété, toute classe de cohomologie rationnelle de type (p, p) se comporte, du point de vue galoisien, comme si elle était algébrique.

Il est remarquable que la démonstration de 4.1 utilise le cas particulier des variétés abéliennes à multiplications complexes:

4.2 (Shimura-Taniyama [34], Weil [40]). *Si* X *est de type* (*CM*), *la conjecture* C.3.3 *est vraie*; *en particulier, on a* $\mathfrak{g}_l = \mathfrak{h}_l$.

Le groupe Hdg est alors un *tore*, ce qui permet d'expliciter les homomorphismes

$$\rho_l : G_K \longrightarrow \text{Hdg}\,(\mathbf{Q}_l)\,, \qquad \text{cf. [34], [40], et [27], II, 2.8.}$$

Signalons que, même dans ce cas, il n'est pas toujours vrai que $\rho(G_K)$ soit *ouvert* dans le groupe adélique Hdg (A^f). Voici deux contre-exemples:

4.2.1. X est la jacobienne de la courbe $y^2 = 1 - x^{23}$.

4.2.2. X est le produit de quatre courbes elliptiques à multiplications

5) On sait que, si $H' \to H$ est une isogénie de degré > 1, l'image de $H'(A^f)$ dans $H(A^f)$ n'est pas ouverte; il faut donc éviter que ρ ne se factorise par une telle isogénie.

complexes par $Q(\sqrt{-d_i})$, $i = 1, 2, 3, 4$, les d_i étant choisis tels que $d_1d_2d_3d_4$ soit un carré et qu'aucun des d_id_j $(i \neq j)$ n'en soit un.

(Dans 4.2.1, l'homomorphisme $\rho: G_K \to \mathrm{Hdg}(A^f)$ se factorise par une isogénie de degré 3 de Hdg, et dans 4.2.2, il se factorise par une isogénie de degré 2.)

4.3 (cf. [27], [31]). *Si X est une courbe elliptique sans multiplications complexes, on a* $\mathrm{Hdg} = \boldsymbol{GL}(V_Q)$, *et* $\rho(G_K)$ *est ouvert dans* $\mathrm{Hdg}\,(A^f) \simeq \boldsymbol{GL}_2(A^f)$; *en particulier, on a* $\mathfrak{g}_l = \mathfrak{h}_l$ *pour tout* l.

Le fait que Hdg soit de rang semi-simple 1 entraîne que, si les groupes de Galois G_l étaient "trop petits", ils seraient "presque" abéliens, et donc justiciables de [27], Chap. II et III ; à partir de là, on peut en déduire de diverses façons que la courbe X a des multiplications complexes, contrairement à l'hypothèse faite.

4.4 ("*fausses courbes elliptiques*", cf. Ohta [18], Jacobson [10]). On suppose que $\dim X = 2$, et que $\mathrm{End}\,(X)$ est *un ordre d'un corps de quaternions D*. On a alors les mêmes résultats que dans 4.3, à cela près que Hdg est, non plus $\boldsymbol{GL}_2$, mais le groupe multiplicatif de D.

4.5. On suppose que X est *un produit $E_1 \times \cdots \times E_n$ de courbes elliptiques* sans multiplications complexes, deux à deux non isogènes (sur $\bar{K}$), et dont les invariants modulaires ne sont pas des entiers algébriques. Le groupe Hdg est alors le sous-groupe de $\boldsymbol{GL}_2 \times \cdots \times \boldsymbol{GL}_2$ formé des $(s_1, \cdots, s_n)$ tels que $\det(s_1) = \cdots = \det(s_n)$, et $\rho(G_K)$ est ouvert dans $\mathrm{Hdg}\,(A^f)$.

Le cas $n = 2$ est traité dans [31] ; le cas général se ramène au cas $n = 2$ grâce à un lemme de Ribet [23].

On trouvera également dans Ribet [22] une forme "tordue" de 4.5 : le cas d'une variété abélienne de dimension d ayant pour anneau d'endomorphismes un ordre d'un corps de nombres totalement réel de degré d.

En dehors de ces cas, tous relatifs aux variétés abéliennes, il n'y a guère à signaler que celui des *variétés de Fermat*

$$X_0^n + \cdots + X_r^n = 0 ,$$

où le groupe Hdg est un tore, et où l'on peut décrire les (ρ_l) comme dans 4.2 (Weil [41], [42], Deligne).

On aimerait avoir d'autres exemples.

§ 5. Représentations l-adiques, séries de Dirichlet et formes modulaires

Soit (ρ_l) un système de représentations l-adiques du type considéré aux

§§ 2,3. Rappelons (cf. [30]) la définition de la *série de Dirichlet* $L_\rho(s)$ attachée à ce système; on a:

$$L_\rho(s) = \prod_{v \in \Sigma_K} 1/P_v(Nv^{-s}) ,$$

où P_v est un certain polynôme, à coefficients entiers, de terme constant 1:

si $v \notin S$, on a $P_v(T) = \det(1 - T\rho_l(\mathrm{Frob}_v)^{-1})$ pour tout $l \neq p_v$,

si $v \in S$, on définit $P_v(T)$ par une recette que l'on trouvera dans [30] (elle fait intervenir certaines conjectures sur la restriction de ρ_l au groupe de décomposition de v, pour $l \neq p_v$).

Je renvoie également à [30] pour la définition du *conducteur* $\mathfrak{f}_\rho$ et du *facteur gamma* $\Gamma_\rho(s)$ du système (ρ_l); le conducteur ne dépend que des propriétés locales (conjecturales) des ρ_l aux places de S; le facteur gamma ne dépend que de la décomposition de Hodge de $H^m(X_C; C)$ et de l'action des "Frobenius réels" attachés aux places réelles de K. Si D_K désigne le discriminant de K, et $n(\rho)$ le degré de ρ (i.e. le m-ième nombre de Betti de $\bar{X}$), on pose:

$$A_\rho = N(\mathfrak{f}_\rho)\cdot|D_K|^{n(\rho)} \quad \text{et} \quad \Lambda_\rho(s) = A_\rho^{s/2}\Gamma_\rho(s)L_\rho(s) .$$

Par construction, $L_\rho(s)$ et $\Lambda_\rho(s)$ sont holomorphes pour $R(s) > 1 + m/2$. La conjecture principale de [30] est:

C.5.1. *La fonction $\Lambda_\rho(s)$ se prolonge analytiquement en une fonction holomorphe dans tout le plan complexe, à la seule exception* (si m est pair) *des points $s = m/2$ et $s = 1 + m/2$, où elle est méromorphe. Elle satisfait à l'équation fonctionnelle*

$$\Lambda_\rho(m + 1 - s) = \pm\Lambda_\rho(s) .$$

C.5.2. Supposons m pair, et soit r_K le rang du groupe des classes de cohomologie de $\bar{X}$ représentables par des cycles algébriques de codimension $m/2$ rationnels sur K. D'après Tate [38], la fonction $\Lambda_\rho(s)$ devrait avoir un *pôle d'ordre* r_K aux points $s = m/2$ et $s = 1 + m/2$.

C.5.3. On trouvera dans Deligne [6] une généralisation de C.5.1 aux fonctions L de "motifs", ainsi qu'une formule exprimant la constante de l'équation fonctionnelle comme produit de constantes locales, à la Langlands.

C.5.4 (*Valeurs* des $\Lambda_\rho(s)$ en certains entiers). Soit $n \in Z$ tel que $\Gamma_\rho(s)$ et

$\Gamma_\rho(m+1-s)$ soient holomorphes en $s = n$.[6] Il devrait être possible d'écrire $\Lambda_\rho(n)$ comme produit d'une "période" par un nombre rationnel ayant des propriétés d'interpolation p-adique analogues à celles des nombres de Bernoulli et de Hurwitz (ce qui permettrait de définir des fonctions *L p-adiques*). Bien entendu, cet énoncé n'a de sens que si l'on précise ce que l'on entend par
3 "période", ce que je suis incapable de faire; toutefois, il existe tellement d'exemples[7] où c'est possible que je ne doute pas qu'il y ait là un phénomène général.

C.5.5. La non-annulation de $L_\rho(s)$ sur la droite

$$R(s) = 1 + m/2$$

est également une question intéressante. On peut espérer en tirer une généralisation de la conjecture de Sato-Tate [38], i.e. (avec les notations de C.3.3) la distribution des classes F_v dans la variété réelle $Cl_H(\mathbf{R})$, cf. [27], Chap. I, App.

Lien avec les formes modulaires

La correspondance entre représentations l-adiques et séries de Dirichlet discutée ci-dessus devrait pouvoir se "factoriser" en:

représentations l-adiques ⇘ formes modulaires ⇗ séries de Dirichlet

Autrement dit:

C.5.6. Tout système rationnel de représentations l-adiques (ou, plus généralement, tout "motif") devrait définir une forme modulaire sur un groupe réductif G convenable[8];

C.5.7. Toute forme modulaire doit définir une série de Dirichlet ayant un prolongement analytique et une équation fonctionnelle analogues à C.5.1.

Dans le cas particulier du système associé à une courbe elliptique définie

---

6) Cette condition m'a été signalée par Deligne.

7) dus à Euler, Hurwitz, Katz, Kubota, Leopoldt, Manin, Mazur, Rankin, Shimura, Siegel, Swinnerton-Dyer, Zagier . . . et j'en oublie.

8) Lorsque C. 3.3 est vérifiée, on choisit un sous-groupe réductif connexe L de $GL(V_{\mathbf{Q}})$ contenant le groupe H, et l'on prend pour G un groupe réductif déployé dont le dual (au sens de Langlands) est égal à $L_{/\mathbf{C}}$; la forme modulaire correspond au système des classes $F_v \in Cl_L$, comme expliqué dans [14].

sur Q, la conjecture C.5.6 n'est autre que la classique "conjecture de Weil" (cf. [43], ainsi que Taniyama [36]). Elle entre dans le cadre général de la "philosophie de Langlands", cf. [3], [14].

La conjecture C.5.7 est discutée dans Langlands [14] sous une forme plus précise: Langlands part d'une forme modulaire sur G, et d'une représentation linéaire du groupe dual, et leur associe une série de Dirichlet analogue à $\Lambda_\rho(s)$; dans certains cas (dont la liste augmente régulièrement...) on peut prouver que cette série a les propriétés voulues (cf. Borel [3]).

Signalons également que l'on peut (parfois) "inverser" C.5.6 et C.5.7, et passer des séries de Dirichlet aux formes modulaires (Hecke, Weil [42], Jacquet-Langlands, Piateckii-Šapiro, ···) et des formes modulaires aux représentations l-adiques (Deligne [5]).

(Pour plus de détails sur les questions évoquées dans ce § , le lecteur aura intérêt à se reporter au texte de Deligne "*Non-abelian class field theory*" paru dans "Problems of Present Day Mathematics", Proc. Symp. Pure Math. XXVIII, A.M.S., 1976, p. 41–44.)

§ 6. Problèmes relatifs aux courbes elliptiques

Conjecture de Weil

C.6.1 (Taniyama [36], Weil [43]). *Toute courbe elliptique sur Q, de conducteur N, est quotient de la courbe modulaire $X_0(N)$.*

Cette conjecture est corroborée par d'abondants résultats numériques, cf. [35]. Par contre, on ne sait pas grand-chose (ni numériquement, ni conjecturalement) lorsque le corps de base est distinct de Q.

Isogénies

La conjecture suivante est un cas particulier de celle de Tate sur les classes de cohomologie algébriques [38]:

4 **C.6.2.** *Deux courbes elliptiques sur K dont les systèmes de représentations l-adiques sont isomorphes sont isogènes.*

Ce n'est démontré que lorsque l'invariant j de l'une des deux courbes n'est pas un entier algébrique (cf. 4.5 ainsi que [27], IV–14). Le cas général résulterait de l'assertion suivante:

C.6.3. *Si S est une partie finie de $\sum_K$, il n'existe qu'un nombre fini* (à isomorphisme près) *de courbes de genre* 2 *sur K dont les jacobiennes aient bonne réduction en dehors de S.*

Voir là-dessus Paršin [19], [20].

Effectivité

Soit X une courbe elliptique sur K, sans multiplications complexes, et soit $\rho = (\rho_l)$ le système de représentations l-adiques défini par les modules de Tate de X. On peut identifier ρ à un homomorphisme de G_K dans $\boldsymbol{GL}_2(\hat{\boldsymbol{Z}}) = \prod \boldsymbol{GL}_2(\boldsymbol{Z}_l)$, et ρ_l à la l-ième composante de ρ. D'après 4.3, $\rho(G_K)$ est un sous-groupe *ouvert* de $\boldsymbol{GL}_2(\hat{\boldsymbol{Z}})$.

6.4. *Peut-on déterminer $\rho(G_K)$ de façon effective?*

Cela équivaut à:

6.4′. *Peut-on déterminer effectivement un entier $n_{K,X} \geqslant 1$ tel que $\rho(G_K)$ contienne tous les éléments de $\boldsymbol{GL}_2(\hat{\boldsymbol{Z}})$ qui sont congrus à* 1 mod. $n_{K,X}$?

En particulier:

6.4.1. *Peut-on déterminer effectivement les courbes elliptiques qui sont K-isogènes à X?*

6.4.2. *Peut-on déterminer effectivement un entier $m_{K,X}$ tel que $\rho_l(G_K) = \boldsymbol{GL}_2(\boldsymbol{Z}_l)$ pour tout $l > m_{K,X}$?*

Ces problèmes semblent abordables, maintenant que l'on dispose d'une
5 forme effective du théorème de densité de Čebotarev [12].

Uniformité

La question suivante paraît plus hasardeuse:

6.5. *Peut-on choisir l'entier $m_{K,X}$ de* 6.4.2 *indépendamment de X*[9] ?

(Par exemple, pour $K = \boldsymbol{Q}$, peut-on prendre $m_{K,X}$ égal à 37 quelle que soit la courbe X?)

La question peut se reformuler en termes de *points rationnels sur des courbes modulaires.* Soient en effet B, N_+ et N_- les sous-groupes de $\boldsymbol{GL}_2(\boldsymbol{F}_l)$ définis ainsi:

$B = \begin{pmatrix} * & * \\ 0 & * \end{pmatrix}$ = sous-groupe de Borel,

$N_+ = \begin{pmatrix} * & 0 \\ 0 & * \end{pmatrix} \cup \begin{pmatrix} 0 & * \\ * & 0 \end{pmatrix}$ = normalisateur de sous-groupe de Cartan déployé,

N_- = normalisateur de sous-groupe de Cartan non déployé.

9) On pourrait se poser la même question pour l'entier $n_{K,X}$ de 6.4′, mais il est facile de voir que la réponse serait "non".

A ces groupes correspondent des courbes modulaires $X_B(l), X_{N_+}(l)$, et $X_{N_-}(l)$ qui sont définies sur $\boldsymbol{Q}$, cf. [9], chap. IV; les deux premières ne sont autres que les classiques $X_0(l)$ et $X_0^*(l^2)$. La question 6.5 est équivalente[10] à:

6 **6.6.** *Existe-t-il un entier n_K tel que, pour tout $l > n_K$, aucune des courbes $X_B(l), X_{N_+}(l)$ et $X_{N_-}(l)$ n'ait de point rationnel sur K* (à part les "pointes")?

Le seul cas sur lequel on ait des résultats est celui de la courbe $X_B(l) = X_0(l)$, pour $K = \boldsymbol{Q}$ (cf. Mazur [15]).

Répartition des éléments de Frobenius

Supposons, pour simplifier, que $K = \boldsymbol{Q}$, et que la courbe elliptique X considérée n'ait pas de multiplications complexes. Soit S l'ensemble des p en lesquels X a mauvaise réduction. Si $p \notin S$, soit a_p la trace de l'endomorphisme de Frobenius de la réduction de X modulo p; on a

$$\operatorname{Tr} \rho_l(\mathrm{Frob}_p) = a_p \quad \text{et} \quad \det \rho_l(\mathrm{Frob}_p) = p \qquad \text{si } l \neq p .$$

Soit $H(U, V)$ un polynôme non nul, en deux variables, sur un corps de caractéristique zéro, et soit P_H l'ensemble des $p \notin S$ tels que $H(a_p, p) = 0$. On déduit facilement de 4.3 (cf. [27], p. IV–13, exerc. 1) que:

6.7. *L'ensemble P_H est de densité* 0.

Autrement dit, si $P_H(x)$ désigne le nombre des $p \leqslant x$ qui appartiennent à P_H, on a

6.7'. $$P_H(x) = o(x/\log x) \qquad \textit{pour } x \to \infty .$$

7 De combien peut-on améliorer cette estimation? Est-il vrai, par exemple, que:

C.6.8. $$P_H(x) = O(x^{1/2}/\log x) \qquad \textit{pour } x \to \infty \,?$$

Si l'on admet l'hypothèse de Riemann généralisée, on peut montrer, en utilisant [12], que $P_H(x) = O(x^\alpha)$ pour $\alpha = 7/8$, et même pour $\alpha = 5/6$ si $H(U, V)$ est isobare (pour U de poids 1 et V de poids 2).

Le cas où $H(U, V) = U + n$, avec $n \in \boldsymbol{Z}$, est étudié en détail, du point de vue numérique et heuristique, dans Lang-Trotter [13]; il semble que, dans ce cas, on ait

C.6.9. $$P_H(x) \sim C_n x^{1/2}/\log x \qquad \textit{pour } x \to \infty \,,$$

10) Cela résulte de la classification des sous-groupes de $PGL_2(F_l)$, compte tenu de ce que les groupes "exceptionnels" A_4, S_4 et A_5 ne peuvent pas intervenir lorsque l est assez grand.

pourvu bien sûr qu'il n'existe aucune relation de congruence sur les a_p impliquant que $a_p + n \neq 0$ pour presque tout p; on trouvera dans [13] la valeur (conjecturale) de la constante C_n. Les cas $n = 0$ et $n = -1$ sont spécialement intéressants.

§ 7. Le cas local: modules de Hodge-Tate

Pour étudier une représentation l-adique, il est précieux de connaître l'action du groupe d'inertie en une place v telle que $p_v = l$. Après changement du corps de base (et remplacement de l par p), cela amène à la situation suivante:

Le corps K est un corps complet pour une valuation discrète v à corps résiduel k algébriquement clos; on suppose k de caractéristique p, et K de caractéristique 0. On note $\bar{K}$ une clôture algébrique de K, et G_K le groupe de Galois de $\bar{K}$ sur K. On s'intéresse à une représentation continue

$$\rho: G_K \longrightarrow \mathrm{Aut}(V),$$

où V est un $\boldsymbol{Q}_p$-espace vectoriel de dimension finie (par exemple $V = H^m(\bar{X}; \boldsymbol{Q}_p)$, où X est une variété projective lisse sur K, cf. § 2).

Soient C le complété de $\bar{K}$, et $V_C = C \otimes V$. Le groupe G_K opère sur V_C par $s \cdot (c \otimes v) = s(c) \otimes \rho(s)v$. On dit que V est un *module de Hodge-Tate* (cf. [25], [28], [39]) s'il existe une base e_i de V_C et des entiers n_i tels que

$$s(e_i) = \chi(s)^{n_i} e_i \qquad \text{pour tout } s \in G_K,$$

où $\chi: G_K \to \boldsymbol{Z}_p^*$ est le caractère qui donne l'action de G_K sur les racines p^m-ièmes de l'unité. Tate [39] a conjecturé:

C.7.1. *Les modules galoisiens $H^m(\bar{X}; \boldsymbol{Q}_p)$ sont des modules de Hodge-Tate.*

C'est vrai pour $m = 1$, d'après Tate [39], complété par Raynaud. Pour $m = 2$, il y a des résultats partiels dus à Artin-Mazur [2]. Le cas général devrait résulter d'une meilleure compréhension des relations entre "cohomologie cristalline" et "cohomologie étale"[11].

Soit V un module de Hodge-Tate. Par définition, V_C possède une graduation analogue à celle de Hodge dans le cas complexe. On en déduit, comme au § 3, un *groupe de Hodge* Hdg_V, qui est un $\boldsymbol{Q}_p$-sous-groupe algébrique connexe de $\boldsymbol{GL}(V)$, non nécessairement réductif. Soit d'autre part H_V le plus

11) C'est de ce côté que devrait également sortir une démonstration des conjectures sur les caractères du groupe d'inertie modérée faites dans [31], p. 278.

petit sous-groupe algébrique de $GL(V)$ contenant $\rho(G_K)$. D'après un théorème de Sen [25], on a:

7.2. a) *Le groupe $\rho(G_K)$ est un sous-groupe ouvert de $H_V(Q_p)$.*

b) *La composante neutre de H_V est égale à* Hdg_V.

En particulier:

7.3. *L'algèbre de Lie de $\rho(G_K)$ est égale à celle de* Hdg_V; *c'est une algèbre de Lie algébrique.*

(La situation est donc plus favorable que dans le cas global.)

Soit *HT* la $\otimes$-catégorie (au sens de [24]) des modules de Hodge-Tate sur *K*. Lorsque *V* parcourt *HT*, les H_V (resp. les Hdg_V) forment un système projectif. Soit *H* (resp. Hdg) la limite projective de ce système; c'est un groupe pro-algébrique affine sur Q_p; la $\otimes$-catégorie des représentations linéaires de *H* est équivalente à *HT*. On a sur *H* et Hdg les renseignements suivants (cf. [29]):

8 **7.4.** *La composante neutre de H est* Hdg; *le quotient $H/$*Hdg *s'identifie à G_K* (considéré comme groupe pro-algébrique "constant", de dimension 0).

7.5. *Le groupe* Hdg *ne change pas lorsque l'on remplace K par une extension finie.*

7.6. *Soit* Hdg^{ab} *le quotient de* Hdg *par son groupe des commutateurs. Le groupe* Hdg^{ab} *ne dépend que de p* (mais pas de *K*): *c'est la limite projective des tores $R_{E/Q_p}(G_m)$, où E parcourt l'ensemble des extensions finies de Q_p.*

(Les assertions 7.4 et 7.5 sont des conséquences immédiates de 7.2; quant à 7.6, c'est une traduction de résultats de Tate, cf. [27], Chap. III, App.)

On sait par contre très peu de choses sur le plus grand quotient *semi-simple* de Hdg. On ne sait même pas quels sont les types de groupes simples qui peuvent intervenir: $A_n, B_n, \cdots, E_8$?

Ici encore, on manque fâcheusement d'exemples.

Bibliographie

[1] Artin, M., Grothendieck, A. et Verdier, J.-L., Théorie des Topos et Cohomologie étale des schémas (SGA 4), Lecture Notes in Math. **269**, **270**, **305**, Springer-Verlag, 1972.

[2] Artin, M. et Mazur, B., Formal groups arising from algebraic varieties, Ann. Sci. E.N.S., à paraître.

[3] Borel, A., Formes automorphes et séries de Dirichlet (d'après R. P. Langlands), Sém. Bourbaki 1974/75, exposé 466, Lecture Notes in Math. **514**, 183–222, Springer-Verlag, 1976.

[4] Borovoi, M. V., Sur l'action du groupe de Galois sur les classes de cohomologie rationnelles de type (p, p) des variétés abéliennes (en russe), Mat. Sbornik, **94** (1974), 649–652.

[5] Deligne, P., Formes modulaires et représentations l-adiques, Sém. Bourbaki 1968/69, exposé 355, Lecture Notes in Math. **179**, 139–186, Springer-Verlag, 1971.

[6] ——, Les constantes des équations fonctionnelles, Sém. Delange-Pisot-Poitou 1969/70, exposé 19 bis. (Voir aussi Lecture Notes in Math. **349**, 501–597, Springer-Verlag, 1973.)

[7] ——, La conjecture de Weil pour les surfaces K3, Inv. Math., **15** (1972), 206–226.

[8] ——, La conjecture de Weil I, Publ. Math. I.H.E.S., **43** (1974), 273–307.

[9] Deligne, P. et Rapoport, M., Les schémas de modules de courbes elliptiques (Proc. Int. Summer School Univ. of Antwerp, RUCA, 1972), Lecture Notes in Math. **349**, 143–316, Springer-Verlag, 1973.

[10] Jacobson, M. I., Variétés abéliennes de dimension deux ayant pour algèbre d'endomorphismes une algèbre de quaternions indéfinie (en russe), Usp. Mat. Nauk, **29** (1974), 185–186.

[11] Kleiman, S., Algebraic cycles and the Weil conjectures, Dix exposés sur la théorie des schémas, 359–386, Masson, Paris et North-Holland, Amsterdam, 1968.

[12] Lagarias, J. C. et Odlyzko, A. M., Effective versions of the Chebotarev density theorem, Proc. Durham Conf., 409–464, Academic Press, 1977.

[13] Lang, S. et Trotter, H., Frobenius Distributions in GL_2-Extensions, Lecture Notes in Math. **504**, Springer-Verlag, 1976.

[14] Langlands, R. P., Euler Products, Yale Univ. Press, 1967.

[15] Mazur, B., Modular curves and the Eisenstein ideal, Publ. Math. I.H.E.S., **47** (1977).

[16] Mumford, D., Families of abelian varieties, Proc. Symp. Pure Math., A.M.S., IX, 1966, 347–351.

[17] ——, A note on Shimura's paper "Discontinuous Groups and Abelian Varieties", Math. Ann., **81** (1969), 345–351.

[18] Ohta, M., On l-adic representations of Galois groups obtained from certain two-dimensional abelian varieties, J. Fac. Sci. Univ. Tokyo, Sec. I.A. **21** (1974), 299–308.

[19] Paršin, A. N., Modèles minimaux des courbes de genre 2, et homomorphismes de variétés abéliennes définies sur un corps de caractéristique finie (en russe), Izv. Akad. Nauk URSS, **36** (1972),67–109 (= Math. USSR Izv. **6** (1972), 65–108).

[20] ——, Correspondances modulaires, hauteurs et isogénies de variétés abéliennes (en russe), Trud. Inst. Math. Steklov, **82** (1973), 211–236 (= Proc. Steklov Inst. of Math., **132** (1973), 223–270).

[21] Piateckii-Šapiro, I. I., Relations entre les conjectures de Hodge et de Tate pour les variétés abéliennes (en russe), Mat. Sbornik, **87** (1971), 610–620 (= Math. USSR Sb. **14** (1971), 615–625).

[22] Ribet, K., Galois action on division points of abelian varieties with many real multiplications, Amer. J. Math., **98** (1976), 751–804.

[23] ——, On l-adic representations attached to modular forms, Inv. Math., **28** (1975), 245–275.

[24] Saavedra Rivano, N., Catégories Tannakiennes, Lecture Notes in Math., **265**, Springer-Verlag, 1972.
[25] Sen, S., Lie algebras of Galois groups arising from Hodge-Tate modules, Ann. of Math., **97** (1973), 160–170.
[26] Serre, J.-P., Sur les groupes de congruence des variétés abéliennes, Izv. Akad. Nauk URSS, **28** (1964), 3–20; II, *ibid.*, **35** (1971), 731–737.
[27] ——, Abelian l-adic representations and elliptic curves, Benjamin, New York, 1968.
[28] ——, Sur les groupes de Galois attachés aux groupes p-divisibles, Proc. Conf. on Local Fields, Driebergen, 1966, Springer-Verlag, 1968, 118–131.
[29] ——Résumé des cours de 1967–1968, Annuaire du Collège de France (1968–1969), 47–50.
[30] ——, Facteurs locaux des fonctions zêta des variétés algébriques (définitions et conjectures), Sém. Delange-Pisot-Poitou 1969/70, exposé 19.
[31] ——, Propriétés galoisiennes des points d'ordre fini des courbes elliptiques, Inv. Math., **15** (1972), 259–331.
[32] Shimura, G., Local representations of Galois groups, Ann. of Math., **89** (1969), 99–124.
[33] ——, On canonical models of arithmetic quotients of bounded symmetric domains, Ann. of Math., **91** (1970), 144–222.
[34] Shimura, G. et Taniyama, Y., Complex multiplication of abelian varieties, Publ. Math. Soc. Japan, **6**, Tokyo, 1961.
[35] Swinnerton-Dyer, H. P. F. et Birch, B. J., Elliptic curves and modular functions, Lecture Notes in Math., **476**, 2–32, Springer-Verlag, 1975.
[36] Taniyama, Y., Problem 12, *in* "Some Unsolved Problems in Mathematics", Tokyo-Nikko, 1955, 8.[12)]
[37] ——, L-functions of number fields and zeta functions of abelian varieties, J. Math. Soc. Japan, **9** (1957), 330–366 (= *Oeuvres*, 99–130).
[38] Tate, J., Algebraic Cycles and Poles of Zeta Functions, Arithmetical Algebraic Geometry, Harper and Row, New York, 1965, 93–110.
[39] ——, p-divisible groups, Proc. Conf. on Local Fields, Driebergen, 1966, Springer-Verlag 1968, 158–183.
[40] Weil, A., On a certain type of characters of the idèle-class group of an algebraic number field, Proc. Int. Symp. Tokyo-Nikko, 1955, 1–7.
[41] ——, Numbers of solutions of equations in finite fields, Bull. Amer. Math. Soc., **55** (1949), 497–508.

12) Comme ce texte n'a été publié qu'en japonais (dans les *Oeuvres* de Taniyama), je le reproduis pour la commodité du lecteur:

"12. Let C be an elliptic curve defined over an algebraic number field k, and $L_C(s)$ denote the L-function of C over k. Namely

$$\zeta_C(s)=\zeta_k(s)\zeta_k(s-1)/L_C(s)$$

is the zeta function of C over k. If a conjecture of Hasse is true for $\zeta_C(s)$, then the Fourier series obtained from $L_C(s)$ by the inverse Mellin-transformation must be an automorphic form of dimension -2, of some special type (cf. Hecke). If so, it is very plausible that this form is an elliptic differential of the field of that automorphic functions. The problem is to ask if it is possible to prove Hasse's conjecture for C, by going back this considerations, and by finding a suitable automorphic form from which $L_C(s)$ may be obtained. (Y. Taniyama)"

[42] ——, Jacobi sums as "Grössencharaktere", Trans. Amer. Math. Soc., **73** (1952), 487–495.

[43] ——, Über die Bestimmung Dirichletscher Reihen durch Funktionalgleichungen, Math. Ann., **168** (1967), 149–156.

Collège de France
11, place Marcelin Berthelot
75231 Paris Cedex 05
France

113.

(avec H. Stark)

Modular forms of weight 1/2

Lect. Notes in Math. n° 627, Springer-Verlag (1977), 29–68

Contents

Introduction 29

§1. Some notation 30
§2. Statement of results 33
§3. Operators 38
§4. Newforms 43
§5. The "bounded denominators" argument 47
§6. Proof of Theorem A 52
§7. Proof of Theorem B 58

Appendix: letter from P. Deligne 65

Bibliography 67

INTRODUCTION

In his Annals paper on modular forms of half integral weight [8], Shimura mentions several open questions. One of them is the following : *is every form of weight* 1/2 *a linear combination of theta series in one variable* ?

1 We show that the answer is positive. The precise statements are given in §2, Theorems A and B; they give an explicit basis of modular forms (and cusp forms) of weight 1/2 and given level. The proof uses the fact that, for weight 1/2, the formula defining the Hecke operator $T(p^2)$ introduces unbounded powers of p in the denominators of the coefficients - unless some remarkable cancellations take place (§5). But it is a familiar fact that coefficients of modular forms (on congruence subgroups) have bounded denominators. Hence the above cancellations do hold, and they give us the information we need, when combined with basic properties of "newforms" à la Atkin-Lehner-Li (§§ 3,4). The details are carried out in §§ 6,7. As an Appendix, we have included a letter from Deligne sketching an alternative method, using the "group-representation" point of view.

In the above proofs, arithmetic arguments play an essential role. It would be interesting to have a more analytic proof; a natural line of attack would be to adapt Shimura's Main Theorem ([8], §3) to weight 1/2, but we have not investigated this.

We mention a possible application of Theorems A and B : since the weights 1/2 and 3/2 occur together in dimension formulae and trace formulae ([9], §5), the explicit knowledge of forms of weight 1/2 gives a way of computing these dimensions and traces for weight 3/2.

§1. SOME NOTATION

1.1. Upper half-plane and modular groups.

We use standard notations, cf. [3], [7]. The letter H denotes the upper half-plane $\{z \mid \mathrm{Im}(z) > 0\}$. If $z \in H$, we put $q = e^{2\pi i z}$. Let $\mathbf{GL}_2(\mathbf{R})^+$ be the subgroup of $\mathbf{GL}_2(\mathbf{R})$ consisting of matrices $A = \begin{pmatrix} a & b \\ c & d \end{pmatrix}$ with $\det(A) > 0$; we make $\mathbf{GL}_2(\mathbf{R})^+$ act on H by

$$z \mapsto Az = (az+b)/(cz+d).$$

Let N be a positive integer divisible by 4. We denote by $\Gamma_0(N)$ and $\Gamma_1(N)$ the subgroups of $\mathbf{SL}_2(\mathbf{Z})$ defined by :

$$\begin{pmatrix} a & b \\ c & d \end{pmatrix} \in \Gamma_0(N) \iff c \equiv 0 \pmod N$$

$$\begin{pmatrix} a & b \\ c & d \end{pmatrix} \in \Gamma_1(N) \iff a \equiv d \equiv 1 \pmod N \text{ and } c \equiv 0 \pmod N.$$

The group $\Gamma_1(N)$ is a normal subgroup of $\Gamma_0(N)$, and the map $\begin{pmatrix} a & b \\ c & d \end{pmatrix} \mapsto d$ induces an isomorphism of $\Gamma_0(N)/\Gamma_1(N)$ onto $(\mathbf{Z}/N\mathbf{Z})^*$.

1.2. Characters.

If $t \in \mathbf{Z}$, we denote by χ_t the primitive character of order $\leqslant 2$ corresponding to the field extension $\mathbf{Q}(t^{1/2})/\mathbf{Q}$. If t is a square, we have $\chi_t = 1$. If t is not a square, and the discriminant of $\mathbf{Q}(t^{1/2})/\mathbf{Q}$ is D, then χ_t is a quadratic character of conductor $|D|$, and we have

$$\chi_t(m) = \left(\frac{D}{m}\right) \qquad \text{(Kronecker symbol)}.$$

In particular, $\chi_t(m) = 0$ if and only if $(m,D) \neq 1$. (Recall that, if $t = u^2d$, with $u \in \mathbf{Z}$, and d is square-free, we have $D = d$ if $d \equiv 1 \pmod 4$, and $D = 4d$ otherwise.)

1.3. Theta multiplier.

Let $\theta(z) = \prod_{n=1}^{\infty} (1-q^{2n})(1+q^{2n-1})^2 = \sum_{-\infty}^{+\infty} q^{n^2} = 1 + 2q + 2q^4 + \ldots$ be the standard theta function. If $A = \begin{pmatrix} a & b \\ c & d \end{pmatrix}$ belongs to $\Gamma_0(4)$, we have

$$\theta(Az) = j(A,z)\theta(z),$$

where $j(A,z)$ is the "θ-multiplier" of A. Recall (cf. for instance [8]) that, if $c \neq 0$, we have

$$j(A,z) = \varepsilon_d^{-1}\ \chi_c(d)(cz+d)^{1/2},$$

where

$$\varepsilon_d = \begin{cases} 1 & \text{if } d \equiv 1 \pmod 4 \\ i & \text{if } d \equiv -1 \pmod 4), \end{cases}$$

and $(cz+d)^{1/2}$ is the "principal" determination of the square root of $cz + d$, i.e. the one whose real part is > 0 (more generally, all fractional powers in this paper have to be understood as principal values). If $c = 0$, we have $A = \pm 1$, and $j(A,z)$ is obviously equal to 1.

1.4. Modular forms of half integral weight.

Let $\chi : (\mathbf{Z}/N\mathbf{Z})^* \to \mathbf{C}^*$ be a character (mod N), and let κ be a positive odd integer. A function f on H is called a modular form of type $(\kappa/2,\chi)$ on $\Gamma_0(N)$ if :

a) $f(Az) = \chi(d)\ j(A,z)^{\kappa} f(z)$ for every $A = \begin{pmatrix} a & b \\ c & d \end{pmatrix}$ in $\Gamma_0(N)$; this makes sense since $4|N$;

b) f is holomorphic, both on H and at the cusps (see [8]).

One then calls $\kappa/2$ the <u>weight</u> of f, and χ its <u>character</u>. The space of such functions will be denoted by $M_0(N,\kappa/2,\chi)$; it is clear that $M_0(N,\kappa/2,\chi)$ consists only of 0 unless χ is <u>even</u>, i.e. $\chi(-1) = 1$. We put

$$M_1(N,\kappa/2) = \bigoplus_{\chi} M_0(N,\kappa/2,\chi),$$

where the sum is taken over all (even) characters of $(\mathbf{Z}/N\mathbf{Z})^*$; this space is the space of modular forms of weight $\kappa/2$ on $\Gamma_1(N)$.

A modular form which vanishes at all cusps is called a <u>cusp form</u>. The subspace of $M_0(N,\kappa/2,\chi)$ (resp. $M_1(N,\kappa/2)$) made up by cusp forms will be denoted by $S_0(N,\kappa/2,\chi)$ (resp. $S_1(N,\kappa/2)$).

<u>EXAMPLE</u> : <u>theta series with characters</u>.

Let ψ be an even primitive character of conductor $r = r(\psi)$. We put

$$\theta_\psi(z) = \sum_{-\infty}^{\infty} \psi(n)q^{n^2}.$$

When $\psi = 1$, θ_ψ is equal to θ. When $\psi \neq 1$, θ_ψ is equal to :

$$2\sum_{\substack{n\geqslant 1\\(n,r)=1}} \psi(n)q^{n^2} = 2(q+\psi(2)q^4 + \dots).$$

We have $\theta_\psi \in M_0(4r^2,1/2,\psi)$, cf. [8], p.457. This implies that, if t is an integer $\geqslant 1$, the series $\theta_{\psi,t}$ defined by

$$\theta_{\psi,t}(z) = \theta_\psi(tz) = \sum_{-\infty}^{\infty} \psi(n)q^{tn^2}$$

belongs to $M_0(4r^2t,1/2,\chi_t\psi)$, see for instance Lemma 2 below.

<u>Warning</u>. One should not confuse θ_ψ with the series $\sum \psi(n)^2q^{n^2}$ obtained by <u>twisting</u> θ with the character ψ, cf. §7.

1.5. <u>Petersson scalar product</u>.

If $z \in H$, we put $x = \mathrm{Re}(z)$, $y = \mathrm{Im}(z)$. The measure $dxdy/y^2$ is invariant by $\mathbf{GL}_2(\mathbf{R})^+$. If f,g belong to $M_1(N,\kappa/2)$, the function

$$F_{f,g}(z) = f(z)\overline{g(z)}y^{\kappa/2}$$

is invariant by $\Gamma_1(N)$. Hence $F_{f,g}(z)y^{-2}dxdy$ is invariant by $\Gamma_1(N)$ and defines a measure $\mu_{f,g}$ on $H/\Gamma_1(N)$. One checks immediately that $\mu_{f,g}$ is a <u>bounded measure</u> in each of the following two cases :

i) one of the forms f,g is a <u>cusp form</u>;

ii) $\kappa = 1$ (this was first noticed by Deligne).

In each case, the <u>Petersson scalar product</u> $\langle f,g\rangle$ of f and g is defined as the (absolutely convergent) integral :

$$\langle f,g\rangle = \frac{1}{c(N)}\int \mu_{f,g} = \frac{1}{c(N)}\int_{H/\Gamma_1(N)} f(z)\overline{g(z)}\, y^{\kappa/2-2}dxdy,$$

where c(N) is the index of $\Gamma_1(N)$ in $\mathbf{SL}_2(\mathbf{Z})$.

This is a hermitian scalar product. One has $\langle f,f\rangle > 0$ if $\langle f,f\rangle$ is defined and $f \neq 0$.

§2. STATEMENT OF RESULTS

2.1. Basis of modular forms of weight 1/2.

Our main result (Theorem A below) states that every modular form of weight 1/2 is a linear combination of theta series with characters. More precisely, let χ be an even character (mod N); let $\Omega(N,\chi)$ be the set of pairs (ψ,t), where t is an integer ≥ 1, and ψ is an even primitive character with conductor $r(\psi)$, such that :

(i) $4r(\psi)^2t$ divides N,

(ii) $\chi(n) = \psi(n)\chi_t(n)$ for all n prime to N.

Condition (ii) is equivalent to saying that ψ is the primitive character associated with $\chi\chi_t$; hence ψ is determined by t and χ. Conversely, t and ψ determine χ.

THEOREM A. The theta series $\theta_{\psi,t} = \sum_{-\infty}^{\infty} \psi(n)q^{tn^2}$, with $(\psi,t) \in \Omega(N,\chi)$, make up a basis of $M_0(N,1/2,\chi)$.

This will be proved in §6.

Call $\Omega(N)$ the set of pairs (ψ,t) satisfying condition (i) above; this set is the union of the $\Omega(N,\chi)$, for all even characters χ (mod N); hence Theorem A implies :

COROLLARY 1. The series $\theta_{\psi,t}$, with $(\psi,t) \in \Omega(N)$, make up a basis of the space $M_1(N,1/2)$ of modular forms of weight 1/2 on $\Gamma_1(N)$.

In particular :

COROLLARY 2. If $f = \sum_{n=0}^{\infty} a(n)q^n$ is a modular form of weight 1/2 on $\Gamma_1(N)$, then $a(n) = 0$ if n is not of the form tm^2, where t is a divisor of $N/4$, and $m \in \mathbf{Z}$.

COROLLARY 3. Let $f = \sum_{n=0}^{\infty} a(n)q^n$ be a formal power series with complex coefficients. The following properties are equivalent :

1) f is a modular form of weight 1/2 on some $\Gamma_1(N)$.

2) f is a linear combination of theta series

$$\theta_{n_0,r,t} = \sum_{\substack{n \equiv n_0 \pmod r \\ n \in \mathbf{Z}}} q^{tn^2}$$

3) For each square-free integer $t \geqslant 1$, there is a periodic function ε_t on $\mathbf{Z}$ such that :

3.1) $a(tn^2) = \varepsilon_t(n)$ for every $n \geqslant 1$;

3.2) each ε_t is even (i.e. $\varepsilon_t(n) = \varepsilon_t(-n)$ for all $n \in \mathbf{Z}$);

3.3) ε_t is 0 for all but finitely many t;

3.4) $a(0) = \frac{1}{2} \sum_t \varepsilon_t(0)$.

PROOF. The equivalence of 2) and 3) is elementary. The fact that a theta series is a modular form is well known (cf. for instance [8], §2); hence 2) implies 1). Corollary 2 above shows that 1) implies 3).

COROLLARY 4. *Let* $f = \sum_{n=0}^{\infty} a(n)q^n$ *be a non-zero modular form of weight* 1/2 *on some* $\Gamma_1(N)$. *Then* :

a) $|a(n)| = O(1)$;

b) *for every* $\rho \geqslant 0$, *there is a constant* $c_\rho > 0$ *such that*

$$\sum_{n \leqslant x} |a(n)|^\rho = c_\rho x^{1/2} + O(1) \text{ for } x \to \infty.$$

(If $\rho = 0$ and $a(n) = 0$, we put $|a(n)|^\rho = 0$.)

PROOF. This follows from Corollary 3.

REMARK. If f and g are modular forms of weight 1/2 on $\Gamma_1(N)$, their product $F = f.g$ is a modular form of weight 1. By Tneorem A, F is a linear combination of series

$$\sum_{n,m} \alpha(n)\beta(m)\, q^{an^2+bm^2} ,$$

where α and β are characters. This shows that F is a linear combination of *Eisenstein series* and *cusp forms of dihedral type associated with imaginary quadratic fields* (cf. [3], §4). Hence, one cannot use products of forms of weight 1/2 to construct "exotic" modular forms of weight 1.

2.2. *Cusp forms of weight* 1/2.

If ψ is a character with conductor r, one may write ψ in a unique way as $\psi = \prod_{p|r} \psi_p$, where the conductor of ψ_p is the highest power of p dividing r; we call ψ_p the pth-*component* of ψ (in the Galois interpretation of characters, ψ_p is just the restriction of ψ to the inertia group at p). We say that ψ is totally even if all the ψ_p's are even, i.e. if $\psi_p(-1) = 1$ for all $p|r$; this is equivalent to saying that ψ is the square of a character (which can be chosen of conductor r, if r is odd, and of conductor 2r, if r is even).

Denote by $\Omega_e(N,\chi)$ the subset of $\Omega(N,\chi)$ (see above) made up of the (ψ,t) such that ψ is totally even, and put

$$\Omega_c(N,\chi) = \Omega(N,\chi) - \Omega_e(N,\chi).$$

Define similarly

$$\Omega_e(N) = \bigcup_\chi \Omega_e(N,\chi) \ , \ \Omega_c(N) = \bigcup_\chi \Omega_c(N,\chi).$$

THEOREM B. The series $\theta_{\psi,t}$, with $(\psi,t) \in \Omega_c(N,\chi)$, make up a basis of the space $S_0(N,1/2,\chi)$ of cusp forms of $M_0(N,1/2,\chi)$. The series $\theta_{\psi,t}$, with $(\psi,t) \in \Omega_e(N,\chi)$, make up a basis of the orthogonal complement of $S_0(N,1/2,\chi)$ in $M_0(N,1/2,\chi)$ for the Petersson scalar product.

This theorem will be proved in §7. It implies :

COROLLARY 1. The series $\theta_{\psi,t}$, with $(\psi,t) \in \Omega_c(N)$, make up a basis of the space $S_1(N,1/2)$ of cusp forms of weight 1/2 on $\Gamma_1(N)$.

COROLLARY 2. We have $S_1(N,1/2) \neq 0$ if and only if N is divisible by either $64p^2$ where p is an odd prime, or $4p^2p'^2$, where p and p' are distinct odd primes.

Indeed, Cor. 1 shows that $S_1(N,1/2)$ is non-zero if and only if there exists an even character ψ with conductor $r(\psi)$, which is not totally even, and which is such that $r(\psi)^2$ divides N/4. Since ψ is even, at least two p^{th}-components of ψ are odd; this shows that $r(\psi)$ is divisible by either 4p, where p is an odd prime, or by pp', where p and p' are distinct odd primes; hence N is divisible by either $4.(4p)^2 = 64p^2$ or $4(pp')^2 = 4p^2p'^2$. Conversely, if N is divisible by $64p^2$ (resp. by $4p^2p'^2$), one takes for ψ the product of an odd character of conductor p by an odd character of conductor 4 (resp. p'); it is clear that ψ has the required properties.

EXAMPLES. The above results allow an easy determination of the spaces of modular form of weight 1/2 on $\Gamma_0(N)$ and $\Gamma_1(N)$: all one has to do is to make a list of the divisors t of $N/4$, and, for each such t, determine the even characters ψ with conductor $r(\psi)$ such that $r(\psi)^2$ divides $N/4t$. The pairs (ψ,t) thus obtained make up the set $\Omega(N)$. We give twc examples :

i) $N = 4p_1\ldots p_h$, where the p_i's are distinct primes. In this case t is a product of some of the p_i's, and $r(\psi)$ must be equal to 1, hence $\psi = 1$. Applying Cor. 1 to Th. A, we see that the series

$$\theta(tz) = \sum_{-\infty}^{\infty} q^{tn^2} \qquad \text{(where } t \text{ divides } p_1\ldots p_h\text{)}$$

make up a basis of $M_1(N,1/2)$. Moreover, we have $\theta(tz) \in M_0(N,1/2,\chi_t)$; since the χ_t's are pairwise distinct, each $M_0(N,1/2,\chi_t)$ is one-dimensional, and we have $M_0(N,1/2,\chi) = 0$ if χ is not equal to one of the χ_t's (in particular if χ is not real).

ii) Let us determine $S_1(N,1/2)$ for $N < 900$. If this space is $\neq 0$, Cor. 2 to Th. B shows that N is divisible by either $64p^2$ or $4p^2p'^2$ where p,p' are distinct odd primes; the first case is possible only if $N = 576 = 64\cdot 3^2$; the second one is impossible (since it implies $N \geqslant 4.3^2 5^2 = 900$, which contradicts the assumption made on N). Hence we have $N = 576$, and it is easy to see that the only element of $\Omega_c(N)$ is the pair (ψ,t) with $t = 1$ and $\psi = \chi_3$ (which has conductor 12). The corresponding theta series is

$$\theta_{\chi_3} = \sum_{n\equiv\pm 1 \pmod{12}} q^{n^2} - \sum_{n\equiv\pm 5 \pmod{12}} q^{n^2}$$

$$= 2(q - q^{25} - q^{49} + q^{121} + q^{169} + \ldots).$$

It follows from a classical result of Euler (cf. for instance [4], p. 931 or [8], p. 457) that $\frac{1}{2}\,\theta_{\chi_3}$ is equal to

$$\eta(24z) = q \prod_{n=1}^{\infty} (1-q^{24n}).$$

Up to a scalar factor, this series is thus the <u>only</u> cusp form of weight 1/2 and level $N < 900$.

§3. OPERATORS

3.1. Conventions on characters.

From now on, all characters are assumed to be <u>primitive</u>; this is necessary when dealing with different levels. We say that such a character χ is <u>definable</u> (mod m) when its conductor $r(\chi)$ divides m. The product $\chi\chi'$ of two characters χ and χ' is the primitive character associated with $n \mapsto \chi(n)\chi'(n)$; hence, we have

$$(\chi\chi')(n) = \chi(n)\chi'(n)$$

<u>if</u> n is prime to $r(\chi)r(\chi')$, but maybe not otherwise.

3.2. The group $\underline{G}$.

Following Shimura [8], we introduce the group extension $\underline{G}$ of $\mathbf{GL}_2(\mathbf{R})^+$ whose elements consist of pairs $\{M,\phi(z)\}$, where $M = \begin{pmatrix} r & s \\ t & u \end{pmatrix}$ belongs to $\mathbf{GL}_2(\mathbf{R})^+$ and $\phi(z)^2 = \alpha\,\det(M)^{-1/2}(tz+u)$, with $|\alpha| = 1$. The multiplication law in $\underline{G}$ is given by

$$\{M,\phi(z)\}\{N,\psi(z)\} = \{MN,\phi(Nz)\psi(z)\}.$$

When dealing with forms of weight $\kappa/2$ it is convenient to define the "slash operator" $f|_{\kappa}\xi = f|\xi$ by :

$$(f|\xi)(z) = \phi(z)^{-\kappa}f(Mz) \qquad \text{where } \xi = \{M,\phi\} \in \underline{G},$$

and, for $\xi_i \in \underline{G}$ and $c_i \in \mathbf{C}$:

$$f|(\sum c_i\xi_i) = \sum c_i(f|\xi_i).$$

If $A \in \Gamma_0(4)$, we define $A^* \in \underline{G}$ by $A^* = \{A, j(A,z)\}$, where $j(A,z)$ is the θ-multiplier of A, cf. §1. Thus, if $f \in M_0(N,\kappa/2,\chi)$, and $A = \begin{pmatrix} a & b \\ c & d \end{pmatrix} \in \Gamma_0(N)$, we have $f|A^* = \chi(d)f$.

It follows from the definition of j that

$$(1) \qquad A^*B^* = (AB)^* \quad \text{if } A,B \in \Gamma_0(4).$$

Computations in $\underline{G}$ are greatly aided by making use of (1) whenever possible.

3.3. Hecke operators.

For a prime p, with $p \nmid N$, we define $T(p^2)$ on $M_0(N,\kappa/2,\chi)$ as in Shimura [8] by :

$$T(p^2) = p^{\kappa/2-2}\Big[\sum_{j=0}^{p^2-1} \{\begin{pmatrix} 1 & j \\ 0 & p^2 \end{pmatrix}, p^{1/2}\} + \chi(p) \sum_{j=1}^{p-1} \{\begin{pmatrix} p & j \\ 0 & p \end{pmatrix}, \varepsilon_p^{-1}\chi_{-j}(p)\}$$

$$+ \chi(p^2)\{\begin{pmatrix} p^2 & 0 \\ 0 & 1 \end{pmatrix}, p^{-1/2}\}\Big]$$

where $\varepsilon_p = 1$ or i according as $p \equiv 1$ or 3 (mod 4), cf. §1. For a prime p with $p \mid N$ (for instance p = 2), we define $T(p^2)$ by

$$T(p^2) = p^{\kappa/2-2} \sum_{j=0}^{p^2-1} \{\begin{pmatrix} 1 & j \\ 0 & p^2 \end{pmatrix}, p^{1/2}\},$$

and, if $4p \mid N$, we define T(p) by

$$T(p) = p^{\kappa/4-1} \sum_{j=0}^{p-1} \{\begin{pmatrix} 1 & j \\ 0 & p \end{pmatrix}, p^{1/4}\}.$$

LEMMA 1. Let $f = \sum_{n=0}^{\infty} a(n)q^n$ be an element of $M_0(N,\kappa/2,\chi)$, and let $f|T(p^2) = \sum_{n=0}^{\infty} b(n)q^n$. Then $f|T(p^2)$ belongs to $M_0(N,\kappa/2,\chi)$ also, and we have

$$b(n) = \begin{cases} a(np^2) & \text{if } p \mid N, \\ a(np^2) + p^{(\kappa-3)/2}\chi(p)\chi_{-4}(p)^{(\kappa-1)/2}(\frac{n}{p})a(n) + \\ \quad + p^{\kappa-2}\chi(p^2)a(n/p^2) & \text{if } p \nmid N, \end{cases}$$

where $(\frac{n}{p})$ is the Legendre symbol. If $4p \mid N$, then $f|T(p)$ belongs to $M_0(N,\kappa/2,\chi\chi_p)$ and is equal to $\sum_{n=0}^{\infty} a(np)q^n$. Any two such operators commute.

PROOF. The statements about $T(p^2)$ are proved in Shimura, loc. cit. Those about $T(p)$, when $4p \mid N$, are proved by a simple computation.

3.4. Other operators.

We need the shift $V(m) = m^{-\kappa/4} \{(\begin{smallmatrix} m & 0 \\ 0 & 1 \end{smallmatrix}), m^{-1/4}\}$ which acts by

$$[f|V(m)](z) = f(mz).$$

We need also the symmetry $W(N) = \{(\begin{smallmatrix} 0 & -1 \\ N & 0 \end{smallmatrix}), N^{1/4}(-iz)^{1/2}\}$, which acts by

$$[f|W(N)](z) = N^{-\kappa/4}(-iz)^{-\kappa/2}f(-1/Nz),$$

so that $[f|W(N)]|W(N) = f$ for all f.

The conjugation operator H is defined by :

$$(f|H)(z) = \overline{f(-\overline{z})} = \sum_{n=0}^{\infty} \overline{a(n)}q^n \quad \text{if} \quad f = \sum_{n=0}^{\infty} a(n)q^n.$$

LEMMA 2. The operators $V(m)$, $W(N)$ and H take $M_0(N,\kappa/2,\chi)$ to $M_0(Nm,\kappa/2,\chi\chi_m)$, $M_0(N,\kappa/2,\overline{\chi}\chi_N)$ and $M_0(N,\kappa/2,\overline{\chi})$ respectively. Further, if f belongs to $M_0(N,\kappa/2,\chi)$, we have :

$$[f|V(m)]|T(p^2) = [f|T(p^2)]|V(m) \quad \text{when } p \nmid m,$$

$$[f|H]|T(p^2) = [f|T(p^2)]|H,$$

$$[f|W(N)]|T(p^2) = \overline{\chi}(p^2)[f|T(p^2)]|W(N) \quad \text{when } p \nmid N.$$

PROOF. Again, the proof involves simple computations in $\underline{G}$ and is left to the reader. Care should be exercised in the commutativity results since the definition of $T(p^2)$ depends on the character appearing in the space containing the function to which $T(p^2)$ is applied.

The following operators will be used in §4 only. To define the first one, suppose the prime p_0 divides $N/4$, and write $\Gamma_0(N/p_0)$ as a disjoint union of cosets modulo $\Gamma_0(N)$:

$$\Gamma_0(N/p_0) = \coprod_{j=1}^{\mu} \Gamma_0(N)A_j, \text{ with } A_j = \begin{pmatrix} a_j & b_j \\ c_j & d_j \end{pmatrix}, \text{ and } \mu = (\Gamma_0(N/p_0) : \Gamma_0(N)).$$

We define the trace operator $S'(\chi) = S'(\chi,N,p_0)$ on $M_0(N,\kappa/2,\chi)$ by

$$S'(\chi) = \sum_{j=1}^{\mu} \chi(a_j)A_j^* = \sum_{j=1}^{\mu} \overline{\chi}(d_j)A_j^*.$$

It is easily seen that this operator does not depend on the choice of the A_j's. Moreover, if χ is definable (mod N/p_0), $S'(\chi)$ takes $M_0(N,\kappa/2,\chi)$ to $M_0(N/p_0,\kappa/2,\chi)$ and commutes with $T(p^2)$ for $p \nmid N$; if f belongs to $M_0(N/p_0,\kappa/2,\chi)$, we have

$$f|S'(\chi) = \mu f.$$

For our purposes, it is more important to find an operator which goes from level N to level N/p_0 and which undoes the action of the shift operator $V(p_0)$. To do this, we define $S(\chi) = S(\chi,N,p_0)$ on $M_0(N,\kappa/2,\chi)$ by :

$$S(\chi) = \frac{1}{\mu}\, p_0^{\kappa/4}\; W(N)\; S'(\overline{\chi}\chi_N)W(N/p_0).$$

LEMMA 3. Let p_0 be a prime such that $4p_0|N$, and $\chi\chi_{p_0}$ is definable (mod N/p_0). Then :

a) The operator $S(\chi,N,p_0)$ maps $M_0(N,\kappa/2,\chi)$ into $M_0(N/p_0,\kappa/2,\chi\chi_{p_0})$.

b) <u>If</u> m <u>is prime to</u> p_0, <u>and</u> f <u>belongs to</u> $M_0(N,\kappa/2,\chi)$, <u>then</u>

$$f|S(\chi,N,p_0) = f|S(\chi,Nm,p_0).$$

c) $S(\chi)$ <u>commutes with all</u> $T(p^2)$, <u>for</u> $p \nmid N$.

d) <u>If</u> $g \in M_0(N/p_0,\kappa/2,\chi\chi_{p_0})$, <u>then</u> $g|V(p_0) \in M_0(N,\kappa/2,\chi)$ <u>and</u>

$$[g|V(p_0)]|S(\chi,N,p_0) = g.$$

e) <u>Let</u> p <u>be a prime such that</u> $4p|N$, $p \neq p_0$, <u>and</u> $\chi\chi_p$ <u>is definable</u> (mod N/p). <u>If</u> $g \in M_0(N/p,\kappa/2,\chi\chi_p)$, <u>we have</u>

$$[g|V(p)]|S(\chi,N,p_0) = [g|S(\chi\chi_p,N/p,p_0)]|V(p).$$

<u>PROOF</u>. Assertion a) follows from Lemma 2 and from the fact that

$$\overline{\chi}\chi_N = \overline{\chi\chi}_{p_0}\chi_{N/p_0}$$

is definable (mod N/p_0).

If $\begin{pmatrix} a & b \\ c & d \end{pmatrix}$ belongs to $\Gamma_0(Nm/p_0)$, with $(m,p_0) = 1$, then

$$W(Nm)\begin{pmatrix} a & b \\ c & d \end{pmatrix}^* W(Nm/p_0) = \{m,1\}\ W(N)\begin{pmatrix} a & bm \\ c/m & d \end{pmatrix}^* W(N/p_0),$$

and b) follows, since $f|\{m,1\} = f$.

Assertion c) follows from the commutativity of the $T(p^2)$, $p \nmid N$, with $W(N)$, $S'(\overline{\chi}\chi_N)$ and $W(N/p_0)$.

As for d), we have

$$\{\begin{pmatrix} p_0 & 0 \\ 0 & 1 \end{pmatrix}, p_0^{-1/4}\}W(N) = \{p_0,1\}W(N/p_0),$$

hence

$$[g|V(p_0)]|W(N) = p_0^{-\kappa/4}\ g|W(N/p_0).$$

This is invariant by $\frac{1}{\mu}\ S'(\overline{\chi}\chi_N)$, and is sent to $p_0^{-\kappa/4}$ g by $W(N/p_0)$, which proves d).

As for e), we have $4p_0p|N$, and $\chi\chi_{p_0}\chi_p$ is definable (mod N/pp_0). Further :

$$\{(\begin{smallmatrix} p & 0 \\ 0 & 1 \end{smallmatrix}), p^{-1/4}\}W(N) = \{p,1\}W(N/p),$$

$$W(N/p_0) = W(N/pp_0)\{(\begin{smallmatrix} p & 0 \\ 0 & 1 \end{smallmatrix}), p^{-1/4}\},$$

and $\overline{\chi}\chi_N = \overline{\chi\chi_p}\chi_{N/p}$. The formula

$$[g|V(p)]|S(\chi,N,p_0) = [g|S(\chi\chi_p,N/p,p_0)]|V(p)$$

follows from this, after a simple computation.

Let p be any prime. We shall need the operator

$$K(p) = 1 - T(p,Np)V(p),$$

where $T(p,Np)$ is the Hecke operator $T(p)$ relative to the level Np (see above).

LEMMA 4. *If* $f = \sum_{n=0}^{\infty} a(n)q^n$ *belongs to* $M_0(N,\kappa/2,\chi)$, *then* $f|K(p)$ *belongs to* $M_0(Np^2,\kappa/2,\chi)$ *and is equal to* $\sum_{(n,p)=1} a(n)q^n$. *Further, if* $p' \nmid Np$, *then* $T(p'^2)$ *and* $K(p)$ *commute.*

PROOF. This is immediate.

REMARK. All the above operators take cusp forms to cusp forms.

§4. NEWFORMS

4.1. Definitions.

Let $f \in M_0(N,\kappa/2,\chi)$ be an eigenform of all but finitely many $T(p^2)$. We say that f is an *oldform* (compare [1], [5]) if there exists a prime p dividing $N/4$ such that :

either χ is definable (mod N/p) and f belongs to $M_0(N/p,\kappa/2,\chi)$,

or $\chi\chi_p$ is definable (mod N/p) and $f = g|V(p)$, with $g \in M_0(N/p,\kappa/2,\chi\chi_p)$.

We denote by $M_0^{\text{old}}(N,\kappa/2,\chi)$ the subspace of $M_0(N,\kappa/2,\chi)$ spanned by old forms. If $f \in M_0(N,\kappa/2,\chi)$ is an eigenform of all but finitely many $T(p^2)$, and f does not belong to $M_0^{\text{old}}(N,\kappa/2,\chi)$, we say that f is a newform of level N.

LEMMA 5. The symmetry operator $W(N) : M_0(N,\kappa/2,\chi) \to M_0(N,\kappa/2,\bar{\chi}\chi_N)$ and the conjugation operator $H : M_0(N,\kappa/2,\chi) \to M_0(N,\kappa/2,\bar{\chi})$ take oldforms to oldforms and newforms to newforms.

PROOF. By Lemma 2, W(N) and H take eigenforms to eigenforms. If f is an oldform of the first type above, i.e. $f \in M_0(N/p,\kappa/2,\chi)$, then

$$f|W(N) = p^{\kappa/4}[f|W(N/p)]|V(p)$$

is an oldform of the second type. Conversely, if $f = g|V(p)$ is an oldform of the second type, then $f|W(N) = p^{-\kappa/4}\ g|W(N/p)$ is an oldform of the first type. Hence W(N) takes oldforms to oldforms; the same is obviously true for the conjugation operator H. That W(N) and H take newforms to newforms follows from this, and from the fact that their square is the identity.

LEMMA 6. Let $h \in M_0^{\text{old}}(N,\kappa/2,\chi)$ be a non-zero eigenform of all but finitely many $T(p^2)$. Then there is a divisor N_1 of N, with $N_1 < N$, a character ψ definable (mod N_1) and a newform g in $M_0(N_1,\kappa/2,\psi)$ such that h and g have the same eigenvalues for all but finitely many $T(p^2)$.

PROOF. We use induction on N. By construction, $M_0^{\text{old}}(N,\kappa/2,\chi)$ has a basis (f_i) consisting of forms of the type g, or $g|V(p)$, where g is an eigenform of all but finitely many $T(p^2)$, and is of lower level. Hence h is a linear combination with non-zero coefficients of some of the f_i's, and each f_i occurring in h has the same eigenvalue for $T(p^2)$ as h does. The Lemma then follows from the induction assumption.

<u>LEMMA</u> 7. <u>Let</u> p <u>be a prime, and let</u> $f = \sum_{n=0}^{\infty} a(n)q^n$ <u>be a non-zero element of</u> $M_0(N,\kappa/2,\chi)$ <u>such that</u> $a(n) = 0$ <u>for all</u> n <u>not divisible by</u> p. <u>Then</u> p <u>divides</u> $N/4, \chi\chi_p$ <u>is definable</u> (mod N/p) <u>and</u> $f = g|V(p)$ <u>with</u> $g \in M_0(N/p,\kappa/2,\chi\chi_p)$.

<u>PROOF</u>. Put

$$g(z) = f(z/p) = \sum_{n=0}^{\infty} a(pn)q^n = p^{\kappa/4} f|\{\begin{pmatrix}1 & 0\\0 & p\end{pmatrix}, p^{1/4}\}.$$

Let $N' = N/p$ if $4p|N$ and $N' = N$ otherwise. Let $\Gamma_0(N',p)$ be the subgroup of $\Gamma_0(N')$ consisting of matrices $\begin{pmatrix}a & b\\c & d\end{pmatrix}$ with $b \equiv 0 \pmod p$; if $A = \begin{pmatrix}a & b\\c & d\end{pmatrix}$ is such a matrix, put $A_1 = \begin{pmatrix}a & b/p\\pc & d\end{pmatrix}$. We have $A_1 \in \Gamma_0(N)$, and

$$\{\begin{pmatrix}1 & 0\\0 & p\end{pmatrix}, p^{1/4}\} \; A^* = \{1,\chi_p(d)\} \; A_1^*\{\begin{pmatrix}1 & 0\\0 & p\end{pmatrix}, p^{1/4}\},$$

hence

$$g|A^* = \chi_p(d)\chi(d)g.$$

Since d is relatively prime to both p and N, this can be rewritten as

$$(*) \qquad g|A^* = (\chi\chi_p)(d)g.$$

By hypothesis, g has a q-expansion in integral powers of q, hence (*) holds for $A = \begin{pmatrix}1 & 1\\0 & 1\end{pmatrix}$. Since $\Gamma_0(N')$ is generated by $\Gamma_0(N',p)$ and $\begin{pmatrix}1 & 1\\0 & 1\end{pmatrix}$, this shows that (*) holds for any $A \in \Gamma_0(N')$. Since g is non-zero, this implies that $\chi\chi_p$ is definable (mod N'); this is easily seen to be possible only if p divides N/4, in which case $N' = N/p$ and (*) shows that g belongs to $M_0(N/p,\kappa/2,\chi\chi_p)$.

<u>REMARKS</u>. (1) If f is a cusp form, it is clear that g is also a cusp form.

(2) The above Lemma gives a <u>characterization</u> of oldforms of the second type.

THEOREM 1. Let m be an integer ≥ 1, and let $f = \sum_{n=0}^{\infty} a(n)q^n$ be an element of $M_0(N,\kappa/2,\chi)$ such that $a(n) = 0$ for all n with $(n,m) = 1$. Then f can be written as

$$f = \sum_p f_p|V(p), \qquad \text{with } f_p \in M_0(N/p,\kappa/2,\chi\chi_p),$$

where p runs through the primes such that $p|m$, $4p|N$, and $\chi\chi_p$ is definable (mod N/p).

If f is a cusp form, the f_p can be chosen to be cusp forms. If f is an eigenform of all but finitely many $T(p'^2)$, then the f_p may be further chosen so that they, too, are eigenforms of all but finitely many $T(p'^2)$, and have the same eigenvalues as f.

(Compare with the integral weight case, in [1] or [5].)

PROOF. Clearly, we may assume that m is square-free. We proceed by induction on the number r of prime factors of m. If $r = 0$, then $m = 1$ and all a(n) are zero by hypothesis; there is nothing to prove. Now suppose $r \geq 1$ and that Theorem 1 has been proved for all m's which are products of strictly less than r primes (and all levels). Let p_0 be a prime divisor of m. Put $m = p_0 m_0$, and

$$h = \sum_{(n,m_0)=1} a(n)q^n = f|\prod_{p|m_0} K(p), \qquad \text{cf. §3.}$$

If $h = 0$, we may replace m by m_0, and Theorem 1 follows from the induction hypothesis. Hence, we may assume that $h \neq 0$. By Lemma 4, we have $h \in M_0(Nm_0^2,\kappa/2,\chi)$. If $(n,m_0) = 1$ and $a(n) \neq 0$, by hypothesis we have $(n,p_0) \neq 1$ and Lemma 7 shows that $4p_0|Nm_0^2$, $\chi\chi_{p_0}$ is definable (mod Nm_0^2/p_0) and $h = g_{p_0}|V(p_0)$ with $g_{p_0} \in M_0(Nm_0^2/p_0,\kappa/2,\chi\chi_{p_0})$. This implies that $4p_0|N$ and that $\chi\chi_{p_0}$ is definable (mod N/p_0).
Moreover, we have

$$f - h = f - g_{p_0}|V(p_0) = \sum_{n=0}^{\infty} b(n)q^n,$$

with $b(n) = 0$ if $(n,m_0) = 1$. By the induction hypothesis (applied to m_0 and to the level Nm_0^2), this shows that $f - g_{p_0}|V(p_0)$ can be written as

$$f - g_{p_0}|V(p_0) = \sum_p g_p|V(p),$$

where p runs through the primes such that $p|m_0$ and $\chi\chi_p$ is definable (mod Nm_0^2/p), with $g_p \in M_0(Nm_0^2/p,\kappa/2,\chi\chi_p)$. We now apply the operator $S(\chi) = S(\chi,N,p_0)$ of §3 to f. Using Lemma 3, the above formula gives

$$f|S(\chi) - g_{p_0} = \sum_p [g_p|S(\chi\chi_p,Nm_0^2/p,p_0)]|V(p).$$

Let now f_{p_0} be $f|S(\chi)$. We have $f_{p_0} \in M_0(N/p_0,\kappa/2,\chi\chi_{p_0})$. Moreover the above formula shows that the nth coefficient of $f_0 = f - f_{p_0}|V(p_0)$ is 0 if $(n,m_0) = 1$; this allows us to apply the induction hypothesis to f_0 and m_0, and we get the required decomposition of f. As for the other assertions of Theorem 1, they follow from the inductive construction of the f_p's and from Lemma 3.

COROLLARY. If the form f of Theorem 1 is an eigenform of all but finitely many $T(p'^2)$, then f belongs to $M_0^{old}(N,\kappa/2,\chi)$.

§5. THE "BOUNDED DENOMINATORS" ARGUMENT

5.1. Coefficients of modular forms of half integral weight.

LEMMA 8. (a) There is a basis of $M_0(N,\kappa/2,\chi)$ consisting of forms whose coefficients belong to a number field.

(b) If $f = \sum a(n)q^n$ belongs to $M_0(N,\kappa/2,\chi)$ and the a(n) are algebraic numbers, then the a(n) have bounded denominators (i.e. there exists a non-zero integer D such that D.a(n) is an algebraic integer for all n).

PROOF. The analogous statement for modular forms of integral weight is well known (cf. for instance [7], Th. 3.5.2 or [3], Prop. 2.7). We shall reduce to that case by the familiar device of multiplying by a fixed form f_0. We choose for f_0 the form

$$\theta^{3\kappa} = (1 + 2q + 2q^4 + \dots)^{3\kappa} = 1 + 6\kappa q + \dots \quad .$$

The map $\Phi : f \mapsto \theta^{3\kappa} f$ sends $M_0(N,\kappa/2,\chi)$ into the space $M_0(N,2\kappa,\chi)$ of modular forms of type $(2\kappa,\chi)$ on $\Gamma_0(N)$. By the results quoted above, it follows that, if the coefficients of f are algebraic, those of $\theta^{3\kappa}f$ have bounded denominators; dividing by $\theta^{3\kappa}$ does not increase denominators, hence b) follows. As for a), one has to check that the image $\mathrm{Im}(\Phi)$ of Φ can be defined by linear equations with algebraic coefficients. This is so because θ does not vanish on the upper half-plane (as its expansion shows), nor at any cusp except those congruent mod $\Gamma_0(4)$ to 1/2; hence a modular form F in $M_0(N,2\kappa,\chi)$ belongs to $\mathrm{Im}(\Phi)$ if and only if it vanishes (with prescribed multiplicities) at these cusps, i.e. if some of the coefficients of its expansions at these cusps are zero; since it is known that these coefficients are algebraic linear combinations of the coefficients of F at the cusp ∞, the result follows.

REMARKS. (1) A similar argument shows that $M_1(N,\kappa/2)$ has a basis made up of forms with coefficients in $\mathbf{Z}$, and that the action of $(\mathbf{Z}/N\mathbf{Z})^*$ is $\mathbf{Z}$-linear with respect to that basis. This implies that, if $f = \sum a(n)q^n$ belongs to $M_0(N,\kappa/2,\chi)$ and σ is any automorphism of $\mathbf{C}$, the series

$$f^\sigma = \sum \sigma(a(n))q^n$$

belongs to $M_0(N,\kappa/2,\chi^\sigma)$, just as in the integral weight case ([3], 2.7.4). We will not need these facts.

(2) On noncongruence subgroups, part (a) of Lemma 8 remains true, but part (b) does not, as was first noticed by Atkin and Swinnerton-Dyer [2]. A simple example is

$$f(z) = \theta(z)^{1/2}\ \theta(3z)^{1/2} = 1 + q - \tfrac{1}{2} q^2 + \tfrac{3}{2} q^3 + \tfrac{11}{8} q^4 - \dots ,$$

which is a modular form of weight 1/2 on a subgroup of index 2 of $\Gamma_1(12)$, and whose coefficients have unbounded powers of 2 in denominator (if n is a power of 2, the 2-adic valuation of the nth coefficient of f is 1-n). Similar examples exist in higher weights, integral as well as half integral : take for instance

$$f_m(z) = \theta(z)^{1/2}\ \theta(3z)^{m/2}, \qquad \text{with } m \text{ odd} \geqslant 1,$$

which is of weight $(m+1)/4$.

5.2. Eigenvectors of the Hecke operators for weight 1/2.

From now on, we restrict ourselves to weight 1/2, i.e. we take $\kappa = 1$.

LEMMA 9. *Let* $f = \sum_{n=0}^{\infty} a(n)q^n$ *be a non-zero element of* $M_0(N,1/2,\chi)$ *and let* p *be a prime, with* $p \nmid N$. *Assume that* $f|T(p^2) = c_p f$, *with* $c_p \in \mathbf{C}$. *Let* $m \geqslant 1$ *be such that* $p^2 \nmid m$. *Then* :

(a) *we have* $a(mp^{2n}) = a(m)\chi(p)^n(\frac{m}{p})^n$ *for every* $n \geqslant 0$.

(b) *If* $a(m) \neq 0$, *then* $p \nmid m$ *and* $c_p = \chi(p)(\frac{m}{p})(1+p^{-1})$.

PROOF. Since $T(p^2)$ maps forms with algebraic coefficients into themselves (cf. Lemma 1), it follows from Lemma 8 that the eigenvalue c_p is algebraic, and that the corresponding eigenspace is generated by forms with algebraic coefficients. Hence we may assume that the coefficients a(n) of f are algebraic numbers. Consider the power series

$$A(T) = \sum_{n=0}^{\infty} a(mp^{2n})T^n,$$

where T is an indeterminate. By [8], p. 452, we have

$$A(T) = a(m)\ \frac{1 - \alpha T}{(1-\beta T)(1-\gamma T)} ,$$

with $\alpha = \chi(p)p^{-1}(\frac{m}{p})$ and $\beta + \gamma = c_p$, $\beta\gamma = \chi(p^2)p^{-1}$ (note the negative exponent of p, which comes from the fact that $\kappa = 1$). This already shows that $a(m) = 0$ implies $A(T) = 0$, i.e. $a(mp^{2n}) = 0$ for all $n \geq 0$. Hence we may assume that $a(m) \neq 0$, in which case A(T) is a non-zero rational function of T. If we view A(T) as a p-adic function of T (over a suitable finite extension of the p-adic field $\mathbf{Q}_p$), Lemma 8 (b) shows that A(T) converges in the p-adic unit disk U defined by $|T|_p < 1$; hence A(T) cannot have a pole in U. However, since $\beta\gamma = \chi(p^2)p^{-1}$, either β^{-1} or γ^{-1} belongs to U; assume it is β^{-1}. In order that A(T) be holomorphic at β^{-1}, it is necessary that the factors $1 - \beta T$ and $1 - \alpha T$ cancel each other. We then have $\alpha = \beta$ and

$$A(T) = a(m)/(1-\gamma T), \quad \text{so that} \quad a(mp^{2n}) = \gamma^n a(m).$$

Since $\beta\gamma \neq 0$ we have $\alpha \neq 0$, hence $p \nmid m$. Moreover,

$$\gamma = \beta\gamma/\alpha = \chi(p^2)p^{-1}/\chi(p)p^{-1}(\tfrac{m}{p}) = \chi(p)(\tfrac{m}{p}).$$

This shows that $a(mp^{2n}) = \gamma^n\, a(m) = a(m)\chi(p)^n(\frac{m}{p})^n$, which proves (a). As for the last assertion of (b), it follows from $c_p = \beta + \gamma = \alpha + \gamma$.

<u>THEOREM</u> 2. <u>Let</u> $f = \sum_{n=0}^{\infty} a(n)q^n$ <u>be a non-zero element of</u> $M_0(N,1/2,\chi)$ <u>and let</u> N' <u>be a multiple of</u> N. <u>Assume that</u>, <u>for all</u> $p \nmid N'$, <u>we have</u> $f|T(p^2) = c_p f$, <u>with</u> $c_p \in \mathbf{C}$. <u>Then there exists a unique square-free integer</u> $t \geq 1$ <u>such that</u> $a(n) = 0$ <u>if</u> n/t <u>is not a square</u>. <u>Moreover</u> :

(i) $t|N'$.

(ii) $c_p = \chi(p)(\frac{t}{p})(1+p^{-1})$ <u>if</u> $p \nmid N'$.

(iii) $a(nu^2) = a(n)\chi(u)(\frac{t}{u})$ <u>if</u> $(u,N') = 1$, $u \geq 1$.

<u>PROOF</u>. Let m and m' be two integers ≥ 1 such that $a(m) \neq 0$ and $a(m') \neq 0$. We show first that m'/m is a square. Let P be the set of primes p with $p \nmid N'mm'$. If $p \in P$, Lemma 9 shows that

$$\chi(p)\left(\frac{m}{p}\right)(1+p^{-1}) = c_p = \chi(p)\left(\frac{m'}{p}\right)(1+p^{-1}),$$

hence $$\left(\frac{m}{p}\right) = \left(\frac{m'}{p}\right) \text{ for all } p \in P.$$

It is well known that this implies that m'/m is a square. We may write m and m' as $m = tv^2$, $m' = tv'^2$, with $v,v' \geq 1$ and t square-free ≥ 1. This proves the first part of the Theorem, i.e. the existence of t. Write now v as $p^n u$, with $p \nmid N'$ and $(p,u) = 1$, so that $m = tp^{2n}u^2$. By Lemma 9, applied to tu^2, we have $a(m) = \chi(p)^n\left(\frac{tu^2}{p}\right)^n a(tu^2)$ hence $a(tu^2) \neq 0$ and Lemma 9 (b) shows that $p \nmid tu^2$, hence $p \nmid t$, and $c_p = \chi(p)\left(\frac{t}{p}\right)(1+p^{-1})$. Hence every prime factor of t divides N'; since t is square-free, this shows that $t|N'$, and (i) and (ii) are proved. As for (iii), it is enough to check it when $u = p$ with $p \nmid N'$; in that case, one writes n as m_0p^{2a}, with $p^2 \nmid m_0$, and applies Lemma 9 (a).

COROLLARY. *If* $a(1) \neq 0$, *then* $t = 1$ *and* $c_p = \chi(p)(1+p^{-1})$ *for* $p \nmid N'$. (Note that, in this case, the c_p's determine the character χ.)

Let now $\sum_{n=1}^{\infty} a(n)n^{-s}$ be the *Dirichlet series* associated with f. Let ψ be the character $\chi\chi_t$, so that $\psi(p) = \chi(p)\left(\frac{t}{p}\right)$ if $p \nmid N'$. Assertions (i) and (iii) of Theorem 2 can be reformulated as :

THEOREM 2'. *Under the assumptions of Theorem 2, we have*

$$\sum_{n=1}^{\infty} a(n)n^{-s} = t^{-s}\Big(\sum_{n|N'^{\infty}} a(tn^2)n^{-2s}\Big) \prod_{p \nmid N'} (1-\psi(p)p^{-2s})^{-1}.$$

(The notation $A|B^{\infty}$ means that A divides some power of B, i.e. that every prime factor of A is a factor of B.)

§6. PROOF OF THEOREM A

6.1. Structure of newforms of weight 1/2.

Let $f = \sum_{n=0}^{\infty} a(n)q^n$ be a newform of level N (cf. §4) belonging to $M_0(N,1/2,\chi)$. By Theorem 2, there is a unique square-free integer $t \geqslant 1$ such that $a(n) = 0$ if n/t is not a square.

LEMMA 10. We have $t = 1$ and $a(1) \neq 0$.

PROOF. The product expansion of $\sum_{n=1}^{\infty} a(n)n^{-s}$ given in Theorem 2' shows that, if $a(1) = 0$, we have $a(n) = 0$ for every n such that $(n,N') = 1$; the Corollary to Theorem 1 then shows that f belongs to $M_0^{old}(N,1/2,\chi)$, contrary to the assumption that f is a newform. Hence $a(1) \neq 0$, and this implies $t = 1$, cf. the Corollary to Theorem 2.

This Lemma allows us to divide f by $a(1)$; hence we may assume that f is normalized, i.e. that $a(1) = 1$.

LEMMA 11. Let $g \in M_0(N,1/2,\chi)$ be an eigenform of all but finitely many $T(p^2)$, with the same eigenvalues as f. Then g is a scalar multiple of f.

PROOF. Let c be the coefficient of q in the q-expansion of g, and set

$$h = g - cf,$$

so that the coefficient of q in the q-expansion of h is 0. Suppose $h \neq 0$. By Lemma 10, h is not a newform; since it is an eigenform of all but finitely many $T(p^2)$, it belongs to $M_0^{old}(N,1/2,\chi)$. Hence, by Lemma 6, there are $N_1 | N$, with $N_1 < N$, a character ψ definable (mod N_1) and a normalized newform g_1 in $M_0(N_1,1/2,\psi)$ with the same eigenvalues c_p as f and h, for all but finitely many $T(p^2)$. Since the c_p's determine the character (cf. the Corollary to Theorem 2) we have $\chi = \psi$ and so g_1 belongs to $M_0^{old}(N,1/2,\chi)$. On the other hand, the coefficient of q in the q-expansion of $f - g_1$ is 0; the same argument as above then shows that $f - g_1$ belongs to $M_0^{old}(N,1/2,\chi)$. Hence $f = g_1 + (f-g_1)$ belongs to $M_0^{old}(N,1/2,\chi)$. This contradicts the assumption that f is a newform. Hence $h = 0$, i.e. $g = cf$.

LEMMA 12. *The form* f *is an eigenform of every* $T(p^2)$. *If we put* $f|T(p^2) = c_p f$, *we have*

$$(*) \qquad \sum_{n=1}^{\infty} a(n)n^{-s} = \prod_{p|N} (1 - c_p p^{-2s})^{-1} \prod_{p \nmid N} (1 - \chi(p)p^{-2s})^{-1}.$$

Further, if $4p|N$, *then* $c_p = 0$.

PROOF. If we apply Lemma 11 to $g = f|T(p^2)$, we see that g is a multiple of f. Hence f is an eigenform of every $T(p^2)$, and the Euler product (*) follows from this and Theorem 2' (applied with $N' = N$, $t = 1$, $\psi = \chi$).

If $4p|N$, then Lemma 1 shows that

$$f|T(p) = \sum_{n=0}^{\infty} a(np)q^n = \sum_{m=0}^{\infty} a(m^2p^2)q^{pm^2} = c_p f|V(p)$$

belongs to $M_0(N,1/2,\chi\chi_p)$. If $c_p \neq 0$, Lemma 7 applied to $f|T(p)$ and to the character $\chi\chi_p$ shows that χ is definable (mod N/p) and that $f|T(p) = g|V(p)$ with $g \in M_0(N/p,1/2,\chi)$. We have $c_p f|V(p) = g|V(p)$, hence $c_p f = g$; this shows that f belongs to $M_0(N/p,1/2,\chi)$ and contradicts the assumption that f is a newform. Hence $c_p = 0$.

LEMMA 13. *The level* N *of the newform* f *is a square, and* $f|W(N)$ *is a multiple of* $f|H$.
(Recall that $W(N)$ and H are respectively the *symmetry* and *conjugation* operators, cf. §3.)

PROOF. If $p \nmid N$, we have $f|T(p^2) = c_p f$ with $c_p = (1+p^{-1})\chi(p)$, and, by Lemma 2,

$$[f|W(N)]|T(p^2) = \overline{\chi}(p)^2 c_p \; f|W(N) = \overline{c}_p \; f|W(N),$$

$$[f|H]|T(p^2) = (c_p f)|H = \overline{c}_p \; f|H \qquad \text{since } H \text{ is anti-linear.}$$

But $f|W(N)$ and $f|H$ are newforms of level N and characters $\overline{\chi}\chi_N$ and $\overline{\chi}$ respectively, cf. Lemma 5. Since they have the same eigenvalues $\overline{c}_p$ for all $T(p^2)$, $p \nmid N$, and these eigenvalues determine the character (cf. the Corollary to Theorem 2), we have $\overline{\chi}\chi_N = \overline{\chi}$ and N is a square. The fact that $f|W(N)$ and $f|H$ are proportional follows from this and from Lemma 11.

THEOREM 3. If f is a normalized newform in $M_0(N,1/2,\chi)$, and r is the conductor of χ, then $N = 4r^2$ and $f = \frac{1}{2}\theta_\chi$.

PROOF. We write $f = \sum_{n=0}^{\infty} a(n)q^n$ as above, and put

$$F(s) = \sum_{n=1}^{\infty} a(n)n^{-s} = \prod_{p \mid N} (1 - c_p p^{-2s})^{-1} \prod_{p \nmid N} (1 - \chi(p)p^{-2s})^{-1},$$

$$\overline{F}(s) = \sum_{n=1}^{\infty} \overline{a(n)}n^{-s}.$$

The Dirichlet series F and $\overline{F}$ converge for Re(s) large enough. Using Mellin transforms , and Lemma 13, we obtain by a standard argument the analytic continuation of F and $\overline{F}$ as entire functions of s (except for a simple pole at $s = 1/2$ if $a(0) \neq 0$), and the functional equation

$$(2\pi)^{-s}\,\Gamma(s)F(s) = C_1\left(\frac{2\pi}{N}\right)^{-(1/2-s)} \Gamma(\tfrac{1}{2}-s)\overline{F}(\tfrac{1}{2}-s),$$

where C_1 (and C_2, C_3, C_4 below) is a non-zero constant.
On the other hand, we know that the functions

$$G(s) = L(2s,\chi) = \sum_{n=1}^{\infty} \chi(n)n^{-2s} = \prod_{p \nmid r} (1 - \chi(p)p^{-2s})^{-1}$$

$$\overline{G}(s) = L(2s,\overline{\chi})$$

satisfy the functional equation

$$(2\pi)^{-s}\,\Gamma(s)G(s) = C_2\left(\frac{2\pi}{4r^2}\right)^{-(1/2-s)}\Gamma(\tfrac{1}{2}-s)\overline{G}(\tfrac{1}{2}-s).$$

Dividing these equations, we find

$$(*)\qquad \prod_{p|m}\left(\frac{1-c_p p^{-2s}}{1-\chi(p)p^{-2s}}\right) = C_3\left(\frac{N}{4r^2}\right)^{-(1/2-s)}\prod_{p|m}\left(\frac{1-\overline{c}_p p^{2s-1}}{1-\overline{\chi}(p)p^{2s-1}}\right),$$

where m is the product of the prime divisors p of N such that $c_p \neq \chi(p)$.

If, for some $p|m$, we have $\chi(p) \neq 0$, then the left side of (*) has an infinity of poles on the line $\mathrm{Re}(s) = 0$, only finitely many of which can appear on the right side. This shows that $p|m$ implies $\chi(p) = 0$, (i.e. $p|r$) and $c_p \neq 0$ since $c_p \neq \chi(p)$. We may now rewrite (*) as :

$$\prod_{p|m}(1-c_p p^{-2s}) = C_4\left(\frac{Nm^2}{4r^2}\right)^s \prod_{p|m}(1-c'_p p^{-2s}),$$

where $c'_p = p/\overline{c}_p$. The same argument as above (using zeros instead of poles) shows that, for every $p|m$, we have $c_p = c'_p$, i.e. $|c_p|^2 = p$; the above equation then gives $C_4 = 1$ and $Nm^2 = 4r^2$. But, by Lemma 12, we have $c_p = 0$ when $4p|N$. This shows that $m = 1$ or 2, and that $m = 2$ can occur only when $8 \nmid N$ and $\chi(2) = 0$; in the last case, r is divisible by 4 and the equation $Nm^2 = 4r^2$ shows that N is divisible by 16, which contradicts $8 \nmid N$. Hence only the case $m = 1$ is possible, and we have $N = 4r^2$, $F(s) = G(s)$. This shows that, for every $n \geq 1$, the coefficients of q^n in f and in $\frac{1}{2}\theta_\chi$ are the same. Hence $f - \frac{1}{2}\theta_\chi$ is a constant, and, since it is a modular form of weight 1/2, it is 0. This concludes the proof.

6.2. Alternative arguments.

(1) To show that the constant term of f and $\frac{1}{2}\theta_\chi$ agree, we could have used the well-known fact that they are equal to $-F(0)$ and $-G(0)$

respectively.

(2) Another way to rule out $|c_p|^2 = p$ is to prove a priori that $|c_p| \leqslant 1$. This may be done as follows. Choose $D \geqslant 1$ such that p is inert in $\mathbf{Q}(\sqrt{-D})$, and consider the modular form of weight 1 :

$$g(z) = f(z)\theta(Dz) = (\sum_{u=0}^{\infty} a(u)q^u)(\sum_{-\infty}^{\infty} q^{Dv^2}) = \sum_{u,v} a(u^2)q^{u^2+Dv^2}.$$

The p^{2n}-th coefficient of g is $a(p^{2n}) = (c_p)^n$. By [3], Cor. 9.2, this coefficient is $O(p^{2n\delta})$ for every $\delta > 0$. This obviously implies $|c_p| \leqslant 1$.

Theorem 3 has a converse :

THEOREM 4. If χ is an even character of conductor r, then $\frac{1}{2}\,\theta_\chi$ is a normalized newform in $M_0(4r^2,1/2,\chi)$.

(Recall that all characters are assumed to be primitive.)

PROOF. Let $N = 4r^2$. We know that θ_χ belongs to $M_0(N,1/2,\chi)$ and it is easily checked that it is an eigenform of all $T(p^2)$, with eigenvalue

$$c_p = (1+p^{-1})\chi(p) \quad \text{if } p \nmid N \quad \text{(cf. Lemma 1).}$$

Thus, if θ_χ is not a newform, Lemma 6 shows that there are a divisor N_1 of N, with $N_1 < N$, a character ψ definable (mod N_1) and a newform f in $M_0(N_1,1/2,\psi)$ such that f and θ_χ have the same eigenvalues for all but finitely many $T(p^2)$. We thus have

$$(1+p^{-1})\psi(p) = c_p = (1+p^{-1})\chi(p) \qquad \text{for almost all } p,$$

and this implies $\psi = \chi$, hence $N_1 = 4r^2$ by Theorem 3. This contradicts $N_1 < N$. Hence θ_χ is a newform, and $\frac{1}{2}\,\theta_\chi$ is obviously normalized.

6.3. Proof of Theorem A.

Let χ be an even character definable (mod N). With the notations of

§2, we want to prove that the theta series $\theta_{\psi,t} = \theta_\psi | V(t)$, with $(\psi,t) \in \Omega(N,\chi)$, make a basis of $M_0(N,1/2,\chi)$. The proof splits into two parts :

a) Linear independence of the $\theta_{\psi,t}$.

Since t and χ determine ψ, every t occurs as the second entry of at most one (ψ,t) in $\Omega(N,\chi)$. Suppose then that we have

$$\lambda_1 \theta_{\psi_1,t_1} + \ldots + \lambda_m \theta_{\psi_m,t_m} = 0,$$

with $t_1 < t_2 < \ldots < t_m$ and $\lambda_i \neq 0$ for all i. The coefficient of q^{t_1} in θ_{ψ_1,t_1} is equal to 2; in θ_{ψ_j,t_j}, $j \geq 2$, it is equal to 0. This shows that $2\lambda_1 = 0$, hence $\lambda_1 = 0$. This contradiction proves the linear independence of the $\theta_{\psi,t}$.

b) The $\theta_{\psi,t}$ with $(\psi,t) \in \Omega(N,\chi)$, generate $M_0(N,1/2,\chi)$.

We need :

LEMMA 14. There is a basis of $M_0(N,1/2,\chi)$ consisting of eigenforms for all the $T(p^2)$, $p \nmid N$.

PROOF. Put on $M_0(N,1/2,\chi)$ the Petersson scalar product $\langle f,g \rangle$, cf. §1. A standard computation shows that, if $p \nmid N$, we have

$$\langle f | T(p^2), g \rangle = \chi(p^2) \langle f, g | T(p^2) \rangle,$$

hence $\overline{\chi}(p)T(p^2)$ is hermitian. The Lemma follows from this, and from the fact that the $T(p^2)$ commute.

We can now prove assertion b), using induction on N. By Lemma 14, it is enough to show that any eigenform f of all $T(p^2)$, $p \nmid N$, is a linear combination of the $\theta_{\psi,t}$ with $(\psi,t) \in \Omega(N,\chi)$. If f is a newform, this follows from Theorem 3. If not, we may assume f is an oldform of one of the two types of §4 :

either χ is definable (mod N/p) and f belongs to $M_0(N/p,1/2,\chi)$, or $\chi\chi_p$ is definable (mod N/p) and $f = g|V(p)$ with $g \in M_0(N,N/p,1/2,\chi\chi_p)$. In the first case, the induction assumption shows that f is a linear combination of the $\theta_{\psi,t}$ with $(\psi,t) \in \Omega(N/p,\chi)$ and a fortiori with $(\psi,t) \in \Omega(N,\chi)$. In the second case, g is a linear combination of the $\theta_{\psi,t}$, with $(\psi,t) \in \Omega(N/p,\chi\chi_p)$, and hence f is a linear combination of the $\theta_{\psi,tp}$, with $(\psi,tp) \in \Omega(N,\chi)$.

REMARK. It is possible to prove Lemma 14 without using Petersson products. Indeed, assume that some $T(p^2)$, $p \nmid N$, is not diagonalizable. Then there exists an eigenvalue c_p of $T(p^2)$ and a non-zero element g of $M_0(N,1/2,\chi)$ such that

$$g|U \neq 0 \quad \text{and} \quad g|U^2 = 0, \quad \text{where } U = T(p^2) - c_p.$$

Using Lemma 8, one may further assume that the coefficients of g are algebraic numbers. A computation similar to that of Lemma 9 then shows that these coefficients have unbounded powers of p in denominators, and this contradicts Lemma 8. Hence, each $T(p^2)$ is diagonalizable. Since these operators commute, Lemma 14 follows.

§7. PROOF OF THEOREM B

7.1. Twists.

Let $f = \sum_{n=0}^{\infty} a(n)q^n$ be a modular form of weight $k = \kappa/2$ on some $\Gamma_1(N)$. Let M be an integer $\geqslant 1$, and ε a function on $\mathbf{Z}$ with period M (i.e. a function on $\mathbf{Z}/M\mathbf{Z}$). We put

$$f * \varepsilon = \sum_{n=0}^{\infty} a(n)\varepsilon(n)q^n.$$

Let $\hat{\varepsilon}$ be the Fourier transform of ε on $\mathbf{Z}/M\mathbf{Z}$, defined by :

$$\hat{\varepsilon}(m) = \frac{1}{M} \sum_{n \in \mathbf{Z}/M\mathbf{Z}} \varepsilon(n) \exp(-2\pi inm/M).$$

We then have

$$\varepsilon(n) = \sum_{m \in \mathbf{Z}/M\mathbf{Z}} \hat{\varepsilon}(m) \exp(2\pi inm/M),$$

hence

$$(f * \varepsilon)(z) = \sum_{m \in \mathbf{Z}/M\mathbf{Z}} \hat{\varepsilon}(m) f(z+\tfrac{m}{M}).$$

From this, one deduces easily that $f * \varepsilon$ is a modular form of weight k on $\Gamma_1(NM^2)$.

7.2. Characterization of cusp forms.

We keep the above notation, and we put

$$\phi_f(s) = \sum_{n=1}^{\infty} a(n)n^{-s}.$$

THEOREM 5. The following properties are equivalent :

i) f vanishes at all cusps m/M, with $m \in \mathbf{Z}$;

ii) for every function ε on $\mathbf{Z}$, with period M, the function $\phi_{f*\varepsilon}(s) = \sum_{n=1}^{\infty} a(n)\varepsilon(n)n^{-s}$ is holomorphic at $s = k$.

(This is also true when k is an integer, instead of a half integer; the proof is the same.)

PROOF. Consider first the case where $M = 1$. Assertion i) then means that f vanishes at the cusp 0, and assertion ii) that $\phi_f(s)$ is holomorphic at $s = k$. If we put

$$g = f|W(N) = \sum_{n=0}^{\infty} b(n)q^n,$$

then i) is equivalent to :

i') g vanishes at the cusp ∞, i.e. $b(0)$ is 0,

while the functional equation relating $\phi_f(s)$ and $\phi_g(k-s)$ shows that ii) is equivalent to :

ii') $(2\pi)^{-s}\Gamma(s)\phi_g(s)$ is holomorphic at $s = 0$, i.e. $\phi_g(0) = 0$.

The equivalence of i') and ii') then follows from the known relation

$$b(0) = -\phi_g(0).$$

Consider now the general case. By applying the above to $f * \varepsilon$ (with N replaced by NM^2), we see that ii) is equivalent to :

iii) for every function ε on $\mathbf{Z}$, with period M, the modular form $f * \varepsilon$ vanishes at the cusp 0.

Using the above formulae, this is in turn equivalent to :

iv) for every $m \in \mathbf{Z}/M\mathbf{Z}$, the modular form $f(z+\frac{m}{M})$ vanishes at the cusp 0,

and it is clear that iv) is equivalent to i).

COROLLARY. The following properties are equivalent :

a) f is a cusp form;

b) for every periodic function ε on $\mathbf{Z}$, the function $\phi_{f * \varepsilon}(s)$ is holomorphic at $s = k$.

Indeed, Theorem 5 shows that b) is equivalent to the fact that f vanishes at all cusps $\neq \infty$; since ∞ is $\Gamma_1(N)$-equivalent to 1/N, this means that f is a cusp form.

REMARK. When f belongs to some $M_0(N,\kappa/2,\chi)$, it is enough to check property b) for functions ε with period N. Indeed, by Theorem 5, this implies the vanishing of f at all cusps m/N, with $m \in \mathbf{Z}$, and it is known that every cusp is $\Gamma_0(N)$-equivalent to one of these.

We now go back to the case $\kappa = 1$, $k = 1/2$:

LEMMA 15. Let ψ be an even character which is not totally even (cf. §2). Then θ_ψ is a cusp form.

PROOF. Let ε be a periodic function on $\mathbf{Z}$. By the Corollary to Theorem

5, it is enough to prove that the Dirichlet series

$$F_\varepsilon(s) = 2\sum_{n=1}^{\infty} \varepsilon(n^2)\psi(n)n^{-2s}$$

is holomorphic at $s = 1/2$. Let $M \geqslant 1$ be a period of ε, which we may assume to be a multiple of the conductor $r(\psi)$ of ψ. We have

$$F_\varepsilon(s) = 2\sum_{m\in \mathbf{Z}/M\mathbf{Z}} \varepsilon(m^2)\psi(m)F_{m,M}(2s),$$

where

$$F_{m,M}(s) = \sum_{\substack{n\equiv m \pmod M\\ m\geqslant 1}} n^{-s}.$$

It is an elementary fact that $F_{m,M}(s)$ has a simple pole at $s = 1$ with residue $1/M$. Hence $F_\varepsilon(s)$ has at most a simple pole at $s = 1/2$, with residue $R(\varepsilon,\psi)/M$, where

$$R(\varepsilon,\psi) = \sum_{m\in \mathbf{Z}/M\mathbf{Z}} \varepsilon(m^2)\psi(m),$$

and we have to prove that $R(\varepsilon,\psi) = 0$. By assumption, there is a prime ℓ dividing $r(\psi)$ such that the ℓth component ψ_ℓ of ψ is odd. Let us write M as $\ell^a M'$, with $(\ell,M') = 1$, so that the ring $\mathbf{Z}/M\mathbf{Z}$ splits as $\mathbf{Z}/\ell^a\mathbf{Z} \times \mathbf{Z}/M'\mathbf{Z}$. Let x_ℓ be the element of $\mathbf{Z}/M\mathbf{Z}$ whose first component (in the above decomposition) is -1, and the second component is 1. The fact that ψ_ℓ is odd means that $\psi(x_\ell) = -1$. Since x_ℓ is invertible in $\mathbf{Z}/M\mathbf{Z}$, we have

$$R(\varepsilon,\psi) = \sum_{m\in \mathbf{Z}/M\mathbf{Z}} \varepsilon((x_\ell m)^2)\psi(x_\ell m) = \sum_{m\in \mathbf{Z}/M\mathbf{Z}} \varepsilon(m^2)\psi(x_\ell m)$$

$$= -\sum_{m\in \mathbf{Z}/M\mathbf{Z}} \varepsilon(m^2)\psi(m) = -R(\varepsilon,\psi)$$

which shows that $R(\varepsilon,\psi) = 0$, as wanted.

LEMMA 16. _Let_ ψ _be a totally even character_, _and_ T _a finite set of integers_ $\geqslant 1$. _If the modular form_ $f = \sum_{t\in T} c_t\theta_{\psi,t}$ $(c_t \in \mathbf{C})$

<u>is a cusp form, then all</u> c_t <u>are</u> 0.

<u>PROOF</u>. Assume the c_t are not all 0, and let t_0 be the smallest $t \in T$ such that $c_t \neq 0$. Choose an integer $M \geq 1$ which is divisible by $2r(\psi)$ and by all $t \in T$. The first divisibility condition, together with the assumption that ψ is totally even, implies that there is a character α definable (mod M) such that $\alpha^2 = \psi$. Define now a periodic function ε on $\mathbf{Z}$ by

$$\varepsilon(n) = \begin{cases} \overline{\alpha}(n/t_0) & \text{if } t_0 | n \text{ and } n/t_0 \text{ is prime to } M \\ 0 & \text{otherwise.} \end{cases}$$

We have

$$\varepsilon(t_0 n^2) = \begin{cases} \overline{\psi}(n) & \text{if } (n,M) = 1 \\ 0 & \text{if } (n,M) \neq 1 \end{cases}$$

and

$$\varepsilon(tn^2) = 0 \text{ if } t \in T,\ t > t_0 \text{ (since } (tn^2,M) \geq t > t_0).$$

Using the minimality of t_0, this shows that the Dirichlet series $\phi_{f * \varepsilon}(s)$ is equal to

$$2c_{t_0} \sum_{\substack{(n,M)=1 \\ n\geq 1}} \overline{\psi}(n)\psi(n)(t_0 n^2)^{-s} = 2c_{t_0} t_0^{-s} \sum_{\substack{(n,M)=1 \\ n\geq 1}} n^{-2s}.$$

The same argument as in the proof of Lemma 15 shows that the residue of this function at $s = 1/2$ is equal to

$$c_{t_0} t_0^{-1/2}\, \phi(M)/M = c_{t_0} t_0^{-1/2} \prod_{p|M} (1-\tfrac{1}{p}),$$

which is $\neq 0$. By Theorem 5, we thus see that f is not a cusp form.

7.3. Proof of Theorem B.

Let $N,\chi,\Omega_c(N,\chi),\Omega_e(N,\chi)$ be as defined in §2. We have three assertions to prove :

a) The $\theta_{\psi,t}$, with $(\psi,t) \in \Omega_c(N,\chi)$, are cusp forms.
Indeed, Lemma 15 shows that θ_ψ is a cusp form, and this obviously implies the same property for $\theta_{\psi,t}$.

b) No linear combination (except 0) of the $\theta_{\psi,t}$, with $(\psi,t) \in \Omega_e(N,\chi)$, is a cusp form.
Let V be the space of the linear combinations of the $\theta_{\psi,t}$, with $(\psi,t) \in \Omega_e(N,\chi)$, which are cusp forms. It is clear that V is stable under the $T(p^2)$, $p \nmid N$. Hence, if V is non-zero, it contains a common eigenform f of the $T(p^2)$, $p \nmid N$. Since the eigenvalue of $\theta_{\psi,t}$ is $(1+p^{-1})\psi(p)$, the form f has to be a linear combination of the $\theta_{\psi,t}$ for a fixed character ψ, and this contradicts Lemma 16.

c) If $(\psi,t) \in \Omega_c(N,\chi)$ and $(\psi',t') \in \Omega_e(N,\chi)$, then $\theta_{\psi,t}$ and $\theta_{\psi',t'}$ are orthogonal for the Petersson scalar product.
Indeed, since $\psi \neq \psi'$, there is a $p \nmid N$ such that $\psi(p) \neq \psi'(p)$. Hence, $\theta_{\psi,t}$ and $\theta_{\psi',t'}$ are eigenforms of $T(p^2)$ corresponding to different eigenvalues. Since $\overline{\chi}(p)T(p^2)$ is hermitian (cf. the proof of Lemma 14, §6) this implies that these two functions are orthogonal.

7.4. The space $E_1(N,1/2)$.

Let $E_0(N,1/2,\chi)$ be the space of linear combinations of the $\theta_{\psi,t}$ with $(\psi,t) \in \Omega_e(N,\chi)$. By Theorem B, we have the orthogonal decomposition

$$M_0(N,1/2,\chi) = E_0(N,1/2,\chi) \oplus S_0(N,1/2,\chi),$$

where $S_0(N,1/2,\chi)$ is the space of cusp forms. Similarly, if we put

$E_1(N,1/2) = \oplus E_0(N,1/2,\chi)$, we have

$$M_1(N,1/2) = E_1(N,1/2) \oplus S_1(N,1/2).$$

The elements of $E_1(N,1/2)$ can be characterized as follows :

THEOREM 6. *Let* f *be an element of* $M_1(N,1/2)$. *The following properties are equivalent* :

i) f *belongs to* $E_1(N,1/2)$.

ii) f *is a linear combination of* $\theta(az+b)$, *with* $a \in \mathbf{Z}$, $a \geqslant 1$, *and* $b \in \mathbf{Q}$.

iii) f *is orthogonal to all cusp forms of all levels*.

PROOF. Clearly ii) implies iii) since θ is in $E_1(M,1/2)$ for every M, and so is orthogonal to all cusp forms; the same is then true of $\theta(az+b)$ for any a and b. We have already shown that iii) implies i). Finally, if ψ is a totally even character, we may write ψ as α^2 where the character α is ramified at the same primes as ψ; we have $\theta_\psi = \theta * \alpha$, hence θ_ψ is a linear combination of the $\theta(z+b)$, with $b \in \mathbf{Q}$; this shows that θ_ψ has property ii), hence that i) implies ii).

REMARK. Maass [6] has shown that $\theta(z)$ can be defined as an "Eisenstein series", by analytic continuation à la Hecke. The same is true for all the $\theta(az+b)$, hence for all the elements of $E_1(N,1/2)$.

APPENDIX

Free translation of a letter from Pierre DELIGNE,
dated March 1, 1976

... Using the same trick as in my Antwerp's paper (vol. II, p.90, proof of 2.5.6), one can deduce directly from your Theorem 2 the structure of the modular forms of weight 1/2 (on congruence subgroups of $\mathbf{SL}_2(\mathbf{Z})$). The final result is :

THEOREM. *The q-expansions of the modular forms of weight* 1/2 *are*

$$\sum_{t} \sum_{u \in \mathbf{Z}} \phi_t(u) q^{tu^2}, \tag{1}$$

where t *runs through a finite subset of* $\mathbf{Q}^{*+}$, *and, for each* t, ϕ_t *is a periodic function on* $\mathbf{Z}$ (i.e. the restriction of a locally constant function on $\hat{\mathbf{Z}}$).

PROOF. Let H be the space of modular forms of weight 1/2, and Θ the subspace of H consisting of the theta series (1). We put on H the Petersson scalar product (which always converges). The metaplectic 2-covering $\widetilde{\mathbf{SL}}_2(\mathbf{A}_f)$ of $\mathbf{SL}_2(\mathbf{A}_f)$ acts on H, preserves the scalar product, and leaves Θ stable. Under this action, H decomposes into a direct sum of irreducible representations. Let H_i be one of them. We want to prove that H_i is contained in Θ.

One checks immediately that, if N and χ are suitably chosen, H_i has a non-zero intersection with $M_0(N,1/2,\chi)$. The Hecke operators $T(p^2)$ associated with all primes p (including those dividing N) come from the action of (the group ring of) $\widetilde{\mathbf{SL}}_2(\mathbf{A}_f)$, and commute with each other. Hence they have a non-zero common eigenvector f in $H_i \cap M_0(N,1/2,\chi)$. By your Theorem 2, one has

$$f = \sum_{u \in \mathbf{Z}} a(tu^2)q^{tu^2} \qquad (t \text{ square-free, } t|N),$$

and

$$a(mu^2) = a(m)\psi(u) \quad \text{if } (u,N) = 1,\ \psi \text{ being some character (mod 2N),}$$

$$a(mp^2) = \lambda_p a(m) \quad \text{if } p|N \qquad \text{(cf. Shimura [8], 1.7).}$$

Consider now

$$g = \sum_{(u,N)=1} a(tu^2)q^{tu^2}.$$

It is clear that g is a non-zero element of Θ. On the other hand, g is (up to a scalar factor) the transform of f by $\prod_{p|N} L_p$, where L_p is the operator which transforms $h(z)$ into $h(z) - \lambda_p h(p^2 z)$. Since L_p can be defined by the element $1 - \lambda_p \begin{pmatrix} p & 0 \\ 0 & p^{-1} \end{pmatrix}$ of the group ring of $\widetilde{\mathbf{SL}}_2(\mathbf{Q}_p)$, this shows that g belongs to H_i, hence $H_i \cap \Theta \neq 0$. Since H_i is irreducible, this implies $H_i \subset \Theta$, q.e.d.

Yours,

P. Deligne

PS. These arguments should extend to any totally real number field.

BIBLIOGRAPHY

[1] A.O.L. ATKIN and J. LEHNER, Hecke operators on $\Gamma_0(m)$, Math. Ann. 185 (1970), p. 134-160.

[2] A.O.L. ATKIN and H.P.F. SWINNERTON-DYER, Modular forms on noncongruence subgroups, Proc. Symp. Pure Math. XIX, p. 1-25, Amer. Math. Soc., 1971.

[3] P. DELIGNE and J-P. SERRE, Formes modulaires de poids 1, Ann. Sci. E.N.S. (4) 7 (1974), p. 507-530.

[4] E. HECKE, Mathematische Werke (zw. Aufl.) Vandenhoeck und Ruprecht, Göttingen, 1970.

[5] W. LI, Newforms and Functional Equations, Math. Ann. 212 (1975), p. 285-315.

[6] H. MAASS, Konstruktion ganzer Modulformen halbzahliger Dimension mit θ-Multiplikatoren in einer und zwei Variablen, Abh. Math. Sem. Univ. Hamburg 12 (1937), p. 133-162.

[7] G. SHIMURA, Introduction to the arithmetic theory of automorphic functions, Publ. Math. Soc. Japan, 11, Princeton Univ. Press, 1971.

[8] G. SHIMURA, On modular forms of half integral weight, Ann. of Math. 97 (1973), p. 440-481.

[9] G. SHIMURA, On the trace formula for Hecke operators, Acta Math. 132 (1974), p. 245-281.

114.

Résumé des cours de 1976 – 1977

Annuaire du Collège de France (1977), 49 – 54

Le cours a exposé quelques-unes des méthodes standard en théorie analytique des nombres, et les a appliquées aux fonctions L d'Artin ainsi qu'à diverses questions concernant l'arithmétique des courbes elliptiques.

1. *Outils analytiques*

Ils ont été rappelés (avec démonstrations). Ce sont :

1.1. Le *théorème de Hadamard* sur la décomposition en produit de Weierstrass des fonctions entières d'ordre fini ; en fait, seul le cas où l'ordre est $\leqslant 1$ intervient dans la suite.

1.2. Le *théorème de Phragmen-Lindelöf*, et ses diverses variantes, sur les fonctions holomorphes dans une bande.

1.3. Les formules permettant de *calculer les coefficients* d'une série de Dirichlet

$$f(s) = \Sigma\, a_n n^{-s} \text{ (convergeant absolument pour } \mathrm{Re}(s) > \sigma) :$$

on a

$$\sum_{n \leqslant x} a_n = \frac{1}{2i\pi}\int_{c-i\infty}^{c+i\infty} f(s)x^s ds/s \qquad (x \text{ non entier, } c > \sigma)$$

et

$$\sum_{n \leqslant x} a_n (x - n) = \frac{1}{2i\pi}\int_{c-i\infty}^{c+i\infty} f(s)x^{s+1} ds/s\,(s+1).$$

Dans la suite du cours, 1.1 et 1.2 ont été surtout appliqués à des fonctions $F(s)$ possédant un *produit eulérien* et une *équation fonctionnelle,* alors que 1.3 a été appliqué à $f(s) = - F'(s)/F(s)$. On a rappelé les liens existant entre « équations fonctionnelles » et « relations modulaires » ; certains résultats, annoncés seulement comme probables, ont été démontrés peu après
1 par M.-F. Vignéras, et ont fait l'objet d'un exposé de Séminaire.

2. *Fonctions L d'Artin*

Si E est une extension galoisienne finie d'un corps de nombres K, et G le groupe de Galois de E sur K, Artin a montré comment on peut attacher à tout caractère χ de G une fonction analytique $L(s,\chi)$. On a rappelé (sans démonstrations) les principales propriétés de ces fonctions :

invariance par induction (Artin) ;

interprétation en termes de fonctions L de Hecke (relativement à des caractères de classes d'idéaux) lorsque $\deg(\chi) = 1$ (loi de réciprocité d'Artin) ;

facteurs gamma, conducteur, équation fonctionnelle (Artin) ;

méromorphie (Brauer) ;

comportement en $s = 0,\ 1$ (Artin).

Si H est un sous-groupe de G, et F le corps correspondant, on peut écrire la *fonction zêta* $\zeta_F(s)$ du corps F comme $L(s,\ r_{G/H})$, où $r_{G/H}$ désigne le caractère de la représentation de permutation de G dans G/H. Cela permet d'obtenir des *relations* entre fonctions zêta de corps différents, du moins lorsque G n'est pas cyclique. On peut se demander si le quotient $\zeta_F(s)/\zeta_K(s)$ est *holomorphe* ; c'est vrai lorsque F est galoisien sur K (Aramata-

Brauer) ou lorsque G est résoluble (Uchida - van der Waall) ; c'est vrai aussi pour une certaine extension de degré 5 de **Q**, à groupe de Galois $\mathfrak{A}_5$,
2 construite par J. Buhler ; le cas général résulterait de la *conjecture d'Artin* disant que $L(s,\chi)$ est holomorphe en dehors de $s = 1$.

3. *Zéros des fonctions L*

3.1. D'après un théorème classique de Hadamard et de la Vallée Poussin, *les fonctions* $L(s,\chi)$ *n'ont ni zéro ni pôle sur la droite* $\mathrm{Re}(s) = 1$, à l'exception de leur pôle éventuel en $s = 1$. On a donné deux démonstrations de ce résultat : la démonstration originale de Hadamard (*Œuvres*, t. I, p. 189), et celle de Mertens, basée sur l'inégalité

$$3 + 4 \cos \theta + \cos 2\theta \geqslant 0.$$

On a signalé les applications à *l'équipartition* : par exemple, pour tout $t > 0$, $\log p$ est équiréparti modulo t au sens de la densité « analytique », mais pas au sens de la densité « naturelle ». Une généralisation aux représentations des groupes compacts, due à Deligne, a été mentionnée brièvement, puis reprise dans un exposé au Groupe d'Etude de Théorie des Nombres.

Les méthodes de de la Vallée Poussin, plus explicites que celles de Hadamard, permettent d'obtenir d'autres résultats, notamment :

3.2. Il existe un voisinage *effectif* de $s = 1$, par exemple :

$$\mathrm{Re}(s) \geqslant 1 - (4 \log d_{\mathrm{E}})^{-1}, \ |\mathrm{Im}(s)| \leqslant (4 \log d_{\mathrm{E}})^{-1},$$

dans lequel la fonction $\zeta_{\mathrm{E}}(s)$ *a au plus un zéro* (d_{E} désignant la valeur absolue du discriminant du corps E). D'après un théorème de Stark, les fonctions $L(s,\chi)$ relatives aux caractères irréductibles de Gal(E/K) sont holomorphes et $\neq 0$ dans un tel voisinage, sauf peut-être pour *un* caractère χ de degré 1 à valeurs ± 1 (caractère « exceptionnel »).

3.3. On peut majorer de façon effective le *nombre de zéros* de $L(s,\chi)$ de partie imaginaire voisine d'un nombre donné. De façon plus précise, supposons que $L(s,\chi)$ soit holomorphe pour $0 < \mathrm{Re}(s) < 1$ (ce qui est le cas lorsque $\chi(1) = 1$, ou, plus généralement, lorsque χ est monomial), et notons $N_t(\chi)$ le nombre de zéros ϱ de $L(s,\chi)$, multiplicités comprises, tels que :

$$0 < \mathrm{Re}(\varrho) < 1 \quad \text{et} \quad t - 1 \leqslant \mathrm{Im}(\varrho) \leqslant t + 1.$$

On a alors :

$$N_t(\chi) + N_t(\overline{\chi}) \leqslant \frac{5}{2} \log (A(\chi)T^{n(\chi)}) + 5\delta(\chi)\left(\frac{1}{1+t^2} + \frac{2}{4+t^2}\right)$$

où $T = |t| + 2$, $\delta(\chi) = (\chi|1)$, $n(\chi) = \chi(1)\,[\mathrm{K} : \mathbf{Q}]$, et où $A(\chi)$ est le produit de $d_{\mathrm{K}}^{\chi(1)}$ par la norme du conducteur de χ. En particulier :

(3.4) $$N_t(\chi) \ll \log A(\chi) + n(\chi) \log T.$$

4. *Formules explicites*

La théorie générale de ces formules, dues à Guinand et Weil, a été exposée par G. Poitou dans le Séminaire. Le cours s'est borné au cas particulier de la fonction sommatoire $\Psi_1(x,\chi)$ définie par :

$$\Psi_1(x,\chi) = \sum_{n \leqslant x} (n - x)\,\Lambda(n,\chi), \quad \text{où} \quad \sum \Lambda(n,\chi)\, n^{-s} = -\frac{L'}{L}(s,\chi).$$

Si l'on suppose $L(s,\chi)$ holomorphe pour $0 < \mathrm{Re}(s) < 1$, on a alors :

(4.1) $$\Psi_1(x,\chi) = \delta(\chi)\frac{x^2}{2} - \sum_{\varrho} \frac{x^{\varrho+1}}{\varrho(\varrho+1)} + \text{termes élémentaires},$$

où ϱ parcourt la famille des zéros non triviaux de $L(s,\chi)$. La présence du terme quadratique $\varrho(\varrho+1)$ en dénominateur rend la série absolument convergente.

Cette formule, jointe à 3.3, permet de donner une version *effective* du théorème de densité de Čebotarev (Lagarias-Odlyzko, Durham, 1976). Le cours s'est borné au cas simple où l'on suppose que *l'hypothèse de Riemann généralisée* est vraie, autrement dit :

(GRH) — *Les fonctions $L(s,\chi)$ n'ont pas de zéro dans le demi-plan* $\mathrm{Re}(s) > 1/2$.

Soit alors C une partie non vide du groupe G, que l'on suppose invariante par conjugaison. Si x est un nombre réel $\geqslant 2$, notons $\pi_{\mathrm{C}}(x)$ le nombre des idéaux premiers de K de norme $\leqslant x$ qui sont non ramifiés dans E, et dont la substitution de Frobenius dans G appartient à C. En combinant (3.4), (4.1) et (GRH), on obtient la majoration :

(4.2) $$\left|\pi_{\mathrm{C}}(x) - \frac{|\mathrm{C}|}{|\mathrm{G}|}\mathrm{Li}(x)\right| \underset{\mathrm{GRH}}{\ll} |\mathrm{C}|\,n_{\mathrm{K}}\, x^{1/2}\left(\log x + \frac{1}{n_{\mathrm{E}}}\log d_{\mathrm{E}}\right),$$

où $|C| = \mathrm{Card}(C)$, $|G| = \mathrm{Card}(G)$, $n_K = [K : \mathbf{Q}]$, $n_E = [E : \mathbf{Q}] = |G| n_K$,

et $\mathrm{Li}(x) = \int_2^x dt/\log t$.

3 5. *Applications aux courbes elliptiques*

Soit X une courbe elliptique sans multiplications complexes, définie sur $\mathbf{Q}$, et de conducteur N ; si p est un nombre premier ne divisant pas N, notons $a_p(X)$ la trace de l'endomorphisme de Frobenius de la réduction de X modulo p, de sorte que le nombre de points de X (mod p) est $1 + p - a_p$. On sait (Hasse) que $|a_p| \leqslant 2p^{1/2}$. La répartition des a_p, lorsque p varie, pose des problèmes intéressants sur lesquels on possède un certain nombre de résultats expérimentaux et de conjectures (Lang-Trotter). Par exemple, si l'on note $P_X(x)$ le nombre des $p \leqslant x$ pour lesquels $a_p = 0$, il paraît *vraisemblable* que $P_X(x)$ est de l'ordre de grandeur de $x^{1/2}/\log x$ pour $x \to \infty$. *Démontrer* un tel résultat paraît hors d'atteinte pour l'instant. Toutefois, on peut prouver :

(5.1) $\qquad P_X(x) \leqslant c_N x^{5/6}$ $\quad$ *si* (GRH) *est vraie,*

et même

(5.2) $\quad P_X(x) \leqslant c_N x^{3/4}$ $\quad$ *si* (GRH) *et la conjecture d'Artin sont vraies.*

Le principe de la démonstration est le suivant : on choisit un nombre premier l d'un ordre de grandeur égal à $x^\alpha (\log x)^\beta$, avec α et β convenables, et l'on majore $P_X(x)$ par le nombre $P_{X,l}(x)$ des $p \leqslant x$ tels que $a_p \equiv 0 \pmod{l}$. On applique ensuite (4.2) en prenant pour E le corps des points de l-division de X, auquel cas le groupe de Galois G s'identifie à un sous-groupe de $\mathbf{GL}_2(\mathbf{F}_l)$, d'ailleurs égal à ce groupe si l est assez grand ; on prend pour C l'intersection de G avec l'ensemble des matrices de $\mathbf{GL}_2(\mathbf{F}_l)$ de trace nulle. On obtient ainsi une majoration de $P_{X,l}(x)$ en termes de $|C|$, $|G|$, x, $\log d_E$. Or $|C|$ et $|G|$ s'estiment facilement en fonction de l, donc de x. En ce qui concerne $\log d_E$, on utilise le résultat suivant, dû à Hensel:

5.3. *Si* E *est une extension galoisienne de* $\mathbf{Q}$ *ramifiée seulement en* $p_1, \ldots, p_m$, *on a :*

$$\frac{1}{n} \log d_E \leqslant \log n + \left(1 - \frac{1}{n}\right) \sum_{j=1}^{m} \log p_j, \quad \text{où} \quad n = [E : \mathbf{Q}].$$

On peut également comparer deux courbes elliptiques, et prouver :

5.4. *Supposons* (GRH) *vraie. Il existe une constante effectivement calculable C telle que, si* X *et* X′ *sont deux courbes elliptiques sur* **Q** *de conducteurs divisant N, et si*

$$a_p(\mathrm{X}) = a_p(\mathrm{X}') \quad \textit{pour tout} \quad p \leqslant C.\log^3 N, \qquad (p, N) = 1,$$

alors $a_p(\mathrm{X}) = a_p(\mathrm{X}')$ *pour tout* p.

(Dans cet énoncé, l'exposant 3 peut être remplacé par n'importe quel exposant > 2.)

Il y a des résultats analogues pour tous les « systèmes rationnels de représentations l-adiques », par exemple pour ceux liés aux formes modulaires.

Lorsqu'on ne fait plus l'hypothèse (GRH), la situation est moins satisfaisante. Par exemple, à la place de (5.1), on trouve seulement une majoration en $x/\log^c x$, avec $c > 1$. On y reviendra dans le cours de 1977-1978.

Séminaire

Marie-France Vignéras : *Facteurs gamma et équations fonctionnelles* ;

Georges Poitou : *Formules explicites.*

115.

Une «formule de masse» pour les extensions totalement ramifiées de degré donné d'un corps local

C. R. Acad. Sci. Paris **286** (1978), série A, 1031–1036

Soit K un corps complet pour une valuation discrète normalisée v_K, à corps résiduel fini k de caractéristique p, et soit K_s une clôture séparable de K. Si n est un entier $\geqq 1$, soit Σ_n l'ensemble des sous-extensions L de K_s qui sont totalement ramifiées sur K, et telles que $[L:K]=n$. Lorsque n est premier à p, on vérifie facilement que $\mathrm{Card}(\Sigma_n)=n$. Nous montrons que cette formule *reste vraie pour tout n*, à condition de compter chaque élément L de Σ_n avec un *poids* $1/q^{c(L)}$ dépendant de son discriminant.

Let K *be a local field, with finite residue field with* q *elements. Let* n *be a positive integer, and let* Σ_n *be the set of all totally ramified extensions of* K *of degree* n *contained in a given separable closure of* K. *If* L *belongs to* Σ_n, *put*

$$c(L)=d(L)-n+1,$$

where d(L) *is the valuation of the discriminant of* L/K. *Our "mass formula" is*

$$\sum_{L\in\Sigma_n} 1/q^{c(L)}=n.$$

We give two proofs: the first one uses Eisenstein polynomials, while the second one applies the Hermann Weyl integration formula to the multiplicative group of a division algebra.

1. Énoncé du résultat. — Si $L\in\Sigma_n$, on note $d(L)$ la valuation du discriminant de L sur K, et l'on pose

$$c(L)=d(L)-n+1;$$

on sait ([1]) que $c(L)$ est un entier $\geqq 0$; on a $c(L)=0$ si et seulement si n est premier à p, autrement dit si l'extension L/K est modérément ramifiée. Si $q=\mathrm{Card}(k)$, l'entier $q^{c(L)}$ est la norme de la « composante sauvage » du discriminant de L/K. La formule que nous avons en vue s'énonce :

Théorème 1. — *On a* $\sum_{L\in\Sigma_n} 1/q^{c(L)}=n$.

Remarques. — 1° Lorsque K est de caractéristique p, et que p divise n, l'ensemble Σ_n est infini, et la série de terme général $1/q^{c(L)}$ est convergente. Dans tous les autres cas, Σ_n est fini.

2° Le nombre des extensions $L\in\Sigma_n$ pour lesquelles $c(L)$ a une valeur donnée a été déterminé par M. Krasner ([2]). Le théorème 1 pourrait donc, en principe, se déduire de ses
1 résultats; en fait, il est plus commode de procéder directement, comme on le verra ci-dessous.

3° Notons S_n un ensemble de représentants des *classes d'isomorphisme* des éléments de Σ_n; si $L\in S_n$, notons $w(L)$ le nombre des K-automorphismes de L; tout élément L de S_n est isomorphe à $n/w(L)$ éléments de Σ_n. Le théorème 1 peut donc se reformuler sous la forme équivalente suivante :

Théorème 2. — *On a* $\sum_{L\in S_n} 1/w(L)q^{c(L)}=1$.

Noter la présence du facteur $w(L)$, traditionnel dans toute « formule de masse » depuis Eisenstein.

2. Exemples. — (a) *Le cas* $n\not\equiv 0 \pmod p$. — On a $c(L)=0$ pour tout n, et le théorème 1 se réduit à la formule déjà citée $\mathrm{Card}(\Sigma_n)=n$. Si $m=(q-1, n)$ est le nombre des racines n-ièmes de l'unité contenues dans K, on a $w(L)=m$ pour tout $L\in S_n$, et le théorème 2 équivaut à

$\text{Card}(S_n)=m$; en particulier, si $m=1$, S_n est réduit à un seul élément, à savoir $K(\pi^{1/n})$, où π est une uniformisante de K.

(b) *Le cas* $n=2$. – Soient U_K le groupe des unités de K, et X l'ensemble des caractères d'ordre 2 de U_K. Si $\chi \in X$, notons $f(\chi)$ l'exposant du *conducteur* de χ, i. e. le plus petit entier f tel que $\chi(u)=1$ pour tout $u \in U_K$ tel que $v_K(1-u) \geqq f$; posons $c(\chi)=f(\chi)-1$; le caractère χ se prolonge en deux caractères d'ordre 2 de K^*, qui correspondent, *via* la théorie du corps de classes, à deux éléments L_χ, L'_χ de Σ_2 tels que $c(L_\chi)=c(L'_\chi)=c(\chi)$. Les théorèmes 1 et 2 peuvent donc se récrire sous la forme

$$\sum_{\chi \in X} 1/q^{c(\chi)}=1.$$

Il est facile de vérifier directement cette formule. En effet, si l'on pose $e=v_K(2)$, le nombre des $\chi \in X$ tels que $f(\chi)=2m$ $(1 \leqq m \leqq e)$ est $(q-1)q^{m-1}$, celui des χ tels que $f(\chi)=2e+1$ est q^e, et aucune autre valeur de $f(\chi)$ n'est possible ([3]). On a donc

$$\sum_{\chi \in X} 1/q^{c(\chi)}=\sum_{1 \leqq m < e} (q-1)q^{m-1}/q^{2m-1}+q^{-e},$$
$$=\sum_{1 \leqq m < e} ((1/q^{m-1})-(1/q^m))+q^{-e}=1.$$

3. Première démonstration des théorèmes 1 et 2 : calcul du volume des polynômes d'Eisenstein. – On note A_K l'anneau des entiers de K, et $\mu_K=dx$ la mesure de Haar de K, normalisée de telle sorte que $\mu_K(A_K)=1$. Si L est une extension finie de K, on définit de même A_L et μ_L.

Soit P_n l'ensemble des polynômes unitaires de degré n :

$$f=X^n+a_1X^{n-1}+\ldots+a_n \qquad (a_i \in K),$$

qui sont des *polynômes d'Eisenstein*, i. e. qui sont tels que

(1) $$v_K(a_i) \geqq 1 \quad \text{pour} \quad 1 \leqq i \leqq n \quad \text{et} \quad v_K(a_n)=1.$$

On identifie P_n à un sous-espace ouvert compact de K^n par $f \mapsto (a_1, \ldots, a_n)$, et on le munit de la mesure $\mu=da_1\ldots da_n$. Les conditions (1) montrent que le volume de P_n est

(2) $$\mu(P_n)=q^{-n}(1-q^{-1}).$$

Soit P'_n la partie ouverte de P_n formée des polynômes $f \in P_n$ dont le discriminant est $\neq 0$. On a

(3) $$\mu(P'_n)=\mu(P_n).$$

Si $L \in S_n$, soit P_n^L l'ensemble des $f \in P'_n$ tels que le corps $K_f=K[X]/(f)$ soit isomorphe à L. C'est une partie ouverte compacte de P'_n (lemme de Krasner), et P'_n est réunion disjointe des P_n^L pour $L \in S_n$. Compte tenu de (2) et (3), on a

(4) $$q^{-n}(1-q^{-1})=\mu(P'_n)=\sum_{L \in S_n} \mu(P_n^L),$$

et tout revient à calculer $\mu(P_n^L)$.

Pour cela, choisissons une base $(e_1, \ldots, e_n)$ de A_L sur A_K; tout élément x de L s'écrit de façon unique sous la forme $x=b_1e_1+\ldots+b_ne_n$ et la mesure de Haar μ_L de L s'identifie à $db_1\ldots db_n$. Si Π_L désigne l'ensemble des uniformisantes de L, on a

(5) $$\mu_L(\Pi_L)=q^{-1}(1-q^{-1}).$$

Si $x \in \Pi_L$, notons f_x le polynôme

(6) $$f_x(X) = N_{L/K}(X+x) = \sum_{i=1}^{n} (X + \sigma_i(x)),$$

où $\sigma_1, \ldots, \sigma_n$ sont les différents plongements de L dans K_s. On a $f_x \in P_n^L$. L'application

(7) $$\varphi_L : \quad \Pi_L \to P_n^L$$

définie par $x \mapsto f_x$ est K-analytique ([4]) (et même polynomiale).

Lemme 1. — *L'application φ_L est un revêtement étale, fini, surjectif, de degré $w(L)$.*

La surjectivité de φ_L est évidente. Si $x_1, x_2 \in \Pi_L$, on a $\varphi_L(x_1) = \varphi_L(x_2)$ si et seulement si x_1 et x_2 sont conjugués; cela montre que les fibres de φ_L ont $w(L)$ éléments. Enfin, le fait que φ_L soit étale résulte du calcul du jacobien de φ_L par rapport aux coordonnées $(b_1, \ldots, b_n)$ de Π_L et $(a_1, \ldots, a_n)$ de P_n^L :

Lemme 2. — *Si $x \in \Pi_L$, on a*

$$\operatorname{Jac} \varphi_L(x) = \det(\sigma_i(e_j)) \cdot \prod_{i<j} (\sigma_i(x) - \sigma_j(x)).$$

L'application φ_L associe à $(b_1, \ldots, b_n)$ les fonctions symétriques élémentaires

$$a_1(f_x) = \sigma_1(x) + \ldots + \sigma_n(x), \qquad \ldots, \qquad a_n(f_x) = \sigma_1(x) \ldots \sigma_n(x),$$

des conjugués $\sigma_i(x) = \sum_j b_j \sigma_i(e_j)$ de $x = \sum_j b_j e_j$. Le jacobien de la transformation linéaire $(b_1, \ldots, b_n) \mapsto (\sigma_1(x), \ldots, \sigma_n(x))$ est égal à $\det(\sigma_i(e_j))$. On en conclut que

(8) $$\operatorname{Jac} \varphi_L(x) = \det(\sigma_i(e_j)) \cdot \operatorname{Jac} \Phi_n(\sigma_1(x), \ldots, \sigma_n(x)),$$

où $\operatorname{Jac} \Phi_n$ est le jacobien de l'application

(9) $$\Phi_n : \quad (X_1, \ldots, X_n) \mapsto (X_1 + \ldots + X_n, \ldots, X_1 \ldots X_n).$$

Or, il est facile de vérifier ([5]) que

(10) $$\operatorname{Jac} \Phi_n(X_1, \ldots, X_n) = \prod_{i<j} (X_i - X_j);$$

le lemme 2 en résulte.

On sait d'autre part ([1]) que le carré de chacun des éléments $\det(\sigma_i(e_j))$ et $\prod_{i<j} (\sigma_i(x) - \sigma_j(x))$ appartient à K, et engendre le discriminant de l'extension L/K. On déduit donc du lemme 2 :

(11) $$v_K(\operatorname{Jac} \varphi_L(x)) = d(L) \quad \text{pour tout} \quad x \in \Pi_L.$$

Compte tenu de la formule de changement de variables dans les intégrales multiples ([4]), on obtient :

Lemme 3. — *Si θ est une fonction intégrable sur P_n^L pour la mesure μ, la fonction $\theta \circ \varphi_L$ est intégrable sur Π_L pour la mesure μ_L, et l'on a*

(12) $$\int_{P_n^L} \theta(f) \mu(f) = \frac{1}{w(L) q^{d(L)}} \int_{\Pi_L} \theta \circ \varphi_L(x) \mu_L(x).$$

Pour $\theta=1$, cette formule donne

(13) $$\mu(P_n^L)=\mu_L(\Pi_L)/w(L)\,q^{d(L)}=q^{-1-d(L)}(1-q^{-1})/w(L),$$

d'après (5). En portant dans (4), on obtient, après simplification par $q^{-n}(1-q^{-1})$:

(14) $$1=\sum_{L\in S_n} 1/w(L)\,q^{d(L)-n+1},$$

ce qui démontre le théorème 2 (et donc aussi le théorème 1).

4. Complément : nombre des éléments de Σ_n de discriminant donné. — Soit c un entier $\geqq 0$. Notons $N_{n,c}$ le nombre des $L\in\Sigma_n$ tels que $c(L)=c$, et $P_{n,c}$ la réunion des P_n^L correspondants. La formule (13) entraîne

(15) $$\mu(P_{n,c})=q^{-n-c}(1-q^{-1})\sum_{\substack{L\in S_n\\ c(L)=c}} 1/w(L)=q^{-n-c}(1-q^{-1})N_{n,c}/n,$$

d'où

(16) $$N_{n,c}=nq^{n+c}\mu(P_{n,c})/(1-q^{-1}),$$

ce qui ramène le calcul de $N_{n,c}$ à celui du volume de $P_{n,c}$. Or un polynôme $f=\sum_{0\leqq i\leqq n} a_i X^{n-i}$ ($a_0=1$, $a_i\in K$) appartient à $P_{n,c}$ si et seulement si les a_i satisfont à (1) ainsi qu'à

(17) $$\operatorname*{Inf}_{0\leqq i\leqq n-1}\{-i+nv_K((n-i)a_i)\}=c.$$

On en déduit tout d'abord que $P_{n,c}$ est non vide si et seulement si c satisfait aux conditions de Hensel et Ore ([2]) :

(18) $$v_K(l)\leqq c/n\leqq v_K(n),$$

où l est l'entier compris entre 1 et n tel que $c\equiv l \pmod n$. Si tel est le cas, les conditions (1) et (17) peuvent se récrire en termes des $v_K(a_i)$, $1\leqq i\leqq n$, sous la forme

$$\begin{cases} v_K(a_n)=1, & \\ v_K(a_i)\geqq 1+\operatorname{Sup}\{0,[(c+i)/n]-v_K(n-i)\} & \text{si } i\neq n,\ n-l,\\ v_K(a_i)=1+(c-l)/n-v_K(l) & \text{si } i=n-l\ (l\neq n).\end{cases}$$

On a donc

$$\mu(P_{n,c})=(1-q^{-1})\alpha(c)\,q^{-n-\beta(c)},$$

où

$$\alpha(c)=\begin{cases}1 & \text{si } l=n, \text{ i.e. si } c=nv_K(n),\\ q-1 & \text{si } l\neq n, \text{ i.e. si } c\not\equiv 0 \pmod n,\end{cases}$$

$$\beta(c)=\sum_{1\leqq i\leqq n-1}\operatorname{Sup}\{0,[(c+i)/n]-v_K(n-i)\}.$$

Compte tenu de (16), cela donne

(19) $$N_{n,c}=n\,\alpha(c)\,q^{c-\beta(c)}.$$

On obtient ainsi un *procédé de calcul de* $N_{n,c}$ voisin de celui de Krasner ([2]).

5. Deuxième démonstration des théorèmes 1 et 2 : utilisation de la formule d'intégration de Hermann Weyl. — Soit D un corps gauche de centre K tel que $[D : K]=n^2$, et soit $G=D^*$ le groupe multiplicatif de D. On sait (6) que v_K se prolonge en une valuation discrète $v_D : G \to (1/n)\mathbf{Z}$. Le noyau de v_D est le groupe U_D des unités de D; c'est un sous-groupe ouvert compact de G; nous normaliserons la mesure de Haar μ_G de G de telle sorte que $\mu_G(U_D)=1$. L'ensemble $\Pi_D=v_D^{-1}(1/n)$ des uniformisantes de D est un translaté de U_D; on a donc

$$\mu_G(\Pi_D)=1. \tag{20}$$

Si $L \in S_n$, choisissons un plongement (6) de L dans D. Cela identifie L^* à un *sous-groupe de Cartan* $T=T(L)$ de G; si N est le normalisateur de T dans G, on a $(N : T)=w(L)$. Nous munirons T de la mesure de Haar μ_T telle que $\mu_T(U_L)=1$, où $U_L=T \cap U_D$ désigne le groupe des unités de L. Si $\mu_{G/T}$ désigne la mesure μ_G/μ_T sur G/T, on a $\mu_{G/T}(G/T)=1$ du fait que $G/T=U_D/U_L$. Soit θ une fonction continue à support compact sur $G_T=\bigcup_{g\in G} gTg^{-1}$. La formule d'intégration de H. Weyl (7) montre que

$$\int_{G_T} \theta(g)\,\mu_G(g)=\frac{1}{(N : T)}\int_T |D(t)|\,\mu_T(t)\int_{G/T}\theta(utu^{-1})\,\mu_{G/T}(u), \tag{21}$$

où

$$D(t)=\prod_{i\neq j}(\sigma_i(t)/\sigma_j(t)-1) \quad \text{et} \quad |D(t)|=q^{-v_K(D(t))}.$$

Supposons maintenant que θ soit une *fonction centrale à support dans* $\Pi_D^L=\Pi_D \cap G_{T(L)}$. Comme $|D(t)|=q^{-c(L)}$ pour tout $t\in\Pi_L=\Pi_D\cap T(L)$, on peut récrire (21) sous la forme

$$\int_{\Pi_D^L}\theta(g)\,\mu_G(g)=\frac{1}{w(L)\,q^{c(L)}}\int_{\Pi_L}\theta(t)\,\mu_{T(L)}(t). \tag{22}$$

En prenant pour θ la fonction caractéristique de Π_D^L, on obtient :

$$\mu_G(\Pi_D^L)=\mu_{T(L)}(\Pi_L)/q^{c(L)}w(L)=1/q^{c(L)}w(L), \tag{23}$$

puisque $\mu_{T(L)}(\Pi_L)=1$.

Lorsque L parcourt S_n, les Π_D^L sont deux à deux disjoints, et leur réunion est l'ensemble Π'_D des éléments réguliers (7) de Π_D. On a $\mu_G(\Pi'_D)=\mu_G(\Pi_D)=1$ d'après (20). On en déduit :

$$1=\mu_G(\Pi'_D)=\sum_{L\in S_n}\mu_G(\Pi_D^L)=\sum_{L\in S_n}1/q^{c(L)}w(L), \tag{24}$$

ce qui fournit une autre démonstration des théorèmes 1 et 2.

(*) Séance du 20 mars 1978.

(1) *Voir* par exemple *Corps Locaux*, Hermann, Paris, 1962, chap. II.

(2) Cf. *Comptes rendus*, 254, 1962, p. 3470; 255, 1962, p. 224, 1682, 2342 et 3095; *voir* aussi *Les tendances géométriques en algèbre et théorie des nombres* (*Colloque C.N.R.S.*, 143, 1966, p. 143-169).

(3) *Cf.* J. B. Tunnell, *On the Local Langlands Conjecture for* GL(2), Lemma 4.3 [*Invent. Math.* (à paraître)].

([4]) Pour tout ce qui concerne les variétés K-analytiques et les intégrales sur ces variétés, *voir* N. BOURBAKI, *Variétés différentielles et analytiques* (Fasc. Rés.), Hermann, Paris, 1971.

([5]) Le polynôme $\mathrm{Jac}\,\Phi_n(X_1, \ldots, X_n)$ est homogène de degré $n(n-1)/2$ et divisible par chacun des $X_i - X_j\ (i \neq j)$. Il est donc de la forme $\lambda_n \prod_{i<j} (X_i - X_j)$, avec $\lambda_n \in \mathbf{Z}$. Pour prouver que $\lambda_n = 1$, on peut, par exemple, raisonner par récurrence sur n, et utiliser la formule

$$\mathrm{Jac}\,\Phi_n(X_1, \ldots, X_{n-1}, 0) = X_1 \ldots X_{n-1}\,\mathrm{Jac}\,\Phi_{n-1}(X_1, \ldots, X_{n-1}).$$

([6]) Cf. *Corps Locaux*, chap. XII ou A. WEIL, *Basic Number Theory*, chap. X, XII.

([7]) *Cf.* HARISH-CHANDRA, *Lect. Notes in Math.*, n° 162, 1970, p. 86, lemma 42.

Institute for Advanced Study, Princeton, N.J. 08540, *U.S.A.*
et *Collège de France*, 75231 *Paris Cedex* 05.

116.

Sur le résidu de la fonction zêta p-adique d'un corps de nombres

C. R. Acad. Sci. Paris **287** (1978), série A, 183–188

Soient K un corps de nombres totalement réel, et p un nombre premier. Utilisant des résultats de Deligne-Ribet, nous établissons une relation de divisibilité entre le résidu en $s=1$ de la fonction zêta p-adique de K et le régulateur p-adique R_p de K. En particulier, si $R_p=0$ (i. e. si la conjecture de Leopoldt est fausse pour K), la fonction zêta p-adique de K est holomorphe, et les valeurs de la fonction zêta (usuelle) de K aux entiers négatifs sont p-entières.

Let K *be a totally real number field, and p a prime number. By using results of Deligne-Ribet, we prove that the residue at* $s=1$ *of the p-adic zeta function of* K *is a* $\mathbf{Z}_p$*-multiple of its conjectural value (defined in terms of the p-adic regulator, the class number, etc.). As a corollary, if Leopoldt's conjecture is false for* K, *then the p-adic zeta function of* K *is holomorphic, and all the values of the (ordinary) zeta function of* K *at negative integers are p-integral.*

1. Préliminaires : mesures et pseudo-mesures p-adiques.

1.1. *Mesures p-adiques.* – Soient G un groupe profini commutatif et Ω l'ensemble des sous-groupes ouverts de G. On pose $\Lambda_G = \varprojlim \mathbf{Z}_p[G/H]$, où H parcourt Ω, et $\mathbf{Z}_p[G/H]$ est l'algèbre du groupe fini G/H sur l'anneau $\mathbf{Z}_p$. C'est une $\mathbf{Z}_p$-algèbre compacte qui contient $\mathbf{Z}_p[G]$ comme sous-algèbre dense. D'après Mazur, un élément λ de Λ_G est appelé une $\mathbf{Z}_p$-*mesure*, ou une *mesure p-adique*, sur G. Si $\mathbf{C}_p$ désigne le complété d'une clôture algébrique de $\mathbf{Q}_p$, et si $f : G \to \mathbf{C}_p$ est continue, *l'intégrale* $\langle f, \lambda \rangle$ *de* f *par rapport à* λ se définit par passage à la limite à partir du cas où f est localement constante. Dans ce dernier cas, si $H \in \Omega$ est tel que f soit constante modulo H, et si l'image de λ dans $\mathbf{Z}_p[G/H]$ est $\sum_{s \in G/H} \lambda(s)s$, on a $\langle f, \lambda \rangle = \sum_{s \in G/H} f(s)\lambda(s)$.

Le *produit* dans Λ_G correspond à la *convolution* des mesures. Si $g \in G$, l'élément correspondant de Λ_G est la *mesure de Dirac* en g : on a $\langle f, g \rangle = f(g)$. Si $\lambda \in \Lambda_G$, le produit $g\lambda$ est le *translaté* de λ par g.

1.2. *Caractères.* – Soit X_G le groupe des caractères continus $G \to \mathbf{C}_p^*$, muni de la topologie de la convergence uniforme. Si $\psi \in X_G$, l'application $g \mapsto \psi(g)$ se prolonge en un homomorphisme d'algèbres topologiques $\tilde{\psi} : \Lambda_G \to \mathbf{C}_p$. On a

$$(1.3) \quad \tilde{\psi}(\lambda) = \langle \psi, \lambda \rangle,$$

$$(1.4) \quad \langle \psi, \lambda\lambda' \rangle = \langle \psi, \lambda \rangle \langle \psi, \lambda' \rangle \quad \text{et} \quad \langle \psi, g\lambda \rangle = \psi(g) \langle \psi, \lambda \rangle$$

si $\lambda, \lambda' \in \Lambda_G$ et $g \in G$. Pour λ fixé, la fonction $\psi \mapsto \langle \psi, \lambda \rangle$ est une fonction continue sur X_G, à valeur dans l'anneau des entiers de $\mathbf{C}_p$.

1.5. *Mesures invariantes par translations.* – Soit G_p le p-groupe de Sylow de G. Supposons d'abord que G_p soit *fini*. Notons α_G la *mesure de Haar* de G, normalisée de telle sorte que sa masse totale soit l'ordre $|G_p|$ de G_p. On a $\alpha_G \in \Lambda_G$ et $g\alpha_G = \alpha_G$ pour tout $g \in G$; tout élément de Λ_G invariant par translations est un $\mathbf{Z}_p$-multiple de α_G. Si $\psi \in X_G$, on a

$$(1.6) \quad \langle \psi, \alpha_G \rangle = \begin{cases} |G_p| & \text{si} \quad \psi = 1, \\ 0 & \text{si} \quad \psi \neq 1. \end{cases}$$

Lorsque $|G_p| = \infty$, aucun élément $\neq 0$ de Λ_G n'est invariant par translations.

1.7. *Décompositions de* G *et de* Λ_G. – On suppose dorénavant que G *a un quotient* $\Gamma = G/A$ *isomorphe au groupe* $\mathbf{Z}_p$. On peut alors *relever* Γ dans G, de telle sorte que $G = A \times \Gamma$. Fixons une telle décomposition, ainsi qu'un *générateur topologique* γ de Γ. Soit Λ_A l'anneau des $\mathbf{Z}_p$-mesures sur A, et soit $\Lambda_A[[T]]$ l'algèbre des séries formelles sur Λ_A en une indéterminée T, munie de la topologie de la convergence simple des coefficients. Il existe un *isomorphisme* d'algèbres topologiques $\Lambda_A[[T]] \to \Lambda_G$ qui transforme T en $\gamma - 1$ et prolonge l'inclusion canonique $\Lambda_A \to \Lambda_G$; cela est bien connu lorsque $A = 1$, $\Lambda_A = \mathbf{Z}_p$, et se démontre sans difficulté dans le cas général. Cet isomorphisme est unique. Nous l'utiliserons pour *identifier* Λ_G *à* $\Lambda_A[[T]]$. Tout élément λ de Λ_G s'écrit donc :

(1.8) $\lambda = \sum a_n T^n$ avec $a_n \in \Lambda_A$ $(n \geqq 0)$, $T = \gamma - 1$.

Si $\psi \in X_G$, on a

(1.9) $\langle \psi, \lambda \rangle = \sum \langle \psi \mid A, a_n \rangle \, t(\psi)^n$ où $t(\psi) = \psi(\gamma) - 1$.

1.10. *Pseudo-mesures.* – Soit Λ'_G l'anneau total des fractions de Λ_G, i.e. l'ensemble des quotients α/β, avec α, $\beta \in \Lambda_G$ et β non diviseur de zéro. Nous dirons qu'un élément λ de Λ'_G est une *pseudo-mesure* (*p*-adique) *sur* G si $(1-g)\lambda$ appartient à Λ_G pour tout $g \in G$. L'ensemble des pseudo-mesures sur G sera noté $\tilde{\Lambda}_G$; on a $\Lambda_G \subset \tilde{\Lambda}_G \subset \Lambda'_G$.

1.11. *Intégration par rapport à une pseudo-mesure.* – Soit $\lambda \in \tilde{\Lambda}_G$. Si $\psi \in X_G$, $\psi \neq 1$, *l'intégrale* $\langle \psi, \lambda \rangle$ *de* ψ *par rapport à* λ est définie par :

(1.12) $\langle \psi, \lambda \rangle = \langle \psi, (1-g)\lambda \rangle / (1 - \psi(g))$,

où $g \in G$ est choisi tel que $\psi(g) \neq 1$; l'expression $\langle \psi, (1-g)\lambda \rangle$ a un sens puisque $(1-g)\lambda \in \Lambda_G$, et son quotient par $1 - \psi(g)$ ne dépend pas de g. La fonction $\psi \mapsto \langle \psi, \lambda \rangle$ est continue sur $X_G - \{1\}$.

Plus généralement, soit $f = \sum c_i \psi_i$ une combinaison linéaire de caractères $\psi_i \neq 1$. On pose

(1.13) $\langle f, \lambda \rangle = \sum c_i \langle \psi_i, \lambda \rangle$.

Vu l'indépendance linéaire des caractères, cela définit $\langle f, \lambda \rangle$ sans ambiguïté; lorsque $\lambda \in \Lambda_G$, on retrouve l'intégrale de 1.1. Ceci s'applique notamment à une fonction f de la forme $\varepsilon\psi$, où ε est *localement constante*, et où ψ est un *caractère d'ordre infini*. En effet, ε est combinaison linéaire de caractères θ_i d'ordre fini, et f est combinaison linéaire des caractères $\psi_i = \theta_i \psi$, qui sont $\neq 1$.

1.14. *Structure de* $\tilde{\Lambda}_G$. – Soit $\lambda \in \tilde{\Lambda}_G$. Puisque $T = \gamma - 1$ (*cf.* 1.8), on a $T\lambda \in \Lambda_G = \Lambda_A[[T]]$, et comme T est non diviseur de zéro, on peut écrire λ sous la forme

$$\lambda = \sum_{i=-1}^{\infty} a_i T^i = a_{-1} T^{-1} + \mu \quad \text{avec} \quad a_i \in \Lambda_A, \quad \mu \in \Lambda_G.$$

Si $a \in A$, on a $(1-a)\lambda \in \Lambda_A[[T]]$, d'où $(1-a)a_{-1}T^{-1} \in \Lambda_A[[T]]$, ce qui entraîne $(1-a)a_{-1} = 0$. La mesure a_{-1} est donc *invariante par translations* sur A; d'après 1.5, c'est 0 si le *p*-groupe de Sylow A_p de A est infini, et c'est un $\mathbf{Z}_p$-multiple de la mesure de Haar α_A sinon. D'où :

THÉORÈME 1.15. – (i) *Si* $|A_p| = \infty$, *on a* $\tilde{\Lambda}_G = \Lambda_G$;
(ii) *Si* $|A_p| < \infty$, *on a* $\tilde{\Lambda}_G = \mathbf{Z}_p \eta_G \oplus \Lambda_G$, *où* $\eta_G = \alpha_A T^{-1}$.

Dans le cas (i), toute pseudo-mesure est une mesure. Dans le cas (ii), toute pseudo-mesure λ s'écrit de façon unique :

(1.16) $\lambda = c(\lambda)\eta_G + \mu$ avec $c(\lambda) \in \mathbf{Z}_p$, $\mu \in \Lambda_G$ et $\eta_G = \alpha_A T^{-1}$.

Si $\psi \in X_G$, $\psi \neq 1$, on a

(1.17) $$\langle \psi, \lambda \rangle = \begin{cases} \langle \psi, \mu \rangle & \text{si } \psi | A \neq 1, \\ c(\lambda) | A_p | / t(\psi) + \langle \psi, \mu \rangle & \text{si } \psi | A = 1, \end{cases}$$

où $t(\psi) = \psi(\gamma) - 1$, (*cf.* 1.9). Si $c(\lambda) \neq 0$, la fonction $\psi \mapsto \langle \psi, \lambda \rangle$ ne peut pas se prolonger par continuité au caractère $\psi = 1$; elle a un « pôle simple » en ce point. [Noter que $c(\lambda)$ dépend du choix de γ, mais pas de celui de la décomposition $G = A \times \Gamma$; lorsqu'on change γ en γ^r, avec $r \in \mathbf{Z}_p^*$, $c(\lambda)$ est multiplié par r.]

2. Préliminaires : corps de nombres et groupes de Galois.

2.1. *Notations.* — Soient K un corps de nombres totalement réel, de clôture algébrique $\overline{K}$. On note d le *degré* de K, h son *nombre de classes*, Δ son *discriminant*, et R_p son *régulateur p-adique*. On fixe un ensemble fini S de places de K. On note K_S la plus grande sous-extension de $\overline{K}$ qui soit abélienne sur K et non ramifiée en dehors de S. Le *groupe de Galois* G_S *de* K_S *sur* K est un groupe profini commutatif. Si $\mathfrak{a}$ est un idéal de K premier à S, on note $g_{\mathfrak{a}}$ l'élément de G_S qui lui correspond par la loi de réciprocité d'Artin. Les $g_{\mathfrak{a}}$ sont denses dans G_S.

Soit S_∞ l'ensemble des plongements de K dans **R**. Si $v \in S_\infty$, on note c_v l'élément de G_S induit par la conjugaison complexe dans un plongement $K_S \to \mathbf{C}$ induisant v. On a $(c_v)^2 = 1$. Un caractère ψ de G_S est dit *pair* si $\psi(c_v) = 1$ pour tout $v \in S_\infty$.

2.2. *Le caractère* χ. — Supposons que S *contienne l'ensemble* S_p *des places de* K *divisant p*. Le corps K_S contient alors le groupe $\mu(p^\infty)$ des racines de l'unité d'ordre une puissance de p. L'action de G_S sur $\mu(p^\infty)$ est donnée par un caractère $\chi : G_S \to \mathbf{Z}_p^*$. On a :

(2.3) $\chi(g_{\mathfrak{a}}) = N\mathfrak{a}$ si $\mathfrak{a}$ est un idéal de K premier à S

(2.4) $\chi(c_v) = -1$ si $v \in S_\infty$.

Tout élément x de $\mathbf{Z}_p^*$ s'écrit de façon unique $x = \omega(x) \langle x \rangle$, avec :

(2.5) $$\begin{cases} \omega(x)^{p-1} = 1, & \langle x \rangle \equiv 1 \pmod{p} \text{ si } p \neq 2, \\ \omega(x) = \pm 1, & \langle x \rangle \equiv 1 \pmod{4} \text{ si } p = 2. \end{cases}$$

En composant χ avec $x \mapsto \omega(x)$ et $x \mapsto \langle x \rangle$, on obtient deux caractères de G_S, que nous noterons $\omega(\chi)$ et $\langle \chi \rangle$. Leur produit est égal à χ.

2.6. *Décomposition de* G_S. — L'image du caractère $\langle \chi \rangle$ est de la forme :

(2.7) $\operatorname{Im} \langle \chi \rangle = 1 + p^e \mathbf{Z}_p$ avec $e \geqq 1$ (et même $e \geqq 2$ si $p = 2$).

Ce groupe est isomorphe à $\mathbf{Z}_p$; il est topologiquement engendré par $u = 1 + ap^e$, avec $a \in \mathbf{Z}_p^*$. Soit γ un élément du p-groupe de Sylow de G_S tel que $\langle \chi \rangle(\gamma) = u$, et soit Γ l'adhérence du sous-groupe de G_S engendré par γ. Si $A = \operatorname{Ker} \langle \chi \rangle$, on a $G_S = A \times \Gamma$, et Γ est isomorphe à $\mathbf{Z}_p$: le groupe $G = G_S$ satisfait aux hypothèses de 1.7. Nous aurons besoin de *l'ordre* $|A_p|$ du p-groupe de Sylow de A. Pour cela, posons [1] :

(2.8) $$\rho_{S,p} = 2^{d-1} h R_p \Delta^{-1/2} \prod_{\mathfrak{p} \in S} (1 - N\mathfrak{p}^{-1}),$$

et convenons d'écrire $u \sim_p v$ si u et v ont même valuation p-adique, i.e. si u/v est une unité p-adique.

LEMME 2.9. – *Pour que* $|A_p|$ *soit fini, il faut et il suffit que* R_p *soit* $\neq 0$, *et l'on a alors* $|A_p| \sim_p p^e \rho_{S,p}$.

Ce lemme se démontre par un calcul standard [2], basé sur la suite exacte

$$(2.10) \quad 1 \to \overline{E} \to \{\pm 1\}^d \times \prod_{\mathfrak{p} \in S} U_{\mathfrak{p}} \to G_S \to C \to 1,$$

où E (resp. C) est le groupe des unités (resp. des classes d'idéaux) de K, $U_{\mathfrak{p}}$ le groupe des unités du complété de K en $\mathfrak{p}$, et $\overline{E}$ l'adhérence de E dans $\{\pm 1\}^d \times \prod_{\mathfrak{p} \in S} U_{\mathfrak{p}}$.

3. FONCTIONS ZÊTA ET FONCTIONS L p-ADIQUES.

3.1. *Fonctions zêta partielles.* – Soit U une partie ouverte et fermée de G_S. La *fonction zêta partielle* de K relativement à U est définie par :

$$\zeta_S(U, s) = \sum_{g_{\mathfrak{a}} \in U} N\mathfrak{a}^{-s}, \qquad \mathrm{Re}(s) > 1,$$

où la sommation porte sur les idéaux entiers $\mathfrak{a}$ de K, premiers à S, et tels que $g_{\mathfrak{a}} \in U$ (*cf.* 2.1). Lorsque $U = G_S$, cette fonction est notée $\zeta_S(K, s)$; c'est la *fonction zêta* de K, débarrassée des facteurs locaux relatifs à S.

3.2. *Valeurs des fonctions zêta aux entiers négatifs.* – D'après Hecke, $\zeta_S(U, s)$ se prolonge en une fonction méromorphe sur **C**, avec pour seul pôle le point $s = 1$ (si $U \neq \emptyset$). Pour tout entier $n \geqq 1$, $\zeta_S(U, 1-n)$ est un *nombre rationnel* [3], qui dépend de façon additive de U. Ceci permet de *définir* $\zeta_S(\varepsilon, 1-n)$ pour toute application localement constante ε de G_S dans un **Q**-espace vectoriel V : si (U_i) est une partition finie de G_S en ouverts et fermés sur lesquels ε est constante et égale à v_i, on pose

$$(3.3) \quad \zeta_S(\varepsilon, 1-n) = \sum \zeta_S(U_i, 1-n)\, v_i\,;$$

c'est un élément de V qui ne dépend pas du choix de la partition (U_i).

3.4. *Le théorème de Deligne-Ribet.* – On suppose à partir de maintenant que S *contient* S_p (*cf.* 2.2).

THÉORÈME 3.5. – *Il existe une pseudo-mesure p-adique* λ *sur* G_S, *et une seule, telle que*

$$\zeta_S(\varepsilon, 1-n) = \langle \varepsilon\chi^n, \lambda \rangle$$

pour tout entier $n \geqq 1$, *et toute application localement constante* ε *de* G_S *dans* $\mathbf{C}_p$.

[Le symbole $\langle \varepsilon\chi^n, \lambda \rangle$ a un sens du fait que χ^n est un caractère d'ordre infini (*cf.* 1.11).]

1 Au langage près, ce théorème est dû à Deligne-Ribet [4]. On peut le déduire directement des hypothèses (H_n) et C(p) de Coates [*cf.* [2]], démontrées dans [4] :

Si $g \in G_S$ et $n \geqq 1$, l'hypothèse (H_{n-1}) entraîne l'existence et l'unicité d'une $\mathbf{Z}_p$-mesure $\lambda_{g,n}$ sur G_S telle que, pour toute ε localement constante, on ait

$$(3.6) \quad \langle \varepsilon\chi^n, \lambda_{g,n} \rangle = \zeta_S(\varepsilon, 1-n) - \chi(g)^n \zeta_S(\varepsilon_g, 1-n),$$

où ε_g désigne la fonction $x \mapsto \varepsilon(gx)$. On a $(1-g)\lambda_{g',n} = (1-g')\lambda_{g,n}$ si $g, g' \in G_S$, d'où le fait que $\lambda_{g,n}$ est de la forme $(1-g)\lambda_n$ avec $\lambda_n \in \tilde{\Lambda}_{G_S}$. L'hypothèse C ($p$) entraîne que λ_n est indépendante de n; c'est la pseudo-mesure λ cherchée.

3.7. *La fonction* $\mathcal{L}_S$. – Si ψ est un caractère $\neq 1$ de G_S, à valeurs dans $\mathbf{C}_p^*$, nous poserons

(3.8) $\mathcal{L}_S(\psi) = \langle \psi, \lambda \rangle$ (*cf.* 1.11),

où λ est la pseudo-mesure du théorème 3.5. Si ε est un caractère d'ordre fini, et n un entier $\geqq 1$, on a par définition

(3.9) $\mathcal{L}_S(\varepsilon\chi^n) = \zeta_S(\varepsilon, 1-n)$.

La connaissance de la fonction $\mathcal{L}_S : X_{G_S} - \{1\} \to \mathbf{C}_p$ est équivalente à celle des diverses « fonctions L p-adiques » du corps K; la situation est analogue à celle du cas archimédien (thèse de Tate). Par exemple, la *fonction zêta p-adique* de K est :

(3.10) $\zeta_{S,p}(K, s) = \mathcal{L}_S(\langle \chi \rangle^{1-s})$ $(s \in \mathbf{Z}_p,\ s \neq 1)$.

Si n est entier $\geqq 1$, on a

$$\begin{aligned} \zeta_{S,p}(K, 1-n) &= \mathcal{L}_S(\omega(\chi)^{-n}\chi^n) = \zeta_S(\omega(\chi)^{-n}, 1-n) \\ &= \zeta_S(K, 1-n) \quad \text{si } n \text{ est divisible par l'ordre de } \omega(\chi). \end{aligned}$$

3.11. *Dépendance de* S. – Si $S \subset T$, G_S est quotient de G_T et tout caractère ψ de G_S s'identifie à un caractère de G_T. On a

$$\mathcal{L}_T(\psi) = \mathcal{L}_S(\psi) \prod_{\mathfrak{p} \in T-S} (1 - \psi(g_{\mathfrak{p}})\,N\mathfrak{p}^{-1}) \quad \text{si} \quad \psi \neq 1.$$

3.12. *Parité.* – On a $c_v\lambda = \lambda$ pour tout $v \in S_\infty$, d'où $\mathcal{L}_S(\psi) = 0$ si ψ n'est pas pair (2.1). Par contre, si $\varepsilon \in X_{G_S}$ est *pair d'ordre fini* $\neq 1$, il est probable[5] que $\mathcal{L}_S(\varepsilon)$ est $\neq 0$; il serait intéressant de calculer ce nombre explicitement; on peut penser que c'est le produit
2 d'un « ε-régulateur p-adique » (à la Stark) par un nombre algébrique essentiellement indépendant de p.

3.13. *Résidu de* $\zeta_{S,p}(K, s)$ *en* $s = 1$.

Théorème 3.14. – *Les propriétés suivantes sont équivalentes :*

(i) *La fonction* $\zeta_{S,p}(K, s)$ *a un pôle en* $s = 1$;

(ii) *La pseudo-mesure* λ *n'est pas une mesure;*

(iii) *On a* $R_p \neq 0$ *et* $c(\lambda) \neq 0$;

(iv) *Les valeurs* $\zeta_S(U, 1-n)$ *des fonctions zêta partielles de* K *aux entiers* $\leqq 0$ *ne sont pas toutes p-entières.*

Si ces propriétés sont vraies, le résidu en $s = 1$ *de* $\zeta_{S,p}(K, s)$ *est :*

(3.15) $\operatorname{Res}_{s=1} \zeta_{S,p}(K, s) = -c(\lambda)\,|A_p|/\log_p u \sim_p c(\lambda)\,\rho_{S,p}$;

c'est un $\mathbf{Z}_p$*-multiple de* $\rho_{S,p}$.

Pour les définitions de $\zeta_{S,p}$, λ, $c(\lambda)$, R_p, $\zeta_S(U, 1-n)$, A_p, u, $\rho_{S,p}$, $\sim_p$, *voir* 3.10, 3.5, 1.16, 2.1, 3.2, 2.6, 2.6, 2.8, 2.8.

Corollaire 3.16. – *Si* $R_p = 0$ [ou si $R_p \neq 0$ et $c(\lambda) = 0$], *la fonction zêta p-adique de* K *est holomorphe* (6) *en* $s = 1$, *et toutes les valeurs des fonctions zêta partielles de* K *aux entiers* $\leqq 0$ *sont p-entières.*

Démonstration du théorème 3.14. – L'équivalence de (ii) et (iii) résulte de 1.15 et 2.9. Celle de (ii) et (iv) est facile. L'implication (i) ⇒ (ii) résulte de 3.10. Montrons que (iii) ⇒ (i). Si (iii) est vraie, et si l'on décompose λ en $\lambda = c(\lambda)\,\eta_G + \mu$ comme dans (1.16), les formules (1.17) et (3.10) donnent

$$\zeta_{S,p}(K, 1-s) = \langle\langle \chi \rangle^s, \lambda\rangle = c(\lambda)\,|A_p|/t(\langle \chi \rangle^s) + h(s),$$

où $h(s)$ [comme $h'(s)$ et $h''(s)$ ci-dessous] est holomorphe en $s=0$, et

$$t(\langle \chi \rangle^s) = \langle \chi \rangle(\gamma)^s - 1 = u^s - 1 = s \log_p u + s^2 h'(s).$$

D'où

$$\zeta_{S,p}(K, 1-s) = c(\lambda)\,|A_p|/s \log_p u + h''(s),$$

ce qui démontre (i) : la fonction $\zeta_{S,p}(K, s)$ a un pôle simple en $s=1$. On obtient en même temps la formule (3.15) :

$$\operatorname{Res}_{s=1} \zeta_{S,p}(K, s) = -c(\lambda)\,|A_p|/\log_p u \sim_p c(\lambda)\,|A_p|\,p^{-e} \sim_p c(\lambda)\,\rho_{S,p} \quad [cf. (2.6) \text{ et } (2.9)].$$

3.17. *Compléments*. – (*a*) Les propriétés (i), . . . , (iv) ne dépendent pas de S (*cf*. 3.11). Il en est de même de la valuation *p*-adique de $c(\lambda)$.

(*b*) La mesure $\mu = \lambda - c(\lambda)\,\eta_G$ est telle que $\mathscr{L}_S(\psi) = \langle \psi, \mu \rangle$ pour tout ψ qui ne se factorise pas par $\langle \chi \rangle$, (*cf*. 1.17); pour un tel ψ, $\mathscr{L}_S(\psi)$ est un *entier* de $\mathbf{C}_p$.

(*c*) Si (i), . . . , (iv) sont vrais, il existe des $\zeta_S(U, 1-n)$ qui ont en dénominateur des puissances *arbitrairement grandes* de *p*. On peut même se fixer *n* (entier $\geqq 1$), ou se fixer U (non vide). Cela renforce (iv).

(*d*) Si l'on connaît *un* couple (U, *n*) tel que $\zeta_S(U, 1-n)$ *ne soit pas p-entier*, on peut en déduire une *minoration effective* des valeurs absolues *p*-adiques de R_p et de $c(\lambda)$.

(*c*) On conjecture [Coates, *cf*. (2)] *que le résidu en* $s=1$ de $\zeta_{S,p}(K, s)$ *est égal* à $\rho_{S,p}$. Si c'était le cas, $c(\lambda)$ serait une *unité p-adique*.

(*) Séance du 11 septembre 1978.

(1) Le régulateur *p*-adique R_p n'est défini qu'au signe près. Toutefois, le produit $R_p \Delta^{-1/2}$ peut être défini dans $\mathbf{Q}_p$ sans ambiguïté (Y. Amice et J. Fresnel, *Acta Arith.*, XX, 1972, n° 2.3, p. 353-384); cela donne un sens à la définition (2.8) ci-dessous.

(2) Le cas $S = S_p$, $p \neq 2$, est traité dans J. Coates (A. Fröhlich, *Alg. Number Fields*, Acad. Press, London, 1977, p. 269-353, lemme 8). Le cas général est analogue.

(3) C. L. Siegel, *Göttingen Nach.*, 1970, p. 15-56.

(4) P. Deligne et K. Ribet, *Values of abelian L-functions at negative integers* (à paraître). Des résultats similaires ont été obtenus par Pierrette Cassou-Noguès et D. Barsky au moyen d'une méthode différente, basée sur la théorie de Shintani.

(5) En utilisant les fonctions L d'Artin, on peut montrer *l'équivalence* des deux conjectures suivantes : (*a*) On a $\mathscr{L}_S(\varepsilon) \neq 0$ pour tout K (totalement réel), tout S et tout ε (pair d'ordre fini $\neq 1$). (*b*) Pour tout K (totalement réel), $\zeta_p(K, s)$ a un pôle en $s=1$. D'après (3.14), ces conjectures *entraînent la conjecture de Leopoldt* $R_p \neq 0$ (pour tout K totalement réel).

(6) Elle appartient même à *l'algèbre d'Iwasawa*; cela résulte de (1.9).

Collège de France, 75231 *Paris Cedex* 05.

117.

Travaux de Pierre Deligne

Gazette des Mathématiciens **11** (1978), 61–72

(En mai 1977, le Comité International chargé de distribuer les médailles Fields 1978 a demandé à J-P. SERRE un rapport sur les travaux de PIERRE DELIGNE. Ce rapport, resté confidentiel jusqu'au congrès d'Helsinki, peut maintenant être rendu public. On le trouvera ci-dessous.)

Analyse des travaux

1. Géométrie Algébrique

Les premiers travaux de DELIGNE, directement inspirés par GROTHENDIECK dont il était l'élève, concernent divers points techniques de géométrie algébrique. Je me borne à les mentionner:

– suite spectrale de descente,
– définition de la cohomologie à supports propres dans le cas cohérent,
– trivialité cohomologique d'un morphisme projectif et lisse,
– introduction de λ-structures dans les $K^{\cdot}(X)$,
– théorèmes de finitude en cohomologie l-adique.

Ces résultats, pour intéressants qu'ils soient, me paraissent moins importants que les suivants:

1.1. Structures de Hodge mixtes et théorie des poids ([1], [2]). Soit X une variété algébrique sur **C**. Lorsque X est projective lisse, la théorie de HODGE fournit une décomposition des groupes de cohomologie $H^n(X; \mathbf{C})$ comme sommes directes de sous-espaces «de type (p,q)», avec $p+q=n$. On sait quel rôle essentiel joue cette décomposition dans toutes les questions concernant la géométrie de ces variétés. Que se passe-t-il lorsque X est singulière, ou non projective (par exemple affine)? La méthode de HODGE ne s'applique plus: les formes harmoniques ne servent à rien. La situation paraissait sans espoir. lorsque DELIGNE s'est aperçu que, en utilisant la résolution des singularités de HIRONAKA, on pouvait «dévisser» la cohomologie de X en termes de cohomologies de variétés projective lisses, et munir les $H^n(X, \mathbf{C})$ d'une structure qu'il appelle «de HODGE mixte». C'était là une idée tout à fait originale, dont l'exploitation vient à peine d'être commencée. Elle me paraît importante pour deux raisons:

a) Elle est en rapport avec les questions de «variations de structures de HODGE», «monodromie», etc., étudiées notamment par P. GRIFFITHS et W. SCHMID (cf. [17]);

b) Elle donne des conditions non triviales que doit vérifier le type d'homotopie d'une variété algébrique complexe (à la différence des variétés analytiques, dont le type d'homotopie est essentiellement arbitraire); c'est ainsi, par exemple, que J. MORGAN a pu montrer que certains groupes de présentation finie ne peuvent être groupes fondamentaux d'aucune variété algébrique (Publ. Math. IHES, à paraître).

1.2. Variété des modules des courbes de genre $g \geq 2$ (cf. [3]). Soit X_g cette variété. Dans [3], DELIGNE et MUMFORD montrent que X_g est *irréductible*, en toute caractéristique. Leur méthode consiste à passer de la caractéristique zéro (où le résultat est connu, grâce à la théorie transcendante de TEICHMÜLLER) à la caractéristique p, grâce au théorème de connexion de ZARISKI. La difficulté principale vient de ce que X_g n'est pas complète, ce qui fait que le théorème de ZARISKI ne s'applique pas tel quel. Il est nécessaire de compléter X_g en une variété $\bar{X}_g$ qui classifie les courbes ayant des singularités de type simple (courbes «stables»). La même idée a d'ailleurs été reprise par DELIGNE pour les courbes de genre 1 (cf. [9]) et leurs généralisations (cf. [21]).

1.3. Application de la cohomologie étale à la construction de représentations irréductibles des groupes finis «algébriques» ([15]). Dans [15], DELIGNE et LUSZTIG utilisent la cohomologie étale pour définir une nouvelle opération *d'induction.* Cette opération leur permet, à partir d'un caractère d'un tore maximal du groupe G considéré, de construire une représentation (le plus souvent irréductible) du groupe G. De plus, ils démontrent que presque toutes les représentations irréductibles de G s'obtiennent ainsi. C'est là un résultat fondamental, qui est à la base de tous les progrès récents sur ce sujet (dus à KAJDAN, LUSZTIG, SPRINGER).

1.4. Démonstration de la conjecture de Weil ([5_1], [5_2]). C'est le plus important des résultats obtenus par DELIGNE; à lui seul, il suffirait sans doute à justifier sa médaille FIELDS.

Il s'agissait de démontrer les conjectures faites par WEIL [22] en 1949 sur les nombres de solutions des équations sur les corps finis. On sait quelle influence ont eu ces conjectures sur le développement de la géométrie algébrique dans le dernier quart de siècle.

Le problème consistait à:

(i) attacher à toute variété projective lisse X des «groupes de cohomologie» $H^m(X)$ qui soient des espaces vectoriels de dimension finie (sur un corps de caractéristique 0) et possèdent les propriétés habituelles en Topologie (dualité de POINCARÉ, par exemple);

(ii) démontrer une «formule de LEFSCHETZ» donnant le nombre de points fixes d'un endomorphisme F de X comme somme alternée des traces de F agissant sur les $H^m(X)$;

(iii) prouver que, si X est définissable sur un corps fini à q éléments, et si F est l'endomorphisme de FROBENIUS $x \mapsto x^q$ correspondant, les valeurs propres de F dans $H^m(X)$ sont des entiers algébriques dont toutes les valeurs absolues sont égales à $q^{m/2}$.

(En termes de la *fonction zêta* de X, (i) et (ii) correspondent au prolongement analytique et à l'équation fonctionnelle, alors que (iii) correspond à l'hypothèse de RIEMANN.)

GROTHENDIECK avait réalisé les parties (i) et (ii) de ce programme. Il avait montré (avec l'aide de M. ARTIN, cf. [16]) que la cohomologie «étale», à valeurs dans le corps $\mathbf{Q}_l$ des nombres l-adiques ($l \neq$ caract.), donne une définition raisonnable des $H^m(X)$, et il avait prouvé (avec l'aide de VERDIER) la formule de LEFSCHETZ correspondante [1]).

Restait (!) à prouver (iii). C'est ce que fait DELIGNE dans [5_1]. Sa méthode, courte (moins de 20 pages), et facile à suivre, est tout à fait originale. Elle combine des idées analytiques, analogues à celles que l'on rencontre dans les majorations de coefficients de formes modulaires, et des idées géométriques: utilisation des «pinceaux de LEFSCHETZ» et de la monodromie (cf. [4]).

Dans [5_2], DELIGNE démontre un résultat bien plus général que (iii), relatif à un faisceau l-adique qui n'est plus constant, mais qui a un «poids»; la démonstration est nettement plus difficile; l'un de ses ingrédients, parmi beaucoup d'autres, est une intéressante généralisation du théorème de HADAMARD – DE LA VALLÉE POUSSIN disant que $\zeta(1+it) \neq 0$. Comme corollaire, on obtient le fait que le «théorème de LEFSCHETZ difficile» reste vrai en caractéristique p (voir aussi [20]).

Parmi les autres applications de [5_1] et [5_2], il y a:

a) *La conjecture de Ramanujan-Petersson* ([5_1] Théorème 8.2)
Je reviendrai là-dessus au § 2.

b) *Des majorations de sommes exponentielles* ([5_1], [6])

Il s'agit de sommes généralisant les classiques sommes de GAUSS, JACOBI, KLOOSTERMAN etc. Un cas typique est celui de

$$S(f) = \sum_{x_i \in \mathbf{F}_p} z^{f(x_1, \ldots, x_n)}, \quad z = e^{2\pi i/p},$$

où f est un polynôme de degré d en n variables, à coefficients dans $\mathbf{F}_p = \mathbf{Z}/p\,\mathbf{Z}$. On désire améliorer la majoration triviale

$$|S(f)| \leq p^n.$$

Le résultat obtenu par DELIGNE est le suivant ([5_1], th. 8.4): si la composante homogène de degré d de f définit une hypersurface non singulière de l'espace projectif $\mathbf{P}_{n-1}$, et si $(p,d)=1$, on a

$$|S(f)| \leq (d-1)^n p^{n/2}.$$

Cette majoration est *optimale* (du moins si on l'écrit pour toute extension finie de $\mathbf{F}_p$).

On trouvera dans [6], p. 168–232, d'autres résultats du même genre, généralisant ceux obtenus par WEIL pour les sommes à une variable.

[1]) A vrai dire, GROTHENDIECK s'était borné à indiquer deux méthodes possibles de démonstration de (ii), l'une spéciale à l'endomorphisme de FROBENIUS, l'autre générale. Il n'avait publié les détails d'aucune des deux. Ce n'est que tout récemment que l'on en a des exposés complets, grâce à DELIGNE [6] et ILLUSIE [19].

2. Formes modulaires et théorie des nombres

C'est, je crois, la direction qui intéresse le plus Deligne depuis plusieurs années. Il y a été amené, entre autres, par la «théorie des motifs» de Grothendieck, et ses rapports, encore bien mystérieux, avec ce que l'on appelle maintenant la «philosophie de Langlands». Il s'est exprimé là-dessus, hélas, trop brièvement, dans le texte qu'il a rédigé pour «Problems of Present Day Mathematics» (Proc. Symp. Pure Math. **28**, AMS, 1976, p. 41–44).

Ses résultats les plus importants sont:

2.1. Existence de représentations *l*-adiques attachées aux formes modulaires ([7]). Deligne démontre[2]) une conjecture que j'avais faite quelques années plus tôt:

A toute forme modulaire parabolique $f = \sum_{h=1}^{\infty} a_n q^n$, avec $a_1 = 1$, qui est fonction propre des opérateurs de Hecke, on peut associer un système $\varrho = (\varrho_l)$ de représentations l-adiques de degré 2 de $\mathrm{Gal}(\bar{\mathbf{Q}}/\mathbf{Q})$, de telle sorte que la série L de ϱ soit égale à la série de Dirichlet $\sum a_n n^{-s}$.

Les travaux de Kuga et Shimura sur le cas co-compact laissaient deviner la marche à suivre: la représentation l-adique ϱ_l devait être donnée par la cohomologie de degré 1 de la courbe modulaire, à valeurs dans un certain faisceau (à la Eichler-Shimura). Toutefois, ici encore, le fait que la variété des modules ne soit pas compacte causait des difficultés essentielles. Deligne les surmonte, comme dans [3], en introduisant des courbes elliptiques dégénérées (à la Néron-Tate). Il obtient ainsi l'existence des ϱ_l. Ce résultat a deux conséquences:

a) Il permet d'étudier les *propriétés de congruence* des formes modulaires; c'est ainsi, par exemple, que Swinnerton-Dyer a prouvé que la fonction de Ramanujan $\tau(n)$ (n-ème coefficient de la forme modulaire $q \prod_{m=1}^{\infty} (1-q^m)^{24}$) ne «vérifie de congruence modulo p» que pour $p = 2, 3, 5, 7, 23, 691$.

b) Il entraîne la *conjecture de Petersson*:

$$|a_p| \leq 2p^{(k-1)/2} \qquad (p \text{ premier}, \ k = \text{poids de } f),$$

et en particulier la *conjecture de Ramanujan*

$$|\tau(p)| \leq 2p^{11/2}.$$

Cela provient du fait que ϱ_l peut être réalisée dans un «morceau» du H^{k-1} d'une variété projective lisse, et que par suite a_p est somme de 2 valeurs propres de l'endomorphisme de Frobenius opérant sur ce H^{k-1}. Comme, d'après la conjecture de Weil [5_1], chacune de ces valeurs propres est de valeur absolue $p^{(k-1)/2}$, on obtient bien l'inégalité voulue.

---

[2]) Deligne a exposé ses démonstration dans un séminaire à l'I.H.E.S. en 1968; ce séminaire est resté inédit. Dans [7], il en donne un résumé qui contient les idées essentielles ainsi que la plupart des détails techniques (mais pas tous). Je l'ai souvent incité à rédiger, et publier,
1 un texte plus complet; j'espère qu'il le fera.

Les arguments esquissés ci-dessus ne s'appliquent que lorsque le poids k de f est ≥ 2. Le cas du poids 1 présente des difficultés particulières, qui sont résolues dans [10]; il a l'intérêt de constituer une vérification (partielle, mais non triviale) des conjectures générales de Langlands.

2.2. Constantes des équations fonctionnelles ([11], [12]). Dans [11], Deligne donne une démonstration simplifiée du théorème de Langlands-Dwork donnant une factorisation de la constante de l'équation fonctionnelle des séries L d'Artin-Weil au moyen de constantes locales. La démonstration originale de Langlands passait par de nombreuses vérifications de cas particuliers, et Langlands en avait abandonné la rédaction après environ 200 pages. Deligne, par une habile utilisation de résultats globaux dans une question en apparence purement locale, a réussi à réduire les calculs à peu de chose. Dans [12], il a donné de curieuses propriétés de ces constantes locales pour les représentations à caractère réel; la classe de Stiefel-Whitney w_2 y fait une intervention surprenante.

2.3. Valeurs des fonctions L aux entiers négatifs. Il s'agit des propriétés d'interpolation p-adique de ces valeurs, généralisant les résultats de Kubota-Leopoldt. La méthode de Deligne utilise les schémas modulaires liés au groupe de Hilbert-Blumenthal; Rapoport et Ribet y ont contribué. La
2 seule publication là-dessus est, pour l'instant, un résumé de Ribet [21].

...

[Ce rapport se terminait par quelques lignes de «Conclusion», destinées plus spécialement au Comité Fields; il n'y a pas lieu de les reproduire ici.]

...

Principales publications de Pierre Deligne

Géométrie Algébrique

[1] *Théorie de Hodge I,* Actes Congrès Nice (1970), vol. 1, p. 425–430; *II,* Publ. Math. I.H.E.S., **40** (1971), p. 5–58; *III, ibid.,* **44** (1975), p. 5–77.

[2] *Poids dans la Cohomologie des Variétés Algébriques,* Actes Congrès Vancouver (1974), vol. 1, p. 79–85.

[3] *The irreducibility of the space of curves of given genus* (avec D. Mumford), Publ. Math. I.H.E.S., **36** (1969), p. 75–110.

[4] SGA 7 II, *Groupes de Monodromie en Géométrie Algébrique* (avec N. Katz), Lect. Notes in Math., **340,** Springer-Verlag, 1973, 438 p.

[5_1] *La conjecture de Weil I,* Publ. Math. I.H.E.S., **43** (1974), p. 273–307.

[5_2] *La conjecture de Weil II,* en cours de rédaction.

[6] SGA $4\frac{1}{2}$, *Cohomologie Étale,* Lect. Notes in Math. **569,** Springer-Verlag, 1977, 312 p.

Formes Modulaires

[7] *Formes modulaires et représentations l-adiques,* Sém. Bourbaki 68/69, n° **355,** Lect. Notes in Math. **179,** Springer-Verlag, 1971, p. 139–172.

[8] *Travaux de Shimura*, Sém. Bourbaki 70/71, n° **389**, Lect. Notes in Math. **244**, Springer-Verlag, 1971, p. 123–165.

[9] *Les schémas de modules de courbes elliptiques* (avec M. RAPOPORT), Lect. Notes in Math. **349**, Springer-Verlag, 1973, p. 143–316.

[10] *Formes modulaires de poids 1* (avec J-P. SERRE), Ann. Sci. E.N.S., 4° série, **7** (1974), p. 507–530.

Théorie des Nombres

[11] *Les constantes des équations fonctionnelles des fonctions L*, Lect. Notes in Math. **349**, Springer-Verlag, p. 501–597 (voir aussi Sém. DELANGE-PISOT-POITOU 69/70, n° **19** bis.).

[12] *Les constantes locales de l'équation fonctionnelle de la fonction L d'Artin d'une représentation orthogonale*, Invent. Math., **35** (1976), p. 299–316.

Topologie

[13] *Les immeubles des groupes de tresses généralisés*, Invent. Math., **17** (1972), p. 273–302.

[14] *Real Homotopy Theory of Kähler Manifolds* (avec P. GRIFFITHS, J. MORGAN et D. SULLIVAN), Invent. Math., **29** (1975), p. 245–274.

Groupes Finis

[15] *Representations of reductive groups over finite fields* (avec G. LUSZTIG), Ann. of Math., **103** (1976), p. 103–161.

Autres travaux cités

[16] M. ARTIN, A. GROTHENDIECK et J-L. VERDIER. SGA 4: *Théorie des Topos et Cohomologie Étale des Schémas*, Lect. Notes in Math. **269, 270, 305**, Springer-Verlag, 1972–73, 1583 p.

[17] M. CORNALBA et P. A. GRIFFITHS. *Some transcendental aspects of algebraic geometry*, Proc. Symp. Pure Math. **29** (Arcata, 1974), AMS, 1975, p. 3–110.

[18] A. GROTHENDIECK. *Formule de Lefschetz et rationalité des fonctions L*, Sém. Bourbaki 64/65, n° **279**, Benjamin, New York, 1966.

[19] A. GROTHENDIECK. SGA 5: *Cohomologie l-adique et fonctions L* (édité par L. ILLUSIE), Lect. Notes in Math. **589**, Springer-Verlag, 1977.

[20] W. MESSING. *Short sketch of Deligne's proof of the hard Lefschetz theorem*, Proc. Symp. Pure Math. **29** (Arcata, 1974), AMS, 1975, p. 563–580.

[21] K. A. RIBET. *p-adic interpolation via Hilbert modular forms*, Proc. Symp. Pure Math. **29** (Arcata, 1974), AMS, 1975, p. 581–592.

[22] A. WEIL. *Number of solutions of equations in finite fields*, Bull. Amer. Math. Soc., **55** (1949), p. 497–508.

118.

Résumé des cours de 1977–1978

Annuaire du Collège de France (1978), 67–70

1 Le cours a complété celui de l'année précédente, consacré au théorème de densité de Čebotarev, et à ses applications. Il a commencé par exposer, avec démonstrations, un certain nombre de résultats connus :

bornes supérieures dans la méthode du crible (d'après Selberg), et application au théorème de Brun-Titchmarsh ;

régions sans zéros pour les fonctions L (d'après de la Vallée Poussin) ;

zéros exceptionnels (d'après Siegel et Stark) ;

formes effectives du théorème de Čebotarev (d'après Lagarias-Odlyzko).

Les applications ont porté sur les *courbes elliptiques* et sur les *formes modulaires* ; elles sont résumées ci-après. Pour certaines d'entre elles, il a été nécessaire de supposer l'exactitude de l'*Hypothèse de Riemann Généralisée* (GRH).

1. *Courbes elliptiques*

Soient E une courbe elliptique sur $\mathbf{Q}$, et S_E l'ensemble (fini) des nombres premiers p en lesquels E a mauvaise réduction. Si p n'appartient pas à S, soit E(p) le groupe des points de E modulo p.

Théorème 1.1 (sous GRH) - *Supposons que l'un des points d'ordre* 2 *de* E *ne soit pas rationnel sur* $\mathbf{Q}$. *Alors l'ensemble des nombres premiers* $p \notin S_E$ *tels que* E(p) *soit cyclique a une densité* c_E *que est* > 0.

(De plus, cette densité peut se calculer « galoisiennement » : pour tout nombre premier l, soit K_l l'extension de $\mathbf{Q}$ obtenue par adjonction des coordonnées des points d'ordre l de E, et soit K le composé des K_l ; soit $G = \mathrm{Gal}(K/\mathbf{Q})$, soit H_l le noyau de $G \to \mathrm{Gal}(K_l/\mathbf{Q})$, et soit H la réunion des H_l. On a alors

$$c_E = 1 - \mu(H) \quad \text{(sous GRH)}$$

où μ est la mesure de Haar du groupe profini G, normalisée de telle sorte que $\mu(G) = 1$.)

2 La démonstration suit de près celle donnée par Hooley (*J. Crelle*, 225, 1967) de la « conjecture d'Artin » relative aux nombres premiers p pour lesquels un entier fixé a est racine primitive. Les corps K_l définis ci-dessus remplacent les corps $\mathbf{Q}(\sqrt[l]{1}, \sqrt[l]{a})$. Le fait que K_l contienne $\mathbf{Q}(\sqrt[l]{1})$ joue un rôle essentiel, car il permet d'appliquer le théorème de Brun-Titchmarsh.

Supposons maintenant que E n'admette *pas de multiplication complexe*. Si l'on pose $G_l = \mathrm{Gal}(K_l/\mathbf{Q})$, on sait que $G_l \simeq \mathbf{GL}_2(\mathbf{Z}/l\mathbf{Z})$ pour tout l assez grand (*Invent. Math.* 15, 1972). Le théorème suivant précise ce résultat :

3 Théorème 1.2 (sous GRH) - *Il existe une constante absoluè* C (indépendante de l et de E) *telle que l'on ait* $G_l \simeq \mathbf{GL}_2(\mathbf{Z}/l\mathbf{Z})$ *pour*

$$l \geqslant C . \log N_E (\log\log 2N_E)^2, \quad \textit{où } N_E = \prod_{p \in S_E} p$$

4 On peut également montrer (toujours — hélas — sous GRH), que le nombre des l tels que G_l ne soit pas isomorphe à $\mathbf{GL}_2(\mathbf{Z}/l\mathbf{Z})$ est $o(\log\log 2N_E)$.

Conservons les notations et hypothèses ci-dessus. Si $p \notin S_E$, posons

$$a_p = 1 + p - \mathrm{Card}.E(p) \quad \text{(« trace de Frobenius »).}$$

Pour tout nombre réel x, désignons par $N\{p \leqslant x : a_p = 0\}$ le nombre des $p \leqslant x$, n'appartenant pas à S_E, pour lesquels $a_p = 0$.

Théorème 1.3 - (i) *Il existe* $\delta > 0$ (par exemple $\delta = 1/10$) *tel que*

$$N\{p \leqslant x : a_p = 0\} = O(x/\log^{1+\delta} x) \quad \textit{pour } x \to \infty$$

(ii) (sous G.R.H.) *On a* $N\{p \leqslant x : a_p = 0\} = O(x^{3/4})$.

L'assertion (ii) avait été démontrée dans le cours 1976/1977 en admettant, non seulement (GRH), mais encore la conjecture d'Artin (AC) sur l'holomorphie des fonctions L. L'utilisation de certains sous-groupes de $\mathbf{PGL}_2(\mathbf{Z}/l^n\mathbf{Z})$ a permis d'éliminer (AC).

2. *Formes modulaires*

Soit $f = \Sigma\, a_n q^n$ une forme modulaire parabolique de type (k, ε) sur $\Gamma_0(\mathrm{N})$, qui est normalisée ($a_0 = 1$), et fonction propre des opérateurs de Hecke T_p, pour $(p, \mathrm{N}) = 1$.

THÉORÈME 2.1 - *Supposons $k \geqslant 2$, et f sans multiplication complexe* (au sens de Ribet, *Lect. Notes* 601, p. 34). *Alors* :

(i) *Il existe $\delta > 0$ tel que*

$$\mathrm{N}\{p \leqslant x : a_p = 0\} = O(x/\log^{1+\delta} x) \quad \textit{pour } x \to \infty.$$

(ii) (sous GRH). *On a* $\mathrm{N}\{p \leqslant x : a_p = 0\} = O(x^{3/4})$.

Ce théorème, ainsi que le théorème 1.3, est un cas particulier d'un résultat applicable à toute représentation l-adique $\mathrm{Gal}(\overline{\mathbf{Q}}/\mathbf{Q}) \to \mathbf{PGL}_2(\mathbf{Q}_l)$ dont l'image est ouverte.

COROLLAIRE 1 - *On a* $\displaystyle\sum_{a_p = 0} \frac{1}{p} < \infty$.

Cela résulte de (i).

COROLLAIRE 2 - *Les entiers n tels que $a_n \neq 0$ ont une densité > 0.*

Cela se déduit du cor. 1, et du fait que f est fonction propre des T_p.

Exemple - Prenons $\mathrm{N} = 11$, $k = 2$, $\varepsilon = 1$, et

$$f = q \prod_{m=1}^{\infty} (1 - q^m)^2 (1 - q^{11m})^2$$

La densité des n tels que $a_n \neq 0$ est égale à $\dfrac{14}{15} \prod \left(1 - \dfrac{1}{p+1}\right)$, le produit étant étendu aux nombres premiers p tels que $a_p = 0$ (i.e. $p = 19$, 29, 199, 569, 809, 1 289, ...) ; d'après le cor. 1, ce produit est convergent.

Du cor. 2, on déduit :

THÉORÈME 2.2 - *Soit $g = \Sigma\, b_n q^n$ une forme modulaire de type (k, ε) sur $\Gamma_0(\mathrm{N})$, avec $k \geqslant 2$. Les propriétés suivantes sont équivalentes* :

a) $\mathrm{N}\{n \leqslant x : b_n \neq 0\} = o(x)$;

b) $\mathrm{N}\{n \leqslant x : b_n \neq 0\} = O(x/\log^{1/2} x)$;

c) *g est combinaison linéaire de formes paraboliques à multiplications complexes.*

COROLLAIRE. *Si* $\mathrm{N} = 1$, *la propriété* a) *entraîne* $g = 0$.

SÉMINAIRE

J. OESTERLÉ : *Forme explicite du théorème de Čebotarev* (1 exposé) ;

J.-M. DESHOUILLERS : *Cribles : bornes supérieures* (3 exposés).

119.

Groupes algébriques associés aux modules de Hodge-Tate

Journées de Géométrie Algébrique de Rennes, Astérisque **65** (1979), 155–188

Soit V un module de Hodge-Tate sur un corps local d'inégale caractéristique. Le sous-groupe d'inertie du groupe de Galois qui opère sur V est "presque" algébrique : il est ouvert dans un certain sous-groupe algébrique H_V du groupe linéaire GL_V.

Quelle est la structure de la composante neutre H_V^o de H_V ?

Le but de cet exposé est de donner deux cas où l'on peut répondre, au moins en partie, à cette question :

i) le cas commutatif, où H_V^o est un tore, quotient de ceux qui interviennent dans les groupes de Lubin-Tate ;

ii) le cas où V n'a pour poids que 0 et 1 (exemple : module de Tate d'une variété abélienne, ou d'un groupe p-divisible) ; les facteurs simples de H_V^o sont alors de type classique (A_n, B_n, C_n ou D_n), et leurs poids dans V sont des poids minuscules.

Ces résultats font l'objet des §§ 2 et 3 ; le § 1 contient divers préliminaires.

§ 1. La catégorie des modules de Hodge-Tate

1.1. Notations

La lettre K désigne un corps local, i.e. un corps complet pour une valuation discrète. On note A_K l'anneau des entiers de K, et $k = A_K/\mathfrak{p}_K$ son corps résiduel. On suppose K de caractéristique zéro, et k algébriquement clos de caractéristique $p \neq 0$, de sorte que K est extension du corps p-adique Q_p.

On note $\bar{K}$ une clôture algébrique de K, et C sa complétion. Le groupe de Galois G_K de $\bar{K}$ sur K opère sur C.

On note $\chi : G_K \to Z_p^*$ le caractère cyclotomique de G_K. On a $s(z) = z^{\chi(s)}$ pour tout $s \in G_K$ et pour toute racine de l'unité $z \in \bar{K}$ d'ordre une puissance de p.

Un module galoisien sur K est un Q_p-espace vectoriel V de dimension finie sur lequel G_K opère continûment. On note ρ_V l'homomorphisme de G_K dans $\mathrm{Aut}(V)$ qui définit l'action de G_K. Le groupe $G_V = \mathrm{Im}(\rho_V)$ est un sous-groupe compact (donc de Lie) du groupe de Lie p-adique $\mathrm{Aut}(V)$. Si $x \in V$ et $s \in G_K$ (ou $s \in G_V$), on note $s(x)$ le transformé de x par s.

1.2. Modules de Hodge-Tate (cf. [5], [6], [9])

Soit V un module galoisien sur K. L'action de G_K sur V se prolonge au C-espace vectoriel $V_C = C \otimes_{Q_p} V$ par la formule

$$s(\sum c_\alpha \otimes x_\alpha) = \sum s(c_\alpha) \otimes s(x_\alpha) \qquad (c_\alpha \in C,\ x_\alpha \in V).$$

Si $i \in Z$, on note $V_C\{i\}$ l'ensemble des $x \in V_C$ tels que

$$s(x) = \chi(s)^i x \qquad \text{pour tout } s \in G_K.$$

C'est un K-sous-espace vectoriel de V_C. On pose :

$$V_C(i) = C \otimes_K V_C\{i\}.$$

D'après un théorème de Tate ([5], prop. 4) les injections $V_C\{i\} \to V_C$ se prolongent en une injection C-linéaire

$$\varepsilon : \bigoplus_{i \in Z} V_C(i) \to V_C.$$

Cela permet d'identifier $V_C(i)$ à un C-sous-espace vectoriel de V_C. Si l'on

156

pose

$$v_i = \dim_C V_C(i) = \dim_K V_C\{i\} ,$$

on a $\sum v_i \leqq \dim V$ et $v_i = 0$ pour presque tout i .
L'entier v_i est appelé la <u>multiplicité</u> de i comme <u>poids</u> de V.

On dit que V est un <u>module de Hodge-Tate</u> si ε est bijectif, autrement dit si V_C est <u>somme</u> (nécessairement directe) <u>des</u> $V_C(i)$, ou encore si $\sum v_i = \dim V$.

La catégorie des modules de Hodge-Tate est <u>stable</u> par dualité, produit tensoriel, somme directe, passage aux sous-modules et modules quotients. Dans la terminologie de Saavedra ([3], p. 193), c'est une <u>$\otimes$-catégorie tannakienne</u> sur Q_p , munie d'un <u>foncteur fibre</u>, à savoir le foncteur qui associe à un module V le Q_p-espace vectoriel sous-jacent.

<u>Exemples</u>

Soit $\underline{A}$ un groupe p-divisible sur A_K (resp. une variété abélienne sur K) , et soit $V_p(\underline{A})$ son module de Tate. Alors $V_p(\underline{A})$ est un <u>module de Hodge-Tate de poids</u> 0 <u>et</u> 1 , avec multiplicités $v_o = \dim \underline{A}'$, $v_1 = \dim \underline{A}$, où $\underline{A}'$ est le dual de $\underline{A}$.
Dans le cas p-divisible, ce résultat est dû à Tate [9]. Dans le cas des variétés abéliennes, il est dû à Raynaud (non publié) qui l'a déduit du cas p-divisible en utilisant le théorème de "réduction semi-stable" de Grothendieck-Mumford (SGA 7 I).

Ces modules, et ceux de la $\otimes$-catégorie qu'ils engendrent, sont (essentiellement) les <u>seuls exemples connus</u> de modules de Hodge-Tate. Il serait intéressant d'en construire d'autres ; cela devrait être possible en utilisant la théorie de
1 Fontaine [2].

1.3. <u>L'enveloppe algébrique de</u> G_V

Soit V un module galoisien sur K , de dimension n . Nous noterons GL_V le groupe algébrique des automorphismes de l'espace vectoriel V ; si L est une extension de Q_p , le groupe $GL_V(L)$ des L-points de GL_V est le groupe

$$\mathrm{Aut}_L(L \otimes V) .$$

On a en particulier :

$$GL_V(Q_p) = \mathrm{Aut}(V) \qquad \text{et} \qquad GL_V(C) = \mathrm{Aut}_C(V_C) .$$

Le choix d'une base de V identifie GL_V à GL_n .

Soit G_V le sous-groupe de $GL_V(Q_p)$ image de G_K , cf. n° 1.1. Nous noterons H_V <u>l'enveloppe algébrique</u> de G_V (cf. [5]), autrement dit le plus petit sous-groupe algébrique H de GL_V tel que $H(Q_p)$ contienne G_V ; c'est <u>l'adhérence de Zariski</u> de G_V dans GL_V .

La bigèbre Λ_V de H_V s'identifie à la Q_p-algèbre de fonctions sur G_K engendrée par les coefficients de la représentation ρ_V et de sa duale, mises sous forme matricielle.

On a par construction $G_V \subset H_V(Q_p)$. Si $\mathfrak{g}_V$ (resp. $\mathfrak{h}_V$) désigne l'algèbre de Lie du groupe p-adique G_V (resp. du groupe algébrique H_V), on a

$$\mathfrak{g}_V \subset \mathfrak{h}_V \subset \mathrm{End}(V) ,$$

et $\mathfrak{h}_V$ est la plus petite sous-algèbre de Lie algébrique de $\mathrm{End}(V)$ contenant $\mathfrak{g}_V$ (cf. [1], § 7).

Remarque

Soit Rep_V la $\otimes$-catégorie de G_K-modules engendrée par V et son dual. On peut caractériser H_V comme le groupe des automorphismes du foncteur fibre naturel sur Rep_V, au sens de Saavedra [3], II, § 4 ; de plus, Rep_V s'identifie à la catégorie des représentations linéaires du groupe algébrique H_V ([3], loc.cit.).

THÉORÈME 1 ([4], [7]) - *Si* V *est un module de Hodge-Tate,* G_V *est ouvert dans* $H_V(Q_p)$.

Une formulation équivalente est :

THÉORÈME 1' - *On a* $\mathfrak{g}_V = \mathfrak{h}_V$, *autrement dit* $\mathfrak{g}_V$ *est une sous-algèbre de Lie algébrique de* $\mathrm{End}(V)$.

La démonstration du th. 1' donnée par Sen ([4], § 6) utilise le th. 2 ci-dessous. On peut également en donner une démonstration directe : on traite d'abord le cas où G_V est abélien, ce qui est facile à partir de résultats de Tate (cf. § 2, ainsi que [6], chap. III) ; le cas général s'en déduit grâce au théorème de Chevalley ([1], § 7, cor. (7.9)) disant que $\mathfrak{g}_V$ contient l'algèbre dérivée $[\mathfrak{h}_V, \mathfrak{h}_V]$ de $\mathfrak{h}_V$.

1.4. Le groupe à un paramètre h_V

A partir de maintenant, on suppose que V est un module de Hodge-Tate.

La graduation de V_C par les $V_C(i)$ correspond à une action du groupe multiplicatif G_m sur V_C : à tout élément c de $C^* = G_m(C)$, on associe l'automorphisme $h_V(c)$ de V_C défini par la formule

$$h_V(c).x = c^i x \qquad \text{pour tout } i \in \mathbf{Z} \text{ et tout } x \in V_C(i) .$$

On obtient ainsi un homomorphisme de C-groupes algébriques

$$h_V : G_{m/C} \to GL_{V/C} ,$$

où $G_{m/C}$ et $GL_{V/C}$ désignent les groupes algébriques déduits de G_m et de GL_V par extension des scalaires à C. Il n'est pas difficile de voir que $\mathrm{Im}(h_V)$ est contenu dans $H_{V/C}$; cela résulte par exemple de l'interprétation de H_V comme groupe d'automorphismes du foncteur fibre de la ⊗-catégorie Rep_V , cf. 1.3 (noter que, si W est un objet de Rep_V, h_W est le composé de h_V et de l'homomorphisme naturel $H_{V/C} \to H_{W/C}$) . Comme $\mathbf{G}_m$ est connexe, le groupe $\mathrm{Im}(h_V)$ est contenu dans $H^o_{V/C}$, où H^o_V désigne la composante neutre de H_V .

Le résultat suivant, conjecturé dans [7] et démontré dans [4], joue un rôle essentiel dans toute la suite :

THÉORÈME 2 (Sen) - Le groupe H^o_V est le plus petit sous-groupe algébrique de GL_V défini sur $\mathbf{Q}_p$ qui, après extension des scalaires à C , contienne $\mathrm{Im}(h_V)$.

Voici quelques conséquences de ce théorème :

COROLLAIRE 1 - Les propriétés suivantes d'un sous-espace vectoriel W de V sont équivalentes :

a) W est stable par H^o_V ;

b) W est stable par un sous-groupe ouvert de G_V ;

c) W_C est stable par $\mathrm{Im}(h_V)$;

d) W_C est somme de ses intersections avec les $V_C(i)$.

Les équivalences a) ⇔ b) et c) ⇔ d) sont immédiates. L'équivalence de a) et c) résulte du th. 2.

COROLLAIRE 2 - Soit $x \in V$. Les propriétés suivantes sont équivalentes :

a) x est fixé par H^o_V ;

b) l'orbite $G_V x$ de x est finie ;

c) x est fixé par $\mathrm{Im}(h_V)$;

d) x appartient à $V_C(0)$.

Ici encore, les équivalences a) ⇔ b) et c) ⇔ d) sont immédiates ; celle de a) et c) résulte du th. 2.

COROLLAIRE 3 - Si 0 est le seul poids de V , i.e. si $V_C = V_C(0)$, on a $H^o_V = \{1\}$, et le groupe G_V est un groupe fini.

Cela résulte du cor. 2.

Remarque. Inversement, on peut déduire le th. 2 du cor. 3, appliqué à un module convenable de Rep_V .

Variantes du théorème 2

Soit Γ_C le groupe des $\mathbf{Q}_p$-automorphismes (non nécessairement continus) du corps C . Si $\sigma \in \Gamma_C$ et $c \in C$, notons ${}^\sigma c$ le conjugué de c par σ ; si $x = \sum c_\alpha \otimes x_\alpha$ est un élément de V_C (avec $c_\alpha \in C$, $x_\alpha \in V$) , posons

$${}^\sigma x = (\sigma \otimes 1)x = \sum {}^\sigma c_\alpha \otimes x_\alpha .$$

Le conjugué de h_V par σ est l'homomorphisme ${}^\sigma h_V$ de $G_{m/C}$ dans $H_{V/C}$ déduit de h_V par le changement de corps de base $\sigma : C \to C$; il correspond à la décomposition de V_C en somme directe des ${}^\sigma V_C(i)$; on peut le caractériser par la formule

$${}^\sigma h_V({}^\sigma c){}^\sigma x = {}^\sigma(h_V(c)x) \qquad \text{pour tout } c \in C^* \text{ et tout } x \in V_C .$$

Un élément c de C appartient à $\mathbf{Q}_p$ si et seulement si l'on a ${}^\sigma c = c$ pour pour tout $\sigma \in \Gamma_C$: cela résulte de ce que C est algébriquement clos. De là on déduit facilement l'équivalence du th. 2 avec :

THÉORÈME 2' - Le groupe $H^o_{V/C}$ est engendré par les conjugués $\mathrm{Im}({}^\sigma h_V)$, $\sigma \in \Gamma_C$, du groupe $\mathrm{Im}(h_V)$.

Voici maintenant une traduction en termes d'algèbres de Lie : notons φ_V la dérivée de h_V en l'élément neutre, autrement dit l'endomorphisme de V_C tel que

$$\varphi_V(x) = ix \qquad \text{si} \qquad i \in \mathbf{Z} , x \in V_C(i) .$$

En vertu d'un résultat connu ([1], th. 7.6), le th. 2 équivaut à :

THÉORÈME 2" - L'algèbre de Lie $\mathfrak{h}_V$ est la plus petite $\mathbf{Q}_p$-sous-algèbre de Lie de $\mathrm{End}(V)$ qui, après extension des scalaires à C, contienne φ_V.

Ou encore :

THÉORÈME 2"' - Les conjugués ${}^\sigma\varphi_V$ de φ_V $(\sigma \in \Gamma_C)$ engendrent l'algèbre de Lie $C \otimes \mathfrak{h}_V$.

C'est sous cette forme que le th. 2 est démontré par Sen [4]. Sen prouve même un résultat en apparence plus fort : le sous-espace vectoriel Φ de $\mathrm{End}(V_C)$ engendré par les ${}^\sigma\varphi_V$ est égal à $C \otimes \mathfrak{h}_V$. (Ce résultat peut en fait se déduire du th. 2"'. En effet, le cor. à la prop. 1 du n° 1.5 ci-après entraîne que l'ensemble des ${}^\sigma\varphi_V$, $\sigma \in \Gamma_C$, est stable par $\varphi \mapsto g^{-1}\varphi g$ pour tout $g \in G_V$. Il en est donc de même de Φ, et, par dérivation, cela entraîne $[\Phi , \mathfrak{h}_V] \subset \Phi$. Comme Φ est contenu dans $C \otimes \mathfrak{h}_V$, on en déduit $[\Phi,\Phi] \subset \Phi$, et Φ est une algèbre de Lie ; d'après le th. 2"', cette algèbre de Lie est égale à $C \otimes \mathfrak{h}_V$.)

1.5. Degré de transcendance de h_V

Formules de fonctorialité

On a vu au n° 1.4 que l'on peut conjuguer h_V par tout élément σ de $\Gamma_C = \mathrm{Aut}_{\mathbf{Q}_p}(C)$, et que l'on obtient ainsi un homomorphisme ${}^\sigma h_V$ de $G_{m/C}$ dans $H^o_{V/C}$.

Supposons que $\sigma(K) = K$ et que σ soit continu. Si $s \in G_K$, on a alors $\sigma^{-1}s\sigma \in G_K$. Cela permet de définir une représentation $\rho_{\sigma V}$ de G_K dans $\mathrm{Aut}(V)$

160

par :

$$\rho_{\sigma V}(s) = \rho_V(\sigma^{-1} s \sigma) \qquad \text{pour tout} \quad s \in G_K .$$

L'homomorphisme $h_{\sigma V}$ attaché à $\rho_{\sigma V}$ n'est autre que le conjugué ${}^{\sigma}h_V$ de h_V par σ ; cela se voit par transport de structure.

Supposons maintenant que σ appartienne à G_K , et soit $g = \rho_V(\sigma)$ son image dans $H_V(\mathbf{Q}_p)$. La représentation $\rho_{\sigma V}$ est alors isomorphe à ρ_V : on a

$$\rho_{\sigma V}(s) = g^{-1}\rho_V(s)g \qquad \text{pour tout} \quad s \in G_K .$$

On en déduit par fonctorialité :

$$h_{\sigma V} = g^{-1}h_V g = \mathrm{Int}(g^{-1}) \circ h_V ,$$

où $\mathrm{Int}(g^{-1})$ désigne l'automorphisme intérieur de H_V défini par g^{-1}.

Utilisant le fait que $h_{\sigma V} = {}^{\sigma}h_V$, on obtient finalement le résultat suivant (que l'on peut aussi vérifier par calcul direct) :

PROPOSITION 1 - Si $\sigma \in G_K$ a pour image g dans $H_V(\mathbf{Q}_p)$, on a

$${}^{\sigma}h_V = \mathrm{Int}(g^{-1}) \circ h_V .$$

COROLLAIRE - On a ${}^{\sigma}\varphi_V = g^{-1}\varphi_V\, g$.

Pour $\sigma \in G_K$, les ${}^{\sigma}h_V$ et les ${}^{\sigma}\varphi_V$ sont donc des conjugués de h_V et φ_V à la fois au sens galoisien, et au sens de la conjugaison par les automorphismes intérieurs de H_V .

Corps de définition de h_V

Les groupes algébriques $\mathbf{G}_m$ et H_V^o sont définis sur $\mathbf{Q}_p$. On peut donc parler du corps de définition $\mathbf{Q}_p(h_V)$ de l'homomorphisme $h_V : \mathbf{G}_{m/C} \to H^o_{V/C}$: c'est le plus petit sous-corps de C contenant $\mathbf{Q}_p$ sur lequel h_V soit rationnel ; c'est aussi le corps de définition de l'élément φ_V de $C \otimes \mathrm{End}(V)$.

Le corps $K(h_V)$ engendré par K et $\mathbf{Q}_p(h_V)$ est le corps de définition de h_V sur K .

Nous allons déterminer les degrés de transcendance des extensions $\mathbf{Q}_p(h_V)$ et $K(h_V)$:

THÉORÈME 3 - Soit Z_V le commutant de $\mathrm{Im}(h_V)$ dans $H^o_{V/C}$. On a

$$\deg.\mathrm{tr}_{\mathbf{Q}_p} \mathbf{Q}_p(h_V) = \deg.\mathrm{tr}_K K(h_V) = \dim H_V - \dim Z_V .$$

Démonstration

Choisissons un tore maximal T de H_V^o défini sur $\mathbf{Q}_p$; on sait que c'est possible ([1], th. 18.2) et que tout sous-tore de $H^o_{V/C}$ est conjugué d'un sous-tore de $T_{/C}$ ([1], cor. 11.3). En appliquant ceci au tore $\mathrm{Im}(h_V)$, on en conclut qu'il existe un homomorphisme

$$h_1 : G_{m/C} \to T_{/C}$$

et un élément g de $H^o_V(C)$ tels que $h_V = \mathrm{Int}(g) \circ h_1$. Soit E le corps de définition de h_1. C'est une extension finie de Q_p ([1], prop. 8.11). Le commutant Z_1 de $\mathrm{Im}(h_1)$ dans $H^o_{V/E}$ est défini sur E. Soit $X = H^o_{V/E}/Z_1$ l'espace homogène correspondant ; c'est une variété algébrique sur E. On a

$$\dim X = \dim H^o_V - \dim Z_1 = \dim H_V - \dim Z_V .$$

Soit x l'image de g dans $X(C)$; le point x ne dépend pas du choix de g, car g est déterminé à une multiplication à droite près par un élément de $Z_1(C)$. Si L est une sous-extension de C contenant E, on voit tout de suite que x est rationnel sur L si et seulement si h_V est rationnel sur L. Le corps

$$E(h_V) = E.Q_p(h_V)$$

est donc égal au <u>corps de définition</u> $E(x)$ du point x de X.
Le th. 3 équivaut à dire que

$$\mathrm{deg.tr}_E\, E(x) = \mathrm{deg.tr}_{K.E}\, K.E(x) = \dim X ,$$

ou encore que x est un <u>point générique</u> de X sur E et sur $K.E$. Montrons que x est générique sur $K.E$ (l'assertion relative à E en résultera). Soit X' la plus petite sous-variété de X contenant x et définie sur $K.E$; il s'agit de prouver que $X' = X$. Soit G' le sous-groupe ouvert de G_K formé des éléments qui fixent E, et dont l'image dans $H_V(Q_p)$ appartient à $H^o_V(Q_p)$. Si $\sigma \in G'$, et si g est l'image de σ dans $H^o_V(Q_p)$, la prop. 1 montre que $g^{-1}x = {}^{\sigma}x$, d'où $g^{-1}x \in X'(C)$ puisque la variété X' est définie sur $K.E$. On a donc

$$\rho_V(G').c \subset X'(C) ,$$

et comme $\rho_V(G')$ est dense dans H^o_V pour la topologie de Zariski, ceci entraîne $H^o_V(C).x \subset X'$, d'où $X' = X$, cqfd.

<u>Exemple</u>. Supposons que V soit un module de Hodge-Tate de dimension 2, avec poids 0 et 1 de multiplicité 1, et que H_V soit égal à GL_V ; c'est le cas lorsque V est le module de Tate d'un groupe formel à un paramètre de hauteur 2 dont l'anneau des endomorphismes est réduit à Z_p, cf. [5], th. 5. La décomposition de Hodge-Tate de V_C est définie par les deux droites $V_C(0)$ et $V_C(1)$. Soient c_o et c_1 les pentes de ces droites, prises par rapport à une base de V. Le corps de définition de h_V est le corps $Q_p(c_o,c_1)$ engendré par c_o et c_1. On a

162

$$\dim H_V = 4 \quad \text{et} \quad \dim Z_V = 2 \; ;$$

la variété X est de dimension 2 (c'est un produit de deux droites projectives). D'après le th. 3, on a

$$\deg.\mathrm{tr}_{\mathbf{Q}_p} \mathbf{Q}_p(c_o, c_1) = \deg.\mathrm{tr}_K K(c_o, c_1) = 2 \; ;$$

autrement dit, c_o et c_1 sont algébriquement indépendants sur K.

1.6. Passage à la limite : le groupe proalgébrique H

Domination

Soient V et W deux modules de Hodge-Tate. Nous dirons que W est dominé par V si les conditions équivalentes suivantes sont satisfaites :

(i) W appartient à la $\otimes$-catégorie Rep_V engendrée par V et son dual ;

(ii) la bigèbre Λ_W du groupe H_W (cf. 1.3) est contenue dans la bigèbre Λ_V du groupe H_V ;

(iii) il existe un morphisme de groupes algébriques (nécessairement unique) $\pi^V_W : H_V \to H_W$ qui rend commutatif le diagramme

$$G_K \nearrow H_V(\mathbf{Q}_p) \downarrow \searrow H_W(\mathbf{Q}_p) \; .$$

(L'équivalence de (ii) et (iii) est immédiate. Celle de (i) et (iii) résulte, par exemple, de [3], II.4.3.2 a), p. 156. L'hypothèse "de Hodge-Tate" n'intervient pas.)

Passage à la limite

La domination est une relation de préordre filtrante sur la catégorie des modules de Hodge-Tate. Cela permet de définir le groupe proalgébrique

$$H = \varprojlim H_V \, ,$$

limite projective des H_V relativement aux morphismes π^V_W. Ce groupe est un groupe affine sur $\mathbf{Q}_p$. Sa bigèbre Λ est la réunion des bigèbres Λ_V.

Par passage à la limite, les ρ_V et les h_V définissent des homomorphismes

$$\rho : G_K \to H(\mathbf{Q}_p) \qquad \text{et} \qquad h : \mathbf{G}_{m/C} \to H_{/C} \; .$$

Toute représentation linéaire (de dimension finie) de H fournit, *via* ρ, un module galoisien dont la décomposition de Hodge-Tate est donnée par h ; inversement, tout module de Hodge-Tate s'obtient de cette manière. Ainsi, la $\otimes$-catégorie des modules de Hodge-Tate s'identifie à celle des représentations linéaires du groupe proalgébrique H (cf. [3], II, § 4).

Si l'on remplace la catégorie des modules de Hodge-Tate par la sous-catégorie des modules admissibles (au sens de Fontaine [2], 3.2.5), on obtient un groupe proalgébrique H_{adm}, qui est quotient de H. De même, si l'on remplace cette catégorie par la $\otimes$-sous-catégorie engendrée par les modules de Tate des groupes p-divisibles, on trouve un groupe H_{div}, qui est quotient de H_{adm}, donc aussi de H.

Le groupe H/H^o

Soit $H^o = \varprojlim H_V^o$ la composante neutre de H. Le groupe quotient

$$H/H^o = \varprojlim H_V/H_V^o$$

est un groupe proalgébrique de dimension 0. Nous allons déterminer sa structure.

Remarquons d'abord que, si V est un module de Hodge-Tate, toute classe de $H_V \bmod H_V^o$ contient un élément de G_V ; cela provient de ce que H_V est l'enveloppe algébrique de G_V (cf. [5], dém. de la prop. 2). Comme les éléments de G_V sont rationnels sur Q_p, il s'ensuit que H_V/H_V^o est un groupe "constant", i.e. un groupe de dimension 0 dont tous les points sont rationnels. Par passage à la limite, la même propriété est vraie pour H/H^o : c'est un groupe "constant", et on peut l'identifier au groupe profini de ses points rationnels sur Q_p. Ce groupe est isomorphe à G_K. Plus précisément :

PROPOSITION 2 - L'homomorphisme composé

$$G_K \to H(Q_p) \to (H/H^o)(Q_p)$$

est un isomorphisme du groupe profini G_K sur le groupe profini des points rationnels de H/H^o.

D'après ce qui précède, l'homomorphisme $G_K \to (H/H^o)(Q_p)$ est surjectif. Pour voir qu'il est injectif, il suffit de prouver que, si N est un sous-groupe ouvert normal de G_K, il existe un module de Hodge-Tate V tel que $\rho_V(N)$ soit contenu dans le groupe $H_V^o(Q_p)$; or c'est évident : il suffit de prendre pour V n'importe quelle représentation linéaire fidèle du groupe fini G_K/N (on sait en effet qu'une telle représentation donne naissance à un module de Hodge-Tate, cf. [6], III. 32).

Dans toute la suite, nous identifierons H/H^o à G_K.

Remarques

1) Du point de vue des $\otimes$-catégories [3], la prop. 2 exprime simplement le fait que tout module galoisien à action finie est un module de Hodge-Tate.

2) La situation est très différente pour les groupes H_{adm} et H_{div} définis

plus haut. En effet, Fontaine a montré que ces groupes sont connexes ([2], 3.8.4).

1.7. Variation de H par extension finie du corps de base

Soit K_1 une extension finie de K contenue dans $\bar{K}$, et soit $G_{K_1} = \mathrm{Gal}(\bar{K}/K_1)$ le groupe de Galois correspondant ; c'est un sous-groupe ouvert de G_K. Soit H_1 le groupe proalgébrique correspondant à la $\otimes$-catégorie des modules de Hodge-Tate sur K_1. Nous allons comparer H_1 au groupe H relatif à K. Tout d'abord :

LEMME 1 - (a) Tout module de Hodge-Tate sur K définit par restriction un module de Hodge-Tate sur K_1.

(b) Tout module de Hodge-Tate sur K_1 est dominé par un module du type (a).

L'assertion (a) résulte de la définition des modules de Hodge-Tate. Prouvons (b). Soit V_1 un module de Hodge-Tate sur K_1, et soit V le module induit de V_1 (au sens usuel de l'induction des représentations de groupes). Comme V_1 est contenu dans V, donc dominé par V, il nous suffit de vérifier que V est un module de Hodge-Tate sur K. Choisissons une extension galoisienne finie K' de K, contenue dans $\bar{K}$, et contenant K_1. D'après [6], III. 32, il suffit de voir que V est un module de Hodge-Tate sur K'. Mais, sur K', V est somme directe de modules isomorphes à des conjugués de V_1, lesquels sont bien des modules de Hodge-Tate. D'où notre assertion.

Ce lemme montre que les modules de Hodge-Tate sur K sont cofinaux (pour la relation de domination) dans la catégorie des modules de Hodge-Tate sur K_1. On a donc

$$H_1 = \varprojlim H_{1V} \qquad (V \text{ de Hodge-Tate sur } K),$$

où H_{1V} est l'enveloppe algébrique de $G_{1V} = \rho_V(G_{K_1})$ dans GL_V. Comme G_{1V} est d'indice fini dans G_V, H_{1V} est d'indice fini dans H_V ; en particulier les composantes neutres de H_V et H_{1V} coïncident. De plus, l'image de H_{1V} dans le groupe fini H_V/H_V^o est égale à l'image de G_{1V} dans ce groupe. Par passage à la limite sur V, on en déduit :

PROPOSITION 3 - Le groupe H_1 s'identifie à un sous-groupe de H contenant H^o ; son image dans $H/H^o = G_K$ est G_{K_1}.

COROLLAIRE - Les groupes H et H_1 ont même composante neutre.

(Autrement dit, la composante neutre H^o de H ne change pas par extension finie du corps de base.)

165

On peut résumer la situation par le diagramme commutatif suivant, où les flèches verticales sont des inclusions :

$$\begin{array}{ccccccccc} \{1\} & \to & H_1^{\circ} & \to & H_1 & \to & G_{K_1} & \to & \{1\} \\ & & \| & & \downarrow & & \downarrow & & \\ \{1\} & \to & H^{\circ} & \to & H & \to & G_K & \to & \{1\} . \end{array}$$

Remarque

Ici encore, la situation est différente pour les groupes H_{adm} et H_{div} du n° 1.6. Si l'on remplace K par K_1, ces groupes sont remplacés par des groupes $H_{1.adm}$ et $H_{1.div}$ munis d'homomorphismes

$$H_{1.adm} \to H_{adm} \quad \text{et} \quad H_{1.div} \to H_{div} ;$$

ces homomorphismes sont <u>surjectifs</u>, mais ne sont pas injectifs en général.

§ 2. Le cas commutatif

Le but de ce § est de décrire les modules de Hodge-Tate V dont le groupe de Galois associé G_V est commutatif. Comme on le verra, ces modules se ramènent essentiellement aux modules V_E associés aux groupes formels de Lubin-Tate, cf. 2.1 ci-dessous.

2.1. Les modules V_E et les caractères χ_E

Les modules $V_{E,\pi}$

Soient E une extension finie de $\mathbf{Q}_p$ contenue dans $\bar{K}$, et π une uniformisante de E. Soit $\bar{E} = \bar{\mathbf{Q}}_p$ la fermeture algébrique de E dans $\bar{K}$. Considérons le groupe formel de Lubin-Tate attaché au couple (E,π), et notons $V_{E,\pi}$ son module de Tate, tensorisé avec $\mathbf{Q}_p$. On sait (cf. par exemple [6], III. A4) que $V_{E,\pi}$ est un E-espace vectoriel de dimension 1 et que l'action naturelle de $\mathrm{Gal}(\bar{E}/E)$ sur $V_{E,\pi}$ respecte cette structure. Cette action est donnée par un homomorphisme

$$f_{E,\pi} : \mathrm{Gal}(\bar{E}/E) \to U_E ,$$

où U_E est le groupe des unités de E.

Comme U_E est commutatif, on peut, via la théorie du corps de classes, interpréter $f_{E,\pi}$ comme un homomorphisme de E^* dans U_E ; d'après un théorème de Lubin-Tate, cet homomorphisme est caractérisé par les propriétés suivantes

$$f_{E,\pi}(\pi) = 1$$
$$f_{E,\pi}(u) = u^{-1} \quad \text{si } u \in U_E .$$

Cette dernière formule montre en particulier que la restriction de $f_{E,\pi}$ au groupe d'inertie de $\mathrm{Gal}(\bar{E}/E)$ ne dépend pas du choix de π.

Les modules V_E

Supposons maintenant que E soit contenu dans K. L'action de $G_K = \mathrm{Gal}(\bar{K}/K)$ sur $\bar{E}$ définit alors un homomorphisme

$$G_K \to \mathrm{Gal}(\bar{E}/E)$$

qui permet de faire opérer G_K sur $V_{E,\pi}$. Comme G_K est égal à son groupe d'inertie, le module galoisien ainsi obtenu est indépendant du choix de π ; nous le noterons V_E et nous désignerons par χ_E l'homomorphisme correspondant de G_K dans U_E (cf. [6], p. III. 41).

Exemple. Si $E = Q_p$, $\pi = p$, le groupe de Lubin-Tate est le groupe multiplicatif (formel), V_E est de dimension 1 , et χ_E est le caractère cyclotomique χ du n° 1.1.

Décomposition de Hodge-Tate de V_E

Soit Σ_E l'ensemble des plongements $\sigma : E \to C$ qui sont l'identité sur Q_p . On a

$$\mathrm{Card}(\Sigma_E) = [E:Q_p] = \dim V_E .$$

Parmi les éléments de Σ_E figure l'inclusion $\iota : E \to C$.

Si $\sigma \in \Sigma_E$, notons $V_{E,\sigma}$ le C-espace vectoriel $C \otimes_\sigma V_E$ déduit du E-espace vectoriel V_E par le changement de corps de base $\sigma : E \to C$. On a $\dim_C V_{E,\sigma} = 1$. Le C-espace vectoriel $V_{E/C} = C \otimes_{Q_p} V_E$ est somme directe des $V_{E,\sigma}$:

$$V_{E/C} = \bigoplus_{\sigma \in \Sigma_E} V_{E,\sigma} .$$

Il résulte de [9], cor. 2 au th. 3, que V_E est un module de Hodge-Tate de poids 0 et 1 , les sous-espaces correspondants étant :

$$V_{E/C}(0) = \bigoplus_{\sigma \neq \iota} V_{E,\sigma}$$

$$V_{E/C}(1) = V_{E,\iota} = C \otimes_E V_E .$$

Enveloppe algébrique de $\mathrm{Im}(\chi_E)$

L'image de G_K dans $\mathrm{Gal}(\bar{E}/E)$ est un sous-groupe d'indice fini du groupe d'inertie de $\mathrm{Gal}(\bar{E}/E)$, l'indice en question étant d'ailleurs égal au quotient e_K/e_E des indices de ramification absolus de K et de E . Il en résulte que $\mathrm{Im}(\chi_E)$ est un sous-groupe ouvert de U_E . Son enveloppe algébrique H_{V_E} (au sens du n°1.3) est donc le tore $T_E = R_{E/Q_p}(G_{m/E})$ déduit de $G_{m/E}$ par restriction des scalaires de E à Q_p ([6], II.1.1). [Rappelons que, si A est une extension de Q_p , le groupe $T_E(A)$ des points de T_E à valeurs dans A est le groupe des éléments inversibles de $A \otimes_{Q_p} E$; en particulier, on a $T_E(Q_p) = E^*$: le tore T_E représente le groupe multiplicatif de E .]

Le groupe à un paramètre attaché à T_E

Sur C (et même sur $\bar{Q}_p$) le tore T_E se décompose en produit de groupes multiplicatifs indexés par les éléments de Σ_E :

$$T_{E/C} = \prod_{\sigma \in \Sigma_E} G_{m,\sigma} \quad \text{où } G_{m,\sigma} = G_{m/C} \text{ pour tout } \sigma .$$

Sur $V_{E/C}$, un élément $t = (t_\sigma)$ de $T_{E/C}$ opère par :

$$t.\sum_\sigma x_\sigma = \sum_\sigma t_\sigma x_\sigma \quad \text{si } x_\sigma \in V_{E,\sigma} .$$

Vu la décomposition de Hodge-Tate de V_E donnée ci-dessus, il en résulte que l'homomorphisme $h_{V_E} : G_{m/C} \to T_{E/C}$ attaché à V_E (au sens du n° 1.4) est donné par :

$$h_{V_E}(c) = (c_\sigma) \text{ , avec } \begin{cases} c_\sigma = 1 & \text{si } \sigma \neq \iota \\ c_\sigma = c & \text{si } \sigma = \iota \end{cases} .$$

En d'autres termes, h_{V_E} est le plongement de $G_{m/C}$ dans $T_{E/C}$ correspondant au facteur de $T_{E/C}$ d'indice ι .

2.2. Structure de H^{ab}

Si X est un groupe proalgébrique, nous noterons X^{ab} le plus grand groupe proalgébrique quotient de X qui soit commutatif ; de même, si X est un groupe profini, nous noterons X^{ab} le plus grand quotient profini commutatif de X .

Nous nous proposons de déterminer la structure du groupe proalgébrique H^{ab} , où $H = \varprojlim H_V$, cf. n° 1.6.

Tout d'abord, l'homomorphisme naturel de H sur le groupe G_K (vu comme groupe proalgébrique "constant" de dimension 0 , cf. n° 1.6) définit par passage au quotient un homomorphisme

$$\varepsilon : H^{ab} \to G_K^{ab} .$$

D'après la prop. 2, cet homomorphisme est surjectif, et son noyau est la composante neutre $(H^{ab})^o$ de H^{ab} .

D'autre part, si E est une extension finie de $\mathbf{Q}_p$ contenue dans K , on a défini ci-dessus un module de Hodge-Tate V_E dont le groupe algébrique associé H_{V_E} est le tore T_E défini par E . Comme H est limite projective des H_V , et que T_E est commutatif, on en déduit un homomorphisme $\rho_E : H^{ab} \to T_E$. Si E' est un sous-corps de E , et si $N_{E/E'} : T_E \to T_{E'}$ désigne la norme, on a

$$\rho_{E'} = N_{E/E'} \circ \rho_E ;$$

cela résulte de la formule correspondante pour χ_E et $\chi_{E'}$, qui est bien connue (ou, si l'on préfère, de celle pour h_{V_E} et $h_{V_{E'}}$, qui est immédiate). Notons alors $\varprojlim_{E \subset K} T_E$ la limite projective des tores T_E, pour $E \subset K$, relativement aux $N_{E/E'}$; les ρ_E définissent un homomorphisme

$$\rho : H^{ab} \to \varprojlim_{E \subset K} T_E .$$

La structure de H^{ab} est donnée par le théorème suivant :

THÉORÈME 4 - L'homomorphisme

$$(\varepsilon,\rho) : H^{ab} \to G_K^{ab} \times \varprojlim_{E \subset K} T_E$$

est un isomorphisme.

Comme ε définit un isomorphisme de $H^{ab}/(H^{ab})^o$ sur G_K^{ab}, le th. 4 équivaut à :

THÉORÈME 4' - La restriction de ρ à $(H^{ab})^o$ est un isomorphisme de $(H^{ab})^o$ sur $\varprojlim_{E \subset K} T_E$.

Démonstration

Par construction, l'homomorphisme

$$(\varepsilon,\rho) : H^{ab} \to G_K^{ab} \times \varprojlim_{E \subset K} T_E$$

est surjectif. Montrons que c'est un isomorphisme. Pour cela il suffit de prouver que, si $\pi : H^{ab} \to A$ est un homomorphisme de H^{ab} sur un groupe algébrique linéaire A, l'homomorphisme π peut se factoriser par (ε,ρ). Or, soit

$$h_A : \mathbf{G}_{m/C} \to A_{/C}$$

le groupe à un paramètre correspondant à A (cf. 1.4), et soit E le corps de définition de h_A. Du fait que A est commutatif, E est une extension finie de $\mathbf{Q}_p$ ([1], prop. 8.11). De plus, la prop. 1 du n° 1.5 montre que ${}^{\sigma}h_A = h_A$ pour tout $\sigma \in G_K$, donc que h_A est rationnel sur K ; le corps E est donc contenu dans K. D'après une propriété universelle bien connue du tore T_E, il existe un unique homomorphisme $f_E : T_E \to A$ tel que

$$h_A = f_E \circ h_{V_E} ,$$

où h_{V_E} est le groupe à un paramètre canonique de T_E, cf. 2.1.

L'homomorphisme f_E définit un homomorphisme f de $\varinjlim_{E \subset K} T_E$ dans A. Posons

$$\pi' = f \circ \rho = f_E \circ \rho_E ;$$

c'est un homomorphisme de H^{ab} dans A qui a le même effet que π sur le groupe à un paramètre canonique de H^{ab}. D'après le th. 2, il en résulte que π et π' coïncident sur $(H^{ab})^o$; leur quotient $\varphi = \pi.(\pi')^{-1}$ est trivial sur $(H^{ab})^o$, donc s'écrit sous la forme $\varphi = g \circ \varepsilon$, où g est un homomorphisme continu (à noyau ouvert) de G_K^{ab} dans $A(Q_p)$. En multipliant g par f, on obtient un homomorphisme

$$F = g.f : G_K^{ab} \times \varinjlim_{E \subset K} T_E \to A ,$$

et il est clair que $\pi : H^{ab} \to A$ est le composé de (ε, ρ) et de F. Cela montre bien que π se factorise par (ε, ρ) ; le th. 4 en résulte.

Remarque. Le th. 4 est essentiellement une reformulation, dans le langage des groupes proalgébriques, des résultats de Tate exposés dans [6], III, Appendice ; l'emploi du th. 2 (théorème de Sen) n'est pas indispensable.

Application : modules de Hodge-Tate à action abélienne

Soit V un module de Hodge-Tate tel que G_V soit commutatif. L'enveloppe algébrique H_V de G_V est alors commutative ; elle s'identifie donc à un quotient du groupe H^{ab} étudié ci-dessus. Vu le th. 4, on en déduit :

a) La composante neutre H_V^o de H_V est un tore, quotient de l'un des T_E. Cela entraîne que H_V est un groupe réductif ([1], 11.21) et que V est un module semi-simple sur H_V (ou sur G_V, cela revient au même).

b) L'homomorphisme $H^{ab} \to H_V$, restreint au facteur direct G_K^{ab} de H^{ab}, définit un homomorphisme continu

$$\psi_V : G_K^{ab} \to H_V(Q_p) ,$$

dont l'image est un sous-groupe fini de $H_V(Q_p)$. En utilisant ψ_V, on munit ainsi V d'une nouvelle structure de module galoisien, où cette fois l'action de G_K est finie ; cela permet, par exemple, de parler du conducteur d'Artin de V, pour cette nouvelle structure. Nous dirons que V est non ramifié si $\psi_V = 1$. Cela revient à dire que la projection $H^{ab} \to H_V$ peut se factoriser par l'un des $\rho_E = H^{ab} \to T_E$, ou encore que V est dominé (au sens de 1.6) par l'un des V_E.

Lorsque V est ramifié, on peut seulement affirmer que V est dominé par un $V_E \oplus W$, où W est un module galoisien à action finie et commutative : c'est une

171

autre façon de formuler le th. 4.

2.3. Structure de H^{ab}_{adm} et H^{ab}_{div}

Rappelons (cf. 1.6) que H_{adm} est le groupe proalgébrique associé à la catégorie des modules admissibles ([2], 3.2.5), et que H_{div} est le groupe proalgébrique associé à la $\otimes$-catégorie engendrée par les modules de Tate des groupes p-divisibles. On a des homomorphismes canoniques

$$H \to H_{adm} \to H_{div} ,$$

d'où

$$H^{ab} \to H^{ab}_{adm} \to H^{ab}_{div} .$$

Ces homomorphismes sont surjectifs. Comme H_{adm} et H_{div} sont connexes ([2], 3.7.4), la restriction de $H^{ab} \to H^{ab}_{div}$ à $(H^{ab})^o$ est également surjective.

Du fait que les V_E sont des modules de Tate de groupes p-divisibles, l'homomorphisme $\rho : H^{ab} \to \varprojlim_{E \subset K} T_E$ se factorise en :

$$H^{ab} \to H^{ab}_{div} \to \varprojlim_{E \subset K} T_E .$$

THÉORÈME 5 (Fontaine) - Les homomorphismes

$$(H^{ab})^o \to H^{ab}_{adm} \to H^{ab}_{div} \to \varprojlim_{E \subset K} T_E$$

sont tous des isomorphismes.

En effet ils sont surjectifs et leur composé est un isomorphisme d'après le th. 4'.

COROLLAIRE 1 - Les projections $H^{ab} \to H^{ab}_{adm}$ et $H^{ab} \to H^{ab}_{div}$ ont pour noyau le facteur direct G^{ab}_K de H^{ab}.

C'est clair.

COROLLAIRE 2 - Soit V un module de Hodge-Tate à action abélienne. Pour que V soit non ramifié (au sens de 2.2), il faut et il suffit que V soit admissible (au sens de [2], 3.2.5).

Cela résulte du cor. 1.

Exemple : module de Tate d'un groupe p-divisible de type (CM)

Soit $\underline{A}$ un groupe p-divisible sur A_K, de hauteur h et de dimension n. Soit E_1 une extension de $\mathbf{Q}_p$ de degré h et supposons qu'un sous-anneau d'indice fini de l'anneau des entiers de E_1 opère sur $\underline{A}$ (de sorte que $\underline{A}$ est "de

172

type (CM)"). Le module de Tate V de $\underline{A}$, tensorisé avec Q_p , est un E_1-espace vectoriel de dimension 1 . Comme l'action de G_K sur V est E_1-linéaire, elle est donnée par un homomorphisme $\chi_{\underline{A}} : G_K \to E_1^*$. Par passage aux enveloppes algébriques, on en déduit, comme au n° 2.1, un homomorphisme

$$\rho_{\underline{A}} : H_{div}^{ab} \to T_{E_1} .$$

D'après le th. 5, cet homomorphisme peut se factoriser en

$$H_{div}^{ab} \to T_E \xrightarrow{\delta} T_{E_1} ,$$

pour E et δ bien choisis. Indiquons brièvement comment on peut construire (E,δ) :

On considère la représentation de E_1 dans l'espace tangent à $\underline{A}$. C'est une représentation de dimension n , définie sur K . Elle provient par extension des scalaires d'une représentation définie sur un sous-corps E de K de degré fini sur Q_p ; on obtient ainsi un (E,E_1)-bimodule t , de dimension n sur E . Si $x \in E^*$, l'automorphisme x_t de t défini par x est E_1-linéaire ; soit

$$f(x) = \det_{E_1}(x_t)$$

son déterminant. L'application f de E^* dans E_1^* ainsi définie est "algébrique": elle se prolonge en un homomorphisme δ de T_E dans T_{E_1} . On peut prouver (par exemple en utilisant [6], III. App.) que le couple (E,δ) ainsi construit a les propriétés voulues.

2.4. Structure de $(H^o)^{ab}$

Si U est un sous-groupe ouvert de G_K , notons H_U le sous-groupe de H image réciproque de U par l'homomorphisme canonique $H \to G_K$ (cf. 1.6). Le groupe H^o est limite projective des H_U . On en conclut que

$$(H^o)^{ab} = \varprojlim H_U^{ab} = \varprojlim (H_U^{ab})^o .$$

Si K_U désigne la sous-extension de $\bar{K}$ fixée par U , le groupe H_U n'est autre que le "groupe H" relatif au corps de base K_U , cf. prop. 3. D'après le th. 4' , appliqué à K_U , on a

$$(H_U^{ab})^o = \varprojlim_{E \subset K_U} T_E .$$

Comme la réunion des K_U est $\bar{K}$, on en déduit :

THÉORÈME 6 - <u>Le groupe</u> $(H^o)^{ab}$ <u>est isomorphe à</u> $\varprojlim_{E \subset \bar{K}} T_E$.

<u>Remarque</u>. La condition " $E \subset \bar{K}$ " est équivalente à " $E \subset \bar{Q}_p$ " . Il en résulte que le groupe $(H^o)^{ab}$ <u>ne dépend pas de</u> K : il ne dépend que de la caractéristique résiduelle p .

§ 3. Modules de Hodge-Tate à poids 0 et 1

3.1. Rappels sur les poids et racines (cf. [1], [11], SGA 3 III)

Soit M un groupe réductif connexe sur un corps E de caractéristique 0. Soit E' une extension galoisienne finie de E sur laquelle M se déploie ([1], 18.8) ; choisissons un tore maximal $\underline{T}$ de $M_{/E'}$ qui soit déployé (i.e. isomorphe à un produit de groupes $G_{m/E'}$) et soit $\underline{B}$ un sous-groupe de Borel de $M_{/E'}$ contenant $\underline{T}$. Notons X (resp. Y) le groupe des caractères (resp. cocaractères, ou "groupes à un paramètre") de $\underline{T}$. On a :

$$X = \mathrm{Hom}(\underline{T}, G_{m/E'}) \quad \text{et} \quad Y = \mathrm{Hom}(G_{m/E'}, \underline{T}) .$$

Les groupes X et Y sont des $\mathbf{Z}$-modules libres duaux l'un de l'autre ; leur rang est égal à $\dim \underline{T}$. On pose

$$X_{\mathbf{Q}} = \mathbf{Q} \otimes X \quad \text{et} \quad Y_{\mathbf{Q}} = \mathbf{Q} \otimes Y ;$$

ce sont des $\mathbf{Q}$-espaces vectoriels en dualité. Si $x \in X_{\mathbf{Q}}$ et $y \in Y_{\mathbf{Q}}$, le produit scalaire de x et y est noté $\langle x,y \rangle$. On a

$$\langle x,y \rangle \in \mathbf{Z} \quad \text{si} \quad x \in X \ \text{et} \ y \in Y .$$

Système de racines

Le système de racines de $M_{/E'}$ relativement à $\underline{T}$ est une partie finie R de X (à savoir l'ensemble des poids $\neq 0$ de $\underline{T}$ dans la représentation adjointe de M), munie d'une injection $\alpha \mapsto \alpha^\vee$ dans Y. Si $\alpha \in R$, on a $\langle \alpha, \alpha^\vee \rangle = 2$; la symétrie s_α de $X_{\mathbf{Q}}$ définie par

$$s_\alpha(x) = x - \langle x, \alpha^\vee \rangle \alpha$$

laisse stable X et R ; sa transposée est la symétrie s_α de $Y_{\mathbf{Q}}$ telle que

$$s_\alpha(y) = y - \langle \alpha, y \rangle \alpha^\vee$$

pour tout y. Le groupe W engendré par les s_α est le groupe de Weyl ; il opère sur $X_{\mathbf{Q}}$ et $Y_{\mathbf{Q}}$; on a

$$\langle wx, wy \rangle = \langle x,y \rangle \quad \text{si} \quad x \in X_{\mathbf{Q}},\ y \in Y_{\mathbf{Q}},\ w \in W .$$

Base

Au groupe de Borel $\underline{B}$ est associé une base B de R ; tout élément de R s'écrit de façon unique sous la forme $\sum_{\alpha \in B} n_\alpha \alpha$, où les n_α sont des entiers de même signe. Soit X_Q^+ (resp. Y_Q^+) l'ensemble des $x \in X_Q$ (resp. $y \in Y_Q$) tels que

$$<x,\alpha^\vee> \geqq 0 \quad (\text{resp. } <\alpha,y> \geqq 0) \quad \text{pour tout } \alpha \in B ,$$

et posons

$$X^+ = X \cap X_Q^+ , \quad Y^+ = Y \cap Y_Q^+ .$$

Tout élément de X (resp. Y, X_Q , Y_Q) est le transformé par W d'un élément et d'un seul de X^+ (resp. Y^+ , X_Q^+ , Y_Q^+) .

<u>Décomposition de</u> X_Q <u>et</u> Y_Q

Soient $(R_i)_{i \in I}$ les <u>composants irréductibles</u> de R ; les $B_i = B \cap R_i$ sont les composantes connexes du <u>graphe de Coxeter</u> de W (Bourbaki, LIE V.VI). Soit X_i le sous-espace vectoriel de X_Q engendré par R_i , et soit Y_i le sous-espace vectoriel de Y_Q engendré par l'ensemble $R_i^\vee$ des $\alpha^\vee$ avec $\alpha \in R_i$. Si X_c (resp. Y_c) désigne l'orthogonal dans X_Q (resp. dans Y_Q) de la somme des Y_i (resp. des X_i) , on a

$$X_Q = X_c \oplus \bigoplus_{i \in I} X_i \qquad \text{et} \qquad Y_Q = Y_c \oplus \bigoplus_{i \in I} Y_i .$$

Ces décompositions en sommes directes reflètent la décomposition du groupe $M_{/E'}$, à isogénie près, en produit direct d'un tore M_c et de groupes simples M_i , $i \in I$.

Si $x \in X_Q$, nous noterons x_c et $(x_i)_{i \in I}$ les composantes de x dans X_c et dans les X_i ; nous emploierons une notation analogue pour les composantes d'un élément y de Y_Q. On a

$$<x,y> = <x_c , y_c> + \sum_{i \in I} <x_i , y_i> .$$

Si x et y sont des éléments non nuls de $X_i^+ = X_i \cap X_Q^+$ et de $Y_i^+ = Y_i \cap Y_Q^+$, on a $<x,y> > 0$.

<u>Action de</u> $\Gamma = \mathrm{Gal}(E'/E)$

Changer le couple $(\underline{T},\underline{B})$ ne modifie pas (à isomorphisme unique près) le système $(X,Y,R,\alpha \mapsto \alpha^\vee, B)$. Ce système est donc attaché canoniquement au groupe $M_{/E'}$ (cf. Bourbaki, LIE VIII.110, Remarque 2). Du fait que M est défini sur E , il en résulte que le groupe $\Gamma = \mathrm{Gal}(E'/E)$ <u>opère de façon naturelle sur</u> $(X,Y,R,\alpha \mapsto \alpha^\vee,B)$, cf. [11], 3.1 ainsi que Bourbaki, LIE VIII.227, exerc.8. En particulier, Γ opère sur le groupe de Weyl W et sur l'ensemble I des composants irréductibles de R.

On a

$$\langle \gamma x , \gamma y \rangle = \langle x,y \rangle \quad , \quad \gamma w x = \gamma(w)\gamma x \quad , \quad \gamma X_c = X_c \quad , \quad \gamma X_i = X_{\gamma i} \; ,$$

si $x \in X_Q$, $y \in Y_Q$, $w \in W$, $i \in I$ et $\gamma \in \Gamma$.

Représentations linéaires (cf. [11], ainsi que Bourbaki, LIE VIII, § 7)

Soient V une représentation linéaire de M sur E , et $V_{E'}$ la représentation linéaire de $M_{/E'}$ déduite de V par extension des scalaires à E' . Le tore $\underline{T}$ opère sur $V_{E'}$. Si $\omega \in X$, soit $V_{E'}(\omega)$ le sous-espace propre de $V_{E'}$ corres-
2 pondant à ω : on a $v \in V_{E'}(\omega)$ si et seulement si $tv = \omega(t)v$ pour tout point t de $\underline{T}$. L'espace $V_{E'}$ est somme directe des $V_{E'}(\omega)$, pour $\omega \in X$. On dit que ω est un *poids* de V si $V_{E'}(\omega) \neq 0$; la dimension $n_V(\omega)$ de $V_{E'}(\omega)$ est alors appelée la *multiplicité* de ω . L'ensemble $\Omega(V)$ des poids de V est une *partie finie* de X , stable par W et Γ . Pour que V soit une représentation linéaire *fidèle* (resp. *à noyau fini*) de M , il faut et il suffit que $\Omega(V)$ *engendre* le Z-module X (resp. le Q-espace vectoriel X_Q) . La connaissance des poids de V et de leurs multiplicités détermine la représentation V à isomorphisme près.

On peut décomposer $V_{E'}$ en somme directe de représentations absolument irréductibles. Si V^λ est l'une de ces représentations, il existe une droite D^λ de V^λ et une seule qui est stable par le groupe de Borel $\underline{B}$. L'action de $\underline{T}$ sur D^λ se fait grâce à un caractère χ^λ qui appartient à X^+ . On a $D^\lambda = V^\lambda \cap V_{E'}(\chi^\lambda)$; le caractère χ^λ est de multiplicité 1 dans V^λ . L'ensemble $\Omega(V^\lambda)$ des poids de V^λ est le *R-saturé* de χ^λ , au sens de Bourbaki, LIE VIII.125. Tout élément de cet ensemble est de la forme

$$\chi^\lambda - \sum_{\alpha \in B} n_\alpha \alpha \; ,$$

où les n_α sont des entiers $\geqq 0$. On dit que χ^λ est *le plus haut poids* de V^λ . Le *plus bas poids* de V^λ est $w_o \chi^\lambda$, où w_o est l'unique élément de W qui transforme B en $-B$ [l'automorphisme $-w_o$ est *l'involution fondamentale* de X ; nous le noterons $x \mapsto x'$] .

3.2. *Représentations de* M *à poids* 0 *et* 1

On conserve les notations M, $\underline{T}$, $\underline{B}$, R, ... du n° 3.1. On se donne :

a) une *représentation linéaire* V du groupe réductif M ,

b) un *corps algébriquement clos* C contenant E' ,

c) un *groupe à un paramètre* $h_M : G_{m/C} \to M_{/C}$ défini sur C .

On fait les hypothèses suivantes :

(i) V est fidèle ;

(ii) tout sous-groupe algébrique normal N de M, défini sur E, tel que $N_{/C}$ contienne $\mathrm{Im}(h_M)$, est égal à M ;

(iii) l'action de $G_{m/C}$ sur $V_C = C \otimes_E V$ définie par h_M a pour seuls poids 0 et 1.

[Rappelons que le groupe des caractères de G_m s'identifie de façon naturelle à $\mathbf{Z}$; cela donne un sens à (iii).]

Nous allons voir que ces hypothèses entraînent des propriétés très particulières pour l'ensemble $\Omega(V)$ des poids de V, ainsi que pour le groupe à un paramètre h_M. Tout d'abord :

LEMME 2 - Il existe $h_o \in Y^+$ tel que h_M et h_o, considérés comme homomorphismes de $G_{m/C}$ dans $M_{/C}$, soient conjugués l'un de l'autre par un automorphisme intérieur de $M_{/C}$; on a

(1) $\langle \omega, h_o \rangle = 0$ ou 1 pour tout $\omega \in \Omega(V)$.

(On peut en fait montrer que h_o est unique.)

D'après [1], cor. 11.3, il existe un automorphisme intérieur de $M_{/C}$ qui transforme h_M en un homomorphisme

$$h_1 : G_{m/C} \to \underline{T}_{/C} \subset M_{/C}$$

à valeurs dans $\underline{T}_{/C}$. Du fait que $\underline{T}$ est déployé sur E', h_1 est rationnel sur E', donc appartient à Y. D'après ce qui a été rappelé au n° 3.1, il existe $w \in W$ tel que $h_o = wh_1$ appartienne à Y^+ ; comme tout élément de W est induit par un automorphisme intérieur de $M_{/C}$, l'élément h_o répond à la question. Les actions de $G_{m/C}$ sur V_C définies par h_M et par h_o sont conjuguées, donc ont même poids ; vu (iii), ces poids sont égaux à 0 ou 1, ce qui démontre la formule (1).

Remarque. Comme $\Omega(V)$ est stable par le produit semi-direct ΓW de Γ par W, la formule (1) entraîne :

(2) $\langle \omega, h \rangle = 0$ ou 1 pour tout $\omega \in \Omega(V)$ et tout $h \in \Gamma W h_o$.

LEMME 3 - (a) L'ensemble $\Omega(V)$ des poids de V engendre le $\mathbf{Z}$-module X.

(b) <u>L'orbite</u> $\Gamma W h_o$ <u>de</u> h_o <u>par le groupe</u> ΓW <u>engendre le</u> <u>$\mathbf{Q}$-espace vectoriel</u> $Y_{\mathbf{Q}}$.

L'assertion (a) traduit l'hypothèse que V est fidèle. D'autre part, les sous-espaces de $Y_{\mathbf{Q}}$ stables par W et Γ correspondent de façon naturelle aux sous-groupes normaux connexes de M définis sur E ; si le sous-espace engendré par $\Gamma W h_o$ était distinct de $Y_{\mathbf{Q}}$, il existerait un tel sous-groupe N , distinct de M , et tel que l'image de h_o soit contenue dans $N_{/C}$; il en serait alors de même de l'image de h_M , ce qui contredirait l'hypothèse (ii). D'où (b).

LEMME 4 - <u>Si</u> $\alpha \in R$, $\omega \in \Omega(V)$ <u>et</u> $h \in \Gamma W h_o$, <u>on a</u>

(3) $$\langle \omega , \alpha^\vee \rangle = 0 \text{ , } 1 \text{ \underline{ou} } -1 \text{ ,}$$

(4) $$\langle \alpha , h \rangle = 0 \text{ , } 1 \text{ \underline{ou} } -1 \text{ .}$$

(Noter le rôle symétrique joué par les éléments de $\Omega(V)$ et de $\Gamma W h_o$: ils s'échangent par " dualité de Langlands " . Je ne connais pas d'explication <u>a priori</u> de ce phénomène.)

Appliquons (2) à ω et à $s_\alpha \omega = \omega - \langle \omega , \alpha^\vee \rangle \alpha$. On obtient

$$\langle \omega , h \rangle = 0 \text{ ou } 1$$

$$\langle \omega , h \rangle - \langle \omega , \alpha^\vee \rangle \langle \alpha , h \rangle = 0 \text{ ou } 1 .$$

Par différence, cela donne :

(5) $$\langle \omega , \alpha^\vee \rangle \langle \alpha , h \rangle = 0 \text{ , } 1 \text{ ou } -1 .$$

Remarquons maintenant que, pour ω et α fixés, on peut choisir $h \in \Gamma W h_o$ tel que $\langle \alpha , h \rangle \neq 0$: cela résulte du lemme 3 (b). Comme $\langle \alpha , h \rangle$ est un entier non nul, et que $\langle \omega , \alpha^\vee \rangle$ est un entier, (5) n'est possible que si $\langle \omega , \alpha^\vee \rangle = 0 , 1$ ou -1 , ce qui démontre (3). De même, pour α et h fixés, on peut choisir $\omega \in \Omega(V)$ tel que $\langle \omega , \alpha^\vee \rangle \neq 0$: cela résulte du lemme 3 (a) ; on en déduit comme ci-dessus que $\langle \alpha , h \rangle = 0 , 1$ ou -1 .

[<u>Variante</u>. Puisque V est un M-module fidèle, la représentation adjointe de M est isomorphe à une sous-représentation de $\mathrm{End}(V)$. Or les poids de $\mathrm{End}(V)$ (pour l'action de $\mathbf{G}_{m/C}$ donnée par h , h_o ou h_M) sont différences de deux poids de V (cf. [8], lemme 11.3), donc appartiennent à $\{0 , 1 , -1\}$. On retrouve ainsi la formule (4) .]

Soit $\Omega^+(V)$ l'ensemble des plus hauts poids des composantes irréductibles de $V_{E'}$; on a $\Omega^+(V) \subset X^+ \cap \Omega(V)$, et le R-saturé de $\Omega^+(V)$ est $\Omega(V)$, cf. n° 3.1.

LEMME 5 - Soit R_i $(i \in I)$ un composant irréductible de R.

(a) Il existe $\omega \in \Omega^+(V)$ tel que $\omega_i \neq 0$; l'élément ω_i de X_i est alors un poids minuscule du système de racines R_i, au sens de Bourbaki, LIE VIII.129.

(b) Il existe $h \in \Gamma h_o$ tel que $h_i \neq 0$; l'élément h_i de Y_i est alors un poids minuscule du système de racines $R_i^\vee$ dual de R_i.

(Rappelons que ω_i et h_i désignent les composantes d'indice i de ω et de h, cf. n° 3.1.)

Si l'on avait $\omega_i = 0$ pour tout $\omega \in \Omega^+(V)$, on aurait aussi $\omega_i = 0$ pour tout $\omega \in \Omega(V)$ puisque $\Omega(V)$ est le R-saturé de $\Omega^+(V)$, et cela contredirait le lemme 3 (a). D'autre part, si $\omega_i \neq 0$, la formule (3) du lemme 4, appliquée avec $\alpha \in R_i$, montre que ω_i satisfait à la condition (iii) de Bourbaki, loc. cit., déf. 1, donc est minuscule. D'où (a).

De même, l'existence de $h \in \Gamma h_o$ tel que $h_i \neq 0$ résulte du lemme 3 (b) ; le fait que " $h_i \neq 0$ " $\Rightarrow$ " h_i minuscule" résulte de la formule (4) du lemme 4. D'où (b).

Le lemme 5 entraîne déjà un certain nombre de propriétés de V :

PROPOSITION 4 - On a $\Omega(V) = W.\Omega^+(V)$.

Cela résulte de (a), et du fait que le R-saturé d'un poids minuscule est égal à son orbite par W, cf. Bourbaki, loc. cit., condition (i).

PROPOSITION 5 - Soit $\mathfrak{m}$ l'algèbre de Lie de M, et soit $\mathfrak{m}^\alpha$ le sous-espace propre de $\mathfrak{m}_{E'} = E' \otimes \mathfrak{m}$ correspondant à une racine $\alpha \in R$. Si x appartient à $\mathfrak{m}^\alpha$, l'endomorphisme x_V de $V_{E'}$ défini par x est de carré nul.

Cela résulte de la prop. 7 de Bourbaki, LIE VIII.128.

COROLLAIRE - Les éléments x de $\mathfrak{m}_{E'}$ tels que $(x_V)^2 = 0$ engendrent l'algèbre dérivée de $\mathfrak{m}_{E'}$.

(Noter l'analogie avec les " Quadratic Pairs " de Thompson [10].)

PROPOSITION 6 - Le groupe $M_{/E'}$ n'a aucun quotient $\neq \{1\}$ qui soit simplement connexe.

Il suffit de prouver que $M_{/E'}$ n'a aucun quotient simple simplement connexe. Un tel quotient correspond à un composant irréductible R_i de R ayant la propriété suivante : pour tout $y \in Y$, la composante y_i de y appartient au sous-groupe $\mathbf{Z}.R_i^\vee$ de Y_i engendré par $R_i^\vee$ (c'est ainsi que se traduit la simple connexion, cf. SGA 3 III, p. 129). Or, si l'on prend pour y un élément de Γh_o satisfaisant au lemme 5 (b), la composante y_i de y est minuscule ; d'après la prop. 8 de Bourbaki, LIE VIII.128, y_i n'appartient pas à $\mathbf{Z}.R_i^\vee$. D'où la proposition.

COROLLAIRE - Aucun quotient de $M_{/E'}$ n'est isomorphe à SL_n $(n \geq 2)$, Sp_{2n} $(n \geq 1)$, G_2, F_4 ou E_8.

Revenons aux propriétés des ω_i et des h_i :

LEMME 6 - Soient $\omega \in \Omega^+(V)$ et $h \in \Gamma h_o$. Alors :

(a) Il existe au plus un élément i de I tel que $\omega_i \neq 0$ et $h_i \neq 0$.

(b) Si $i \in I$ est tel que $\omega_i \neq 0$ et $h_i \neq 0$, on a

$$<\omega_i , h_i> + <\omega_i' , h_i> = 1 , \tag{6}$$

où ω_i' est le transformé de ω_i par l'involution fondamentale $-w_o$, cf. n° 3.1.

Soit J l'ensemble des $i \in I$ tels que $\omega_i \neq 0$ et $h_i \neq 0$. Si $i \in J$, le lemme 5 montre que (ω_i , h_i) est un couple minuscule : ses deux composantes sont minuscules. Définissons alors la hauteur $\ell(\omega_i , h_i)$ d'un tel couple par la formule

$$\ell(\omega_i , h_i) = <\omega_i , h_i> + <\omega_i' , h_i> . \tag{7}$$

Comme ω_i appartient à $X_i^+ - \{0\}$ et h_i à $Y_i^+ - \{0\}$, les produits scalaires $<\omega_i , h_i>$ et $<\omega_i' , h_i>$ sont > 0, et il en est de même de $\ell(\omega_i , h_i)$. De plus, comme $\omega_i + \omega_i' = \omega_i - w_o\omega_i$, et que ω_i est un poids de X_i, $\omega_i + \omega_i'$ appartient au sous-groupe $\mathbf{Z}.R_i$ de X_i engendré par R_i (Bourbaki, LIE VI.167, prop. 27). Ceci entraîne que son produit scalaire $\ell(\omega_i , h_i)$ avec h_i est un entier. On conclut de là que $\ell(\omega_i , h_i)$ est un entier ≥ 1.

D'autre part, d'après (2) appliqué à ω et $w_o\omega = -\omega'$, on a :

$$<\omega_c , h_c> + \sum_{i \in J} <\omega_i , h_i> = 0 \text{ ou } 1 \tag{8}$$

$$<\omega_c' , h_c> + \sum_{i \in J} <\omega_i' , h_i> = 0 \text{ ou } -1 . \tag{9}$$

Comme w_o opère trivialement sur X_c, on a $\omega_c' = -\omega_c$. En ajoutant les équations ci-dessus, on obtient :

$$\sum_{i\in J} \{<\omega_i , h_i> + <\omega'_i , h_i>\} = 0,\ 1 \ \text{ou} \ -1 ,$$

autrement dit

$$\sum_{i\in J} \ell(\omega_i , h_i) = 0,\ 1 \ \text{ou} \ -1 .$$

Comme les $\ell(\omega_i , h_i)$ sont des entiers $\geqq 1$, ceci n'est possible que si $J = \emptyset$, ou si J est réduit à un élément $\{i\}$ et si $\ell(\omega_i , h_i) = 1$, ce qui démontre le lemme.

Remarques

1) Si $J = \{i\}$, les formules (8) et (9) entraînent :

$$(10) \qquad <\omega_c , h_c> = <\omega'_i , h_i> = 1 - <\omega_i , h_i> .$$

La connaissance des $<\omega_i , h_i>$ détermine donc celle de $<\omega_c , h_c>$. Par contre, si $J = \emptyset$, on a simplement

$$<\omega_c , h_c> \ = <\omega , h> = 0 \ \text{ou} \ 1 ,$$

ce qui ne suffit pas à déterminer $<\omega_c , h_c>$.

2) Les arguments utilisés ci-dessus sont essentiellement les mêmes que ceux de Springer [8], § 11 ; la différence principale est la présence du groupe Γ qui n'apparaît pas dans [8], où le corps de base est supposé algébriquement clos.

La proposition suivante résume le lemme 5 et la partie (b) du lemme 6 :

PROPOSITION 7 - Pour tout $i \in I$, il existe $\omega \in \Omega^+(V)$ et $h \in \Gamma h_o$ tels que $\omega_i \neq 0$ et $h_i \neq 0$; tout couple (ω_i , h_i) ainsi obtenu est un couple minuscule de hauteur 1 (au sens défini ci-dessus).

COROLLAIRE 1 - Tous les composants irréductibles de R sont de type classique A_n , B_n , C_n ou D_n .

En effet, les systèmes de racines irréductibles de type G_2 , F_4 , E_6 , E_7 , E_8 ne possèdent pas de couple minuscule de hauteur 1 , cf. Annexe.

COROLLAIRE 2 - Aucun composant irréductible de R n'est de type D_4 trialitaire.

(Soit Γ_i le sous-groupe de Γ qui fixe i . Le groupe Γ_i opère sur R_i . On dit que R_i est "de type D_4 trialitaire" s'il est de type D_4 et si l'image de Γ_i dans $\mathrm{Aut}(R_i)$ est d'ordre 3 ou 6 , autrement dit si Γ_i permute transitivement les trois sommets terminaux du graphe de Dynkin  de R_i .)

Supposons que R_i soit de type D_4 trialitaire. Le groupe Γ_i permute transitivement les trois poids minuscules ϖ_1 , ϖ_3 , ϖ_4 de R_i , cf. Annexe. Comme l'un de ces poids est de la forme ω_i , avec $\omega \in \Omega^+(V)$, ils le sont tous. Choisissons alors $h \in \Gamma h_o$ tel que $h_i \neq 0$. D'après la prop. 7, les trois couples minuscules

$$(\varpi_1 , h_i) , (\varpi_3 , h_i) \text{ et } (\varpi_4 , h_i)$$

sont de hauteur 1, ce qui est impossible (cf. Annexe).

Le cas irréductible

Supposons V irréductible. Son commutant Δ est un corps. Notons E_1 le centre de Δ , et posons

$$[\Delta : E_1] = m^2 \text{ et } [E_1 : E] = r.$$

L'entier m est l'indice de Schur de V. La représentation $V_{E'}$ de $M_{/E'}$ se décompose en r représentations irréductibles conjuguées, chacune de multiplicité m . Le groupe Γ opère transitivement sur $\Omega^+(V)$, qui a r éléments. Si $\omega \in \Omega(V)$, la multiplicité $n_V(\omega)$ de ω est égale à m : c'est clair lorsque ω appartient à $\Omega^+(V)$, et le cas général résulte de ce que $\Omega(V)$ est égal à $W.\Omega^+(V)$, cf. prop. 4. On a en particulier

$$\dim V = m \operatorname{Card} \Omega(V) = m \operatorname{Card} W.\Omega^+(V).$$

D'autre part, si ω est un élément de $\Omega^+(V)$, on a

$$\operatorname{Card} W.\Omega^+(V) = r \operatorname{Card} W\omega = r \prod_{i \in I} d(\omega_i) ,$$

où $d(\omega_i) = \operatorname{Card} W\omega_i$. D'où :

PROPOSITION 8 - Avec les hypothèses et notations ci-dessus, on a

$$\dim V = m r \prod_{i \in I} d(\omega_i) . \tag{11}$$

Noter que $d(\omega_i) = 1$ si $\omega_i = 0$; lorsque $\omega_i \neq 0$, ω_i est minuscule, et $d(\omega_i)$ se calcule sans difficulté (cf. Annexe) ; on trouve en particulier que $d(\omega_i)$ est pair si R_i n'est pas de type A . Comme, pour $i \in I$ donné, on peut choisir ω tel que $\omega_i \neq 0$ (lemme 5), on en conclut en appliquant (11) :

COROLLAIRE - Si V est irréductible de dimension impaire, tous les composants irréductibles de R sont de type A.

Remarque

Lorsque $r = 1$, ce qui est le cas lorsque V est absolument simple, on peut préciser davantage la structure de M et de V : si ω est l'unique élément de $\Omega^+(V)$, on a $\omega_i \neq 0$ pour tout $i \in I$ d'après le lemme 5 (a) ; vu le lemme 6 (a), il existe au plus un élément i de I tel que $(h_o)_i \neq 0$. D'où deux cas :

a) $(h_o)_i = 0$ pour tout $i \in I$; d'après le lemme 3, cela entraîne que $I = \emptyset$, i.e. que M est commutatif ; on a alors $m = 1$ et $\dim V = 1$; le groupe M est, soit réduit à $\{1\}$ (poids 0) , soit égal à $\mathbf{G}_m$ (poids 1) .

b) Il existe un unique élément i de I tel que $(h_o)_i \neq 0$; utilisant le lemme 5 (b), on voit que $I = \Gamma i$, donc que Γ opère transitivement sur I . Soit Γ_i le fixateur de i dans Γ , et soit E_i le sous-corps de E' fixé par Γ_i . Le groupe adjoint de M s'obtient par restriction des scalaires de E_i à E à partir d'un groupe absolument simple sur E_i , de type A , B , C ou D . La composante neutre du centre de M est le groupe $\mathbf{G}_m$, opérant par homothéties. On a

$$\dim V = m\, d(\omega_i)^{[E_i\,:\,E]} \qquad (12)$$

3.3. Application aux modules de Hodge-Tate à poids 0 et 1

Soit V un module de Hodge-Tate, et soit H_V le groupe algébrique correspondant, cf. n° 1.3. Soit V_{ss} le semi-simplifié de V , i.e. la somme directe des quotients d'une suite de Jordan-Hölder de V . Le groupe H_V opère sur V_{ss} , et le noyau de cette action est le radical unipotent U_V de H_V , autrement dit le plus petit sous-groupe normal de H_V tel que H_V/U_V soit réductif ([1], 11.21). Si l'on s'intéresse simplement aux quotients réductifs de H_V , on peut donc supposer que $V = V_{ss}$,i.e. que V est semi-simple ; dans ce cas H_V est réductif.

Faisons cette hypothèse, et supposons en outre que les poids de V sont 0 et 1 , autrement dit que $V_C = V_C(0) \oplus V_C(1)$. Si l'on pose $E = \mathbf{Q}_p$, $M = H_V^o$, les hypothèses de 3.2 sont satisfaites, en prenant pour h_M le groupe à un paramètre canonique h_V (cf. 1.4) : (i) est évident, (ii) est une conséquence du théorème de Sen (th. 2), et (iii) traduit le fait que les poids de V sont égaux à 0 et 1 . On peut donc appliquer au groupe $M = H_V^o$ les résultats du n° 3.2, et en particulier les prop. 4, 5, 6, 7, 8. On obtient ainsi, par exemple :

THÉORÈME 7 - Si V est un module de Hodge-Tate semi-simple à poids 0 et 1 , les composants irréductibles du système de racines de H_V^o sont de type A, B, C ou D ; si V est irréductible de dimension impaire, ces composants sont tous de type A . Aucun quotient $\neq \{1\}$ de H_V^o n'est simplement connexe.

COROLLAIRE - Tout quotient simple du groupe proalgébrique H_{div} (cf. 1.6) est de type A, B, C ou D.

Problème

Existe-t-il des groupes p-divisibles correspondant aux divers couples (V, H_V^o) qui sont a priori possibles d'après le n° 3.2 ? Par exemple, peut-on construire un tel groupe pour lequel le système de racines de H_V^o soit de type D_n, le module V étant (à l'action du centre près) une représentation semi-spinorielle
3 de D_n, de degré 2^{n-1} ? La théorie de Fontaine [2] devrait permettre de répondre à ce genre de question.

Annexe - Couples minuscules de type $A_n, B_n, \ldots, E_8$

Pour chaque système de racines irréductible réduit, on note $\{\alpha_1, \ldots, \alpha_n\}$ sa base, numérotée comme dans Bourbaki, LIE VI, Planches, $\{\varpi_1, \ldots, \varpi_n\}$ ses poids fondamentaux, et $\{\check{\varpi}_1, \ldots, \check{\varpi}_n\}$ ceux du système dual. Les ϖ_i et les $\check{\varpi}_i$ sont caractérisés par

$$<\varpi_i, \check{\alpha}_j> = <\alpha_j, \check{\varpi}_i> = \begin{cases} 1 & \text{si } i = j \\ 0 & \text{si } i \neq j. \end{cases}$$

Tout poids minuscule est un poids fondamental ; pour qu'un poids fondamental ϖ_i soit minuscule, il faut et il suffit que le coefficient de $\check{\alpha}_i$ dans la plus grande racine du système dual soit égal à 1 (Bourbaki, LIE VIII.128, prop.8). Cela rend immédiate la détermination des poids minuscules. On obtient ainsi :

Type A_n $(n \geqq 1)$ $\overset{1}{\circ}$—∘— ... —∘—$\overset{n}{\circ}$

Tous les ϖ_i et tous les $\check{\varpi}_j$ sont minuscules. L'involution fondamentale $-w_o$ transforme i en $i' = n+1-i$ et j en $j' = n+1-j$. La hauteur du couple minuscule $(\varpi_i, \check{\varpi}_j)$ est donnée par :

$$\ell(\varpi_i, \check{\varpi}_j) = <\varpi_i, \check{\varpi}_j> + <\varpi_{i'}, \check{\varpi}_j> = \text{Inf}(i, j, i', j').$$

Les couples minuscules de hauteur 1 sont :

$$(\varpi_1, \check{\varpi}_i), (\varpi_n, \check{\varpi}_i), (\varpi_i, \check{\varpi}_1), (\varpi_i, \check{\varpi}_n) \quad \text{avec } 1 \leqq i \leqq n.$$

La représentation associée à ϖ_i est la puissance extérieure i-ème de la représentation standard de degré $n+1$. Son degré

$$d(\varpi_i) = \text{Card } W\varpi_i$$

est égal à $\binom{n+1}{i}$.

<u>Type</u> B_n $(n \geqq 2)$

Le couple $(\varpi_n, \varpi_1^\vee)$ est le seul couple minuscule ; sa hauteur est égale à 1. La représentation associée à ϖ_n est la représentation spinorielle ; son degré $d(\varpi_n)$ est 2^n.

<u>Type</u> C_n $(n \geqq 2)$

Ce cas est dual du précédent. Le couple $(\varpi_1, \varpi_n^\vee)$ est le seul couple minuscule ; sa hauteur est égale à 1. La représentation associée à ϖ_1 est la représentation standard ; son degré $d(\varpi_1)$ est $2n$.

<u>Type</u> D_n $(n \geqq 4)$

Il y a trois poids minuscules ϖ_1, ϖ_{n-1} et ϖ_n qui correspondent à la représentation standard et aux deux représentations semi-spinorielles. Leurs degrés sont :

$$d(\varpi_1) = 2n, \; d(\varpi_{n-1}) = 2^{n-1} \quad \text{et} \quad d(\varpi_n) = 2^{n-1} .$$

Les couples minuscules de hauteur 1 sont

pour $n = 4$: $(\varpi_i, \varpi_j^\vee)$ avec $i,j \in \{1,3,4\}$ et $i \neq j$

pour $n \geqq 5$: $(\varpi_1, \varpi_{n-1}^\vee)$, $(\varpi_1, \varpi_n^\vee)$, $(\varpi_{n-1}, \varpi_1^\vee)$ et $(\varpi_n, \varpi_1^\vee)$.

<u>Type</u> E_6

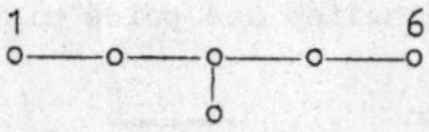

Il y a quatre couples minuscules :

$$(\varpi_1, \varpi_1^\vee), \; (\varpi_1, \varpi_6^\vee), \; (\varpi_6, \varpi_1^\vee) \; \text{et} \; (\varpi_6, \varpi_6^\vee).$$

Ils sont de hauteur 2.

<u>Type</u> E_7

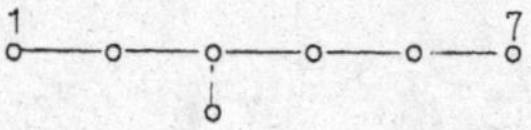

Il y a un seul couple minuscule : $(\varpi_7, \varpi_7^\vee)$. Il est de hauteur 3.

<u>Types</u> G_2, F_4, E_8

Il n'y a pas de poids minuscule.

* * *

Bibliographie

[1] A. BOREL - Linear Algebraic Groups, Notes by Hyman Bass, Benjamin, New York, 1969.

[2] J-M. FONTAINE - Modules galoisiens, modules filtrés, et anneaux de Barsotti-Tate, ce volume.

[3] N. SAAVEDRA RIVANO - Catégories Tannakiennes, Lect. Notes in Math. 265, Springer-Verlag, Heidelberg, 1972.

[4] S. SEN - Lie algebras of Galois groups arising from Hodge-Tate modules, Ann. of Math. 97 (1973), 160-170.

[5] J-P. SERRE - Sur les groupes de Galois attachés aux groupes p-divisibles, Proc. Conf. Local Fields (T.A. Springer edit.), Springer-Verlag, Heidelberg, 1967, 118-131.

[6] —— - Abelian ℓ-adic representations and elliptic curves, Benjamin, New York, 1968.

[7] —— - Résumé des cours de 1967-1968, Annuaire du Collège de France (1968-1969), 45-50.

[8] T.A. SPRINGER - Jordan Algebras and Algebraic Groups, Ergebn. der Math. 75, Springer-Verlag, Heidelberg, 1973.

[9] J. TATE - p-divisible groups, Proc. Conf. Local Fields (T.A. Springer edit.), Springer-Verlag, Heidelberg, 1967, 158-183.

[10] J.G. THOMPSON - Quadratic Pairs, Congrès Intern. Math. Nice, 1970, tome I, 375-376.

[11] J. TITS - Représentations linéaires irréductibles d'un groupe réductif sur un corps quelconque, J. reine ang. Math. 247 (1971), 196-220.

SGA 3 III M. DEMAZURE et A. GROTHENDIECK - Schémas en groupes III, Lect. Notes in Math. 153, Springer-Verlag, Heidelberg, 1970.

SGA 7 I A. GROTHENDIECK - Groupes de monodromie en géométrie algébrique, Lect. Notes in Math. 288, Springer-Verlag, Heidelberg, 1972.

Collège de France
75231 PARIS Cedex 05

Errata et Compléments

à

[6] Abelian ℓ-adic representations and elliptic curves

- I-12. La question 3 est trop optimiste. Il est facile de faire des contre-exemples en prenant des représentations à image finie d'indice de Schur > 1 .

- I-13, ℓ. 8-9. Le "problème des groupes de congruence" pour les variétés abéliennes a une réponse positive (cf. Izv. Akad. Nauk CCCP, 35 (1971), 731-737).

- I-17, ℓ. 19-20. L'existence des représentations ℓ-adiques associées aux formes modulaires a été prouvée par Deligne (Sém. Bourbaki 1968/69, exposé 355).

- I-29, ℓ. 8. Remplacer "$c_\chi + o(n)$" par "$c_\chi n + o(n)$" .

- II-12, ℓ. -4. Remplacer "$U_{\ell,m}$" par "$\pi_\ell(U_{\ell,m})$" .

- II-20, ℓ. 13. Remplacer "Assertion a)" par "Assertion 3)".

- II-25, ℓ. -8. Remplacer "$\varepsilon(I)$" par "$e(I)$" .

- III-13, ℓ. -4. Remplacer "Bambaki" par "Bourbaki".

- III-36, ℓ. -6. Remplacer "in Q" par "is Q" .

- III-37, ℓ. 5 ; III-38, ℓ. 7,11 ; III-51, ℓ. -4. L'espace $H^1(G, C)$ est un espace vectoriel de dimension 1 sur K , et non sur C .

- IV-14, ℓ.4. Ajouter l'hypothèse que C est semi-simple.

- IV-18, ℓ.8. Remplacer "Gal(K/K)" par "Gal($\bar{K}$/K)" .

- IV-21, ℓ. -7, -8. La conjecture faite dans cette Remarque a été démontrée (cf. Invent. math. 15 (1972), 259-331).

- IV-28, ℓ. 8. Remplacer "order 2" par "order 4" .

- IV-28, ℓ. 9. Remplacer "order 6" par "order 12" .

- IV-28, ℓ. 11. Remplacer "an isomorphism" par "a homomorphism with a kernel of order 2" .

- IV-41, ℓ. 13. Supprimer "in the near future". Ajouter "A different proof has been published by W. Messing (Lect. Notes in Math. 264, Springer-Verlag, 1972)".

- B-2, [17]. Remplacer "89" par "81" .

- B-3, [32]. Supprimer "and applications". Remplacer "In preparation " par "Ann. of Math. 88 (1968), 492-517".

188

120.

Arithmetic Groups

Homological Group Theory, édité par C.T.C. Wall, LMS Lect. Note Series n° **36**,
Cambridge Univ. Press (1979), 105–136

This is a survey of results on arithmetic groups. Only a minimal acquaintance with algebraic geometry is assumed. Theorems are mostly quoted without proof: sometimes an indication of the method is given. There is a substantial bibliography, with a guide to the subjects it covers. The reader is referred to the sources therein for the proofs omitted here.

§1. DEFINITIONS AND GENERAL PROPERTIES ([9], [26])

1.1. Let G be an algebraic subgroup of GL_n, defined over the field Q of rational numbers. Thus there exists a set of polynomials (with rational coefficients) in the n^2 matrix entries and the inverse of the determinant, whose set of solutions in any extension E of Q is a subgroup G_E of $GL_n(E)$. We call G_E the group of E-points of G. The groups G_R and G_C are respectively real and complex Lie groups.

We write G_Z for $G_Q \cap GL_n(Z)$.

Definition. A subgroup Γ of G_Q is arithmetic if it is commensurable with G_Z: that is, if $\Gamma \cap G_Z$ has finite index both in Γ and in G_Z.

A group Γ is arithmetic if it can be embedded as an arithmetic subgroup in G_Q for some Q-algebraic subgroup G of GL_n. Then any subgroup of finite index in Γ is also an arithmetic group.

Remarks. (1) We admit all subgroups commensurable with G_Z, rather than G_Z alone, in order to make the definition independent of the chosen Q-embedding of G in a general linear group. Thus a linear algebraic group over Q has a well-defined class of arithmetic subgroups.

(2) One can replace Q in the definition by an arbitrary number field E, and Z by the ring O_E of integers of E; but this does not enlarge the class of 'arithmetic groups'. For let $d = [E : Q]$; then an E-algebraic subgroup H of GL_n determines by 'restriction of scalars' a Q-algebraic subgroup G of GL_{nd}. One can identify G_Q with H_E, and G_Z has finite index in H_{O_E}; so that any subgroup Γ which is arithmetic in H_E (according to the extended definition) is already arithmetic in G_Q according to the definition above.

Functoriality (cf. [41], 10.14, 10.20). Let G and G' be linear algebraic groups over Q, and $\phi : G \to G'$ a homomorphism (defined over Q). Let $\phi_Q : G_Q \to G'_Q$ be the corresponding homomorphism on rational points. Then:

(a) If Γ is arithmetic in G_Q, $\phi_Q(\Gamma)$ is contained in an arithmetic subgroup of G'_Q; it is arithmetic in G'_Q if Coker ϕ is finite.

(b) If Γ' is arithmetic in G'_Q, $\phi_Q^{-1}(\Gamma')$ contains an arithmetic subgroup of G_Q; it is arithmetic in G_Q if Ker ϕ is finite.

(Beware that (a) would not be true for 'congruence subgroups', cf. [43], Sém. Bourbaki.)

1.2 Examples

(1) A finite group is arithmetic.

(2) Let G be the multiplicative group $G_m = GL_1$. Then G_Q is the group Q^* of non-zero rational numbers, and G_Z is $Z^* = \{\pm 1\}$. The arithmetic subgroups of G_m are $\{1\}$ and $\{\pm 1\}$.

(3) Let G be the additive group G_a, so that $G_E = E$ for any E. This group can be embedded in GL_2 as the group of upper unitriangular matrices $\left(\begin{smallmatrix}1 & * \\ 0 & 1\end{smallmatrix}\right)$, whose defining equations are $x_{11} = x_{22} = 1$, $x_{21} = 0$. Then $G_Z = Z$; any arithmetic subgroup of G_Q is a subgroup of Q commensurable with Z, so is infinite cyclic.

The class of arithmetic groups is closed under finite products. So by (1) and (3) every finitely generated abelian group is arithmetic.

(4) Every finitely generated torsion-free nilpotent group Γ is arithmetic. In fact, according to Malčev (cf. Bourbaki, LIE II, III, Exercices, pp. 82-3, 281-3) there are embeddings $\Gamma \subset \Gamma_Q \subset \Gamma_R$, where Γ_Q is a uniquely divisible nilpotent group generated by roots of elements

106

of Γ, and Γ_{R} is a simply connected nilpotent Lie group in which Γ_{Q} is dense. Both Γ_{Q} and Γ_{R} are unique up to unique isomorphism. With $\Gamma_{R} \supset \Gamma_{Q}$ is associated a Lie algebra with a rational structure $\mathfrak{n}_{R} \supset \mathfrak{n}_{Q}$. Now Γ_{Q} can be reconstructed from $\mathfrak{n}_{Q}$: it is the set $\mathfrak{n}_{Q}$ with the product given by the Campbell-Hausdorff series

$$x.y = x + y + \tfrac{1}{2}[x, y] + \tfrac{1}{12}[x, [x, y]] + \dots$$

which terminates by nilpotency. This multiplication law is polynomial, so Γ_{Q} becomes a linear algebraic group over **Q**; and Γ is an arithmetic subgroup.

For example, the nilpotent group with generators a, b and relations $(a, (a, b)) = (b, (a, b)) = 1$ embeds in GL_3 as the group of upper unitriangular matrices over **Z**: $\begin{pmatrix} 1 & * & * \\ 0 & 1 & * \\ 0 & 0 & 1 \end{pmatrix}$.

(5) Let R be any ring which as a **Z**-module is free of finite rank. Then the multiplicative group R^* is arithmetic. For let G be the **Q**-algebraic group whose E-points are those E-automorphisms of the free E-module $R \otimes_{Z} E$ which are linear with respect to the right R-module structure: then R^*, acting by multiplication on the left, is an arithmetic subgroup of G_{Q}.

In particular, this applies when R is the ring O_K of integers in a number field K, or when R is an order I in a quaternion field over K. Therefore O_K^* and I^* are arithmetic.

(6) Let

$$f(x) = \sum_{i=1}^{n} a_i x_i^2$$

be a non-degenerate quadratic form over **Q**. Let SO(n, f) be the associated special orthogonal group. Examples of arithmetic subgroups of $SO(n, f)_{Q}$ are studied in Vinberg [56], [57]. Other semi-simple groups can be used as well. Thus $SL_n(\mathbf{Z})$ and $Sp_{2n}(\mathbf{Z})$ are arithmetic groups associated with **Q**-split forms of SL_n, Sp_{2n}.

(7) A finitely generated non-abelian free group is arithmetic: indeed such a group is isomorphic to a subgroup of finite index in $SL_2(\mathbf{Z})$. A similar argument, using units of quaternion algebras, shows that the

fundamental group of a compact orientable surface is arithmetic.

(8) Let X be a simply connected finite complex. Then the group Γ of homotopy classes of homotopy equivalences from X to itself is arithmetic. This is due to Sullivan [49] and independently to Wilkerson [61]: it follows from Sullivan's theorem that Γ/C is arithmetic for some finite normal subgroup C ([49](b), 10.3), together with the residual finiteness of Γ, which is a consequence of Sullivan's completion theory ([49](a), 3.2). Further, every arithmetic group occurs (up to commensurability) in this way.

There are similar results concerning $\pi_0(\mathrm{Diff}(M))$, when M is a compact simply connected manifold of dimension at least six ([49](b)).

1.3 Properties of arithmetic groups

In this section, Γ denotes any arithmetic group.

(1) Γ is finitely presented ([8]; [41], 13.15).

(2) Γ has only finitely many conjugacy classes of finite subgroups [8].

(3) Γ is residually finite.

Recall that (3) means that Γ is separated for the topology T of subgroups of finite index. Besides T, it is of interest to consider the congruence topology T_c, in which a basis of neighbourhoods of 1 is given by the kernels of the natural homomorphisms $\Gamma \subset GL_n(Z) \to GL_n(Z/qZ)$, $q \geq 1$. This topology is independent of the chosen embedding $G \subset GL_n$; it is finer than T, and it is obviously separated; hence (3). The congruence subgroup problem asks whether $T_c = T$. In general this is false: $SL_2(Z)$ is a counterexample. But in a number of cases (for instance $SL_n(Z)$, $n \geq 3$, or $Sp_{2n}(Z)$, $n \geq 2$), it is known to be true, or its failure can be measured by a finite group; see [42], [43].

(4) Γ has a torsion-free subgroup of finite index.

This follows from (2) and (3), or, more directly, from Minkowski's theorem [34] that the congruence subgroup of level q of $GL_n(Z)$ is torsion-free if $q \geq 3$.

(5) If Γ is torsion-free, there is a finite complex Y of type $K(\Gamma, 1)$.

That is, there is a pointed finite CW complex (or, equivalently, simplicial complex) Y such that $\pi_1(Y) \approx \Gamma$, and $\pi_i(Y) \approx 0$ for $i \neq 1$ ([14], [40]). Since Γ is finitely presented, (5) is equivalent to the existence of a finite free resolution of the trivial Γ-module Z over the group ring $Z[\Gamma]$:

$$0 \to L_n \to L_{n-1} \to \cdots \to L_1 \to L_0 \to Z \to 0$$

where $L_i \approx Z[\Gamma]^{l_i}$, $i \geq 0$. That is, Γ is a group of type (FL) [44]. The Euler-Poincaré characteristic $\chi(\Gamma)$ of Γ is defined as $\chi(Y)$, or equivalently as $\sum(-1)^i l_i$.

(6) If Γ is torsion-free, its cohomological dimension $cd(\Gamma)$ is finite, and $H^*(\Gamma; Z)$ is finitely generated [40]. We have

$$\chi(\Gamma) = \sum(-1)^i \operatorname{rank} H^i(\Gamma; Z).$$

This follows from (5), since $H^*(\Gamma) \approx H^*(Y)$ for any coefficient module.

(7) $H^q(\Gamma; Z[\Gamma])$ is zero except for a single value of q for which it is a free Z-module I [14].

When Γ is torsion-free, the exceptional value is $q = cd(\Gamma)$. In this case Γ is a duality group in the sense of Bieri and Eckmann [7], and its dualizing module is isomorphic to I. The module I has infinite rank in general.

For (8) and (9) below, we assume that the algebraic group G is simple and that Q-rank$(G) \geq 2$.

(8) Every normal subgroup of Γ either is of finite index, or is finite and central.

(9) Every linear representation of Γ is almost algebraic.

That is, on some subgroup of finite index in Γ it coincides with the restriction of an algebraic representation of G.

This is due to Margulis [30], [31]; see also [1], [35], [39] for special cases.

1.4 The quotient G_R/Γ

If Γ is an arithmetic subgroup of the Q-algebraic group G, then it is a discrete subgroup of the real Lie group G_R. The following theorem of Borel and Harish-Chandra gives conditions for the homogeneous space $G_{\mathbf{R}}/\Gamma$ to have finite volume, and for it to be compact. If one of these properties holds for Γ, then it holds for all commensurable subgroups. So the conditions depend only upon the $\mathbf{Q}$-structure of the algebraic group G.

Let G^0 be the connected component of the identity in G, and $X(G^0)$ the group of $\mathbf{Q}$-homomorphisms from G^0 into the multiplicative group G_m.

Theorem ([13]). Let Γ be an arithmetic subgroup of $G_{\mathbf{Q}}$.

(a) The volume of $G_{\mathbf{R}}/\Gamma$ is finite if and only if $X(G^0) = \{1\}$.

(b) The following are equivalent:

(i) $G_{\mathbf{R}}/\Gamma$ is compact

(ii) G has no subgroup isomorphic to G_m

(iii) $X(G^0) = \{1\}$, and every unipotent element of $G_{\mathbf{Q}}$ is contained in the radical.

Remarks. (1) If G is commutative, the conditions for finite volume and for compactness are identical.

(2) If $G = SO(n, f)$, then condition (a) holds unless $n = 2$ and f represents zero (in which case $G \approx G_m$); condition (b) holds if and only if f does not represent zero.

Exercises. (1) Deduce Dirichlet's theorem on units from the compactness criterion above.

(2) Let D be a quaternion field over $\mathbf{Q}$ generated by i, j with $i^2 = a$, $j^2 = b$, $ji = -ij$ (for suitable $a, b \in \mathbf{Q}$). Show that the arithmetic subgroups of D^* are finite if $a < 0$ and $b < 0$; and otherwise are commensurable with certain discrete subgroups of $SL_2(\mathbf{R})$ having compact quotient.

Generalize to quaternion fields over a number field K.

1.5 Arithmeticity of discrete subgroups of Lie groups

Let L be a real Lie group with a finite number of components, and Γ any discrete subgroup of L. We say Γ is arithmetic in L if there exist a Q-algebraic group G and a Lie homomorphism $\phi : G_{\mathbf{R}} \to L$ such that

(i) ϕ has compact kernel and open image

(ii) $\phi(\Gamma_1)$ is commensurable with Γ whenever Γ_1 is arithmetic in $G_{\mathbf{Q}}$.

It suffices to check (ii) for a single choice of Γ_1. If Γ_1 is chosen torsion-free, the compactness of the kernel implies that $\phi|\Gamma_1$ is injective.

Theorem (Margulis [30], [31]). If L is a simple Lie group with R-rank(L) $\neq 1$, and L/Γ has finite volume, then Γ is arithmetic in L.

In the case R-rank(L) = 1 this is not true. Most Fuchsian groups give counterexamples in $SL_2(\mathbf{R})$, and interesting examples in SO(n, f), n = 4, 5, 6, have been given by Vinberg [55], [56]. Very recently, an example in SU(2, 1) has been found by Mostow.

§2. ACTION OF Γ ON THE HOMOGENEOUS SPACE $X = K\backslash G_{\mathbf{R}}$

2.1. If G is a Q-algebraic group as above, the real Lie group $G_{\mathbf{R}}$ has finitely many components. It is known that $G_{\mathbf{R}}$ has maximal compact subgroups, and that any two are conjugate. Let K be one of them; the homogeneous space $X = K\backslash G_{\mathbf{R}}$ is diffeomorphic to $\mathbf{R}^d$, where $d = \dim G_{\mathbf{R}} - \dim K$, and $G_{\mathbf{R}}$ acts properly on X. (If G is semisimple, then X is the associated symmetric space.) If Γ is arithmetic in $G_{\mathbf{Q}}$, it is a discrete subgroup of $G_{\mathbf{R}}$, so acts properly on X: that is, every compact subset of X meets only finitely many of its translates by elements of Γ (cf. Bourbaki, TG III 32). In particular, the stabilizers of points are finite subgroups. So, if Γ has no torsion, the action is free and $X \to X/\Gamma$ is a Galois covering with group Γ. Since X is a manifold, so is X/Γ. Since X is contractible, X/Γ is a space of type $K(\Gamma, 1)$; that is, $\pi_1(X/\Gamma) \approx \Gamma$ and $\pi_i(X/\Gamma) \approx 0$ for $i \neq 1$.

This implies that, when Γ is torsion-free, the cohomology of the group Γ (with any module of coefficients) is equal to the corresponding cohomology group of the manifold X/Γ. In particular, the cohomological dimension $cd(\Gamma)$ is at most d, where $d = \dim X$ as above. Since X/Γ is a connected d-manifold, we have $cd(\Gamma) = d$ if X/Γ is compact, and

111

$cd(\Gamma) < d$ if not (see also 2.3).

Remark. The existence of a free action on X yields no more information without a further construction, because Johnson and Wall have shown [58] that every countable group of finite cohomological dimension acts freely on some euclidean space.

If one can find an explicit fundamental domain for the action of Γ on X, then one can find a presentation of Γ, and often also some information about the cohomology of Γ. This is valid whether Γ has torsion or not, and also applies to examples (such as Fuchsian groups) which need not be arithmetic. See for instance [29], [47] for $SL_3(\mathbf{Z})$ and [6], [50] for $SL_2(O_K)$, where K is an imaginary quadratic field.

2.2 Adding corners to X and X/Γ

In the rest of §2, we assume that G is <u>semisimple</u> and <u>connected.</u>

Let Γ be a torsion-free arithmetic subgroup of $G_{\mathbf{Q}}$, and X the homogeneous space $K\backslash G_{\mathbf{R}}$ as in 2.1. If X/Γ is non-compact, it is diffeomorphic to the interior of a compact manifold with boundary. This result, due to Raghunathan [40], implies that Γ is finitely presented and of type (FL) as stated in 1.3. Raghunathan's proof is by construction of a suitable Morse function on X/Γ; it gives no information about the boundary added to X/Γ. A different method was given by Borel and Serre [14]. They show that X is the interior of a manifold with corners $\overline{X}$ which depends upon the Q-structure of G. (A <u>manifold with corners</u> is a Hausdorff space locally modelled upon a product of lines and half-lines $\mathbf{R}^n \times \mathbf{R}_+^m$.) The action of an arithmetic subgroup Γ of $G_{\mathbf{Q}}$ on X extends to a proper action of Γ on $\overline{X}$. If Γ is torsion-free, the quotient $\overline{X}/\Gamma$ is a compact manifold with corners whose interior is X/Γ.

We recall that a subgroup (defined over Q) isomorphic to $G_m \times \dots \times G_m$ is called a <u>split torus</u> of G. All maximal split tori are conjugate, according to a theorem of Borel and Tits [16]. The dimension $l = l(G)$ of any one of them is called the Q-<u>rank</u> of G.

Exercise. Let $G = SO(n, f)$ as in 1.2(6), with $n \geq 3$. Show that the Q-rank l of G is equal to the dimension of a maximal totally iso-

tropic subspace of f, i.e. that one can write f as
$x_1x_2 + x_3x_4 + \dots + x_{2l-1}x_{2l} + g(x_{2l+1}, \dots, x_n)$ where g does not represent zero.

The manifold with corners $\overline{X}$ is a disjoint union of subspaces e_P diffeomorphic to $\mathbf{R}^q$, where $d-l \le q \le d = \dim X$. These e_P are indexed by the parabolic subgroups P of G which are defined over **Q**. (A subgroup P is parabolic if G/P is a projective variety; equivalently, if G_C/P_C is compact.) These subgroups also index the simplices σ_P of the Tits building ([51], [52]) of G. The dimensions of the subspaces e_P, and the incidence relations among their closures, reflect the structure of the building as follows:

$$\dim e_P + \dim \sigma_P = d - 1$$
$$e_P \cap \overline{e_Q} \neq \phi \Longleftrightarrow e_P \subset \overline{e_Q} \Longleftrightarrow \sigma_Q \subset \sigma_P \Longleftrightarrow P \subset Q .$$

The minimal parabolic subgroups correspond to the subspaces e_P of dimension $d - l$, and to the maximal simplices of the building. The group G itself corresponds to X, and to the empty simplex. If $l = 0$, then $\overline{X} = X$ and X/Γ is compact (cf. 1.4).

Examples. (1) $G = SL_2$; $l(G) = 1$. The parabolic subgroups are G itself, and all conjugates of the group of upper triangular matrices. The building is discrete and denumerably infinite: $\overline{X}$ is the union of X with a countable number of contractible boundary components (see 2.3).

(2) $G = SL_3$; $l(G) = 2$. The building is a graph, whose vertices are the points and lines of the projective plane over **Q**. An edge of the graph connects a point and a line when the point lies on the line.

The construction of $\overline{X}$ from X is roughly as follows. For each parabolic subgroup P of G, one defines a 'geodesic action' of the multiplicative group $(\mathbf{R}_+^*)^{l(P)}$ on X [14], where $l(P) = \dim \sigma_P + 1$. This action is free, and makes X into a principal $(\mathbf{R}_+^*)^{l(P)}$-bundle. The group $(\mathbf{R}_+^*)^{l(P)}$ also acts on the product of closed half-lines $(\mathbf{R}_+)^{l(P)}$. Let X(P) be the bundle with typical fibre $(\mathbf{R}_+)^{l(P)}$ associated with the principal bundle X; it is a manifold with corners. If $P \subset Q$, then $X(Q) \subset X(P)$. We have $X(P) = \bigcup_{Q \supset P} e_Q$. The union of the X(P), as P

113

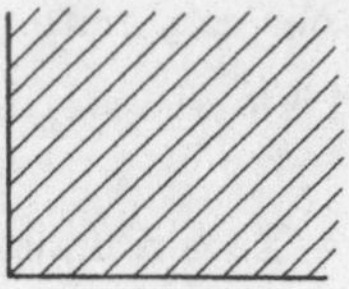

runs through all parabolic subgroups, is $\overline{X}$.

When P is a Borel subgroup, the geodesic action of $(R_+^*)^{l(P)}$ can be described in terms of the corresponding decomposition $K.A.N.$ of G_R: one has $X \approx A.N$, and the action is given by multiplication by elements of A.

2.3. Properties of $\overline{X}$ and $\overline{X}/\Gamma$

As above, we assume G is a semisimple connected linear **Q**-algebraic group. Then $\overline{X}$ has the following properties [14]:

(1) $\overline{X}$ is a Hausdorff manifold with corners, and is countably compact.

(2) The action of G_Q on X extends to an action on $\overline{X}$. (The action of G_R does not in general extend to $\overline{X}$: this reflects the fact that the construction of $\overline{X}$ depends essentially upon the **Q**-structure of G, and not only upon its **R**-structure.)

(3) If Γ is arithmetic in G_Q, then Γ acts properly on $\overline{X}$. The quotient $\overline{X}/\Gamma$ is compact, and is a manifold with corners if Γ is torsion-free.

These results subsume various theorems of 'reduction theory', due to Siegel, Borel-Harish-Chandra, Borel etc.; see [9].

(4) The boundary $\partial\overline{X}$ of $\overline{X}$ has the homotopy type of the Tits building T of **Q**-parabolic subgroups of G. This follows from the fact that the $\overline{e_P}$ $(P \neq G)$ make up a covering of $\partial\overline{X}$ by contractible subsets, whose nerve is isomorphic to T.

(5) $\partial\overline{X}$ has the homotopy type of a bouquet of $(l-1)$-spheres. (For, by a result of Solomon and Tits [46], this is true of the building T. See also [14].) In particular, $\partial\overline{X}$ is connected if the **Q**-rank l of G is ≥ 2.

Taking reduced homology with **Z** coefficients, we have by (5)

$$\tilde{H}_i(\partial\overline{X}) \approx \tilde{H}_i(T) \approx \begin{cases} 0 & \text{for } i \neq l-1 \\ I & \text{for } i = l-1 \end{cases}$$

where I is the Steinberg module of $G_{\mathbf{Q}}$ ([14], [46]), which is free as an abelian group. The usual reduced homology groups of $\overline{X}$ are zero, because $\overline{X}$ is contractible. We denote cohomology with compact supports (and integral coefficients) by H_c^*. By Poincaré duality for manifolds with boundary, we have the isomorphism (determined by choice of an orientation for $\overline{X}$)

$$(6) \quad H_c^q(X) \approx H_{d-q}(\overline{X}, \partial\overline{X}) \approx \begin{cases} 0 & \text{for } q \neq d-l \\ I & \text{for } q = d-l . \end{cases}$$

From these results we can deduce properties (5)-(7) of 1.3. Let Γ be a torsion-free arithmetic subgroup of $G_{\mathbf{Q}}$. Then $\overline{X}/\Gamma$ is a space of type $K(\Gamma, 1)$. It is also a compact manifold with corners, and therefore has the homotopy type of a finite complex (as one sees by smoothing the corners and triangulating, or more easily by Morse theory). Therefore Γ is finitely presented and is a group of type (FL).

Further, the spectral sequence of the covering $\overline{X} \to \overline{X}/\Gamma$, with compact supports and integral coefficients, collapses and yields the isomorphism

$$H^q(\Gamma; Z[\Gamma]) \approx H_c^q(\overline{X}) \approx \begin{cases} 0 & \text{for } q \neq d-l \\ I & \text{for } q = d-l . \end{cases}$$

Therefore Γ is a duality group in the sense of Bieri-Eckmann [7] of dimension $d - l = \dim(K\backslash G_{\mathbf{R}})$ - Q-rank(G), and its dualizing module is the Steinberg module I of $G_{\mathbf{Q}}$.

Unfortunately, it is not easy to use the above theory for specific calculations of cohomology. Even the cohomology of $SL_n(Z)$ is not entirely known at present, except for the cases $n = 2$ and $n = 3$ with constant coefficients ([29], [47]).

Example. The case of SL_2. We illustrate the construction of $\overline{X}$ by considering the case $G = SL_2$. Then X is diffeomorphic to the hyperbolic plane, which can be represented as the open unit disc in C, or as the upper half-plane with $G_{\mathbf{R}}$ acting by $z \mapsto \frac{az+b}{cz+d}$, $ad - bc = 1$. Any proper parabolic subgroup P over the field Q is the stabilizer of a rational cusp ξ_P on the boundary of the unit disc. In the action of R_+^* on X associated with P, the element $\lambda \in R_+^*$ corresponds to a translation of magnitude $\log \lambda$ along geodesics in the direction of the cusp:

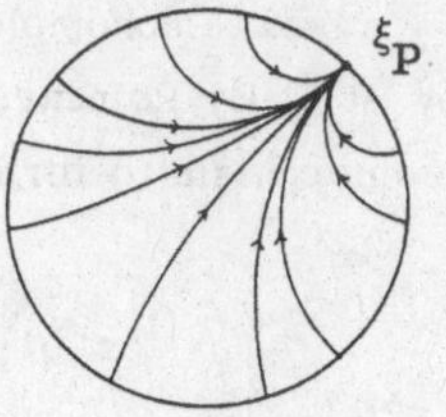

We have $X(P) = X \cup e_P$, where e_P is 'a copy of R at ξ_P'; the points of e_P correspond to the geodesics of X abutting at ξ_P. To visualize this, we take an isometry of the unit disc onto the upper half-plane which throws the cusp ξ_P to infinity. Then R_+^* acts by $(x, y) \mapsto (x, \lambda y)$, so that e_P is a copy of the x-axis added at infinity in the y-direction, and $X(P) = \{(x, y) \mid -\infty < x < \infty, 0 < y \leq \infty\}$. One gets a manifold diffeomorphic to X(P) by removing an open collar of its boundary e_P; this gives a representation of X(P) as a strip $\{z \in C \mid 0 < \mathrm{Im}(z) \leq a\}$. Similarly, one can represent the union of all the X(P) as a manifold with boundary contained in the upper half-plane, by removing collar neighbourhoods of all the boundary components. The result looks as follows:

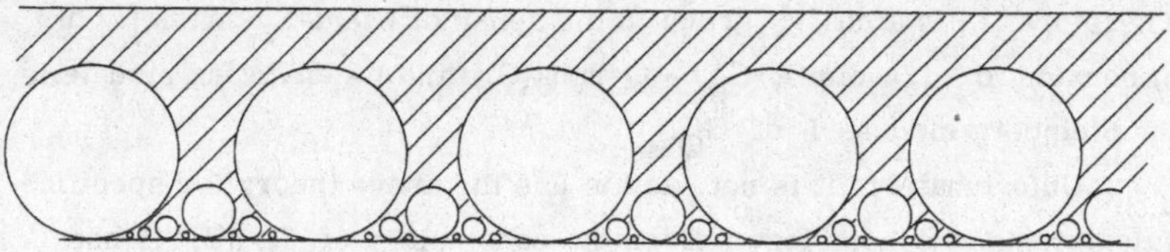

If one widens the excised collars until the boundary components touch, one obtains the closed set of the upper half-plane which is exterior to all the horocycles equivalent under $SL_2(Z)$ to the horocycle $y = 1$:

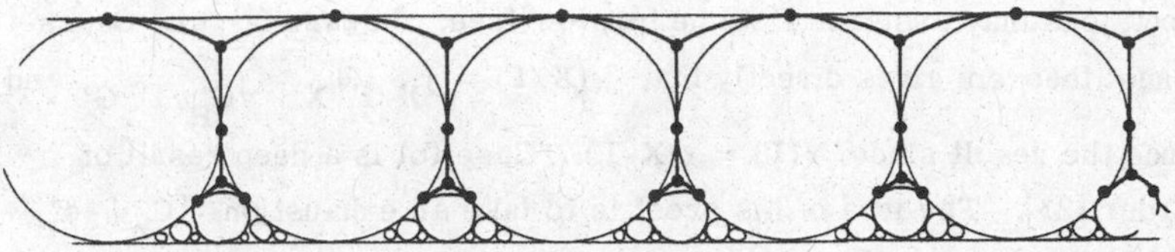

Although this space is no longer diffeomorphic to $\overline{X}$, the group $SL_2(Z)$ still acts properly on it. The centre $\{\pm 1\}$ acts trivially, and the action preserves the tree shown, whose edges are boundary components of standard fundamental domains. The fundamental domain for the action on the tree is an edge, whose stabilizer in $SL_2(Z)/\{\pm 1\}$ is trivial. The stabilizers of the end-points have orders 2 and 3. From the theory of actions on trees ([45], Ch. 1, §4), we deduce the well-known free product decomposition $SL_2(Z)/\{\pm 1\} \approx (Z/2Z) * (Z/3Z)$.

Remark. The above diagram appears in a different context in Rademacher's work on partitions ([37], p. 267).

§3. EULER-POINCARÉ CHARACTERISTICS ([18], [23], [44])

3.1 The Euler-Poincaré measure

Let G be a semisimple algebraic group over R and $X = K\backslash G_R$ its symmetric space as in §2. Denote the Gauss-Bonnet measure on X by ω_X. There is a unique invariant measure ω_G on G_R whose image under $G_R \to X$ is ω_X; this is the *Euler-Poincaré measure* of G_R.

Theorem. *Let Γ be a discrete subgroup of G_R. Assume either*

(a) *G_R/Γ is compact;*

or (b) *Γ is arithmetic in G_R (in the sense of 1.5).*

Then the Euler-Poincaré characteristic $\chi(\Gamma)$ of Γ is given by

$$\chi(\Gamma) = \int_{G_R/\Gamma} \omega_G .$$

Here $\chi(\Gamma)$ is taken in the sense of Wall (cf. [18], [44]), i.e. is equal to $\frac{1}{(\Gamma : \Gamma')}\chi(\Gamma')$ where Γ' is a torsion-free subgroup of finite index in Γ. That this is well-defined follows from 1.3. Thus, for the proof, one may assume Γ to be torsion-free. In case (a), the Gauss-Bonnet theorem gives directly that $\chi(X/\Gamma) = \int_{X/\Gamma}\omega_X = \int_{G_R/\Gamma}\omega_G$, and hence the result since $\chi(\Gamma) = \chi(X/\Gamma)$. Case (b) is a deep result of Harder [23]. The idea of his proof is to take an exhaustion $\{C_n\}$ of X/Γ by compact sets which are manifolds with boundary. From the Gauss-Bonnet formula for C_n one obtains $\chi(C_n) = \int_{C_n}\omega_X + \int_{\partial C_n}\mu$, where μ is some form on ∂C_n. For $n \to \infty$, we have $\lim \int_{C_n}\omega_X = \int_{X/\Gamma}\omega X$ and $\chi(C_n) = \chi(X/\Gamma)$. Hence one has to prove that $\lim \int_{\partial C_n}\mu = 0$. We

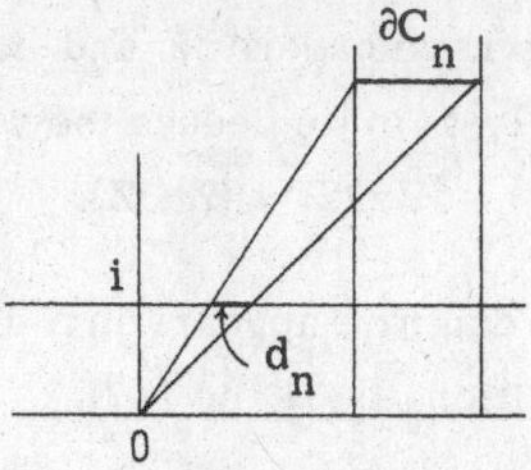

sketch a proof for the case $G = SL_2$ (the same argument works for any group of rank 1). The boundary components of X/Γ correspond to cusps which can be taken to be at ∞. Truncate a cusp neighbourhood as shown and draw a cone from 0 to intersect the line $y = 1$ in d_n. Since μ depends only on the Riemannian structure, which is invariant under dilations, we have $\int_{\partial C_n}\mu = \int_{d_n}\mu$. As $n \to \infty$, ∂C_n travels up the cusp neighbourhood and d_n shrinks to 0. Hence $\lim \int_{d_n}\mu = 0$.

In general, it can be shown that ω_G is non-zero if and only if the Lie groups G_R and K have the same rank. In that case, the sign of the measure is $(-1)^{d/2}$ where $d = \dim X$.

Example. The group SL_n has rank $n - 1$ and its maximal compact subgroup SO_n has rank $[n/2]$. Thus $\omega_G \neq 0$ for $n = 2$, and $\omega_G = 0$ for $n \geq 3$. Let Γ be a torsion-free subgroup of finite index in $SL_3(Z)$. Then by the above $\chi(\Gamma) = 0$. For SL_3, the dimension of the symmetric space is 5 and the Q-rank is 2, so by 2.3 we have $cd(\Gamma) = 3$. Thus $\chi(\Gamma) = 1 - b_1(\Gamma) + b_2(\Gamma) - b_3(\Gamma) = 0$, where b_i is the ith Betti number.

A vanishing theorem of Kajdan (see §4) shows that $b_1(\Gamma) = 0$. The equation then implies $b_3(\Gamma) > 0$.

3.2. Computation of $\chi(\Gamma)$ for Chevalley groups [23]

By Harder's theorem 3.1(b), computing $\chi(\Gamma)$ is equivalent to computing the volume of $G_{\mathbf{R}}/\Gamma$ with respect to ω_G. This has been done for Chevalley groups. More precisely:

Theorem (Harder). Let G be a simply-connected simple Chevalley group over $\mathbf{Z}$. Let $\Gamma = G(\mathbf{Z})$.

Then $\chi(\Gamma) = c \prod_{i=1}^{l} \zeta(1 - m_i)$ where l is the rank of G, $m_1, \ldots, m_l$ are the degrees of the fundamental invariants of W_G, $c = |W_G|/2^l |W_K|$, W_G, W_K being the Weyl groups of G, K respectively and $\zeta(s)$ the Riemann zeta function.

(Recall that, if m is an integer ≥ 2, $\zeta(1 - m)$ is a rational number, viz. $-b_m/m$ where b_m is the mth Bernoulli number; it is non-zero if and only if m is even.)

Harder's proof uses Langlands' theorem that the Tamagawa number of G is equal to 1; see [23] for the details.

Examples. 1. When $G = SL_2$, we have $|W_G| = 2$, $|W_K| = 1$, $c = 1$, $m_1 = 2$. Hence $\chi(SL_2(\mathbf{Z})) = \zeta(-1) = -b_2/2 = -1/12$ (as was a priori obvious from the decomposition of $SL_2(\mathbf{Z})/\{\pm 1\}$ as a free product).

2. When $G = Sp_{2n}$, we have $l = n$, $c = 1$, and $m_i = 2i$ for $1 \leq i \leq n$. Hence

$$\chi(Sp_{2n}(\mathbf{Z})) = \prod_{i=1}^{n} \zeta(1 - 2i) = \prod_{i=1}^{n} (-b_{2i}/2i).$$

Remark. More generally, if E is a totally real number field of degree r, with ring of integers O_E, then

$$\chi(G(O_E)) = c^r \prod_{i=1}^{l} \zeta_E(1 - m_i)$$

where ζ_E is the zeta-function of the field E. (Note that, if E is not totally real, then $\chi(\Gamma) = 0$.)

Exercise. Prove the following equivalences:

$$\chi(G(\mathbf{Z})) \neq 0 \Longleftrightarrow -1 \in W_G \Longleftrightarrow \text{all the } m_i\text{'s are even.}$$

3.3. Finite p-subgroups of Chevalley groups

Let G be a simple simply connected Chevalley group (cf. 3.2). We want to compute, as far as possible, the maximal order of a finite p-group contained in $G(\mathbf{Q})$, or $G(\mathbf{Z})$.

(a) An upper bound for the order of a p-subgroup of $G(\mathbf{Q})$.

1 We follow a method of Minkowski [34]:

Let F be a p-subgroup of $G(\mathbf{Q})$. Choose $N \geq 1$ such that F is contained in $G(\mathbf{Z}[\frac{1}{N}])$. If q is a prime not dividing N, F can be reduced mod q, and the reduction homomorphism $F \to G(\mathbf{F}_q)$ is easily shown to be faithful if $q \neq p$. Hence, $|F|$ divides the order of $G(\mathbf{F}_q)$, which is:

$$|G(\mathbf{F}_q)| = q^n \prod_{i=1}^{l} (q^{m_i} - 1),$$

where l, m_i are as in Harder's theorem (3.2), and $n = \frac{1}{2}(\dim G - l)$.

If $p \neq 2$, we choose q such that its class $(\mathrm{mod}\ p^2)$ generates the multiplicative group $(\mathbf{Z}/p^2\mathbf{Z})^*$; we then have

$$v_p(q^m - 1) = \begin{cases} 1 + v_p(m) & \text{if } p-1 \text{ divides } m \\ 0 & \text{if not,} \end{cases}$$

where v_p is the p-adic valuation.

If $p = 2$, we choose q such that $q \equiv 3 \pmod 8$; we have

$$v_2(q^m - 1) = \begin{cases} 2 + v_2(m) & \text{if } m \text{ is even} \\ 1 & \text{if } m \text{ is odd.} \end{cases}$$

If we denote by $m(G, p)$ the p-adic valuation of $|G(\mathbf{F}_q)|$, we see that

$$|F| \leq p^{m(G,\, p)}$$

and

$$m(G, p) = \sum_{m_i \equiv 0 \,(\mathrm{mod}(p-1))} (1 + v_p(m_i)) \qquad (p \geq 3)$$

$$m(G, 2) = l + \sum_{m_i \text{ even}} (1 + v_2(m_i)) \qquad (p = 2).$$

By Sylow's theorem, the order of any finite subgroup of $G(Q)$ divides $M_G = \prod_p p^{m(G, p)}$.

Examples.

G_2 - $(m_i) = 2, 6$ - $M_G = 2^6 . 3^3 . 7$
F_4 - $(m_i) = 2, 6, 8, 12$ - $M_G = 2^{15} . 3^6 . 5^2 . 7^2 . 13$
E_6 - $(m_i) = 2, 5, 6, 8, 9, 12$ - $M_G = 2^{17} . 3^6 . 5^2 . 7^2 . 13$
E_7 - $(m_i) = 2, 6, 8, 10, 12, 14, 18$ - $M_G = 2^{24} . 3^{11} . 5^2 . 7^3 . 11 . 13 . 19$
E_8 - $(m_i) = 2, 8, 12, 14, 18, 20, 24, 30$ - $M_G = 2^{30} . 3^{13} . 5^5 . 7^4 . 11^2 . 13^2 . 19 . 31.$

(b) A lower bound for the order of a p-subgroup of G(Z)

Let Γ be a group of type VFL. If $\chi(\Gamma) \neq 0$ and p^N appears in the denominator of $\chi(\Gamma)$, then by a theorem of K. Brown ([18], see also K. Brown's lectures), Γ contains a subgroup of order p^N.

For $\Gamma = G(Z)$, $\chi(\Gamma)$ is computable by Harder's theorem. It is non-zero for G_2, F_4, E_7, E_8 but is zero for E_6. Thus, one obtains

$$\left.\begin{array}{l} G_2(Z) \\ F_4(Z) \\ E_7(Z) \\ E_8(Z) \end{array}\right\} \text{ has subgroups of orders } \left\{\begin{array}{l} 2^6, 3^2, 7 \\ 2^{13}, 3^5, 5^2, 7^2, 13 \\ 2^{21}, 3^9, 5^2, 7^3, 11, 13, 19 \\ 2^{30}, 3^{10}, 5^4, 7^4, 11^2, 13^2, 19, 31. \end{array}\right.$$

(c) Comparison of (a) and (b)

We limit ourselves to the case of E_8 (for E_7, see K. Brown's lectures). By comparing (a) and (b), we see that the maximal order of a p-subgroup of $E_8(Q)$ is:

1 when $p \neq 2, 3, 5, 7, 11, 13, 19, 31$;
p when $p = 19$ or 31;
p^2 when $p = 11$ or 13;
p^4 when $p = 7$;
p^4 or p^5 when $p = 5$;

p^{10}, p^{11}, p^{12} or p^{13} when $p = 3$;

p^{30} when $p = 2$.

Exercises. 1. Let F and F' be two p-subgroups of $G(\mathbf{Q})$ of order $p^{m(G,p)}$. Show that F and F' are isomorphic (use reduction (mod q) as in (a) above, and apply Sylow's theorem to $G(\mathbf{F}_q)$). Show that one can choose an isomorphism $\phi : F \to F'$ such that x and $\phi(x)$ are conjugate in $G(\overline{\mathbf{Q}})$ for every $x \in F$.

This shows, for instance, that the subgroups of $E_8(\mathbf{Q})$ of order 2^{30} are isomorphic to each other.

2. Let C be a subgroup of $E_8(\mathbf{Q})$ of order 31. Prove:

(i) There is a unique Cartan subgroup T of E_8 containing C; it is the centralizer of C.

(ii) The torus T splits over the field K of 31st roots of unity. The corresponding homomorphism $\mathrm{Gal}(K/\mathbf{Q}) \to W_{E_8}$ is faithful; its image is generated by a Coxeter element of W_{E_8}.

(iii) The group C is contained in a Frobenius subgroup of order 30. 31 of $E_8(K)$.

(Problem: Is it true that C acts on each fundamental module of E_8
2 by a multiple of the regular representation? Note that the dimension of such a module is divisible by 31, cf. Bourbaki, LIE VIII, §9, exerc. 4.)

3. Same questions as in exercise 2, with $(E_8, 31)$ replaced by $(E_7, 19)$ and $(F_4, 13)$.

§4. VANISHING THEOREMS AND LINEAR REPRESENTATIONS ([12], [17], [28], [32], [41])

4.1. Kajdan's Theorem ([28])

Let G be a locally compact separable group, and let $\hat{G}$ be the set of equivalence classes of irreducible unitary representations of G (of any dimension: finite or infinite). There is a natural topology on $\hat{G}$, cf. [17], [28]. For instance, if $G = \mathbf{R}$, $\hat{G}$ is homeomorphic to $\mathbf{R}$; if G is compact, $\hat{G}$ is discrete.

Theorem (Kajdan). *Assume* G *has the following property:*

(T) - *The unit representation* 1 *is isolated in* $\hat{G}$.

If Γ *is a discrete subgroup of* G *such that* G/Γ *has finite volume, then* Γ *is finitely generated, and* $b_1(\Gamma) = 0$ (hence Γ/(Γ, Γ) is finite).

This is proved by showing that Γ inherits property (T), and that, for a discrete group, (T) implies finite generation and $b_1 = 0$, cf. [28].

Corollary. *If* G *is a real simple Lie group of rank* ≥ 2, *and if* Γ *is an arithmetic subgroup of* G, *then* $b_1(\Gamma) = 0$.

Indeed, one can show that such a group G has property (T), cf. [28].

Remark. Kajdan's theorem can also be applied to discrete subgroups of p-adic Lie groups, or more generally products of such groups by real Lie groups (compare §5).

4.2. Connections between cohomology and linear representations ([12], [17])

Let G be a semi-simple real Lie group, K a maximal compact subgroup of G, and X = K\G the corresponding symmetric space (cf. §2). Denote the Lie algebras of G and K by $\mathfrak{g}$ and $\mathfrak{k}$ respectively.

Let Γ be a discrete torsion-free subgroup of G. *Assume that* G/Γ *is compact*; the same is then true for X/Γ. We have

$$H^*(\Gamma; C) \simeq H^*(X/\Gamma; C),$$

which, by de Rham's theory, is isomorphic to the cohomology of the complex of differential forms on X/Γ. This complex is, in turn, isomorphic to the cochain complex $C^*(\mathfrak{g}, \mathfrak{k}; C^\infty(G/\Gamma))$ giving the *relative Lie algebra cohomology* of $(\mathfrak{g}, \mathfrak{k})$ with values in the space $C^\infty(G/\Gamma)$ of smooth functions on G/Γ. We thus have

$$H^*(\Gamma; C) \simeq H^*(\mathfrak{g}, \mathfrak{k}; C^\infty(G/\Gamma)).$$

By a theorem of van Est (cf. [12]), this is isomorphic to $H_c^*(G; C^\infty(G/\Gamma))$, where $H_c^*(G; E)$ denotes the Eilenberg-MacLane cohomology of G with values in the G-module E, using smooth cochains (or continuous ones, this amounts to the same).

Since G/Γ is compact, $L^2(G/\Gamma)$ is a hilbertian direct sum of closed G-irreducible subspaces, with finite multiplicities:

$$L^2(G/\Gamma) \simeq \hat{\bigoplus}_{\Pi \in \hat{G}} m(\Pi, \Gamma) M_\Pi .$$

Now, $C^\infty(G/\Gamma)$ is contained in $L^2(G/\Gamma)$, and contains the algebraic direct sum $\oplus\, m(\Pi, \Gamma) M_\Pi^\infty$, where M_Π^∞ is the space of smooth vectors of M_Π. This suggests that

$$H_c^*(G, C^\infty(G/\Gamma)) \simeq \bigoplus_\Pi m(\Pi, \Gamma) H_c^*(G, M_\Pi^\infty),$$

and this is what one can indeed prove ([12], [17]); moreover, only a finite number of terms in the above direct sum are non-zero.

Putting all this together, we get

$$H^*(\Gamma; C) \simeq \bigoplus_\Pi m(\Pi, \Gamma) H_c^*(G; M_\Pi^\infty).$$

Notice that the groups $H_c^q(G; M_\Pi^\infty)$ depend only on G and Π, not on Γ. Many results on these groups have been proved recently by Borel, Casselman, Wallach, Zuckerman, ... (cf. [17]). For instance:

(1) $H_c^*(G; M_\Pi^\infty) = 0$ if the infinitesimal character of M_Π is non trivial.

(2) $H_c^q(G; M_\Pi^\infty) = 0$ for $q < \mathrm{rank}_{\mathbf{R}}\, G$ if $\mathrm{Ker}(\Pi)$ is compact.

Assume G is simple and non compact. Then only the trivial representation 1 has non compact kernel; since it occurs with multiplicity 1, we obtain

$$\begin{aligned} H^q(\Gamma; C) &\simeq \bigoplus_\Pi m(\Pi, \Gamma) H_c^q(G; M_\Pi^\infty) \\ &\simeq H_c^q(G; C) \simeq H^q(\mathfrak{g}, \mathfrak{k}\,; C) \quad \text{for } q < \mathrm{rank}_{\mathbf{R}}\, G. \end{aligned}$$

Now $H^*(\mathfrak{g}, \mathfrak{k}\,; C)$ is well-known to be isomorphic to the cohomology of the compact dual X^* of X. (If $G = SL_2(\mathbf{R})$, then X is the Poincaré half-plane, and X^* the complex projective line.) Thus:

Theorem. If G is simple and non compact, and if Γ is a discrete subgroup of G with compact quotient, then

$$H^q(\Gamma; C) \simeq H^q(X^*; C) \text{ for } q < \text{rank}_R G.$$

This is called a vanishing theorem, since it implies, for instance,
3 that $b^q(\Gamma) = 0$ for any odd $q < \text{rank}_R G$. One may reformulate it as follows (see [32], [38]):

Let H^q denote the space of harmonic q-forms on X which are G-invariant. It is easy to see that $H^q \simeq H^q(X^*; C)$ for all q. On the other hand, every element of H^q defines a harmonic q-form on X/Γ, hence an element of $H^q(X/\Gamma; C) = H^q(\Gamma; C)$. We thus obtain a map $H^q \to H^q(\Gamma; C)$, which is easily seen to be injective. Thus the above theorem is equivalent to saying that this map is surjective in the range $q < \text{rank}_R G$.

Remark. When G/Γ is non compact, and Γ is arithmetic, the above isomorphism $H^q(\Gamma; C) \simeq H^q(X^*; C)$ holds for $q < c(G)$ where $c(G)$ depends only on G, and is approximately $\frac{1}{4}\text{rank}_R G$ ([11], [17]). Since $c(G) \to \infty$ with $\text{rank}_R G$, one can then compute the stable cohomology of the arithmetic subgroups of SL, SO, Sp, and this in turn has applications to the K-theory of rings of integers of number fields (Borel [11]).

§5. S-ARITHMETIC GROUPS ([10], [15], [44])

5.1. Definition and main properties (number field case)

Let E be a number field, and S a finite set of non-zero prime ideals of the ring O_E of integers of E. An element x of E is called an S-integer if $v_p(x) \geq 0$ for all $p \notin S$, where v_p denotes the discrete valuation of E defined by the prime p. Let $O_{E,S}$ be the ring of S-integers of E, and let G be an algebraic subgroup of GL_n defined over E; put $G(O_{E,S}) = G_E \cap GL_n(O_{E,S})$.

Definition. A subgroup of G_E is S-arithmetic if it is commensurable with $G(O_{E,S})$.

As in §1, this definition is independent of the chosen embedding of G in a linear group.

Examples. 1. When $S = \emptyset$, we have $O_{E,S} = O_E$ and 'S-arithmetic' means 'arithmetic'.

2. Take $E = Q$, $S = \{p_1, \ldots, p_k\}$. Then $O_{E,S} = Z[1/m]$, where $m = p_1 \ldots p_k$. Notice that an S-arithmetic subgroup of the additive group G_a is commensurable with $Z[1/m]$, hence is not finitely generated if $k \geq 1$; this explains why, in the theorem below, we assume that the algebraic group G is semi-simple.

3. In case S is the set of all primes of O_E dividing $p_1, \ldots, p_k$, one may use restriction of scalars (as in 1.1, Remark (ii)) to replace E by Q, and S by $\{p_1, \ldots, p_k\}$. However, not all sets S are of this simple form; this is why we cannot keep to the case $E = Q$, as we did in the arithmetic case.

Theorem (Borel-Serre [15]). Let G be a semi-simple algebraic group over E, and let Γ be an S-arithmetic subgroup of G_E. Then Γ has properties (1) to (7) of 1.3.

Corollary. If Γ is torsion-free, it is a finitely presented duality group of type (FL).

The proofs of these results use in an essential way the Bruhat-Tits buildings of G at the primes p of S (see 5.2 and 5.3 below).

Remark. The above theorem holds, more generally, when G is a reductive group, i.e. is isogenous to the product of a semi-simple group and a group of multiplicative type.

5.2. The Bruhat-Tits building ([19], [20])

This is a local construction: we start from a local field E_p with finite residue field (hence locally compact), and a simply connected

126

(semi)simple algebraic group G over E_p. Bruhat-Tits associate with these data a building X_p which has many properties in common with the symmetric space $K\backslash G_{\mathbf{R}}$ of the real case (§2):

(a) X_p is a contractible (poly)simplicial complex whose dimension is the E_p-rank of G. In particular, $H^q(X_p; Z) = 0$ for $q \neq 0$.

(b) The locally compact group G_{E_p} acts properly on X_p, with fundamental domain a (poly)simplex. The stabilizers of the vertices of X_p are the maximal compact subgroups of G_{E_p}.

(c) The cohomology with compact supports of X_p is given by:

$$H_c^q(X_p; Z) = \begin{cases} 0 & \text{if } q \neq \operatorname{rank}_{E_p} G \\ I_p & \text{if } q = \operatorname{rank}_{E_p} G, \end{cases}$$

where I_p is a $\mathbf{Z}$-free module on which G_{E_p} acts by the 'Steinberg representation' (see [12], [15]).

Example: SL_2. When $G = SL_2$, X_p is of dimension 1; by (a), it is a contractible 1-complex, i.e. a tree. Let us sketch its construction, assuming for simplicity that E_p is the p-adic field Q_p (for more details, see [45]):

Let V denote the vector space Q_p^2, on which $SL_2(Q_p)$ acts in a natural way. The vertices of X_p are equivalence classes of lattices (i.e. Z_p-submodules of V of rank 2), two lattices L and L' being equivalent if there exists $\lambda \in Q_p^*$ such that $\lambda L = L'$. Two vertices are joined by an edge if they have representatives L, L' with $L \supset L'$ and $(L : L') = p$. Every vertex belongs to $p+1$ edges. For $p = 2$, the tree X_p looks like the diagram on page 128.

One may take for fundamental domain an edge 

. The stabiliser of the first vertex L is $SL_2(Z_p)$, embedded in the usual way in $SL_2(Q_p)$; the stabiliser of L' is:

$$SL_2(Z_p)' = \left\{ \begin{pmatrix} a & p^{-1}b \\ pc & d \end{pmatrix} \middle| a, b, c, d \in Z_p, ad - bc = 1 \right\}.$$

The stabiliser of the edge LL' is $SL_2(Z_p) \cap SL_2(Z_p)' = \hat{\Gamma}_0(p)$

$$= \left\{ \begin{pmatrix} a & b \\ c & d \end{pmatrix} \middle| a, b, c, d \in Z_p, \ ad - bc = 1 \ \text{and} \ c \equiv 0 \ (\mathrm{mod}\ p) \right\}$$

which has index $p + 1$ in both $SL_2(Z_p)$ and $SL_2(Z_p)'$. It follows that

$$SL_2(Q_p) \simeq SL_2(Z_p) *_{\hat{\Gamma}_0(p)} SL_2(Z_p)', \quad \text{cf. [27], [45].}$$

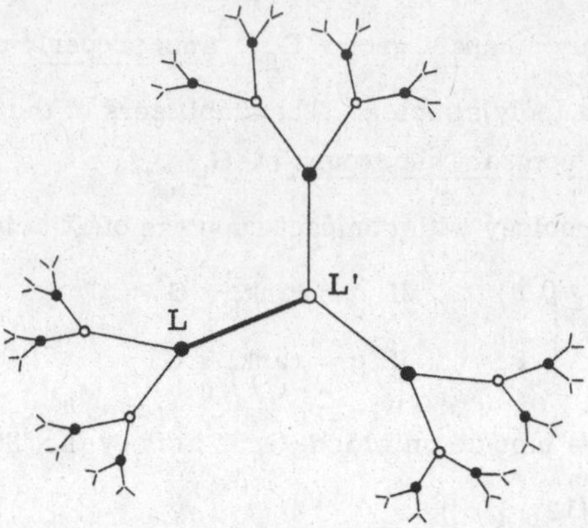

Applications. (i) Let Γ be a discrete torsion-free subgroup of $SL_2(Q_p)$. Then Γ acts freely on X_p since the stabiliser of any vertex is both discrete and compact, hence finite. It then follows that Γ is isomorphic to the fundamental group of the graph X_p/Γ; hence Γ is a free group (Ihara's theorem, cf. [27], [45]).

(ii) The group $SL_2(Z[1/p])$ is dense in $SL_2(Q_p)$, so that the edge LL' is a fundamental domain for its action on X_p. The stabiliser of L is $SL_2(Z)$, and the stabiliser of L' is a conjugate $SL_2(Z)'$ of $SL_2(Z)$. Thus

$$SL_2(Z[1/p]) = SL_2(Z) *_{\Gamma_0(p)} SL_2(Z)',$$

where $\Gamma_0(p) = \{ \binom{a\ b}{c\ d} \in SL_2(Z) \mid c \equiv 0 \ (\mathrm{mod}\ p) \}$.

This implies, for instance, that

$$\mathrm{vcd}\, SL_2(Z[1/p]) = 2 \ \text{and} \ \chi(SL_2(Z[1/p])) = (p-1)/12.$$

Exercise. Let Γ be a torsion-free subgroup of finite index of $SL_2(Z[1/p])$.

(a) Show that $\Gamma \simeq F_1 *_F F_2$, where the F_i's are free non abelian groups, and F has finite index in both (use the fact that Γ is dense in $SL_2(Q_p)$).

(b) By th. 3 of [43], p. 500, every non trivial normal subgroup of Γ is of finite index. Deduce that Γ is not SQ-universal. (Recall that a group H is SQ-universal if every countable group is isomorphic to a subgroup of a quotient of H.)

Thus an amalgam of free non abelian groups need not be SQ-universal.

Problem. Is it true that $SL_2(Z[1/p])$ is coherent, i.e. that each of its finitely generated subgroups is finitely presented? One may ask the same question for $SL_3(Z)$.

5.3. Applications of the Bruhat-Tits buildings to cohomology ([15], [44])

As in 5.2, let Γ be an S-arithmetic subgroup of G_E, where G is semi-simple. It is easy to see that Γ is a discrete subgroup of the locally compact group

$$G_S = \prod_{v \text{ arch.}} G_{E_v} \times \prod_{p \in S} G_{E_p},$$

where E_v is the completion of E at the archimedean place v (hence E_v is isomorphic to R or to C). If we denote by H the group $R_{E/Q}G$ deduced from G by restriction of scalars from E to Q (cf. 1.1), we may rewrite G_S as:

$$G_S = H_R \times \prod_{p \in S} G_{E_p} .$$

The group G_S, hence also Γ, acts in a natural way on the space

$$X_S = \overline{X}_R \times \prod_{p \in S} X_p ,$$

where X_p ($p \in S$) is a Bruhat-Tits building as above, and $\overline{X}_R$ is the manifold with corners associated with H (cf. §2).

129

Theorem ([15]). The group Γ acts properly on X_S, and the quotient X_S/Γ is compact.

Thus, if Γ is torsion-free, it acts freely on X_S, and we have

$$\pi_1(X_S/\Gamma) \simeq \Gamma, \quad \pi_i(X_S/\Gamma) = 0 \text{ for } i \neq 1, \quad H^*(X_S/\Gamma) \simeq H^*(\Gamma).$$

Using the compactness of X_S/Γ, this shows that Γ is finitely presented of type (FL). The fact that Γ is a duality group comes from the vanishing of the cohomology with compact supports of X_S in all dimensions except one, where it is Z-free; this dimension is:

$$\begin{aligned} cd(\Gamma) &= \dim X_S - \mathrm{rank}_Q H = \dim X_S - \mathrm{rank}_E G \\ &= \dim \overline{X}_R - \mathrm{rank}_E G + \sum_{p\in S} \mathrm{rank}_{E_p} G . \end{aligned}$$

Euler-Poincaré characteristics. On each G_{E_p}, there is a unique invariant measure μ_p such that

$$\sum_\sigma (-1)^{\dim \sigma}/\mu_p(G_{p,\sigma}) = 1,$$

where the summation is over a set of representatives of the cells σ of X_p modulo G_{E_p}, and $G_{p,\sigma}$ is the stabiliser of σ. This measure is called the Euler-Poincaré measure of G_{E_p}; it is > 0 (resp. < 0) if $\mathrm{rank}_{E_p} G$ is even (resp. odd), cf. [44]. If we put on $G_S = H_R \times \Pi\, G_{E_p}$ the product of the Euler-Poincaré measure of H_R (cf. §3) and of the μ_p ($p \in S$), we get an invariant measure μ_S.

Theorem ([44]). $\chi(\Gamma) = \mu_S(G_S/\Gamma)$.

This is proved by induction on $|S|$, starting from the case $|S| = 0$, which is Harder's theorem 3.1.

Exercises. 1. Show that $\mu_p = \sum (-1)^{\dim \sigma} \mu_{p,\sigma}$, where $\mu_{p,\sigma}$ is the unique Haar measure on G_{E_p} for which $G_{p,\sigma}$ has volume 1.

2. Show that the cohomological dimension of a torsion-free subgroup of $SL_n(Z[1/p_1 \dots p_k])$, where the p_i's are primes, is $\leq (n-1)(k + \frac{n}{2})$. Use this to prove that a finitely generated torsion-free

subgroup of $GL_n(Q)$ has finite cohomological dimension ([44]).

5.4. The function field case ([3], [5], [15], [44], [45], [48])

Let k be a finite field, C a complete non-singular curve over k with function field E, and S a finite non-empty set of closed points of C. Let $O_{E,S}$ be the subring of E consisting of functions having no poles outside S. Let G be an algebraic group over E. As in 5.1, one says that a subgroup of G_E is S-arithmetic if it is commensurable with $G(O_{E,S})$.

Example. If C is the projective line P_1, and $S = \{\infty\}$, then $E = k(t)$, $O_{E,S} = k[t]$; if we take $G = SL_n$, we thus see that an S-arithmetic subgroup of $SL_n(E)$ is a subgroup which is commensurable with $SL_n(k[t])$.

For $n = 2$, it is known (see below) that $SL_n(k[t])$ is not finitely generated. This shows that, even when G is semi-simple, S-arithmetic subgroups of G_E can be rather pathological. There is one case, however, where they behave quite well:

Theorem ([15], [44]). Assume that G is semi-simple, and $\mathrm{rank}_E G = 0$. Then every S-arithmetic subgroup Γ of G_E has properties (1) to (7) of 1.3.

To prove this, one first observes that Γ acts properly on the product X_S of the buildings $X_\mathfrak{p}$ ($\mathfrak{p} \in S$), and that the quotient X_S/Γ is compact (this is where the hypothesis on $\mathrm{rank}_E G$ is used). Properties (1), (2), (3), (4) follow easily from this, and (5), (6), (7) are proved as in the number field case.

When $\mathrm{rank}_E G \geq 1$, one has only scattered results. For instance:

(i) $SL_3(k[t])$ is finitely generated, but not finitely presented ([5]).

(ii) $SL_2(O_{E,S})$ is finitely generated if and only if $|S| \geq 2$, and it is finitely presented if and only if $|S| \geq 3$ ([36], [43], [45], [48]).

For the cohomology of such groups, see Harder [25].

CONTENTS OF THE BIBLIOGRAPHY

Books and Surveys: 8, 9, 10, 13, 26, 30, 31, 41.

Algebraic groups, buildings: 9, 15, 16, 19, 20, 46, 51, 52.

Finiteness properties: 2, 3, 4, 5, 48.

Structure and properties of specific groups (those relative to SL_2 are underlined): 6, 21, 24, 25, 27, 29, 33, 36, 43, 45, 47, 50, 53, 55, 56, 57.

Congruence subgroup problem: 1, 33, 42, 43, 45, 53.

Group cohomology: 7, 10, 11, 22, 44.

Cohomology of arithmetic and S-arithmetic groups: 10, 11, 14, 15, 17, 24, 25, 29, 40, 44, 45, 47.

Vanishing theorems: 11, 12, 17, 32, 38, 39, 59, 60.

Relations between cohomology and linear representations: 12, 17, 28.

Euler-Poincaré characteristics: 18, 23, 44, 54.

BIBLIOGRAPHY

[1] H. Bass, J. Milnor and J.-P. Serre. Solution of the congruence subgroup problem for SL_n $(n \geq 3)$ and Sp_{2n} $(n \geq 2)$, *Publ. Math. IHES* 33 (1967), 59-137; On a functorial property of power residue symbols, *ibid.* 44 (1974), 241-4.

[2] H. Behr. Über die endliche Definierbarkeit verallgemeinerter Einheitengruppen I, *Journ. f. d. reine und ang. Math.* 211 (1962), 123-35; II, *Invent. Math.* 4 (1967), 265-74.

[3] H. Behr. Endliche Erzeugbarkeit arithmetischer Gruppen über Funktionenkörpern, *Invent. Math.* 7 (1969), 1-32.

[4] H. Behr. Explizite Präsentation von Chevalleygruppen über Z, *Math. Z.* 141 (1975), 235-41.

[5] H. Behr. $SL_3(F_q[t])$ is not finitely presentable, this vol., 213-24.

[6] L. Bianchi. Sui gruppi de sostituzioni lineari con coefficienti appartenenti a corpi quadratici immaginari, *Math. Ann.* 40 (1892), 332-412.

[7] R. Bieri and B. Eckmann. Groups with homological duality generalizing Poincaré duality, Invent. Math. 20 (1973), 103-24.

[8] A. Borel. Arithmetic properties of linear algebraic groups, Proc. Int. Congress Math., Stockholm (1962), 10-22.

[9] A. Borel. Introduction aux groupes arithmétiques, Paris, Hermann, (1969).

[10] A. Borel. Cohomology of arithmetic groups, Proc. Int. Congress Math., Vancouver (1974), t. I, 435-42.

[11] A. Borel. Stable real cohomology of arithmetic groups, Ann. sci. ENS (4) 7 (1974), 235-72.

[12] A. Borel. Cohomologie de sous-groupes discrets et représentations de groupes semi-simples, SMF, Astérisque 32-33 (1976), 73-112.

[13] A. Borel and Harish-Chandra. Arithmetic subgroups of algebraic groups, Ann. of Math. 75 (1962), 485-535.

[14] A. Borel and J.-P. Serre. Corners and arithmetic groups, Comm. Math. Helv. 48 (1973), 436-91.

[15] A. Borel and J.-P. Serre. Cohomologie d'immeubles et de groupes S-arithmétiques, Topology 15 (1976), 211-32.

[16] A. Borel and J. Tits. Groupes réductifs, Publ. Math. IHES 27 (1965), 55-150; Compléments, ibid. 41 (1972), 253-76.

[17] A. Borel and N. R. Wallach. Cohomology of discrete subgroups of semi-simple groups, Seminar IAS Princeton, (1976) (to appear in Ann. of Math. Studies).

[18] K. Brown. Euler-characteristics of discrete groups and G-spaces, Invent. Math. 27 (1974), 229-64.

[19] F. Bruhat and J. Tits. Groupes algébriques simples sur un corps local, Proc. Conf. Local Fields, Springer-Verlag, (1967), 23-36 (see also C. R. Acad. Sci. Paris 263 (1966), 598-601, 766-68, 822-5 and 867-9).

[20] F. Bruhat and J. Tits. Groupes réductifs sur un corps local, Chap. I, Publ. Math. IHES 41 (1972), 1-251.

[21] P. M. Cohn. A presentation of SL_2 for Euclidean imaginary quadratic number fields, Mathematika 15 (1968), 156-63.

[22] K. Gruenberg. Cohomological topics in group theory, Lect. Notes in Math. 143, Springer-Verlag (1970).

[23] G. Harder. A Gauss-Bonnet formula for discrete arithmetically defined groups, Ann. sci. ENS (4) 4 (1971), 409-55.

[24] G. Harder. On the cohomology of $SL_2(\underline{0})$, Lie Groups and their Representations (edited by I. M. Gelfand), Adam Hilger Ltd., London (1975), 139-51.

[25] G. Harder. Die Kohomologie S-arithmetischer Gruppen über Funktionenkörpern, Invent. Math. 42 (1977), 135-75.

[26] J. E. Humphreys. Arithmetic Groups, Courant Institute, New York (1971).

[27] Y. Ihara. On discrete subgroups of the two by two projective linear group over p-adic fields, J. Math. Soc. Japan, 18 (1966), 219-35.

[28] D. A. Kajdan. On the connection of the dual space of a group with the structure of its closed subgroups, Funct. Anal. and appl. 1 (1967), 63-5 (see also Sém. Bourbaki, vol. 1967/68, exposé 343, Benjamin Publ., New York (1969)).

[29] R. Lee and R. H. Szczarba. On the Homology and Cohomology of Congruence Subgroups, Invent. Math. 33 (1976), 15-53.

[30] G. A. Margulis. Arithmetic properties of discrete subgroups, Uspehi Mat. Nauk 29 (1974), 49-98.

[31] G. A. Margulis. Discrete groups of motions of manifolds of non-positive curvature, Proc. Int. Congress Math., Vancouver (1974), t. II, 21-34 (see also Sém. Bourbaki, vol. 1975/76, exposé 482, Lect. Notes in Math. 567, Springer-Verlag, 1977).

[32] Y. Matsushima. On Betti numbers of compact, locally symmetric Riemannian manifolds, Osaka Math. J. 14 (1962), 1-20.

[33] J. Mennicke. On Ihara's modular group, Invent. Math. 4 (1967), 202-28.

[34] H. Minkowski. Zur Theorie der positiven quadratischen Formen, J. Crelle 101 (1887), 196-202 (Gesamm. Abh. I, 212-18).

[35] G. D. Mostow. Strong rigidity of locally symmetric spaces, Ann. of Math. Studies 78, Princeton (1974).

[36] O. T. O'Meara. On the finite generation of linear groups over Hasse domains, Journ. f. d. reine und ang. Math. 217 (1965), 79-108.

[37] H. Rademacher. Topics in analytic number theory, Grundl. math. Wiss. 169, Springer-Verlag (1973).

[38] M. S. Raghunathan. Vanishing theorems for cohomology groups associated to discrete subgroups of semisimple Lie groups, Osaka Math. J. 3 (1966), 243-56.

[39] M. S. Raghunathan. Cohomology of arithmetic subgroups of algebraic groups, Ann. of Math. 86 (1967), 409-24 and 87 (1968), 279-304.

[40] M. S. Raghunathan. A note on quotients of real algebraic groups by arithmetic subgroups, Invent. Math. 4 (1968), 318-35.

[41] M. S. Raghunathan. Discrete subgroups of Lie groups, Ergebn. der Math. 68, Springer-Verlag (1972).

[42] M. S. Raghunathan. On the congruence subgroup problem, Publ. Math. IHES 46 (1976), 107-62.

[43] J.-P. Serre. Le problème des groupes de congruence pour SL_2, Ann. of Math. 92 (1970), 489-527 (see also Sém. Bourbaki, vol. 1966/67, exposé 330, Benjamin Publ., New York (1968)).

[44] J.-P. Serre. Cohomologie des groupes discrets, Ann. of Math. Studies 70 (1971), 77-169 (see also Sém. Bourbaki, vol. 1970/71, exposé 399, Lect. Notes in Math. 244, Springer-Verlag (1971)).

[45] J.-P. Serre. Arbres, amalgames, SL_2 (rédigé avec la collaboration de Hyman Bass), SMF, Astérisque 46 (1977).

[46] L. Solomon. The Steinberg character of a finite group with BN-pair, Theory of finite groups (ed. by R. Brauer and C.-H. Sah), Benjamin, New York (1969), 213-21.

[47] C. Soulé. The cohomology of $SL_3(Z)$, Topology 17 (1978), 1-22.

[48] U. Stuhler. Zur Frage der endlichen Präsentierbarkeit gewisser arithmetischer Gruppen im Funktionenkörperfall, Math. Ann. 224 (1976), 217-32.

[49] D. Sullivan. (a) Genetics of homotopy theory and the Adams conjecture, Ann. of Math. 100 (1974), 1-79; (b) Infinitesimal Computations in Topology, Publ. Math. IHES 47 (1977), 269-331.

[50] R. G. Swan. Generators and relations for certain special linear groups, Adv. in Math. 6 (1971), 1-77.

[51] J. Tits. Buildings of spherical type and finite BN-pairs, Lect.

Notes in Math. 386, Springer-Verlag (1974).

[52] J. Tits. On buildings and their applications, Proc. Int. Congress Math., Vancouver (1974), t. I, 209-20.

[53] L. Vaseršteín. On the group SL_2 over Dedekind rings of arithmetic type, Math. USSR Sbornik 18 (1972), 321-32.

[54] M.-F. Vignéras. Invariants numériques des groupes de Hilbert, Math. Ann. 224 (1976), 189-215.

[55] E. B. Vinberg. Discrete groups generated by reflections in Lobačevskii space, Mat. Sbornik 72 (1967), 471-88; correction, ibid. 73 (1967), 303.

[56] E. B. Vinberg. Some examples of crystallographic groups on Lobačevskii spaces, Mat. Sbornik 78 (1969), 633-9.

[57] E. B. Vinberg. Some arithmetical discrete groups in Lobačevskii spaces, Proc. Int. Coll., Bombay, (1973), 323-48.

[58] C. T. C. Wall. The topological space-form problems, pp. 319-31 in Topology of Manifolds (ed. J. C. Cantrell and C. H. Edwards Jr.), Markham (1970).

[59] A. Weil. On discrete subgroups of Lie groups, Ann. of Math. 72 (1960), 369-84; II, ibid., 75 (1962), 578-602.

[60] A. Weil. Remarks on the cohomology of groups, Ann. of Math. 80 (1964), 149-57.

[61] C. W. Wilkerson. Applications of minimal simplicial groups, Topology 15 (1976), 111-30. Corrections: Topology (to appear).

[Written by Alan Robinson and Colin Maclachlan]

121.

Un exemple de série de Poincaré non rationnelle

Proc. Nederland Acad. Sci. **82** (1979), 469–471

"Soit X un complexe simplicial fini simplement connexe, et soit

$$f(t)=\sum_{n=0}^{\infty} b_n(\Omega X)t^n, \text{ où } b_n(\Omega X)=\dim H^n(\Omega X, \mathbf{Q}),$$

la série de Poincaré de l'espace des lacets ΩX de X. Est-il vrai que $f(t)$ est une *fonction rationnelle* de t?"

Ce problème, posé il y a plus de vingt-cinq ans, n'est toujours pas
1 résolu. On peut l'élargir en remplaçant ΩX par un espace de lacets *itéré* $\Omega^i X$ ($i=2, 3, \ldots$); cette extension m'a été signalée par J. C. Moore. Nous allons voir que, pour cette forme plus optimiste, la réponse est *négative*:

THÉORÈME. *Soit* $X=S_3 \vee S_3$ *un bouquet de deux sphères de dimension* 3. *La série de Poincaré de* $\Omega^2 X=\Omega\Omega X$ (pour la cohomologie à coefficients dans $\mathbf{Q}$) *n'est pas une fonction rationnelle.*

Rappelons comment on calcule cette série. Tout d'abord, *l'algèbre d'homologie* de ΩX est une algèbre associative libre de base $\{x, y\}$, où x et y sont de degré 2 (cf. [3]). La série de Poincaré de ΩX est $1/(1-2t^2)$. D'autre part, *l'algèbre de cohomologie* de ΩX est une algèbre de polynômes en une infinité de variables x_α de degrés pairs; si l'on note $a(i)$ le nombre des x_α qui sont de degré $2i$, on a

$$1/(1-2t^2) = \prod_{i \geqslant 1} 1/(1-t^{2i})^{a(i)}$$
$$= 1/(1-t^2)^2(1-t^4)(1-t^6)^2(1-t^8)^3(1-t^{10})^6 \ldots$$

Cette identité permet de calculer les $a(i)$. On trouve ([2], [3], [7]) que

$$a(i) = \frac{1}{i} \sum_{d|i} \mu(i/d)2^d = \dim L_i,$$

où μ est la fonction de Möbius, et L_i est la composante de degré i de l'algèbre de Lie libre à deux générateurs. Cette formule montre en particulier que $a(i) \geqslant 1$ *pour tout* $i \geqslant 1$ (ce que l'on pourrait aussi déduire du fait que $a(i)$ est égal au nombre des polynômes irréductibles de degré i sur le corps $\mathbf{F}_2$).

L'algèbre de cohomologie de $\Omega^2 X$, à coefficients dans $\mathbf{Q}$, est une algèbre extérieure en une infinité de variables y_α de degrés impairs. Les y_α correspondent par transgression aux x_α; comme

$$\deg y_\alpha = \deg x_\alpha - 1,$$

le nombre des y_α de degré $2i-1$ est $a(i)$. La série de Poincaré de $\Omega^2 X$ est

$$f(t) = \prod_{i \geqslant 1} (1+t^{2i-1})^{a(i)} = (1+t)^2(1+t^3)(1+t^5)^2 \ldots$$

Pour démontrer le théorème il suffit donc de prouver:

LEMME. *Soit* $b(i)$ $(i=1, 2, \ldots)$ *une suite d'entiers* $\geqslant 1$. *La série formelle*

$$f_b(t) = \prod_{i \geqslant 1} (1+t^{2i-1})^{b(i)}$$

n'est pas une fonction rationnelle de t.

DÉMONSTRATION. En prenant la dérivée logarithmique de $f_b(t)$, on trouve:

$$t f_b'(t)/f_b(t) = \sum_{i \geqslant 1} (2i-1)b(i)t^{2i-1}/(1+t^{2i-1})$$
$$= b(1)t/(1+t) + g(t),$$

où

$$g(t) = \sum_{i \geqslant 2} (2i-1)b(i)t^{2i-1}/(1+t^{2i-1})$$
$$= \sum_{i \geqslant 2} \sum_{j \geqslant 1} (-1)^{j+1}(2i-1)b(i)t^{j(2i-1)}.$$

Si l'on écrit la série $g(t)$ sous la forme $g(t) = \sum_{n \geqslant 1} c_n t^n$, on a

$$(-1)^{n+1}c_n = \sum_{2i-1|n} (2i-1)b(i),$$

470

où la sommation porte sur les entiers $i \geqslant 2$ tels que $2i-1$ divise n. Si n est une puissance de 2, cette sommation est vide, et l'on a $c_n = 0$. Si n n'est pas une puissance de 2, n a au moins un facteur impair $2i-1$ avec $i \geqslant 2$, et l'on a $(-1)^{n+1}c_n > 0$. On en conclut que c_n *est égal à* 0 *si et seulement si* n *est une puissance de* 2.

Or, d'après un théorème de Skolem (voir ci-dessous), si $g(t) = \sum c_n t^n$ était une fonction rationnelle de t, l'ensemble des $n \geqslant 1$ tels que $c_n = 0$ serait *périodique* pour n assez grand (autrement dit, ce serait la réunion d'un ensemble fini et d'un nombre fini de progressions arithmétiques). Comme l'ensemble des puissances de 2 n'est pas de ce type, on en déduit que $g(t)$ n'est pas une fonction rationnelle de t. La formule

$$g(t) = t\, f_b'(t)/f_b(t) - b(1)t/(1+t)$$

montre alors qu'il en est de même pour $f_b(t)$, ce qui achève la démonstration.

Rappelons pour terminer le principe de la démonstration du *théorème de Skolem*. Supposons $g(t)$ rationnelle. Choisissons un nombre premier p tel que tous les pôles de g soient des *unités p-adiques* (dans une extension finie de $\mathbf{Q}_p$). Utilisant les propriétés de l'exponentielle p-adique, on montre facilement qu'il existe un entier $m \geqslant 1$ tel que, pour tout $i \geqslant 0$, la fonction

$$n \mapsto c_{i+mn} \quad (n \geqslant 1)$$

se prolonge en une *fonction analytique p-adique* sur $\mathbf{Z}_p$, à valeurs dans $\mathbf{Q}_p$, définie par une série entière dont les coefficients tendent vers 0. Or une telle fonction, si elle n'est pas identiquement nulle, n'a qu'un nombre fini de zéros dans le disque unité. On en conclut que, pour tout $i \geqslant 0$, on a, soit $c_{i+mn} = 0$ pour tout $n \geqslant 1$, soit $c_{i+mn} \neq 0$ pour tout n assez grand. Le théorème en résulte. Pour plus de détails, voir [4], [5], [6], ainsi que les exercices de [1], chap. IV, § 6.

BIBLIOGRAPHIE

1. Borevič, Z. I. et I. R. Šafarevič – Théorie des Nombres (en russe), 2ème éd., Moscou, 1972.
2. Bourbaki, N. – Groupes et Algèbres de Lie. Chap. II. Algèbres de Lie libres, Hermann, Paris, 1972.
3. Hilton, P. – On the homotopy groups of the union of spheres, J. London Math. Soc. 30, 154–172 (1955).
4. Lech, C. – A note on recurring series, Ark. Math. 2, 417–421 (1953).
5. Mahler, K. – On the Taylor coefficients of rational functions, Proc. Cambridge Phil. Soc. 52, 39–48 (1956).
6. Skolem, T. – Einige Sätze über gewisse Reihenentwicklungen und exponentiale Beziehungen mit Anwendung auf diophantische Gleichungen, Oslo Vid. Akad. Skrifter I (1933), no. 6.
7. Witt, E. – Treue Darstellung Liescher Ringe, J. Crelle 177, 152–161 (1937).

122.

Quelques propriétés des groupes algébriques commutatifs

Astérisque **69 – 70** (1979), 191 – 202

Soit G un groupe algébrique commutatif connexe sur un corps k de caractéris-
1 tique 0. Dans les pages qui précèdent, M.Waldschmidt et D.Bertrand utilisent les propriétés suivantes du groupe G :

1) existence d'une compactification projective lisse ;

2) croissance au plus quadratique de la fonction hauteur, lorsque k est algébrique sur $\mathbb{Q}$;

3) uniformisation par des fonctions entières d'ordre ≤ 2 , lorsque $k = \mathbb{C}$.

Ce sont ces propriétés que je me propose de démontrer. La méthode suivie, inspirée de Severi [Sev] et Weil [We 1], consiste à se ramener, par une fibration convenable, aux deux cas particuliers déjà connus : celui où G est un groupe linéaire, et celui où G est une variété abélienne.

2 § 1. <u>Compactification de</u> G

1.1. <u>Le groupe</u> L

On sait ([Ba 1], [Ros 1]) que G possède un plus grand sous-groupe linéaire connexe L. Le groupe L se décompose en $L = L_u \times L_m$, où L_u est unipotent et L_m est de type multiplicatif. Pour simplifier, nous supposerons (*) que L_m est <u>déployé</u> sur k, i.e. produit de groupes isomorphes au groupe multiplicatif G_m (on peut toujours se ramener à ce cas par extension finie du corps de base). Comme L_u est produit de groupes isomorphes au groupe additif G_a (<u>loc.cit.</u>), on peut écrire L comme un produit

$$L = \prod_{\alpha} L_{\alpha} ,$$

(*) On pourrait se débarrasser de cette hypothèse en utilisant les compactifications de L_m construites par J-L.Brylinski (C.R.A.S., 288, 1979, p. 137-139).

où les L_α sont égaux à $\mathbf{G}_a$ ou à $\mathbf{G}_m$. Dans ce qui suit, nous choisirons une telle décomposition.

1.2. Compactification de L

Soit $\bar{L}_\alpha$ l'unique courbe lisse, complète et connexe contenant L_α. On peut identifier $\bar{L}_\alpha$ à la droite projective P_1 ; on a

$$\bar{L}_\alpha - L_\alpha = \{\infty\} \text{ si } L_\alpha = \mathbf{G}_a \quad \text{et} \quad \bar{L}_\alpha - L_\alpha = \{0, \infty\} \text{ si } L_\alpha = \mathbf{G}_m .$$

Nous choisirons pour compactification de L le produit

$$\bar{L} = \prod_\alpha \bar{L}_\alpha .$$

Soit $L^\infty = \bar{L} - L$; on a :

$$L^\infty = \bigcup_\alpha L_\alpha^\infty , \text{ où } L_\alpha^\infty = \{\bar{L}_\alpha - L_\alpha\} \times \prod_{\beta \neq \alpha} \bar{L}_\beta .$$

(Noter que $\bar{L}$ et L^∞ dépendent de la décomposition $L = \prod L_\alpha$ choisie.)

1.3. Construction de $\bar{G}$

Soit $A = G/L$. Le groupe A est une variété abélienne, et la projection canonique $p : G \to A$ fait de G un espace fibré principal localement trivial, de base A et de groupe structural L (cf. [Ros 1]). Or la loi de composition $L \times L \to L$ se prolonge en $L \times \bar{L} \to \bar{L}$, autrement dit définit une action de L sur $\bar{L}$. On peut donc parler de l'espace fibré $\bar{G} = G \times^L \bar{L}$ associé à l'espace fibré principal G, et de fibre type $\bar{L}$. (Si G s'obtient en "recollant" des $U_i \times L$, où les U_i sont des ouverts de A, $\bar{G}$ s'obtient en recollant les $U_i \times \bar{L}$.) Nous noterons encore par p la projection de l'espace fibré $\bar{G}$ sur sa base A. Comme A et $\bar{L}$ sont complètes et lisses, il en est de même de $\bar{G}$. De plus, l'injection $L \to \bar{L}$ définit un plongement de G dans $\bar{G}$ qui identifie G à un ouvert dense de $\bar{G}$; ainsi, $\bar{G}$ est une compactification lisse de G.

La loi de composition $G \times G \to G$ se prolonge en $G \times \bar{G} \to \bar{G}$, autrement dit définit une action de G sur $\bar{G}$; cela résulte de la propriété analogue pour L et $\bar{L}$. En particulier, tout champ de vecteurs invariant sur G se prolonge à $\bar{G}$; si U est un ouvert affine de $\bar{G}$, un tel champ définit une dérivation de l'algèbre affine de U.

1.4. Diviseurs et plongements projectifs de $\bar{G}$

Chacun des L_α^∞ définit une sous-variété $G_\alpha^\infty = G \times^L L_\alpha^\infty$ de $\bar{G}$. Si l'on pose $G^\infty = \bigcup_\alpha G_\alpha^\infty$, on a $G^\infty = \bar{G} - G$; c'est la sous-variété "à l'infini" de $\bar{G}$. Chacune des composantes irréductibles des G_α^∞ et de G^∞ est de codimension 1 ; cela permet d'identifier les G_α^∞ et G^∞ à des diviseurs positifs de $\bar{G}$.

Soit d'autre part D un diviseur de A, et soit $\tilde{D} = p^*(D)$ son image réciproque par $p : \bar{G} \to A$. Si a et b sont des entiers, notons $D_{a,b}$ le diviseur $a\tilde{D} + bG^{\infty}$.

PROPOSITION 1 - Supposons D ample. Il existe alors des entiers $a \geqq 1$ et $b \geqq 1$ tels que le diviseur $D_{a,b} = a\tilde{D} + bG^{\infty}$ de $\bar{G}$ soit ample.

Il est clair que L^{∞} est un diviseur ample (et même très ample) de $\bar{L}$. Comme $G^{\infty} = G \times^{L} L^{\infty}$, il en résulte que G^{∞} est relativement ample vis-à-vis de $p : \bar{G} \to A$, au sens de Grothendieck, EGA II.4.6. La prop.1 s'en déduit en appliquant EGA II.4.6.13.(ii).

COROLLAIRE - Il existe des entiers $a \geqq 1$ et $b \geqq 1$ tels que $D_{a,b}$ soit très ample, et que le plongement projectif de $\bar{G}$ défini par la série linéaire complète $|D_{a,b}|$ transforme $\bar{G}$ en une variété projectivement normale.

Si (a,b) est un couple d'entiers satisfaisant aux conditions de la prop.1, tout multiple assez grand de (a,b) a les propriétés énoncées dans le corollaire ; cela se voit en appliquant des résultats standard sur les diviseurs amples et très amples, cf. [H], chap.II, §§ 5,6,7 et exerc.5.14.

Remarques

1) On peut préciser la prop.1, et prouver que $D_{a,b}$ est ample (resp. très ample) pour tout couple (a,b) tel que $a \geqq 1$ (resp. $a \geqq 3$) et $b \geqq 1$.

2) Soit $E_{a,b}$ le fibré de rang 1 associé au diviseur $D_{a,b}$ et soit $S_{a,b} = H^{0}(\bar{G}, E_{a,b})$ l'espace des sections de ce fibré. (Un élément de $S_{a,b}$ peut être identifié à une fonction rationnelle f sur $\bar{G}$ telle que $(f) \geqq - D_{a,b}$.) Soit $\{X_0,\ldots,X_N\}$ une base de $S_{a,b}$. Le cor. à la prop.1 revient à dire que l'on peut choisir $a \geqq 1$ et $b \geqq 1$ tels que :

(i) les sections $(X_0,\ldots,X_N)$ ne s'annulent simultanément en aucun point de $\bar{G}$;

(ii) si $\mathbf{P}_N$ est l'espace projectif de dimension N, le morphisme $X : \bar{G} \to \mathbf{P}_N$ défini par $(X_0,\ldots,X_N)$ est un plongement ;

(iii) pour qu'un diviseur positif Φ de $\bar{G}$ soit linéairement équivalent à $m D_{a,b}$ (avec $m \geqq 1$), il faut et il suffit qu'il existe un polynôme homogène $\varphi(X_0,\ldots,X_N)$ de degré m, non identiquement nul sur $\bar{G}$, dont le diviseur des zéros soit Φ. (Autrement dit, pour tout $m \geqq 1$, les hypersurfaces de degré m de $\mathbf{P}_N$ découpent sur $\bar{G}$ la série linéaire complète $|m D_{a,b}|$.)

1.5. Une propriété des endomorphismes $[n]_G$

Soit n un entier $\neq 0$. Notons $[n]_G$ (resp. $[n]_A$, $[n]_L$) l'endomorphisme $x \mapsto nx$ de G (resp. A, L).

PROPOSITION 2 - Les morphismes $[n]_L : L \to L$ et $[n]_G : G \to G$ se prolongent en des morphismes

$$[n]_L : \bar{L} \to \bar{L} \text{ et } [n]_G : \bar{G} \to \bar{G}.$$

L'assertion relative à L se vérifie aussitôt sur la décomposition $\bar{L} = \prod \bar{L}_\alpha$. Celle relative à G se ramène à la précédente grâce à la fibration de $\bar{G}$ sur A de fibre $\bar{L}$.

La proposition suivante indique quelle est l'image réciproque par $[n]_G : \bar{G} \to \bar{G}$ des diviseurs G_α^∞ et $\widetilde{D}$ définis au n° 1.4.

PROPOSITION 3 - (a) Si $L_\alpha = G_a$, on a $[n]_G^*(G_\alpha^\infty) = G_\alpha^\infty$.

(b) Si $L_\alpha = G_m$, on a $[n]_G^*(G_\alpha^\infty) = |n|\, G_\alpha^\infty$.

(c) Soit D un diviseur de A dont la classe d'équivalence soit symétrique (i.e. invariante par $x \mapsto -x$). On a les équivalences linéaires suivantes :

$$[n]_A^*(D) \sim n^2 D \quad \text{et} \quad [n]_G^*(\widetilde{D}) \sim n^2 \widetilde{D}.$$

Les assertions (a) et (b) se ramènent, grâce à la fibration de $\bar{G}$, aux assertions analogues pour $\bar{L}$, lesquelles se vérifient par calcul direct. En ce qui concerne (c), la formule relative à $[n]_A$ est bien connue ([Mu], p.59, cor.3), et celle relative à $[n]_G$ s'en déduit en appliquant p^* aux deux membres.

Soient a et b des entiers. Posons, comme au n° 1.4 :

$$D_{a,b} = a\widetilde{D} + b\,G^\infty = a\widetilde{D} + b\sum_\alpha G_\alpha^\infty.$$

COROLLAIRE 1 - On a

$$[n]_G^*(D_{a,b}) \sim n^2 D_{a,b} - b Z_n,$$

où Z_n est un diviseur positif de $\bar{G}$ à support contenu dans G^∞.

D'après la prop.3, on a

$$[n]_G^*(D_{a,b}) \sim n^2 a \widetilde{D} + b \sum_\alpha c_{\alpha,n} G_\alpha^\infty,$$

où $c_{\alpha,n}$ est égal à 1 si $L_\alpha = G_a$, et à $|n|$ si $L_\alpha = G_m$. Le corollaire en résulte, en posant

$$Z_n = \sum_\alpha (n^2 - c_{\alpha,n})\, G_\alpha^\infty.$$

Supposons maintenant maintenant que D soit ample, que les entiers a et b soient ≥ 1, et que les propriétés (i), (ii), (iii) de la Remarque 2) du n°1.4 soient satisfaites. Identifions $\bar{G}$ à une sous-variété de P_N grâce à $X = (X_o, \ldots, X_N)$. Sous ces hypothèses, on a :

COROLLAIRE 2 - Pour tout $n \in \mathbb{Z}$, il existe $N+1$ polynômes

$$\varphi_o^{(n)}(X_o,\ldots,X_N),\ldots,\varphi_N^{(n)}(X_o,\ldots,X_N),$$

homogènes de degré n^2, à coefficients dans k, ne s'annulant simultanément en aucun point de G, et tels que, pour tout point $x = (x_o,\ldots,x_N)$ de G, on ait

$$(*) \qquad [n]_G(x) = (\varphi_o^{(n)}(x),\ldots,\varphi_N^{(n)}(x)).$$

Cela se déduit sans difficulté du cor.1. Indiquons rapidement comment. Soit H_i le diviseur de $\bar{G}$ découpé par l'hyperplan $X_i = 0$ de P_N, et soit $H_{i,n} = [n]_G^*(H_i)$ son image réciproque par $[n]_G$. D'après le cor.1, on a

$$H_{i,n} + bZ_n \sim n^2 D_{a,b}.$$

Vu la propriété (iii), il existe un polynôme homogène $\varphi_i^{(n)}(X)$ de degré n^2 dont le diviseur des zéros est $H_{i,n} + bZ_n$. Quitte à multiplier les $\varphi_i^{(n)}$ par des scalaires, on peut s'arranger pour que, pour tout couple (i,j), la fonction rationnelle $\varphi_i^{(n)}/\varphi_j^{(n)}$ soit l'image réciproque de la fonction X_i/X_j par $[n]_G$. On constate alors que les $\varphi_i^{(n)}$ répondent à la question.

Remarque. Lorsque $|n| \geqq 2$, le support de Z_n est égal à G^∞, et les $\varphi_i^{(n)}(X)$ sont tous nuls sur G^∞. Cela montre que la formule $(*)$ ne s'étend pas aux points de G^∞.

§ 2. Hauteurs

Dans ce §, on suppose k algébrique sur $\mathbb{Q}$.

2.1. Rappels

Si $x \in P_N(k)$ est un point rationnel de l'espace projectif P_N, on note $h(x)$ la hauteur logarithmique normalisée de x (cf. par exemple Waldschmidt, I,1.d) ; c'est un nombre réel $\geqq 0$, invariant par extension des scalaires. Si V est une k-variété, et si $\varphi : V \to P_N$ est un morphisme de V dans P_N, on note

$$h_\varphi : V(k) \to \mathbb{R}_+$$

la fonction définie par $h_\varphi(x) = h(\varphi(x))$.

Supposons V projective. Deux fonctions réelles f et f' sur $V(k)$ sont dites équivalentes (ce que l'on écrit $f \sim f'$) si $|f - f'|$ est bornée. A tout diviseur de Cartier Δ de V, on peut attacher une fonction $h_\Delta : V(k) \to \mathbb{R}$, définie à équivalence près (au sens ci-dessus), et caractérisée par les propriétés :

(i) h_Δ ne dépend que de la classe d'équivalence linéaire de Δ ;

(ii) $h_\Delta + h_{\Delta'} \sim h_{\Delta+\Delta'}$;

(iii) Si $\varphi : V \to P_N$ est un morphisme, et si Δ est l'image réciproque par φ d'un hyperplan de P_N , on a

$$h_\varphi \sim h_\Delta \ .$$

2.2. Hauteur sur $\overline{G}$ relativement à $D_{a,b}$

On revient aux notations du § 1 . En particulier, on choisit un diviseur ample D de $A = G/L$ dont la classe d'équivalence soit symétrique (cf. prop.3) et l'on choisit des entiers $a,b \geqq 1$ tels que le diviseur $D_{a,b} = a\widetilde{D} + b\,G^\infty$ soit très ample. On note

$$\varphi : \overline{G} \to P_N$$

un plongement projectif de $\overline{G}$ correspondant à la série linéaire $|D_{a,b}|$, cf. n°1.4. On s'intéresse à la fonction hauteur h_φ relative à φ . Puisque $D_{a,b} = a\widetilde{D} + b\,G^\infty$, on a

$$h_\varphi \sim a\,h_{\widetilde{D}} + b\,h_{G^\infty}$$

et l'on est ramené à étudier les deux fonctions $h_{\widetilde{D}}$ et h_{G^∞} .

(1) La fonction $h_{\widetilde{D}}$

On a $\widetilde{D} = p^*(D)$, où p désigne la projection de $\overline{G}$ sur A. Il en résulte que $h_{\widetilde{D}} \sim h_D \circ p$, où h_D est la fonction hauteur sur A relativement au diviseur D. D'après Néron [N 1] on peut choisir h_D dans sa classe d'équivalence de telle sorte que ce soit une forme quadratique sur le groupe $A(k)$, et ce choix est unique. On a $h_D(x) = 0$ si $x \in A(k)$ est d'ordre fini, et $h_D(x) > 0$ sinon. Quitte à remplacer $h_{\widetilde{D}}$ par une fonction équivalente, on peut supposer que $h_{\widetilde{D}} = h_D \circ p$, et l'on voit alors que $h_{\widetilde{D}}$ est une forme quadratique sur $G(k)$, à valeurs $\geqq 0$, invariante par translation par $L(k)$.

(2) La fonction h_{G^∞}

Cette fonction est "presque" invariante par translation :

LEMME 1 - Pour tout $x_o \in G(k)$, les fonctions

$$x \mapsto h_{G^\infty}(x) \qquad \text{et} \qquad x \mapsto h_{G^\infty}(x + x_o)$$

sont équivalentes.

Soit f l'automorphisme $x \mapsto x + x_o$ de la variété G. On a vu au n° 1.3 que f se prolonge en un automorphisme de $\overline{G}$, et l'on a $f^*(G^\infty) = G^\infty$. Il en résulte que

$$h_{G^\infty} \circ f \sim h_{G^\infty} ,$$

d'où le lemme.

LEMME 2 - Soient $x_1,\dots,x_m$ des éléments de $G(k)$. Il existe des nombres réels A et B tels que

$$|h_{G^\infty}(n_1 x_1 + \dots + n_m x_m)| \leq A + B \sum |n_i| \quad \text{pour tout} \quad (n_i) \in \mathbf{Z}^m .$$

Le lemme 1 montre qu'il existe $B_i \in \mathbf{R}$ tel que

$$|h_{G^\infty}(x + x_i) - h_{G^\infty}(x)| \leq B_i \quad \text{pour tout} \quad x \in G(k)$$

On prend alors $A = h_{G^\infty}(0)$ et $B = \sup B_i$. L'inégalité cherchée se démontre immédiatement par récurrence sur $\sum |n_i|$.

Soit Γ un sous-groupe de type fini de $G(k)$. On peut exprimer le lemme 2 en disant que h_{G^∞} a une croissance au plus linéaire sur Γ. Comme $h_{\tilde{D}}$ est quadratique, on en déduit :

PROPOSITION 4 - Sur Γ, la fonction hauteur h_φ est somme de la forme quadratique $a\,h_{\tilde{D}}$ (déduite de la forme de Néron h_D sur $A(k)$) et d'une fonction à croissance au plus linéaire.

2.3. Hauteur sur G : cas général

PROPOSITION 5 - Soit $\psi : G \to \mathbf{P}_M$ un morphisme de G dans un espace projectif, et soient $x_1,\dots,x_m$ des éléments de $G(k)$. Il existe des nombres réels A et C tels que

$$h_\psi(n_1 x_1 + \dots + n_m x_m) \leq A + C\left(\sum |n_i|\right)^2 \quad \text{pour tout} \quad (n_i) \in \mathbf{Z}^m .$$

(En d'autres termes, la croissance de h_ψ sur le sous-groupe Γ engendré par les x_i est au plus quadratique.)

C'est vrai lorsque ψ est le plongement φ du n° 2.2, d'après la prop. 4. Le cas général résulte de là, et du lemme élémentaire suivant (dont la vérification est laissée au lecteur) :

LEMME 3 - Soit V une variété algébrique. Soient

$$\varphi : V \to \mathbf{P}_N \quad \text{et} \quad \psi : V \to \mathbf{P}_M$$

des morphismes de V dans des espaces projectifs. Supposons que φ soit un plongement (de sorte que V s'identifie à une sous-variété localement fermée de $\mathbf{P}_N$). Il existe alors $\lambda, \mu \in \mathbf{R}$ tels que

$$h_\psi \leq \lambda + \mu\, h_\varphi \quad \text{sur} \quad V(k).$$

Autrement dit, on a $h_\psi = \underline{O}(h_\varphi)$.

§ 3. Application exponentielle et uniformisation

Dans ce §, le corps de base est le corps $\mathbf{C}$ des nombres complexes.

3.1. Exponentielle

Soit $t(G)$ l'algèbre de Lie de G, autrement dit l'espace tangent à G en l'élément neutre ; c'est un espace vectoriel complexe de dimension égale à $\dim G$. Nous noterons

$$\exp_G : t(G) \to G(\mathbf{C})$$

l'application exponentielle de G (Bourbaki, LIE III §6) ; rappelons que l'on peut caractériser $\exp_G$ par les deux propriétés suivantes :

a) c'est un homomorphisme de groupes de Lie complexes ;

b) son application tangente à l'élément neutre est l'identité.

Puisque G est connexe pour la topologie de Zariski, $G(\mathbf{C})$ est connexe pour la topologie usuelle. Il en résulte que $\exp_G$ est surjective ; si l'on note Ω_G son noyau ("groupe des périodes" de G), on obtient un isomorphisme de groupes de Lie complexes

$$t(G)/\Omega_G \simeq G(\mathbf{C}).$$

Soit f une fonction rationnelle sur G. On peut identifier f à une fonction méromorphe sur $G(\mathbf{C})$ (et même sur $\bar{G}(\mathbf{C})$). La fonction $F = f \circ \exp_G$ est une fonction méromorphe sur $t(G)$ invariante par Ω_G ; nous verrons plus loin (n°3.5) que F est d'ordre strict ≤ 2.

3.2. Préliminaires : algèbre affine de L

Nous utiliserons pour L, L_α, A, ... des notations

$$t(L),\ t(L_\alpha),\ t(A),\ldots$$

$$\exp_L,\ \exp_{L_\alpha},\ \exp_A,\ldots$$

$$\Omega_L,\ \Omega_{L_\alpha},\ \Omega_A,\ \ldots$$

analogues à celles définies ci-dessus pour G. Comme L_α est, soit $\mathbf{G}_a$, soit $\mathbf{G}_m$, son algèbre de Lie $t(L_\alpha)$ s'identifie à $\mathbf{C}$; nous noterons e_α la base canonique de $t(L_\alpha)$; on a

$$\exp_{L_\alpha}(ze_\alpha) = \begin{cases} z \in \mathbf{G}_a(\mathbf{C}) = \mathbf{C} & \text{si} \quad L_\alpha = \mathbf{G}_a \\ e^z \in \mathbf{G}_m(\mathbf{C}) = \mathbf{C}^* & \text{si} \quad L_\alpha = \mathbf{G}_m. \end{cases}$$

Le groupe des périodes de L_α est réduit à 0 si $L_\alpha = \mathbf{G}_a$, et c'est l'ensemble des multiples entiers de $(2\pi i)e_\alpha$ si $L_\alpha = \mathbf{G}_m$.

Comme L est produit des L_α, $t(L)$ est somme directe des $t(L_\alpha)$, donc a pour base la famille des e_α. Si $z \in t(L)$, on notera z_α ses coordonnées par rapport à cette base ; on a

$$z = \sum_\alpha z_\alpha e_\alpha .$$

Soit Λ_L l'algèbre affine de L. L'application $f \mapsto f \circ \exp_L$ identifie Λ_L à la sous-algèbre de l'algèbre des fonctions holomorphes sur t(L) engendrée par les z_α (pour $L_\alpha = \mathbf{G}_a$) et les e^{z_α} et les e^{-z_α} (pour $L_\alpha = \mathbf{G}_m$).

Base de Λ_L

Soit N_L l'ensemble des familles $n = (n_\alpha)$, où n_α est un entier $\geqq 0$ si $L_\alpha = \mathbf{G}_a$ et un entier de signe quelconque si $L_\alpha = \mathbf{G}_m$. Si $n = (n_\alpha)$ appartient à N_L, posons

$$|n| = \operatorname{Sup} |n_\alpha|$$

et

$$e_n(z) = \prod_{L_\alpha = \mathbf{G}_a} z_\alpha^{n_\alpha} \prod_{L_\alpha = \mathbf{G}_m} e^{n_\alpha z_\alpha}.$$

Les fonctions $e_n(z)$, $n \in L$, forment une base de l'algèbre affine Λ_L.

Pôles

Soit $f \in \Lambda_L$. On peut considérer f comme une fonction rationnelle sur la variété projective L, n'ayant pas de pôle en dehors de L^∞, cf. n°1.2. Si b est un entier $\geqq 0$, on a

$$(f) \geqq -b L^\infty$$

si et seulement si f est combinaison linéaire des $e_n(z)$ avec $|n| \leqq b$.

3.3. Préliminaires : périodes

Puisque $A = G/L$, on a $t(A) = t(G)/t(L)$ et $\Omega_A = \Omega_G / \Omega_L$.

Choisissons un supplémentaire de t(L) dans t(G). Cela nous permet d'identifier t(G) à $t(L) \oplus t(A)$, et d'écrire tout élément t de t(G) comme un couple :

$$t = (z,u) \quad \text{avec} \quad z \in t(L) \quad \text{et} \quad u \in t(A).$$

L'image de Ω_G par la projection $t \mapsto u$ est Ω_A. Choisissons un sous-groupe $\widetilde{\Omega}_A$ de Ω_G qui se projette isomorphiquement sur Ω_A (c'est possible, puisque Ω_A est libre sur $\mathbf{Z}$). On a

$$\Omega_G = \widetilde{\Omega}_A \oplus \Omega_L$$

et l'on sait (cf. n°3.2) que Ω_L admet pour base les $(2\pi i)e_\alpha$ pour $L_\alpha = \mathbf{G}_m$. Si $\omega \in \Omega_A$, nous noterons $\widetilde{\omega}$ son image réciproque dans $\widetilde{\Omega}_A$. On a

$$\widetilde{\omega} = (\eta_\omega, \omega) \quad \text{avec} \quad \eta_\omega \in t(L).$$

L'application $\omega \mapsto \eta_\omega$ est un $\mathbf{Z}$-homomorphisme de Ω_A dans t(L). Une fonction $F = F(z,u)$ sur t(G) est invariante par $\widetilde{\Omega}_A$ si et seulement si

$$F(z+\eta_\omega\,,\ u+\omega) = F(z,u) \quad \text{pour tout} \quad \omega \in \Omega_A\,.$$

Pour qu'une telle fonction soit invariante par Ω_G il faut et il suffit qu'elle soit invariante par Ω_L, i.e. qu'elle soit invariante par $z \mapsto z_\alpha + 2\pi i$ (pour $L_\alpha = G_m$).

3.4. Croissance de certaines fonctions

Revenons à la situation du § 1, et choisissons un diviseur positif et ample D de A. On sait (cf. [We 2]) qu'il existe une fonction thêta sur t(A) dont le diviseur est l'image réciproque de D par $\exp_A$. Soit $\theta = \theta(u)$ une telle fonction. On a

$$\theta(u+\omega) = \theta(u)e^{E(u,\omega)} \qquad (u \in t(A),\ \omega \in \Omega_A)\,.$$

Nous n'aurons pas besoin de la forme explicite de $E(u,\omega)$, mais seulement de sa croissance à l'infini :

$$|E(u,\omega)| = \underline{O}(1+|u|^2+|\omega|^2).$$

Soient a et b des entiers $\geqq 1$. Soit $D_{a,b} = a\widetilde{D} + bG^\infty$ le diviseur de $\overline{G}$ défini au n° 1.4. Notons $S_{a,b}$ l'espace vectoriel des fonctions rationnelles f sur $\overline{G}$ telles que $(f) \geqq -D_{a,b}$. Si $f \in S_{a,b}$, notons $F = F(z,u)$ la fonction $f \circ \exp_G$ sur $t(G) = t(L) \oplus t(A)$, et posons :

$$\widetilde{F}(z,u) = \theta(u)^a F(z,u)\,.$$

Il est clair que $\widetilde{F}$ est holomorphe. De plus :

PROPOSITION 7 - La fonction $\widetilde{F}$ est d'ordre strict $\leqq 2$.

Remarquons d'abord que, pour tout $u \in t(A)$, la fonction $z \mapsto \widetilde{F}(z,u)$ appartient à l'algèbre affine de L, et que son diviseur est $\geqq -bL^\infty$. D'après le n°3.2, on peut donc écrire cette fonction sous la forme

$$\widetilde{F}(z,u) = \sum_{|n|\leqq b} e_n(z)\psi_n(u)\,,$$

avec $\psi_n(u) \in \mathbf{C}$. Le fait que $\widetilde{F}(z,u)$ soit holomorphe en u entraîne, par un argument standard, qu'il en est de même des ψ_n ; en particulier, les ψ_n sont bornés sur tout compact. Ce fait, joint à la croissance au plus exponentielle des $e_n(z)$, entraîne que, pour tout compact K de t(A), il existe une constante C_K telle que

$$|\widetilde{F}(z,u)| \leqq \exp\{C_K(1+|z|)\} \quad \text{pour } u \in K,$$

autrement dit

$$|\widetilde{F}(z,u)| \leqq \exp\{\underline{O}(1+|z|)\} \quad \text{pour } u \in K.$$

Choisissons K de telle sorte que $K + \Omega_A = t(A)$: c'est possible puisque $t(A)/\Omega_A \simeq A(\mathbf{C})$ est compact. Pour tout $u \in t(A)$ il existe $\omega \in \Omega_A$ tel que $u+\omega \in K$. On a

$$|\omega| = |u| + \underline{O}(1)\,.$$

Puisque F est invariante par Ω_G, on a

$$F(z+\eta_\omega, u+\omega) = F(z,u)$$

d'où

$$\widetilde{F}(z+\eta_\omega, u+\omega) = \widetilde{F}(z,u)\exp\{a\,E(u,\omega)\},$$

ou encore

$$\widetilde{F}(z,u) = \widetilde{F}(z+\eta_\omega, u+\omega)\exp\{-a\,E(u,\omega)\}.$$

On a vu que

$$|E(u,\omega)| = \underline{O}(1+|u|^2+|\omega|^2) = \underline{O}(1+|u|^2).$$

D'autre part, puisque $u+\omega$ appartient à K, et que $|\eta_\omega| = \underline{O}(|\omega|)$, on a

$$|\widetilde{F}(z+\eta_\omega, u+\omega)| \leq \exp\{\underline{O}(1+|z|+|u|)\}.$$

En combinant ces deux majorations, on en déduit :

$$|\widetilde{F}(z,u)| \leq \exp\{\underline{O}(1+|z|+|u|^2)\},$$

ce qui montre bien que $\widetilde{F}$ est d'ordre ≤ 2 au sens strict.

Remarque

Ecrivons $\widetilde{F}(z,u)$, comme ci-dessus, sous la forme

$$\widetilde{F}(z,u) = \sum_{|n|\leq b} e_n(z)\,\psi_n(u).$$

La prop.7 équivaut à dire que les fonctions $\psi_n(u)$ sont d'ordre strict ≤ 2. Il devrait être possible (en suivant [Sev]) de préciser ce résultat, et de prouver que ces fonctions s'expriment algébriquement au moyen de dérivées itérées de fonctions thêta.

3.5. Application

Supposons les entiers a et b choisis de telle sorte que $D_{a,b}$ soit très ample, ce qui est possible d'après le cor. à la prop. 1. Soit $\{f_o,\ldots,f_N\}$ une base de l'espace vectoriel $S_{a,b}$, et soit φ le plongement de $\bar{G}$ dans l'espace projectif P_N défini par les f_i. Posons, comme ci-dessus :

$$F_i(z,u) = f_i \circ \exp_G$$

et

$$\widetilde{F}_i(z,u) = \theta(u)^a F_i(z,u).$$

D'après la prop.7, les $\widetilde{F}_i$ sont des fonctions holomorphes d'ordre strict ≤ 2. De plus :

PROPOSITION 8 - (i) Les fonctions $(\widetilde{F}_o,\ldots,\widetilde{F}_N)$ ne s'annulent simultanément en aucun point de $t(G)$.

(ii) L'application $\Phi : t(G) \to P_N$ définie par les $(\widetilde{F}_i)$ est égale à $\varphi \circ \exp_G$.

Soit $t \in t(G)$, et soit $x = \exp_G(t) \in G(C)$. Puisque $D_{a,b}$ est très ample, il existe un indice i tel que le diviseur

$$(f_i) + D_{a,b} = (f_i) + a\widetilde{D} + b\,G^{\infty}$$

ne passe pas par x. Comme l'image réciproque de ce diviseur par $\exp_G$ est égale au diviseur de $\widetilde{F}_i$, ce dernier ne passe pas par t. On a donc $\widetilde{F}_i(t) \neq 0$, ce qui démontre (i). L'assertion (ii) résulte de ce que $\widetilde{F}_i / \widetilde{F}_j = F_i / F_j = f_i / f_j \circ \exp_G$.

COROLLAIRE 1 - L'application Φ définit par passage au quotient un isomorphisme de $G(\mathbf{C}) = t(G) / \Omega_G$ sur une sous-variété localement fermée de $\mathbf{P}_N$.

C'est clair.

COROLLAIRE 2 - Soit f une fonction rationnelle sur G. On peut écrire $f \circ \exp_G$ sous la forme

$$f \circ \exp_G = R(\widetilde{F}_o,\dots,\widetilde{F}_N) / S(\widetilde{F}_o,\dots,\widetilde{F}_N)$$

où R et S sont des polynômes homogènes de même degré tels que $S(\widetilde{F}_o,\dots,\widetilde{F}_N)$ ne soit pas identiquement nul.

En effet, il suffit de choisir R et S tels que

$$f = R(f_o,\dots,f_N) / S(f_o,\dots,f_N)\ ,$$

ce qui est possible puisque φ est un plongement de $\overline{G}$ dans $\mathbf{P}_N$.

COROLLAIRE 3 - Si f est une fonction rationnelle sur G, la fonction $f \circ \exp_G$ est une fonction méromorphe d'ordre strict $\leqq 2$.

Cela résulte du cor.2 et du fait que les $\widetilde{F}_i$ sont d'ordre strict $\leqq 2$.

RÉFÉRENCES

[Ba 1] BARSOTTI, I. - Structure theorems for group varieties, Annali di Mat., 38 (1955), 77-119.

[H] HARTSHORNE, R. - Algebraic Geometry, GTM 52, Springer-Verlag, 1977.

[Mu] MUMFORD, D. - Abelian Varieties, Oxford Univ.Press, 1970.

[N 1] NÉRON, A. - Quasi-fonctions et hauteurs sur les variétés abéliennes, Ann. of Math., 82 (1965), 249-331.

[Ros 1] ROSENLICHT, M. - Some basic theorems on algebraic groups, Amer.J.Math., 78 (1956), 401-443.

[Sev] SEVERI, F. - Funzioni Quasi Abeliane, Pont. Acad.Sc., Vatican, 1947.

[We 1] WEIL, A. - Variétés abéliennes, Colloque d'Algèbre et Théorie des Nombres, C.N.R.S. (1949), 125-128.

[We 2] WEIL, A. - Introduction à l'étude des variétés kählériennes, Hermann, 1958.

123.

Extensions icosaédriques

Séminaire de Théorie des Nombres de Bordeaux 1979/80, n° **19**

L'exposé de J-P. SERRE a porté sur le contenu de la lettre suivante, que nous reproduisons avec l'autorisation de l'auteur; cette lettre répondait à une lettre circulaire envoyée par J. D. GRAY (University of New South Wales, Australia), qui recherchait un exposé moderne du contenu du livre de KLEIN sur l'Icosaèdre.

Princeton, March 17–25, 1978

dear M. GRAY,

I am sorry to have been so slow in answering your query about KLEIN's Icosahedron book. I have been looking at it, off and on, for the past weeks without being able to write anything.

First, I could not find any "modernized" treatment of the subject and I doubt there is one. The most recent I found is DICKSON's "Modern Algebraic Theories" (1930), chap. XIII. See also WIMAN's "Endliche Gruppen linearen Substitutionen" (Enzykl. Math. Wiss. I B3f), H. WEBER "Algebra II" and above all R. FRICKE's "Lehrbuch der Algebra II" (1926) which I find much more understandable than KLEIN. I hope you get more references from other people, for instance, ARNOLD, FRIED, BRIESKORN, HIRZEBRUCH; they could tell you about the relations of $\mathfrak{A}_5$, the exceptional root system E_8 and the surface $x^2+y^3+z^5=0$ (see for instance the recent papers of NARUKI in Invent. Math. and Math. Annalen).

Now, some remarks about the topics considered in KLEIN's book:

1. Fields of definition

Let $G=\mathfrak{A}_5$ be the icosahedral group. KLEIN uses in an essential way the fact that G acts faithfully on a curve X of genus 0, and that the quotient X/G is also of genus 0. He is not precise about fields of definition – and need not be since he uses explicit formulae, with only harmless irrationalities in them. Still, it is of some interest to look into the matter more closely:

Notice first that, to each such curve (with action of G), one can attach a *square root of* 5, which then must be in the ground field k, if X and the elements of G are defined over k (in which case I will say that X is a "G-curve over k"). Indeed, if one extends the ground field to its algebraic closure, the action of G gives an embedding $G \to \mathbf{PGL}_2$. If $c \in G$ is a chosen element of order 5, it will correspond to it a matrix A (defined up to multiplication by a scalar), with eigenvalues (λ, μ) such that λ/μ is a primitive 5th root of unity. If you put $x = 1 + 2\,(\lambda/\mu + \mu/\lambda)$ you find that $x^2 = 5$, and that x is intrinsically attached to c (it does not depend on the representative matrix, nor on the choice of the field extension).

So, if we want a G-curve over k, we must assume that k contains a square root of 5. Do so, and choose one such; call it $\sqrt{5}$. We restrict ourselves to G-curves whose corresponding square-root of 5 is the chosen one. Then one can prove that *there is indeed such a G-curve over k*, and that it is *unique*, up to *unique isomorphism* (i.e. if X and X' are two such, there is a unique isomorphism $f: X \to X'$ such that $f \circ g = g \circ f$ for all $g \in G$). The unicity assertions are easy (especially the last one which amounts to saying that the centralizer of G in $\mathbf{PGL}_2$ is reduced to $\{1\}$). The existence assertion could be deduced from the unicity ones by standard «descent» methods of algebraic geometry. One may also use a more explicit method, see below.

When we have the G-curve X over k, two natural questions arise:

a) is it true that X is isomorphic to the projective line $\mathbf{P}_1$, i.e. that X has a k-rational point, or equivalently that G can be embedded into $\mathbf{PGL}_2(k)$?

b) is it true that the quotient curve X/G is isomorphic to $\mathbf{P}_1$?

(Remember that a curve of genus 0 is not always isomorphic to $\mathbf{P}_1$ over the ground field! There is an "obstruction" which is a quaternion algebra.)

The answer to b) is "yes"; that is easy: there are three canonical points on X/G, where the covering $X \to X/G$ is ramified of order 2, 3, 5; these points, being unique, are rational over k. But a curve of genus 0 with a rational point is isomorphic to $\mathbf{P}_1$. Hence the result. (One may want to normalize the isomorphism between X/G and $\mathbf{P}_1$ so that the three canonical points correspond to 0, 1, ∞; this is what Klein does.)

The answer to a) is more interesting: X is not always isomorphic to $\mathbf{P}_1$. More precisely, the quaternion algebra attached to X is the *standard* quaternion algebra $H_k = k \otimes H$, generated by i, j with $ij = -ji$, $i^2 = -1$, $j^2 = -1$. Hence *X is isomorphic to $\mathbf{P}_1$ if and only if H_k is* "split" (i.e. is isomorphic to the matrix algebra $\mathbf{M}_2(k)$ or equivalently *if and only if -1 is a sum of two squares in k*).

To show this, one may, for instance, give an explicit embedding of $G = \mathfrak{A}_5$ into the projective group of H_k, i.e. H_k^*/k^* (which is a "twisted form" of $\mathbf{PGL}_2$, in Galois parlance). One may do that using explicit formulae due to Coxeter (I believe); I don't have the reference here, but they are reproduced
1 in a recent paper of M.-F. Vignéras in Crelle. Another method is to use the representation of G as a Coxeter group in 3-space; this works over $\mathbf{Q}(\sqrt{5})$, and gives an embedding of G into $\mathbf{SO}_3(f)$, where f is some quadratic form in 3 variables over $\mathbf{Q}(\sqrt{5})$; one has then to check that the field of quaternions attached to f is indeed H_k. Both methods give at the same time an explicit construction of the G-curve X.

To sum up:

If we just want X over k, we need only $\sqrt{5} \in k$; if we also want that $X \simeq \mathbf{P}_1$, we need that -1 is a sum of two squares in k.

Note that both conditions can be met by adjoining quadratic numbers to k, i.e. $\sqrt{5}$ and $\sqrt{-d}$ for any rational $d > 0$. Hence they are harmless from the point of view of "solving equations".

One more remark on this: if, instead of $\mathfrak{A}_5$, we are interested in $G = \mathfrak{A}_4$ or $\mathfrak{S}_4$, then the situation is similar, but simpler: the condition $\sqrt{5} \in k$ disappears, the G-curve X always exists and is unique, and it is isomorphic to $\mathbf{P}_1$ if and only if the quaternion algebra H_k splits.

(In the above, I have implicitly assumed that characteristic $k = 0$. If you are interested in the case where characteristic $k = p \neq 0$, here is what happens: if $p \neq 2$, the G-curve X exists if $G = \mathfrak{A}_4$, $\mathfrak{S}_4$, and if $G = \mathfrak{A}_5$ and $\sqrt{5} \in k$; if $p = 2$, it exists if $G = \mathfrak{A}_4$, $\mathfrak{A}_5$ and $\sqrt[3]{1} \in k$; it does not exist if $G = \mathfrak{S}_4$, $p = 2$. Whenever it exists, it is k-isomorphic to $\mathbf{P}_1$, since the BRAUER group of a finite field is 0.)

Note also the following: suppose we define X over $\mathbf{Q}(\sqrt{5})$, and let K be its function field. The action of $G = \mathfrak{A}_5$ on X defines an action of G on K, which leaves fixed the field of constants $\mathbf{Q}(\sqrt{5})$. This action can be extended to *an action of* $\mathfrak{S}_5$ on K, in such a way that the elements of $\mathfrak{S}_5 - \mathfrak{A}_5$ act on $\mathbf{Q}(\sqrt{5})$ by $\sqrt{5} \mapsto -\sqrt{5}$ ("semi-algebraic" action). In other terms, if we view X as a curve *over* $\mathbf{Q}$ ($\mathbf{Q}$-irreducible, but $\mathbf{Q}(\sqrt{5})$-reducible with two components), we have an action of $\mathfrak{S}_5$ on X. I mention this for two reasons:

a) this is what comes naturally from the modular form point of view, cf. below;

b) there is a very simple model for this action, namely the following: consider the quadric Y in projective space defined by the homogeneous equations

$$(*) \qquad x_1 + \ldots + x_5 = 0\,, \quad x_1^2 + \ldots + x_5^2 = 0\,.$$

There is a natural action of $\mathfrak{S}_5$ on Y (permutation of coordinates). Now, call X the "set" of straight lines on Y. It is well known that X has a natural structure of (reducible) curve, with two components (which can be separated on the field of the square root of the discriminant, which is here $\mathbf{Q}(\sqrt{5})$), each of genus 0. The action of $\mathfrak{S}_5$ on Y defines an action of $\mathfrak{S}_5$ on X, which is "our" curve X.

(Similarly, the curve of genus 0 with $\mathfrak{S}_4$-action can be defined as the conic $x_1 + \ldots + x_4 = 0$, $x_1^2 + \ldots + x_4^2 = 0$.)

2. "Solution" of the quintic equation

Assume first that $\sqrt{5}$ belongs to k, and let X, $X/G \simeq \mathbf{P}_1$ be as above. If z is a k-point of X/G, its inverse image in X is not in general rational over k; more precisely, the field of rationality of a lifting $x \in X$ of z is a Galois extension of k, whose Galois group is a subgroup of G. In particular, this group may be G itself. We may ask *whether we get in this way all Galois extensions of k with group* $G = \mathfrak{A}_5$. If so, the G-covering $X \to X/G$ would be quite analogous to the quadratic covering $x \mapsto x^2$ ($\mathbf{P}_1 \to \mathbf{P}_1$) which gives all quadratic extensions.

This is essentially the question answered by HERMITE and KLEIN. The result is "almost" *yes*, as you will see.

Let us first translate the question into a more geometric one. Let us call k'/k our given extension with Galois group G (it is associated to a quintic equation with square discriminant). The natural homomorphism $\mathrm{Gal}(k'/k) \simeq G \to \mathrm{Aut}(X)$ allows us to make $\mathrm{Gal}(k'/k)$ act on X. By "descent" (see for instance WEIL's paper on the lowering of the field of constants, Amer. J. around 1955, or my "Cohomologie galoisienne"), this gives us a twisted curve $X_{k'}$ and we see easily that:

k'/k comes from the covering $X \to X/G$ if and only if $X_{k'}$ has a rational point over k.

Since $X_{k'}$ has genus 0, the last condition also means that the quaternion algebra $H_{k'}$ attached to $X_{k'}$ *splits over k*. This condition is not always fulfilled (one can construct counter-examples). But it can be met *by a suitable quadratic extension of k*, and in fact by many such; this (as WEIL pointed out to me) is
2 the source of the "accessorische Irrationalität" mentioned by KLEIN in the last §§ of his book. Since quadratic extensions are regarded as harmless by KLEIN, HERMITE, etc., you see why I say that the answer to the question above is "almost" yes!

To make this more concrete, one needs a simple description of the twisted curve $X_{k'}$, and the corresponding quaternion algebra $H_{k'}$. Here are two ways to do this, one using cohomology, one using quadratic forms:

i) It is well known that the cohomology group $H^2(G, \mathbf{Z}/2\mathbf{Z})$ is cyclic of order 2; it contains a unique non trivial element ξ, which corresponds to the central extension of G given by the "binary icosahedral group" of order 120. Since $G \simeq \mathrm{Gal}(k'/k)$, this gives an element $\xi_{k'} \in H^2(\mathrm{Gal}(k'/k), k'^*) \subset \mathrm{Br}(k)$. One can check (sauf erreur...) that the class of $H_{k'}$ is equal to $(-1,-1)+\xi_{k'}$, where $(-1,-1)$ is the class of the standard quaternion algebra.

ii) Suppose that k'/k is given as the Galois closure of a quintic field k_1/k. View k_1 as a 5-dimensional vector space over k, and consider the projective quadric $Y_{k'}$ defined by the equations

$$\mathrm{Tr}(z) = 0\,, \quad \mathrm{Tr}(z^2) = 0 \quad (\text{for } z \in k_1)\,.$$

This quadric is obtained by Galois twisting from the quadric Y of p. 4. Hence its "curve of lines" is the twisted curve $X_{k'}$. From this, and the elementary geometry (resp. algebra) of quadrics (resp. quaternary quadratic forms), one deduces:

ii$_1$) the class of $H_{k'}$ is the sum of $(-1,-1)$ and the *Witt invariant* of the
3 quadratic form $\mathrm{Tr}(z^2)$ (on the subspace of k_1 of elements of trace 0); in other words, $H_{k'}$ is the unique quaternion algebra whose norm form is proportional to this quaternary quadratic form;

ii$_2$) *$X_{k'}$ has a rational point if and only if $Y_{k'}$ has one, i.e. if and only if there is a non zero element z of k_1 such that* $\mathrm{Tr}(z) = \mathrm{Tr}(z^2) = 0$.

In more concrete terms, this means that the answer to our original question is "yes" whenever k' can be generated by the roots of a quintic equation of the form $X^5 + aX^2 + bX + c = 0$, i.e. an equation *without X^4 and X^3 terms.* This fits with the results of KLEIN and HERMITE.

Instead of assuming that $G=\mathfrak{A}_5$ and $\sqrt{5}\in k$, I could have assumed that $\sqrt{5}\notin k$, $G=\mathfrak{S}_5$, and that the quadratic subfield of k'/k is $k(\sqrt{5})$. The result would have been the same as in ii$_2$).

3. Connection with modular forms

There is not much to say: if we take the field K_5 of modular functions of level 5 with coefficients in $\mathbf{Q}(\sqrt[5]{1})$, it is well known by now (see for instance SHIMURA's book, or LANG's Elliptic Functions or DELIGNE-RAPOPORT) that the group $\mathbf{GL}_2(\mathbf{Z}/5\mathbf{Z})/\{\pm 1\}$ acts on K_5 in a "semi-linear" way, the field of invariants being just $\mathbf{Q}(j)$, the field of modular function of level 1. Moreover, the genus of K_5 is 0. Consider now the subfield of K_5 fixed under the action of the center (which is of order 2) of $\mathbf{GL}_2(\mathbf{Z}/5\mathbf{Z})/\{\pm 1\}$; call K_5' that field. It corresponds to a curve X of genus 0, with field of constants $\mathbf{Q}(\sqrt{5})$, and action of $G=\mathbf{PGL}_2(\mathbf{Z}/5\mathbf{Z})$; since the latter group is well known to be isomorphic to $\mathfrak{S}_5$, we have thus reconstructed the situation of § 1.

From this point of view, the problem of § 2 amounts to the following; suppose $\sqrt{5}\in k$ (resp. $\sqrt{5}\notin k$); let k'/k be a Galois extension with group $\mathfrak{A}_5$ (resp. with group $\mathfrak{S}_5$, and quadratic subfield equal to $k(\sqrt{5})$). Does there exist $j\in k$ such that k' is generated by the j-invariants $j_1,\dots,j_6$ of the six elliptic curves which are 5-isogeneous to the curve with invariant j (i.e. the solutions of $T_5(X,j)=0$ where T_5 is the transformation equation of order 5)? Answer: same as in § 2, i.e. "yes" if and only if the quaternion algebra $H_{k'}$ splits.

As for the modular interpretation of the "Hauptfläche"

$$Y\colon \sum x_i=0\,,\quad \sum x_i^2=0\,,$$

see FRICKE, p. 124, 139, ...

I'll stop here. But I am well aware that the remarks above barely scratch the subject: there is so much more in KLEIN's book, and in FRICKE's! Invariants, hypergeometric functions, and everywhere, a wealth of beautiful formulae! Will you write down any of these? In case you do, please send me a copy.

Yours

J-P. SERRE

124.

Résumé des cours de 1979–1980

Annuaire du Collège de France (1980), 65–72

1 Le sujet du cours a été l'étude des points rationnels des variétés algébriques, et plus spécialement des variétés abéliennes et des courbes algébriques : hauteurs, théorème de Mordell-Weil et conjecture de Mordell.

Il a comporté quatre parties :

1. *Hauteurs*

Hauteurs sur l'espace projectif

Soit $x \in \mathbf{P}_n(\mathbf{Q})$ un point rationnel de l'espace projectif $\mathbf{P}_n$ de dimension n. Choisissons les coordonnées projectives $(x_0, \ldots, x_n)$ de x de telle sorte que l'on ait :

$$x_i \in \mathbf{Z} \text{ pour tout } i \qquad \text{et} \qquad \text{pgcd}(x_0, \ldots, x_n) = 1\,;$$

un tel choix existe, et est unique à un changement de signe près.

La *hauteur* $\mathrm{H}(x)$ du point x est alors définie par :

$$\mathrm{H}(x) = \mathrm{Sup}(|x_0|, \ldots, |x_n|).$$

La fonction H se prolonge de façon naturelle aux *points algébriques* de $\mathbf{P}_n$, autrement dit aux éléments de $\mathbf{P}_n(\overline{\mathbf{Q}})$. Si $x = (x_0, \ldots, x_n)$ est un tel point, et si les x_i appartiennent à un sous-corps K de $\overline{\mathbf{Q}}$ de degré fini sur $\mathbf{Q}$, on a :

$$\mathrm{H}(x) = \prod_v \mathrm{Sup}_i\, |x_i|_v^{1/d}, \text{ avec } d = [\mathrm{K} : \mathbf{Q}],$$

où v parcourt l'ensemble des places de K, et $|x_i|_v$ désigne le « module » de x_i dans le corps localement compact K_v complété de K en v (Bourbaki, INT VII, § 1, n° 10). On a $H(x) \geqslant 1$. On pose :

$$h(x) = \log H(x) ;$$

c'est la *hauteur logarithmique* du point x.

Théorème de finitude

Appelons *degré* d'un point $x = (x_0, ..., x_n)$ de $\mathbf{P}_n(\overline{\mathbf{Q}})$ le degré de l'extension de $\mathbf{Q}$ engendrée par les x_i/x_j avec $x_j \neq 0$. D'après un théorème de D.G. Northcott, les points de $\mathbf{P}_n(\overline{\mathbf{Q}})$ de degré d donné et de hauteur bornée sont *en nombre fini* : pour $d = 1$ c'est immédiat, et le cas général se ramène à celui-là grâce à un produit symétrique d-uple. En particulier, si K est un sous-corps de $\overline{\mathbf{Q}}$ de degré fini d, et si X est un nombre réel, les points de $\mathbf{P}_n(\mathrm{K})$ de hauteur $\leqslant X$ sont en nombre fini ; soit $N_{K,n}(X)$ leur nombre. Le comportement de $N_{K,n}(X)$ pour $X \to \infty$ a été déterminé par S. Schanuel (*Bull. Soc. math. France*, 107, 1979, p. 433-449). Le résultat est le suivant :

$$N_{K,n}(X) = c_{K,n} X^{d(n+1)} + \begin{cases} O(X \log X) & \text{si } d = n = 1 \\ O(X^{d(n+1)-1}) & \text{sinon} \end{cases}$$

où $c_{K,n}$ est une constante > 0 ne dépendant que de K et de n. On a en particulier :

$$N_{K,n}(X) \asymp X^{d(n+1)} \quad \text{pour } X \to \infty.$$

Il serait intéressant d'avoir des résultats analogues pour d'autres variétés que les espaces projectifs.

Hauteurs sur les variétés projectives

Soit V une variété projective sur $\overline{\mathbf{Q}}$, et soit Pic (V) le groupe des classes de fibrés vectoriels de rang 1 sur V (i.e. le groupe des classes de « diviseurs de Cartier » de V). Si $\varphi : V \to \mathbf{P}_n$ est un morphisme de V dans un espace projectif nous noterons $c(\varphi)$ l'élément de Pic (V) image réciproque par φ du générateur standard de Pic $(\mathbf{P}_n)$.

Soit $c \in$ Pic (V). On peut écrire c sous la forme :

$$c = c(\varphi) - c(\psi)$$

où φ et ψ sont des morphismes de V dans des espaces projectifs convenables. Choisissons un tel couple (φ, ψ), et notons h_φ et h_ψ les fonctions sur $V(\overline{\mathbf{Q}})$ définies par :

$$h_\varphi(x) = h(\varphi(x)) \quad \text{et} \quad h_\psi(x) = h(\psi(x)) \quad (x \in V(\overline{\mathbf{Q}})).$$

D'après un théorème de Weil et Néron, la fonction $h_\varphi - h_\psi$ ne dépend que de c, à l'addition près d'une fonction bornée sur $V(\overline{Q})$, autrement dit « à $O(1)$ près ». On peut donc poser :

$$h_c = h_\varphi - h_\psi\,;$$

c'est la *fonction hauteur* (logarithmique) relative à c ; elle est définie modulo $O(1)$. Ses principales propriétés sont :

a) (Additivité) $h_{c+d} = h_c + h_d + O(1)$ si $c, d \in \mathrm{Pic}(V)$.

b) (Fonctorialité) $h_{c'} = h_c \circ f + O(1)$ si $f: V' \to V$ est un morphisme, et si $c \in \mathrm{Pic}(V)$, $c' \in \mathrm{Pic}(V')$ et $c' = f^*(c)$.

c) (Positivité) Soit F_c l'intersection des supports des diviseurs positifs appartenant à la classe c. La restriction de h_c au complémentaire de F_c est minorée (i.e. positive modulo $O(1)$).

d) Si c est ample, h_c tend vers $+\infty$ sur les points de degré borné, et l'on a $h_d = O(1 + h_c)$ pour tout $d \in \mathrm{Pic}(V)$.

e) Si V est non singulière, on a $h_c = O(1)$ si et seulement si c appartient au sous-groupe de torsion de Pic (V).

f) Si V est non singulière, si c est ample, et si $d \in \mathrm{Pic}(V)$ est numériquement équivalent à 0, on a $h_d = O(1 + h_c^{1/2})$.

Les démonstrations de a), b), c) et d) sont faciles. Celles de e) et f) utilisent certains des résultats de Néron résumés ci-dessous.

2. *Hauteurs normalisées*

La normalisation des hauteurs est due à A. Néron. Elle consiste, lorsque V est une variété abélienne, à définir des *représentants canoniques* $\hat{h}_c$ des h_c qui éliminent les « $O(1)$ » de la théorie générale. Comme l'a montré J. Tate, on peut baser la construction des $\hat{h}_c$ sur le résultat élémentaire suivant :

Lemme - *Soient* S *un ensemble et* $\pi: S \to S$ *une application. Soit* f *une fonction sur* S *telle que* $f \circ \pi = kf + O(1)$, *avec* $|k| > 1$. *Il existe alors une fonction* $\hat{f}$ *sur* S *et une seule telle que :*

$$\hat{f} = f + O(1)\,. \quad et \quad \hat{f} \circ \pi = k\hat{f}\,.$$

(Démonstration : définir $\hat{f}(x)$ comme $\lim k^{-n} f(\pi^n x)$ pour $n \to \infty$.)

Soient alors A une variété abélienne sur $\overline{Q}$ et c un élément de Pic (A). Supposons que c soit *symétrique* (resp. *antisymétrique*), autrement dit soit invariant (resp. anti-invariant) par l'involution $x \mapsto -x$ de A. Le lemme ci-dessus s'applique à $S = A(\overline{Q})$, $f = h_c$, $\pi(x) = 2x$ et $k = 4$ (resp. $k = 2$). Cela définit $\hat{h}_c$ lorsque c est, soit symétrique, soit antisymétrique ; le cas général s'en déduit par linéarité. Les hauteurs canoniques $\hat{h}_c$ jouissent des propriétés suivantes :

a) $\hat{h}_{c+d} = \hat{h}_c + \hat{h}_d$ si $c, d \in \mathrm{Pic}(A)$.

b) $\hat{h}_{c'} = \hat{h}_c \circ f$ si $f : B \to A$ est un homomorphisme de variétés abéliennes (avec $f(0) = 0$) et si $c \in \mathrm{Pic}(A)$, $c' \in \mathrm{Pic}(B)$ et $c' = f^*(c)$.

c) $\hat{h}_c = 0$ si et seulement si c est d'ordre fini dans Pic (A).

d) Si c est antisymétrique, $\hat{h}_c$ est additive, et se prolonge en une forme linéaire sur $\mathbf{R} \otimes A(\overline{\mathbf{Q}})$.

e) Si c est symétrique, $\hat{h}_c$ est quadratique, et se prolonge en une forme quadratique sur $\mathbf{R} \otimes A(\overline{\mathbf{Q}})$; si de plus c est ample, on a $\hat{h}_c(x) > 0$ pour tout élément $x \neq 0$ de $\mathbf{R} \otimes A(\overline{\mathbf{Q}})$.

Dualité

Soit A′ la variété abélienne duale de A, et soit $P \in \mathrm{Pic}(A \times A')$ la classe du *diviseur de Poincaré* de $A \times A'$ (normalisée de telle sorte que ses restrictions à A et A′ soient nulles). La hauteur canonique $\hat{h}_P$ associée à P est une forme bilinéaire sur $A(\overline{\mathbf{Q}}) \times A'(\overline{\mathbf{Q}})$, appelée *forme de Néron*. La connaissance de cette forme entraîne celle de toutes les hauteurs canoniques $\hat{h}_c$: :

si $c \in \mathrm{Pic}(A)$ est antisymétrique, c est algébriquement équivalent à 0 et on peut l'identifier grâce à P à un élément de $A'(\overline{\mathbf{Q}})$; on a :

$$\hat{h}_c(x) = \hat{h}_P(x, c) \quad \text{pour tout } x \in A(\overline{\mathbf{Q}}) ;$$

si $c \in \mathrm{Pic}(A)$ est symétrique, on a :

$$\hat{h}_c(x) = -\tfrac{1}{2}\,\hat{h}_P(x, \varphi_c(x)) \quad \text{pour tout } x \in A(\overline{\mathbf{Q}}),$$

où φ_c est l'homomorphisme de A dans A′ défini par c.

Décomposition de $\hat{h}_c$ en somme de termes locaux

Néron a donné une telle décomposition. Le cours s'est borné à résumer ses résultats, en insistant sur le cas où A est une courbe elliptique (i.e. dim A = 1). Dans ce cas, en effet, J. Tate a donné des procédés de calcul effectifs pour les composantes locales en question ; voir là-dessus S. Lang, *Elliptic Curves - Diophantine Analysis* (Springer-Verlag, 1978) ainsi que H. Zimmer, *J. Crelle,* 307/308 (1979), p. 221-246.

Malgré ces procédés de calcul, la nature arithmétique des $\hat{h}_c(x)$ reste mystérieuse. On ignore par exemple si $\hat{h}_c(x)$ peut être un nombre algébrique $\neq 0$ (cela paraît peu probable).

3. *Le théorème de Mordell-Weil*

Enoncé et principe de démonstration

Soient K un sous-corps de $\overline{\mathbf{Q}}$ de degré fini sur **Q**, A une variété abélienne définie sur K, et $\Gamma = A(K)$ le groupe des K-points de A. Le théorème de Mordell-Weil dit que Γ est un groupe *de type fini.*

Pour le démontrer, on prouve d'abord l'assertion plus faible suivante :

(∗) - *Si n est un entier* $\neq 0$, *le groupe* $\Gamma/n\Gamma$ *est fini.*

La démonstration de (∗) peut se faire par diverses méthodes. On peut utiliser le théorème de Chevalley-Weil sur les extensions non ramifiées. On peut aussi plonger $\Gamma/n\Gamma$ dans un groupe de cohomologie $H^1(K, A_n)$ et utiliser la finitude de l'ensemble des éléments de ce groupe qui sont non ramifiés en dehors d'un nombre fini de places. Il est également possible, en suivant une idée de Honda, de déduire (∗) du fait général suivant : si $\varphi : G_1 \rightarrow G_2$ est une isogénie de groupes algébriques, l'image par φ d'un sous-groupe arithmétique de G_1 est un sous-groupe arithmétique de G_2.

Une fois (∗) démontrée pour un $n \geqslant 2$, un argument de descente à la Fermat, utilisant la théorie des hauteurs, permet d'en déduire que Γ est de type fini. (Variante : montrer, grâce aux hauteurs canoniques, que Γ est somme directe d'un groupe fini et d'un groupe libre, lequel est nécessairement de type fini à cause de (∗).)

Application : nombre de points rationnels de hauteur $\leqslant X$

Choisissons un plongement φ de A dans un espace projectif $\mathbf{P}_n$. Si X est un nombre réel, notons $N_{K,A}(X)$ le nombre des points $x \in A(K)$ tels que $H(\varphi(x)) \leqslant X$. On a :

$$\log H(\varphi(x)) = h_\varphi(x) = \hat{h}_{c(\varphi)}(x) + O(1),$$

et $\hat{h}_{c(\varphi)}$ est une forme quadratique positive. On déduit de là l'estimation suivante, due à Néron :

$$N_{K,A}(X) = \lambda (\log X)^{r/2} + O((\log X)^{(r-1)/2}) \quad \text{pour } X \rightarrow \infty,$$

où r est le rang de A(K) et λ un nombre > 0.

En particulier, $N_{K,A}(X)$ est de l'ordre de grandeur de $(\log X)^{r/2}$: une variété abélienne a « beaucoup moins de points » qu'un espace projectif.

Problèmes

Le théorème de Mordell-Weil n'est qu'un théorème d'existence. Il soulève de nombreuses questions. Notamment :

a) Peut-on déterminer *effectivement* un ensemble fini engendrant A (K) ? En particulier, peut-on calculer effectivement le *rang* de ce groupe ? (La démonstration de (*) ne donne qu'une majoration du rang.)

Lorsque $K = \mathbf{Q}$ et $\dim A = 1$, Y. Manin a montré que ces questions auraient une réponse affirmative si l'on admettait les conjectures de Birch-Swinnerton-Dyer et de Taniyama-Weil (ce qui est beaucoup demander...).

b) Quelle est la structure de $A(\overline{\mathbf{Q}})$ comme module galoisien sur $\mathrm{Gal}(\overline{\mathbf{Q}}/K)$? En particulier, comment varie le rang de A (K) lorsque l'on agrandit le corps K ? (Des exemples intéressants de telles variations ont été donnés par B. Mazur et M. Harris.)

c) Fixons K ainsi que la dimension de A (par exemple $\dim A = 1$). Est-il vrai que l'ordre du sous-groupe de torsión de A (K) ait une borne indépendante de A ? (C'est vrai pour $K = \mathbf{Q}$ et $\dim A = 1$, d'après un théorème de B. Mazur.) Le rang de A (K) peut-il être arbitrairement grand ? (Il y a là-dessus des résultats de Néron datant de 1952 et 1954 sur lesquels on reviendra dans le cours de 1980/1981.)

4. *La conjecture de Mordell*

Enoncé et généralisations

Soient K un sous-corps de $\overline{\mathbf{Q}}$ de degré fini sur **Q**, et C une courbe algébrique (projective, lisse, absolument connexe) définie sur K. On suppose que le *genre g* de C est $\geqslant 2$ (ce qui élimine les courbes rationnelles et les courbes elliptiques). La conjecture de Mordell est l'assertion suivante :

2 $(M_?)$ - *L'ensemble* C (K) *des* K-*points de* C *est fini.*

Choisissons un diviseur **D** de degré 1 sur la courbe C (ce qui est possible si C (K) est non vide), et faisons correspondre à tout point x de C la classe du diviseur $(x) - \mathbf{D}$, qui est de degré 0. On obtient ainsi un plongement de C dans sa jacobienne J, qui est une variété abélienne de dimension g. Si l'on identifie C à une courbe de J par ce plongement, on a :

$$C(K) = C(\overline{\mathbf{Q}}) \cap \Gamma,$$

où $\Gamma = J(K)$ est le groupe des K-points de J. D'après le théorème de Mordell-Weil, Γ est un groupe de type fini. On peut donc reformuler la conjecture de Mordell de la manière suivante :

$(M_?)$ - *L'intersection de* $C(\overline{\mathbf{Q}})$ *et d'un sous-groupe de type fini de* $J(\overline{\mathbf{Q}})$ *est finie.*

S. Lang a proposé la généralisation suivante de $(M_?)$:

$(M_{??})$ - *Si* C *est plongée dans une variété abélienne* A *définie sur une extension* L *de* K, *et si* Λ *est un sous-groupe de* A (L) *tel que* $\mathbf{Q} \otimes \Lambda$ *soit de rang fini sur* **Q**, *alors l'intersection de* C (L) *et de* Λ *est finie.*

(Noter qu'on ne suppose pas que Λ soit de type fini.)

Le cas où Λ est le sous-groupe de torsion A_t de A (L) avait déjà été signalé par Y. Manin et D. Mumford. Ce cas n'est pas encore résolu. Toutefois, F. Bogomolov vient d'obtenir un résultat partiel encourageant : il a prouvé la finitude de $C(L) \cap \Lambda$ lorsque Λ est somme directe d'un nombre fini de composantes p-primaires de A_t.

Démonstration de la conjecture de Mordell dans des cas particuliers

On sait prouver la finitude de C (K) lorsqu'on fait l'une des hypothèses suivantes :

i) (C. Chabauty) *Le rang de* $\Gamma = J(K)$ *est* $< g$.

ii) (V. Dem'janenko et Y. Manin) *Il existe une variété abélienne* A *définie sur* K *telle que* rang $\mathrm{Hom}_K(J, A) >$ rang A (K).

Le cas i) se traite par une méthode p-adique à la Skolem ; le cas ii) utilise la théorie des hauteurs canoniques.

Signalons une application de ii) due à Manin : si p est un nombre premier, il existe un entier $n_0 = n_0(K, p)$ tel que la courbe modulaire $X_0(p^n)$ attachée au groupe $\Gamma_0(p^n)$ n'ait qu'un nombre fini de K-points dès que $n \geqslant n_0$. En particulier, si E est une courbe elliptique définie sur K, la composante p-primaire du sous-groupe de torsion de E (K) est d'ordre borné par un nombre qui ne dépend que de p et de K.

(Le lien entre $(M_?)$ et les courbes modulaires est moins fortuit qu'on ne pourrait penser : G. Bely a en effet prouvé que toute courbe algébrique sur $\overline{\mathbf{Q}}$ est « modulaire », i.e. peut être définie par un sous-groupe d'indice fini de $\mathbf{SL}_2(\mathbf{Z})$.)

Le théorème de Mumford

Ce théorème ne dit pas que C (K) est fini, mais seulement qu'il est « très rare ». De façon plus précise, supposons C plongée dans un espace projectif $\mathbf{P}_n$, et notons $N_{K,C}(X)$ le nombre des points $x \in C(K)$ tels que $H(x) \leqslant X$. Mumford démontre :

$$\text{(M)} \qquad N_{K,C}(X) \leqslant \lambda_r \log\log X + \mu,$$

où λ_r ne dépend que du rang r de $\Gamma = J(K)$ (on peut prendre $\lambda_r = 3 \cdot 5^r$, par exemple), et μ dépend de C, de K et du prolongement de C dans $\mathbf{P}_n$.

On a en particulier :

$$N_{K,C}(X) = O(\log\log X) \quad \text{pour } X \to \infty.$$

La croissance de la fonction $N_{K,C}(X)$ est donc plus lente que dans le cas $g = 1$ (où elle est de l'ordre d'une puissance de $\log X$) et bien plus lente que dans le cas $g = 0$ (où elle est de l'ordre d'une puissance de X).

La démonstration de Mumford repose sur une remarquable inégalité liant les hauteurs de deux points de C. Pour l'énoncer, il est commode de supposer que le diviseur D servant à plonger C dans J a été choisi tel que $(2g-2)D$ appartienne à la classe canonique de C. Soit alors $\theta \in \mathrm{Pic}(J)$ la classe du « diviseur thêta » de la jacobienne J, et posons :

$$x.y = \hat{h}_\theta(x+y) - \hat{h}_\theta(x) - \hat{h}_\theta(y) \quad \text{si } x, y \in J(\overline{\mathbf{Q}}).$$

Mumford démontre que l'on a :

$$\text{(M')} \qquad x.y \leqslant \frac{1}{2g}(x.x + y.y) + \nu(C)$$

pour $x, y \in C(\overline{\mathbf{Q}})$ et $x \neq y$, où $\nu(C)$ est une constante ne dépendant que de la courbe C.

Le passage de (M') à (M) se fait par un argument élémentaire de géométrie des nombres.

125.

Quelques applications du théorème de densité de Chebotarev

Publ. Math. I.H.E.S., n° **54** (1981), 123–201

Les applications en question concernent surtout les *formes modulaires* et les *courbes elliptiques*. L'exemple suivant (cf. n° 7.4) est typique :

Soit $f = q \prod_{n=1}^{\infty} (1-q^n)^2(1-q^{11n})^2 = \sum_{n=1}^{\infty} a_n q^n$.

C'est une forme modulaire de poids 2 et de niveau 11 ; elle est associée à la courbe elliptique E d'équation $Y^2 - Y = X^3 - X^2$. Soit Σ_E l'ensemble des nombres premiers p tels que $a_p = 0$; si $p \neq 2$, on a $p \in \Sigma_E$ si et seulement si la réduction de E en p est une courbe elliptique *supersingulière*. Soit x un nombre réel $\geqslant 2$; notons $P_E(x)$ le nombre des $p \in \Sigma_E$ tels que $p \leqslant x$. On sait ([40], IV-13, exerc. 1) que :

(a) $\qquad P_E(x) = o(x/\log x) \quad$ pour $x \to \infty$,

autrement dit que Σ_E est *de densité zéro* dans l'ensemble des nombres premiers. Ce résultat est loin d'être optimal : d'après Lang et Trotter ([24]), il est vraisemblable que

(b?) $\qquad P_E(x) \sim c_E x^{1/2}/\log x \quad$ avec $c_E > 0$.

Nous nous proposons d'*améliorer (a)* — tout en restant, hélas, loin de *(b?)* — en prouvant :

(c) $\qquad P_E(x) = O(x/(\log x)^{3/2-\varepsilon}) \quad$ pour tout $\varepsilon > 0$,

et, sous l'hypothèse de Riemann généralisée (GRH) :

(d_R) $\qquad P_E(x) = O(x^{3/4})$.

La majoration *(c)* entraîne :

(c') $\qquad \sum_{p \in \Sigma_E} 1/p < \infty$.

On déduit de là, et de la multiplicativité de $n \mapsto a_n$, que la série *f n'est pas lacunaire* : si l'on note $M_f(x)$ le nombre des entiers $n \leqslant x$ tels que $a_n \neq 0$, on a

(e) $\qquad M_f(x) \sim \alpha x$,

où α est un nombre >0 donné par :

$$\alpha = \frac{14}{15} \prod_{p \in \Sigma_E} \left(1 - \frac{1}{p+1}\right) < 0,847.$$

Le principe de la démonstration de *(c)* et *(d_R)* est le suivant. Soit ℓ un nombre premier, et soit

$$\rho_\ell : \mathrm{Gal}(\bar{\mathbf{Q}}/\mathbf{Q}) \to \mathbf{GL}_2(\mathbf{Z}_\ell)$$

la représentation ℓ-adique définie par les points de ℓ^m-division de la courbe E ($m = 0, 1, \ldots$). Cette représentation est non ramifiée en dehors de $\{11, \ell\}$. Le groupe $G_\ell = \mathrm{Im}(\rho_\ell)$ est un sous-groupe *ouvert* ([40], [41]) de $\mathbf{GL}_2(\mathbf{Z}_\ell)$; c'est un groupe de Lie ℓ-adique de dimension 4. Si $p \neq 11, \ell$, la *substitution de Frobenius* s_p de p dans G_ℓ est bien définie (à conjugaison près), et l'on sait, d'après Eichler, Shimura et Igusa, que

$$\mathrm{Tr}(s_p) = a_p.$$

La relation $a_p = 0$ équivaut donc à dire que s_p *appartient à la sous-variété* C_ℓ *de* G_ℓ *formée des éléments de trace* 0. Il est immédiat que C_ℓ est *de mesure nulle* dans G_ℓ, ce qui entraîne *(a)* grâce au théorème de Chebotarev « qualitatif » (cf. n° 2.1, th. 1). Pour aller plus loin, et obtenir *(c)* et *(d_R)*, on applique à certains quotients finis de G_ℓ les formes « quantitatives » du théorème de Chebotarev démontrées récemment par Lagarias, Montgomery et Odlyzko ([22], [23]).

La mise en œuvre de la méthode esquissée ci-dessus demande un certain nombre de préliminaires, qui font l'objet des trois premiers paragraphes. Le § 1 contient des majorations de discriminants, d'après Hensel [15]. Le § 2 rappelle les résultats de [22] et [23] sur le théorème de Chebotarev, et les complète sur quelques points. Le § 3 donne des estimations du nombre de points mod ℓ^n d'une variété analytique ℓ-adique : si la dimension de la variété est d, le nombre en question est $O(\ell^{nd})$ pour $n \to \infty$. On passe ensuite (§ 4) aux *extensions à groupe de Galois un groupe de Lie ℓ-adique*. Si G est le groupe de Galois, et C une sous-variété de G stable par conjugaison, on s'intéresse au nombre $\pi_C(x)$ des $p \leqslant x$ dont la substitution de Frobenius dans G appartient à C (je me borne ici, pour simplifier, au cas où le corps de base est $\mathbf{Q}$). On obtient pour $\pi_C(x)$ des majorations analogues à *(c)* et *(d_R)* ci-dessus; dans ces majorations figurent des exposants qui dépendent des dimensions de G et de C comme variétés ℓ-adiques. Le § 5 améliore ces exposants, dans le cas où C ne contient aucune classe de conjugaison finie. C'est grâce à cette amélioration que le membre de droite de *(d_R)* est $O(x^{3/4})$; sinon, on n'obtiendrait que $O(x^{5/6})$.

Le § 6 donne une application du § 4 à la lacunarité des fonctions multiplicatives, et en particulier des coefficients des *fonctions* L attachées à des représentations ℓ-adiques. Si $L(s) = \sum a_n n^{-s}$ est une telle fonction, et si l'on pose

$$M_L(x) = \text{nombre des } n \leqslant x \text{ tels que } a_n \neq 0,$$

on montre que :

$$(f) \qquad M_L(x) \sim c_L x/(\log x)^\lambda, \qquad \text{avec } c_L > 0,$$

où λ est un nombre rationnel. On a $0 \leqslant \lambda \leqslant 1 - 1/r^2$, où r est le degré de la représentation ℓ-adique attachée à $L(s)$. La valeur de λ ne dépend que de l'enveloppe algébrique du groupe de Galois ℓ-adique; si cette enveloppe est connexe pour la topologie de Zariski, on a $\lambda = 0$ et $L(s)$ n'est pas lacunaire.

Le § 7 contient les applications aux formes modulaires; il utilise de façon essentielle les représentations ℓ-adiques associées à ces formes par Deligne ([7], [9]). On y trouve des généralisations de *(c)*, (d_R) et *(f)* ci-dessus aux formes de poids $\geqslant 2$; on montre en particulier qu'une telle forme n'est pas lacunaire, sauf si elle est combinaison linéaire de formes « de type CM » au sens de Ribet [33] (ces dernières correspondent à $\lambda = 1/2$, avec les notations de *(f)*). Le cas du poids 1, quelque peu différent, est traité séparément; j'ai donné au n° 7.8 un exemple de calcul effectif de la constante c_L de *(f)*, dans un cas où l'exposant λ prend sa valeur maximale, qui est 3/4.

Le dernier paragraphe (§ 8) est consacré aux courbes elliptiques sur $\mathbf{Q}$. Il débute par des résultats analogues à ceux du § 7. Il continue par un théorème de comparaison entre deux courbes elliptiques, d'où l'on déduit finalement ceci :

Soit E une courbe elliptique sur $\mathbf{Q}$, sans multiplication complexe, et soit N_E le produit des nombres premiers en lesquels E a mauvaise réduction. Si p est un nombre premier, soit G_p le groupe de Galois des points de p-division de E. Il existe une constante absolue c telle que, *sous* (GRH), *on ait* $G_p \simeq \mathbf{GL}_2(\mathbf{F}_p)$ *pour tout p tel que*

$$p \geqslant c(\log N_E)(\log \log 2N_E)^3.$$

Cela précise (sous (GRH)...) le théorème, démontré dans [41], suivant lequel on a $G_p \simeq \mathbf{GL}_2(\mathbf{F}_p)$ pour p assez grand.

Comme le montre le résumé ci-dessus, le présent travail consiste essentiellement en une série de *majorations* (c'est plus de l'Analyse que de la Théorie des Nombres, dirait Weil). J'ai essayé de rendre ces majorations aussi précises que possible, au prix de quelques complications de détail (cf. § 5, notamment). Toutefois cette apparente précision ne doit pas faire illusion : *aucun des résultats obtenus n'est optimal*, même pas ceux démontrés sous (GRH). Le lecteur de bonne volonté ne manquera donc pas de problèmes à résoudre.

TABLE DES MATIÈRES

§ 1. Majorations de discriminants 126
§ 2. Formes effectives du théorème de Chebotarev 131
§ 3. Réduction mod ℓ^n des variétés ℓ-adiques 143
§ 4. Majorations de $\pi_C(x)$ dans le cas ℓ-adique 150
§ 5. Majorations améliorées 157
§ 6. Non-lacunarité de certains produits eulériens 162
§ 7. Applications aux formes modulaires 173
§ 8. Applications aux courbes elliptiques 188

Bibliographie 199

§ 1. Majorations de discriminants

1.1. Notations

Soit K un corps de nombres algébriques, autrement dit une extension finie de $\mathbf{Q}$. On pose :

$$A_K = \text{anneau des entiers de } K,$$
$$n_K = [K : \mathbf{Q}] = [A_K : \mathbf{Z}] = \text{degré de } K,$$
$$\Sigma_K = \text{ensemble des places ultramétriques de } K,$$
$$d_K = \text{valeur absolue du discriminant de } K.$$

Si $v \in \Sigma_K$, on identifie v à la valuation discrète normée correspondante (de groupe des valeurs $\mathbf{Z}$), et l'on note $\mathfrak{p}_v$ l'idéal premier de A_K qui correspond à v. Le corps résiduel $A_K/\mathfrak{p}_v$ est un corps fini ; on note p_v sa caractéristique, et Nv le nombre de ses éléments. On a

$$Nv = N\mathfrak{p}_v = (p_v)^{f_v},$$

où f_v est le degré résiduel de v. L'indice de ramification e_v de v est défini par $e_v = v(p_v)$; c'est le plus grand entier positif e tel que $\mathfrak{p}_v^e$ divise p_v.

Soit E une extension finie de K, de degré $n = n_E/n_K = [E : K]$. On note $\mathfrak{D}_{E/K}$ (resp. $\mathfrak{d}_{E/K}$) la différente (resp. le discriminant) de l'extension E/K ; c'est un idéal $\neq 0$ de A_E (resp. A_K). On a

$$(1) \qquad \mathfrak{d}_{E/K} = N_{E/K}(\mathfrak{D}_{E/K}) \quad \text{et} \quad d_E = (d_K)^n N(\mathfrak{d}_{E/K}),$$

cf. par exemple [38], chap. III.

1.2. Estimations locales

Soit E/K comme ci-dessus, et soit $w \in \Sigma_E$ une place ultramétrique de E. Notons v la place de K induite par w, et soit $e_{w/v} = e_w/e_v$ l'indice de ramification de w par rapport à v. On s'intéresse à *l'exposant* $w(\mathfrak{D}_{E/K})$ de l'idéal premier $\mathfrak{p}_w$ dans la différente $\mathfrak{D}_{E/K}$:

Proposition 1. — On a

$$w(\mathfrak{D}_{E/K}) = e_{w/v} - 1 + s_{w/v}, \quad \textit{avec} \quad 0 \leqslant s_{w/v} \leqslant w(e_{w/v}).$$

Ce résultat est dû à Hensel [15]; il avait été conjecturé par Dedekind [5]. Rappelons-en brièvement la démonstration (pour plus de détails, voir [38], chap. III, fin du § 6) :

Par des réductions standard (localisation, complétion, etc.), on se ramène à prouver l'énoncé analogue lorsque E et K sont des *corps locaux*, et que E/K est totalement ramifiée, i.e. $e_{w/v} = n$. Si π est une uniformisante de E en w, π satisfait à une *équation d'Eisenstein* $f(\pi) = 0$, où $f(X)$ est un polynôme

$$f(X) = a_0 X^n + \ldots + a_n,$$

avec $a_i \in K$, $a_0 = 1$, $v(a_i) \geqslant 1$ pour $i \geqslant 1$ et $v(a_n) = 1$.

La différente $\mathfrak{D}_{E/K}$ est engendrée par

$$f'(\pi) = \sum_{0 \leqslant i \leqslant n-1} (n-i) a_i \pi^{n-i-1}.$$

Comme $(n-i)a_i$ appartient à K, on a

$$\begin{aligned} w((n-i)a_i \pi^{n-i-1}) &= n-i-1+nv((n-i)a_i) \\ &\equiv -i-1 \pmod{n} \end{aligned}$$

si $(n-i)a_i \neq 0$. Ainsi, les différents termes non nuls de $f'(\pi)$ ont des valuations *distinctes* (puisque distinctes modulo n). Il en résulte que

$$w(\mathfrak{D}_{E/K}) = \operatorname*{Inf}_{0 \leqslant i \leqslant n-1} w((n-i)a_i \pi^{n-i-1}).$$

Le terme correspondant à $i = 0$ est $n-1+w(n)$; ceux correspondant à $i \geqslant 1$ sont $\geqslant n$. On en conclut que

$$n-1 \leqslant w(\mathfrak{D}_{E/K}) \leqslant n-1+w(n),$$

d'où le résultat cherché.

Remarque. — Le terme $s_{w/v}$ est la « partie sauvage » de $w(\mathfrak{D}_{E/K})$: il est nul si et seulement si p_v ne divise pas $e_{w/v}$, autrement dit si et seulement si l'extension E/K est « modérée » en w.

Passons maintenant à $\mathfrak{d}_{E/K}$. Soit $v \in \Sigma_K$, de caractéristique résiduelle $p = p_v$; notons v_p la valuation p-adique usuelle du corps $\mathbf{Q}$; on a $v(x) = e_v v_p(x)$ pour tout $x \in \mathbf{Q}$.

Proposition 2. — On a

$$v(\mathfrak{d}_{E/K}) \leqslant n-1+ne_v \operatorname*{Sup}_{w|v} v_p(e_{w/v}).$$

(Rappelons que $n = [E:K]$, et que $w|v$ signifie que v est induite par w, ou encore que w « divise » v.)

La formule $\mathfrak{d}_{E/K} = N_{E/K}(\mathfrak{D}_{E/K})$ montre que

$$v(\mathfrak{d}_{E/K}) = \sum_{w|v} f_{w/v} w(\mathfrak{D}_{E/K}), \qquad \text{avec} \quad f_{w/v} = f_w/f_v.$$

En appliquant la prop. 1, on en déduit

$$(2)\qquad \begin{aligned} v(\mathfrak{d}_{E/K}) &= \sum_{w|v} f_{w/v}(e_{w/v}-1) + \sum_{w|v} f_{w/v} s_{w/v} \\ &\leqslant \sum_{w|v} f_{w/v} e_{w/v} - 1 + \sum_{w|v} f_{w/v} e_w v_p(e_{w/v}) \\ &\leqslant n - 1 + n e_v \operatorname{Sup}_{w|v} v_p(e_{w/v}), \end{aligned}$$

du fait que $n = \sum_{w|v} f_{w/v} e_{w/v}$.

Corollaire. — *On a*

$$v(\mathfrak{d}_{E/K}) \leqslant n - 1 + n e_v \log n/\log p.$$

En effet, pour tout w divisant v, on a $e_{w/v} \leqslant n$ et l'exposant de p dans $e_{u/v}$ est donc $\leqslant \log n/\log p$.

Proposition 3. — *Supposons* E/K *galoisienne, et ramifiée en v. On a alors :*

$$n/2 \leqslant v(\mathfrak{d}_{E/K}) \leqslant n - 1 + n e_v v_p(n).$$

Les places w divisant v sont conjuguées entre elles par le groupe de Galois Gal(E/K). Tous les $e_{w/v}$ sont donc égaux à un même entier e; de même, les $f_{w/v}$ sont égaux à un même entier f, et l'on a $n = efg$, où g est le nombre des w. Puisque e divise n, on a $v_p(e) \leqslant v_p(n)$ et la prop. 2 montre que

$$v(\mathfrak{d}_{E/K}) \leqslant n - 1 + n e_v v_p(e) \leqslant n - 1 + n e_v v_p(n).$$

D'autre part, comme E/K est ramifiée en v, on a $e \geqslant 2$, et la formule (2) ci-dessus montre que

$$v(\mathfrak{d}_{E/K}) \geqslant gf(e-1) \geqslant n(1 - 1/e) \geqslant n/2.$$

1.3. Estimations globales

On s'intéresse maintenant à la norme $N(\mathfrak{d}_{E/K})$ du discriminant (relatif) de E/K, ainsi qu'aux discriminants (absolus) des corps E et K. D'après (1), on a

$$(3)\qquad \log d_E = n \log d_K + \log N(\mathfrak{d}_{E/K}).$$

Notons V(E/K) l'ensemble des $v \in \Sigma_K$ qui sont ramifiés dans E, autrement dit tels que $v(\mathfrak{d}_{E/K}) > 0$. Notons P(E/K) l'ensemble des nombres premiers de la forme p_v, pour $v \in V(E/K)$. Ces ensembles sont finis.

Proposition 4. — *On a*

$$\log N(\mathfrak{d}_{E/K}) \leqslant n_E(1 - 1/n) \sum_{p \in P(E/K)} \log p + n_E |P(E/K)| \log n.$$

(Si P est un ensemble fini, on note $|P|$ le nombre de ses éléments.)

Compte tenu de (3), on peut reformuler la prop. 4 de la façon suivante :

Proposition 4'. — *On a*

$$\log d_{\mathrm{E}} \leqslant n \log d_{\mathrm{K}} + n_{\mathrm{E}}(1 - 1/n) \sum_{p \in \mathrm{P(E/K)}} \log p + n_{\mathrm{E}} |\mathrm{P(E/K)}| \log n.$$

Démonstration de la prop. 4

Comme $\log \mathrm{N}v = f_v \log p_v$, on a

$$\log \mathrm{N}(\mathfrak{d}_{\mathrm{E/K}}) = \sum_{v \in \mathrm{V(E/K)}} v(\mathfrak{d}_{\mathrm{E/K}}) f_v \log p_v, \tag{4}$$

et en appliquant le cor. à la prop. 2, on en déduit

$$\log \mathrm{N}(\mathfrak{d}_{\mathrm{E/K}}) \leqslant \sum_{v \in \mathrm{V(E/K)}} \{(n-1) f_v \log p_v + n f_v e_v \log n\}. \tag{5}$$

Or, pour tout nombre premier p, on a

$$\sum_{p_v = p} f_v e_v = n_{\mathrm{K}} \quad \text{et} \quad \sum_{p_v = p} f_v \leqslant n_{\mathrm{K}}.$$

La majoration (5) ci-dessus entraîne donc :

$$\log \mathrm{N}(\mathfrak{d}_{\mathrm{E/K}}) \leqslant (n-1) n_{\mathrm{K}} \sum_{p \in \mathrm{P(E/K)}} \log p + n n_{\mathrm{K}} |\mathrm{P(E/K)}| \log n,$$

ce qui établit la prop. 4, vu que $n_{\mathrm{E}} = n n_{\mathrm{K}}$.

Dans le cas galoisien, le terme $|\mathrm{P(E/K)}|$ peut être remplacé par 1. De façon plus précise :

Proposition 5. — *Supposons* E/K *galoisienne. On a alors :*

$$\log \mathrm{N}(\mathfrak{d}_{\mathrm{E/K}}) \leqslant n_{\mathrm{E}}(1 - 1/n) \sum_{p \in \mathrm{P(E/K)}} \log p + n_{\mathrm{E}} \log n \tag{6}$$

et

$$\log d_{\mathrm{E}} \geqslant \log \mathrm{N}(\mathfrak{d}_{\mathrm{E/K}}) \geqslant \frac{n}{2} \sum_{v \in \mathrm{V(E/K)}} \log \mathrm{N}v. \tag{7}$$

En combinant (4) à la majoration de $v(\mathfrak{d}_{\mathrm{E/K}})$ donnée par la prop. 3, on obtient

$$\log \mathrm{N}(\mathfrak{d}_{\mathrm{E/K}}) \leqslant \sum_{v \in \mathrm{V(E/K)}} \{(n-1) f_v \log p_v + n f_v e_v v_{p_v}(n) \log p_v\}.$$

En utilisant les majorations

$$\Sigma f_v \log p_v \leqslant \Sigma f_v e_v \log p_v \leqslant n_{\mathrm{K}} \sum_{p \in \mathrm{P(E/K)}} \log p$$

et

$$\Sigma f_v e_v v_{p_v}(n) \log p_v \leqslant n_{\mathrm{K}} \sum_{p \in \mathrm{P(E/K)}} v_p(n) \log p \leqslant n_{\mathrm{K}} \log n,$$

on en déduit

$$\log N(\mathfrak{d}_{E/K}) \leqslant n_K(n-1) \sum_{p \in P(E/K)} \log p + n n_K \log n,$$

ce qui équivaut à (6).

L'inégalité

$$\log N(\mathfrak{d}_{E/K}) \geqslant \frac{n}{2} \sum_{v \in V(E/K)} \log Nv$$

résulte de façon analogue de (4), combinée avec la minoration $v(\mathfrak{d}_{E/K}) \geqslant n/2$ de la prop. 3. Enfin, l'inégalité

$$\log d_E \geqslant \log N(\mathfrak{d}_{E/K})$$

résulte de (3).

1.4. Le cas particulier $K = \mathbf{Q}$

On écrit alors P(E) au lieu de P(E/**Q**) ; on a $p \in P(E)$ si et seulement si p divise d_E. Les prop. 4 et 5 donnent :

Proposition 6. — Si E *est un corps de nombres de degré n sur* **Q**, *on a*

$$\log d_E \leqslant (n-1) \sum_{p \in P(E)} \log p + n\,|P(E)| \log n.$$

Si de plus E *est galoisien sur* **Q**, *on a*

$$\frac{n}{2} \sum_{p \in P(E)} \log p \leqslant \log d_E \leqslant (n-1) \sum_{p \in P(E)} \log p + n \log n.$$

Si l'on note δ_E le produit des $p \in P(E)$, autrement dit le plus grand diviseur sans facteur carré de d_E, on peut reformuler les inégalités du cas galoisien sous la forme

$$\delta_E^{n/2} \leqslant d_E \leqslant n^n \delta_E^{n-1}.$$

(Ces relations d'inégalité sont même des relations de *divisibilité*, comme le montre la prop. 3.)

Exemple

Soient p un nombre premier, m un entier $\geqslant 1$, et $E = \mathbf{Q}(\pi)$ avec $\pi^{p^m} = p$. On a $n = p^m$, $P(E) = \{p\}$ et la différente de E est engendrée par $p^m \pi^{p^m - 1}$; on en conclut que

$$d_E = p^{mp^m + p^m - 1} = n^n p^{n-1},$$

ce qui fournit un exemple où la majoration de la prop. 6 est en fait une *égalité*.

§ 2. Formes effectives du théorème de Chebotarev

2.1. Le théorème de Chebotarev

Soit E/K une extension galoisienne finie de corps de nombres, et soit $G = \mathrm{Gal}(E/K)$. On conserve les notations du § 1 ; en particulier, on pose

$$n_E = [E : \mathbf{Q}], \quad n_K = [K : \mathbf{Q}], \quad n = [E : K] = n_E/n_K = |G|,$$

et l'on note V(E/K) l'ensemble des places $v \in \Sigma_K$ qui sont ramifiées dans l'extension E.

Si $v \in \Sigma_K$ n'appartient pas à V(E/K), et si $w \in \Sigma_E$ divise v, on note σ_w la *substitution de Frobenius* de w; c'est l'unique élément s de G tel que

$$s(a) \equiv a^{Nv} \pmod{\mathfrak{p}_w} \quad \text{pour tout } a \in A_E.$$

La classe de conjugaison de σ_w ne dépend que de v; on la note σ_v (et l'on se permet de noter également σ_v un élément quelconque de cette classe).

Soient maintenant C une partie de G stable par conjugaison, et Σ_C l'ensemble des $v \in \Sigma_K - V(E/K)$ tels que $\sigma_v \in C$. Le résultat suivant, conjecturé par Frobenius [12], a été démontré par Chebotarev (cf. [1], [47]) :

Théorème 1. — L'ensemble Σ_C est de densité $|C|/|G|$ dans Σ_K.

Précisons ce que nous entendons par « densité ». Si x est un nombre réel $\geqslant 2$, notons $\pi_K(x)$ (resp. $\pi_C(x)$) le nombre des places $v \in \Sigma_K$ (resp. $v \in \Sigma_C$) telles que $Nv \leqslant x$. D'après le « théorème des nombres premiers », appliqué au corps K, on a

$$\pi_K(x) \sim x/\log x \quad \text{pour } x \to \infty. \tag{8}$$

Dire que Σ_C est de densité $\lambda = |C|/|G|$ signifie que

$$\lim_{x \to \infty} \pi_C(x)/\pi_K(x) = \lambda,$$

autrement dit que

$$\pi_C(x) = \lambda x/\log x + o(x/\log x) \quad \text{pour } x \to \infty. \tag{9}$$

(On peut également exprimer le th. 1 en disant que les substitutions de Frobenius sont *équiréparties* dans l'ensemble des classes de conjugaison de G, cf. par exemple [40], Chap. I, App.)

2.2. Une forme effective du théorème de Chebotarev

Il s'agit de préciser le « $o(x/\log x)$ » qui figure dans (9). Avant d'énoncer le résultat, rappelons que la fonction zêta du corps E a au plus un zéro réel positif s tel que

$$1-s \leqslant 1/4 \log d_E;$$

si un tel zéro existe, il est dit *exceptionnel*, et on le note β.

La forme effective du th. 1 démontrée par Lagarias-Odlyzko [23] est la suivante :

Théorème 2. — Il existe des constantes absolues $c_1, c_2, c_3 > 0$ *telles que*

$$\left|\pi_C(x) - \frac{|C|}{|G|}\operatorname{Li}(x)\right| \leqslant \frac{|C|}{|G|}\operatorname{Li}(x^\beta) + c_1|\tilde{C}|x \exp(-c_2 n_E^{-1/2} \log^{1/2} x) \tag{10}$$

pour tout $x \geqslant 2$ *tel que*

$$\log x \geqslant c_3 n_E \log^2 d_E. \tag{11}$$

(Dans (10), $|\tilde{C}|$ désigne le nombre de classes de conjugaison contenues dans C. Quant au terme $\frac{|C|}{|G|}\operatorname{Li}(x^\beta)$, on le supprime s'il n'y a pas de zéro exceptionnel.)

Rappelons que $\operatorname{Li}(x) = \int_2^x dt/\log t$. Comme $\operatorname{Li}(x) \sim x/\log x$ pour $x \to \infty$, la formule (10) est bien une amélioration de (9).

Remarques

1) Le cas traité dans [23] est celui où C est une classe de conjugaison de G, i.e. $|\tilde{C}| = 1$. Le cas général s'en déduit par additivité.

2) On pourrait affaiblir sensiblement la condition (11), ce qui renforcerait le théorème. Nous n'en aurons pas besoin : en fait, ce n'est pas le th. 2 lui-même que nous utiliserons dans la suite, mais seulement ses variantes, les ths. 3, 4, 5, 6 ci-après.

3) Insistons sur le fait que les constantes c_1, c_2, c_3 (de même que les $c_4, c_5, \ldots, c_{36}$ introduites plus loin) sont *absolues*, i.e. indépendantes de K, E, C, G, x. De plus, ces constantes sont *effectivement calculables*, au moins en principe. On peut, par exemple, prendre $c_2 = 1/20$.

2.3. Majoration de $\pi_C(x)$

Une telle majoration résulte bien sûr du th. 2, combiné avec le fait que $\beta < 1$ (ou, mieux encore, avec les majorations de β données dans [22] et [45]). On peut également (et c'est ce que nous ferons) utiliser le résultat suivant, dû à Lagarias-Montgomery-Odlyzko ([22], th. (1.4)) :

Théorème 3. — Il existe des constantes absolues c_4 *et* c_5 *telles que*

$$\pi_C(x) \leqslant c_4 \frac{|C|}{|G|}\operatorname{Li}(x) \tag{12}$$

pour tout $x \geqslant 3$ *tel que*

(13) $$\log x \geqslant c_5 (\log d_E)(\log\log d_E)(\log\log\log 6d_E).$$

Remarques

1) Lorsque $n_E = 1$, i.e. $E = K = \mathbf{Q}$, on convient de supprimer la condition (13), qui n'a pas de sens puisque $d_E = 1$. Lorsque $n_E \geqslant 2$, on a $d_E \geqslant 3$ et il en résulte que $\log d_E$, $\log\log d_E$, et $\log\log\log 6d_E$ sont définis, et >0. (Dans [22], $\log\log\log 6d_E$ est remplacé par $\log\log\log e^{20} d_E$; c'est sans importance.)

2) On aurait pu énoncer (12) avec $x/\log x$ à la place de $\mathrm{Li}(x)$ et « $x \geqslant 2$ » à la place de « $x \geqslant 3$ ».

2.4. Forme effective du théorème de Chebotarev sous (GRH)

Nous entendrons par (GRH) *l'hypothèse de Riemann généralisée*, i.e. l'assertion que la fonction zêta d'un corps de nombres n'a pas de zéro de partie réelle $>1/2$. Dans ce qui suit, toute formule dépendant de (GRH) porte l'indice « R ».

Cette hypothèse permet de renforcer considérablement les ths. 1 et 2. On a en effet, d'après Lagarias-Odlyzko [23] :

Théorème 4. — Il existe une constante absolue $c_6 > 0$ *telle que, sous* (GRH), *on ait*

(14_R) $$\left| \pi_C(x) - \frac{|C|}{|G|} \mathrm{Li}(x) \right| \leqslant c_6 \frac{|C|}{|G|} x^{1/2} (\log d_E + n_E \log x)$$

pour tout $x \geqslant 2$.

Ce résultat est démontré dans [23] sous la forme un peu plus faible suivante :

(15_R) $$\left| \pi_C(x) - \frac{|C|}{|G|} \mathrm{Li}(x) \right| \leqslant c_7 \left\{ \log d_E + \frac{|C|}{|G|} x^{1/2} (\log d_E + n_E \log x) \right\},$$

valable lorsque C est une classe de conjugaison. En fait, le terme parasite $c_7 \log d_E$ peut être supprimé de cette formule. En effet, si l'on examine la démonstration de [23], on voit que ce terme provient de la majoration du bas de la p. 424 :

(16) $$\sum_{p \text{ ram.}} \log Np \leqslant \log d_L \quad (\text{où } L = E),$$

autrement dit :

(17) $$\sum_{v \in V(E/K)} \log Nv \leqslant \log d_E.$$

Or, d'après la prop. 5 du n° 1.3, on peut remplacer (16) et (17) par :

(18) $$\sum_{v \in V(E/K)} \log Nv \leqslant \frac{2}{|G|} \log d_E.$$

Ce changement a pour effet, dans les formules (3.18), (7.4) et (9.1) de [23], de remplacer $(\log x)(\log d_L)$ par $\frac{1}{|G|}(\log x)(\log d_L)$. On en déduit ($15_R$) avec $\log d_E$ remplacé par $\frac{1}{|G|}\log d_E$, et ce terme peut alors être absorbé par le terme $\frac{|C|}{|G|}x^{1/2}\log d_E$. Cela établit ($14_R$) dans le cas où C est une classe de conjugaison; le cas général s'en déduit par additivité.

Remarques

1) Bien entendu, pour prouver (14_R), il n'est pas nécessaire de supposer que (GRH) soit vraie : il suffit (et il faut...) que la fonction zêta *du corps* E *considéré* n'ait pas de zéro de partie réelle $>1/2$. Le même genre de remarque s'applique aux autres énoncés démontrés par la suite sous (GRH).

2) D'après J. Oesterlé (cf. [30]) la constante c_6 peut être prise égale à 2, et l'on peut l'abaisser à $1/3$ si l'on suppose $x \geqslant c_8$, avec c_8 assez grand. Dans le cas particulier $E=K=\mathbf{Q}$, $C=G=\{1\}$, où $\pi_C(x)$ est la fonction standard $\pi(x)=|\{p; p\leqslant x\}|$, on trouvera des résultats encore plus précis dans Schoenfeld [36].

3) Il peut être utile d'écrire le terme d'erreur de (14_R) sous une forme qui ne fasse intervenir que la ramification de E/K. Comme au § 1, notons P(E/K) l'ensemble des nombres premiers p tels que E/K soit ramifiée en au moins une place de K divisant p. D'après les formules (3) et (6) du n° 1.3, on a

(19) $$\log d_E \leqslant n \log d_K + n_E \log n + n_E \sum_{p\in P(E/K)} \log p.$$

En portant dans (14_R), cela donne :

(20_R) $$\left|\pi_C(x) - \frac{|C|}{|G|}\operatorname{Li}(x)\right| \leqslant c_6 |C| n_K x^{1/2}\left\{\log x + \log n + \frac{1}{n_K}\log d_K + \sum_{p\in P(E/K)} \log p\right\}.$$

2.5. Non-nullité de $\pi_C(x)$, sous (GRH)

Théorème 5. — Il existe une constante absolue $c_9>0$ *telle que, sous* (GRH), *on ait*

(21_R) $$\pi_C(x) \geqslant 1 \quad \textit{si } C \neq \varnothing$$

pour tout $x\geqslant 2$ *tel que*

(22_R) $$x \geqslant c_9(\log d_E)^2.$$

Ce théorème est énoncé dans [23], qui en donne une esquisse de démonstration. D'après J. Oesterlé [30], on peut prendre $c_9=70$.

Remarques

1) L'application directe du th. 4 donnerait un résultat un peu moins fort : on serait conduit à remplacer (22_R) par l'inégalité plus restrictive

(23_R) $$x \geqslant c_{10}(\log d_E)^2(\log\log d_E)^4.$$

Ce léger affaiblissement n'aurait pas grande importance pour la suite.

2) On peut se demander si l'exposant 2 dans (22_R) est optimum. Peut-être est-il possible de le remplacer par $1+\varepsilon$, pour tout $\varepsilon>0$? Dans le cas où $K=\mathbf{Q}$, $E=\mathbf{Q}(\sqrt[m]{1})$, la question est équivalente à la suivante, déjà posée par S. Chowla [4] : est-il vrai que le plus petit nombre premier dans une progression arithmétique de raison m est $O(m^{1+\varepsilon})$?

3) Le th. (1.1) de [22] donne une condition, indépendante de (GRH), qui permet d'affirmer que $\pi_C(x)\geqslant 1$ si $C\neq\varnothing$; cette condition est :

$$x\geqslant 2(d_E)^{c_{11}}, \tag{24}$$

où c_{11} est une constante absolue. Malheureusement, (24) est trop restrictive pour les applications que nous avons en vue.

Supposons maintenant que $K=\mathbf{Q}$. Identifions $\Sigma_{\mathbf{Q}}$ à l'ensemble des nombres premiers, et notons σ_p la substitution de Frobenius de p. On a alors :

Théorème 6. — Soient E *une extension galoisienne de* $\mathbf{Q}$ *de degré fini* n, *et* S *un ensemble fini de nombres premiers tel que* $E/\mathbf{Q}$ *soit non ramifiée en dehors de* S. *Supposons* (GRH) *vérifiée. Pour toute classe de conjugaison* C *de* $G=\mathrm{Gal}(E/\mathbf{Q})$, *il existe un nombre premier* $p\notin S$, *tel que* $\sigma_p\in C$ *et que*

$$p\leqslant c_{12}n^2(\log n+\sum_{q\in S}\log q)^2, \tag{25_R}$$

où c_{12} *est une constante absolue.*

(La démonstration montrera que l'on peut prendre $c_{12}=4c_9$, donc $c_{12}=280$ d'après [30].)

Cet énoncé se déduit du th. 5 de la manière suivante :

Soit $P=P(E)$ l'ensemble des $p\in\Sigma_{\mathbf{Q}}$ en lesquels E est ramifiée. On a $P\subset S$ par hypothèse. Distinguons deux cas :

(a) $P=S$.

Le th. 5 montre qu'il existe $p\notin S$ tel que $\sigma_p\in C$ et

$$p\leqslant c_9(\log d_E)^2.$$

Or, d'après la prop. 6 du n° 1.4, on a

$$\log d_E\leqslant n(\log n+\sum_{q\in S}\log q).$$

D'où :

$$p\leqslant c_9n^2(\log n+\sum_{q\in S}\log q)^2,$$

ce qui prouve (25_R) avec c_{12} remplacé par c_9.

(b) $P\neq S$.

Soit D le produit des nombres premiers q appartenant à $S-P$, et soit F l'unique corps quadratique tel que $d_F=D$ si D est impair, et $d_F=2D$ si D est pair; on a

$F = \mathbf{Q}(\sqrt{\pm D})$ dans le premier cas et $F = \mathbf{Q}(\sqrt{\pm D/2})$ dans le second, le signe $\pm$ étant choisi tel que $\pm D \equiv 1 \pmod 4$ et $\pm D/2 \equiv 3 \pmod 4$ respectivement. Comme E est non ramifié en les facteurs premiers de d_F, les corps E et F sont linéairement disjoints. Leur composé $E' = E.F$ est galoisien, de groupe de Galois $G' = G \times \{\pm 1\}$. Comme d_E et d_F sont premiers entre eux, on a

(26) $$d_{E'} = (d_F)^n (d_E)^2.$$

En particulier, $P(E')$ est égal à S; l'extension $E'/\mathbf{Q}$ est ramifiée en tous les nombres premiers q appartenant à S. Le th. 5, appliqué à $E'/\mathbf{Q}$ et à $C \times \{\pm 1\}$, montre alors qu'il existe $p \notin S$ avec $\sigma_p \in C$ et

(27_R) $$p \leqslant c_9 (\log d_{E'})^2.$$

D'après (26), on a

$$\log d_{E'} = n \log d_F + 2 \log d_E,$$

d'où, en appliquant la prop. 6 du nº 1.4 à E :

$$\log d_{E'} \leqslant n \log d_F + 2n(\log n + \sum_{q \in P} \log q).$$

Comme d'autre part $d_F \leqslant D^2$, on a

$$n \log d_F \leqslant 2n \log D \leqslant 2n \sum_{q \in S-P} \log q.$$

On en déduit

$$\log d_{E'} \leqslant 2n(\log n + \sum_{q \in S} \log q),$$

et en portant dans (27_R) on obtient bien (25_R), avec $c_{12} = 4c_9$.

2.6. Variantes : les fonctions $\pi_\varphi(x)$ et $\tilde{\pi}_\varphi(x)$

(Les résultats de ce numéro et du suivant ne seront utilisés qu'au § 5.)

Les $\pi_\varphi(x)$

Revenons aux notations du nº 2.1. Soit φ une *fonction centrale* (i.e. invariante par conjugaison) sur le groupe de Galois G. Si $x \geqslant 2$, nous poserons

(28) $$\pi_\varphi(x) = \sum_{Nv \leqslant x} \varphi(\sigma_v),$$

la sommation étant étendue aux $v \in \Sigma_K - V(E/K)$ avec $Nv \leqslant x$, et σ_v désignant la substitution de Frobenius de v.

Soient $C_1, \ldots, C_h$ les différentes classes de conjugaison de G, et $\lambda_1, \ldots, \lambda_h$ les valeurs prises par φ sur ces classes. On a

(29) $$\pi_\varphi(x) = \sum_{1 \leqslant i \leqslant h} \lambda_i \pi_{C_i}(x).$$

Ainsi, tout résultat sur les $\pi_{C_i}(x)$ en entraîne un pour les $\pi_\varphi(x)$. Par exemple, (9) donne :

(30) $$\pi_\varphi(x) = m(\varphi)x/\log x + o(x/\log x) \quad \text{pour } x \to \infty,$$

où

(31) $$m(\varphi) = \frac{1}{|G|}\sum_{s\in G}\varphi(s) = \sum_{1\leqslant i\leqslant h}\lambda_i|C_i|/|G|.$$

De même, le th. 3 entraîne

(32) $$|\pi_\varphi(x)| \leqslant c_4 m(|\varphi|)\,\mathrm{Li}(x)$$

pour tout $x \geqslant 3$ satisfaisant à (13), et le th. 4 entraîne sous (GRH) :

(33_R) $$|\pi_\varphi(x) - m(\varphi)\,\mathrm{Li}(x)| \leqslant c_6 m(|\varphi|)x^{1/2}(\log d_E + n_E\log x).$$

Les $\tilde{\pi}_\varphi(x)$

Pour définir $\tilde{\pi}_\varphi(x)$, on a besoin d'étendre la définition de σ_v au cas où v est *ramifiée* dans l'extension E/K. Cela se fait de la manière suivante (cf. [38], II) : on choisit une place w de E divisant v, et l'on définit σ_v comme le *générateur canonique* du groupe D_w/I_w où D_w (resp. I_w) est le groupe de décomposition (resp. d'inertie) de w dans G. Si $m \in \mathbf{Z}$, on *définit* $\varphi(\sigma_v^m)$ par la formule (cf. Artin [1]) :

(34) $$\varphi(\sigma_v^m) = \frac{1}{|I_w|}\sum_{s\to\sigma_v^m}\varphi(s),$$

la somme étant étendue à tous les $s \in D_w$ dont l'image dans D_w/I_w est égale à la m-ième puissance de σ_v (du fait que φ est centrale, cette expression ne dépend pas du choix de w) ; la notation est justifiée par le fait que, lorsque v est non ramifiée dans E/K, $\varphi(\sigma_v^m)$ est simplement la valeur de φ sur la classe de conjugaison de σ_v^m.

Avec ces notations, la définition de $\tilde{\pi}_\varphi(x)$ est :

(35) $$\tilde{\pi}_\varphi(x) = \sum_{Nv^m\leqslant x}\frac{1}{m}\varphi(\sigma_v^m),$$

la somme étant étendue aux couples (v, m) où v est un élément de Σ_K et m un entier $\geqslant 1$ tels que $Nv^m \leqslant x$.

[*Exemple.* — Si $\varphi = 1$, $\tilde{\pi}_\varphi(x)$ n'est autre que la classique fonction

$$\pi_K(x) + \frac{1}{2}\pi_K(x^{1/2}) + \frac{1}{3}\pi_K(x^{1/3}) + \ldots]$$

L'intérêt des $\tilde{\pi}_\varphi(x)$ provient des deux propriétés suivantes :

i) $\tilde{\pi}_\varphi(x) - \pi_\varphi(x)$ est « négligeable »;

ii) $\tilde{\pi}_\varphi(x)$ est invariant par « induction » et « extension ».

Précisons ces deux points :

i) *Estimation de* $\tilde{\pi}_\varphi(x) - \pi_\varphi(x)$

Posons

$$(36) \qquad ||\varphi|| = \operatorname{Sup}_{s \in G} |\varphi(s)|.$$

Proposition 7. — Il existe une constante absolue c_{15} *telle que*

$$(37) \qquad |\tilde{\pi}_\varphi(x) - \pi_\varphi(x)| \leqslant c_{15} ||\varphi|| \left(\frac{1}{n} \log d_E + n_K x^{1/2}\right).$$

On peut supposer que $||\varphi|| = 1$. Dans (35), les termes relatifs à $m = 1$ et $v \notin V(E/K)$ donnent $\pi_\varphi(x)$. On en conclut que

$$|\tilde{\pi}_\varphi(x) - \pi_\varphi(x)| \leqslant A + B,$$

où $A = \sum_{v \in V(E/K)} 1$ et $B = \sum_{Nv^m \leqslant x;\, m \geqslant 2} 1/m$. Comme $\log Nv \geqslant \log 2$ pour tout v, on déduit de (18) que

$$A \leqslant \sum_{v \in V(E/K)} \log Nv / \log 2 \leqslant \frac{2}{n} \log d_E / \log 2,$$

i.e.

$$A \leqslant c_{13} \left(\frac{1}{n} \log d_E\right) \qquad \text{avec } c_{13} = 2/\log 2.$$

On a d'autre part

$$B = \frac{1}{2} \pi_K(x^{1/2}) + \frac{1}{3} \pi_K(x^{1/3}) + \ldots + \frac{1}{m} \pi_K(x^{1/m})$$

où m est le plus grand entier tel que $x^{1/m} \geqslant 2$. En utilisant la majoration triviale

$$\pi_K(x) \leqslant n_K x,$$

on en déduit

$$B \leqslant n_K \left(\frac{1}{2} x^{1/2} + \frac{1}{3} x^{1/3} + \ldots + \frac{1}{m} x^{1/m}\right)$$

$$\leqslant n_K \left(\frac{1}{2} x^{1/2} + x^{1/3} \log m\right) \leqslant c_{14} n_K x^{1/2}.$$

D'où (37), avec $c_{15} = \operatorname{Sup}(c_{13}, c_{14})$; un calcul numérique facile montre d'ailleurs que l'on peut prendre $c_{15} = c_{13} = 2/\log 2$.

Corollaire 1. — On a

$$(38) \qquad |\tilde{\pi}_\varphi(x) - \pi_\varphi(x)| \leqslant c_{15} m(|\varphi|)(\log d_E + n_E x^{1/2}).$$

Cela résulte de l'inégalité $||\varphi|| \leqslant n m(|\varphi|)$.

Corollaire 2. — *Quitte à augmenter* c_4 *et* c_8, *les estimations* (30), (32) *et* (33_R) *ci-dessus restent valables lorsqu'on y remplace* $\pi_\varphi(x)$ *par* $\tilde{\pi}_\varphi(x)$.

(Bien entendu, dans le cas de (33_R), on suppose en outre que (GRH) est vérifiée.)

Pour (30), cela résulte de (37) et de $x^{1/2} = o(x/\log x)$.

Pour (33_R), cela résulte de (38) et du fait que

$$\log d_E + n_E x^{1/2} \leqslant c_{16} x^{1/2} (\log d_E + n_E \log x)$$

avec $c_{16} = 1/\log 2$.

Pour (32), on vérifie que

$$\log d_E + n_E x^{1/2} \leqslant c_{17} x^{1/2} \log x \leqslant c_{18} \operatorname{Li}(x)$$

pour tout $x \geqslant 3$ satisfaisant à (13); cela se fait par un calcul sans difficulté, en tenant compte de l'inégalité de Minkowski

$$\log d_E \geqslant c_{19} n_E \quad \text{si } n_E > 1,$$

avec $c_{19} > 0$ (par exemple $c_{19} = \frac{1}{2} \log 3$).

Remarque. — Dans la suite, on supposera les constantes c_4 et c_8 choisies telles que (32) et (33_R) soient valables aussi bien pour $\tilde{\pi}_\varphi(x)$ que pour $\pi_\varphi(x)$.

ii) *Propriétés d'invariance des fonctions* $\tilde{\pi}_\varphi(x)$

Ces propriétés se déduisent des propriétés analogues pour les fonctions L d'Artin. Soient en effet χ un caractère de G et $L(s, \chi)$ la série L attachée à χ et à l'extension E/K, cf. [1]. Le développement en série de Dirichlet du logarithme de $L(s, \chi)$ est ([1], p. 296) :

$$(39) \qquad \log L(s, \chi) = \sum_{v, m} \chi(\sigma_v^m) N v^{-ms}/m,$$

où v parcourt Σ_K et m les entiers $\geqslant 1$. (Précisons qu'il s'agit de la branche du logarithme dans le demi-plan $\operatorname{Re}(s) > 1$ qui tend vers 0 quand $s \to \infty$.)

Si l'on écrit ce développement sous la forme

$$(40) \qquad \log L(s, \chi) = \sum_{n=1}^{\infty} a_n(\chi) n^{-s},$$

on voit que

$$(41) \qquad \tilde{\pi}_\chi(x) = \sum_{n \leqslant x} a_n(\chi);$$

autrement dit, $\tilde{\pi}_\chi(x)$ est la *fonction sommatoire* des coefficients de $\log L(s, \chi)$. Toute identité entre fonctions L donne une identité entre les $\tilde{\pi}$ correspondantes. En particulier :

Proposition 8. — (a) *Soient* H *un sous-groupe de* G, φ_H *une fonction centrale sur* H, *et* $\varphi_G = \operatorname{Ind}_H^G \varphi_H$ *la fonction centrale sur* G *déduite de* φ_H *par induction. On a*

$$(42) \qquad \tilde{\pi}_{\varphi_G}(x) = \tilde{\pi}_{\varphi_H}(x) \quad \textit{pour tout } x \geqslant 2.$$

(b) *Soient* N *un sous-groupe distingué de* G, $\varphi_{G/N}$ *une fonction centrale sur* G/N *et* φ *la fonction centrale sur* G *obtenue en composant* $\varphi_{G/N}$ *avec* $G \to G/N$. *On a*

(43) $$\widetilde{\pi}_{\varphi_G}(x) = \widetilde{\pi}_{\varphi_{G/N}}(x) \quad \textit{pour tout } x \geqslant 2.$$

Par linéarité, il suffit de prouver (a) lorsque φ_H, donc aussi φ_G, est un *caractère*; dans ce cas, (42) résulte de (41) et du fait bien connu ([1], p. 297) que $L(s, \varphi_G) = L(s, \varphi_H)$. De même, (b) résulte de l'égalité $L(s, \varphi_G) = L(s, \varphi_{G/N})$.

Remarque

En combinant les prop. 7 et 8, on voit que les fonctions π_φ sont « presque » invariantes par induction et extension.

2.7. La propriété (R_k)

Soit C une partie de G stable par conjugaison, et soit k un nombre >0. Nous dirons que C *satisfait à la propriété* (R_k) si :

(R_k) — *Pour tout* $s \in C$, *il existe un sous-groupe* H *de* G *contenant* s, *et un sous-groupe distingué* U *de* H *tels que* :

(a) $|U| \geqslant k$;

(b) *tout élément de la forme* us, *avec* $u \in U$, *est conjugué de* s *dans* H.

Exemples

1) Supposons que $G = \mathbf{GL}_r(\mathbf{F}_q)$, et que tous les éléments de C soient *réguliers* et *déployés*, autrement dit possèdent r valeurs propres distinctes dans $\mathbf{F}_q$. Tout $s \in C$ peut alors se mettre sous forme diagonale, et l'on peut prendre pour H (resp. U) le groupe trigonal (resp. trigonal strict) supérieur; on en conclut que C satisfait à (R_k), avec $k = q^{r(r-1)/2}$.

2) Supposons que C satisfasse à la condition suivante :

(R'_k) — *Pour tout* $s \in C$, *il existe un sous-groupe abélien* A *de* G *normalisé par* s *tel que le groupe des éléments de la forme* $a^{-1}sas^{-1}$, *où* a *parcourt* A, *soit d'ordre* $\geqslant k$.

Alors C satisfait à (R_k). En effet, si s et A sont comme ci-dessus, on prend pour H le groupe engendré par s et A, et pour U le groupe des éléments de la forme $a^{-1}sas^{-1}$, avec $a \in A$. Il est clair que les conditions (a) et (b) de (R_k) sont satisfaites.

La propriété (R_k) permet de « *gagner un facteur* k » dans les th. 3 et 4. De façon plus précise :

Théorème 7. — *Supposons que* C *satisfasse à* (R_k). *Alors* :

(i) *Pour tout* $x \geqslant 3$ *tel que*

(44) $$\log x \geqslant \frac{1}{k} c_5 (\log d_E)(\log\log d_E)(\log\log\log 6d_E)$$

on a

(45) $$\pi_C(x) \leqslant c_4 \frac{|C|}{|G|} \mathrm{Li}(x),$$

où c_4 *et* c_5 *sont les constantes absolues introduites plus haut* (cf. th. 3 et Remarque suivant le cor. 2 à la prop. 7).

(ii) *Sous* (GRH), *on a, pour tout* $x \geqslant 2$,

(46_R) $$\left| \pi_C(x) - \frac{|C|}{|G|} \mathrm{Li}(x) \right| \leqslant \frac{1}{k} c_{21} \frac{|C|}{|G|} x^{1/2} (\log d_E + n_E \log x),$$

où c_{21} *est une constante absolue.*

(Noter la présence du facteur $1/k$ dans (44) et (46_R).)

Par additivité, il suffit de prouver ce théorème lorsque C est la classe de conjugaison d'un élément s. Choisissons alors H et U satisfaisant aux conditions (a) et (b) de (R_k). Notons φ_G la fonction caractéristique de la classe C; on a

$$\varphi_G(g) = \begin{cases} 1 & \text{si } g \in C, \text{ i.e. si } g \text{ est conjugué à } s \\ 0 & \text{sinon.} \end{cases}$$

Soit C_H la classe de conjugaison de s dans H. Posons

$$\lambda = |C|\,|C_H|^{-1}|H|\,|G|^{-1},$$

et soit φ_H la fonction sur H qui vaut λ sur C_H et 0 ailleurs. On vérifie facilement que

$$\varphi_G = \mathrm{Ind}_H^G \varphi_H.$$

Soit de même $C_{H/U}$ la classe de conjugaison dans H/U de l'image de s, et soit $\varphi_{H/U}$ la fonction sur H/U qui vaut λ sur $C_{H/U}$ et 0 ailleurs. D'après la partie (b) de (R_k), C_H est l'image réciproque de $C_{H/U}$ par la projection $H \to H/U$; il en résulte que φ_H est la composée de $\varphi_{H/U}$ et de $H \to H/U$. En appliquant la prop. 8, on obtient alors

(47) $$\tilde{\pi}_{\varphi_G}(x) = \tilde{\pi}_{\varphi_H}(x) = \tilde{\pi}_{\varphi_{H/U}}(x) \qquad \text{pour tout } x \geqslant 2.$$

Notons E' et K' les sous-corps de E fixés par U et H respectivement. L'extension E'/K' est galoisienne de groupe de Galois H/U. De plus, comme $[E:E'] = |U| \geqslant k$, il résulte de la formule (3) du nº 1.3 que l'on a

(48) $$\log d_{E'} \leqslant \frac{1}{k} \log d_E.$$

La condition

(44) $$\log x \geqslant \frac{1}{k} c_5 (\log d_E)(\log \log d_E)(\log \log \log 6 d_E)$$

entraîne donc

(49) $$\log x \geqslant c_5 (\log d_{E'})(\log \log d_{E'})(\log \log \log 6 d_{E'});$$

en appliquant le cor. 2 à la prop. 7 à l'extension E'/K', on en déduit

$$(50)\qquad \widetilde{\pi}_{\varphi_{H/U}}(x) \leqslant c_4 m(\varphi_{H/U})\,\mathrm{Li}(x).$$

Mais il est clair que $m(\varphi_{H/U}) = m(\varphi_H) = m(\varphi_G) = |C|/|G|$. On peut donc récrire (50) sous la forme

$$(51)\qquad \widetilde{\pi}_{\varphi_{H/U}}(x) \leqslant c_4 \frac{|C|}{|G|}\,\mathrm{Li}(x).$$

Comme $\pi_C(x) \leqslant \widetilde{\pi}_{\varphi_G}(x) = \widetilde{\pi}_{\varphi_{H/U}}(x)$, ceci démontre (45).

Supposons maintenant (GRH) satisfaite. En appliquant le cor. 2 à la prop. 7 à l'extension E'/K', et tenant compte de (47) et (48), on obtient

$$(52_R)\qquad \left|\widetilde{\pi}_{\varphi_G}(x) - \frac{|C|}{|G|}\,\mathrm{Li}(x)\right| \leqslant \frac{1}{k} c_6 \frac{|C|}{|G|} x^{1/2}(\log d_E + n_E \log x).$$

D'autre part, la prop. 7 montre que

$$|\pi_C(x) - \widetilde{\pi}_{\varphi_G}(x)| \leqslant c_{15}\left(\frac{1}{n}\log d_E + n_K x^{1/2}\right).$$

Pour obtenir (46_R), il suffit donc de prouver l'existence d'une constante absolue c_{20} telle que

$$(53)\qquad \frac{1}{n}\log d_E + n_K x^{1/2} \leqslant \frac{1}{k} c_{20} \frac{|C|}{|G|} x^{1/2}(\log d_E + n_E \log x)$$

pour tout $x \geqslant 2$. Or c'est immédiat : on peut prendre par exemple $c_{20} = 1/\log 2$, comme on le voit en remarquant que $n_E/n_K = n$, et que $|C| \geqslant |U| \geqslant k$.

§ 3. Réduction mod ℓ^n des variétés ℓ-adiques

A partir de maintenant, et jusqu'au § 6 inclus, la lettre ℓ désigne un nombre premier fixé.

3.1. La notion de M-dimension

Soit N un entier $\geqslant 0$. Soit $X=(\mathbf{Z}_\ell)^N$ le produit de N copies de $\mathbf{Z}_\ell$; c'est une variété analytique ℓ-adique de dimension N (cf. [2], [39]). Si n est un entier $\geqslant 0$, on pose

$$X_n = X/\ell^n X = \mathbf{Z}/\ell^n\mathbf{Z} \times \ldots \times \mathbf{Z}/\ell^n\mathbf{Z} \text{ (N facteurs)};$$

l'espace compact X est limite projective des ensembles finis X_n.

Soit Y une partie fermée de X. Notons Y_n l'image de Y dans X_n; c'est la « réduction de Y mod ℓ^n ». On a

$$Y = \varprojlim Y_n \quad \text{(puisque Y est fermée)}$$

et

$$|Y_n| \leqslant |X_n| = \ell^{nN}.$$

Soit d un nombre réel $\geqslant 0$. Nous dirons que Y *est de* M-*dimension* $\leqslant d$ (ce que nous écrirons $\dim_M Y \leqslant d$) *si*

$$|Y_n| = O(\ell^{nd}) \quad \textit{pour } n \to \infty. \tag{54}$$

Ainsi, un point est de M-dimension $\leqslant 0$, et tout sous-espace de X est de M-dimension $\leqslant$ N.

Cette définition peut aussi se présenter en termes de *mesures de* ε-*voisinages*, à la Minkowski (d'où l'emploi de la lettre « M ») :

Munissons X de la *distance* $\|x-y\| = 1/\ell^n$, où n est le plus grand entier $\geqslant 0$ tel que $x \equiv y \pmod{\ell^n}$. Les points de X à distance $\leqslant 1/\ell^n$ de Y forment une partie ouverte compacte $Y(n)$ de X (c'est l'image réciproque de Y_n par la projection $X \to X_n$). Si $\mu_X = dx_1 \ldots dx_N$ désigne la mesure de Haar de X, normalisée de telle sorte que sa masse totale soit 1, on a

$$\mu_X(Y(n)) = |Y_n|/|X_n| = \ell^{-nN}|Y_n|. \tag{55}$$

La propriété (54) revient donc à dire que

$$\mu_X(Y(n)) = O(\ell^{n(d-N)}) \quad \text{pour } n \to \infty, \tag{56}$$

ou encore que *la mesure d'un* ε-*voisinage de* Y *est* $O(\varepsilon^{N-d})$ *quand* $\varepsilon \to 0$.

Proposition 9. — *Soient* N' *un entier* $\geqslant 0$, $X'=(\mathbf{Z}_\ell)^{N'}$ *et*

$$\varphi : X' \rightarrow X$$

une application analytique ℓ*-adique de* X' *dans* X (cf. [2], § 4). *Soient* Y' *une partie fermée de* X' *et* Y *son image par* φ. *Si* $\dim_M Y' \leqslant d$, *on a* $\dim_M Y \leqslant d$.

Puisque φ est analytique, φ est Lipschitzienne. Il existe donc un entier $m \geqslant 0$ tel que

$$\|\varphi(x)-\varphi(y)\| \leqslant \ell^m \|x-y\| \quad \text{pour } x, y \in X'.$$

Si n est un entier $\geqslant 0$, on a

$$x \equiv y \pmod{\ell^{n+m}} \Rightarrow \varphi(x) \equiv \varphi(y) \pmod{\ell^n}.$$

L'application φ définit donc par passage au quotient une application $\varphi_n : X'_{n+m} \rightarrow X_n$, et l'on a $Y_n = \varphi_n(Y'_{n+m})$, d'où

$$|Y_n| \leqslant |Y'_{n+m}| = O(\ell^{(n+m)d}) = \ell^{md} O(\ell^{nd}) = O(\ell^{nd}),$$

ce qui prouve bien que $\dim_M Y \leqslant d$.

La prop. 9 montre en particulier que la notion de M-dimension est *invariante* par tout automorphisme analytique de X.

Extension aux variétés analytiques ℓ*-adiques*

Soit Ω une variété analytique ℓ-adique compacte, de dimension N en tout point, et soit Y une partie fermée de Ω. Choisissons un recouvrement ouvert (U_i) de Ω formé de « boules ℓ-adiques » de dimension N (de sorte que chaque U_i est analytiquement isomorphe à $(\mathbf{Z}_\ell)^N$). Nous dirons que Y *est de* M*-dimension* $\leqslant d$ s'il en est ainsi de tous les $Y \cap U_i$; d'après la prop. 9, cette définition est indépendante du recouvrement (U_i) choisi.

3.2. Ensembles d-paramétrables et sous-espaces analytiques

On suppose maintenant que d est un entier $\geqslant 0$.

Une partie Y de $X=(\mathbf{Z}_\ell)^N$ est dite *d-paramétrable* s'il existe une famille finie d'applications analytiques

$$\varphi_i : (\mathbf{Z}_\ell)^d \rightarrow X$$

telle que Y soit *réunion des images des* φ_i.

En appliquant la prop. 9 avec $Y'=X'=(\mathbf{Z}_\ell)^d$, on obtient :

Proposition 10. — *Si* Y *est d-paramétrable, on a* $\dim_M Y \leqslant d$.

(Un résultat analogue vaut dans le cas réel, cf. par exemple Federer [11], p. 274.)

Corollaire. — Toute sous-variété analytique (lisse) *de* X, *fermée et de dimension* $\leqslant d$ *en tout point, est de* M-*dimension* $\leqslant d$.

En effet, il est clair qu'une telle variété est d-paramétrable (c'est même une *somme disjointe de boules* de dimension $\leqslant d$, cf. [39]).

On peut se demander si l'hypothèse de lissité peut être supprimée, autrement dit si le corollaire ci-dessus reste valable pour des *sous-espaces analytiques* de X, ayant éventuellement des singularités. La réponse est affirmative :

Théorème 8. — Tout sous-espace analytique fermé de X, *de dimension* $\leqslant d$, *est de* M-*dimension* $\leqslant d$.

Soit Y un tel sous-espace. On va montrer par récurrence sur d que Y est *d-paramétrable*, de sorte qu'on peut lui appliquer la prop. 10. Le cas $d=0$ est trivial, Y étant réduit à un ensemble fini. Supposons $d \geqslant 1$.

Le *théorème de résolution des singularités* (Hironaka [16], p. 161) est applicable localement à Y, du fait que l'anneau local des séries convergentes à coefficients dans $\mathbf{Q}_\ell$ est *excellent* ([10]). Le passage du local au global ne présente pas de difficulté puisqu'on dispose de recouvrements arbitrairement fins par des ouverts compacts. On en conclut qu'il existe un sous-espace analytique fermé Y^s de Y, de dimension $\leqslant d-1$, et un éclatement $\theta : \tilde{Y} \to Y$, où :

a) $\tilde{Y}$ est une variété lisse compacte partout de dimension d;

b) θ est une application analytique;

c) la restriction de θ à $\tilde{Y} - \theta^{-1}(Y^s)$ est un isomorphisme de $\tilde{Y} - \theta^{-1}(Y^s)$ sur $Y - Y^s$.

Vu l'hypothèse de récurrence, Y^s est $(d-1)$-paramétrable, donc aussi d-paramétrable. D'autre part, les propriétés *a)* et *b)* entraînent que $\theta(\tilde{Y})$ est d-paramétrable. D'après *c)*, Y est réunion de Y^s et de $\theta(\tilde{Y})$; donc Y est d-paramétrable.

Remarque

Le principe de la démonstration ci-dessus (utilisation de la résolution des singularités) m'a été indiqué par Michel Raynaud; je l'en remercie vivement. Il était souhaitable d'avoir une démonstration plus élémentaire, ne serait-ce que pour pouvoir l'appliquer à des corps locaux d'égale caractéristique. Cela vient d'être fait par
1 J. Oesterlé (à paraître), au moyen d'une généralisation des invariants $N_a(f, r)$ introduits par Robba [34] dans le cas des hypersurfaces.

La même question se pose sur $\mathbf{R}$: si K est une partie compacte d'un sous-espace analytique de dimension $\leqslant d$ de $\mathbf{R}^N$, peut-on prouver élémentairement (i.e. sans résolution des singularités) que le volume des ε-voisinages de K est $O(\varepsilon^{N-d})$ quand $\varepsilon \to 0$?

Exemple : hypersurfaces algébriques

Soit $F(T_1, \ldots, T_N)$ un polynôme non identiquement nul, à coefficients dans $\mathbf{Z}_\ell$. Prenons pour Y *l'ensemble des zéros* de F, i.e. l'ensemble des points $x=(x_1, \ldots, x_N)$

de $(\mathbf{Z}_\ell)^N$ tels que $F(x)=0$. Si n est un entier $\geqslant 0$, Y_n est la partie de $X_n=(\mathbf{Z}/\ell^n\mathbf{Z})^N$ obtenue en réduisant $Y \bmod \ell^n$; si l'on note $\widetilde{Y}_n$ l'ensemble des $x \in X_n$ tels que $F(x)\equiv 0 \pmod{\ell^n}$, on a $Y_n \subset \widetilde{Y}_n$ mais il n'y a pas égalité en général (on peut simplement dire que Y_n est l'image de $\widetilde{Y}_{n+k}$ dans $\widetilde{Y}_n$, pour k assez grand).

Le th. 8 s'applique à Y, avec $d=N-1$. D'où :

Corollaire. — On a $|Y_n|=O(\ell^{n(N-1)})$ *pour* $n\to\infty$.

(En fait, la méthode d'Oesterlé-Robba citée plus haut donne $|Y_n|\leqslant \deg(F)\ell^{n(N-1)}$ pour tout $n\geqslant 0$, ce qui est bien plus précis.)

L'énoncé analogue pour $|\widetilde{Y}_n|$ est inexact, comme le montrent des exemples simples. Toutefois, il n'est pas difficile de prouver que

(57) $$|\widetilde{Y}_n|=O(\ell^{n(N-\delta)}), \quad \text{avec } \delta=1/\deg(F).$$

La variation de $|\widetilde{Y}_n|$ avec n a été étudiée par Igusa ([17], [18]) qui a notamment montré que *la série formelle* $\sum_{n=0}^{\infty}|\widetilde{Y}_n|t^n$ *est une fonction rationnelle de* t; j'ignore si un résultat
2 analogue vaut pour les $|Y_n|$.

3.3. Compléments

(Les résultats de ce numéro ne seront pas utilisés dans la suite.)

Revenons au cas où Y est une sous-variété fermée *lisse* de $X=(\mathbf{Z}_\ell)^N$, de dimension d en tout point. D'après le cor. à la prop. 10, on a

$$|Y_n|=O(\ell^{nd}) \quad \text{pour } n\to\infty.$$

Nous allons préciser ce résultat (cf. th. 9 ci-après).

Remarquons d'abord que le plongement de Y dans X munit Y d'une *mesure canonique* μ_Y, analogue à *l'élément d'aire* du cas réel : si $I=\{i_1,\ldots,i_d\}$, avec $i_1<i_2<\ldots<i_d$, est une partie à d éléments de $[1, N]$, notons $\omega_{Y,I}$ la forme différentielle induite sur Y par $dx_{i_1}\wedge\ldots\wedge dx_{i_d}$, et notons $\mu_{Y,I}$ la mesure positive $\mathrm{mod}(\omega_{Y,I})$ associée à $\omega_{Y,I}$ au sens de Bourbaki [2], § 10.1. La *mesure canonique* de Y est alors définie par

(58) $$\mu_Y=\operatorname*{Sup}_I(\mu_{Y,I}),$$

où I parcourt les parties à d éléments de l'intervalle $[1, N]$.

[Autre définition de μ_Y : si $y\in Y$, l'espace tangent T_yY à Y en y est un $\mathbf{Q}_\ell$-sous-espace vectoriel de $T_yX=(\mathbf{Q}_\ell)^N$, donc possède un $\mathbf{Z}_\ell$-réseau canonique, à savoir $T_yY\cap(\mathbf{Z}_\ell)^N$. Le fibré tangent à Y est ainsi muni d'un champ localement constant de réseaux (analogue ℓ-adique d'un ds^2). La mesure μ_Y est la mesure associée à la puissance extérieure d-ième de ce champ.]

Soit maintenant

(59) $\mathrm{vol}(Y) = \mu_Y(Y)$

la masse totale de la mesure μ_Y.

Théorème 9. — On a $|Y_n| = \mathrm{vol}(Y)\ell^{nd}$ *pour n assez grand.*

(La situation est analogue à celle du cas réel, où le volume du ε-voisinage d'une variété lisse compacte est un *polynôme en* ε, pour ε assez petit, cf. par exemple H. Weyl [49].)

Commençons par vérifier le théorème dans un certain nombre de cas :

Cas (i). — Y est la sous-variété de $(\mathbf{Z}_\ell)^N$ définie par les équations

$$x_{d+1} = \varphi_{d+1}(x_1, \ldots, x_d)$$
$$\cdots$$
$$x_N = \varphi_N(x_1, \ldots, x_d)$$

où les φ_i $(d < i \leqslant N)$ sont des séries formelles en $x_1, \ldots, x_d$ à coefficients dans $\mathbf{Z}_\ell$ tendant vers 0 (séries « restreintes »). La mesure μ_Y est alors égale à $dx_1 \ldots dx_d$ et sa masse totale est 1. On a $|Y_n| = \ell^{nd}$ pour tout $n \geqslant 0$, et le th. 9 est bien vérifié dans ce cas.

Cas (ii). — C'est le cas que l'on déduit du cas (i) par une *permutation* des coordonnées $(x_1, \ldots, x_N)$; il est clair que le th. 9 est encore vérifié.

Cas (iii_m), *avec m entier* $\geqslant 0$. — C'est le cas où Y est de la forme

$$Y = y + \ell^m Y_m,$$

où y est un point de $(\mathbf{Z}_\ell)^N$ et où Y_m est une sous-variété de $(\mathbf{Z}_\ell)^N$ du type (ii) ci-dessus.

La variété Y est alors contenue dans la classe de y mod ℓ^m i.e. dans une boule de rayon $1/\ell^m$. On a $\mathrm{vol}(Y) = \ell^{-md}$, $|Y_n| = 1$ pour $n \leqslant m$ et $|Y_n| = \ell^{d(n-m)}$ si $n \geqslant m$. D'où

$$Y_n = \mathrm{vol}(Y)\ell^{nd} \quad \text{si } n \geqslant m,$$

et le th. 9 est encore vérifié.

Pour établir le th. 9 dans le cas général, il suffit donc de démontrer le résultat suivant :

Proposition 11. — Si m est assez grand, l'intersection de Y *avec toute classe* mod ℓ^m *est, soit vide, soit du type* (iii_m) *ci-dessus.*

(En d'autres termes, Y est *somme disjointe* de sous-variétés ouvertes compactes du type (iii_m).)

Ce résultat est essentiellement connu, au moins dans le cas algébrique (il intervient dans les travaux de A. Néron et M. Artin, par exemple). Rappelons sa démonstration :

Quitte à décomposer Y en somme disjointe de sous-variétés ouvertes compactes, on peut supposer qu'il existe une partie I à d éléments de $[1, N]$ telle que $\mu_Y = \mu_{Y,I}$, cf. (58) ; après permutation des coordonnées, on peut supposer que $I = [1, d]$. Le fait que $\mu_Y = \mu_{Y,1}$ équivaut alors à dire que, pour tout $y \in Y$, l'espace tangent $T_y Y$ est le sous-espace de $T_y X = (\mathbf{Q}_\ell)^N$ défini par un système d'équations linéaires

$$x_{d+1} = a_{d+1,1} x_1 + \ldots + a_{d+1,d} x_d$$
$$\ldots$$
$$x_N = a_{N,1} x_1 + \ldots + a_{N,d} x_d$$

dont les coefficients a_{ij} *appartiennent à* $\mathbf{Z}_\ell$. Si l'on prend y pour origine, cela signifie que, au voisinage de $y = 0$, la variété Y est définie par un système d'équations de la forme

$$x_{d+1} = a_{d+1,1} x_1 + \ldots + a_{d+1} x_d + \psi_{d+1}(x_1, \ldots, x_d)$$
$$\ldots$$
$$x_N = a_{N,1} x_1 + \ldots + a_{N,d} x_d + \psi_N(x_1, \ldots, x_d)$$

où les ψ_i sont des séries convergentes ne contenant que des termes de degrés $\geqslant 2$. Lorsque l'on fait le changement de variables $x_i = \ell^m z_i$ (de façon à se placer dans la boule de rayon $1/\ell^m$ centré en y), ces équations s'écrivent

$$z_i = \sum_j a_{i,j} z_j + \psi_{i,m}(z_1, \ldots, z_d) \qquad (d < i \leqslant N;\ 1 \leqslant j \leqslant d)$$

et l'on vérifie tout de suite que, si m est assez grand, les coefficients des $\psi_{i,m}$ *appartiennent à* $\mathbf{Z}_\ell$ *et tendent vers* 0. L'intersection de Y et de la boule de rayon $1/\ell^m$ est donc de type (iii$_m$). Ceci s'applique à tout point de Y. La prop. 11 en résulte par un argument de compacité.

Remarques

1) La démonstration montre en outre que, si n est assez grand, les *fibres* de l'application $Y_{n+1} \to Y_n$ sont des espaces affines sur $\mathbf{Z}/\ell\mathbf{Z}$ de dimension d; en particulier, elles ont toutes ℓ^d éléments.

2) Le nombre vol(Y) est de la forme a/ℓ^m, avec $a \in \mathbf{Z}$ et m entier $\geqslant 0$. Son image dans $\mathbf{Z}/(\ell-1)\mathbf{Z}$ par réduction mod$(\ell-1)$ *ne dépend que de la variété ℓ-adique* Y, et pas de son plongement dans $(\mathbf{Z}_\ell)^N$; c'est *l'invariant* de Y défini dans [39].

Le cas singulier

Supprimons l'hypothèse de lissité sur Y, i.e. supposons seulement que Y soit un *sous-espace analytique* fermé de X, de dimension $\leqslant d$, ayant éventuellement des singularités. Notons Y^{reg} l'ensemble des points en lesquels Y est lisse de dimension d. La mesure canonique μ_Y est définie sur Y^{reg}, et l'on prouve sans grande difficulté que c'est une *mesure bornée*. Cela permet de définir le volume de Y par la formule

(60) $\quad \mathrm{vol}(Y) = \mu_Y(Y^{\mathrm{reg}}).$

En appliquant le th. 9 aux sous-variétés ouvertes compactes de Y^{reg}, on voit que

(61) $\quad \liminf_{n \to \infty} |Y_n| / \ell^{nd} \geqslant \mathrm{vol}(Y).$

En fait, on a le résultat plus précis suivant

(62) $\quad \lim_{n \to \infty} |Y_n| / \ell^{nd} = \mathrm{vol}(Y);$

c'est ce que vient de prouver J. Oesterlé (à paraître). Il est probable que l'on a même :

$$(63_?) \qquad |Y_n| = \mathrm{vol}(Y)\ell^{nd} + O(\ell^{n\delta}) \qquad \text{avec } \delta < d;$$

3 cela devrait pouvoir se démontrer en utilisant l' « inégalité de Lojasiewicz » ℓ-adique.

(Signalons, à titre de curiosité, que vol(Y) *est un nombre rationnel.* Cela se déduit du résultat suivant, que l'on démontre, à la Igusa, en utilisant la résolution des singularités : si α est une forme différentielle analytique de degré d sur une variété ℓ-adique lisse compacte de dimension d, la masse totale de la mesure mod(α) *est un nombre rationnel.*)

Généralisations

Les résultats de ce paragraphe restent valables lorsque l'on remplace $\mathbf{Q}_\ell$ par n'importe quel corps local à corps résiduel fini, cf. J. Oesterlé, *loc. cit.*

§ 4. Majorations de $\pi_C(x)$ dans le cas ℓ-adique

4.1. Énoncé du théorème

Soient :

K un corps de nombres algébriques, de degré fini n_K;

S une partie finie de l'ensemble Σ_K des places ultramétriques de K;

G un groupe de Lie ℓ-adique compact, de dimension $N \geqslant 1$ (pour tout ce qui concerne les groupes de Lie ℓ-adiques, voir [3], [26]);

C une partie fermée de G, stable par conjugaison;

E une extension galoisienne infinie de K, de groupe de Galois G, non ramifiée en dehors de S.

Si $v \in \Sigma_K - S$, on note σ_v la substitution de Frobenius de v relativement à l'extension E/K; c'est un élément de G, défini à conjugaison près. Comme au § 2, on note Σ_C l'ensemble des $v \in \Sigma_K - S$ tels que $\sigma_v \in C$; si $x \geqslant 2$, on note $\pi_C(x)$ le nombre des $v \in \Sigma_C$ tels que $Nv \leqslant x$. On va donner une *majoration asymptotique* de $\pi_C(x)$:

Théorème 10. — Soit d un nombre réel tel que $0 \leqslant d < N$. *Supposons que* $\dim_M C \leqslant d$ (au sens du n° 3.1). *Posons* $\alpha = (N-d)/N$. *Alors* :

(i) *On a*

(64) $$\pi_C(x) = O(\mathrm{Li}(x)/\varepsilon(x)^{\alpha}) \quad \textit{pour } x \to \infty,$$

avec

(65) $$\varepsilon(x) = (\log x)(\log\log x)^{-2}(\log\log\log x)^{-1}, \quad x \geqslant 16.$$

(ii) *Sous* (GRH), *on a*

(66_R) $$\pi_C(x) = O(\mathrm{Li}(x)/\varepsilon_R(x)^{\alpha}) \quad \textit{pour } x \to \infty,$$

avec

(67) $$\varepsilon_R(x) = x^{1/2}(\log x)^{-2}.$$

La démonstration sera donnée aux n°s 4.3 et 4.4 ci-après.

Corollaire 1. — Pour tout $\varepsilon > 0$, *on a*

(68) $$\pi_C(x) = O(x/(\log x)^{1+\alpha-\varepsilon})$$

et, sous (GRH),

$$(69_R)\qquad \pi_C(x) = O(x^{1-\alpha/2+\varepsilon}).$$

Cela résulte du théorème, compte tenu de $\mathrm{Li}(x) \sim x/\log x$ et de

$$(70)\qquad \varepsilon(x)^{-1} = O((\log x)^{-1+\delta}) \quad \text{pour tout } \delta > 0$$

$$(71)\qquad \varepsilon_R(x)^{-1} = O(x^{-1/2+\delta}) \quad \text{pour tout } \delta > 0.$$

Corollaire 2. — La série $\sum_v 1/Nv$, *étendue aux* $v \in \Sigma_C$, *est convergente.*

Cela résulte de (68), et de la convergence de la série de terme général $1/n(\log n)^\rho$ pour $\rho > 1$.

Remarques

1) On verra au § 5 que l'on peut, dans certains cas, renforcer le th. 10 en remplaçant l'exposant α par un exposant β un peu plus grand.

2) Les constantes cachées dans la notation « O » de (64) et (66_R) dépendent des données K, S, G, C, d; ce ne sont pas des constantes absolues.

Exemple. — Supposons que C soit un *sous-espace analytique* de G d'intérieur vide. D'après le th. 8, on a $\dim_M C \leqslant N-1$. On peut donc appliquer le th. 10 avec $d = N-1$ et $\alpha = 1/N$.

4.2. Préparatifs

Soit $\mathfrak{g}$ l'algèbre de Lie de G. C'est un $\mathbf{Q}_\ell$-espace vectoriel de dimension N, sur lequel G opère par la représentation adjointe. On sait (cf. par exemple [3], chap. III, § 7) que l'application logarithme

$$\log_G : G \to \mathfrak{g}$$

est un *isomorphisme local.* Comme G est compact, il existe un $\mathbf{Z}_\ell$-réseau $\mathfrak{g}(0)$ de $\mathfrak{g}$ stable par la représentation adjointe. Quitte à remplacer $\mathfrak{g}(0)$ par un multiple $\ell^r\mathfrak{g}(0)$, avec r assez grand, on peut supposer que :

a) $\mathfrak{g}(0)$ est stable par $(x, y) \mapsto \ell^{-2}[x, y]$ (donc aussi par la « loi de Hausdorff », cf. [3], *loc. cit.*);

b) il existe un sous-groupe ouvert distingué G(0) de G tel que la restriction de $\log_G$ à G(0) définisse un isomorphisme de G(0) sur $\mathfrak{g}(0)$, muni de la loi de Hausdorff.

Choisissons de tels $\mathfrak{g}(0)$ et G(0). Pour tout entier $n \geqslant 0$, posons $\mathfrak{g}(n) = \ell^n\mathfrak{g}(0)$ et notons $G(n)$ l'ensemble des $s \in G(0)$ tels que $\log_G s \in \mathfrak{g}(n)$. On vérifie tout de suite que $G(n)$ est un sous-groupe ouvert distingué de G. Si l'on pose

$$G_n = G/G(n),$$

on a

$$(72)\qquad |G_n| = a\ell^{nN} \quad \text{avec } a = (G : G(0)) = |G_0|.$$

Soit C_n l'image de C par la projection $G \to G_n$. L'hypothèse $\dim_M C \leqslant d$ se traduit par :

(73) $$|C_n| = O(\ell^{nd}) \quad \text{pour } n \to \infty,$$

ou, ce qui revient au même vu (72),

(74) $$|C_n|/|G_n| = O(1/|G_n|^\alpha) \quad \text{pour } n \to \infty.$$

Soit E_n l'ensemble des éléments de E fixés par $G(n)$. L'extension E_n/K est galoisienne, de groupe de Galois G_n. D'après la formule (19) du nº 2.4, on a

(75) $$\log d_{E_n} \leqslant |G_n| (\log d_K + n_K \log |G_n| + \sum_{p \in S_Q} \log p),$$

où S_Q désigne l'ensemble des nombres premiers p tels qu'il existe $v \in S$ divisant p. En particulier :

(76) $$\log d_{E_n} \leqslant |G_n| (O(1) + n_K \log |G_n|) \leqslant (n_K + o(1)) |G_n| \log |G_n|$$

pour $n \to \infty$.

Remarque. — En utilisant un théorème de Sen [37], on peut prouver :

(76′) $$\log d_{E_n} \leqslant \frac{1}{N} |G_n| (O(1) + n_K \log |G_n|) \quad \text{pour } n \to \infty,$$

ce qui améliore (76) par un facteur N.

4.3. Démonstration du théorème 10 (i)

Le principe de la démonstration est celui-ci : pour x donné, on choisit un entier $n = n(x)$ convenable, et l'on majore $\pi_{C_n}(x)$ (qui est relatif à l'extension finie E_n/K de groupe de Galois G_n) grâce au th. 3 du nº 2.3. Compte tenu de l'inégalité évidente

(77) $$\pi_C(x) \leqslant \pi_{C_n}(x),$$

on en déduit bien une majoration de $\pi_C(x)$.

De façon plus précise, choisissons un nombre réel $b > 0$ tel que

(78) $$b c_5 n_K < 1,$$

où c_5 est la constante absolue introduite au nº 2.3. Vu (72), si x est assez grand, il existe un entier positif $n = n(x)$ et un seul tel que

(79) $$b \ell^{-N} \varepsilon(x) < |G_n| \leqslant b \varepsilon(x),$$

à savoir $n = [\log(a^{-1} b \varepsilon(x)) / N \log \ell]$.

Nous allons voir qu'avec ce choix de n, on a

(80) $$\log x \geqslant c_5 (\log d_{E_n})(\log \log d_{E_n})(\log \log \log 6 d_{E_n})$$

pourvu que x soit assez grand. En effet, on déduit de (76) et (79) que

$$\begin{aligned}\log d_{E_n} &\leqslant (n_K + o(1)) b\varepsilon(x) \log \varepsilon(x)\\ &\leqslant (n_K + o(1)) b (\log x)(\log\log x)^{-1}(\log\log\log x)^{-1}\end{aligned}$$

d'où $\log\log d_{E_n} \leqslant (1 + o(1)) \log\log x$

et $\log\log\log 6d_{E_n} \leqslant (1 + o(1)) \log\log\log x.$

En multipliant ces inégalités, on obtient

$$c_5(\log d_{E_n})(\log\log d_{E_n})(\log\log\log 6d_{E_n}) \leqslant (bc_5 n_K + o(1)) \log x,$$

ce qui entraîne (80) pour x assez grand puisque $bc_5 n_K < 1$.

Ceci fait, on applique le th. 3 du n° 2.3 à l'extension E_n/K et l'on obtient

(81) $$\pi_{C_n}(x) \leqslant c_4 |C_n| |G_n|^{-1} \operatorname{Li}(x).$$

Vu (74) et (79), on a $|C_n|/|G_n| = O(\varepsilon(x)^{-\alpha})$. D'où

(82) $$\pi_{C_n}(x) = O(\operatorname{Li}(x)/\varepsilon(x)^{\alpha}),$$

ce qui démontre le th. 10 (i), compte tenu de (77).

Remarque. — La démonstration ci-dessus montre que le choix de la fonction $\varepsilon(x)$ est imposé par la forme de la condition (13) du th. 3. Si par exemple on pouvait remplacer (13) par

$$\log x \geqslant c_{22} \log d_E,$$

on pourrait prendre pour $\varepsilon(x)$ la fonction $(\log x)(\log\log x)^{-1}$.

4.4. Démonstration du théorème 10 (ii)

On procède de manière analogue : si x est assez grand, il existe un unique entier positif $n = n(x)$ tel que

(83) $$\ell^{-N} \varepsilon_R(x) < |G_n| \leqslant \varepsilon_R(x).$$

D'après le th. 4 du n° 2.4, on a, sous (GRH),

(84_R) $$\pi_{C_n}(x) \leqslant |C_n| |G_n|^{-1} \{\operatorname{Li}(x) + c_6 x^{1/2} \log d_{E_n} + c_6 [E_n : \mathbf{Q}] x^{1/2} \log x\}.$$

Vu (83) et (74), on a

$$|C_n| |G_n|^{-1} = O(\varepsilon_R(x)^{-\alpha}).$$

D'autre part, (83) et (76) entraînent :

$$x^{1/2} \log d_{E_n} = O(x^{1/2} \varepsilon_R(x) \log \varepsilon_R(x)) = O(x(\log x)^{-1}) = O(\operatorname{Li}(x))$$

et $$[E_n : \mathbf{Q}] x^{1/2} \log x = O(\varepsilon_R(x) x^{1/2} \log x) = O(x(\log x)^{-1}) = O(\operatorname{Li}(x)).$$

En portant ces majorations dans (84_R), on en déduit

(85_R) $$\pi_{C_n}(x) = O(\operatorname{Li}(x)/\varepsilon_R(x)^{\alpha}),$$

ce qui démontre le th. 10 (ii), compte tenu de (77).

4.5. Un exemple

Lorsque C est réduit à un seul élément, le th. 10 s'applique avec $d=0$ et $\alpha=1$; sous (GRH), il implique que

$$(86_R) \qquad \pi_C(x)=O(x^{1/2}\log x) \quad \text{pour } x\to\infty.$$

Nous allons voir que cette borne n'est pas loin d'être optimale.

Prenons pour K un corps quadratique imaginaire. Supposons (afin de simplifier les notations) que ℓ se décompose dans K en deux places distinctes λ et $\bar{\lambda}$, que le nombre de classes de K soit 1, et que K ne contienne pas de racine de l'unité $\neq\pm 1$ (exemple : $K=\mathbf{Q}(\sqrt{-163})$ et $\ell=41$). Si $v\in\Sigma_K$, choisissons un générateur z_v de l'idéal $\mathfrak{p}_v$, et posons $\omega(v)=z_v/\bar{z}_v$; comme z_v est défini au signe près, $\omega(v)$ est indépendant du choix de z_v. On a $\omega(v)\in K^*$; comme la place λ définit un plongement de K dans $\mathbf{Q}_\ell$, on peut identifier $\omega(v)$ à un élément de $\mathbf{Q}_\ell^*$. On a $\omega(v)\in\mathbf{Z}_\ell^*$ si v ne divise pas ℓ, i.e. si $v\neq\lambda, \bar{\lambda}$. D'après la théorie du corps de classes, il existe une extension abélienne E/K, de groupe de Galois $G=\mathbf{Z}_\ell^*$, qui est non ramifiée en dehors de $S=\{\lambda, \bar{\lambda}\}$ et telle que, pour tout $v\in\Sigma_K-S$, la substitution de Frobenius σ_v de v soit égale à $\omega(v)$. Prenons $C=\{1\}$, de sorte que Σ_C est formé des places v de K qui sont *complètement décomposées* dans l'extension E. On a $v\in\Sigma_C$ si et seulement si $z_v=\bar{z}_v$; il est facile de voir que cela équivaut à dire que $\mathfrak{p}_v$ est un idéal premier *de degré* 2, autrement dit engendré par un nombre premier p_v qui est inerte dans $K/\mathbf{Q}$. Comme $Nv=p_v^2$, on en déduit que $\pi_C(x)$ est égal au nombre des $p\leqslant x^{1/2}$ tels que $\left(\dfrac{p}{K/\mathbf{Q}}\right)=-1$. D'où :

$$(87) \qquad \pi_C(x)\sim x^{1/2}/\log x \quad \text{pour } x\to\infty.$$

La majoration (86_R) est donc *optimale en ce qui concerne l'exposant de x* (mais probablement pas en ce qui concerne l'exposant de $\log x$).

Des exemples analogues existent avec $d=0$ et N arbitrairement grand. Par contre, lorsque $d>0$, je ne connais aucun cas où la majoration du th. 10 (ii) (ni celle du th. 12 (ii)) soit essentiellement optimale. Il est fort possible que l'on ait en fait

$$(88_?) \qquad \pi_C(x)=O(x^{1/2}/\log x) \quad \text{pour } x\to\infty,$$

lorsque C est un sous-espace analytique de dimension $d<N$, mais je ne vois pas comment le démontrer, même sous (GRH).

4.6. Généralisation

La démonstration du th. 10 fait intervenir de façon essentielle la « tour » d'extensions galoisiennes E_n/K définie au nº 4.2. Plus généralement, considérons une *famille d'extensions galoisiennes finies* $(E_\lambda/K)_{\lambda\in\Lambda}$; si $\lambda\in\Lambda$, soit $G_\lambda=\mathrm{Gal}(E_\lambda/K)$ et soit C_λ une partie de G_λ stable par conjugaison; soit α un nombre réel tel que $0<\alpha\leqslant 1$. Faisons les hypothèses suivantes :

(a) *(Répartition des degrés)*. Il existe un nombre $L>0$ tel que tout intervalle de $\mathbf{R}_+$ de longueur L contienne au moins un $\log|G_\lambda|$.

(b) *(Croissance des discriminants)*. Il existe un nombre $M>0$ tel que

(89) $$\log d_{E_\lambda} \leqslant M|G_\lambda|\log|G_\lambda| \quad \text{pour tout } \lambda\in\Lambda.$$

(c) *(Taille des C_λ)*. Il existe un nombre $P>0$ tel que

(90) $$|C_\lambda|/|G_\lambda| \leqslant P/|G_\lambda|^\alpha \quad \text{pour tout } \lambda\in\Lambda.$$

Posons alors

(91) $$\pi_C(x) = \operatorname{Inf} \pi_{C_\lambda}(x) \quad (x\geqslant 2),$$

où $\pi_{C_\lambda}(x)$ est défini comme au nº 2.1 (relativement à l'extension finie E_λ/K).

Théorème 11. — (i) *On a*

(92) $$\pi_C(x) = O(\mathrm{Li}(x)/\varepsilon(x)^\alpha) \quad \textit{pour } x\to\infty.$$

(ii) *Sous* (GRH), *on a*

(93_R) $$\pi_C(x) = O(\mathrm{Li}(x)/\varepsilon_R(x)^\alpha) \quad \textit{pour } x\to\infty.$$

(Les fonctions $\varepsilon(x)$ et $\varepsilon_R(x)$ sont celles définies dans l'énoncé du th. 10.)

La démonstration est essentiellement la même que celle du th. 10. Pour (i), on choisit un nombre $b>0$ tel que

(94) $$bMc_5 < 1.$$

D'après (a), si x est assez grand, il existe un $\lambda=\lambda(x)$ tel que

(95) $$e^{-L}b\varepsilon(x) \leqslant |G_\lambda| \leqslant b\varepsilon(x).$$

Comme au nº 4.3, on déduit de (95) et (89) que

$$c_5(\log d_{E_\lambda})(\log\log d_{E_\lambda})(\log\log\log 6d_{E_\lambda}) \leqslant (bMc_5+o(1))\log x,$$

d'où, grâce à (94),

$$\log x \geqslant c_5(\log d_{E_\lambda})(\log\log d_{E_\lambda})(\log\log\log 6d_{E_\lambda})$$

pour x assez grand. En appliquant le th. 3 du nº 2.3, on en déduit

$$\pi_{C_\lambda}(x) \leqslant c_4 \,\mathrm{Li}(x)|C_\lambda|/|G_\lambda|;$$

compte tenu de (90) et (95), cela donne

$$\pi_{C_\lambda}(x) = O(\mathrm{Li}(x)/\varepsilon(x)^\alpha),$$

d'où (92).

Sous (GRH), on raisonne de même, en choisissant $\lambda=\lambda(x)$ de telle sorte que

(96) $$e^{-L}\varepsilon_R(x) \leqslant |G_\lambda| \leqslant \varepsilon_R(x).$$

Un calcul analogue à celui du n° 4.4 montre alors que

$$x^{1/2} \log d_{E_\lambda} + [E_\lambda : \mathbf{Q}] x^{1/2} \log x = O(\mathrm{Li}(x)),$$

et en appliquant le th. 4 du n° 2.4, on en déduit

$$\pi_{C_\lambda}(x) = O(\mathrm{Li}(x) \,|\, C_\lambda| / |G_\lambda|) = O(\mathrm{Li}(x) / \varepsilon_R(x)^\alpha),$$

d'où (93_R).

Exemples

1) Le th. 11, appliqué aux extensions E_n/K du n° 4.2, redonne le th. 10 (noter que le « $\pi_C(x)$ » du th. 11 ne diffère du « $\pi_C(x)$ » du th. 10 que par $O(1)$).

2) Prenons pour Λ l'ensemble des nombres premiers. Supposons que $|G_\lambda|$ soit de l'ordre de grandeur de λ^N, avec $N>0$, et que E_λ soit non ramifiée en dehors des places divisant λ et de celles appartenant à un ensemble fini fixe. Les conditions (a) et (b) sont alors satisfaites : c'est immédiat pour (a), et pour (b) cela résulte de la formule (19) du n° 2.4. Ceci s'applique notamment aux extensions galoisiennes fournies par les points de division d'ordre premier d'une courbe elliptique définie sur K; nous reviendrons là-dessus au § 8.

§ 5. Majorations améliorées

5.1. Énoncé du théorème

Les notations sont les mêmes qu'aux n°s 4.1 et 4.2. En particulier, $\mathfrak{g}$ désigne l'algèbre de Lie du groupe de Lie ℓ-adique G. Si $s \in G$, on note $\mathrm{Ad}(s)$ l'automorphisme de $\mathfrak{g}$ induit par l'automorphisme intérieur $\mathrm{Int}(s): t \mapsto sts^{-1}$ de G. On pose

$$r(s) = \mathrm{rg}(\mathrm{Ad}(s) - 1) = \dim \mathrm{Im}(\mathrm{Ad}(s) - 1). \tag{97}$$

Si $Z_G(s)$ désigne le centralisateur de s dans G, et $\mathfrak{z}_G(s)$ son algèbre de Lie, on a (cf. [3], p. 234, prop. 8)

$$\mathfrak{z}_G(s) = \mathrm{Ker}(\mathrm{Ad}(s) - 1). \tag{98}$$

On en déduit

$$r(s) = N - \dim \mathfrak{z}_G(s) = \dim G/Z_G(s) = \dim \mathrm{Cl}(s), \tag{99}$$

où $\mathrm{Cl}(s)$ désigne la classe de conjugaison de s dans G; en effet, d'après [3], p. 108, prop. 14, $\mathrm{Cl}(s)$ est une sous-variété lisse compacte de G, isomorphe à l'espace homogène $G/Z_G(s)$.

Théorème 12. — Soient C *une partie fermée de* G, *stable par conjugaison, et d un nombre réel tel que* $0 \leqslant d < N$ *et* $\dim_M C \leqslant d$. *Posons*

$$r = \operatorname*{Inf}_{s \in C} r(s) \quad \text{et} \quad \beta = (N - d)/(N - r/2). \tag{100}$$

Alors :

(i) *On a*

$$\pi_C(x) = O(\mathrm{Li}(x)/\varepsilon(x)^{\beta}) \quad \textit{pour } x \to \infty. \tag{101}$$

(ii) *Sous* (GRH), *on a*

$$\pi_C(x) = O(\mathrm{Li}(x)/\varepsilon_R(x)^{\beta}) \quad \textit{pour } x \to \infty. \tag{102_R}$$

La démonstration sera donnée aux n°s 5.3 et 5.4 ci-après.

Remarque. — Comme r est $\geqslant 0$, on a $\beta \geqslant (N-d)/N = \alpha$. Le th. 12 *contient* donc le th. 10 comme cas particulier; il *l'améliore* si $\beta > \alpha$, i.e. si $r \geqslant 1$, autrement dit *si aucune des classes de conjugaison contenues dans* C *n'est finie*. Pour qu'on ait intérêt à appliquer le th. 12, il faut notamment que C ne rencontre pas le centre de G.

Exemple. — Si C est réduit à une seule classe de conjugaison $\mathrm{Cl}(s)$, on peut prendre $d = \dim C = r(s)$ et $\beta = (N-d)/(N-d/2)$.

5.2. Préparatifs

Comme au nº 4.2, on choisit un $\mathbf{Z}_\ell$-réseau $\mathfrak{g}(0)$ de $\mathfrak{g}$ et un sous-groupe ouvert distingué $G(0)$ de G tels que

a) $\mathfrak{g}(0)$ est stable par $(x,y)\mapsto \ell^{-2}[x,y]$;

b) l'application $\log_G$ définit un isomorphisme de $G(0)$ sur $\mathfrak{g}(0)$, muni de la loi de Hausdorff

(103) $$x\,\mathrm{H}\,y = x+y+\frac{1}{2}[x,y]+\ldots,$$ cf. [3], [26].

On note $\exp_G$ l'isomorphisme réciproque $\mathfrak{g}(0)\to G(0)$.

Si n est un entier $\geqslant 0$, on pose

(104) $$\mathfrak{g}(n)=\ell^n\mathfrak{g}(0),\qquad G(n)=\exp_G\mathfrak{g}(n),\qquad G_n=G/G(n),$$

et l'on note C_n l'image de C dans G_n.

Proposition 12. — Il existe un nombre $c>0$ *tel que, pour tout* $n\geqslant 0$, C_n *jouisse de la propriété* $R_{k(n)}$ *du nº* 2.7, *avec*

(105) $$k(n)=c\ell^{nr/2}.$$

(Rappelons que $r=\operatorname*{Inf}_{s\in C} r(s)=\operatorname*{Inf}_{s\in C}\operatorname{rg}(\operatorname{Ad}(s)-1)$, cf. (100).)

On va démontrer un peu plus, à savoir que C_n jouit de la propriété $(R'_{k(n)})$ du nº 2.7. Pour cela, il suffit de construire pour tout $n\geqslant 0$ un sous-groupe abélien distingué A_n de G_n ayant la propriété suivante :

(106) *Pour tout* $s\in C_n$, *le groupe des éléments de la forme* $a^{-1}sas^{-1}$, *où a parcourt* A_n, *est d'ordre* $\geqslant c\ell^{nr/2}$, *avec* $c>0$ *ne dépendant ni de s ni de n.*

Définition de A_n

Soit $m=[n/2]$ la partie entière de $n/2$. Nous prendrons pour A_n *l'image de* $G(m+1)$ *dans* G_n par la projection $G\to G_n$. On a $A_n=\{1\}$ si $n=0$ ou 1. Si $n\geqslant 2$, A_n est isomorphe à $G(m+1)/G(n)$, lui-même isomorphe à $\mathfrak{g}(m+1)/\mathfrak{g}(n)$ muni de la loi de Hausdorff. Mais la majoration ℓ-adique des coefficients de la série de Hausdorff ([3], p. 67) montre que, si $x,y\in\mathfrak{g}(a)$ pour un entier $a\geqslant 0$, on a

$$x\,\mathrm{H}\,y\equiv x+y \pmod{\mathfrak{g}(2a)}.$$

Comme $2(m+1)\geqslant n$, il en résulte que la loi de Hausdorff sur $A_n=\mathfrak{g}(m+1)/\mathfrak{g}(n)$ est simplement *l'addition*; on obtient ainsi un isomorphisme canonique

(107) $$A_n\simeq \ell^{m+1}\mathfrak{g}(0)/\ell^n\mathfrak{g}(0)=\mathfrak{g}(0)/\ell^{n-m-1}\mathfrak{g}(0).$$

En particulier, A_n est *abélien*. Il est clair qu'il est distingué dans G_n.

Vérification de la propriété (106)

Soit $s \in C_n$; notons également s un représentant de cet élément dans C. Comme

$$\log_G \circ \operatorname{Int}(s) = \operatorname{Ad}(s) \circ \log_G,$$

l'isomorphisme (107) transforme l'automorphisme $\operatorname{Int}(s)$ de A_n en l'automorphisme $\operatorname{Ad}(s)$ de $\mathfrak{g}(0)/\ell^{n-m-1}\mathfrak{g}(0)$. Le groupe $A_{n,s}$ des éléments $a^{-1}sas^{-1}$ $(a \in A_n)$ est donc isomorphe au sous-groupe de $\mathfrak{g}(0)/\ell^{n-m-1}\mathfrak{g}(0)$ formé par les $\operatorname{Ad}(s)a - a$, où a parcourt $\mathfrak{g}(0)/\ell^{n-m-1}\mathfrak{g}(0)$. Si l'on note $L(s)$ l'image de l'endomorphisme $\operatorname{Ad}(s) - 1$ de $\mathfrak{g}(0)$, on voit ainsi que $A_{n,s}$ *est isomorphe à* $L(s)/(L(s) \cap \ell^{n-m-1}\mathfrak{g}(0))$. Il nous faut prouver

(108) $$|A_{n,s}| \geqslant c\ell^{nr/2}, \quad \text{avec } c > 0.$$

Or on a le lemme suivant :

Lemme 1. — Soit Ω *un ensemble compact d'endomorphismes d'un* $\mathbf{Z}_\ell$*-module* L *libre de rang* N, *et soit* $r = \operatorname{Inf}_{\omega \in \Omega} \operatorname{rg}(\omega)$. *Il existe un nombre* $c(\Omega) > 0$ *tel que*

$$|\operatorname{Im}(\omega)/(\operatorname{Im}(\omega) \cap \ell^q L)| \geqslant c(\Omega)\ell^{qr},$$

pour tout $\omega \in \Omega$ *et tout entier* $q \geqslant 0$.

Soit $\omega \in \Omega$. Comme $\operatorname{rg}(\omega) \geqslant r$, les r premiers *facteurs invariants* de ω sont $\neq 0$. On peut les écrire sous la forme

$$\ell^{m_1(\omega)}, \ldots, \ell^{m_r(\omega)}, \quad \text{avec} \quad 0 \leqslant m_1(\omega) \leqslant \ldots \leqslant m_r(\omega).$$

Il existe une $\mathbf{Z}_\ell$-base $(e_i(\omega))_{1 \leqslant i \leqslant N}$ de L telle que $\operatorname{Im}(\omega)$ soit engendré par les $\ell^{m_i(\omega)}e_i(\omega)$, $1 \leqslant i \leqslant r$, et par des multiples (éventuellement nuls) des $e_j(\omega)$, $r < j \leqslant N$. Dans le quotient

$$\operatorname{Im}(\omega)/(\operatorname{Im}(\omega) \cap \ell^q L),$$

les $e_i(\omega)$, $1 \leqslant i \leqslant r$, engendrent un sous-groupe qui est somme directe de groupes cycliques d'ordres $\ell^{\operatorname{Sup}(0, q - m_i(\omega))}$. Il en résulte que

$$|\operatorname{Im}(\omega)/(\operatorname{Im}(\omega) \cap \ell^q L)| \geqslant \prod_{i=1}^{i=r} \ell^{q - m_i(\omega)} = c(\omega)\ell^{qr},$$

où $c(\omega) = \prod_{i=1}^{i=r} \ell^{-m_i(\omega)}$. Mais les $m_i(\omega)$ sont des fonctions *localement constantes* de ω; cela se voit par récurrence sur i, en utilisant le fait que $\ell^{m_1(\omega) + \ldots + m_i(\omega)}$ est la plus grande puissance de ℓ qui divise la puissance extérieure i-ième de ω. Comme Ω est compact, il en résulte que les $m_i(\omega)$ sont bornés et la borne inférieure des $c(\omega)$ est > 0. D'où le lemme.

On applique le lemme 1 au module $L = \mathfrak{g}(0)$, en prenant pour Ω l'ensemble des $\operatorname{Ad}(s) - 1$, pour $s \in C$. On en déduit

$$|A_{n,s}| \geqslant c(\Omega)\ell^{(n-m-1)r},$$

et comme $n - m \geqslant n/2$, cela donne bien (108) avec $c = \ell^{-r}c(\Omega)$. Cela achève la démonstration de la prop. 12.

5.3. Démonstration du théorème 12 (i)

On procède comme pour le th. 10 (i), à cela près que l'on utilise le th. 7 à la place du th. 3 :

Soit b un nombre réel >0 tel que

(109) $$bc_5 n_K(1-r/2N)^{-2}<1.$$

Vu (72) et (105), on a

(110) $$|G_n|/k(n)=ac^{-1}\ell^{r(N-r/2)}.$$

Il résulte de (110) que, si x est assez grand, il existe un unique entier positif $n=n(x)$ tel que

(111) $$b\ell^{-(N-r/2)}\varepsilon(x)<|G_n|/k(n)\leqslant b\varepsilon(x).$$

On en déduit

(112) $$|G_n|=O(\varepsilon(x)^\gamma) \quad \text{et} \quad |G_n|^{-1}=O(\varepsilon(x)^{-\gamma}),$$

avec

(113) $$\gamma=1/(1-r/2N).$$

De (112) on tire

(114) $$\log|G_n|\leqslant(\gamma+o(1))\log\log x.$$

D'où, d'après (76) :

(115) $$\log d_{E_n}\leqslant(\gamma n_K+o(1))|G_n|\log\log x,$$

et en particulier

(116) $$\log d_{E_n}=O(\varepsilon(x)^\gamma\log\log x),$$

d'où

(117) $$\log\log d_{E_n}\leqslant(\gamma+o(1))\log\log x$$

et

(118) $$\log\log\log 6d_{E_n}\leqslant(1+o(1))\log\log\log x.$$

En combinant (111), (115), (117) et (118), on obtient

$$\frac{1}{k(n)}(\log d_{E_n})(\log\log d_{E_n})(\log\log\log 6d_{E_n})\leqslant(b\gamma^2 n_K+o(1))\log x.$$

Vu (109), ceci entraîne

$$\frac{1}{k(n)}c_5(\log d_{E_n})(\log\log d_{E_n})(\log\log\log 6d_{E_n})\leqslant\log x$$

pour x assez grand. En appliquant la prop. 12 et le th. 7 (i), on en déduit

$$\pi_{C_n}(x) \leqslant c_4 |C_n|\, |G_n|^{-1}\, \mathrm{Li}(x). \tag{119}$$

D'après (74) et (112), on a

$$|C_n|\, |G_n|^{-1} = O(|G_n|^{-\alpha}) = O(\varepsilon(x)^{-\alpha\gamma}) = O(\varepsilon(x)^{-\beta}).$$

L'inégalité (119) entraîne donc

$$\pi_{C_n}(x) = O(\mathrm{Li}(x)/\varepsilon(x)^{\beta}), \tag{120}$$

ce qui démontre le th. 12 (i), compte tenu de (77).

5.4. Démonstration du théorème 12 (ii)

Si x est assez grand, il existe un unique entier positif $n = n(x)$ tel que

$$\ell^{-(N-r/2)}\varepsilon_R(x) < |G_n|/k(n) \leqslant \varepsilon_R(x). \tag{121}$$

On en déduit, comme au nº 5.3,

$$|C_n|\, |G_n|^{-1} = O(\varepsilon_R(x)^{-\beta}). \tag{122}$$

D'autre part, la prop. 12 et le th. 7 (ii) entraînent, sous (GRH) :

$$\pi_{C_n}(x) \leqslant |C_n|\, |G_n|^{-1}\{\mathrm{Li}(x) + c_{21} k(n)^{-1} x^{1/2} (\log d_{E_n} + [E_n : \mathbf{Q}] \log x)\}. \tag{123$_R$}$$

D'après (76), on a

$$\log d_{E_n} = O(|G_n| \log |G_n|) = O(|G_n| \log x).$$

D'où

$$\begin{aligned} k(n)^{-1} x^{1/2} (\log d_{E_n} + [E_n : \mathbf{Q}] \log x) &= O(k(n)^{-1} |G_n| x^{1/2} \log x) \\ &= O(\varepsilon_R(x) x^{1/2} \log x), \quad \text{cf. (121)} \\ &= O(x/\log x) = O(\mathrm{Li}(x)). \end{aligned}$$

L'inégalité (123_R) entraîne donc :

$$\pi_{C_n}(x) = O(|C_n|\, |G_n|^{-1}\, \mathrm{Li}(x)) = O(\mathrm{Li}(x)/\varepsilon_R(x)^{\beta}), \quad \text{cf. (122)}. \tag{124$_R$}$$

Compte tenu de (77), cela démontre le th. 12 (ii).

§ 6. Non-lacunarité de certains produits eulériens

Comme dans les paragraphes précédents, la lettre K désigne un corps de nombres de degré fini n_K. On note M_K l'ensemble des idéaux $\neq 0$ de l'anneau A_K. La multiplication des idéaux fait de M_K un monoïde multiplicatif; l'élément neutre A_K de ce monoïde sera également noté 1.

6.1. Annulation de fonctions multiplicatives

Soit R un anneau commutatif intègre, et soit $a : M_K \to R$ une fonction *multiplicative*, autrement dit une fonction satisfaisant aux deux conditions suivantes :

$$a(1) = 1;$$

$$a(\mathfrak{m}\mathfrak{m}') = a(\mathfrak{m})a(\mathfrak{m}') \quad \text{si } \mathfrak{m}, \mathfrak{m}' \in M_K \text{ sont premiers entre eux.}$$

(Lorsque $K = \mathbf{Q}$, M_K s'identifie au monoïde $\mathbf{N}^*$ des entiers $\geqslant 1$, et les conditions ci-dessus expriment bien que la fonction $n \mapsto a(n)$ est « multiplicative » au sens usuel.)

Nous nous intéresserons dans ce qui suit à la nullité, ou non-nullité, de $a(\mathfrak{m})$. Si x est un nombre réel $\geqslant 0$, nous poserons

(125) $$M_a(x) = \text{nombre des } \mathfrak{m} \in M_K \text{ tels que } a(\mathfrak{m}) \neq 0 \text{ et } N\mathfrak{m} \leqslant x;$$

(126) $$P_a(x) = \text{nombre des } v \in \Sigma_K \text{ tels que } a(\mathfrak{p}_v) = 0 \text{ et } Nv \leqslant x.$$

(Rappelons que $N\mathfrak{m}$ désigne la norme de l'idéal $\mathfrak{m}$, et que $Nv = N\mathfrak{p}_v$, où $\mathfrak{p}_v$ est l'idéal premier de A_K défini par la place v, cf. nº 1.1.)

Le comportement asymptotique de la fonction P_a détermine presque celui de la fonction M_a. De façon plus précise :

Théorème 13. — Supposons que l'on ait

(127) $$P_a(x) = \lambda x/\log x + O(x/(\log x)^{1+\delta}) \quad \textit{pour } x \to \infty$$

avec $0 \leqslant \lambda < 1$ *et* $\delta > 0$. *On a alors*

(128) $$M_a(x) \sim \gamma_a x/(\log x)^{\lambda} \quad \textit{pour } x \to \infty$$

où γ_a *est une constante* > 0.

La démonstration sera donnée au nº 6.2.

Remarques

1) D'après (127), λ est la *densité* (au sens du n° 2.1) de l'ensemble des v tels que $a(\mathfrak{p}_v)=0$. On suppose $\lambda<1$.

2) La condition (127) peut être remplacée par la condition plus faible suivante :

$$(127') \qquad P_a(x)=\lambda x/\log x+\omega(x),$$

avec $$|\omega(x)|=o(x/\log x) \quad \text{et} \quad \int_2^\infty |\omega(x)|x^{-2}dx<\infty.$$

3) Le th. 13 montre que le comportement de *a sur les idéaux premiers* $\mathfrak{p}_v$ suffit à déterminer l'ordre de grandeur de M_a, à la multiplication près par la constante γ_a. Par contre, γ_a dépend des valeurs de a sur les puissances des $\mathfrak{p}_v$.

4) Le cas le plus intéressant pour la suite est celui où $\lambda=0$. La condition (127′) ci-dessus revient alors à dire que l'intégrale $\int_2^\infty P_a(x)x^{-2}dx$ est convergente, ou, ce qui revient au même :

$$(127'') \qquad \sum_{a(\mathfrak{p}_v)=0} 1/Nv<\infty.$$

Le th. 13 affirme que

$$(129) \qquad M_a(x)\sim\gamma_a x \quad \text{avec } \gamma_a>0.$$

Si $M_1(x)$ désigne le nombre des $\mathfrak{m}\in M_K$ tels que $N\mathfrak{m}\leqslant x$, on sait (Dedekind [6], § 184) que $M_1(x)\sim\gamma_1 x$, où γ_1 est le résidu de la fonction zêta du corps K. Vu (129), on a donc

$$(130) \qquad M_a(x)/M_1(x)\to\gamma_a/\gamma_1 \quad \text{pour } x\to\infty.$$

Convenons de dire qu'une partie A de M_K est *de densité* α si le nombre des $\mathfrak{m}\in A$ tels que $N\mathfrak{m}\leqslant x$ est égal à $\alpha M_1(x)+o(x)$ pour $x\to\infty$. On peut alors reformuler (130) de la manière suivante :

Théorème 14. — Si (127″) *est satisfaite, l'ensemble des* $\mathfrak{m}\in M_K$ *tels que* $a(\mathfrak{m})\neq 0$ *a une densité* >0.

Pour une démonstration directe de ce théorème, voir n° 6.3.

6.2. Démonstration du théorème 13

Si $\mathfrak{m}\in M_K$, posons :

$$a^0(\mathfrak{m})=\begin{cases}0 & \text{si } a(\mathfrak{m})=0\\ 1 & \text{si } a(\mathfrak{m})\neq 0.\end{cases}$$

La fonction $a^0: M_K\to\{0,1\}$ ainsi définie est *multiplicative* du fait que R est intègre. Il est clair que $P_a=P_{a^0}$ et $M_a=M_{a^0}$. Il suffit donc de démontrer le th. 13 *lorsque* $a=a^0$, autrement dit *lorsque la fonction a ne prend que les valeurs* 0 *et* 1.

Supposons que ce soit le cas. Considérons la série de Dirichlet

(131) $$\varphi(s)=\sum_{\mathfrak{m}} a(\mathfrak{m})\mathrm{N}\mathfrak{m}^{-s},$$

qui converge dans le demi-plan $\mathrm{Re}(s)>1$. Si l'on écrit cette série sous la forme

(132) $$\varphi(s)=\sum_{n=1}^{\infty} b(n)n^{-s}, \quad \text{avec} \quad b(n)=\sum_{\mathrm{N}\mathfrak{m}=n} a(\mathfrak{m}),$$

on a

(133) $$\mathrm{M}_a(x)=\sum_{n\leqslant x} b(n),$$

autrement dit $\mathrm{M}_a(x)$ est la *fonction sommatoire* des coefficients de $\varphi(s)$.

La multiplicativité de la fonction a entraîne celle de la fonction b. On peut donc écrire $\varphi(s)$ comme *produit eulérien*

$$\varphi(s)=\prod_p \varphi_p(s),$$

avec

(134) $$\varphi_p(s)=1+\sum_{n=1}^{\infty} b(p^n)p^{-ns}=\prod_{v|p}(1+\sum_{n=1}^{\infty} a(\mathfrak{p}_v^n)\mathrm{N}v^{-ns}).$$

Lemme 2. — On a

(135) $$\sum_{\mathrm{N}v\leqslant x} a(\mathfrak{p}_v)=(1-\lambda)x/\log x+O(x/(\log x)^{1+\delta}),$$

avec $\delta>0$.

En effet, puisque $a(\mathfrak{p}_v)=0$ ou 1, on a

(136) $$\mathrm{P}_a(x)=\sum_{\mathrm{N}v\leqslant x}(1-a(\mathfrak{p}_v))=\pi_{\mathrm{K}}(x)-\sum_{\mathrm{N}v\leqslant x} a(\mathfrak{p}_v),$$

où $\pi_{\mathrm{K}}(x)$ est le nombre des places v telles que $\mathrm{N}v\leqslant x$, cf. nº 2.1. D'après le théorème des nombres premiers « avec reste » (cf. par exemple nº 2.2, th. 2), on a

(137) $$\pi_{\mathrm{K}}(x)=x/\log x+O(x/(\log x)^2).$$

En combinant (136), (137) et (127), on obtient (135).

Lemme 3. — On a

(138) $$\sum_{p\leqslant x} b(p)=(1-\lambda)x/\log x+O(x/(\log x)^{1+\delta}),$$

avec $\delta>0$.

(Précisons que, dans (138), la sommation porte sur les nombres *premiers* $p\leqslant x$.)

Par définition, on a $b(p)=\sum_{\mathrm{N}v=p} a(\mathfrak{p}_v)$. On a donc

$$\sum_{\mathrm{N}v\leqslant x} a(\mathfrak{p}_v)=\sum_{p\leqslant x} b(p)+\Sigma' a(\mathfrak{p}_v),$$

où la somme Σ' porte sur les places v *de degré* $f_v \geqslant 2$ (i.e. telles que $\mathrm{N}v$ ne soit pas un nombre premier), avec $\mathrm{N}v \leqslant x$. Le nombre de telles places est évidemment $O(x^{1/2}/\log x)$. On en conclut que

$$\sum_{\mathrm{N}v \leqslant x} a(\mathfrak{p}_v) = \sum_{p \leqslant x} b(p) + O(x^{1/2}/\log x),$$

et (138) résulte donc de (135).

Lemme 4. — On a

(139) $$\sum_p b(p)p^{-s} = (1-\lambda)\log 1/(s-1) + \varepsilon_1(s),$$

pour s *réel* >1, *où* $\varepsilon_1(s)$ *est continue en* $s=1$.

Posons

$$\mathrm{B}(x) = \sum_{p \leqslant x} b(p).$$

On a

$$\sum_p b(p)p^{-s} = \int_2^\infty x^{-s} d\mathrm{B}(x) = -\int_2^\infty \mathrm{B}(x)\, d(x^{-s}) = s\int_2^\infty \mathrm{B}(x) x^{-1-s} dx.$$

D'après le lemme précédent, on a

$$\mathrm{B}(x) = (1-\lambda)x/\log x + \rho(x),$$

avec $\rho(x) = O(x/(\log x)^{1+\delta})$, $\delta > 0$. D'où :

$$\sum_p b(p)p^{-s} = (1-\lambda)s\int_2^\infty x^{-s}(\log x)^{-1}dx + s\int_2^\infty \rho(x)x^{-1-s}dx.$$

Le terme $s\int_2^\infty \rho(x)x^{-1-s}dx$ est continu en $s=1$. Pour prouver le lemme 4, il suffit donc de vérifier que l'intégrale

$$\mathrm{I}(s) = \int_2^\infty x^{-s}(\log x)^{-1}dx$$

est de la forme $\log 1/(s-1) + \varepsilon_2(s)$, où $\varepsilon_2(s)$ est continue en $s=1$; cela ne présente pas de difficultés [on peut par exemple faire le changement de variable $x = e^{u/(s-1)}$; on en déduit que $\mathrm{I}(s) = \mathrm{E}_1((s-1)\log 2)$, avec $\mathrm{E}_1(z) = \int_z^\infty u^{-1}e^{-u}du$; on utilise ensuite le fait connu que $\mathrm{E}_1(z) = -\gamma - \log z + O(z)$ pour $z \to 0$, où γ désigne la constante d'Euler].

Lemme 5. — Il existe une constante $u > 0$ *telle que*

(140) $$\varphi(s) \sim u/(s-1)^{1-\lambda} \quad \textit{pour } s \to 1 \quad (s \text{ réel} > 1).$$

D'après (134), on a

$$\log \varphi(s) = \sum_p \log \varphi_p(s) = \sum_p b(p)p^{-s} + \varepsilon_3(s),$$

où $\varepsilon_3(s)$ est continue pour $s=1$ (et même prolongeable analytiquement dans le demi-plan $\mathrm{Re}(s)>1/2$). Vu (139), cela donne

$$\log \varphi(s)=(1-\lambda) \log 1/(s-1)+\varepsilon_4(s),$$

où $\varepsilon_4(s)$ est continue en $s=1$. D'où (140), avec $u=\exp \varepsilon_4(1)$.

Lemme 6. — On a

$$\sum_{n\leqslant x} b(n)/n \sim u(\log x)^{1-\lambda}/\Gamma(2-\lambda) \quad \textit{pour } x\to\infty. \tag{141}$$

Cela résulte du lemme 5, et d'un théorème taubérien de Hardy-Littlewood ([13], th. 16 et [14], th. D).

Lemme 7. — On a

$$M_a(x) \sim (1-\lambda)\frac{x}{\log x}\sum_{n\leqslant x} b(n)/n \quad \textit{pour } x\to\infty. \tag{142}$$

Cela résulte du lemme 3 et de la multiplicativité de la fonction b, d'après Wirsing [50], Hilfssatz 2, p. 93.

En combinant les lemmes 6 et 7, on obtient

$$M_a(x) \sim \gamma_a x/(\log x)^{\lambda},$$

avec

$$\gamma_a=(1-\lambda)u/\Gamma(2-\lambda)=u/\Gamma(1-\lambda), \tag{143}$$

ce qui achève la démonstration du th. 13.

Remarques

1) Lorsqu'on remplace l'hypothèse (127) par l'hypothèse plus faible (127'), les énoncés des lemmes 2 et 3 doivent être modifiés de façon évidente. Le reste de la démonstration s'applique sans changement.

2) A la place du théorème taubérien de Hardy-Littlewood, on aurait pu utiliser un théorème de Wirsing sur les fonctions multiplicatives ([50], Satz 1).

6.3. Démonstration directe du théorème 14

Dans le cas où $\lambda=0$ (th. 14), on peut éviter de recourir à un théorème taubérien. Voici comment on procède :

On part de l'hypothèse :

$$\sum_{a(\mathfrak{p}_v)=0} 1/Nv<\infty. \tag{127''}$$

Comme au n° 6.2, on suppose que a ne prend que les valeurs 0 et 1. Soit $c: \mathrm{M_K} \to \mathbf{Z}$ la fonction multiplicative caractérisée par la propriété

$$(144) \qquad a(\mathfrak{m}) = \sum_{\mathfrak{m}' \mid \mathfrak{m}} c(\mathfrak{m}') \quad \text{pour tout } \mathfrak{m} \in \mathrm{M_K}.$$

D'après la formule d'inversion de Möbius, on a

$$(145) \qquad c(\mathfrak{p}_v^n) = a(\mathfrak{p}_v^n) - a(\mathfrak{p}_v^{n-1}) = \begin{cases} 1 & \text{si} \quad a(\mathfrak{p}_v^n) = 1 \quad \text{et} \quad a(\mathfrak{p}_v^{n-1}) = 0 \\ 0 & \text{si} \quad a(\mathfrak{p}_v^n) = a(\mathfrak{p}_v^{n-1}) \\ -1 & \text{si} \quad a(\mathfrak{p}_v^n) = 0 \quad \text{et} \quad a(\mathfrak{p}_v^{n-1}) = 1 \end{cases}$$

pour tout $v \in \Sigma_\mathrm{K}$ et tout $n \geqslant 1$.

Posons

$$(146) \qquad \alpha_v = 1 + \sum_{n=1}^{\infty} c(\mathfrak{p}_v^n)/\mathrm{N}v^n = (1 - 1/\mathrm{N}v)\left(1 + \sum_{n=1}^{\infty} a(\mathfrak{p}_v^n)/\mathrm{N}v^n\right).$$

On a

$$\alpha_v = \begin{cases} 1 + O(1/\mathrm{N}v^2) & \text{si} \quad a(\mathfrak{p}_v) = 1 \\ 1 - 1/\mathrm{N}v + O(1/\mathrm{N}v^2) & \text{si} \quad a(\mathfrak{p}_v) = 0. \end{cases}$$

Vu (127″), cela entraîne que le produit infini

$$(147) \qquad \alpha = \prod_v \alpha_v$$

est absolument convergent, et égal à $\sum_{\mathfrak{m}} c(\mathfrak{m})/\mathrm{N}\mathfrak{m}$. Comme les α_v sont >0, il en est de même de α.

D'autre part, la formule (144) entraîne

$$(148) \qquad \mathrm{M}_a(x) = \sum_{\mathfrak{m}} c(\mathfrak{m}) \mathrm{M}_1(x/\mathrm{N}\mathfrak{m}),$$

où $\mathrm{M}_1(x)$ désigne le nombre des $\mathfrak{m} \in \mathrm{M_K}$ tels que $\mathrm{N}\mathfrak{m} \leqslant x$, cf. n° 6.1, Remarque 4. Or on a

$$(149) \qquad \mathrm{M}_1(x) = \gamma_1 x + \psi(x) \quad \text{avec} \quad \psi(x) = o(x),$$

où γ_1 est le résidu de la fonction zêta de K. On en déduit

$$(150) \qquad \begin{aligned} \mathrm{M}_a(x) &= \sum_{\mathfrak{m}} (\gamma_1 c(\mathfrak{m}) x/\mathrm{N}\mathfrak{m} + c(\mathfrak{m}) \psi(x/\mathrm{N}\mathfrak{m})) \\ &= \gamma_1 \alpha x + \sum_{\mathfrak{m}} c(\mathfrak{m}) \psi(x/\mathrm{N}\mathfrak{m}). \end{aligned}$$

Utilisant la convergence absolue de la série $\sum c(\mathfrak{m})/\mathrm{N}\mathfrak{m}$, et le fait que $\psi(x) = o(x)$, on montre facilement que

$$\sum_{\mathfrak{m}} c(\mathfrak{m}) \psi(x/\mathrm{N}\mathfrak{m}) = o(x) \quad \text{pour } x \to \infty.$$

Vu (150), on a donc

(151) $$M_a(x) \sim \gamma_1 \alpha x \quad \text{pour } x \to \infty,$$

ce qui démontre le th. 14, et prouve en même temps que la densité de l'ensemble des $\mathfrak{m} \in M_K$ tels que $a(\mathfrak{m}) \neq 0$ est égale à α.

6.4. Relations avec le § 4

Revenons aux notations du nº 4.1, i.e. considérons une extension galoisienne E/K, dont le groupe de Galois G est un groupe de Lie ℓ-adique, et qui est non ramifiée en dehors d'une partie finie S de Σ_K; soit C une partie fermée de G stable par conjugaison, et soit Σ_C l'ensemble des $v \in \Sigma_K - S$ tels que la substitution de Frobenius σ_v de v appartienne à C.

Nous dirons que C est *liée* à la fonction multiplicative a si :

(152) $$a(\mathfrak{p}_v) = 0 \Leftrightarrow v \in \Sigma_C \quad (\text{pour } v \in \Sigma_K - S).$$

Proposition 13. — Supposons que C *soit un sous-ensemble analytique fermé du groupe de Lie* G, *et que* $C \neq G$. *Soit* μ *la mesure de Haar de* G *normalisée de telle sorte que sa masse totale soit* 1. *Alors, si* C *et* a *sont liés au sens ci-dessus, la condition*

(127) $$P_a(x) = \lambda x/\log x + o(x/(\log x)^{1+\delta})$$

du th. 13 est satisfaite, avec $\lambda = \mu(C)$ *et* $\delta > 0$.

Si $\pi_C(x)$ désigne le nombre des places $v \in \Sigma_C$ telles que $Nv \leqslant x$, la relation (152) entraîne

$$\pi_C(x) \leqslant P_a(x) \leqslant \pi_C(x) + |S|,$$

d'où

(153) $$P_a(x) = \pi_C(x) + O(1).$$

Tout revient donc à démontrer que

(154) $$\pi_C(x) = \lambda x/\log x + O(x/(\log x)^{1+\delta}) \quad \text{avec } \delta > 0.$$

Soit C_1 l'intérieur de C, et soit $C_2 = C - C_1$. Du fait que C est analytique, C_1 est fermé. Il en résulte que C_1 et C_2 sont des parties fermées disjointes, et l'on a

(155) $$\pi_C(x) = \pi_{C_1}(x) + \pi_{C_2}(x).$$

Comme l'intérieur de C_2 est vide, on a $\dim C_2 < \dim G$, et le cor. 1 au th. 10 du nº 4.1 montre que

(156) $$\pi_{C_2}(x) = O(x/(\log x)^{1+\delta})$$

avec $\delta > 0$, par exemple $\delta = 1/(N+1)$, où $N = \dim G$. D'autre part, tout ensemble analytique d'intérieur vide est de mesure nulle; c'est là un résultat élémentaire (cf. [2], § 10.1.2 ainsi que [40], p. 1.8, exerc.) que l'on peut déduire, par exemple, du « Vorbereitungssatz » (bien entendu, c'est aussi une conséquence du th. 8 du nº 3.2). On a donc $\mu(C_2)=0$, d'où

(157) $$\mu(C)=\mu(C_1).$$

Comme C_1 est ouvert et fermé dans G, il existe un sous-groupe ouvert distingué U de G tel que C_1 soit réunion de classes modulo U, i.e. soit image réciproque d'un sous-ensemble C_U du groupe quotient G/U. On a

(158) $$\mu(C_1)=|C_U|/(G:U).$$

Soit E_U le sous-corps de E fixé par U. L'extension E_U/K est galoisienne, et son groupe de Galois est le groupe fini G/U. En appliquant le théorème de Chebotarev (sous la forme du th. 2 du nº 2.2, par exemple) à E_U/K et à C_U, on obtient :

(159) $$\pi_{C_1}(x)=\pi_{C_U}(x)=\lambda x/\log x+O(x/(\log x)^2),$$

avec $\lambda=|C_U|/(G:U)=\mu(C_1)=\mu(C)$. En combinant (156) et (159) on obtient (154), ce qui achève la démonstration.

Corollaire 1. — Il existe un nombre $\gamma_a>0$ *tel que*

(128) $$M_a(x)\sim\gamma_a x/(\log x)^\lambda \quad \textit{pour } x\to\infty.$$

Cela résulte du th. 13, et du fait que $\lambda=\mu(C)$ est <1 puisque $C\neq G$.

Corollaire 2. — Les deux propriétés suivantes sont équivalentes :

(i) *l'intérieur de* C *est vide;*

(ii) *l'ensemble des* $\mathfrak{m}\in M_K$ *tels que* $a(\mathfrak{m})\neq 0$ *a une densité* >0.

En effet, (i) équivaut à $C_1=\emptyset$, i.e. $C_U=\emptyset$, i.e. $\lambda=0$.

6.5. Exemple : série L attachée à une représentation ℓ-adique

Soit E/K comme ci-dessus. Donnons-nous un plongement du groupe $G=\mathrm{Gal}(E/K)$ dans un *groupe linéaire* $\mathbf{GL}_r(F)$, où F est une extension finie de $\mathbf{Q}_\ell$, et r un entier $\geqslant 1$. Si $\overline{K}$ est une clôture algébrique de K, l'homomorphisme

$$\mathrm{Gal}(\overline{K}/K)\to\mathrm{Gal}(E/K)=G\to\mathbf{GL}_r(F)$$

sera noté ρ. Lorsque $F=\mathbf{Q}_\ell$, ρ est une « représentation ℓ-adique de K », au sens de [40], chap. I.

Les polynômes $P_v(T)$

Si $v\in\Sigma_K-S$, on *définit* P_v par la formule

(160) $$P_v(T)=\det(1-T\sigma_v);$$

cela a un sens, puisque σ_v est un élément de $G\subset\mathbf{GL}_r(F)$, défini à conjugaison près. Le polynôme P_v est de degré r; ses coefficients appartiennent à F.

Si $v \in S$, on *choisit* un polynôme P_v, de degré $\leqslant r$, à coefficients dans F, tel que $P_v(0)=1$.

La série L *attachée à* ρ

C'est une série *formelle* de Dirichlet relativement à K, au sens de Weil [48]. Elle est définie par le produit eulérien

$$(161) \qquad L(s)=\sum_{\mathfrak{m}} a(\mathfrak{m}) N\mathfrak{m}^{-s}=\prod_{v} L_v(s),$$

où

$$(162) \qquad L_v(s)=1/P_v(Nv^{-s}).$$

Les coefficients $a(\mathfrak{m})$ de L sont caractérisés par :

(163) $\mathfrak{m} \mapsto a(\mathfrak{m})$ est une fonction multiplicative à valeurs dans F;

$$(164) \qquad 1/P_v(T)=1+\sum_{n=1}^{\infty} a(\mathfrak{p}_v^n) T^n \quad \text{pour tout } v \in \Sigma_K.$$

Vu (160), ceci entraîne :

$$(165) \qquad a(\mathfrak{p}_v)=\operatorname{Tr} \sigma_v \quad \text{pour tout } v \in \Sigma_K - S.$$

L'ensemble C

On définit C comme l'ensemble des $s \in G$ tels que $\operatorname{Tr}(s)=0$, la trace étant relative au plongement donné de G dans $\mathbf{GL}_r(F)$. Il est clair que C est un sous-espace analytique fermé de G, stable par conjugaison, et distinct de G (puisque l'élément neutre n'appartient pas à C). La formule (165) montre que C est *lié* à la fonction multiplicative a, au sens du nº 6.4. Les conditions de la prop. 13 sont donc satisfaites; vu le cor. 1 à cette proposition, on a :

Proposition 14. — Soit $\lambda=\mu(C)$ *la mesure de* C. *Il existe un nombre* $\gamma_a>0$ *tel que*

$$(128) \qquad M_a(x) \sim \gamma_a x/(\log x)^{\lambda} \quad \textit{pour } x \rightarrow \infty.$$

On verra ci-après que $\lambda \leqslant 1-1/r^2$.

Corollaire. — Si $\lambda=0$, *i.e. si l'intérieur de* C *est vide, la densité de l'ensemble des* $\mathfrak{m}$ *tels que* $a(\mathfrak{m}) \neq 0$ *est* >0.

(En d'autres termes, la série formelle $\sum a(\mathfrak{m}) N\mathfrak{m}^{-s}$ a « beaucoup » de termes $\neq 0$: ce n'est pas une série « lacunaire ».)

Calcul de $\lambda=\mu(C)$

On va voir que C ne dépend que de *l'enveloppe algébrique* du groupe G. Rappelons d'abord ce qu'est cette enveloppe : c'est le plus petit sous-groupe algébrique H de $\mathbf{GL}_r$ dont le groupe des points H(F) contienne G (c'est aussi, si l'on préfère, *l'adhérence* de G dans $\mathbf{GL}_r$ pour la topologie de Zariski). Soit H_1 la composante neutre de H, et soit Φ

le groupe fini H/H_1; si $\varphi\in\Phi$, notons H_φ son image réciproque dans H, et notons G_φ l'intersection de G et H_φ; on vérifie facilement que G_φ est dense dans H_φ pour la topologie de Zariski.

Proposition 15. — Soit Ψ *l'ensemble des* $\psi\in\Phi=H/H_1$ *tels que l'on ait* $\mathrm{Tr}(s)=0$ *pour tout* $s\in H_\psi$. *On a alors*

$$C_1=\bigcup_{\psi\in\Psi} G_\psi.$$

(Rappelons que C_1 désigne l'intérieur de C, cf. n° 6.4.)

Corollaire 1. — On a $\lambda=|\Psi|/|\Phi|$.

En effet, la prop. 15 montre que

$$\lambda=\mu(C_1)=\sum_{\psi\in\Psi}\mu(G_\psi)=|\Psi|\mu(G_1)=|\Psi|.(G:G_1)^{-1}=|\Psi|/|\Phi|.$$

Corollaire 2. — Si l'enveloppe algébrique H *de* G *est connexe, on a* $\lambda=0$, *et la série* L *attachée à* ρ *n'est pas lacunaire* (au sens du cor. à la prop. 14).

En effet, si H est connexe, on a $H=H_1$, $|\Phi|=1$ et $|\Psi|=0$.

Démonstration de la prop. 15

Si $\psi\in\Psi$, G_ψ est contenu dans C; comme G_ψ est ouvert dans G, il en résulte que G_ψ est contenu dans C_1. Reste à montrer que, si $\varphi\in\Phi-\Psi$, l'ensemble $C_\varphi=C\cap G_\varphi$ a un intérieur vide. Supposons que ce ne soit pas le cas, et soit g un point intérieur à C_φ. Il existe un sous-groupe ouvert distingué U de G_1 tel que C_φ contienne gU. Soit H_U l'adhérence de U pour la topologie de Zariski. On a $H_U\subset H_1$, et, comme U est d'indice fini dans G_1, H_U est d'indice fini dans H; vu le fait que H_1 est connexe, ceci entraîne $H_U=H_1$. L'adhérence de gU pour la topologie de Zariski est donc $gH_1=H_\varphi$. Comme la trace s'annule sur gU, et que c'est une fonction polynomiale, elle s'annule sur tout H_φ, ce qui contredit l'hypothèse $\varphi\in\Phi-\Psi$.

Proposition 16. — On a $\lambda\leqslant 1-1/r^2$.

Vu le cor. 1 à la prop. 15, on est ramené à prouver :

Lemme 8. — Si H *est un sous-groupe algébrique de* $\mathbf{GL}_r$ (sur un corps de caractéristique zéro), *de composante neutre* H_1, *et si l'on définit* $\Phi=H/H_1$, Ψ *et* $\lambda=|\Psi|/|\Phi|$ *comme ci-dessus, on a*

$$\lambda\leqslant 1-1/r^2. \tag{166}$$

Le *principe de Lefschetz* permet de supposer que le corps de base est **C**. On peut également supposer (quitte à remplacer la représentation $H\to\mathbf{GL}_r$ par sa semi-simplifiée) que H est un groupe *réductif*. Soit alors U un sous-groupe compact maximal du groupe complexe $H(\mathbf{C})$; si $\varphi\in\Phi$, posons $U_\varphi=U\cap H_\varphi$. On sait que $U_1=U\cap H_1$ est connexe, et que U_φ est une classe modulo U_1; le groupe U/U_1 s'identifie à $\Phi = H/H_1$. Notons $C(U)$ l'ensemble des éléments de U de trace o, et posons $C(U)_\varphi = U_\varphi \cap C(U)$ pour tout $\varphi \in \Phi$. On a $C(U)_\psi = U_\psi$ si $\psi \in \Psi$; par contre, si $\varphi \in \Phi - \Psi$, un argument analogue à celui utilisé dans la démonstration de la prop. 15 montre que $C(U)_\varphi$ est un sous-ensemble analytique (réel) fermé de U_φ, d'intérieur vide, et que sa mesure est nulle. Si μ est la mesure de Haar de U, normalisée de telle sorte que sa masse totale soit 1, on a

$$\mu(C(U)) = \sum_{\psi \in \Psi} \mu(U_\psi) = |\Psi| \mu(U_1) = |\Psi|/|\Phi| = \lambda. \tag{167}$$

D'après la théorie des caractères des groupes compacts, l'intégrale

$$\int_U |\mathrm{Tr}(s)|^2 \mu(s)$$

est égale à la dimension du commutant de U (ou de H, cela revient au même) dans l'algèbre $\mathbf{M}_r(\mathbf{C})$ des matrices. En particulier, on a

$$\int_U |\mathrm{Tr}(s)|^2 \mu(s) \geqslant 1. \tag{168}$$

Mais $\mathrm{Tr}(s)$ est o sur $C(U)$, et est majoré en valeur absolue par r sur $U - C(U)$. On a donc, d'après (167)

$$\int_U |\mathrm{Tr}(s)|^2 \mu(s) \leqslant \mu(U - C(U)) r^2 \leqslant (1-\lambda) r^2. \tag{169}$$

En combinant (168) et (169), on obtient (166).

Remarque

Pour que λ soit *égal à* $1 - 1/r^2$ (ce qui conduit à une série L « aussi lacunaire que possible »), il faut et il suffit que les deux conditions suivantes soient satisfaites :

(i) la représentation $H \to \mathbf{GL}_r$ est *absolument irréductible*;

(ii) l'image PH de H dans le groupe projectif $\mathbf{PGL}_r$ est un *groupe fini d'ordre* r^2.

(Cela se voit en reprenant la démonstration ci-dessus, et en déterminant dans quel cas on a égalité dans (168) et (169).)

Des exemples de tels groupes existent pour toute valeur de r. On peut notamment prendre pour PH le produit d'un groupe abélien d'ordre r par lui-même; il y a également des exemples non abéliens, cf. Iwahori-Matsumoto [19], fin du § 5.

Lorsque $r = 2$, la valeur maximum de λ est $3/4$, et cette valeur est atteinte si et seulement si le groupe PH est un groupe non cyclique d'ordre 4; on en verra un exemple au n° 7.8.

Problème

Y a-t-il des résultats analogues à ceux de cette section pour les séries L attachées par Langlands aux représentations cuspidales des groupes réductifs — même lorsque ces séries L ne correspondent pas à des représentations ℓ-adiques? Cela me paraît probable; la question est liée aux conjectures de Langlands [25], p. 210 (conjectures qui visent à introduire des groupes « H » et « U » analogues à ceux du lemme 8 ci-dessus).

§ 7. Applications aux formes modulaires

7.1. Notations

Soient :

N et k des entiers $\geqslant 1$ (le « niveau » et le « poids »);

$\Gamma_0(\mathrm{N})$ le sous-groupe de $\mathbf{SL}_2(\mathbf{Z})$ formé des matrices $\begin{pmatrix} a & b \\ c & d \end{pmatrix}$ telles que $c \equiv 0 \pmod{\mathrm{N}}$;

$\omega : (\mathbf{Z}/\mathrm{N}\mathbf{Z})^* \to \mathbf{C}^*$ un caractère mod N tel que $\omega(-1) = (-1)^k$.

Nous noterons $\mathrm{M}(\mathrm{N}, k, \omega)$ (resp. $\mathrm{S}(\mathrm{N}, k, \omega)$) l'espace des *formes modulaires* (resp. formes modulaires paraboliques) *de type* (k, ω) sur $\Gamma_0(\mathrm{N})$, cf. par exemple [9], [27], [44]; c'est un espace vectoriel complexe de dimension finie. Rappelons que, si $f \in \mathrm{M}(\mathrm{N}, k, \omega)$, on a

$$(170) \qquad f\left(\frac{az+b}{cz+d}\right) = \omega(d)(cz+d)^k f(z) \qquad \text{pour tout } \begin{pmatrix} a & b \\ c & d \end{pmatrix} \in \Gamma_0(\mathrm{N}).$$

De plus, f admet un développement en série

$$(171) \qquad f(z) = \sum_{n=0}^{\infty} a_n(f) q^n, \qquad \text{où } q = e^{2\pi i z},$$

qui converge pour tout z tel que $\mathrm{Im}(z) > 0$; les $a_n(f)$ sont appelés les *coefficients* de f; on a $a_0(f) = 0$ si f est parabolique.

Opérateurs de Hecke

Si p est un nombre premier, et si $f \in \mathrm{M}(\mathrm{N}, k, \omega)$, on pose :

$$(172) \qquad f \mid \mathrm{U}_p = \Sigma a_{pn}(f) q^n \quad \text{si } p \mid \mathrm{N},$$

$$(173) \qquad f \mid \mathrm{T}_p = \Sigma a_{pn}(f) q^n + \omega(p) p^{k-1} \Sigma a_n(f) q^{pn} \quad \text{si } p \nmid \mathrm{N}.$$

On a $f \mid \mathrm{U}_p \in \mathrm{M}(\mathrm{N}, k, \omega)$ et $f \mid \mathrm{T}_p \in \mathrm{M}(\mathrm{N}, k, \omega)$, cf. [27]. Les opérateurs U_p et T_p ainsi définis commutent entre eux, et laissent stable le sous-espace $\mathrm{S}(\mathrm{N}, k, \omega)$ des formes paraboliques. Leurs valeurs propres sont des entiers algébriques (cf. [9], prop. 2.7 ainsi que Shimura [44], § 3.5).

7.2. Valeurs propres des opérateurs de Hecke : énoncé du théorème

Soit f une forme modulaire non identiquement nulle, appartenant à $\mathrm{M}(\mathrm{N}, k, \omega)$. Supposons que f soit *fonction propre des* T_p, $p \nmid \mathrm{N}$, avec pour valeurs propres a_p :

$$(174) \qquad f \mid \mathrm{T}_p = a_p f \quad (p \nmid \mathrm{N}).$$

Supposons en outre que :

(a) le poids k de f est $\geqslant 2$;

(b) f est *parabolique*;

(c) f *n'est pas de type* CM au sens de Ribet (i.e. il n'existe pas de corps quadratique imaginaire L tel que $a_p = 0$ pour tout p qui est inerte dans L, cf. [33], § 3).

Soit d'autre part $h(\mathrm{T})$ un polynôme à coefficients complexes, et soit $\Sigma_{f,h}$ l'ensemble des $p \nmid \mathrm{N}$ tels que

(175) $$a_p = h(p).$$

Si x est un nombre réel $\geqslant 2$, posons

(176) $$\mathrm{P}_{f,h}(x) = \text{nombre des } p \leqslant x \text{ appartenant à } \Sigma_{f,h}.$$

(Par exemple, pour $h = 0$, $\mathrm{P}_{f,0}(x)$ est le nombre des $p \leqslant x$ tels que $p \nmid \mathrm{N}$ et $a_p = 0$.)

Nous allons voir que la fonction $\mathrm{P}_{f,h}(x)$ est « petite » lorsque $x \to \infty$, autrement dit que la relation (175) est « peu souvent » vérifiée. De façon plus précise :

Théorème 15. — Sous les hypothèses (a), (b) et (c) ci-dessus, on a

(177) $$\mathrm{P}_{f,h}(x) = O(\mathrm{Li}(x)/\varepsilon(x)^{1/4}) \quad \textit{pour } x \to \infty,$$

et, sous (GRH),

(178_R) $$\mathrm{P}_{f,h}(x) = O(\mathrm{Li}(x)/\varepsilon_\mathrm{R}(x)^{1/4}) \quad \textit{pour } x \to \infty,$$

où $\varepsilon(x)$ *et* $\varepsilon_\mathrm{R}(x)$ *sont les fonctions définies par les formules* (65) *et* (67) *du n*° 4.1.

De plus, lorsque $h = 0$, *l'exposant* 1/4 *de* (177) *et* (178_R) *peut être remplacé par* 1/2.

La démonstration sera donnée au n° 7.3.

Compte tenu des formules :

(65) $$\varepsilon(x) = (\log x)(\log\log x)^{-2}(\log\log\log x)^{-1}$$

et

(67) $$\varepsilon_\mathrm{R}(x) = x^{1/2}(\log x)^{-2},$$

le th. 15 entraîne :

Corollaire 1. — On a

(179) $$\mathrm{P}_{f,h}(x) = O(x/(\log x)^{5/4-\delta}) \quad \textit{pour tout } \delta > 0,$$

et, sous (GRH),

(180_R) $$\mathrm{P}_{f,h}(x) = O(x^{7/8}/(\log x)^{1/2}).$$

De même, pour $h = 0$:

Corollaire 2. — On a

(181) $$\mathrm{P}_{f,0}(x) = O(x/(\log x)^{3/2-\delta}) \quad \textit{pour tout } \delta > 0,$$

et, sous (GRH),

(182$_R$) $\qquad P_{f,0}(x) = O(x^{3/4})$.

Remarques

1) Si $\deg(h) \geqslant k/2$, l'ensemble $\Sigma_{f,h}$ des p tels que $a_p = h(p)$ est *fini*, autrement dit, on a $P_{f,h}(x) = O(1)$. Cela résulte de la majoration

(183) $\qquad |a_p| \leqslant 2p^{k/2-\delta}$,

avec $\delta > 0$ ($\delta = 1/8$ d'après Kloosterman [20], $\delta = 1/5$ d'après Rankin [32], et finalement $\delta = 1/2$ d'après Deligne [8], th. 8.2). Le th. 15 n'a donc d'intérêt que si $\deg(h) \leqslant (k-1)/2$.

2) La majoration (178$_R$), même avec l'exposant 1/4 remplacé par 1, n'est probablement pas la meilleure possible. Des arguments heuristiques basés sur l'ordre de grandeur de $a_p - h(p)$ suggèrent les conjectures suivantes (cf. [42], § 4.11, ainsi que Lang-Trotter [24]) :

(184$_?$) $\qquad P_{f,h}(x) = O(x^{1/2}/\log x) \qquad$ si $k = 2$,

(185$_?$) $\qquad P_{f,h}(x) = O(\log \log x) \qquad$ si $k = 3$,

(186$_?$) $\qquad P_{f,h}(x) = O(1) \qquad$ si $k \geqslant 4$.

3) Les hypothèses *(a)*, *(b)*, *(c)* sont *nécessaires* pour la validité de (177), ou même simplement de $P_{f,h}(x) = o(x/\log x)$. De façon plus précise, si l'une de ces hypothèses n'est pas satisfaite, on peut choisir le polynôme $h(T)$ de telle sorte que

$$P_{f,h}(x) \sim Cx/\log x \quad \text{avec} \quad C > 0$$

(autrement dit $\Sigma_{f,h}$ a une densité >0). On prend en effet :

$$h(T) = \begin{cases} 0 \text{ ou } 2 & \text{si } k = 1, \\ 1 + T^{k-1} & \text{si } f \text{ n'est pas parabolique,} \\ 0 & \text{si } f \text{ est de type CM.} \end{cases}$$

7.3. Démonstration du th. 15

i) *Représentations ℓ-adiques attachées à f* (cf. [7], [9], [33])

Soit F un corps de nombres contenant les a_p et les $\omega(p)$ pour $p \nmid N$: il en existe, cf. par exemple [9], § 2. Soit λ une place ultramétrique de F de degré 1, i.e. telle que le complété F_λ de F en λ s'identifie à un corps ℓ-adique $\mathbf{Q}_\ell$; le choix d'une telle place revient à plonger F dans $\mathbf{Q}_\ell$, ce qui permet d'identifier les a_p et les $\omega(p)$ à des éléments de $\mathbf{Q}_\ell$. D'après Deligne ([7], voir aussi [9], th. 6.1) il existe une représentation linéaire continue

$$\rho_\ell : \operatorname{Gal}(\overline{\mathbf{Q}}/\mathbf{Q}) \to \mathbf{GL}_2(F_\lambda) = \mathbf{GL}_2(\mathbf{Q}_\ell)$$

qui jouit des propriétés suivantes :

(i) ρ_ℓ est semi-simple;

(ii) ρ_ℓ est non ramifiée en dehors des facteurs premiers de $N\ell$ (nous dirons aussi « non ramifiée en dehors de $N\ell$ »);

(iii) si $p \nmid N\ell$, la substitution de Frobenius $\rho_\ell(\sigma_p)$ (qui est définie, à conjugaison près, grâce à (ii)), est telle que :

(187) $$\operatorname{Tr} \rho_\ell(\sigma_p) = a_p$$

et

(188) $$\det \rho_\ell(\sigma_p) = \omega(p) p^{k-1}.$$

De plus, ces propriétés caractérisent ρ_ℓ, à équivalence près.

Proposition 17. — Le groupe $G_\ell = \operatorname{Im}(\rho_\ell)$ *est un sous-groupe* ouvert *de* $\mathbf{GL}_2(\mathbf{Q}_\ell)$.

Soit $\mathfrak{g}_\ell$ l'algèbre de Lie du groupe ℓ-adique G_ℓ. C'est une sous-algèbre de l'algèbre de Lie $\mathfrak{gl}_2 = \mathbf{M}_2(\mathbf{Q}_\ell)$. D'après Ribet [33], prop. 4.4, $\mathfrak{g}_\ell$ est irréductible, et non abélienne; elle contient donc la sous-algèbre $\mathfrak{sl}_2$ de $\mathfrak{gl}_2$ formée des éléments de trace 0. On a $\mathfrak{g}_\ell \neq \mathfrak{sl}_2$, car sinon l'image de G_ℓ par l'homomorphisme $\det : \mathbf{GL}_2(\mathbf{Q}_\ell) \to \mathbf{Q}_\ell^*$ serait un groupe fini, ce qui est incompatible avec (188). On a donc $\mathfrak{g}_\ell = \mathfrak{gl}_2$, d'où la prop. 17.

ii) *Démonstration du th. 15 : cas général*

Choisissons F, λ et ℓ comme ci-dessus. Soit E_ℓ la sous-extension de $\overline{\mathbf{Q}}$ fixée par $\operatorname{Ker}(\rho_\ell)$. L'extension $E_\ell/\mathbf{Q}$ est galoisienne, et son groupe de Galois s'identifie au groupe $G_\ell = \operatorname{Im}(\rho_\ell)$. Vu la prop. 17, G_ℓ est un groupe de Lie ℓ-adique de dimension 4. On va lui appliquer le th. 10 du § 4.

Remarquons d'abord que l'on peut supposer que les coefficients du polynôme $h(T)$ appartiennent à F (sinon, l'ensemble $\Sigma_{f,h}$ serait fini). Soit e l'ordre du caractère ω; posons $m = (k-1)e$. Si U et T sont deux indéterminées, il existe un polynôme $H(U, T)$, à coefficients dans F, tel que

(189) $$H(U, T^m) = \prod_{w \in \mu_m} (U - h(wT)),$$

où w parcourt le groupe μ_m des racines m-ièmes de l'unité; cela se voit en remarquant que le membre de droite de (189) est invariant par $T \mapsto wT$ (pour $w \in \mu_m$). Soit C le sous-espace de G_ℓ formé des matrices s telles que

(190) $$H(\operatorname{Tr}(s), \det(s)^e) = 0.$$

Il est clair que C est un sous-espace analytique fermé de G_ℓ, stable par conjugaison, et sans point intérieur, donc de dimension $\leqslant 3$. De plus, si $p \in \Sigma_{f,h}$ et $p \neq \ell$, la substitution de Frobenius $s_p = \rho_\ell(\sigma_p)$ *appartient à* C. On a en effet

$$\operatorname{Tr}(s_p) = a_p = h(p) \quad \text{et} \quad \det(s_p)^e = p^{(k-1)e} = p^m,$$

d'où $$H(\operatorname{Tr}(s_p), \det(s_p)^e) = H(h(p), p^m) = \prod_w (h(p) - h(wp)) = 0.$$

On a donc

$$\Sigma_{l,h} \subset \Sigma_C \cup \{\ell\},$$

où Σ_C est défini comme au § 4 (relativement à l'ensemble S formé des diviseurs premiers de $N\ell$). D'où, avec les notations du n° 4.1 :

$$P_{l,h}(x) \leqslant \pi_C(x) + 1, \tag{191}$$

et en appliquant le th. 10 avec $\alpha = (4-3)/4 = 1/4$, on obtient le résultat cherché.

iii) *Démonstration du th. 15 : le cas* $h=0$

On procède de manière analogue, en définissant C comme l'ensemble des $s \in G_\ell$ tels que $\mathrm{Tr}(s) = 0$. Si H_ℓ désigne l'intersection de G_ℓ avec le groupe des homothéties, C est stable par multiplication par H_ℓ, donc est image réciproque d'une partie C′ du groupe quotient $G'_\ell = G_\ell / H_\ell$. Le groupe G'_ℓ est un groupe de Lie ℓ-adique de dimension 3; c'est un sous-groupe ouvert du groupe $\mathbf{PGL}_2(\mathbf{Q}_\ell)$. La partie C′ est une sous-variété fermée de dimension $\leqslant 2$ (c'est l'ensemble des éléments d'ordre 2 de G'_ℓ). De plus, tous les éléments de C′ sont *réguliers* dans G'_ℓ : avec les notations du n° 5.1, on a $r(s) = 2$ pour tout $s \in C'$. On peut donc appliquer le th. 12 du § 5 au couple (G'_ℓ, C'), avec $r = 2$ et $\beta = (3-2)/(3-2/2) = 1/2$. D'où le résultat cherché, compte tenu de l'inégalité

$$P_{l,0}(x) \leqslant \pi_{C'}(x) + 1. \tag{192}$$

7.4. Non-lacunarité des formes modulaires — cas des fonctions propres des opérateurs de Hecke

Si $f = \Sigma a_n(f) q^n$ est une forme modulaire, et x un nombre réel $\geqslant 1$, nous poserons :

$$M_f(x) = \text{nombre des entiers } n \text{ tels que } 1 \leqslant n \leqslant x \text{ et } a_n(f) \neq 0. \tag{193}$$

Théorème 16. — Soit f un élément non nul de $M(N, k, \omega)$. *Supposons que f soit fonction propre des opérateurs* U_p *et* T_p, *que f ne soit pas de type* CM *au sens de* [31], *et que le poids k de f soit* $\geqslant 2$. *Il existe alors un nombre* $\alpha > 0$ *tel que*

$$M_f(x) \sim \alpha x \quad \textit{pour } x \to \infty. \tag{194}$$

En d'autres termes, l'ensemble des entiers n tels que $a_n(f) \neq 0$ a une *densité* α qui est >0.

Démonstration

L'hypothèse faite sur f entraîne $a_1(f) \neq 0$, cf. par exemple [27]. Quitte à multiplier f par une constante, on peut donc supposer que $a_1(f) = 1$. On sait alors *(loc. cit.)* que, si l'on pose $a_p = a_p(f)$, on a

$$f \mid U_p = a_p f \quad \text{pour } p \mid N \quad \text{et} \quad f \mid T_p = a_p f \quad \text{pour } p \nmid N.$$

De plus, la fonction $n \mapsto a_n(f)$ est *multiplicative*. Distinguons deux cas :

a) *f est parabolique*

D'après le cor. 2 au th. 15, le nombre des $p \leqslant x$ tels que $a_p = 0$ est $O(x/(\log x)^{1+\delta})$, avec $\delta > 0$, par exemple $\delta = 1/3$. Le th. 13 du n° 6.1 s'applique donc à $n \mapsto a_n(f)$, avec $\mathbf{K} = \mathbf{Q}$ et $\lambda = 0$; on obtient ainsi (194).

b) *f n'est pas parabolique*

C'est alors une série d'Eisenstein, et il existe un caractère χ mod N tel que

$$a_p = \chi(p) + \chi^{-1}(p)\omega(p)p^{k-1} \quad \text{si } p \nmid \mathrm{N}.$$

Comme $k \geqslant 2$, cette formule montre que $a_p \neq 0$ pour tout p tel que $p \nmid \mathrm{N}$, et l'on conclut comme ci-dessus. [Si S est l'ensemble des $p \mid \mathrm{N}$ tels que $a_p = 0$, on peut montrer que $a_n(f) = 0$ si et seulement si l'un des facteurs premiers de n appartient à S; on a $\mathrm{M}_f(x) = \alpha x + O(1)$, avec $\alpha = \prod_{p \in \mathrm{S}} (1 - p^{-1})$.]

Calcul de la densité $\alpha = \lim_{x \to \infty} . x^{-1} \mathrm{M}_f(x)$

Posons

(195) $$a_n^0 = \begin{cases} 1 & \text{si } a_n(f) \neq 0 \\ 0 & \text{si } a_n(f) = 0 \end{cases}$$

et

(196) $$\alpha_p = (1 - p^{-1})\Big(1 + \sum_{m=1}^{\infty} a_{p^m}^0 / p^m\Big).$$

D'après le n° 6.3, on a

(197) $$\alpha = \prod_p \alpha_p.$$

Tout revient à calculer les α_p. Distinguons deux cas :

i) $p \mid \mathrm{N}$

La formule $a_{p^m} = (a_p)^m$ entraîne

(198) $$\alpha_p = \begin{cases} 1 - p^{-1} & \text{si } a_p = 0 \\ 1 & \text{si } a_p \neq 0. \end{cases}$$

ii) $p \nmid \mathrm{N}$

Si β_p et γ_p sont tels que

$$1 - a_p \mathrm{T} + \omega(p) p^{k-1} \mathrm{T}^2 = (1 - \beta_p \mathrm{T})(1 - \gamma_p \mathrm{T}),$$

on a

(199) $$\begin{aligned} a_{p^m} &= \beta_p^m + \beta_p^{m-1}\gamma_p + \ldots + \gamma_p^m \\ &= (\beta_p^{m+1} - \gamma_p^{m+1})/(\beta_p - \gamma_p) \quad \text{si } \beta_p \neq \gamma_p. \end{aligned}$$

On en déduit que $a_{p^m} \neq 0$ sauf si β_p/γ_p est une racine de l'unité d'ordre $r(p) \geqslant 2$ et $m \equiv -1 \pmod{r(p)}$. D'où :

$$(200) \qquad \alpha_p = \begin{cases} 1 \text{ si } \beta_p/\gamma_p = 1, \text{ ou si } \beta_p/\gamma_p \text{ n'est pas une racine de l'unité;} \\ 1-(p-1)/(p^{r(p)}-1) \text{ si } \beta_p/\gamma_p \text{ est une racine de l'unité d'ordre } r(p) \geqslant 2. \end{cases}$$

En particulier, $a_p = 0 \Leftrightarrow r(p) = 2 \Leftrightarrow \alpha_p = 1 - 1/(p+1)$.

Exemples

Je me borne à deux exemples où le caractère ω est égal à 1 (ce qui entraîne que k est pair), et où les coefficients de f appartiennent à $\mathbf{Z}$. On voit alors facilement que $r(p) \geqslant 3$ n'est possible que si :

a) $p=2$, $a_2 = \pm 2^{k/2}$, auquel cas $r(2)=4$ et $\alpha_2 = 14/15$;

b) $p=3$, $a_3 = \pm 3^{k/2}$, auquel cas $r(3)=6$ et $\alpha_3 = 363/364$.

Exemple 1 : $k=2$, $\mathrm{N}=11$, $f = q \prod_{m=1}^{\infty} (1-q^m)^2(1-q^{11m})^2 = \eta^2(z)\eta^2(11z)$

On a $a_2 = -2$, $a_3 = -1$ et $a_{11} = +1$. D'où $\alpha_2 = 14/15$, $\alpha_3 = \alpha_{11} = 1$, et, pour $p \neq 2, 3, 11$, $\alpha_p = 1$ si $a_p \neq 0$ et $\alpha_p = 1 - 1/(p+1)$ si $a_p = 0$. La densité α des $n \geqslant 1$ pour lesquels $a_n(f) \neq 0$ est donc

$$(201) \qquad \alpha = \prod_p \alpha_p = \frac{14}{15} \prod_{a_p=0} \left(1 - \frac{1}{p+1}\right).$$

On trouvera dans Lang-Trotter [24], p. 267, la liste des $p \leqslant 2\,590\,717$ tels que $a_p = 0$. Ceux $\leqslant 40\,000$ sont : $p = 19$, 29, 199, 569, 809, 1 289, 1 439, 2 539, 3 319, 3 559, 3 919, 5 519, 9 419, 9 539, 9 929, 11 279, 11 549, 13 229, 14 489, 17 239, 18 149, 18 959, 19 319, 22 279, 24 359, 27 529, 28 789, 32 999, 33 029, 36 559.

Vu (201), on en déduit $\alpha < 0{,}847$. Il est *probable* que $\alpha \geqslant 0{,}845$, mais, pour le prouver, il conviendrait d'avoir une borne *explicite* (et non triviale) du nombre des $p \leqslant x$ tels que $a_p = 0$.

Exemple 2 : $k=12$, $\mathrm{N}=1$, $f = \Delta = q \prod_{m=1}^{\infty} (1-q^m)^{24} = \sum_{n=1}^{\infty} \tau(n) q^n$

On a $\tau(2) = -24$ et $\tau(3) = 252$. D'où $\alpha_2 = \alpha_3 = 1$ et $\alpha_p = 1$ si $\tau(p) \neq 0$, $\alpha_p = 1 - 1/(p+1)$ si $\tau(p) = 0$. La densité α des n pour lesquels $\tau(n) \neq 0$ est donc :

$$(202) \qquad \alpha = \prod_{\tau(p)=0} \left(1 - \frac{1}{p+1}\right).$$

En fait, on conjecture que $\tau(n) \neq 0$ pour tout $n \geqslant 1$, et l'on sait qu'il en est bien ainsi pour $n \leqslant 10^{15}$.

[Si τ s'annule, le plus petit entier p tel que $\tau(p)=0$ est un nombre premier; de plus, les congruences satisfaites
4 par $\tau(p)$ montrent que p est de la forme $hM-1$, avec $M=2^{14}3^7 5^3 7^2 691$, et que $\left(\frac{p}{23}\right)=-1$, cf. [46]. Or les valeurs $h=1, 2, 3, 4, 5$ sont impossibles car $hM-1$ n'est pas premier (il est divisible par 1 249, 79, 11, 4 789 et 131 respectivement); les valeurs $h=6, 7$ ne conviennent pas non plus, car $hM-1$ est alors résidu quadratique mod 23; on a donc $h \geqslant 8$, d'où $p \geqslant 8M-1 > 10^{15}$.]

Ainsi, il est *probable* que $\alpha=1$. D'après le th. 16, on a en tout cas $\alpha>0$; ici encore, pour avoir une minoration effective de α, il conviendrait d'avoir une borne explicite du nombre des $p \leqslant x$ tels que $\tau(p)=0$; c'est en principe faisable, mais je ne l'ai pas fait.

7.5. Formes de type CM

Soit $f \in M(N, k, \omega)$, $f \neq 0$. Supposons que f soit fonction propre des U_p et T_p, que $k \geqslant 2$, et que f soit de type CM.

Proposition 18. — Sous les hypothèses ci-dessus, il existe un nombre $\alpha>0$ *tel que*

$$M_f(x) \sim \alpha x/(\log x)^{1/2} \quad \textit{pour } x \to \infty. \tag{203}$$

Comme pour le th. 16, on peut supposer que $a_1(f)=1$, auquel cas la fonction $n \mapsto a_n(f)$ est multiplicative. Soit L l'extension quadratique de $\mathbf{Q}$ associée à f, cf. Ribet [33]. Il résulte de [33] que, pour $p \nmid N$, on a $a_p(f)=0$ si et seulement si p est inerte dans l'extension $L/\mathbf{Q}$. Le nombre des $p \leqslant x$ tels que $a_p(f)=0$ est donc égal à $\frac{1}{2}x/\log x + O(x/(\log x)^2)$ pour $x \to \infty$. En appliquant le th. 13 avec $K=\mathbf{Q}$ et $\lambda=1/2$, on obtient (203).

Remarque

L'emploi de la méthode de Landau ([42], th. 2.8) conduit à un résultat plus précis : la fonction $M_f(x)$ possède un *développement asymptotique*

$$M_f(x) = \frac{x}{(\log x)^{1/2}}(\alpha + \alpha_1/\log x + \dots).$$

7.6. Non-lacunarité des formes modulaires en poids $\geqslant 2$

Rappelons d'abord que l'espace $M(N, k, \omega)$ des formes de type (k, ω) sur $\Gamma_0(N)$ se décompose en somme directe

$$M(N, k, \omega) = S(N, k, \omega) \oplus E(N, k, \omega), \tag{204}$$

où $S(N, k, \omega)$ est le sous-espace des formes paraboliques, et $E(N, k, \omega)$ le sous-espace des séries d'Eisenstein. Cette décomposition est stable par les U_p et les T_p.

Soit $\mathfrak{M} = \mathfrak{M}(N, \omega)$ l'ensemble des diviseurs positifs M de N tels que le conducteur de ω divise M. Si $M \in \mathfrak{M}$, soit ω_M le caractère mod M qui coïncide avec ω sur les entiers premiers à N, et soit P_M l'ensemble des formes primitives (« newforms », cf. Li [27]) de niveau M et de type (k, ω_M); si $f \in P_M$, on suppose f normalisée de telle sorte que $a_1(f) = 1$. Soit d un diviseur positif de N/M; si $f \in P_M$, la forme modulaire f_d définie par

$$f_d(z) = f(dz)$$

appartient à $S(N, k, \omega)$. De plus, les formes f_d (pour M parcourant $\mathfrak{M}$, $f \in P_M$ et d diviseur de N/M) forment une *base* du **C**-espace vectoriel $S(N, k, \omega)$, cf. [27]. Nous noterons $S_{cm}(N, k, \omega)$ (resp. $S^{non}_{cm}(N, k, \omega)$) le sous-espace de $S(N, k, \omega)$ engendré par les f_d où f est de type CM (resp. n'est pas de type CM). On a

$$(205) \qquad S(N, k, \omega) = S^{non}_{cm}(N, k, \omega) \oplus S_{cm}(N, k, \omega).$$

Ici encore, cette décomposition est stable par les U_p et les T_p : cela résulte des formules suivantes, valables pour tout $M \in \mathfrak{M}$, tout $f \in P_M$ et tout diviseur positif d de N/M :

$$(206) \qquad f_d \,|\, T_p = a_p(f) f_d \quad \text{si } p \nmid N,$$

$$(207) \qquad f_d \,|\, U_p = \begin{cases} f_{d/p} & \text{si } p \,|\, d, \\ a_p(f) f_d & \text{si } p \nmid d \text{ et } p \,|\, M, \\ a_p(f) f_d - \omega_M(p) p^{k-1} f_{dp} & \text{si } p \nmid dM \text{ et } p \,|\, N. \end{cases}$$

En combinant (204) et (205), on obtient :

$$(208) \qquad M(N, k, \omega) = S^{non}_{cm}(N, k, \omega) \oplus S_{cm}(N, k, \omega) \oplus E(N, k, \omega).$$

Théorème 17. — Soit $f \in M(N, k, \omega)$, *avec* $k \geqslant 2$.

(i) *Si* $f \notin S_{cm}(N, k, \omega)$, *on a*

$$(209) \qquad M_f(x) \asymp x \quad \textit{pour } x \to \infty.$$

(ii) *Si* $f \in S_{cm}(N, k, \omega)$ *et* $f \neq 0$, *on a*

$$(210) \qquad M_f(x) \asymp x/(\log x)^{1/2} \quad \textit{pour } x \to \infty.$$

Rappelons que $M_f(x)$ désigne le nombre des entiers n tels que $1 \leqslant n \leqslant x$ et $a_n(f) \neq 0$; quant à la notation « $\varphi \asymp \psi$ », elle équivaut à « $\varphi = O(\psi)$ et $\psi = O(\varphi)$ », cf. par exemple Bourbaki, *Fonct. var. réelle*, chap. V, § 1, déf. 2.

Corollaire. — Si $f \notin S_{cm}(N, k, \omega)$ *et* $k \geqslant 2$, *l'ensemble des* n *tels que* $a_n(f) \neq 0$ *a une densité inférieure qui est* > 0.

Ce n'est qu'une reformulation de (i).

Remarque. — Ce corollaire est notamment applicable lorsque $N = 1$ et $f \neq 0$; en effet, il n'existe pas de forme de niveau 1 de type CM. Même chose lorsque N est un nombre premier congru à 1 mod 4.

Démonstration du th. 17

Il est clair que $M_f(x) = O(x)$, et la prop. 18 montre que

$$(211) \qquad M_f(x) = O(x/(\log x)^{1/2}) \quad \text{si } f \in S_{cm}(N, k, \omega).$$

Pour prouver le th. 17, il suffit donc d'établir que :

$$\liminf_{x\to\infty} x^{-1}M_f(x) > 0 \quad \text{si } f \notin S_{\text{cm}}(N, k, \omega)$$

et

$$\liminf_{x\to\infty} x^{-1}M_f(x)(\log x)^{1/2} > 0 \quad \text{si } f \in S_{\text{cm}}(N, k, \omega),\ f \neq 0.$$

Posons :

$$R_0 = \text{ensemble des } f \text{ tels que } \liminf_{x\to\infty} x^{-1}M_f(x) = 0$$

$$R_{1/2} = \text{ensemble des } f \text{ tels que } \liminf_{x\to\infty} x^{-1}M_f(x)(\log x)^{1/2} = 0.$$

Il s'agit de montrer que $R_0 = S_{\text{cm}}(N, k, \omega)$ et $R_{1/2} = 0$. Soit $\mathfrak{H}$ la $\mathbf{C}$-algèbre d'endomorphismes de $M(N, k, \omega)$ engendrée par les U_p et les T_p.

Lemme 9. — Les ensembles R_0 *et* $R_{1/2}$ *sont stables par* $\mathfrak{H}$.

Les formules (172) et (173) montrent que, si $g = f \mid U_p$ ou $f \mid T_p$, on a

(212) $$M_g(x) \leqslant M_f(px) + M_f(x/p) \leqslant 2M_f(mx) \quad \text{pour tout } m \geqslant p.$$

En itérant cette formule, et en tenant compte de l'inégalité

(213) $$M_{g+h}(x) \leqslant M_g(x) + M_h(x),$$

on en déduit que, pour tout $A \in \mathfrak{H}$, il existe des entiers c_A et m_A strictement positifs tels que

(214) $$M_{Af}(x) \leqslant c_A M_f(m_A x) \quad \text{pour tout } f \in M(N, k, \omega).$$

Si $f \in R_0$, il existe une suite x_α tendant vers $+\infty$ telle que $x_\alpha^{-1}M_f(x_\alpha) \to 0$. Si l'on pose $y_\alpha = m_A^{-1}x_\alpha$, la formule (214) montre que $y_\alpha^{-1}M_{Af}(y_\alpha) \to 0$. On a donc $Af \in R_0$, ce qui prouve que R_0 est stable par $\mathfrak{H}$. On raisonne de même pour $R_{1/2}$.

Ce lemme étant établi, revenons à la démonstration du th. 17 (i). On a vu que R_0 *contient* $S_{\text{cm}}(N, k, \omega)$, et il s'agit de prouver qu'il y a *égalité*. Supposons donc que f appartienne à R_0, mais pas à $S_{\text{cm}}(N, k, \omega)$. Écrivons f sous la forme

$$f = g + h, \quad \text{avec} \quad g \in S_{\text{cm}}^{\text{non}}(N, k, \omega) \oplus E(N, k, \omega) \quad \text{et} \quad h \in S_{\text{cm}}(N, k, \omega).$$

On a $M_g(x) \leqslant M_f(x) + M_h(x)$. Comme $M_h(x) = o(x)$ d'après (211), et que

$$\liminf x^{-1}M_f(x) = 0,$$

on a $\liminf x^{-1}M_g(x) = 0$, d'où $g \in R_0$. Par hypothèse, g est $\neq 0$. Le sous-$\mathfrak{H}$-module $\mathfrak{H}g$ engendré par g contient un sous-module simple Σ; comme $\mathfrak{H}$ est une algèbre commutative, Σ est de dimension 1 sur $\mathbf{C}$. Si f' est un élément non nul de Σ, f' est vecteur propre des U_p et des T_p; comme f' est contenu dans $\mathfrak{H}g$, le lemme 9 montre que f' appartient à R_0, i.e. que $\liminf x^{-1}M_{f'}(x) = 0$. Mais f' est contenu dans $S_{\text{cm}}^{\text{non}}(N, k, \omega) \oplus E(N, k, \omega)$ donc n'est pas de type CM; d'après le th. 16, $x^{-1}M_{f'}(x)$ a une limite > 0 quand $x \to \infty$. Cette contradiction montre que $R_0 = S_{\text{cm}}(N, k, \omega)$ d'où le th. 17 (i).

La partie (ii) du th. 17 se démontre de la même manière : si $R_{1/2}$ est $\neq 0$, l'argument ci-dessus montre qu'il contient un $f' \neq 0$ qui est vecteur propre des U_p et des T_p; un tel f' contredit la prop. 18 s'il est de type CM, et le th. 16 s'il ne l'est pas. On a donc bien $R_{1/2}=0$.

Questions

1) Peut-on donner un *développement asymptotique* de $M_f(x)$? En particulier, est-il vrai que $x^{-1}M_f(x)$ *a une limite* pour $x \to \infty$? La même question se pose pour $x^{-1}M_f(x)(\log x)^{1/2}$ lorsque f appartient à $S_{cm}(N, k, \omega)$.

2) (« Lacunes »). Supposons $f \neq 0$. Pour tout entier $n \geqslant 1$, notons $i_f(n)$ le plus grand entier $\geqslant 0$ tel que

$$a_{n+i}(f)=0 \quad \text{pour tout } i \text{ tel que } 0<i\leqslant i_f(n).$$

Si $f \notin S_{cm}(N, k, \omega)$ et $k \geqslant 2$, le th. 17 (i) entraîne :

$$(215) \qquad i_f(n)=O(n) \quad \text{pour } n \to \infty.$$

Peut-on améliorer cette majoration, et prouver par exemple :

$$(216_?) \qquad i_f(n)=O(n/(\log n)^m) \quad \text{pour tout } m \geqslant 0,$$

ou même :

$$(217_?) \qquad i_f(n)=O(n^\delta) \quad \text{avec } \delta<1\,?$$

3) Y a-t-il des résultats analogues pour les formes de poids $\geqslant 2$ (non nécessairement entier) sur d'autres sous-groupes de $\mathbf{SL}_2(\mathbf{Z})$, ou plus généralement d'autres groupes fuchsiens ? Voir là-dessus Knopp-Lehner [21], qui contient un certain nombre d'exemples.

7.7. Formes paraboliques de poids 1

Dans ce numéro, on suppose que le poids k est égal à 1 ; pour simplifier, on ne considère que des formes paraboliques (il y a des résultats analogues pour les séries d'Eisenstein).

Fonctions propres des opérateurs de Hecke

Soit f un élément non nul de $S(N, 1, \omega)$. Supposons que f soit fonction propre des T_p, $p \nmid N$, avec pour valeurs propres a_p. On sait ([9], [43]) qu'il existe alors une représentation irréductible continue

$$\rho : \operatorname{Gal}(\overline{\mathbf{Q}}/\mathbf{Q}) \to \mathbf{GL}_2(\mathbf{C})$$

qui est non ramifiée en dehors de N, et telle que

$$(218) \qquad \operatorname{Tr} \rho(\sigma_p)=a_p \quad \text{et} \quad \det \rho(\sigma_p)=\omega(p) \quad \text{pour tout } p \nmid N.$$

Ces propriétés caractérisent ρ à isomorphisme près.

Le groupe $G = \mathrm{Im}(\rho)$ est un sous-groupe fini de $\mathbf{GL}_2(\mathbf{C})$. Son image PG dans $\mathbf{PGL}_2(\mathbf{C}) = \mathbf{GL}_2(\mathbf{C})/\mathbf{C}^*$ est isomorphe à l'un des groupes suivants :

groupe diédral $\mathbf{D}_n$ d'ordre $2n$ $(n \geqslant 2)$,

groupe alterné $\mathfrak{A}_4$,

groupe symétrique $\mathfrak{S}_4$,

groupe alterné $\mathfrak{A}_5$.

Nous dirons, suivant les cas, que f est *de type* $\mathbf{D}_n$, $\mathfrak{A}_4$, $\mathfrak{S}_4$ *ou* $\mathfrak{A}_5$; les types $\mathfrak{A}_4$, $\mathfrak{S}_4$ et $\mathfrak{A}_5$ sont parfois appelés « exotiques ».

Si PG_2 désigne l'ensemble des éléments d'ordre 2 du groupe PG (images des éléments de G de trace 0), nous poserons

$$\lambda = |PG_2|/|PG|. \tag{219}$$

On a

$$\lambda = \begin{cases} 1/2 + 1/2n & \text{si} \quad PG \simeq \mathbf{D}_n \quad (n \text{ pair} \geqslant 2) \\ 1/2 & \text{si} \quad PG \simeq \mathbf{D}_n \quad (n \text{ impair} \geqslant 3) \\ 3/8 & \text{si} \quad PG \simeq \mathfrak{S}_4 \\ 1/4 & \text{si} \quad PG \simeq \mathfrak{A}_4 \text{ ou } \mathfrak{A}_5. \end{cases} \tag{220}$$

Théorème 18. — Soit f un élément non nul de $S(N, 1, \omega)$. *Supposons f fonction propre des opérateurs* U_p *et* T_p. *Il existe alors un nombre* $\alpha > 0$ *tel que*

$$M_f(x) \sim \alpha x/(\log x)^\lambda \quad \textit{pour} \quad x \to \infty, \tag{221}$$

où λ *est défini par les formules* (219) *et* (220) *ci-dessus.*

Ce résultat est démontré dans [42], th. 4.2, qui donne même un développement asymptotique pour $M_f(x)$. On peut aussi le déduire du th. 13 du n° 6.1, en remarquant que l'ensemble des p tels que $a_p = 0$ est *frobénien* ([42], (1.4)) de densité λ.

Remarque. — Les formes les moins « lacunaires » sont les formes de type exotique, pour lesquelles λ est $< 1/2$. Les plus lacunaires sont celles de type $\mathbf{D}_2$, où $\lambda = 3/4$ (cf. fin du n° 6.5); pour un exemple explicite (et le calcul de la constante α correspondante), voir n° 7.8 ci-après.

Cas général

Revenons à la base (f_d) de $S(N, 1, \omega)$ définie au n° 7.6. Si ν est un nombre donné, avec $0 < \nu < 1$, notons $S^\nu(N, 1, \omega)$ le sous-espace de $S(N, 1, \omega)$ qui a pour base les f_d tels que l'invariant λ de f soit égal à ν. On a évidemment

$$S(N, 1, \omega) = \bigoplus_\nu S^\nu(N, 1, \omega). \tag{222}$$

Si l'on pose

$$S_\mu(N, 1, \omega) = \bigoplus_{\nu \geqslant \mu} S^\nu(N, 1, \omega), \tag{223}$$

on obtient une *filtration décroissante* de l'espace $S(N, 1, \omega)$; on a

$$S_{1/4}(N, 1, \omega) = S(N, 1, \omega) \quad \text{et} \quad S_\mu(N, 1, \omega) = 0 \quad \text{si} \quad \mu > 3/4.$$

Un élément $f \neq 0$ de $S(N, 1, \omega)$ est dit *de filtration* λ s'il appartient à $S_\lambda(N, 1, \omega)$, et s'il n'appartient pas à $S_\mu(N, 1, \omega)$ pour $\mu > \lambda$.

Théorème 19. — Si f est un élément non nul de $S(N, 1, \omega)$ *de filtration* λ, *on a*

(224) $$M_f(x) \asymp x/(\log x)^\lambda \quad \textit{pour } x \to \infty.$$

Le th. 18 entraîne que $M_f(x) = O(x/(\log x)^\lambda)$, et il faut montrer que $\liminf x^{-1} M_f(x)(\log x)^\lambda > 0$.

On procède comme pour la démonstration du th. 17. On pose :

$$R_\lambda = \text{ensemble des } f \text{ tels que } \liminf x^{-1} M_f(x)(\log x)^\lambda = 0.$$

Si $S_\lambda^+(N, 1, \omega)$ désigne la réunion des $S_\mu(N, 1, \omega)$ pour $\mu > \lambda$, on a $R_\lambda \supset S_\lambda^+(N, 1, \omega)$, et il s'agit de prouver qu'il y a *égalité*. Or R_λ jouit des deux propriétés suivantes :

(i) $f \in R_\lambda$ et $g \in S_\lambda^+(N, 1, \omega) \Rightarrow f + g \in R_\lambda$ (immédiat) ;

(ii) R_λ est stable par l'algèbre $\mathfrak{H}$ engendrée par les U_p et les T_p (cela se démontre comme le lemme 9, en utilisant (214)).

En combinant (i) et (ii) on en déduit (cf. démonstration du th. 17) que, si R_λ est distinct de $S_\lambda^+(N, 1, \omega)$, il contient un élément non nul f' qui est vecteur propre des U_p et des T_p et qui appartient à la somme directe des $S^\nu(N, 1, \omega)$ pour $\nu \geqslant \lambda$. Un tel f' contredit le th. 18. On a donc bien $R_\lambda = S_\lambda^+(N, 1, \omega)$, ce qui démontre le th. 19.

7.8. Exemple : $f = q \prod_{m=1}^{\infty} (1 - q^{12m})^2 = \eta^2(12z)$

On a :

$$f = q - 2q^{13} - q^{25} + 2q^{37} + q^{49} + 2q^{61} - 2q^{73} - 2q^{97} - 2q^{109} + q^{121} + 2q^{157} + 3q^{169} - 2q^{181} + 2q^{193} - 2q^{229} - 2q^{241} - \dots$$

La forme f est une forme parabolique de poids 1, de niveau $N = 2^4 3^2$ et de caractère ω tel que $\omega(p) = (-1)^{(p-1)/2}$ si $p \geqslant 5$. Elle est fonction propre des U_p ($p = 2, 3$) et des T_p ($p \geqslant 5$). La représentation correspondante est de type $\mathbf{D}_2$; elle est décrite dans [43], p. 242-244. L'exposant λ est égal à 3/4. D'après le th. 18, on a

(225) $$M_f(x) \sim \alpha x/(\log x)^{3/4}, \quad \text{avec } \alpha > 0.$$

Nous allons calculer α :

Proposition 19. — On a

(226) $$\alpha = \{2^{-1} 3^{-7} \pi^6 \log(2 + \sqrt{3})\}^{1/4} A^{1/2} / \Gamma(1/4),$$

avec $A = \prod_{p \equiv 1 \pmod{12}} (1 - p^{-2})$.

Un calcul approché de A, basé sur $p \leqslant 25\,000$, donne $A = 0{,}992\,44\ldots$ Comme $\Gamma(1/4) = 3{,}625\,609\,9\ldots$ et $\log(2+\sqrt{3}) = 1{,}316\,957\ldots$, on en déduit :

$$\alpha = 0{,}201\,54\ldots \tag{226'}$$

Démonstration de la prop. 19

L'extension galoisienne correspondant au groupe $\mathrm{PG} \simeq \mathbf{D}_2$ est le corps des racines 12-ièmes de l'unité $E = \mathbf{Q}(\sqrt{-1}, \sqrt{3})$, cf. [43], p. 243. On en déduit que, pour $p \geqslant 5$, la valeur propre a_p de T_p est $\neq 0$ si et seulement si p est totalement décomposé dans $E/\mathbf{Q}$, i.e. si $p \equiv 1 \pmod{12}$. D'autre part, les valeurs propres de U_2 et U_3 sont nulles. On déduit de là que $a_n(f)$ est $\neq 0$ si et seulement si $v_p(n) = 0$ pour $p = 2, 3$ et $v_p(n) \equiv 0 \pmod 2$ pour tout $p \equiv 5, 7$ ou $11 \pmod{12}$.

Posons alors, comme au nº 6.2 :

$$\varphi(s) = \sum_{n=1}^{\infty} a_n^0(f) n^{-s},$$

où $a_n^0(f)$ est égal à 0 ou 1 suivant que $a_n(f)$ est 0 ou $\neq 0$. Vu ce qui précède, on a :

$$\varphi(s) = \prod_p \varphi_p(s), \tag{227}$$

avec

$$\varphi_p(s) = \begin{cases} 1 & \text{si } p = 2 \text{ ou } 3, \\ 1/(1-p^{-s}) & \text{si } p \equiv 1 \pmod{12} \\ 1/(1-p^{-2s}) & \text{si } p \equiv 5, 7 \text{ ou } 11 \pmod{12}. \end{cases} \tag{228}$$

D'après le lemme 5 du nº 6.2, il existe une constante $u > 0$ telle que

$$\varphi(s) \sim u/(s-1)^{1/4} \quad \text{pour } s \to 1 \ (s \text{ réel} > 1), \tag{229}$$

et d'après (143) on a

$$\alpha = u/\Gamma(1/4). \tag{230}$$

Tout revient donc à calculer u.

Soit $\zeta_E(s)$ la fonction zêta du corps E. On a

$$\zeta_E(s) = \prod_p \zeta_{E,p}(s),$$

avec

$$\zeta_{E,p}(s) = \begin{cases} 1/(1-p^{-2s}) & \text{si } p = 2 \text{ ou } 3 \\ 1/(1-p^{-s})^4 & \text{si } p \equiv 1 \pmod{12} \\ 1/(1-p^{-2s})^2 & \text{si } p \equiv 5, 7, 11 \pmod{12}. \end{cases} \tag{231}$$

En comparant (228) et (231), on voit que

$$\varphi(s)^4 = \zeta_E(s)\psi(s), \tag{232}$$

avec

$$\psi(s) = \prod_{p=2,3} (1-p^{-2s}) \prod_{p \equiv 5, 7, 11 \ (\mathrm{mod}\ 12)} (1-p^{-2s})^{-2}. \tag{233}$$

La fonction ψ est holomorphe et non nulle en $s=1$. Si κ désigne le résidu de $\zeta_E(s)$ en $s=1$, la formule (232) montre que

$$\varphi(s) \sim (\kappa\psi(1))^{1/4}/(s-1)^{1/4} \quad \text{pour } s \to 1,$$

d'où

$$u = (\kappa\psi(1))^{1/4}. \tag{234}$$

Le résidu κ se calcule sans difficulté : on a

$$\kappa = L_\omega(1) L_\chi(1) L_{\chi\omega}(1), \tag{235}$$

où $L_\omega(s)$, $L_\chi(s)$ et $L_{\omega\chi}(s)$ sont les fonctions L associées aux trois corps quadratiques $\mathbf{Q}(\sqrt{-1})$, $\mathbf{Q}(\sqrt{3})$ et $\mathbf{Q}(\sqrt{-3})$. On trouve

$$L_\omega(1) = \pi/4, \quad L_\chi(1) = (\log(2+\sqrt{3}))/\sqrt{3} \quad \text{et} \quad L_{\omega\chi}(1) = \pi/3\sqrt{3},$$

d'où :

$$\kappa = \frac{\pi^2}{36}\log(2+\sqrt{3}). \tag{236}$$

On a d'autre part

$$\psi(1) = (1-1/4)(1-1/9) \prod_{p\equiv 5,\,7,\,11 \pmod{12}} (1-p^{-2})^{-2},$$

d'où, en multipliant par A^{-2} :

$$\psi(1)A^{-2} = (1-1/4)^3(1-1/9)^3 \prod_p (1-p^{-2})^{-2}$$

$$= (3/4)^3(8/9)^3(\pi^2/6)^2,$$

i.e.

$$\psi(1) = 2 \cdot 3^{-5}\pi^4 A^2.$$

En combinant cette égalité avec (234) et (236), on obtient

$$u^4 = 2^{-1}3^{-7}\pi^6 A^2 \log(2+\sqrt{3}),$$

d'où le résultat cherché, d'après (230).

§ 8. Applications aux courbes elliptiques

8.1. Notations et rappels (cf. [24], [28], [31], [40], [41])

Soit E une courbe elliptique sur $\mathbf{Q}$.

On note S_E l'ensemble des nombres premiers en lesquels E a mauvaise réduction; c'est un ensemble fini, qui est non vide d'après un théorème de Šafarevič ([35], voir aussi Ogg [31]).

Si p est un nombre premier n'appartenant pas à S_E, on note $\widetilde{E}(p)$ la réduction de E en p, π_p l'endomorphisme de Frobenius de $\widetilde{E}(p)$, et a_p la trace de π_p; on a

(237) $$a_p = 1 + p - A_p(E),$$

où $A_p(E)$ est le nombre de points de $\widetilde{E}(p)$ sur le corps $\mathbf{F}_p$.

Si n est un entier $\geqslant 1$, on note E_n le groupe des points $x \in E(\overline{\mathbf{Q}})$ tels que $nx = 0$; l'action de $\mathrm{Gal}(\overline{\mathbf{Q}}/\mathbf{Q})$ sur E_n définit un homomorphisme continu

$$\varphi_n : \mathrm{Gal}(\overline{\mathbf{Q}}/\mathbf{Q}) \to \mathrm{Aut}(E_n) \simeq \mathbf{GL}_2(\mathbf{Z}/n\mathbf{Z}).$$

Soit $S_{E,n}$ la réunion de S_E et de l'ensemble des diviseurs premiers de n. L'homomorphisme φ_n est non ramifié en dehors de $S_{E,n}$; si $p \notin S_{E,n}$, on a

(238) $$\mathrm{Tr}\, \varphi_n(\sigma_p) \equiv a_p \pmod n \quad \text{et} \quad \det \varphi_n(\sigma_p) \equiv p \pmod n,$$

où σ_p désigne la substitution de Frobenius de p.

Si ℓ est un nombre premier, les représentations φ_{ℓ^m} définissent par passage à la limite une représentation ℓ-adique

$$\rho_\ell : \mathrm{Gal}(\overline{\mathbf{Q}}/\mathbf{Q}) \to \varprojlim \mathrm{Aut}(E_{\ell^m}) \simeq \mathbf{GL}_2(\mathbf{Z}_\ell).$$

Cette représentation est non ramifiée en dehors de $S_{E,\ell}$, et l'on a, d'après (238) :

(239) $$\mathrm{Tr}\, \rho_\ell(\sigma_p) = a_p \quad \text{et} \quad \det \rho_\ell(\sigma_p) = p \quad \text{si } p \notin S_{E,\ell}.$$

Lorsque E n'a pas de multiplication complexe, i.e. lorsque $\mathrm{End}_{\overline{\mathbf{Q}}} E = \mathbf{Z}$, le groupe $G_\ell = \mathrm{Im}(\rho_\ell)$ est *ouvert* dans $\mathbf{GL}_2(\mathbf{Z}_\ell)$, et l'on a $G_\ell = \mathbf{GL}_2(\mathbf{Z}_\ell)$ pour tout ℓ sauf un nombre fini (cf. [41]).

8.2. Nombre des $p \leqslant x$ tels que a_p ait une valeur donnée

Soit $h \in \mathbf{Z}$. Si x est un nombre réel $\geqslant 2$, posons

(240) $$P_{E,h}(x) = \text{nombre des } p \leqslant x \text{ tels que } p \notin S_E \text{ et } a_p = h.$$

Théorème 20. — Supposons que E *n'ait pas de multiplication complexe. On a alors*

(241) $$P_{E,h}(x) = O(\mathrm{Li}(x)/\varepsilon(x)^{1/4}) \quad pour\ x \to \infty,$$

et, sous (GRH) :

(242_R) $$P_{E,h}(x) = O(\mathrm{Li}(x)/\varepsilon_R(x)^{1/4}) \quad pour\ x \to \infty,$$

où $\varepsilon(x)$ *et* $\varepsilon_R(x)$ *sont les fonctions définies au* n° 4.1.

De plus, lorsque $h \neq \pm 2$, *on peut remplacer l'exposant* 1/4 *de* (241) *et* (242_R) *par* 1/3, *et lorsque* $h = 0$, *on peut le remplacer par* 1/2.

En particulier :

Corollaire 1. — Si $h \neq \pm 2$, *on a*

(243) $$P_{E,h}(x) = O(x/(\log x)^{4/3-\delta}) \quad pour\ tout\ \delta > 0,$$

et, sous (GRH),

(244_R) $$P_{E,h}(x) = O(x^{5/6}/(\log x)^{1/3}).$$

Corollaire 2. — On a

(245) $$P_{E,0}(x) = O(x/(\log x)^{3/2-\delta}) \quad pour\ tout\ \delta > 0,$$

et, sous (GRH),

(246_R) $$P_{E,0}(x) = O(x^{3/4}).$$

Démonstration du th. 20

C'est essentiellement la même que celle du th. 15 :

i) *Cas général*

On choisit un nombre premier ℓ. On applique le th. 10 du n° (4.1) au groupe de Galois $G_\ell = \mathrm{Im}(\rho_\ell)$, et à la partie $C_{\ell,h}$ de G_ℓ formée des éléments $s \in G_\ell$ tels que $\mathrm{Tr}(s) = h$. Avec les notations du n° (4.1), on a $\dim G_\ell = 4$, $\dim C_{\ell,h} = 3$, d'où $\alpha = 1/4$, et l'on obtient le résultat cherché.

ii) *Le cas* $h \neq 0, 2, -2$

On choisit ℓ de la manière suivante :

ii$_1$) $\ell = 2$ si h est de la forme $\pm 2^m$, $m = 0$ ou $m \geqslant 2$;
ii$_2$) $\ell =$ facteur premier impair de h sinon.

On définit G_ℓ et $C_{\ell,h}$ comme dans le cas i).

Lemme 10. — *Pour tout* $s \in C_{\ell,h}$, *on a* $\mathrm{Tr}(s)^2 - 4\det(s) \neq 0$.

Supposons que $\mathrm{Tr}(s)^2 = 4\det(s)$. Comme $\mathrm{Tr}(s) = h$, et que $\det(s)$ est une unité ℓ-adique, on en conclut que $v_\ell(h) = v_\ell(2)$, où v_ℓ désigne la valuation ℓ-adique. Mais c'est impossible :

dans le cas ii$_1$), on a $v_\ell(2) = 1$ et $v_\ell(h) \neq 1$,
dans le cas ii$_2$), on a $v_\ell(2) = 0$ et $v_\ell(h) \geqslant 1$.

D'où le lemme.

Ainsi, pour tout $s \in C_{\ell,h}$, les valeurs propres de s sont distinctes : l'élément s est « régulier » dans $\mathbf{GL}_2$, et la dimension $r(s)$ de sa classe de conjugaison est égale à 2. On peut alors appliquer le th. 12 du n° 5.1 avec

$$\beta = (4-3)/(4-2/2) = 1/3,$$

et l'on a bien remplacé l'exposant $1/4$ par $1/3$.

iii) *Le cas* $h = 0$

On procède comme dans le cas i), mais l'on remplace le groupe G_ℓ par son image G'_ℓ dans $\mathbf{PGL}_2(\mathbf{Z}_\ell)$, qui est un groupe de Lie de dimension 3, cf. n° 7.3, iii). Cela a pour effet de remplacer $C_{\ell,0}$ par l'ensemble C'_ℓ des éléments de G'_ℓ d'ordre 2; comme les éléments de C'_ℓ sont réguliers dans $\mathbf{PGL}_2$, on peut appliquer le th. 12 du n° 5.1, avec

$$\beta = (3-2)/(3-2/2) = 1/2.$$

D'où le résultat cherché.

Remarques

1) A la place de la représentation ℓ-adique ρ_ℓ (avec ℓ fixé), on peut utiliser les représentations φ_ℓ (avec ℓ variable) à valeurs dans les groupes $\mathbf{GL}_2(\mathbf{F}_\ell)$. Grâce au th. 11 du n° 4.6, on obtient ainsi les formules (241) et (242_R) du th. 20, avec le même exposant $\alpha = 1/4$. Toutefois, je ne sais pas obtenir par cette méthode les améliorations de α données ci-dessus pour $h \neq \pm 2$.

2) Le th. 20 s'étend aux courbes elliptiques définies sur un corps de nombres quelconque. La démonstration est la même.

3) Disons que l'entier h est *permis* (pour la courbe E) si, pour tout $n \geqslant 1$, il existe $s \in \mathrm{Im}(\varphi_n)$ tel que $\mathrm{Tr}(s) \equiv h \pmod{n}$. Par exemple, 2 et 0 sont permis (prendre pour s l'élément neutre, et la conjugaison complexe, respectivement); 1 n'est pas toujours permis.

Si h n'est pas permis, la formule (238) montre que $a_p \neq h$ pour tout p assez grand; on a $P_{E,h}(x) = O(1)$.

Par contre, si h est permis, il est vraisemblable que $P_{E,h}(x)$ *tend vers l'infini* avec x. Lang et Trotter ([24]) ont même conjecturé que

$$(247?) \qquad P_{E,h}(x) \sim C_h(E)\, x^{1/2}/\log x \quad \text{pour } x \to \infty,$$

où $C_h(E)$ est un nombre >0 dont on trouvera la valeur dans [24]. La majoration de $P_{E,h}(x)$ donnée par le th. 20 n'est donc probablement pas optimale, même sous (GRH), et même dans le cas le plus favorable, qui est $h=0$ (cas « supersingulier »).

4) Soit K un corps quadratique imaginaire. Notons $P_{E,K}(x)$ le nombre des $p \leqslant x$, $p \notin S_E$, tels que le corps $\mathbf{Q}(\pi_p)$ engendré par l'endomorphisme de Frobenius de $\widetilde{E}(p)$ soit isomorphe à K. Dans [24], Lang et Trotter conjecturent que

$$(248_?) \qquad P_{E,K}(x) \sim C_K(E)\, x^{1/2}/\log x, \quad \text{avec } C_K(E)>0.$$

Cette conjecture semble au moins aussi difficile que la précédente — elle-même analogue au classique problème des nombres premiers de la forme $1+n^2$. A défaut de la démontrer, on peut se demander si l'on peut donner une *majoration* non triviale de $P_{E,K}(x)$ pour $x \to \infty$. Il en est bien ainsi. On peut prouver que :

$$(249) \qquad P_{E,K}(x) = O(x/(\log x)^{\gamma}) \quad \text{avec } \gamma>1,$$

et, sous (GRH) :

$$(250_R) \qquad P_{E,K}(x) = O(x^{\delta}) \quad \text{avec } \delta<1.$$

La démonstration combine des arguments de style « Chebotarev » avec une technique de crible à la Selberg; elle est trop longue pour être donnée ici.

8.3. Comparaison de deux courbes elliptiques

Soient E et E' deux courbes elliptiques sur $\mathbf{Q}$. Nous conservons pour E les notations S_E, a_p, E_n, φ_n, ρ_ℓ définies au nº 8.1, et nous utilisons pour E' les notations analogues $S_{E'}$, a'_p, E'_n, φ'_n et ρ'_ℓ. Deux cas sont possibles :

(a) les représentations ℓ-adiques ρ_ℓ et ρ'_ℓ sont isomorphes (pour un ℓ, ou pour tout ℓ, cela revient au même, cf. [40], p. IV-15); on a alors $S_E = S_{E'}$ et $a_p = a'_p$ pour tout $p \notin S_E$;

(b) les représentations ρ_ℓ et ρ'_ℓ ne sont pas isomorphes; l'ensemble des p tels que $a_p \neq a'_p$ est alors de densité >0 ([40], *loc. cit.*).

Le cas *(a)* se produit lorsque E et E' sont $\mathbf{Q}$-isogènes. On conjecture qu'il ne se produit que dans ce cas, mais on ne sait le démontrer que lorsque E ou E' a des multiplications complexes, ou lorsque l'invariant modulaire de E ou E' n'appartient pas à $\mathbf{Z}$ ([40], p. IV-14).

Théorème 21. — Supposons que l'on soit dans le cas (b), i.e. que l'ensemble des p tels que $a_p \neq a'_p$ soit infini. Soit S *un ensemble fini de nombres premiers contenant* S_E *et* $S_{E'}$; *posons* $N_S = \prod_{\ell \in S} \ell$.

Soit $p=p(\mathrm{E}, \mathrm{E}', \mathrm{S})$ *le plus petit nombre premier n'appartenant pas à* S *tel que* $a_p \neq a'_p$. *Sous* (GRH), *on a alors*

6 (251$_\mathrm{R}$) $$p \leqslant c_{34}(\log \mathrm{N_S})^2(\log\log 2\mathrm{N_S})^{12},$$

où c_{34} *est une constante absolue.*

(Noter que $\mathrm{N_S} \geqslant 2$, puisque S contient $\mathrm{S_E}$, qui est non vide; par suite $\log \mathrm{N_S}$ et $\log\log 2\mathrm{N_S}$ sont >0.)

On peut reformuler le th. 21 en disant que, sous (GRH), si l'on vérifie que $a_p = a'_p$ pour tout $p \notin \mathrm{S}$ satisfaisant à (251$_\mathrm{R}$), alors $a_p = a'_p$ pour tout $p \notin \mathrm{S_E} = \mathrm{S_{E'}}$.

Démonstration du th. 21

Commençons par deux lemmes élémentaires :

Lemme 11. — Il existe une constante absolue $c_{23} > 0$ *telle que*

(252) $$\sum_{\ell \leqslant x} \log \ell \geqslant c_{23}\, x \quad \textit{pour tout} \quad x \geqslant 2.$$

(Précisons que la sommation porte sur les nombres *premiers* ℓ qui sont $\leqslant x$.)

Ce lemme résulte du théorème des nombres premiers — ou même simplement de la version plus faible due à Chebyshev.

Lemme 12. — Si n est un entier >0, *il existe un nombre premier* ℓ *tel que*

(253) $$n \not\equiv 0 \pmod{\ell} \quad \textit{et} \quad \ell \leqslant c_{24} \log 2n,$$

où c_{24} *est une constante absolue.*

Prenons $c_{24} = \mathrm{Sup}(2/\log 2, 1/c_{23})$. Si le nombre premier cherché ℓ n'existait pas, n serait divisible par tous les $\ell \leqslant x$, où $x = c_{24}\log 2n$. On aurait alors $n \geqslant \prod_{\ell \leqslant x} \ell$, i.e.

$$\log n \geqslant \sum_{\ell \leqslant x} \log \ell.$$

Par hypothèse, on a $x \geqslant c_{24}\log 2 \geqslant 2$, et le lemme 11 montre que

$$\sum_{\ell \leqslant x} \log \ell \geqslant c_{23} x = c_{23}c_{24}\log 2n \geqslant \log 2n.$$

On aurait donc $\log n \geqslant \log 2n$, ce qui est absurde.

(Les valeurs optimales de c_{23} et c_{24} sont $c_{23} = \frac{1}{3}\log 2$ et $c_{24} = 2/\log 2$.)

Revenons à la démonstration du th. 21. Il s'agit de majorer le nombre premier $p = p(\mathrm{E}, \mathrm{E}', \mathrm{S})$. Par hypothèse, l'entier $n = |a_p - a'_p|$ est >0. Choisissons un nombre premier ℓ satisfaisant à la condition (253) du lemme 12. On a :

(254) $$a_p \not\equiv a'_p \pmod{\ell}$$

et

(255) $$\ell \leqslant c_{24}\log(2|a_p - a'_p|).$$

D'après un théorème de Hasse, on a

(256) $|a_p| \leqslant 2p^{1/2}$ et $|a'_p| \leqslant 2p^{1/2}$

d'où

(257) $|a_p - a'_p| \leqslant 4p^{1/2}$.

Vu (255), cela entraîne

(258) $\ell \leqslant c_{24} \log 8p^{1/2} \leqslant c_{25} \log p$,

où c_{25} est une constante absolue >0. En particulier, on a

(259) $\ell \neq p$

sauf si p est inférieur à une constante absolue c_{26} (auquel cas il n'y a rien à démontrer).

Les représentations

$$\varphi_\ell : \mathrm{Gal}(\overline{\mathbf{Q}}/\mathbf{Q}) \to \mathbf{GL}_2(\mathbf{F}_\ell) \quad \text{et} \quad \varphi'_\ell : \mathrm{Gal}(\overline{\mathbf{Q}}/\mathbf{Q}) \to \mathbf{GL}_2(\mathbf{F}_\ell)$$

associées aux courbes E et E', ainsi qu'au nombre premier ℓ, définissent un homomorphisme

$$\psi_\ell : \mathrm{Gal}(\overline{\mathbf{Q}}/\mathbf{Q}) \to \mathbf{GL}_2(\mathbf{F}_\ell) \times \mathbf{GL}_2(\mathbf{F}_\ell).$$

Soit $G_\ell \subset \mathbf{GL}_2(\mathbf{F}_\ell) \times \mathbf{GL}_2(\mathbf{F}_\ell)$ l'image de ψ_ℓ et soit C_ℓ le sous-ensemble de G_ℓ formé des couples (s, s') tels que $\mathrm{Tr}(s) \neq \mathrm{Tr}(s')$. Si q est un nombre premier n'appartenant pas à $S_\ell = S \cup \{\ell\}$, la représentation ψ_ℓ est non ramifiée en q, et l'on peut parler de la substitution de Frobenius de q :

$$\psi_\ell(\sigma_q) = (\varphi_\ell(\sigma_q), \varphi'_\ell(\sigma_q));$$

c'est un élément de G_ℓ, défini à conjugaison près; nous le noterons (s_q, s'_q). Vu (238), on a

$$\mathrm{Tr}(s_q) \equiv a_q \pmod{\ell} \quad \text{et} \quad \mathrm{Tr}(s'_q) \equiv a'_q \pmod{\ell}.$$

Il en résulte que (s_q, s'_q) *appartient à* C_ℓ *si et seulement si l'on a*

(260) $a_q \not\equiv a'_q \pmod{\ell}$.

D'après (254) et (259), cette condition est satisfaite si $q = p$. On a donc $(s_p, s'_p) \in C_\ell$, ce qui montre que C_ℓ *est non vide.*

Soit maintenant H_ℓ l'intersection de G_ℓ avec le groupe des homothéties (λ, λ), où λ parcourt $\mathbf{F}_\ell^*$. Il est clair que C_ℓ est stable par H_ℓ, donc est image réciproque d'une partie non vide C'_ℓ du groupe quotient $G'_\ell = G_\ell / H_\ell$.

Lemme 13. — On a $|G'_\ell| < 2\ell^6$.

L'homomorphisme canonique

$$G_\ell \to \mathbf{GL}_2(\mathbf{F}_\ell) \times \mathbf{GL}_2(\mathbf{F}_\ell) \to \mathbf{PGL}_2(\mathbf{F}_\ell) \times \mathbf{PGL}_2(\mathbf{F}_\ell)$$

a pour noyau l'intersection $\widetilde{H}_\ell$ de G_ℓ avec le groupe des (λ, μ), où λ et μ parcourent $\mathbf{F}_\ell^*$. Il est clair que $\widetilde{H}_\ell$ contient H_ℓ. D'autre part, si $(s, s') \in G_\ell$, on a $\det(s) = \det(s')$ d'après

(238); il en résulte que, si $(\lambda, \mu) \in \widetilde{H}_\ell$, on a $\lambda^2 = \mu^2$, d'où $\lambda = \pm\mu$; cela montre que $(\widetilde{H}_\ell : H_\ell) = 1$ ou 2. D'où :

$$|G_\ell/H_\ell| \leqslant 2|G_\ell/\widetilde{H}_\ell| \leqslant 2|\mathbf{PGL}_2(\mathbf{F}_\ell)|^2 \leqslant 2(\ell^3-\ell)^2 < 2\ell^6,$$

ce qui démontre le lemme.

[On a en fait $|G'_\ell| \leqslant (\ell^3-\ell)^2 < \ell^6$, mais la majoration ci-dessus nous suffira.]

Lemme 14. — Sous (GRH), *il existe* $q \notin S_\ell$ *tel que* $a_q \not\equiv a'_q \pmod{\ell}$ *et*

$$(261_R) \qquad q \leqslant c_{27}\ell^{12}(\log \ell + \log N_S)^2,$$

où c_{27} *est une constante absolue.*

Soit L le sous-corps de $\overline{\mathbf{Q}}$ fixé par le noyau de l'homomorphisme

$$\mathrm{Gal}(\overline{\mathbf{Q}}/\mathbf{Q}) \to G_\ell \to G'_\ell.$$

L'extension $L/\mathbf{Q}$ est galoisienne, de groupe de Galois G'_ℓ. Elle est non ramifiée en dehors de S_ℓ. Appliquons alors le th. 6 du n° 2.5 à cette extension, et à une classe de conjugaison de G'_ℓ contenue dans C'_ℓ. On en conclut, sous (GRH), qu'il existe un nombre premier $q \notin S_\ell$ dont la substitution de Frobenius appartient à C'_ℓ, et qui satisfait à l'inégalité

$$(262_R) \qquad q \leqslant c_{12}n^2(\log n + \log N_S + \log \ell)^2,$$

où $n = [L:\mathbf{Q}] = |G'_\ell|$. La première propriété équivaut à

$$a_q \not\equiv a'_q \pmod{\ell},$$

on l'a vu. Quant à la majoration (262_R), combinée avec l'inégalité $n < 2\ell^6$ du lemme 13, elle entraîne bien (261_R) si c_{27} est assez grand.

Si q satisfait aux conditions du lemme 14, on a évidemment $a_q \neq a'_q$. Vu la minimalité de p, cela entraîne $p \leqslant q$, d'où, d'après (261_R) :

$$(263_R) \qquad p \leqslant c_{27}\ell^{12}(\log \ell + \log N_S)^2.$$

Mais, d'après (258), on a $\ell \leqslant c_{25} \log p$. L'inégalité (263_R) entraîne donc

$$(264_R) \qquad p \leqslant c_{28}(\log p)^{12}(\log\log p + \log N_S)^2,$$

où c_{28} est une constante absolue >0.

Il reste maintenant à déduire (251_R) de (264_R). Cela ne présente pas de difficulté. En divisant les deux membres de (264_R) par $(\log p)^{14}$, on obtient

$$(265_R) \qquad p/(\log p)^{14} \leqslant c_{29}(1 + \log N_S)^2 \leqslant c_{30}(\log 2N_S)^2.$$

Comme $x^{1/2} \leqslant c_{31}x/(\log x)^{14}$ pour $x \geqslant 2$, cela implique

$$(266_R) \qquad p^{1/2} \leqslant c_{32}(\log 2N_S)^2$$

d'où

$$(267_R) \qquad \log p \leqslant c_{33} \log\log 2N_S;$$

en portant dans (264_R), cela donne

$$p \leqslant c_{28}(c_{33})^2(\log\log 2N_S)^{12}(\log c_{33} + \log\log\log 2N_S + \log N_S)^2,$$

d'où

$$p \leqslant c_{34}(\log\log 2N_S)^{12}(\log N_S)^2$$

si c_{34} est assez grand.

Variantes

L'exposant 12 de (251_R) provient de l'exposant 6 du lemme 13, lui-même égal à la dimension du groupe $\mathbf{PGL}_2 \times \mathbf{PGL}_2$. On peut l'abaisser si l'on sait que l'image de G_ℓ dans $\mathbf{PGL}_2(\mathbf{F}_\ell) \times \mathbf{PGL}_2(\mathbf{F}_\ell)$ est sensiblement plus petite que le groupe entier. Par exemple :

Théorème 21'. — Supposons que E' *se déduise de* E *par « torsion » au moyen d'un caractère quadratique, i.e. que* $a'_p/a_p = \pm 1$ *pour tout* $p \notin S$. *Sous les hypothèses du th. 21, on a alors :*

(268_R) $$p \leqslant c_{35}(\log N_S)^2(\log\log 2N_S)^6,$$

où c_{35} *est une constante absolue.*

L'hypothèse signifie qu'il existe un caractère continu

$$\varepsilon : \mathrm{Gal}(\overline{\mathbf{Q}}/\mathbf{Q}) \to \{\pm 1\}$$

tel que $\varphi'_n(g) = \varepsilon(g)\varphi_n(g)$ pour tout $g \in \mathrm{Gal}(\overline{\mathbf{Q}}/\mathbf{Q})$ et tout $n \geqslant 1$. L'image de G_ℓ par l'homomorphisme

$$G_\ell \to \mathbf{GL}_2(\mathbf{F}_\ell) \times \mathbf{GL}_2(\mathbf{F}_\ell) \to \mathbf{PGL}_2(\mathbf{F}_\ell) \times \mathbf{PGL}_2(\mathbf{F}_\ell)$$

est contenue dans le *sous-groupe diagonal* de $\mathbf{PGL}_2(\mathbf{F}_\ell) \times \mathbf{PGL}_2(\mathbf{F}_\ell)$; son ordre est $< \ell^3$. Comme dans la démonstration du lemme 13 on déduit de là que $|G'_\ell| < 2\ell^3$; le lemme 14 est alors valable avec ℓ^{12} remplacé par ℓ^6 (et c_{27} remplacé par une autre constante absolue); il en est de même de (263_R) et (264_R), et l'on en déduit (268_R) par le même argument que ci-dessus.

Remarques

1) Des arguments analogues montrent que, si E (resp. E et E') a des multiplications complexes, l'exposant 12 peut être remplacé par 8 (resp. par 4).

2) A la place de l'équation $a_p = a'_p$, on aurait pu considérer une équation plus générale, par exemple

(269) $$F(p, a_p, a'_p) = 0 \quad (\text{pour } p \notin S),$$

où F est un polynôme à trois variables. On aurait obtenu le résultat suivant :

ou bien $F(p, a_p, a'_p) = 0$ *pour tout* $p \notin S$,

ou bien il existe une infinité de $p \notin S$ *tels que* $F(p, a_p, a'_p) \neq 0$, *et, si l'on appelle* p_F *le plus petit de ceux-là, on a, sous* (GRH),

(270_R) $$p_F \leqslant c(F)(\log N_S)^2(\log\log 2N_S)^{14},$$

où $c(F)$ *est un nombre* > 0 *qui ne dépend que de* F. Si de plus F est isobare (la première variable étant de poids 2, et les deux autres de poids 1), l'exposant 14 peut être remplacé par 12.

Il y a des résultats analogues pour trois (ou quatre...) courbes elliptiques, ou pour des systèmes rationnels de représentations ℓ-adiques (cf. [40]) qui satisfont à une « conjecture de Weil » semblable à (236). Dans chaque cas, on trouve une borne en

$$(\log N_S)^2 (\log \log N_S)^{2d},$$

où d est la dimension (comme groupe algébrique) du groupe de Galois qui intervient.

3) Il serait intéressant d'obtenir une majoration effective de $p = p(E, E', S)$ qui
7 n'utilise pas (GRH). Je n'y suis pas parvenu.

8.4. Groupes de Galois des points de ℓ-division

Supposons E *sans multiplication complexe.* Comme on l'a rappelé au n° 8.1, les représentations ℓ-adiques

$$\rho_\ell : \mathrm{Gal}(\overline{\mathbf{Q}}/\mathbf{Q}) \to \mathbf{GL}_2(\mathbf{Z}_\ell)$$

sont surjectives pour ℓ assez grand. Nous allons préciser ce résultat.

Posons

$$N_E = \prod_{\ell \in S_E} \ell. \tag{271}$$

Théorème 22. — Sous (GRH), *on a* $\mathrm{Im}(\rho_\ell) = \mathbf{GL}_2(\mathbf{Z}_\ell)$ *pour tout nombre premier* ℓ *tel que*

$$\ell \geqslant c_{36} (\log N_E)(\log \log 2N_E)^3, \tag{272_R}$$

où c_{36} *est une constante absolue.*

De façon plus précise, on va montrer, sous (GRH), que ρ_ℓ est surjectif pour tout ℓ satisfaisant aux deux conditions suivantes :

$$\ell \geqslant 19 \quad \text{et} \quad \ell \neq 37, \tag{273}$$

$$\ell \geqslant 2(c_{35})^{1/2} (\log N_E)(\log \log 2N_E)^3, \tag{274_R}$$

où c_{35} est la constante du th. 21′.

Le lemme suivant permet de se ramener au groupe

$$G_\ell = \mathrm{Im}(\varphi_\ell) \subset \mathbf{GL}_2(\mathbf{F}_\ell).$$

Lemme 15. — Supposons $\ell \geqslant 5$. *On a* $G_\ell = \mathbf{GL}_2(\mathbf{F}_\ell)$ *si et seulement si* $\mathrm{Im}(\rho_\ell) = \mathbf{GL}_2(\mathbf{Z}_\ell)$.

Posons $\Gamma_\ell = \mathrm{Im}(\rho_\ell)$; l'image de Γ_ℓ dans $\mathbf{GL}_2(\mathbf{F}_\ell)$ par réduction modulo ℓ est G_ℓ. Cela montre que $\Gamma_\ell = \mathbf{GL}_2(\mathbf{Z}_\ell) \Rightarrow G_\ell = \mathbf{GL}_2(\mathbf{F}_\ell)$. Posons d'autre part

$$\Gamma_\ell^1 = \Gamma_\ell \cap \mathbf{SL}_2(\mathbf{Z}_\ell) \quad \text{et} \quad G_\ell^1 = G_\ell \cap \mathbf{SL}_2(\mathbf{F}_\ell).$$

Ces groupes sont les noyaux des homomorphismes

$$\det : \Gamma_\ell \to \mathbf{Z}_\ell^* \quad \text{et} \quad \det : G_\ell \to \mathbf{F}_\ell^* ;$$

ces homomorphismes sont surjectifs, d'après (239). Il s'ensuit que la réduction modulo ℓ
8 applique Γ_ℓ^1 *sur* G_ℓ^1. Si l'on suppose que $G_\ell = \mathbf{GL}_2(\mathbf{F}_\ell)$, on a $G_\ell^1 = \mathbf{SL}_2(\mathbf{F}_\ell)$, et, pour

$\ell \geqslant 5$, le lemme 3 de [40], p. IV-23, montre que $\Gamma_\ell^1 = \mathbf{SL}_2(\mathbf{Z}_\ell)$, d'où $\Gamma_\ell = \mathbf{GL}_2(\mathbf{Z}_\ell)$, ce qui achève de prouver le lemme 15.

Nous n'avons donc à nous occuper que du groupe $G_\ell \subset \mathbf{GL}_2(\mathbf{F}_\ell)$. Notons PG_ℓ l'image de ce groupe dans le groupe projectif $\mathbf{PGL}_2(\mathbf{F}_\ell)$. Pour prouver que $G_\ell = \mathbf{GL}_2(\mathbf{F}_\ell)$, il suffit de montrer que PG_ℓ est égal à $\mathbf{PGL}_2(\mathbf{F}_\ell)$, ou même seulement que PG_ℓ *contient* le groupe $\mathbf{PSL}_2(\mathbf{F}_\ell)$ (qui est un sous-groupe simple, d'indice 2, de $\mathbf{PGL}_2(\mathbf{F}_\ell)$). Or on sait (cf. par exemple [41], § 2) que tout sous-groupe H de $\mathbf{PGL}_2(\mathbf{F}_\ell)$ ne contenant pas $\mathbf{PSL}_2(\mathbf{F}_\ell)$ possède l'une des propriétés suivantes :

(i) H est contenu dans un sous-groupe de Borel de $\mathbf{PGL}_2(\mathbf{F}_\ell)$;

(ii) H est contenu dans un sous-groupe de Cartan non déployé C_ℓ de $\mathbf{PGL}_2(\mathbf{F}_\ell)$;

(iii) H est isomorphe à $\mathfrak{A}_4$, $\mathfrak{S}_4$ ou $\mathfrak{A}_5$;

(iv) H est contenu dans le normalisateur N_ℓ d'un sous-groupe de Cartan C_ℓ de $\mathbf{PGL}_2(\mathbf{F}_\ell)$, et n'est pas contenu dans C_ℓ.

Nous allons éliminer ces diverses possibilités :

Lemme 16. — Le cas (i) *est impossible si ℓ satisfait à* (273).

Cela résulte d'un théorème de Mazur [29], compte tenu de ce que E n'a pas de multiplication complexe.

Lemme 17. — Le cas (ii) *est impossible pour $\ell \geqslant 3$.*

Cela résulte de ce que G_ℓ contient un élément de valeurs propres 1 et -1, à savoir celui défini par la conjugaison complexe (cf. [41], § 5.2 iii)).

Lemme 18. — Le cas (iii) *est impossible pour $\ell \geqslant 17$.*

On a vu ci-dessus que $H = PG_\ell$ n'est pas contenu dans le sous-groupe $\mathbf{PSL}_2(\mathbf{F}_\ell)$ de $\mathbf{PGL}_2(\mathbf{F}_\ell)$. Or $\mathfrak{A}_4$ et $\mathfrak{A}_5$ sont contenus dans $\mathbf{PSL}_2(\mathbf{F}_\ell)$, et il en est de même de $\mathfrak{S}_4$ si $\ell \equiv \pm 1 \pmod 8$. Reste à éliminer le cas où $H \simeq \mathfrak{S}_4$ et $\ell \equiv \pm 3 \pmod 8$. Cela se fait au moyen du résultat suivant (cf. [28], p. 36) :

Lemme 18'. — Le groupe d'inertie de $H = PG_\ell$ *en ℓ contient un élément d'ordre* $\geqslant (\ell - 1)/4$.

(Lorsque $\ell > 17$, ce lemme montre que H contient un élément d'ordre > 4, donc n'est pas isomorphe à $\mathfrak{S}_4$; le cas $\ell = 17$ est exclu grâce au fait que $17 \equiv 1 \pmod 8$.)

Pour prouver le lemme 18', on distingue deux cas :

a) L'invariant modulaire j de E *n'est pas entier en ℓ.*

Il existe alors une extension de degré $\leqslant 2$ du corps $\mathbf{Q}_\ell$ sur laquelle E devient une « courbe de Tate », cf. [41], § 1.12. On en déduit *(loc. cit.)* que le groupe d'inertie modérée de H en ℓ contient un sous-groupe cyclique d'ordre $\geqslant (\ell - 1)/2$.

b) L'invariant modulaire j de E *est entier en ℓ.*

Il y a bonne réduction « potentielle », cf. [41], § 5.6. Comme $\ell \neq 2, 3$, cela entraîne l'existence d'une extension finie K de $\mathbf{Q}_\ell$, avec indice de ramification e égal à 1, 2, 3, 4 ou 6, sur laquelle E a bonne réduction; de plus, le cas $e=6$ peut être ramené par « torsion » au moyen d'un caractère quadratique au cas $e=3$ (noter que la « torsion » ne change pas le groupe PG_ℓ). On peut donc supposer que $e \leqslant 4$.

Identifions alors E (sur l'anneau des entiers de K) à une cubique $y^2=x^3+Ax+B$ à discriminant inversible, et soit

$$[\ell](t)=\ell t+\ldots+a_\ell t^\ell+\ldots \quad (\text{avec } t=x/y)$$

la série formelle donnant la multiplication par ℓ dans le groupe formel défini par E (cf. [41], § 1.11). Soit $f=v_K(a_\ell)$ la valuation du coefficient a_ℓ. Il y a trois possibilités :

b_1) $f=0$.

La réduction de E est de hauteur 1. Il résulte alors de [41], prop. 11, que le groupe d'inertie de H en ℓ contient un élément d'ordre $(\ell-1)/e'$, où $e'=(e,\ell-1)\leqslant 4$.

b_2) $1 \leqslant f < e\ell/(\ell+1)$.

La réduction de E est de hauteur 2, et le polygone de Newton de $[\ell](t)$ est formé de deux segments de pentes distinctes, à savoir $(e-f)/(\ell-1)$ et $f/(\ell^2-\ell)$. Comme la seconde de ces pentes n'est pas ℓ-entière, cela entraîne que le groupe d'inertie de G_ℓ en ℓ contient un élément d'ordre ℓ, et il en est de même de $H=PG_\ell$.

b_3) $f \geqslant e\ell/(\ell+1)$.

La réduction de E est de hauteur 2, et le polygone de Newton de $[\ell](t)$ est formé d'un seul segment de pente $e/(\ell^2-1)$. D'après [41], prop. 10, les caractères de l'inertie modérée (sur le corps de base K) qui interviennent dans E_p sont les puissances e-ièmes des deux caractères fondamentaux de niveau 2, au sens de [41]. On en déduit que le groupe d'inertie de H en ℓ contient un élément d'ordre $(\ell+1)/e''$, où $e''=(\ell+1,e)\leqslant 4$. Cela achève la démonstration du lemme 18'.

Reste le cas (iv) :

Lemme 19. — Sous (GRH), *le cas* (iv) *est impossible si ℓ satisfait à* (274_R) *et* $\ell \geqslant 5$.

Supposons que ℓ satisfasse à (iv), i.e. soit contenu dans le normalisateur N_ℓ d'un sous-groupe de Cartan C_ℓ, sans être contenu dans C_ℓ. Soit ε le caractère d'ordre 2 de $\mathrm{Gal}(\overline{\mathbf{Q}}/\mathbf{Q})$ défini par

$$\mathrm{Gal}(\overline{\mathbf{Q}}/\mathbf{Q}) \to G_\ell \to PG_\ell \to N_\ell \to N_\ell/C_\ell \simeq \{\pm 1\}.$$

D'après [41], p. 317, ε est *non ramifié en dehors de* S_E. De plus, si l'on identifie comme d'ordinaire ε à un caractère de Dirichlet, on a

(275) $\qquad a_p \equiv 0 \pmod{\ell}$ pour tout $p \notin S_E$ tel que $\varepsilon(p)=-1$,

cf. [41], p. 317, (c_5).

Soit alors E' la courbe elliptique déduite de E par torsion au moyen de ε. Du fait que ε est non ramifié en dehors de S_E, la courbe E′ a bonne réduction en dehors de S_E. Avec les notations du n° 8.3, on a

(276) $a'_p = \varepsilon(p) a_p$ pour tout $p \notin S_E$.

De plus, il existe des p tels que $a'_p \neq a_p$: sinon, en effet, on aurait $a_p = 0$ pour tout p tel que $\varepsilon(p) = -1$, et cela contredirait l'hypothèse que E n'a pas de multiplication complexe (cf. th. 20 par exemple). On peut donc appliquer le th. 21′ aux courbes E et E′, avec $S = S_E$. On en déduit, sous (GRH), qu'il existe un nombre premier $p \notin S_E$ tel que :

(277_R) $a'_p \neq a_p$

et

(278_R) $p \leqslant c_{35}(\log N_E)^2(\log\log 2N_E)^6$.

La propriété (277_R) équivaut à $\varepsilon(p) = -1$ et $a_p \neq 0$. Vu (275), il en résulte que ℓ divise a_p. Comme $a_p \neq 0$, cela entraîne $\ell \leqslant |a_p|$, d'où

(279_R) $\ell < 2p^{1/2}$, d'après (256).

Compte tenu de (278_R), on obtient

$$\ell < 2(c_{35})^{1/2}(\log N_E)(\log\log 2N_E)^3,$$

ce qui contredit (274_R), et achève la démonstration.

Questions

9 1) Peut-on démontrer un résultat analogue au th. 22 *sans supposer* (GRH)?

2) La condition $\ell \geqslant 41$ *suffit-elle* à assurer que ρ_ℓ est surjectif?

3) Peut-on étendre le th. 22 aux courbes elliptiques définies sur *un corps de nombres* quelconque?

BIBLIOGRAPHIE

[1] E. Artin, Über eine neue Art von L-Reihen, *Hamb. Abh.*, **3** (1923), 89-108 (= *Coll. Papers*, 105-124).

[2] N. Bourbaki, *Variétés différentielles et analytiques. Fascicule de résultats*, Paris, Hermann, 1971.

[3] N. Bourbaki, *Groupes et Algèbres de Lie*, chapitre II : « Algèbres de Lie libres »; chapitre III : « Groupes de Lie », Paris, Hermann, 1972.

[4] S. Chowla, On the least prime in an arithmetic progression, *J. Indian Math. Soc.*, **1** (1934), 1-3.

[5] R. Dedekind, Über die Diskriminanten endlicher Körper, *Gött. Abh.*, **29** (1882), 1-56 (= *Ges. Math. Werke*, I, 351-397).

[6] R. Dedekind, *Vorlesungen über Zahlentheorie von P. G. Lejeune-Dirichlet*, 4ᵉ éd., Braunschweig, 1893 (réimpr. : New York, Chelsea, 1968).

[7] P. Deligne, Formes modulaires et représentations ℓ-adiques, Sém. Bourbaki 1968-1969, exposé 355, *Lecture Notes in Math.*, **179**, Springer-Verlag, 1971, 139-172.

[8] P. Deligne, La conjecture de Weil, I, *Publ. Math. I.H.E.S.*, **43** (1974), 273-307.

[9] P. Deligne et J.-P. Serre, Formes modulaires de poids 1, *Ann. Sci. E.N.S.*, 4ᵉ série, **7** (1974), 507-530.

[10] J. Dieudonné et A. Grothendieck, Critères différentiels de régularité pour les localisés des algèbres analytiques, *J. of Algebra*, **5** (1967), 305-324.
[11] H. Federer, *Geometric Measure Theory*, Berlin, Springer-Verlag, 1969.
[12] G. F. Frobenius, Über Beziehungen zwischen den Primidealen eines algebraischen Körpers und den Substitutionen seiner Gruppe, *Sitz. Akad. Berlin* (1896), 689-703 (= *Ges. Abh.*, II, 719-733).
[13] G. H. Hardy et J. E. Littlewood, Tauberian theorems concerning power series and Dirichlet series whose coefficients are positive, *Proc. London Math. Soc.*, 2e série, **13** (1914), 174-191 (= G. H. Hardy, *Coll. Papers*, VI, 510-527).
[14] G. H. Hardy et J. E. Littlewood, Some theorems concerning Dirichlet series, *Messenger of Math.*, **43** (1914), 134-147 (= G. H. Hardy, *Coll. Papers*, VI, 542-555).
[15] K. Hensel, Über die Entwicklung der algebraischen Zahlen in Potenzreihen, *Math. Ann.*, **55** (1902), 301-336.
[16] H. Hironaka, Resolution of singularities of an algebraic variety over a field of characteristic zero, *Ann. of Math.*, **79** (1964), 109-326.
[17] J. Igusa, Complex Powers and Asymptotic Expansions II, *J. Crelle*, **278-279** (1975), 307-321.
[18] J. Igusa, Some observations on higher degree characters, *Amer. J. of Math.*, **99** (1977), 393-417.
[19] N. Iwahori et H. Matsumoto, Several remarks on projective representations of finite groups, *J. Fac. Sci. Univ. Tokyo*, **10** (1964), 129-146.
[20] H. D. Kloosterman, Asymptotische Formeln für die Fourierkoeffizienten ganzer Modulformen, *Hamb. Abh.*, **5** (1927), 338-352.
[21] M. I. Knopp et J. Lehner, *Gaps in the Fourier series of automorphic forms* (à paraître).
[22] J. C. Lagarias, H. L. Montgomery et A. M. Odlyzko, A Bound for the Least Prime Ideal in the Chebotarev Density Theorem, *Invent. Math.*, **54** (1979), 271-296.
[23] J. C. Lagarias et A. M. Odlyzko, Effective Versions of the Chebotarev Density Theorem, *Algebraic Number Fields* (A. Fröhlich edit.), New York, Academic Press, 1977, 409-464.
[24] S. Lang et H. Trotter, Frobenius Distributions in GL_2-Extensions, *Lect. Notes in Math.*, **504**, Springer-Verlag, 1975.
[25] R. P. Langlands, Automorphic representations, Shimura varieties and motives. Ein Märchen, *Proc. Symp. Pure Math.*, **33**, Amer. Math. Soc., 1979, t. 2, 205-246.
[26] M. Lazard, Groupes analytiques p-adiques, *Publ. Math. I.H.E.S.*, **26** (1965), 1-219.
[27] W. Li, Newforms and Functional Equations, *Math. Ann.*, **212** (1975), 285-315.
[28] B. Mazur, Modular curves and the Eisenstein ideal, *Publ. Math. I.H.E.S.*, **47** (1978), 33-186.
[29] B. Mazur, Rational Isogenies of Prime Degree, *Invent. Math.*, **44** (1978), 129-162.
[30] J. Œsterlé, Versions effectives du théorème de Chebotarev sous l'hypothèse de Riemann généralisée, *Astérisque*, **61** (1979), 165-167.
[31] A. Ogg, Abelian curves of 2-power conductor, *Proc. Camb. Phil. Soc.*, **62** (1966), 143-148.
[32] R. Rankin, Contribution to the theory of Ramanujan's function $\tau(n)$ and similar arithmetical functions, I, II, *Proc. Camb. Phil. Soc.*, **35** (1939), 351-372.
[33] K. Ribet, Galois Representations attached to Eigenforms with Nebentypus, *Lect. Notes in Math.*, **601**, Springer-Verlag, 1977, 17-52.
[34] P. Robba, Lemmes de Schwarz et lemmes d'approximations p-adiques en plusieurs variables, *Invent. Math.*, **48** (1978), 245-277.
[35] I. Šafarevič, Corps de nombres algébriques (en russe), *Proc. Int. Congr. Math.*, Stockholm (1962), 163-176 (trad. anglaise : *Amer. Math. Transl.* (2), vol. 31 (1963), 25-39).
[36] L. Schœnfeld, Sharper Bounds for the Chebyshev Functions $\theta(x)$ and $\psi(x)$, II, *Math. of Comp.*, **30** (1976), 337-360.
[37] S. Sen, Ramification in p-adic Lie Extensions, *Invent. Math.*, **17** (1972), 44-50.
[38] J.-P. Serre, *Corps locaux*, Paris, Hermann, 1980, 3e éd. (trad. anglaise, *Local Fields*, GTM 67, Springer-Verlag, 1979).
[39] J.-P. Serre, Classification des variétés analytiques p-adiques compactes, *Topology*, **3** (1965), 409-412.
[40] J.-P. Serre, *Abelian ℓ-adic representations and elliptic curves*, New York, Benjamin Publ., 1968.
[41] J.-P. Serre, Propriétés galoisiennes des points d'ordre fini des courbes elliptiques, *Invent. Math.*, **15** (1972), 259-331.
[42] J.-P. Serre, Divisibilité de certaines fonctions arithmétiques, *L'Ens. Math.*, **22** (1976), 227-260.

[43] J.-P. SERRE, Modular forms of weight one and Galois representations, *Algebraic Number Theory* (A. Fröhlich edit.), New York, Academic Press, 1977, 193-268.

[44] G. SHIMURA, *Introduction to the arithmetic theory of automorphic functions*, Publ. Math. Soc. Japan, vol. 11, Princeton Univ. Press, 1971.

[45] H. STARK, Some effective cases of the Brauer-Siegel theorem, *Invent. Math.*, **23** (1974), 135-152.

[46] H. P. F. SWINNERTON-DYER, On ℓ-adic representations and congruences for coefficients of modular forms, *Lecture Notes in Math.*, **350**, Springer-Verlag, 1973, 1-55.

[47] N. TSCHEBOTAREFF, Die Bestimmung der Dichtigkeit einer Menge von Primzahlen, welche zu einer gegebenen Substitutionsklasse gehören, *Math. Ann.*, **95** (1926), 191-228.

[48] A. WEIL, Zeta-functions and Mellin transforms, *Proc. Bombay Coll. on Alg. Geometry*, Bombay, Tata Institute, 1968, 409-426 (= *Œuvres Sci.*, III, 179-196).

[49] H. WEYL, On the volume of tubes, *Amer. J. of Math.*, **61** (1939), 461-472 (= *Ges. Abh.*, III, 658-669).

[50] E. WIRSING, Das asymptotische Verhalten von Summen über multiplikative Funktionen, *Math. Ann.*, **143** (1961), 75-102.

Collège de France,
Paris.

Manuscrit reçu le 14 juillet 1981.

126.

Résumé des cours de 1980–1981

Annuaire du Collège de France (1981), 67–73

Le cours a complété celui de l'année précédente, consacré aux points rationnels des variétés algébriques. Il a comporté deux parties :

1. *Points entiers sur les courbes algébriques*

Soient K un corps de nombres algébriques, S un ensemble fini de places de K contenant les places à l'infini, et A_S l'anneau des S-entiers de K.

1.1. *Le théorème de Siegel*

Soit X une K-variété affine, d'anneau de coordonnées R_X, et soit X(K) l'ensemble des K-points de X. Une partie M de X(K) est dite *quasi-entière* (relativement à l'anneau A_S) si, pour tout $f \in R_X$, le sous-A_S-module de K engendré par f(M) est de type fini. Il revient au même de dire qu'il existe un plongement affine de X dans lequel les coordonnées des points de M appartiennent à A_S (de sorte que les points de M sont « S-entiers »).

Si X est une *courbe* irréductible, le théorème de Siegel (genéralisé par Mahler, LeVeque et Lang) dit qu'un tel ensemble M est *fini,* mis à part le cas exceptionnel où X est de genre 0, et a au plus 2 points (géométriques) à l'infini — auquel cas la normalisée de X est isomorphe à une droite ou à une conique affine. La démonstration repose sur un théorème de « mauvaise approximation » pour les points algébriques des variétés abéliennes, théorème qui lui-même se déduit du théorème de Roth sur l'approximation des nombres algébriques. Le théorème de Siegel, comme celui de Roth, est *ineffectif :* il ne permet pas de trouver à coup sûr les points « S-entiers » d'une courbe donnée. (La présentation usuelle de cette démonstration fait également usage du théorème de Mordell-Weil, autre source d'ineffectivité. On peut s'en passer : cela a été prouvé il y a quelques années par Robinson et Roquette au moyen de « l'Analyse non standard », et cela peut se vérifier sans difficulté par des méthodes « standard ».)

1.2. *La méthode de Baker*

Moins générale que celle de Siegel, cette méthode a le grand avantage d'être *effective.* Elle s'applique notamment dans les cas suivants :

(a) courbe affine de genre 0, ayant au moins 3 points à l'infini ;

(b) courbe affine de genre 1 ;

(c) courbe hyperelliptique affine ayant au moins un point à l'infini dont le symétrique (pour l'involution canonique) est aussi à l'infini.

(Par contre, j'ignore si la méthode de Baker s'applique à une courbe affine de genre 2 ne satisfaisant pas à (c) ci-dessus.)

Le cas (a) se ramène à la résolution de l'équation

$$Ax + By + C = 0 \qquad \text{(avec } A, B, C \in \mathrm{A_S} \text{ donnés)}$$

où les inconnues x, y sont des éléments inversibles de $\mathrm{A_S}$. Il se traite en appliquant directement les minorations de Baker sur les combinaisons linéaires de logarithmes. Les cas (b) et (c) se ramènent au cas (a) par les arguments « fonctoriels » suivants :

(i) Si $\mathrm{X} \to \mathrm{Y}$ est un morphisme de variétés affines, à fibres finies, et si le théorème de finitude est vrai pour Y, il l'est aussi pour X.

(ii) Si $\mathrm{X} \to \mathrm{Y}$ est un morphisme fini, étale et surjectif de variétés affines, et si le théorème de finitude est vrai pour X (et pour toute extension finie de K), il l'est aussi pour Y.

1.3. *Applications aux courbes elliptiques*

La méthode de Baker, appliquée à l'équation $Y^2 - X^3 = D$, donne la finitude (effective) des courbes elliptiques sur K ayant bonne réduction en dehors d'un ensemble fini donné de places (théorème de Šafarevič). Ce résultat peut lui-même être utilisé pour prouver l'irréductibilité des modules de Tate d'une courbe elliptique sans multiplications complexes (cf. cours 1965/1966).

1.4. *Applications aux corps quadratiques imaginaires de nombre de classes égal à 1* (Heegner-Stark-Baker)

A un tel corps est associée une courbe elliptique à multiplications complexes, définie sur **Q**, dont l'invariant modulaire appartient à **Z**. De là on déduit des points entiers de diverses courbes modulaires, et notamment des courbes X_N attachées aux normalisateurs de sous-groupes de Cartan non déployés de niveau N, pour N convenable. En choisissant N de telle sorte que le théorème de finitude de Siegel s'applique à X_N (et soit effectif), on en déduit la détermination des corps en question. Divers choix de N sont possibles : Heegner et Stark prennent $N = 24$; Siegel (*Ges. Abh.*, 85) prend $N = 15$; on peut aussi utiliser $N = 7$, qui conduit à des unités « exceptionnelles » (au sens de Nagell) du corps cubique réel de discriminant 49 ; même chose
1 pour $N = 9$.

2. *Le théorème d'irréductibilité de Hilbert*

2.1. *Ensembles minces*

Soit K un corps, que l'on suppose de caractéristique 0 pour simplifier. Une partie Ω de $\mathbf{P}_n(K)$ est dite *mince* s'il existe un morphisme de variétés algébriques $\varphi : X \to \mathbf{P}_n$, défini sur K, tel que :

(a) Ω est contenu dans $\varphi(X(K))$;

(b) $\dim X \leqslant n$;

(c) il n'existe pas d'application rationnelle de $\mathbf{P}_n$ dans X qui soit une section de φ.

(Un cas typique où (b) et (c) sont vérifiés est celui où X est un revêtement (ramifié) irréductible de $\mathbf{P}_n$, de degré $\geqslant 2$.)

Cette définition s'applique également aux parties de l'espace affine K^n, considérées comme plongées dans l'espace projectif $\mathbf{P}_n(K)$. Ainsi, pour $n = 1$, l'ensemble des carrés est une partie mince de K, de même que l'ensemble des cubes, etc.

2.2. *Propriétés élémentaires des ensembles minces*

(a) Si K_1 est une extension finie de K, et si Ω_1 est une partie mince de $\mathbf{P}_n(K_1)$ (relativement à K_1), alors $\Omega_1 \cap \mathbf{P}_n(K)$ est une partie mince de $\mathbf{P}_n(K)$.

(b) Soit Ω une partie mince de $\mathbf{P}_n(K)$. Il existe un ouvert dense U de l'espace projectif dual tel que, pour tout hyperplan $H \in U(K)$, l'ensemble $\Omega \cap H(K)$ soit mince dans $H(K) \simeq \mathbf{P}_{n-1}(K)$. Cela résulte du théorème de Bertini.

(c) Soit

$$F(X, T_1, ..., T_n) = a_0(T) + a_1(T)X + ... + a_r(T)X^r$$

un polynôme irréductible de degré r, à coefficients dans le corps de fonctions rationnelles $K(T_1, ..., T_n)$. Il existe une partie mince Ω_F de K^n telle que, si $t = (t_1, ..., t_n)$ n'appartient pas à Ω_F, le polynôme spécialisé

$$F_t(X) = a_0(t) + a_1(t)X + ... + a_r(t)X^r$$

soit irréductible de degré r, et ait même groupe de Galois sur K que $F(X, T)$ sur $K(T)$.

d) Soient Z une variété K-irréductible et $f : Z \to \mathbf{P}_n$ un morphisme. L'ensemble des points $t \in \mathbf{P}_n(K)$ dont la fibre $f^{-1}(t)$ n'est pas K-irréductible est mince.

2.3. *Corps hilbertiens*

Un corps K est dit hilbertien si, pour tout $n \geqslant 1$, l'ensemble $\mathbf{P}_n(K)$ n'est pas mince ; vu 2.2.(b), il suffit d'ailleurs de le vérifier pour $n = 1$.

Si K est hilbertien, et si K_1 est une extension finie de K, le corps K_1 est hilbertien (la réciproque est inexacte).

Un corps algébriquement clos n'est pas hilbertien ; il en est de même d'un corps p-adique.

Tout corps de la forme $k(T)$ est hilbertien.

2.4. *Le théorème de Hilbert*

Ce théorème affirme que *tout corps de nombres algébriques* (fini sur **Q**) *est hilbertien ;* vu 2.3., il suffit d'ailleurs de le vérifier pour **Q** ; dans ce cas, il revient à dire que tout sous-ensemble mince de **Q** est distinct de **Q**.

Il existe de nombreuses démonstrations de ce théorème ; le cours en a exposé trois ou quatre. Les plus intéressantes précisent la « petitesse » des ensembles minces, cf. ci-dessous.

2.5. *Ensembles minces : cas n = 1*

Soit Ω une partie mince de $\mathbf{P}_1(\mathbf{Q}) = \mathbf{Q} \cup \{\infty\}$. On va voir en quel sens on peut dire que Ω contient « peu » de points rationnels, et « peu » de points entiers.

(a) *Points rationnels*

Si x est $\geqslant 1$, notons $M(x)$ (resp. $M_\Omega(x)$) le nombre des points $P \in \mathbf{P}_1(\mathbf{Q})$

(resp. $P \in \Omega$) dont la hauteur H (P) est $\leqslant x$. On a

$$M(x) \sim 12x^2/\pi^2 \qquad \text{pour } x \to \infty,$$

alors que $M_\Omega(x)$ est au plus de l'ordre de la *racine carrée* de M (x) :

$$M_\Omega(x) = O(x) \qquad \text{pour } x \to \infty.$$

(Cela résulte des propriétés des hauteurs des points rationnels des courbes algébriques.)

(b) *Points entiers*

Notons $N_\Omega(x)$ le nombre des $P \in \Omega \cap \mathbf{Z}$ tels que $|P| \leqslant x$. On a

$$N_\Omega(x) = O(x^{1/2}) \qquad \text{pour } x \to \infty.$$

(Cela résulte du théorème de Siegel, cf. § 1.)

En particulier, il existe une *infinité de nombres premiers* (ou de sommes de deux carrés) n'appartenant pas à Ω.

2.6. *Ensembles minces : cas général*

Soit Ω une partie mince de $\mathbf{P}_n(\mathbf{Q})$, avec $n \geqslant 1$. Définissons $M_\Omega(x)$ et $N_\Omega(x)$ comme ci-dessus. On a alors :

(a) $M_\Omega(x) = O(x^{n+1/2} \log x)$ pour $x \to \infty$

et

(b) $N_\Omega(x) = O(x^{n-1/2} \log x)$ pour $x \to \infty$.

(On peut d'ailleurs remplacer le terme $\log x$ par $(\log x)^\gamma$, avec $\gamma < 1$ dépendant de Ω.)

L'énoncé (a) se déduit de (b), appliqué au cône sur Ω (dans l'espace affine de dimension $n + 1$) ; il n'est pas certain que l'exposant $n + 1/2$ qui y figure soit optimal : peut-être est-il possible de le remplacer par n ? Par contre, (b), qui est dû à S.D. Cohen (*Proc. London Math. Soc.*, 1981) est essentiellement optimal.

Le principe de la démonstration de (b) est le suivant. On décompose d'abord Ω comme réunion finie d'ensembles minces « élémentaires » Ω_i jouissant de la propriété suivante :

(*) il existe une constante $c_i < 1$ et un ensemble frobénien Π_i de nombres premiers, de densité > 0, tels que, pour tout $p \in \Pi_i$, l'image de Ω_i dans $(\mathbf{Z}/p\mathbf{Z})^n$ par réduction (mod p) ait au plus $c_i p^n$ éléments.

(Cela se fait en appliquant le théorème de Lang-Weil sur le nombre de points (mod p) d'une variété algébrique.)

Le théorème du *grand crible* (à n variables) permet alors de passer de (∗) à (b) ci-dessus. Il y a des résultats analogues sur un corps de nombres quelconque.

Signalons une application de (a) :

(c) Si $\mathbf{X}$ est une sous-variété irréductible de $\mathbf{P}_N$ de dimension $n < N$ et de degré $d \geqslant 2$, et si $M_X(x)$ désigne le nombre des points $P \in X(\mathbf{Q})$ tels que $H(P) \leqslant x$, on a

$$M_X(x) = O(x^{n+1/2}\log x) \qquad \text{pour } x \to \infty.$$

Ici encore, il est probable que l'exposant $n + 1/2$ n'est pas optimal.

2.7. *Applications du théorème d'irréductibilité de Hilbert*

(i) *Construction d'extensions de* $\mathbf{Q}$ *de groupe de Galois donné*

On utilise 2.2.(c) qui montre que l'on peut « spécialiser » des paramètres sans toucher au groupe de Galois. Hilbert en donne pour exemple l'équation

$$X^n - X = t \qquad (t \in \mathbf{Q})$$

qui est irréductible et de groupe de Galois $\mathfrak{S}_n$ pour tout t non contenu dans un ensemble mince dépendant de n.

Cette méthode n'a malheureusement pas encore abouti à démontrer ce que certains espèrent, à savoir que *tout groupe fini* est groupe de Galois d'une extension de $\mathbf{Q}$. La liste des groupes pour lesquels cette propriété a été démontrée est en fait très restreinte ; parmi les groupes simples non abéliens, il n'y a guère que les groupes alternés et les groupes $\mathbf{PSL}_2(\mathbf{F}_p)$ lorsque $(\frac{2}{p}) = -1$, $(\frac{3}{p}) = -1$ ou $(\frac{7}{p}) = -1$ (K. Shih) ; on ignore ce qu'il en est pour les groupes de Mathieu, par exemple (sans parler des
2 autres groupes sporadiques...).

(ii) *Construction de courbes elliptiques sur* $\mathbf{Q}$ *de rang 9 et 10* (d'après A. Néron)

Soit A une variété abélienne sur le corps $K = \mathbf{Q}(T_1, ..., T_n)$ et soit $A(K)$ le groupe des K-points de A. Dans sa thèse, Néron a prouvé :

(a) $A(K)$ est un groupe de type fini ;

(b) il existe un ensemble mince Ω_A de $\mathbf{Q}^n$ tel que, si $t = (t_1, ..., t_n)$ appartient à $\mathbf{Q}^n - \Omega_A$, la variété abélienne A_t « spécialisée » de A en t contient un groupe de points rationnels isomorphe à $A(K)$; en particulier, on a rang $A_t(\mathbf{Q}) \geqslant$ rang $A(K)$.

Ainsi, pour construire des courbes elliptiques sur **Q** de rang $\geqslant r$ (avec r donné), il suffit de résoudre le problème analogue sur le corps $\mathbf{Q}(T_1, \ldots, T_n)$. Néron a montré que c'est possible pour $r = 9$ et $r = 10$, et il a esquissé une
3 méthode qui devrait donner $r = 11$; le cas $r \geqslant 12$ reste ouvert.

Séminaire

Jean-Jacques Sansuc, *Hauteurs canoniques et nombres de Tamagawa*, d'après S. Bloch, *Invent. Math.* 58 (1980), p. 65-76 (deux exposés).

127.

Résumé des cours de 1981 – 1982

Annuaire du Collège de France (1982), 81 – 89

Le cours a été consacré aux *méthodes adéliques* en géométrie algébrique et théorie des nombres. Il a comporté deux parties :

1. *Intégration locale*

Notations

Soient :

K	un corps local ultramétrique,
O_K	l'anneau des entiers de K,
v	la valuation discrète de K,
π	une uniformisante de K,
$k = O_K/\pi O_K$	le corps résiduel de K, supposé fini,
$q = \lvert k\rvert$	le nombre d'éléments de k.

On munit le groupe additif de K de la mesure de Haar $\mu = dx$ telle que $\mu(O_K) = 1$. Si $x \in K$, on pose :

$$\|x\| = \mu(xO_K) = q^{-v(x)} ;$$

c'est la valeur absolue normalisée de x.

Mesure associée à une forme différentielle de degré maximum (cf. Bourbaki, FRV, § 10)

Soit X une variété K-analytique, de dimension n en tout point, et soit α une forme différentielle analytique de degré n sur X. On associe à α la mesure positive $\|\alpha\|$ définie en coordonnées locales par :

$$\|\alpha\| = \|f\| \, dx_1 \dots dx_n \quad \text{si} \quad \alpha = f \, dx_1 \wedge \dots \wedge dx_n.$$

Les mesures ainsi définies jouissent de diverses propriétés simples, notamment :

(i) *Masse totale*

Si X est compacte non vide, et α partout non nulle, la masse totale $\int_X \|\alpha\|$ de la mesure $\|\alpha\|$ est un nombre rationnel de la forme a/q^m, avec $a, m \in \mathbf{Z}$. L'image de cet élément dans $\mathbf{Z}/(q-1)\mathbf{Z}$ ne dépend pas du choix de α ; c'est un *invariant* de X, qui caractérise X à isomorphisme près, cf. *Topology* 3 (1965), p. 409-412.

(Lorsque α s'annule en certains points de X, la masse de $\|\alpha\|$ n'est plus nécessairement de la forme a/q^m. Toutefois, lorsque la caractéristique de K est 0, les méthodes d'Igusa citées ci-dessous permettent de montrer que cette masse est un nombre *rationnel* ; il est probable que ce résultat subsiste en caractéristique $p \neq 0$; il serait intéressant d'en avoir une démonstration directe.)

(ii) *Formule de masse pour les extensions de degré donné de* K

Comme l'a remarqué HarishChandra, la *formule d'intégration de Hermann Weyl* est valable sur le corps K ; cette formule permet d'intégrer les fonctions centrales sur un groupe réductif, lorsque l'on connaît leurs restrictions aux divers sous-groupes de Cartan. En appliquant ce résultat au groupe multiplicatif d'un corps gauche de degré r^2 sur K, on obtient une *formule de masse* pour les extensions totalement ramifiées de degré r de K :

$$\sum_{L} q^{-c(L)} = r,$$

où L parcourt l'ensemble de ces extensions (dans une clôture séparable fixée de K), et où $c(L)$ désigne la « partie sauvage » de la valuation du discriminant de L sur K (cf. C.R. 286 (1978), p. 1031-1036).

(iii) *Bonne réduction*

Soit S un schéma lisse sur O_K, de dimension relative n, et prenons pour X la variété $S(O_K)$ des O_K-points de S. Prenons pour α une forme différentielle provenant d'une section inversible du faisceau des n-formes différentielles de S sur O_K. La mesure $\|\alpha\|$ correspondante est alors la mesure « canonique » de $X = S(O_K)$; elle est caractérisée par la propriété suivante : pour tout $m \geqslant 1$, les fibres de l'application :

$$X = S(O_K) \to S(O_K/\pi^m O_K) \quad (\text{« réduction mod } \pi^m \text{ »})$$

ont pour mesure q^{-nm}. On a en particulier :

$$\int_X \|\alpha\| = q^{-n}\,|S(k)|,$$

où $|S(k)|$ désigne le nombre de k-points du schéma S.

(iv) *Intégration sur les fibres*

Soit $f : X \to Y$ une submersion, Y étant une variété de dimension m en tout point. Supposons X et Y munies de formes différentielles α et β, de degrés n et m respectivement, avec β partout $\neq 0$. Si y est un point de Y, et $X_y = f^{-1}(y)$ la fibre correspondante, on définit sur X_y une forme $\theta_y = \alpha/\beta$ de degré $n - m$, par « division » de α par β. La mesure $\|\alpha\|$ est l'intégrale des mesures $\|\theta_y\|_{y \in Y}$ par rapport à la mesure $\|\beta\|$: pour toute fonction continue Φ sur X, à support compact, on a :

$$\int_X \Phi(x)\,\|\alpha(x)\| = \int_Y \Big(\int_{X_y} \Phi(x)\,\|\theta_y(x)\|\Big)\,\|\beta(y)\|.$$

Lorsque $\|\alpha\|$ est partout non nulle, et que f est propre, la masse totale $F(y)$ de $\|\theta_y\|$ est une fonction localement constante de y ; on a :

$$F(y) = \mathrm{mes}(f^{-1}(U))/\mathrm{mes}(U),$$

pour tout voisinage ouvert U assez petit de y dans Y.

Les fonctions F, F* *et* Z *de Weil et Igusa*

Supposons K *de caractéristique zéro.* Soient X et α comme ci-dessus, avec X compacte et α partout $\neq 0$; notons dx la mesure $\|\alpha\|$. Soit $f : X \to K$ une fonction analytique ; on suppose que f n'est localement constante en aucun point de X. L'ensemble C_f des points critiques de f (i.e. des points où $df = 0$) est alors un sous-ensemble analytique de X d'intérieur vide et de mesure 0 ; son image $V_f = f(C_f)$ est une partie finie de K (c'est l'ensemble des « valeurs critiques » de f).

A ces données, sont attachées trois fonctions :

F, « série singulière locale »,
F*, « somme exponentielle »,
Z, « fonction zêta locale ».

Leur définition est la suivante (cf. Weil, *Œuvres Sci.* III, p. 71-157 ainsi que Igusa, *Forms of Higher Degree*, Springer-Verlag, 1978) :

Définition de F

1 La restriction de f à $X - C_f$ est une submersion :

$$X - C_f \to K - V_f.$$

On en déduit, cf. (iv) ci-dessus, une famille de mesures $\|\theta_y\| = \|dx/df\|$ sur les fibres X_y de f, pour $y \in K - V_f$. Par définition, F(y) est la *masse totale de* $\|\theta_y\|$, autrement dit la « densité des solutions » de l'équation $f(x) = y$.

Ainsi, F(y) est une fonction de $y \in K$, définie en dehors de l'ensemble fini V_f des valeurs critiques . C'est une fonction positive, localement constante sur $K - V_f$, sommable, et à support borné. On peut la caractériser par la formule :

$$\int_X \varphi(f(x))dx = \int_K \varphi(y)F(y)dy,$$

formule qui est (par exemple) valable pour toute fonction positive mesurable φ sur K.

On s'intéresse au comportement de F(y) quand y tend vers un point de V_f ; on peut d'ailleurs se restreindre au cas où V_f est réduit à $\{0\}$: c'est ce que fait le plus souvent Igusa.

Définition de F*

C'est la transformée de Fourier de F :

$$F^*(t) = \int_K F(y)\psi(ty)dy = \int_X \psi(tf(x))dx \qquad (t \in K),$$

où ψ est un caractère additif non trivial de K, fixé une fois pour toutes. La fonction F* est localement constante, et bornée ; on s'intéresse à son comportement pour $\|t\| \to \infty$.

On reconstitue F à partir de F* par la formule d'inversion :

$$F(y) = \int_{\pi^{-e}O_K} F^*(t)\psi(-ty)dy,$$

valable pour tout e assez grand (dépendant de y).

Définition de Z

C'est une fonction (méromorphe) d'un caractère multiplicatif $\omega : K^* \to \mathbf{C}^*$. Or un tel caractère est bien déterminé par sa restriction χ au groupe U_K des unités de K, ainsi que par sa valeur $t = \omega(\pi)$ en l'uniformisante π. On peut donc considérer Z comme une fonction $Z(\chi,t)$ des deux variables χ et t.

Lorsque $|t| \leqslant 1$, $Z(\chi,t)$ est définie par les intégrales et séries (absolument convergentes) :

$$Z(\chi,t) = \int_X \omega(f(x))dx = \int_K \omega(y)F(y)dy$$

$$= \sum_{e \in \mathbf{Z}} t^e q^{-e} \int_{U_K} \chi(u)F(u\pi^e)du.$$

Pour χ fixé, $Z(\chi,t)$ est une *fonction rationnelle* de t ; ce résultat fondamental a été démontré par Igusa en utilisant *la résolution des singularités* (cela lui permet, *grosso modo*, de se ramener au cas où C_f est un diviseur à croisements normaux). Ceci fait, on peut définir $Z(\chi,t)$ par prolongement analytique pour tout $t \in \mathbf{C}$ distinct des pôles. De plus, lorsque V_f est réduit à $\{0\}$, Igusa montre que $Z(\chi,t) = 0$ *pour presque tout* χ. Ces résultats lui permettent, par transformation de Mellin et transformation de Fourier, d'obtenir des développements asymptotiques de $F(y)$ pour $y \rightarrow V_f$ et de $F^*(t)$ pour $\|t\| \rightarrow \infty$. Les exposants qui figurent dans ces développements sont liés aux multiplicités des diviseurs qui apparaissent dans la résolution des singularités de C_f.

Exemple

Lorsque f est une *fonction de Morse*, i.e. n'a que des points critiques ordinaires, on a :

$$F^*(t) = O(\|t\|^{-n/2}) \qquad \text{pour } \|t\| \rightarrow \infty.$$

Si $n \geqslant 3$, cela montre que F^* est sommable, donc que F se prolonge en une fonction continue sur K tout entier.

Le cas archimédien

Des résultats analogues valent lorsque l'on remplace K par $\mathbf{R}$ ou $\mathbf{C}$. Les fonctions F^* et Z prennent alors les formes suivantes, plus classiques :

$$F^*_\Phi(t) = \int_X \Phi(x)e(tf(x))dx \qquad \text{(intégrale oscillante)}$$

$$Z_\Phi(s) = \int_X \Phi(x)|f(x)|^s\, dx,$$

où Φ est une fonction de Schwartz-Bruhat sur X (cela revient à considérer $F^*(t)$ et $Z(s)$ comme des *distributions*). Ici encore, F et F^* ont des développements asymptotiques, et Z un prolongement analytique. Cela se démontre, soit au moyen de la résolution des singularités, soit par la théorie des *polynômes de Bernstein* (cf. J.E. Björk, *Rings of Differential Operators*, North Holland, 1979).

2. *Adèles et nombres de Tamagawa*

Notations

Soit K un corps global, i.e. un corps de nombres algébriques ou un corps de fonctions d'une variable sur un corps fini. On note Σ_f (resp. Σ_∞) l'ensemble des places ultramétriques (resp. archimédiennes) de K, et l'on pose $\Sigma = \Sigma_f \cup \Sigma_\infty$. Si $v \in \Sigma$, on note K_v le complété de K pour v, et O_v l'anneau des entiers du corps local K_v, si $v \in \Sigma_f$.

L'anneau A_K des adèles de K est le produit restreint des (K_v, O_v) ; un adèle est un élément $x = (x_v)$ de $\prod_{v \in \Sigma} K_v$ tel que $x_v \in O_v$ pour presque tout v. Si S est une partie finie de Σ contenant Σ_∞, l'anneau produit :

$$A_K(S) = \prod_{v \in S} K_v \times \prod_{v \in \Sigma - S} O_v$$

est un sous-anneau de A_K ; quand S varie, la réunion des $A_K(S)$ est égale à A_K. On munit A_K de la topologie dans laquelle les $A_K(S)$, munis de leur topologie naturelle de produit, sont des sous-espaces ouverts ; c'est un espace localement compact. Le corps K se plonge diagonalement dans A_K ; il est discret dans A_K et le quotient A_K/K est compact.

Points adéliques des variétés algébriques

Soit X une variété algébrique sur K. L'espace $X(A_K)$ des *points adéliques* de X se définit, suivant les goûts, comme :

(style Grothendieck) l'ensemble des points du schéma X à valeurs dans la K-algèbre A_K,

(style Weil) le produit restreint des $X(K_v)$ vis-à-vis des sous-espaces de « points entiers ».

(L'équivalence de ces deux définitions se vérifie sans difficulté.)

L'espace $X(A_K)$ est localement compact. Il contient l'ensemble $X(K)$ des K-points de X. Quand X est affine, $X(K)$ est discret dans $X(A_K)$.

Tout K-morphisme $f : X \to X'$ définit une application continue :

$$f_A : X(A_K) \to X'(A_K).$$

Si f est une immersion fermée (au sens algébrique), ou est propre (au sens algébrique), il en est de même de f_A (au sens topologique). L'énoncé analogue pour les immersions ouvertes est inexact ; toutefois, si f est lisse à fibres absolument irréductibles, on peut montrer, en utilisant un théorème de Lang-Weil, que f_A est ouverte.

Mesures adéliques

Supposons X lisse et absolument irréductible de dimension n. Pour tout $v \in \Sigma_f$, soit q_v le nombre d'éléments du corps résiduel k_v de K_v, et soit $N_v(X)$ le nombre de k_v-points de la « réduction de X en v » (cette réduction dépend du choix d'un modèle, mais deux choix différents conduisent aux mêmes $N_v(X)$, à un nombre fini d'exceptions près). Faisons *l'hypothèse* :

$$\text{(C)} \qquad N_v(X) = q_v^n + O(q_v^{n-3/2}) \qquad \text{quand } q_v \to \infty.$$

Cette hypothèse entraîne que le produit des $N_v(X)/q_v^n$ est absolument convergent ; d'après Deligne, elle est satisfaite lorsque les nombres de Betti $B^1(X)$ et $B^2(X)$ sont nuls.

Soit alors α une forme différentielle de degré n sur X, partout $\neq 0$, et soit $\|\alpha\|_v$ la mesure définie par α sur $X(K_v)$, cf. § 1. Vu (C), le produit tensoriel restreint des $\|\alpha\|_v$ converge absolument, et définit une mesure :

$$\|\alpha\|_A = \bigotimes_{v \in \Sigma} \|\alpha\|_v$$

sur l'espace adélique $X(A_K)$. D'après une remarque de Tamagawa, on a :

$$\|\lambda\alpha\|_A = \|\alpha\|_A \qquad \text{pour tout } \lambda \in K^*.$$

Nombre de Tamagawa

Ce qui précède s'applique au cas où X est un groupe algébrique linéaire connexe G qui est extension d'un groupe semi-simple par un groupe unipotent ; on choisit pour α une forme biinvariante $\neq 0$ du groupe G ; la mesure correspondante $\|\alpha\|_A$ est indépendante du choix de α. On définit alors la *mesure de Tamagawa* μ_G sur le groupe adélique $G(A_K)$ par la formule :

$$\mu_G = c_K^{-n} \|\alpha\|_A \qquad (n = \dim G),$$

où le facteur de normalisation c_K est donné par :

$$c_K = \begin{cases} |d|^{1/2} & \text{si K est un corps de nombres de discriminant } d, \\ q^{g-1} & \text{si K est un corps de fonctions de genre } g \text{ sur } \mathbf{F}_q. \end{cases}$$

Le volume de $G(A_K)/G(K)$ pour μ_G est fini ; c'est le *nombre de Tamagawa* de G ; on le note $\tau(G)$. Il jouit des propriétés suivantes :

(a) $\tau(G_a) = 1$, G_a désignant le *groupe additif* ;

(b) $\tau(G_1 \times G_2) = \tau(G_1) \times \tau(G_2)$;

(c) τ ne change pas par *restriction des scalaires* $R_{K'/K}$, où K′ désigne une
2 extension finie (non nécessairement séparable) de K.

(On peut définir des « nombres de Tamagawa » pour des groupes plus généraux, ne vérifiant pas la condition (C), par exemple des tores. Il faut alors introduire des facteurs de convergence convenables. Signalons à ce sujet que, lorsque K est un corps de fonctions, les facteurs proposés par Ono ne
3 conviennent pas toujours ; il est nécessaire de les modifier. Cette question n'a pas été abordée dans le cours.)

Groupes unipotents

Soit U un groupe unipotent connexe. Si U est déployé, i.e. extension successive de groupes G_a, on a $\tau(U) = 1$; cela résulte facilement de (a) ci-dessus. Par contre, si U n'est pas déployé (ce qui est possible si K est un corps de fonctions), on peut avoir $\tau(U) \neq 1$. Il serait intéressant de voir si la valeur de $\tau(U)$ peut se calculer à partir de la cohomologie galoisienne
4 de U ; peut-être y a-t-il une formule analogue à celle d'Ono pour les tores ?

Groupes semi-simples

A. Weil a conjecturé que :

$$\tau(G) = 1$$

quand G est semi-simple simplement connexe. Ceci a été démontré pour les groupes classiques (Weil, Mars — du moins si caract. $K \neq 2$), pour certains groupes exceptionnels (Demazure, Mars), pour les groupes déployés (Langlands, Harder), et pour les groupes quasi-déployés sur les corps de nombres (Lai).

Exemple : le groupe $\mathbf{SL}_n$

C'est un cas très simple : on démontre que $\tau(\mathbf{SL}_n) = 1$ par récurrence sur n, en utilisant la formule de Poisson, suivant une méthode introduite par Siegel et améliorée par Weil. On en a donné deux applications :

(a) $K = \mathbf{Q}$ (cf. Siegel, *Ges. Abh.* III, p. 39-46)

Soit M_n l'espace des réseaux de volume 1 de $\mathbf{R}^n$, $n \geqslant 2$. On peut identifier M_n à l'espace homogène $\mathbf{SL}_n(\mathbf{R})/\mathbf{SL}_n(\mathbf{Z})$, ce qui le munit d'une mesure invariante μ (on prend sur $\mathbf{SL}_n(\mathbf{R})$ la mesure de Haar qui donne le volume 1 au réseau des points entiers de son algèbre de Lie). On a :

$$\mu(M_n) = \zeta(2) \ldots \zeta(n) ;$$

cela équivaut au fait que $\tau(\mathbf{SL}_n) = 1$. De plus, si φ est une fonction intégrable à support compact sur $\mathbf{R}^n$, on a :

$$(*) \qquad \int \varphi(x)dx = \mu(S_\varphi)/\mu(M_n),$$

où S_φ désigne la fonction sur M_n qui associe à un réseau L la somme des valeurs de φ en les points $\neq 0$ de L.

On tire de là le *théorème de Minkowski-Hlawka* : si Ω est une partie mesurable de $\mathbf{R}^n$ telle que $\text{mes}(\Omega) < 1$, il existe un réseau $L \in M_n$ qui ne rencontre pas Ω en dehors de 0. (L'hypothèse $\text{mes}(\Omega) < 1$ n'est d'ailleurs pas optimale. Pour $n = 2$, par exemple, W. Schmidt a montré qu'on peut la remplacer par $\text{mes}(\Omega) < 16/15$.)

(b) $K =$ corps de fonctions d'une courbe C de genre g sur $\mathbf{F}_q$

(cf. Harder, *J. Crelle* 242 (1970), p. 16-25)

Dans ce cas, la formule $\tau(\mathbf{SL}_n) = 1$ se traduit par une *formule de masse* pour les fibrés vectoriels E de rang n sur C tels que $\det E$ soit isomorphe à un fibré L de rang 1 donné.

Si $M_n(L)$ désigne un ensemble de représentants de tels fibrés, on a :

$$\sum_{E \in M_n(L)} 1/w(E) = \frac{1}{q-1} q^{(n^2-1)(g-1)} \zeta_C(2) \dots \zeta_C(n),$$

où $w(E)$ est l'ordre du groupe d'automorphismes du fibré E, et ζ_C est la fonction zêta de la courbe C.

Il y a aussi un analogue de la formule d'intégration (*). On en déduit par exemple que, si $s(E)$ désigne le *nombre de sections* $\neq 0$ du fibré E, on a (pour $n \geqslant 2$) :

$$\Big(\sum_E s(E)/w(E)\Big)\Big/\Big(\sum_E 1/w(E)\Big) = q^{c+n(1-g)}, \text{ où } c = \deg L.$$

(En d'autres termes, la « valeur moyenne » de $s(E)$ sur $M_n(L)$ est égale à $q^{c+n(1-g)}$.)

Le cours s'est terminé par l'application de la formule de masse de Harder au calcul des nombres de Betti des variétés de modules de fibrés vectoriels stables (cf. Harder-Narasimhan, *Math. Ann.*, 212 (1975), p. 215-248).

D'autres exemples de calculs de nombres de Tamagawa seront donnés dans le cours de 1982-1983.

128.

Sur le nombre des points rationnels d'une courbe algébrique sur un corps fini

C. R. Acad. Sci. Paris **296** (1983), série I, 397–402

Soit C une courbe algébrique de genre g sur $\mathbf{F}_q$, et soit N le nombre de ses points rationnels. D'après Weil, on a :

$$N \leqq q+1+2gq^{1/2}.$$

Nous montrons comment on peut préciser cette inégalité dans divers cas particuliers, complétant ainsi des résultats antérieurs de Stark, Ihara et Drinfeld-Vladut. Nous déterminons notamment le maximum de N lorsque $g=2$ (et q est premier), et aussi lorsque $q=2$ (et $g \leqq 9$, ou $g=15$, 19, 21, 39, 50).

ALGEBRAIC GEOMETRY. – On the Number of Rational Points of an Algebraic Curve over a Finite Field.

Let C *be an algebraic curve of genus g over* $\mathbf{F}_q$, *and let* N *be the number of its rational points. By Weil's inequality, we have:*

$$N \leqq q+1+2gq^{1/2}.$$

Recent results of Stark, Ihara and Drinfeld-Vladut show that this bound can often be sharpened. We give some more results in that direction. For instance, we determine the maximum of N *when* $g=2$ *(and q is prime), and when* $q=2$ *(and* $g \leqq 9$, *or* $g=15$, 19, 21, 39, 50).

NOTATIONS. – On pose $q=p^e$, avec p premier, $e \geqq 1$. Par une *courbe* sur $\mathbf{F}_q$ on entend une courbe projective, lisse, et absolument irréductible. Si C est une telle courbe, on note $g=g(\mathrm{C})$ son *genre*, et $\mathrm{N}=\mathrm{N}(\mathrm{C})$ le *nombre de ses points rationnels* (sur $\mathbf{F}_q$).

Dans [11], Weil démontre l'inégalité :

$$(1) \qquad |N-(q+1)| \leqq 2gq^{1/2}.$$

UNE MAJORATION ÉLÉMENTAIRE. – Notons, comme d'habitude, $[x]$ la partie entière d'un nombre réel x. La majoration (1) peut se récrire :

$$(2) \qquad |N-(q+1)| \leqq [2gq^{1/2}].$$

En voici une amélioration :

THÉORÈME 1. – *On a :*

$$(3) \qquad |N-(q+1)| \leqq g[2q^{1/2}].$$

[Par exemple, pour $g=2$, $q=23$, (2) donne $|N-24| \leqq 19$, alors que (3) donne $|N-24| \leqq 18$, qui est optimal, *cf.* th. 2 ci-après.]

Le théorème 1 se déduit d'un résultat général (et facile) sur les variétés abéliennes : si A est une telle variété, définie sur $\mathbf{F}_q$, et si π est son endomorphisme de Frobenius, on a :

$$(4) \qquad |\mathrm{Tr}(\pi)| \leqq g[2q^{1/2}] \qquad \text{avec} \quad g=\dim A.$$

De plus, on ne peut avoir égalité que si le polynôme caractéristique de π est égal à $(X^2 \pm mX+q)^g$, où $m=[2q^{1/2}]$.

DÉFINITION DE $\mathrm{N}_q(g)$. – Pour g et q fixés, on note $\mathrm{N}_q(g)$ le maximum de $\mathrm{N}(\mathrm{C})$, lorsque C parcourt les courbes de genre g sur $\mathbf{F}_q$. D'après (3), on a :

$$(5) \qquad \mathrm{N}_q(g) \leqq q+1+g[2q^{1/2}].$$

LES CAS $g=1$ ET $g=2$. — On suppose, pour simplifier, que $e=1$, *i. e.* que $q=p$.

Lorsque $g=1$, on sait (*cf.* [10], th. 4.1) que $N(C)$ peut prendre toutes les valeurs entières satisfaisant à (1). En particulier :

$$N_p(1)=p+1+[2p^{1/2}]. \tag{6}$$

Lorsque $g=2$, la situation est moins simple. Pour énoncer le résultat, convenons de dire que p est *exceptionnel* s'il est, soit de la forme n^2+1, soit de la forme n^2+n+1, avec $n\in\mathbf{Z}$. Lorsque p n'est pas exceptionnel, la borne (5) est exacte. Plus précisément :

THÉORÈME 2. — *On a :*

$$N_p(2)=\begin{cases} 6 & si\ \ p=2, \\ p-1+2[2p^{1/2}] & si\ \ p \text{ est exceptionnel}, p\geqq 3 \\ p+1+2[2p^{1/2}] & si\ \ p \text{ n'est pas exceptionnel.}\end{cases}$$

La démonstration utilise [2] et [8]. Pour $p\geqq 3$, le résultat peut se reformuler en disant que $N_p(2)=p+1+2[\sqrt{4p-5}]$.

COROLLAIRE. — *Le nombre minimal de points rationnels d'une courbe de genre* 2 *sur* $\mathbf{F}_p$ *est :*

$$\begin{array}{ll} 0 & si\ \ p\leqq 11, \\ p+3-2[2p^{1/2}] & si\ \ p \text{ est exceptionnel}, p\geqq 3, \\ p+1-2[2p^{1/2}] & si\ \ p \text{ n'est pas exceptionnel.}\end{array}$$

En effet, un argument de « torsion » montre que ce minimum est égal à $2p+2-N_p(2)$.

TABLEAU

p	$N_p(2)$	p	$N_p(2)$	p	$N_p(2)$
2	6	13	26	31	52
3	8	17	32	37	60
5	12	19	36	41	66
7	16	23	42	43	68
11	24	29	50	47	74

(Noter le cas $p=13$, déjà traité par Stark [7] au moyen d'une variante de la méthode de Stepanov.)

UTILISATION DES « FORMULES EXPLICITES » DE WEIL. — Revenons à une courbe C de genre g sur $\mathbf{F}_q$. Pour tout entier $d\geqq 1$, notons $a_d=a_d(C)$ le *nombre de points de degré d* de C (précisons qu'il s'agit de *points fermés* du $\mathbf{F}_q$-schéma C) ; on a $N(C)=a_1(C)$. La fonction zêta de C est donnée par le produit eulérien :

$$Z(T)=\prod_{d\geqq 1} 1/(1-T^d)^{a_d}. \tag{7}$$

D'après Weil [11], on a :

$$Z(T)=L(T)/(1-T)\,(1-qT), \tag{8}$$

où L(T) est un polynôme de degré $2g$, que l'on peut écrire sous la forme :

(9) $$L(T)=\prod_{\alpha=1}^{\alpha=g}(1-z_\alpha T)(1-\bar{z}_\alpha T),$$

avec :

$$z_\alpha=q^{1/2}e^{i\theta_\alpha},\qquad \theta_\alpha\in\mathbf{R}.$$

Soit d'autre part :

(10) $$f(\theta)=1+2\sum_{n\geqq 1}c_n\cos n\theta,$$

un polynôme trigonométrique pair, à coefficients réels, dont le terme constant est égal à 1. Si d est un entier $\geqq 1$, définissons un polynôme $\psi_d(t)$ par :

(11) $$\psi_d(t)=\sum_{n\geqq 1}c_{dn}t^{dn}.$$

En particulier :

(12) $$\psi_1(t)=\sum_{n\geqq 1}c_n t^n.$$

On vérifie immédiatement la « formule explicite » (au sens de Weil [12]) que voici :

(13) $$\sum_{\alpha=1}^{\alpha=g}f(\theta_\alpha)+\sum_{d\geqq 1}da_d\psi_d(q^{-1/2})=g+\psi_1(q^{-1/2})+\psi_1(q^{1/2}).$$

Supposons maintenant que f satisfasse aux deux conditions :

(*a*) $f(\theta)\geqq 0$ *pour tout* $\theta\in\mathbf{R}$;

(*b*) $c_n\geqq 0$ *pour tout* $n\geqq 1$;

ce que nous écrirons $f\gg 0$. On déduit de (13) l'inégalité suivante, valable pour tout entier $k\geqq 1$:

(14) $$(N-1)\psi_1(q^{-1/2})+\sum_{2\leqq d\leqq k}da_d\psi_d(q^{-1/2})\leqq g+\psi_1(q^{1/2}).$$

En particulier, pour $k=1$:

(15) $$N\leqq a_f g+b_f,$$

avec :

$$a_f=1/\psi_1(q^{-1/2})\qquad\text{et}\qquad b_f=1+\psi_1(q^{1/2})/\psi_1(q^{-1/2}).$$

Grâce à (15), tout $f\gg 0$ donne une majoration de N, donc aussi une majoration de $N_q(g)$. Ainsi, $f(\theta)=1+\cos\theta$ conduit à la majoration de Weil. Lorsque $g>(q-q^{1/2})/2$, d'autres choix de f donnent de meilleures majorations; il existe d'ailleurs des choix « optimaux », qui ont été déterminés par J. Œsterlé (au moins pour $q\geqq 3$). La situation est analogue à celle des *minorations de discriminants* de corps de nombres (*cf.* [6]), l'analogie fonctionnant de la manière suivante :

corps de nombres	⇔	courbe algébrique
degré	...	nombre de points
log | *discr.* |	...	genre
géométrie des nombres	...	théorie des codes

APPLICATION : MAJORATIONS ASYMPTOTIQUES. — Soit $\{C^{\lambda}\}$ ($\lambda=1, 2, \ldots$) une suite de courbes sur $\mathbf{F}_q$ dont les genres g^{λ} tendent vers $+\infty$. Notons a_d^{λ} le nombre de points de C^{λ} de degré d ($d=1, 2, \ldots$). Fixons un entier $k \geqq 1$.

THÉORÈME 3. — *On a :*

$$\text{(16)} \qquad \lim.\sup \frac{1}{g^{\lambda}} \sum_{d=1}^{k} d a_d^{\lambda}/(q^{d/2}-1) \leqq 1 \quad (\textit{pour}\ \lambda \to \infty).$$

Pour $k=1$, ce théorème est dû à Drinfeld-Vladut [1]. Le cas général se démontre de la même manière : on applique (14) à une suite de fonctions $f \geqslant 0$ tendant vers la mesure de Dirac à l'origine sur $\mathbf{R}/2\pi\mathbf{Z}$; les c_n tendent vers 1, et $\psi_d(q^{-1/2})$ tend vers $1/(q^{d/2}-1)$; en passant à la limite, on obtient (16).

Comme application, on a le résultat suivant, dû à Ihara [4] :

COROLLAIRE. — *Soient* C *une courbe de genre g sur* $\mathbf{F}_q$ *et* S *un ensemble non vide de points de* C. *Supposons qu'il existe des revêtements non ramifiés* $C^{\lambda} \to C$, *de degrés* n^{λ} *tendant vers* $+\infty$, *tels que tout point de* S *se décompose complètement dans chacun des* C^{λ}. *On a alors :*

$$\text{(17)} \qquad \sum_{P \in S} \deg(P)/(q^{\deg(P)/2}-1) \leqq g-1.$$

On peut supposer S fini. On applique alors (16) aux C^{λ}, en prenant $k \geqq \deg(P)$ pour tout $P \in S$; comme $g^{\lambda}=1+n^{\lambda}(g-1)$ et $a_d^{\lambda} \geqq n^{\lambda} \sum_{\deg(P)=d} 1$, on obtient bien (17).

LE NOMBRE A (q). — On le définit (*cf.* [1], [3], [5]) par la formule :

$$\text{(18)} \qquad A(q)=\lim.\sup N_q(g)/g \quad \text{pour} \quad g \to \infty.$$

D'après Drinfeld-Vladut [1], on a :

$$\text{(19)} \qquad A(q) \leqq q^{1/2}-1 \quad (\textit{cf.}\ \text{th. 3, avec}\ k=1).$$

Lorsque q est un carré, Ihara [3] a montré que A (q) *est égal à* $q^{1/2}-1$ (*voir* aussi [9]). Lorsque q n'est pas un carré (i. e. $q=p^e$, avec e impair), on ne connaît pas la valeur de A (q). On peut toutefois démontrer :

THÉORÈME 4. — *On a* $A(q)>0$.

La démonstration utilise des « tours de corps de classes » à la Golod-Šafarevič. Elle prouve en fait un résultat un peu plus précis, à savoir *l'existence d'une constante* $c>0$ *telle que :*

$$\text{(20)} \qquad A(q) \geqq c \log q \quad \text{pour tout}\ q.$$

Exemple. — Si $q=2$, la borne de Weil (1) donne $A(2) \leqq 2\sqrt{2}=2{,}828\ldots$; la borne (3) donne $A(2) \leqq 2$, et la borne de Drinfeld-Vladut (19) donne $A(2) \leqq \sqrt{2}-1=0{,}414\ldots$ D'autre part, une construction de « tour » convenable permet de montrer que $A(2) \geqq 8/39=0{,}205\ldots$

LE CAS DU CORPS $\mathbf{F}_2$. — Il est possible de déterminer $N_2(g)$ pour certaines valeurs de g :

THÉORÈME 5. — *Les valeurs de* $N_2(g)$ *pour* $g \leqq 9$, *et pour* $g = 15$, 19, 21, 39, 50 *sont données par le tableau suivant :*

TABLEAU

g	$N_2(g)$	g	$N_2(g)$	g	$N_2(g)$
0	3	5	9	15	17
1	5	6	10	19	20
2	6	7	10	21	21
3	7	8	11	39	33
4	8	9	12	50	40

Dans chaque cas (celui de $g=7$ excepté), on *majore* $N = N_2(g)$ au moyen de la formule (15) appliquée à un polynôme trigonométrique $f \geqslant 0$ convenable. On peut, par exemple, prendre f de la forme

$$f(\theta) = c^{-1}(1 + 2x_1 \cos\theta + 2x_2 \cos 2\theta + \ldots)^2,$$

avec $x_i \geqq 0$ et $c = 1 + 2\sum x_i^2$.

Ainsi, le choix :

$$x_1 = 1; \quad x_2 = 0{,}7; \quad x_3 = 0{,}2; \quad x_4 = x_5 = \ldots = 0$$

conduit à :

(21) $$N \leqq 0{,}83\,g + 5{,}35,$$

qui donne les bornes voulues pour $g = 3$, 4, 5, 6, 8, 9, 15.

De même, le choix :

$$x_1 = 1; \quad x_2 = 0{,}8; \quad x_3 = 0{,}6; \quad x_4 = 0{,}4; \quad x_5 = 0{,}1; \quad x_6 = x_7 = \ldots = 0$$

conduit à :

(22) $$N \leqq 0{,}6272\,g + 9{,}562,$$

qui, pour $g = 50$, donne $N \leqq 40{,}922$ d'où $N \leqq 40$.

Le cas $g = 7$ est spécial. La formule (15), avec le meilleur choix possible de f, donne seulement $N \leqq 11$ (et non $N \leqq 10$) ; il faut une étude directe pour montrer que $N = 11$ est impossible.

En ce qui concerne les *minorations*, elles se font en construisant des courbes ayant le nombre de points imposé. Pour $g \leqq 4$, on se sert d'équations explicites. Ainsi, pour avoir une courbe de genre 3 sur $\mathbf{F}_2$ ayant 7 points rationnels, on prend la quartique plane d'équation homogène :

$$x^3y + y^3z + z^3x + x^2y^2 + y^2z^2 + z^2x^2 + x^2yz + xy^2z = 0;$$

cette quartique est non singulière (donc de genre 3), et passe par les 7 points du plan projectif, d'où $N = 7$. Pour $g \geqq 5$, cette méthode est difficilement applicable ; il est plus commode d'utiliser des revêtements abéliens de courbes déjà construites, revêtements dont l'existence est assurée par la théorie du corps de classes.

Par exemple, soit E une courbe de genre 1 ayant 5 points rationnels, et soit P_n un point de E de degré $n \geqq 5$. On prouve facilement l'existence d'un revêtement abélien $C \to E$, de degré 2^{n-4}, ramifié seulement en P_n (l'exposant du conducteur étant 2), et dans lequel les 5 points rationnels de E se décomposent complètement. On a $g(C) = 1 + n(2^{n-4} - 1)$ et $N(C) = 5.2^{n-4}$. Pour $n = 5$, 6 ou 7, cette construction fournit des courbes de genre 6, 19 ou 50 ayant 10, 20 ou 40 points rationnels.

(*) Remise le 14 février 1983.

[1] V. G. Drinfeld et S. G. Vladut, *Sur le nombre de points d'une courbe algébrique* [en russe], *Anal. fonct. et appl.*, 17, 1983, (à paraître).

[2] T. Hayashida et M. Nishi, *Existence of Curves of Genus two on a Product of two Elliptic Curves, J. Math. Soc. Japan*, 17, 1965, p. 1-16.

[3] Y. Ihara, *Some Remarks on the Number of Rational Points of Algebraic Curves over Finite Fields, J. Fac. Sc. Tokyo*, 28, 1981, p. 721-724.

[4] Y. Ihara, *How Many Primes Decompose Completely in an Infinite Unramified Galois Extension of a Global Field?*, Tokyo, 1982 (prépublication).

[5] Y. Manin, *What is the Maximum Number of Points on a Curve over* $\mathbf{F}_2$?, *J. Fac. Sc. Tokyo*, 28, 1981, p. 715-720.

[6] G. Poitou, *Minorations de discriminants (d'après A. M. Odlyzko)*, Sém. Bourbaki 1975/1976, exposé 479, *Lect. Notes in Math.* n° 567, 1977, p. 136-153 (*voir* aussi Sém. DPP 1976/1977, exposé n° 6).

[7] H. Stark, *On the Riemann Hypothesis in Hyperelliptic Function Fields, Proc. A.M.S. Symp. Pure Math.*, 24, 1973, p. 285-302.

[8] J. Tate, *Endomorphisms of Abelian Varieties over Finite Fields, Inv. math.*, 2, 1966, p. 134-144.

[9] M. A. Tsfasman, S. G. Vladut et T. Zink, *Modular Curves, Shimura Curves, and Goppa Codes Better than Warshamov-Gilbert Bound, Math. Nach.*, 109, 1983 (à paraître).

[10] W. C. Waterhouse, *Abelian Varieties over Finite Fields, Ann. Sc. E.N.S.*, (4), 2, 1969, p. 521-560.

[11] A. Weil, *Variétés abéliennes et courbes algébriques*, Hermann, Paris, 1948.

[12] A. Weil, *Sur les « formules explicites » de la théorie des nombres premiers, Comm. Lund*, 1952, p. 252-265 (= *Oeuvres Sc.*, II, p. 48-61).

Collège de France, 75231 *Paris Cedex* 05.

129.

Nombres de points des courbes algébriques sur $\mathbf{F}_q$

Séminaire de Théorie des Nombres de Bordeaux 1982/83, n° **22**

Si C est une courbe de genre g sur un corps fini $\mathbf{F}_q$, notons $N(C)$ le nombre des points rationnels de C sur $\mathbf{F}_q$. On s'intéresse à

$$N_q(g) = \text{maximum de } N(C), \text{ pour } g \text{ et } q \text{ fixés.}$$

D'après un théorème bien connu, dû à WEIL [12], on a

$$N_q(g) \leq q + 1 + 2g\, q^{1/2}.$$

Pendant longtemps cette inégalité a été considérée comme essentiellement «optimale». Ce n'est que récemment, à la suite de travaux de STARK, IHARA, DRINFELD-VLADUT, ..., que l'on en a obtenu des améliorations. Ce sont ces améliorations que je me propose de résumer.

§ 1. *Le cas de g «grand»* (relativement à q)

On *majore* $N_q(g)$ au moyen des *formules explicites* de WEIL, comme expliqué dans [9], p. 398–399 (où l'on trouvera également un dictionnaire avec la théorie des minorations de discriminants de corps de nombres). Lorsque $g > (q - q^{1/2})/2$, les bornes obtenues sont meilleures que celle de WEIL.

[Par contre, lorsque q est un carré et $g = (q - q^{1/2})/2$, la borne de WEIL ne peut pas être améliorée. En effet, la courbe plane d'équation homogène

$$x^{r+1} + y^{r+1} + z^{r+1} = 0, \qquad \text{avec } r = q^{1/2},$$

est de genre $g = r(r-1)/2 = (q - q^{1/2})/2$, et son nombre de points N est $r^3 + 1 = 1 + q + 2g\, q^{1/2}$.]

1.1. Résultats asymptotiques. Pour les énoncer, il est commode d'introduire:

$$A(q) = \limsup_{g \to \infty} N_q(g)/g \qquad (q \text{ fixé}).$$

L'inégalité de WEIL entraîne $A(q) \leq 2q^{1/2}$. Il y a mieux:

Théorème 1. *On a* $0 < A(q) \leq q^{1/2} - 1$ *pour tout* q. *Lorsque* q *est un carré,* $A(q)$ *est égal à* $q^{1/2} - 1$.

L'inégalité $A(q) > 0$ se démontre en construisant des tours de corps de classes, en parfaite analogie avec les corps de nombres. On obtient en fait un résultat plus précis, à savoir:

$$A(q) \geq c \log q, \qquad \text{où } c \text{ est une constante} > 0.$$

L'inégalité $A(q) \leq q^{1/2} - 1$ est due à DRINFELD-VLADUT [1]; elle se déduit des formules explicites. Enfin, si q est un carré, Y. IHARA [3] et T. ZINK ont montré que certaines courbes modulaires sur $\mathbf{F}_q$ ont un nombre de points qui est $\geq g\,(q^{1/2}-1)$, d'où $A\,(q) \geq q^{1/2}-1$.

Questions. a) Est-il vrai que $A\,(q) = q^{1/2}-1$ pour tout q?

b) Que peut-on dire du nombre $\liminf_{g \to \infty} N_q\,(g)/g$? Est-il >0? Est-il égal à $A\,(q)$?

1.2. Résultats pour $q = 2$. Le cas du corps $\mathbf{F}_2$ étant spécialement intéressant (notamment pour les applications possibles aux «codes», cf. Manin-Vladut [6]), j'ai essayé de déterminer $N_2\,(g)$ pour $g = 0, 1, 2, \ldots$ Les résultats obtenus sont résumés dans la table suivante, qui complète celle publiée dans [9]:

Table I $(q = 2)$

g	$N_2(g)$	g	$N_2(g)$	g	$N_2(g)$
0	3	8	11	16	16, 17 ou 18
1	5	9	12	17	17 ou 18
2	6	10	12 ou 13	18	18 ou 19
3	7	11	13 ou 14	19	20
4	8	12	14 ou 15	20	19, 20 ou 21
5	9	13	14 ou 15	21	21
6	10	14	15 ou 16	39	33
7	10	15	17	50	40

Dans chaque cas (à part $g = 7$), la majoration de $N_2\,(g)$ a été obtenue à l'aide d'une «formule explicite» bien choisie. Quant à la minoration, elle se fait en construisant des courbes sur $\mathbf{F}_2$ ayant «beaucoup» de points, par extensions cycliques successives à partir de courbes déjà obtenues.

Noter le cas $g = 50$, qui est le plus élevé pour lequel je sois parvenu à calculer $N_2\,(g)$; on trouve $N_2\,(50) = 40$, alors que la borne de Weil donne seulement $N_2\,(50) \leq 144$.

§ 2. *Le cas de g «petit» (g = 1, 2, 3)*

Les formules explicites ne sont plus utilisables. D'ailleurs la borne de Weil est tout près d'être optimale, au moins pour $g = 1, 2$, comme on va le voir. On peut cependant l'améliorer un peu: on a

$$N_q\,(g) \leq q + 1 + g\,m \quad \text{où } m = [2\,q^{1/2}]\,,$$

cf. [9], th. 1.

2.1. ***Le cas g = 1.*** C'est le cas des courbes elliptiques. Il est bien connu depuis les travaux de Hasse et Deuring, cf. par exemple [11], § 4.1. On trouve:

Théorème 2. *Ecrivons q sous la forme p^e, avec p premier, e entier ≥ 1, et posons $m = [2\,q^{1/2}]$ comme ci-dessus. On a alors*

$$N_q\,(1) = q + 1 + m\,,$$

sauf si p divise m et e est impair ≥ 3. Dans ce dernier cas, on a $N_q\,(1) = q + m$.

Corollaire. *Si $q=p$, ou si q est un carré, on a*

$$N_q(1)=q+1+m.$$

Exemple. Supposons q de la forme 2^{2n-1}, avec $n\geq 2$. Soit

$$\sqrt{2}=1{,}0110101000001001111001\ldots$$

le développement dyadique de $\sqrt{2}$. Si l'on note $a_n\in\{0,1\}$ le n-ème chiffre (après la virgule) de ce développement, on a

$$m=[2q^{1/2}]=[2^n\sqrt{2}]=2^n+2^{n-1}a_1+\ldots+2a_{n-1}+a_n.$$

Il en résulte que m est divisible par $p=2$ si et seulement si $a_n=0$. Vu le théorème 2, cela signifie que

$$N_q(1)=\begin{cases}q+m & \text{si } a_n=0\\ q+1+m & \text{si } a_n=1,\end{cases}$$

ou encore:

$$N_q(1)=2^{2n-1}+2^n+(2^{n-1}a_1+\ldots+2a_{n-1})+2a_n.$$

On notera que chacune des deux possibilités: $a_n=0$ et $a_n=1$ se produit une *infinité de fois* (avec fréquence 1/2? question classique...).

2.2. ***Le cas $g=2$.*** Il est commode de distinguer deux cas:

a) *q est un carré.*

A deux exceptions près, la borne de WEIL est alors exacte. Plus précisément:

Théorème 3. *Si q est un carré $\neq 4, 9$, on a*

$$N_q(2)=q+1+4q^{1/2}.$$

Pour $q=4$ (resp. $q=9$), *on a* $N_q(2)=10$ (resp. 20).

b) *q n'est pas un carré.*

Ecrivons q sous la forme p^e, avec e impair, et posons $m=[2q^{1/2}]$ comme ci-dessus. Je dirai que q est «spécial» si *l'une* des propriété suivantes est satisfaite:

(b_0) m est divisible par p,
(b_1) il existe $x\in\mathbf{Z}$ tel que $q=x^2+1$,
(b_2) il existe $x\in\mathbf{Z}$ tel que $q=x^2+x+1$,
(b_3) il existe $x\in\mathbf{Z}$ tel que $q=x^2+x+2$.

[Lorsque $e=1$, i.e. $q=p$, q est spécial si et seulement si (b_1) ou (b_2) est vrai; l'ensemble des p qui sont «spéciaux» en ce sens est de densité nulle; une conjecture bien connue affirme qu'il est infini. Lorsque $e\geq 3$, par contre, (b_1) est impossible (LEBESGUE [4]), (b_2) n'est possible que si $q=7^3$ (LJUNGGREN [5] et NAGELL [7]*)), et (b_3) n'est possible que si $q=2^3$, 2^5 ou 2^{13}

*) La fin de la démonstration de NAGELL, relative à l'équation $13^n=x^2+x+1$, me paraît insuffisante. Toutefois, il est facile de la compléter par un argument 2-adique (ou 7-adique, comme me l'a signalé F. BEUKERS).

(NAGELL [8]). La condition (b_0) est satisfaite pour $q = 2^7, 2^{11}, 2^{15}, \ldots$ (cf. 2.1) ainsi que pour $q = 3^7, 5^9, 5^{11}, 7^5, 13^{17}, \ldots$. Il est vraisemblable que, pour tout p premier, il existe une infinité d'entiers impairs e tels que $q = p^e$ satisfasse à (b_0); en effet, cela revient à dire que le chiffre 0 intervient une infinité de fois dans le développement de base p de $2\sqrt{p}$.]

Théorème 4. *Si q n'est pas spécial, on a $N_q(2) = q + 1 + 2m$. Si q est spécial, on a*

$$N_q(2) = \begin{cases} q + 2m & \text{si } \{2q^{1/2}\} > (\sqrt{5}-1)/2 = 0{,}61803\ldots \\ q + 2m - 1 & \text{sinon.} \end{cases}$$

(Rappelons que $\{x\}$ désigne la *partie fractionnaire* de x, i.e. $x - [x]$.)

Le cas particulier $q = p$ mérite d'être explicité:

Corollaire. *Si p est un nombre premier ≥ 3, on a*

$$N_p(2) = \begin{cases} p - 1 + 2[2p^{1/2}] & \text{si } p \text{ est de la forme } x^2 + 1 \text{ ou } x^2 + x + 1, \\ p + 1 + 2[2p^{1/2}] & \text{sinon.} \end{cases}$$

La table ci-dessous donne les valeurs de $N_q(1)$ et $N_q(2)$ pour $q \leq 27$, calculées au moyen des théorèmes 2, 3, 4. On observera que $N_q(2)$ est égal à $2(q+1)$ pour $q \leq 11$, mais pas pour $q \geq 13$, comme l'avait déjà démontré STARK [10].

Table II ($g = 1, 2$)

q	2	3	4	5	7	8	9	11	13	16	17	19	23	25	27
$N_q(1)$	5	7	9	10	13	14	16	18	21	25	26	28	33	36	38
$N_q(2)$	6	8	10	12	16	18	20	24	26	33	32	36	42	46	48

Principe de la démonstration des théorèmes 3 et 4

On utilise la correspondance fournie par le théorème de TORELLI:

courbe de genre 2 $\Leftrightarrow$ variété abélienne de dimension 2 munie d'une polarisation indécomposable de degré 1.

Le cas le plus important est celui où la variété abélienne est produit de deux courbes elliptiques isogènes (ou même isomorphes). Les polarisations se traduisent alors en termes de formes hermitiennes binaires (cf. HAYASHIDA-NISHI [2] dans le cas complexe); l'indécomposabilité de ces formes est responsable des conditions (b_1), (b_2), (b_3) du théorème 4.

Questions. 1) Il résulte des théorèmes 2, 3, 4 que:

$$q + 1 + 2q^{1/2} - N_q(1) \leq 2 \qquad \text{pour tout } q$$

$$q + 1 + 4q^{1/2} - N_q(2) \leq 1 + \sqrt{5} = 3{,}236\ldots \qquad \text{pour tout } q.$$

Y a-t-il un résultat analogue pour $g = 3, 4, \ldots$? Autrement dit, existe-t-il une constante $C(g)$ telle que

$$q + 1 + 2g\,q^{1/2} - N_q(g) \leq C(g) \qquad \text{pour tout } q?$$

2) Fixons g et bornons-nous au cas où q est un *carré*. Est-il vrai que $N_q(g) = q + 1 + 2g\,q^{1/2}$ pour tout q assez grand? C'est vrai si $g = 1, 2$ d'après les théorèmes 2 et 3.

[Noter que c'est vrai pour une infinité de q, par exemple ceux pour lesquels $q^{1/2} \equiv -1 \pmod{k}$, avec $k = 2g+1$ ou $k = 2g+2$. En effet, si une telle congruence est satisfaite, la courbe hyperelliptique d'équation $y^2 + y + x^k = 0$ est de genre g, et a $q + 1 + 2g\,q^{1/2}$ points rationnels.]

2.3. *Le cas g = 3.* Ici, le théorème de Torelli s'applique de façon moins satisfaisante (on doit extraire une mystérieuse racine carrée...). Je n'ai obtenu que des résultats partiels, résumés dans la table suivante:

Table III ($g = 3$)

q	2	3	4	5	7	8	9
$N_q(3)$	7	10	14	16	20	24	28

Bibliographie

[1] V. G. Drinfeld et S. Vladut. *Sur le nombre de points d'une courbe algébrique* [en russe], Anal. Fonct. et appl. **17** (1983), p. 68–69.

[2] T. Hayashida et M. Nishi. *Existence of Curves of Genus two on a Product of two Elliptic Curves,* J. Math. Soc. Japan, **17** (1965), p. 1–16.

[3] Y. Ihara. *Some Remarks on the Number of Rational Points of Algebraic Curves over Finite Fields,* J. Fac. Sci. Tokyo, **28** (1981), p. 721–724.

[4] V. A. Lebesgue. *Sur l'impossibilité, en nombres entiers, de l'équation $x^m = y^2 + 1$,* Nouv. Ann. Math. (1), **9** (1850), p. 178–181.

[5] W. Ljunggren. *Einige Bemerkungen über die Darstellung ganzer Zahlen durch binäre kubische Formen mit positiver Diskriminante,* Acta Math. **75** (1942), p. 1–21.

[6] Y. Manin et S. Vladut. *Codes linéaires et courbes modulaires* [en russe], Moscou, 1983.

[7] T. Nagell. *Des équations indéterminées $x^2 + x + 1 = y^n$ et $x^2 + x + 1 = 3y^n$,* Norsk Mat. Forenings Skr., (1), **2** (1921), p. 3–14.

[8] T. Nagell. *The diophantine equation $x^2 + 7 = 2^n$,* Arkiv matematik, **4** (1960), p. 185–187.

[9] J-P. Serre. *Sur le nombre des points rationnels d'une courbe algébrique sur un corps fini,* C. R. Acad. Sci. Paris, série I, **296** (1983), p. 397–402.

[10] H. Stark. *On the Riemann Hypothesis in Hyperelliptic Function Fields,* Proc. A. M. S. Symp. Pure Math., **24** (1973), p. 285–302.

[11] W. C. Waterhouse. *Abelian Varieties over Finite Fields,* Ann. Sci. E. N. S., **2** (1969), p. 521–560.

[12] A. Weil. *Variétés abéliennes et courbes algébriques,* Hermann, Paris, 1948.

(texte reçu le 14 juin 1983)

130.

Résumé des cours de 1982 – 1983

Annuaire du Collège de France (1983), 81 – 86

Le cours a porté sur la *formule de Siegel,* relative au nombre de représentations d'une forme quadratique par une autre. On s'est borné au cas le plus simple, celui où le corps de base est **Q**, et où les formes quadratiques sont positives non dégénérées (cf. C.L. Siegel, *Ges. Abh.*, vol. I, n° 20) ; le cas des formes indéfinies a été seulement mentionné sans démonstration.

On sait depuis les travaux de T. Tamagawa, M. Kneser et A. Weil (*circa* 1960) que l'énoncé de Siegel « équivaut » à dire que, si $m \neq 1$, le *nombre de Tamagawa* du groupe spécial orthogonal $\mathbf{SO}_m$ est égal à 2 (ou — ce qui est plus proche du point de vue de Siegel — que le nombre de Tamagawa du groupe orthogonal $\mathbf{O}_m$ est égal à 1). La vérification de cette équivalence est élémentaire, mais quelque peu pénible. Ses principes sont indiqués dans :

A. WEIL, *Sur la théorie des formes quadratiques,* Œuvres Sci., vol. II, [1962 a] ;

T. TAMAGAWA, *Adèles,* Proc. Symp. Pure Math. IX, A.M.S., 1966, p. 113-121 ;

M. KNESER, *Quadratischen Formen,* Notes polycopiées, Göttingen, 1974.

L'un des buts du cours a été de donner une démonstration détaillée de l'équivalence en question, ainsi que des applications numériques.

a) *Préliminaires : le jeu des deux groupes*

Soient G un groupe localement compact unimodulaire, et Γ (resp. Ω) un sous-groupe discret (resp. ouvert compact) de G. Soit $I \subset G$ un ensemble de représentants des doubles classes $\Omega x \Gamma$; si $x \in I$, notons Γ_x le groupe fini $\Omega \cap x \Gamma x^{-1}$. On a :

$$\text{(1)} \qquad \mathrm{vol}(G/\Gamma) = \sum_{x \in I} \mathrm{vol}(\Omega/\Gamma_x) = \mathrm{vol}(\Omega) \sum_{x \in I} 1/w(x),$$

où $w(x)$ désigne l'ordre de Γ_x.

(Dans les applications, G est un groupe adélique dont la composante archimédienne G_∞ est compacte, Γ est le groupe de ses points rationnels, et $\mathrm{vol}(G/\Gamma)$ est le nombre de Tamagawa. Le groupe Ω est le produit de G_∞ et des groupes de points « *p*-entiers » ; son volume est un produit de volumes locaux. Les doubles classes de G modulo Ω et Γ s'interprètent comme les classes d'un « genre » ; la somme des $1/w(x)$ est la *masse* du genre, au sens d'Eisenstein. La formule (1) exprime cette masse en termes du nombre de Tamagawa.)

Soit g un sous-groupe fermé de G, soit $\gamma = g \cap \Gamma$, et supposons que $\mathrm{vol}(g/\gamma)$ soit *fini*. Soit φ une fonction continue à support compact sur G/g, invariante par Ω. Si $x \in G$, on pose :

$$N_x(\varphi) = \sum_{y \in \Gamma/\gamma} \varphi(xy) ;$$

cette somme ne dépend que de la double classe de x modulo Ω et Γ. On note $\tilde{N}(\varphi)$ la moyenne pondérée des $N_x(\varphi)$ pour x parcourant I :

$$\tilde{N}(\varphi) = \Big(\sum_{x \in I} Nx(\varphi)/w(x)\Big)/\Big(\sum_{x \in I} 1/w(x)\Big).$$

Un calcul facile (basé sur A. Weil, *Adeles and Algebraic Groups*, § 2.4) montre que :

$$\text{(2)} \qquad \tilde{N}(\varphi) = \frac{\mathrm{vol}(g/\gamma)}{\mathrm{vol}(G/\Gamma)} \cdot \int_{G/g} \varphi(y)dy,$$

pourvu que les mesures invariantes choisies sur G, g et G/g soient compatibles.

(Dans les applications, g est un groupe adélique, $\mathrm{vol}(g/\gamma)$ est son nombre de Tamagawa, et l'intégrale de φ sur G/g se calcule comme produit de « densités locales ». La formule (2) permet le passage « Siegel » $\Leftrightarrow$ « Tamagawa ».)

b) *Enoncé de la formule de Siegel*

Soient S et T des **Z**-modules libres de rangs m et n (avec $m \geqslant n \geqslant 1$), munis de formes quadratiques positives non dégénérées, à valeurs dans **Z**. Soit $(S_x)_{x \in I}$ un système de représentants des classes du genre de S (réseaux localement isomorphes à S). Pour tout $x \in \mathrm{I}$, on note $w(x)$ l'ordre du groupe d'automorphismes de S_x. La masse du genre de S est :

$$\mathrm{Masse(S)} = \sum_{x \in \mathrm{I}} 1/w(x).$$

Soit $\mathrm{N}(\mathrm{S}_x,\mathrm{T})$ le nombre des plongements $\mathrm{T} \rightarrow \mathrm{S}_x$ qui sont compatibles avec les formes quadratiques de ces réseaux. On suppose que $\mathrm{N}(\mathrm{S}_x,\mathrm{T}) \neq 0$ pour au moins un $x \in \mathrm{I}$ (cela revient à exiger que T soit *localement* plongeable dans S). On note $\tilde{\mathrm{N}}(\mathrm{S,T})$ la moyenne pondérée des $\mathrm{N}(\mathrm{S}_x,\mathrm{T})$:

$$\tilde{\mathrm{N}}(\mathrm{S,T}) = \Big(\sum_{x \in \mathrm{I}} \mathrm{N}(\mathrm{S}_x,\mathrm{T})/w(x)\Big)/\mathrm{Masse(S)}.$$

La *formule de Siegel* exprime $\tilde{\mathrm{N}}(\mathrm{S,T})$ comme produit de termes locaux :

(3) $$\tilde{\mathrm{N}}(\mathrm{S,T}) = c_{m-n}(c_m)^{-1}\, \alpha_\infty(\mathrm{S,T}) \prod_p \alpha_p(\mathrm{S,T}),$$

où :

$c_k = 1$ si $k \neq 1$ et $c_1 = 1/2$;

$\alpha_p(\mathrm{S,T})$ est la densité des plongements p-adiques de T dans S (cf. ci-dessous) ;

$\alpha_\infty(\mathrm{S,T})$ est l'analogue archimédien des $\alpha_p(\mathrm{S,T})$.

Précisons la définition de $\alpha_p(\mathrm{S,T})$ (cf. Siegel, *loc. cit.*) ; c'est la limite pour $r \rightarrow \infty$ du rapport $c.\mathrm{N}(\mathrm{S,T};\, p^r)/p^{rd}$ où :

$c = 1/2$ si $m = n$ et $c = 1$ si $m \neq n$,

$d = mn - n(n+1)/2$,

$\mathrm{N}(\mathrm{S,T};p^r)$ = nombre des homomorphismes $\mathrm{T}/p^r\mathrm{T} \rightarrow \mathrm{S}/p^r\mathrm{S}$ compatibles avec les produits scalaires de ces deux groupes.

Quant à $\alpha_\infty(\mathrm{S,T})$, c'est le produit du $\mathrm{A}_\infty(\mathrm{S,T})$ de Siegel par la constante c. (Noter que $1/c$ est le nombre des composantes connexes de la « variété » Y des plongements de T dans S, et que $d = \dim \mathrm{Y}$.)

Dans (3), le produit infini porte sur les nombres premiers p, rangés par ordre croissant. C'est un produit convergent ; il est même absolument convergent si $m \geqslant 3$ et $m - n \neq 2$.

Deux cas particuliers sont spécialement intéressants :

Le cas T = S

On a alors $\tilde{\mathrm{N}}(\mathrm{S,S}) = 1/\mathrm{Masse(S)}$ et (3) donne la formule de Minkowski-Siegel :

(4) $$\mathrm{Masse(S)} = c_m \cdot \alpha_\infty(\mathrm{S,S})^{-1} \prod_p \alpha_p(\mathrm{S,S})^{-1}.$$

Le cas $n = 1$

Le réseau T est alors isomorphe à $\mathbf{Z}$, muni de la forme quadratique tX^2, avec t entier > 0, et $N(S_x, T)$ est le *nombre de représentations de t par* S_x.

c) *Démonstration de la formule* (3)

La démonstration originale de Siegel procède par récurrence sur $m = \dim S$. Elle comporte deux parties :

Partie arithmétique

Utilisant l'hypothèse de récurrence, Siegel montre que (3) est vraie *à un facteur près,* ce facteur ne dépendant que de S (et même seulement de $S_{\mathbf{Q}} = \mathbf{Q} \otimes S$), mais pas de T.

Ce résultat peut se déduire de la formule (2) de a) ci-dessus, en prenant :

G = groupe adélique du groupe orthogonal $\mathbf{O}_m$ (relatif à $S_{\mathbf{Q}}$) ;

Γ = groupe des points rationnels de G ;

$\Omega = G_\infty \times \prod_p G(S_p)$, où $G(S_p)$ est le groupe orthogonal du $\mathbf{Z}_p$-réseau $S_p = \mathbf{Z}_p \otimes S$;

g = groupe adélique du groupe orthogonal $\mathbf{O}_{m-n}$ (relatif à un module quadratique W tel que $W \oplus T_{\mathbf{Q}} \simeq S_{\mathbf{Q}}$) ;

γ = groupe des points rationnels de g ;

G/g = espace des plongements adéliques de T dans S ;

φ = fonction caractéristique de l'ensemble des plongements adéliques de T dans S qui appliquent T_p dans S_p pour tout p.

On munit G, g et G/g de leurs mesures de Tamagawa (avec facteurs correctifs dus à la non connexion du groupe orthogonal en dimension > 0). On vérifie que l'intégrale de φ sur G/g est égale au produit $\alpha_\infty(S,T) \prod_p \alpha_p(S,T)$, et que $\check{N}(\varphi) = \check{N}(S,T)$. On obtient (3), avec c_{m-n} et c_m remplacés respectivement par $\tau(\mathbf{O}_{m-n})$ et $\tau(\mathbf{O}_m)$, où τ désigne le nombre de Tamagawa. L'hypothèse de récurrence montre en outre que $\tau(\mathbf{O}_{m-n}) = c_{m-n}$; d'où la formule (3) *au facteur près* $\lambda = \tau(\mathbf{O}_m)/c_m$.

Partie analytique

Il s'agit de prouver que $\lambda = 1$. Pour cela, Siegel applique la formule (3) (avec le facteur λ) au cas $n = 1$, i.e. aux représentations d'un entier $t \geqslant 1$ par les formes S_x. Il somme les formules ainsi obtenues pour $t \leqslant X$ (avec certaines restrictions de congruences sur t), et compare le résultat aux estimations asymptotiques (pour $X \to \infty$) fournies par un calcul de volume à la Gauss. Cette comparaison lui fournit la relation cherchée : $\lambda = 1$! (Les cas de basse dimension : $m = 2, 3, 4$ nécessitent des démonstrations spéciales.)

d) *Exemple : la forme quadratique* $\sum_{i=1}^{i=m} X_i^2$

On désire calculer Masse(I_m), où I_m est le réseau $\mathbf{Z}^m$ muni de la forme quadratique standard $\sum X_i^2$. Vu (4), cela revient à calculer les facteurs locaux $\alpha_\infty(I_m, I_m)$ et $\alpha_p(I_m, I_m)$. Seul le cas $p = 2$ crée quelques difficultés [signalons à ce sujet que les formules données par H. Hasse et reproduites par W. Magnus (*Math. Ann.*, 1937), M. Eichler (*Grundl. Math. Wiss.*, 63, 1962, § 25.4) et J.W.S. Cassels (*Acad. Press*, 1978, p. 377) sont incorrectes pour $m \geqslant 9$]. Lorsque m est *divisible par* 4, on trouve :

$$\text{Masse}(I_m) = (1 - 2^{-k})(1 + \varepsilon\, 2^{1-k})\, | b_k . b_2 b_4 b_6 \ldots b_{2k-2} | \, / 2.k\,!,$$

où $k = m/2$, $\varepsilon = (-1)^{m/4}$ et les b_i sont les nombres de Bernoulli.

Il y a des formules analogues lorsque m n'est pas divisible par 4. Voir là-dessus J. Conway et N. Sloane, *Europ. J. Comb.*, 3, 1982, p. 219-231 (cf. aussi Ch. Ko, *Acta Arith.*, 3, 1939, p. 79-85). Le travail de Conway-Sloane contient également une table des valeurs de Masse(I_m) pour $m \leqslant 32$, ainsi qu'une détermination explicite des classes du genre pour $m \leqslant 23$. Ainsi, pour $m = 9$, il y a 2 classes, et la masse du genre est 17/2786918400.

e) *Compléments*

Le cours s'est achevé par de brèves indications sur :

— la décomposition des entiers en sommes de 5 carrés, problème célèbre, résolu par Eisenstein en 1847, et mis au concours par l'Académie des Sciences de Paris en 1881, avec le succès que l'on sait ;

— le lien avec les formes modulaires, et notamment le fait que la moyenne pondérée des séries thêta d'un genre est une série d'Eisenstein (le cas $m = 3$,
1 laissé ouvert par Siegel, vient d'être traité par R. Schulze-Pillot, Göttingen, 1983) ;

— la démonstration adélique de $\tau(\mathbf{O}_m) = 1$.

SÉMINAIRE

J.-P. SERRE : *Majorations du nombre des points rationnels d'une courbe algébrique sur un corps fini* (7 exposés) ;

J. ŒSTERLÉ : *Choix optima dans la méthode des « formules explicites »* (1 exposé) ;

J. ŒSTERLÉ : *Nombres de Tamagawa, et groupes unipotents en caractéristique* p (6 exposés).

131.

L'invariant de Witt de la forme $\mathrm{Tr}(x^2)$

Comm. Math. Helv. **59** (1984), 651–676

à John C. Moore

Introduction

Soit E une extension finie séparable d'un corps commutatif K de caractéristique $\neq 2$. La forme quadratique $x \mapsto \mathrm{Tr}_{E/K}(x^2)$ attachée à cette extension a été souvent étudiée (cf. par exemple [2], [6], [10]). Il est naturel de s'intéresser à son *invariant de Witt.* Dans ce qui suit, je donne une formule reliant cet invariant à la *seconde classe de Stiefel–Whitney* de la représentation de permutation du groupe de Galois de E (cette classe peut aussi s'interpréter comme *l'obstruction* d'un certain "problème de plongement", cf. n° 3.1).

La formule en question fait l'objet du §2; sa démonstration utilise l'interprétation spinorielle de l'invariant de Witt et de la seconde classe de Stiefel–Whitney. Le §1 est consacré à des préliminaires; le §3 donne des exemples et des applications (notamment aux extensions ayant pour groupe de Galois le "Monstre" de Griess–Fischer); le §4 étend les résultats du §2 à la forme $x \mapsto \mathrm{Tr}_{E/K}(\alpha x^2)$, avec $\alpha \in E^*$. Les Appendices contiennent divers résultats auxiliaires.

§1. Notations

1.1. *Cohomologie galoisienne* mod 2 ([11], [12], [15])

Dans ce qui suit, K désigne un corps commutatif, K_s une clôture séparable de K, et Γ_K le groupe de Galois Gal (K_s/K). On suppose que la caractéristique de K est $\neq 2$ (le cas où car $(K) = 2$ est traité dans [1]). Si G est un groupe profini, on note $H^m(G)$ les groupes de cohomologie $H^m(G, \mathbf{Z}/2\mathbf{Z})$; ce sont des espaces vectoriels sur le corps $\mathbf{F}_2$. Ceci s'applique en particulier à $G = \Gamma_K$; pour $m = 1, 2$, les groupes $H^m(\Gamma_K)$ ont une interprétation simple, fournie par la théorie de Kummer:

(i) $H^1(\Gamma_K) = \mathrm{Hom}\,(\Gamma_K, \mathbf{Z}/2\mathbf{Z})$ s'identifie au groupe K^*/K^{*2}; si a appartient à K^*/K^{*2} (ou à K^*), on note (a) l'élément correspondant de $H^1(\Gamma_K)$; c'est l'unique homomorphisme $\chi: \Gamma_K \to \mathbf{Z}/2\mathbf{Z}$ tel que $\gamma(\sqrt{a}) = (-1)^{\chi(\gamma)}\sqrt{a}$ pour tout $\gamma \in \Gamma_K$;

comme on écrit $H^1(\Gamma_K)$ additivement, on a $(xy)=(x)+(y)$ si $x, y \in K^*$;

(ii) $H^2(\Gamma_K)$ s'identifie à $\mathrm{Br}_2(K)$, noyau de la multiplication par 2 dans le groupe de Brauer $\mathrm{Br}(K)=H^2(\Gamma_K, K_s^*)$.

Si $(a_1), \ldots, (a_m)$ appartiennent à $H^1(\Gamma_K)$, on note $(a_1)\ldots(a_m)$ leur cup-produit dans $H^m(\Gamma_K)$. Lorsque $m=2$, $(a_1)(a_2)$ coïncide avec l'élément (a_1, a_2) de $\mathrm{Br}_2(K)=H^2(\Gamma_K)$ défini par l'algèbre de quaternions $\{i^2=a_1,\ j^2=a_2,\ ij=-ji\}$. On a $(a_1)(a_2)=0$ si et seulement si la forme $Z^2-a_1X^2-a_2Y^2$ représente 0.

1.2. *Formes quadratiques* ([4], [9], [11], [12], [18], [22])

Soit $Q=Q(X_1, \ldots, X_n)$ une forme quadratique non dégénérée de rang n sur K. Soit m un entier $\geqslant 0$, et soit $w_m(Q) \in H^m(\Gamma_K)$ la m-ième classe de Stiefel-Whitney de Q, au sens de [4]. Rappelons que, si $Q \sim a_1X_1^2+\ldots+a_nX_n^2$, avec $a_i \in K^*$, on a

$$w_m(Q)=\sum_{i_1<\cdots<i_m}(a_{i_1})\cdots(a_{i_m}).$$

Si $d=d(Q) \in K^*/K^{*2}$ est le discriminant de Q, on a $w_1(Q)=(d)$. Quant à $w_2(Q)=\sum_{i<j}(a_i)(a_j)$, c'est *l'invariant de Witt* (appelé aussi "invariant de Hasse") de la forme Q; il peut s'interpréter en termes d'algèbres de Clifford, cf. [9], [18], [22].

1.3. *Extensions étales*

Soit E une K-algèbre commutative de rang fini $n \geqslant 1$. Nous supposerons que E est *étale* au sens de Bourbaki A. V. 28, i.e. est produit d'extensions finies séparables de K; le cas le plus important pour la suite (et auquel on pourrait se ramener si on le désirait) est celui où E est un *corps*.

Soit Φ l'ensemble des K-homomorphismes de E dans K_s. On a $\mathrm{Card}(\Phi)=n$. Le groupe Γ_K opère de façon évidente sur Φ, d'où un homomorphisme continu $e: \Gamma_K \to \mathfrak{S}_\Phi$, où $\mathfrak{S}_\Phi$ est le groupe des permutations de Φ. En identifiant Φ à $[1, n]$, on transforme e en un homomorphisme continu

$$e: \Gamma_K \to \mathfrak{S}_n,$$

défini à conjugaison près. D'après la théorie de Galois (Bourbaki, A. V. 73), E est déterminée à isomorphisme près par e, et l'on peut se donner e arbitrairement; dans le langage de [15], III, §1, l'algèbre E se déduit de l'algèbre déployée $K^n=K\times\cdots\times K$ par *torsion* au moyen du 1-cocycle

$$e: \Gamma_K \to \mathfrak{S}_n=\mathrm{Aut}(K^n).$$

On notera G_E le sous-groupe $e(\Gamma_K)$ de $\mathfrak{S}_n$. Lorsque $E = K[X]/(f)$, où f est un polynôme séparable de degré n, le groupe G_E est le "groupe de Galois de f", vu comme groupe de permutations des racines de f; il est transitif si et seulement si f est irréductible, i.e. si E est un corps.

1.4. *La forme* Q_E

Soit E comme ci-dessus. L'application $Q_E: E \to K$ définie par $Q_E(x) = \mathrm{Tr}_{E/K}(x^2)$ est une forme quadratique non dégénérée de rang n. Lorsque $E = K^n$, c'est la forme unité $X_1^2 + \cdots + X_n^2$. Dans le cas général, Q_E se déduit de cette forme par *torsion* (cf. [15], III-4, prop. 4) au moyen du 1-cocycle

$$e: \Gamma_K \to \mathfrak{S}_n \subset \mathbf{O}_n(K),$$

où $\mathbf{O}_n$ désigne le groupe orthogonal à n variables (relatif à la forme unité).

Le *discriminant* d_E de Q_E est (par définition) le discriminant de la K-algèbre E. L'élément correspondant $(d_E) = w_1(Q_E)$ du groupe $H^1(\Gamma_K) = \mathrm{Hom}\,(\Gamma_K, \mathbf{Z}/2\mathbf{Z})$ n'est autre que le composé

$$\Gamma_K \xrightarrow{e} \mathfrak{S}_n \xrightarrow{\varepsilon_n} \{\pm 1\} \simeq \mathbf{Z}/2\mathbf{Z},$$

où ε_n est la signature (cf. Bourbaki, A. V. 57, exemple 6).

L'*invariant de Witt* $w_2(Q_E)$ fait l'objet du §2 ci-après.

1.5. *Les groupes* $H^m(\mathfrak{S}_n)$ *pour* $m = 1, 2$

Ces groupes sont bien connus ([3], [13]):

$$H^1(\mathfrak{S}_n) = \begin{cases} 0 & \text{si} \quad n = 1 \\ \mathbf{Z}/2\mathbf{Z} & \text{si} \quad n \geqslant 2 \end{cases}$$

$$H^2(\mathfrak{S}_n) = \begin{cases} 0 & \text{si} \quad n = 1 \\ \mathbf{Z}/2\mathbf{Z} & \text{si} \quad n = 2,3 \\ \mathbf{Z}/2\mathbf{Z} \oplus \mathbf{Z}/2\mathbf{Z} & \text{si} \quad n \geqslant 4. \end{cases}$$

L'élément non nul de $H^1(\mathfrak{S}_n)$, $n \geqslant 2$, est la signature

$$\varepsilon_n: \mathfrak{S}_n \to \{\pm 1\} \simeq \mathbf{Z}/2\mathbf{Z}.$$

Les éléments de $H^2(\mathfrak{S}_n)$ sont décrits dans [13] en termes d'extensions de $\mathfrak{S}_n$ par un groupe à deux éléments $\{1, \omega\}$. Nous aurons surtout besoin de l'élément

$s_n \in H^2(\mathfrak{S}_n)$ correspondant à l'extension

$$1 \to \{1, \omega\} \to \tilde{\mathfrak{S}}_n \to \mathfrak{S}_n \to 1$$

notée (II') dans [13], p. 355. On peut caractériser $\tilde{\mathfrak{S}}_n$ (et s_n) par la propriété suivante:

(C) *Tout élément de* $\tilde{\mathfrak{S}}_n$ *dont l'image dans* $\mathfrak{S}_n$ *est une transposition* (resp. *un produit de deux transpositions à supports disjoints*) *est d'ordre* 2 (resp. *d'ordre* 4).

(On peut reformuler (C) en disant que, pour $n \geq 2$, la restriction de s_n au sous-groupe $\{1, (12)\}$ de $\mathfrak{S}_n$ est 0, et que, pour $n \geq 4$, la restriction de s_n au sous-groupe $\{1, (12)(34)\}$ est $\neq 0$.)

A la présentation standard de $\mathfrak{S}_n$ par $n-1$ générateurs t_i (les transpositions $(i, i+1)$) soumis aux relations

$$t_i^2 = 1, \qquad (t_i t_{i+1})^3 = 1, \qquad t_i t_j = t_j t_i \quad \text{si} \quad |j-i| \geq 2,$$

correspond une présentation de $\tilde{\mathfrak{S}}_n$ par des générateurs $\tilde{t}_i$ et ω, avec les relations

$$\tilde{t}_i^2 = 1, \quad \omega^2 = 1, \quad \omega\tilde{t}_i = \tilde{t}_i\omega, \quad (\tilde{t}_i\tilde{t}_{i+1})^3 = 1, \quad \tilde{t}_i\tilde{t}_j = \omega\tilde{t}_j\tilde{t}_i \quad \text{si} \quad |j-i| \geq 2.$$

On a $s_n = 0$ si et seulement si $n \leq 3$. Pour $n = 2, 3$ l'unique élément non nul de $H^2(\mathfrak{S}_n)$ est le cup-carré $\varepsilon_n \cdot \varepsilon_n$ de la signature $\varepsilon_n \in H^1(\mathfrak{S}_n)$. Pour $n \geq 4$, $\varepsilon_n \cdot \varepsilon_n$ et s_n forment une base de $H^2(\mathfrak{S}_n)$; de plus, la restriction de s_n au groupe alterné $\mathfrak{A}_n$ est l'unique élément non nul de $H^2(\mathfrak{A}_n)$.

Une autre façon de définir s_n consiste à utiliser la représentation évidente $\mathfrak{S}_n \to \mathbf{O}_n(\mathbf{R})$. A cette représentation est associé un *fibré orthogonal* l_n sur l'*espace classifiant* $B\mathfrak{S}_n$ de $\mathfrak{S}_n$; si $m \geq 0$, la classe de Stiefel–Whitney $w_m(l_n)$ est un élément du groupe

$$H^m(B\mathfrak{S}_n, \mathbf{Z}/2\mathbf{Z}) = H^m(\mathfrak{S}_n).$$

Pour $m = 2$, *on a* $w_2(l_n) = s_n$: cela se vérifie en utilisant (C). Quant à $w_1(l_n)$, c'est bien sûr la signature ε_n.

§2. Le résultat principal

2.1. *Enoncé*

On reprend les notations des n°s 1.3 et 1.4:

E est une K-algèbre commutative étale de rang n,

$d_E \in K^*/K^{*2}$ est le discriminant de E,

Q_E est la forme quadratique $x \mapsto \mathrm{Tr}_{E/K}(x^2)$,

$e: \Gamma_K \to \mathfrak{S}_n$ est l'homomorphisme (défini à conjugaison près) qui correspond à E par la théorie de Galois.

Le groupe $H^2(\Gamma_K) = \mathrm{Br}_2(K)$ contient les deux éléments suivants:

(i) $w_2(Q_E)$, invariant de Witt de la forme quadratique Q_E;

(ii) e^*s_n, image réciproque par e de $s_n \in H^2(\mathfrak{S}_n)$, cf. n° 1.5.

(Comme e est défini à conjugaison près, e^*s_n est défini sans ambiguïté: cela résulte, par exemple, de [14], p. 124, prop. 3.)

Nous allons comparer ces éléments:

THÉORÈME 1. *On a*

$$w_2(Q_E) = e^*s_n + (2)(d_E). \tag{1}$$

La démonstration sera donnée au n° 2.6.

Remarques. 1) Le terme $(2)(d_E)$ est égal (cf. n° 1.1) à $(2, d_E)$, classe dans $\mathrm{Br}_2(K)$ de l'algèbre de quaternions $\{i^2 = 2, j^2 = d_E, ij = -ji\}$. Ce terme est nul si et seulement si d_E est de la forme $x^2 - 2y^2$ avec $x, y \in K$.

2) Comme $(d_E) = e^*\varepsilon_n$, on peut récrire (1) sous la forme équivalente:

$$w_2(Q_E) = e^*s_n + (2) \cdot e^*(\varepsilon_n), \tag{1'}$$

ou encore (cf. n° 1.5):

$$w_2(Q_E) = e^*w_2(l_n) + (2) \cdot e^*w_1(l_n). \tag{1''}$$

Question.[1] Y a-t-il une formule analogue à (1″) qui relie les $w_m(Q_E)$ aux $e^*w_m(l_n)$, i.e. aux classes de Stiefel–Whitney de la représentation de permutation de Γ_K associée à E?

Ainsi, pour $m = 3$, on a

$$w_3(Q_E) = e^*w_3(l_n); \tag{2}$$

cela se déduit du th. 1 et du fait que $w_3 = Sq^1 w_2 + w_1 \cdot w_2$.

[1] Cette question vient d'être résolue affirmativement par B. Kahn ("Classes de Stiefel–Whitney de
1 formes quadratiques et de représentations galoisiennes réelles", à paraître). En particulier, la formule (3) ci-après est valable sans restriction sur n.
(Note ajoutée en mai 1984.)

D'autre part, on peut vérifier que, pour $n \leqslant 7$, on a:

$$w_m(Q_E) = \begin{cases} e^* w_m(l_n) & \text{si } m \text{ est impair} \\ e^* w_m(l_n) + (2) \cdot e^* w_{m-1}(l_n) & \text{si } m \text{ est pair.} \end{cases} \tag{3}$$

[Indiquons brièvement comment on démontre (3) pour $n \leqslant 7$. Par un argument élémentaire de restriction, on peut supposer que Γ_K est un pro-2-groupe. D'autre part, en utilisant le fait que $(2)(2) = 0$ (cf. n° 2.2), on montre que, si (3) est vraie pour deux algèbres étales E_1 et E_2, elle est aussi vraie pour leur produit $E_1 \times E_2$. Cela permet de se ramener au cas où E est un corps de degré $n \leqslant 7$. Comme Γ_K est un 2-groupe, on a $n = 1$, 2 ou 4. Les cas $n = 1$ et $n = 2$ sont immédiats. Pour $n = 4$, on écrit E sous la forme $K(\sqrt{x}, \sqrt{y})$ avec $x \in K^*$ et $y \in K(\sqrt{x})^*$, et l'on détermine explicitement les classes de cohomologie $w_m(Q_E)$ et $e^* w_m(l_4)$; on trouve que ces classes sont nulles pour $m \geqslant 3$, ce qui démontre (3), compte tenu du th. 1.]

2.2. *Démonstration du théorème* 1 *pour* $n = 1, 2, 3$

Dans chacun de ces cas on a $s_n = 0$ (cf. n° 1.5) et la formule à démontrer s'écrit:

$$w_2(Q_E) = (2)(d_E) \qquad (n = 1, 2, 3). \tag{4}$$

Vérifions-la:

(i) $n = 1$

On a $w_2(Q_E) = 0$ et $(d_E) = (1) = 0$, d'où $(2)(d_E) = 0$.

(ii) $n = 2$

On a $Q_E(1) = n = 2$, d'où $Q_E \sim 2X_1^2 + \alpha X_2^2$, avec $\alpha \in K^*$. En comparant les discriminants, on voit que $(\alpha) = (2d_E)$, d'où

$$Q_E \sim 2X_1^2 + 2d_E X_2^2, \tag{5}$$

et $w_2(Q_E) = (2)(2d_E) = (2)(2) + (2)(d_E)$. Mais $(2)(2) = 0$ puisque la forme $Z^2 - 2X^2 - 2Y^2$ représente 0 (prendre $Z = 2$, $X = Y = 1$). On obtient donc bien $w_2(Q_E) = (2)(d_E)$.

(iii) $n = 3$

Montrons d'abord que l'on a:

$$Q_E \sim X_1^2 + 2X_2^2 + 2d_E X_3^2. \tag{6}$$

Distinguons deux cas:

(a) E se décompose en $E_1 \times E_2$, avec $\mathrm{rg}(E_1)=1$, $\mathrm{rg}(E_2)=2$.

On a alors $Q_E \sim Q_{E_1} \oplus Q_{E_2}$; la forme Q_{E_1} est isomorphe à la forme unité X_1^2; d'après (5) et le fait que $(d_E)=(d_{E_2})$, la forme Q_{E_2} est isomorphe à $2X_2^2+2d_E X_3^2$; on obtient bien (6).

(b) E est un corps.

Notons ce corps K'; c'est une extension cubique de K. Soit $E'=K'\otimes_K E$ l'algèbre déduite de E par extension des scalaires à K'; il est clair que E' possède un facteur isomorphe à K', donc est du type (a) ci-dessus. Il en résulte que (6) devient vraie sur K'. Comme $[K':K]$ est *impair*, (6) est donc vraie sur K, en vertu d'un théorème de Springer [17].

Une fois (6) prouvée, la formule (4) se démontre comme dans le cas $n=2$.

Remarques. 1) Supposons $n=3$, et $\mathrm{car}(K)\neq 3$. La restriction de Q_E aux éléments de trace 0 est non dégénérée; si l'on note cette forme Q'_E, on a $Q_E \sim 3X_1^2 \oplus Q'_E$, d'où, en utilisant (6):

$$Q'_E \sim 6X_2^2+2d_E X_3^2. \tag{7}$$

On en conclut qu'il existe $x\in E$ tel que $\mathrm{Tr}_{E/K}(x)=0$ et $\mathrm{Tr}_{E/K}(x^2)=6$. Un tel x satisfait à une équation de la forme

$$x^3-3x+t=0, \quad \text{avec} \quad t\in K. \tag{8}$$

On voit ainsi que toute extension cubique de K peut être obtenue par une équation du type (8), si $\mathrm{car}(K)\neq 3$. (Ce résultat peut aussi se démontrer par un argument direct, et l'on en déduit alors (7) et (6).)

2) Les formules (5) et (6) sont des cas particuliers de formules valables pour tout n, cf. Appendices I et II.

2.3. *Rappels sur $\mathfrak{A}_n$ et le groupe des spineurs*

A partir de maintenant, et jusqu'à la fin du §2, on suppose $n\geqslant 4$. On note a_n l'élément non nul de $H^2(\mathfrak{A}_n)$, et $\tilde{\mathfrak{A}}_n$ l'extension centrale correspondante:

$$1\to\{\pm 1\}\to\tilde{\mathfrak{A}}_n\to\mathfrak{A}_n\to 1. \tag{9}$$

(Il est commode pour la suite d'employer une notation multiplicative, i.e. d'écrire $\{\pm 1\}$ à la place de $\mathbf{Z}/2\mathbf{Z}$.)

On sait (cf. [3], [13]) que cette extension peut se construire à l'aide du groupe des spineurs $\mathbf{Spin}_n(K)$. Rappelons comment on procède:

On identifie $\mathfrak{A}_n$ à un sous-groupe de $\mathbf{SO}_n(K)$ grâce au plongement standard de $\mathfrak{S}_n$ dans $\mathbf{O}_n(K)$, et l'on utilise la suite exacte de groupes algébriques:

$$1 \to \{\pm 1\} \to \mathbf{Spin}_n \to \mathbf{SO}_n \to 1. \tag{10}$$

Par passage aux points rationnels, on obtient une suite exacte:

$$1 \to \{\pm\} \to \mathbf{Spin}_n(K) \to \mathbf{SO}_n(K). \tag{11}$$

LEMME 1. *Le groupe $\mathfrak{A}_n$ est contenu dans l'image de l'homomorphisme*

$$\mathbf{Spin}_n(K) \to \mathbf{SO}_n(K),$$

et son image réciproque dans $\mathbf{Spin}_n(K)$ est isomorphe à $\tilde{\mathfrak{A}}_n$.

Autrement dit, on a un diagramme commutatif:

$$\begin{array}{ccccc} 1 \to \{\pm 1\} & \to & \tilde{\mathfrak{A}}_n & \to & \mathfrak{A}_n \\ \| & & \downarrow & & \downarrow \\ 1 \to \{\pm 1\} & \to & \mathbf{Spin}_n(K) & \to & \mathbf{SO}_n(K). \end{array}$$

Démonstration. Soit (e_i), $1 \leqslant i \leqslant n$, la base canonique de l'espace $V = K^n$, muni de la forme quadratique standard Q:

$$Q(e_i) = 1, \qquad Q(e_i, e_j) = 0 \quad \text{si} \quad i \neq j.$$

Soit C l'algèbre de Clifford du couple (V, Q), autrement dit l'algèbre engendrée par les e_i soumis aux relations

$$e_i^2 = 1, \qquad e_i e_j = -e_j e_i \quad \text{si} \quad i \neq j.$$

Le groupe $\mathbf{Spin}_n(K)$ s'identifie à un sous-groupe de C^*, le "groupe de Clifford réduit" au sens de Bourbaki, *Alg.* IX, §9, n° 5 (ensemble des $x \in C^*$ de degré pair tels que $xVx^{-1} = V$ et que $x \cdot x' = 1$, où $x \mapsto x'$ désigne l'anti-involution de C qui est l'identité sur V); l'homomorphisme $\mathbf{Spin}_n(K) \to \mathbf{SO}_n(K)$ associe à un tel élément x la rotation $v \mapsto xvx^{-1}$ de V.

Soient $\{i, j, k, l\}$ des indices tels que $i \neq j$ et $k \neq l$. On a

$$Q(e_i - e_j) = Q(e_k - e_l) = 2.$$

Si l'on pose

$$x=\tfrac{1}{2}(e_i-e_j)(e_k-e_l),$$

on vérifie tout de suite que x appartient au groupe de Clifford réduit, i.e. à $\mathbf{Spin}_n(K)$; de plus, son image dans $\mathbf{SO}_n(K)$ est égale à $(ij)(kl)$, produit des transpositions (ij) et (kl). Comme $\mathfrak{A}_n$ est engendré par de tels produits, cela montre bien que $\mathfrak{A}_n$ est contenu dans l'image de $\mathbf{Spin}_n(K)$. Il reste à voir que l'image réciproque de $\mathfrak{A}_n$ dans $\mathbf{Spin}_n(K)$ est une extension non triviale de $\mathfrak{A}_n$. Or, si l'on choisit $\{i, j, k, l\}$ distincts (ce qui est possible puisque $n\geqslant 4$), les éléments e_i-e_j et e_k-e_l sont orthogonaux, donc anticommutent dans C, et l'on en déduit:

$$x^2=-\tfrac{1}{4}(e_i-e_j)^2(e_k-e_l)^2=-\tfrac{1}{4}\cdot 2\cdot 2\cdot=-1.$$

Il en résulte que x *est d'ordre* 4 dans $\mathbf{Spin}_n(K)$, ce qui démontre la non trivialité de l'extension considérée.

Remarque. Le fait que $\mathfrak{A}_n$ soit contenu dans l'image de $\mathbf{Spin}_n(K)$ peut aussi se déduire de ce que $\mathfrak{A}_n$ est *engendré par des carrés*, donc a une image triviale par la norme spinorielle $\mathbf{SO}_n(K)\to K^*/K^{*2}$.

2.4. *Démonstration du théorème* 1 *dans le cas alterné*

Revenons à la situation du th. 1, et supposons que $e:\Gamma_K\to\mathfrak{S}_n$ applique Γ_K dans $\mathfrak{A}_n$, ou ce qui revient au même que $(d_E)=0$. La formule à démontrer s'écrit alors:

$$w_2(Q_E)=e^*a_n, \tag{12}$$

où e est maintenant considéré comme un homomorphisme de Γ_K dans $\mathfrak{A}_n$.

La forme Q_E se déduit de la forme unité $Q(X)=X_1^2+\cdots+X_n^2$ par torsion galoisienne au moyen du 1-cocycle $e:\Gamma_K\to\mathfrak{A}_n\subset\mathbf{SO}_n(K)$. Soit $\bar{e}$ la classe de e dans l'ensemble de cohomologie

$$H^1(K,\mathbf{SO}_n)=H^1(\Gamma_K,\mathbf{SO}_n(K_s)).$$

(Il s'agit ici de cohomologie non abélienne, cf. par exemple, [15], chap. I, §5 et chap. III, §1.)

Soit d'autre part

$$\delta:H^1(K,\mathbf{SO}_n)\to H^2(K,\{\pm 1\})\simeq H^2(\Gamma_K)$$

l'opérateur cobord associé à la suite exacte

$$1 \to \{\pm 1\} \to \mathbf{Spin}_n \to \mathbf{SO}_n \to 1, \tag{10}$$

cf. [15], p. I-69. D'après Springer ([18], formule (4.6)), on a

$$w_2(Q_E) = \delta(\bar{e}). \tag{13}$$

On obtient un 2-cocycle $d(\alpha, \beta)$ appartenant à la classe $\delta(\bar{e})$ par la construction suivante:

Pour tout $\sigma \in \mathfrak{A}_n$, on choisit un représentant σ' de σ dans $\tilde{\mathfrak{A}}_n \subset \mathbf{Spin}_n(K)$, cf. lemme 1. Si $\alpha \in \Gamma_K$, l'élément $x_\alpha = e(\alpha)'$ de $\mathbf{Spin}_n(K_s)$ a pour image $e(\alpha)$ dans $\mathbf{SO}_n(K)$; si l'on pose

$$d(\alpha, \beta) = x_\alpha \alpha(x_\beta) x_{\alpha\beta}^{-1} \qquad (\alpha, \beta \in \Gamma_K), \tag{14}$$

on obtient un 2-cocycle sur Γ_K, à valeurs dans $\{\pm 1\}$, dont la classe de cohomologie est $\delta(\bar{e})$, cf. [18], *loc. cit.* Comme les x_α sont rationnels sur K, la formule (14) se simplifie en

$$d(\alpha, \beta) = x_\alpha x_\beta x_{\alpha\beta}^{-1}. \tag{15}$$

Le 2-cocycle d est donc simplement l'image réciproque par e du *système de facteurs* de l'extension $\tilde{\mathfrak{A}}_n \to \mathfrak{A}_n$ (relativement aux représentants choisis). On a donc:

$$\delta(\bar{e}) = e^* a_n, \tag{16}$$

ce qui démontre (12), compte tenu de (13).

2.5. *Un résultat auxiliaire*

Soient E_1 et E_2 deux algèbres étales, et soit $E_3 = E_1 \times E_2$ leur produit.

LEMME 2. *Si la formule* (1) *du th.* 1 *est vraie pour deux des trois algèbres* E_1, E_2, E_3, *elle est vraie pour la troisième.*

Soit n_i le rang de E_i, et soit e_i l'homomorphisme de Γ_K dans $\mathfrak{S}_{n_i}$ associé à E_i

$(i=1, 2, 3)$. On a $n_3 = n_1 + n_2$, et l'homomorphisme $e_3 : \Gamma_K \to \mathfrak{S}_{n_3}$ se factorise en:

$$\Gamma_K \xrightarrow{(e_1, e_2)} \mathfrak{S}_{n_1} \times \mathfrak{S}_{n_2} \xrightarrow{j} \mathfrak{S}_{n_3},$$

où j est l'injection naturelle de $\mathfrak{S}_{n_1} \times \mathfrak{S}_{n_2}$ dans $\mathfrak{S}_{n_3} = \mathfrak{S}_{n_1+n_2}$.

Posons:

$$w(E_i) = w_2(Q_{E_i}) \quad \text{et} \quad w'(E_i) = e_i^* s_{n_i} + (2)(d_{E_i}),$$

de sorte que (1) équivaut à $w(E_i) = w'(E_i)$.

Comme $Q_{E_3} \sim Q_{E_1} \oplus Q_{E_2}$, on a $(d_{E_3}) = (d_{E_1}) + (d_{E_2})$ et

$$w(E_3) = w(E_1) + w(E_2) + (d_{E_1})(d_{E_2}). \tag{17}$$

D'autre part, l'image de s_{n_3} par l'homomorphisme de restriction

$$j^* : H^2(\mathfrak{S}_{n_3}) \to H^2(\mathfrak{S}_{n_1} \times \mathfrak{S}_{n_2})$$

est donnée par la formule

$$j^* s_{n_3} = p_1^* s_{n_1} + p_2^* s_{n_2} + p_1^* \varepsilon_{n_1} \cdot p_2^* \varepsilon_{n_2},$$

où p_i désigne la projection de $\mathfrak{S}_{n_1} \times \mathfrak{S}_{n_2}$ sur son i-ème facteur (cela se voit, par exemple, en appliquant à l'espace classifiant $B(\mathfrak{S}_{n_1} \times \mathfrak{S}_{n_2})$ la formule donnant la classe de Stiefel–Whitney d'une somme directe).

On déduit de là:

$$\begin{aligned} e_3^* s_{n_3} &= (e_1, e_2)^* j^* s_{n_3} = (e_1, e_2)^* [p_1^* s_{n_1} + p_2^* s_{n_2} + p_1^* \varepsilon_{n_1} \cdot p_2^* \varepsilon_{n_2}] \\ &= e_1^* s_{n_1} + e_2^* s_{n_2} + e_1^* \varepsilon_{n_1} \cdot e_2^* \varepsilon_{n_2} = e_1^* s_{n_1} + e_2^* s_{n_2} + (d_{E_1})(d_{E_2}). \end{aligned}$$

En ajoutant $(2)(d_{E_3}) = (2)(d_{E_1}) + (2)(d_{E_2})$ aux deux membres, on obtient

$$w'(E_3) = w'(E_1) + w'(E_2) + (d_{E_1})(d_{E_2}). \tag{18}$$

En comparant (17) et (18) on voit que, si $w(E_i) = w'(E_i)$ pour deux des trois indices $\{1, 2, 3\}$, la même formule vaut pour le troisième indice. Le lemme en résulte.

2.6. *Fin de la démonstration du théorème* 1

Soit $E_2 = K[X]/(X^2 - d_E)$; c'est une K-algèbre étale de rang 2 ayant même discriminant que l'algèbre E donnée. La formule (1) est vraie pour E_2, cf. n° 2.2; elle est vraie pour $E \times E_2$ puisque le discriminant de $E \times E_2$ est 1, cf. n° 2.4; d'après le lemme 2, elle est donc vraie pour E, cqfd.

Remarques. 1) D'un point de vue "galoisien", la construction précédente revient à utiliser le plongement évident de $\mathfrak{S}_n$ dans $\mathfrak{A}_{n+2}$.

2) Le détour par le groupe alterné n'est pas indispensable. On peut faire des calculs analogues à ceux du n° 2.4 pour le groupe $\mathfrak{S}_n$ tout entier, à condition d'élargir le groupe $\mathbf{Spin}_n$ en un groupe $\tilde{\mathbf{O}}_n$ "deux fois plus grand", se projetant sur $\mathbf{O}_n$. Le groupe $\tilde{\mathfrak{S}}_n$ se réalise alors comme un sous-groupe de $\tilde{\mathbf{O}}_n(K_s)$ formé de points *rationnels sur* $K(\sqrt{2})$, mais pas sur K (sauf si 2 est un carré). La formule (14) ne se réduit plus à (15), mais à:

$$d(\alpha, \beta) = (x_\alpha x_\beta x_{\alpha\beta}^{-1})(\alpha(x_\beta)x_\beta^{-1}); \tag{15'}$$

le terme $(x_\alpha x_\beta x_{\alpha\beta}^{-1})$ donne e^*s_n et le terme $(\alpha(x_\beta)x_\beta^{-1})$ donne $(2)(d_E)$.

§3. Applications

3.1. *Le problème de plongement associé à* e^*s_n

Soit E_g la sous-extension de K_s engendrée par les corps $\varphi(E)$, où φ parcourt l'ensemble Φ des K-homomorphismes de E dans K_s, cf. n° 1.3. C'est une extension galoisienne de K de groupe de Galois $G_E \subset \mathfrak{S}_n$.

Notons x_E l'image de s_n par $\mathrm{Res}: H^2(\mathfrak{S}_n) \to H^2(G_E)$, et notons $\tilde{G}_E$ l'extension centrale correspondante; le groupe $\tilde{G}_E$ s'identifie à l'image réciproque de G_E dans $\tilde{\mathfrak{S}}_n$, cf. n° 1.5. Si π désigne la projection $\Gamma_K \to G_E$, on a

$$e^*s_n = \pi^* x_E \quad \text{dans} \quad H^2(\Gamma_K) = \mathrm{Br}_2(K). \tag{19}$$

En d'autres termes, e^*s_n est l'obstruction au *problème de plongement* associé à l'extension $\tilde{G}_E \to G_E$. Les deux propriétés suivantes sont équivalentes:

3.1.1. $e^*s_n = 0$.

3.1.2. *L'homomorphisme* $\pi: \Gamma_K \to G_E$ *se relève en un homomorphisme continu* $\tilde{\pi}: \Gamma_K \to \tilde{G}_E$.

Lorsque $x_E \neq 0$, i.e. lorsque $\tilde{G}_E$ est une extension non triviale de G_E, tout homomorphisme $\tilde{\pi}$ satisfaisant à 3.1.2 est surjectif. Cela permet de reformuler 3.1.2 de la manière suivante:

3.1.3. *Il existe une sous-extension galoisienne $\tilde{E}_g$ de K_s contenant E_g, et un isomorphisme $\tilde{G}_E \simeq \mathrm{Gal}(\tilde{E}_g/K)$ tels que le diagramme*

$$\begin{array}{ccc} \tilde{G}_E & \simeq & \mathrm{Gal}(\tilde{E}_g/K) \\ \downarrow & & \downarrow \\ G_E & \simeq & \mathrm{Gal}(E_g/K) \end{array}$$

soit commutatif.

Le th. 1 ramène le calcul de e^*s_n à celui de l'invariant de Witt de la forme Q_E. Il permet, dans certains cas, de décider si les propriétés 3.1.1, 3.1.2 et 3.1.3 sont vraies ou non. Nous allons en voir quelques exemples.

3.2. *Extensions de degré* 4 *ou* 5

PROPOSITION 1. *Supposons $n=4$ ou 5. Pour que $e^*s_n=0$, il faut et il suffit que Q_E soit isomorphe*:

à la forme $X_1^2+X_2^2+2X_3^2+2d_EX_4^2$ *si* $n=4$,

à la forme $X_1^2+X_2^2+X_3^2+2X_4^2+2d_EX_5^2$ *si* $n=5$.

Supposons d'abord $n=4$. Si $Q_E \sim X_1^2+X_2^2+2X_3^2+2d_EX_4^2$, on a $w_2(Q_E)=(2)(2d_E)=(2)(2)+(2)(d_E)=(2)(d_E)$ et le théorème 1 montre que $e^*s_n=0$. Réciproquement, supposons que $e^*s_n=0$, i.e. que $w_2(Q_E)=(2)(d_E)$. D'après la prop. 4 de l'App. I, on peut écrire Q_E sous la forme $X_1^2+g(X_2,X_3,X_4)$, où g est une forme ternaire. On a $d(g)=d_E$ et $w_2(g)=w_2(Q_E)=(2)(d_E)$. Il en résulte que g a même discriminant et même invariant de Witt que $X_2^2+2X_3^2+2d_EX_4^2$. D'après [22], Satz 11, cela entraîne $g \sim X_2^2+2X_3^2+2d_EX_4^2$, d'où le résultat cherché.

Le même argument s'applique à $n=5$, compte tenu de ce que

$$Q_E \sim X_1^2+X_2^2+g(X_3,X_4,X_5)$$

d'après la prop. 4 de l'App. I. (On peut aussi ramener le cas $n=5$ au cas $n=4$ par une extension convenable de degré impair du corps de base.)

EXEMPLE. Supposons que E soit une *extension biquadratique* de K, autrement dit un corps de degré 4, composé de trois extensions quadratiques $K(\sqrt{x})$,

$K(\sqrt{y})$ et $K(\sqrt{z})$ avec $xyz = 1$. Le groupe G_E est un groupe abélien élémentaire de type $(2, 2)$, et l'on vérifie facilement que $\tilde{G}_E$ est isomorphe au groupe H des quaternions. Si l'on prend $\{1, \sqrt{x}, \sqrt{y}, \sqrt{z}\}$ pour base de E, on voit que la forme Q_E est isomorphe à $T^2 + xX^2 + yY^2 + zZ^2$, et l'on a $d_E = 1$. En appliquant la prop. 1, on en déduit que *e^*s_n est nul* (i.e. que E peut être plongée dans une extension galoisienne $\tilde{E}$ de groupe de Galois H) *si et seulement si les formes $xX^2 + yY^2 + zZ^2$ et $X^2 + Y^2 + Z^2$ sont isomorphes* (noter en effet que $2Y^2 + 2Z^2$ est isomorphe à $Y^2 + Z^2$). On retrouve ainsi un résultat de Witt [21].

Remarque. Witt démontre davantage. Il donne un procédé permettant de *construire* $\tilde{E}$ à partir d'un isomorphisme de la forme $X^2 + Y^2 + Z^2$ sur la forme $xX^2 + yY^2 + zZ^2$. Il serait intéressant d'étendre sa construction à d'autres cas. (Signalons une faute d'impression dans [21], *Satz*, p. 244: le terme $r(p_{11}\xi_1 + p_{22}\xi_2 + p_{33}\xi_3)$ doit être remplacé par $r(1 + p_{11}\xi_1 + p_{22}\xi_2 + p_{33}\xi_3)$.)

Extensions icosaédriques du type de Klein

PROPOSITION 2. *Supposons que $n = 5$, $d_E = 1$, et que 5 soit un carré dans K^*. Les propriétés suivantes sont alors équivalentes*:

(a) $e^*s_n = (-1)(-1)$;
(b) $Q_E \sim X_1^2 + X_2^2 + X_3^2 - X_4^2 - X_5^2$;
(c) *Il existe $x \in E$, $x \neq 0$, tel que* $\mathrm{Tr}_{E/K}(x) = \mathrm{Tr}_{E/K}(x^2) = 0$;
(d) *L'extension E_g/K peut être construite par le procédé de Klein* (cf. [16]).

D'après le th. 1, (a) équivaut à $w_2(Q_E) = (-1)(-1)$. Notons Q'_E la forme quadratique de rang 4 obtenue en restreignant Q_E aux éléments $x \in E$ tels que $\mathrm{Tr}_{E/K}(x) = 0$. On a:

$$Q_E \sim 5X_1^2 \oplus Q'_E \sim X_1^2 \oplus Q'_E, \tag{20}$$

puisque 5 est un carré dans K^*. Cela permet de récrire (a), (b) et (c) en termes de Q'_E:

(a′) $w_2(Q'_E) = (-1)(-1)$;
(b′) $Q'_E \sim X_2^2 + X_3^2 - X_4^2 - X_5^2$;
(c′) Q'_E représente 0.

D'autre part, la prop. 4 de l'App. I montre que

$$Q_E \sim X_1^2 + X_2^2 + g(X_3, X_4, X_5), \tag{21}$$

où g est une forme ternaire de discriminant 1. En comparant (20) et (21) on obtient:

$$Q'_E \sim X_2^2 + g(X_3, X_4, X_5), \tag{22}$$

et (a′), (b′), (c′) se récrivent à leur tour:

(a″) $w_2(g) = (-1)(-1)$;

(b″) $g \sim X_3^2 - X_4^2 - X_5^2$;

(c″) g représente 0.

L'équivalence de ces propriétés est maintenant immédiate (cf. par exemple [22], Satz 11). Le fait que (a) et (c) soient équivalents à (d) est démontré dans [16].

3.3. *Extensions définies par une équation* $X^n + aX + b = 0$

Supposons que $E \simeq K[X]/(X^n + aX + b)$, avec $n \geqslant 2$, $a, b \in K$, le discriminant d du polynôme $X^n + aX + b$ étant $\neq 0$. On peut alors déterminer Q_E, $w_2(Q_E)$ et e^*s_n en termes du couple (n, d), cf. App. II. On trouve (cor. à la prop. 7):

$$\begin{aligned} e^*s_n &= (-2)(d) + (-1)(-1) = (-2)(-d) \quad \text{si} \quad n = 4{,}5, \\ &= (3)(-d) + (-1)(-1) \quad \text{si} \quad \operatorname{car}(K) \neq 3 \quad \text{et} \quad n = 6{,}7, \\ &= (-1)(d) \quad \text{si} \quad n = 8{,}9, \\ &= (5)(-d) \quad \text{si} \quad \operatorname{car}(K) \neq 5 \quad \text{et} \quad n = 10{,}11, \\ &\dots \\ &= 0 \quad \text{si} \quad n = 18{,}19{,}50{,}51{,}98, \dots \end{aligned}$$

EXEMPLES. a) Supposons que $n = 7$ et $d = 1$, de sorte que G_E est un sous-groupe de $\mathfrak{A}_7$. On a $e^*s_7 = (-3)(-1)$. Il en résulte que le problème de plongement est résoluble si et seulement si -3 *est somme de* 2 *carrés* dans K.

Exemple numérique: $a = -154$, $b = 99$, et $[K : \mathbf{Q}] = 2$. Le groupe G_E est alors un groupe simple d'ordre 168, isomorphe à $\mathbf{PSL}_2(\mathbf{F}_7)$, cf. [5]; le groupe $\tilde{G}_E$ est isomorphe à $\mathbf{SL}_2(\mathbf{F}_7)$. On en conclut que, pour que E_g/K se plonge dans une extension galoisienne à groupe de Galois $\mathbf{SL}_2(\mathbf{F}_7)$, il faut et il suffit que K soit *imaginaire* et que 3 soit inerte ou ramifié dans $K/\mathbf{Q}$: en effet, on sait que ces conditions équivalent à dire que $(-3)(-1) = 0$ dans $\mathrm{Br}_2(K)$.

b) Supposons que $n = 18$ et $G_E = \mathfrak{S}_n$. Comme $e^*s_n = 0$, le problème de plongement a une solution: il existe une extension quadratique de E_g dont le groupe de Galois sur K est $\tilde{\mathfrak{S}}_n$. (Comment construire effectivement une telle extension?)

Pour d'autres exemples du même genre, voir [20].

3.4. *Exemples où* $K = \mathbf{Q}$ *et* $e^* s_n = 0$

Supposons que $K = \mathbf{Q}$, et définissons des entiers $r_1, r_2 \geqslant 0$ par la relation habituelle:

$$\mathbf{R} \otimes E \simeq \mathbf{R}^{r_1} \times \mathbf{C}^{r_2}. \tag{23}$$

On a $r_1 + 2r_2 = n$. La *signature* de la forme Q_E est $(r_1 + r_2, r_2)$. Notons Q_{r_1, r_2} la forme quadratique à coefficients ± 1 ayant cette signature:

$$Q_{r_1, r_2} \sim X_1^2 + \cdots + X_{r_1+r_2}^2 - (X_{r_1+r_2+1}^2 + \cdots + X_n^2). \tag{24}$$

Nous allons comparer Q_E et Q_{r_1, r_2}:

PROPOSITION 3. *Les deux propriétés suivantes sont équivalentes*:

(a) $d_E = 1$ *et* $e^* s_n = 0$;
(b) $r_2 \equiv 0 \pmod 4$ *et* $Q_E \sim Q_{r_1, r_2}$.

Le discriminant de Q_{r_1, r_2} est $(-1)^{r_2}$, et son invariant de Witt est 0 (sur $\mathbf{Q}$, ou sur $\mathbf{R}$) si et seulement si $r_2 \equiv 0, 1 \pmod 4$. Si (b) est vérifié, on a donc $d_E = 1$ et $w_2(Q_E) = 0$, d'où $e^* s_n = 0$, ce qui prouve (a). Inversement, si (a) est vrai, r_2 est pair. De plus, Q_E est $\mathbf{R}$-isomorphe à Q_{r_1, r_2}, donc a même invariant de Witt sur $\mathbf{R}$; comme cet invariant est 0 (vu les hypothèses faites), cela montre que $r_2 \equiv 0 \pmod 4$. Il en résulte que les formes Q_E et Q_{r_1, r_2} ont même discriminant, même invariant de Witt, et même signature. Elles sont donc isomorphes, ce qui achève de prouver (b).

Exemples d'extensions satisfaisant à (a) *et* (b)

1) La propriété (a) est notamment vérifiée *lorsque le groupe* G_E *est tel que* $H^1(G_E) = H^2(G_E) = 0$. C'est le cas, par exemple, lorsque G est un groupe simple non abélien dont le multiplicateur de Schur est d'ordre impair. On trouvera la liste de ces groupes dans [7]; parmi les 26 groupes sporadiques, il y en a 17 qui conviennent: M_{11}, $M_{23}, \ldots$, et parmi eux le groupe de Griess–Fischer F_1. Comme Thompson a construit des extension de $\mathbf{Q}$ à groupe de Galois F_1 (cf. [19]), on peut leur appliquer la prop. 3: *la forme* Q_E *correspondante est isomorphe à la forme standard* Q_{r_1, r_2}. Signalons à ce sujet la question suivante: peut-on choisir E *totalement réelle* (i.e. $r_2 = 0$) telle que $G_E \simeq F_1$? (Noter que la méthode de Thompson fournit uniquement des extensions imaginaires.)

2) La propriété (a) est également vérifiée (sur un corps de base K quelconque) lorsque E est un corps, extension galoisienne de K, et que le groupe de Galois $G_E \simeq \mathrm{Gal}(E/K)$ est tel que *les deux premières classes de Stiefel–Whitney de sa représentation régulière sont nulles*. Les groupes finis satisfaisant à cette condition ont été déterminés par B. Kahn [8]. Il en est ainsi par exemple de:

a) tout groupe ayant un 2-groupe de Sylow non métacyclique,

b) tout groupe simple non abélien et non isomorphe à $\mathbf{PSL}_2(\mathbf{F}_q)$, $q \equiv \pm 3 \pmod 8$.

On peut donc appliquer la prop. 3 à toute extension galoisienne de $\mathbf{Q}$ ayant pour groupe de Galois l'un de ces groupes.

§4. Une généralisation: la forme Tr (αx^2)

4.1. *Enoncé du résultat*

Soit α un élément inversible de l'algèbre étale E. Si $x \in E$, posons

$$Q_{E,\alpha}(x) = \mathrm{Tr}_{E/K}(\alpha x^2).$$

On obtient ainsi une forme quadratique $Q_{E,\alpha}$, qui est non dégénérée de rang $n = \mathrm{rg}(E)$; pour $\alpha = 1$, on retrouve Q_E. On peut se poser les mêmes questions pour $Q_{E,\alpha}$ que pour Q_E. Les résultats sont tout à fait semblables, comme on va le voir.

Tout d'abord, si $\varphi_1, \ldots, \varphi_n$ sont les différents homomorphismes de E dans K_s, et si $\pm\beta_1, \ldots, \pm\beta_n$ sont les racines carrées de $\varphi_1(\alpha), \ldots, \varphi_n(\alpha)$, le groupe Γ_K opère sur les $\pm\beta_i$ par *permutations et changements de signes*. Cela conduit à introduire, à la place du groupe $\mathfrak{S}_n$ du n° 1.3, le groupe

$$\mathfrak{S}'_n = \{\pm 1\}^n \cdot \mathfrak{S}_n,$$

d'ordre $2^n n!$, produit semi-direct de $\{\pm 1\}^n$ et de $\mathfrak{S}_n$ (ce dernier opérant sur $\{\pm 1\}^n$ de façon évidente). Une autre façon de définir $\mathfrak{S}'_n$ est de dire que c'est le groupe de Weyl d'un système de racines de type B_n ou C_n, cf. Bourbaki LIE. VI.

L'action de Γ_K sur les φ_i et les $\pm\beta_i$ définit un homomorphisme

$$e_\alpha : \Gamma_K \to \mathfrak{S}'_n,$$

qui caractérise le couple (E, α), à la multiplication près de α par un carré. Ici encore, $\mathfrak{S}'_n$ s'identifie à un sous-groupe du groupe orthogonal $\mathbf{O}_n(K)$, et la forme

$Q_{E,\alpha}$ se déduit de la forme standard $\sum X_i^2$ par *torsion* au moyen du 1-cocycle

$$e_\alpha : \Gamma_K \to \mathfrak{S}'_n \subset \mathbf{O}_n(K).$$

Le *discriminant* de $Q_{E,\alpha}$ est donné par:

$$d(Q_{E,\alpha}) = d_E \cdot N\alpha,$$

où $N\alpha = N_{E/K}(\alpha)$ est la norme de α; cela se vérifie, soit par un calcul direct, soit en explicitant l'homomorphisme $\det : \mathfrak{S}'_n \to \{\pm 1\}$.

En ce qui concerne *l'invariant de Witt* de $Q_{E,\alpha}$, on procède comme pour Q_E. On définit d'abord un élément canonique s'_n de $H^2(\mathfrak{S}'_n)$ par la méthode de la fin du n° 1.5, i.e.

$$s'_n = w_2(l'_n),$$

où l'_n est le fibré orthogonal sur $B\mathfrak{S}'_n$ associé à la représentation évidente $\mathfrak{S}'_n \to \mathbf{O}_n(\mathbf{R})$. L'extension centrale $\tilde{\mathfrak{S}}'_n$ correspondant à s'_n est décrite par générateurs et relations dans [3], p. 619 (prendre $\gamma = \lambda = \mu = -1$). L'analogue du théorème 1 est:

THÉORÈME 1'. *On a*

$$w_2(Q_{E,\alpha}) = e^*_\alpha s'_n + (2)(d_E). \tag{25}$$

Noter que, dans le terme $(2)(d_E)$, c'est bien d_E qui intervient, et non $d(Q_{E,\alpha})$.

4.2. *Démonstration du théorème* 1'

On peut procéder de diverses manières. J'en indique deux, sans entrer dans les détails:

Première démonstration

Elle consiste à se ramener au th. 1, grâce à l'algèbre de rang $2n$:

$$E' = E[X]/(X^2 - \alpha).$$

Notons E'_0 l'ensemble des $x \in E'$ tels que $\mathrm{Tr}_{E'/E}(x) = 0$. L'espace vectoriel E' est somme directe de E et de E'_0. De plus, ces sous-espaces sont orthogonaux pour la forme $Q_{E'}$, et la restriction de $Q_{E'}$ à E (resp. E'_0) est $2Q_E$ (resp. $2Q_{E,\alpha}$). On a donc:

$$Q_{E'} \sim 2Q_E \oplus 2Q_{E,\alpha}. \tag{26}$$

En appliquant le th. 1 à E et E', on obtient les valeurs de $w_2(Q_{E'})$ et $w_2(2Q_E)$, d'où, grâce à (26), la valeur de $w_2(Q_{E,\alpha})$. La formule (25) s'en déduit par un calcul sans difficulté (remarquer que la représentation $\Gamma_K \to \mathfrak{S}_{2n} \subset \mathbf{O}_{2n}(\mathbf{R})$ associée à E' est somme directe de $\Gamma_K \to \mathfrak{S}_n \subset \mathbf{O}_n(\mathbf{R})$ et $\Gamma_K \to \mathfrak{S}'_n \subset \mathbf{O}_n(\mathbf{R})$).

Seconde démonstration

Elle imite la démonstration du th. 1. On traite d'abord le cas où l'image de Γ_K dans $\mathfrak{S}'_n$ est contenue dans le sous-groupe $\mathfrak{A}'_n$ engendré par $\mathfrak{A}_n$ et par les éléments $(\varepsilon_i) \in \{\pm 1\}^n$ tels que $\prod \varepsilon_i = 1$ (cela revient à supposer $(d_E) = (N\alpha) = 0$). Notons a'_n la restriction de s'_n à $\mathfrak{A}'_n$, et soit $\tilde{\mathfrak{A}}'_n$ l'extension centrale correspondante. Comme au n° 2.3, on a un diagramme commutatif:

$$\begin{array}{ccccc} 1 \to \{\pm 1\} \to & \tilde{\mathfrak{A}}'_n & \to & \mathfrak{A}'_n \\ \| & \downarrow & & \downarrow \\ 1 \to \{\pm 1\} \to & \mathbf{Spin}_n(K) & \to & \mathbf{SO}_n(K). \end{array}$$

La démonstration du n° 2.4 s'applique alors sans changement, et montre que $w_2(Q_{E,\alpha}) = e^*_\alpha a'_n$, d'où le th. 1' dans le cas considéré.

Le cas général se ramène au précédent par un procédé analogue à celui du n° 2.6. On utilise les couples (E_1, α_1) et (E_2, α_2) suivants:

$$E_1 = K, \quad \alpha_1 = N\alpha$$

$$E_2 = K[X]/(X^2 - d_E), \qquad \alpha_2 = 1.$$

Le th. 1' se vérifie immédiatement pour ces couples, ainsi que pour leur produit $(E_1 \times E_2, (\alpha_1, \alpha_2))$. D'autre part, le produit

$$(E \times E_1 \times E_2, (\alpha, \alpha_1, \alpha_2))$$

est du type ci-dessus (i.e. correspond à un homomorphisme de Γ_K dans $\mathfrak{A}'_{n+3}$). On peut donc lui appliquer le th. 1'. On passe de là à (E, α) par un lemme analogue au lemme 2 du n° 2.5.

Appendice I. Une décomposition de Q_E

Ecrivons le rang n de E sous forme dyadique:

$$n = 2^{m_1} + \cdots + 2^{m_h}, \quad \text{avec} \quad 0 \leq m_1 < m_2 < \cdots < m_h.$$

PROPOSITION 4. (a) *Si $\sum m_i$ est pair, on a*

$$Q_E \sim X_1^2 + \cdots + X_h^2 + g(X_{h+1}, \ldots, X_n),$$

où g est une forme quadratique de rang $n-h$ et de discriminant d_E.

(b) *Si $\sum m_i$ est impair, on a*

$$Q_E \sim 2X_1^2 + X_2^2 + \cdots + X_h^2 + g(X_{h+1}, \ldots, X_n),$$

où g est une forme quadratique de rang $n-h$ et de discriminant $2d_E$.

EXEMPLES. Si $n=3$, on a $m_1=0$, $m_2=1$, $h=2$, et g est une forme à 1 variable de discriminant $2d_E$; on retrouve le fait que Q_E est isomorphe à $2X_1^2+X_2^2+2d_EX_3^2$, cf. n° 2.2.

Si $n=5$, on a $m_1=0$, $m_2=2$, $h=2$, et l'on voit que

$$Q_E \sim X_1^2 + X_2^2 + g(X_3, X_4, X_5),$$

où g est une forme à 3 variables de discriminant d_E. Il en résulte ([22], Satz 11) que Q_E est bien déterminé par ses deux invariants d_E et $w_2(Q_E)$.

LEMME 3. *Il existe une extension finie K' de K, de degré impair, telle que la K'-algèbre $E' = K' \otimes_K E$ se décompose en produit d'algèbres E'_i $(1 \leq i \leq h)$ de rangs 2^{m_i}.*

Soit $G_E = e(\Gamma_K)$ le groupe de Galois de E, considéré comme sous-groupe de $\mathfrak{S}_n$ (n° 1.3). Soit P un 2-sous-groupe de Sylow de G_E, et soit K' l'extension de K correspondant à P. Le degré de K' sur K est égal à $(G_E : P)$, qui est impair. Comme $e(\Gamma_{K'}) = P$, les orbites de $e(\Gamma_{K'})$ dans $[1, n]$ ont pour ordres des puissances de 2. Il en résulte une décomposition de E' en produit

$$E' = \prod E'_j \qquad (1 \leq j \leq k),$$

où le rang n_j de chaque E'_j est une puissance de 2. Choisissons une telle décomposition avec le moins de facteurs possible, i.e. avec k minimum. Les n_j

sont alors distincts: en effet, si l'on avait $n_j = n_l$ pour $j \neq l$, on pourrait regrouper E'_j et E'_l, et remplacer k par $k-1$. Comme $n = \sum n_j$, ceci entraîne que les n_j sont égaux aux 2^{m_i}, à l'ordre près; d'où le lemme.

LEMME 4. *Soient φ et ψ des formes quadratiques sur K. Soit K′ une extension finie de K de degré impair, et soit g′ une forme quadratique sur K′ telle que $\varphi \sim \psi \oplus g'$ sur K′. Il existe alors une forme quadratique g sur K telle que $\varphi \sim \psi \oplus g$.*

Soit k le rang de ψ. Pour qu'il existe g avec $\varphi \sim \psi \oplus g$, il faut et il suffit que l'indice sur K de la forme $\varphi \oplus (-\psi)$ soit $\geq k$ (cf. [22]). Or, d'après un théorème de Springer [17], cet indice est le même sur K et sur K'. D'où le résultat.

LEMME 5. *La forme quadratique $2^{m_1}X_1^2 + \cdots + 2^{m_h}X_h^2$ est isomorphe:*

à la forme $X_1^2 + \cdots + X_h^2$ si $\sum m_i$ est pair,

à la forme $2X_1^2 + X_2^2 + \cdots + X_h^2$ si $\sum m_i$ est impair.

On peut évidemment remplacer le coefficient 2^{m_i} par 1 si m_i est pair, et par 2 si m_i est impair. Cela montre que la forme considérée est isomorphe à:

$$2(X_1^2 + \cdots + X_r^2) + X_{r+1}^2 + \cdots + X_h^2,$$

où r est le nombre des indices i tels que m_i soit impair. Le lemme en résulte, compte tenu de ce que $2X^2 + 2Y^2 \sim X^2 + Y^2$.

Démonstration de la prop. 4

Vu les lemmes 3 et 4, on peut supposer que E se décompose en produit:

$$E = \prod E_i, \quad \text{avec} \quad \operatorname{rg}(E_i) = 2^{m_i}, \qquad 1 \leq i \leq h.$$

On a $Q_E \sim Q_{E_1} \oplus \cdots \oplus Q_{E_h}$. Comme $Q_{E_i}(1) = \operatorname{Tr}_{E_i/K}(1) = 2^{m_i}$, la forme Q_{E_i} se décompose en:

$$Q_{E_i} \sim 2^{m_i}X^2 \oplus g_i, \quad \text{avec} \quad \operatorname{rg}(g_i) = 2^{m_i} - 1.$$

On en déduit une décomposition de Q_E:

$$Q_E \sim 2^{m_1}X_1^2 + \cdots + 2^{m_h}X_h^2 + g(X_{h+1}, \ldots, X_n),$$

et l'on conclut en appliquant le lemme 5.

Appendice II. Détermination de Q_E lorsque E est définie par une équation de la forme $X^n+aX+b=0$

Soient a et b deux éléments de K, et soit n un entier $\geqslant 2$. Posons

$$f(X)=X^n+aX+b.$$

Le discriminant d de f est donné par la formule:

$$d=(-1)^{n(n-1)/2}n^n b^{n-1}+(-1)^{(n-1)(n-2)/2}(n-1)^{n-1}a^n. \tag{27}$$

Supposons $d\neq 0$. L'algèbre $E=K[X]/(X^n+aX+b)$ est alors étale, et $(d_E)=(d)$. Nous allons voir que l'on peut expliciter la forme quadratique Q_E en fonction seulement de n et de d (cf. prop. 5 et 6 ci-dessous). Ce résultat m'a été signalé par P. E. Conner, pour n impair (le cas n pair est d'ailleurs plus facile); on trouvera dans la thèse de N. Vila [20] des résultats analogues pour certaines équations du type $X^n+aX^2+bX+c=0$.

Il est commode de séparer les cas suivant la parité de n:

PROPOSITION 5. *Supposons n pair. On a alors*:

$$Q_E\sim X_1X_2+X_3X_4+\cdots+X_{n-1}X_n \quad \textit{si} \quad \mathrm{car}(K) \textit{ divise } n, \tag{28}$$

et

$$Q_E\sim nX_1^2-(-1)^{n/2}n\,dX_2^2+X_3X_4+\cdots+X_{n-1}X_n \quad \textit{sinon.} \tag{29}$$

Soit x l'image de X dans E. Les x^i $(0\leqslant i\leqslant n-1)$ forment une base de E. D'après les formules de Newton, on a

$$\mathrm{Tr}_{E/K}(1)=n \quad \text{et} \quad \mathrm{Tr}_{E/K}(x^i)=0 \quad \text{pour} \quad 1\leqslant i\leqslant n-2. \tag{30}$$

Si la caractéristique de K divise n, le sous-espace de E engendré par 1, $x,\ldots,x^{(n-2)/2}$ est totalement isotrope de dimension $n/2$; la forme Q_E est donc hyperbolique, d'où (28).

Supposons maintenant que car (K) ne divise pas n, et décomposons E en somme orthogonale

$$E=K\cdot 1\oplus E',$$

où E' est l'hyperplan des éléments de trace 0. On en déduit $Q_E\sim nX_1^2\oplus Q'_E$, où Q'_E est la restriction de Q_E à E'. D'après (30) les vecteurs x, $x^2,\ldots,x^{(n-2)/2}$

engendrent un sous-espace totalement isotrope de E' de dimension $(n-2)/2$. On a donc

$$Q'_E \sim cX_2^2 + X_3X_4 + \cdots + X_{n-1}X_n, \quad \text{avec} \quad c \in K^*.$$

Comme $d = d(Q_E) = nd(Q'_E) = nc(-1)^{(n-2)/2}$ (dans K^*/K^{*2}), on a

$$c = -(-1)^{n/2}nd,$$

d'où (29).

PROPOSITION 6. *Supposons n impair. On a alors*

$$Q_E \sim X_1^2 + X_2X_3 + X_4X_5 + \cdots + X_{n-1}X_n \quad \textit{si} \quad \mathrm{car}(K) \textit{ divise } n-1, \tag{31}$$

et

$$Q_E \sim X_1^2 + (n-1)X_2^2 + (-1)^{(n-3)/2}(n-1)\,dX_3^2 + X_4X_5 + \cdots + X_{n-1}X_n \quad \textit{sinon.} \tag{32}$$

On définit comme ci-dessus les x^i, l'hyperplan E' et la forme Q'_E. Si car (K) divise $n-1$, on a $n=1$ dans K, d'où $Q_E \sim X_1^2 \oplus Q'_E$. De plus, les vecteurs x, $x^2, \ldots, x^{(n-1)/2}$ engendrent un sous-espace totalement isotrope de E' de dimension $(n-1)/2$: cela se voit en utilisant les formules (30) ainsi que le fait que $\mathrm{Tr}_{E/K}(x^{n-1}) = (1-n)a = 0$. La forme Q'_E est donc hyperbolique, d'où (31).

Supposons maintenant que car (K) ne divise pas $n-1$, et que $a \neq 0$. Soit V le sous-espace de E engendré par les vecteurs

$$e_1 = 1 + a^{-1}x^{n-1} \quad \text{et} \quad e_2 = a^{-1}x^{n-1}.$$

En utilisant les formules

$$\mathrm{Tr}_{E/K}(x^{n-1}) = (1-n)a \quad \text{et} \quad \mathrm{Tr}_{E/K}(x^{2n-2}) = (n-1)a^2,$$

on voit que

$$\mathrm{Tr}_{E/K}(e_1e_1) = 1, \quad \mathrm{Tr}_{E/K}(e_1e_2) = 0 \quad \text{et} \quad \mathrm{Tr}_{E/K}(e_2e_2) = n-1.$$

On en déduit:

$$Q_E \sim X_1^2 + (n-1)X_2^2 \oplus Q''_E,$$

où Q''_E est la restriction de Q_E à l'orthogonal E'' de V dans E.

Les vecteurs x^i, avec $(n+1)/2 \leqslant i \leqslant n-2$, engendrent un sous-espace totalement isotrope de E'' de dimension $(n-3)/2$. On a donc:

$$Q''_E \sim cX_3^2 + X_4X_5 + \cdots + X_{n-1}X_n, \quad \text{avec} \quad c \in K^*.$$

Comme $d = d(Q_E) = (n-1)d(Q''_E) = (n-1)c(-1)^{(n-3)/2}$, on a

$$c = (n-1)d(-1)^{(n-3)/2} \qquad (\text{dans } K^*/K^{*2}),$$

d'où (32).

Reste le cas où $a = 0$ et où car (K) ne divise pas $n-1$. La formule (27) montre alors que car (K) ne divise pas n (sinon d serait 0), et que $d = (-1)^{(n-1)/2}n$ dans K^*/K^{*2}. On a donc $Q_E \sim nX_1^2 \oplus Q'_E$. Comme les vecteurs $x, x^2, \ldots, x^{(n-1)/2}$ engendrent un sous-espace totalement isotrope de E' de dimension $(n-1)/2$, la forme Q'_E est hyperbolique. D'où:

$$Q_E \sim nX_1^2 + X_2X_3 + X_4X_5 + \cdots + X_{n-1}X_n.$$

Pour prouver (32), il suffit donc de montrer que les deux formes

$$X_1^2 + (n-1)X_2^2 + (-1)^{(n-3)/2}(n-1)\, dX_3^2 \quad \text{et} \quad nX_1^2 + X_2X_3$$

sont équivalentes. Or, dans la première de ces formes, on peut remplacer d par $(-1)^{(n-1)/2}n$, ce qui donne $X_1^2 + (n-1)X_2^2 - n(n-1)X_3^2$; on obtient ainsi une forme ternaire de discriminant $-n$, qui représente 0 (prendre $X_1 = n-1$, $X_2 = X_3 = 1$); elle est donc bien équivalente à $nX_1^2 + X_2X_3$, cqfd.

Calcul de l'invariant de Witt de Q_E

On pose $m = [n/4]$, de sorte que $n = 4m$, $4m+1$, $4m+2$ ou $4m+3$.

PROPOSITION 7. *Si $n = 4m$ ou $4m+1$, on a:*

$$w_2(Q_E) = \begin{cases} 0 & \textit{si} \ \text{car}(K) \ \textit{divise} \ m \\ (-4m)(d) + m(-1)(-1) & \textit{sinon}. \end{cases}$$

Si $n = 4m+2$ ou $4m+3$, on a:

$$w_2(Q_E) = \begin{cases} 0 & \textit{si} \ \text{car}(K) \ \textit{divise} \ 2m+1 \\ (4m+2)(-d) + m(-1)(-1) & \textit{sinon}. \end{cases}$$

Traitons par exemple le cas $n=4m+1$ (les autres cas sont analogues). Si car (K) divise m, la prop. 6 montre que

$$Q_E \sim X_1^2+\cdots+X_{2m+1}^2-(X_{2m+2}^2+\cdots+X_{4m+1}^2).$$

On en déduit:

$$w_2(Q_E)=m(-1)(-1)=0,$$

car $(-1)(-1)=0$ dans tout corps de caractéristique $\neq 0$.

Si car (K) ne divise pas m, on a, d'après (32):

$$Q_E \sim X_1^2+\cdots+X_{2m}^2-(X_{2m+1}^2+\cdots+X_{4m-1}^2)+4mX_{4m}^2-4mdX_{4m+1}^2,$$

d'où

$$w_2(Q_E)=(-1)(-1)+m(-1)(-1)+(-1)(4m)+(-1)(-4md)+(4m)(-4md).$$

En développant, et en utilisant la formule connue $(x)(-x)=0$, on obtient bien

$$w_2(Q_E)=(-4m)(d)+m(-1)(-1).$$

COROLLAIRE. *Si $n=4m$ ou $4m+1$, on a:*

$$e^*s_n=\begin{cases}0 & \textit{si} \quad \text{car}\,(K) \textit{ divise } m\\ (-2m)(d)+m(-1)(-1) & \textit{sinon.}\end{cases}$$

Si $n=4m+2$ ou $4m+3$, on a:

$$e^*s_n=\begin{cases}0 & \textit{si} \quad \text{car}\,(K) \textit{ divise } 2m+1\\ (2m+1)(-d)+m(-1)(-1) & \textit{sinon.}\end{cases}$$

On applique la formule $e^*s_n=w_2(Q_E)+(2)(d)$, en tenant compte de ce que $(2)(-1)=0$ [noter que, d'après (27), on a $d=\pm 1$ si $n=4m$ ou $4m+1$ (resp. $4m+2$ ou $4m+3$), et car (K) divise m (resp. $2m+1$)].

BIBLIOGRAPHIE

[1] A.-M. Bergé et J. Martinet, *Formes quadratiques et extensions en caractéristique* 2, à paraître.
[2] P. E. Conner et R. Perlis, *A Survey of Trace Forms of Algebraic Number Fields*, World Scient. Publ., Singapore, 1984.

[3] J. W. DAVIES et A. O. MORRIS, *The Schur Multiplier of the Generalized Symmetric Group*, J. London Math. Soc. (2), *8* (1974), 615–620.
[4] A. DELZANT, *Définition des classes de Stiefel–Whitney d'un module quadratique sur un corps de caractéristique différente de* 2, C. R. Acad. Sci. Paris, *255* (1962), 1366–1368.
[5] D.W. EHRBACH, J. FISCHER et J. MCKAY, *Polynomials with* PSL(2, 7) *as Galois Group*, J. Number Theory, *11* (1979), 69–75.
[6] V. P. GALLAGHER, *Local Trace Forms*, Linear and Multilinear Algebra, 7 (1979), 167–174.
[7] R. L. GRIESS, *Schur Multipliers of the Known Finite Simple Groups* II, Santa Cruz Conf. on Finite Groups, Proc. Symp. Pure Maths. A.M.S., *37* (1980), 279–282.
[8] B. KAHN, *La deuxième classe de Stiefel–Whitney d'une représentation régulière*, I, II. C.R. Acad. Sci. Paris, série I, *297* (1983), 313–316 et 573–576.
[9] T. Y. LAM, *The Algebraic Theory of Quadratic Forms*, W. A. Benjamin Publ., Reading, Mass., 1965.
[10] D. MAURER, *Invariants of the Trace Form of a Number Field*, Linear and Multilinear Algebra, *6* (1978/79), 33–36.
[11] J. MILNOR, *Algebraic K-Theory and Quadratic Forms*, Invent. Math. *9* (1970), 318–344.
[12] W. SCHARLAU, *Quadratischen Formen und Galois-Cohomologie*, Invent. Math., *4* (1967), 238–264.
[13] I. SCHUR, *Über die Darstellung der symmetrischen und der alternierenden Gruppe durch gebrochene lineare Substitutionen*, J. Crelle, *139* (1911), 155–250 (= *Ges. Abh.* I, 346–441).
[14] J.-P. SERRE, *Corps Locaux*, 3 ème édition, Hermann, Paris, 1968.
[15] J.-P. SERRE, *Cohomologie Galoisienne*, 4 ème édit., Lect. Notes in Math., *5* (1973), Springer-Verlag, Heidelberg.
[16] J.-P. SERRE, *Extensions Icosaédriques*, Sém. Théorie des Nombres, Bordeaux, 1979/80, exposé 19.
[17] T. A. SPRINGER, *Sur les formes quadratiques d'indice zéro*, C.R. Acad. Sci. Paris, *244* (1952), 1517–1519.
[18] T. A. SPRINGER, *On the Equivalence of Quadratic Forms*, Proc. Neder. Acad. Sci., *62* (1959), 241–253.
[19] J. THOMPSON, *Some Finite Groups which appear as* Gal L/K, *where* $K \subseteq \mathbf{Q}(\mu_n)$, J. of Algebra, *89* (1984), 437–499.
[20] N. VILA, *Sobre la realitzacio de les extensions centrals del grup alternat com a grup de Galois sobre el cos dels racionals*, Thèse, Univ. Auton. Barcelone, 1983.
[21] E. WITT, *Konstruktion von galoisschen Körpern der Charakteristik p zu vorgegebener Gruppe der Ordnung* p^f, J. Crelle, *174* (1936), 237–245.
[22] E. WITT, *Theorie der quadratischen Formen in beliebigen Körpern*, J. Crelle, *176* (1937), 31–44.

Collège de France,
75231 Paris Cedex 05

Reçu le 30 mai 1984

132.

Résumé des cours de 1983 – 1984

Annuaire du Collège de France (1984), 79 – 83

Le cours a été consacré à la question suivante :

Quel est le nombre maximum de points rationnels que peut avoir une courbe algébrique de genre g sur un corps fini $\mathbf{F}_q$ *?*

Notons $N_q(g)$ ce maximum. D'après un théorème classique de Weil, on a

(1) $$N_q(g) \leqslant q + 1 + 2gq^{1/2}.$$

Cette inégalité peut souvent être améliorée, comme l'ont montré entre autres Stark, Ihara et Drinfeld-Vladut. On dispose de plusieurs méthodes :

1. *Utilisation des « formules explicites »*

Cette méthode, inspirée de celles de Ihara et Drinfeld-Vladut, avait été exposée dans le Séminaire 1982-1983 (voir aussi *C.R. Acad. Sci. Paris*, t. 296, mars 1983, p. 397-402). La borne qu'elle fournit pour $N_q(g)$ dépend d'un polynôme trigonométrique auxiliaire :

$f(\theta) = 1 + \sum_{n \geqslant 1} u_n \cos n\theta$, avec $u_n \geqslant 0$ et $f(\theta) \geqslant 0$ pour tout θ.

Elle s'écrit :

(2) $$N_q(g) \leqslant 1 + \big(2g + \sum_{n \geqslant 1} u_n q^{n/2}\big)/\big(\sum_{n \geqslant 1} u_n q^{-n/2}\big).$$

La détermination du meilleur choix de f est un problème de programmation linéaire, résolu par J. Oesterlé pour $q \geqslant 3$ (exposé au Séminaire 1982-1983 - non publié). Pour $g \leqslant (q - q^{1/2})/2$, le meilleur choix est $f(\theta) = 1 + \cos\theta$, ce qui redonne la borne de Weil (1). Cette méthode ne conduit donc à des résultats nouveaux que lorsque $g > (q - q^{1/2})/2$, autrement dit lorsque g est « grand » relativement à q (c'est d'ailleurs le cas le plus intéressant pour la théorie des codes, d'après Goppa).

Le cours s'est borné à rappeler ces résultats, et à donner deux exemples liés aux *groupes de Suzuki et de Ree* :

(a) En prenant $f(\theta) = \frac{1}{2}(1 + \sqrt{2}\cos\theta)^2 = 1 + \sqrt{2}\cos\theta + \frac{1}{2}\cos 2\theta$, on obtient, grâce à (2) :

$$N_q(g) \leqslant q^2 + 1 \quad \text{si} \quad g \leqslant b(q) = (q^{3/2} - q^{1/2})/\sqrt{2}. \tag{3}$$

Lorsque q est de la forme 2e, avec e impair, la courbe de Deligne-Lusztig associée au groupe de Suzuki ${}^2B_2(q)$ est de genre $b(q)$ et a $q^2 + 1$ points rationnels (après adjonction de ses points à l'infini) ; cela montre que (3) est optimal dans ce cas.

(b) En prenant $f(\theta) = \frac{1}{3}\cos^2\theta\,(\sqrt{3} + 2\cos\theta)^2$, on obtient :

$$N_q(g) \leqslant q^3 + 1 \quad \text{si} \quad g \leqslant g(q) = \frac{\sqrt{3}}{2}(q^{5/2} - q^{1/2}) + \frac{1}{2}(q^2 - q). \tag{4}$$

Lorsque $q = 3^e$, avec e impair, la courbe de Deligne-Lusztig associée au groupe de Ree ${}^2G_2(q)$ est de genre $g(q)$ et a $q^3 + 1$ points rationnels ; cela montre que (4) est optimal dans ce cas.

D'autres applications de (2) avaient été données dans le Séminaire 1982-1983 :

(c) *Résultats asymptotiques*

Soit $A(q) = \lim.\sup N_q(g)/g$ pour $g \to \infty$ (q étant fixé). On a $A(q) \leqslant q^{1/2} - 1$ (Drinfeld-Vladut), et il y a égalité lorsque q est un carré (Ihara, Tsfasman-Vladut-Zink). Lorsque q n'est pas un carré, on ignore la valeur de $A(q)$; on peut seulement prouver (au moyen de tours de corps de classes) que $A(q) \geqslant c \log q$, où c est une constante absolue > 0.

(d) *Détermination de* $N_q(g)$ *pour* $q = 2$, *et* g *assez petit* :

g	0	1	2	3	4	5	6	7	8	9	15	19	21	39	50
$N_2(g)$	3	5	6	7	8	9	10	10	11	12	17	20	21	33	40

2. *Utilisation des traces d'entiers algébriques totalement positifs*

Soit C une courbe algébrique (lisse, projective, absolument irréductible) de genre g sur $\mathbf{F}_q$, et soit N(C) le nombre de ses points rationnels. D'après Weil, on a

(5) $$\mathrm{N(C)} = q + 1 - \Sigma\,(\pi_i + \bar{\pi}_i), \text{ avec } |\pi_i| = q^{1/2},$$

où les π_i, $\bar{\pi}_i$ $(1 \leqslant i \leqslant g)$ sont les valeurs propres de l'endomorphisme de Frobenius de C. Soit $m = [2q^{1/2}]$ la partie entière de $2q^{1/2}$. Posons :

(6) $$x_i = m + 1 + \pi_i + \bar{\pi}_i \qquad (1 \leqslant i \leqslant g).$$

Les x_i sont des entiers algébriques > 0, et la famille des x_i est stable par conjugaison sur $\mathbf{Q}$. En particulier, Πx_i est un entier > 0. D'où :

$$\frac{1}{g}\,\Sigma\, x_i \geqslant (\Pi x_i)^{1/g} \geqslant 1,$$

et l'on en déduit :

(7.1) $$\Sigma x_i \geqslant g\ ;$$

(7.2) *Si* $\Sigma x_i = g$, *on a* $(x_1, \ldots, x_g) = (1, 1, \ldots, 1)$.

En utilisant un théorème de Siegel (*Ges. Abh.*, III, nº 48), on peut aller plus loin, et déterminer dans quels cas la somme des x_i est égale à $g + 1$, ou $g + 2$ (des calculs sur ordinateur de C.J. Smyth permettent même d'aller jusqu'à $g + 6$). Pour $g + 1$, on trouve :

(7.3) *Si* $\Sigma x_i = g + 1$, *deux cas seulement sont possibles* (à permutation près des indices $1, \ldots, g$) :

$$(x_1, \ldots, x_g) = (2, 1, 1, \ldots, 1)$$

et

$$(x_1, \ldots, x_g) = (\varepsilon, \varepsilon', 1, \ldots, 1) \textit{ où } \varepsilon = (3 + \sqrt{5})/2,\ \varepsilon' = (3 - \sqrt{5})/2.$$

En combinant (5), (6) et (7.1), on obtient :

(8) $$\mathrm{N(C)} \leqslant q + 1 + gm,$$

d'où évidemment :

(9) $$\mathrm{N}_q(g) \leqslant q + 1 + gm \qquad (\text{avec } m = [2q^{1/2}]),$$

ce qui est plus précis que (1) lorsque q n'est pas un carré.

De plus, (7.2) montre que, s'il y a égalité dans (8), tous les $\pi_i + \bar{\pi}_i$ sont égaux à $-m$ (ce qui donne un précieux renseignement sur la jacobienne de la courbe C). Quant à (7.3), on peut l'utiliser pour prouver que $\mathrm{N(C)} = q + gm$ entraîne $g \leqslant 2$.

Remarque. De façon plus générale, si π est l'endomorphisme de Frobenius de la cohomologie (en dimension $r \geqslant 0$) d'une variété projective lisse sur $\mathbf{F}_q$, on a

(10) $$|\mathrm{Tr}(\pi)| \leqslant \frac{b}{2}\,[2q^{r/2}],$$

où b est le nombre de Betti correspondant. Cela se démontre de la même manière, en remplaçant le théorème de Weil par celui de Deligne.

3. *Détermination de* $N_q(g)$ *pour* $g = 1$ *et* $g = 2$

On conserve les notations ci-dessus ; en particulier, m désigne la partie entière de $2q^{1/2}$. On note p la caractéristique de $\mathbf{F}_q$; on a $q = p^e$, avec $e \geqslant 1$.

3.1. *Le cas* $g = 1$

Ce cas est bien connu (Deuring, Tate, Waterhouse). On trouve que $N_q(1)$ est égal à $q + 1 + m$ (i.e. la borne (9) est atteinte), *sauf* si e est impair $\geqslant 3$ et m est divisible par p, auquel cas $N_q(1)$ est égal à $q + m$.

(La plus petite valeur exceptionnelle de q est $q = 128$, qui correspond à $p = 2$, $e = 7$, $m = 22$, $N_q(1) = 150$. Autres exemples : $q = 2^{11}, 2^{15}, 3^7, 5^9, 7^5, \ldots$).

3.2. *Le cas* $g = 2$

Ce cas a occupé la plus grande partie du cours. Le résultat obtenu est analogue à celui du genre 1 :

$N_q(2)$ est « en général » égal à la borne (9), i.e. $q + 1 + 2m$. Les valeurs exceptionnelles de q sont :

$q = 4, 9$;
q non carré, et m divisible par p ;
q non carré, de la forme $x^2 + 1$, $x^2 + x + 1$ ou $x^2 + x + 2$, avec $x \in \mathbf{Z}$.

Pour de tels q, $N_q(2)$ est égal, soit à $q + 2m$, soit à $q + 2m - 1$, soit à $q + 2m - 2$ (ce cas ne se produit que pour $q = 4$).

L'un des points essentiels de la démonstration consiste à construire des courbes de genre 2 ayant beaucoup de points rationnels. Indiquons par exemple comment on procède quand q n'est pas un carré, et n'est pas exceptionnel. On part d'une courbe elliptique E sur $\mathbf{F}_q$ ayant $q + 1 + m$ points, et dont l'anneau d'endomorphismes R soit réduit à $\mathbf{Z}[\pi]$, où π est l'endomorphisme de Frobenius. L'anneau R est un ordre d'un corps quadratique imaginaire, de discriminant $d = m^2 - 4q$; comme q n'est pas exceptionnel, on a $d < -7$. On choisit alors un module hermitien unimodulaire P sur R, projectif de rang 2, positif non dégénéré, et indécomposable (il en existe du fait que $d < -7$). Soit $A = P \otimes_R E$; c'est une variété abélienne de dimension 2, isogène à $E \times E$. La structure hermitienne de P munit A d'une polarisation principale, qui est indécomposable. Il en résulte (théorème de Torelli en dimension 2) que A est la jacobienne d'une courbe C de genre 2, et il est immédiat que $N(C) = q + 1 + 2m$; on a donc bien $N_q(2) = q + 1 + 2m$ dans ce cas. (Cette construction de courbes de genre 2 au moyen de formes hermitiennes est due à Hayashida-Nishi dans le cas complexe.)

4. *Autres déterminations des* $N_q(g)$

Le cours s'est terminé par une brève discussion du cas $g = 3$. Une difficulté nouvelle apparaît, liée à l'ambiguïté de signe du théorème de Torelli (dans le cas non hyperelliptique) : une variété abélienne de dimension 3, munie d'une polarisation principale indécomposable, n'est pas toujours une jacobienne *sur le corps de base* donné ; il peut être nécessaire de la « tordre » par une extension quadratique. Une telle torsion remplace l'endomorphisme de Frobenius par son opposé : à la place d'une courbe ayant beaucoup de points rationnels, on en obtient une qui en a très peu. Cette difficulté a empêché de donner une détermination générale de $N_q(3)$; il a fallu se borner à $q < 23$.

Le tableau suivant résume les résultats obtenus :

q	2	3	4	5	7	8	9	11	13	16	17	19	23	25	27
$N_q(1)$	5	7	9	10	13	14	16	18	21	25	26	28	33	36	38
$N_q(2)$	6	8	10	12	16	18	20	24	26	33	32	36	42	46	48
$N_q(3)$	7	10	14	16	20	24	28	28	32	38	40	44	?	56	?
$N_q(4)$	8	12	15	18	?	?	?	?	?	?	?	?	?	66	?

Notes

La note n° x de la page Y est désignée par le symbole Y. x.

94. Propriétés galoisiennes des points d'ordre fini des courbes elliptiques

16.1 On ne sait toujours rien des densités de Σ_b et Σ_c; il semble raisonnable de penser que la densité de Σ_b est 0; peut-être même Σ_b a-t-il une distribution en loglog (cf. note 3 au n° 80)? On manque d'exemples numériques.

20.2 On peut prouver (en utilisant des résultats non publiés de J-M. Fontaine) que les $e(i)$ sont compris entre 0 et 11. Plus précisément, supposons $p \geq 11$. Alors:

si $\tau(p) \equiv 0 \pmod p$, les deux caractères de I_t intervenant dans la représentation sont les puissances 11-ièmes des caractères fondamentaux de niveau 2;

si $\tau(p) \not\equiv 0 \pmod p$, ces caractères sont le caractère unité 1 et la puissance 11-ième du caractère fondamental θ_{p-1} de niveau 1.

31.3 Comme l'a remarqué J. Cassels (MR 52.8126), la notation θ_l est fâcheuse: il y a un sérieux risque de confusion avec les caractères fondamentaux θ_{q-1} du n° 1.7, d'autant plus que les deux types de θ se rencontrent dans la démonstration du lemme 4, p. 297–298.

41.4 Pour une forme effective du théorème de Chebotarev, et son application aux courbes elliptiques, voir n° 125.

41.5 On ne peut pas prendre $N=19$ lorsque $K=\mathbf{Q}$. En effet, on sait qu'il existe un couple de courbes sans multiplications complexes liées par une isogénie rationnelle de degré 37 (B. Mazur et H. P. F. Swinnerton-Dyer, *Invent. Math.* 25 (1974), 1–61, p. 30); pour ces courbes, on a $\varphi_{37}(G) \neq \mathrm{Aut}(E_{37})$. Le mieux que l'on puisse espérer est donc $N=41$; mais est-ce raisonnable?

47.6 On trouvera une telle expression de $\Delta^{1/4}$ dans:

S. Lang et H. Trotter, *Frobenius Distributions in GL_2-Extensions,* Lect. Notes in Math. n° 504, Springer-Verlag, 1976, p. 219–220.

50.7 Cet exercice a été généralisé par N. Katz (*Invent. Math.* 62 (1981), 481–502).

51.8 Ce corollaire est en fait valable pour tout $l \geq 11$, cf. B. Mazur, *Invent. Math.* 44 (1978), 129–162, th. 4.

51.9 Cette liste de courbes elliptiques à bas conducteurs a été publiée dans *Modular Functions of One Variable* IV, Lect. Notes in Math. n° 476, Springer-Verlag, 1975, Table 1, p. 81–113.

54.10 Les hypothèses faites entraînent $0 < v_p(\Delta) < 12$. On peut donc remplacer toutes les congruences (mod 12) par des égalités. De plus, $\mathrm{Card}(\Phi_p) = 3$ ou 6 entraîne $j(E) \equiv 0 \pmod p$ et $\mathrm{Card}(\Phi_p) = 4$ entraîne $j(E) \equiv 1728 \pmod p$, cf. *Modular Functions of One Variable* IV, *loc. cit.*, p. 46.

65.11 Les courbes E et E_1 sont isogènes: cela a été démontré par T. Nakamura, *J. Math. Soc. Japan* 36 (1984), 701–707.

66.12 L'équivalence de ii) et iii) a été démontrée par G. Faltings, pour des variétés abéliennes de dimension quelconque (*Invent. Math.* 73 (1983), 349–366, Satz 4).

72.13 L'article de Raynaud sur les schémas en groupes de type $(p, \ldots, p)$ est paru au *Bull. Soc. math. France* 102 (1974), 241–280.

95. Congruences et formes modulaires (d'après H. P. F. Swinnerton-Dyer)

80.1 Les résultats de ce § sont repris dans le n° 97, sous une forme plus précise.

83.2 Pour plus de détails sur ces représentations l-adiques, voir H. P. F. Swinnerton-Dyer, *Lect. Notes in Math.* n° 350, Springer-Verlag, 1973, 1–55 et n° 601, Springer-Verlag, 1977, 63–90.

86.3 Cela peut effectivement se démontrer, cf. note 2 au n° 94.

87.4 Le cas (iii) se produit pour $l = 59$ et $f = \Delta_{16}$; cela a été démontré par K. Haberland (*Perioden von Modulformen einer Variabler und Gruppencohomologie* III, Akad. Wiss. DDR, Berlin, 1982).

96. Résumé des cours de 1971–1972

91.1 Le contenu de ce § correspond au n° 97.

92.2 Voir note 4 au n° 95 ci-dessus.

97. Formes modulaires et fonctions zêta p-adiques

129.1 Cette caractérisation des newforms au moyen de la trace a été étendue aux formes de «Nebentypus» par W. Li (*Math. Ann.* 212 (1975), 285–315).

165.2 On peut démontrer une relation de *divisibilité* entre le résidu de ζ_K^* en $s = 0$ et le régulateur p-adique de K, cf. n° 116, th. 3.14. En particulier, si le résidu en question est $\neq 0$, il en est de même du régulateur p-adique, i.e. la conjecture de Leopoldt est vraie pour K.

166.3 Cela a été fait par P. Deligne et K. Ribet (*Invent. Math.* 59 (1980), 227–286), en utilisant les résultats de R. Rapoport sur les espaces de modules de Hilbert-Blumenthal (*Comp. Math.* 36 (1978), 255–335). Les fonctions zêta p-adiques qu'ils obtiennent n'ont plus de «pôles parasites».

Des résultats équivalents à ceux de Deligne-Ribet (sauf pour $p = 2$, où ils sont un peu moins précis) ont été obtenus par P. Cassou-Noguès (*Invent. Math.* 51 (1979), 29–59) et D. Barsky (*Sém. Analyse Ultram.*, Paris, 1977/78) au moyen de la théorie de Shintani.

166.4 Pour un énoncé des conjectures reliant théorie d'Iwasawa et fonctions zêta p-adiques, voir l'exposé de J. Coates dans *Algebraic Number Fields* (A. Fröhlich édit.), Academic Press, Londres, 1977, 269–363.

167.5 Les nombres de Hurwitz conduisent effectivement à des fonctions analytiques p-adiques de deux variables (du moins lorsque p est décomposé dans le corps quadratique imaginaire considéré – le cas d'un p inerte reste mystérieux). Voir là-dessus:

Y. Manin et M. Višik, *Math. Sb.* 95 (1974), 357–383;
N. Katz, *Invent. Math.* 49 (1978), 199–297;
R. Yager, *Invent. Math.* 76 (1984), 331–343.

98. Résumé des cours de 1972 – 1973

173.1 Ce cours correspond au n° 97.

99. Valeurs propres des endomorphismes de Frobenius (d'après P. Deligne)

180.1 La situation est maintenant satisfaisante, grâce à la publication de:

SGA $4\frac{1}{2}$, *Lect. Notes in Math.* n° 569, Springer-Verlag, 1977

et

SGA 5, *Lect. Notes in Math.* n° 589, Springer-Verlag, 1977.

Voir aussi:

J. S. Milne, *Étale Cohomology,* Princeton Univ. Press, Princeton, 1980.

185.2 La démonstration du th. 2 est donnée dans:

P. Deligne, *La Conjecture de Weil* II, Publ. Math. I.H.E.S. 52 (1980), 137–252.

186.3 Pour d'autres majorations de sommes exponentielles, voir n° 111 ainsi que:

E. Bombieri, *Invent. Math.* 47 (1978), 29–39;
N. Katz, *Astérisque* n° 79, Soc. math. France, 1980;
G. Laumon, *Astérisque* n° 81, exposé 10, Soc. math. France, 1981;
G. Laumon, *Thèse,* Paris, 1983.

187.4 Cet espoir ne s'est pas réalisé.

100. Divisibilité des coefficients des formes modulaires de poids entier

189.1 Le contenu de cette Note a été repris dans le n° 108.

101. Formes modulaires de poids 1
(avec P. Deligne)

193.1 Pour une généralisation au cas d'un corps de base totalement réel, voir:
M. Ohta, *Jap. J. Math.* 9 (1983), 1–25;
J. Rogawski et J. Tunnell, *Invent. Math.* 74 (1983), 1–42.

193.2 On peut éviter d'utiliser ces résultats en se ramenant au cas, plus élémentaire, des formes de poids 2; cette remarque est due à G. Shimura. Cf. n° 110, p. 213, ainsi que M. Koike, *Symp. Alg. Number Theory,* Kyoto, 1977, 109–116.

204.3 Les exemples de Tate sont décrits au n° 110.

204.4 On sait maintenant, grâce à Langlands, que la condition (iii) (i.e. la conjecture d'Artin) est satisfaite lorsque l'image de ϱ dans $\mathbf{PGL}_2(\mathbf{C})$ est isomorphe à $\mathfrak{A}_4$ (cf. R. P. Langlands, *Base Change for* **GL**(2), Ann. of Math. Studies n° 96, Princeton, 1980). Il en est de même lorsque cette image est isomorphe à $\mathfrak{S}_4$ (J. Tunnell, *Bull. A.M.S.* 5 (1981), 173–175). Pour $\mathfrak{A}_5$, on n'a pas de résultat général, mais on dispose toutefois d'un exemple numérique, traité par J. Buhler (*Lect. Notes in Math.* n° 654, Springer-Verlag, 1978).

207.5 J'ignore si ce «travail futur» paraîtra un jour. En attendant, voir H. Carayol (*thèse,* Paris, 1984 – à paraître aux *Ann. Sci. E.N.S.*) qui démontre des résultats plus généraux, valables pour des formes modulaires de Hilbert-Blumenthal.

102. Résumé des cours de 1973–1974

217.1 Ce § correspond au chap. I, § 6 de *Arbres, Amalgames,* $\mathbf{SL}_2$, Astérisque n° 46, Soc. math. France, 1977.

218.2 C'est vrai: ces groupes jouissent tous de la propriété (FA), cf. *loc. cit.*, § 6.7 et G. Margulis, *Select. Math. Sov.* 1 (1981), 197–213.
Cela peut aussi se déduire du fait que la «propriété *T*» de Kajdan entraîne (FA), cf. Y. Watatani, *Math. Japan* 27 (1982), 97–103.

220.3 Tout groupe de Poincaré de dimension 2 est isomorphe au groupe fondamental d'une surface compacte: cela a été démontré par B. Eckmann et H. Müller (*Comment. Math. Helv.* 55 (1980), 510–520), complété par B. Eckmann et P. Linnell (*ibid.* 58 (1983), 111–114).

221.4 Voir n° 120, § 3.3.

104. Valeurs propres des opérateurs de Hecke modulo *l*

229.1 On peut supprimer l'hypothèse que ϱ est non ramifiée en dehors de l, à condition de définir, à la Artin, le «conducteur» N de ϱ, qui est un entier premier à l. On se pose alors la question (analogue mod l de la conjecture de Taniyama-Weil) de savoir si ϱ provient d'une forme modulaire (mod l) sur le groupe $\Gamma_0(N)$. *A priori,* cela paraît un peu optimiste; c'est pourtant vrai dans tous les cas que je connais.

229.2 L'argument de Tate est le suivant:

Soit $K/\mathbf{Q}$ l'extension galoisienne de $\mathbf{Q}$ fixée par $\operatorname{Ker}(\varrho)$; son groupe de Galois est le groupe fini $\varrho(G)$, sous-groupe de $\mathbf{GL}_2(F)$. Comme $K/\mathbf{Q}$ est non ramifiée en dehors de l, son discriminant d est de la forme $\pm l^\delta$, où δ est un entier ≥ 0. En examinant les sous-groupes de décomposition et d'inertie de $\varrho(G)$ en l, et en utilisant des majorations standard pour les conducteurs des extensions cycliques de degré l, on montre que $\delta < n(2+1/l)$, avec $n = [K:\mathbf{Q}] = \operatorname{Card}\varrho(G)$. D'où la majoration:

$$|d|^{1/n} < l^{2+1/l}.$$

Pour $l=2$, cela donne $|d|^{1/n} < 4\sqrt{2} < 6$, ce qui entraîne $n \leq 8$ d'après les bornes d'Odlyzko-Poitou (cf. note 1 au n° 106); le groupe $\varrho(G)$ est donc résoluble, et un argument direct montre que le seul cas possible est $n=1$. Pour $l=3$, on trouve $|d|^{1/n} < 13$, d'où $n \leq 38$, et un argument analogue montre que $n=2$ et $\varrho \simeq 1 \oplus \chi_3$.

231.3 On trouvera une démonstration du th. 3 dans N. Jochnowitz, *Trans. Amer. Math. Soc.* 270 (1982), 269–285.

106. Minorations de discriminants

240.1 H. Stark (*Invent. Math.* 23 (1974), 135–152) avait montré que l'on obtient une bonne minoration du discriminant d'un corps de nombres K en utilisant, non la géométrie des nombres comme Minkowski, mais les propriétés analytiques (équation fonctionnelle) de la fonction zêta de K. Ses résultats avaient été améliorés par A. Odlyzko (*Invent. Math.* 29 (1975), 275–286 et *Acta Arith.* 29 (1976), 275–297).

Dans le texte qui suit (rédigé en octobre 1975, et envoyé à H. Stark, A. Odlyzko et G. Poitou), je montre comment on peut systématiser la méthode de Stark-Odlyzko en utilisant ce que Weil appelle les «formules explicites». Je me suis borné à des résultats asymptotiques (sous GRH), mais on peut aussi en déduire des bornes numériques pour tout degré fixé (avec ou sans GRH), comme l'ont montré ensuite Odlyzko et Poitou. Voir là-dessus les exposés de Poitou au *Séminaire Bourbaki,* fév. 1976, n° 479 (Lect. Notes in Math. n° 567, Springer-Verlag, 1977, 136–153) et au *Séminaire D.P.P.* 1976/77, n° 6, ainsi que les tables construites par Odlyzko (*Bell. Lab,* nov. 1976) et F. Diaz y Diaz (*Publ. Math. Orsay,* 80.06).

La même méthode s'applique aux corps de fonctions sur un corps fini; elle donne une minoration du genre en fonction du nombre des points rationnels, cf. n° 128.

107. Résumé des cours de 1974 – 1975

244.1 Le contenu de ce cours correspond aux n°s 101 et 110.

247.2 Voir n° 108.

108. Divisibilité de certaines fonctions arithmétiques

267.1 On peut en effet montrer que l'ensemble des n tels que $a_n \neq 0$ a une densité > 0, cf. n° 125, § 7.4, th. 16.

268.2 L'existence des entiers $t_1, \ldots, t_r$ résulte du théorème principal du n° 113.

278.3 Il n'est nullement évident que l'on puisse se ramener au cas où m est une puissance d'un nombre premier, comme me l'a fait remarquer W. Narkiewicz. Il se trouve toutefois que c'est vrai (cf. *Lect. Notes in Math.* n° 1087, Springer-Verlag, 1984, 88–93).

109. Résumé des cours de 1975–1976

284.1 Le contenu de ce cours correspond au n° 112.

288.2 Voir n° 125, § 8.4.

289.3 Ce théorème de finitude a été démontré par G. Faltings (*Invent. Math.* 73 (1983), 349–366).

289.4 Voir là-dessus n° 125, § 8.

290.5 On connait maintenant un peu mieux la structure du groupe Hdg_V, cf. n° 119, ainsi que:

J-M. Fontaine, *Astérisque* n° 65, Soc. math. France, 1979, 3–80;
J-M. Fontaine, *Ann. of Math.* 115 (1982), 529–577;
J-M. Fontaine et G. Laffaille, *Ann. Sci. E.N.S.* 15 (1982), 547–608;
J-P. Wintenberger, *Thèse,* Grenoble, 1983 (*Amer. J. of Math.*, à paraître);
J-M. Fontaine, *Proc. Int. Congr. Varsovie* (1983), vol. 1, 475–486.

110. Modular forms of weight one and Galois representations

349.1 Le fait que le discriminant de E_5 soit p^2 entraîne que $\tilde{\varrho}_E(I_p)$ est, soit d'ordre 2, soit d'ordre 3. Mais ce dernier cas donnerait $(\tilde{\varrho}_E, p) = 1$; vu que $(\tilde{\varrho}_E, \infty) = -1$, cela contredirait la formule du produit. Donc $\tilde{\varrho}_E(I_p)$ est d'ordre 2 (et un argument analogue montre que $\tilde{\varrho}_E(D_p)$ est égal à $\tilde{\varrho}_E(I_p)$).

351.2 Cette question a été résolue affirmativement par J. Tunnell, cf. note 4 au n° 101.

351.3 Des calculs ultérieurs de J. Buhler ont fourni des exemples où

$$p = 2083, 2707, 3203, 3547, 4027, 5171, 6163, 9907,$$

cf. *Lect. Notes in Math.* n° 654, Springer-Verlag, 1978, 135–141.

111. Majorations de sommes exponentielles

379.1 Ici X désigne, non l'espace affine tout entier, mais l'ouvert $x_1 \ldots x_r \neq 0$.

112. Représentations l-adiques

386.1 Il n'est pas vrai que les logarithmes des $\varrho_l(\mathrm{Frob}_v)$ soient denses dans $\mathfrak{g}_l$; ils sont seulement denses dans un voisinage de 0 de $\mathfrak{g}_l$, mais cela suffit.

386.2 L'égalité $\mathfrak{g}_l^{\mathrm{alg}} = \mathfrak{g}_l$ a été démontrée par F. Bogomolov dans le cas $m=1$ (*C.R. Acad. Sci. Paris,* série A, 290 (1980), 701–704).

392.3 Pour une définition générale de la notion de «période», voir P. Deligne, *Proc. Symp. Pure Math.* n° 33, A.M.S., 1979, vol. 2, 313–346.

393.4 Les conjectures C.6.2 et C.6.3 sont maintenant des théorèmes, grâce à G. Faltings.

394.5 On trouvera des résultats (partiels) là-dessus dans le n° 125.

395.6 L'énoncé de 6.6 est incorrect. Il faut remplacer «(à part les «pointes»)» par: «(à part les pointes et les points correspondant aux courbes elliptiques à multiplications complexes)».

395.7 Voir n° 125, § 8.

397.8 Les assertions 7.4, 7.5 et 7.6 sont démontrées dans le n° 125. Voir aussi les articles de J-M. Fontaine, G. Laffaille et J-P. Wintenberger cités dans la note 5 au n° 109.

113. Modular Forms of Weight 1/2
(avec H. Stark)

401.1 Les résultats de ce travail ont été traduits dans le langage «représentations» et étendus à tout corps global de caractéristique $\neq 2$ par S. Gelbart et I. I. Piatetski-Shapiro (*Invent. Math.* 59 (1980), 145–188). Voir aussi Y. Z. Flicker, *ibid.* 57 (1980), 119–182.

114. Résumé des cours de 1976 – 1977

442.1 Les démonstrations de M-F. Vignéras ont été publiées: *Lect. Notes in Math.* n° 627, Springer-Verlag, 1977, 79–103.

443.2 Voir J. Buhler, *Lect. Notes in Math.* n° 654, Springer-Verlag, 1978.

445.3 Les résultats énoncés dans ce § sont démontrés au n° 125, § 8.

115. Une «formule de masse» pour les extensions totalement ramifiées de degré donné d'un corps local

447.1 Le passage des formules de Krasner au th. 1 a été explicité par Krasner luimême, cf. *C.R. Acad. Sci. Paris,* série A, 286 (1978), 1031–1036 et 288 (1979), 863–865.

116. Sur le résidu de la fonction zêta p-adique d'un corps de nombres

456.1 Pour plus de détails sur la démonstration du th. 3.5, voir K. Ribet, *Astérisque* n° 61, Soc. math. France, 1979, 177–192.

457.2 Cet analogue p-adique des conjectures de Stark est discuté dans:
J. Tate, *Les conjectures de Stark sur les fonctions L d'Artin en* $s = 0$ (Notes d'un cours à Orsay rédigées par D. Bernardi et N. Schappacher), Birkhäuser, 1984, chap. VI, § 5.

117. Travaux de Pierre Deligne

462.1 Voir note 4 au n° 99.

463.2 Les résultats de Deligne et Ribet ont été publiés: *Invent. Math.* 59 (1980), 227–286.

118. Résumé des cours de 1977–1978

465.1 Le contenu de ce cours correspond au n° 125.

466.2 Cette démonstration a été publiée par M. R. Murty (*J. Number Theory* 16 (1983), 147–168, § 5), à cela près que Murty se borne à prouver (sous GRH) que $c_E = 1 - \mu(H)$, mais ne démontre pas que $\mu(H) < 1$ lorsqu'un des points d'ordre 2 de E est irrationnel (ce qui est un simple exercice de théorie des groupes). Murty montre en outre, par un argument de «crible», que l'on peut se passer de GRH lorsque E a des multiplications complexes.

466.3 Le th. 1.2 est démontré au n° 125 (§ 8.4, th. 22) sous une forme un peu plus faible, le facteur $(\log\log 2N_E)^2$ étant remplacé par $(\log\log 2N_E)^3$. En fait, ce théorème est valable sans aucun facteur loglog, cf. note 6 au n° 125.

466.4 Je ne sais pas justifier la remarque «On peut également montrer...»; la démonstration que je croyais en avoir était incorrecte.

119. Groupes algébriques associés aux modules de Hodge-Tate

471.1 Effectivement, la théorie de Fontaine permet de construire d'autres exemples de modules de Hodge-Tate; voir là-dessus la thèse de Wintenberger citée dans la note 5 au n° 109.

491.2 Suivant l'usage, le groupe des poids a été noté additivement. On a donc
$$(\omega_1 + \omega_2)(t) = \omega_1(t) \cdot \omega_2(t)\,.$$
Cette vilaine formule pourrait être évitée en écrivant t^ω au lieu de $\omega(t)$.

499.3 Cela a été fait par J-P. Wintenberger, *loc. cit.*

120. Arithmetic Groups

518.1 Voir aussi I. Schur, *Ges. Abh.*, vol. I, 128–142.

520.2 La réponse à ce problème est «oui»; cela a été démontré par V. Kac, en utilisant sa classification des automorphismes d'ordre fini des algèbres de Lie semi-simples (cf. par exemple S. Helgason, *Differential Geometry, Lie Groups, and Symmetric Spaces,* Academic Press, 1978, chap. X, § 5). Même chose pour l'exerc. 3 ci-après.

523.3 L'assertion que $b^q(\Gamma) = 0$ pour tout q impair, $q < \mathrm{rank}_{\mathbf{R}} G$, n'est correcte que si l'on suppose en outre que $\mathrm{rank}_{\mathbf{R}} G = \mathrm{rank}_{\mathbf{R}} K$, comme me l'a signalé A. Borel.

121. Un exemple de série de Poincaré non rationnelle

535.1 La réponse à cette question est «non», cf. D. J. Anick, *A counter-example to a conjecture* (sic) *of Serre,* Ann. of Math. 115 (1982), 1–33; *Erratum, ibid.* 116 (1983), 661–663.

122. Quelques propriétés des groupes algébriques commutatifs

538.1 «Dans les pages qui précèdent...»: il s'agit du cours Peccot (Collège de France, 1977) de M. Waldschmidt: *«Nombres Transcendants et Groupes Algébriques»,* publié dans Astérisque n° 69–70, Soc. math. France, 1979, et complété par un Appendice *«Problèmes Locaux»* par D. Bertrand.

538.2 Pour plus de détails sur ces compactifications, voir:
G. Faltings et G. Wüstholz, *J. Crelle* 354 (1984), 175–205.

123. Extensions icosaédriques

551.1 Voir H. S. M. Coxeter, *Duke Math. J.* 7 (1940), 367–379, ainsi que M-F. Vignéras, *J. Crelle* 286/287 (1976), 257–277, th. 5.

553.2 Le fait qu'une «accessorische Irrationalität» soit nécessaire pour «tuer» un élément d'un groupe de Brauer avait déjà été remarqué par Brauer lui-même (*Coll. Papers,* vol. 3, n° 17 et n° 23).

553.3 Pour le calcul de l'invariant de Witt de la forme $\mathrm{Tr}(z^2)$, voir n° 131, § 3.2.

124. Résumé des cours de 1979 – 1980

555.1 Les notes de ce cours, et de celui de l'année suivante, ont été rédigées par M. Waldschmidt, et publiées sous le titre: *«Autour du théorème de Mordell-Weil»* (Publ. Math. Univ. Paris VI, 1984, 2 vol.).

560.2 La conjecture de Mordell ($M_?$) a été démontrée par G. Faltings (*Invent. Math.* 73 (1983), 349–366) et celle de Lang ($M_{??}$) a été démontrée par M. Raynaud (*ibid.* 71 (1983), 207–233). Voir là-dessus les exposés 616, 619 et 625 du Sém. Bourbaki 1983/84 (*Astérisque* n°s 121–122, Soc. math. France, 1985).

125. Quelques applications du théorème de densité de Chebotarev

585.1 Cf. J. Oesterlé, *Invent. Math.* 66 (1982), 325–341.

586.2 La rationalité de la série $\sum |Y_n| t^n$ a été démontrée par J. Denef (*Invent. Math.* 77 (1984), 1–23) à l'aide de résultats de A. Macintyre (*J. Symb. Logic* 41 (1976), 605–610).

589.3 La formule ($63_?$) peut en effet se démontrer à partir de l'inégalité de Lojasiewicz l-adique prouvée par N. Schappacher (*C.R. Acad. Sci. Paris*, série I, 296 (1983), 439–442).

620.4 Cette démonstration est incorrecte: j'ai mal utilisé la congruence (mod 7^2). Toutefois, il est facile de la corriger, cf. *Sur la lacunarité des puissances de* η, Glasgow Math. J. 27 (1985), § 3.3.

631.5 En fait, ces résultats peuvent se déduire du th. 10, appliqué au produit des deux représentations l-adiques suivantes: celle définie par la courbe elliptique E, et celle associée à un caractère de Hecke d'exposant 1 du corps K. Aucun crible n'est nécessaire.

632.6 On peut supprimer le terme en log log, i.e. remplacer (251_R) par:

$$(251'_R) \qquad p(E, E', S) \leq c_{37} (\log N_S)^2 ,$$

où c_{37} est une constante absolue.

Cela se démontre par une méthode due à Faltings (voir par exemple l'exposé IX, par P. Deligne, du Séminaire Szpiro, *Astérisque* n° 127, Soc. math. France, 1985).

Le même argument permet de supprimer les termes en log log de (268_R), (270_R) et (272_R).

636.7 Cela peut se faire par la méthode ci-dessus. On obtient ainsi la borne suivante (indépendante de GRH):

$$(251'') \qquad p(E, E', S) \leq (N_S)^{c_{38}} ,$$

où c_{38} est une constante absolue.

636.8 La démonstration de la surjectivité de $\Gamma_l^1 \to G_l^1$ est incorrecte, comme me l'a fait observer J. Oesterlé. On la corrige de la manière suivante:

Si $G_l = \mathbf{GL}_2(\mathbf{F}_l)$, le groupe dérivé de Γ_l s'envoie sur le groupe dérivé de $\mathbf{GL}_2(\mathbf{F}_l)$, qui est $\mathbf{SL}_2(\mathbf{F}_l)$ puisque $l \geq 5$. Comme ce groupe dérivé est contenu dans Γ_l^1, l'image de Γ_l^1 contient $\mathbf{SL}_2(\mathbf{F}_l)$, donc est égale à $\mathbf{SL}_2(\mathbf{F}_l)$, et l'on a $G_l^1 = \mathbf{SL}_2(\mathbf{F}_l)$.

639.9 La réponse à la question 1) est «oui»: on peut montrer (sans utiliser GRH) que $\operatorname{Im}(\varrho_l) = \mathbf{GL}_2(\mathbf{Z}_l)$ pour tout l tel que:

$$(272') \qquad l \geq (N_E)^{c_{39}} ,$$

où c_{39} est une constante absolue. Cela se voit en reprenant la démonstration, et en utilisant, à la place du th. 21′, la formule (251″) de la note 7 ci-dessus.

126. Résumé des cours de 1980 – 1981

644.1 Les calculs relatifs aux cas $N=7$ et $N=9$ ont été menés à bien par M. A. Kenku (*Mathematika*, à paraître).

647.2 La liste des groupes simples qui sont groupes de Galois d'extensions de **Q** s'est beaucoup allongée depuis 1980, grâce notamment à G. V. Belyi, B. H. Matzat et J. G. Thompson. Ainsi, sur les 26 groupes sporadiques, 18 au moins appartiennent à cette liste (cf. B. H. Matzat, *Manuscripta Math.* 51 (1985), 253–265).

648.3 Des exemples avec $r = 11, 12, 13, 14$ ont été construits par J-F. Mestre (*Comp. Math.*, à paraître).

127. Résumé des cours de 1981 – 1982

652.1 Il faut remplacer $X - C_f$ par $X - f^{-1}(V_f)$.

655.2 Pour la définition et les propriétés de $R_{K'/K}$ lorsque K'/K est inséparable, voir le chap. II de la thèse de J. Oesterlé (*Invent. Math.* 78 (1984), 13–88).

656.3 Les définitions et résultats d'Ono sont corrigés dans Oesterlé, *loc. cit.*, chap. I et chap. III.

656.4 Une formule de ce genre est démontrée dans Oesterlé, *loc. cit.*, p. 56, cor. 3.4 en supposant U commutatif.

130. Résumé des cours de 1982 – 1983

673.1 Cf. R. Schulze-Pillot, *Invent. Math.* 75 (1984), 283–299.

131. L'invariant de Witt de la forme Tr (x^2)

679.1 Cf. B. Kahn, *Invent. Math.* 78 (1984), 223–256.

Liste des Travaux

Reproduits dans les Œuvres

Volume I: 1949–1959

1. Extensions de corps ordonnés, C. R. Acad. Sci. Paris **229** (1949), 576–577.
2. (avec A. Borel) Impossibilité de fibrer un espace euclidien par des fibres compactes, C. R. Acad. Sci. Paris **230** (1950), 2258–2260.
3. Cohomologie des extensions de groupes, C. R. Acad. Sci. Paris **231** (1950), 643–646.
4. Homologie singulière des espaces fibrés. I. La suite spectrale, C. R. Acad. Sci. Paris **231** (1950), 1408–1410.
5. Homologie singulière des espaces fibrés. II. Les espaces de lacets, C. R. Acad. Sci. Paris **232** (1951), 31–33.
6. Homologie singulière des espaces fibrés. III. Applications homotopiques, C. R. Acad. Sci. Paris **232** (1951), 142–144.
7. Groupes d'homotopie, Séminaire Bourbaki 1950/51, n° **44**.
8. (avec A. Borel) Détermination des p-puissances réduites de Steenrod dans la cohomologie des groupes classiques. Applications, C. R. Acad. Sci. Paris **233** (1951), 680–682.
9. Homologie singulière des espaces fibrés. Applications, Thèse, Paris, 1951, et Ann. of Math. **54** (1951), 425–505.
10. (avec H. Cartan) Espaces fibrés et groupes d'homotopie. I. Constructions générales, C. R. Acad. Sci. Paris **234** (1952), 288–290.
11. (avec H. Cartan) Espaces fibrés et groupes d'homotopie. II. Applications, C. R. Acad. Sci. Paris **234** (1952), 393–395.
12. Sur les groupes d'Eilenberg-MacLane, C. R. Acad. Sci. Paris **234** (1952), 1243–1245.
13. Sur la suspension de Freudenthal, C. R. Acad. Sci. Paris **234** (1952), 1340–1342.
14. Le cinquième problème de Hilbert. Etat de la question en 1951, Bull. Soc. Math. de France **80** (1952), 1–10.
15. (avec G. P. Hochschild) Cohomology of group extensions, Trans. Amer. Math. Soc. **74** (1953), 110–134.
16. (avec G. P. Hochschild) Cohomology of Lie algebras, Ann. of Math. **57** (1953), 591–603.
17. Cohomologie et arithmétique, Séminaire Bourbaki 1952/53, n° **77**.
18. Groupes d'homotopie et classes de groupes abéliens, Ann. of Math. **58** (1953), 258–294.
19. Cohomologie modulo 2 des complexes d'Eilenberg-MacLane, Comm. Math. Helv. **27** (1953), 198–232.

20. Lettre à Armand Borel, inédit, avril 1953.
21. Espaces fibrés algébriques (d'après A. Weil), Séminaire Bourbaki 1952/53, n° **82**.
22. Quelques calculs de groupes d'homotopie, C. R. Acad. Sci. Paris **236** (1953), 2475–2477.
23. Quelques problèmes globaux relatifs aux variétés de Stein, Colloque sur les fonctions de plusieurs variables, Bruxelles, 1953, 57–68.
24. (avec H. Cartan) Un théorème de finitude concernant les variétés analytiques compactes, C. R. Acad. Sci. Paris **237** (1953), 128–130.
25. Travaux de Hirzebruch sur la topologie des variétés, Séminaire Bourbaki 1953/54, n° **88**.
26. Fonctions automorphes: quelques majorations dans le cas où X/G est compact, Séminaire H. Cartan, 1953/54, n° **2**.
27. Cohomologie et géométrie algébrique, Congrès International d'Amsterdam, **3** (1954), 515–520.
28. Un théorème de dualité, Comm. Math. Helv. **29** (1955), 9–26.
29. Faisceaux algébriques cohérents, Ann. of Math. **61** (1955), 197–278.
30. Une propriété topologique des domaines de Runge, Proc. Amer. Math. Soc. **6** (1955), 133–134.
31. Notice sur les travaux scientifiques, inédit (1955).
32. Géométrie algébrique et géométrie analytique, Ann. Inst. Fourier **6** (1956), 1–42.
33. Sur la dimension homologique des anneaux et des modules noethériens, Proc. int. symp., Tokyo-Nikko (1956), 175–189.
34. Critère de rationalité pour les surfaces algébriques (d'après K. Kodaira), Séminaire Bourbaki 1956/57, n° **146**.
35. Sur la cohomologie des variétés algébriques, J. de Math. pures et appliquées **36** (1957), 1–16.
36. (avec S. Lang) Sur les revêtements non ramifiés des variétés algébriques, Amer. J. of Math. **79** (1957), 319–330; erratum, *ibid.* **81** (1959), 279–280.
37. Résumé des cours de 1956–1957, Annuaire du Collège de France (1957), 61–62.
38. Sur la topologie des variétés algébriques en caractéristique p, Symp. Int. Top. Alg., Mexico (1958), 24–53.
39. Modules projectifs et espaces fibrés à fibre vectorielle, Séminaire Dubreil-Pisot 1957/58, n° **23**.
40. Quelques propriétés des variétés abéliennes en caractéristique p, Amer. J. of Math. **80** (1958), 715–739.
41. Classes des corps cyclotomiques (d'après K. Iwasawa), Séminaire Bourbaki 1958/59, n° **174**.
42. Résumé des cours de 1957–1958, Annuaire du Collège de France (1958), 55–58.
43. On the fundamental group of a unirational variety, J. London Math. Soc. **34** (1959), 481–484.
44. Résumé des cours de 1958–1959, Annuaire du Collège de France (1959), 67–68.

Volume II: 1960–1971

45. Analogues kählériens de certaines conjectures de Weil, Ann. of Math. **71** (1960), 392–394.
46. Sur la rationalité des représentations d'Artin, Ann. of Math. **72** (1960), 405–420.
47. Résumé des cours de 1959–1960, Annuaire du Collège de France (1960), 41–43.
48. Sur les modules projectifs, Séminaire Dubreil-Pisot 1960/61, n° **2**.
49. Groupes proalgébriques, Publ. Math. I.H.E.S., n° **7** (1960), 5–68.
50. Exemples de variétés projectives en caractéristique p non relevables en caractéristique zéro, Proc. Nat. Acad. Sci. USA **47** (1961), 108–109.
51. Sur les corps locaux à corps résiduel algébriquement clos, Bull. Soc. Math. de France **89** (1961), 105–154.
52. Résumé des cours de 1960–1961, Annuaire du Collège de France (1961), 51–52.
53. Cohomologie galoisienne des groupes algébriques linéaires, Colloque de Bruxelles (1962), 53–68.
54. (avec A. Fröhlich et J. Tate) A different with an odd class, J. de Crelle **209** (1962), 6–7.
55. Endomorphismes complètement continus des espaces de Banach p-adiques, Publ. Math. I.H.E.S., n° **12** (1962), 69–85.
56. Géométrie algébrique, Cong. Int. Math., Stockholm (1962), 190–196.
57. Résumé des cours de 1961–1962, Annuaire du Collège de France (1962), 47–51.
58. Structure de certains pro-p-groupes (d'après Demuškin), Séminaire Bourbaki 1962/63, n° **252**.
59. Résumé des cours de 1962–1963, Annuaire du Collège de France (1963), 49–53.
60. Groupes analytiques p-adiques (d'après Michel Lazard), Séminaire Bourbaki 1963/64, n° **270**.
61. (avec H. Bass et M. Lazard) Sous-groupes d'indice fini dans $\mathbf{SL}(n,\mathbf{Z})$, Bull. Amer. Math. Soc. **70** (1964), 385–392.
62. Sur les groupes de congruence des variétés abéliennes, Izv. Akad. Nauk. SSSR **28** (1964), 3–18.
63. Exemples de variétés projectives conjuguées non homéomorphes, C. R. Acad. Sci. Paris **258** (1964), 4194–4196.
64. Zeta and L functions, Arithmetical Algebraic Geometry, Harper and Row, New York (1965), 82–92.
65. Classification des variétés analytiques p-adiques compactes, Topology **3** (1965), 409–412.
66. Sur la dimension cohomologique des groupes profinis, Topology **3** (1965), 413–420.
67. Résumé des cours de 1964–1965, Annuaire du Collège de France (1965), 45–49.
68. Prolongement de faisceaux analytiques cohérents, Ann. Inst. Fourier **16** (1966), 363–374.

69. Existence de tours infinies de corps de classes d'après Golod et Šafarevič, Colloque CNRS, **143** (1966), 231–238.
70. Groupes de Lie l-adiques attachés aux courbes elliptiques, Colloque CNRS, **143** (1966), 239–256.
71. Résumé des cours de 1965–1966, Annuaire du Collège de France (1966), 49–58.
72. Sur les groupes de Galois attachés aux groupes p-divisibles, Proc. Conf. Local Fields, Driebergen, Springer-Verlag (1966), 118–131.
73. Commutativité des groupes formels de dimension 1, Bull. Sci. Math. **91** (1967), 113–115.
74. (avec H. Bass et J. Milnor) Solution of the congruence subgroup problem for $\mathbf{SL}_n (n \geqq 3)$ and $\mathbf{Sp}_{2n} (n \geqq 2)$, Publ. Math. I.H.E.S., n° **33** (1967), 59–137.
75. Local Class Field Theory, Algebraic Number Theory, édité par J. Cassels et A. Fröhlich, chap. VI, Acad. Press (1967), 128–161.
76. Complex Multiplication, Algebraic Number Theory, édité par J. Cassels et A. Fröhlich, chap. XIII, Acad. Press (1967), 292–296.
77. Groupes de congruence (d'après H. Bass, H. Matsumoto, J. Mennicke, J. Milnor, C. Moore), Séminaire Bourbaki 1966/67, n° **330**.
78. Résumé des cours de 1966–1967, Annuaire du Collège de France (1967), 51–52.
79. (avec J. Tate) Good reduction of abelian varieties, Ann. of Math. **88** (1968), 492–517.
80. Une interprétation des congruences relatives à la fonction τ de Ramanujan, Séminaire Delange-Pisot-Poitou 1967/68, n° **14**.
81. Groupes de Grothendieck des schémas en groupes réductifs déployés, Publ. Math. I.H.E.S, n° **34** (1968), 37–52.
82. Résumé des cours de 1967–1968, Annuaire du Collège de France (1968), 47–50.
83. Cohomologie des groupes discrets, C. R. Acad. Sci. Paris **268** (1969), 268–271.
84. Résumé des cours de 1968–1969, Annuaire du Collège de France (1969), 43–46.
85. Sur une question d'Olga Taussky, J. of Number Theory **2** (1970), 235–236.
86. Le problème des groupes de congruence pour $\mathbf{SL}_2$, Ann. of Math. **92** (1970), 489–527.
87. Facteurs locaux des fonctions zêta des variétés algébriques (définitions et conjectures), Séminaire Delange-Pisot-Poitou, 1969/70, n° **19**.
88. Cohomologie des groupes discrets, Ann. of Math. Studies, n° **70** (1971), 77–169, Princeton Univ. Press.
89. Sur les groupes de congruence des variétés abéliennes II, Izv. Akad. Nauk SSSR **35** (1971), 731–735.
90. (avec A. Borel) Adjonction de coins aux espaces symétriques; applications à la cohomologie des groupes arithmétiques, C. R. Acad. Sci. Paris **271** (1970), 1156–1158.

91. (avec A. Borel) Cohomologie à supports compacts des immeubles de Bruhat-Tits; applications à la cohomologie des groupes S-arithmétiques, C. R. Acad. Sci. Paris **272** (1971), 110–113.
92. Conducteurs d'Artin des caractères réels, Invent. Math. **14** (1971), 173–183.
93. Résumé des cours de 1970–1971, Annuaire du Collège de France (1971), 51–55.

Volume III: 1972–1984

94. Propriétés galoisiennes des points d'ordre fini des courbes elliptiques, Invent. Math. **15** (1972), 259–331.
95. Congruences et formes modulaires (d'après H.P.F. Swinnerton-Dyer), Séminaire Bourbaki 1971/72, n° **416**.
96. Résumé des cours de 1971–1972, Annuaire du Collège de France (1972), 55–60.
97. Formes modulaires et fonctions zêta *p*-adiques, Lect. Notes in Math., n° **350**, Springer-Verlag (1973), 191–268.
98. Résumé des cours de 1972–1973, Annuaire du Collège de France (1973), 51–56.
99. Valeurs propres des endomorphismes de Frobenius (d'après P. Deligne), Séminaire Bourbaki 1973/74, n° **446**.
100. Divisibilité des coefficients des formes modulaires de poids entier, C. R. Acad. Sci. Paris **279** (1974), série A, 679–682.
101. (avec P. Deligne) Formes modulaires de poids 1, Ann. Sci. Ec. Norm. Sup. **7** (1974), 507–530.
102. Résumé des cours de 1973–1974, Annuaire du Collège de France (1974), 43–47.
103. (avec H. Bass et J. Milnor) On a functorial property of power residue symbols, Publ. Math. I.H.E.S., n° **44** (1975), 241–244.
104. Valeurs propres des opérateurs de Hecke modulo *l*, Journées arith. Bordeaux, Astérisque **24–25** (1975), 109–117.
105. Les Séminaires Cartan, Allocution prononcée à l'occasion du Colloque Analyse et Topologie, Orsay, 17 juin 1975.
106. Minorations de discriminants, inédit, octobre 1975.
107. Résumé des cours de 1974–1975, Annuaire du Collège de France (1975), 41–46.
108. Divisibilité de certaines fonctions arithmétiques, L'Ens. Math. **22** (1976), 227–260.
109. Résumé des cours de 1975–1976, Annuaire du Collège de France (1976), 43–50.
110. Modular forms of weight one and Galois representations, Algebraic Number Fields, édité par A. Fröhlich, Acad. Press (1977), 193–268.
111. Majorations de sommes exponentielles, Journées arith. Caen, Astérisque **41–42** (1977), 111–126.

112. Représentations l-adiques, Kyoto Int. Symposium on Algebraic Number Theory, Japan Soc. for the Promotion of Science (1977), 177–193.
113. (avec H. Stark) Modular forms of weight 1/2, Lect. Notes in Math. n° **627**, Springer-Verlag (1977), 29–68.
114. Résumé des cours de 1976–1977, Annuaire du Collège de France (1977), 49–54.
115. Une «formule de masse» pour les extensions totalement ramifiées de degré donné d'un corps local, C. R. Acad. Sci. Paris **286** (1978), série A, 1031–1036.
116. Sur le résidu de la fonction zêta p-adique d'un corps de nombres, C. R. Acad. Sci. Paris **287** (1978), série A, 183–188.
117. Travaux de Pierre Deligne, Gazette des Mathématiciens **11** (1978), 61–72.
118. Résumé des cours de 1977–1978, Annuaire du Collège de France (1978), 67–70.
119. Groupes algébriques associés aux modules de Hodge-Tate, Journées de Géométrie Algébrique de Rennes, Astérisque **65** (1979), 155–188.
120. Arithmetic Groups, Homological Group Theory, édité par C. T. C. Wall, LMS Lect. Note Series n° **36,** Cambridge Univ. Press (1979), 105–136.
121. Un exemple de série de Poincaré non rationnelle, Proc. Nederland Acad. Sci. **82** (1979), 469–471.
122. Quelques propriétés des groupes algébriques commutatifs, Astérisque **69–70** (1979), 191–202.
123. Extensions icosaédriques, Séminaire de Théorie des Nombres de Bordeaux 1979/80, n° **19**.
124. Résumé des cours de 1979–1980, Annuaire du Collège de France (1980), 65–72.
125. Quelques applications du théorème de densité de Chebotarev, Publ. Math. I.H.E.S., n° **54** (1981), 123–201.
126. Résumé des cours de 1980–1981, Annuaire du Collège de France (1981), 67–73.
127. Résumé des cours de 1981–1982, Annuaire du Collège de France (1982), 81–89.
128. Sur le nombre des points rationnels d'une courbe algébrique sur un corps fini, C. R. Acad. Sci. Paris **296** (1983), série I, 397–402.
129. Nombres de points des courbes algébriques sur $\mathbf{F}_q$, Séminaire de Théorie des Nombres de Bordeaux 1982/83, n° **22**.
130. Résumé des cours de 1982–1983, Annuaire du Collège de France (1983), 81–86.
131. L'invariant de Witt de la forme $\mathrm{Tr}(x^2)$, Comm. Math. Helv. **59** (1984), 651–676.
132. Résumé des cours de 1983–1984, Annuaire du Collège de France (1984), 79–83.

Volume IV: 1985–1998

133. Lettres à Ken Ribet, janvier 1981.
134. Lettre à Daniel Bertrand, juin 1984.
135. Résumé des cours de 1984–1985, Annuaire du Collège de France (1985), 85–90.
136. Résumé des cours de 1985–1986, Annuaire du Collège de France (1986), 95–99.
137. Lettre à Marie-France Vignéras, février 1986.
138. Lettre à Ken Ribet, mars 1986.
139. Sur la lacunarité des puissances de η, Glasgow Math. J. **27** (1985), 203–221.
140. $\Delta = b^2 - 4ac$, Math. Medley, Singapore Math. Soc. **13** (1985), 1–10.
141. An interview with J-P. Serre, Intelligencer **8** (1986), 8–13.
142. Lettre à J-F. Mestre, A.M.S. Contemp. Math. **67** (1987), 263–268.
143. Sur les représentations modulaires de degré 2 de $\mathrm{Gal}(\bar{\mathbf{Q}}/\mathbf{Q})$, Duke Math. J. **54** (1987), 179–230.
144. Une relation dans la cohomologie des p-groupes, C. R. Acad. Sci. Paris **304** (1987), 587–590.
145. Résumé des cours de 1987–1988, Annuaire du Collège de France (1988), 79–82.
146. Résumé des cours de 1988–1989, Annuaire du Collège de France (1989), 75–78.
147. Groupes de Galois sur **Q**, Séminaire Bourbaki 1987/88, n° **689**, Astérisque **161–162** (1988), 73–85.
148. Résumé des cours de 1989–1990, Annuaire du Collège de France (1990), 81–84.
149. Construction de revêtements étales de la droite affine en caractéristique p, C. R. Acad. Sci. Paris **311** (1990), 341–346.
150. Spécialisation des éléments de $\mathrm{Br}_2(\mathbf{Q}(T_1, \ldots, T_n))$, C. R. Acad. Sci. Paris **311** (1990), 397–402.
151. Relèvements dans $\tilde{A}_n$, C. R. Acad. Sci. Paris **311** (1990), 477–482.
152. Revêtements à ramification impaire et thêta-caractéristiques, C. R. Acad. Sci. Paris **311** (1990), 547–552.
153. Résumé des cours de 1990–1991, Annuaire du Collège de France (1991), 111–121.
154. Motifs, Astérisque **198–199–200** (1991), 333–349.
155. Lettre à M. Tsfasman, Astérisque **198–199–200** (1991), 351–353.
156. Résumé des cours de 1991–1992, Annuaire du Collège de France (1992), 105–113.
157. Revêtements des courbes algébriques, Séminaire Bourbaki 1991/92, n° **749**, Astérisque **206** (1992), 167–182.
158. Résumé des cours de 1992–1993, Annuaire du Collège de France (1993), 109–110.
159. (avec T. Ekedahl) Exemples de courbes algébriques à jacobienne complètement décomposable, C. R. Acad. Sci. Paris **317** (1993), 509–513.

160. Gèbres, L'Enseignement Math. **39** (1993), 33–85.
161. Propriétés conjecturales des groupes de Galois motiviques et des représentations ℓ-adiques, Proc. Symp. Pure Math. **55** (1994), vol. I, 377–400.
162. A letter as an appendix to the square-root parameterization paper of Abhyankar, Algebraic Geometry and its Applications (C. L. Bajaj edit.), Springer-Verlag (1994), 85–88.
163. (avec E. Bayer-Fluckiger) Torsions quadratiques et bases normales autoduales, Amer. J. Math. **116** (1994), 1–63.
164. Sur la semi-simplicité des produits tensoriels de représentations de groupes, Invent. Math. **116** (1994), 513–530.
165. Résumé des cours de 1993 – 1994, Annuaire du Collège de France (1994), 91–98.
166. Cohomologie galoisienne: progrès et problèmes, Séminaire Bourbaki 1993/94, n° **783**, Astérisque **227** (1995), 229–257.
167. Exemples de plongements des groupes $\mathbf{PGL}_2(\mathbf{F}_p)$ dans des groupes de Lie simples, Invent. Math. **124** (1996), 525–562.
168. Travaux de Wiles (et Taylor, ...) I, Séminaire Bourbaki 1994/95, n° **803**, Astérisque **237** (1996), 319–332.
169. Two letters on quaternions and modular forms (mod p), Israel J. Math. **95** (1996), 281–299.
170. Répartition asymptotique des valeurs propres de l'opérateur de Hecke T_p, Journal A.M.S. **10** (1997), 75–102.
171. Semisimplicity and tensor products of group representations: converse theorems (with an Appendix by Walter Feit), J. Algebra **194** (1997), 496–520.
172. Deux lettres sur la cohomologie non abélienne, Geometric Galois Actions (L. Schneps and P. Lochak edit.), Cambridge Univ. Press (1997), 175–182.
173. La distribution d'Euler-Poincaré d'un groupe profini, Galois Representations in Arithmetic Algebraic Geometry (A. J. Scholl and R. L. Taylor edit.), Cambridge Univ. Press (1998), 461–493.
174. Sous-groupes finis des groupes de Lie, Séminaire Bourbaki 1998/99, n° **864**, Astérisque **266** (2000), 415–430; Doc. Math. **1**, 233–248, S.M.F., 2001.
175. La vie et l'œuvre d'André Weil, L'Enseignement Mathématique **45** (1999), 5–16.

Textes non reproduits dans les Œuvres

1) Ouvrages

Groupes algébriques et corps de classes, Hermann, Paris, 1959; 2ᵉ éd. 1975, 204 p. [traduit en anglais et en russe].

Corps Locaux, Hermann, Paris, 1962; 3ᵉ éd., 1980, 245 p. [traduit en anglais].

Cohomologie galoisienne, Lecture Notes in Maths. n° **5,** Springer-Verlag, 1964; 5° édition révisée et complétée, 1994, 181 p. [traduit en anglais et en russe].

Lie Algebras and Lie Groups, Benjamin Publ., New York, 1965; 3ᵉ éd. 1974, 253 p. [traduit en anglais et en russe].

Algèbre Locale. Multiplicités, Lecture Notes in Maths. n° **11,** Springer-Verlag, 1965 – rédigé avec la collaboration de P. Gabriel; 3ᵉ éd. 1975, 160 p. [traduit en anglais et en russe].

Algèbres de Lie semi-simples complexes, Benjamin Publ., New York, 1966, 135 p. [traduit en anglais et en russe].

Représentations linéaires des groupes finis, Hermann, Paris, 1968; 3ᵉ éd. 1978, 182 p. [traduit en allemand, anglais, espagnol, japonais, polonais, russe].

Abelian l-adic representations and elliptic curves, Benjamin Publ., New York, 1968 – rédigé avec la collaboration de W. Kuyk et J. Labute, 195 p. [traduit en russe]; 2° édition, A. K. Peters, Wellesley, 1998.

Cours d'Arithmétique, Presses Univ. France, Paris, 1970; 2ᵉ éd. 1977, 188 p. [traduit en anglais, chinois, japonais, russe].

Arbres, amalgames, SL_2, Astérisque n° **46,** Soc. Math. France 1977 – rédigé avec la collaboration de H. Bass; 3ᵉ éd. 1983, 189 p. [traduit en anglais et en russe].

Lectures on the Mordell-Weil Theorem, traduit et édité par M. Brown, d'après des notes de M. Waldschmidt, Vieweg, 1989, 218 p.; 3° édit., 1997.

Topics in Galois Theory, notes written by H. Darmon, Jones & Bartlett, Boston, 1992, 117 p.; A. K. Peters, Wellesley, 1994.

Exposés de Séminaires (1950–1999), Documents Mathématiques 1, S.M.F., 2001, 259 p.

Correspondance Grothendieck-Serre (éditée avec la collaboration de P. Colmez), Documents Mathématiques 2, S.M.F., 2001, 288 p.

2) Articles

Compacité locale des espaces fibrés, C. R. Acad. Sci. Paris **229** (1949), 1295–1297.

Trivialité des espaces fibrés. Applications, C. R. Acad. Sci. Paris **230** (1950), 916–918.

Sur un théorème de T. Szele, Acta Szeged **13** (1950), 190–191.
(avec A. Borel) [1]) Sur certains sous-groupes des groupes de Lie compacts, Comm. Math. Helv. **27** (1953), 128–139.
(avec A. Borel) [1]) Groupes de Lie et puissances réduites de Steenrod, Amer. J. of Math. **75** (1953), 409–448.
Correspondence, Amer. J. of Math. **78** (1956), 898.
(avec S. S. Chern et F. Hirzebruch) [2]) On the index of a fibered manifold, Proc. Amer. Math. Soc. **8** (1957), 587–596.
Revêtements. Groupe fondamental, Mon. Ens. Math., Structures algébriques et structures topologiques, Genève (1958), 175–186.
(avec A. Borel) [1]) Le théorème de Riemann-Roch (d'après des résultats inédits de A. Grothendieck), Bull. Soc. Math. de France **86** (1958), 97–136.
(avec A. Borel) [1]) Théorèmes de finitude en cohomologie galoisienne, Comm. Math. Helv. **39** (1964), 111–164.
Groupes finis d'automorphismes d'anneaux locaux réguliers (rédigé par Marie-José Bertin), Colloque d'algèbre, E.N.S.J.F., Paris, 1967, 11 p.
Groupes discrets – Compactifications, Colloque Elie Cartan, Nancy, 1971, 5 p.
(avec A. Borel) [1]) Corners and arithmetic groups, Comm. Math. Helv. **48** (1973), 436–491.
Fonctions zêta *p*-adiques, Bull. Soc. Math. de France, Mém. **37** (1974), 157–160.
Amalgames et points fixes, Proc. Int. Conf. Theory of Groups, Lect. Notes in Math. **372,** Springer-Verlag (1974), 633–640.
(avec A. Borel) [1]) Cohomologie d'immeubles et de groupes S-arithmétiques, Topology **15** (1976), 211–232.
Deux lettres, Mémoires S.M.F., 2ᵉ série, n° **2** (1980), 95–102.
La vie et l'œuvre de Ivan Matveevich Vinogradov, C. R. Acad. Sci. Paris, La Vie des Sciences (1985), 667–669.
C est algébriquement clos (rédigé par A-M. Aubert), E.N.S.J.F., 1985.
Rapport au comité Fields sur les travaux de A. Grothendieck, K-Theory **3** (1989), 73–85.
Entretien avec Jean-Pierre Serre, *in* M. Schmidt, Hommes de Science, 218–227, Hermann, Paris, 1990; reproduit dans Wolf Prize in Mathematics, vol. 2, 542–549, World Sci. Publ. Co., Singapore, 2001.
Les petits cousins, Miscellanea Math., Springer-Verlag, 1991, 277–291.
Smith, Minkowski et l'Académie des Sciences (avec des notes de N. Schappacher), Gazette des Mathématiciens **56** (1993), 3–9.
Représentations linéaires sur des anneaux locaux, d'après Carayol (rédigé par R. Rouquier), ENS, 1993.
Commentaires sur: O. Debarre, Polarisations sur les variétés abéliennes produits, C. R. Acad. Sci. Paris **323** (1996), 631–635.

---

[1]) Ces textes ont été reproduits dans les *Œuvres* de A. Borel, publiées par Springer-Verlag en 1983.

[2]) Ce texte a été reproduit dans les *Selected Papers* de S. S. Chern, publiés par Springer-Verlag en 1978.

Appendix to: J-L. Nicolas, I. Z. Ruzsa et A. Sarközy, On the parity of additive representation functions, J. Number Theory **73** (1998), 292–317.

Appendix to: R. L. Griess, Jr., et A. J. E. Ryba, Embeddings of $PGL_2(31)$ and $SL_2(32)$ in $E_8(\mathbf{C})$, Duke Math. J. **94** (1998), 181–211.

Moursund Lectures on Group Theory, Notes by W. E. Duckworth, Eugene 1998, 30 p. (http:// darkwing.uoregon.edu/~math/serre/index.html).

Jean-Pierre Serre, in Wolf Prize in Mathematics, vol. 2, 523–551 (edit. S. S. Chern et F. Hirzebruch), World Sci. Publ. Co., Singapore, 2001.

Commentaires sur: W. Li, On negative eigenvalues of regular graphs, C. R. Acad. Sci. Paris **333** (2001), 907–912.

Appendix to: K. Lauter, Geometric methods for improving the upper bounds on the number of rational points on algebraic curves over finite fields, J. Algebraic Geometry **10** (2001), 19–36.

On a theorem of Jordan, notes rédigées par H. H. Chan, Math. Medley, Singapore Math. Soc. **29** (2002), 3–18.

Appendix to: K. Lauter, The maximum or minimum number of rational points on curves of genus three over finite fields, Comp. Math., à paraître.

3) Séminaires

Les séminaires marqués d'un astérisque * ont été reproduits, avec corrections, dans *Documents Mathématiques* **1**, S.M.F., 2001.

Séminaire Bourbaki

* Extensions de groupes localement compacts (d'après Iwasawa et Gleason), 1949/50, n° **27**, 6 p.

Utilisation des nouvelles opérations de Steenrod dans la théorie des espaces fibrés (d'après Borel et Serre), 1951/52, n° **54**, 10 p.

Cohomologie et fonctions de variables complexes, 1952/53, n° **71**, 6 p.

Faisceaux analytiques, 1953/54, n° **95**, 6 p.

* Représentations linéaires et espaces homogènes kähleriens des groupes de Lie compacts (d'après Borel et Weil), 1953/54, n° **100**, 8 p.

Le théorème de Brauer sur les caractères (d'après Brauer, Roquette et Tate), 1954/55, n° **111**, 7 p.

Théorie du corps de classes pour les revêtements non ramifiés de variétés algébriques (d'après S. Lang), 1955/56, n° **133**, 9 p.

Corps locaux et isogénies, 1958/59, n° **185**, 9 p.

* Rationalité des fonctions zêta des variétés algébriques (d'après Dwork), 1959/60, n° **198**, 11 p.

* Revêtements ramifiés du plan projectif (d'après Abhyankar), 1959/60, n° **204**, 7 p.

* Groupes finis à cohomologie périodique (d'après R. Swan), 1960/61, n° **209**, 12 p.

* Groupes *p*-divisibles (d'après J. Tate), 1966/67, n° **318**, 14 p.

Travaux de Baker, 1969/70, n° **368,** 14 p.
p-torsion des courbes elliptiques (d'après Y. Manin), 1969/70, n° **380,** 14 p.
Cohomologie des groupes discrets, 1970/71, n° **399,** 14 p.
(avec Barry Mazur) Points rationnels des courbes modulaires $X_0(N)$, 1974/75, n° **469,** 18 p.
Représentations linéaires des groupes finis «algébriques» (d'après Deligne-Lusztig), 1975/76, n° **487,** 18 p.
* Points rationnels des courbes modulaires $X_0(N)$ (d'après Barry Mazur), 1977/78, n° **511,** 12 p.

Séminaire Henri Cartan

Groupes d'homologie d'un complexe simplicial, 1948/49, n° **2,** 9 p.
(avec H. Cartan) Produits tensoriels, 1948/49, n° **11,** 12 p.
Extensions des applications. Homotopie, 1949/50, n° **1,** 6 p.
Groupes d'homotopie, 1949/50, n° **2,** 7 p.
Groupes d'homotopie relatifs. Application aux espaces fibrés, 1949/50, n° **9,** 8 p.
Homotopie des espaces fibrés. Applications, 1949/50, n° **10,** 7 p.
* Applications algébriques de la cohomologie des groupes. I., 1950/51, n° **5,** 7 p.
* Applications algébriques de la cohomologie des groupes. II. Théorie des algèbres simples, 1950/51, n^{os} **6–7,** 20 p.
La suite spectrale des espaces fibrés. Applications, 1950/51, n° **10,** 9 p.
Espaces avec groupes d'opérateurs. Compléments, 1950/51, n° **13,** 12 p.
La suite spectrale attachée à une application continue, 1950/51, n° **21,** 8 p.
Applications de la théorie générale à divers problèmes globaux, 1951/52, n° **20,** 26 p.
* Fonctions automorphes d'une variable: application du théorème de Riemann-Roch, 1953/54, n^{os} **4–5,** 15 p.
* Deux théorèmes sur les applications complètement continues, 1953/54, n° **16,** 7 p.
* Faisceaux analytiques sur l'espace projectif, 1953/54, n^{os} **18–19,** 17 p.
* Fonctions automorphes, 1953/54, n° **20,** 23 p.
* Les espaces $K(\pi,n)$, 1954/55, n° **1,** 7 p.
* Groupes d'homotopie des bouquets de sphères, 1954/55, n° **20,** 7 p.
Rigidité du foncteur de Jacobi d'échelon $n \geqq 3$, 1960/61, n° **17,** Append., 3 p.
Formes bilinéaires symétriques entières à discriminant ± 1, 1961/62, n^{os} **14–15,** 16 p.

Séminaire Claude Chevalley

* Espaces fibrés algébriques, 1957/58, n° **1,** 37 p.
* Morphismes universels et variété d'Albanese, 1958/59, n° **10,** 22 p.
* Morphismes universels et différentielles de troisième espèce, 1958/59, n° **11,** 8 p.

Séminaire Delange-Pisot-Poitou

* Dépendance d'exponentielles p-adiques, 1965/66, n° **15,** 14 p.
Divisibilité de certaines fonctions arithmétiques, 1974/75, n° **20,** 28 p.

Séminaire Grothendieck

Existence d'éléments réguliers sur les corps finis, SGA 3 II 1962/64, n° **14,** Append. Lect. Notes in Math. **152,** 342–348.

Séminaire Sophus Lie

Tores maximaux des groupes de Lie compacts, 1954/55, n° **23,** 8 p.
Sous-groupes abéliens des groupes de Lie compacts, 1954/55, n° **24,** 8 p.

Seminar on Complex Multiplication (Lect. Notes in Math. **21,** 1966)

Statement of results, n° **1,** 8 p.
Modular forms, n° **2,** 16 p.

4) Éditions

G. F. Frobenius, *Gesammelte Abhandlungen* (Bd. I, II, III), Springer-Verlag, 1968, 2129 p.
(avec W. Kuyk) *Modular Functions of One Variable* III, Lect. Notes in Math. n° **350,** Springer-Verlag, 1973, 350 p.
(avec D. Zagier) *Modular Functions of One Variable* V, Lect. Notes in Math. n° **601,** Springer-Verlag, 1977, 294 p.
(avec D. Zagier) *Modular Functions of One Variable* VI, Lect. Notes in Math. n° **627,** Springer-Verlag, 1977, 339 p.
(avec R. Remmert) H. Cartan, *Œuvres,* vol. I, II, III, Springer-Verlag, 1979, 1469 p.
(avec U. Jannsen et S. Kleiman) *Motives,* Proc. Symp. Pure Math. **55,** AMS 1994, 2 vol., 1423 p.

Acknowledgements

Springer-Verlag thanks the original publishers of Jean-Pierre Serre's papers for permission to reprint them here.

The numbers following each source correspond to the numbering of the articles.

Reprinted from Algebraic Number Theory, © by Academic Press Inc.: 75, 76
Reprinted from Algebraic Number Fields, © by Academic Press Inc.: 110
Reprinted from Amer. J. of Math., © by Johns Hopkins University Press: 36, 40
Reprinted from Ann. Inst. Fourier, © by Institut Fourier, Grenoble: 32, 68
Reprinted from Ann. of Math., © by Math. Dept. of Princeton University: 9, 16, 18, 29, 45, 46, 79, 86
Reprinted from Ann. of Math. Studies, © by Princeton University Press: 88
Reprinted from Ann. Sci. Ec. Norm. Sup., © by Gauthier-Villars: 101
Reprinted from Annuaire du Collège de France, © by Collège de France: 37, 42, 44, 47, 52, 57, 59, 67, 71, 78, 82, 84, 93, 96, 98, 102, 107, 109, 114, 118, 124, 126, 127, 130, 132
Reprinted from Astérisque, © by Société Mathématique de France: 104, 111, 119, 122
Reprinted from Bull. Sci. Math., © by Gauthier-Villars: 73
Reprinted from Bull. Amer. Math. Soc., © by The American Mathematical Society: 61
Reprinted from Bull. Soc. Math. France, © by Gauthier-Villars: 14, 51
Reprinted from Colloque CNRS, © by Centre National de la Recherche Scientifique: 69, 70
Reprinted from Colloque de Bruxelles, © by Gauthier-Villars: 53
Reprinted from Comm. Math. Helv., © by Birkhäuser Verlag Basel: 19, 28, 131
Reprinted from Cong. Int. Math., Stockholm, © by Institut Mittag-Leffler: 56
Reprinted from Cong. Int. d'Amsterdam, © by North Holland Publishing Company: 27
Reprinted from C. R. Acad. Sci. Paris, © by Gauthier-Villars: 1, 2, 3, 4, 5, 6, 8, 10, 11, 12, 13, 22, 24, 63, 83, 90, 91, 100, 115, 116, 128
Reprinted from Gazette des Mathématiciens, © by Société Mathématique de France: 117
Reprinted from Int. Symp. Top. Alg. Mexico, © by University of Mexico: 38
Reprinted from Izv. Akad. Nauk SSSR, © by VAAP: 62, 89
Reprinted from Kyoto Int. Symp. on Algebraic Number Theory, © by Maruzen: 112
Reprinted from J. de Crelle, © by Walter de Gruyter & Co: 54

Reprinted from J. de Math. pures et appliquées, © by Gauthier-Villars: 35
Reprinted from J. London Math. Soc., © by Cambridge University Press: 43
Reprinted from J. of Number Theory, © by Academic Press: 85
Reprinted from l'Ens. Math., © by Université de Genève: 108
Reprinted from LMS Lect. Note Series no 36, © by Cambridge University Press: 120
Reprinted from Proc. Amer. Math. Soc., © by The American Mathematical Society: 30
Reprinted from Proc. int. symp., Tokyo-Nikko, © by The Science Council of Japan: 33
Reprinted from Publ. Math. I.H.E.S., © by Institut des Hautes Etudes Scientifiques: 49, 55, 74, 81, 103, 125
Reprinted from Séminaire Bourbaki, © by Ecole Normale Supérieure: 7, 17, 21, 25, 34, 41, 58, 60, 77, 95, 99
Reprinted from Séminaire Delange-Pisot-Poitou, © by Secrétariat Mathématique, Paris: 80, 87
Reprinted from Séminaire de Théorie des Nombres de Bordeaux, © by Université de Bordeaux: 123, 129
Reprinted from Séminaire Dubreil-Pisot, © by Secrétariat Mathématique, Paris: 39, 48
Reprinted from Séminaire H. Cartan, © by Secrétariat Mathématique, Paris: 26
Reprinted from Topology, © by Pergamon Press: 65, 66
Reprinted from Trans. Amer. Math. Soc., © by The American Mathematical Society: 15
Reprinted from Zeta and *L* functions, Arithmetical Algebraic Geometry, © by Harper and Row: 64

Other books by J-P. Serre published by Springer (most recent edition)

A Course in Arithmetic, 1978, 0-387-90040-3.
[Original French edition: *Cours d'arithmétique,* P.U.F., 1970.]

Algebraic Groups and Class Fields, 1997, 0-387-96648-X.
[Original French edition: *Groupes algébriques et corps de classes,* Hermann, 1959.]

Complex Semisimple Lie Algebras, 2001, 3-540-67827-1.
[Original French edition: *Algèbres de Lie semi-simples complexes,* Benjamin, 1966.]

Galois Cohomology, 2002, 3-540-42192-0.
[Original French edition: *Cohomologie Galoisienne* (3-540-58002-6), 5th ed., Lect. Notes Math. 5, 1994.]

Lie Algebras and Lie Groups,
Lect. Notes Math. 1500, 1992, 3-540-55008-9.
[First published by Benjamin, 1965.]

Linear Representations of Finite Groups, 1977, 0-387-90190-6.
[Original French edition: *Représentations linéaires des groupes finis,* Hermann, 1968.]

Local Algebra, 2000, 3-540-66641-9.
[Original French edition: *Algèbre Locale - Multiplicités,* Lect. Notes Math. 11, 1965. 3-540-07028-1.]

Local Fields, 1979, 0-387-90424-7.
[Original French edition: *Corps Locaux,* Hermann, 1962.]

Trees, 2003, 3-540-44237-5.
[Original French edition: *Arbres, Amalgames,* SL_2, S.M.F., 1977.]